物理 (力學與熱學篇) (第十一版)

Halliday and Resnick's
PRINCIPLES OF PHYSICS 11/E
Global Edition

DAVID HALLIDAY

ROBERT RESNICK　　原著

JEARL WALKER

　　葉泳蘭、林志郎　編譯

WILEY

全華圖書股份有限公司

國家圖書館出版品預行編目資料

物理. 力學與熱學篇 / David Halliday, Robert Resnick, Jearl
　Walker 原著；葉泳蘭, 林志郎編譯. -- 十一版. -- 新北
市：全華圖書, 2020.10
　　面；　公分
　譯自：Halliday and Resnick's principles of physics, Global
Edition, 11th ed.
　ISBN 978-986-503-513-6(平裝)
　1.物理學
330　　　　　　　　　　　　　　　　　109016232

物理(力學與熱學篇)(第十一版)

Halliday and Resnick's Principles of Physics 11/E, Global Edition

原著 / David Halliday, Robert Resnick, Jearl Walker

編譯 / 葉泳蘭、林志郎

發行人 / 陳本源

執行編輯 / 鄭祐珊

出版者 / 全華圖書股份有限公司

郵政帳號 / 0100836-1 號

印刷者 / 宏懋打字印刷股份有限公司

圖書編號 / 0615502

十一版二刷 / 2024 年 02 月

定價 / 新台幣 820 元

ISBN / 9789865035136 (平裝)

全華圖書 / www.chwa.com.tw

全華網路書店 Open Tech / www.opentech.com.tw

若您對書籍內容、排版印刷有任何問題，歡迎來信指導 book@chwa.com.tw

臺北總公司(北區營業處)
地址：23671 新北市土城區忠義路 21 號
電話：(02) 2262-5666
傳真：(02) 6637-3695、6637-3696

南區營業處
地址：80769 高雄市三民區應安街 12 號
電話：(07) 381-1377
傳真：(07) 862-5562

中區營業處
地址：40256 臺中市南區樹義一巷 26 號
電話：(04) 2261-8485
傳真：(04) 3600-9806

有著作權·侵害必究

緣起二三事

我寫這本書是為了引導學生進入被稱為物理學的美好境界。當然,這個旅程充滿挑戰,不但使學生進行精神層面的拓展,同時也充滿了驚喜。在每一章之後,學生將對這個世界有不同的看法,的確,這本書教導學生如何真正看見轉動世界的發條。

因為這本書將提供工程,物理科學或醫學領域的學生使用,所以我的主要目標之一就是提升他們閱讀技術性資料,與對於數學或具邏輯及有序之概念性結果陳述的能力。

WHAT'S NEW

對於章節末端的問題,我從第十版中選擇了一些我所喜愛的題目,並更改了原本的數據,使問題新穎。然後,我收錄了較早版本中我所喜歡的問題,其中一些問題可以追溯到 Halliday 和 Resnick 出版的第一本書。由於本書的主要目的是引導學生解決技術性的問題,因此本書涵蓋了從概念到數學上難以解決的各種問題。

模組與學習目標

「我應該從本節中學到什麼?」幾十年來,從最弱到最強的學生們一直在問我這個問題,問題在於,即便是一個可以思考的學生,可能在閱讀章節時對抓到要點感到信心不足,當我在讀物理一年級的時候,閱讀第一版 Halliday 和 Resnick 時我也有相同的感覺。

為了減緩這個普遍的問題,我根據主要主題將各章組織成概念模組,並在模組的開頭列出了該模組的學習方向。該清單明確說明在閱讀該模組時應具備的技能與學習要點,每個列表均列有關鍵想法的簡短摘要。

例如,請查看第 16 章中的第一個模組,學生要面對大量的概念和項目,我提供的是一個明確的清單,而不是根據學生收集與整理這些想法的能力而定,其類似於飛行員從跑道滑行到起飛之前清單。

WILEYPLUS

當我在第一年念物理學習第一版 Halliday 和 Resnick 時,我不斷地重複閱讀一章,直到相關知識變成我的時候再開始學習。這些天,我們更了解到學生擁有廣泛的學習類型。因此,出版商和我共同製作了 WileyPlus,這是一個線上的動態學習中心,裡面裝有許多不同的學習工具,其中包括可即時解決問題的輔導、鼓勵閱讀的嵌入式閱讀測驗、動畫人物及數百個範例問題,負載模擬和示範,更有 1,500 多個動態影像,從數學複習、微型講座再到實例,教科書中的一些照片已轉換為動態影像,因此可以減慢動作並加以分析。

　　這些學習輔助工具可以使用，並且可以根據需要重複多次。因此，如果學生在 2:00 AM（這似乎是處理物理作業的熱門時間）卡在作業問題上，只需使用滑鼠標即可獲得友善且有用的資源。

學習工具

作業問題與學習目的間的連結

　　在 WileyPLUS 中，章節後面的每個題目與問題均與學習目標相關聯，以回答問題（通常是不發聲的）：「我為什麼要做這個問題？我應該從中學到什麼？」透過明確指出問題的目的，我相信學生可以不同的文字但卻相同的關鍵概念去轉換學習目標至其它問題上，這種轉換將有助學生在學習解決特定問題時所常遇見的困難，但無法應用此關鍵概念於其他不同設置的題目上。

影片 PLUS

　　在 WileyPLUS 的電子版文本中(eVersion)，Rutgers 大學的 David Maiullo 已經提供了將近 30 部影片版的圖表。大部分關於運動學的物理，影片能夠提供比靜態圖片更好的表達方式。

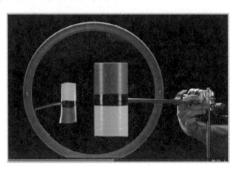

動畫 A

　　每章重要圖片的對應動畫。本書裡，這些圖會標上一個漩渦圖。WileyPLUS 的線上章節裡，滑鼠點擊即可開始動畫。所選圖片都含有很多資訊，所以學生能夠看到活生生的物理，動個一兩分鐘才結束，而不是只是躺在紙上的平面。這不僅賦予生命給物理，學生也能無限次重播動畫。

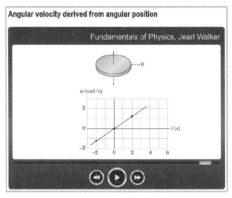

影片 PLUS

　　我已經作了超過 1500 個教學影片，每學期都會再做更多出來。學生可以在螢幕上看我畫圖或寫字出來，這樣聽我談論解法、指引、範例或複習，非常像在我辦公室裡坐我旁邊看我在筆記本上處理問題時的感覺。教師的講課跟指導永遠都是最重要的學習工具，但影片能一天 24 小時，一週七天這樣隨時看，而且無限次重複觀看。

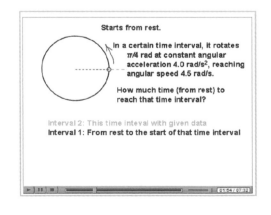

- **章節主題的指導影片**：我挑選最能刺激學生的主題，那些讓我的學生抓耳撓腮的頭痛主題。
- **高中數學的複習影片**：例如基本代數運算，三角函數，以及聯立方程式。
- **數學新工具的介紹影片**：像向量運算，這對學生是新的工具。
- **每道課本中範例的展示影片**：我的用意是以「關鍵概念」來開始解決物理問題，而不僅僅是抓公式來套。然而，我也想示範如何閱讀一個範例，亦即，如何閱讀技術性資料以學習問題解法，並轉而應用至其他類型的問題。
- **20%章末習題的解答影片**：教師要控制這些解答影片的取得及使用時機。例如，交回家作業的期限後或小考後，才給學生。每個解答不僅僅是「代入計算」的竅門而已。反之，我建立一個從「關鍵概念」到開始推演的第一步，再到最後答案，這樣的求解過程。學生不是只學怎麼求解特定問題，而是學如何處理任何問題，甚至那些需要物理勇氣挑戰的題目。
- **如何讀解圖示資料的示範影片**(不僅僅讀取一個數字而不理解其物理意義)。

解題協助　WILEY PLUS

　　為了建立學生解決問題的能力，我已經寫了大量的閱讀資源在 WileyPLUS。

- **課本每道範例**：都可線上使用，有閱讀格式或影片格式。
- **數百題額外的範例題目**：這些是獨立的資源，但(由教師決定)也可與回家作業作搭配。所以，如果一題作業是要算比如對斜坡上物塊的作用力，便會提供相關範例的連結。然而，範例並非只是又一題作業而已，因此不是提供不經理解就單純套用的解答。
- **GO 指導系統**：這是 15%章末習題的指導。以多步驟方式，引導學生循序處理一道習題，從「關鍵概念」開始，且給出錯誤答案時加以提示。然而，會故意把最後一個步驟(求最終答案)留給學生，讓他們負責這最後部分。一些線上指導系統會讓學生給出錯誤答案時就卡住，這會造成很多挫折感。我的 GO 指導系統並不是這樣的卡關設計，因為在過程中的任何步驟，學生都能回到問題的主要中心。
- **每道章末習題的提示**：都可線上取得(由教師決定)。這些提示都是真的用來提示主要觀念跟一般求解步驟，並非那種提供不經理解的答案的竅門。

GO Tutorial　Close

This GO Tutorial will provide you with a step-by-step guide on how to approach this problem. When you are finished, go back and try the problem again on your own. To view the original question while you work, you can just drag this screen to the side. **(This GO Tutorial consists of 4 steps.)**

Step 1 : Solution Step 1 of GO Tutorial 10-30

KEY IDEAS:
(1) When an object rotates at constant angular acceleration, we can use the constant-acceleration equations of Table 10-1 modified for angular motion:

(1) $\omega = \omega_0 + \alpha t$

(2) $\theta - \theta_0 = \omega_0 t + \frac{1}{2}\alpha t^2$

(3) $\omega^2 = \omega_0^2 + 2\alpha(\theta - \theta_0)$

(4) $\theta - \theta_0 = \frac{1}{2}(\omega_0 + \omega)t$

(5) $\theta - \theta_0 = \omega t - \frac{1}{2}\alpha t^2$

Counterclockwise is the positive direction of rotation, and clockwise is the negative direction.
(2) If a particle moves around a rotation axis at radius r, the magnitude of its radial (centripetal) acceleration at any moment is related to its tangential speed v (the speed along the circular path) and its angular speed at that moment by

$a_r = \dfrac{v^2}{r} = \omega^2 r$

(3) If a particle moves around a rotation axis at radius r, the magnitude of its tangential acceleration at (the acceleration along the circular path) at any moment is related to angular acceleration α at that moment by

$a_t = r\alpha$

(4) If a particle moves around a rotation axis at radius r, the angular displacement through which it rotates is related to the distance s it moves along its circular path by

$s = r\Delta\theta$

GETTING STARTED: What is the radius of rotation (in meters) of a point on the rim of the flywheel?

Number ____　Unit ____ ▼

exact number, no tolerance

Check Your Input

Step 2 : Solution Step 2 of GO Tutorial 10-30

What is the final angular speed in radians per second?

Number ____　Unit ____ ▼

the tolerance is +/-2%

Check Your Input

Step 3 : Solution Step 3 of GO Tutorial 10-30

What was the initial angular speed?

Number ____　Unit ____ ▼

exact number, no tolerance

Check Your Input

Step 4 : Solution Step 4 of GO Tutorial 10-30

Through what angular distance does the flywheel rotate to reach the final angular speed?

Number ____　Unit ____ ▼

the tolerance is +/-2%

Check Your Input

Now that you know how to solve the problem, go back and try again on your own.　Close

評估材料

- **每個線上章節內都有閱讀題目**：編寫的這些材料並沒有要求分析或任何深入理解；而是只是測試學生是否已經讀了該章節。當學生開啟一節時，一個隨機選取的閱讀題目(取自題庫)出現在最後。教師可決定該題是否為該節評分用的一部分，或單純對學生有益。

- **測試站散見於大多數小節**：其用意是需要該節物理觀念的分析及判斷。測試站的答案列於書末。

> ☑ **測試站 1**
>
> 這裡有三組分別位在 x 軸上的初及末位置。那一組是負位移：(a) –3 m，+5 m；(b) –3 m，–7 m；(c) 7 m，–3 m？

- **所有章末習題**：都有在 WileyPLUS(還有更多題)。教師可建構一套指派作業，並設計線上作答的評分方式。例如，教師設定遞交答案期限，以及允許學生多少次嘗試解出答案。教師也可控制每一題作業能有什麼學習協助連結(如果有的話)。這樣的連結可包括：提示、範例、章內閱讀材料、指導影片、數學複習影片，甚至解答影片(比如可在交作業期限後開放給學生取得)。

- **符號運算題型**：每章都有需要數值答案的題型。

教師補助資料 PLUS

教師解答手冊

手冊提供章末所有習題的完整解答。它也有 MSWord 和 PDF 版本。

教師輔助網

http://www.wiley.com/go/halliday/principles of physics GE

- **教師手冊**(Instructor's Manual)

  教師手冊包含了概述各章最重要主題的授課講義、示範實驗、研究室及電腦計畫、影音資源、所有討論題/範例/習題集/測試站的所有答案、以及與前一版的討論題/範例/習題集的相關性導引。它也包含了學生可獲得詳解的所有習題清單。

- **教學投影片**

  這些投影片可作為教師的有力基本配備，概述了關鍵概念，並引用書中的圖片及公式。

- **Wiley 物理模擬**

  由 Boston 大學的 Andrew Duffy 以及 Vernier Software 的 John Gastineau 編寫。總計有 50 個互動模擬(Java applet)可供課堂教學示範。

- **Wiley 物理示範**

  由羅格斯大學(Rutgers University)的 David Maiullo 編寫。此配件含有 80 段標準物理示範的數位影像。可以在 WileyPLUS 上取得並課堂上播放。另附有教師指南(Instructor's Guide)，其中包含了「clicker」問題。

- **題庫**(Test Bank)

  在第 10 版中，題庫已經由 Northern Illinois University 的 Suzanne Willis 完全修復。題庫包含了超過 2200 題的多重選擇問題。這些題目在電腦計算題庫中也會出現，而且提供了完整的編輯功能讓你自訂測驗(在 IBM 及麥金塔電腦中皆可使用)。

- **文字配圖**

  所有檔案可適用於課堂投影和列印。

致 謝

許多人對本書做出了貢獻，出版商 John Wiley ＆Sons, Inc.和 Jearl Walker 都希望感謝以下所列對最新版本的編輯提供評論和想法的人。

Jonathan Abramson, *Portland State University*; Omar Adawi, *Parkland College*; Edward Adelson, *The Ohio State University*; Steven R. Baker, *Naval Postgraduate School*; George Caplan, *Wellesley College*; Richard Kass, *The Ohio State University*; M.R. Khoshbin-e-Khoshnazar, *Research Institution for Curriculum Development & Educational Innovations (Tehran)*; Craig Kletzing, *University of Iowa*, Stuart Loucks, *American River College*; Laurence Lurio, *Northern Illinois University*; Ponn Maheswaranathan, *Winthrop University;* Joe McCullough, *Cabrillo College*; Carl E. Mungan, *U. S. Naval Academy*, Don N. Page, *University of Alberta*; Elie Riachi, *Fort Scott Community College*; Andrew G. Rinzler, *University of Florida*; Dubravka Rupnik, *Louisiana State University*; Robert Schabinger, *Rutgers University*; Ruth Schwartz, *Milwaukee School of Engineering*; Carol Strong, *University of Alabama at Huntsville*, Nora Thornber, *Raritan Valley Community College*; Frank Wang, *LaGuardia Community College*; Graham W. Wilson, *University of Kansas*; Roland Winkler, *Northern Illinois University*; William Zacharias, *Cleveland State University*; Ulrich Zurcher, *Cleveland State University*.

最後，我們的外部審校團隊也當然非常傑出，謹此為每位成員的努力及專業予以誠摯致謝。

Maris A.Abolins, *Michigan State University*

Edward Adelson, *Ohio State University*

Nural Akchurin, *Texas Tech*

Yildirim Aktas, *University of North Carolina- Charlotte*

Barbara Andereck, *Ohio Wesleyan University*

Tetyana Antimirova, *Ryerson University*

Mark Arnett, *Kirkwood Community College*

Arun Bansil, *Northeastern University*

Richard Barber, *Santa Clara University*

Neil Basecu, *Westchester Community College*

Anand Batra, *Howard University*

Kenneth Bolland, *The Ohio State University*

Richard Bone, *Florida International University*

Michael E. Browne, *University of Idaho*

Timothy J. Burns, *Leeward Community College*

Joseph Buschi, *Manhattan College*

Philip A. Casabella, *Rensselaer Polytechnic Institute*

Randall Caton, *Christopher Newport College*

Roger Clapp, *University of South Florida*

W. R. Conkie, *Queen's University*

Renate Crawford, *University of Massachusetts-Dartmouth*

Mike Crivello, *San Diego State University*

Robert N. Davie, Jr., *St. Petersburg Junior College*

Cheryl K. Dellai, *Glendale Community College*

Eric R. Dietz, *California State University at Chico*

N. John DiNardo, *Drexel University*

Eugene Dunnam, *University of Florida*

Robert Endorf, *University of Cincinnati*

F. Paul Esposito, *University of Cincinnati*

Jerry Finkelstein, *San Jose State University*

Robert H. Good, *California State University-Hayward*

Michael Gorman, *University of Houston*

Benjamin Grinstein, *University of California, San Diego*

John B. Gruber, *San Jose State University*

Ann Hanks, *American River College*

Randy Harris, *University of California-Davis*

Samuel Harris, *Purdue University*

Harold B. Hart, *Western Illinois University*

Rebecca Hartzler, *Seattle Central Community College*

John Hubisz, *North Carolina State University*

Joey Huston, *Michigan State University*

David Ingram, *Ohio University*

Shawn Jackson, *University of Tulsa*

Hector Jimenez, *University of Puerto Rico*

Sudhakar B. Joshi, *York University*

Leonard M. Kahn, *University of Rhode Island*

Sudipa Kirtley, *Rose-Hulman Institute*

Leonard Kleinman, *University of Texas at Austin*

Craig Kletzing, *University of Iowa*

Peter F. Koehler, *University of Pittsburgh*

Arthur Z. Kovacs, *Rochester Institute of Technology*

Kenneth Krane, *Oregon State University*

Hadley Lawler, *Vanderbilt University*

Priscilla Laws, *Dickinson College*

Edbertho Leal, *Polytechnic University of Puerto Rico*

Vern Lindberg, *Rochester Institute of Technology*

Peter Loly, *University of Manitoba*

James MacLaren, *Tulane University*

Andreas Mandelis, *University of Toronto*

Robert R.Marchini, *Memphis State University*

Andrea Markelz, *University at Buffalo, SUNY*

Paul Marquard, *Caspar College*

David Marx, *Illinois State University*

Dan Mazilu, *Washington and Lee University*

James H.McGuire, *Tulane University*

David M.McKinstry, *Eastern Washington University*

Jordon Morelli, *Queen's University*

Eugene Mosca, *United States Naval Academy*

Eric R.Murray, *Georgia Institute of Technology, School of Physics*

James Napolitano, *Rensselaer Polytechnic Institute*

Blaine Norum, *University of Virginia*

Michael O'Shea, *Kansas State University*

Patrick Papin, *San Diego State University*

Kiumars Parvin, *San Jose State University*

Robert Pelcovits, *Brown University*

Oren P. Quist, *South Dakota State University*

Joe Redish, *University of Maryland*

Timothy M. Ritter, *University of North Carolina at Pembroke*

Dan Styer, *Oberlin College*

Frank Wang, *LaGuardia Community College*

Robert Webb, *Texas A&M University*

Suzanne Willis, *Northern Illinois University*

Shannon Willoughby, *Montana State University*

編 輯 序

本書譯自 David Halliday、Robert Resnick 及 Jearl Walker 等三人合著之

Principles of Physics

第十一版，Extended 完整版，國際學生版(Global Edition)
ISBN：978-1-119-45401-4 (13 碼)

原文書分五大部分(共 44 章)，為普通物理之經典教本，取材豐富完整，內容銜接高中物理至一般大專理工科系必修之普物課程，範例及書中題目更均與生活應用切身相關，可引領讀者初窺此領域堂奧。

中譯(力學與熱學篇)涵蓋第一及第二部分，即前 20 章，範圍主要包括運動學、平衡、重力、流體、振盪、波動、熱力學等；適合公私立大學、科技大學與技術學院等，理工相關科系的「普通物理」及「物理學」等相關課程使用；亦可供作高中數理資優生的物理進階參考教材。

另外，本書的國際學生版原文僅授權於歐洲、亞洲、非洲及中東等地區販售，且不得自其出口。凡地區間的進出口係未經出版商授權者，係屬違法及對出版商之侵權行為。出版商得採法律訴訟行動以執行其權利。如提起訴訟，出版商可申請包括但不限於所損失之利益及律師費等損害及訴訟費之賠償。

最後，若您在各方面有任何問題，歡迎隨時連繫，我們將竭誠為您服務。

全華編輯部　謹致

在 UV 波段下，最高解析度的仙女座大星系(又名M31)影像，是最靠近我們銀河系的星系，僅僅 2.5 百萬光年。圖中內含了 2 萬個左右星體，主要是發出高能紫外光的年輕炙熱恆星以及緻密星團。

(來源：**NASA**)

目　錄

ANSWERS

CHAPTER 1

測量

1-1 測量事物的性質

學習目標

在閱讀完這個區塊的文字之後,讀者應該能夠…
1.01 辨識SI系統中的基本量
1.02 指出SI單位中最常使用的字首
1.03 使用鏈鎖變換法換算單位
1.04 解釋為什麼公尺是使用光在真空中的速率予以定義。

關鍵概念

● 物理學是奠基於對物理量所進行的測量。而且某些物理量已經被選為基本物理量 (例如長度、時間和質量);每個基本物理量都有一個標準加以定義,而且也給予一個測量單位(例如公尺、秒和公斤)。其他物理量則經由基本物理量予以定義,而且它們的標準和測量單位也是如此。

● 這本書所強調的單位系統是國際單位系統(SI)。本書前面的章節使用了表1-1所顯示的三個物理量。藉著國際之間的協議,這三個基本物理量已經被建立出,既可取用到而且不會改變的標準。不論是測量基本物理量或測量由基本物理量衍生來的物理量,都可以使用這些標準。表1-2中的科學表示法與字首可以用於簡化測量結果的表示方式。

● 藉著鏈鎖變換法,我們可以完成單位之間的轉換,所謂鏈鎖變換法指的是,原始資料被連續地乘以轉換因子,而且諸轉換因子的各單位可以像代數數量般地操作,直到只剩想要的單位保留下來為止。

● 公尺是以光在一個精確的特定時間間隔內,所行走的距離予以定義。

物理學是什麼?

科學和工程學是以測量和比較為基礎。因此,我們需要有對於事物如何予以測量和比較的規則,而且我們也需要進行實驗去為那些測量和比較建立單位。物理學(和工程學)的一個目的是設計和進行那些實驗。

舉例來說,物理學者努力發展極準確的時鐘,使得對任何時間或時間間隔能精確地加以決定和比較。我們可能懷疑這樣的準確度實際上是否有需要,或者值不值得這麼做。這裡有一個值得我們這麼做的例子:如果沒有極準確的時鐘,現在對全世界的導航相當重要的全球定位系統(Global Positioning System, GPS)亦是毫無用處。

對事物進行測量

當我們學習如何去測量一些跟物理有關的性質時，因而發現了物理。這些性質包含了長度、時間、質量、溫度、壓力，以及電流。

我們用屬於每個物理量本身的單位來測量它，並與一個**標準**來作比較。**單位**是我們指定測量物理量的特定名稱——例如，公尺(m)是長度的單位。所謂的標準是該物理量的 1.0 個單位。長度的標準就是 1.0 公尺，是光在真空中某一極短時間內所行進的距離。我們能以隨我們想要的任意方式來定義一個單位及其標準。然而，重要的是要訂得使所有科學家們覺得有道理而且實用，這才有意義。

一旦標準訂好了——比如，長度——我們還必須建立出無論任何長度，如氫原子半徑、滑板長度、或是至遠處恆星的距離等，均能以該標準表示的方法。有些方法是直接的(例如用尺量滑板的長度)。但有些是間接的。例如，你不可能用尺去量原子的半徑，或者是星球之間的距離。

物理學裡面談到的物理量太多了，很難將它們一網打盡。好在，它們之間不全是毫不相干的；比如說，速度是長度除以時間。因此，我們只須——根據國際協議——選定少數幾個物理量，如長度、時間等，單獨訂出它們的標準。然後利用這些基本量及其標準(稱為基本標準)來定義所有其他的物理量。例如，速率的定義即利用基本量中的長度及時間還有其基本標準。

要訂定基本量之標準，必須具有易於取得以及恒定不變兩個要求。如果將長度標準訂為一個人的鼻尖到手臂伸出時的食指尖之距離，我們無疑有了一個可用標準——但其顯然會因人而異。科學及工程上的精密度要求促使我們優先考慮恒定不變性。然後再想出最好的辦法將所訂的標準複製出來，提供給需要的人。

國際單位系統

1971 年第 14 屆國際度量衡大會時，選定了七個物理量為基本量，作為國際單位系統的基礎，並由國際單位的法文而簡稱為 SI 單位，一般又叫做公制系統(metric system)。表 1-1 所列者為三個基本量——長度、質量、時間——的單位；這些是本書前幾章要用的。這些物理量單位的定義，都基於「人類尺度」的考量。

表 1-1　三個 SI 基本單位

物理量	單位名稱	單位符號
長度	公尺	m
時間	秒	s
質量	公斤	kg

　　許多的 SI 導出單位是利用這些基本單位來定義。例如，功率的 SI 單位稱為**瓦特**(Watt，簡作 W)，可以由質量、長度及時間等的基本單位來組成。因此，如在第 7 章裡你將會看到：

$$1 \text{ watt} = 1 \text{ W} = 1 \text{ kg} \cdot \text{m}^2 / \text{s}^3 \tag{1-1}$$

式子後面這些單位的讀法是「公斤-公尺平方每秒立方」。

　　在物理學裡面，當我們遇到很大或很小的數字時，通常使用 10 的次方來表示，稱為科學記數法。在下列情況時：

$$3\,560\,000\,000 \text{ m} = 3.56 \times 10^9 \text{ m} \tag{1-2}$$

$$0.000\,000\,492 \text{ s} = 4.92 \times 10^{-7} \text{ s} \tag{1-3}$$

自從電腦出現了以後，科學計數法則以更簡單的方式來表示；例如，3.56E9 及 4.92E–7，其中 E 代表 10 的次方的意思。在某些計算機裡面，甚至把 E 省略，而用一個空格來取代。

　　為了方便起見，我們採用表 1-2 所列的一些字首來處理一些很大或者很小的數字。你可以發現，每一個字首都是以 10 為因子，並且是 10 的級數倍。將這些字首的符號放在單位的前面，相當於乘上對應倍數。因此，我們可以將電功率表示成：

$$1.27 \times 10^9 \text{ watts} = 1.27 \text{ gigawatts} = 1.27 \text{ GW} \tag{1-4}$$

或某一時距為：

$$2.35 \times 10^{-9} \text{ s} = 2.35 \text{ nanoseconds} = 2.35 \text{ ns} \tag{1-5}$$

表 1-2　SI 單位的字首

因次	字首 [a]	符號	因次	字首 [a]	符號
10^{24}	yotta-	Y	10^{-1}	deci-	d
10^{21}	zetta-	Z	**10^{-2}**	**centi-**	**c**
10^{18}	exa-	E	**10^{-3}**	**milli-**	**m**
10^{15}	peta-	P	**10^{-6}**	**micro-**	**μ**
10^{12}	tera-	T	**10^{-9}**	**nano-**	**n**
10^{9}	**giga-**	**G**	**10^{-12}**	**pico-**	**p**
10^{6}	**mega-**	**M**	10^{-15}	femto-	f
10^{3}	**kilo-**	**k**	10^{-18}	atto-	a
10^{2}	hecto-	h	10^{-21}	zepto-	z
10^{1}	deka-	da	10^{-24}	yocto-	y

[a] 最常使用之字首以粗體顯示。

某些字首表示法也許你早已熟悉，如 mm、cm、kg 以及 Mb 等。

單位換算

　　我們常常需要去改變表示物理量時之單位。這種做法稱爲鏈鎖變換法。做法是將原始的量測數據乘上一個**換算因子**(單位之間的比值當其等於 1 時)。例如，因爲 1 分鐘和 60 秒是相同的時距，使得：

$$\frac{1 \min}{60 \, s} = 1 \quad 和 \quad \frac{60 \, s}{1 \min} = 1$$

因此，(1 min)/(60 s)及(60 s)/(1 min)可以當成換算因子來使用。這跟寫 $\frac{1}{60} = 1$ 或是 60 = 1 不一樣；每個數及其單位要一起處理。

　　由於任何物理量乘以 1 時均保持不變，故在單位換算時，可以找出一個或多個適用的換算因子。在鏈鎖變換法中，我們可以用這些換算因子將我們不想要的單位給消去。例如，將 2 分鐘換成秒，我們可得：

$$2 \min = (2 \min)(1) = (2 \, \overline{\min}) \left(\frac{60 \, s}{1 \, \overline{\min}} \right) = 120 \, s \qquad (1\text{-}6)$$

如果在這過程中你無法將不想要的單位消去的話，試著將換算因子倒轉再做一遍。在換算時，單位的代數運算規則同變數及數字。

　　在附錄 D 以及內封底提供 SI 單位與其它單位之間的換算因子，包含了一些在美國依然很常用的非 SI 單位。然而，這些換算因子多以「1 min = 60 s」這樣的形式來表示，而不用先前所使用的比例式。所以，你必須以任何所需的比值形式選定分子與分母。

長度

　　1792 年，新成立的法蘭西共和國曾建立一個新的度量衡制度。其中最重要的，就是規定北極到赤道長度的千萬分之一爲 1 公尺。後來由於種種原因，用地球來當作公尺的標準被放棄，而改用**標準尺**鉑銥合金棒兩端的兩條微細刻線間的距離爲標準；此一標準尺現保存於巴黎附近的度量衡標準局裡。該鉑銥合金標準尺有許多精密的複製品，分送世界各地的標準實驗室。這些**次級標準**(secondary standards)用以製造其他可更易於取得使用的量具，藉此最後每個測量裝置透過一連串複雜的比較手續，而獲得其使用依據。

　　最後，現今人們已經要求比此金屬棒上兩個刻度之間的距離更精確的長度標準。到了 1960 年，採用了光波的波長當作新的長度標準。具體而言，公尺標準重新定義爲，在氣體放電管中，氪-86 (氪原子的同位素，或說是一種特別的氪原子)會放出一種特殊橘紅色的光，此光波波長的 1650763.73 倍就被定爲 1 公尺。選定這麼奇怪的數字是爲了讓新標準與舊標準一致。

然而到了 1983 年，甚至氪-86 的長度標準也無法達到對更高精密度的需求，於是該年採取了一個大膽的方案。公尺被重新定義為光在一特定時距內的行進距離。引述第 17 屆國際度量衡大會的結論如下：

 公尺是光在真空中 299792458 分之 1 秒所前進的距離。

由此一定義，光在真空中的速度為：

$$c = 299792458 \text{ m/s}$$

因為目前量測光速的精密度非常高，所以很合理地可將光速採為一被定義量，並藉以重新定義公尺。

表 1-3 列出一大範圍的長度，大至宇宙(頂列)，小至極小物體。

表 1-3　若干近似長度	
量測	**長度(m)**
到最遠星系的距離	2×10^{26}
到仙女座的距離	2×10^{22}
到最近鄰恆星的距離 (半人馬座比鄰星)	4×10^{16}
到冥王星的距離	6×10^{12}
地球的半徑	6×10^{6}
聖母峰的高度	9×10^{3}
本頁的厚度	1×10^{-4}
一般病毒的長度	1×10^{-8}
氫原子的半徑	5×10^{-11}
質子的半徑	1×10^{-15}

有效數字與小數點的位置

假設讀者您解決了，一個其中所牽涉的數值都具有兩個數字的問題。那些數字被稱為有效數字 (**significant figures**)，它們設定了在最後提出答案時，讀者所能夠使用數字的個數。如果讀者使用的數據有兩個有效數字，您最後的答案應該也只能有兩個有效數字。不過，隨著您所使用計算機設定的不同，也有可能有更多數字顯示出來。那些多出的數字是無意義的。

在這本書中，計算過程的最後結果會取其近似值，以便吻合所用數據的最小有效數字的個數。(不過，有時候可以多保留一個有效數字) 當被捨棄的那些數字的最左邊數字是 5 或大於 5 的時候，保留下來的諸數字的最後一個數字將會進一；否則此最後一個數字將不會更動。舉例而言，11.3516 可以取三個有效數字的近似值成為 11.4，11.3279 可以取三個有效數字的近似值成為 11.3。(即使有取近似值，這本書的範例也經常以符號 ＝ 而不是以 ≈ 呈現該數值。)

當在題目中出現像 3.15 或 3.15×10^{3} 的數目時，其有效數字的個數是很明顯的，但是像 3000 這樣的數值呢？其有效數字只有一個嗎 (3×10^{3})？或者是像 (3.000×10^{3}) 一樣有四個呢？在這本書中，我們假設像 3000 這種數值內所有的零都有效，但是在其他書中讀者最好不要有這樣的預設。

切記勿混淆了有效數字和小數位數 (decimal places) 兩種概念。讓我們考慮三個長度 35.6 mm，3.56 m 和 0.00356 m。它們都具有三個有效數字，但是它們分別具有一、二和五個小數位數。

範例 1.1 估計線球的數量級

世界上用線繞成的最大線球的半徑約為 2 公尺。用最接近的數量級，這顆球的總線長 L 是多少？

關鍵概念

我們當然可以將線球拆開來量它的總長度 L，但是這樣將會花費許多力氣並且會讓這顆線球的製造者非常地不高興。另一種作法則是，因為我們只要最接近的數量級，因此我們可以在計算中估計任意我們所需要的量。

計算

就讓我們假設此線球是圓的，半徑 $R = 2$ m。在球裡面的線並非緊密堆積(在鄰近的線與線之間，有許多不可數的縫隙)。為了允許這些縫隙的存在，我們粗略估計線的橫切面為方形，其邊長 $d = 4$ mm。然後由截面積及長度，可算出此線佔據的體積：

$$V = (截面積)(長度) = d^2 L$$

這大約近似於球的體積 $\frac{4}{3}\pi R^3$，因為 π 大概是 3 左右，因此球的體積大約為 $4R^3$。因此，我們有：

$$d^2 L = 4R^3$$

或

$$L = \frac{4R^3}{d^2} = \frac{4(2\text{m})^3}{(4\times10^{-3}\text{m})^2} \qquad (答)$$

$$= 2\times10^6 \text{m} \approx 10^6 \text{m} = 10^3 \text{km}$$

(注意，當你做這樣簡單計算的時候，你並不需要計算機)。以最接近的數量級來計算，這顆球線包含了大約 1000 km 的線！

1-2 時間

學習目標

在閱讀完這個區塊的文字之後，讀者應該能夠…

1.05 使用鏈鎖變換法換算時間單位

1.06 運用不同的時間測量工具，例如運動或不同的時鐘

關鍵概念

● 秒是以銫原子 (Cs-133) 所放射出光的振動予以定義。在作為標準的實驗室內，其原子鐘可以向全世界放射出，能當作精確時間訊號的無線電訊號。

時間

時間有兩種面向。在日常生活或在科學上，我們想要知道目前的時刻以便我們可以安排行程。在眾多的科學活動中，我們想知道一個事件歷時了多久。所以任何時間標準必須能夠回答下列兩個問題：「它是何時發生的？」以及「它經過多少的時間？」表 1-4 所列者為若干量測到的時距。

任何會重複出現的現象都可作為時間的標準。決定一天長度的地球自轉幾世紀以來便是如此使用；圖 1-1 顯示之新例子為基於此自轉的錶。在石英鐘裡，一個環狀的石英不斷的振動，可以和地球自轉的時間對照而校準，作為實驗中量測時間的工具。但這種方式的校準，其精密度已經無法應付最近科技的需求。

為滿足較佳時間標準的需要，原子鐘因而誕生。在美國科羅拉多州石頭城的國立科技標準局(NIST)裡的原子鐘，被當作協調統一時間(UTC)的標準。在美國各地，該原子鐘的訊號可經由短波無線電(WWV 及 WWVH 波段)，或由電話(303-499-7111)接收到。時間訊號(以及相關資訊)也可由美國海軍觀測站的網站查得：http://tycho.usno.navy.mil/time.html (若要在你所在位置精確對時的話，你必須考慮到電波抵達你所在處的所需行進時間)。

圖 1-2 所示者是在四年當中，地球自轉週期與銫原子鐘對照時所呈現出來的複雜變化。圖中明顯地顯示這種變化是季節性的以及重覆的，因此我們猜測這是由於地球的自轉造成地球和原子鐘之間的差異。一天的長度會有這麼複雜的變化，可能是月球所引起的潮汐變化，以及大規模的氣流所造成的。

表 1-4 若干時間間隔(時距)

時距	秒
質子壽命(預期)	3×10^{40}
宇宙之年齡	5×10^{17}
埃及金字塔年齡	1×10^{11}
人的平均壽命	2×10^{9}
一天	9×10^{4}
心跳週期	8×10^{-1}
μ 介子生命期	2×10^{-6}
實驗室中最短光脈動	1×10^{-16}
大部分不穩定粒子的壽命	1×10^{-23}
普朗克時間 [a]	1×10^{-43}

[a] 此為大霹靂後，我們所知的物理定律可適用的最早時間點。

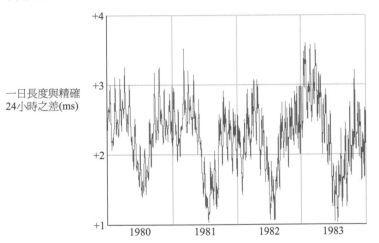

圖 1-2 四年一週期的一天長度變化。注意到，圖中整個垂直刻度總共僅 3 ms (= 0.003 s)。

一日長度與精確24小時之差(ms)

圖 1-1 當 1792 年提出公制系統時，小時被重新定義而規定一天採 10 小時計之方式。這個想法並沒有流行起來。圖示 10 小時錶的製造者聰明地提供一個小刻度盤，其保持慣用的 12 小時計之時刻。兩種刻度盤是否表示相同時間？(Steven Pitkin)

在 1967 年舉行的第 13 屆國際度量衡大會決議採用銫原子鐘作為計秒的標準：

一秒是銫 133 原子所發出之某一特定波長的光波振動 9,192,631,770 次所需的時間。

原則上，由此定義的精密度推算，兩個銫原子鐘走了 6000 年以後，才會相差 1 秒。但即使這樣的準確度與目前正在發展之時鐘相比仍要相形見絀；目前的精密度可達 1×10^{18} 分之一──亦即，在 1×10^{18} 秒(3×10^{10} 年)內有 1 秒的誤差！

1-3　質量

學習目標

在閱讀完這個區塊的文字之後，讀者應該能夠…
1.07　使用鏈鎖變換法換算質量單位

1.08　當物體的質量均勻分佈時，將物體的密度與其質量和體積有關

關鍵概念

● 公斤是以鉑銥合金製的標準公斤予以定義，此標準公斤保存於巴黎附近。如果是在原子尺度上進行測量，通常會採用原子質量單位，其中原子質量單位是利用碳原子-12予以定義。

● 物質的密度 ρ 指的是每單位體積的質量。

$$\rho = \frac{m}{V}$$

質量

標準公斤

SI 的質量標準是一個鉑銥合金圓柱體(見圖 1-3)，存放在巴黎附近的國際度量衡標準局裡，經國際公認，被指定為 1 kg 質量的標準。

根據這個標準的精密複製品已經分送各國的標準鑑定機構，作為其他物體質量的比較標準。表 1-5 所示為若干測得之質量(以 kg 為單位)其範圍超過 83 個數量級。

美國所分配到的複製品存放在國立科技標準局(在科羅拉多州的石頭城)。每年最多拿出來一次，以便校正各地所用的標準複製品。自 1889 年以來，它還被攜往法國兩次，以與原標準公斤作重複的比對與校準。

圖 1-3　1 kg 的國際標準質量，是一個直徑和高度都是 3.9 公分的鉑銥合金圓柱體(授權自在法國的國際標準度量局)。

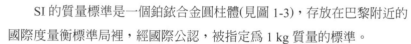

表 1-5　若干近似質量

物體	質量(公斤)	物體	質量(公斤)
已知的宇宙	1×10^{53}	大象	5×10^{3}
銀河系	2×10^{41}	一粒葡萄	3×10^{-3}
太陽	2×10^{30}	一粒灰塵	7×10^{-10}
月球	7×10^{22}	盤尼西林分子	5×10^{-17}
伊洛斯小行星	5×10^{15}	鈾原子	4×10^{-25}
小山	1×10^{12}	質子	2×10^{-27}
遠洋郵輪	7×10^{7}	電子	9×10^{-31}

第二種質量標準

原子與原子之間作質量的比較遠比原子與標準公斤比較更為精確。基於這個原因,我們訂定了第二種質量標準。其為國際公認的碳 12 原子,原子量為 12 個**原子質量單位(u)**。它與 kg 之換算關係為:

$$1\,u = 1.66053886 \times 10^{-27}\,kg \qquad (1\text{-}7)$$

其精密度為最末兩位小數有±10 的不確定性。科學家可以相當精確地測出其它原子相對於碳 12 原子的質量。目前我們仍然無法知道將此精確度推廣到像公斤這樣的普通質量單位有何意義。

密度

如第 14 章會再討論,**密度** ρ (小寫希臘字母 rho)是每單位體積之質量:

$$\rho = \frac{m}{V} \qquad (1\text{-}8)$$

密度一般以每 m^3 多少公斤或每 cm^3 多少公克加以列舉。我們經常以水的密度(每立方公分 1.00 公克)作為比較的對象。例如,新鮮的雪所具有的密度大約是該密度的 10%;白金的密度則大約是該密度的 21 倍。

範例 1.2　密度與液化

重物可能伴隨地震而沉陷地裡,如果搖動造成地面液化(liquefaction),即土壤顆粒之間在彼此滑動經過時,會受到小量的摩擦力。此時地面實質上會變成流沙。砂土地面液化的潛在可能性可用地表樣本的孔隙比(void ratio) e 加以預測:

$$e = \frac{V_{voids}}{V_{grains}} \qquad (1\text{-}9)$$

其中,V_{grains} 為樣本內砂土顆粒的總體積,V_{voids} 為顆粒之間(孔隙)的總體積。如果 e 超過臨界值 0.80,則液化將隨著地震發生。試問此時相對應的砂土密度 ρ_{sand} 為何?固體的二氧化矽(砂的主要成份)具有密度 $\rho_{SiO_2} = 2.600 \times 10^3\,kg/m^3$。

關鍵概念

樣本內砂土密度 ρ_{sand} 為每單位體積之質量——即砂土顆粒總質量 m_{sand} 與樣本總體積 V_{total} 的比值。

$$\rho_{sand} = \frac{m_{sand}}{V_{total}} \qquad (1\text{-}10)$$

計算　樣本總體積 V_{total} 為:

$$V_{total} = V_{grains} + V_{voids}$$

由 1-9 式代入解得為:

$$V_{grains} = \frac{V_{total}}{1+e} \qquad (1\text{-}11)$$

由 1-8 式可知,砂土顆粒總質量 m_{sand} 為二氧化矽密度與砂土顆粒總體積的乘積:

$$m_{sand} = \rho_{SiO_2} V_{grains} \qquad (1\text{-}12)$$

將此表示式代入 1-10 式,並將 1-11 式代入 V_{grains} 解得:

$$\rho_{sand} = \frac{\rho_{SiO_2}}{V_{total}} \frac{V_{total}}{1+e} = \frac{\rho_{SiO_2}}{1+e} \qquad (1\text{-}13)$$

代入 $\rho_{SiO_2} = 2.600 \times 10^3\,kg/m^3$ 及臨界孔隙率 $e = 0.80$,可發現液化發生於砂土密度小於下列數值時:

$$\rho_{sand} = \frac{2.600 \times 10^3\,kg/m^3}{1.80} = 1.4 \times 10^3\,kg/m^3 \qquad (答)$$

在這樣的液化情況下,大樓可以下沉數公尺。

重 點 回 顧

物理學中的量測 物理學的基礎在於對宇宙中各物理量及其變化的量測。某些物理量被定為**基本量**(如長度、時間、質量等),每一基本量都有其**標準**及**單位**(如公尺、秒、公斤等)。其他的物理量則以基本量及其標準和單位來定義。

SI 單位 本書所強調的單位制是 SI 單位。表 1-1 中所列的是本書前面幾章所用到的基本物理量。各種單位的標準均經國際公認,各基本量則根據這些標準定出各自的單位來;所用的標準必須容易取得,而且恒定不變。這些國際公認的標準就成了量測基本量及所有導出量的依據。表 1-2 中的科學記號及字首是用以簡化測量結果記法。

單位換算 單位換算時,可以利用鏈鎖規則,亦即,將原物理量乘以一連串適當的轉換因子,其中各轉換因子實際上都是 1,然後將不用的單位互相消去(如同一般代數運算),直到獲得所需的單位為止。

長度 公尺被定義為光在某一精密設定之時間內所行進的距離。

時間 秒的定義是利用原子(銫 133)來源所發出的光波振盪。世界各地都可經由電波的傳送,獲得由標準實驗室中之原子鐘所發出的時間信號。

質量 公斤的定義是利用一個保存在巴黎附近的鉑銥質量標準。若欲測量原子尺度的質量,則另外可用原子質量單位(以碳 12 為標準)來表示。

密度 材料的密度 ρ 是每單位體積的質量:

$$\rho = \frac{m}{V} \tag{1-8}$$

討論題

1 在英格蘭古老的農村地區,1 個 hide(介於 100 到 120 英畝之間)是僅用一個犁就能維持一個家庭一年生活的土地面積。(1 英畝的面積等於 4047 m^2)。此外,1 個 wapentake 是指一個 100 個上述家庭的土地大小。在量子物理學中,原子核的截面積(由粒子撞擊和吸收的機會來定義)是以穀倉面積為單位進行測量,一個穀倉的面積為 1×10^{-28} m^2。(依據核子物理學的說法,如果原子核的尺寸是「大的」,那麼向其發射粒子就像在穀倉門上發射子彈,這幾乎是很難錯過的),則 43 個 wapentake 與 8 個穀倉的面積比率是多少?

2 一個標準室內樓梯的高度及寬度分別為 19 cm 及 23 cm,研究建議若是寬度改為 28 cm 將使得跑步下樓時更加安全。因此對於跑下高度為 9.5 m 高的特定樓梯,其長度將延伸至房屋內多遠的距離?

3 (a) shake 是微觀物理領域有時候會使用到的時間單位。1 shake 等於 10^{-8} s。試問在一秒內的 shake 數目有比在一年內的秒數目還多嗎?(b)人類存在的時間大約是 10^6 年,然而宇宙存在的時間大約是 10^{10} 年。如果將宇宙的年齡定義成 1「宇宙天」,其中就像平常的一天是由平常秒所組成,宇宙天也是由「宇宙秒」所組成,試問人類已經存在了多少宇宙秒?

4 有一首老英國童詩這樣唱,「小女生瑪菲坐在矮凳上,吃著凝乳和乳漿,此時出現一隻蜘蛛在她旁邊坐下...」蜘蛛並不是因為凝乳和乳漿坐下來,而是因為瑪菲小姐藏了 5.60 tuffet 乾門簾。體積量度單位 tuffet 的換算方式為 1 tuffet = 2 peck = 0.50 英制 bushel,其中 1 英制 bushel = 36.3687 公升(L)。試問瑪菲小姐藏的物品以(a) pecks,(b)英制 bushels,和(c)公升等單位來表示分別為多少?

5 請使用本章正文中的數據和轉換等式,求出要取得 3.30 kg 的氫所需要氫原子的數目。氫原子的質量是 1.0078 u。

6 噸(ton)是運輸業經常使用的體積量度單位,但是因為至少有三種類型的噸,所以使用時需要稍加留意,這三種類型分別為:一個排水噸(displacement ton)等於 7 桶,一個貨運噸(freight ton)等於 8 桶(barrel bulk),一個註冊噸(register ton)等於 20 桶。桶是另一個體積度量單位:1 桶 = 0.1415 m^3。假設我們正在清點「46 噸」M&M 糖果的運輸訂單,而且我們確信下訂單的客戶指的是關於體積的「噸」(而不是重量或質量,這在第 5 章將會繼續討論)。如果客戶實際上指的是排水噸,而我們將訂單理解成 (a) 73 貨運噸,以及(b) 73 註冊噸時,我們會錯誤地寄送多少額外 U.S.蒲式耳(bushel)的糖果?(1 m^3 = 28.378 U.S. bushels)。

7 典型方糖的邊長是 1 cm。如果我們的方形盒子含有一莫耳的方糖,試問其邊長是多少?(一莫耳= 6.02 ×10^{23} units)。

8 一天文單位(AU)是地球與太陽之間的平均距離,大約是 1.50 × 10^8 km。光速大約是 3.0 × 10^8 m/s。請將光速表示成每小時天文單位。

9 在海鮮餐廳訂購開胃菜時,你錯誤訂購到中型尺寸的太平洋牡蠣(每品脫 10 美元),而非中型尺寸的大西洋牡蠣(每品脫 30 美元)。裝滿牡蠣容器的內部尺寸為 1.0 m × 20 cm × 20 cm,而美國品脫相當於 0.4732 公升,則該訂單的數量比預訂少多少牡蠣?

10 在美國,洋娃娃房子與實際房子的比例是 1:12 (換言之,洋娃娃房子的每一個長度是實際房子的對應長度的 1/12),而且微型房子(放置在洋娃娃房子內的洋娃娃房子)與實際房子的比例是 1:144。假設實際房子(圖 1-4)的正面長度是 20 m,深度是 12 m,高度是 6.0 m,而且標準斜面屋頂(在房子兩端的垂直三角面)高度是 3.0 m。試以立方公尺表示對應的:(a)洋娃娃房子和(b)微型房子的體積。

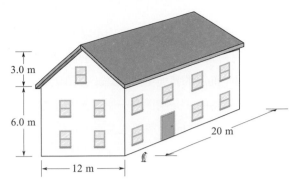

圖 1-4 習題 10

11 美國的水利工程師經常使用英畝-英呎作為水量的單位,這個單位的意義是指覆蓋 1.0 英畝土地達到 1.0 英呎深的水量。一場大雷雨在 30 分鐘內,於面積 17 平方公里的小鎮上傾倒了 2.0 英吋深的水。試問(a)小鎮上有多少英畝-英尺的水量?(b)該水量的質量是多少?水的密度為 1.0 × 10^3 kg/m^3。

12 (a)假設水的密度為 1 g/cm^3,試求水 1 立方公尺的質量,並且以公斤表示之。(b)假設要將容器內的 4800 m^3 水排出,必須花費 15.7 h。試問由容器排出的水的「質量流率」(mass flow rate)為何?請以每秒公斤表示之。

13 一本 1700 年代的食譜載有蕁麻濃湯的配方如下,「煮沸以下量的湯:1 個早餐杯加 1 個茶杯加 6 大湯匙加 1 個湯匙。戴手套由蕁麻頂分開,直到達到 0.5 夸脫蕁麻濃湯的量為止。將蕁麻頂置入煮沸的湯中,同時加入 1.5 湯匙米飯和 1 湯匙鹽後煮 15 分鐘即可。」下表列出了一些舊的英國量度之間的換算以及常見的美國度量單位。對於液體度量,1 英國茶匙 = 1 美國茶匙。對於乾燥固體度量,1 英國茶匙 = 2 美國茶匙,1 英國夸脫 = 1 美國夸脫。試以美國的度量計算蕁麻濃湯的配方中需要多少(a)原料,(b)蕁麻皮,(c)大米和(d)鹽?

表 1-6 習題 13

舊的英國量度	美國度量
茶匙 = 2 湯匙	大湯匙 = 3 茶匙
甜點匙 = 2 茶匙	半杯 = 8 湯匙
大湯匙 = 2 湯匙甜點	杯子 = 2 個半杯
茶杯 = 8 湯匙	
早餐杯 = 2 茶杯	

14 財務用語「玉米豬」用於豬肉市場，其大概與養豬直到牠足夠大可以賣至市場的成本有關。它的定義為質量 3.108 slugs 的豬與美國 bushel 玉米兩者市場價格之比值。(「Slug」一詞源自一個古老德語名詞，意思為「命中」，「Slug」與現代英語中的動詞含義相同)。美國 bushel 等於 35.238 公升，若該比率在交換市場上定為 6.50，則(1 公斤豬肉價格/1 公升玉米價格)的公制單位是多少？(提示：請參閱於附錄 D 的質量表。)

15 一個水分子(H_2O)包含兩個氫原子和一個氧原子。氫原子的質量大約是 1.0 u，氧原子的質量大約是 16 u。(a)試問一個水分子質量有多少公斤？(b)如果全世界海洋被估計的總質量是 2.8×10^8 kg，試問其所包含的水分子數有多少？

16 一種經常用於量測土地面積的面積單位是公頃，定義為 10^4 m^2。有一個露天煤礦坑每年消耗了 57 公頃的土地，向下開鑿的深度是 17 m。試以立方公里表示它每年移除的土壤體積是多少？

17 表 1-7 顯示了某些液體體積的舊度量單位。為了完成本表格，應該在(a) wey(威依)、(b) chaldron(查爾特隆)、(c) bag(袋)、(d) pottle(半加侖)、(e) gill(基爾)，等欄中填入什麼數字(三個有效數字)？(f) 1 袋的體積等於 0.1091 m^3。如果傳說中的巫婆以容積 4.32 查爾特隆的大鍋烹煮噁心液體，則其相當於多少立方公尺？

表 1-7　習題 17

	wey	chaldron	bag	ottle	gill
1 wey =	1	10/9	40/3	640	120240
1 chaldron =					
1 bag =					
1 pottle =					
1 gill =					

18 在美國 1920 年代使用過兩種桶(barrel)單位。蘋果桶的法定體積是 7056 立方英吋；小紅莓桶是 5826 立方英吋。如果商人賣了 73 小紅莓桶的商品給顧客，但是顧客卻認為自己買的是蘋果桶，請以公升表示兩者的差異？

19 讀者接到指令航向正東方 45.3 英里處，並放下打撈船於一沉沒海盜船之上。然而，當潛水夫在該位置嚴密調查海床，並未發現任何船隻跡象時，遂以無線電聯絡消息來源，結果發現航行距離應該是 45.3 海里，而不是一般的英里。請使用附錄 D 的長度表格，以公里為單位來計算你與海盜船的水平距離有多遠。

20 某一品牌家用油漆的使用說明上標示覆蓋率是 230 ft^2/gal。(a)請將這個數量以每公升的平方公尺數來表示。(b)請將這個數量以 SI 單位加以表示(請參看附錄 A 和 D)。(c)試問原數量的倒數是什麼，以及(d)其物理意義為何？

21 你必須為 312 個辣椒愛好者準備晚餐。你的食譜要求每份餐點需有 2 份墨西哥辣椒(每人一份餐點)，但是你手上只有哈瓦那辣椒，辣椒的辛辣度是以 scoville 熱度為單位(SHU)進行量測。平均而言，一支墨西哥辣椒的辣度為 4,000 SHU，而一種名為哈瓦那辣椒的辣度為 300,000 SHU。為了獲得所需的辣度，需要多少哈瓦那辣椒使可以在 312 份晚餐的食譜中取代墨西哥胡椒？

22 天文單位(astronomical unit，AU)等於地球到太陽的平均距離，大約是 92.9×10^6 mi。以一秒差距(parsec，pc)為半徑掃過 1 秒角所對應之弧長為一天文單位(圖 1-5)。一光年(light-year，ly)是光在真空中行進一年所經過的距離，其中光在真空中的速度是 186 000 mi/s。請將地球-太陽的距離以：(a)秒差距，和(b)光年來表示。

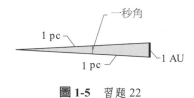

圖 1-5　習題 22

23 A、B 及 C 三個數位時鐘以不同的速率在進行者,並且無法同時歸零。圖 1-6 描述任意兩個時鐘在四個特殊時刻的讀數(舉例來說,在最早的時刻,B 的讀數是 25.0 秒,C 的讀數是 92.0 秒)。若兩事件在 A 時鐘的時刻是相隔 350 秒,則:(a)在 B 時鐘,及(b)在 C 時鐘所發生的時間分別是相隔多少秒?(c)當 A 時鐘的讀數是 350 秒,B 時鐘的讀數為何?(d)當 C 時鐘的讀數是 30.0 秒,B 時鐘的讀數又是多少?(假設在零之前的時間為負的讀數)。

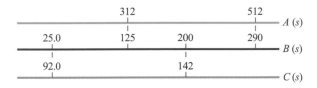

圖 1-6 習題 23

24 在一份舊手稿上透露了亞瑟王時代的一位地主擁有 2.80 英畝犁過的土地,加上飼養家畜的面積有 13.0 玻奇(perch) × 3.00 玻奇。試問總面積以:(a)舊單位路得(rood),以及(b)比較現代的公尺平方單位來表示,其值是多少?這裡,1 英畝是 40 玻奇 ×4 玻奇的面積,1 路得是 40 玻奇 ×1 玻奇的面積,而且 1 玻奇是 16.5 ft 的長度。

25 一個 cord 是切割下來的木材體積單位,它等於一疊 8 ft 長,4 ft 寬,以及 4 ft 高的木材。試問 2.00 cord 內有多少立方公尺?

26 日本有一種傳統的長度單位是 ken (1 ken = 1.97 m)[編註:漢字為「間」(けん),根據網路資料及日文辭典,一間約為 1.818 m]。試問:(a)平方 ken 相對於平方公尺的比率,以及(b)立方 ken 相對於立方公尺的比率是多少?試問高 6.90 ken,半徑 3.80 ken 的圓柱型水槽,以(c)立方 ken 和(d)立方公尺來表示時,其數值各是多少?

27 某一位觀光客在英格蘭購買了一輛汽車,並且以船運方式送回美國的家中。汽車宣傳廣告指出,在公路上的汽車燃料消耗率是每加侖 40 mile。觀光客並不瞭解 U.K.加侖與 U.S.加侖是不同的:

1 U.K.gallon = 4.546 0901 1 liters

1 U.S.gallon = 3.785 411 8 liters

對於 1230 mile(在美國)的行程而言,(a)誤會的觀光客相信她所需要的,以及(b)汽車實際上需要的燃料是多少加侖?

28 常見的北美鼴鼠是一種哺乳動物,一般具有質量 68 g,約相當於 6.8 莫耳原子(一莫耳原子具有 6.02×10^{23} 個原子)。如果以原子質量為單位(u),則常見的北美鼴鼠內,原子的平均質量為何?

29 在一個豪華的婚禮招待會上,所供應的葡萄酒裝在精美切割且內部尺寸為 40 公分 × 40 公分 × 26 公分(高度)的玻璃容器內。這個容器一開始是裝滿到頂部的,該酒可以按下表所列之不同尺寸瓶子來購買。若是購買較大的瓶子而不是購買多個較小的瓶子可以降低購買酒的成本。為達最小化成本的目的,(a)應購買哪種尺寸瓶子的酒及應該要購買幾瓶,且當玻璃容器在裝滿的狀況下,會有多少以(b)標準瓶和(c)公升為數量計算的酒會剩下?

1 標準瓶

1 個 magnum = 2 標準瓶

1 個 jeroboam = 4 個標準瓶

1 個 rehoboam = 6 個標準瓶

1 個 methuselah = 8 個標準瓶

1 個 salmanazar = 12 標準瓶

1 個 balthazar = 16 標準瓶= 11.356 L

1 個 nebuchadnezzar = 20 標準瓶

30 古代的長度單位是肘尺,其是基於測量者肘部與中指尖距離。假設某距離為 43 到 53 公分的範圍內,並假定古代圖紙顯示圓柱柱的長度為 11 肘,直徑為 2.5 肘。在此範圍中以(a)以公尺為單位的氣瓶長度,(b)以毫米為單位的氣瓶長度和(c)以立方公尺為單位的氣瓶體積的上下限值分別是多少?

31 正在節食的人每天可以減重 0.257 kg。試以每分鐘毫克來表示質量減少的比率,就好像節食的人可以每分鐘每分鐘都感受到體重的減少。

32 一莫耳原子是 6.02×10^{23} 個原子。請以最接近的大小數量級,估計一隻大型家貓身上具有多少莫耳的原子?氫原子、氧原子和碳原子的質量分別是 1.0u,16u,和 12u (提示:貓有時候是以殺死錢鼠而聞名)。

CHAPTER 2

直線運動

2-1　位置，位移和平均速度

學習目標

在閱讀完這個區塊的文字之後，讀者應該能夠…

2.01 瞭解如果一個物體的所有部分都以相同方向和相同速率移動，則我們將此物體當做(像點一樣的) 質點來處理。(本章探討的是這種物體的運動)

2.02 瞭解所謂物體的位置指的是，質點在一個刻有尺度的軸(例如x軸)上坐落之處的讀值。

2.03 運用關於質點的位移與其最初位置和最終位置之間的關係式。

2.04 運用關於質點的平均速度、位移和位移過程的時間間隔之間的關係式。

2.05 運用關於質點的平均速率、移動的總距離以及移動的時間間隔之間的關係式。

2.06 在已知質點位置相對於其時間的關係圖的情形下，決定任何兩個時間點之間的平均速度。

關鍵概念

● 質點在x軸上的位置x，定位了質點相對於該軸原點或零點的位置。

● 質點位於原點的那一側，決定了位置是正值或負值，如果質點位於原點上，則位置為零值。所謂軸的正方向指的是，正值增加的方向，正方向的相反方向即此軸的負方向。

● 質點的位移Δx為其位置的變化量。

$$\Delta x = x_2 - x_1$$

● 位移是向量。如果質點是沿著x軸正方向移動，則位移是正值。如果質點沿著軸的負方向移動，則位移是負值。

● 當質點在時間間隔 $\Delta t = t_2 - t_1$ 內從位置x_1移動到x_2，在這段時間間隔內的平均速度是

$$v_{avg} = \frac{\Delta x}{\Delta t} = \frac{x_2 - x_1}{t_2 - t_1}$$

● v_{avg}的正負號代表移動的方向(v_{avg}是向量)。平均速度並不由質點實際移動的距離決定，而是由其原始位置與最終位置決定。

● 在一個x相對於t的圖形上，某時間間隔Δt內的平均速度即為此時間間隔內運動曲線兩端點的連接線的斜率。

● 在時間間隔Δt內質點的平均速率s_{avg}，由此質點在該時間間隔內的移動總距離決定：

$$s_{avg} = \frac{總距離}{\Delta t}$$

物理學是什麼？

　　物理學的一個目的是研究物體的運動——它們移動得多快，它們在指定時間內移動多遠。全美改裝車競賽協會(NASCAR)的工程師，在汽車競賽舉行以前和比賽期間，會非常熱衷於這方面的物理學。當地質學者想嘗試預測地震的時候，它們會使用這類物理學去測量地殼板塊運動。而當診斷部分阻塞的動脈時，醫學研究人員需要這種物理學來圖示出流

通於病人身上的血液流動,以及當汽車的雷達發出警告聲響時,汽車駕駛人也會使用它來決定如何將車速減得夠慢。另外還有數不盡的例子。

在這一章中,我們將探討物體(汽車競賽、地殼板塊、血球或任何其他物體)沿著單一軸移動的基本運動物理學。這種運動稱為一維運動(one-dimensional motion)。

運動

世界上所有的東西都在運動。即使是道路,看起來似乎是靜止的,也隨著地球的自轉而運動,地球繞著太陽運行,太陽繞著銀河系的中心運動,銀河系又相對於別的星系移動。對運動的分類和比較(稱為**運動學**)經常具有挑戰性。包括你到底要測什麼及如何定出它們的相對性關係?

在我們嘗試著去回答之前,首先,我們必須將物體運動的特性作如下的三種限制。

1. 運動僅沿著一條直線。這直線可能是鉛直的 ,或水平的,或是傾斜的,但必須是直線才行。

2. 因外力而使物體運動的現象將在第 5 章才會被討論。在本章中,只探討運動的本身以及其變化之情況。包括物體的加速、減速、停止或改變方向?若運動真的發生變化,在這變化中花費了多少時間?

3. 運動的物體將被視為一個極小的**質點**(例如像電子)或相似於質點一般運動的長溜物體(各部分運動的速率和方向皆相同)。例如,一隻乾瘟的豬沿著運動場的滑梯滑下時,可以被考慮像質點一般運動;然而,遊樂場中之旋轉木馬則不行。

位置與位移

要確定一物體的位置,首先必定找出它相對於某參考點的位置,那參考點經常是一個軸的**原點**,如圖 2-1 中之 x 軸。軸的**正方向**在數字增加的方向,在圖 2-1 中指向右方。它相反的方向是**負方向**。

例如,一質點位於 $x = 5\,m$,它的意思是在正方向距原點 5 m 處。若 $x = -5\,m$,也是距原點 5 m 處,但是在相反的方向。在軸上,-5 m 的座標小於-1 m 的座標,並且兩者都小於+5 m 的座標。座標的正號可以忽略不寫,但是負號則必須標示出來。

從位置 x_1 移到另一位置 x_2 之變化量稱為**位移** Δx,其中:

$$\Delta x = x_2 - x_1 \tag{2-1}$$

(符號 Δ 為希臘大寫字母 delta,表示一個量的變化,意指該量之末值減去初值)。當式 2-1 中的位置值 x_1 及 x_2 代入數值時,朝正方向之位移(在圖 2-1 中指向右方)恆得出正值,朝負方向之位移恆得出負值。舉例而言,若質點從 $x_1 = 5\,m$ 移動至 $x_2 = 12\,m$,則 $\Delta x = (12\,m) - (5\,m) = +7\,m$。正號

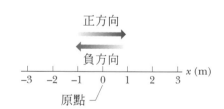

圖 2-1 標示為長度單位(公尺)的座標軸用來決定物體的位置,且軸往兩端各延伸至無窮遠。座標軸的名稱(此處為 x)恆標於原點的正向一側。

表示運動朝正方向。若質點從 $x_1 = 5$ m 移動至 $x_2 = 1$ m，則 $\Delta x = (1$ m$) - (5$ m$) = -4$ m。負號表示運動方向為負 x 方向。

運動過程與其所涵蓋的路徑無關；位移只與起始點位置和最終位置有關。舉例來說，如果質點從 $x = 5$ m 移動到 $x = 200$ m，然後再回到 $x = 5$ m，則從開始到結束質點的位移為 $\Delta x = (5$ m$) - (5$ m$) = 0$。

符號。位移的正號不需要顯示，但是如果是負號則必須顯示。如果我們忽略位移的正負號(即不討論運動方向)，則只需要處理位移的**大小**(或絕對值)。例如，位移 $\Delta x = -4$ m 的大小為 4 m。

位移是具有**向量**特性的物理量，也就是具有方向和大小。我們將在第 3 章對向量做充分的探討，但在這裡，我們所需要的觀念是位移具有兩個特性：(1)它的大小為表示初位置與末位置之間的距離(例如，公尺數)。(2)正號或負號表示在軸上從初位置指向末位置之方向。

在本書中你會看到很多測試站，下列為第一個。每個測試站由一個以上的問題組成，其答案需要一些推論或心算；測試站的目的，主要是對於你的理解作一個快速的確認。答案列在本書的後面。

測試站 1

這裡有三組分別位在 x 軸上的初及末位置。那一組是負位移：(a) -3 m，$+5$ m；(b) -3 m，-7 m；(c) 7 m，-3 m？

平均速度和平均速率

我們可以利用一個簡潔的方法去描述質點的位置 x 與時間 t 的關係──$x(t)$圖 [$x(t)$表示 x 為 t 之函數，而非 x 乘以 t]。例如，圖 2-2 說明一隻犰狳(我們視之為質點)靜止不動超過 7 秒。且其位置就在 $x = -2$ m 處。

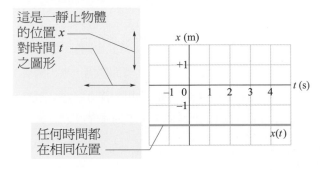

圖 2-2　一隻靜止犰狳的 $x(t)$圖，犰狳停留在 $x = -2$ m 處。所有時間的 x 值均為 -2 m。

圖 2-3 更有趣，因為此圖包含運動狀態。首先明顯注意到，在 $t = 0$ 時，犰狳的位置在 $x = -5$ m。接下來，它朝向 $x = 0$ 運動並在 $t = 3$ s 時，通過原點並且繼續向 $+x$ 方向移動。圖 2-3 也顯示出犰狳的直線運動情形(三個時間點)，且有點像你會看見的。圖 2-3 比較抽象且不像犰狳真正的移動軌跡，但卻包含更多資料。其反映出犰狳在各時間點上移動的快慢。

事實上，有些量值和「多快」有關。其中之一是**平均速度** v_{avg}，它意謂某一段時間內犰狳之位移 Δx 與 Δt 之比值。

$$v_{\text{avg}} = \frac{\Delta x}{\Delta t} = \frac{x_2 - x_1}{t_2 - t_1} \qquad (2\text{-}2)$$

圖 2-3 一隻移動的犰狳的 $x(t)$ 圖。相關的路徑顯示在圖上，有三個時間點。

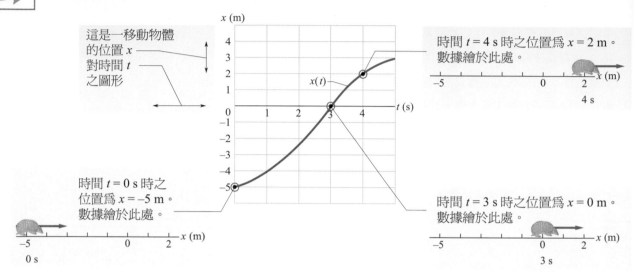

x_1 表示在 t_1 時所在的位置，x_2 則是在 t_2 時的位置。v_{avg} 的單位一般是公尺每秒(m/s)。在習題中會出現其它單位，但它的形式仍為長度/時間。

圖表。在 x 對 t 圖上，v_{avg} 是 $x(t)$ 曲線上特定兩點的直線連線之**斜率**：一點是對應 x_2 及 t_2，另一點則對應 x_1 及 t_1。就像位移一般，v_{avg} 也具有大小和方向(是另外一種向量)。v_{avg} 的大小即直線斜率的大小。正的 v_{avg} (和斜率)告訴我們直線斜向右上方；負的 v_{avg} (和斜率)表示直線斜向右下方。由於 2-2 式中的 Δt 恆為正，所以平均速度 v_{avg} 的正負號恆同於位移 Δx。

圖 2-4 顯示出，如何針對 $t = 1$ s 到 $t = 4$ s 的時間間隔，求出圖 2-3 中犰狳的 v_{avg}。在曲線上，$t = 1$ s 及 $t = 4$ s 的兩個點用一條直線連結起來。則我們求出直線的斜率 $\Delta x/\Delta t$。在給定的時間內，平均速度為：

$$v_{\text{avg}} = \frac{6\,\text{m}}{3\,\text{s}} = 2\,\text{m/s}$$

平均速率 s_{avg} 是描述質點動得「多快」的另一種方法。平均速度和質點的位移 Δx 有關，而平均速率則和質點的總路徑有關(例如，移動的總公尺數)，但是與方向是無關的；亦即：

$$s_{\text{avg}} = \frac{\text{總距離}}{\Delta t} \tag{2-3}$$

因爲平均速率不包含方向性，所以不會有正負號出現。有時 s_{avg} 和 v_{avg} 會一樣(除了沒有正負符號)。然而，兩者是相當的不一樣。

圖 2-4 計算 $t = 1\text{ s}$ 到 $t = 4\text{ s}$ 之間的平均速率，等同於計算 $x(t)$ 曲線上代表這兩時間的點的連線斜率。

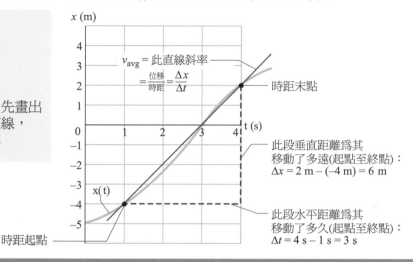

此爲位置 x
對時間 t 之圖形

求平均速度時，先畫出
起點至末點的直線，
再求出此線斜率

$v_{\text{avg}} =$ 此直線斜率
$= \dfrac{\text{位移}}{\text{時距}} = \dfrac{\Delta x}{\Delta t}$

時距末點

此段垂直距離爲其
移動了多遠(起點至終點)：
$\Delta x = 2\text{ m} - (-4\text{ m}) = 6\text{ m}$

此段水平距離爲其
移動了多久(起點至終點)：
$\Delta t = 4\text{ s} - 1\text{ s} = 3\text{ s}$

時距起點

範例 2.1　平均速度，破舊的小貨車

你用 70 km/h 的速度駕駛一輛破舊的小貨車在一條很直的馬路上，在行駛了 8.4 km 以後，車子沒油了並且停了下來。你沿著路走了 2.0 km 花了 30 分鐘才到達加油站。

(a) 請問，你從起點到加油站的位移是多少？

關鍵概念

爲了方便起見，假設你沿著正 x 軸的方向移動，從最開始的位置 $x_1 = 0$ 到加油站 x_2。則第二個位置 x_2 必然是 $x_2 = 8.4\text{ km} + 2.0\text{ km} = 10.4\text{ km}$。因此你沿著軸的位移 Δx 是最後的位置減去最初的位置。

計算 從 2-1 式得到：

$$\Delta x = x_2 - x_1 = 10.4\text{ km} - 0 = 10.4\text{ km} \qquad \text{(答)}$$

所以，你沿著正 x 方向的位移爲 10.4km。

(b) 從你開始開車到你到達加油站，時距 Δt 爲多少？

關鍵概念

已知走路的時距 $\Delta t_{\text{wlk}}(= 0.50\text{h})$，但是我們還缺少開車的時距 Δt_{dr}。然而，我們知道開車的位移 Δx_{dr} 爲 8.4 km 以及平均速度 $v_{\text{avg,dr}}$ 爲 70 km/h。因此平均速度是位移除以時距的比值。

計算 首先寫出：

$$V_{\text{avg,dr}} = \frac{\Delta x_{\text{dr}}}{\Delta t_{\text{dr}}}$$

變換公式並代入數值即可得到：

$$\Delta t_{\text{dr}} = \frac{\Delta x_{\text{dr}}}{V_{\text{avg,dr}}} = \frac{8.4\text{ km}}{70\text{km/h}} = 0.12\text{h}.$$

所以

$$\Delta t = \Delta t_{\text{dr}} + \Delta t_{\text{wlk}}$$
$$= 0.12\text{h} + 0.50\text{h} = 0.62\text{h}. \qquad \text{(答)}$$

(c) 從你開車到你到達加油站，你的平均速度 v_{avg} 是多少？利用數值法及圖形法去求解。

關鍵概念

從 2-2 式我們可知，整個旅程的平均速度 v_{avg} 乃是整個旅程的位移 10.4 km 與整個旅程的時距 0.62 h 的比值。

計算 在此可求得：

$$v_{avg} = \frac{\Delta x}{\Delta t} = \frac{10.4\text{km}}{0.62\text{h}}$$
$$= 16.8\text{km/h} \approx 17\text{km/h} \qquad (答)$$

用圖解法找 v_{avg}，首先我們得先畫出圖，如圖 2-5 所示，起點即原點，終點則標示為「車站」的點。你的平均速度是兩點的直線連線斜率；亦即，v_{avg} 是位移($\Delta x = 10.4$ km)和時距($\Delta t = 0.62$ h)的比值，可得 $v_{avg} = 16.8$ km/h。

(d) 假設加油，付錢以及走回貨車旁又花了你 45 分鐘。那麼，從開始駕著貨車到你從加油站回到你的貨車時，整段路程的平均速率為何？

關鍵概念

平均速率乃是你所運動的總距離與總共所花的時間的比值。

計算 總距離 8.4 km + 2.0 km + 2.0 km = 12.4km。總時距 0.12 h + 0.50 h + 0.75 h = 1.37 h。由 2-3 式得：

$$s_{avg} = \frac{12.4\text{km}}{1.37\text{h}} = 9.1\text{km/h}$$

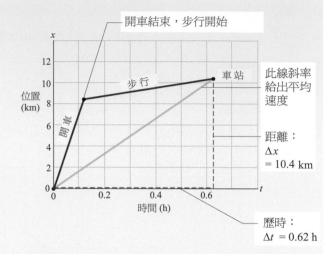

圖 2-5 標示為「開車」及「步行」的兩直線分別為開車及走路兩段過程的位置-時間圖形。(走路過程的圖形是假設以一個固定速率在行走)。連接原點及「車站」的直線其斜率即為本次旅程(從起點到車站)的平均速度。

2-2　瞬時速度和速率

學習目標

在閱讀完這個區塊的文字之後，讀者應該能夠…

2.07　在已知質點位置的時間函數情形下，計算在任何時間點的瞬時速度。

2.08　在已知質點位置相對於時間的圖形情形下，算出任何特定時間點的瞬時速度。

2.09　瞭解速率是瞬時速度的大小。

關鍵概念

● 運動質點的瞬時速度 (或直接稱爲速度) v

$$v = \lim_{\Delta t \to 0} \frac{\Delta x}{\Delta t} = \frac{dx}{dt}$$

其中 $\Delta x = x_2 - x_1$ 且 $\Delta t = t_2 - t_1$。

● (在任何特定時間點的) 瞬時速度可以理解爲x相對於t的圖形 (在任何特定時間點) 的斜率。
● 速率是瞬時速度的大小。

瞬時速度和速率

你已經看過有兩個方式可以描述物體運動的快慢：即平均速度和平均速率，兩者皆在一個時距 Δt 內測量得到。但是「多快」通常指的是一個質點在某一個瞬間運動得有多快——即它的**瞬時速度**(或簡稱**速度**) v。

將平均速度中的時間 Δt 縮小再縮小使其趨近於零，即可求得瞬時速度。當 Δt 逐漸變小時，平均速度趨近一個極限值，此即瞬時速度：

$$v = \lim_{\Delta t \to 0} \frac{\Delta x}{\Delta t} = \frac{dx}{dt} \tag{2-4}$$

請注意，v 爲在給定的瞬間下，位置 x 隨著時間的變化率；亦即，v 爲 x 相對於 t 之導數。另外也要注意，在任何瞬間的 v 爲位置-時間曲線在該瞬間時間點之斜率。速度也是向量，故具有與之相對應的方向。

速率是速度的大小，也就是說，速率是將速度除去任何有關方向之文字敘述或是代數符號(注意：速率與平均速率是不一樣的)。+5 m/s 和–5 m/s 兩個速度有相同的速率。車子上的速率計所量測的是速率而非速度，因爲它無法顯示運動方向的任何資料。

測試站 2

下列各方程式是描述一個質點在 4 種情形下的位置函數 $x(t)$ (每一個方程式中的 x 以公尺爲單位，t 以秒爲單位，且 t > 0)：(1) $x = 3t - 2$；(2) $x = -4t^2 - 2$；(3) $x = 2/t^2$；(4) $x = -2$。(a)在那些情況下，物質的速度 v 爲定值？(b)那一個的 v 值是在負 x 之方向上？

範例 2.2 升降機，速度及 x 對 t 的斜率

圖 2-6a 之 $x(t)$圖顯示出之升降機，其起初爲靜止，然後向上移動(向上取爲 x 的正方向)，然後停止。試畫 $v(t)$。

關鍵概念

我們可從 $x(t)$曲線的斜率找到任意時刻的速度。

計算

從 0 到 1 s 間及 9 s 以後的 $x(t)$斜率，也就是速度，均爲零，因此升降機是靜止的。在 bc 之間斜率是不爲零的常數，所以升降機以等速運動。$x(t)$之斜率經計算爲：

$$\frac{\Delta x}{\Delta t} = v = \frac{24\,\text{m} - 4.0\,\text{m}}{8.0\,\text{s} - 3.0\,\text{s}} = +4.0\,\text{m/s} \qquad (2\text{-}5)$$

正號表示升降機在正 x 方向運動。這些區間(包括 $v = 0$ 及 $v = 4$ m/s)被描繪在圖 2-6b 中。此外,當升降機開始啓動和後來慢下以至停止,v 的變化分別表示在 1 s 到 3 s 以及 8 s 至 9 s 兩時距之間。因此,圖 2-6b 是所求圖形(圖 2-6c 在 2-3 節再討論)。

若已知如圖 2-6b 的 $v(t)$ 圖,我們可以「逆推」得到對應的 $x(t)$ 圖(圖 2-6a)。然而,若沒有更多的資料,我們將無法得知不同時間中 x 的確實值,因為 $v(t)$ 圖形僅表示 x 的變化量。要求出任意時距內的 x 變化量,以微積分術語來說,我們必須計算該時距內的 $v(t)$ 圖中「曲線下」的面積。例如,在 3 s 到 8 s 之間,升降機的速度為:

$$\Delta x = (4.0\,\text{m/s})(8.0\,\text{s} - 3.0\,\text{s}) = +20\,\text{m}. \qquad (2\text{-}6)$$

(因為 $v(t)$ 曲線在 t 軸的上方,所以面積為正)。圖 2-6a 顯示,在該時距內 x 的確增加了 20 m。若是僅從圖 2-6b 是沒有辦法查出在時間開始及結束時的 x 值分別是多少。要知道這些,我們需要更多其它的資訊。

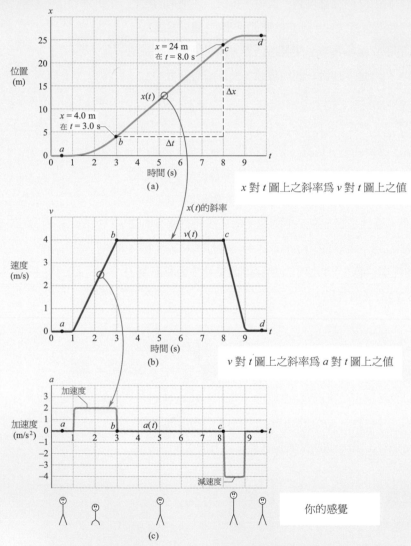

x 對 t 圖上之斜率為 v 對 t 圖上之值

x(t)的斜率

v 對 t 圖上之斜率為 a 對 t 圖上之值

你的感覺

圖 2-6 (a)升降機沿著 x 軸向上運動之 $x(t)$ 圖曲線。(b)升降機之 $v(t)$ 圖形。注意到,其為 $x(t)$ 曲線之導函數($v = dx/dt$)。(c)升降機之 $a(t)$ 曲線。其為 $v(t)$ 曲線之導函數($a = dv/dt$)。沿底部的小人圖形顯示了在此加速度下,乘客身體會有怎樣的感覺。

2-3　加速度

學習目標

在閱讀完這個區塊的文字之後，讀者應該能夠…

2.10　運用以下關係式：質點的平均加速度、速度變化量以及變化量發生的時間間隔之間的關係式。

2.11　在已知質點速度的時間函數的情形下，計算任何時間點的瞬時加速度。

2.12　在已知質點速度相對於時間的圖形的情形下，求出任何時間點的瞬時加速度，以及任何兩個時間點之間的平均加速度。

關鍵概念

● 平均加速度是速度變化量Δv相對於變化量發生時的時間間隔Δt之間的比值。

$$a_{avg} = \frac{\Delta v}{\Delta t}$$

正負號代表a_{avg} 的方向。

● 瞬時加速度 (或直接寫加速度) a 等於速度$v(t)$ 對時間的一階導數，或位置$x(t)$ 對時間的二階導數：

$$a = \frac{dv}{dt} = \frac{d^2x}{dt^2}$$

● 在v相對於t 的圖形上，在任何時間t的加速度a等於對應於t之點處的曲線斜率。

加速度

　　當質點的速度改變時，它就被認為具有**加速度**。對沿著某一個軸線運動而言，在 Δt 時距內的**平均加速度** a_{avg} 為：

$$a_{avg} = \frac{v_2 - v_1}{t_2 - t_1} = \frac{\Delta v}{\Delta t} \tag{2-7}$$

其中，質點在 t_1 時的速度為 v_1，在 t_2 時的速度為 v_2。**瞬時加速度**(或簡稱為**加速度**)為：

$$a = \frac{dv}{dt} \tag{2-8}$$

換句話說，任意時刻質點的加速度即為速度在那時刻的變化率。就圖形而言，在任意一點的加速度即為 $v(t)$曲線上在該時間點的斜率。我們可以將 2-8 式和 2-4 式結合起來而寫出：

$$a = \frac{dv}{dt} = \frac{d}{dt}\left(\frac{dx}{dt}\right) = \frac{d^2x}{dt^2} \tag{2-9}$$

換言之，在任一時刻的加速度是位置對時間的二次微分。

　　加速度常用的單位為公尺/秒^2：m/(s・s)或 m/s^2。其它的單位，必須符合距離/(時間・時間)或距離/(時間)^2 的形式。加速度同時具有大小和方向(它也是一個向量)。如同位移和速度，正負符號表示加速度的方向；亦即，正值加速度之方向是沿座標軸的正方向，而負值加速度之方向是沿座標軸的負方向。

圖 2-6 給出了升降機在其井道中移動時的位置、速度和加速度的圖形。將它和 $v(t)$ 曲線比較可知——在 $a(t)$ 曲線上每一點的值即為 $v(t)$ 曲線上相對應點的導函數(斜率)。當 v 是常數時(為 0 或 4 m/s),導函數和加速度皆為零。當升降機開始啟動時,曲線有正的導函數(斜率為正),即為正。當升降機慢下來準備停止時,曲線的導函數和斜率皆為負,亦即為負。

接著比較兩個加速期間曲線之斜率。在升降機準備停下(通常稱為「減加速度」,或減速度)過程中的斜率較為陡峭,因為所花的時間僅為其達到此速率所花時間的一半。較陡峭的斜率表示減加速度的大小較加速度值為大,如圖 2-6c 所示。

感覺。當你乘坐在圖 2-6 的升降機中時,你的感覺正如圖形所指示一般。當升降機最初向上加速時,你感覺到如同被向下壓,當它剎車預備停止時,你如同被向上拉一般。而作等速運動時,你沒什麼特殊感覺。你身體只對加速度起反應(它是一個加速度計)而不對速度起反應(不是速率計)。當你置身於時速 90 km/h 的車中或時速 900 km/h 的飛機中,你的身體覺察不到在運動。但假若車或飛機很快地改變速度,你會馬上察覺到這個變化,並且會被它所驚嚇。遊樂園中許多的設施均是利用速度的快速變化來達到刺激的效果。圖 2-7 顯示一個極端的例子,它是當一部火箭車快速加速和快速剎車而停下時所拍的照片。

重力加速度。大的加速度有時以 g 單位的方式表示,其中:

$$1\,g = 9.8 \text{ m/s}^2 \ (g \text{ 單位}) \tag{2-10}$$

(我們將在 2-5 節討論它,g 被定義為在地球表面附近自由落體的加速度大小)。坐在雲霄飛車上,你所受的加速度會到達約 $3g$,也就是 $(3)(9.8 \text{ m/s}^2)$ 或大約 29 m/s²,非常足以體驗搭乘的刺激感。

符號。通俗來說,加速度的正負號其非科學的意義是:正的加速度表示物體的速率正在加速,而負的加速度意指速率正在減少(物體正在減速狀態)。然而在本書之中,加速度的正負符號代表的是方向,並不是物體加速或是減速的狀態。例如,假若一部初速 $v = -25$ m/s 的車子在 5.0 s 內剎車停止,因此 $a_{\text{avg}} = +5.0$ m/s²。加速度為正,但是車子的速度卻是慢下來的。原因是代表方向的符號不同:加速度的方向和速度的方向是反向的。

這裡有一個很好的方法去解釋符號的意義:

> 假若一個質點其速度和加速度的符號相同,則速率會增加。若符號相反,速率就會慢下來。

測試站 3

一隻袋熊沿著 x 軸移動。若它移動的方式為：(a)向正的方向加速，(b)向正的方向減速，(c)向負的方向加速，(d)向負的方向減速，請問它的加速度的符號為何？

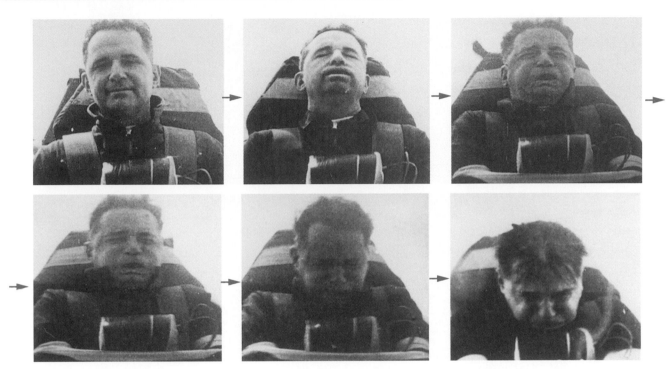

圖 2-7　圖示為坐在火箭滑車內的 J. P. Stapp 上校，火箭滑車被加速到高速(加速度方向是射出紙面)，然後非常急遽地剎車(加速度方向射入紙面)。(由 U.S. Air force 所提供)。

範例 2.3　加速度和 *dv/dt*

質點在圖 2-1 之 x 軸上的位置，可由下式表示：

$$x = 4 - 27t + t^3$$

其中，x 的單位是公尺，t 的單位是秒。

(a) 因為位置 x 與時間 t 有關，所以質點必然在運動。求此質點的 $v(t)$ 和 $a(t)$ 函數式。

關鍵概念

(1)欲求速度函數 $v(t)$，我們將位置函數 $x(t)$ 對時間 t 微分。(2)欲求 $a(t)$，我們將 $v(t)$ 對時間 t 微分。

計算　將位置函數對時間微分，可以得到：

$$v = -27 + 3t^2 \qquad \text{(答)}$$

其中 v 的單位為 m/s。將 $v(t)$ 對時間 t 微分，我們得到

$$a = +6t \qquad \text{(答)}$$

其中，a 的單位為 m/s^2。

(b) 何時 $v = 0$？

計算　令 $v(t) = 0$，得

$$0 = -27 + 3t^2$$

其解為

$$t = \pm 3 \text{ s} \qquad \text{(答)}$$

因此，在計時開始前和後 3 秒速度均為零。

(c) 描述 $t \geq 0$，質點的運動情況。

推理　我們需要去檢視 $x(t)$，$v(t)$ 和 $a(t)$ 數學式。

在 $t = 0$ 時，質點在 $x(0) = +4$ m 處，以 $v(0) = -27$ m/s 的速度運動——也就是 x 軸負方向。同時，因為在那一瞬間，速度不改變，所以 $a(0)=0$。

當 $0 < t < 3$ s 的時候，質點速度仍為負值，所以質點持續往負方向運動。但是質點加速度不再是零了，而是正值且增加中。因為速度和加速度的正負號相反，所以質點必然在減速中(圖 2-8b)。

事實上，我們已經知道質點在 $t = 3$ s 短暫停止過。在那個時候，質點位於圖 2-1 中原點左側所能到達的最遠距離。將 $t = 3$ s 代入 $x(t)$ 的數學式，可以求

出當時質點的位置為 $x = -50$ m(圖 2-8c)。其加速度仍然為正值。

在 $t > 3$ s 的時候，質點往 x 軸右側運動。其加速度持續為正值，而且其數值也是越來越大 (圖 2-8d)。

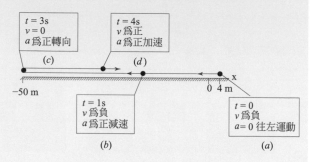

圖 2-8　質點運動的四個階段。

WILEY **PLUS** Additional example,video,and practice available at *WileyPLUS*

2-4 等加速運動

學習目標

在閱讀完這個區塊的文字之後，讀者應該能夠…

2.13 針對等加速運動，運用位置、位移、速度、加速度以及所使用時間之間的關係式。(表2-1).

2.14 藉著將質點的加速度函數相對於時間進行積分，求出質點的速度變化量。

2.15 藉著將質點的速度函數相對於時間進行積分，求出質點的位置變化量。

關鍵概念

● 下列五個方程式描述了具有固定加速度的質點的運動過程：

$$v = v_0 + at \qquad\qquad x - x_0 = v_0 t + \frac{1}{2}at^2$$

$$v^2 = v_0^2 + 2a(x - x_0) \qquad x - x_0 = \frac{1}{2}(v_0 + v)t \qquad x - x_0 = vt - \frac{1}{2}at^2$$

當加速度不是固定的時候，這些方程式是不正確的。

等加速運動：一個特殊例子

在許多常見的運動中，加速度不是常數就是幾乎為常數。例如，紅綠燈從紅燈轉綠燈時，你可能會以近似固定之變率來使車子加速。你的位置，速度和加速度圖形將會和圖 2-9 相似(圖 2-9b 中的其斜率須固定才能使得圖 2-9c 的是常數)。當你剎車至停止時，減加速度也大概是個常數。

像這樣的情況到處都是，以致於我們必須導出一組方程式來處理這類問題。在這一節中我們介紹一種導出這組方程式的方式。下一節將介紹第二種方法。在這兩節之後，當你做家庭作業時，要切記：只有當加速度為定值時(或幾乎可視為等加速度的情況)，這些方程式才適用。

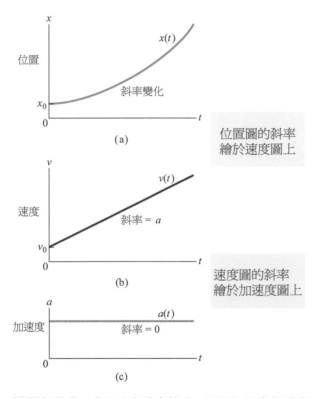

圖 2-9　(a)質點以等加速度運動時之位置 $x(t)$ 圖。(b)速度 $v(t)$ 由 $x(t)$ 曲線在每一點之斜率所給出。(c)其(定值)加速度，等於 $v(t)$圖形之(定值)斜率。

位置圖的斜率繪於速度圖上

速度圖的斜率繪於加速度圖上

第一基礎方程式。當加速度為定值時，平均加速度和瞬時加速度為相等，所以我們可稍將 2-7 式改寫為：

$$a = a_{\mathrm{avg}} = \frac{v - v_0}{t - 0}$$

在這式中 v_0 為 $t = 0$ 的速度，而 v 為任意時間 t 的速度。我們可以將此式改寫為

$$v = v_0 + at \tag{2-11}$$

可檢查一下，注意當 $t = 0$ 代入上式時，$v = v_0$，此為預期結果。為了進一步的驗證，將 2-11 式微分。結果得到 $dv/dt = a$，其為 a 的定義。圖 2-9b 為 2-11 式之圖形，即 $v(t)$函數圖；此函數為線性，故圖形為一直線。

第二基礎方程式。同理，我們重寫 2-2 式(在記號上做些微的改變)爲：

$$v_{avg} = \frac{x - x_0}{t - 0}$$

也可以寫成

$$x = x_0 + v_{avg}t \tag{2-12}$$

其中，x_0 爲質點在 $t = 0$ 時之位置，v_{avg} 爲 $t = 0$ 至某時刻 t 之間的平均速度。

對於 2-11 式的線性速度函數，任意時距(比如從 $t = 0$ 到稍後的時間 t)的平均速度爲時距起點的速度($= v_0$)及時距末點的速度($= v$)兩者的平均。在 $t = 0$ 到某時刻 t 之間，平均速度爲：

$$v_{avg} = \frac{1}{2}(v_0 + v) \tag{2-13}$$

將 2-11 式的 v 值代入，整理化簡得：

$$v_{avg} = v_0 + \frac{1}{2}at \tag{2-14}$$

最後，將 2-14 式代入 2-12 式得：

$$x - x_0 = v_0 t + \frac{1}{2}at^2 \tag{2-15}$$

我們驗證一下，注意當 $t = 0$ 代入時，得 $x = x_0$，正如預料一般。更進一步的驗證，將 2-15 式微分得到 2-11 式，再一次證明無誤。即圖 2-9a 爲 2-15 式的圖形，此函數爲二次方程式，因此圖形爲曲線。

其他三個方程式。2-11 及 2-15 式爲等加速度的基本方程式，它們可用來解出本書中任何等加速度的問題。然而，我們能導出其它在某些情況下保證會很有用的方程式。首先注意到，在任何關於等加速運動的問題中，有可能涉及多達五個物理量——亦即，$x - x_0$、v、t、a 及 v_0。通常，其中之一的物理量不出現在問題中，不是視爲已知就是視爲未知。但我們只要已知其中的三個量即可求出第四個量。

2-11 和 2-15 式皆包含不相同的四個量：在 2-11 式中，「遺失之量」是位移 $x - x_0$。而在 2-15 式中，它是速度 v。這兩個方程式可以三種不同的方法結合並產生出另外的三個方程式，每一個方程式均有不同的「遺失之量」。首先，我們消去 t 得：

$$v^2 = v_0^2 + 2a(x - x_0) \tag{2-16}$$

如果我們不知道時間 t 也沒有要求出它時，這個方程式很有用。第二種方法，我們將 2-11 和 2-15 式中的加速度消去而得到其中不含的另一方程式：

$$x - x_0 = \frac{1}{2}(v_0 + v)t \tag{2-17}$$

最後一種方法，我們消去 v_0 後便得到

$$x - x_0 = vt - \frac{1}{2}at^2 \tag{2-18}$$

注意這方程式和 2-15 式間的微妙差異。其中一個和初速 v_0 有關，另一個則和時刻 t 的速度 v 有關。

　　表 2-1 列出基本的等加速度方程式(2-11 式及 2-15 式)以及我們導出的幾個比較特殊的方程式。你可以自表中選出合適的方程式來解決等加速度的問題(如果你有這份表的話)。從問題中找出未知的變數，再從表中選擇適當的方程式來求解。一個比較簡單的方法是記住 2-11 及 2-15 式，遇到問題時再以聯立的方法來求解。

表 2-1　等加速度運動方程式 [a]

公式編號	方程式	缺項
2-11	$v = v_0 + at$	$x - x_0$
2-15	$x - x_0 = v_0t + \frac{1}{2}at^2$	v
2-16	$v^2 = v_0^2 + 2a(x - x_0)$	t
2-17	$x - x_0 = \frac{1}{2}(v_0 + v)t$	a
2-18	$x - x_0 = vt - \frac{1}{2}at^2$	v_0

[a] 使用表中的這些方程式之前，先確定加速度為定值。

測試站 4

下列方程式是一質點的位置所滿足的四種情形：(1) $x = 3t - 4$；(2) $x = -5t^3 + 4t^2 + 6$；(3) $x = 2/t^2 - 4/t$；(4) $x = 5t^2 - 3$。哪些情形可以應用表 2-1 中的方程式？

範例 2.4　汽車競賽與摩托車競賽

　　有一個受歡迎的網路影片，裡面出現一架噴射客機、一輛汽車和一輛摩托車，在高速公路從靜止開始競速。(圖 2-10)剛開始摩托車取得領先，但是隨後噴射機取得領先，到最後階段汽車超越了摩托車。讓我們將注意力放在汽車與摩托車上，並且為它們的運動算得合理的數值。因為摩托車的(固定)加速度 $a_m = 8.40$ m/s^2 大於汽車的(固定)加速度 $a_c = 5.60$ m/s^2，所以剛開始摩托車領先，但是因為摩托車在汽車到達其最大速率 $v_c = 106$ m/s 之前到達其最大速率 $v_m = 58.8$ m/s，因此最後它輸給了汽車。試問汽車多久才趕上摩托車？

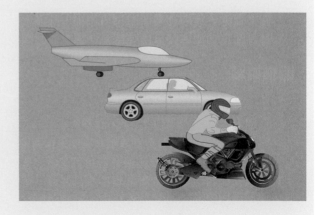

圖 2-10　一架噴射客機、一輛汽車和一輛摩托車從靜止開始加速。

關鍵概念

我們可以將等加速運動的運動方程式，運用在兩個交通工具，但是對摩托車而言，我們必須從兩個階段考慮其運動：(1) 首先摩托車以零初速度和加速度 $a_m = 8.40$ m/s^2，在行經距離 x_{m1} 之後到達速率 $v_m = 58.8$ m/s。(2) 然後它以等速度 $v_m = 58.8$ m/s 和零加速度 (也是一種等加速度) 行經距離 x_{m2}。(請注意，即使不知道距離的值，我們還是將它們符號化了。將未知量符號化，在解決物理問題的時候，通常很有用，不過引入未知數，需要鼓足物理勇氣)。

計算 為了能夠畫出相關圖形和從事計算，讓我們假設競賽是沿著某個 x 軸的正方向進行，並且在 $t = 0$ 時從 $x = 0$ 開始。(因為我們尋求的是所經過的時間而不是特定時間，所以我們可以選擇任何初始值，但是這裡我們選定了一些容易計算的數值。) 我們想要得到汽車通過摩托車時的相關物理量，但是就數學而言那代表什麼意義呢？

它代表的意義是，在某個時間點 t，彼此對齊的交通工具位於相同的座標：對汽車而言是 x_c，對摩托車而言是 $x_{m1} + x_{m2}$。我們可以將這個敘述以數學符號寫成

$$x_c = x_{m1} + x_{m2} \qquad (2\text{-}19)$$

(撰寫第一步驟是在解決物理問題時最重要的部分。對大部分物理問題而言這是正確的。要如何從物理問題的敘述 (文字) 走到數學表示式呢？本書的一個目的就是要讓學生建立撰寫第一步驟的能力──就像在學習類似跆拳道這類事物一樣，讀者將需要做很多練習題。)

現在讓我們填寫 2-19 式，請從左側開始。為了到達超車點 x_c，汽車從靜止開始加速。運用 2-15 式 $\left(x - x_0 = v_0 t + \dfrac{1}{2} a t^2 \right)$，在已知 x_0 和 $v_0 = 0$ 的情形下，我們得到

$$x_c = \frac{1}{2} a_c t^2 \qquad (2\text{-}20)$$

為了寫出摩托車的 x_{m1} 數學式，我們首先運用 2-11 式 ($v = v_0 + at$)，求出摩托車到達最大速率 v_m 所花費的時間 t_m。然後代入 $v_0 = 0$，$v = v_m = 58.8$ m/s，與 $a = a_m = 8.40$ m/s^2，我們得到該時間為

$$t_m = \frac{v_m}{a_m} \qquad (2\text{-}21)$$

$$= \frac{58.8 \text{ m/s}}{8.40 \text{ m/s}^2} = 7.00 \text{ s}$$

為了得到在第一階段摩托車所行走的距離 x_{m1}，我們再次運用 2-15 式，其中 $x_0 = 0$ 且 $v_0 = 0$，但是我們另外由 2-21 式得到時間的代入數值，結果得到

$$x_{m1} = \frac{1}{2} a_m t_m^2 = \frac{1}{2} a_m \left(\frac{v_m}{a_m} \right)^2 = \frac{1}{2} \frac{v_m^2}{a_m} \qquad (2\text{-}22)$$

在剩餘的時間 $t - t_m$，摩托車在零加速度的情形下以最大速率行駛。為了得到第二階段的行駛距離，我們再次運用 2-15 式，但是此時初始速度為 $v_0 = v_m$ (第一階段的末速)，加速度為 $a = 0$。所以第一階段行駛的距離為

$$x_{m2} = v_m (t - t_m) = v_m (t - 7.00 \text{ s}) \qquad (2\text{-}23)$$

在結束計算之前，我們還必須將 2-20 式、2-22 式與 2-23 式代入 2-19 式，結果得到

$$\frac{1}{2} a_c t^2 = \frac{1}{2} \frac{v_m^2}{a_m} + v_m (t - 7.00 \text{ s}) \qquad (2\text{-}24)$$

這是一個二次方程式。代入已知數值之後，我們可以解出方程式 (經由利用常見的二次方程式公式，或計算器上的多項式功能)，結果得到 $t = 4.44$ s 以及 $t = 16.6$ s。

但是我們要如何處理這兩個答案呢？汽車與摩托車有擦肩而過兩次嗎？在影片中我們可以看到它們並沒有擦肩而過兩次。所以其中一個答案只是在數學上正確，實際上是沒有意義的。因為在摩托車於 $t = 7.00$ s 到達最大速率之後汽車才超越摩托車，所以我們將符合 $t < 7.00$ s 條件的答案視為不具有物理意義而捨棄，並且斷定超車是發生於

$$t = 16.6 \text{ s} \qquad \text{(答)}$$

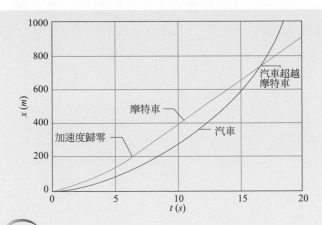

圖 2-11　是兩個交通工具的位置相對於時間的圖形，其中標示出超車的位置。請注意在 $t = 7.00\ s$ 的時候，摩托車的圖形剛好從曲線(因為速率持續地增加) 變換成直線 (因為速率從此處開始保持固定)。

再論等加速運動*（本節設計供已修讀微積分之學生研習）

　　在表 2-1 中的頭兩個方程式是最基本的，由此可以導出其餘的方程式。這兩個方程式可以在假設加速度 a 為定值的條件下由積分得到。為了求出 2-11 式，我們重寫加速度(2-8 式)的定義為：

$$dv = a\ dt$$

接著，我們對兩邊作不定積分(或反導函數)得：

$$\int dv = \int a\ dt$$

因為加速度為定值，其可被提出積分外。得到：

$$\int dv = a\int dt$$

或　　　$v = at + C$　　　　　　　　　　　　　　　　　　　(2-25)

為了求出積分常數 C，我們令 $t = 0$ 時，$v = v_0$。將這些值代入 2-25 式(它對任意 t 值皆成立，包括 $t = 0$)，得到：

$$v_0 = (a)(0) + C = C$$

將它代入 2-25 式得到與 2-11 式相同的結果。

　　要推導 2-15 式時，我們將速度的定義(2-4 式)重寫為：

$$dx = v\ dt$$

然後對兩邊作不定積分，得到

$$\int dx = \int v\ dt$$

其次，我們以 2-11 式代替 v：

$$\int dx = \int (v_0 + at)\, dt$$

因為 v_0 是常數(如加速度 a)，故可重寫為：

$$\int dx = v_0 \int dt + a \int t\, dt$$

積分後得到：

$$x = v_0 t + \frac{1}{2} at^2 + C' \tag{2-26}$$

其中，C' 為另一個積分常數。當 $t = 0$ 時，$x = x_0$。將其代入 2-26 式得到 $x_0 = C'$。2-15 式中以 C' 代替 x_0，我們得到 2-26 式。

2-5 自由落體之加速度

學習目標

在閱讀完這個區塊的文字之後，讀者應該能夠⋯

2.16　瞭解如果一個質點處於自由飛行狀態 (無論是往上或往下)，以及如果我們可以忽略空氣對此質點的影響，則質點具有固定的向下加速度，其大小為 g，本書選定其值為 9.8 m/s²。

2.17　將等加速運動方程式 (表2-1) 運用到自由落體運動。

關鍵概念

● 具有固定加速度的直線運動有一個重要的應用範例，那就是在地球表面附近自由地上升或下落運動。等加速方程式可以描述這種運動，但是我們將數學符號作了兩個變更：(1) 運動參考的是垂直的 y 軸，以 $+y$ 表示垂直向上；(2) 以 $-g$ 取代 a，其中 g 代表自由落體加速度的大小。在地表附近，

$$g = 9.8 \text{ m/s}^2 = 32 \text{ ft/s}^2$$

自由落體之加速度

　　若你將物體向上或向下拋，而且在它飛行時，可以忽略空氣的影響，你將發現物體以一特定值向下加速。這特定值被稱為**自由落體加速度**，其大小表為 g。這加速度 g 與物體的特性(例如，質量、密度或形狀)無關，對所有物體而言它是相同的。

　　圖 2-12 中的照片表示兩個自由落體加速度的例子,它是光攝影術所拍的羽毛和蘋果自由落下。當物體自由落下時,它們向下加速——兩者均以相同的 g 值。因此,兩者以相同變率增加速率,而一起落下。

　　g 的值會隨著緯度和高度稍微改變。在地表中緯度的海平面上,g 值是 9.8 m/s² (或 32 ft/s²),除非有另外說明,對於這本書所提問的問題,讀者都應該使用這個數值。

　　表 2-1 中的等加速運動方程式可應用於靠近地球表面的自由落體運動,也就是說,當空氣的影響可以被忽略時,它們適用於垂直向上或向下運動的物體。然而,利用下列兩點輕微的改變,可以使它們變得更簡單:(1)運動的方向以沿著垂直的 y 軸代替 x 軸,以向上為 y 的正方向(這改變將使得我們在後面幾章討論到關於水平和垂直混合問題時,減少困擾)。(2)自由落體之加速度為負——亦即,沿著 y 軸向下朝向地心——所以在方程式中具有 $-g$ 之值。

　　地表附近的自由落體加速度為 $a = -g = -9.8$ m/s²,且加速度大小為 $g = 9.8$ m/s²。不要把 -9.8 m/s² 代入 g 中。

　　假設你以初速度 v_0 向上拋一顆蕃茄,在它回落至鬆手處時接住。在它自由落下的過程中(就是它被拋出之後到它被接住之前),可以表 2-1 中方程式應用於它的運動。其加速度一直是 $a = -g = -9.8$ m/s² 且往下方向。根據 2-11 及 2-16 式:在上升過程中,其速度大小是減少的,直到變成零為止。此時蕃茄已停止在最大高度。在下降的過程中,其速度(負的速度符號)大小是增加的。

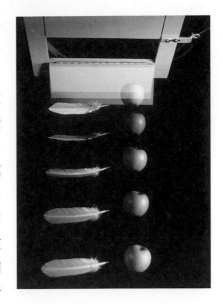

圖 2-12　一根羽毛和一顆蘋果在真空中自由落下時,是以相同大小的加速度 g。加速度會使連續影像兩兩間的距離增加。在沒有空氣時,羽毛和蘋果在每一刻都落下相同的距離。(Jim Sugar/CORBIS)

測試站 5

(a)假設垂直向上輕拋一顆球,從放手處到最高點,球上升的位移的正負號為何?(b)從最高點回到放手處,球下降過程位移的正負號為何?(c)球在最高點的加速度為何?

I do not know what I may appear to the world, but to myself I seem to have been only like a boy playing on the sea-shore, and diverting myself in now and then finding a smoother pebble or a prettier shell than ordinary, whilst the great ocean of truth lay all undiscovered before me.

— **Sir Isaac Newton**

範例 2.5 棒球投出後完整的飛行時間

一投手以 12 m/s 的初速將一棒球朝向正 y 方向鉛直上拋，見圖 2-13。

(a) 球抵達最高點需時若干？

關鍵概念

(1)一旦球離開投手，在它回到投手的手之前，加速度均為自由落體加速度 $a = -g$。因為常數，遂此運動可用表 2-1。(2)當它在最高點時，球速 v 為零。

計算

已知 v，a 和初始速度 $v_0 = 12$ m/s，並要求 t，則求解式 2-11，其含有上述這四個變數。結果得到：

$$t = \frac{v - v_0}{a} = \frac{0 - 12\,\text{m/s}}{-9.8\,\text{m/s}^2} = 1.2\,\text{s} \qquad (答)$$

(b) 球被拋出後能上升多高？

計算 我們可將球的拋出點取為 $y_0 = 0$。將 2-16 式以 y 表示，令 $y - y_0 = y$ 且 $v = 0$ (在最高點)，同時解 y。我們得到：

$$y = \frac{v^2 - v_0^2}{2a} = \frac{0 - (12\,\text{m/s})^2}{2(-9.8\,\text{m/s}^2)} = 7.3\,\text{m} \qquad (答)$$

(c) 球被拋出後高於拋出點 5.0 m 高度處需時若干？

計算 已知 v_0，$a = -g$，以及位移 $y - y_0 = 5.0$ m，而欲求 t，所以我們選用 2-15 式。以 y 重寫該式，並設 $y_0 = 0$，得：

$$y = v_0 t - \frac{1}{2} g t^2$$

或 $$5.0\,\text{m} = (12\,\text{m/s})t - \left(\frac{1}{2}\right)(9.8\,\text{m/s}^2)t^2$$

若暫時略去單位(注意到前後一致)，可將上式重寫成：

$$4.9t^2 - 12t + 5.0 = 0$$

解此二次式求 t，得：

$$t = 0.53\,\text{s} \ \text{及} \ t = 1.9\,\text{s} \qquad (答)$$

竟有兩個時間！這不需驚訝，因為球經過 $y = 5.0$ m 兩次，一次在上升途中，另一次在下降途中。

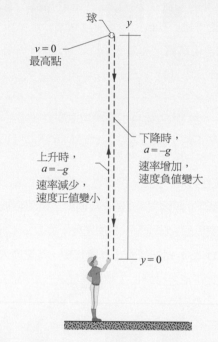

圖 2-13 投手將球鉛直上拋。自由落體的方程式適用上升及下落的物體，假設空氣的任何影響皆可忽略。

2-6 用於運動分析的圖形積分

學習目標

在閱讀完這個區塊的文字之後，讀者應該能夠…

2.18 在加速度相對於時間的圖形上，利用圖形積分，計算質點的速度變化量。

2.19 在速度相對於時間的圖形上，利用圖形積分，計算質點的位置變化量。

關鍵概念

● 在加速度 a 相對於時間 t 的圖形上,速度的變化量可以利用下列數學式計算

$$V_1 - V_0 = \int_{t_0}^{t_1} a\, dt$$

上述積分相當於在圖形上求出一個面積:

$$\int_{t_0}^{t_1} a\, dt = \begin{pmatrix} 從 t_0 到 t_1 介於加速度曲線 \\ 和時間軸之間的面積 \end{pmatrix}$$

● 在速度 v 相對於時間 t 的圖形上,位置的變化量可以利用下列數學式計算

$$x_1 - x_0 = \int_{t_0}^{t_1} v\, dt$$

其中在圖形上積分可以視為:

$$\int_{t_0}^{t_1} v\, dt = \begin{pmatrix} 從 t_0 到 t_1 介於加速度曲線 \\ 和時間軸之間的面積 \end{pmatrix}$$

運動分析的圖形積分

積分加速度。當我們擁有物體的加速度相對於時間圖形的時候,我們可以在這個圖形上進行積分,以便求出在任何時間的物體速度。因為加速度可以利用速度定義成 $a = dv/dt$,積分基本定理告訴我們:

$$v_1 - v_0 = \int_{t_0}^{t_1} a\, dt \tag{2-27}$$

上述方程式的右側是一個定積分(它可以給予我們數值結果,而不是函數型式的結果),其中 v_0 是在時間 t_0 的速度,而且 v_1 是在稍後的時間 t_1 的速度。定積分可以從 $a(t)$ 圖計算得到,例如像圖 2-14a 這樣的圖形。尤其是,

$$\int_{t_0}^{t_1} a\, dt = \begin{pmatrix} 介於加速度曲線和時間軸之間, \\ 從 t_0 到 t_1 的面積 \end{pmatrix} \tag{2-28}$$

如果加速度的單位是 $1\ m/s^2$,而且時間單位是 $1\ s$,則在圖形上相對應的面積單位為:

$$(1\ m/s^2)(1\ s) = 1\ m/s$$

上述結果(理所當然)是一個速度單位。當加速度曲線位於時間軸上方的時候,面積是正值;當加速度曲線位於時間軸下方的時候,面積是負值。

積分速度。同樣地,因為速度 v 是利用位置 x 定義成 $v = dx/dt$,則:

$$x_1 - x_0 = \int_{t_0}^{t_1} v\, dt \tag{2-29}$$

其中 x_0 是在時間 t_0 的位置,x_1 是在時間 t_1 的位置。2-29 式右側的定積分可從 $v(t)$ 圖計算得到,例如,像圖 2-14b 那樣的圖形。尤其是,

$$\int_{t_0}^{t_1} v\, dt = \begin{pmatrix} 介於速度曲線和時間軸之間, \\ 從 t_0 到 t_1 的面積 \end{pmatrix} \tag{2-30}$$

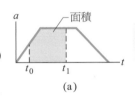

此面積給出速度變化量

此面積給出位置變化量

圖 2-14 從時間 t_0 到 t_1、曲線和水平軸間的區域面積:(a)加速度 a 對 t 的圖;(b)速度 v 對 t 的圖。

若速度單位是 1 m/s 且時間單位是 1 s，則圖形上面積的對應單位是：

$$(1 \text{ m/s})(1 \text{ s}) = 1 \text{ m}$$

上述結果(理所當然)是一個位移和位置單位。此面積究竟是正或負，其判斷方式相同於剛才針對圖 2-14a 的曲線所描述的方式。

範例 2.6　甩鞭傷害，a 對 t 的圖形積分

汽車的尾端碰撞是指前方汽車被另一輛車從後方撞上這類事故，此時經常會出現「甩鞭傷害」(whiplash injury)。在西元 1970 年代，研究者下結論說，造成傷害的原因是當車子被猛然撞向前時，乘坐者的頭部會劇烈地向後甩而越出座位的頂端。這項發現的結果導致有汽車裝上頭部固定設施，然而因尾端碰撞而造成的頸部傷害仍繼續發生。

在一次研究汽車尾端碰撞所造成頸部傷害的測試中，有一位志願者被繩子綁在椅子上，然後椅子會突然移動，以便模擬受到以 10.5 km/h 移動的汽車撞擊到車尾時的情形。圖 2-15a 提供了在碰撞期間志願者的軀幹和頭部的加速度數據曲線，曲線是從時間 t = 0 開始繪製。軀幹加速度延遲了 40 ms，這是因為在這段期間，椅背必須壓緊志願者。頭部加速度則又另外延遲了 70 ms。試問當頭部開始加速的時候，軀幹速度是多少？

關鍵概念

我們可以藉由求出在軀幹 $a(t)$ 圖形上的面積，計算得到軀幹的速率。

計算　我們知道初始的軀幹速率是在 t_0 = 0 時的 v_0 = 0，而這正是「碰撞」開始的時刻。我們想要知道在時間 t_1 =110 ms 的軀幹速率 v_1，這是頭部開始加速的時候。

將 2-27 式和 2-28 式組合起來，我們得到

$$v_1 - v_0 = \begin{pmatrix} \text{介於加速度曲線和} \\ \text{時間軸之間，} t_0 \text{ 到 } t_1 \\ \text{的面積} \end{pmatrix} \quad (2\text{-}31)$$

為了方便起見，讓我們將面積分成三個區域(圖 2-15b)。從 0 到 40 ms，區域 A 沒有任何面積：

$$\text{面積}_A = 0$$

從 40 ms 到 100 ms，區域 B 具有三角形，其面積為：

$$\text{面積}_B = \frac{1}{2}(0.060\text{s})(50\text{ m/s}^2) = 1.5\text{ m/s}$$

從 100 ms 到 110 ms，區域 C 具有矩形，其面積為：

$$\text{面積}_C = (0.010\text{ s})(50\text{ m/s}^2) = 0.50\text{ m/s}.$$

將這些數值和 v_0 = 0 代入 2-31 式，我們得到：

$$v_1 - 0 = 0 + 1.5\text{ m/s} + 0.50\text{ m/s}$$

或　　$v_1 = 2.0\text{ m/s} = 7.2\text{ km/h}$　　　　　(答)

註解　當頭部正要開始往前移動的時候，軀幹已經具有 7.2 km/h 的速率。研究者主張，讓頸部受到傷害的，就是汽車尾端碰撞的早期階段中的這個速度差。發生在稍後的頭部往後、像鞭擊般突然移動，可能會增加傷害的程度，在沒有安裝頭部固定器的情況下，尤其會如此。

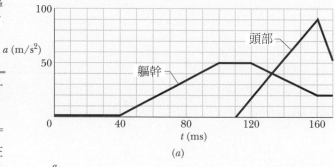

(a)

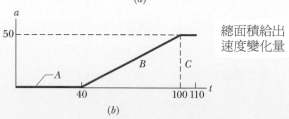

總面積給出速度變化量

(b)

圖 2-15　(a)在尾端碰撞的模擬實驗中，志願受測者頭部與軀體的 $a(t)$ 曲線。(b)為了便於計算面積，將曲線和時間軸間的區域再分成 A、B、C 三塊。

重點回顧

位置　一質點在 x 軸上的位置係相對於 x 軸上**原點**而言。位置到底為正或是負，全根據它位於原點的那一邊，若它在原點，則位置為零。軸的**正方向**為數目增加的方向，相反的方向為**負方向**。

位移　質點的位移 Δx 為位置的變化量：

$$\Delta x = x_2 - x_1 \tag{2-1}$$

位移是一向量。假若質點朝 x 軸的正方向移動，位移為正，若是它朝負方向移動，則位移為負。

平均速度　當一質點在時間間隔 $\Delta t = t_2 - t_1$ 內從位置 x_1 移動至 x_2，此時距內的平均速度為：

$$v_{avg} = \frac{\Delta x}{\Delta t} = \frac{x_2 - x_1}{t_2 - t_1} \tag{2-2}$$

v_{avg} 的正負符號表示移動的方向(v_{avg} 為向量)。平均速度與質點實際經過的路徑無關，只與它的最初和最後位置有關。

　　在 x 對 t 圖形中，時間間隔 Δt 的平均速度即為連結曲線上兩端點的直線之斜率。

平均速率　質點的平均速率 s_{avg} 與時間間隔 Δt 內它所經過的總路程有關：

$$s_{avg} = \frac{總距離}{\Delta t} \tag{2-3}$$

瞬時速度　移動之質點的瞬時速度 v(簡稱**速度**)為

$$v = \lim_{\Delta t \to 0} \frac{\Delta x}{\Delta t} = \frac{dx}{dt} \tag{2-4}$$

其中，Δx 及 Δt 由 2-2 式所定義。瞬時速度(在某特定時刻)也可以利用 x 對 t 圖形中的斜率(在那特定時刻)來表示。**速率**是瞬時速度的大小。

平均加速度　平均加速度為在一時間間隔 Δt 內，速度的變化量 Δv 與 Δt 的比值：

$$a_{avg} = \frac{v_2 - v_1}{t_2 - t_1} = \frac{\Delta v}{\Delta t} \tag{2-7}$$

正負符號表示 a_{avg} 的方向。

瞬時加速度　瞬時加速度(簡稱**加速度**) a 是速度 $v(t)$ 對時間的一階導數，也是位置 $x(t)$ 對時間的二階導數：

$$a = \frac{dv}{dt} = \frac{d^2x}{dt^2} \tag{2-8, 2-9}$$

在 $v(t)$ 對 t 圖中，$a(t)$ 為曲線上在時間 t 對應點的斜率。

等加速運動　在表 2-1 中的 5 個方程式描述物體在做等加速度運動的情形：

$$v = v_0 + at \tag{2-11}$$
$$x - x_0 = v_0 t + \tfrac{1}{2}at^2 \tag{2-15}$$
$$v^2 = v_0^2 + 2a(x - x_0) \tag{2-16}$$
$$x - x_0 = \tfrac{1}{2}(v_0 + v)t \tag{2-17}$$
$$x - x_0 = vt - \tfrac{1}{2}at^2 \tag{2-18}$$

當加速度不為定值時，這些方程式即不適用。

自由落體之加速度　等加速直線運動的一個重要例子，即是靠近地球表面的物體自由的上升或下落時。等加速運動方程式描述這種運動，但我們在記號上作兩個改變：(1)把垂直向上運動的方向定義為 $+y$ 方向；(2)以 $-g$ 代替 a，其中 g 是靠近地表附近自由落體加速度的大小。$g = 9.8 \text{ m/s}^2 (= 32 \text{ ft/s}^2)$。

討論題

1 雨水自距地表 4000 m 高的雲落到地面上。(a)假若它們並未由於空氣阻力而減速,則當它們撞擊地面時的速度若干?(b)在暴風雨時出門安全嗎?

2 初速 $v_0 = 3.70 \times 10^5$ m/s 之電子,進入長 2.30 cm 的靜電加速度區(圖 2-16)。以速度 $v = 4.40 \times 10^6$ m/s 穿出此加速區。設為等加速運動,其加速速度值若干?

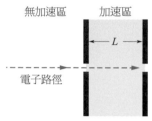

圖 2-16 習題 2

3 駕駛在 0.50 分鐘內將車速從 15 km/h 在恆定比率下提高到 45 km/h。騎自行車的人在 0.50 分鐘內以恆定比率從靜止狀態加速到 30 km/h。(a)汽車的加速度和(b)自行車的加速度的大小分別是多少?

4 火車從靜止開始出發,並且以固定加速度運動。在某一個時刻它以 30 m/s 的速率行進,經過 160 m 以後它改以 60 m/s 的速率行進。請計算要如前述行進 160 m 所需要的:(a)加速度,和(b)時間,(c)從出發到達速率 30 m/s 所需要的時間,以及(d)從靜止到速率變成 30 m/s 時火車所經過的距離。

5 在遊樂場的視訊遊戲中,必須用程式設計一個斑點,使其根據 $x = 5.00t - 0.500t^3$ 來越過螢幕,其中 x 是與螢幕左側邊緣的距離,單位是公分,t 的單位是秒。當斑點抵達位於 $x = 0$ 或 $x = 15.0$ cm 的螢幕邊緣時,t 會重新設定成 0,而且斑點會根據 $x(t)$ 再度開始移動。(a)試問在啟動以後多久時間,斑點會瞬間處於靜止狀態?(b)這種情形發生時,x 值是多少?(c)當這種情形發生時,斑點的加速度是多少?(d)就在斑點要變成靜止狀態以前,它是往左移動或往右移動?(e)在斑點要變成靜止狀態後,重新啟動時,它是往左移動或往右移動?(f)在 $t > 0$ 的什麼時候,它會何時第一次抵達螢幕邊緣?

6 當無人升降梯靜止於 100 公尺高的建築物頂樓時,用於支撐升降梯的單一纜繩突然斷裂。(a)升降梯撞擊到地面時的速率是多少?(b)掉落過程總共經歷多久的時間?(c)當它通過整個行程的中點時,其速率是多少?(d)當通過中點時,它已經花費多少時間?

7 一個質點在 $t = 0$ 開始出發,沿著正 x 軸運動。質點的速度隨著時間變化的函數關係如圖 2-17 所示;v 軸的尺標可以用 $v_s = 8.0$ m/s 予以設定。(a)試問質點在 $t = 5.0$ s 時的位置為何?(b)質點在 $t = 5.0$ s 時的速度為何?(c)質點在 $t = 5.0$ s 時的加速度是多少?(d)質點在 $t = 1.0$ 和 $t = 5.0$ s 之間的平均速度是多少?(e)質點在 $t = 1.0$ 和 $t = 5.0$ s 之間的平均加速度是多少?

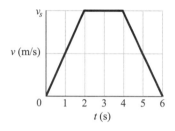

圖 2-17 習題 7

8 汽車在 174 m 的距離內由 240 km/h 的速度減速到停止。假設加速度是一固定值,則以(a) SI 單位及(b) g(重力加速度)為單位計算其大小。(c)剎車需要多少時間 T_b?反應時間 T_r 是你知道緊急情況後,將腳移至剎車並開始剎車所需的時間,如果 $T_r = 400$ ms,那麼(d)試以 T_r 表示 T_b。以及(e)作用於反應或剎車所需要的所需時間為何?深色太陽鏡會延遲從眼睛發送到大腦視覺皮層的視覺信號,從而增加 T_r,則(f)在 T_r 增加 100 ms 的極端情況下,汽車在反應時間內行駛了多遠?

9 有一個電動車從靜止出發,以 2.6 m/s² 的加速度在一條直線上運動直到其速率到達 31 m/s 為止。然後車子以 1.4 m/s² 減慢速度直到停止。(a)從出發到停止,總共花費多少時間?(b)從出發到停止,車子總共行進多少距離?

10　當兩輛列車在一個軌道上行駛時，兩車長突然注意到兩輛列車是朝向彼此前進的。圖 2-18 提供了兩列車減慢列車速度時，其速度 v 相對於 t 的函數關係。圖的垂直軸尺標可以用 $v_s = 60$ m/s 予以設定。減慢的過程是在列車相距 320 m 的時候才開始。試問兩輛列車都停止的時候，它們的間隔距離是多少？

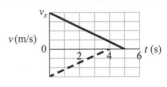

圖 2-18　習題 10

11　有一顆小球在時間 $t = 0$，從地面垂直往上拋出。在 $t = 1.70$ s 的時候，它通過高塔的頂點，而且在 1.30 s 之後它抵達到最高點。試問塔的高度是多少？

12　有一顆球從高度 $h = 1.50$ 處，以初速 $v_0 = 10.0$ 垂直往下丟擲。(a)在球碰觸地面的瞬間，其速率是多少？(b)球抵達地面花費的時間是多少？如果球是從相同高度以相同初速垂直往上丟擲，則(c)在(a)小題中的答案，及(d)在(b)小題中的答案各是多少？在開始求解任何方程式以前，請先判斷(c)和(d)的答案應該大於、小於或等於(a)和(b)的答案。

13　圖 2-19 顯示的是用於量測我們反應時間的簡單裝置。它包含一個硬紙板條，其上標記著尺標以及兩個大圓點。一位朋友垂直拿著紙條，以拇指和食指捏著圖 2-19 中的右方圓點。然後你將拇指和食指放在另一個圓點的位置(在圖 2-19 中的左側)，請注意不要碰觸到紙條。朋友放開紙條，在你看見它開始被釋放以後，你要盡可能快地夾住它。你夾住紙條的地方可以告訴你自己的反應時間。(a)你應該在與較低的圓點相距多遠的地方標示 50.0 ms 記號？你應該在較高的什麼距離的位置，放置下列記號：(b) 100，(c) 150，(d) 200，(e) 250 ms？（舉例來說，100 ms 記號與圓點的距離應該是 50 ms 記號與圓點的距離的兩倍嗎？如果是如此，請將解答寫成是兩倍。讀者可以在解答中發現任何規律嗎？）

反應時間 (ms)

圖 2-19　習題 13

14　一球體從高建築物的頂樓邊緣垂直向上射出。在射出以後 1.12 s，它達到最高點。然後在它向下掉落的過程中，它幾乎碰到建築物邊緣，並且在射出以後 6.00 s，球體撞到地面。在 SI 單位系統中：(a)球體是以什麼速度向上射出？(b)球體抵達最大高度時是位於建築物上方多少距離？(c)建築物有多高？

15　球速移動最快的運動是回力球，其速率可以到達 303 km/h。如果職業回力球選手面對該速率的球，並且不自主地眨眼，他會有 120 ms 的時間看不見眼前的事物。在這段眼前昏黑的時間，球移動多遠？

16　將一顆石頭垂直往上拋擲。在石頭的上升途中，其以速度 v 通過 A 點，並以速度 $\frac{1}{2}v$ 通過高於 A 點 4.00 m 的 B 點。試求：(a)速度 v，(b)石頭於 B 點之上達到的最大高度。

17　在交通號誌變成綠燈的一瞬間，一輛汽車以 1.80 m/s^2 的固定加速度啟動。在相同瞬間，一輛卡車以固定速度 7.30 m/s 從汽車後方趕上並經過汽車。(a)試問在經過交通號誌後多遠，汽車會趕上卡車？(b)且在該瞬間，汽車行進的速度是多少？

18　一個重球從湖面上方高 7.00 m 的跳水板上掉落湖中。它以特定速度撞到水中，然後以這個相同速度沈到湖底。在往下掉落以後的 4.00 s，它抵達湖底。(a)試問湖有多深？在整個掉落過程中，球平均速度的：(b)大小，(c)方向(向上或向下)為何？假設將所有的湖水汲乾。現在在球從跳水板拋擲出，使得球再一次地在 4.00 s 抵達湖底。請問此時球初始速度的：(d)大小，和(e)方向為何？

19 圖 2-20 顯示的是某條街道的一隅，其中該街道的車流受到管制，以便讓某個車隊沿街道平順通過。假設車隊先導車剛抵達街口 2，在與該街口距離 d = 20.0 m 時即已顯示綠燈。車隊持續以某速率 v_p = 14.0 m/s (時速上限) 前進以到達街口 3，在與該街口距離 d 時將顯示綠燈。各街口相隔距離 D_{23} = 200 m 與 D_{12} = 300 m。(a)為了保持車隊平順前進，街口 3 的綠燈相對於街口 2 之延遲啓動時間應該為何？

假使反過來車隊已經在街口 1 因紅燈而停頓。當轉成綠燈時，先導車需要某一時間 t_r = 0.500 s 以反應燈號的改變，而且也需要額外時間來以某加速度 a = 5.00 m/s² 加速至巡航速率 v_p。(b)倘若當先導車距離街口 d 時，街口 2 顯示為綠燈，街口 1 燈號轉綠後街口 2 燈號需等多久再轉綠？

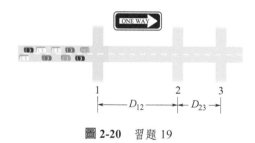

圖 2-20 習題 19

20 一氣球以 18.0 m/s 的速率上升，當一包裹墜落時，其高度為 90 m。(a)包裹著地需時若干？(b)著地速率若干？

21 跑步者的速度與時間的關係如圖 2-21 所示。跑步者在 16 秒內走多遠？圖形垂直軸的設定為 v_s = 12.0 m/s。

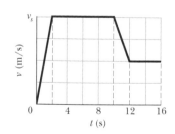

圖 2-21 習題 21

22 一太空船以 9.8 m/s² 的加速度在某太空區域中前進。(a)若它由靜止出發，多久後能到達光速(3.0 × 10⁸ m/s)的 10%？(b)在此期間它走了多遠？

23 粒子在正 x 方向上的速度為 16 m/s，在 5.2 s 後，其速度為反向 28 m/s。則在 2.4 s 的時間間隔內，該粒子的平均加速度是多少？

24 一質子沿 x 軸移動，其位置可由 x = $20te^{-2t}$ m 來描述，其中 t 的單位為秒。請問，當它暫停時，距離原點多遠？

25 當某一輛汽車的駕駛員猛踩煞車的時候，車子與路障的距離只剩 20.0 m，而且正以 70.0 km/h 行進。在 1.20 s 之後，汽車撞上路障。(a)請問在發生碰撞以前，汽車的固定加速度大小是多少？(b)在發生碰撞的瞬間，汽車的行駛速率為何？

26 美國太空總署格倫研究中心的零重力研究設施包括一個高度為 145 m 的墜落塔，這是一個排除可能影響因素的真空垂直墜落塔，其可以容納一個直徑為 1 m 且裝置實驗設備的球體墜落。請計算(a)球體自由落下的時間？(b)到達塔底捕獲裝置的速度為何？(c)若球被捕獲時它的速度為零，平均減速度為 25g，則在減速過程中它經過多遠的距離？

27 行駛在平直軌道上的火箭動力雪橇是用於研究大的加速度值對人體的生理影響。這樣雪橇可以從靜止在 1.8 s 內到達速率 1400 km/h。請求出：(a)加速度(假設是固定的)，並且以 g 表示之，以及(b)行經的距離。

28 兩個地鐵站的分隔距離是 1400 m。如果地鐵列車通過前一半距離時是以 1.2 m/s² 從靜止開始加速，通過後一半距離時以 1.2 m/s² 的負加速度通過另一半，(a)它的行駛時間和(b)最高速度為多少？

29 破冰船正以固定速度往東行駛，此時一陣強風使得破冰船有 3.0 s 的時間獲得往東的固定加速度。圖 2-22 是 x 相對於 t 的曲線圖，其中 t = 0 是設定在風開始吹起的時候，而且正 x 軸是往東。(a)試問在 3.0 s 時間間隔內，破冰船的加速度是多少？(b)在 3.0 s 時間間隔結束的時候，破冰船的速度是多少？(c)如果加速度在另外的 4.0 s 時間間隔仍然維持固定，則破冰船在此第二個 4.0 s 時間間隔行進多遠的距離？

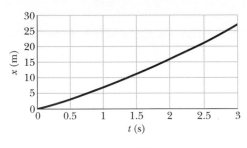

圖 2-22　習題 29

30　兩顆球自靜止從相同高度自由往下掉落，不過兩者錯開 1.0 s 的時間間隔。在第一顆球開始掉落以後多久的時間，兩顆球會相距 5.0 m 遠？

31　飛機的飛行數據記錄器儘管具有橙色外觀和反光帶，但通常被稱爲「黑盒子」，其設計是能夠承受在 6.50 毫秒時間內，以平均減速度達到最大 3400g 的撞擊。在一個墜機事件中，如果黑盒子和飛機在撞擊時間結束時的速度爲零，那麼在撞擊開始時的速度是多少？

32　某一輛以固定加速度在運動的汽車，在 6.00 s 內通過相距 65.0 m 的兩點之間的距離。當它通過第二點的時候，其速率是 15.0 m/s。(a)試問在第一點的時候，其速率是多少？(b)加速度的大小是多少？(c)汽車是在與第一點相距多遠的位置從靜止開始啓動？

33　一架飛機以 1100 km/h 水平飛行，飛行高度是在原先的水平地面上方 h = 35.0 m 處。然而，在 t = 0，駕駛開始飛過斜度 θ = 4.30°的地面上空(圖 2-23)。如果飛行員不改變飛機的航向，則飛機會在什麼時候撞到地面？

圖 2-23　習題 33

34　在時間 t = 0 的時候，一位攀岩者不小心讓鐵拴，從岩壁上的高點自由地掉到底下的山谷中。然後經過很短暫的時間，位於岩壁上比他的位置高 15 m 的同伴將鐵拴往下丟。兩個鐵拴在掉落期間的高度 y 相對於 t 的圖形如圖 2-24 所示。試問第二支鐵拴丟出時的速率是多少？

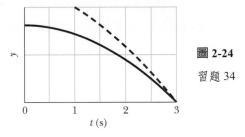

圖 2-24
習題 34

35　當一個科學用途氣象球以恆定的速度上升的時候，其中一個儀器包脫離安全帶而掉落下來。圖 2-25 告訴我們從儀器包脫離到它抵達地面，其垂直速度相對於時間的曲線圖。(a)試問儀器包上升到位於脫離點以上的最大高度是多少？(b)脫離點位於地面上方的高度是多少？

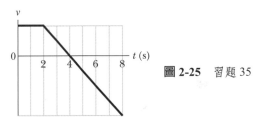

圖 2-25　習題 35

36　瘋狂的鳥。兩火車在同一直線軌道上各以 40 km/h 之速率相向行駛。當兩車相距 60 km 時，一鳥以 52 km/h 之速率從其中一火車的前端飛離，並朝向另一火車直飛而去。一旦抵達另一火車，鳥又直接飛回第一車，如此類推。鳥飛行之總距離若干？

37　石蠅的翅膀因爲不會拍打無法飛翔。但是當它在水面上時，可以透過將其翅膀抬起而在微風中滑行。假設你爲石蠅計算飛行時間，它們以固定速度沿一定長度的筆直路徑飛行，飛行時翅膀可視爲風帆，使用翅膀飛行時的時間爲 7.3 s，若將翅膀收起滑行的飛行時間爲 24.0 s，則(a)飛行速度 v_s 與滑行速度 v_{ns} 的比是多少？(b)就 v_s 而言，在有翅膀的飛行或沒有翅膀的滑行狀況下，昆蟲沿著路徑前進前 1.5 m 所需的時間有何不同？

38　小型摩托車一開始以 30 m/s 的速度運動，使小型摩托車保持恆定的減速，煞車作用後 5.0 s 時間間隔內，速度降低到 15 m/s。從煞車作用開始到摩托車停止，摩托車行進了多少距離？

39　計程車以 45.0 km/h 的速度上坡，然後以 70.0 km/h 的速度下坡，則往返一次的平均速度是多少？

40 一個跳傘者自由落下 40.0 m 後，打開降落傘後以 1.50 m/s² 開始減速，並以 3.00 m/s 的速度到達地面。(a)跳傘者在空中停留多長時間？(b)下降是從什麼高度開始？

41 一個沿著 x 軸之質點具有加速度 a = 8.0 t，其中 t 以秒為單位而 a 以每平方秒公尺為單位。在 t = 2.0 s 時，速度為+ 17 m/s。試問在 t = 5.0 s 時的速度為何？

42 要讓汽車停止前進，首先我們需要一段特定反應時間，才會開始煞車；然後汽車以固定比率減緩速度。假設當汽車初始速度是 80.5 km/h 的時候，在上述兩個階段中，汽車的總移動距離是 63.4 m，當汽車初始速度是 48.3 km/h 的時候，則總移動距離是 28.9 m。試問：(a)我們的反應時間，以及(b)加速度的大小是多少？

43 某一顆蘋果從 120 m 高的懸崖掉落下來。試問這顆蘋果通過：(a)前 60 公尺花費多少時間？(b)後 60 公尺花費多少時間？

44 一粒子沿 y 軸移動時的位置方程式為 y = (4.0 cm) sin(πt/4)，其中 t 以秒為單位，y 以公分為單位。試求 (a) t = 0 到 t = 2.0 s 間的平均速度是多少？(b)在 t = 0、1.0 和 2.0 s 時，粒子的瞬時速度是多少？(c)在 t = 0 和 t = 2.0 s 間，粒子的平均加速度是多少？(d)在 t = 0、1.0 和 2.0 s 時，粒子的瞬時加速度是多少？

45 質子沿著 x 軸上依據位置方程式 x = 50t + 10t² 移動，其中 x 以公尺為單位，t 以秒為單位。試計算(a)質子在運動的前 3.0 s 期間的平均速度；(b)質子在 t = 3.0 s 的瞬時速度；(c)質子在 t = 3.0 s 的瞬時加速度；(d)繪製 x 與 t 的關係圖，並指出如何從圖中獲得(a)的答案；(e)在 x-t 圖表上指出(b)的答案；(f)繪製 v 與 t 的關係，並在其上指出(c)的答案。

46 1889 年，在印度 Jubbulpore，在經歷 2 小時 41 分鐘的時間後終於贏得了拔河比賽，獲勝的團隊將繩索的中心移動了 3.90 m。若以厘米/分鐘為單位，比賽中該中心點的平均速度大小若干？

47 當紐約 Thruway 的合法速限從 65 mi/h 增加到 70 mi/h 的時候，試問對必須從 Buffalo 入口開車到紐約市出口(相距 700 km)的駕駛員而言，以合法速限開車可以節省多少時間？

48 響尾蛇的頭可以 50.0 m/s² 的加速度撞擊受害者。如果汽車也能做到，那麼從靜止到達到 80.0 km/h 的速度要花多長時間？

49 一顆球從 45.0 m 高的建築物頂端垂直往下丟擲。在投出後 2.00 s 時，球通過位於地面上方 11.8 m 的窗戶頂端。試問當球通過窗戶頂端時的速率是多少？

50 某一個要雜技的人通常將球垂直往上拋出的高度 H。如果要讓球在空中停留 1.50 倍時間，請問球必須丟到什麼高度？

51 碰撞？一列以 72 km/h 行駛的紅色火車，和一列以 160 km/h 行駛的綠色火車沿著同一條直線平坦軌道，彼此朝向對方在前進。當它們相距 950 m 的時候，兩位機師都看見對方的列車並且開始煞車。煞車系統以 1.0 m/s² 減加速度。試問會產生碰撞嗎？如果會發生碰撞，請回答是，並且求解出發生碰撞時紅色火車和綠色火車的速率。如果不會發生碰撞，請回答否，並且求出兩輛列車停止以後相隔的距離。

52 最高速度為 11.00 m/s 的短跑運動員從靜止狀態開始，並以恆定的比率加速。他能夠在 12.00 m 的距離內達到最高速度，之後他可以在 100 m 比賽的其餘時間內保持最高速度。(a)他所需多少時間完成 100 m 比賽？(b)為了改善時間，短跑運動員試圖減小達到最高速度所需的距離。如果他要在比賽中獲得 9.900 s 的時間，則達最高速度時的距離應該是多少？

53 棒球的最快球紀錄為時速 169.1 km/h，該球花了多久時間才到達 18.4 m 外的本壘板？

54 圖 2-26 提供的是一個質點沿著 x 軸運動時,其加速度 a 相對於時間 t 的關係圖形。已知在 a 軸上的 $a_s = 12.0$ m/s^2。在 $t = -2.0$ s 的時候,質點的速度是 11.0 m/s。試問在 $t = 6.0$ s 時的速度爲何?

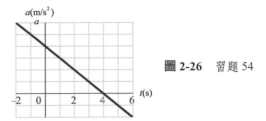

圖 2-26 習題 54

55 眨眼可能會持續 120 毫秒,如果飛機的平均飛行速度爲 3400 km/h,則 MiG-25「Foxbat」戰鬥機在飛行員眨眼時會飛行多遠的距離?

56 在圖 2-27 中,除了顏色以外,紅色汽車和綠色汽車完全相同,兩輛汽車在相鄰車道朝著彼此運動,而且方向與 x 軸平行。在時間 $t = 0$,紅色汽車位於 $x_r = 0$,而且綠色汽車位於 $x_g = 230$ m。如果紅色汽車的速度固定爲 20 km/h,兩輛汽車會在 $x = 44.5$ m 處交會;如果紅色汽車速度固定爲 40 km/h,則它們會在 $x = 76.6$ m 交會。試問綠色汽車的:(a)初始速度,和 (b)加速度是多少?

圖 2-27 習題 56

57 當子彈從長度爲 1.20 m 的槍管中射出時,所測得的速度爲 530 m/s,假設等加速狀況下,計算得到子彈發射後在槍管中停留的時間。

58 播放器使用連桿驅動 shuffleboard,可以在 2.1 m 的距離內以固定增加率從靜止開始將 shuffleboard 加速到 6.0 m/s 的速度。此時若失去與連桿的接觸,將以固定減少率 3.0 m/s^2 減速到停止爲止,則(a)從開始加速到停止,需要多少時間?(b)過程行進的總距離是多少?

59 街頭賽車可以在 4.8 s 內從 0 加速到 60 km/h。(a)試問在這段時間內的平均加速度是多少?請以 m/s^2 表示之?(b)假設加速度是固定的,試求在 4.8 s 內移動的距離?(c)如果加速度可以維持在(a)小題中的數值,請問從靜止開始要移動 0.25 km 的距離需要多少時間?

60 一輛礦車以 15 km/h 的速率拉上山,然後以 30 km/h 的速率拉回山下,並且通過原來高度(礦車在山頂轉換行駛方向所需的時間可以忽略)。請問礦車從原始高度回到原始高度的整個行程中,其平均速率是多少?

61 一顆甜瓜從 60 m 高的建築物頂端(從靜止)往下掉落。在距離地面上方多遠的位置,是甜瓜抵達地面以前 1.6 秒所在的地方?

62 沿著 x 軸往東運動的機車騎士在 $0 \le t \le 6.0$ s,具有的加速度爲 $a = (5.0 - 1.2t)$ m/s^2。在 $t = 0$ 的時候,騎士的速度和位置分別爲 2.7 m/s 和 7.3 m。(a)試問騎士所達到的最大速率是多少?(b)在 $t = 0$ 到 6.0 s 的時間內,騎士行進的總距離是多少?

63 大型噴氣式飛機要離地起飛的速度必須達到 360 km/h,因此若要在 2.00 公里跑道內起飛所需的最低等加速度是多少?

64 長途跋涉。英國的喬治·梅根(George Meegan)從 1977 年 1 月 26 日到 1983 年 9 月 18 日由南美南端的烏斯懷亞(Ushuaia)步行到阿拉斯加的普拉德霍灣(Prudhoe Bay),全長 30600 公里,若以公尺/秒爲單位,該時間內他的平均速度值爲何?

65 圖 2-28 顯示的是沿著 y 軸垂直上拋球的速率 v 相對於其高度 y 的曲線圖。距離 d 爲 0.65 m。在高度 y_A 的球速是 v_A。在高度 y_B 的球速是 $\frac{1}{3}v_A$。請問球速 v_A 是多少?

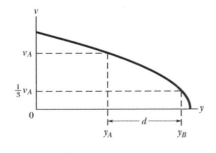

圖 2-28 習題 65

66　一鑰匙自高於水面 40 m 的橋上落下。恰好掉入以等速移動的船中；當鑰匙離手時，船離碰撞點 14 m。則船的速率若干？

CHAPTER 3

向量

3-1 向量與其分量

學習目標

在閱讀完這個區塊的文字之後，讀者應該能夠…

3.01 運用交換律和結合律，在頭對著尾的佈置原則下畫出向量，藉此將向量相加。

3.02 將一個向量減去另一個向量。

3.03 在指定的座標系統上計算向量的分量，並且以圖形顯示出來。

3.04 在已知向量分量的情形下，畫出該向量，並且求出其大小與方向。

3.05 在度和弳之間轉換角度的測量值。

關鍵概念

● 像溫度之類的純量只有大小之分。純量可以利用一個數值和一個單位予以標示清楚 (10℃)，而且它們遵守算術和一般代數的運算規則。像位移之類的向量同時具有大小和方向 (5 m，往北)，而且它們遵守向量代數的運算規則。

● 將兩個向量 $\vec{a}$ 和 $\vec{b}$ 使用共同的尺標畫出，並且將它們的頭對著尾巴擺置在一起，藉著這種幾何方式我們可以將兩個向量相加起來。從第一個向量的尾巴連接到第二個向量的頭的向量，即為兩個向量的向量和 $\vec{s}$。如果要使 $\vec{a}$ 減去 $\vec{b}$，則將 $\vec{b}$ 的方向逆反以便得到 $-\vec{b}$，然後將 $\vec{a}$ 加上 $-\vec{b}$。向量加法具有交換性，而且遵守結合律。

● 任何二維向量 $\vec{a}$ 沿著座標軸的(純量)分量 a_x 和 a_y，可以經由將向量 $\vec{a}$ 的端點畫一條垂直線到座標軸而得到。向量的分量可以寫出如下

$$a_x = a\cos\theta \text{ 以及 } a_y = a\sin\theta$$

其中 θ 是介於 x 軸正方向和 $\vec{a}$ 方向之間的夾角。分量的正負號代表向量沿著所聯結軸的方向。在知道向量的各分量之後，我們可以利用下列數學式求出向量 $\vec{a}$ 的大小和方向。

$$a = \sqrt{a_x^2 + a_y^2} \quad \text{以及} \quad \tan\theta = \frac{a_y}{a_x}$$

物理學是什麼？

物理學會處理同時具有大小和方向的很多量，它需要一種對於空間的數學語言——向量——來描述這些量。這種語言也用於工程學、其他科學甚至日常對話中。如果你曾經這樣向其他人指示方向，「沿著這條街走五個街區，然後往左轉」，你已經在使用向量語言。事實上，任何類型的導航都是以向量為基礎，但是物理學和工程學，在一些特殊的方面也需要向量去解釋像旋轉和磁力等現象，這類現象在稍後的章節中將予以討論。本章中，我們將專門探討向量的基本語言。

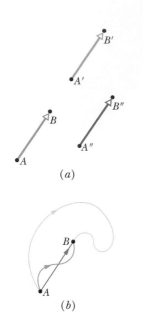

圖 **3-1**　(a)三個箭頭都具有相同的大小與方向，因此表示相同的位移。(b)連接兩點的三條路徑全部都對應於相同的位移向量。

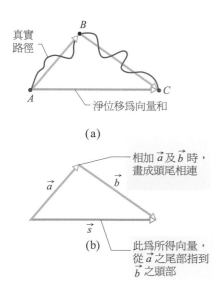

圖 **3-2**　(a) AC 為 AB 和 BC 的向量和。(b)重新標示的相同向量。

向量與純量

　　一個被限制在直線上的質點只有兩個運動方向。當它沿其中之一方向運動時，我們視其運動方向為正，另一個方向則為負。然而，對於一個在三維空間中運動的質點，僅用一個正號或負號已不足以說明它運動的方向。此時，我們需要一個能指出方向的箭號，這一個箭號即是向量。

　　一個**向量**具有大小及方向，且向量間遵循某些結合規則，這些規則本章將會說明。一個**物理向量**是一個能以向量表示的物理量；也就是說，它是具有大小和方向的物理量。能以向量表示的物理量為位移、速度、加速度。在本書中你將會看到許許多多的向量，因此學一些向量相加的規則，在稍後的章節會很有用。

　　並非所有的物理量都有方向。例如，溫度、壓力、能量、質量和時間等，並無空間概念中的「指向」。我們稱這些量為**純量**，它們可以一般的代數法則來運算。單一數值配上正負號(如溫度$-40\,°F$)指出一純量。

　　所有向量中最簡單的是位移向量，位移是位置的變化量。表示位移的向量很合理地稱為一個**位移向量**(一樣，我們有速度向量和加速度向量)。在圖 3-1a 中，若一質點從 A 運動至 B 而改變了它的位置，我們說它有了一個從 A 至 B 的位移，我們用一個從 A 指向 B 的箭頭表示它。箭頭為向量的圖解說明方式。我們用前端帶有空心三角形的箭號來代表向量，以便將它和其它的箭號區別。

　　在圖 3-1a 中，從 A 至 B，A' 至 B' 以及從 A'' 至 B'' 的箭號，代表質點有完全相同的位置變化量，我們無法將它們區分。所有三個箭號的大小和方向均相同，所以三者為完全相同的位移向量。一個向量可以在不改變其值的情況下移動，只要其大小與方向不變即可。

　　位移向量並不能告訴我們質點經過的真實路徑。例如，在圖 3-1b 中，所有三條連接 A 和 B 的路徑都對應於圖 3-1a 中的相同位移向量。位移向量僅表示運動的總效應而非運動本身。

以圖解法求向量和

　　假設一質點如圖 3-2a 所示，從 A 點運動至 B 點，然後從 B 點至 C 點。我們可用兩個相連的位移向量，AB 和 BC 來表示它的總位移(不管它的實際路徑如何)。這兩個位移的淨效應即為從 A 至 C 的單一位移。我們稱 AC 為 AB 和 BC 兩位移之**向量和**(或**合成**)。這不是一般的代數和，僅用數字不能將它明確的表示出來。

　　在圖 3-2b 中，我們重畫了圖 3-2a，並以現在起會使用的方式重新標示，亦即，在斜體符號上置一箭號，如 $\vec{a}$。假若我們僅要表示向量的大小(通常為正值)，我們使用斜體字像 a、b 或 s(你可以只用書寫符號表示)。頭上畫一箭號的符號恆表示向量的大小和方向。

我們可以把圖 3-2b 中三個向量的關係寫爲向量方程式：

$$\vec{s} = \vec{a} + \vec{b} \tag{3-1}$$

所述爲向量 $\vec{s}$ 是向量 $\vec{a}$ 與 $\vec{b}$ 的向量和。在 3-1 式中的符號「+」以及「和」與「加」等字眼，對於向量和普通代數均有不同的涵義，因爲向量必須同時考慮向量的方向以及大小。

　　圖 3-2 以圖解法表示二維向量 $\vec{a}$ 和 $\vec{b}$ 的幾何疊加步驟。(1)在紙上以方便的比例及正確角度畫出向量 $\vec{a}$。(2)以相同比例畫出向量 $\vec{b}$，一樣保持正確角度，並將其尾部與向量 $\vec{a}$ 的頭部相接。(3)向量和 $\vec{s}$ 就是從 $\vec{a}$ 的尾部畫一箭號延伸至 $\vec{b}$ 的頭部之向量。

　　性質。 以上述方式定義的向量加法具有兩個重要性質。第一，相加的次序無關緊要。將 $\vec{a}$ 加上 $\vec{b}$，和 $\vec{b}$ 加上 $\vec{a}$，兩者會得到相同的結果(圖 3-3)；亦即：

$$\vec{a} + \vec{b} = \vec{b} + \vec{a} \quad \text{(交換律)} \tag{3-2}$$

第二，若有兩個以上的向量相加，我們可將它們任意分組相加。因此，若要將向量 $\vec{a}$，$\vec{b}$ 和 $\vec{c}$ 加起來，可以先加 $\vec{a}$ 和 $\vec{b}$，然後將所得向量和與 $\vec{c}$ 相加。也可以先加 $\vec{b}$ 和 $\vec{c}$，然後再與 $\vec{a}$ 相加。兩種方式得到相同的結果，如圖 3-4。亦即：

$$(\vec{a} + \vec{b}) + \vec{c} = \vec{a} + (\vec{b} + \vec{c}) \quad \text{(結合律)} \tag{3-3}$$

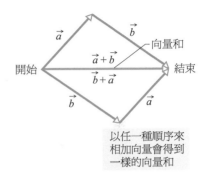

圖 3-3　二向量 $\vec{a}$ 和 $\vec{b}$ 可以不同的次序相加，參閱 3-2 式。

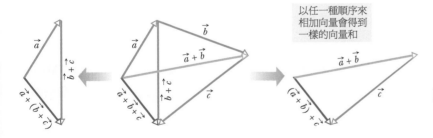

圖 3-4　$\vec{a}$、$\vec{b}$ 和 $\vec{c}$ 三個向量在相加時可以任意組合；見 3-3 式。

　　向量 $-\vec{b}$ 的大小與 $\vec{b}$ 相同，但方向相反(見圖 3-5)。若你把圖 3-5 中的兩向量相加，結果會得到：

$$\vec{b} + (-\vec{b}) = 0$$

加上 $-\vec{b}$ 和減去 $\vec{b}$ 有相同的結果！我們用這個特性去定義兩個向量的差：令 $\vec{d} = \vec{a} - \vec{b}$。則：

$$\vec{d} = \vec{a} - \vec{b} = \vec{a} + (-\vec{b}) \quad \text{(向量減法)} \tag{3-4}$$

圖 3-5　向量 $\vec{b}$ 和 $-\vec{b}$ 具有相同大小及相反方向。

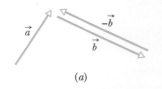

(a)

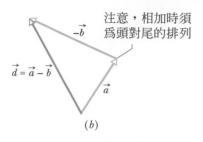

注意，相加時須
為頭對尾的排列

$\vec{d} = \vec{a} - \vec{b}$

(b)

圖 3-6 (a)向量 $\vec{a}$，$\vec{b}$ 和 $-\vec{b}$。(b)由向量 $\vec{b}$ 減去向量 $\vec{a}$ 時，將 $\vec{a}$ 加上 $-\vec{b}$。

即我們求向量差 $\vec{d}$ 的作法是，將 $-\vec{b}$ 與 $\vec{a}$ 相加。圖 3-6 說明如何作圖得出。

就如同一般的代數，我們亦可以將向量移到等號的另一端，但是必須要變號。例如，我們如果要由 3-4 式求 $\vec{a}$，我們可以改寫方程式爲：

$$\vec{d} + \vec{b} = \vec{a} \quad \text{或} \quad \vec{a} = \vec{d} + \vec{b}$$

切記，雖然我們用位移向量作爲例子，但上述加法和減法的法則適用於所有向量，不論它是代表力、速度或其他物理量。然而正如一般的算術運算一般，只有同類的向量可以相加。例如，我們可以將兩個位移或兩個速度相加，但是把一個位移和一位速度相加是毫無意義的。這如同在純量中將 21 s 和 12 m 相加一樣無意義。

✅ **測試站 1**

有兩位移向量 $\vec{a}$ 和 $\vec{b}$ 的大小各爲 3 m 和 4 m，而且 $\vec{c} = \vec{a} + \vec{b}$。考慮 $\vec{a}$ 和 $\vec{b}$ 二向量可具有各種方向，(a)試問 $\vec{c}$ 的最大值？(b)最小值又爲何？

向量的分量

用作圖法將向量相加可能會相當繁瑣。我們將使用較簡易且漂亮的代數技巧，但需要將向量置於直角座標系統上。通常將 x 和 y 軸畫於書頁上，如圖 3-7a。而 z 軸則在原點處垂直指出紙面；但目前暫不考慮，先只考慮二維向量。

向量的**分量**就是向量在軸上的投影。以圖 3-7 a 爲例，a_x 即向量 $\vec{a}$ 在(或沿著) x 軸的分量，a_y 爲在 y 軸的分量。爲求得的分量，我們在向量的兩端畫出垂直線交於軸上，如圖所示。一向量在 x 軸上的投影就稱爲它的 x 分量，在 y 軸上就稱作 y 分量。這種求分量的過程就稱爲**向量分解**。

圖 3-7 (a)向量 $\vec{a}$ 的分量 a_x 和 a_y。(b)當向量被平移時，其分量並不改變。(c)以分量爲兩股的直角三角形，其斜邊即爲向量的大小。

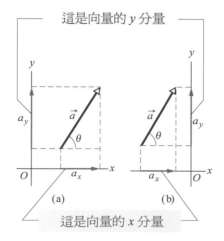

這是向量的 y 分量

這是向量的 x 分量

(a)　　(b)

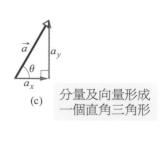

(c)

分量及向量形成
一個直角三角形

　　一向量的分量和原向量(沿軸)同向。在圖 3-7 中，因 $\vec{a}$ 指向兩軸正向，遂 a_x 和 a_y 也均為正(注意分量上方的小箭號，是為了指出該分量的方向)。若我們將向量 $\vec{a}$ 反轉，這兩個分量將變為負，並且指向負 x 及負 y 的方向。在圖 3-8 中，分解向量 $\vec{b}$ 得到正的分量 b_x 及負的分量 b_y。

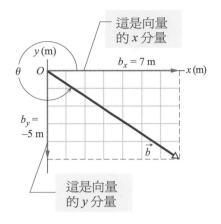

圖 3-8　向量 $\vec{b}$ 在 x 軸上的分量為正，y 軸上的分量為負。

　　通常一向量具有三個分量，然而在圖 3-7a 中，沿著 z 軸的分量為零。如圖 3-7a 及 b 所示，若你平行移動一向量而不改變其方向，它的分量將不會改變。

　　尋找分量。由圖 3-7a 中之直角三角形，我們可求出：

$$a_x = a\cos\theta \quad 及 \quad a_y = a\sin\theta \tag{3-5}$$

其中，θ 是向量 $\vec{a}$ 與 x 軸正方向的夾角，a 為 $\vec{a}$ 的大小。圖 3-7c 顯示出，$\vec{a}$ 和它的 x 分量與 y 分量形成一個直角三角形。此圖也顯示了我們如何將分量重新架構成一個向量：將分量頭尾相接。而後將一個分量的尾連接到另一個分量的頭所完成的直角三角形。

　　一旦向量被分解成分量，分量便可以用來表示向量。例如，圖 3-7a 的 $\vec{a}$ 由 a 及 θ 給出(完全決定)。或也可由其分量 a_x 及 a_y 來給定。兩組數字涵義相同。若已知一向量的分量(a_x 和 a_y)，並欲求其量值-角度(a 及 θ)表示法，可用下式：

$$a = \sqrt{a_x^2 + a_y^2} \quad 及 \quad \tan\theta = \frac{a_y}{a_x} \tag{3-6}$$

上式即轉換式。

　　在三維的情況下，我們則需要一邊及兩角(a、θ 及 ϕ)或三分量(a_x，a_y 及 a_z)來描述一向量。

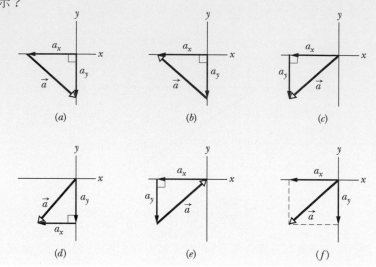

☑ 測試站 2

請由各附圖找出向量在 x 軸與 y 軸的分量可正確疊加成向量位置的圖示？

範例 3.1 越野競賽，以繪圖法來相加向量

在一個越野競賽課程中，你的目標是藉由三個直線移動，從營區出發到達最遠的地方(直線距離)。你可以以任何順序使用下列的位移量：(a) $\vec{a}$，2.0 km，正東(直接朝東)；(b) $\vec{b}$，2.0 km，東偏北 30°(從正東往北偏 30°角)；(c) $\vec{c}$，1.0 km，正西。或者你也可以用 $-\vec{b}$ 代替 $\vec{b}$，或以 $-\vec{c}$ 代替 $\vec{c}$。在第三個位移的終點，你所能達到的最大的距離為何？我們不在意方向的問題。

計算

利用一個方便的比例，我們畫出向量 $\vec{a}$、$\vec{b}$、$\vec{c}$，$-\vec{b}$ 和 $-\vec{c}$，如圖 3-9a。然後我們將這些向量在紙上做適當的移動，使它們的向量頭尾相接以找出向量和 $\vec{d}$。第一個向量尾位於原來的營區上。而你最後畫上的第三個向量的頭為終點。所以向量和 $\vec{d}$ 就是第一個向量尾到第三個向量頭的連線。這個大小也就是從原營區出發的距離。

我們發現距離 d 的最大值是以 $\vec{a}$、$\vec{b}$、$-\vec{c}$ 頭尾相接所完成。它們可以用不同的順序表示，因為在不同順序下的向量和是相同。此順序可以如圖 3-7b 所示，而向量和為：

$$\vec{d} = \vec{b} + \vec{a} + (-\vec{c})$$

使用圖 3-9a 所給的比例，我們測量到這個向量和的長度 d 為：

$$d = 4.8 \text{ m} \tag{答}$$

這是以任意次序相加這三向量所得之向量和

圖 3-9 (a)位移向量；要使用的三個向量。(b)如果你以任何順序行經位移 $\vec{a}$，$\vec{b}$ 及 $-\vec{c}$，你離營區的距離便為最大值。

範例 3.2　找出飛機飛行的分量

　　一架小飛機在陰天從機場起飛,稍後在 215 km 的遠處被看到其方向在機場的北偏東 22°。這意味著其飛行方向不是正北方 (直接指向北方) 而是從正北方往東方旋轉 22°。試求被看到的位置是位於機場的東方幾公里?北方幾公里?

關鍵概念

　　我們已知向量的大小(215 km)及角度(北偏東 22°),來計算其分量。

計算

　　我們畫一 xy 平面(圖 3-10),讓 x 軸向正東,y 軸向正北。為了方便起見,將機場置於原點(我們不是一定須要這麼做。我們也可以將座標系統移動或不對齊,但是既然有其他選擇,為什麼要使問題變得更困難呢?)。飛機的位移向量 $\vec{d}$ 由原點指向飛機被看見處。

　　求 $\vec{d}$ 之分量,將 $\theta = 68°(= 90°-22°)$ 代入 3-5 式得:

$$d_x = d \cos\theta = (215 \text{ km})(\cos 68°)$$
$$= 81 \text{ km} \qquad\qquad (答)$$
$$d_y = d \sin\theta = (215 \text{ km})(\sin 68°)$$
$$= 199 \text{ km} \approx 2.0 \times 10^2 \text{ km} \qquad (答)$$

故飛機是位於東方 81 km 及北方 2.0×10^2 km 處。

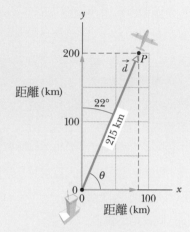

圖 3-10　一架飛機自(原點)飛至 P 點的圖形。

解題策略　角度、三角函數與反三角函數

技巧 1　角度——度和弳度

　　自正 x 軸逆時針方向測量的角度為正,而順時針方向則為負。例如,210° 與 –150° 是指同一個角度。

　　角可以用度或弳度(弳)來度量。只要記住,旋轉一圈便相當於 360 或 2π 弳度,即可將兩者換算。若你需要將比如 40° 轉換為弳度,可寫成:

$$40° \frac{2\pi \text{ rad}}{360°} = 0.70 \text{ rad}$$

技巧 2　三角函數

　　你必須瞭解一般的三角函數——正弦、餘弦及正切函數——的定義,因為它們是科學和工程上的重要語言。在圖 3-11 中它們的定義與三角形的大小無關。

　　你必須能夠描繪三角函數如何隨著角度改變,如圖 3-12,以便去判斷計算機得出的結果是否合理。甚至要確知各函數在每一象限中的正負。

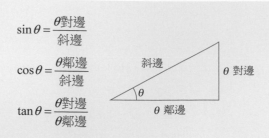

$$\sin\theta = \frac{\theta\text{對邊}}{\text{斜邊}}$$

$$\cos\theta = \frac{\theta\text{鄰邊}}{\text{斜邊}}$$

$$\tan\theta = \frac{\theta\text{對邊}}{\theta\text{鄰邊}}$$

圖 3-11 以直角三角形去定義三角函數。參見附錄 E。

技巧 3 **反三角函數**

反三角函數中最重要的為 $\sin^{-1}$、$\cos^{-1}$ 及 $\tan^{-1}$，當從計算機算出答案時，必須考慮答案的合理性，因為通常有另一個合理的解它並未顯示出。計算機所求得的反三角函數範圍如圖 3-12 所示。例如，$\sin^{-1}(0.5)$ 有二個解為 30°(計算機所顯示之值，因為 30° 在它的操作範圍內)以及 150°。在圖 3-12a 中，經過 0.5 畫一水平線，並注意它與正弦曲線的交點即可找到這兩個角度。要如何選擇正確的答案呢？是對已知條件而言看似較合理的那一個答案。

技巧 4 **向量角的量度**

3-5 式中的 $\cos\theta$、$\sin\theta$ 和 3-6 式中的 $\tan\theta$ 只有當角度是從 x 軸正方向測得時才有效。假若相對於其他方向測量，則 3-5 式中的三角函數可能必須對調，而 3-6 式中之比值可能要顛倒。一個保險的方法是將已知角度轉換為向量與正 x 軸之夾角。在 *WileyPLUS* 中，關於向量的方向，系統期盼讀者回報的是像這樣的角度。(如果是逆時針方向，則角度值為正，如果是順時針方向，則角度值為負。)

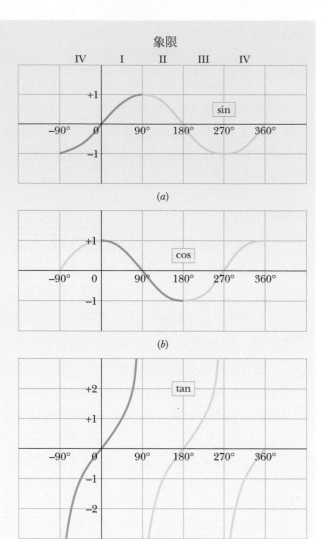

圖 3-12 三個常用的三角函數曲線。使用計算機所求的反三角函數範圍在圖較深部分。

PLUS Additional example, video, and practice available at *WileyPLUS*

3-2 單位向量與運用分量求向量和

學習目標

在閱讀完這個區塊的文字之後，讀者應該能夠…

3.06 在大小-角度表示法與單位向量表示法之間轉換向量。

3.07 運用大小-角度表示法與單位向量表示法，將向量相加或相減。

3.08 瞭解對於一個已知的向量，相對於原點旋轉座標系統的作法，只能改變向量的分量，不能改變向量本身。

關鍵概念

● 單位向量 $\hat{i}$，$\hat{j}$ 和 $\hat{k}$ 的大小為一，在右手座標系統中，其方向為座標軸 x，y，和 z 軸的正方向。我們可以將向量 $\vec{a}$ 運用單位向量寫成

$$\vec{a} = a_x\hat{i} + a_y\hat{j} + a_z\hat{k}$$

其中 $a_x\hat{i}$，$a_y\hat{j}$ 和 $a_z\hat{k}$ 是 $\vec{a}$ 的向量分量，而且 a_x，a_y 和 a_z 是其純量分量。

● 如果要將向量以分量形式相加，則我們需要下列規則

$$r_x = a_x + b_x \qquad r_y = a_y + b_y \qquad r_z = a_z + b_z$$

此處 $\vec{a}$ 和 $\vec{b}$ 是要相加的的向量，而 $\vec{r}$ 是向量和。請注意我們是一個座標軸接著一個座標軸地將向量分量相加。

單位向量

　　一個**單位向量**是一個向量，它的大小恰等於 1 並指向某一特定的方向。它既無因次亦無單位。其唯一的目的是用來指向——亦即，指示一個方向。指向 x、y 與 z 軸的正方向的單位向量分別標為 $\hat{i}$、$\hat{j}$ 與 $\hat{k}$，其中的帽子是用來取代其它向量頂上的箭號(圖 3-13)。如同圖 3-13 所示的座標軸的配置，稱為**右手座標系**。此系統若以剛體旋轉，則保持右手性質。在本書中，一律使用這種座標系。

　　單位向量最適合用來表示其他的向量；例如，圖 3-8 及 3-9 中的 $\vec{a}$ 及 $\vec{b}$，可寫成：

$$\vec{a} = a_x\hat{i} + a_y\hat{j} \tag{3-7}$$

$$\vec{b} = b_x\hat{i} + b_y\hat{j} \tag{3-8}$$

如圖 3-14 所示。$a_x\hat{i}$ 和 $a_y\hat{j}$ 稱為 $\vec{a}$ 的**向量分量**。而 a_x 和 a_y 稱為 $\vec{a}$ 的**純量分量**(或如前僅稱為**分量**)。

用分量法求向量和

　　我們可以在繪圖紙上以幾何方式，或在具有處理向量的功能的計算器上，將向量相加。第三種方式是一個座標軸接著一個座標軸地將向量分量相加。

　　首先考慮下式：

$$\vec{r} = \vec{a} + \vec{b} \tag{3-9}$$

即向量 $\vec{r}$ 及向量 $(\vec{a}+\vec{b})$ 是相同的。因此 $\vec{r}$ 的每一分量必須和 $(\vec{a}+\vec{b})$ 的對應分量相同：

$$\vec{r}_x = \vec{a}_x + \vec{b}_x \tag{3-10}$$

$$\vec{r}_y = \vec{a}_y + \vec{b}_y \tag{3-11}$$

$$\vec{r}_z = \vec{a}_z + \vec{b}_z \tag{3-12}$$

換句話說，唯有當兩向量的所有分量都對應相等時，這兩個向量才會相等。3-9 式至 3-12 式告訴我們，求向量 $\vec{a}$ 與 $\vec{b}$ 的和時，必須：(1)將兩向量分解成分量；(2)將相同座標軸之純量分量各自相加，求出向量和 $\vec{r}$ 的

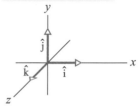

沿各軸的單位向量

圖 3-13 單位向量 $\hat{i}$、$\hat{j}$ 與 $\hat{k}$ 定義出右手座標系的方向。

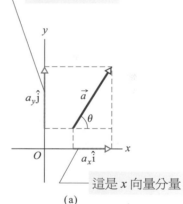

這是 y 向量分量

這是 x 向量分量

(a)

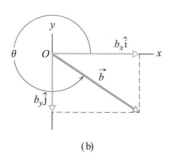

(b)

圖 3-14 (a)向量 $\vec{a}$ 的向量分量。(b)向量 $\vec{b}$ 的向量分量。

各分量；(3)將 $\vec{r}$ 的各分量組合起來得到 $\vec{r}$ 本身。組合的方法有二種。我們可以將 $\vec{r}$ 用單位向量方式,或以量值-角度方式來表達。

上面所述的這些步驟亦可應用於向量的減法。如先前的 $\vec{d} = \vec{a} - \vec{b}$,可以將之重寫成 $\vec{d} = \vec{a} + (-\vec{b})$。作減法時,以分量將 $\vec{a}$ 與 $-\vec{b}$ 相加,得到到:

$$d_x = a_x - b_x, \quad d_y = a_y - b_y, \quad \text{及} \quad d_z = a_z - b_z$$

其中
$$\vec{d} = d_x \hat{i} + d_y \hat{j} + d_z \hat{k} \tag{3-13}$$

測試站 3

(a) 如圖,$\vec{d}_1$ 及 $\vec{d}_2$ 的 x 分量之符號為何?

(b) $\vec{d}_1$ 及 $\vec{d}_2$ 的 y 分量之符號為何?$\vec{d}_1 + \vec{d}_2$ 的 x 和 y 分量之符號為何?

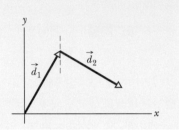

向量與物理定律

迄今為止,在每一個用座標系統的圖形裡,x 和 y 軸均與書頁邊緣平行。因此 $\vec{a}$ 向量的分量 a_x 及 a_y 也和書頁邊緣平行(如圖 3-15a)。對於軸的該方位,唯一的理由只是看起來「適合」而已;沒有更深入的原因。取而代之,我們可將座標軸(而非向量 $\vec{a}$)旋轉 ϕ 的角度,如圖 3-15b,此時各分量將有新的數值,稱為 a'_x 及 a'_y。因為 ϕ 有無數個選擇法,所以向量 $\vec{a}$ 也有無限多的分量表示法。

到底那一組分量才「正確」呢?答案是每一組都正確,因為每一組(與它們的座標軸)只是以不同的方式來描述相同的向量 $\vec{a}$,並且都會得到同一向量的相同大小和方向。在圖 3-15 中,得到:

$$a = \sqrt{a_x^2 + a_y^2} = \sqrt{a'^2_x + a'^2_y} \tag{3-14}$$

以及
$$\theta = \theta' + \phi \tag{3-15}$$

重點是在選擇座標系統時,我們有很大的自由,因向量之間的關係並不因新座標軸原點的位置或座標軸方向的選擇而改變。物理量間的關係亦如此,物理定律與座標系統的選擇無關。再加上向量表示法的簡潔與豐富內涵,使得物理學中的定律幾乎都以向量表示:如 3-9 式的一個方程式可代表三個(或更多個)如 3-10 式,3-11 式和 3-12 式等的關係式。

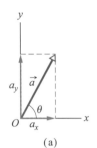

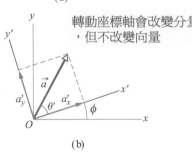

轉動座標軸會改變分量,但不改變向量

圖 3-15 (a)向量 $\vec{a}$ 和它的分量。(b)相同的向量,以及旋轉 ϕ 角後的座標系統。

範例 3.3　搜尋樹籬迷宮

　　樹籬迷宮是由數列高的樹籬笆所形成的迷宮。在進入樹籬迷宮以後，人們會開始尋找中央點，然後尋找出口。圖 3-16a 顯示了這樣一種迷宮的入口，也顯示了從點 i 到點 c 的尋找過程中，在我們遇到的岔路上所做的兩次選擇。如圖 3-16b 的俯視圖所示，我們進行了三次位移：

$$d_1 = 6.00 \text{ m} \qquad \theta_1 = 40°$$

$$d_2 = 8.00 \text{ m} \qquad \theta_2 = 30°$$

$$d_3 = 5.00 \text{ m} \qquad \theta_3 = 0°$$

其中最後一段平行於 x 軸。在到達點 c 的時候，試問從點 i 開始的淨位移 $\vec{d}_{net}$ 的大小和角度各是多少？

關鍵概念

(1) 為了求出淨位移 $\vec{d}_{net}$，需要將三個個別的位移向量加總起來：

$$\vec{d}_{net} = \vec{d}_1 + \vec{d}_2 + \vec{d}_3$$

(2) 為了完成這項工作，我們首先單獨計算這個總和的 x 分量，

$$d_{net,x} = d_{1x} + d_{2x} + d_{3x} \qquad (3\text{-}16)$$

然後單獨計算 y 分量，

$$d_{net,y} = d_{1y} + d_{2y} + d_{3y} \qquad (3\text{-}17)$$

(3) 最後，我們從 x 和 y 分量得到 $\vec{d}_{net}$。

計算：

　　為了計算出 3-16 式和 3-17 式，我們需要求得每個位移的 x 和 y 分量。例如，第一個位移的各分量顯示於圖 3-16c。對於其他兩個位移，我們也畫出類似圖形，然後對每個位移應用 3-5 式的 x 部分，其中的角度是相對於 x 正方向測量得到：

$$d_{1x} = (6.00 \text{ m})\cos 40° = 4.60 \text{ m}$$

$$d_{2x} = (8.00 \text{ m})\cos (-60°) = 4.00 \text{ m}$$

$$d_{3x} = (5.00 \text{ m})\cos 0° = 5.00 \text{ m}$$

然後 3-16 式告訴我們

$$d_{net,x} = +4.60 \text{ m} + 4.00 \text{ m} + 5.00 \text{ m} = 13.60 \text{ m}$$

同樣地，為了計算出 3-17 式，我們對每個位移應用 3-5 式的 y 部分：

$$d_{1y} = (6.00 \text{ m})\sin 40° = 3.86 \text{ m}$$

$$d_{2y} = (8.00 \text{ m})\sin (-60°) = -6.93 \text{ m}$$

$$d_{3y} = (5.00 \text{ m})\sin 0° = 0 \text{ m}$$

然後 3-17 式告訴我們

$$d_{net,y} = +3.86 \text{ m} - 6.93 \text{ m} + 0 \text{ m} = -3.07 \text{ m}$$

　　接著我們運用 $\vec{d}_{net}$ 的這些分量以便建立如圖 3-16d 所示的向量：向量的分量形成頭對著尾的佈置方式，並且形成直角三角形的兩股，而且向量形成斜邊。運用 3-6 式我們求出 $\vec{d}_{net}$ 的大小和角度。其大小為

$$d_{net} = \sqrt{d^2_{net,x} + d^2_{net,y}} \qquad (3\text{-}18)$$

$$= \sqrt{(13.60 \text{ m})^2 + (-3.07 \text{ m})^2} = 13.9 \text{ m}$$

（答）

如果想要求得角度（從 x 軸的正方向測量），我們運用反正切函數：

$$\theta = \tan^{-1} \left(\frac{d_{net,y}}{d_{net,x}} \right) \qquad (3\text{-}19)$$

$$= \tan^{-1} \left(\frac{-3.07 \text{ m}}{13.60 \text{ m}} \right) = -12.7° \qquad （答）$$

　　這個角度是負值，因為它是從正 x 方向順時鐘測量得到。每當在計算器上選用反正切函數的時候，都必須小心。它顯示的答案在數學上是正確的，至於在實際狀況上則可能是錯誤的。如果在實際狀況上計算器顯示的答案是錯誤的，那麼我們必須將它加上 180°，以便使向量反向。如果想檢驗這一點，我們需要畫出如圖 3-16d 所畫的向量與其分量。在我們所處的實際狀況中，圖告訴我們 $\theta = -12.7°$ 是一個合理的答案，$-12.7° + 180° = 167°$ 則明顯的不是合理的答案。

在圖 3-12*c* 的正切函數相對於角度的圖形中，我們可以看見所有這一切。在這個迷宮問題中，反正切函數的引數為 –3.07/13.60 或 –0.226 。在此圖形上，我們可以畫一條水平線通過垂直軸的該數值。這條水平線在 –12.7° 處切過比較暗的分支曲線，並且在 167° 處切過比較淡的分支曲線。計算器顯示的數值就是第一個切過位置。

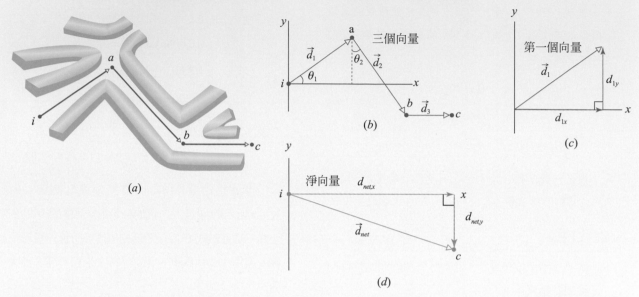

圖 3-16 (*a*) 通過樹籬迷宮過程的三個位移。(*b*) 各位移向量。(*c*) 位移向量與其分量。(*d*) 淨位移向量與其分量。

WILEY **PLUS** Additional example, video, and practice available at *WileyPLUS*

範例 3.4 向量加法、單位向量分量

圖 3-17a 顯示出以下三向量：

$$\vec{a} = (4.2\text{m})\hat{i} - (1.5\text{m})\hat{j}$$
$$\vec{b} = (-1.6\text{m})\hat{i} + (2.9\text{m})\hat{j}$$
$$\vec{c} = (-3.7\text{m})\hat{j}$$

求也有顯示出的向量和 $\vec{r}$。

關鍵概念

我們可用分量來相加三向量，逐軸計算，然後將分量結果組合而寫出向量和 $\vec{r}$。

計算

對 *x* 軸而言，我們把 $\vec{a}$，$\vec{b}$ 及 $\vec{c}$ 的 *x* 分量相加以得到向量和 $\vec{r}$ 的 *x* 分量：

$$r_x = a_x + b_x + c_x$$
$$= 4.2\text{m} - 1.6\text{m} + 0 = 2.6\text{m}$$

同理，對 *y* 軸而言：

$$r_y = a_y + b_y + c_y$$
$$= -1.5\text{m} + 2.9\text{m} - 3.7\text{m} = -2.3\text{m}$$

我們可結合 $\vec{r}$ 的分量，而將其以單位向量寫下來：

$$\vec{r} = (2.6\text{m})\hat{i} - (2.3\text{m})\hat{j} \tag{答}$$

其中，$(2.6\text{m})\hat{i}$ 為 $\vec{r}$ 沿 *x* 軸的向量分量，$-(2.3\text{m})\hat{j}$ 則為沿 *y* 軸的向量分量。圖 3-17b 顯示了一種方式可將這些向量分量組合形成 $\vec{r}$ (讀者可想出其他畫法嗎？)

我們也可以由給出 $\vec{r}$ 的大小及角度來回答本題。由 3-6 式可得的大小為：

$$r = \sqrt{(2.6\text{m})^2 + (-2.3\text{m})^2} \approx 3.5\text{m} \tag{答}$$

其角度(從+*x* 方向測起)則為：

$$\theta = \tan^{-1}\left(\frac{-2.3\text{m}}{2.6\text{m}}\right) = -41° \tag{答}$$

其中，負號代表順時針方向。

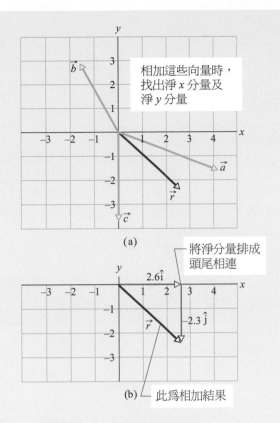

圖 3-17　向量 $\vec{r}$ 為其它三個向量的和。

WILEY **PLUS** Additional example,video,and practice available at *WileyPLUS*

3-3　向量乘法

學習目標

在閱讀完這個區塊的文字之後，讀者應該能夠⋯

3.09　將向量乘以純量。

3.10　瞭解將向量乘以純量所得結果為一個向量，將兩個向量執行點 (或純量) 積所得結果為純量，以及將兩個向量執行叉 (或向量) 積所得結果為一個新向量，而且此新向量的方向垂直於原來兩個向量。

3.11　運用大小-角度表示法與單位向量表示法，求出兩個向量的點積。

3.12　藉由運用大小-角度與單位向量兩種表示法，執行兩個向量的點積，而求出兩個向量之間的夾角。

3.13　在已知兩個向量的情形下，運用點積求出其中一個向量有多少分量投影在另一個向量上。

3.14　運用大小-角度表示法與單位向量表示法，求出兩個向量的叉積。

3.15　運用右手定則求得由叉積所產生的向量的方向。

3.16　在嵌套乘積式中，一個乘積被嵌在另一個乘積內，可以從最內部的乘積開始，遵循一般的代數程序往外計算其積。

關鍵概念

● 純量 s 與向量 $\vec{v}$ 的乘積是一個其大小爲 sv 的新向量，而且如果 s 爲正，則其方向與 $\vec{v}$ 的方向相同，如果 s 爲負，則其方向與 $\vec{v}$ 的方向相反。如果要將 $\vec{v}$ 除以 s，則將 $\vec{v}$ 乘以 $1/s$。

● 兩個向量 $\vec{a}$ 和 $\vec{b}$ 的純量 (或點) 積是 $\vec{a}\cdot\vec{b}$，它是一個**純量**，可以寫成，

$$\vec{a}\cdot\vec{b} = ab\cos\phi$$

其中 ϕ 是介於 $\vec{a}$ 和 $\vec{b}$ 的方向之間的夾角。純量積是一個向量的大小乘以另一個向量沿著第一個向量的方向的純量分量。運用單位向量表示法，可以寫成，

$$\vec{a}\cdot\vec{b} = (a_x\hat{i} + a_y\hat{j} + a_z\hat{k})\cdot(b_x\hat{i} + b_y\hat{j} + b_z\hat{k})$$

上述數學式可以根據分配律予以展開。請注意 $\vec{a}\cdot\vec{b} = \vec{b}\cdot\vec{a}$。

● 兩個向量 $\vec{a}$ 和 $\vec{b}$ 的向量(或叉)積可以寫成 $\vec{a}\times\vec{b}$，它是一個其大小可以運用下列數學式求得的**向量** $\vec{c}$，

$$c = ab\sin\phi$$

其中 ϕ 是介於 $\vec{a}$ 和 $\vec{b}$ 的方向之間比較小的夾角。$\vec{c}$ 垂直於 $\vec{a}$ 和 $\vec{b}$ 所定義出來的平面，而且如圖3-19所示此方向可以由右手定則求得。請注意 $\vec{a}\times\vec{b} = -(\vec{b}\times\vec{a})$。向量積可以用單位向量表示法寫成

$$\vec{a}\times\vec{b} = (a_x\hat{i} + a_y\hat{j} + a_z\hat{k})\times(b_x\hat{i} + b_y\hat{j} + b_z\hat{k})$$

上述數學式可以運用分配律展開。

● 在嵌套乘積式中，一個乘積被嵌在另一個乘積內，可以從最內部的乘積開始，遵循一般的代數程序往外計算其積。

向量的乘法[*]

向量有三種乘法，但與一般的代數乘法不同。在讀本節時，記著只有當你明白乘法的規則時，才能使用工程計算機來協助你做向量的乘積。

向量乘以純量

假若我們將純量 s 乘以向量 $\vec{a}$，我們會得到一個新的向量。新向量的大小爲 $\vec{a}$ 的大小乘以 s 的絕對值。若 s 爲正，它的方向與 $\vec{a}$ 相同；若 s 爲負，則方向與 $\vec{a}$ 相反。要除以 s 時，將 $\vec{a}$ 乘上 $1/s$。

向量乘向量

向量乘向量有兩種方法：第一種方法可得到一個純量(稱爲**純量積**)，另一種可得到一個新的向量(稱爲**向量積**)(學生經常容易將它們混淆)。

純量積

在圖 3-18a 中，向量 $\vec{a}$ 和 $\vec{b}$ 的**純量積**被寫爲 $\vec{a}\cdot\vec{b}$，定義爲：

$$\vec{a}\cdot\vec{b} = ab\cos\phi \tag{3-20}$$

其中 a 爲 $\vec{a}$ 的大小，b 爲 $\vec{b}$ 的大小，ϕ 爲向量 $\vec{a}$ 和 $\vec{b}$ 之間的夾角(或更正確地說，是 $\vec{a}$ 和 $\vec{b}$ 其方向間的夾角)。兩向量間的夾角實際上有兩個：ϕ 及 $360° - \phi$。任何一個均能代入 3-20 式，因爲它們的餘弦值相同。

注意 3-20 式的右邊只有純量(包括 $\cos\phi$ 之值)。所以，左邊的 $\vec{a}\cdot\vec{b}$ 代表爲純量積。由於所使用的記號，$\vec{a}\cdot\vec{b}$ 亦稱爲**點積**，唸作「$a\ \text{dot}\ b$」。

---

[*]本節內容後面才會用到，即第 7 章的純量積及第 11 章的向量積，所以教師可能會延後針對本節的回家作業

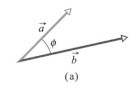

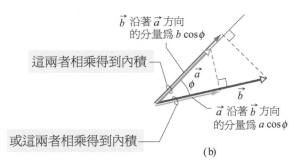

圖 3-18　(a)兩個向量 $\vec{a}$ 和 $\vec{b}$，其夾角為 ϕ。(b)每個向量在另一向量方向上有一個分量。

　　一個內積可視為兩個量的乘積：(1)其中之一向量的大小，以及(2)另一個向量在前一個向量方向上的分量。例如，在圖 3-18b 中，$\vec{a}$ 在沿著 $\vec{b}$ 的方向上有一純量分量 $a\cos\phi$；注意到，從 $\vec{a}$ 的箭頭向作垂線到 $\vec{b}$ 可得到這分量。同理，$\vec{b}$ 在沿著 $\vec{a}$ 的方向有一個純量分量 $b\cos\phi$。

　　假若 ϕ 為 $0°$，一個向量沿著另一向量的分量為極大值，所以內積也有極大值。假若 ϕ 為 $90°$，則一向量沿著另一向量的分量為零，內積亦為零。

　　3-20 式亦可寫成下列形式以強調分量：

$$\vec{a}\cdot\vec{b} = (a\cos\phi)(b) = (a)(b\cos\phi) \tag{3-21}$$

換句話說，交換律適用於純量積，故可寫成：

$$\vec{a}\cdot\vec{b} = \vec{b}\cdot\vec{a}$$

以單位向量表示時，其內積可寫為：

$$\vec{a}\cdot\vec{b} = (a_x\hat{i} + a_y\hat{j} + a_z\hat{k})\cdot(b_x\hat{i} + b_y\hat{j} + b_z\hat{k}) \tag{3-22}$$

它們遵守分配律：第一個向量的每一個分量與第二個向量的每一個分量作內積。利用此對應，我們可證明：

$$\vec{a}\cdot\vec{b} = a_xb_x + a_yb_y + a_zb_z \tag{3-23}$$

測試站 4

　　向量 $\vec{C}$ 和 $\vec{D}$ 的大小各為 3 單位長及 4 單位長。問 $\vec{C}$ 和 $\vec{D}$ 的夾角為何，若 $\vec{C}\cdot\vec{D}$ 等於：(a)零，(b) 12 單位長，(c) −12 單位長？

向量積

　　二向量 $\vec{a}$ 和 $\vec{b}$ 的**向量積**，寫成 $\vec{a}\times\vec{b}$，是得出第三向量 $\vec{c}$，其大小為：

$$c = ab\sin\phi \tag{3-24}$$

其中 ϕ 爲 $\vec{a}$ 和 $\vec{b}$ 兩個夾角中較小的一個(在這裡的情況下,必須使用向量較小的夾角,因爲 $\sin\phi$ 與 $\sin(360° - \phi)$ 的符號相反)。由於所用的記號形式,$\vec{a} \times \vec{b}$ 亦稱爲**叉積**(外積),讀作「a cross b」。

假若 $\vec{a}$ 和 $\vec{b}$ 爲平行或反向平行,則 $\vec{a} \times \vec{b} = 0$。$\vec{a} \times \vec{b}$ 的大小(可寫作 $|\vec{a} \times \vec{b}|$)的最大值發生於 $\vec{a}$ 及 $\vec{b}$ 互相垂直的時候。

$\vec{c}$ 的方向垂直於 $\vec{a}$ 和 $\vec{b}$ 所形成的平面。圖 3-19a 顯示如何以**右手定則**來決定 $\vec{c} = \vec{a} \times \vec{b}$ 的方向。將 $\vec{a}$ 和 $\vec{b}$ 平移使其尾部相接,並於接點處作一垂直於它們所在平面的想像直線。假設以右手手指圍繞此直線,手指頭從 $\vec{a}$ 掃過較小的夾角至 $\vec{b}$。則伸出的大拇指即指向 $\vec{c}$ 的方向。

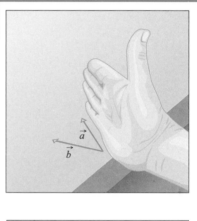
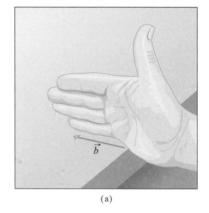
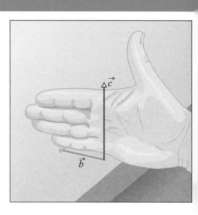

(a)

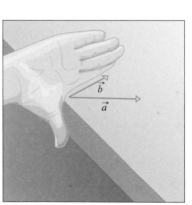
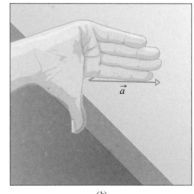
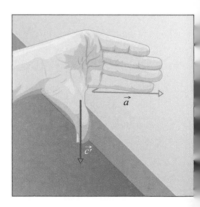

(b)

圖 3-19 求向量積的右手定則說明。(a)以右手手指自向量 $\vec{a}$ 掃至 $\vec{b}$。你伸出的大拇指指出向量 $\vec{c} = \vec{a} \times \vec{b}$ 之方向。(b)證明 $\vec{b} \times \vec{a}$ 是 $\vec{a} \times \vec{b}$ 的反向量。

　　向量積的順序是很重要的。在圖 3-19b 中，我們要決定 $\vec{c}\,'=\vec{b}\times\vec{a}$ 的方向，所以右手手指自 $\vec{b}$ 掃過較小角度至 $\vec{a}$。大拇指指向與之前相反的方向，所以必然 $\vec{c}\,'=-\vec{c}$；也就是：

$$\vec{b}\times\vec{a}=-(\vec{a}\times\vec{b}) \tag{3-25}$$

換句話說，向量積沒有交換律。

　　以單位向量表示，可寫為：

$$\vec{a}\times\vec{b}=(a_x\hat{\mathrm{i}}+a_y\hat{\mathrm{j}}+a_z\hat{\mathrm{k}})\times(b_x\hat{\mathrm{i}}+b_y\hat{\mathrm{j}}+b_z\hat{\mathrm{k}}) \tag{3-26}$$

可用分配律加以展開；亦即，第一個向量的每一分量與第二個向量的每一分量作外積。單位向量的外積可見附錄 E (參考「向量的乘積」)。舉例來說，將 3-26 式展開就可得：

$$a_x\hat{\mathrm{i}}\times b_x\hat{\mathrm{i}}=a_xb_x(\hat{\mathrm{i}}\times\hat{\mathrm{i}})=0$$

因為 $\hat{\mathrm{i}}$ 和 $\hat{\mathrm{i}}$ 兩個單位向量是平行的，因此兩者的外積為零。同理：

$$a_x\hat{\mathrm{i}}\times b_y\hat{\mathrm{j}}=a_xb_y(\hat{\mathrm{i}}\times\hat{\mathrm{j}})=a_xb_y\hat{\mathrm{k}}$$

在最後一步驟中，我們用 3-24 式來計算 $\hat{\mathrm{i}}\times\hat{\mathrm{j}}$ 的大小(單位向量 $\hat{\mathrm{i}}$ 及 $\hat{\mathrm{j}}$ 各自大小均為 1 單位，並且兩者相交 90°)。而且，我們由右手定則得到 $\hat{\mathrm{i}}\times\hat{\mathrm{j}}$ 的方向，是朝 z 軸正的方向(遂為 $\hat{\mathrm{k}}$ 的方向)。

　　將 3-26 式展開可得：

$$\vec{a}\times\vec{b}=(a_yb_z-b_ya_z)\hat{\mathrm{i}}+(a_zb_x-b_za_x)\hat{\mathrm{j}}+(a_xb_y-b_xa_y)\hat{\mathrm{k}} \tag{3-27}$$

外積亦可用行列式(附錄 E)或是用工程計算機來求解。

　　要檢查任意 xyz 座標系是否為右手座標系，可以利用右手定則判斷此外積 $\hat{\mathrm{i}}\times\hat{\mathrm{j}}=\hat{\mathrm{k}}$。若你的手指(由 x 正方向)彎曲(往 y 正方向)時，你伸出的大拇指指向 z 的正方向(而非負方向)，那麼此系統就是右手系統。

測試站 5

向量 $\vec{C}$ 和 $\vec{D}$ 的大小各為 3 單位長及 4 單位長。求 $\vec{C}$ 與 $\vec{D}$ 之間之夾角，若向量積的大小等於：(a)零，(b) 12 單位長。

範例 3.5 兩向量間的夾角，使用內積

求兩向量 $\vec{a} = 3.0\hat{i} - 4.0\hat{j}$ 和 $\vec{b} = -2.0\hat{i} + 3.0\hat{k}$ 間之夾角 ϕ。(注意：雖然下面許多步驟，可用支援向量的計算機來略過不用計算，但至少在這裡若你採用這些步驟，則可學到更多關於純量乘積)。

關鍵概念

兩向量其方向間的夾角是包含在其純量積的定義裡(3-20 式)：

$$\vec{a} \cdot \vec{b} = ab\cos\phi \qquad (3\text{-}28)$$

計算

在式 3-28 中，a 為 $\vec{a}$ 的大小，即：

$$a = \sqrt{3.0^2 + (-4.0)^2} = 5.00 \qquad (3\text{-}29)$$

而 b 為 $\vec{b}$ 的大小，即：

$$b = \sqrt{(-2.0)^2 + 3.0^2} = 3.61 \qquad (3\text{-}30)$$

我們可以將向量以單位向量符號表示，並使用分配律，以便將 3-28 式的左式分開計算：

$$\begin{aligned}
\vec{a} \cdot \vec{b} &= (3.0\hat{i} - 4.0\hat{j}) \cdot (-2.0\hat{i} + 3.0\hat{k}) \\
&= (3.0\hat{i}) \cdot (-2.0\hat{i}) + (3.0\hat{i}) \cdot (3.0\hat{k}) \\
&\quad + (-4.0\hat{j}) \cdot (-2.0\hat{i}) + (-4.0\hat{j}) \cdot (3.0\hat{k})
\end{aligned}$$

接著將 3-20 式應用到上面表示式的每一項。第一項 ($\hat{i}$ 和 $\hat{i}$) 的向量間夾角為 0°，其它項則為 90°。故可得：

$$\begin{aligned}
\vec{a} \cdot \vec{b} &= -(6.0)(1) + (9.0)(0) + (8.0)(0) - (12)(0) \\
&= -6.0
\end{aligned}$$

將 3-29 式與 3-30 式代回 3-28 式，得：

$$-6.0 = (5.00)(3.61)\cos\phi$$

所以

$$\phi = \cos^{-1}\frac{-6.0}{(5.00)(3.61)} = 109° \approx 110° \qquad \text{(答)}$$

範例 3.6 外積、右手定則

圖 3-20 中，向量 $\vec{a}$ 位於 xy 平面上，其大小為 18 單位，方向與 x 軸正向夾 250°。此外，向量 $\vec{b}$ 之大小為 12 單位，並指向 z 軸正向。向量積 $\vec{c} = \vec{a} \times \vec{b}$ 為何？

關鍵概念

當我們知道兩向量的大小及角度時，便可由 3-24 式求它們的向量積的大小，以及由圖 3-19 的右手定則求出其向量積的方向。

計算 其大小為：

$$c = ab\sin\phi = (18)(12)(\sin 90°) = 216 \qquad \text{(答)}$$

如果想要判斷圖 3-20 中的方向，讓我們想像將自己的手指繞著垂直於 $\vec{a}$ 和 $\vec{b}$ 所構成的平面的直線(顯示著 $\vec{c}$ 的直線)，並且使得手指能夠從 $\vec{a}$ 掃到 $\vec{b}$。此時

伸出的大拇指方向就是 $\vec{c}$ 的方向。因此如圖所示，$\vec{c}$ 位於 xy 平面。由於其方向垂直於 $\vec{a}$ 的方向(外積恆產生一個垂直向量)，故其角度為：

$$250° - 90° = 160° \qquad \text{(答)}$$

此角度是相對於 x 軸正方向而言。

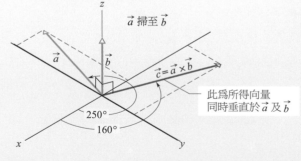

圖 3-20 向量 $\vec{c}$ (在 xy 平面)是向量 $\vec{a}$ 和 $\vec{b}$ 的向量(或外)積。

範例 3.7　外積、單位向量表示法

若 $\vec{a} = 3\hat{i} - 4\hat{j}$ 且 $\vec{b} = -2\hat{i} + 3\hat{k}$ ，問 $\vec{c} = \vec{a} \times \vec{b}$ 為何？

關鍵概念

當兩向量是用單位向量法表示時，我們便可用分配律來求其向量積。

計算

我們可以寫出：

$$\vec{c} = (3\hat{i} - 4\hat{j}) \times (-2\hat{i} + 3\hat{k})$$
$$= 3\hat{i} \times (-2\hat{i}) + 3\hat{i} \times (3\hat{k}) + (-4\hat{j}) \times (-2\hat{i}) + (-4\hat{j}) \times (3\hat{k})$$

以 3-24 式計算每一項之值並以右手定則決定方向。對於第一項，作外積的兩向量的夾角 ϕ 為 0。另一項的 ϕ 為 90°。可得：

$$\vec{c} = -6(0) + 9(-\hat{j}) + 8(-\hat{k}) - 12\hat{i}$$
$$= -12\hat{i} - 9\hat{j} - 8\hat{k} \qquad \text{(答)}$$

向量 $\vec{c}$ 垂直 $\vec{a}$ 及 $\vec{b}$ 兩者，此事實可用 $\vec{c} \cdot \vec{a} = 0$ 和 $\vec{c} \cdot \vec{b} = 0$ 來檢驗；即，$\vec{c}$ 在 $\vec{a}$ 或 $\vec{b}$ 之方向上沒有分量。

一般而言：向量積可以產生垂直的向量，兩個互相垂直的向量的點積為零，以及其方向沿著相同軸的兩個向量所產生的叉積為零。

WILEY **PLUS** Additional example, video, and practice available at *WileyPLUS*

重點回顧

純量與向量　純量，例如溫度，只有大小。它們可以一個數目及單位來表示(如 $10°C$)，並且遵守算術和普通的代數法則。向量，例如位移，具有大小和方向 (5m，北方) 遵守向量代數的特別法則。

以圖解法求向量和　將兩向量 $\vec{a}$ 和 $\vec{b}$ 以相同比例繪出，並使頭尾相連時，可用作圖法相加。連接第一向量的尾部到第二向量的頭部的向量即為向量和 $\vec{s}$。要作 $\vec{b}$ 減 $\vec{a}$，可先反轉 $\vec{b}$ 的方向得到 $-\vec{b}$；然後求 $-\vec{b}$ 加 $\vec{a}$。向量的相加和相減遵守交換律

$$\vec{a} + \vec{b} = \vec{b} + \vec{a} \qquad (3\text{-}2)$$

和結合律

$$(\vec{a} + \vec{b}) + \vec{c} = \vec{a} + (\vec{b} + \vec{c}) \qquad (3\text{-}3)$$

向量的分量　任一二維向量 $\vec{a}$ 的分量 a_x 和 a_y 乃自 $\vec{a}$ 的端點向座標軸作垂線而求得。所得分量為：

$$a_x = a \cos \theta \quad \text{及} \quad a_y = a \sin \theta \qquad (3\text{-}5)$$

其中，θ 是從 x 軸正方向與 $\vec{a}$ 之方向間的夾角。分量的代數符號表示它沿著相關的座標軸之方向。已知分量，我們可由下式求得向量 $\vec{a}$ 的大小及指向：

$$a = \sqrt{a_x^2 + a_y^2} \quad \text{及} \quad \tan \theta = \frac{a_y}{a_x} \qquad (3\text{-}6)$$

單位向量表示法　單位向量 $\hat{i}$、$\hat{j}$ 和 $\hat{k}$ 之大小為 1，且分別指向右手座標系統的 x、y 和 z 軸正向。我們可以將向量 $\vec{a}$ 寫為單位向量的形式：

$$\vec{a} = a_x \hat{i} + a_y \hat{j} + a_z \hat{k} \qquad (3\text{-}7)$$

其中，$a_x \hat{i}$，$a_y \hat{j}$ 和 $a_z \hat{k}$ 為 $\vec{a}$ 的**向量分量**，而 a_x，a_y 和 a_z 為其純量分量。

以分量形式來相加向量　以分量形式來進行向量的相加，我們將利用下列規則

$$r_x = a_x + b_x \quad r_y = a_y + b_y \quad r_z = a_z + b_z \qquad (3\text{-}10 \text{ 至 } 3\text{-}12)$$

這裡的 $\vec{a}$ 和 $\vec{b}$ 是要相加的向量，而 $\vec{r}$ 是向量和。注意到，我們是逐軸來相加分量。然後我們可以使用單位向量或大小角度表示法來表示其總和。

純量乘向量　一個純量 s 和一個向量 $\vec{v}$ 的乘積為一個新向量，其大小為 sv，且假若 s 為正，其方向與 $\vec{v}$ 相同；若 s 為負，則方向與 $\vec{v}$ 相反。(負號使向量逆反其方向)。除以 $\vec{v}$，等於乘以 $(1/s)$。

純量積 兩向量 $\vec{a}$ 及 $\vec{b}$ 的**純量積**(或點積/內積)寫為 $\vec{a} \cdot \vec{b}$，為一純量，可由下式得出：

$$\vec{a} \cdot \vec{b} = ab\cos\phi \qquad (3\text{-}20)$$

其中，ϕ 為 $\vec{a}$ 和 $\vec{b}$ 方向間的夾角。一個純量積為一個向量的大小乘以第二個向量沿著第一個向量方向的分量之積。請注意 $\vec{a} \cdot \vec{b} = \vec{b} \cdot \vec{a}$，這意味著純量積遵守交換律。如果使用單位向量表示法，

$$\vec{a} \cdot \vec{b} = (a_x\hat{i} + a_y\hat{j} + a_z\hat{k}) \cdot (b_x\hat{i} + b_y\hat{j} + b_z\hat{k}) \quad (3\text{-}22)$$

上述數學式可以運用分配律予以展開。

向量積 兩向量 $\vec{a}$ 及 $\vec{b}$ 的**向量積**(或叉積/外積)寫為 $\vec{a} \times \vec{b}$，是一向量 $\vec{c}$，其大小 c 為：

$$c = ab\sin\phi \qquad (3\text{-}24)$$

其中，ϕ 為 $\vec{a}$ 和 $\vec{b}$ 方向間之較小夾角。$\vec{c}$ 的方向垂直於 $\vec{a}$ 和 $\vec{b}$ 所定義之平面，並由右手定則決定，如圖 3-19 所示。注意 $\vec{a} \times \vec{b} = -(\vec{b} \times \vec{a})$，這意味著向量積不遵守交換律。

以單位向量表示：

$$\vec{a} \times \vec{b} = (a_x\hat{i} + a_y\hat{j} + a_z\hat{k}) \times (b_x\hat{i} + b_y\hat{j} + b_z\hat{k}) \qquad (3\text{-}26)$$

上式可適用分配律。

討論題

1 使 $\hat{i}$ 指向為東方，$\hat{j}$ 為北方而 $\hat{k}$ 指向上方。試計算下列向量乘積之(a) $\hat{i} \cdot \hat{k}$；(b)$(-\hat{k}) \cdot (-\hat{j})$；(c) $\hat{j} \cdot (-\hat{j})$。下列乘積的方向(如東方或是下方)(d) $\hat{k} \times \hat{j}$；(e) $(-\hat{i}) \times (-\hat{j})$；(f) $(-\hat{k}) \times (-\hat{j})$。

2 將一量值為 14.0 m 的向量 $\vec{B}$ 加到一個在 x 軸上的向量 $\vec{A}$，此兩向量的合向量之方向是沿著 y 軸且其量值為 $\vec{A}$ 的三倍，則 $\vec{A}$ 的量值為何？

3 一位抗議者攜帶著抗議標語從 xyz 座標系統的原點出發，其中 xy 座標系統的平面是水平的。首先他從 x 軸的負方向移動 33 m，然後往左沿著一條與原路線垂直的路徑移動 26 m，然後爬上 35 m 高的水塔。(a)試問標語從開始到結束的位移為何，請使用單位向量標記法？(b)然後標語落到塔的底部。試問標語從開始到新結束位置的位移量值是多少？

4 某一個打高爾夫球的人使用三個推桿將球打進洞。第一次推桿讓球往北移動 5.70 m，第二次推桿讓球往東南方向移動 3.40 m，而且第三次推桿將球推往西南方向 0.91 m。試問要讓球在第一次推桿就進洞，所需要位移的：(a)量值和(b)方向為何？

5 量值為 9.5 單位的向量 $\vec{a}$ 和量值為 7.5 單位的 $\vec{b}$，兩者的方向相差 55°。試求：(a)兩向量的純量積，(b)向量積 $\vec{a} \times \vec{b}$ 的大小。

6 在 $\vec{F} = q(\vec{v} \times \vec{B})$ 中，取 $q = 2.0$，且 $\vec{v} = 2.0\hat{i} + 4.0\hat{j} + 6.0\hat{k}$ 及 $\vec{F} = 4.0\hat{i} - 32\hat{j} + 20\hat{k}$ 若 $B_x = B_y$，試求 $\vec{B}$ 以單位向量符號的表示式。

7 如果 $\vec{d}_1 = 3\hat{i} - 2\hat{j} + 4\hat{k}$ 而且 $\vec{d}_2 = -7\hat{i} + 2\hat{j} - 1\hat{k}$，試問 $(\vec{d}_1 + \vec{d}_2) \cdot (\vec{d}_1 \times 16\vec{d}_2)$ 為何？

8 一艘帆船從伊利湖的美國岸邊上出發，駛往正北方 90.0 km、位於加拿大岸邊的某一點。不過水手最後卻將船行駛到出發點的正東方 35.0 km 處。如果要到達原訂的目的地，則水手必須航行：(a)多遠，以及(b)以什麼方向行駛？

9 向量 $\vec{A}$ 和 $\vec{B}$ 位於一個 xy 平面內。$\vec{A}$ 的大小為 8.00，角度為 130°；$\vec{B}$ 的分量是 $B_x = -4.31$ 和 $B_y = -6.60$。請問介於 y 軸負方向和(a) $\vec{A}$ 的方向，(b) $\vec{A} \times \vec{B}$ 乘積的方向，以及(c) $\vec{A} \times (\vec{B} + 3.00\hat{k})$ 的方向之間的角度各是多少？

10 (a)下列四個向量的和為何，請以單位向量標記法表示之？針對該向量和，請問(b)其量值，(c)以度表示之角度，以及(d)以弳度表示之角度為何？

$\vec{E}$：5.00 m 於 +0.900 rad　　$\vec{F}$：6.00 m 於 -75.0°

$\vec{G}$：7.00 m 於 +1.20 rad　　$\vec{H}$：4.00 m 於 -210°

11 若 $a = 3.90$、$b = 2.70$，且此兩向量的夾角爲 $27.0°$，則 $\vec{a} \times (\vec{b} \times \vec{a})$ 的量值爲何？

12 一個人從 xyz 坐標系的原點開始行走，其中 xy 平面爲水平面，x 軸爲向東。他帶著一分錢向東走了 800 m，又向北走 700 m，然後將一分錢從 300 m 高的懸崖上丟下去。(a)以單位向量表示，一分錢從開始到其著地點的位移量是多少？(b)當此人返回原點時，回程的位移量是多少？

13 某一艘船出發往正北方 90.0 km 距離的位置航行。有一個令人意想不到的風暴將船隻吹到出發點正東方 60.0 km 的位置。如果船隻要駛抵原來的目的地，試問現在它必須航行：(a)多遠的距離，(b)什麼方向？

14 半徑爲 22.0 公分的輪子在滾動時不會水平滑動(圖 3-21)。在時間點 t_1，油漆在車輪上的 P 點爲車輪和地板之間的接觸點。經過一段時間後的時間點 t_2，車輪轉動了一半圈。P 的位移的(a)大小和(b)角度(相對於地面)是多少？

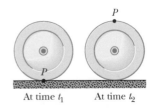

At time t_1　　　　At time t_2

圖 3-21　習題 14

15 一名婦女在北偏東 $25.0°$的方向上走了 310 m，然後向正東方走了 205 m。試求(a)從起點到終位移的大小和(b)角度；(c)找到她走過的總距離；(d)距離或位移的大小何者較大？

16 向量 $\vec{d}$ 的量值爲 5.70 m，方向指向正北方。試問 $4.00\vec{d}$ 的：(a)量值和(b)方向爲何？$-5.00\vec{d}$ 的(c)量值和(d)方向各是多少？

17 岩石斷層(fault)是岩石的對生面曾經彼此滑動過所形成的破裂處。在圖 3-22 中，於前方地面往右下方滑動以前，點 A 和點 B 是重合的。淨位移 $\overrightarrow{AB}$ 是位於斷層面上。$\overrightarrow{AB}$ 的水平分量 AC 是平移(strike-slip)量。$\overrightarrow{AB}$ 沿著斷層面直接往下的分量是傾移斷層(dip-slip)量 AD。(a)如果平移分量是 18.0 m，傾移分

量是 13.0 m，則淨位移 $\overrightarrow{AB}$ 的量值是多少？(b)若斷層平面是與水平呈傾斜角度 $\phi = 48.0°$，則 $\overrightarrow{AB}$ 的垂直分量爲何？

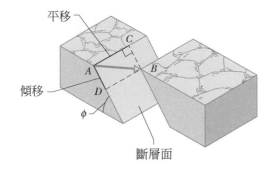

圖 3-22　習題 17

18 向量 $\vec{A}$ 和 $\vec{B}$ 位於 xy 平面內。$\vec{A}$ 的量值是 11.0，角度是 $100°$；$\vec{B}$ 的分量是 $B_x = -6.50$ 和 $B_y = -8.40$。(a)試問 $3\vec{A} \cdot \vec{B}$ 是多少？試求 $4\vec{A} \times 3\vec{B}$ 的結果在球座標系統中：(b)以單位向量法，(c)以量值角度法，求出爲何(請參看圖 3-23)？(d)在 $\vec{A}$ 和 $4\vec{A} \times 3\vec{B}$ 方向之間的角度是多少？(在訴諸計算以前請稍微思考一下)。試利用球座標以(e)單位向量標記法和(f)量值-角度標記法，求出 $\vec{A} + 3.00\hat{k}$ 爲何？

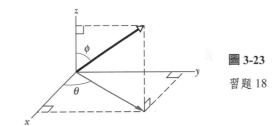

圖 3-23　習題 18

19 向量 $\vec{d_1}$ 是在 y 軸的負方向上，而向量 $\vec{d_2}$ 是在 x 軸的正方向上。試問：(a) $\vec{d_2} / 5$ 和(b) $\vec{d_1} / (-5)$ 的方向爲何？乘積(c) $\vec{d_1} \cdot \vec{d_2}$ 和(d) $\vec{d_1} \cdot (\vec{d_2} / 5)$ 的量值是多少？請問由(e) $\vec{d_1} \times \vec{d_2}$ 和(f) $\vec{d_2} \times \vec{d_1}$ 計算得到的向量，其方向各爲何？(g) (e)小題和(h) (f)小題向量乘積的量值？$\vec{d_1} \times (\vec{d_2} / 5)$ 的(i)量值，(j)方向爲何？

20 某一個人所想要到達的新位置，與其現在位置相距 5.60 km，其方向是在東方偏北 $27.0°$。但是她必須沿著其走向是南-北或東-西的街道行進。試問要抵達其目的地，她要行經的最短距離是多少？

21 兩向量 $\vec{a}$ 和 $\vec{b}$ 的分量(單位爲公尺)是 $a_x = 4.0$，$a_y = 2.0$，$b_x = 0.75$，和 $b_y = 3.3$。(a)試求在 $\vec{a}$ 和 $\vec{b}$ 的方向之間的夾角爲何？在 xy 平面中有兩個向量垂直於 $\vec{a}$，而且其量值是 8.0 m。一個是 x 分量爲正的向量 $\vec{c}$，另一個則是 x 分量爲負的向量 $\vec{d}$。請求出 $\vec{c}$ 的(b) x 分量，(c) y 分量；以及 $\vec{d}$ 的(d) x 分量，(e) y 分量？

22 在圖 3-24 的各向量中，$a = 8$，$b = 6$，而且 $c = 10$，試問：$\vec{a} \times \vec{b}$ 的(a)量值、(b)方向是爲何；$\vec{a} \times \vec{c}$ 的(c)量值、(d)方向爲何；$\vec{b} \times \vec{c}$ 的(e)量值、(f)方向爲何？(z 軸沒有顯示)。

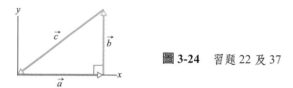

圖 3-24　習題 22 及 37

23 向量 $\vec{a}$ 位於 yz 平面，是在與 y 軸正方向成 50.0° 的方向上，具有正的 z 分量，且其量值是 1.70 m。向量 $\vec{b}$ 位於 xz 平面，它是在與 x 軸正方向成 70.0° 的方向上，具有正 z 分量，而且其量值是 2.90 m。試問：(a) $\vec{a} \cdot \vec{b}$，(b) $\vec{a} \times \vec{b}$，及(c) $\vec{a}$ 和 $\vec{b}$ 之間的角度？

24 波士頓市中心的一家銀行被搶劫(見圖 3-25 中的地圖)。爲了躲避警察的追捕，搶匪乘坐直升飛機逃脫，他們採取連續三次不同的飛行路徑以逃避追捕，以下分別敘述其移動距離與方向：東 32 公里，向東 45 度、53 公里，西偏北 26 度、南部 26 公里，以南 18 度。在第三次飛行結束時他們被警察捕獲了，請問他們在哪個城鎭被捕？

圖 3-25　習題 24

25 $\vec{A}$ 的量值是 18.0 m，方向是位於 xy 座標系統的 x 軸正向的逆時針 60.0°。另，$\vec{B} = (12.0\ \text{m})\hat{i} + (8.00\ \text{m})\hat{j}$ 也在該相同座標系統上。現在將系統繞原點逆時針旋轉 30.0°，以形成一個 $x'y'$ 系統。在此新系統上，以單位向量表示，求：(a) $\vec{A}$，(b) $\vec{B}$。

26 這裡有三個位移，每一個的單位都是公尺：$\vec{d}_1 = 3.0\hat{i} + 4.0\hat{j} - 7.0\hat{k}$，$\vec{d}_2 = -1.0\hat{i} - 4.0\hat{j} + 3.0\hat{k}$，及 $\vec{d}_3 = -5.0\hat{i} + 3.0\hat{j} + 2.0\hat{k}$。(a)請計算 $\vec{r} = \vec{d}_1 - \vec{d}_2 + \vec{d}_3$ 爲何？(b) $\vec{r}$ 和正 z 軸之間的夾角是多少？(c)請問沿著 $\vec{d}_1$ 方向的 $\vec{d}_2$ 分量是多少？(d)求 $\vec{d}_1$ 的分量，其垂直於 $\vec{d}_2$ 的方向，並且位於 $\vec{d}_1$ 及 $\vec{d}_2$ 的平面(提示：對於(c)小題，請考慮 3-20 式和圖 3-18；對於(d)小題，請考慮 3-24 式)。

27 下列四個向量的和，(a)以單位向量表示，(b)向量大小，(c)相對於 $+x$ 的角度。

$\vec{P}$：13.0 m，離 $+x$ 逆時針 25.0°。

$\vec{Q}$：10.0 m，離 $+y$ 逆時針 10.0°。

$\vec{R}$：9.00 m，離 $+y$ 順時針 20.0°。

$\vec{S}$：8.00 m，離 $-y$ 逆時針 40.0°。

28 德州的一隻螞蟻在野餐區中尋找燒烤醬，它沿著水平地面移動了三個位移：$\vec{d}_1$ 爲向西南方移動 0.30 m（也就是說，與正南和正西方夾角 45°），$\vec{d}_2$ 爲向東移動 0.20 m，$\vec{d}_3$ 爲向北 40°東方移動 0.60 m。設 x 的正向爲東方，y 的正向爲北方。是(a) $\vec{d}_1$ 的 x 分量和(b) y 分量是什麼？再者(c) $\vec{d}_2$ 的 x 分量和(d) y 分量是什麼？另外(e) $\vec{d}_3$ 的 x 分量和(f) y 分量是什麼？螞蟻總位移的(g) x 分量；(h) y 分量；(i)量值和(j)方向是什麼？如果螞蟻要直接返回起點，則(k)應當移動多遠；(l)應當向哪個方向移動？

29 在圖 3.26 中 $\vec{a}$ 的量值爲 4.30，$\vec{b}$ 的量值爲 6.20，角度 $\phi = 50.0°$，則(a)找到兩個向量和對角線所圍的三角形面積 A。(b)利用兩個向量的內積表示該面積。

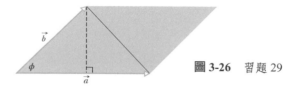

圖 3-26　習題 29

30 如果 $\vec{a} - \vec{b} = 3\vec{c}$，$\vec{a} + \vec{b} = 5\vec{c}$ 且 $\vec{c} = 6\hat{i} + 4\hat{j}$，則：(a) $\vec{a}$ 及(b) $\vec{b}$ 為何？

31 某一個粒子在一個平面上進行如下所示的三次連續位移：$\vec{d}_1$ 為往西南方向 6.00 m；然後 $\vec{d}_2$ 是往東 4.00 m；最後是 $\vec{d}_3$，往東偏北 60.0° 有 8.00 m。請選擇一個 y 軸指向北方，x 軸指向東方的座標系統。試問 $\vec{d}_1$ 的(a) x 分量和(b) y 分量為何？ $\vec{d}_2$ 的(c) x 分量和 (d) y 分量是多少？ $\vec{d}_3$ 的(e) x 分量和(f) y 分量各是多少？接著，考慮這三次連續位移下的粒子其淨位移。(g) x 分量，(h) y 分量，(i)量值，和(j)方向各為何？如果粒子想直接回到出發點，則它需要移動的(k)距離和 (l)方向各為何？

32 (a) 以單位向量標記，求 $\vec{r} = \vec{a} - \vec{b} + \vec{c}$，其中 $\vec{a} = 3.0\hat{i} + 4.0\hat{j} - 3.0\hat{k}$，$\vec{b} = -2.0\hat{i} + 2.0\hat{j} + 3.0\hat{k}$，且 $\vec{c} = 4.0\hat{i} + 3.0\hat{j} + 4.0\hat{k}$。(b)試計算 $\vec{r}$ 和 z 軸正方向之間的角度。(c)請問沿著 $\vec{a}$ 方向的 $\vec{b}$ 分量是多少？(d)求 $\vec{a}$ 的分量，其垂直於 $\vec{b}$ 的方向，但位於 $\vec{a}$ 和 $\vec{b}$ 的平面(提示：對於(c)小題，請參看 3-20 式和圖 3-18；對於(d)小題，請參看 3-24 式)。

33 向量 $\vec{a}$ 的量值是 7.00 m，方向指向東方。向量 $\vec{b}$ 的量值是 5.00 m，方向指向正北方偏西 35.0°。試問 $\vec{a} + \vec{b}$ 的(a)量值和(b)方向為何？ $\vec{b} - \vec{a}$ 的(c)量值和(d)方向各是多少？

34 若 $\vec{d}_1 + \vec{d}_2 = 6\vec{d}_3$，$\vec{d}_1 - \vec{d}_2 = 4\vec{d}_3$ 且 $\vec{d}_3 = 3\hat{i} + 5\hat{j}$，以單位向量表示，則(a) $\vec{d}_1$ 及(b) $\vec{d}_2$ 為何？

35 定義 $\vec{a}$ 為 x 的正方向，$\vec{b}$ 為 y 的負方向和一純量 d。若 d 為(a)正向與(b)負向，則 $\vec{b} / d$ 的方向是什麼？又(c) $\vec{a} \cdot \vec{b}$ 和(d) $\vec{a} \cdot \vec{b} / d$ 的量值為何？由(e) $\vec{a} \times \vec{b}$ 和 (f) $\vec{b} \times \vec{a}$ 得出向量的方向是什麼？(g)(e)中向量乘積的大小是多少？(h)(f)中向量乘積的大小是多少？如果 d 為正，(i) $\vec{a} \times \vec{b} / d$ 的大小和(j)方向為何？

36 綠洲 B 在綠洲 A 的正東方 55 km。某一隻駱駝從綠洲 A 出發，往東方偏南 25° 行進了 24 km，然後往正北方走了 8.0 km。請問此時駱駝與綠洲 B 相距多遠的距離？

37 在圖 3-24 的各向量中，$a = 8$，$b = 6$，而且 $c = 10$，試計算：(a) $\vec{a} \cdot \vec{b}$，(b) $\vec{a} \cdot \vec{c}$，(c) $\vec{b} \cdot \vec{c}$。

38 這裡有三個單位是公尺的向量：
$$\vec{d}_1 = -2.0\hat{i} + 3.0\hat{j} + 4.0\hat{k}$$
$$\vec{d}_2 = -2.0\hat{i} - 4.0\hat{j} + 3.0\hat{k}$$
$$\vec{d}_3 = 2.0\hat{i} + 3.0\hat{j} + 2.5\hat{k}$$

求：(a) $\vec{d}_1 \cdot (\vec{d}_2 + \vec{d}_3)$，(b) $\vec{d}_1 \cdot (\vec{d}_2 \times \vec{d}_3)$，(c) $\vec{d}_1 \times (\vec{d}_2 + \vec{d}_3)$ 的計算結果各為何？

39 若將 $\vec{A}$ 加上 $\vec{B}$，得 $1.0\hat{i} + 6.0\hat{j}$。如果將 $\vec{A}$ 減去 $\vec{B}$，結果為 $-5.0\hat{i} + 2.0\hat{j}$。試問 $\vec{A}$ 的大小為何？

40 計算(a)南方外積西方；(b)下方內積南方；(c)東方外積上方；(d)東方內積東方和(e)南方外積北方。每個向量皆為單位向量。

41 兩向量 $\vec{a} = 6.0\hat{i} + 5.0\hat{j}$ 及 $\vec{b} = 3.0\hat{i} + 4.0\hat{j}$。找出 (a) $\vec{a} \times \vec{b}$；(b) $\vec{a} \cdot \vec{b}$；(c) $(\vec{a} + \vec{b}) \cdot \vec{b}$；(d) $\vec{a}$ 沿著 $\vec{b}$ 方向的分量。

42 一向量 $\vec{d}$ 的大小為 1.5 m，方向為正南方。則 $6.0\vec{d}$ 的(a)大小及(b)方向為何？ $-2.0\vec{d}$ 的(c)大小及(d)方向為何？

43 一位探險家在回到基地營帳時，視覺突然有白化的現象(在雪下得非常厚的時候，視覺無法辨識地面與天空的症狀)。他原先想要往正北方行進 7.00 km，但是在雪清除以後，他發現自己實際上是往正東偏北 60° 行進了 10.5 km。試問現在他行進的：(a)距離和(b)方向必須為何，才能回到基地營帳？

44 某房間之尺寸為 3.00 m(高) × 5.25 m × 4.90 m。一蒼蠅自一角落飛至最長對角線另端上之角落。(a)位移大小若干？(b)它所行的其他路徑有沒有比這更短的？(c)更長的？或(d)一樣的？(e)選擇適當的座標系，求此系統中位移之分量。(f)假若蒼蠅用走的，牠所走的最短路徑長若干？(提示：不須計算便可回答此問題。房間猶如一個盒子。將它的牆展開攤平成一平面)。

CHAPTER 4

二維及三維之運動

4-1 位置與位移

學習目標

在閱讀完這個區塊的文字之後,讀者應該能夠…

4.01 畫出質點的二維和三維位置向量,並且標示其沿著座標系統各個軸的分量。

4.02 在一個座標系統上,由質點的位置向量各分量,求出此向量的方向與大小。反之亦然。

4.03 運用質點的位移向量、質點初始位置和最終位置向量之間的關係。

關鍵概念

● 質點相對於座標系統原點的所在處,可以藉著位置向量 $\vec{r}$ 而求得,此向量可以用單位向量表示法寫成

$$\vec{r} = x\hat{i} + y\hat{j} + z\hat{k}$$

這裡 $x\hat{i}$、$y\hat{j}$ 和 $z\hat{k}$ 是位置向量 $\vec{r}$ 的分量,而 x、y 和 z 是其純量分量(同時也是質點的座標)。

● 位置向量可以用一個大小值,和一個或兩個標示方位的角度值予以描述,也可以用其向量或純量分量予以描述。

● 如果質點的運動使得其位置向量從 $\vec{r_1}$ 改變為 $\vec{r_2}$,則質點的位移 $\Delta\vec{r}$ 是

$$\Delta\vec{r} = \vec{r_2} - \vec{r_1}$$

位移也可以寫成

$$\Delta\vec{r} = (x_2 - x_1)\hat{i} + (y_2 - y_1)\hat{j} + (z_2 - z_1)\hat{k}$$
$$= \Delta x\hat{i} + \Delta y\hat{j} + \Delta z\hat{k}$$

物理學是什麼?

本章將繼續探討物理學中分析運動的領域,不過這裡可能涉及二維或三維運動。舉例來說,因為現代高效能噴射引擎能執行小半徑的急轉彎,其過程會快到讓駕駛員喪失意識,故醫學研究者與航太工程師會致力於研究,在空中纏鬥中戰鬥機駕駛員所作的二維或三維翻轉的物理學。運動工程師則可能著眼於籃球物理學。例如,在罰球時(球員在距離籃框約 4.3 m 處,於無防守球員妨礙下自由投籃),球員可能採用肩上推球式投籃(overhand push shot),即約略從肩膀高度投球出手。或者球員也可能使用雙手掀馬桶式投球(underhand loop shot),即約略從腰部皮帶位置將球上拋投出。第一種技巧在職業球員中為壓倒性的選擇,但是傳奇球員 Rick Barry 則以雙手掀馬桶式投球技巧締造了罰球紀錄。

三維運動分析並不容易了解。舉例來說,我們可能擅長沿著高速公路(一維運動)駕駛汽車行進,但是要在沒有經過很多訓練的情形下,讓飛機著陸在跑道(三維空間)將會有點困難。

在探討二維和三維空間運動的時候,我們將從位置和位移開始著手。

位置與位移

通常我們以**位置向量** $\vec{r}$ 來標示質點(或類似質點物體)的位置,是一個從參考點(通常為原點)延伸至質點的向量。由 3-2 節的單位向量表示法, $\vec{r}$ 可寫為:

$$\vec{r} = x\hat{i} + y\hat{j} + z\hat{k} \tag{4-1}$$

其中, $x\hat{i}$ 、 $y\hat{j}$ 和 $z\hat{k}$ 是 $\vec{r}$ 的向量分量,而 x、y 和 z 則為它的純量分量。

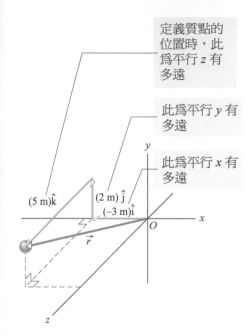

定義質點的位置時,此為平行 z 有多遠

此為平行 y 有多遠

此為平行 x 有多遠

$(5\ \text{m})\hat{k}$
$(2\ \text{m})\hat{j}$
$(-3\ \text{m})\hat{i}$
$\vec{r}$

圖 4-1 質點的位置向量是它的向量分量的向量和。

係數 x、y 及 z 表示質點沿著座標軸相對於原點的位置;即此質點的直角座標為(x, y, z)。例如,圖 4-1 以如下位置向量表示質點:

$$\vec{r} = (-3\text{m})\hat{i} + (2\text{m})\hat{j} + (5\text{m})\hat{k}$$

其直角座標為$(-3\ \text{m}, 2\ \text{m}, 5\ \text{m})$。沿著 x 軸,此質點距原點 3 公尺,在 $-\hat{i}$ 方向。沿著 y 軸,其距原點 2 公尺,在 $+\hat{j}$ 方向。而沿著 z 軸,它是從原點算起 5 公尺,在 $+\hat{k}$ 方向。

當一質點運動時,其位置向量也是以此種方式改變,即其向量永遠從參考點(原點)延伸至物體的位置。假若在某一時間間隔內位置向量改變——比如從 $\vec{r}_1$ 改變至 $\vec{r}_2$ ——則質點在那個時間間隔內的**位移** $\Delta\vec{r}$ 為:

$$\Delta\vec{r} = \vec{r}_2 - \vec{r}_1 \tag{4-2}$$

使用 4-1 式中的單位向量符號的話,我們可以將位移改寫成:

$$\Delta\vec{r} = (x_2\hat{i} + y_2\hat{j} + z_2\hat{k}) - (x_1\hat{i} + y_1\hat{j} + z_1\hat{k})$$

或是
$$\Delta\vec{r} = (x_2 - x_1)\hat{i} + (y_2 - y_1)\hat{j} + (z_2 - z_1)\hat{k} \tag{4-3}$$

其中,座標(x_1, y_1, z_1)對應位置向量 $\vec{r}_1$,座標(x_2, y_2, z_2)對應位置向量 $\vec{r}_2$ 。我們也能以 Δx 代換$(x_2 - x_1)$,以 Δy 代換$(y_2 - y_1)$,以 Δz 代換$(z_2 - z_1)$,而重寫位移成:

$$\Delta\vec{r} = \Delta x\hat{i} + \Delta y\hat{j} + \Delta z\hat{k} \tag{4-4}$$

範例 4.1 兔子奔跑，二維位置向量

一隻兔子跑過一個畫有座標軸的停車場地(夠奇怪的)。以時間 t (秒)為函數的座標(公尺)關係為：

$$x = -0.31t^2 + 7.2t + 28 \qquad (4\text{-}5)$$

$$y = 0.22t^2 - 9.1t + 30 \qquad (4\text{-}6)$$

(a) 當 $t = 15\text{ s}$ 時，兔子的位置向量 $\vec{r}$ 為何(各以單位向量法或大小-角度法表示)？

關鍵概念

兔子位置的 x 和 y 座標如 4-5 及 4-6 式所示，為兔子的位置向量 $\vec{r}$ 的純量分量。讓我們計算在指定時間的那些座標，然後我們可以利用 3-6 式計算位置向量的大小和方位。

計算

我們可以寫出

$$\vec{r}(t) = x(t)\hat{i} + y(t)\hat{j} \qquad (4\text{-}7)$$

(我們寫成 $\vec{r}(t)$ 而非 $\vec{r}$，這是因為分量是 t 的函數，因此 $\vec{r}$ 也是)。

在 $t = 15\text{ s}$ 時，的純量分量為

$$x = (-0.31)(15)^2 + (7.2)(15) + 28 = 66\text{ m}$$

$$y = (0.22)(15)^2 - (9.1)(15) + 30 = -57\text{ m}$$

因此　　　$\vec{r}(t) = (66\text{m})\hat{i} - (57\text{m})\hat{j}$　　　(答)

如圖 4-2a 所示。為了求得 $\vec{r}$ 的大小及角度，請注意分量形成直角三角形的兩股，而 r 是其斜邊。所以，我們可以使用 3-6 式來寫：

$$r = \sqrt{x^2 + y^2} = \sqrt{(66\text{m})^2 + (-57\text{m})^2}$$
$$= 87\text{m} \qquad \text{(答)}$$

且　　　$\theta = \tan^{-1}\dfrac{y}{x} = \tan^{-1}\left(\dfrac{-57\text{m}}{66\text{m}}\right) = -41° \qquad$ (答)

驗證 雖然 $\theta = 139°$ 的正切函數值與 $-41°$ 相同，但位置向量的分量指出所求角度為 $139° - 180° = -41°$。

(b) 描出兔子在 $t = 0$ 到 $t = 25\text{ s}$ 時的路徑。

繪圖 我們已有在一瞬間的兔子位置，但要看其路徑，我們需要圖形。我們可以針對若干個 t 值，重覆(a)小題的計算。圖 4-2b 顯示出，t 的六個數值及連接這些數據點的路徑。

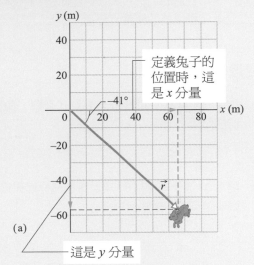

定義兔子的位置時，這是 x 分量

這是 y 分量

(a)

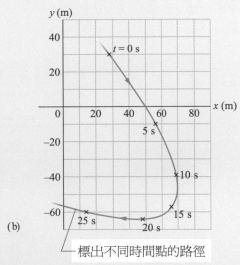

(b)

標出不同時間點的路徑

圖 4-2 (a) 在 $t = 15\text{ s}$ 時，兔子的位置向量 $\vec{r}$。$\vec{r}$ 的純量分量沿各軸顯示。(b) 兔子的路徑及其六個時刻 t 的位置。

4-2 平均速度和瞬時速度

學習目標

在閱讀完這個區塊的文字之後，讀者應該能夠…

4.04 瞭解速度是一種向量，它同時具有大小和方向，而且也具有分量。

4.05 畫出質點的二維和三維速度向量，並且標示其沿著座標系統各個軸的分量。

4.06 運用大小-角度以及單位向量表示法，將質點的初始和最終位置向量，在這兩個位置之間的時距，以及質點的平均速度向量關聯起來。

4.07 在已知質點位置向量之時間函數的情形下，求出其 (瞬時) 速度向量。

關鍵概念

● 如果質點在時間間隔 Δt 內移動了位移 $\Delta \vec{r}$，則在該時間間隔內的平均速度 $\vec{v}_{\text{arg}}$ 是

$$\vec{v}_{\text{arg}} = \frac{\Delta \vec{r}}{\Delta t}$$

● 隨著 Δt 逐漸縮短成 0，$\vec{v}_{\text{avg}}$ 將抵達一個稱為速度或瞬時速度 $\vec{v}$ 的極限值。

$$\vec{v} = \frac{d\vec{r}}{dt}$$

● 上述數學式也可以使用單位向量表示法寫成

$$\vec{v} = v_x \hat{i} + v_y \hat{j} + v_z \hat{k}$$

其中 $v_x = \dfrac{dx}{dt}$，$v_y = \dfrac{dy}{dt}$ 而且 $v_z = \dfrac{dz}{dt}$。

● 質點的瞬時速度 $\vec{v}$ 永遠指向質點運動路徑於質點所在位置的切線方向。

平均速度和瞬時速度

如果一個質點從某一點移動到另一點，我們可能需要知道它移動得多快。就像在第 2 章一樣，我們可以定義兩個能處理「有多快」的物理量：平均速度(average velocity)和瞬時速度(instantaneous velocity)。然而這裡我們必須將這些物理量視為向量，並且使用向量表示法。

若一質點在 Δt 時間間隔內移動經過位移 $\Delta \vec{r}$，則它的**平均速度** $\vec{v}_{\text{avg}}$ 為

$$平均速度 = \frac{位移}{時間間隔}$$

或 $$\vec{v}_{\text{avg}} = \frac{\Delta \vec{r}}{\Delta t} \tag{4-8}$$

這告訴我們 $\vec{v}_{\text{avg}}$ 的方向(4-8 式左邊的向量)一定要和位移 $\Delta \vec{r}$ (右邊的向量) 相同。用 4-4 式，我們可將 4-8 式寫為向量分量形式：

$$\vec{v}_{\text{avg}} = \frac{\Delta x \hat{i} + \Delta y \hat{j} + \Delta z \hat{k}}{\Delta t} = \frac{\Delta x}{\Delta t} \hat{i} + \frac{\Delta y}{\Delta t} \hat{j} + \frac{\Delta z}{\Delta t} \hat{k} \tag{4-9}$$

例如，若質點於 2.0 秒中經過了位移 $(12\text{m})\hat{i} + (3.0\text{m})\hat{k}$，則這次移動的平均速度為：

$$\vec{v}_{\text{avg}} = \frac{\Delta \vec{r}}{\Delta t} = \frac{(12\text{m})\hat{i} + (3.0\text{m})\hat{k}}{2.0\text{s}} = (6.0\text{m/s})\hat{i} + (1.5\text{m/s})\hat{k}$$

換言之，平均速度(一個向量)具有一個沿量 x 軸的 6.0 m/s 分量，和一個沿著 z 軸的 1.5 m/s 分量。

當我們講到質點的**速度**時，我們通常指的是質點的**瞬時速度**$\vec{v}$。瞬時速度 $\vec{v}$ 為當 Δt 趨近於 0 時，$\vec{v}_{avg}$ 的極限值。使用微積分術語，可將 $\vec{v}$ 寫成導函數：

$$\vec{v} = \frac{d\vec{r}}{dt} \qquad (4\text{-}10)$$

圖 4-3 顯示被限制在 xy 平面的質點的運動路徑。當質點沿著曲線向右運動時，它的位置向量尖端跟著質點向右邊掃過。在 Δt 期間，位置向量從 $\vec{r}_1$ 變為 $\vec{r}_2$，質點的位移為 $\Delta\vec{r}$。

求質點的瞬時速度時，比如求在時刻 t_1(質點在位置 1 時)，我們在 t_1 處來縮短 Δt 使其趨近零。此時會發生三種現象。(1)在圖 4-3 中的向量 $\vec{r}_2$ 移近 $\vec{r}_1$，使得 $\Delta\vec{r}$ 趨近於零。(2) $\Delta\vec{r} / \Delta t$ 的方向(也是 $\vec{v}_{avg}$ 的方向)趨近在點 1 路徑的切線方向。(3)平均速度 $\vec{v}_{avg}$ 趨近於 t_1 時的瞬時速度 $\vec{v}$。

取極限 $\Delta t \to 0$ 時，可得 $\vec{v}_{avg} \to \vec{v}$，且最重要的是，$\vec{v}_{avg}$ 在切線方向上。所以，$\vec{v}$ 也具有該方向：

 質點的瞬時速度 $\vec{v}$ 之方向永遠與質點位置所在的路徑之切線相同。

在三維空間的運動也是同樣的結果：$\vec{v}$ 恆切於質點的路徑。

以單位向量形式寫 4-10 時，我們以 4-1 來代換 $\vec{r}$：

$$\vec{v} = \frac{d}{dt}(x\hat{i} + y\hat{j} + z\hat{k}) = \frac{dx}{dt}\hat{i} + \frac{dy}{dt}\hat{j} + \frac{dz}{dt}\hat{k}$$

方程式可略做簡化，寫成：

$$\vec{v} = v_x\hat{i} + v_y\hat{j} + v_z\hat{k} \qquad (4\text{-}11)$$

其中 $\vec{v}$ 的三個純量分量為

$$v_x = \frac{dx}{dt}, \quad v_y = \frac{dy}{dt}, \quad \text{及} \quad v_z = \frac{dz}{dt} \qquad (4\text{-}12)$$

例如，dx/dt 是 $\vec{v}$ 沿著 x 軸的純量分量。因此，求 $\vec{v}$ 的純量分量時，可以微分 $\vec{r}$ 的純量分量。

圖 4-4 顯示速度向量 $\vec{v}$ 和純量分量 x 和 y 的關係。注意到，$\vec{v}$ 切於質點所在位置的路徑。注意：一個位置向量的描繪方式(見圖 4-1 到圖 4-3)，就是從一個點延伸(這裡)到另一個點(那裡)的箭號。然而，描繪一個速度向量時(見圖 4-4)卻不是從一點延伸至另一點。而是以質點尾端位置移動的瞬時方向來表示，其長度(表示速度大小)可以用任何比率來畫。

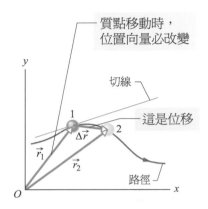

圖 4-3 質點在時距 Δt 中的位移 $\Delta\vec{r}$ (從在時間點 t_1 的位置向量 $\vec{r}_1$ 到在時間點 t_2 的位置向量 $\vec{r}_2$)。圖中顯示出於位置 1 處時，路徑上之切線。

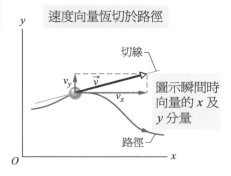

圖 4-4 質點的速度 $\vec{v}$ 及 $\vec{v}$ 之純量分量。

測試站 1

圖示為一個質點的圓形路徑。假設質點的
瞬時速度為 $\vec{v} = (2\text{m/s})\hat{i} - (2\text{m/s})\hat{j}$，當它
以：(a)順時針，(b)逆時針沿著圓周行走
時，問此質點正通過那一個象限？將兩種
情況的 $\vec{v}$ 畫在圖上。

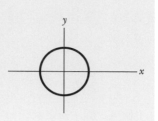

範例 **4.2** 兔子奔跑，二維速度

對於前面範例中的兔子，求在 $t = 15\text{ s}$ 的速度 $\vec{v}$。

關鍵概念

我們可以藉由對兔子的位置向量之分量微分，而
求出兔子的速度 $\vec{v}$。

計算

將 4-12 式的 v_x 應用在 4-5 式，我們可以求出 $\vec{v}$ 的
x 分量為：

$$v_x = \frac{dx}{dt} = \frac{d}{dt}(-0.31t^2 + 7.2t + 28)$$
$$= -0.62t + 7.2 \tag{4-13}$$

將 $t = 15\text{ s}$ 代入，可得 $v_x = -2.1\text{ m/s}$。同理，應用 4-12
式的 v_y 部分到 4-6 式，我們得到：

$$v_y = \frac{dy}{dt} = \frac{d}{dt}(0.22t^2 - 9.1t + 30)$$
$$= 0.44t - 9.1 \tag{4-14}$$

將 $t = 15\text{ s}$ 代入，可得 $v_y = -2.5\text{ m/s}$。則 4-11 式產生

$$\vec{v} = (-2.1\text{m/s})\hat{i} + (-2.5\text{m/s})\hat{j} \tag{答}$$

即圖 4-5 所示兔子的路徑切線方向和 $t = 15\text{ s}$ 時，兔
子運動的方向。

為求得 $\vec{v}$ 的大小及角度，我們用支援向量之計算
機或利用 3-6 式來寫出：

$$v = \sqrt{v_x^{\,2} + v_y^{\,2}} = \sqrt{(-2.1\text{m/s})^2 + (-2.5\text{m/s})^2}$$
$$= 3.3\text{m/s} \tag{答}$$

及 $\quad \theta = \tan^{-1}\frac{v_y}{v_x} = \tan^{-1}\left(\frac{-2.5\text{m/s}}{-2.1\text{m/s}}\right)$
$$= \tan^{-1}1.19 = -130° \tag{答}$$

驗證 角度應為 $-130°$ 或 $-130 + 180° = 50°$？

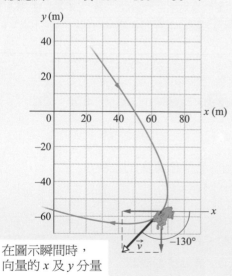

在圖示瞬間時，
向量的 x 及 y 分量

圖 4-5 在 $t = 15\text{ s}$ 時，兔子的速度 $\vec{v}$。

PLUS Additional example, video, and practice available at *WileyPLUS*

4-3 平均加速度和瞬時加速度

學習目標

在閱讀完這個區塊的文字之後，讀者應該能夠…

4.08 瞭解加速度是一種向量，它同時具有大小和方向，而且也具有分量。

4.09 畫出質點的二維和三維加速度向量，並且標示其各分量。

4.10 在已知質點的初始和最終速度向量，以及介於這兩個速度之間的時間間隔的情形下，運用單位向量和大小-角度表示法，求出平均加速度向量。

4.11 在已知質點速度向量之時間函數的情形下，求出其 (瞬時) 加速度向量。

4.12 針對運動的每個維度，運用等加速運動公式(第二章)，將加速度、速度、位置和時間關聯起來。

關鍵概念

● 如果質點速度在時間間隔 Δt 內從 $\vec{v}_1$ 變成 $\vec{v}_2$，則在 Δt 內的平均加速度是

$$\vec{a}_{avg} = \frac{\vec{v}_2 - \vec{v}_1}{\Delta t} = \frac{\Delta \vec{v}}{\Delta t}$$

● 隨著 Δt 逐漸縮短成 0，$\vec{a}_{avg}$ 將抵達一個稱為加速度或瞬時加速度 $\vec{a}$ 的極限值。

$$\vec{a} = \frac{d\vec{v}}{dt}$$

● 運用單位向量表示法，可以得到

$$\vec{a} = a_x\hat{i} + a_y\hat{j} + a_z\hat{k}$$

其中 $a_x = \dfrac{dv_x}{dt}$，$a_y = \dfrac{dv_y}{dt}$，且 $a_z = \dfrac{dv_z}{dt}$。

平均加速度與瞬時加速度

當質點的速度在 Δt 時間內從 $\vec{v}_1$ 變成 $\vec{v}_2$，則在 Δt 內的**平均加速度** $\vec{a}_{avg}$ 為：

$$平均加速度 = \frac{速度變化}{時間間隔}$$

或　　$\vec{a}_{avg} = \dfrac{\vec{v}_2 - \vec{v}_1}{\Delta t} = \dfrac{\Delta \vec{v}}{\Delta t}$ 　　　　　　　　　(4-15)

若我們縮短 Δt 使其在某瞬間處趨近 0，那麼在此極限下，$\vec{a}_{avg}$ 趨近於在該瞬間的**(瞬時)加速度** $\vec{a}$；也就是：

$$\vec{a} = \frac{d\vec{v}}{dt} \tag{4-16}$$

假若速度改變大小或方向(或兩者皆變)就有加速度存在。

將 4-11 式中的 $\vec{v}$ 代入來將 4-16 式寫為單位向量形式，得到：

$$\vec{a} = \frac{d}{dt}(v_x\hat{i} + v_y\hat{j} + v_z\hat{k})$$

$$= \frac{dv_x}{dt}\hat{i} + \frac{dv_y}{dt}\hat{j} + \frac{dv_x}{dt}\hat{k}$$

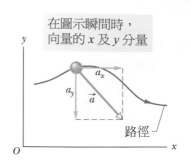

圖 4-6 質點的加速度 $\vec{a}$ 與 $\vec{a}$ 之純量分量。

可改寫為

$$\vec{a} = a_x\hat{i} + a_y\hat{j} + a_z\hat{k} \qquad (4\text{-}17)$$

其中 $\vec{a}$ 的純量分量為

$$a_x = \frac{dv_x}{dt}, \quad a_y = \frac{dv_y}{dt}, \quad \text{及} \quad a_z = \frac{dv_z}{dt} \qquad (4\text{-}18)$$

為了求出 $\vec{a}$ 的各純量分量，我們可藉由微分 $\vec{v}$ 的純量分量得到。

圖 4-6 所示為一質點在二維空間運動時，其加速度向量 $\vec{a}$ 和對應的純量分量。注意：描繪加速度向量(見圖 4-6)並非由一個位置點延伸到另一個位置點。而是以一個質點的向量符號尾端來表示加速度方向，長度 (表示大小)可以任意尺度來畫。

 測試站 2

一下列為冰上曲棍球移動於 xy 平面時，其位置(以公尺為單位)之四項描述方式：

(1) $x = -3t^2 + 4t - 2$ 和 $y = 6t^2 - 4t$

(3) $\vec{r} = 2t^2\hat{i} - (4t + 3)\hat{j}$

(2) $x = -3t^3 - 4t$ 和 $y = -5t^2 + 6$

(4) $\vec{r} = (4t^3 - 2t)\hat{i} + 3\hat{j}$

試問加速度的 x 與 y 方向分量是否為常數？加速度向量 $\vec{a}$ 是否為常數？

範例 4.3 兔子奔跑，二維加速度

對於前一範例中的兔子，求 $t = 15$ s 的加速度 $\vec{a}$。

關鍵概念

我們可由對兔子的速度向量之分量分別進行微分，而求出其加速度 $\vec{a}$。

計算 將 4-18 式之 a_x 部分應用在 4-13 式，可得出 $\vec{a}$ 之 x 分量為：

$$a_x = \frac{dv_x}{dt} = \frac{d}{dt}(-0.62t + 7.2) = -0.62\text{m/s}^2$$

同理，應用 4-18 式中的 a_y 到 4-14 式，得到 y 分量為：

$$a_y = \frac{dv_y}{dt} = \frac{d}{dt}(0.44t - 9.1) = 0.44\text{m/s}^2$$

我們可以看出加速度為一定值，並不隨時間而改變。事實上，時間變數完全被微分掉。因此 4-17 式產生

$$\vec{a} = (-0.62\text{m/s}^2)\hat{i} + (0.44\text{m/s}^2)\hat{j} \qquad (答)$$

其結果疊加描繪在圖 4-7 的兔子路徑上。

求 $\vec{a}$ 的大小和角度時，我們使用支援向量的計算機或依循 3-6 式。其大小為：

$$a = \sqrt{a_x^2 + a_y^2} = \sqrt{(-0.62\text{m/s}^2)^2 + (0.44\text{m/s}^2)^2}$$
$$= 0.76\text{m/s}^2 \qquad (答)$$

其角度為：

$$\theta = \tan^{-1}\frac{a_y}{a_x} = \tan^{-1}\left(\frac{0.44\text{m/s}^2}{-0.62\text{m/s}^2}\right) = -35°$$

然而，此計算機所得之角度指出，圖 4-7 中 $\vec{a}$ 是指向右和下方。但我們知道由分量可知，$\vec{a}$ 必須朝向左方和上方。所以為了找到和 $-35°$ 相同的角度，我們加了 $180°$：

$$-35° + 180° = 145° \qquad (答)$$

這與分量 $\bar{a}$ 的結果一致，因為它給出一個向左和向上的向量。注意到，因為加速度為常數，所以在兔子的整個運動路徑中，$\bar{a}$ 的大小和方向均不變。那意味著我們可以沿著兔子的行進路徑，在其他任何點上畫出非常類似的向量 (只要將向量移位到行進路徑上的其他點，然後將向量的尾端放在該點上，並且不改變其長度和方向)。

這已經是我們需要去計算向量導數的第二個範例了，其中的向量是使用單位向量表示法。初學者常常犯下一個錯誤，他們忽略了單位向量本身，結果僅僅是產生一組數值和符號。請記得一個向量的導數通常都會變成另一個向量。

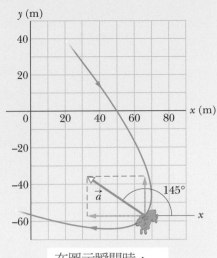

圖 4-7　$t = 15$ s 時，兔子之加速度 $\bar{a}$。在路徑中，每一點加速度都相同。

4-4　拋射體運動

學習目標

在閱讀完這個區塊的文字之後，讀者應該能夠…

4.13 在拋射體運動路徑圖上，解釋在飛行過程中速度和加速度各分量的大小和方向。

4.14 以大小-角度或單位向量表示法描述向量，在已知拋出速度的情形下，計算飛行過程中任何指定瞬間，質點的位置、位移和速度。

4.15 在已知飛行過程中某瞬間的狀態數據的情形下，計算其拋出速度。

關鍵概念

● 在某個質點的拋射體運動中，它以速率 v_0、角度 θ_0 (從水平 x 軸測量起) 被拋出到空中，在飛行過程中，其水平加速度為零，垂直加速度為 $-g$ (沿著垂直軸往下)。

● 質點 (處於飛行狀態) 的運動方程式可以寫成

$$x - x_0 = (v_0 \cos \theta_0)t$$

$$y - y_0 = (v_0 \sin \theta_0)t - \frac{1}{2}gt^2$$

$$v_y = v_0 \sin \theta_0 - gt$$

$$v_y^2 = (v_0 \sin \theta_0)^2 - 2g(y - y_0)$$

● 質點的拋射體運動軌跡 (路徑) 是拋物線，可以用數學式寫成

$$y = (\tan \theta_0)x - \frac{gx^2}{2(v_0 \cos \theta_0)^2}$$

如果 x_0 和 y_0 是零。

● 質點的水平射程 R 指的是，從發射點到質點返回與發射點相同高度的高度時。質點所經的水平距離，在拋射體運動中其計算公式為

$$R = \frac{v_0^2}{g} \sin 2\theta_0$$

拋射體運動

接著我們考慮二維運動的一種特殊情況：一個質點在垂直平面上以初速 $\vec{v}_0$ 運動，但是其加速度恆爲向下的自由落體加速度 g。像這樣的質點就叫**拋射體**(意指投射或投擲)，而其運動就稱爲**拋射體（或拋體）運動**。這樣的一個拋射體可能是彈跳中的網球(圖 4-8)，或一個飛行中的棒球，但不是飛行中的飛機或鴨子。許多運動牽涉到球類拋射體運動的研究。例如，在 1970 年代發明 Z 型擊球方式的壁球選手，很輕易地贏得了比賽，因爲球會以令人迷惑的運動路徑飛到球場後方。

本節的目的是在空氣不會影響球的運動的條件下，利用 4-1 節到 4-3 節所說明的二維運動的工具，來分析拋射體運動。我們將要分析的圖 4-9，顯示了當空氣對拋射體沒有任何作用時，拋射體行經的路徑。

$$\vec{v}_0 = v_{0x}\,\hat{\mathbf{i}} + v_{0y}\,\hat{\mathbf{j}} \tag{4-19}$$

假若我們知道 $\vec{v}_0$ 與正 x 軸之夾角 θ_0，就可求出分量 v_{0x} 及 v_{0y}：

$$v_{0x} = v_0\cos\theta_0 \quad 及 \quad v_{0y} = v_0\sin\theta_0 \tag{4-20}$$

在二維運動期間，它的位置向量 $\vec{r}$ 及速度向量 $\vec{v}$ 連續地變化，但它的加速度 $\vec{a}$ 爲常數，且永遠朝垂直向下的方向。拋射體沒有水平加速度。

拋射體運動如圖 4-8 和圖 4-9 看起來很複雜，但我們有下面可用來簡化的特性(由實驗得知)：

> 在拋射體運動中，水平運動與鉛直運動是各自獨立的，意即，任一運動不影響另一個。

這事實使我們能夠將二維空間的運動分解成兩個獨立的且較簡易的一維問題；其中之一爲水平運動(零加速度)，另外一個是鉛直運動(向下的等加速度)。這裡有兩個實驗證實水平運動和鉛直運動是各自獨立的。

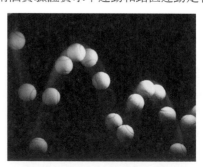

圖 4-8　圖示爲一顆黃色網球在硬面上反彈跳動的頻閃觀測儀照片。與硬面的兩次撞擊之間的過程，網球具有拋體運動。

(來源：Richard Megna/Fundamental Photographs)

圖 4-9 圖示之拋體運動是一物體從座標系統原點射向空中，發射速度為 $\vec{v}_0$，角度為 θ_0。這個運動是由垂直運動(等加速度)和水平運動(等速度)所組成，如速度分量所示。

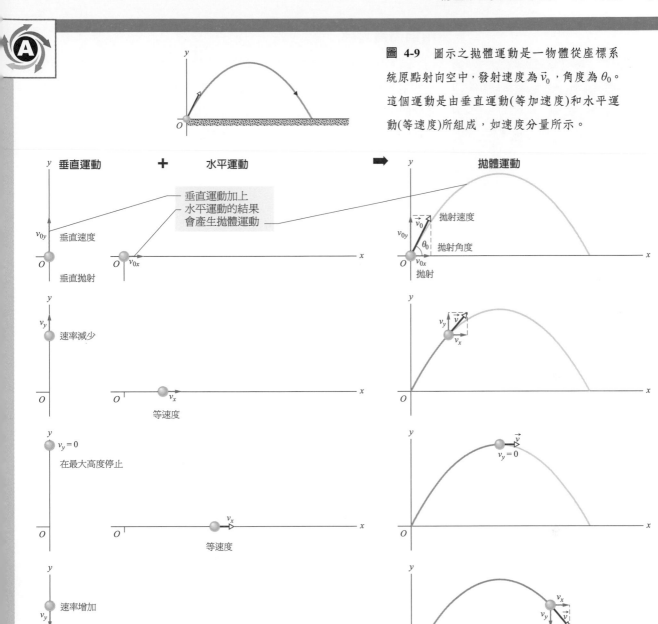

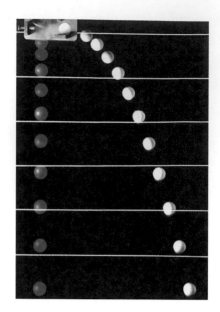

圖 4-10　當一球由靜止被釋放的同時，另一球被水平向右射出。它們的鉛直運動完全相同（來源：Richard Megna/Fundamental Photographs）。

兩個高爾夫球

　　圖 4-10 為兩個高爾夫球的多重閃光照片，一個由靜止被釋放，而另一個則從彈簧槍中水平射出。結果顯示它們有相同的鉛直運動，因為在相同的時間內它們落下的鉛直距離一樣。由此證明水平發射的球，當它落下時，其水平運動並不影響它的鉛直運動，由此可知，水平和鉛直運動是獨立的。

引起學生興趣的好例子

　　在圖 4-11 中，一支使用球作為拋射物的吹管 G，直接瞄準著懸吊於磁鐵 M 的罐子。就在球離開吹管的時刻，罐子也被放開。如果 g(自由落體加速度的大小) 為零，球將依循如圖 4-11 所示的直線路徑移動，而且在磁鐵放開罐子以後罐子將漂浮在原處。球當然會擊中罐子。然而，g 事實上**不是**零，但是球**仍然**擊中了罐子。如圖 4-11 所示，在球的飛行期間，球和罐子兩者都由原來各自的零-g 位置掉落了相同距離 h。示範者吹得越用力，球的初速就越大，飛行時間便越短，h 值也越小。

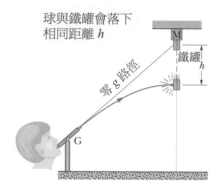

球與鐵罐會落下相同距離 h

鐵罐

h

零 g 路徑

M

G

圖 4-11　拋射球恆擊中掉落的鐵罐。兩者各從若無自由落體加速度下的地方落下距離 h。

　測試站 3

在某特定瞬間，一顆飛球具有速度 $\vec{v} = 25\hat{i} - 4.9\hat{j}$($x$ 軸是水平的，y 軸向上，而且 $\vec{v}$ 是 m/s)。試問球是否已經通過其最高點？

水平運動

　　現在我們要來分析拋射體運動，分為水平的和垂直的。我們先從水平運動開始分析。由於在水平方向沒有加速度，所以拋體的水平分量 v_x 在整個運動過程均保持初始值 v_{0x} 不變，如圖 4-12 所示。在任何時刻 t，拋體離初位置 x_0 的水平位移 $x - x_0$ 可從 2-15 式求得，其中 $a = 0$，則：

$$x - x_0 = v_{0x}t$$

因為 $v_{0x} = v_0 \cos \theta_0$，上式可變為：

$$x - x_0 = (v_0 \cos \theta_0)t \tag{4-21}$$

鉛直運動

鉛直運動即為第 2-5 節中所討論的質點自由落體運動。最重要的是加速度是不變的。因此在應用表 2-1 的方程式時，令 $-g$ 代替 a 並轉換成 y 的符號。例如，2-15 式變成：

$$\begin{aligned} y - y_0 &= v_{0y}t - \frac{1}{2}gt^2 \\ &= (v_0 \sin \theta_0)t - \frac{1}{2}gt^2 \end{aligned} \tag{4-22}$$

其中，垂直的初始速度分量 v_{0y} 由等量的 $v_0 \sin \theta_0$ 取代。同理，2-11 及 2-16 式變成：

$$v_y = v_0 \sin \theta_0 - gt \tag{4-23}$$

$$v_y^2 = (v_0 \sin \theta_0)^2 - 2g(y - y_0) \tag{4-24}$$

如同圖 4-9 及 4-23 式所示，垂直速度分量的行為就恰如被鉛直上拋的球。最初球速的方向向上，其大小則穩定減少至 0（代表球抵達路徑的最大高度）。然後垂直速度分量的方向逆轉，其大小則隨時間而增加。

軌跡方程式

將 4-21 和 4-22 式中的 t 消去，便可求得拋射體的路徑(**軌跡**)方程式。由 4-21 式解出 t，並將其代入 4-22 式，整理後得到：

$$y = (\tan \theta_0)x - \frac{gx^2}{2(v_0 \cos \theta_0)^2} \quad \text{(拋射體方程式)} \tag{4-25}$$

這是圖 4-9 中的運動路徑方程式。推導時，為簡單起見，我們在 4-21 及 4-22 式中，分別令 $x_0 = 0$ 及 $y_0 = 0$。由於 g、θ_0 和 v_0 為定值，所以 4-25 式為 $y = ax + bx^2$ 之形式，其中 a 及 b 均為常數。這是一個拋物線方程式，因此其路徑是呈拋物線的。

水平射程

拋射物的水平射程 R，是當拋射物回到起始的高度(拋射時的高度)時，期間所行進的水平距離。求 R 時，我們令 4-21 式中的 $x - x_0 = R$，並令 4-22 式中的 $y - y_0 = 0$，可得：

圖 4-12 滑板者其速率的垂直分量發生變化，但水平分量並沒有，且水平分量與滑板速率一樣。因此之故，滑板保持在人的下方，讓滑板者又可落回滑板。（來源：Glen Erspamer Jr./ Dreamstime）

$$R = (v_0 \cos\theta_0)t$$

$$0 = (v_0 \sin\theta_0)t - \frac{1}{2}gt^2$$

由這兩式消去 t，可得

$$R = \frac{2v_0^2}{g}\sin\theta_0 \cos\theta_0$$

將 $\sin 2\theta_0 = 2\sin\theta_0 \cos\theta_0$(參閱附錄 E)代入，可得

$$R = \frac{v_0^2}{g}\sin 2\theta_0 \tag{4-26}$$

注意：當拋射體最後高度不同於發射時的高度時，此方程式是無法計算出水平射程。

注意到，4-26 式中之 R 其最大值發生於 $\sin 2\theta_0 = 1$，即 $2\theta_0 = 90°$ 或 $\theta_0 = 45°$。

 當發射角為 45° 時，水平射程 R 有最大值。

然而，當發射點和著陸點高度不同的時候，許多運動也都是這樣，此時 45° 發射角就不會導致最大水平飛行距離。

空氣的效應

我們曾經假設拋射體在整個運動過程中，不受空氣的影響。事實上，在許多的情況下，由於空氣阻力(對流)的影響，使得我們的計算結果與拋射體的實際運動之間，產生相當大的差異。例如，圖 4-13 所示為一個初速 44.7m/s 與水平仰角 60° 被擊出的一個球的兩種運動路徑。路徑I(由棒球手擊出的高飛球)是棒球在空氣中以近乎真實狀況所計算出的運動路徑。路徑 II (物理教授模擬之高飛球)是棒球在真空中的運動路徑。

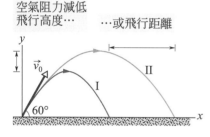

圖 4-13　(1)有考慮到空氣阻力所計算得到的飛球路徑。(2)在真空中的飛球路徑，使用本章介紹的方法所計算得到的結果。其相對應的數據，請參看表 4-1。(改寫自 "The trajectory of a Fly Ball", by Peter J.Brancazio, *The Physics Teacher*, January 1985.)

表 4-1　兩個高飛球[a]

	路徑 I (空氣)	路徑 II (真空中)
射程	98.5 m	177 m
最大高度	53.0 m	76.8 m
飛行時間	6.6 s	7.9 s

[a] 見圖 4-13。發射角為 60°，發射速率為 44.7m/s。

 測試站 4

一個高飛球被擊到外野區。在它飛行期間(忽略空氣阻力)，其速度的(a)水平及(b)垂直分量發生了什麼變化？當它上升及下降時，還有在飛行的最頂端時，其加速度的(c)水平及(d)垂直分量為何？

範例 4.4　從飛機丟下的拋射物

圖 4-14 中，一架救援飛機以 198 km/h 的速率(= 55.0 m/s)在 $h = 500$ m 的固定高空上朝向正在水中受難者的頭頂上空飛過，並且準備投下一個救生包。

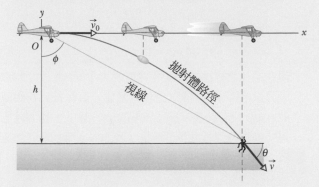

圖 4-14　一架飛機丟下救生包後繼續水平飛行。在掉落過程中，救生包保持在飛機正下方。

(a) 駕駛員釋放救生包的視線角應為何？

關鍵概念

一旦被釋放，救生包就是拋射體，因此其水平和鉛直運動是可以分開考慮的(我們不需要去考慮救生包實際曲線的路徑)。

計算　在圖 4-14 中，我們看到 ϕ 如下給出：

$$\phi = \tan^{-1}\frac{x}{h} \tag{4-27}$$

這裡 x 為救生包釋放到受難者的水平(且救生包撞擊到水中)，h 是飛機的高度，高度是 $h = 500$m。我們可用 4-21 式中求出 x：

$$x - x_0 = (v_0\cos\theta_0)t \tag{4-28}$$

我們已知，因為釋放點在原點 $x_0 = 0$。救生包是被釋放而非投射，其最初的速度 $\vec{v}_0$ 和飛機的速度是一樣的。因此我們也可以知道最初速度的大小 $v_0 = 55.0$ m/s 及角度 $\theta_0 = 0°$(測量 x 軸相對的正向方向)。然而，我們並不知道救生包移到受難者的地方所需的時間 t 是多少。

求 t 時，我們接著考慮垂直運動，即 4-22 式：

$$y - y_0 = (v_0\sin\theta_0)t - \frac{1}{2}gt^2 \tag{4-29}$$

此處救生包的垂直位移 $y - y_0$ 為–500 m(負號表示救生包往下移動)。所以，

$$-500\,\text{m} = (55.0\,\text{m/s})(\sin 0°)t - \frac{1}{2}(9.8\,\text{m/s}^2)t^2 \tag{4-30}$$

可解出 t，$t = 10.1$s。將之代入 4-28 式得：

$$x - 0 = (55.0\text{ m/s})(\cos 0°)(10.1\text{ s}) \tag{4-31}$$

或　　$x = 555.5$ m.

然後，由 4-27 式可得

$$\phi = \tan^{-1}\frac{555.5\text{m}}{500\text{m}} = 48.0° \tag{答}$$

(b) 當救生包到達水面時，速度 $\vec{v}$ 為何？

關鍵概念

(1)救生包速度的水平分量和垂直分量彼此是獨立的。(2)分量 v_x 從初始值 $v_{0x} = v_0\cos\theta_0$ 開始就不會改變，因為沒有水平加速度。(3)分量 v_y 從初始值 $v_{0y} = v_0\sin\theta_0$ 開始改變，因為有垂直加速度存在。

計算　當救生包到達水面時，

$$v_x = v_0\cos\theta_0 = (55.0\text{ m/s})(\cos 0°) = 55.0\text{ m/s}$$

用 4-23 式和救生包掉落的時間 $t = 10.1$ s，我們可以發現當救生包到達水面時的 v_y 為，

$$\begin{aligned}v_y &= v_0\sin\theta_0 - gt \\ &= (55.0\text{ m/s})(\sin 0°) - (9.8\text{ m/s}^2)(10.1\text{ s}) \\ &= -99.0\text{ m/s}\end{aligned} \tag{4-32}$$

因此，當救生包到達水面時：

$$\vec{v} = (55.0\text{m/s})\hat{i} - (99.0\text{m/s})\hat{j} \tag{答}$$

由 3-6 式，我們可以發現 $\vec{v}$ 的大小及角度為：

$$v = 113\text{ m/s } 和 \ \theta = -60.9° \tag{答}$$

範例 4.5 從水滑梯投射入空中

　　網路上一個很生動的影片演出了，某個男人沿著水滑梯滑行，然後投射入空中，稍後著陸在水池內。讓我們替這個飛行過程設定一些合理的數值，計算能夠使男人著陸在水中的速度。圖 4-15a 標示了拋射點和著陸點，也標示了一個基於便利的原因而將原點置於拋射點的座標系統。由影片我們設定水平飛行距離為 $D = 20.0$ m，飛行時間為 $t = 2.50$ s，而且拋射角度是 $\theta_0 = 40.0°$。試求拋射速度與著陸速度的大小。

關鍵概念

　　(1)對拋射體運動而言，我們可以可以將等加速運動方程式各別地應用在水平軸與垂直軸上。(2)在整個飛行過程中，垂直方向的加速度是 $a_y = -g = -9.8$ m/s^2，水平方向的加速度為 $a_x = 0$。

計算 　在大部分的拋射體運動問題中，首先碰到的難題就是如何分析應該從何處著手。試試各個相關方程式，觀察那個方程式可以經由某種方式，計算出自己想要的速度值，這樣的方法不能說是錯誤的。但是這裡有一個線索。因為我們是要將等加速運動方程式各別地應用在 x 和 y 方向的運動，所以我們應該求出投射點處和著陸點處速度的分量。在投射點和著陸點，我們可以結合各速度分量以便得到速度向量。

因為已經知道水平位移 $D = 20.0$ m，因此讓我們從水平運動開始著手。既然 $a_x = 0$，在飛行過程中水平速度分量保持固定，而且它永遠等於拋射處的水平速度分量。我們可以運用 2-15 式將該分量、位移 $x - x_0$ 與飛行時間 $t = 2.50$ s 關聯起來：

$$x - x_0 = v_{0x}t + \frac{1}{2}a_x t^2 \qquad (4\text{-}33)$$

代入 $a_x = 0$，上述數學式變成 4-21 式。已知 $x - x_0 = D$，我們可以得到

$$20\text{m} = v_{0x}(2.50\text{ s}) + \frac{1}{2}(0)(2.50\text{ s})^2$$

$$v_{0x} = 8.00 \text{ m/s}$$

那是初始速度的一個分量，但是我們需要的是整個向量的大小，如圖 4-15b 所示，兩個分量形成直角三角形的兩股，而整個向量則是斜邊。然後我們可以應用一個三角形定義，以便求出拋射處整個速度向量的大小：

$$\cos\theta_0 = \frac{v_{0x}}{v_0}$$

所以

$$v_0 = \frac{v_{0x}}{\cos\theta_0} = \frac{8.00 \text{ m/s}}{\cos 40°}$$

$$= 10.44 \text{ m/s} \approx 10.4 \text{ m/s} \qquad (答)$$

現在讓我們開始求解著陸速度的大小 v。此速度的水平分量已經求解完畢，這個分量值一直保持為初始值 8.00 m/s 沒有改變。為了求解垂直分量 v_y，也因為已經知道整個過程共花費時間 $t = 2.50$ s，而且垂直加速度 $a_y = -9.8$ m/s^2，讓我們將 2-11 式重寫為

$$v_y = v_{0y} + a_y t$$

然後 (運用圖 4-15b) 再重寫為

$$v_y = v_0 \sin\theta_0 + a_y t \qquad (4\text{-}33)$$

代入 $a_y = -g$，上述數學式變成 4-23 式。然後繼續求解得到

$$v_y = (10.44 \text{ m/s})\sin(40.0°) - (9.8 \text{ m/s}^2)(2.50 \text{ s})$$

$$= -17.78 \text{ m/s}$$

現在我們已經知道著陸速度的兩個分量，接著運用 3-6 式求解此速度的大小：

$$v = \sqrt{v_x^2 + v_y^2}$$

$$= \sqrt{(8.00 \text{ m/s})^2 + (-17.78 \text{ m/s})^2}$$

$$= 19.49 \text{ m/s} \approx 19.5 \text{ m/s} \qquad (答)$$

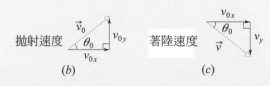

圖 4-15 (a)從水滑梯拋射出，然後著陸於水池。在(b)拋射處和(c)著陸處的速度。

4-5 等速率圓周運動

學習目標

在閱讀完這個區塊的文字之後，讀者應該能夠…
4.16 畫出等速率圓周運動的運動路徑，並且說明在運動期間的速度和加速度向量 (大小和方向)。

4.17 應用圓周路徑的半徑、週期、質點速率以及質點的加速度大小等等之間的關係式。

關鍵概念

● 如果質點以固定速率 v 沿著半徑為 r 的圓形或圓弧行進，則此質點被稱為處於等速率圓周運動，而且它具有固定大小的加速度 $\vec{a}$，

$$a = \frac{v^2}{r}$$

$\vec{a}$ 的方向是指向圓形或圓弧的圓心，而且我們稱呼 $\vec{a}$ 是向心的。質點完成一個完整圓所花費的時間則是

$$T = \frac{2\pi r}{v}$$

T 稱為旋轉運動的週期，或者直接稱呼為運動的週期。

等速率圓周運動

　　若一個質點以固定(均等的)速率沿著一個圓或圓弧行進，則該質點處於等速率圓周運動(uniform circular motion)。雖然速率並不改變，但是因為速度的方向有變化，所以以質點為加速狀態。

　　圖 4-16 顯示在等速率圓周運動中，三個不同位置的速度向量和加速度向量間的關係。兩種向量的大小維持不變，但它們的方向則連續不斷地改變。速度的方向永遠指向運動的方向，並與圓周相切。加速度的方向則永遠沿著半徑指向圓心。由於這原因，等速率圓周運動的加速度被稱為**向心**(意指「朝向中心」)**加速度**。我們將證明此加速度 $\vec{a}$ 的大小為

$$a = \frac{v^2}{r} \quad \text{(向心加速度)} \tag{4-34}$$

其中，r 為圓周半徑，v 是其速率。

　　此外，在等速率而具此加速度之間，質點繞行圓周一圈(距離 $2\pi r$)所須時間為：

$$T = \frac{2\pi r}{v} \quad \text{(週期)} \tag{4-35}$$

T 稱為運動的旋轉週期，或簡稱週期。通常指質點繞行一封閉路徑一週的時間。

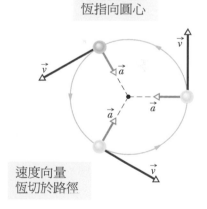

加速度向量
恆指向圓心

速度向量
恆切於路徑

圖 4-16 等速率圓周運動的速度與加速度向量。

4-34 式之證明

求等速率圓周運動之加速度大小及方向時，我們考慮圖 4-17。在圖 4-17a 中，質點 p 以固定的速率 v 圍繞圓周半徑 r 運動。在圖示中可看到 p 的座標值為 x_p 和 y_p。

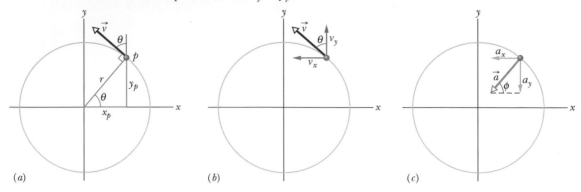

圖 4-17 質點 p 以逆時針方向作等速率圓周運動。(a)在某瞬間的速率 $\vec{v}$ 及位置。(b)速度 $\vec{v}$。(c)加速度 $\vec{a}$。

回顧 4-2 節中，移動質點的速度 $\vec{v}$ 恆切於質點位置上的路徑。在圖 4-17a 中，這表示 $\vec{v}$ 垂直於指到質點位置的半徑 r。則，$\vec{v}$ 在 p 處與垂直線之夾角 θ 等於半徑 r 和 x 軸之夾角度 θ。

$\vec{v}$ 的純量分量如圖 4-17b 所示。藉此，我們可以寫出速度 $\vec{v}$ 為：

$$\vec{v} = v_x\hat{i} + v_y\hat{j} = (-v\sin\theta)\hat{i} + (v\cos\theta)\hat{j} \tag{4-36}$$

現在，利用圖 4-17a 的直角三角形，我們用 y_p/r 取代 $\sin\theta$，用 x_p/r 取代 $\cos\theta$，而寫成：

$$\vec{v} = \left(-\frac{vy_p}{r}\right)\hat{i} + \left(\frac{vx_p}{r}\right)\hat{j} \tag{4-37}$$

為求出質點 p 的加速度 $\vec{a}$，我們必須將此方程式對時間作微分。速度 v 和半徑 r 不會隨著時間改變，我們得到

$$\vec{a} = \frac{d\vec{v}}{dt} = \left(-\frac{v}{r}\frac{dy_p}{dt}\right)\hat{i} + \left(\frac{v}{r}\frac{dx_p}{dt}\right)\hat{j} \tag{4-38}$$

注意 y_p 改變時的速率 dy_p/dt 和速度分量 v_y 相同。同理，$dx_p/dt = v_x$，再次從圖 4-17b，我們看出 $v_x = -v\sin\theta$ 及 $v_y = v\cos\theta$。將這些代入 4-38 式，我們發現：

$$\vec{a} = \left(-\frac{v^2}{r}\cos\theta\right)\hat{i} + \left(-\frac{v^2}{r}\sin\theta\right)\hat{j} \tag{4-39}$$

這個向量及其分量可參見圖 4-17c 中所示。從 3-6 式中，可得：

$$a = \sqrt{a_x^2 + a_y^2} = \frac{v^2}{r}\sqrt{(\cos\theta)^2 + (\sin\theta)^2} = \frac{v^2}{r}\sqrt{1} = \frac{v^2}{r}$$

此即我們想要證明的。要找出 $\vec{a}$ 的方向，我們來求圖 4-17c 中的角度 ϕ：

$$\tan\phi = \frac{a_y}{a_x} = \frac{-(v^2/r)\sin\theta}{-(v^2/r)\cos\theta} = \tan\theta$$

因此，$\phi = \theta$，意指 $\vec{a}$ 是沿著圖 4-17a 的半徑 r，而朝著圓周中心，得證。

測試站 5

一物體在 xy 平面上的一圓形路徑移動，其圓心位於原點。當物體位於 $x = -2$ m 時，其速度為 $-(4\text{m}/\text{s})\hat{j}$。試求，當它位於 $y = 2$ m 時：(a)速度，(b)向心加速度的值。

範例 4.6　作回轉的捍衛戰士飛官

「捍衛戰士」駕駛員十分地擔心翻轉半徑過小的飛行路徑。當駕駛員身體承受向心加速度，且頭部朝向曲率中心時，腦內血壓將減少，導致腦部功能喪失。

此處有數個警訊。當向心加速度為 $2g$ 或 $3g$ 時，駕駛員將感覺沈重。在約 $4g$ 時，駕駛員視野變得黑白且狹窄成「隧道視野」(tunnel vision)。如果維持或增加此加速度，則駕駛員視力喪失，而且很快地會失去意識——此為稱作「G 力昏迷」(g-induced loss of consciousness, g-LOC)之症狀。

若一位駕駛員其座機以速度 $\vec{v}_i = (400\hat{i} + 500\hat{j})\text{m/s}$ 進入水平圓周的旋轉運動，並在 24.0 s 之後以速度 $\vec{v}_f = (-400\hat{i} - 500\hat{j})\text{m/s}$ 脫離該圓周，以 g 單位表示，則其加速度大小為何？

關鍵概念

假設該旋轉是等速率圓周運動。則駕駛員的加速度為向心，其具有 4-34 式($a = v^2/R$)給出之大小 a，而

R 為圓周之半徑。此外，完成整個圓所需時間可由 4-35 式($T = 2\pi R/v$)之週期給出。

計算

因半徑 R 未知，解 4-35 式求 R，並代入 4-34 式。得：

$$a = \frac{2\pi v}{T}$$

為了得到固定速率 v，讓我們將初始速度的各分量代入 3-6 式：

$$v = \sqrt{(400 \text{ m/s})^2 + (500 \text{ m/s})^2} = 640.31\,\text{m/s}$$

求運動週期 T 時，首先注意到最終速度為初始速度的反向。這表示飛機在初始位置的相反方向駛離該圓，且必定在指定的 24.0 s 內完成半圓。因此整個圓需時 $T = 48.0$ s。將這些已知代入上面 a 的公式中，可求出：

$$a = \frac{2\pi(640.31 \text{ m/s})}{480\text{s}} = 83.81\,\text{m/s}^2 \approx 8.6g \quad \text{(答)}$$

PLUS Additional example, video, and practice available at *WileyPLUS*

4-6　一維空間相對運動

學習目標

在閱讀完這個區塊的文字之後，讀者應該能夠…

4.18　當兩個參考座標系統以固定速度，沿著單一軸相對運動的時候，針對由這兩個坐標系統所測量得

到的位置、速度和加速度，應用這些物理量之間的關係式。

關鍵概念

● 當兩個參考座標系統 A 和 B 以固定速度相對移動的時候，由座標系統 A 的觀察者測量到質點 P 的速度，通常和座標系統 B 觀察到的速度值不相同。這兩個速度的關係如下：

$$\vec{v}_{PA} = \vec{v}_{PB} + \vec{v}_{BA}$$

其中 $\vec{v}_{BA}$ 是 B 相對於 A 的速度。兩個觀察者對該質點將測量到相同加速度：

$$\vec{a}_{PA} = \vec{a}_{PB}$$

一維空間的相對運動

假設你看見一隻鴨子以 30 km/h 的速度朝北方飛去。對於在它旁邊一同飛翔的另一隻鴨子而言,第一隻鴨子卻是靜止的。換句話說,一個質點的速度決定於測量者的**參考座標**。就我們的目的來說,參考座標系是我們的座標系統所附著的物體實體。在我們日常生活裡,最自然的參考座標便是在我們腳下的地面。例如,超速罰單上列出的速率便是相對於地面所作的測量。若警察在移動時作速率測量,其他的駕駛者相對於他的速率會不同。

假設 Alex (位於參考座標的原點 A,見圖 4-18)將車停於公路旁,觀察 P (質點)車的速率。Barbara(位於參考座標 B 的原點)以等速率沿著公路行駛,也同樣觀察 P 車。假設他們在同一時刻同時測量車的位置。由圖 4-18 中我們發現:

$$x_{PA} = x_{PB} + x_{BA} \tag{4-40}$$

這式子的讀法是:「A 所測得 P 的位置 x_{PA} 等於,B 所測得 P 的位置 x_{PB} 再加上 A 所測得 B 的位置 x_{BA}」。注意一連串的下標如何搭配句子讀法。

將 4-40 式對時間微分,我們得到:

$$\frac{d}{dt}(x_{PA}) = \frac{d}{dt}(x_{PB}) + \frac{d}{dt}(x_{BA})$$

因此,速度分量可以經由下列數學式具有相關性:

$$v_{PA} = v_{PB} + v_{BA} \tag{4-41}$$

此方程式的讀法爲:「參考座標 A 所量得 P 的速度 v_{PA} 等於,B 所量得 P 的速度 v_{PB} 再加上 A 所量得 B 的速度 v_{BA}」。其中的 v_{BA} 爲座標 B 相對於座標 A 之速度。

我們只考慮以等速作相對運動的參考座標:在上述例子中,這意指 Barbara (參考座標 B)以等速相對於 Alex (參考座標 A)行駛。而 P 車(運動質點)則可以加速、減速、停車或逆向行駛皆可(它可以加速)。

爲了將 Barbara 和 Alex 測量到 P 的加速度連繫起來,將 4-41 式對時間再微分:

$$\frac{d}{dt}(v_{PA}) = \frac{d}{dt}(v_{PB}) + \frac{d}{dt}(v_{BA})$$

因爲 v_{BA} 是常數,最後一項爲零,我們可知:

$$a_{PA} = a_{PB} \tag{4-42}$$

換句話說,

不同觀察者所量得運動質點的加速度都是相同的。

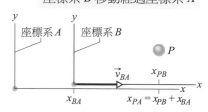

兩座標系同時觀察 P 時,座標系 B 移動經過座標系 A

圖 4-18 當 B 和 P 以不同的速度沿著兩個座標系共用的 x 軸運動時,Alex(參考座標 A)和 Barbara(參考座標 B)同時觀察 P 車。在圖示瞬間,x_{BA} 爲在 A 的系統中所得 B 的座標值。此外,P 在座標系 B 的座標爲 x_{PB},而在 A 座標系的座標爲 $x_{PA} = x_{PB} + x_{BA}$。

範例 **4.7**　Alex 與 Barbara 的一維相對運動

如圖 4-18，Alex 將車停在東西向的公路旁，觀察向西行駛的 P 車，Barbara 以相對於 Alex 的速率 $v_{BA} = 52$ km/h 向東行駛，亦觀察 P 車，設向東方向為正。

(a) 假若 Alex 量得 P 車的速度為 $v_{PA} = -78$ km/h，Barbara 量得 P 車之速度 v_{PB} 若干？

關鍵概念

我們可以附加參考座標 A 到 Alex，參考座標 B 到 Barbara。因為這兩個座標以固定的速率沿著單一軸相互移動，我們可以用 4-41 式($v_{PA} = v_{PB} + v_{BA}$)建立起 v_{PB} 和 v_{PA} 及 v_{BA} 這兩者之關係。

計算　可得

$$-78 \text{ km/h} = v_{PB} + 52 \text{ km/h}$$

因此　　$v_{PB} = -130$ km/h　　　　(答)

註解　若車以繞軸的纜繩與 Barbara 的車相連，則當兩車分開時，這繩將以 130 km/h 的速率鬆開。

(b) 假若 Alex 看見 P 車在 $t = 10$ s 內剎停，他所量得的加速度(設為定值)a_{PA} 為多少？

關鍵概念

欲計算 P 車相對於 Alex 的加速度，我們必須用 P 車相對於 Alex 的速度。因為加速度是不變的，所以我們可以用 2-11 式($v = v_0 + at$)將 P 的加速度與其最初和最後的速度產生關連。

計算　相對於 Alex 的初速度為 $v_{PA} = -78$ km/h，以及末速度為 0。因此，相對於 Alex 的加速度為

$$a_{PA} = \frac{v - v_0}{t} = \frac{0 - (-78 \text{km/h})}{10 \text{s}} \frac{1 \text{m/s}}{3.6 \text{km/h}}$$
$$= 2.2 \text{m/s}^2 \qquad\qquad \text{(答)}$$

(c) 在剎車期間，Barbara 所量得 P 車之加速度 a_{PB} 為多少？

關鍵概念

欲計算 P 車相對於 Barbara 的加速度，我們必須用 P 車相對於 Barbara 的速度。

計算　由(a)知道 Barbara 所量得車的初速為 -130 km/h。P 車相對於 Barbara 的末速為 -52 km/h (這是停止的 P 車相對於移動中的 Barbara 的速度)。因此，

$$a_{PB} = \frac{v - v_0}{t} = \frac{-52 \text{km/h} - (-130 \text{km/h})}{10 \text{s}} \frac{1 \text{m/s}}{3.6 \text{km/h}}$$
$$= 2.2 \text{m/s}^2 \qquad\qquad \text{(答)}$$

註解　這正是我們預期的結果：因為 Alex 與 Barbara 間的相對速度為定值，他們必定會量測到相同的加速度。

PLUS Additional example, video, and practice available at *WileyPLUS*

4-7　二維空間相對運動

學習目標

在閱讀完這個區塊的文字之後，讀者應該能夠⋯

4.19　當兩個參考座標系統以固定速度、在二維空間相對運動的時候，針對由這兩個座標系統所測量得到的位置、速度和加速度，應用這些物理量之間的關係式。

關鍵概念

● 當兩個參考座標系統A和B以固定速度相對移動的時候，由座標系統A的觀察者測量到質點P的速度，通常和座標系統B觀察到的速度值不相同。這兩個速度的關係如下：

$$\vec{v}_{PA} = \vec{v}_{PB} + \vec{v}_{BA}$$

其中$\vec{v}_{BA}$是B相對於A的速度。兩個觀察者對該質點將測量到相同加速度：

$$\vec{a}_{PA} = \vec{a}_{PB}$$

二維空間的相對運動

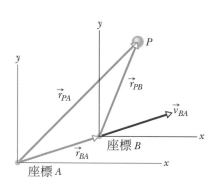

圖 4-19 座標系 B 相對於座標系 A 具有固定的二維速度 $\vec{v}_{BA}$。B 相對於 A 的位置向量為 $\vec{r}_{BA}$。向量 $\vec{r}_{PA}$ 和 $\vec{r}_{PB}$ 分別表示質點 P 相對於參考座標 A 和 B 時之位置向量。

我們的兩位觀察者再一次分別位於兩個座標軸 A 及 B 之原點，來觀察一個運動質點 P，其中 B 以相對於 A 的固定速度 $\vec{v}_{BA}$ 在移動(兩座標系之對應軸保持相平行)。圖 4-19 所示為某一瞬間的運動狀態。在該瞬間，B 原點相對於 A 原點的位置向量為 $\vec{r}_{BA}$。此外，質點 P 的位置向量相對於 A 為 $\vec{r}_{PA}$，相對於 B 為 $\vec{r}_{PB}$。將這三個向量排成頭尾相接，可得到向量間的關係為：

$$\vec{r}_{PA} = \vec{r}_{PB} + \vec{r}_{BA} \tag{4-43}$$

上式對時間微分，我們可得到質點 P 相對於兩觀察者的速度 $\vec{v}_{PA}$ 及 $\vec{v}_{PB}$ 之關係式：

$$\vec{v}_{PA} = \vec{v}_{PB} + \vec{v}_{BA} \tag{4-44}$$

將此關係式再對時間微分，可得到質點 P 相對於兩觀察者的加速度 $\vec{a}_{PA}$ 及 $\vec{a}_{PB}$ 之關係。然而，注意到因為 $\vec{v}_{BA}$ 是常數，時間微分為零。因此，可得

$$\vec{a}_{PA} = \vec{a}_{PB} \tag{4-45}$$

如同一維運動的情況，位於彼此以等速度相對運動的不同座標系上：不同觀察者所量得運動質點的加速度都是相同的。

範例 4.8 飛機的二維相對運動

在圖 4-20a，飛機若想向正東方移動(直接朝東)，此時機師必須頂風向偏東南方飛行，而風是穩定的朝向東北方吹。飛機相對於風的速度為 $\vec{v}_{PW}$，而空速(相對於風的速度)為 215 km/h，並指向東偏南 θ 角。風相對於地的速度為 $\vec{v}_{WG}$，其速率為 65.0 km/h，朝北偏東 20.0°。則飛機相對於地上的速度 $\vec{v}_{PG}$ 的大小為何？及角度 θ 為何？

關鍵概念

此情況就像圖 4-19 所示。本題中運動質點 P 是飛機，座標系 A 附著於地面(稱為 G)，座標系 B「附著」於空氣(稱為 W)。我們需要建構一個如圖 4-19 那樣的向量圖，但這次是三個速度向量。

計算　我們首先建構出一個讓圖 4-20b 中的三個向量具有相關性的句子：

相對於地面的 飛機速度	＝	相對於風的 飛機速度	＋	相對於地 面的風速
(PG)		(PW)		(WG)

這個關係可以用向量符號寫成

$$\vec{v}_{PG} = \vec{v}_{PW} + \vec{v}_{WG} \qquad (4\text{-}46)$$

我們需要將向量根據圖 4-20b 之座標系統分解為分量，然後逐軸求解 4-46。對於 y 分量，我們發現：

$$v_{PG,y} = v_{PW,y} + v_{WG,y}$$

或　　$0 = -(215 \text{ km/h}) \sin\theta + (65.0 \text{ km/h})(\cos 20.0°)$

解 θ，可得

$$\theta = \sin^{-1}\frac{(65.0 \text{km/h})(\cos 20.0°)}{215 \text{km/h}} = 16.5° \quad (答)$$

同樣的，對於 x 分量，我們發現

$$v_{PG,x} = v_{PW,x} + v_{WG,x}$$

這裡因為 $\vec{v}_{PG}$ 和 x 軸平行，分量 $v_{PG,x}$ 的大小等於 v_{PG}。將已知和 $\theta = 16.5°$ 代入，我們得

$$v_{PG} = (215 \text{ km/h})(\cos 16.5°) +$$
$$(65.0 \text{ km/h})(\sin 20.0°)$$
$$= 228 \text{ km/h} \qquad (答)$$

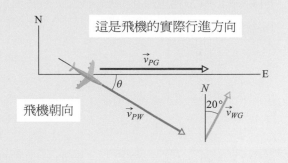

(a)

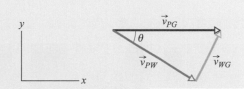

實際飛行方向是
另外兩個向量的向量和
(排成頭尾相接)

(b)

圖 4-20　在風中飛行的飛機。

重點回顧

位置向量　質點相對於座標系原點的位置以位置向量 $\vec{r}$ 表示，其單位向量表示法為

$$\vec{r} = x\hat{i} + y\hat{j} + z\hat{k} \qquad (4\text{-}1)$$

其中，$x\hat{i}$，$y\hat{j}$ 及 $z\hat{k}$ 為 $\vec{r}$ 的三個位置分量，而 x、y、z 為其純量分量(即質點之座標)。一個位置向量是以其大小及一或二個表示方向的角度來描述，或是以向量或純量分量來描述。

位移　假若質點運動使得它的位置向量從 $\vec{r}_1$ 變為 $\vec{r}_2$，則質點的位移 $\Delta\vec{r}$ 為

$$\Delta\vec{r} = \vec{r}_2 - \vec{r}_1 \qquad (4\text{-}2)$$

位移也可寫為：

$$\Delta\vec{r} = (x_2 - x_1)\hat{i} + (y_2 - y_1)\hat{j} + (z_2 - z_1)\hat{k} \qquad (4\text{-}3)$$
$$= \Delta x\hat{i} + \Delta y\hat{j} + \Delta z\hat{k} \qquad (4\text{-}4)$$

平均速度和瞬時速度　假若質點在 Δt 時間內經歷一位移 $\Delta\vec{r}$，它的平均速度 $\vec{v}_{avg}$ 為

$$\vec{v}_{avg} = \frac{\Delta\vec{r}}{\Delta t} \qquad (4\text{-}8)$$

當 4-8 式中的 Δt 趨近於 0，則 $\vec{v}_{avg}$ 達到一極限值，稱為速度或瞬時速度 $\vec{v}$：

$$\vec{v} = \frac{d\vec{r}}{dt} \tag{4-10}$$

上式亦可寫爲單位向量表示法：

$$\vec{v} = v_x \hat{i} + v_y \hat{j} + v_z \hat{k} \tag{4-11}$$

其中，$v_x = dx/dt$，$v_y = dy/dt$，$v_z = dz/dt$。一質點的瞬時速度 $\vec{v}$ 恆切於質點所在處之路徑。

平均加速度與瞬時加速度 假若質點的速度在 Δt 時間內從 $\vec{v}_1$ 變成 $\vec{v}_2$，則在 Δt 內的平均加速度爲：

$$\vec{a}_{avg} = \frac{\vec{v}_2 - \vec{v}_1}{\Delta t} = \frac{\Delta \vec{v}}{\Delta t} \tag{4-15}$$

當 4-15 式中的 Δt 趨近於零時，$\vec{a}_{avg}$ 達到一極限值稱爲加速度或瞬時加速度 $\vec{a}$：

$$\vec{a} = \frac{d\vec{v}}{dt} \tag{4-16}$$

以單位向量表示

$$\vec{a} = a_x \hat{i} + a_y \hat{j} + a_z \hat{k} \tag{4-17}$$

其中，$a_x = dv_x/dt$，$a_y = dv_y/dt$，及 $a_z = dv_z/dt$。

拋射體運動 拋射體運動爲質點以初速度 $\vec{v}_0$ 發射。然後以水平加速度爲零及垂直加速度爲自由落體加速度 $-g$ 的運動(向上爲正)。若 $\vec{v}_0$ 以大小(速率) v_0 和角度 θ_0 (從水平軸量起)表示，沿著水平 x 軸和鉛直 y 軸的運動方程式爲

$$x - x_0 = (v_0 \cos\theta_0)t \tag{4-21}$$

$$y - y_0 = (v_0 \sin\theta_0)t - \frac{1}{2}gt^2 \tag{4-22}$$

$$v_y = v_0 \sin\theta_0 - gt \tag{4-23}$$

$$v_y^2 = (v_0 \sin\theta_0)^2 - 2g(y - y_0) \tag{4-24}$$

作拋射體運動質點的軌跡爲拋物線，其方程式如下：

$$y = (\tan\theta_0)x - \frac{gx^2}{2(v_0 \cos\theta_0)^2} \tag{4-25}$$

當在 4-21 式到 4-24 式中的 x_0 及 y_0 爲 0。質點的**水平射程** R 爲從發射點到質點回到發射點高度時之水平距離

$$R = \frac{v_0^2}{g} \sin 2\theta_0 \tag{4-26}$$

等速率圓周運動 若質點以等速率 v 沿著半徑 r 之圓周或圓弧運動，我們說它作等速率圓周運動，具有加速度 $\vec{a}$，其固定大小爲

$$a = \frac{v^2}{r} \tag{4-34}$$

$\vec{a}$ 的方向指向圓或圓弧的中心，稱爲向心加速度 $\vec{a}$。質點完全走完圓周一圈的時間爲

$$T = \frac{2\pi r}{v} \tag{4-35}$$

T 稱爲運動的旋轉週期，或簡稱週期。

相對運動 當兩參考座標 A 和 B 彼此以等速度相對運動時，在參考座標 A 之觀察者所測量運動質點 P 的速度，通常與在參考座標 B 之觀察者所測得的不同。兩者所測得速度之關係爲

$$\vec{v}_{PA} = \vec{v}_{PB} + \vec{v}_{BA} \tag{4-44}$$

其中，$\vec{v}_{BA}$ 爲 B 相對於 A 之速度。但是兩參考座標之觀察者所量得質點的加速度是相同的，亦即：

$$\vec{a}_{PA} = \vec{a}_{PB} \tag{4-45}$$

討論題

1　一輛汽車以 14.0 m/s 的定速度在地面上沿平坦的圓圈行駛。在某個時間瞬間，汽車具有向東方的加速度 2.50 m/s²。如果它是(a)繞圓圈順時針方向和(b)繞圓圈逆時針方向，那麼在那一瞬間與圓心的距離和方向為何？

2　飛行員駕駛飛機以相對於地面 30.0 km/h 的速度向南飛行，風向為相對於地面向東方吹。如果無風狀態下，飛機的速度為 60.0 km/h，則飛機相對於地面的速度是多少？

3　死亡簾幕。一個大型金屬星狀物撞擊到地球，經由將地面以下的岩石往上和往外投射，星狀體很快地在岩石地面挖掘出一個隕石坑。根據隕石形成的模型，下列表格提供了五對這種隕石的投射速率和角度(相對於水平面)(具有中間速度和角度的其他岩石也被投射出來)。當星狀體於時間 $t = 0$ 和位置 $x = 0$ 撞擊到地面的時候，假設你是位於 $x = 20$ km 的地方(圖 4-21)。(a)在 $t = 20$ s，從投射物 A 到 E 往你的方向投射過來的岩石，其 x 和 y 座標各為何？(b)請畫出這些座標，然後畫出通過這些點的曲線，以便含括具有中間投射速度和角率的岩石。這個曲線應該能讓我們瞭解，當我們仰望逼近的岩石時你會看見什麼景象，以及在很久以前隕石撞擊地球的期間，恐龍將看見的景象。

投射	速率(m/s)	角度(degrees)
A	520	14.0
B	630	16.0
C	750	18.0
D	870	20.0
E	1000	22.0

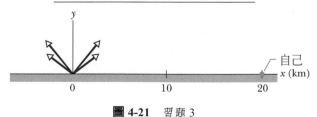

圖 4-21　習題 3

4　在北半球中緯度的長途飛行常會碰上噴射氣流，這種氣流是往東流動的，可以影響飛機相對於地球表面的速度。如果飛行員維持相對於空氣的某個特定速率(飛機的空速(airspeed))，則當飛機飛行方向與氣流同向時，其相對於地球表面的速率(飛機的地速(ground speed))會比較大，當飛行方向與氣流方向相反時，其相對於地球表面的速率會比較小。

假設在兩個相隔 4,000 km 的城市之間的整個飛行時間都已經定下時刻表，而且其去程的飛行方向與氣流方向相同，回程的飛行方向則相反。航線電腦建議飛機的空速採用 1000 km/h，在這個速率下，去程和回程的飛行時間差異是 100.0 min。試問電腦使用的噴射氣流速率是多少？

5　寬度 300 m 的河流以 1.8 m/s 均勻速度往正東方向流去。相對於水面的速度是 9.0 m/s 的船隻駛離了南岸，其航行方向是北方偏西 30°。試問船隻相對於地面的速度，其：(a)大小和(b)方向為何？(c)船隻越過河流的時間需要多少？

6　你已經被主修政治科學的學生綁架了(因為你告訴他們政治科學不是真正的科學，所以他們很生氣)。雖然眼睛蒙住了，但是你仍然能判斷綁匪汽車的行駛速率(藉由引擎的嘎嘎聲)，行駛時間(在心中計秒)，以及行駛方向(藉著在垂直街道系統的轉彎過程)。利用這些線索，你知道自己正沿著下列路線行進：以 50 km/h 行駛 4.0 min，往右轉 90°，以 20 km/h 行駛 3.0 min，向右轉 90°，以 20 km/h 行駛 60 s，向左轉 90°，以 50 km/h 行駛 60 s，向右轉 90°，以 20 km/h 行駛 2.0 min，向左轉 90°，以 50 km/h 行駛 30 s。此時，(a)你距離出發點有多遠？(b)你現在的方向與初始行駛方向的關係為何？

7 在火山爆發期間，厚重的岩石可能從火山噴發出來；這些噴發出的投射物稱為火山炸彈(volcanic bombs)。圖 4-22 顯示的是日本富士山的橫截面圖。(a)試問從火山口 A 噴出的火山炸彈，當其與水平線成 θ_0 = 60.0°時，它的初速率必須是多少，才能落在火山腳下的點 B？其中點 B 相對於點 A 的垂直距離是 h = 26.0 km，水平距離則是 d = 9.40 km。此時先忽略空氣對炸彈行進過程的影響。(b)請問飛行時間為何？(c)空氣效應會增加或減少我們在(a)小題的解答？

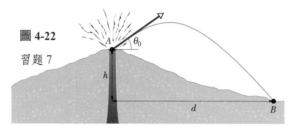

圖 4-22
習題 7

8 綠洲 A 位於綠洲 B 正西方 90 km 的地方。一隻駱駝離開 A，花了 50 h 往東偏北 37°走 75 km。其次牠花了 45 h 往正南方走 65 km。然後牠休息 5.0 h。試問駱駝在休息點相對於綠洲 A 的位移：(a)大小和(b)方向為何？從駱駝由 A 出發到休息結束這段時間，其平均速度的：(c)大小和(d)方向為何？其(e)平均速率又是多少？駱駝最後一次飲水是在綠洲 A；牠下一次必須在 135 h 以內到達綠洲 B 去飲水。如果牠想要恰好及時抵達綠洲 B，在休息時間結束以後，駱駝平均速度的：(f)大小和(g)方向是多少？

9 一個高爾夫球從地面擊出。高爾夫球的速率為時間的函數，如圖 4-23 所示，其中 t = 0 為球被擊出的瞬間。垂直軸之比例尺度能以 v_a = 23.0 m/s 和 v_b = 33.6 m/s 設定。(a)在回到地面之前，球走了多遠的水平距離？(b)球到達地面以上的最大高度為何？

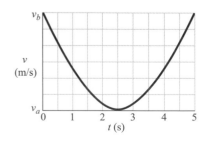

圖 4-23　習題 9

10 一球自地面拋向空中。在高 10.2 m 處的速度為 $\vec{v} = (8.90\hat{i} + 6.70\hat{j})$，$\hat{i}$ 在水平方向和 $\hat{j}$ 方向上。(a)球所上升的最大高度若干？(b)球行經的總水平距離若干？球碰到地面的那一瞬間的速度(c)大小及(d)方向(低於水平面)若干？

11 一支標槍以初始速率 15.0 m/s 朝向點方向水平投擲出去，點 P 是標槍板上的靶心。在 0.140 s 之後，標槍擊中邊緣上的點 Q，此點垂直位於點 P 的下方。(a)試問距離 PQ 是多少？(b)標槍是在與標槍板相距多遠的地方投擲出去？

12 某架飛機在 45.0 min 內，從 A 城市到 B 城市往東飛了 500 km，然後在 1.50 h 內又往南從 B 城市到 C 城市飛了 1100 km。在這整個行程中，請問飛機位移的(a)大小和(b)方向為何？飛機平均速度的(c)大小和(d)方向為何？以及(e)其平均速率為何？

13 一位太空人在離心機中以半徑 4.5 m 進行旋轉。(a)如果太空人所受的向心加速度是 6.5g，請問太空人的速率是多少？(b)要產生這樣的加速度，所需要的每分鐘轉速是多少？(c)運動的週期是多少？

14 某一顆棒球撞擊在地面上。在第一次撞擊之後 3.2 s，球抵達其位於地面上方最大高度的位置。然後在球抵達最大高度之後 2.9 s，球剛好與籬笆擦身而過，且籬笆與球第一次撞擊地面的位置相距 86.0 m。假設地面是平坦的。(a)試問球所抵達位於地面上方的最大高度是多少？(b)籬笆有多高？(c)球第二次撞擊地面的位置是在距籬笆多遠的地方？

15 投射物的運動路徑不只與 v_0 和 θ_0 有關，也與自由落體加速度有關，而且我們知道這個加速度會隨著地點改變。在 1936 年，Jesse Owens 於柏林(這裡的 g = 9.8128 m/s^2)奧運會創下了世界跳遠紀錄 8.09 m。如果他參加的是 1956 年墨爾本(這裡的 g = 9.7999 m/s^2)奧運會。而且假設他跳出相同的 v_0 和 θ_0 值，請問他的記錄將相差多少？

16 在圖 4-24 中，一塊潮濕的油灰黏在半徑是 20.0 cm 的輪子邊緣，因而作著等速率圓周運動，輪子正在進行週期等於 5.00 ms 的逆時針方向旋轉。然後油灰突然在 5 點鐘的位置(如同在錶面上)飛離輪子邊緣。它離開輪子的位置是在距離地面 h = 1.20 的高度上，與牆壁的距離則是 d = 3.50 m。請問油灰打到牆壁時的高度是多少？

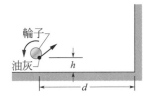

圖 4-24 習題 16

17 一個投射物以初始速度 22 m/s 發射出去，發射角度位於水平線上方 60°。請問在發射 1.2 s 後，其速度的(a)大小和(b)角度為何？以及(c)此角度是位於水平線上方或下方？在發射 3.0 s 後，其速度的(d)大小和(e)角度為何？以及(f)此角度是位於水平線上方或下方？

18 一個正子經歷了位移 $\Delta \vec{r} = 2.0\hat{i} - 4.0\hat{j} + 5.0\hat{k}$，結束時其位置向量為 $\vec{r} = 3.0\hat{j} - 4.0\hat{k}$，單位為公尺。試問正子的初始位置向量為何？

19 法國快速列車稱為 TGV (Train Grande Vitesse)，其預定的平均速率是 216 km/h。(a)如果列車以該速率繞著曲線軌道行進，而且乘客所遭受的加速度大小必須限制在 0.050g，則軌道曲率半徑所能容許的最小值多少？(b)在加速度的限制下，列車繞著曲率半徑 2.30 km 的軌道行進時，其速率的最大值是多少？

20 某一個沈迷於向心加速度的人，正進行半徑 r = 4.20 m 的等速率圓週運動。在某一瞬間，他的加速度是 $\vec{a} = (6.00 \text{ m/s}^2)\hat{i} + (-5.20 \text{ m/s}^2)\hat{j}$。請問在該瞬間，(a)$\vec{v} \cdot \vec{a}$，(b)$\vec{r} \times \vec{a}$ 的值為何？

21 棒球在波士頓芬威球場本壘板上方 0.762 m 高的一點被擊中，假設初始速度為 33.53 m/s，飛行角度為 55.0°仰角，打出 5.00 s 後，可觀察到該球撞到了左外野高 11.28 公尺的壁上(被稱為「綠色怪物」)，該球恰好位於左外野界線內。試求出(a)從本壘板到左外野牆的水平距離；(b)球擊中牆壁的垂直距離。球在撞擊牆壁前 1.00 s 相對於本壘板的(c)水平和(d)垂直位移。

22 某拋射體的發射速率為它到達最高處時速率的 4 倍。計算其發射時的仰角 θ_0。

23 粒子以初速度 $\vec{v} = (5.00\hat{i})$ m/s 和加速度 $\vec{a} = (-0.600\hat{i} - 0.405\hat{j})$ m/s² 遠離原點。當達到最大的 x 坐標時，則以單位向量表示(a)速度和(b)位置的向量為何？

24 在圖 4-25 中，有一顆球從屋頂左方邊緣往左投出，屋頂的高度在地面上方 h 處。在 1.50 s 之後，球撞擊到地面，撞擊位置與建築物相距 d = 26.7 m，以及與水平面的夾角 θ = 60.0°。(a)試求 h。(提示：有一個解題的方法是將運動過程逆轉，就像在看錄影帶的倒帶一樣)。球投出時的速度的(b)大小和(c)相對於水平線的角度為何？(d)試問此角度是在水平線以上或以下？

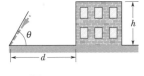

圖 4-25 習題 24

25 在圖 4-26a 中，雪橇以固定速度 v_s 在負 x 方向上進行運動，與此同時，有一顆冰球以相對於雪橇的速度 $\vec{v}_0 = v_{0x}\hat{i} + v_{0y}\hat{j}$，從雪橇上射出。當球著地時，我們量測其相對於地面的水平位移 Δx_{bg} (從其發射的位置到著陸的位置)。圖 4-26b 提供的 Δx_{bg} 是隨著 v_s 變化的函數關係。假設球著陸時的高度與發射時的高度大致相同。試問：(a) v_{0x} 和(b) v_{0y} 的值各為何？球相對於雪橇的位移 Δx_{bs} 也可以加以量測。假設當球發射時，雪橇的速度並沒有改變。請問當 v_s 是：(c) 7.0 m/s 和(d) 12 m/s 時，Δx_{bs} 各是多少？

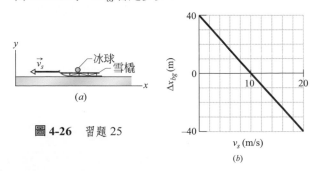

圖 4-26 習題 25

26 一個質點以固定速率,在水平的 xy 座標系統上,沿著圓形路徑運動。在時間 t_1 = 4.00 s,質點位於點 (3.00 m, 4.00 m),其速度是 (2.00 m/s)$\hat{j}$,而且加速度是在正 x 方向上。在時間 t_2 = 7.00 s,質點具有速度 (−2.00 m/s)$\hat{i}$,而且加速度是在正 y 方向上。請問圓形路徑中心點的:(a) x 座標和(b) y 座標為何?其中 $t_2 - t_1$ 小於一個週期。

27 一個穿著小丑服的男人以其最大速率,沿著可以移動的人行道奔跑,花費了 2.00 s 從一端跑到另一端。然後機場安全人員出現,男人以其最大速率沿著人行道往回跑,並且花費 11.0 s 回到其原出發點。試問男人奔跑的速率相對於跑道速率的比值為何?

28 令人驚訝的圖形。在 t = 0 時,玉米煎餅以 16.0 m/s 的初速度和發射角度 θ_0 從水平地面發射。去想像一下,在飛行過程中,位置向量從發射點連續指向玉米餅。請畫出(a) θ_0 = 40.0°與(b) θ_0 = 80.0°時的位置向量的大小 r。對於 θ_0 = 40.0°,(c)何時達到最大值距離?(d)最大值為何?且玉米煎餅在水平方向上與發射點之(e)水平與(f)垂直距離為何?當 θ_0 = 80.0°時,(g)何時達到最大值距離?(h)最大值為何?以及玉米煎餅距發射點的(i)水平距離和(j)垂直距離有多遠?

29 某一位足球選手踢了懸空球,使得球具有 4.70 s 的「滯空時間」(飛行時間),並且在 46 m 之外著陸。如果球是在地面上方 150 cm 的地方離開選手的腳,試問球初始速度的(a)大小和(b)角度(相對於水平線)必須是多少?

30 以 13.6 m/s 的速度朝目標投擲一球,該目標的高度比釋放球的高度高 h = 6.20 m(圖 4-27)。若期望球達到目標時的速度是水平的。則(a)必須以高於水平面的仰角 θ 投擲球嗎?(b)從釋放點到目標的水平距離是多少?(c)球到達目標時的速度是多少?

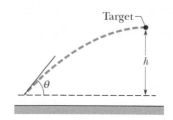

圖 4-27 習題 30

31 在圖 4-28 中,籃球選手投球的方向是在水平線上方 θ_0 = 70°,如果他想罰進球,則其投球的初速必須是多少?已知相關的水平距離是 d_1 = 1.0 ft 和 d_2 = 14 ft,相關的高度是 h_1 = 7.0 ft 和 h_2 = 10 ft。

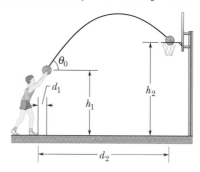

圖 4-28 習題 31

32 質點 P 以固定速率在半徑為 r = 4.00 m 的圓形路徑上行進(圖 4-29),並且在 20.0 s 內完成一週。質點在 t = 0 時通過點 O。請以大小-角度標記法表示下列向量(角度是相對於 x 正方向)。以 O 為參考點,求出質點在時間 t 等於:(a) 5.00 s,(b) 7.50 s,(c) 10.0 s 這些數值時的質點位置向量。(d)在第五秒末到第十秒末這 5.00 s 時間間隔內,請求出質點的位移。在該時間間隔內,求:(e)其平均速度,及在此時間間隔:(f)開始,(g)結束時的速度。其次請求出在該時間間隔:(h)開始,(i)結束時的加速度。

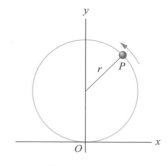

圖 4-29 習題 32

33　在圖 4-30 中，一顆
球從地面以初始速度
v_0 = 8.00 m/s 直接向上
射出。同一時間 ，工地
升降機從地面開始往上

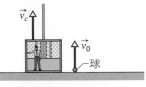

圖 4-30　習題 33

運動，其速度固定爲 v_c = 2.00 m/s。試問球相對於(a)
地面和(b)升降機地板所能達到的最大高度是多少？
相對於(c)地面和(d)升降機地板的球速變化率爲何？

34　(a)如果行星半徑爲 5.00 × 10^6 m 且旋轉週期爲
22.5 h，則由行星旋轉導致物體在赤道上的向心加速
度值爲何？(b)對於位赤道上的物體，如果向心加速度
的大小爲 9.8 m/s^2，則旋轉週期將是多少？

35　在女子排球中，球網頂端距地面 2.24 m，在球網
每一邊的場地大小是 9.0 × 9.0 m。一位選手使用跳躍
發球，擊球點是在地面上方 3.0 m，與球網的距離是
7.0 m。假設球的初速是水平的，(a)如果要球越過球
網，則初速率必須具有的最小值是多少？而且(b)如果
要讓球落在網子另一邊的後方界線內則此初速率的
最大值是多少？

36　圖 4-31 顯示的是酒醉落魄者在平地上行進的路
徑，其過程是從出發點 i 到最終點 f。各角度分別是 θ_1
= 30.0°，θ_2 = 50.0°，θ_3 = 80.0°，各距離分別是 d_1 =
5.00 m，d_2 = 9.20 m，d_3 = 13.5 m。請問落魄者從 i 到
f 的位移的：(a)大小和(b)角度各是多少？

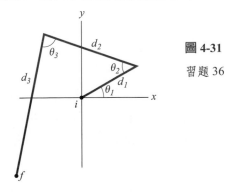

圖 4-31
習題 36

37　如圖 4-32 所示，在水平地面以初始速度 v_0 = 35.6
m/s 發射物體，目標物與出發點的距離爲 R = 26.4 m，
使物體擊中目標物的(a)最小與(b)最大之發射角分別
爲多少？

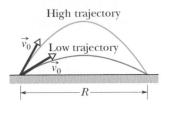

圖 4-32　習題 37

38　木製箱型貨車以 v_1 速率沿著直線鐵路軌道行
進。一位狙擊兵利用高效能來福槍對著貨車擊發子彈
(初始速率是 v_2)。子彈穿過車子的兩個縱長壁面，從
車子內部觀察，子彈入口孔洞和出口孔洞彼此恰好位
於對立位置。相對於軌道而言，子彈是從哪一個方向
發射？假設子彈進入車子的時候並沒有偏折方向，但
是其速率減少了 40%。取 v_1 = 110 km/h 及 v_2 = 600
m/s。(爲什麼我們不需要知道車子的寬度？)

39　一隻愛玩的兔子在可忽略摩擦阻力的水平冰面
上以 4.50 m/s 的速度向東奔跑。當兔子在冰上滑行
時，受到風的作用力使向北移動，其加速度固定爲
1.20 m/s^2。選擇一個坐標系，其原點爲兔子在冰上的
初始位置，以 x 軸的正方向爲東方，當兔子滑動 4.70
s 時，其(a)速度和(b)位置爲何？(以單位向量表示)

40　一個質點從原點在 t = 0 出發時之速度爲
$10\hat{j}$ m/s，並且以固定加速度 $(6.0\hat{i}+2.0\hat{j})$ m/s^2 在 xy
平面上運動。試問當質點的 x 座標是 40 m 的時候，
其：(a) y 座標和(b)速率各爲何？

41　在圖 4-43 中，雷達站偵測到一架軍用飛機直接
從東方逼近。在第一次觀察到的時候，飛機與雷達站
相距 d_1 = 720 m，角度是位於水平線上方 θ_1 = 40°的
方向。飛機在垂直的東—西向平面上被追蹤的角度變
化爲 $\Delta\theta$ = 123°；其距離則是 d_2 = 1580 m。試求在這
段時期飛機位移的：(a)大小和(b)方向是多少？

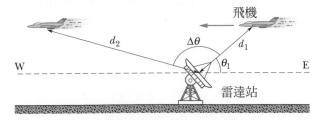

圖 4-33　習題 41

42 某一個人在 80 s 內走完故障電扶梯。當站在功能正常的相同電扶梯上的時候,此人在 45 s 內完成這個行程。(a)請問此人走完正在移動的電扶梯時,將花費多少時間?(b)請問答案與電扶梯的長度有關嗎?

43 一個電子具有 8.00×10^8 cm/s 的水平初速率,此電子進入兩個帶電金屬板之間的區域。在該區域內,電子行進了 2.00 cm 的水平距離,並且由於帶電金屬板作用而具有固定向下加速度大小 6.70×10^{16} cm/s^2。試求:(a)電子行進 2.00 cm 所花費的時間,(b)在這段時間內,電子行進的垂直距離,以及當電子離開這加速區域的時候,其速度的(c)水平和(d)垂直大小。

44 當發射體達到最大飛行高度時,其速度大小為 12.0 m/s。則(a)發射體達到最大高度前 1.20 s 時的速度大小是多少?(b)發射體達到最大高度後 1.20 s 的速度大小是多少? 如果最大高度在 $x = 0$ 且 $y = 0$ 的位置,且速度方向為正 x 方向,則發射體在達到最大高度前 1.20 s 的(c) x 坐標和(d) y 坐標分別是多少?達到最大高度後 1.20 s 的(e) x 坐標和(f) y 坐標為何?

45 機場航空站都配備有移動的人行道,以便讓旅客加速通過長走廊。Larry 不想使用移動的人行道;他花了 180 s 走過長走廊。Curly 則只是站在移動人行道上,他花了 60.0 s 通過相同距離。Moe 登上人行道,並且沿著人行道往前行進。試問 Moe 通過長走廊所花費的時間是多少?假設 Larry 和 Moe 以相同速率行走。

46 一顆球從 25 m 高度上被水平投出,並且以其初始速率 4 倍的速率撞到地面。試問初始速率是多少?

47 田徑比賽在太陽系中的一顆行星上舉行。鉛球運動員在高於地平面 2 m 的位置釋放鉛球,爆炸的閃光位置照片如圖 4-34 所示。其中時間間距為 0.50 s,並且在 $t = 0$ 時開始取像。(a)釋放的初始速度為何(以單位向量表示)?(b)該星球上自由落體的加速度大小是多少?(c)釋放後多久時間到達地面?(d)若在地球表面上進行了相同的投擲,則在釋放後多久時間會到達地面?

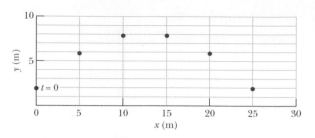

圖 4-34 習題 47

48 一些州警官部門使用飛機實施高速公路限速工作。假設一架飛機在靜止空氣中的速度為 125 mi/h,若它一直向北飛行,因此一直都在南北公路的正上方。地面觀察員透過無線電告訴飛行員,陣風的風速為 55.0 mi/h,但忽略了提供風向。但飛機駕駛觀察到,儘管有風,飛機仍可在 1.00 小時內沿著高速公路行駛 125 mi,換句話說,地面所觀察到的飛行速度與沒風的時候是相同的,則(a)風由哪個方向吹來?(b)飛機的飛行方向,也就是飛機指向哪個方向?

49 (a)如果電子以 2.5×10^6 m/s 的速率水平投射出去,則在橫越 3.3 m 的水平距離的時候,電子會下降多少高度?(b)如果初速增加,則(a)小題的答案會跟著增加或減少?

50 一架直升機以等速 6.20 m/s 和等高 11.6 m 在水平場上沿著直線飛行,若一包裹從直升機上以相對於直升機 15.0 m/s 的初始速度沿與直升機運動反向水平彈出,則(a)計算包裹相對於地面的初始速度。(b)包裹撞擊地面時直升機與包裹間的水平距離是多少?(c)從地面上看,撞擊地面前瞬間,包裹的速度向量與地面的夾角為何?

51 一個冠軍賽艇選手能夠在靜止水中以 8.0 km/h 的速度划船,現在他面對著一條寬 8.0 km,水流速度 2.6 km/h 的河流。令 $\hat{i}$ 指向筆直越過河流的方向,而 $\hat{j}$ 筆直指向河流下游。如果他要以直線划向其出發點的正對岸,則:(a)他划船的方向必須與 $\hat{i}$ 成什麼樣的角度,以及(b)他需要花費多少時間?(c)如果他行進的路線是將船往下游划 4.0 km,然後再回到原出發點,則他會花費多少時間?(d)如果他將船往上游划 4.0 km 然後回到出發點,則他將花費多少時間?(e)如果他想以最短的時間划到對岸(而不一定是正對岸),則

他划船的方向應該與 $\hat{i}$ 成什麼樣的角度？(f)請問此最短時間是多長？

52　質子的位置向量起初是 $\vec{r} = 6.0\hat{i} - 5.0\hat{j} + 2.0\hat{k}$，接著稍後變成 $\vec{r} = -4.0\hat{i} + 6.0\hat{j} + 2.0\hat{k}$，而且單位全部都是公尺。(a)試問質子的位移向量為何？(b)該向量與什麼平面平行？

53　一個沒有天花板的升降機以 8.0 m/s 固定速率上升。在升降機地板位於地面上方 20 m 的時候，升降機上的男孩垂直往上射出一個球，球射出時的高度是在升降機地板上方 2.0 m 的位置。球相對於升降機的初始速率是 18 m/s。(a)球能抵達的最大高度是位於地面上方多高的地方？(b)球回到升降機地板需要多久的時間？

54　位於海平面的一門大砲以初始速度 82 m/s 射擊砲彈，假設初始角度為仰角 45°。砲彈在水平移動 686 m 後落於水中，如果將大砲提高 40.0 m，水平距離將會變為多大？

55　短跑運動員在圓形軌道上以固定速度 8.50 m/s 跑步，向心加速度為 4.00 m/s²，試求(a)軌道半徑和(b)圓周運動的週期是多少？

56　在 xy 平面上移動粒子的位置向量為 $\vec{r} = 4.0t\hat{i} + 4.0\sin[(\pi/4.0 \text{ rad/s})t]\hat{j}$，其中 $\vec{r}$ 以公尺為單位，t 以秒為單位。則計算(a)粒子在 $t = 0$、1.0、2.0、3.0、4.0 s 時位置的 x 和 y 分量；(b)計算粒子在 $t = 1.0$、2.0、3.0 s 時的速度分量。並透過內積計算證明粒子速度與移動的路徑是相切的。(c)計算粒子在 $t = 1.0$、2.0、3.0 s 時的加速度分量。

57　高爾夫球選手從果嶺的頂部開球，以水平仰角 30.0° 擊出高爾夫球，其初始速度為 40.0 m/s，假設球擊中球道距離發球位置 150 m，若球道是水平的，則(a)球上升高度較球道高多少？(b)球撞擊球道時的速度是多少？

58　規劃 4350 km 的商業飛行，往東飛行時間將比往西飛行多 70.0 min。若飛機的空速為 850 km/h，飛機將飛過一假想向東的噴射氣流，則假設的噴射氣流速度是多少？

59　投手在慢速壘球比賽中，在離地面 3.0 ft 高的位置投出球。球在不同時間時的閃光位置照片如圖 4-35 所示，其中固定的間隔時間為 0.25 s，在 $t = 0$ 時釋放了球，則(a)球的初始速度是多少？(b)球達到從地面算起最大高度時的速度是多少？(c)最大高度為何？

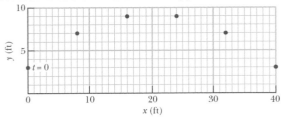

圖 4-35　習題 59

60　以 12.0 m/s 的初速度在懸崖上，以水平向下 15.0° 的角度拋出一球，在 1.51 s 後試計算(a)水平位移及(b)垂直位移為何？

61　假設太空探測器可以承受 23.0g 重力加速度的應力，則(a)這種飛行器以光速 0.200% 的速度移動時的最小轉彎半徑為何？(b)以這種速度完成 90° 轉彎需要多長時間？

62　一支來福槍水平瞄準 45 m 遠的目標。子彈打到目標的位置是位於瞄準點的下方 2.9 cm。試問：(a)子彈的飛行時間，以及(b)它從槍管射出時的速率是多少？

63　磁場使電子沿徑向以 6.00×10^{14} m/s² 的加速度進行圓周運動，(a)如果電子圓周運動的半徑為 18.0 cm，則電子的速度是多少？(b)運動的週期為何？

64　圖 4-36 顯示了當一個質點從靜止在時間間隔 Δt_1 內開始加速越過 xy 座標系統，而成一條直線路徑。其加速度是固定的。點 A 的座標是(5.00 m, 3.00 m)；點 B 則是(12.0 m, 18.0 m)。(a)請問加速度分量的比率 a_y/a_x 為何？(b)如果運動持續進行到另一個時間間隔，而且此時間間隔的長度等於 Δt_1，試問質點的座標為何？

圖 4-36　習題 64

65 某一艘滑冰船利用由風產生的固定加速度航越結冰的湖面。在某一個特定瞬間，船的速度是 $(5.02\hat{i} - 9.24\hat{j})$m/s。因為風向改變，船於三秒之後突如其來地靜止。試問在這三秒時間間隔內的平均加速度是多少？

66 有隻老鼠坐在等速率轉動的旋轉木馬上。在時間 $t_1 = 3.00$ s，老鼠的速度在水平座標系統上量測的結果是 $\vec{v}_1 = (3.00 \text{ m/s})\hat{i} + (4.00 \text{ m/s})\hat{j}$。在 $t_2 = 5.00$ s，老鼠的速度是 $\vec{v}_2 = (-3.00 \text{ m/s})\hat{i} + (-4.00 \text{ m/s})\hat{j}$。請問：(a) 老鼠的向心加速度的大小及(b)老鼠在時間間隔內的平均加速度各是多少？其中 $t_2 - t_1$ 小於一個週期。

67 某一個質點相對於 xy 座標系統的原點在進行等速率圓週運動，它以 5.00 s 的週期作順時針旋轉。在某一個瞬間，其位置向量（相對於原點）是 $\vec{r} = (2.00 \text{ m})\hat{i} - (3.00 \text{ m})\hat{j}$。試問在該瞬間的質點速度為何？請以單位向量標記法表示之。

68 在 3.15 h 內，一粒氣球從其地面上的釋放點，飄移了往北 24.5 km，往東 11.2 km，以及上升 2.88 km 的距離。試求：(a)其平均速度的大小，以及(b)平均速度與水平線所形成的角度。

CHAPTER 5

力與運動(I)

5-1 牛頓第一與第二定律

學習目標

在閱讀完這個區塊的文字之後，讀者應該能夠…

5.01 瞭解力是向量，它同時具有大小和方向，也具有分量。

5.02 已知兩個或兩個以上的力作用在相同質點，就像向量相加一樣將力相加，以便得到淨力。

5.03 瞭解牛頓第一和第二運動定律。

5.04 瞭解慣性座標系統。

5.05 畫出物體的自由體圖，其中將物體顯示成質點並且將力視爲向量，然後使各個力的尾端安放在質點上，藉此畫出作用在物體上的各個力。

5.06 應用作用在物體的淨力，物體的質量，以及由淨力所產生的加速度之間的關係式 (牛頓第二定律)。

5.07 瞭解只有作用在物體的外力才能使物體產生加速度。

關鍵概念

● 當物體受到來自其他物體的一個或更多個力 (拉力或推力) 作用在其上時，此物體的速度可能改變 (物體會加速)。牛頓力學可以說明力和加速度的關係。

● 力是向量。它們的大小可以利用，該力作用在標準公斤所得到的加速度予以定義。能使標準公斤加速剛好1 m/s²的力，其大小被定義爲1 N。力的方向即爲它所引起的加速度的方向。力的組合遵守向量代數的規則。作用在一個物體的淨力是作用在該物體所有力的總和。

● 如果沒有任何淨力作用在物體上，當物體起初是靜止時，則物體保持在靜止狀態，當該物體起初處於運動狀態時，則該物體將沿著直線等速率運動。

● 牛頓力學在其中能適用的參考座標系統稱爲慣性參考座標系統或慣性座標系統。牛頓力學在其中不能適用的參考座標系統稱爲非慣性參考座標系統或非慣性座標系統。

● 物體的質量是物體的特性，它將物體的加速度與引起該加速度的淨力關聯起來。質量是純量。

● 作用在質量m 的物體的淨力 $\vec{F}_{net}$，可以藉由下列數學式與物體的加速度 $\vec{a}$ 關聯起來

$$\vec{F}_{net} = m\vec{a}$$

上述數學式可以用分量表示法寫成

$$F_{net,x} = ma_x \ , \ F_{net,y} = ma_y \ 以及 \ F_{net,z} = ma_z$$

牛頓第二定律指出 (在SI單位系統中)

$$1\,N = 1\,kg \cdot m/s^2$$

● 自由體圖是一種去除多餘資訊的圖示法，其中只考慮**一個**物體。該物體用簡潔圖形或一個點代表之。圖中顯示作用在物體上的所有外力，另外也疊加一個座標系統，並且設定好座標系統的方向，以便簡化求解過程。

物理學是什麼？

我們已經看到，物理學有一部分是在研究運動現象，其中包括加速度，而加速度指的是速度方面的改變。物理學也探討導致物體加速的原因。此因素就是**力**(force)，比較寬鬆的說法是，例如作用在物體上的推力或拉力。力可以說成是作用在物體，使其速度有所改變的一種物理量。舉例來說，當賽車加速的時候，來自跑道的力量會作用在汽車後輪胎上，導致賽車加速。當足球防守球員摜倒四分衛的時候，來自防守球員的力量作用在四分衛，導致四分衛向後加速。當一輛汽車猛然撞上電線桿，來自電線桿而作用在汽車上的力量會導致汽車停止運動。在科學、工程學、法律學和醫學期刊裡，充斥著關於力量作用在物體上的文章，這些物體當然也包括人在內。

提醒讀者。許多學生發覺這一章比前面幾章更有挑戰性。其中一個理由是，在建立方程式的時候我們需要用到向量，無法像過去那樣只是將一些純量加總起來。所以需要第三章的向量規則。另外一個原因是我們將看到許多不同的佈置：物體將沿著地板、天花板、牆壁和斜面移動，物體將隨著繞在滑輪的繩索往上移動，或坐在電梯內往上或往下移動。有些情況下，幾個物體甚至會繫結在一起。

不過，雖然有各種不同的佈置，在解決大部分家庭作業的問題時只需要單一個關鍵概念 (牛頓第二定律)。這一章的目的是替讀者探索，如何將那個關鍵概念應用到任何指定的佈置。應用將取得經驗——我們需要解答許多習題，而不僅僅只是閱讀文字而已。所以讓我們閱讀一些文字，然後開始研習範例。

牛頓力學

力與力所引起的加速度之間的關係，最剛開始有所瞭解的人是牛頓(Isaac Newton, 1642-1727)，而這項關係也是本章的主題。當牛頓提出這項關係後，關於此關係的研究就稱為牛頓力學(Newtonian mechanics)。我們將會把重心放在它三個主要的運動定律。

牛頓力學並非適用於所有情況。當質點的運動速率接近光速時，牛頓力學就會出現明顯的誤差，而必須用愛因斯坦的狹義相對論——可涵蓋任何速度，包括接近光速者——來處理。若是像原子構造之類的微觀問題(例如，電子在原子裡的運動)，牛頓力學也無法解釋，而必須以量子力學來代替。目前，物理學者將牛頓力學視為上述兩個較完整的理論中的一個特例。不過，它仍是一個很重要的特例，因為它的應用可以涵蓋從分子至銀河之範疇所有物體的運動。

牛頓第一定律

在牛頓提出他的力學公式之前，一般人都以為必須要施加某種影響或「力」才能維持物體作等速運動。當物體在靜止時，是處於它的「自然狀態」。欲使物體以等速度運動似乎必須以某種方式去推動或拉動它。否則，它會「自然地」停止運動。

這種說法是合理的。例如，當你傳送一個曲棍球圓盤滑過一塊木板，它必然會慢下來，然後停止不動。假若你要它以等速橫過木板，你必須不斷地推動或拉動它。

然而，把曲棍球圓盤放在溜冰場上的冰上滑動時，它可以走得更遠。你可以想像一個更光滑，更長的表面，在它上面，曲棍球圓盤可以滑得非常的遠。在你想像在長而平滑的表面上(即**無摩擦的表面上**)，曲棍球圓盤將一點也沒有慢下來的跡象(事實上，在實驗室中我們可以模擬此一狀況：在一水平的氣墊桌上推動一曲棍球圓盤，任其在一空氣膜上運動)。

由這些現象我們可以得到一個結論：如果沒有力作用在物體上，它將會維持等速運動。由此，我們得出牛頓三個運動定律的第一定律：

> **牛頓第一定律**：如果沒有力作用在一個物體上，則此物體的速度不會改變；也就是說，這個物體沒有加速度。

換句話說，物體靜者恆靜。動者恆以相同速度(相同的大小及方向)運動。

力

在開始研讀關於力的問題之前，我們需要討論力的幾個特性，例如像是力的單位，力的向量特性，力的組合，以及用於測量力(不被虛假的力愚弄)的環境.

單位。我們可以藉著力所給予標準公斤的加速度 (圖 1-3) 定義力的單位，標準公斤的質量被定義為 1 kg。假設我們將標準公斤放置在水平無摩擦的表面，並且水平地(圖 5-1)拉著，使得標準公斤具有 1 m/s² 加速度。那麼所施加力的大小為 1 牛頓 (可以縮寫為 N)。如果以大小為 2 N 的力拉著，我們將發覺加速度為 2 m/s²。因此，加速度正比於力。如果 1 kg 的標準物體具有大小 a(單位是每秒每秒公尺) 的加速度，則產生此加速度的力 (單位是牛頓) 所具有大小為 a。現在我們已經擁有了能解決問題的力之單位。

向量。力是向量，因此不僅具有大小也具有方向。所以，如果有兩個或更多個力作用在物體，我們可以在遵守第三章的向量規則的情形下，將力像向量般相加，藉此求得**淨力** (或**合力**)。具有與所計算之淨力相同大小和方向的單一力，將產生與所有個別的力相同效果。這個事實

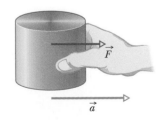
圖 5-1 施一力於標準公斤物體，使其得到 $\vec{a}$ 的加速度。

稱為**力的疊加原理**(principle of superposition for forces)，它使得日常生活的力變得合理與可預測。如果讀者和朋友各自以 1 N 的力量拉著標準物體，結果因為不知名的原因淨拉力變成 14 N，總加速度變成 14 m/s² ，那麼這個世界將顯得奇怪與不可預測。

在本書中，力經常被表示為一個向量符號，例如 $\vec{F}$ ，而向量符號 $\vec{F}_{net}$ 則表示為淨力。力與淨力，如同其它向量一樣，也有沿座標軸的分量。當力只沿單一座標軸向作用時，則為單一分量的力。於是我們可省略力符號上方的箭頭，而只使用符號來指示力沿該軸的方向。

第一定律。這裡將不使用先前的理解方式，牛頓第一定律最適當的說明是以淨力觀點來看：

 牛頓第一定律：若無任何淨力作用在物體上($\vec{F}_{net}=0$)，則此物體的速度不會改變；也就是說，這個物體不會加速。

物體可受到很多力作用，但若其淨力為零，則此物體不會加速。所以，如果讀者偶然地知道某個物體的速度是固定的，那麼就可以立刻判斷，作用於它的淨力為零。

慣性參考座標系

牛頓第一定律並不完全適用於所有的參考座標，但我們總可找到某些參考座標，使得牛頓第一定律和其他牛頓力學是成立的。這樣的特別的參考座標稱為**慣性參考座標系**，或簡稱為**慣性座標系**。

 慣性參考座標系是一個牛頓定律適用的座標系統。

舉例來說，假若地球在天文學上的運動(例如它的轉動)忽略不計，則我們便可假定地表是個慣性座標系。

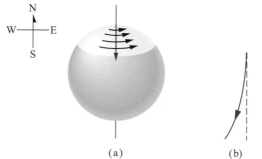

圖 5-2 (a)由太空中的一個固定點所觀察到，從北極滑出的冰上曲棍球圓盤的路徑。地球轉向東。(b)地面上觀察者所看到圓盤的路徑。

地球的自轉造成明顯的偏移

比如，若我們將冰上曲棍球圓盤送出，讓它沿短的無摩擦冰道滑動，則上述假設可良好適用——我們將發現圓盤運動遵守牛頓定律。但現在假設冰上曲棍球圓盤送出後，沿著從北極延伸出來的長冰道滑動(圖

5-2a)。若我們從一個在太空中靜止的參考座標系觀察此圓盤，則因地球的自轉只會移動在圓盤底下的冰，故圓盤將沿著一條簡單直線往南移動。然而如果我們從地面上一點觀察圓盤，因而使得我們隨著地球旋轉，則觀察到的圓盤路徑將不是一條簡單直線。因為隨著圓盤越往南移動，在圓盤底下的地面往東的速度會越大，所以從地面觀察者所看到的圓盤路徑是往西偏折的(圖 5-2b)。不過此明顯偏折行為並不是由牛頓定律要求的力所引起，而是因為我們是從旋轉參考座標系觀察圓盤所引起的。在這種情形下，地面是一個**非慣性座標系**(noninertial frame)，而且如果嘗試藉著一個力去解釋曲棍球圓盤的偏移現象，將導致我們提出存在一個假想力的結論。提出這種假想力另一個更常見的例子，是發生在快速增加速率的汽車內。讀者可能會聲稱有一個力量猛烈地將你的背推向椅背。

　　在本書中，我們假設地面是一個慣性座標，而力與加速度皆由此量測。比方說，如果我們在一個相對於地面加速的電梯中量測，那麼這個量測是由非慣性座標得來，而其結果也將令人意外。

 測試站 1
圖中的六子圖中，兩互相垂直的力 $\vec{F}_1$、$\vec{F}_2$ 以 6 種不同的方式組合而得到第三個向量。那些方式在決定合力 $\vec{F}_{net}$ 時是正確的？

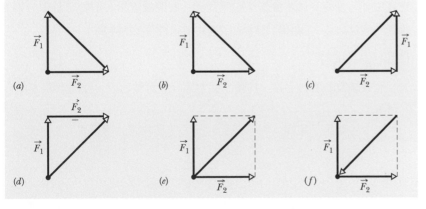

質量

　　從日常經驗讀者應該已經知道，將一個已知的力應用到不同的物體(譬如棒球和保齡球)，會導致不同的加速度。下列常見的解釋是正確的：質量越大的物體越難加速。但是這件事可以解釋得更精準。加速度事實上反比於質量 (而不是質量的平方)。

　　讓我們證明上述反比關係。如同先前運用過的例子，假設以大小 1 N 的力推著標準物體 (已經定義其質量是 1 kg)。標準物體以大小 1 m/s² 加速。然後以相同的力推著物體 X，結果發覺此物體的加速度是 0.25 m/s²。讓我們形成下列 (正確) 假設，在施力相同的情形下，

$$\frac{m_X}{m_0} = \frac{a_0}{a_X}$$

因此

$$m_x = m_0 \frac{a_0}{a_x} = (1.0 \text{ kg})\frac{1.0 \text{ m/s}^2}{0.25 \text{ m/s}^2} = 4.0 \text{ kg}$$

　　只有當程序是一致的時候，以這種方式定義 X 的質量才有用。假設我們先將 8.0 N 的力施加在標準物體 (得到加速度 8.0 m/s²)，然後施加於物體 X (得到加速度 2.0 m/s²)。接著將計算 X 的質量

$$m_x = m_0 \frac{a_0}{a_x} = (1.0 \text{ kg})\frac{8.0 \text{ m/s}^2}{2.0 \text{ m/s}^2} = 4.0 \text{ kg}$$

　　這意味著我們的程序是一致的，因此是可用的。上述結果也暗示，質量是物質的固有性質—它隨著物體的存在而自動地產生。此外，它是純量。不過，下列糾纏不休的問題仍然存在：質量究竟是什麼？

　　質量這個字在日常用語中很常見，直覺上，我們應該對它有點概念，認為它似乎是一種可以感覺得到的東西。它是不是物體的大小？重量？或密度？答案爲否，雖然這些字眼有時與質量混淆著用。我們只能說，物體的質量這個特性會表現出對該物體之施力與所產生的加速度兩者間的關係。除此之外，質量沒有別的意思；惟有當你推(或拉)一物體，想使它產生加速度時，你才會眞正的感受到什麼叫做質量。例如，當你分別推動一個棒球及一個保齡球時，你就知道兩者質量的不同。

牛頓第二定律

　　至今論及的所有定義、實驗、觀察等等，可整理成一條簡潔陳述：

 牛頓第二定律：物體所受的淨力等於物體的質量與其加速度兩者之乘積。

方程式爲

$$\vec{F}_{\text{net}} = m\vec{a} \quad \text{(牛頓第二定律)} \tag{5-1}$$

　　辨識受力物體。這個簡單方程式是解答本章絕大部分家庭作業的關鍵概念，但我們必須謹愼地使用它。首先必須確定該式是應用在哪一個物體上。其次，必須注意 $\vec{F}_{\text{net}}$ 乃是指作用於該物體所有力的向量和(或總力)。只有作用於該物體上的力才能算在向量和中，而不包括在已知情況下作用在其它物體上的力。舉例來說，當你身陷橄欖球爭球的隊形中時，你所受的淨力是那些作用在你身體上之推力或拉力的向量和。而這個淨力不包括你或其他人去推或拉其他球員的力。每次求解力的問題時，第一個步驟是清楚陳述出牛頓定律所要應用之物體。

分隔各座標軸。5-1 式與其他所有向量式一樣，相當於三個分別表示於 xyz 座標系統三軸的純量式：

$$F_{\text{net},x} = ma_x, \quad F_{\text{net},y} = ma_y, \quad F_{\text{net},z} = ma_z \tag{5-2}$$

每一個方程式把沿某軸的淨力分量與沿相同軸的加速度關聯起來。比方說，第一個關係式告訴我們，所有 x 軸上的力的分量和，只會引起物體在 x 方向的加速度分量 a_x，而不會在 y 和 z 方向引起加速度。或者說，加速度分量只會由沿 x 軸的力的分量引起，而且與沿著其他座標軸的力分量*完全無關*。一般而言：

> 沿某特定軸的加速度分量，只由沿相同軸的力的分量和引起，不會是由沿別的軸的力的分量引起。

處於平衡狀態的力。當沒有淨力作用於一物體時，5-1 式告訴我們此物體將不會有加速度，$\vec{a} = 0$。則物體靜者恆靜，動者恆作等速度運動。在這樣的情況下，物體受到的任何力會被另一個平衡掉，而可說力與物體均處於平衡狀態。一般而言，這個力可以說是被另一個力抵銷，但這並不表示力真的被消去，事實上它仍然作用在物體上。但這並不表示力真的被消去，事實上它仍然作用在物體上。一般而言，這個力可以說是被另一個力抵消，但是無法改變其速度。

單位。由 5-1 式可知，在 SI 單位中，

$$1\,\text{N} = (1\,\text{kg})(1\,\text{m/s}^2) = 1\,\text{kg} \cdot \text{m/s}^2 \tag{5-3}$$

一些其他的單位制度列於表 5-1 及附錄 D 中。

圖解。欲利用牛頓第二定律解問題時，我們通常畫一**自由體圖**。在此圖中，以一個點來代表物體。此外，作用於物體上的每一個外力都以一箭頭表示，而箭尾在物體上(也可將物體直接畫出)。包括一組座標軸，有時也包含表示該物體加速度的一個向量，整個程序是設計用於將我們的注意力放在理當注意的物體上。

只有外力才會。由兩個或多個物體所成的集合稱為**系統**，而任何由系統外物體作用在系統內物體上的力稱為**外力**。若這些物體彼此作剛體聯接，則可將此系統視為一個合體，而其上淨力 $\vec{F}_{\text{net}}$ 是所有外力的向量和(不包括**內力**——即系統內兩物體間之力)。例如，火車與汽車組成一系統。若以一條拖曳繩拉著火車前端，則繩子產生之拉力將作用在整個火車-汽車系統。就像一個單一的物體，我們可以牛頓第二定律($\vec{F}_{\text{net}} = m\vec{a}$)寫出系統所受的淨外力和其加速度的關係式，$m$ 是指系統的全部質量。

表 5-1
牛頓第二定律的單位(5-1 及 5-2 式)

單位系統	力	質量	加速度
SI	牛頓(N)	公斤(kg)	m/s²
CGS[a]	達因	克(g)	cm/s²
英制[b]	磅(lb)	slug	ft/s²

[a] 1 達因 = 1g · cm/s²
[a] 1 磅 = 1 slug · ft/s²

測試站 2

如圖所示，兩道水平的力，沿著無摩擦地面移動一木塊。假設有第三個水平的力 $\vec{F}_3$ 也作用在此木塊上，則當木塊：(a)靜止，(b)向左以 5 m/s 的等速率移動時，$\vec{F}_3$ 的大小及方向為何？

3 N ← ■ → 5 N

範例 5.1 曲棍球圓盤，一維和二維的力

這裡是一個如何使用牛頓第二定律的例子，應用的對象是受一個或兩個力的冰上曲棍球。圖 5-3 的 A、B、C 三子圖顯示三種情形，其中有一個或兩個力作用於圓盤上，圓盤沿 x 軸移動於無摩擦之冰上，為一維運動。圓盤的質量 $m = 0.20$ kg。力 $\vec{F}_1$ 和 $\vec{F}_2$ 都沿著軸，且大小分別是 $F_1 = 4.0$ N 和 $F_2 = 2.0$ N。而 $\vec{F}_3$ 指向 $\theta = 30°$ 的方向，大小為 1.0 N。在每一種情況下，圓盤的加速度是多少？

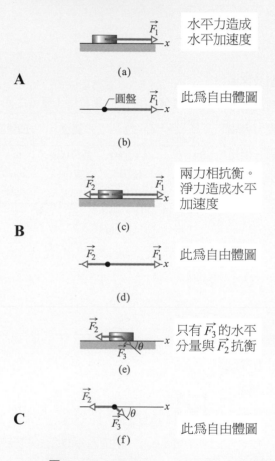

圖 5-3 在三種情況下，在無摩擦的冰上沿 x 軸運動的棍球圓盤所受的力。圖中也顯示出自由體圖。

關鍵概念

在每一種情況下，我們可建立出 $\vec{a}$ 及圓盤所受淨力 $\vec{F}_{net}$ 間的關係，方法是用牛頓第二定律 $\vec{F}_{net} = m\vec{a}$。然而，由於只沿 x 軸運動，故我們可以只寫出在 x 分量的第二定律來簡化問題：

$$F_{net,x} = ma_x \tag{5-4}$$

圖 5-3 是將三種情況中的圓盤以點表示的自由體圖。

情況 A 圖 5-3b，只有一個水平力作用，則 5-4 式為可以寫成

$$F_1 = ma_x$$

由已知條件可得：

$$a_x = \frac{F_1}{m} = \frac{4.0N}{0.20kg} = 20m/s^2 \tag{答}$$

答案為正表示加速度是朝向 x 軸的正方向。

情況 B 圖 5-3d，有兩個水平力作用在圓盤上，$\vec{F}_1$ 在 x 軸的正方向，$\vec{F}_2$ 在負方向。現在 5-4 式則為

$$F_1 - F_2 = ma_x$$

由已知條件可得：

$$a_x = \frac{F_1 - F_2}{m} = \frac{4.0N - 2.0N}{0.20kg} = 10m/s^2 \tag{答}$$

因此，此淨力是令圓盤朝 x 軸的正方向加速。

情況 C 圖 5-3f 中，作用力 $\vec{F}_3$ 並未沿著圓盤加速度的方向；僅 x 分量 $F_{3,x}$ 是。($\vec{F}_3$ 為二維向量，但卻只是一維運動)。因此，5-4 式可以寫成

$$F_{3,x} - F_2 = ma_x \tag{5-5}$$

由圖可知，$F_{3,x} = F_3 \cos\theta$。解出加速度並代入 $F_{3,x}$，可得

$$a_x = \frac{F_{3,x} - F_2}{m} = \frac{F_3\cos\theta - F_2}{m}$$

$$= \frac{(1.0N)(\cos30°) - 2.0N}{0.20kg} = -5.7m/s^2 \tag{答}$$

因此，淨力使圓盤往 x 軸的負方向加速。

範例 5.2　餅乾罐，二維的力

這裡我們藉著運用加速度找到缺少的力。圖 5-4a 的俯視圖中，顯示了在無摩擦力的平面上，一個 2.0 kg 的餅乾罐被三股水平力作用而以 3.0 m/s² 的加速度移動，加速方向如 $\vec{a}$ 所示。加速度是由三股水平力所產生，圖中只顯示出兩個：$\vec{F_1}$ 的大小為 10 N，而 $\vec{F_2}$ 的大小為 20 N。問 $\vec{F_3}$ 為多少？分別以單位向量法及大小和角度表示之。

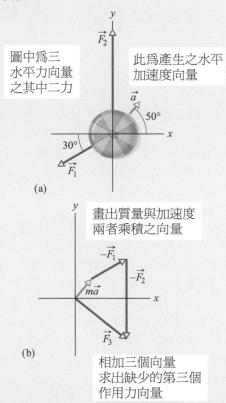

(a)

(b)

圖 5-4　(a) 由三股水平力作用而有加速度 $\vec{a}$ 的餅乾罐之俯視圖。$\vec{F_3}$ 未畫出。(b) 以向量 $m\vec{a}$，$-\vec{F_1}$ 及 $-\vec{F_2}$ 的向量合成求第三力 $\vec{F_3}$。

關鍵概念

三股水平力之力，其和形成了罐子上的淨力 $\vec{F}_{net}$，而其與加速度 $\vec{a}$ 之關連如牛頓第二定律 $\vec{F}_{net} = m\vec{a}$ 所示。因此，

$$\vec{F_1} + \vec{F_2} + \vec{F_3} = m\vec{a} \tag{5-6}$$

由此可知

$$\vec{F_3} = m\vec{a} - \vec{F_1} - \vec{F_2} \tag{5-7}$$

計算

因為這是個二維的問題，所以不能僅只是將向量 $\vec{F_3}$ 的大小代入 5-7 式的右側來求。取而代之，我們必須向量相加 $m\vec{a}$，$-\vec{F_1}$（$\vec{F_1}$ 的反向量），及 $-\vec{F_2}$（$\vec{F_2}$ 的反向量），如圖 5-4b 所示。由於已知這三個向量的大小及方向，所以可以直接由具有向量運算能力的計算機求解。不管如何，此處我們必須求出 5-7 式右半邊的各項分量，首先沿 x 軸，其次沿 y 軸，*請注意*：一次只使用一個座標軸。

x 分量　沿 x 軸我們可得

$$F_{3,x} = ma_x - F_{1,x} - F_{2,x}$$
$$= m(a \cos 50°) - F_1\cos(-150°) - F_2 \cos 90°$$

然後代入已知數值，可得

$$F_{3,x} = (2.0 \text{ kg})(3.0 \text{ m/s}^2) \cos 50°$$
$$- (10 \text{ N}) \cos(-150°) - (20 \text{ N}) \cos 90°$$
$$= 12.5 \text{ N}$$

y 分量　同理，沿 y 軸方向有：

$$F_{3,y} = ma_y - F_{1,y} - F_{2,y}$$
$$= m(a \sin 50°) - F_1\sin(-150°) - F_2 \sin 90°$$
$$= (2.0 \text{ kg})(3.0 \text{ m/s}^2) \sin 50°$$
$$- (10 \text{ N}) \sin(-150°) - (20 \text{ N}) \sin 90°$$
$$= -10.4 \text{ N}$$

向量　以單位向量法表示可得

$$\vec{F_3} = F_{3,x}\hat{i} + F_{3,y}\hat{j} = (12.5\text{N})\hat{i} - (10.4\text{N})\hat{j}$$
$$\approx (13\text{N})\hat{i} - (10\text{N})\hat{j} \tag{答}$$

現在我們可以用具有向量運算能力的計算機來求得 $\vec{F_3}$ 的大小及角度。也可以利用 3-6 式算出其大小及角度（由 x 軸的正方向起），如下。

$$F_3 = \sqrt{F_{3,x}{}^2 + F_{3,y}{}^2} = 16\text{N}$$

及

$$\theta = \tan^{-1}\frac{F_{3,y}}{F_{3,x}} = -40° \tag{答}$$

5-2 若干特殊的力

學習目標

在閱讀完這個區塊的文字之後，讀者應該能夠…

5.08 在物體的質量已知、且位於自由落體加速度已知的位置時，求出作用在物體的重力大小和方向。

5.09 瞭解如同在地面的參考座標系統所作的測量，物體的重量是防止物體自由落下所需淨力的大小。

5.10 瞭解當秤位於慣性座標系統的時候，此秤可以測量得到物體的重量，當秤位於加速座標系統的時候，此秤測量得到的是視重。

5.11 確定當物體在某表面上被拉著或推著的時候，物體所受正向力的大小與方向。

5.12 瞭解平行於接觸面的力是摩擦力，而且當物體沿著接觸面滑動或嘗試者滑動的時候，摩擦力就會發生。

5.13 瞭解所謂張力指的是，當繩子 (或像繩子的物體) 繃緊的時候，在繩子兩端的拉力。

關鍵概念

● 作用在物體的重力 $\vec{F}_g$ 是由另一個物體引起的拉力。在本書大部分情況下，此另一個物體是地球或其他天文物體。對地球而言，重力是往下指向被預設為慣性坐標系統的地面。在此預設的條件下，$\vec{F}_g$ 的大小是

$$F_g = mg$$

其中 m 是物體的質量，而且 g 是自由落體加速度的大小。

● 物體的重量 W 是要平衡作用於物體的重力，所需要往上之力的大小。物體重量和物體質量具有下列關係

$$W = mg$$

● 正向力 $\vec{F}_N$ 是由接觸面作用於物體、用於反抗物體壓著接觸面的力。正向力永遠垂直於接觸面。

● 當物體沿著接觸面滑動或試者滑動的時候，接觸面作用於物體的力即為摩擦力 $\vec{f}$。摩擦力永遠平行於接觸面，而且其方向是反抗滑動的方向。在無摩擦力的表面，摩擦力可忽略。

● 當繩子處於緊繃狀態，繩子每一端都會拉著其它物體。兩個拉力的方向都是沿著繩子，而且都是指向遠離此繩子連結於其它物體的點。對於無質量的繩子 (質量可忽略的繩子)，在繩子兩端點的拉力具有相同的大小 T，即使繩子穿過無質量、無摩擦(滑輪的質量可忽略，而且作用於滑輪輪軸以便反抗其轉動的摩擦力也可忽略)的滑輪也是如此。

若干特殊的力

重力

　　一個物體所受的**重力** $\vec{F}_g$ 是說指向第二個物體的某種拉力。在前面的章節中，我們沒有討論到此力的本質，而且我們常將第二個物體視為地球。因此當我們論及物體上所受的重力 $\vec{F}_g$ 時，經常將其視為直接指向地球中心的拉力——即為直接指向地面。我們將會假設地面為一個慣性座標系。

　　自由落體。假設一個質量 m 的物體以自由落體加速度 g 自由落下。若忽略空氣的影響，那麼作用在物體上唯一的力為重力 $\vec{F}_g$。我們可以用牛頓第二定律($\vec{F} = m\vec{a}$)寫出這個向下的力和向下加速度的關係。我們沿著物體的路徑放上一個向上為正的垂直之 y 軸。就此軸而言，牛頓第二定律可寫成 $F_{\text{net},y} = ma_y$ 的形式，在我們的情況中，它變成：

$$-F_g = m(-g)$$

或 $\qquad F_g = mg$ $\hfill (5\text{-}8)$

換句話說，重力的大小等於乘積。

　　靜止。即使當物體不是自由落下，而是在撞球桌上靜止或移動，它仍然受到此相同大小的重力作用(若重力消失，地球也將會消失不見)。

　　我們可以這些向量的形式寫出重力的牛頓第二定律：

$$\vec{F}_g = -F_g \hat{\mathbf{j}} = -mg\hat{\mathbf{j}} = m\vec{g} \qquad (5\text{-}9)$$

其中 $\hat{\mathbf{j}}$ 是沿 y 軸向上的單位向量，方向是離開地球的方向，而 $\vec{g}$ 是自由落下加速度(寫成向量)，方向朝下。

重量

　　一個物體的**重量** W 是指爲了避免物體自由落下所需施加的淨力大小，由某人在地面上所量測到的。舉例來說，當你站在地面上時，爲了保持一顆球靜止在你手中，你必須提供一個向上的力來平衡地球作用在球上的重力。假設重力大小爲 2.0 N，而你所施向上之力的大小必須爲 2.0 N。因此球的重量 W 即爲 2.0 N。我們也說這顆球重 2.0 N，或說這顆球稱起來有 2.0 N 的重量。

　　一顆重 3.0 N 的球需要你施予較大的力——即 3.0 N，來保持靜止。這理由是你所須平衡的重力比較大——即 3.0 N。我們說第二顆球比第一顆球重。

　　現在讓我們歸納這個情況。考慮一個物體，其相對於地面之加速度 $\vec{a}$ 爲零，其中我們再次假設地面爲慣性座標系。作用於物體上的二力分別爲：向下的重力 $\vec{F}_g$ 和一個 W 大小向上的平衡力。我們可以對垂直 y 軸(向上爲正)寫出牛頓第二定律爲：

$$\vec{F}_{\text{net},y} = ma_y$$

在我們的情況中，它變成

$$W - F_g = \text{m}(0) \qquad (5\text{-}10)$$

或 $\qquad W = F_g$ （重量，以地面為慣性座標系） $\hfill (5\text{-}11)$

這個方程式告訴我們(假設以地面爲慣性座標系)：

　　　物體的重量 W 等於施於物體的重力大小 F_g。

由 5-8 式，以 mg 代入 F_g，可以發現

$$W = mg \quad （重量） \qquad (5\text{-}12)$$

此即物體重量與其質量之關係。

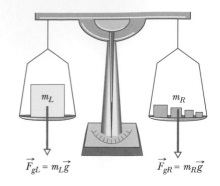

$$\vec{F}_{gL} = m_L\vec{g} \qquad \vec{F}_{gR} = m_R\vec{g}$$

圖 5-5 一個平衡的等臂天平。當裝置這平衡時，待稱物體上之重力 $\vec{F}_{gL}$ (左盤上)與參考物體上的總重力 $\vec{F}_{gR}$ (右盤上)相等。因此待稱物體稱出之質量與參考物體的總質量相等。

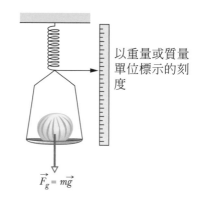

以重量或質量單位標示的刻度

$$\vec{F}_g = m\vec{g}$$

圖 5-6 彈簧秤。彈簧的讀數與置於盤中的物體重量成正比，而刻度若標上重量單位即給出重量。假若以重量單位標示，則稱量出來的數值即為重量；但是若以質量單位標示，僅有當 g 值與彈簧秤校正地點的自由落下加速度 g 值相同時，彈簧秤之讀數才準確。

秤重。稱一個物體表示是在量測它的重量。有一個方法是將物體置於一等臂天平(如圖 5-5)之一秤盤上，而將參考物體(已知質量)放在另一秤盤上，直到使兩邊平衡(如此，兩邊的重力相當)。而兩盤的質量也就相當，且我們可知物體的質量。若我們知道平衡位置的值，則可由 5-12 式找出物體的重量。

我們也可用彈簧秤來秤物體，如圖 5-6 所示。當物體掛在彈簧秤上時，將彈簧拉長，帶動指針，而指出事先已校準之讀數，以質量或重量的單位標示(美國大部分浴室的體重計是以此法製作，以磅為單位)。若以質量單位標示，僅有當值與當初校正地點的值相同時才準確。

物體的重量必須在當它沒有相對於地面的垂直加速度時才可量測。例如你可以在浴室或一列快車中的體重計上量你的重量。然而，若在加速的電梯裡的體重計上重覆相同的量測，則其上之讀數會和你的重量不同，這是由於加速度的關係。像這類的量測稱為視重。

注意：物體的重量不是物體的質量。重量是力的大小，且由 5-12 式可知它與質量的關係。如果將物體移到 g 值不同處，則其質量(物體的本性)不變，但重量就會改變。舉例來說，在地球上一個質量 7.2 kg 的保齡球其重量為 71 N，但在月球上只有 12 N。在地球與月球上的質量相同，但是月球上的自由落體加速度只有 1.6 m/s²。

正向力

假如你站在一張床墊上，地球會將你向下拉，但是你仍保持不動。因為你使床墊向下變形，所以你不動的原因是它將你往上推。同樣地，若你站在地板上，它發生變形(即使是輕微地壓縮，彎曲或褶皺)，則它會將你往上推。即使是看起來堅硬的水泥地板也會如此(如果它不是直接貼在地面上的話，只要有夠多人站在地板上也可將它弄壞)。

這個由床墊或地板作用在你身上的推力稱為**正向力**，而且常以符號 $\vec{F}_N$ 表示。它的名稱是取自於數學名詞中的「正向」，表示垂直的意思。也就是說，由地板作用在你身上的力與地板垂直。

 當物體擠壓一個表面時，表面(即使是看起來堅硬的表面)會變形，而且會以垂直表面的正向力 $\vec{F}_N$ 推著物體。

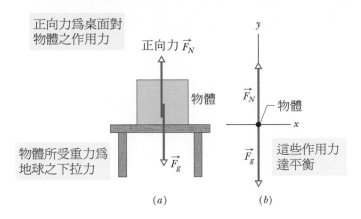

圖 **5-7**　(a)靜置於桌面的物體受到一垂直於桌面的正向力 $\vec{F}_N$。(b)物體的自由體圖。

　　圖 5-7a 舉例說明。一個質量的木塊置於水平桌面上且向下壓著桌子，而由於木塊的重力 $\vec{F}_g$ 使桌子稍微變形。故桌子以正向力 $\vec{F}_N$ 向上推著木塊。圖 5-7b 畫出木塊的自由體圖。只有兩個垂直的力 $\vec{F}_g$ 和 $\vec{F}_N$ 作用在木塊上。因此對木塊而言，可以列出在向上為正的 y 軸之牛頓第二定律($F_{\text{net},y} = ma_y$) 如下：

$$F_N - F_g = ma_y$$

由 5-8 式，將 F_g 以 mg 代入，則

$$F_N - mg = ma_y$$

則正向力的大小為

$$F_N = mg + ma_y = m(g + a_y) \qquad (5\text{-}13)$$

對於桌子及物塊的任意垂直加速度(兩者可能在加速電梯中)(請注意：我們已經考慮到 g 的正負號，但是 a_y 可以是正的或負的)。若桌子和木塊相對於地面沒有加速度，則 $a_y = 0$，而 5-13 式可為

$$F_N = mg \qquad (5\text{-}14)$$

 測試站 3

在圖 5-7 中，如果物體和桌子在一部以(a)等速率及(b)加速率上升的電梯中，則正向力 $\vec{F}_N$ 的大小會大於、小於或等於重量？

摩擦力

　　假若我們企圖將物體滑過一個表面，則在物體與表面間會出現一個阻力，阻礙物體的運動(我們將在下一章做更詳盡的討論)。這阻力視為一個單力 $\vec{f}$，稱為**摩擦力**或簡稱**摩擦**。它與接觸表面平行，與物體意圖運動的方向相反(圖 5-8)。有時候，為了簡化起見，假設摩擦力可被忽略不計(在這種情形下，表面或著甚至是物體稱為是無摩擦)。

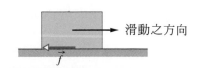

圖 **5-8**　摩擦力 $\vec{f}$ 與物體企圖滑過表面之方向相反。

張力

當一細線(或繩子,或纜線等一類東西)連接在一物體上而拉緊時,細繩以一股遠離物體且沿細繩方向的力 $\vec{T}$ 拉著物體(圖 5-9a)。此力通常被稱為張力。因為細繩在一個拉緊的狀態下(或是說處於繃緊的情況之下),即表示細繩被拉緊。細繩中的張力即為作用於物體上力的大小。例如,物體上力的大小等於 50 N,則細繩中的張力為 50 N。

通常我們假定細線為無質量(亦即,其質量與所接之物體質量相比為甚小,可以忽略),且不伸縮。細線的作用只是連接兩個物體而已。細線在其兩端均以大小相同的力 T 拉各端的物體;當物體與細線一起加速運動時,此一張力均不受影響;當細線跨過無質量、無摩擦的滑輪(如圖 5-9b 及 c 所示),張力也不受影響。這樣一個滑輪與物體相比,其質量可忽略,且沒有足以妨礙旋轉的摩擦。如圖 5-9c,若細繩繞著滑輪半圈,則由細繩施在滑輪上的淨力大小為 2T。

圖 **5-9** (a)拉緊的繩子之中有張力。當它拉著物體時,繩子兩端之間均有張力 $\vec{T}$,當繩子繞過一個沒有質量且無摩擦之滑輪時,情況亦相同,如(b)和(c)。

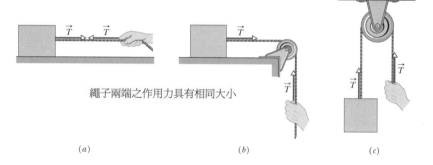

繩子兩端之作用力具有相同大小

(a)　　　　(b)　　　　(c)

測試站 4

在圖 5-9c 中,以細繩垂吊物體重 75 N。當物體以(a)等速率,(b)加速率,(c)減速率向上移動時,T 會大於、小於或等於 75 N?

5-3 應用牛頓定律

學習目標

在閱讀完這個區塊的文字之後,讀者應該能夠…

5.14 瞭解牛頓第三運動定律與第三定律的力對。

5.15 對於垂直運動或著在水平或傾斜平面運動的物體,將牛頓第二運動定律應用在該物體的自由體圖。

5.16 對於由若干個物體組成的系統,其中這些物體會堅固地一起運動,畫出個別物體的自由體圖並且對它們應用牛頓第二運動定律,另外也可以將系統視為一個合成的物體,然後畫出合成物體的自由體圖並且應用牛頓第二運動定律。

關鍵概念

● 作用在質量 m 的物體的淨力 $\vec{F}_{net}$ 可以藉著下列數學式與物體的加速度 $\vec{a}$ 關聯起來

$$\vec{F}_{net} = m\vec{a}$$

上述數學式可以用分量向量的形式寫成

$$\vec{F}_{net,x} = ma_x，\vec{F}_{net,y} = ma_y \text{ 以及 } \vec{F}_{net,z} = ma_z$$

● 如果由於物體 C 的緣故，力 $\vec{F}_{BC}$ 作用在物體 B，則將有一個力 $\vec{F}_{CB}$ 由於物體 B 的緣故作用在物體 C：

$$\vec{F}_{BC} = -\vec{F}_{CB}$$

這兩個力的大小相等、方向相反。

牛頓第三定律

　　當兩物體推或拉著彼此時——也就是當作用在每個物體上的力是由另一個物體所造成——則稱之為相互作用。舉例來說，假設將一本書傾斜靠在紙箱旁邊，如圖 5-10a 所示。則書本和紙箱相互作用：有一道水平力 $\vec{F}_{BC}$ 由紙箱作用在書本上(或由紙箱造成)，且有一水平力 $\vec{F}_{CB}$ 由書作用在紙箱上(或由書造成)。這一對力表示在圖 5-10b 中。牛頓第三定律之陳述為：

 牛頓第三定律：當兩物體相互作用時，彼此作用在物體上的力永遠大小相等，方向相反。

　　對書和紙箱而言，我們可寫出此定律的純量關係式

$$F_{BC} = F_{CB} \qquad (\text{相同大小})$$

或向量關係

$$\vec{F}_{BC} = -\vec{F}_{CB} \qquad (\text{大小相等，方向相反}) \tag{5-15}$$

其中，負號表示此二力之方向相反。我們可以稱兩相互作用物體間的力為**第三定律的力對**。在任何情況下當二力相互作用時，它就會存在。在圖 5-10a 中的書和紙箱維持不動，但如果它們正在運動中或加速中，第三定律仍然會成立。

　　另一個例子，圖 5-11a，讓我們找出與放在立於地球上之桌子上的甜瓜有關係的第三定律的力對。這顆甜瓜和桌子及地球相互作用(這次有三個互相作用的物體，我們必須將之挑出)。

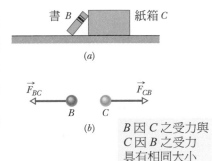

圖 5-10　(a)書本 B 傾斜靠在紙箱 C 邊。(b)根據牛頓第三定律，由紙箱作用在書上的力 $\vec{F}_{BC}$ 和由書本作用在紙箱上之力 $\vec{F}_{CB}$ 有相同的大小，但方向相反。

圖5-11 (a)甜瓜置於桌子上,桌子靜置於地球上。(b)作用於甜瓜上的力為 $\vec{F}_{CT}$ 及 $\vec{F}_{CE}$。(c)甜瓜-地球交互作用之第三定律力對。(d)甜瓜-桌子交互作用之第三定律力對。

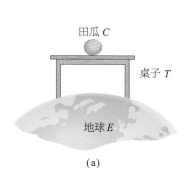

(a)

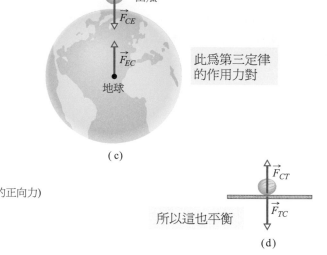

此為第三定律的作用力對

(c)

這兩力恰好平衡

$\vec{F}_{CT}$(來自桌子的正向力)

$\vec{F}_{CE}$(重力)

(b)

$\vec{F}_{CT}$

所以這也平衡

$\vec{F}_{TC}$

(d)

測試站 5

假設圖 5-11 中的甜瓜和桌子放置在一部升降機內,並開始向上加速。(a)力 $\vec{F}_{TC}$ 及 $\vec{F}_{CT}$ 的大小會增加、減少、或仍然相同?(b)這兩個力仍然大小相等方向相反嗎?(c)力 $\vec{F}_{CE}$ 及 $\vec{F}_{EC}$ 的大小會增加、減少、或仍然相同?(d)這兩個力仍然大小相等方向相反嗎?

首先讓我們將焦點集中在甜瓜 (圖 5-11b) 。力 $\vec{F}_{CT}$ 為來自桌子作用在甜瓜上的正向力,而力 $\vec{F}_{CE}$ 是地球對甜瓜所產生的重力。它們是第三定律的力對嗎?不是的,它們是作用在單一物體,甜瓜上的力而不是在兩個相互作用的物體上。

為了找出第三定律的力對,我們不應把焦點集中在甜瓜上而應在甜瓜與其它兩個物體之一的相互作用上。首先,在甜瓜與地球的相互作用中(圖 5-11c),地球以重力 $\vec{F}_{CE}$ 拉著甜瓜而甜瓜以引力 $\vec{F}_{EC}$ 拉著地球。它們是第三定律的力對嗎?是的,它們是兩個相互作用之物體間的力,每個物體所受的力是由另一個物體引起。因此由牛頓第三定律,

$$\vec{F}_{CE} = -\vec{F}_{EC} \quad (甜瓜-地球交互作用)$$

其次,在甜瓜-桌子相互作用中, $\vec{F}_{CT}$ 是由桌子作用在甜瓜上的力,而 $\vec{F}_{TC}$ 是由甜瓜作用在桌子上的力(圖 5-11d) 。這些力也是第三定律力對,所以

$$\vec{F}_{CT} = -\vec{F}_{TC}(甜瓜-桌子交互作用)$$

牛頓運動定律的應用

本章的其餘部分由例題組成。你必須用心研究,解題過程。尤其特別重要的是,要知道如何將實體圖轉換成自由體圖,並選擇適當的座標,以便能應用牛頓定律。

範例 5.3　桌面上的木塊，懸掛的木塊

圖 5-12 顯示一質量 $M = 3.3$ kg 的木塊 S（滑動木塊）。它可以在無摩擦的水平面上自由滑動。這木塊由一條細繩跨過一沒有質量亦無摩擦之滑輪，與另一質量 $m = 2.1$ kg 之木塊 H（懸掛木塊）相連接。相較於物塊，細繩及滑輪的質量可忽略（無質量）。懸掛的木塊 H 將下降，而滑動木塊 S 則往右加速運動。求：(a) 滑動木塊 S 的加速度，(b)懸掛木塊 H 的加速度，及 (c)繩中之張力。

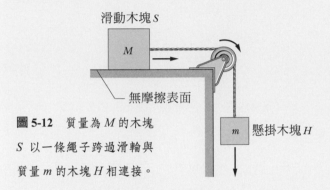

圖 5-12　質量為 M 的木塊 S 以一條繩子跨過滑輪與質量 m 的木塊 H 相連接。

■ **Q1**　這題目是關於什麼？

題目給了你兩個已知質量的物體——即滑動木塊與懸掛的木塊——題目雖然沒有明言，但你也必需考慮到拉著這兩個物體的地球（假設沒有地球的拉力，系統也不會開始運動）。如圖 5-13 所示，作用於木塊之力共有五個：

1. 細繩將滑動木塊 S 向右拉之力，其大小為 T。
2. 細繩將懸掛木塊 H 向上拉之力，大小也是 T。這力使得懸掛木塊不會作自由落體運動。
3. 地球將木塊 S 向下拉的重力 $\vec{F}_{gS}$ 具有大小為 Mg。
4. 地球將木塊 H 向下拉之重力 $\vec{F}_{gH}$ 具有大小 mg。
5. 桌子以正向力 $\vec{F}_N$ 將滑動木塊 S 向上推。

另有一件事要注意。我們假設細繩不會伸縮，所以當懸掛木塊在某時段內落下 1 mm，滑動木塊在相同時段內也向右移動 1 mm。這兩個木塊一起運動，故其加速度的大小 a 相等。

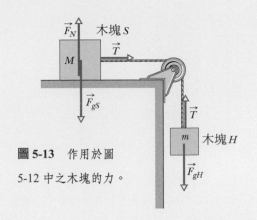

圖 5-13　作用於圖 5-12 中之木塊的力。

■ **Q2**　我如何將這個題目分類？它是否可以告訴我該應用哪一物理定律？

是的。此題涉及力、質量和加速度，故應用牛頓第二運動定律 $\vec{F}_{net} = m\vec{a}$。那是我們開始的關鍵概念。

■ **Q3**　本題中，牛頓第二定律應用於哪一物體？

在本題中，我們將注意力集中於兩個物體，即滑動木塊和懸掛木塊。雖然它們是有體積的物體（不是點），但由於它的每一點（譬如說，每一個原子）的運動方式都相同。我們可將每一木塊視為一個質點，而將牛頓第二定律分別應用於每一木塊，這是第二個關鍵概念。

■ **Q4**　應該如何處理滑輪？

由於滑輪中每一點的運動情況不同，我們不能將滑輪視為一個質點。以後我們討論物體的轉動時，將會詳細的說明如何去處理滑輪。目前，為了實用上的方便，我們用一滑輪，它的質量與兩木塊之質量比較時可以忽略不計。它的功用只是在改變繩子的方位。

■ **Q5**　好的。那麼現在我如何把 $\vec{F}_{net} = m\vec{a}$ 這公式應用於滑動木塊呢？

以一質量為的質點來代表滑動木塊，並畫出所有作用於它的力，如圖 5-14a 中所示。此即該木塊之自由體圖，有三個力。然後畫一水平軸(x 軸)。它的方向平行於桌面，即木塊運動的方向。

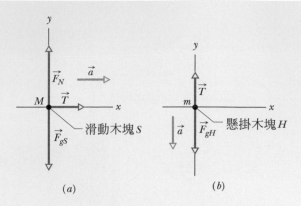

圖 5-14 (a)圖 5-12 中木塊 S 的自由體圖。(b)圖 5-12 中懸掛木塊 H 的自由體圖。

Q6 謝謝，但你仍未告訴我如何對滑動木塊應用 $\vec{F}_{net} = m\vec{a}$。你只教我如何畫自由體圖而已。

好吧！這是第三個關鍵概念：$\vec{F}_{net} = M\vec{a}$ 為一向量方程式，你可以將它寫成三個純量方程式，即：

$$F_{net,x} = Ma_x \quad F_{net,y} = Ma_y \quad F_{net,z} = Ma_z \quad (5\text{-}16)$$

其中，$F_{net,x}$、$F_{net,y}$ 及 $F_{net,z}$ 分別表示合力的分量。現在我們將每個分量方程式應用到其符合的方向上。由於木塊 S 沒有垂直的加速，則 $F_{net,y} = Ma_y$ 為

$$F_N - F_{gS} = 0 \quad 或 \quad F_N = F_{gS} \quad (5\text{-}17)$$

因此 y 方向上，木塊上之正向力大小等於其重力。

而垂直頁面的 z 軸上沒有力作用。

在 x 軸方向，只有一個力的分量 T。因此，$F_{net,x} = Ma_x$ 為

$$T = Ma \quad (5\text{-}18)$$

其中包含兩個未知數 T 及 a，所以仍不能解出答案。然而，記得，到目前為止，我們仍未討論關於懸掛木塊之情況。

Q7 對啊！我應該如何對懸掛木塊應用 $\vec{F}_{net} = m\vec{a}$ 呢？

我們只要如木塊 S 般使用該式即可：如圖 5-14b，畫出木塊 H 的自由體圖。然後使用 $\vec{F}_{net} = m\vec{a}$ 的分量式。在此，因為加速度沿著 y 軸方向，所以

使用 5-16 式的第二式 ($F_{net,y} = ma_y$)，且將之寫成

$$T - F_{gH} = ma_y, \quad (5\text{-}19)$$

現在我們可以將 mg 代入 F_{gH}，$-a$ 代入 a_y (負號表示木塊 H 向下加速，在 y 軸的負方向)。可得

$$T - mg = -ma \quad (5\text{-}20)$$

現在注意 5-18 和 5-20 式是有相同未知數，T 和 a 的聯立方程式。將兩式相減消去 T。解 a。

$$a = \frac{m}{M+m}g \quad (5\text{-}21)$$

代入 5-18 式得

$$T = \frac{Mm}{M+m}g \quad (5\text{-}22)$$

將數值代入，得兩量為：

$$a = \frac{m}{M+m}g = \frac{2.1\,kg}{3.3\,kg + 2.1\,kg}(9.8\,m/s^2)$$
$$= 3.8\,m/s^2 \quad (答)$$

$$T = \frac{Mm}{M+m}g = \frac{(3.3\,kg)(2.1\,kg)}{3.3\,kg + 2.1\,kg}(9.8\,m/s^2)$$
$$= 13\,N \quad (答)$$

Q8 這道題已解決了，對嗎？

沒錯！但我們不但要解題目，更重要的是要學習物理。在確定答案為合理之前，這道題目仍不能算是完成，這一點比單純的得到答案更能建立你的信心。

首先，我們看 5-21 式。注意它的單位是正確的，並且 a 永遠小於 g。(因為繩子的緣故，懸吊的木塊不是自由掉落)。

現在注意看 5-22 式，我們將其改寫為

$$T = \frac{M}{M+m}mg \quad (5\text{-}23)$$

寫成這形式，比較容易看出它的單位是否正確，因為 T 和 mg 都是力。5-23 式也讓我們知道繩中的張力永遠小於懸掛木塊的重力，即 mg。這是一個合理的結果，假若 T 大於 mg，則懸掛木塊將向上加速！

研究一些已知答案的特例，可驗證所求結果的正確性。其中一個簡單例子就是令 $g = 0$，猶如我們在星際太空進行此實驗。我們知道，在這種情況下，兩木塊不會由靜止開始運動，並且繩中的張力爲零。我

們推導出的公式是否預言這種情況呢？它們的確有。若令 5-21 及 5-22 式中的 $g = 0$，將得到 $a = 0$ 及 $T = 0$。另兩個特例是 $M = 0$ 和 $m \to \infty$，請自行討論。

PLUS Additional example, video, and practice available at *WileyPLUS*

範例 5.4　繩子將箱子加速推上斜面

許多學生認爲斜坡（斜面）問題很困難。困難之處應該是肉眼看得見的，因爲我們處理的是 (a) 傾斜的座標系統以及 (b) 重力的分量，而不是全部的重力。這裡是一個典型範例，其中所有的傾斜與角度都會加以說明。（在 *WileyPLUS* 中，我們準備了具有旁白的動畫圖形。）雖然有傾斜現象，關鍵概念是將牛頓第二定律運用在運動發生的軸上。

在圖 5-15a 中，繩子拉著裝硬餅乾的箱子，沿著傾斜角 $\theta = 30.0°$ 的無摩擦平面往上移動。箱子質量是 $m = 5.00$ kg，繩子力量的大小爲 $T = 25.0$ N。試問箱子沿著傾斜平面的加速度是多少？

關鍵概念

由牛頓第二定律(5-1 式)可以知道，沿著傾斜平面的加速度是由沿著傾斜平面的力分量所決定。（不是由傾斜平面的力分量決定）。

計算　我們需要寫沿著某個軸的牛頓第二定律運動方程式。因爲箱子沿著傾斜平面運動，所以將箱子沿著傾斜平面擺置似乎是合理的(圖 5-15b)。（使用我們常用的座標系統，不算錯誤，但是因爲運動方向與 x 軸並未對齊，其分量數學式將會複雜許多。）

在選擇了座標系統以後，我們以圓點(圖 5-15b)代表箱子畫出其自由體圖。然後畫出作用在箱子所有力的向量，並且將各向量的尾端擺置在圓點上。（隨便地在圖上畫出向量，很容易導致錯誤，尤其在考試中更是如此，所以請務必安置好向量尾端。）

來自繩子的力 $\vec{T}$ 是沿著斜面往上，其大小爲 $T = 25.0$ N。重力 $\vec{F_g}$ 則是往下（當然一定是如此），而且

其大小是 $mg = (5.00 \text{ kg})(9.80 \text{ m/s}^2) = 49.0$ N。該方向代表的意義是，所施的力只有一個分量沿著傾斜平面，而且只有該分量(不是力的全部)影響箱子沿著傾斜平面的加速度。因此，在我們能夠寫出沿著 x 軸的牛頓第二運動定律以前，我們需要先寫出該重要分量的數學式。

圖 5-15c 到 h 指出能推導出該數學式的步驟。我們從已知的傾斜角度出發，試著建造一個力分量直角三角形（力分量是直角三角形的兩股，而整個力則是斜邊）。圖 5-15c 顯示了介於斜面和 $\vec{F_g}$ 之間的夾角是 $90° - \theta$。（你看見圖中有一個直角嗎？）。接下來，圖 5-15d 到 f 顯示了 $\vec{F_g}$ 與其分量。其中一個分量平行於斜面（那是我們想要的分量），另一個垂直於斜面。

因爲垂直分量垂直於斜面，介於它和 $\vec{F_g}$ 之間的角度必然是 θ(圖 5-15d)。我們想要的分量位於分量直角三角形比較遠的一股。斜邊的大小則是 mg（重力的大小）。因此，平行分量的大小是 $mg \sin \theta$(圖 5-15g)。

我們還需要考慮另一個力，那就是正向力 $\vec{F_N}$，如圖 5-15b 所示。不過，它垂直於斜面，不會影響到沿著斜面的運動。（它沒有可以使箱子加速、方向沿著斜面的分力。）

我們已經準備好寫沿著傾斜 x 軸的牛頓第二運動定律：

$$\vec{F}_{\text{net}, x} = ma_x$$

分量 a_x 是箱子加速度唯一的分量(箱子並未由斜面向上跳，這種景象很奇怪，另一方面，箱子也未掉入斜面內，這種景象更奇怪。)所以這裡將直接把沿著斜

面的加速度寫成 a。因為 $\vec{T}$ 是沿著正 x 方向，分量 $mg \sin \theta$ 是沿著負 x 方向，所以可以得到

$$T - mg \sin \theta = ma. \tag{5-24}$$

將數據代入並且求解 a，可以得到

$$a = 0.100 \text{ m/s}^2. \tag{答}$$

這項結果是正值，代表箱子是沿著斜面往上加速，即傾斜 x 軸的正方向。如果將 $\vec{T}$ 的大小減到足夠少，使得 $a = 0$，箱子會等速率往上移動。而且如果將 $\vec{T}$ 的大小繼續減少，那麼即使繩子還有拉力，加速度將變成負值。

圖 5-15 (*a*) 箱子被繩子拉上斜面。(*b*) 作用在箱子的三個力：繩子拉力($\vec{T}$)、重力($\vec{F}_g$)以及正向力($\vec{F}_N$)。(*c*)–(*i*)尋得沿著斜面與平行斜面的力分量。在 *WileyPLUS* 中備有這個圖形的動畫形式，並且加上旁白。

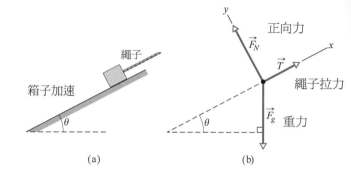

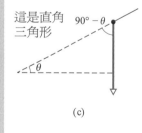

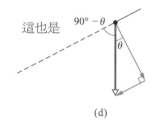

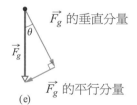

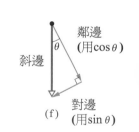

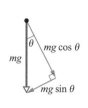

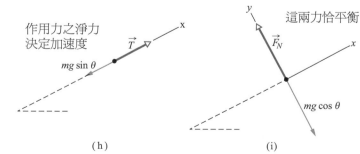

範例 5.5　作用力圖之解讀

這裡有一個關於如何由圖形獲取資訊的範例，而不只是從圖形讀取數值而已。在圖 5-16a 中，兩個力施加於無摩擦地板上的 4.00 kg 積木。不過其中僅顯示作用力 $\vec{F}_1$。該作用力具有固定大小，但是可以朝 x 軸正方向以角度 θ 施力。作用力 $\vec{F}_2$ 呈水平，且大小和角度固定。圖 5-16b 顯示的是在 0° 至 90° 內，任何值所對應的積木水平加速度。試問 $\theta = 180°$ 之 a_x 值為何？

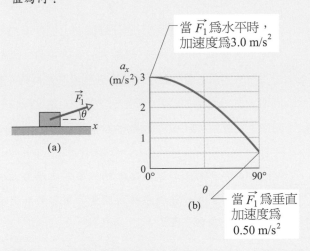

當 $\vec{F}_1$ 為水平時，加速度為 3.0 m/s²

(a)

當 $\vec{F}_1$ 為垂直加速度為 0.50 m/s²

(b)

圖 5-16 (a)顯示施加於積木之兩作用力之一力。其角度 θ 可改變。(b)塊體加速度分量 a_x 與 θ 之關係。

關鍵概念

(1) 如同牛頓第二定律所指出的，水平加速度 a_x 與水平淨作用力 $F_{\text{net},x}$ 有關。**(2)** 水平淨作用力為作用力 $\vec{F}_1$ 與水平分量 $\vec{F}_2$ 的和。

計算 因為 x 為水平，所以該向量 $\vec{F}_2$ 之分量即為 F_2。$\vec{F}_1$ 之 x 分量為 $F_1 \cos\theta$。利用前述表示式與質量 m 為 4.00 kg 等條件，對於沿 x 軸之運動，牛頓第二運動定律($\vec{F}_{\text{net}} = m\vec{a}$)可以寫成：

$$F_1 \cos\theta + F_2 = 4.00 a_x \qquad (5\text{-}25)$$

由此式可看到，當 $\theta = 90°$ 時，$F_1 \cos\theta$ 為零，而 $F_2 = 4.00 a_x$。從圖形可觀察得到，對應的加速度為 0.50 m/s²。因此 $F_2 = 2.00$ N，且 $\vec{F}_2$ 必定在 x 軸正方向。

從 5-25 式，可以發現當 $\theta = 0°$。

$$F_1 \cos 0° + 2.00 = 4.00 a_x \qquad (5\text{-}26)$$

從圖示可觀察得對應加速度為 3.0 m/s²。從 5-26 式，可發現 $F_1 = 10$ N。

將 $F_1 = 10$ N，$F_2 = 2.00$ N，$\theta = 180$ 代入 5-25 式：

$$a_x = -2.00 \, \text{m/s}^2 \qquad (答)$$

範例 5.6　升降機中之作用力

假設讀者在電梯移動的時候測量自己的體重，雖然這樣將使得其他乘客避免進入讀者所在的電梯內。試問讀者測量得到的體重值，將大於、小於或等於磅秤靜止於地面時的讀值？

質量 m = 72.2 kg 的乘客，站於升降機內的磅秤上，如圖 5-17a 所示。我們關心的是當升降機靜止，或當它上升，下降時，磅秤的讀數。

(a) 不論升降機的運動為何，找出磅秤讀數的一般解。

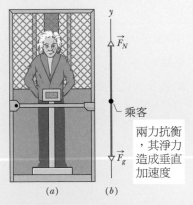

乘客

兩力抗衡，其淨力造成垂直加速度

圖 5-17 (a)乘客站在一個顯示其重量或視重的磅秤上。(b)乘客的自由體圖，表示出其所受由磅秤而來的正向力 $\vec{F}_N$ 及重力 $\vec{F}_g$。

關鍵概念

(1)磅秤的讀數等於磅秤作用在乘客身上正向力的 $\vec{F}_N$ 大小。重力 $\vec{F}_g$ 是唯一另外一個施於乘客身上的力,如圖 **5-17b** 中乘客中之自由體圖所示。**(2)**我們可將乘客所受的力及其加速度 $\vec{a}$ 以牛頓第二定律 $\vec{F}_{net} = m\vec{a}$ 作關聯。然而,回想一下,只能在慣性座標系中使用這個定律。若升降機有加速,則非慣性座標。故選擇以地面作為我們的慣性座標系,且任何乘客之加速度的測量都相對於此座標系。

計算 如圖 5-17b 所示,因為乘客所受之二力與其加速度都是在垂直方向,沿著 y 軸,故我們可以寫出牛頓第二定律的 y 分量($F_{net,\,y} = ma_y$)得

$$F_N - F_g = ma$$

或 $\qquad F_N = F_g + ma$ $\qquad\qquad$ (5-27)

這告訴我們磅秤的讀數等於正向力 F_N,且與垂直加速度有關。將 F_g 以 mg 代入可得

$$F_N = m(g + a) \qquad (\text{答}) \qquad (5-28)$$

對任何所選的加速度 a 都成立。如果加速度往上,則 a 為正值,如果加速度往下,則 a 是負值。

(b) 若升降機不動或以 **0.50 m/s** 等速運動,則磅秤讀數若干?

關鍵概念

對任何的等速度 (零或其他) 而言,乘客的加速度 a 皆為零。

計算 將此及其它已知數值代入 5-28 式可發現

$$F_N = (72.2\,\text{kg})(9.8\,\text{m/s}^2 + 0) = 708\,\text{N} \qquad (\text{答})$$

這是乘客的重量而且等於其所受之重力大小 F_g。

(c) 若升降機以 **3.20 m/s²** 加速上升及下降,則磅秤讀數分別為若干?

計算 對於 $a = 3.20\,\text{m/s}^2$,5-28 式給出

$$F_N = (72.2\,\text{kg})(9.8\,\text{m/s}^2 + 3.2\,\text{m/s}^2)$$
$$= 939\,\text{N}$$
$$(\text{答})$$

而對於 $a = 3.20\,\text{m/s}^2$,給出

$$F_N = (72.2\,\text{kg})(9.8\,\text{m/s}^2 - 3.20\,\text{m/s}^2)$$
$$= 477\,\text{N}$$
$$(\text{答})$$

所以,對於向上加速度(不是升降機向上速度增加就是向下速度減少),則磅秤讀數大於乘客重量。讀數是視重的測量,因為它是在非慣性座標系進行的。相同地,對於向下加速度(不是升降機向上速度減少就是向下速度增加),磅秤讀數小於乘客重量。

(d) 在(c)部分向上加速期間,施於乘客之淨力大小 F_{net} 為何,且在升降機座標系測量的乘客的加速度 $a_{p,cab}$ 的大小為何?是否 $F_{net} = m\vec{a}$?

計算 施於乘客上重力的大小 F_g 和乘客或升降機的運動無關,所以從(b)部分看,F_g 是 708 N。從(c)部分看,在向上加速期間,施於乘客的正向力大小 F_N 在磅秤的讀數為 939 N。因此在向上加速期間,施於乘客上的淨力為

$$F_{net} = F_N - F_g = 939\,\text{N} - 708\,\text{N} = 231\,\text{N} \qquad (\text{答})$$

在向上加速期間。然而,他相對於升降機座標之加速度 $a_{p,cab}$ 為零。因此,在加速中的升降機的非慣性座標,F_{net} 不等於 $ma_{p,cab}$,而牛頓第二定律不成立。

範例 5.7 推動另一方塊的方塊其加速度

有些家庭作業習題牽涉到一起移動的若干個物體，這些物體或許是擠在一塊，或許是綁在一塊。這裡有一個範例，可以讓讀者將牛頓第二運動定律應用於兩個物塊組成的合成體，然後再應用於個別物塊。

在圖 5-18a，一大小為 20 N 之固定水平力 $\vec{F}_{app}$ 作用於質量 $m_A = 4.0$ kg 的木塊 A 上，推動它與互相靠接的質量 $m_B = 6.0$ kg 的木塊 B。木塊滑過一沿 x 軸而無摩擦力的表面。

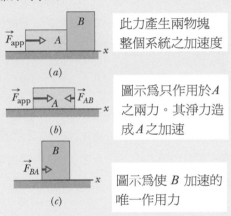

此力產生兩物塊整個系統之加速度

圖示為只作用於 A 之兩力。其淨力造成 A 之加速

圖示為使 B 加速的唯一作用力

圖 5-18 (a)一固定水平力作用於木塊 A，推動它和木塊 B 互相靠接。(b)兩個水平力作用於木塊 A。(c)只有一水平力作用在木塊 B 上。

(a) 木塊們的加速度為何？

嚴重錯誤

因為力 $\vec{F}_{app}$ 直接作用在木塊 A 上，我們用牛頓第二定律寫下該力和木塊 A 的加速度 $\vec{a}$ 之關係。因為運動是沿著 x 軸，我們採用定律的 x 分量($F_{net,\,x} = ma_x$)，寫下：

然而，這是嚴重的錯誤，因為不只是水平力 $\vec{F}_{app} = m_A a$ 作用於木塊 A。也有從木塊 B 來的力 $\vec{F}_{AB}$ (圖 5-18b)。

死胡同解

現在我們將 $\vec{F}_{AB}$ 包括進去寫，沿著 x 軸。

$$\vec{F}_{app} - F_{AB} = m_A a$$

(我們用減號去包含 $\vec{F}_{AB}$ 的方向)。然而，F_{AB} 是第二個未知數，所以我們不能由此方程式解出 a 來。

正確解答

因為力 $\vec{F}_{app}$ 作用的方向的緣故，兩木塊形成一緊密地相連系統。我們可以用牛頓第二定律寫下系統淨力和系統加速度的關係。這裡，再一次的在 x 軸，我們可以將定律寫成

$$F_{app} = (m_A + m_B)a$$

現在適當應用 $\vec{F}_{app}$ 到有總質量 $m_A + m_B$ 的系統上。解出 a 並代入已知數值，我們得

$$a = \frac{F_{app}}{m_A + m_B} = \frac{20\,N}{4.0\,kg + 6.0\,kg} = 2.0\,m/s^2 \quad (答)$$

因此，系統的加速度以及每一個木塊的加速度都是沿著 x 軸正方向，且大小為 2.0 m/s²。

(b)從木塊 A 作用在木塊 B 上的力 $\vec{F}_{BA}$ 為何(圖 5-18c)？

關鍵概念

我們能由牛頓第二定律得知木塊 B 的加速度和作用在木塊 B 上的淨力之關係。

計算 這裡我們可寫下此定律沿 x 軸的分量式為：

$$F_{BA} = m_B a$$

代入已知數值，為

$$F_{BA} = (6.0\,kg)(2.0\,m/s^2) = 12\,N \quad (答)$$

因此，力 $\vec{F}_{BA}$ 在 x 軸的正方向且大小為 12 N。

重點回顧

牛頓力學　若一質點或質點狀的物體被其他物體以一力或數個**力**作用(推或拉)，則該質點的速度改變，亦即，質點有了加速度。牛頓力學就是在討論加速度與力之間的關係。

力　力是屬於向量的物理量。力的大小是以它作用於標準仟克所產生的加速度來訂定。作用於標準公斤而恰能產生 1 m/s² 之加速度的力，其大小定義為 1 N。力的方向係與加速度方向一致。由實驗得知，力為一向量，其相加必須根據向量加法的規則為之。作用於一物體的**淨力**，為作用該物體各力之向量和。

牛頓第一定律　若作用於一物體的淨力為零，則物體靜者恆靜，動者必作等速直線運動。

慣性參考座標系　牛頓力學成立的參考座標系叫做慣性參考座標系，或簡單地稱做慣性座標系。牛頓力學不成立的參考座標系叫非慣性參考座標系，或簡單地稱做非慣性座標系。

質量　一物體的質量為物體的本質，用來表達物體之加速度與產生該加速度之力(即淨力)之間的關係。質量為純量。

牛頓第二定律　作用於質量 m 之物體的淨力 $\vec{F}_{net}$ 與物體之加速度 $\vec{a}$ 的關係式為：

$$\vec{F}_{net} = m\vec{a} \tag{5-1}$$

其純量分量式為：

$$F_{net,x} = ma_x \quad F_{net,y} = ma_y \quad F_{net,z} = ma_z \tag{5-2}$$

此定律指出在 SI 單位中，力的單位為

$$1\,N = 1\,kg \cdot m/s^2 \tag{5-3}$$

運用第二定律解問題時，**自由體圖**是很好的工具，它是由整個圖裡面取出，僅考慮單獨一個物體受力的情形。在自由體圖中，物體以一個點來表示。且所有作用於該物體的力均以向量表示出來；所用的座標系以簡化解題過程為原則，請妥善選擇。

若干特殊的力　作用於物體上的**重力** $\vec{F}_g$ 是由另一物體的拉力所造成。這本書大部分的情況，另一種物體是地球或一些其它天文物體。就地球而言，力朝下直指地面，地面則假設為一慣性座標系。根據假設，力的大小 $\vec{F}_g$ 為

$$F_g = mg \tag{5-8}$$

這裡 m 是物體質量，而是自由落體加速度的大小。

物體重量 W 是為了平衡地球(或其它天體)作用於物體的重力所需的向上的力之大小。物體重量與物體質量之關係為

$$W = mg \tag{5-12}$$

正向力 $\vec{F}_N$ 為與物體所接觸之表面施於該物體的力。其方向恒與接觸面垂直。

摩擦力 $\vec{f}$ 為物體在一表面上運動(或試圖運動)時，表面施於物體之力。表面施於物體之力，其方向恒與表面平行，且與物體之運動方向相反。摩擦力甚小而可忽略的表面，稱為無摩擦面。

張力為拉緊的繩子在連接點作用於物體的力。其方向係沿繩子的方向，且在離物體而去的方向上。若繩無質量(或其質量甚小而可忽略)，則繩子兩端的拉力(即張力之大小)必相等；若繩跨過一無質量、無摩擦的滑輪，繩中的張力大小亦不受影響(滑輪的質量可忽略，而摩擦力小到不會妨礙滑輪旋轉)。

牛頓第三定律　若物體 C 施一力 $\vec{F}_{BC}$ 於物體 B，則物體 B 亦必施一力 $\vec{F}_{CB}$ 於物體 C：

$$\vec{F}_{BC} = -\vec{F}_{CB}$$

討論題

1 如圖 5-19 所示，四隻企鵝以繩子綁成一串，在平滑無摩擦的冰面上，被動物園園長一起拉動。其中三隻企鵝質量與兩條繩子張力分別爲 $m_1 = 10$ kg，$m_3 = 15$ kg，$m_4 = 22$ kg，$T_2 = 130$ N 及 $T_4 = 222$ N。請找出第四隻企鵝的質量 m_2。

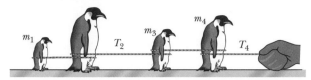

圖 5-19 習題 1

2 一個標記著日期、內裝櫻桃的箱子具有質量 7.80 kg，箱子沿著無摩擦斜坡往上滑送，斜坡與水平面之間的角度是 θ。圖 5-20 提供了箱子

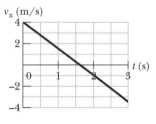

圖 5-20 習題 2

沿著 x 軸的速度分量 v_x 相對於時間 t 的函數關係圖形，其中 x 軸沿著斜坡往上延伸。請問由斜坡作用在箱子上的正向力大小是多少？

3 一火箭可在 1.8 s 內，由靜止狀態加速至 1400 km/h，設火箭雪撬的質量爲 1000 kg。試求施於該車之淨力大小。

4 設重 860N 的特技員沿銅柱溜下時之加速度爲 2.40 m/s²。試求(a)銅柱施於特技員之力的大小及(b)方向，(c)特技員施於銅柱之力的大小及(d)方向。

5 一質點同時受到兩個力作用的時候，以速度 $\vec{v} = (12 \text{ m/s})\hat{i} - (9.5 \text{ m/s})\hat{j}$ 運動。其中一力爲 $\vec{F_1} = (3.5 \text{N})\hat{i} + (-7.8 \text{N})\hat{j}$。則另外一力爲何？

6 某一個 4.00 kg 甜瓜受三個力的作用，結果產生加速度 $\vec{a} = -(8.00 \text{m/s}^2)\hat{i} + (9.00 \text{m/s}^2)\hat{j}$。如果三個力中的兩個分別是 $\vec{F_1} = (30.0 \text{N})\hat{i} + (16.0 \text{N})\hat{j}$ 和 $\vec{F_2} = -(6.0 \text{N})\hat{i} + (8.00 \text{N})\hat{j}$，請求出第三個力。

7 圖 5-21 中，大小爲 12 N 的力 $\vec{F}$ 施加於質量 $m_2 = 2.1$ kg 的 FedEx 快遞盒子上。力的方向是沿著傾斜角 $\theta = 25°$ 的平面往上施加。FedEx 快遞盒子經由一條細繩連接到質量 $m_1 = 3.0$ kg、放置在地板上的 UPS 快遞盒子。地板、平面和滑輪都是無摩擦，而且滑輪和細繩的質量可以忽略。試問細繩的張力是多少？

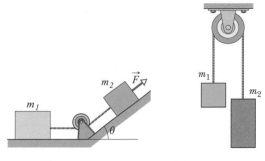

圖 5-21 習題 7　　**圖 5-23** 習題 9 及 10

8 圖 5-22 中，5.0 kg 方塊 A 和 7.0 kg 方塊 B 以無質量細繩連結在一起。力 $\vec{F_A} = (12 \text{ N})\hat{i}$ 作用於方塊 A；力 $\vec{F_B} = (24 \text{ N})\hat{i}$ 作用於方塊 B。請問細繩的張力爲何？

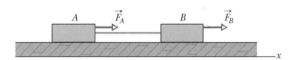

圖 5-22 習題 8

9 圖 5-23 顯示了兩個以細繩(質量可忽略)加以連結的木塊，而且細繩穿過無摩擦滑輪(質量也可以忽略)。這樣的物體配置方式稱爲阿特伍德機(Atwood's machine)。已知其中一個木塊質量是 $m_1 = 1.15$ kg，另一個質量是 $m_2 = 3.30$ kg。試問：(a)木塊加速度的大小和(b)細繩的張力各是多少？

10 圖 5-23 顯示的是阿特伍德機(Atwood's machine)，其中的兩個容器以一條通過無摩擦力(亦無質量)滑輪之繩子加以連接。在時間 $t = 0$ 時，容器 1 具有質量 1.50 kg，容器 2 具有質量 3.00 kg，但容器 1 正以固定速率 0.200 kg/s 失去質量(透過一個小洞)。試問：(a) $t = 0$，(b) $t = 3.00$ s 時，兩容器加速度大小改變的速率爲何？(c)加速度在何時可達到最大值？

11 作用在物體上的兩個力的大小是 23 N 和 38 N，方向相差 80°。所產生的加速度大小是 15 m/s²。試問物體的質量是多少？

12 圖 5-24 顯示了三個以細繩加以連結的木塊，而且細繩會繞過無摩擦滑輪。木塊 B 位於無摩擦桌面上；各木塊質量分別是 $m_A = 4.00$ kg，$m_B = 9.00$ kg，和 $m_C = 12.0$ kg。當這些木塊被釋放之後，請問右側細繩的張力是多少？

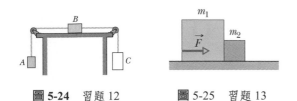

圖 5-24 習題 12   **圖 5-25** 習題 13

13 在圖 5-25 中顯示兩物體在無摩擦平台上，左邊較大的物體受到一水平力作用，(a)如果 $m_1 = 3.6$ kg，$m_2 = 1.8$ kg，$F = 5.0$ N，試求出兩個物體之間的作用力大小；(b)如果相同大小且反向的 F 作用在左邊較小的物體上，那麼作用力的大小為何？(c)解釋其差異。

14 有一速度給定為 $\vec{v} = (8.00t\hat{i} + 3.00t^2)\hat{j}$ 之 5.00 kg 質點，其中時間 t 的單位為秒。在某一瞬間該質點受到一淨作用力大小為 45.0 N，試問：(a)此淨作用力與(b)質點行進之方向(相對於 x 軸正方面)為何？

15 質量 $M = 10$ kg 的物塊沿水平無摩擦力表面，由質量 $m = 2.0$ kg 的繩索拉動，如圖 5-26。水平力 $\vec{F}$ 作用在繩索一端，大小為 24 N。(a)請證明繩索必然會下垂，即使只下垂我們無法感知到的量。然後我們假設下垂狀況可以忽略的，試求：(b)塊狀物體和繩索的加速度，(c)由繩索作用在塊狀物體的力量，以及(d)在繩索中點上的張力。

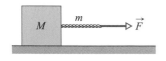

圖 5-26 習題 15

16 圖 5-27 提供了作用在 5.0 kg 食物盒上的力分量 F_x 相對於時間 t 的函數關係，而且已知食物盒只能在 x 軸方向上移動。在 $t = 0$，食物盒是在軸正方向上移動，其速率為 4.5 m/s。請問在 $t = 11$ s 的時候，食物盒的：(a)速率，(b)行進方向為何？

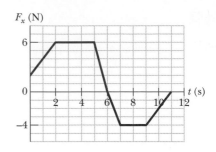

圖 5-27 習題 16

17 某一 89.0 kg 的小偷從位於天井上方 1.50 m 的窗戶掉落到水泥天井上。在著陸的時候，他忽略了要彎曲自己的膝蓋，花了 2.00 cm 的距離才停止。(a)試問從他的腳剛開始碰觸到天井到他停止為止，其平均加速度是多少？(b)由天井作用在他身上的平均停止力的大小是多少？

18 在 $g = 9.8$ m/s^2 的地方，某一個粒子的重量是 12 N。試問該粒子在 $g = 6.0$ m/s^2 的地方，其(a)重量和(b)質量是多少？如果將它移置到 $g = 0$ 的太空中，請問其(c)重量和(d)質量是多少？

19 我們以定力 $\vec{F}$ 拉著小電冰箱越過塗上油脂(無摩擦力)的地板，力 $\vec{F}$ 不是呈水平方向(狀況 1)就是具有向上傾斜角 52°(狀況 2)。(a)如果我們拉動的過程持續了某特定時間 t，試問在狀況 2 中的冰箱速度，相對於狀況 1 的冰箱速度的比率是多少？(b)如果我們拉動的過程持續了某特定距離 d，則這個比率又為何？

20 玩耍時，一隻 14 kg 犰狳跑到一池平坦、無摩擦的大冰面上。犰狳的初速是沿著 x 軸正方向的 6.0 m/s。將牠最初在冰面上的位置選取為原點。當牠被力為 12 N 的風往 y 軸正方向吹動的時候，牠滑過冰面上。試問當這隻動物在冰面上滑動了持續 3.0 s 的時候，其：(a)速度和(b)位置向量為何，請以單位向量標記法表示之？

21 一艘太空船從月球垂直離地升空，已知月球上的 $g = 1.6$ m/s^2。若太空船升空的時候，它具有 3.5 m/s^2 的向上加速度，請問由太空船作用在飛行員身上的力的大小是多少，已知飛行員在地球上重 800 N？

22　一輛摩托車和 72.0 kg 的騎士以 3.25 m/s² 的加速度，沿傾斜角 5.00°且位於水平線上方的斜坡行進。請問：(a)作用在騎士身上的淨力和(b)由摩托車作用在騎士身上的力量，這兩者的大小各是多少？

23　一艘星際太空船的質量是 3.50×10^6 kg，而且相對於星球系統，它起初是處於靜止狀態。(a)試問要在 34.0 天內，以固定加速度將太空船加速到相對於星球系統的 0.100 c（其中 c 是光速 3.0×10^8 m/s），則此加速度是多少？(b)如果以 g 為單位，則該加速度的數值是多少？(c)要達到該加速度所需要的力是多少？(d)如果在太空船已經達到 0.100 c 的時候將引擎關閉（然後速率保持固定），則太空船要行進 7.50 光月將花費多少時間（從開始到結束），其中 7.50 光月指的是光行進 7.50 個月的距離？

24　若質量 1 公斤的物體受到 $\vec{F_1} = (5.0 \text{ N}) \hat{i} + (4.0 \text{ N}) \hat{j}$ 和 $\vec{F_2} = (-2.0 \text{ N}) \hat{i} + (-5.0 \text{ N}) \hat{j}$ 的外力，則物體所受到的 $\vec{F}_{net}$ 為何？(a)以單位向量表示；(b)其值為何？(c)與正 x 軸方向的夾角為何？$\vec{a}$ 的(d)大小及(e)角度為何？

25　試計算質量 85 kg 的太空遊騎兵，在下列各處的重量：(a)地球，(b) $g = 3.7$ m/s² 的火星，(c)行星間 $g = 0$ 的太空。(d)請問遊騎兵在每一個地方的質量是多少？

26　重量 2.50×10^4 N 的本田汽車以 55.0 km/h 行駛時，突然剎車而於 24.0 m 內停下。設使車停下之力為一定值，試求：(a)該力之大小，(b)剎車至停下所需之時間。若汽車之初速為原來的兩倍，而剎車時汽車所受的力不變，試求(c)停車所需之距離，(d)停車所需的時間。（由本題的計算結果，可以想見開快車的危險性）！

27　一位工人藉著綁在條板箱上的繩索，拉著條板箱橫越工廠地板。工人施加 $F = 510$ N 大小的力在繩索上，其中繩索與水平線所成的角度是 $\theta = 30.0°$往上，地板則施加 $f = 90.0$ N 大小的力抵抗條板箱的運動。如果：(a)條板箱的質量是 282 kg，以及(b)條板箱的重量是 282 N，試計算條板箱加速度的大小。

28　在圖 5-28 中，一個位於無摩擦傾斜平面的抗氧化劑罐頭($m_1 = 2.00$ kg)，連接到鹹牛肉罐頭($m_2 = 2.70$ kg)。滑輪是無質量而且無摩擦力的。大小 $F = 7.00$ N 的向上力量作用在鹹牛肉罐頭上，其中鹹牛肉具有 4.50 m/s² 的向下加速度。試問：(a)在連接繩中的張力和(b)角度 β 是多少？

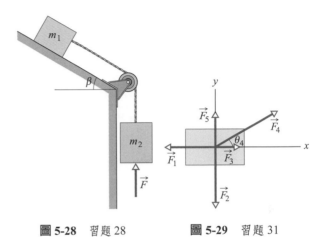

圖 5-28　習題 28　　　**圖 5-29**　習題 31

29　一個 60 kg 的人正在跳降落傘，並且感受到向下 2.8 m/s² 的加速度。降落傘的質量是 5.0 kg。(a)請問由空氣作用在張開降落傘的向上力量是多少？(b)由人作用在降落傘的向下力量是多少？

30　以定速度 $\vec{v} = (17 \text{ m/s}) \hat{i} - (23 \text{ m/s}) \hat{j}$ 行進的粒子，有三力作用其上。其中兩力如下，求第三個力：

$$\vec{F_1} = (4.0 \text{ N}) \hat{i} + (5.0 \text{ N}) \hat{j} + (-6.0 \text{N}) \hat{k}$$
$$\vec{F_2} = (-6.0 \text{N}) \hat{i} + (7.0 \text{ N}) \hat{j} + (-3.0 \text{N}) \hat{k}$$

31　圖 5-29 的頂視圖中，有五個力拉質量 $m = 6.3$ kg 的箱子。這些力的大小各為 $F_1 = 11$ N，$F_2 = 25$ N，$F_3 = 6.0$ N，$F_4 = 14$ N，$F_5 = 5.0$ N，且角度 θ_4 是 30°。請以：(a)單位向量標記法，求出箱子的加速度，及加速度的：(b)大小，(c)相對於正 x 軸方向的角度。

32　若火箭引擎所產生的初始向上力是 4.0×10^5 N，且火箭質量是 3.8×10^4 kg，請計算火箭的初始加速度。請勿忽略重力對火箭的影響。

33 某一原子核捕捉到一個離散的中子，它必須利用強作用力(strong force)，讓中子在原子核的直徑範圍內停止運動。這種讓原子核緊密黏著在一起的強作用力，在原子核外部大小近似零。假設初速 5.0×10^6 m/s 的離散中子被直徑 $d = 1.0 \times 10^{-14}$ m 的原子核捕捉到。假設作用在中子的強作用力是固定的，試求此力的大小。中子的質量是 1.67×10^{-27} kg。

34 質量 1650 kg 的噴射引擎只以三個螺栓(實務上常如此)固定在客機的機身上。假設每一個螺栓都支撐負載的三分之一。(a)請計算當飛機排隊等候起飛的時候，作用在每一個螺栓的力量。(b)在飛行過程，飛機遭遇亂流，此亂流突然給予飛機垂直向上加速度 1.9 m/s²。請計算此時作用在每一個螺栓的力量。

35 在圖 5-30 的俯視圖中，有兩個力作用在 4.00 kg 箱子上，但是只有一個力顯示出來。已知 $F_1 = 18.0$ N，$a = 14.0$ m/s²，而且 $\theta = 20.0°$，試以：(a)單位向量標記法表示第二個力，並且求出其：(b)大小和(c)相對於 x 軸正方向的角度。

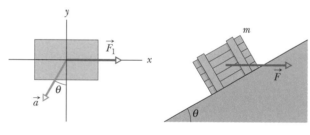

圖 5-30 習題 35　　　**圖 5-31** 習題 36

36 在圖 5-31 中，以水平力 $\vec{F}$ 將 $m = 120$ kg 的木箱以等速率推上無摩擦斜面($\theta = 35.0°$)。(a)$\vec{F}$ 的大小，(b)斜面作用於木箱的力之大小，各為何？

37 一個 90.0 kg 的人，以繩之一端綁著自己，另一端綁著 70 kg 沙包並令繩跨過無摩擦之滑輪，而使自己從高 15.0 m 處落至地面。若此人由靜止開始，其著地速率若干？

38 上或下？木塊之質量 $m_1 = 2.95$ kg 置於傾斜角 $\theta = 30.0°$之光滑斜面上，以一繩跨過無摩擦之滑輪，而與 $m_2 = 2.40$ kg 垂直掛之木塊相連(如圖 5-32)。(a)每一木塊之加速度大小及(b)之加速度方向為何？(c)繩中之張力若干？

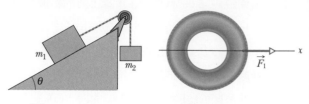

圖 5-32 習題 38　　　**圖 5-33** 習題 40

39 兩個水平力，作用在重 4.0 kg 的冰塊上，此冰塊在無摩擦力、位於 xy 平面的廚房櫃台上滑動。其中一力為 $F_1 = (3.0\text{ N})\hat{i}+(4.0\text{ N})\hat{j}$。對於下列的第二個力，求出砧板的加速度，並以單位向量法表示：

(a)　$\vec{F}_2 = (-3.0\text{N})\hat{i}+(-4.0\text{N})\hat{j}$

(b)　$\vec{F}_2 = (-3.0\text{N})\hat{i}+(4.0\text{N})\hat{j}$

(c)　$\vec{F}_2 = (3.0\text{N})\hat{i}+(-4.0\text{N})\hat{j}$。

40 圖 5-33 是一個 8.0 kg 輪胎的頂視圖，這個輪胎被三條水平繩索拉動著。其中一條繩索的力($F_1 = 60$ N)已經顯示出來。我們想要調整由其他繩索所施加力的方向，使得輪胎的加速度 a 達到最小。如果：(a)$F_2 = 40$ N，$F_3 = 20$ N；(b)$F_2 = 30$ N，$F_3 = 10$ N；以及(c)$F_2 = F_3 = 40$ N，則此最小的值是多少？

41 圖 5-34a 顯示的是懸掛在天花板的活動物件；它是由兩個金屬物件所組成($m_1 = 3.2$ kg 且 $m_2 = 5.4$ kg)，兩個物件之間由質量可忽略的細繩連結在一起。請問：(a)下面細繩，(b)上面細繩的張力各是多少？圖 5-34b 顯示的是由三個金屬物件所組成的活動物件。其中兩個的質量是 $m_3 = 4.8$ kg 和 $m_5 = 5.5$ kg。已知最上面細繩的張力是 199 N。請問：(c)最下面的細繩和(d)中間細繩的張力是多少？

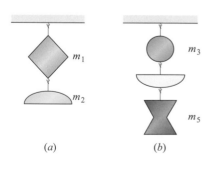

圖 5-34 習題 41

42　某一個物體懸吊在連結於升降機天花板的彈簧秤上。當升降機靜止的時候，彈簧秤的讀值是 43 N。請問當升降機：(a)以固定速率 5.3 m/s 往上移動的時候，以及(b)以初速 5.3 m/s 的速率往上移動、但是具有減速度 1.2 m/s^2 的時候，彈簧秤讀值是多少？

43　某一個特定力量可以給予質量 m_1 的物體 10.0 m/s^2 的加速度，可以給予質量 m_2 的物體 6.20 m/s^2 的加速度。試問這個力量可以給予質量等於：(a) $m_2 - m_1$ 和(b) $m_2 + m_1$ 的物體多少加速度？

44　一個 0.600 kg 質點依據 $x(t) = -15.00 + 3.00t - 2.00t^3$ 與 $y(t) = 25.00 + 7.00t - 7.00t^2$ 在 xy 平面上移動，其中 x 與 y 以公尺而 t 以秒為單位。在 $t = 1.20$ s 時，質點上淨作用力之(a)大小、(b)角度(相對於 x 軸正方向)以及(c)質點行進方向之角度為何？

45　某一個 4.0 kg 粒子沿著 x 軸運動，它受到方向沿著軸的一可變力推動。它的位置給為 $x = 3.0\,\mathrm{m} + (4.0\,\mathrm{m/s})t + ct^2 - (3.0\,\mathrm{m/s^3})t^3$，其中 x 的單位是公尺和 t 是秒。因數 c 是常數。在 $t = 2.0$ s，作用在粒子上的力具有 48 N 的大小，而且其方向是在 x 軸負方向。請問 c 值為何？

46　請想像一艘登陸太空船正在接近木星的月亮 Callisto。如果引擎提供 4500 N 的向上力量(推力)，則太空船以固定速度降落；如果引擎只提供 2600 N 的向上力量，則太空船以 0.39 m/s^2 向下加速。(a)請問登陸太空船在 Callisto 表面附近的重量是多少？(b)太空船的質量是多少？(c)在 Callisto 表面附近自由落體加速度的大小是多少？

47　一位 67 kg 的馬戲團表演者要沿著一條繩索滑下，但是如果繩索上的張力超過 400 N，繩索將斷裂。(a)如果表演者靜止懸掛在繩索上，則會發生什麼事情？(b)表演者必須在多少加速度大小下才能避免繩索斷裂？

48　在一水平無摩擦的桌上有三木塊連結，如圖 5-35 所示，並以一力 $T_3 = 95.0$ N 拉向右方。若 $m_1 = 10.0$ kg，$m_2 = 14.0$ kg，$m_3 = 23.0$ kg，求：(a)系統的加速度大小，(b)張力 T_1，(c)張力 T_2。

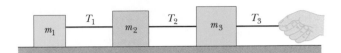

圖 5-35　習題 48

49　在圖 5-36 中，有一個固定水平力 $\vec{F}_a$ 施加在木塊 A 上，木塊 A 則以 20.0 N 的力量水平往右推著木塊 B。在圖 5-36b 中，相同力量 $\vec{F}_a$ 施加在木塊 B 上；現在木塊 A 以 10.0 N 的力量水平往左推著木塊 B。兩個木塊的總質量是 15.0 kg。請問：(a)圖 5-36a 中兩個木塊的加速度大小，和(b)力 $\vec{F}_a$ 的大小為何？

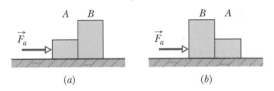

(a)　　　　　　(b)

圖 5-36　習題 49

50　13 kg 猴子爬上跨過無摩擦樹枝之繩子，繩子他端連接置於地面之 20 kg 包裹(圖 5-37)。(a)若要令包裹離開地面，猴子攀爬之最小加速度大小應為何？若包裹離地後猴子停止攀爬並抓牢繩子，則猴子的：(b)加速度大小及(c)方向、(d)繩之張力為何？

圖 5-37　習題 50

51 圖 5-38 顯示的是一箱髒錢(質量 m_1 = 4.00 kg)位於無摩擦斜面上，其傾斜角是 θ_1 = 25.0°。這個箱子經由一條質量可忽略的細繩連接到一箱洗過的錢(質量 m_2 = 3.00 kg)，洗過的錢箱位於無摩擦斜面上，斜面傾斜角是 θ_2 = 65.0°。滑輪是無摩擦的，而且質量可忽略。試問細繩的張力是多少？

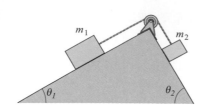

圖 5-38 習題 51

52 一個 0.400 kg 質點依據 $x(t)$ = −13.00 + 12.0t + 3.00t^2 − 2.00t^3 沿著 x 軸移動，其中 x 以公尺而 t 以秒為單位。以單位向量表示，在 t = 1.20 s 時施加於該質點之淨作用力為何？

53 一架 15,000 公斤的直升機以 1.4 m/s² 的加速度向上舉起 4,500 公斤的卡車，試計算(a)直升機葉片施加於空氣向上淨力；(b)直升機和卡車間纜繩的張力。

54 假設質量 1 公斤物體，受到兩力的作用下以 4.00 m/s² 的加速度加速，且運動方向與正 x 軸夾 160°角度，其中一個外力 $\vec{F_1}$ = (2.50 N) $\hat{i}$ + (4.60 N) $\hat{j}$，則(a)另一個外力為何？(以單位向量表示)(b)此外力的大小和(c)角度？

55 火箭及其負載的總質量為 5.0 × 10⁴ 公斤，當火箭(a)剛點火後「停懸」在發射台上及(b)以 20 m/s² 的加速度向上加速時，引擎產生的力(推力)是多少？

56 重量為 2.0 kN 的摩托車在 6.0 s 內從 0 加速到 88.5 km/h。則(a)加速度的大小及(b)誘發此加速度的淨力大小為何？

57 在實驗室中，靜止的電子(質量 = 9.11 × 10⁻³¹ kg)在水平 1.5 cm 距離內以等加速度達到 6.0 × 10⁶ m/s 的速度。(a)使電子加速的力大小為何？(b)電子的重量是多少？

58 一個 3.0 公斤的物體上有兩個力作用，使得該物體在 y 軸正方向以 3.0 m/s² 的加速度運動。如果其中一個力是沿著正 x 軸方向作用且大小為 8.0 N，另一

個力的大小是多少？

59 當一輛重 17.0 kN 的汽車以 3.66 m/s² 的加速度加速運動時，施加在上的淨力大小是多少？

60 當 0.20 公斤冰球在無摩擦之冰凍湖面上滑動時，其初始速度為向東 2.0 m/s，若要在 0.50 s 的時間間隔內將速度變化為(a)西 5.0 m/s 和(b)南 5.0 m/s，所需的平均力大小與方向為何？

61 1983 年 7 月 23 日，加拿大航空 143 號班機正準備從蒙特利爾飛往埃德蒙頓的長途旅行，機上的組員詢問地面人員以確定機上已經有多少燃油。飛行組員知道他們要完成此旅程需要 22,300 公斤的燃油。因為加拿大最近改用了公制單位，所以他們知道以公斤為單位的數量。在過去，燃料是以磅為單位，但是地勤人員只能以公升為單位測量機上的燃油，他們報告的數量為 7682 L，因此為了確定機上有多少燃油以及需要多少額外的燃油，飛行機組員會要求地勤人員提供公升轉換成公斤計算的的燃料數量，而飛行人員使用的轉換率是 1.77(1.77 公斤對應 1 公升)。(a)飛行組員認為他們有多少公斤的燃料？(在此題中，請確認所給定的數據都是準確的)(b)他們要求增加多少公升？不幸的是，地勤人員的反應是基於之前的習慣：1.77 是一個轉換係數，不是從公升到公斤，而是從公升到磅的燃料(1.77 磅對應 1 公升)。(c)機上實際有多少公斤燃料？(除了給定的 1.77，其他轉換因子要用四個有效數字表示)(d)實際需要多少公升的額外燃料？(e)飛機離開蒙特利爾時，所需燃料占多少百分比？飛機飛往埃德蒙頓的途中，在高度 7.9 公里的高空中燃料耗盡，並開始墜落。儘管飛機沒有動力，飛行員還是設法使飛機滑降，由於最近的機場若僅靠滑降無法到達，因此飛行員轉向飛向一個老舊不運作的機場，但不幸的是，該機場的跑道已被改成賽車跑道，並且在其上建造了鋼製護欄。幸運的是，當飛機撞上跑道時前起落架斷裂，機頭摩擦打滑在跑道上使飛機減速，使其停在鋼製護欄附近，賽車手和賽車迷都看得目瞪口呆，飛機上的所有人員都安全了，這邊的重點是：照顧好每個個體。

CHAPTER 6

力與運動(II)

6-1 摩擦

學習目標

在閱讀完這個區塊的文字之後，讀者應該能夠...

6.01 辨別靜態摩擦與動態摩擦。

6.02 判斷摩擦力的方向與大小。

6.03 在考慮到摩擦力的情形下，針對位於水平、垂直和傾斜平面上的物體，畫出自由體圖以及應用牛頓第二定律。

關鍵概念

● 當一個力 $\vec{F}$ 欲使物體沿著另一個物體表面滑行，將有摩擦力由表面作用於該物體上。摩擦力平行於表面，而且是指向對抗物體滑行的方向。它是肇因於物體和表面之間的鍵結力。

如果物體沒有滑動，則摩擦力是靜摩擦力 $\vec{f_s}$。如果物體有滑動，則摩擦力是動摩擦力 $\vec{f_k}$。

● 如果物體未滑動，則 $\vec{F}$ 平行於表面的分量和靜摩擦力 $\vec{f_s}$ 兩者的大小相等，而且 $\vec{f_s}$ 的方向與該平行分量相反。如果該分量增加，f_s 也會增加。

● $\vec{f_s}$ 的大小具有最大值 $\vec{f}_{s,\max}$，後者的數學式如下

$$f_{s,\max} = \mu_s F_N$$

其中 μ_s 是靜摩擦係數，F_N 是正向力的大小。如果 $\vec{F}$ 平行於表面的分量超過 $f_{s,\max}$，物體將會在表面上滑行。

● 如果物體開始在表面上滑動，摩擦力的大小將迅速減少爲常數 f_k，其數學式爲

$$f_k = \mu_k F_N$$

其中 μ_k 是動摩擦係數。

物理學是什麼？

本章將專注於探討物理學中三種常見的力：摩擦力、阻力和向心力。工程師在替一輛即將參加「印第安那波斯 500 大賽」的汽車進行準備工作的時候，必須考慮所有這三種力量。在賽車要加速駛出休息加油區和彎曲跑道時，作用在輪胎的摩擦力對汽車的加速相當重要(如果汽車碰上水面浮油，摩擦力將失去，汽車也會因此遭遇危險)。而作用在汽車上的空氣阻力必須減到最低，否則汽車將消耗太多燃料，因而必須提早加油(即使加油一次只停留 14 秒，都可能使駕駛員輸掉比賽)。向心力在轉彎時則非常重要(如果向心力不足，汽車將滑出跑道撞上牆壁)。我們將以摩擦力開始這一章的討論。

摩擦力

在我們日常生活中,摩擦力隨時都會出現。它會使滾動的輪子停下,也會使機器的轉軸停下。在一部汽車裡,大約 20% 的汽油是用來克服引擎及傳動系統裡的摩擦力。但是,沒有摩擦力的話,恐怕也會引起許多不便;例如,若不是因爲有摩擦力,我們便無法行走或騎車。也不能拿筆寫字。釘與螺絲釘將毫無用處,織好的布會散掉,繩結也會鬆開。

三個實驗。在本章中,我們主要討論彼此間靜止不動或以緩慢速度移動的乾燥固體表面之摩擦力。考慮以下三個簡單的思考性實驗:

1. 推動一本書滑過一張水平長桌面。可想而知,這本書會慢下來,然後停住。這表示此書一定有一個平行桌面且與其速度反向的加速度。然後由牛頓定律可知,一定有股平行於桌面且與其速度反向的力作用在書上。那股力就是摩擦力。

2. 水平地推動一本書,使它以等速度沿著桌面運動。你所施的力可能是書本上唯一受到的水平力嗎?當然不是,否則的話書本會加速。由牛頓第二定律可知,必須有一股大小相同方向與你的施力相反的第二力,使得兩力平衡。這個第二力便是平行桌面的摩擦力。

3. 水平地推動一個笨重的木箱。但推不動。由牛頓第二定律可知,一定有另一力也作用在木箱上且把你的力抵銷掉。此外,它一定和你的力大小相等方向相反,以致於二力平衡。這另一力正是摩擦力。更使勁地推。木箱仍然不動。顯然地,摩擦力的大小可以改變以使得二力仍然保持平衡。現在使出全力來推。木箱開始滑動。明顯地,摩擦力有一個最大值。當你超過那個最大值,木箱才會滑動。

二種摩擦。圖 6-1 所示者,即爲類似的詳細情形。在圖 6-1a 中,一木塊靜置於桌面上,其重力 $\vec{F}_g$ 被一個正向力 $\vec{F}_N$ 所平衡。在圖 6-1b 中,你施一力 $\vec{F}$ 於木塊,想將它向左推動。此時,馬上會有一個摩擦力 $\vec{f}_s$ 出現,其方向向右,恰能平衡你所施的力。這個力 $\vec{f}_s$ 稱爲**靜摩擦力**。木塊沒有移動。

圖 6-1c 及 6-1d 顯示,當你所施的力逐漸增加大小時,靜摩擦力 $\vec{f}_s$ 的大小也增加,而木塊仍保持不動。但當所施之力達到某一數值以後,木塊會突然起動,而向左加速運動,如圖 6-1e 所示。此時反抗運動的摩擦力稱爲**動摩擦力** $\vec{f}_k$。

通常,物體運動時所受的動摩擦力,恒小於最大靜摩擦力(物體起動前一瞬間的靜摩擦力)。因此,你若想使木塊在桌面上作等速運動,則所施的力必須小於使木塊起動時之力,如圖 6-1f 所示。例如,圖 6-1g 所示者,爲施力於木塊所得的實驗結果,力逐漸增加直到木塊起動。特別注意在木塊起動後,欲使其作等速運動時,只需較小的力即可。

圖 6-1　(a)作用於靜止木塊上之力。(b-d)作用於木塊的外力 $\vec{F}$ 被一靜摩力 $\vec{f_s}$ 所平衡。當 F 變大時，f_s 也跟著變大，一直到 f_s 達一最大值為止。(e)一旦 f_s 到達最大值，木塊將突然脫離，往 $\vec{F}$ 的方向加速。(f)欲使木塊作等速運動，F 必須由恰啟動前的最大值開始減少。(g)由(a)至(f)各種情況所歸納出來的實驗結果。

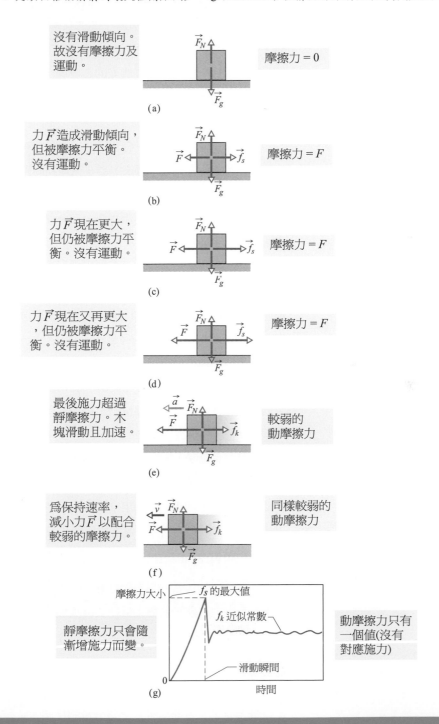

微觀角度。基本上，摩擦力是由兩物體接觸面上的原子相互間之作用力的向量和而來。例如兩金屬體表面均經高度磨光，洗淨，且在高度的真空中(為了保持潔淨)緊密接觸，而它們彼此間不能相互滑動。由於表面十分光滑，所以兩個表面上有許多原子互相接觸，而使兩表面立刻冷焊在一起，形成一塊單獨的金屬。假如將經過特殊機械拋光的工件在空氣中緊密接觸，雖然原子與原子間的接觸較少但工件仍牢固地互相黏著，不過可以用力扭開。然而在一般情況下，原子與原子間那麼緊密接觸是不可能的。即使是高度磨光的金屬面，以原子的尺度來看，還是相當的凹凸不平。況且，一般物體的表面都有一層氧化物及雜質，更大大的減低了冷焊的效果。

當兩個表面接觸時，只有若干凸出的點才有機會互相碰到(有如將瑞士的阿爾卑斯山區整個倒過來，放在奧地利的阿爾卑斯山區)。易言之，實際上接觸到的微觀面積遠比所看到的巨觀面積小得多，大約只有萬分之一。那些互相接觸的點會冷焊在一起。當外力企圖滑動表面時，這些焊接點便產生靜摩擦力。

假如外力大到足以拉動一表面滑過另一個，在起動時第一個焊點被拉開，之後那些接觸點不斷的被拉開，也不斷的與下一個接觸到的點重新冷焊在一起，如此交錯進行著，如圖 6-2 所示。與運動對抗的動摩擦力 $\vec{f}_k$ 是那些接觸點上之力的向量和。

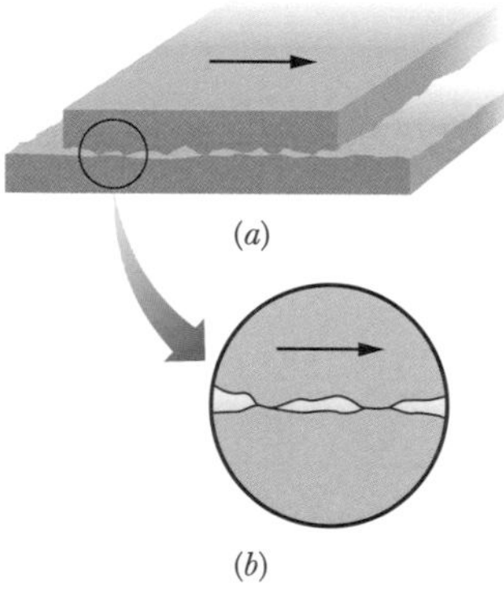

假如將兩個表面更用力地壓在一起，就會有更多的點冷焊在一起。如此則必需使用更大的外力才能讓表面相互滑動。故靜摩擦力 $\vec{f}_s$ 有個較大的最大值。一旦表面開始滑動，則會有更多的點在瞬間冷焊，因此動摩擦力 $\vec{f}_k$ 也會有較大的值。

通常這運動是「突然」的，因為這兩個表面輪流的卡住並接著滑動。這種重複的卡住及滑動會產生一些尖叫聲或軋軋作響的聲音。如當輪胎在乾燥的車道上煞車時，指甲刮過黑板、打開生鏽的門把。它也可以發出優美的聲音，如小提琴弓適當拉過琴弦時的音樂。

摩擦力的性質

由實驗得知，當一物體緊貼在一表面(兩接觸均為乾燥，且無潤滑)上，且有一力 $\vec{F}$ 施於物體上欲使其沿表面滑動，則所產生的摩擦力具有下列三個性質：

性質 1

若物體靜止不動，則靜摩擦力 $\vec{f}_s$ 的大小等於力 $\vec{F}$ 平行於接觸面之分量。而 $\vec{f}_s$ 其方向則與 $\vec{F}$ 之該分量相反。

(a)

(b)

圖 6-2　滑動摩擦的成因。(a)在此巨觀圖中，上表面在下表面上向右滑動於放大圖中。(b)接觸面的局部放圖，可以看到有兩個接觸點冷焊在一起。欲維持兩表面之相對運動，必須用力拉開冷焊在一起的各點。

性質 2

$\vec{f_s}$ 之最大值，即 $f_{s,\max}$，可寫成：

$$f_{s,\max} = \mu_s F_N \tag{6-1}$$

其中，μ_s 稱為**靜摩擦係數**，F_N 為正向力的大小。若平行於接觸面之分量大於 $f_{s,\max}$，則物體開始在接觸面上滑動。

性質 3

若物體開始在接觸面上滑動，則摩擦力的大小迅即降低至 f_k：

$$f_k = \mu_k F_N \tag{6-2}$$

其中，μ_k 稱為**動摩擦係數**。之後，在滑動期間，6-2 式所示動摩擦力 $\vec{f_k}$ 的大小反抗著運動。

出現在性質 2 及 3 中之正向力的大小表示物體壓在表面上緊密性的程度。如果物體壓得較重，由牛頓第三定律可知 F_N 會較大。性質 1 及性質 2 中所說的外力 $\vec{F}$，事實上指的是作用於物體上各力的淨力。注意 6-1 與 6-2 式不是向量式；$\vec{f_s}$ 及 $\vec{f_k}$ 恆平行於接觸面且與運動方向相反，但正向力 $\vec{F_N}$ 則與接觸面垂直。

μ_s 與 μ_k 兩係數均為無單位的量，且必須由實驗來決定。兩數值取決於物體及接觸面的性質；因此，提到時經常會搭配介系詞「在…之間」來表示，如「在」蛋和鐵氟龍鍋子「之間」的 μ_s 值為 0.04，但「在」攀岩鞋和岩石「之間」則是 1.2。

我們假設 μ_k 的值和物體沿表面滑行的速率無關。

測試站 1

地板上有一木塊。(a)地板對它的摩擦力大小若干？(b)假設有一大小 5 N 的力施於木塊上，但木塊沒有移動，則摩擦力大小若干？(c)若木塊的最大靜摩擦力 $f_{s,\max}$ 為 10 N，當水平的外加力大到 8 N 時，木塊會移動嗎？(d)若加到 12 N 呢？(e)於(c)中之摩擦力大小若干？

範例 6.1　以某個角度施力於靜止物塊

這個範例牽涉到傾斜地施力的情況，這需要處理力的分量以便求出摩擦力。此範例主要的挑戰是篩選出所有分量。圖 6-3a 顯示一個其大小為 $F = 12.0$ N 的力，它以俯角 $\theta = 30.0°$ 施力於 8.00 kg 物塊。物塊與地板之間的靜摩擦係數是 $\mu_s = 0.700$，動摩擦係數是 $\mu_k = 0.400$。請問物塊將開始滑動或保持靜止？作用在物塊的靜摩擦力大小為何？

關鍵概念

(1) 當物體靜止於表面的時候，靜摩擦力將與試圖使物體沿著表面滑動的力分量達成平衡狀態。**(2)** 靜摩擦力的最大可能數值可以運用 **6-1** 式 ($f_{s,\max} = \mu_s F_N$) 求出。**(3)** 如果所施加之力沿著表面的分量超過靜摩擦力的這個極限值，物塊將開始滑動。**(4)** 如果物塊滑動，則動摩擦力可以由 6-2 式 ($f_k = \mu_k F_N$) 求出。

計算　如果要判斷物塊是否滑動了（因此需要計算摩擦力的大小），我們必須將所施加力的分量 F_x 與所允許靜摩擦力最大的值 $f_{s,\,max}$ 進行比較。從圖 6-3b 的力分量和全部之力所形成的三角形中，我們發覺

$$F_x = F \cos \theta$$
$$= (12.0 \text{ N}) \cos 30° = 10.39 \text{ N} \qquad (6\text{-}3)$$

由 6-1 式可以知道 $f_{s,\,max} = \mu_s F_N$，但是我們需要正向力的大小 F_N 以便計算 $f_{s,\,max}$。因為正向力是垂直的，所以需要寫出作用於物塊的垂直力分量的牛頓第二定律 $(F_{net,y} = ma_y)$，如圖 6-3c 所示。大小 mg 的重力是往下作用。所施的力則具有向下的分量 $F_y = F \sin \theta$。另一方面，垂直加速度 a_y 為零。因此可以寫下牛頓第二定律

$$F_N - mg - F \sin \theta = m(0) \qquad (6\text{-}4)$$

結果得到

$$F_N = mg + F \sin \theta \qquad (6\text{-}5)$$

現在可以計算 $f_{s,\,max} = \mu_s F_N$ 了

$$f_{s,\,max} = \mu_s(mg + F \sin \theta)$$
$$= (0.700)((8.00 \text{ kg})(9.8 \text{ m/s}^2) + (12.0 \text{ N})(\sin 30°))$$
$$= 59.08 \text{ N}. \qquad (6\text{-}6)$$

因為試圖使物塊滑動的力分量大小 $F_x(=10.39 \text{ N})$ 小於 $f_{s,max}(=59.08 \text{ N})$，所以物塊保持靜止。這意味著摩擦力大小 f_s 與 F_x 相當。由圖 6-3d 可以寫下 x 分量的牛頓第二定律

$$F_x - f_s = m(0) \qquad (6\text{-}7)$$

因此　　　$f_s = F_x = 10.39 \text{ N} \approx 10.4 \text{ N}$　　　（答）

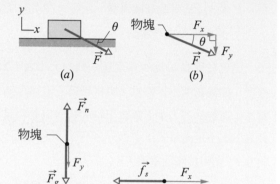

圖 6-3　(a)有一個力施加於起初靜止的物塊。(b)所施加力的分量。(c) 垂直的力分量。(d)水平的力分量。

範例 6.2　在結冰的水平或傾斜路上滑行到停止

網路上有一些很有趣的影片，是關於駕駛汽車的人在結冰路上控制不住汽車地滑行。對於一輛初始速率 10.0 m/s 的汽車，讓我們比較它在乾燥水平路面、結冰水平路面以及結冰山坡路面滑行到停止所經過的距離。

(a)如果動摩擦係數是 $\mu_k = 0.60$，在水平路面的汽車需要滑行多少距離才會停止（圖 6-4a），其中的動摩擦係數是合格輪胎與乾燥路面之間的典型值？讓我們忽略空氣對汽車的任何影響，假設輪子鎖住了而輪胎在路面滑動，而且汽車沿著原先的運動方向延伸成 x 軸。

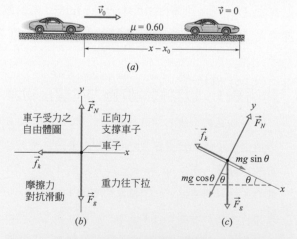

圖 6-4　(a)汽車往右滑行而且最終停止。汽車在(b)相同的水平路面，與 (c)山坡路面的自由體圖。

關鍵概念

(1) 因為水平動摩擦力對抗著汽車沿著 x 軸負方向的運動，所以汽車有加速度 (其速率減少了)。**(2)** 摩擦力是其大小如 **6-2** 式($f_k = \mu_k F_N$)所規定的動摩擦力，其中 F_N 是路面作用在汽車的正向力大小。**(3)** 藉著沿著路面的牛頓第二運動定律($F_{\text{net},x} = ma_x$)，可以將摩擦力與淨加速度關聯起來。

計算　圖 6-4b 顯示了汽車的自由體圖。正向力向上，重力向下，而且摩擦力是水平的。因為摩擦力是唯一具有 x 分量的力，所以沿著 x 軸的牛頓第二運動定律為

$$-f_k = ma_x \tag{6-8}$$

代入 $f_k = \mu_k F_N$ 可以得到

$$-\mu_k F_N = ma_x \tag{6-9}$$

由圖 6-4b 可以看到往上的正向力與往下的重力達成平衡狀態，因此可以將 6-9 式中的大小 F_N 替代成大小 mg。然後可以刪去 m (所以剎車距離與汽車質量無關——汽車可以重的或輕的)。求解 a_x 可以得到

$$a_x = -\mu_k g \tag{6-10}$$

因為這個加速度是常數，我們可以運用表 2-1 的等加速方程式。求出滑行距離 $x - x_0$ 最簡易的方式為 2-16 式 $(v^2 = v_0^2 + 2a(x - x_0))$，結果可以得到

$$x - x_0 = \frac{v^2 - v_0^2}{2a_x} \tag{6-11}$$

將 6-10 式代入上述數學式，可以得到

$$x - x_0 = \frac{v^2 - v_0^2}{-2\mu_k g} \tag{6-12}$$

然後代入初始速率 $v_0 = 10.0$ m/s，末速率 $v = 0$，以及動摩擦係數 $\mu_k = 0.60$，我們發覺汽車剎車距離為

$$x - x_0 = 8.50 \text{ m} \approx 8.5 \text{ m} \tag{答}$$

(b) 如果路面覆蓋了冰，且 $\mu_k = 0.10$，試問剎車距離為何？

計算　透過 6-12 式可以得到非常好的解答，這裡我們代入新的 μ_k，結果得到

$$x - x_0 = 51 \text{ m} \tag{答}$$

因此，為了避免沿路撞到其它物體，駕駛員將需要比較長的無障礙物路面。

(c) 現在將情況改成汽車沿著斜度 $\theta = 5.00°$ 的結冰山坡路(只是輕微傾斜，不像舊金山的山坡路)往下滑行。顯示於圖 6-4c 的自由體圖頗像範例 5.04 斜坡問題，不過為了能夠與圖 6-4b 一致，x 軸的正方向是沿著斜坡往下的方向。試問在這種情形下剎車距離為何？

計算　要將圖 6-4b 換成 c 涉及兩個主要的改變。(1)現在重力的一個分量是沿著傾斜的 x 軸，它將汽車拉下山坡。由範例 5.4 與圖 5-15 可以知道，將汽車拉下山坡的力分量是 $mg \sin\theta$，它是指向圖 6-4c 中 x 軸的正方向。(2)現在正向力 (仍然是垂直於路面) 只與重力的一個分量而不是全部的重力達成平衡狀態。由範例 5.4 (參看圖 5-15i)可以將個平衡狀態寫成

$$F_N = mg \cos\theta$$

雖然具有這些變更，我們仍然要寫出沿著 (現在是傾斜的) x 軸的牛頓第二運動定律 $(F_{\text{net},x} = ma_x)$。結果得到

$$-f_k + mg \sin\theta = ma_x$$
$$-\mu_k F_N + mg \sin\theta = ma_x$$

而且　　$-\mu_k mg \cos\theta + mg \sin\theta = ma_x$

求解加速度，並且代入這個小題的已知數值，結果得到

$$a_x = -\mu_k g \cos\theta + g \sin\theta$$
$$= -(0.10)(9.8 \text{ m/s}^2)\cos 5.00° + (9.8 \text{ m/s}^2)\sin 5.00°$$
$$= -0.122 \text{ m/s}^2 \tag{6-13}$$

將上述結果代入 6-11 式，結果可以得到沿著山坡往下的剎車距離：

$$x - x_0 = 409 \text{ m} \approx 400 \text{ m} \tag{答}$$

這大約是 $\frac{1}{4}$ 英里！這樣的山坡路將那些知道如何計算這個數值的人(因此他們知道應該待在家裡) 與那些不知道的人(因此產生網路上的影片)區別開來。

6-2 後曳力及終端速率

學習目標

在閱讀完這個區塊的文字之後，讀者應該能夠…

6.04 應用作用於在空氣中移動之物體的後曳力，以及該物體的速率之間的關係式。

6.05 決定在空氣中掉落之物體的終端速率。

關鍵概念

● 當空氣（或其他流體）與物體有相對運動，物體將經歷一個對抗此相對運動的後曳力 $\vec{D}$，它指向流體相對於物體流動的方向。$\vec{D}$ 的大小利用由實驗決定的後曳係數 C，可以和相對速率關聯起來，其數學式為

$$D = \frac{1}{2}C\rho Av^2$$

其中ρ是流體密度（每單位體積的質量），而且A是物體的有效截面積（垂直於相對速度$\vec{v}$的橫截面面積）。

● 當鈍的物體在空氣中掉落了夠遠距離的時候，作用於物體的後曳力$\vec{D}$和重力$\vec{F}_g$的大小將變得相同。然後物體將以如下列數學式所示的固定終端速率v_t掉落

$$V_t = \sqrt{\frac{2F_g}{C\rho A}}$$

後曳力及終端速率

圖6-5 滑雪者蹲成「蛋形姿勢」，藉以最小化其有效截面積，從而最小化作用於她身上的空氣曳力。

(Agentur/New scom)

任何可流動的東西都叫**流體**——通常指液體及氣體。當一物體與流體之間有相對速度時(由於物體穿過流體或者是因流體流經物體)，恆受一**後曳力**$\vec{D}$之作用，其與相對運動相反且指向流體相對於物體流動的方向。

在本節中，我們假定流體為空氣；物體是鈍形的(如棒球)，而不是尖形的(如標槍)；並假設相對運動夠快，可在運動體後方產生亂流(旋渦)。在這些假設之下，後曳力$\vec{D}$的大小可用相對速率v及**後曳係數**C(由實驗決定)來表示，即

$$D = \frac{1}{2}C\rho Av^2 \tag{6-14}$$

其中，ρ為流體密度(每單位體積的質量)，A為物體的**有效截面積**(截面面積垂直於相對速度$\vec{v}$)。後曳係數(約在 0.4 至 1.0 間)並非一定值，它會受的影響改變。但目前我們不去管它。

在下坡快速滑雪的運動項目裡，運動員都知道後曳力與A及v^2的關係。要滑得更快，必須盡可能減小後曳力，其中一個方法就是將身體縮成「蛋形」(圖 6-5)，以減少值A。

落下。當一鈍形物體由靜止在空氣中落下時，後曳力$\vec{D}$指向上，而其大小隨著物體的速率由零逐漸增加。這向上的力$\vec{D}$和物體的重力$\vec{F}_g$相反。由在垂直的y軸方向上之牛頓第二定律($F_{\text{net},y} = ma_y$)，可以列出力與物體之加速度間的關係

$$D - F_g = ma \tag{6-15}$$

其中 m 為物體的質量。如圖 6-6 示，如果物體落下得夠久，則 D 最後會等於 F_g。由 6-15 式，此即表示 $a = 0$，而且物體的速率不再增加。物體會以等速落下，此速率即稱為**終端速率** v_t。

在 6-15 式中設 $a = 0$ 來求 v_t，然後將 6-14 式中的 D 代入可得

$$\tfrac{1}{2}C\rho A v_1^2 - F_g = 0$$

其給出

$$v_t = \sqrt{\frac{2F_g}{C\rho A}} \tag{6-16}$$

表 6-1 中所列者為若干物體的值 v_t。

隨貓之速率增加，向上之曳力也增加，直到與重力平衡

落下物體

(a)　(b)　(c)

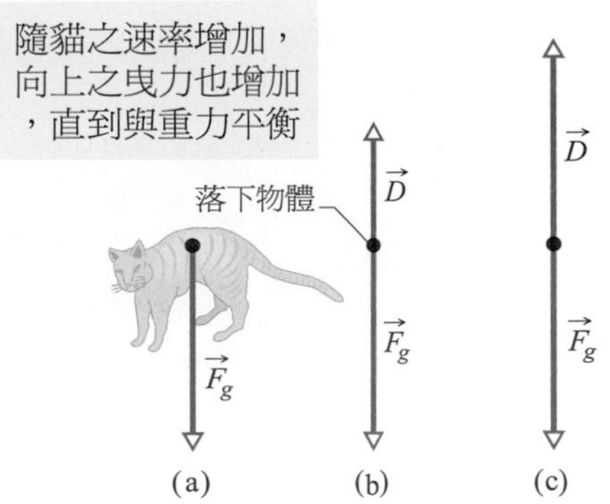

圖 **6-6** 　作用於在空氣中落下之物體的力：(a)剛要落下的物體；(b)物體落下不久，後曳力才出現時的自由體圖。(c)後曳力增加至與物體的重量平衡。此時物體以終端速率等速落下。

表 6-1 　若干物體空氣中的終端速率

物體	終端速度(m/s)	95%距離 [a](m)
鉛球	145	2500
高空跳傘(未張傘)	60	430
棒球	42	210
網球	31	115
籃球	20	47
乒乓球	9	10
雨滴(半徑 = 1.5 mm)	7	6
跳傘者	5	3

[a] 所謂 95%距離，是指物體由靜止落下至其終端速率的 95%時，所落下的距離。

來源：編自 Peter J. Brancazio，*Sport Science*。1984 年紐約 Simon & Schuster 出版。

根據 6-14 式的計算*，一隻貓要落下約六層樓的距離才會到達終端速率。在未達終端速率以前，$F_g > D$，合力朝下，所以貓加速度落下。在第 2 章中，我們知道人體只能感覺加速度，而不能感覺速度的快慢。貓也是一樣；因此，在未達到終端速率之前，牠會因加速度感到害怕而縮成一團，使得 A 變小而 v_t 變大，摔到地上當然慘兮兮的。

然而，若貓到達了終端速率 v_t 以後，加速度不見了，貓就變得比較安心，而將頭部、四肢、尾巴全部放鬆，脊椎骨也伸直了，此時，它看起來活像一隻飛鼠。這些動作會增加面積 A，遂由 6-14 式，曳力 D 也隨著增加。因為 $D > F_g$，合力朝上，於是開始減速，而達到一個較慢的終端速率 v_t。此時落地所受的傷害自然較輕微。在下落將到終點前，貓看到地面近了，便會放下四肢準備著陸。

---

* W. O. Whitney 及 C. J. Mehlhaff，"High-Rise Syndrome in Cats." *The Journal of the American Veterinary Medical Association*, 1987

人們為了追求從高處落下的樂趣而從事高空跳傘運動。然而在 1987 年 4 月，有一組人在作高空跳傘的表演，隊員之一的羅博生發現另外一位女隊員魏黛比被別人撞到而暈了過去。羅博生當時在魏黛比的上方，在 4 km 的驟降下尚未打開降落傘，連忙使出一招「鷂子翻身」，將頭朝下，此時減小 A，而落下的速率陡增。當他趕上魏黛比後，幾達 320 km/h 的 v_t，並隨即改變身形，施展出「大鵬展翅」，如圖 6-7 所示，而增加 D 使他可以抓住她；此時，他的速率恢復到與她相同。連忙幫她解開降落傘，然後打開自己傘，以僅剩的 10 秒鐘安全著地，真是千鈞一髮！而魏黛比著陸時尚未清醒，摔得不輕，但總算保住一條小命。

圖 6-7 施展「大鵬展翅」以將空氣後曳力增至最大的高空跳傘員。(Steve Fitchen/Taxi/Getty Images)

範例 6.3 雨滴降落的終端速率

一顆雨滴半徑 $R = 1.5$ mm，由離地面之高度為 $h = 1200$ m 之雲層中落下。設雨滴之後曳係數 C 為 0.60。落下過程中，均保持正球形。已知水的密度 ρ_w 為 1000 kg/m³，空氣密度為 $\rho_a = 1.2$ kg/m³。

(a) 由表 6-1 可知，雨滴落下數米後，即可達終端速率。試問終端速率是多少？

關鍵概念

當雨滴上之重力與其上之空氣阻力達平，雨滴會到達一個終端速率 v_t，所以其加速度為零。我們可以使用牛頓第二定律和阻力方程式來求 v_t，但 6-16 式已告訴我們所有答案了。

計算 為使用 6-16 式，我們需要雨滴的有效截面積 A 和重力的大小 F_g。因為設雨滴保持正球形，所以為與球體同半徑的圓面積(πR^2)。利用三件事實來求：(1) $F_g = mg$，其中 m 為雨滴的質量；(2)雨滴(球體)之體積為 $V = \frac{4}{3}\pi R^3$；(3)雨滴中水的密度為單位體積之質量，或 $\rho_w = m/V$。因此，我們發現

$$F_g = V\rho_w g = \frac{4}{3}\pi R^3 \rho_w g$$

之後，我們將此 A 之表示式及已知條件代入 6-16 式。

要小心分辨空氣密度 ρ_a 和水之密度 ρ_w，可得：

$$v_t = \sqrt{\frac{2F_g}{C\rho_a A}} = \sqrt{\frac{8\pi R^3 \rho_w g}{3C\rho_a \pi R^2}} = \sqrt{\frac{8R\rho_w g}{3C\rho_a}}$$

$$= \sqrt{\frac{(8)(1.5\times10^{-3}\,\text{m})(1000\,\text{kg/ m}^3)(9.8\,\text{m/ s}^2)}{(3)(0.60)(1.2\,\text{kg/ m}^3)}}$$

$$= 7.4\,\text{m/ s} \approx 27\,\text{km/ h} \tag{答}$$

注意，本題的計算並未用到雲層的高度。

(b) 若無空氣的後曳力，試求雨滴落地前之末速率。

關鍵概念

在落下的過程中若無阻力來減緩雨滴的速率，則其將以一定的自由落體加速度 g 落下，所以可以運用表 2-1 中的等加速度方程式。

計算 已知加速度為 g，初始速度 $v_0 = 0$ 且位移 $x - x_0$ 為$-h$，由 2-16 可得 v

$$v = \sqrt{2gh} = \sqrt{(2)(9.8\,\text{m/s}^2)(1200\,\text{m})}$$
$$= 153\,\text{m/s} \approx 550\,\text{km/h} \tag{答}$$

如果知道這個數值，莎士比亞就寫不出如下的句子來：「它由穹蒼飄然而降，宛若溫柔的雨滴，遍灑在大地上。」事實上，這個速率很接近大口徑手槍所發射的子彈速率。

6-3　等速率圓周運動

學習目標

在閱讀完這個區塊的文字之後，讀者應該能夠…

6.06　畫出等速率圓周運動的路徑，並且解釋運動過程的速度、加速度和力向量 (大小和方向)。

6.07　瞭解除非被施加徑向往內的力 (向心力)，否則物體不可能進行圓周運動。

6.08　針對處於等速率圓周運動的質點，應用運動路徑半徑、質點速率和質量、以及作用於質點的淨力之間的關係式。

關鍵概念

● 如果質點在半徑 R 的圓形或圓弧路徑上，以固定速率 v 運動，則可以稱呼質點處於等速率圓周運動。此時質點將具有向心加速度 $\vec{a}$，其大小可以由下列數學式取得

$$a = \frac{v^2}{R}$$

● 這個加速度是由淨向心力作用於質點所引起，其大小可以由下列數學式求出

$$F = \frac{mv^2}{R}$$

其中 m 是質點質量。向量物理量 $\vec{a}$ 和 $\vec{F}$ 指向質點運動路徑的曲率中心。

等速率圓周運動

　　由 4-5 節，若一物體以等速率 v 沿一圓周(或圓弧)移動時，稱之為等速率圓周運動。而物體有一個指向圓心之一定大小的向心加速度，表示為

$$a = \frac{v^2}{R}(向心加速度) \tag{6-17}$$

其中，R 為圓半徑。這裡有兩個例子：

1. **車子轉彎時**。假設你坐在高速行駛的汽車的後座中央。當車子突然向左彎時，你一定會向右滑動，而緊靠在車子的內壁上。此時，又是怎麼一回事？

　　當汽車作圓弧運動時，可視為等速率圓周運動，即它有一個指向圓心的加速度。由牛頓第二定律可知必須有一個指向圓心的力來產生這個加速度。此外，此力必也是指向圓心。稱之為**向心力**，向心意指其方向。在這個例子裡，所需的向心力係由路面施於四個輪子的摩擦力來提供。它可用來使汽車轉彎。

　　如果車內的你和車子一起作等速率圓周運動，則你身上一定也有一股向心力。然而很明顯地，若坐椅對你的摩擦力不夠大而使你無法與車子一起作圓周運動。則坐椅將在你之下滑動，直到車子的右壁碰到你。然後，車壁對你所施的推力就是向心力；你一有了向心力，就會和車子一起作等速率圓周運動。

2. **繞地球運行時**。想像你是太空梭亞特蘭提斯號上的太空人。在繞地球的軌道上運行，且處於失重狀態。此時，又是怎麼一回事？

當你和太空梭一起作等速運動時會有一個指向圓心的加速度。而由牛頓第二定律可知它是由向心力所造成的。這裡的向心力即是地球施於你和太空梭上的重力，徑向朝內，且是指向地心的。

綜上所述，車子及太空梭作等速率圓周運動時，都有向心力之作用——但你坐在上面卻有截然不同的感覺。在汽車裡面，你會靠在車的內壁，感覺到它在壓迫你。但在運行的太空梭中，你卻到處飄浮，感覺不到任何力的作用。為何會有這種差異呢？

這個差異來自兩個向心力不同的本質。在車子內，向心力是推擠著你身上與車壁接觸的那部份。你可以感覺到身體這部分所受的壓力。而在太空梭裡，向心力即是拉著你身體裡每一個原子的重力。因此你身上的任何一個部分都沒有壓力(或拉力)存在，而也就感覺不到有力作用在身體上(這種感覺稱為「無重力狀態」，但這是很難描述的。地球對你的引力是不會消失的，事實上它比你在地表上所受的引力要小)。

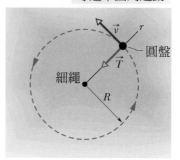

圓盤僅藉由一向心之力 而作等速率圓周運動

圖6-8 質量 m 的曲棍球圓盤在水平無摩擦的表面上以等速率 v 作半徑 R 的圓周運動。其向心力為 $\vec{T}$，是繩子之拉力沿著徑向軸 r 朝內延伸到圓盤。

另一個向心力的例子如圖 6-8 所示。將一個曲棍球圓盤以繩子繫住綁在中心樁上，讓它以等速率 v 繞此樁作圓周運動。此處的向心力乃是繩子對圓盤徑向的拉力。如果沒有這個力，圓盤將會在直線上滑行，而非在圓上運動。

再次注意到，向心力不是一個新的力。它的名稱僅是表示力的方向而已。事實上它可以是摩擦力、重力，由車子或繩子產生的力，或者是任何其它的力。對任何情況而言：

 向心力藉由改變速度的方向來加速物體，而非改變速率的大小。

由牛頓第二定律和 6-17 式($a = v^2/R$)，可以寫出向心力(或淨向心力)的大小 F 為：

$$F = m\frac{v^2}{R} \quad \text{(向心力的大小)} \tag{6-18}$$

因為這裡的速率 v 為定值，所以加速度和力的大小也是如此。

然而，向心加速度和力的方向並非一定；它們一直在變化而且總是指向圓心。因此，力和加速度的向量有時被畫在隨物體運動的徑向軸 r 之上，而且總是由圓心延伸到物體上，如圖 6-8 所示。該軸的正方向是徑向朝外，但加速度和力的向量則是徑向朝內。

☑ **測試站 2**

如同每個遊樂園常客所知，摩天輪是由安裝在高大金屬環的許多座椅組成，而且金屬環會繞著水平軸轉動。當讀者坐在以固定速率轉動的摩天輪內，在通過摩天輪 (a) 最高點以及 (b) 最低點時，試問讀者的加速度 $\vec{a}$ 方向，以及作用在你身上 (來自直立的座椅) 的正向力 $\vec{F}_N$ 方向各為何？(c) 將最高點的加速度大小與最低點的加速度大小作比較，其結果為何？(d) 在這兩個點對正向力大小作比較，其結果為何？

範例 **6.4**　**垂直圓筒狀軌道、Diavolo**

主要是因為坐在車內的關係，讀者已經習慣水平圓周運動。垂直圓周運動則是新奇事物。在這個範例中，解答似乎在違抗重力。

1901 年的一場馬戲表演中，綽號「敢死狂人」(Dare Devil)的特技演員 Diavolo 引進表演了在圓筒狀軌道內騎單車的絕技(圖 6-9a)。假設圓形半徑為 R = 2.7 m，試問，他在圓形之最高點時，速率 v 至少要多少才不會中途掉下來？

(a)

關鍵概念

假設將他和其腳踏車在通過圓的頂端時，可視為單一質點作等速率圓周運動。因此由 6-17 式，在頂端時質點之加速度 $\vec{a}$ 之大小為 $a = v^2/R$，方向向下，朝向圓圈中心。

計算

質點在圓圈頂端之力如圖 6-9b 所示。重力 $\vec{F}_g$ 沿 y 軸向下，由圓周對質點之正向力 $\vec{F}_N$ 也向下。所以由 y 分量的牛頓第二定律($F_{\text{net},y} = ma_y$)可知

$$-F_N - F_g = m(-a)$$

及　　$$-F_N - mg = m\left(-\frac{v^2}{R}\right) \qquad (6\text{-}19)$$

若質點具有保持接觸所需的最小速率 v，則它正處於與圓圈失去接觸之邊緣(從圓上掉落)，這意味著在圓圈頂端，$F_N = 0$ (質點和圓圈彼此接觸，但是沒有任何正向力)。將 0 代入 6-19 式的 F_N，求 v，然後代換已知值後可得：

$$v = \sqrt{gR} = \sqrt{(9.8\,\text{m/s}^2)(2.7\,\text{m})}$$
$$= 5.1\,\text{m/s} \qquad (答)$$

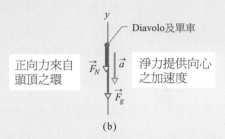

(b)

圖 6-9　(a) Diavolo 當時的廣告，(b)在圓環頂端時的人及車的自由體圖(圖片得到 Circus World Museum 的授權)

註解

Diavolo 須確定他在最高點的速率要大於 5.1 m/s 以使他不會與圓圈失去接觸而掉落下來。注意這個速率的條件和他及腳踏車之質量無關。即是說，若他在表演前大吃大喝，他仍然只須要超過 5.1 m/s，就能讓自己在通過圓圈最高點時，還能與圓圈碰觸在一起。

範例 6.5 汽車於平坦圓形彎道

上下顛倒地飆車

現代賽車可以設計成，讓通過賽車的空氣能將賽車往下壓，以便在 Grand Prix 競賽的平坦跑道上，也能快速奔馳通過而不會摩擦力失效。這種向下壓的力量稱為負升力(negative lift)。那麼一輛賽車的負升力可能大到像電影「MIB 星際戰警」中那樣，使車子在長天花板上面上下顛倒地行駛嗎？

圖 6-10a 代表一輛參加國際汽車大獎賽 (Grand Prix)、質量 $m = 600$ kg 的汽車，圖中汽車正在半徑 $R = 100$ m 的圓弧軌道行進。因汽車外形與安裝車翼，使經過汽車的空氣會對汽車施以向下的負升力 $\vec{F}_L$。在輪胎和跑道間的靜摩擦係數是 0.75(假設作用在四個輪子上的力量是相等的)。

(a) 若汽車速度是 28.6 m/s 時，汽車正處於即將滑出彎道，則向下作用於車的負升力 $\vec{F}_L$ 的量值為何？

關鍵概念

1. 因為汽車正繞著圓弧在運動，所以必定會有向心力作用在汽車上；這個力量的方向必然會指向圓弧的曲率中心(在本例題中，它是水平的)。

2. 作用在汽車上唯一的水平方向力是由跑道作用在輪胎的摩擦力。故需要的向心力就是摩擦力。

3. 因為汽車尚未發生滑動的情形，所以摩擦力必然是靜摩擦力 $\vec{f}_s$(圖 6-10a)。

4. 因為汽車是處於即將滑動的邊緣，所以量值 f_s 等於最大值 $f_{s,max} = \mu_s F_N$，其中 F_N 是由跑道作用在汽車的正向力 $\vec{F}_N$ 的量值。

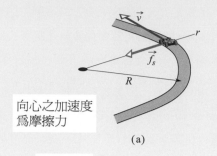

向心之加速度為摩擦力

(a)

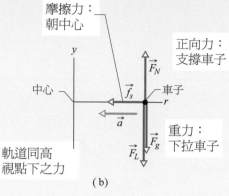

摩擦力：朝中心

正向力：支撐車子

車子

重力：下拉車子

軌道同高視點下之力

(b)

圖 6-10 (a)賽車以固定速度繞著平坦曲線跑道進行運動。摩擦力 $\vec{f}_s$ 提供了所需要的向心力。(b)在一個含有 r 的垂直平面中，汽車的自由體受力圖(未依比例)。

徑向方向的計算

摩擦力 $\vec{f}_s$ 顯示於圖 6-10b 的自由體受力圖中。這個力量的方向是在徑軸 r 的負方向上，其中徑軸是當汽車在運動的時候，由曲率中心延伸出來以後通過汽車的物理量。此力量所產生向心加速度的量值是 v^2/R。我們可以經由將沿著 r 軸此方向的分量的牛頓第二運動定律($F_{net,r} = ma_r$)寫成下列形式，讓此力量與加速度產生關連：

$$-f_s = m\left(-\frac{v^2}{R}\right) \tag{6-20}$$

以 $f_{s,max} = \mu_s F_N$ 代替 f_s 之後，我們得到

$$\mu_s F_N = m\left(\frac{v^2}{R}\right) \tag{6-21}$$

垂直方向的計算　其次讓我們考慮作用在汽車上垂直方向的力量。正向力 $\vec{F}_N$ 的方向向上，它是在圖 6-10b 中 y 軸的正方向。重力 $\vec{F}_g = m\vec{g}$ 與負升力 $\vec{F}_L$ 的方向向下。汽車在沿著 y 軸方向的加速度是零。因此我們可以寫出沿著 y 軸方向的各力分量的牛頓第二定律($F_{net,y} = ma_y$)，其形式爲

$$F_N - mg - F_L = 0$$

或　　　　$$F_N = mg + F_L \tag{6-22}$$

各項結果的結合　現在，藉由以 6-22 式取代 6-21 式中的 F_N，我們可以將沿著兩個軸所獲得的結果結合起來。然後求解 F_L，我們得到

$$F_L = m\left\{ \frac{v^2}{\mu_s R} - g \right\}$$

$$= (600\text{kg})\left(\frac{(28.6\text{m/s})^2}{(0.75)(100\text{m})} - 9.8\text{m/s}^2 \right)$$

$$= 663.7 \approx 660\text{N} \tag{答}$$

(b) 與空氣阻力的情形(6-14 式)一樣，作用在汽車上的負升力 F_L 的量值與汽車速度的平方有關。因此在這種情形下，當汽車的行進速度越大，作用於汽車的負升力也越大；不論在跑道的彎道部分或直線部分，這種性質都成立。試問當汽車車速爲 **90 m/s** 的時候，負升力的量值是多少？

關鍵概念

F_L 與 v^2 成正比。

計算　因此可寫出，在 $v = 90$ m/s 時的負升力 $F_{L,90}$ 相對於在 $v = 28.6$ m/s 時的負升力 F_L 的比值：

$$\frac{F_{L,90}}{F_L} = \frac{(90\text{m/s})^2}{(28.6\text{m/s})^2}$$

將已知的負升力 $F_L = 663.7$ N 代入，然後求解 $F_{L,90}$，其結果爲：

$$F_{L,90} = 6572\text{N} \approx 6600\text{N} \tag{答}$$

上下顛倒地飆車

若有個上下顛倒地飆車的機會，重力當然是要去克服的一個力：

$$F_g = mg = (600\text{kg})(9.8\text{m/s}^2)$$
$$= 5880\text{N}$$

由於汽車上下顛倒，所以此時 6600 N 的負升力是向上的。這已經超過 5880 N 的向下重力。因此，如果汽車車速大約爲 90 m/s (= 324 km/h = 201 mi/h)，就可以在天花板上行駛。然而，在車體正面朝上的情形下，於水平軌道上跑這麼快是非常危險的，所以除了電影裡面，你不太可能看得到上下顛倒地飆車。

範例 6.6　汽車在圓形坡道轉彎

這個範例在建立方程式時相當具有挑戰性，但是卻只需要求解幾行代數式。我們不只是處理等速率圓周運動，也將涉及斜坡問題。不過這裡將不會像其他斜坡問題那樣，需要用到傾斜座標系統。我們改成採用物體運動畫面停格的方式，單純地處理水平軸與垂直軸方向的運動。如同本章一直提到的，解決問題的出發點是應用牛頓第二定律，但是那將導致我們必須找出與等速率圓周運動有關的力分量。

高速公路的彎道路段總是會加上邊坡(使路面傾斜)，以便防止車輛滑落高速公路。當高速公路路面乾燥的時候，在輪胎與路面之間的摩擦力可能足以避免車輛發生滑動的情形。然而當高速公路路面潮濕的時候，摩擦力可以忽略，此時讓路面傾斜是很必要的。圖 6-11a 顯示的是一輛質量 m 的汽車，以固定速度 v 繞著路面傾斜圓形道路運動的情形，汽車速度是 20 m/s，圓形彎道的半徑是 $R = 190$ m(這是一輛平常的汽車，而不是賽車，意思是說經過汽車的空氣所引起的垂直力可以忽略)。如果由路面引起的摩擦力可以忽略，那麼試問路面傾斜角度 θ 必須是多少才能防止汽車發生滑動的情形？

關鍵概念

此時車道有邊坡，這使得作用在汽車的正向力 $\vec{F}_N$ 偏往圓心(圖 6-11b)。因此 $\vec{F}_N$ 現在具有量值為 F_{Nr} 的向心分量，其方向是沿著徑向 r 指向內側。我們想要求出路面傾斜角度值 θ，使得這個向心分量，能在沒有摩擦力的情況下讓汽車停留在圓形道路上。

徑向方向的計算

如同圖 6-11b 所示 (讀者應該自己去驗證)，$\vec{F}_N$ 與垂直方向所形成的角度等於路面的傾斜角 θ。因此徑向分量 F_{Nr} 等於 $F_N \sin\theta$。我們現在已經可以寫出沿著 r 軸的各分量的牛頓第二定律($F_{\text{net},r} = ma_r$)，其形式為：

$$-F_N \sin\theta = m\left(-\frac{v^2}{R}\right) \quad (6\text{-}23)$$

因為這個方程式另外還含有未知數 F_N 和 m，所以我們無法針對 θ 值求解這個方程式。

垂直方向的計算

其次我們考慮在圖 6-11b 中，沿著 y 軸的力量與加速度。正向力的垂直分量是 $F_{Ny} = F_N \cos\theta$，作用在汽車的重力 $\vec{F}_g$ 的量值是 mg，而且汽車沿著 y 軸的加速度是零。因此我們可以寫出沿著 y 軸方向的各力分量的牛頓第二定律($F_{\text{net},y} = ma_y$)，其形式為：

$$F_N \cos\theta - mg = m(0)$$

其中

$$F_N \cos\theta = mg \quad (6\text{-}24)$$

各項結果的結合

6-24 式也含有未知的 F_N 和 m，但是請注意，將 6-23 式除以 6-24 式，可以完全消去這兩個未知數。執行完這個運算之後，將$(\sin\theta)/(\cos\theta)$ 以 $\tan\theta$ 取代，然後求解 θ，其結果為

$$\theta = \tan^{-1}\frac{v^2}{gR}$$

$$= \tan^{-1}\frac{(20\,\text{m/s})^2}{(9.8\,\text{m/s}^2)(190\,\text{m})} = 12° \quad \text{(答)}$$

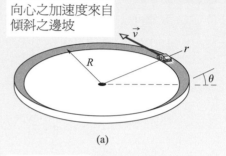

向心之加速度來自傾斜之邊坡

(a)

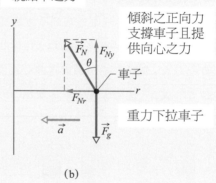

軌道同高視點下之力

傾斜之正向力支撐車子且提供向心之力

車子

重力下拉車子

(b)

圖 6-11 (a)一輛汽車以固定速率 v 沿著路面傾斜的曲線道路運動。為了能夠清楚顯示，路面傾斜的角度已經予以誇大。(b)汽車的自由體受力圖，其中假設輪胎和路面之間摩擦力為零，並且假設汽車不具有負升力。正向力的往內徑向分力(沿著徑向軸 r)，提供所需要的向心力和徑向加速度。

重點回顧

摩擦力　當一力 $\vec{F}$ 欲使物體沿表面滑動時，表面必對物體施以**摩擦力**。其方向與表面平行，且與物體運動方向相反。摩擦力是由物體的原子與接觸表面的原子之間的鍵結所引起，這是一種稱爲冷焊的效應。

　　若物體尚未運動，摩擦力爲**靜摩擦力** $\vec{f}_s$。若物體在接觸面上滑動，則爲**動摩擦力** $\vec{f}_k$。

1.　若物體尚未運動，則靜摩擦力 $\vec{f}_s$ 與所施之力 $\vec{F}$ 在接觸面方向的分量相等且平行，但方向相反。若此平行分量增加，f_s 也增加。

2.　$\vec{f}_s$ 之大小有一最大值 $f_{s,\max}$ 如下給定：

$$f_{s,\max} = \mu_s F_N \qquad (6\text{-}1)$$

其中，μ_s 稱爲**靜摩擦係數**，F_N 爲正向力的大小。如果 $\vec{F}$ 平行於接觸表面的分量超過 $f_{s,\max}$，則靜摩擦力將被克服，物體會開始滑動。

3.　若物體開始在表面上滑動，則摩擦力大小快速減少至一如下固定值 f_k：

$$f_k = \mu_k F_N \qquad (6\text{-}2)$$

其中 μ_k 稱爲**動摩擦係數**。

後曳力　若物體與空氣(或其他流體)有相對運動，則必受一**後曳力** $\vec{D}$ 之作用，其方向與物體對空氣之運動方向相反。由實驗知，$\vec{D}$ 的大小與相對速率 v 及後曳係數 C 之關係爲：

$$D = \tfrac{1}{2} C \rho A v^2 \qquad (6\text{-}14)$$

其中，ρ 爲流體密度(每單位體積的質量)，A 爲物體的**有效截面積**(截面面積垂直於相對速度 $\vec{v}$)。

終端速率　當一鈍形物體在空氣中掉落的距離夠遠時，若物體所受的後曳力 $\vec{D}$ 恰與其重力 $\vec{F}_g$ 相等。則物體以一固定的**終端速率** v_t 等速落下：

$$v_t = \sqrt{\frac{2F_g}{C\rho A}} \qquad (6\text{-}16)$$

等速率圓周運動　若一質點以等速率 v 作半徑 R 之圓周或圓弧運動，則稱爲**等速率圓周運動**。其**向心加速度** $\vec{a}$ 的大小爲：

$$a = \frac{v^2}{R} \qquad (6\text{-}17)$$

此加速度來自作用於質點的淨**向心力**，其大小爲

$$F = \frac{mv^2}{R} \qquad (6\text{-}18)$$

其中，m 爲質點質量。向量 $\vec{a}$ 及 $\vec{F}$ 均指向質點路徑之曲率中心。只有在質點受到淨向心力作用的情形下，質點才會以圓周運動的形式移動。

討論題

1　如圖 6-12 所示，重量爲 60.0 N 載有企鵝之雪橇靜置於仰角 $\theta = 30.0°$ 之斜面上。雪橇和斜面之間的靜摩擦及動摩擦係數分別爲 0.250 及 0.150。(a)欲以一平行於斜面之力 $\vec{F}$ 施於雪橇，使其不致下滑，試求該力之最小量值。(b)欲使雪橇向斜面上方開始移動，F 之最小值爲何？(c)欲使雪橇沿斜面向上方等速運動，則 F 應爲若干？

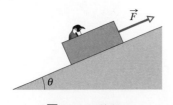

圖 6-12　習題 1

2　一個被期末考逼得抓狂的學生，使用量值 80 N 的力 $\vec{P}$，並以 $\theta = 70°$ 角度將 9.0 kg 物理課本推過房間的天花板，如圖 6-13。如果物理課本和天花板之間的動摩擦係數是 0.80，則物理課本加速度的量值爲何？

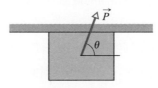

圖 6-13　習題 2

3　質量 $m_t = 5.0$ kg 的物塊被放在質量 $m_b = 6.0$ kg 的物塊頂部。如果想在底部塊狀物體靜止不動的情形下，讓頂部塊狀物體在底部物體上滑動，我們必須施加至少 25 N 的水平力在頂部物體上。現在我們將此物塊組合放置在水平無摩擦桌面上(圖 6-14)。試求在

兩個物塊必須一移動的條件下，(a)所能施加在底部物塊的最大水平力 $\vec{F}$ 的大小，及(b)此時物塊組合的加速度大小。

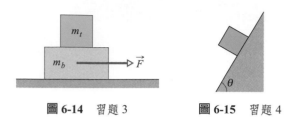

圖 6-14 習題 3　　　　**圖 6-15** 習題 4

4 在圖 6-15 中，塊狀物體和傾斜面之間的動摩擦係數是 0.30，而且角度 θ 是 55°。試問如果塊狀物體正沿著斜面滑下，則物體加速度的：(a)量值 a，(b)方向（沿著斜面往上或往下）為何？如果物體正沿著斜面往上滑動，求此時物體的：(c) a，(d)方向。

5 一輛重 10.7 kN、以 12.8 m/s 行進而且不具有負升力的汽車，企圖繞過沒有邊坡、半徑 70.0 m 的彎道。(a)請問要讓汽車保持在其圓形路徑上，所需要作用在輪胎上的摩擦力量值是多少？(b)如果輪胎和路面之間的靜摩擦係數是 0.350，則這部汽車企圖繞過彎道會成功嗎？

6 我們必須將條板箱推過地板到達碼頭港灣。條板箱重 140 N。條板箱和地板之間的靜摩擦係數是 0.450，動摩擦係數是 0.320。我們施加在條板箱的力是在水平方向。(a)請問可以讓條板箱處於瀕臨滑動邊緣的推力量值是多少？(b)如果要讓條板箱以固定速度運動，此時推力的量值必須是多少？(c)如果將推力改成與(a)小題答案相同的量值，則條板箱加速度量值是多少？

7 一個木塊以固定速度滑下傾斜角 θ 的傾斜面。然後木塊以初始速率 v_0 沿著相同斜面往上投射。(a)請問在木塊停止不動以前，它會沿著斜面往上移動多遠？(b)在木塊停止以後，它會再一次沿著斜面往下運動嗎？請提出論證來支持自己的答案。

8 某一個投石器射擊手放置一顆石頭(0.250 kg)在投石器的承石袋(0.010 kg)中，然後開始讓石頭和承石袋在半徑 0.650 m 的垂直圓形路徑上運動。在承石袋和射擊手之間的細繩具有能予以忽略的質量，而且細繩會在張力大於或等於 38.0 N 的時候斷裂。假設投石器射手可逐漸增加石頭的速率。(a)試問細繩斷裂的情形會發生在圓形路徑的最低點或最高點？(b)石頭速率等於多少的時候，細繩會斷裂？

9 在圖 6-16 中，力量 $\vec{F}$ 被施加在置於地板的條板箱上，而且地板和條板箱之間的靜摩擦係數是 μ_s。角度 θ 起初是 0°，但是逐漸增加，使得力的向量如圖所示呈順時針旋轉。在旋轉的過程中，力的 F 量值可以持續地調整，使得條板箱總是處於瀕臨滑動的狀態。對於 $\mu_s = 0.70$，(a)請畫出比值 F/mg 對 θ 的曲線圖，(b)求出當該比值趨近無限大時的角度 θ_{inf}。(c)替地板擦上潤滑劑，會使 θ_{inf} 增加或減少，或者是不會改變這個數值？(d)當 $\mu_s = 0.55$ 的時候，θ_{inf} 是多少？

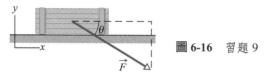

圖 6-16 習題 9

10 一條琴弦可以承受 35 N 的最大拉力而不會斷裂。一個孩子將一塊 0.40 公斤的石頭綁在繩的一端，並握住另一端以半徑 0.91 m 的圓垂直旋轉石頭，並緩慢增加速度直到弦斷裂，則當弦斷裂時(a)石頭在路徑上的什麼位置？(b)石頭的速度為何？

11 在圖 6-17 中，5.0 kg 木塊被沿著傾斜角 $\theta = 37°$ 的斜面往上推動，所施加的力是量值 40 N 的水平力 $\vec{F}$。木塊和斜面之間動摩擦係數是 0.30。請問木塊加速度的：(a)量值和(b)方向（沿著斜面往上或往下）為何？已知木塊的初速是 4.0 m/s。(c)請問木塊可以沿著斜面往上移動多遠？(d)當它抵達最高點的時候，它會保持靜止狀態，或沿著斜面往下滑動？

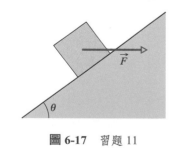

圖 6-17 習題 11

12 當在 $t = 0$ 時，水平力 $\vec{F} = (1.8t)\hat{\text{i}}$ N (t 的單位是秒) 施加在一個盒子上的時候，此 3.0 kg 盒子起初是靜止在水平表面上。盒子加速度的時間函數可以 t 表示成 $\vec{a} = 0$ ($0 \le t \le 2.8$ s) 及 $\vec{a} = (1.2t - 2.4)\hat{\text{i}}$ m/s² ($t > 2.8$ s)。
(a)請問盒子和水平表面之間的靜摩擦係數是多少？
(b)盒子和水平表面之間的動摩擦係數是多少？

13 將 15 公斤的鋼塊靜止在水平桌面上，鋼塊與桌面間的靜摩擦係數為 0.60。(a)使鋼塊恰啓動的水平力大小為何？(b)若鋼塊受到與水平面夾 50°仰角，並使其處於恰啓動下之力大小為何？(c)若鋼塊受到與水平面夾 50°俯角的力作用，則使鋼塊不移動情況下該力的大小為何？

14 求作用在以 200 m/s 低空飛行、直徑 40 cm 的飛彈的阻力量值，而空氣密度是 1.2 kg/m³。設 $C = 0.75$。

15 圖 6-18 顯示質量 $m = 2.00$ kg、一開始靜止的物塊。隨後以朝上角度 $\theta = 20°$ 施加 $0.500 \, mg$ 大小的作用力於物塊。假若：(a) $\mu_s = 0.600$ 且 $\mu_k = 0.300$ 及(b) $\mu_s = 0.380$ 且 $\mu_k = 0.300$，則此物塊通過地面之加速度大小為何？

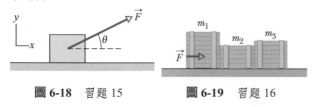

圖 6-18　習題 15　　　　圖 6-19　習題 16

16 圖 6-19 顯示了三個條板箱在水泥地面上，由量值 600 N 的水平力 $\vec{F}$ 加以推動的圖形。條板箱的質量分別是 $m_1 = 30.0$ kg，$m_2 = 10.0$ kg，和 $m_3 = 25.0$ kg。在地板和每一個條板箱之間的動摩擦係數是 0.700。(a)請問由條板箱 2 作用在條板箱 3 的力的量值 F_{32} 是多少？(b)如果然後這些條板箱滑到光滑地板上，而且在此地板的動摩擦係數小於 0.700，試問與摩擦係數是 0.700 的時候相比，現在的 F_{32} 量值會變大、變小或維持不變？

17 一棟房子建造在山崗的頂端，其附近有傾斜角為 $\theta = 40°$ 的斜坡(圖 6-20)。一項工程上的研究指出，因為沿著斜坡的較高層土壤會滑下經過較低層的位置，所以斜坡的斜率必須降低。試問如果在這樣兩層土壤之間的靜摩擦係數是 0.60，則為了避免滑動現象，現在的斜率應該減少的最小角度 ϕ 是多少？

圖 6-20　習題 17

18 一個 110 g 冰上曲棍球圓盤滑過冰面，受到冰對它的摩擦力影響在 17 m 內停止運動。(a)如果初速是 5.0 m/s，請問摩擦力的量值是多少？(b)在圓盤和冰面之間的摩擦係數是多少？

19 圖 6-21 為一個錐擺 (conical pendulum)，其中的擺錘(在細繩最低位置的小物體)以固定速率在一個水平圓形路徑上運動(當擺錘旋轉時，細繩會掃出一個圓錐)。擺錘質量是 0.060 kg，繩子的長度是 $L = 0.90$ m 而且質量可忽略，擺錘繞著周長 0.54 m 的圓形路徑運動。試問：(a)繩子的張力和(b)運動週期各是多少？

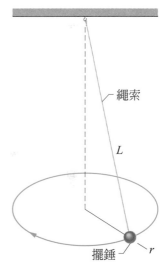

繩索

L

擺錘　r

圖 6-21　習題 19

20 一位學生想要求出盒子和厚木板之間的靜摩擦和動摩擦係數。她將盒子放在厚木板上，然後漸漸抬起厚木板的一端。當厚木板與水平面的夾角達到 35°的時候，盒子開始滑動，然後以固定加速度在 4.0 s 內沿著板面往下滑動 2.1 m。求在盒子和厚木板之間的：(a)靜摩擦係數，(b)動摩擦係數。

21 在圖 6-22 中，62 kg 的岩石攀登者正在攀爬一個「煙囪」。她的鞋子和岩石之間靜摩擦係數是 1.2；她的背部和岩石之間的靜摩擦係數則為 0.80。她已經降低她推岩石的力量，直到她的鞋子和背部瀕臨滑動的邊緣。(a)請畫出她的自由體圖。(b)請問她推岩石的力的量值是多少？(c)由其鞋子的摩擦力所支撐的體重百分比是多少？

圖 6-22 習題 21

22 在圖 6-23 中，一盒雌螞蟻(總質量 m_1 = 2.00 kg)和一盒雄螞蟻(總質量 m_2 = 3.80 kg)沿著傾斜平面往下滑動，在滑下過程中，兩個盒子是以與傾斜平面平行、無質量的桿子連結在一起。斜面的角度是 θ = 25.0°。雄螞蟻盒子和傾斜面之間的動摩擦係數是 μ_1 = 0.226；雌螞蟻和傾斜面之間的動摩擦係數是 μ_2 = 0.113。請計算：(a)桿子中的張力，(b)兩個盒子的共同加速度。(c)若情況變成是雄螞蟻盒子跟在雌螞蟻盒子的後面，則(a)小題和(b)小題的答案會如何？

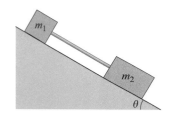

圖 6-23 習題 22

23 一個四人雪橇(總質量為 630 公斤)沿著直線開始滑落下來，直線移動的長度為 90.0 m，並與水平方向夾 10.2°的固定角度。假設摩擦力和空氣阻力作用在雪橇上的合力為 62.0 N，合力方向為平行於斜坡。請以三位有效數字回答下列問題。(a)如果雪橇在比賽開始時的速度為 6.20 m/s，雪橇要花多長時間才能從直線路徑上下來？(b)假設隊員能夠將摩擦和空氣阻力的影響減小到 50.0 N，在相同的初始速度下，雪橇要花多久時間從直線路徑上下來？

24 一個孩子在道路施工現場附近玩耍，跌倒在障礙物上，跌落到與水平線 35°向下傾斜的泥土坡道上，當孩子滑下斜坡時，他的加速度為 0.10 m/s²，其方向指向斜坡，孩子與斜坡間的動摩擦係數是多少？

25 在圖 6-24 中，一位很挑剔的工人直接沿著拖把的把柄，以力量 $\vec{F}$ 推著拖把。把手和垂直線之間的角度是 θ，而 μ_s 和 μ_k 是拖把頭和地板之間的靜摩擦和動摩擦係數。我們忽略把手的質量，並且假設拖把的所有質量 m 都集中在前端部分。(a)試問如果拖把的前端以固定速度沿著地板運動，則 F 是多少？(b)證明如果 θ 小於某特定值 θ_0，則 $\vec{F}$ (方向仍然沿著把手)將無法移動拖把頭。試求 θ_0。

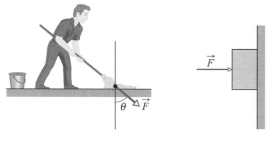

圖 6-24 習題 25　　**圖 6-25** 習題 27

26 一個重 556 N 的檔案櫃停置於地板上。在檔案櫃和地板之間的靜摩擦係數是 0.68，動摩擦係數則為 0.56。在四次嘗試移動檔案櫃的情形下，分別使用下列四種量值的水平力：(a) 250 N，(b) 365 N，(c) 420 N，(d) 556 N。請針對每一種嘗試的情形，計算由地板作用在檔案櫃的摩擦力量值(檔案櫃最初都是靜止的)。(e)試問在哪一種情形下，檔案櫃有移動成功？

27 在圖 6-25 中，一個重 22 N 的木塊受到量值 70 N 的水平力 $\vec{F}$ 作用，因而靜止地靠在壁面上。壁面和木塊之間的靜摩擦係數是 0.60，而且它們之間的動摩擦係數是 0.40。在六次實驗中，有另一個力量 $\vec{P}$ 平行於壁面施加在木塊上，力的量值和方向分別是：(a) 34 N，往上，(b) 12 N，往上，(c) 48 N，往上，(d) 70 N，往上，(e) 10 N，往下，(f) 22 N，往下。請問在每一

次實驗中，作用在木塊的摩擦力量值是多少？在哪些實驗中，木塊會(g)沿著壁面往上運動，以及(h)沿著壁面往下運動？(i)在哪些實驗中，摩擦力是沿著壁面指向下方？

28 一位腳踏車騎士以固定速率 6.50 m/s 在半徑 32.0 m 的圓形路徑上行進。腳踏車和騎士的總質量是 85.0 kg。請計算：(a)由路面作用在腳踏車的摩擦力的量值，及(b)由路面作用在腳踏車上的淨力。

29 在下午的稍早時分，一部汽車停止於傾斜街道上，這條街道以相對於水平線 35.0° 的角度，沿著陡峭山崗往下延伸。在停車的那個時刻，輪胎與街道表面的靜摩擦係數是 0.710。過了傍晚以後，一道夾著雪的暴風雨吹襲這個地區，由於溫度下降導致道路表面發生化學變化，另外也因為結冰的關係，使得靜摩擦係數因而減少。如果要造成汽車處於滑下街道的危險，請問摩擦係數必須減少多少百分比？

30 某一個高速公路的圓形彎道是設計成讓車輛以 70 km/h 速率通過的。假設整個交通流量包含了不具有負升力的汽車。(a)如果彎道的半徑是 170 m，請問道路邊坡的正確傾斜角是多少？(b)如果彎道並沒有加上邊坡，則要讓交通流量保持在 70 km/h 的速率而沒有滑出彎道的情形出現，請問輪胎和路面之間的最小摩擦係數是多少？

31 放在雪上的滑雪板會黏在雪地上，然而當滑雪板沿著雪地移動時，摩擦力會使溫度上升使得融化部分雪，降低了動摩擦係數可以使促使滑動容易，給滑雪板打蠟可使其具有防水性，並減少與水層間的摩擦力。一本雜誌報導了一種新型的塑膠滑雪板，它具有很好的防水性，在阿爾卑斯山上長 250 m 的平緩斜坡上有一名滑雪者，其由上到下的時間可從標準滑雪板的 62 s 減少到了新滑雪板的 45 s，計算(a)標準滑雪板和(b)新滑雪板的平均加速度值。假設斜坡的坡度為 3.0°，請計算(c)標準滑雪板和(d)新滑雪板的動摩擦係數為何？

32 某一重 140 N 的小孩靜止坐在遊戲場滑梯的頂端，滑梯與水平線成 35° 角。小孩藉著將手握住滑梯邊以免滑下去。在放開手之後，小孩具有固定加速度

0.86 m/s²(當然是滑下滑梯)。(a)請問小孩和滑梯之間的動摩擦係數為何？(b)小孩和滑梯之間的靜摩擦係數最大值和最小值是多少，才能和上述數據相吻合？

33 一個大型零售店工人施加量值 65 N 的固定水平力於 40 kg 箱子上，箱子起初是靜止在零售店的水平地板。當箱子已經移動 1.4 m 距離的時候，其速率是 1.0 m/s。請問箱子和地板之間的動摩擦係數是多少？

34 當一木塊以與水平面夾 35° 角的斜面上下滑，木塊的加速度為 0.80 m/s²，方向為沿著平面，求木塊與平面之間的動摩擦係數是多少？

35 建造公路彎道。如果汽車以太快的速度行經彎道，則汽車容易滑出彎道。對於加上邊坡而且具有摩擦力的彎道而言，其作用在快速通過的汽車的摩擦力，可以抵抗汽車滑出彎道的傾向；力的方向是在沿著邊坡往下的方位(在水被排掉的方向)。請考慮一個半徑 R = 200 m 的圓形彎道，而且其邊坡角度是 θ，其中在輪胎與路面之間的靜摩擦係數是 μ_s。一部汽車(不具有負升力)如圖 6-11 所示行駛過彎道。(a)請求出會讓汽車瀕臨滑出彎道邊緣的車速的數學式。(b)在同一圖上，請首先針對 μ_s = 0.60 (乾燥路面)的情形，然後針對 μ_s = 0.050(潮濕或結冰路面)的情形，各畫出 v_{max} 對 θ 角的曲線圖，其中 θ 的範圍是從 0° 到 50°。以 km/hr 表示，當邊坡角度是 θ = 10°，計算下列情形之 v_{max}：(c) μ_s = 0.60，(d) μ_s = 0.050。(現在我們可以發覺，為什麼當路面結冰情形對駕駛人而言不容易看出來的時候，很容易在高速公路彎道發生意外，此時駕駛人會以正常速度行駛過彎道)。

36 某一火車頭沿平坦軌道使 20 節車廂的列車加速行進。每一節車廂的質量是 5.0×10^4 kg，所受摩擦力是 $f = 250v$，其中速度 v 的單位是每秒公尺，而且力 f 的單位是牛頓。在列車速率是 30 km/h 的瞬間，其加速度量值是 0.20 m/s²。(a)請問在第一節車廂和火車頭之間的耦合張力是多少？(b)如果這個張力等於火車頭能夠施加在列車上的最大力量，則火車頭在 30 km/h 的速率下所能將列車拉上的最大坡度是多少？

37 半徑 3.00 cm、阻力係數 1.80 的 4.00 kg 圓球，試問其終端速度是多少？已知球落下時經過的空氣密度是 1.20 kg/m³。

38 一個高速有軌電車以固定速率繞著半徑 520 m 的平坦、水平圓形軌道行進。電車作用在 51.0 kg 乘客的力量的水平和垂直分量分別是 165 N 和 500 N。(a)請問作用在乘客身上的淨力(全部的力量)的量值是多少？(b)電車的速率多少？

39 在圖 6-26 中，質量 m_1 = 2.0 kg 的木塊 1 和質量 m_2 = 4.0 kg 的木塊 2，以質量可忽略的繩子連接在一起，而且起初均靜止。木塊 2 是放置在傾斜角 θ = 40° 的無摩擦表面上。在木塊 1 和水平表面之間的動摩擦係數是 0.25。滑輪的質量和摩擦力可以忽略。一旦將木塊組合放開，它們就開始移動。試問此時繩子的張力是多少？

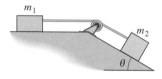

圖 6-26 習題 39

40 一個 6.70 kg 的石頭摩擦越過洞穴通道的水平天花板(圖 6-27)。如果動摩擦係數是 0.850，而且施加在石頭的力具有 θ = 65.0° 的角度，則要使石頭以固定速度運動所需要力的量值是多少？

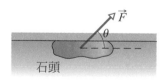

圖 6-27 習題 40

41 一盒水果罐頭食物從街道的高度沿著斜坡，以加速度 0.60 m/s² 滑到雜貨店的地下室。斜坡與水平面成 35°角。試問盒子與斜坡之間的動摩擦係數為何？

42 某一個 12.0 kg 鋼塊靜置在水平桌面上。鋼塊和桌面之間的靜摩擦係數是 0.380。將一個力量施加在鋼塊上。請問如果要讓鋼塊瀕臨滑動邊緣，則當上述力量方向為：(a)水平，(b)位於水平線上方 60.0°，以及(c)位於水平線下方 60.0° 的時候，這個力的量值是多少，請取三個有效數字？

43 在圖 6-28 中，質量 m_1 = 2.0 kg 的木塊 1 和質量 m_2 = 1.0 kg 的木塊 2，以質量可忽略的繩子連接在一起。木塊 2 是由量值 28 N 的力 $\vec{F}$ 所推動，其角度 θ = 35°。每一個木塊與水平表面的動摩擦係數是 0.28。請問細繩的張力是多少？

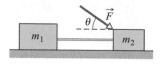

圖 6-28 習題 43

44 圖 6-29 的木塊 A 的質量 m_A = 5.0 kg，木塊 B 的質量 m_B = 3.0 kg。木塊 B 和水平平面之間的動摩擦係數是 μ_k = 0.50。傾斜面是無摩擦力的，而且傾斜角是 θ = 30°。滑輪的功能只是去改變連接木塊的繩子方向。繩子的質量可以忽略。試求：(a)繩中張力，(b)木塊的加速度量值。

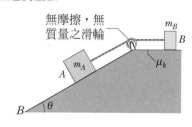

圖 6-29 習題 44

45 在圖 6-30 中，一位特技人員駕駛汽車(無負升力)越過山頂，山岡的橫截面可以用半徑 R = 200 m 的圓形加以模擬。請問在不讓汽車離開山頂路面的情況下，他能夠駕駛的最大速率為何？

圖 6-30 習題 45

46 一位孩童在每 30 s 旋轉一次之 4.0 m 半徑旋轉木馬外緣放置野餐籃。(a)該外緣處的速率為何？(b)能讓餐籃留在旋轉木馬上，此餐籃與旋轉木馬之間最低靜摩擦力係數值為何？

47 將 110 N 的力作用在地板上質量 28.0 kg 椅子上，其與水平面夾 θ 角。如果 $\theta = 0°$，則(a)作用力的水平分量 F_h 和(b)地板作用在椅子上的法向力 F_N 大小是多少？若 $\theta = 30.0°$，(c) F_h 和(d) F_N 是多少？如果 $\theta = 60.0°$，(e) F_h 和(f) F_N 是多少？假設椅子和地板之間的靜摩擦係數為 0.420。如果 θ 為(g) 0°；(h) 30.0°；(i) 60.0°，椅子會滑動或保持靜止？

48 在圖 6-31 中，物塊 A 和 B 的重量分別是 44 N 和 30 N。(a)如果物塊 C 和桌面之間的 μ_s 是 0.20，請求出要讓物塊 A 不會滑動所需要物塊 C 的最小重量。(b)將物塊 C 突然舉離物塊 A。如果 A 和桌面之間的 μ_k 是 0.15，試求的加速度為何？

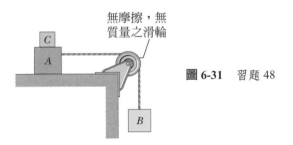

圖 6-31　習題 48

49 一位工人以 90 N 的力水平推動 35 kg 重的板條箱。板條箱和地板間的靜摩擦係數為 0.37。(a)在此環境下的最大靜摩擦力為若干？(b)板條箱會動嗎？(c)地板施於板條箱的摩擦力為若干？(d)接著，假設有第二位工人，垂直向上拉動此板條箱。要使第一位工人的 90 N 的推力能移動板條箱，他最少要施力若干？若第二位工人是水平拉動此板條箱，則他最少要施力若干才能幫忙移動此板條箱？

50 在圖 6-32 中，作用力 $\vec{P}$ 作用在一個重 45.0 N 的木塊上，該木塊一開始靜止在角度 $\theta = 15.0°$的斜面上，x 軸的正方向在平面上。木塊與平面間的靜摩擦係數為 $\mu_s = 0.500$，動摩擦係數為 $\mu_k = 0.340$。請以單位向量表示，當作用力 $\vec{P}$ 為(a)$(-3.00\text{ N})\hat{i}$；(b)$(-9.00\text{ N})\hat{i}$ 和(c)$(-13.0\text{ N})\hat{i}$ 時，平面作用在木塊上的摩擦力為何？

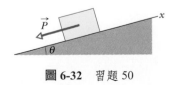

圖 6-32　習題 50

51 如圖 6-33 所示，在無摩擦之水平桌面上，質量 $m = 1.20$ kg 之圓盤以半徑 $r = 20.0$ cm 在滑動，同時以穿過桌面一小孔之細線連接懸吊柱(質量 $M = 3.00$ kg)。欲使懸吊柱保持靜止，試求圓盤速率。

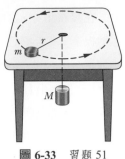

圖 6-33　習題 51

52 在圖 6-34 中，某一輛汽車以固定速率行駛於圓形山丘，然後駛入具有相同半徑的圓形山谷。在山丘的頂部，由汽車座椅作用在駕駛員的正向力是 0。駕駛員的質量是 85.0 kg。請問當汽車經過山谷底部的時候，由座椅作用在駕駛員的正向力量值是多少？

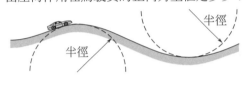

圖 6-34　習題 52

53 若一車之輪胎與路面之靜摩擦係數為 0.70，且車子沒有負升力(negative lift)。則該車駛過半徑 34.0 m 之水平彎道而產生滑動時，其最大速率為何？

54 某高空跳傘者在作「大鵬展翅」時，其終端速度為 150 km/h，而改以「倒栽蔥」姿勢時，終端速度 320 km/h。設其阻力係數 C 不隨位置改變，試求兩種姿勢之有效截面積 A 的比(較慢比較快)。

55 如圖 6-35 所示之兩木塊($m = 16$ kg，$M = 50$ kg)互相接觸但不黏合。已知兩木塊之間 $\mu_s = 0.30$，但與水平面之間無摩擦。欲使小木塊不落下大木塊，試求所施之水平力 $\vec{F}$ 之最小值。

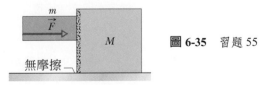

圖 6-35　習題 55

56 一個重 700 N 的學生搭乘不停迴轉的摩天輪(學生筆直地坐著)。在最高處時，座椅施於學生身上的正向力 F_N 大小為 540 N。(a)學生覺得在那裡是「輕」或「重」？(b)在最低點時 F_N 的大小為何？如果摩天輪的速率是現在的兩倍，在(c)最高點，(d)最低點的大小 F_N 為何？

57 在圖 6-36 中，質量 $m_1 = 30$ kg 的石板靜置於無摩擦地板上，其上靜置一質量 $m_2 = 15$ kg 的木塊。已知木塊與石板之間，靜摩擦係數為 0.60，動摩擦係數為 0.40。一個水平力 $\vec{F}$ 的大小為 100 N，開始直接拉動一個方塊，如圖所示。試以單位向量符號來表示：(a)木塊及(b)石板之加速度各若干？

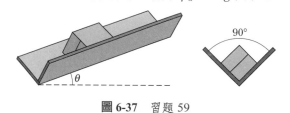

圖 6-36　習題 57

58 某一位警官在其激烈追緝行動中，駕車通過半徑 350 m 的圓形彎道，其速率固定為 80.0 km/h。她的質量是 55.0 kg。試問由警官作用在汽車座椅的淨力的：(a)量值和(b)角度(相對於垂直線)為何？(提示：同時考慮水平力和垂直力)。

59 在圖 6-37 中，一個條板箱沿著傾斜的直角凹槽往下滑動。條板箱和凹槽之間的動摩擦係數是 μ_k。試問條板箱的加速度是多少，請以 μ_k，θ，g 表示之？

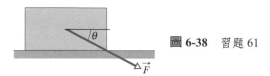

圖 6-37　習題 59

60 一隻喜愛溜滑梯的小豬，以滑下某無摩擦力且角度為 30° 溜滑梯所需時間的兩倍，滑下一角度為 30° 溜滑梯。試問小豬與溜滑梯間的動摩擦力係數為何？

61 如圖 6-38 所示，質量 2.8kg 的木塊在水平地面上被一力 $\vec{F}$（大小 15 N）推之，此力之俯角為 $\theta = 30°$。木塊與地板之間的動摩擦係數為 0.25。(a) 試求施於木塊之摩擦力的大小。(b) 試求木塊之加速度。

圖 6-38　習題 61

62 下坡競速滑雪中，滑雪者同時受到身上空氣阻力與滑雪板上的動摩擦力阻滯。假定斜坡角 $\theta = 40.0°$，雪地為動摩擦力係數 $\mu_k = 0.040$ 之乾燥雪地，滑雪者與裝備質量 $m = 85.0$ kg，滑雪者(接觸雪地之)截面積 $A = 1.25$ m²，阻力係數 C 為 0.140，且空氣密度為 1.20 kg/m³。(a)終端速率為何？(b)若滑雪者能藉由調整雙手位置使 C 發生微小變量 dC，則對應的終端速率變量為何？

63 將一枚 2.0 g 小硬幣放在半徑 5.0 cm 的水平轉盤上，該轉盤在 3.14 s 內旋轉三圈時硬幣並不會滑動。則(a)硬幣的速度及加速度的(b)大小和(c)方向(徑向內或向外)以及摩擦力的(d)大小和(e)方向(向內或向外)是多少？如果將硬幣放置在半徑 10 cm 處，硬幣將處在恰打滑的狀態，則(f)硬幣和轉盤間的靜摩擦係數是多少？

64 重量為 220 N 的箱子在地板上，其與地板間的靜摩擦係數為 0.41，動摩擦係數為 0.32，則(a)要推動箱子可使開始移動的最小水平力大小是多少？(b)箱子一旦移動，必須施予多大的水平力才能使其保持等速度運動？(c)如果繼續施予使木箱開始移動的力推動箱子，其加速度為何？

65 試想像一下，標準公斤放置在地球的赤道上，由於地球自轉，它以 465 m/s 等速度在半徑 6.40×10^6 m(地球半徑)的圓上進行圓周運動，則(a)圓周運動過程中標準公斤的向心力大小是多少？再想像一下，標準公斤懸掛在同位置的彈簧秤上，並假設如果地球不自轉，可得準確的重量為 9.80 N，則(b)彈簧秤的讀數是多少？也就是說，從標準公斤算起的彈簧平衡力大小是多少？

66 在機場，行李通過傳送帶從一個地點運輸到另一地點，轉動皮帶在某個位置向下傾斜，與水平方向夾 2.5°角。假設傾斜角度很小，則行李不會滑落。試計算當重 69 N 的箱子在傾斜的皮帶上且皮帶速度為(a) 0；(b) 0.65 m/s 時的摩擦力的大小；(c) 0.65 m/s 並以 0.20 m/s² 的加速度加速；(d) 0.65 m/s 並以 0.20 m/s² 的加速度減速，以及(e) 0.65 m/s 並以 0.57 m/s² 的加速度加速；(f)在上面五個情況中，摩擦力的方向是沿斜面向下的？

CHAPTER 7

動能與功

7-1 動能

學習目標

在閱讀完這個區塊的文字之後,讀者應該能夠...

7.01 應用質點動能、質量和速率之間的關係式。

7.02 瞭解動能是一種純量上的物體,畫出自由體圖以及應用牛頓第二定律。

關鍵概念

● 質點的動能K與其質量m和速率v有關,其中v遠低於光速;此時動能為

$$K = \frac{1}{2}mv^2 \quad \text{(動能)}$$

物理學是什麼?

物理學的基本目標之一是研究探討每個人都會談論到的某一件事物:能量。這個主題很明顯地是重要的。的確,我們的文明是以取得和有效使用能量為基礎。

舉例來說,每個人都知道任何類型的運動都需要能量:飛越太平洋需要它。舉起物質送到辦公大樓頂樓,或送到環繞地球周圍軌道的太空站需要它。投擲棒球需要它。為了獲得和使用能量,我們花費巨量的金錢。戰爭可能因為能源而開啟。交戰國中的其中一方突然使用另一方無法抵抗的能源,戰爭會因此結束。每個人都知道能量與其使用方式的許多例子,但是術語「能量」究竟代表什麼意義?

能量是什麼?

名詞能量的含意很廣,使得要對它清楚定義是一件困難的事情。嚴格來說,能量是一個純量,它與一個或多個物體的狀態(或條件)有關。然而,這個定義太過含糊,以致於對現在的我們沒有幫助。

一個有關能量的寬鬆定義至少可以讓我們有一個討論的起始點。能量是一個我們會將它關連於一個物體或多個物體所成系統的數量。如果有一個力量經由(譬如說)移動其中一個物體去改變該物體，則能量數量將會改變。經過無數次實驗以後，科學家和工程師瞭解到，如果我們藉以指定能量數量的架構予以小心計畫，則這些數量可以用於預測實驗結果，甚至更重要的是可以用於建造機器，比如飛行機器。這項成功的結果是以我們宇宙的一個奇妙性質為基礎：能量可以從一種形式轉換成另一種形式，以及從一個物體轉移到另一個物體上，但是總數量永遠相同(能量是守恆的)。人們還沒發現這個能量守恆原理(principle of energy conservation)的例外情形。

金錢。將許多形式的能量想成是，代表在許多種銀行帳戶的錢的數量。關於這種錢的數量代表什麼意義的規則，及它們如何改變的規則，都已被制訂。我們可將錢的數量從一個帳戶轉移到另一帳戶，或從一個系統轉移到另一系統，或許是通過電子手段、實際上並沒有任何物質移動。然而，總數量(所有錢的數量的總和)可以永遠解釋成：它永遠是守恆的。

在這一章中，我們只專注於討論能量的一種形式(動能)，而且只專注於討論能量轉移的一種方式(功)。下一章我們將檢視能量的幾個其他類型，並且檢視能量守恆原理如何寫成能加以求解的幾個方程式。

動能

動能 K 是一和物體運動狀態有關的能量。物體移動愈快，其動能就愈大。當物體靜止時，其動能為零。

一質量為 m，其速率 v 比光速小很多，我們定義其動能為

$$K = \frac{1}{2}mv^2 \quad (\text{動能}) \tag{7-1}$$

例如，一隻 3.0 kg，以 2.0 m/s 速率飛行經過我們的鴨子有 6.0 kg·m²/s² 的動能；此即我們將數量和鴨子的運動關聯在一起。

動能(和所有其他形式的能量)之 SI 單位為焦耳(J)，這是以 James Prescott Joule 的名字命名，他是 1800 年代的英國科學家。焦耳是由 7-1 式的質量和速率的單位直接定義而來。

$$1 \text{ joule} = 1 \text{ J} = 1 \text{ kg} \cdot \text{m}^2/\text{s}^2 \tag{7-2}$$

因此，上述飛行的鴨子有 6.0 J 的動能。

範例 **7.1**　動能、火車相撞

　　1896 年在德州 Waco 的地方，「Katy」鐵路局的 William Grush 將兩個火車頭停在相距 6.4 km 長的鐵軌兩端，然後發動它們並打開節氣閥，讓它們在 30,000 個觀眾前面以全速正面碰撞(圖 7-1)。數百人被飛離的碎片擊傷；有幾個人死亡。假設每一個火車頭的重量為 1.2×10^6 N，而它在碰撞前保持 0.26 m/s^2 的加速度，則兩個火車頭恰要碰撞之前的總動能為何？

圖 7-1　兩火車頭在 1896 年碰撞的後果。(感謝 Library of Congress 提供照片)

關鍵概念

(1) 我們需要用 7-1 式求出每一火車頭的動能，但那表示我們需要每一火車頭恰於碰撞前的速率和其質量。**(2)** 因我們能假設每一火車頭的加速度為定值，故可用表 2-1 的方程式去求出其恰於碰撞前的速率 v。

計算　我們選用 2-16 式，因我們已知除了 v 之外的所有變數：

$$v^2 = v_0^2 + 2a(x - x_0)$$

令 $v_0 = 0$ 而 $x - x_0 = 3.2 \times 10^3$ m(原先距離的一半)，則

$$v^2 = 0 + 2(0.26\,\text{m/s}^2)(3.2 \times 10^3\,\text{m})$$

或

$$v = 40.8\,\text{m/s} = 147\ \text{km/h}$$

我們將每火車頭的重量除以 g 可得到其質量：

$$m = \frac{1.2 \times 10^6\,\text{N}}{9.8\,\text{m/s}^2} = 1.22 \times 10^5\,\text{kg}$$

現在用 7-1 式，可得在碰撞前它們的總動能為

$$K = 2(\tfrac{1}{2}mv^2) = (1.22 \times 10^5\,\text{kg})(40.8\,\text{m/s})^2$$
$$= 20 \times 10^8\,\text{J} \qquad (答)$$

此碰撞就像爆炸的炸彈。

PLUS Additional example,video,and practice available at *WileyPLUS*

7-2　功與動能

學習目標

在閱讀完這個區塊的文字之後，讀者應該能夠…

7.03　應用力 (大小和方向) 與此力對質點所做的功兩者之間的關係式，其中這個力會使質點產生位移。

7.04　運用大小角度表示法或單位向量表示法，再藉著力向量與位移向量的點積計算功。

7.05　如果有多個力作用於質點，計算這些力作的淨功。

7.06　應用功–動能定理將一個力作的功 (或多個力作的淨功) 與所造成的動能改變量關聯起來。

關鍵概念

● 功 W 是經由力作用於物體，而轉移入或轉移出物體的能量。當能量轉移入物體的時候，力作的功是正功，當能量轉移出物體的時候，力作的功是負功。

● 由固定力 $\vec{F}$ 在位移 $\vec{d}$ 過程對質點所作的功為

$$W = Fd\cos\phi = \vec{F} \cdot \vec{d} \quad （功，固定的力）$$

其中 ϕ 是 $\vec{F}$ 方向和 $\vec{d}$ 方向之間的固定夾角。

● 向量 $\vec{F}$ 只有沿著位移 $\vec{d}$ 方向的分量才會對物體作功。

● 當有兩個或更多個力作用在物體的時候，它們的淨功等於這些力個別作功的總和，這個功的總和也等於這些力的淨力 $\vec{F}_{net}$ 對物體作的功。

● 對於一個質點而言，動能變化量 ΔK 等於對物體作的功 W：

$$\Delta K = K_f - K_i = W \quad （功–動能定理），$$

其中 K_i 是質點的初始動能，K_f 是作功之後的動能。重新排列方程式之後可以得到

$$K_f = K_i + W.$$

功

如果你對一物體施力使其加速前進，你就增加了此物的動能 $K(=\frac{1}{2}mv^2)$。同樣地，你施一力讓物體減速，你就減少了此物的動能。我們以，你的力將能量從你身上轉移到物體上或從物體轉移到你身上，以這種方式來說明上述動能的改變。此種經由力而造成的能量轉換，可解釋為力在物體上所作的**功** W。我們正式定義功如下：

> 功 W 是將一力作用在物體上，使能量轉移至物體或從物體轉移出來。能量被轉移至物體是正功，而能量被從物體轉移出來是負功。

所以「功」，是被轉移的能量，「作功」是轉移能量的行為。功和能量的單位相同，而且它是一純量。

「轉移」一詞會令人被誤導。它並不是指任何物質從物體流入或流出，即此種轉移不像水流。而較像兩間銀行帳目間錢的電子式轉帳：一帳目的數字變多，而另一帳目的數字就變少，其間並沒有任何物體在兩帳目間移動。

注意，這裡我們並沒有考慮一般「功」字面上的意義，那是指任何身體上或精神上的勞動即為功。例如，你用力推牆壁，因為肌肉需要不斷地重覆收縮，所以你會累，常識上是你在作功。但此種努力並沒有導致能量轉移至牆壁或從牆壁轉移出來，故根據此節的定義，你沒有對牆壁作功。

在此章為避免混淆，我們用 W 的符號只代表功，另以 mg 來表示重量。

功和動能

找出功的表示式

　　讓我們找出功的表示式：考慮一沿無摩擦細繩滑行之小珠，繩沿水平 x 軸方向延伸(圖 7-2)。一定力 $\vec{F}$ 和繩夾一角度 ϕ，從而使小珠沿繩加速。我們可用牛頓第二運動定律將力和加速度沿 x 軸的分量寫成：

$$F_x = ma_x \tag{7-3}$$

其中，m 為小珠的質量。當小珠位移 $\vec{d}$，此力使小珠的速度由初速 $\vec{v}_0$ 變成速度 $\vec{v}$。因為力為常數，所以加速度亦為常數。因此，我們可用 2-16 式(第二章中基本等加速方程式中之一)將沿 x 軸的分量寫成：

$$v^2 = v_0^2 + 2a_x d \tag{7-4}$$

解此方程式得 a_x，代入 7-3 式，重新整理得：

$$\frac{1}{2}mv^2 - \frac{1}{2}mv_0^2 = F_x d \tag{7-5}$$

第一項是在位移 d 結束時小珠的動能 K_f，第二項是在開始時小珠的動能 K_i。因此 7-5 式的左邊告訴我們能量被改變了，右邊告訴我們改變量為 $F_x d$。因此，力對物體所作的功 W(力所轉移的能量)為

$$W = F_x d \tag{7-6}$$

若我們知道 F_x 和 d 的值，就可用此方程式來計算力對小珠所作的功。

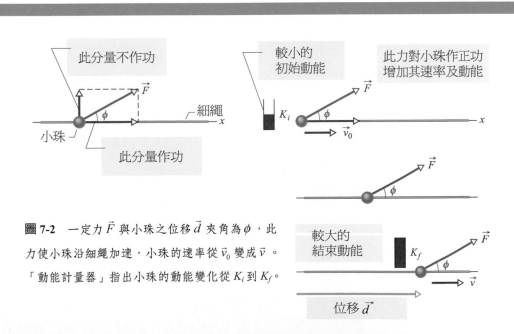

圖 7-2　一定力 $\vec{F}$ 與小珠之位移 $\vec{d}$ 夾角為 ϕ，此力使小珠沿細繩加速，小珠的速率從 v_0 變成 v。「動能計量器」指出小珠的動能變化從 K_i 到 K_f。

計算一力在物體位移期間對物體所作的功，只需用到沿物體位移方向的力分量。而垂直位移方向的力分量所作的功為零。

由圖 7-2 可知 F_x 可寫成 $F\cos\phi$，其中 ϕ 為力 $\vec{d}$ 和位移 $\vec{F}$ 之方向間的夾角。因此，

$$W = Fd\cos\phi \quad \text{(定力所做的功)} \tag{7-7}$$

我們可以利用點(純量)積的定義(3-20 式)寫出

$$W = \vec{F}\cdot\vec{d} \quad \text{(定力所做的功)} \tag{7-8}$$

請問 $\vec{F}$ 的量值 F 是多少？(你可以複習在 3-3 節中對純量積的討論)。當被給定的 $\vec{F}$ 和 $\vec{d}$ 是以單位向量表示，則在計算功時 7-8 式特別有用。

注意。在使用 7-6 式至 7-8 式來計算力對物體所做的功時，有兩個限制。第一，力須為定力，即此力在物體移動時其大小和方向不能改變(稍後我們將會討論到大小可改變的可變力時，該如何處理)。第二，此物體需為似質點。即此物體需是剛體；物體的各部分要能在同一方向一起運動。在此章我們只考慮似質點物體，如圖 7-3 被推動的床和在其上之物。

圖 7-3 推床競賽。為了計算學生所施之力對床和其上之物所作的功，我們可視床和其上之視物為一質點。

功的符號。力對物體所作的功可以是正功或負功。例如 7-7 式中的夾角 ϕ 若小於 90°，則 $\cos\phi$ 為正，所以功亦為正值。若 ϕ 大於 90°(至 180°)，則 $\cos\phi$ 為負，所以功亦為負值(你能看出當 $\phi = 90°$ 時，功為零嗎？)這些結果可歸納出一簡單的規則。考慮沿位移方向的力之向量分量，則可找出力所做的功之符號：

當力的向量分量和位移同向時，此力作正功；而當力的向量分量和位移反方向時，此力作負功。當力沒有此種向量分量時此力不作功。

功的單位。功的 SI 單位和動能一樣為焦耳。而從 7-6 式和 7-7 式可看出相等的單位為牛頓・公尺(N・m)。在英制系統中的相關單位為呎・磅(ft・lb)。推廣 7-2 式，可得：

$$1\,\text{J} = 1\,\text{kg}\cdot\text{m}^2/\text{s}^2 = 1\,\text{N}\cdot\text{m} = 0.738\,\text{ft}\cdot\text{lb} \tag{7-9}$$

淨功。數力所作的淨功。當兩力或數力作用在一物體上，則作用於物體上的**淨功**為每一力所作之功的總合。有兩個方法可計算淨功。(1)找出每一力所作的功，再把這些功加起來。(2)另外，先找出這些力的淨力 $\vec{F}_{\text{net}}$。然後用 7-7 式，將 F 的大小 F_{net} 代入，並將 $\vec{F}_{\text{net}}$ 和 $\vec{d}$ 間的方向夾角代入 ϕ。類似地，或 $\vec{F}_{\text{net}}$ 將代入 7-8 式中的 $\vec{F}$。

功-動能定理

7-5 式將小珠的動能改變(由初始的 $K_i = \frac{1}{2}mv_0^2$ 到最後的 $K_f = \frac{1}{2}mv^2$) 和作用在小珠上的功 W (=F_xd)連結在一起。對此種似質點物體，我們可使此方程式一般化。令 ΔK 為物體的動能變化，而 W 為對質點所作的淨功。即

$$\Delta K = K_f - K_i = W \tag{7-10}$$

其所述為

(質點的動能變化) = (對質點所作之淨功)

亦可寫成

$$K_f = K_i + W \tag{7-11}$$

其所述為

(作淨功後之動能) = (作淨功前之動能) + (所作淨功)

這些敘述即為大家都知道的質點之**功-動能定理**。其包含了正功和負功。若對質點所作的淨功為正值，則質點的動能會因這些功而增加。若對質點所作的淨功為負值，則質點的動能會因這些功而減少。

舉例來說，若動能的初始值為 5 J，然後有 2 J 的淨轉移量到質點上(正的淨功)，則最後的動能為 7 J。反過來說，若有 2 J 的淨轉移量從質點轉移出(負的淨功)，則最後的動能為 3 J。

測試站 1

一質點沿 x 軸運動。在下列情況，質點的動能會增加、減少或不變：速度改變(a)從–3 m/s 到–2 m/s，(b)從–2 m/s 到 2 m/s？(c)上述兩種情況中，對質點所作的功為正，負或零？

範例 7.2　工業間諜、由兩個定力所做的功

圖 7-4a 顯示出，兩個工業間諜推動一最初靜止的，225 kg 的保險箱，沿直線向著他們的卡車移動了 8.50 m 的位移 $\vec{d}$。間諜 001 的推力 $\vec{F}_1$ 大小為 12.0 N，其方向為向下與水平面夾 30.0°；間諜 002 的拉力 $\vec{F}_2$ 大小為 10.0 N，其方向為向上與水平面夾 40.0°。這些力的大小和方向在保險箱移動期間沒有改變，地板和保險箱之間無摩擦力。

(a) $\vec{F}_1$ 和 $\vec{F}_2$ 在位移 $\vec{d}$ 期間對保險箱所作的總功為何？

關鍵概念

(1)此兩力對保險箱所作的淨功 W 為它們分別作的功之總和。**(2)**因保險箱可看成似質點系統，且力的大小和方向是定值，所以我們可用 7-7 式($W = Fd\cos\phi$) 或 7-8 式($W = \vec{F}\cdot\vec{d}$)來求這些功。既然我們知道這些力的大小和方向，所以這裡選擇 7-7 式。

關鍵概念

計算　由 7-7 式和圖 7-4b 的保險箱之自由體圖，可知 $\vec{F}_1$ 所作的功為：

$$W_1 = f_1 d\cos\phi_1 = (12.0\,\text{N})(8.50\,\text{m})(\cos 30.0°)$$
$$= 88.33\,\text{J}$$

而 $\vec{F}_2$ 所作的功為

$$W_2 = f_2 d\cos\phi_2 = (10.0\,\text{N})(8.50\,\text{m})(\cos 40.0°)$$
$$= 65.11\,\text{J}$$

因此，淨功 W 為

$$W = W_1 + W_2 = 88.33\,\text{J} + 65.11\,\text{J}$$
$$= 153.4\,\text{J} \approx 153\,\text{J} \tag{答}$$

所以經過 8.50 m 的位移，兩間諜將 153 J 的能量轉移為保險箱的動能。

(b) 經過此段位移，重力 $\vec{F}_g$ 對保險箱所作的功 W_g 為何？地板的正向力 $\vec{F}_N$ 對保險箱所作的功 W_N 為何？

關鍵概念

因為這些力的大小和方向是不變的，我們可以用 7-7 式求他們所做的功。

計算 因此，重力的大小有 mg，我們寫成

$$W_g = mgd\cos 90° = mgd(0) = 0 \qquad (答)$$

$$W_N = F_N d\cos 90° = F_N d(0) = 0 \qquad (答)$$

我們應該知道此結果。因為這些力和保險箱的位移是垂直的，它們對保險箱作功為零，並不會將能量轉移出去或轉進來。

(c) 此保險箱最初為靜止的。在它移動了 **8.50 m** 位移時，其速率 v_f 為何？

關鍵概念

保險箱的速率改變是因力 $\vec{F}_1$ 及 $\vec{F}_2$ 將能量轉移至箱子造成其動能改變。

計算 藉著結合 7-10 式(功–動能定理)和 7-1 式(動能的定義)使得速率與功產生關聯：

$$W = K_f - K_i = \frac{1}{2}mv_f^2 - \frac{1}{2}mv_i^2$$

初速 v_i 為 0，且對物體所作的功為 153.4 J。因此可解 v_f，再將已知的數據代入，我們得到

$$v_f = \sqrt{\frac{2W}{m}} = \sqrt{\frac{2(153.4\,\mathrm{J})}{225\,\mathrm{kg}}}$$
$$= 1.17\,\mathrm{m/s} \qquad (答)$$

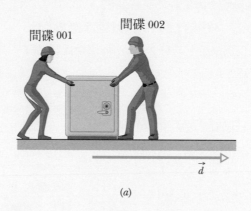

(a)

只有平行於位移的
作用力分量會作功

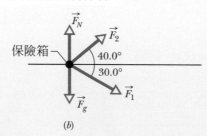

(b)

圖 7-4 (a)兩個間諜移動一個保險箱，$\vec{d}$ 為保險箱的位移。(b)保險箱的自由物體圖。

範例 7.3 以單位向量表示的定力作功

在暴風雨中，木箱於光滑的停車場地面滑動了位移 $\vec{d} = (-3.0\text{m})\hat{\text{i}}$，同時一股穩定的風以 $\vec{F} = (2.0\text{N})\hat{\text{i}} + (-6.0\text{N})\hat{\text{j}}$ 之力逆吹木箱。所述情形及座標軸示於圖 7-5。

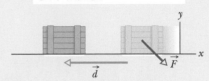
平行的作用力分量作負功使木箱變慢

圖 7-5 力 $\vec{F}$ 在位移 $\vec{d}$ 之間讓箱子慢下來。

(a) 在此位移的過程中，風施的力對木箱作了多少功？

關鍵概念

因為我們能將箱子看作一個質點，而且因為風力在位移過程中，其大小和方向上是不變的(穩定的)，我們也可以用 7-7 式($W = Fd\cos\phi$) 或 7-8 式 ($W = \vec{F} \cdot \vec{d}$) 去計算功。既然我們知道 $\vec{F}$ 和 $\vec{d}$ 的單位向量表示式，所以我們選 7-8 式。

計算 我們可以這樣寫

$$W = \vec{F} \cdot \vec{d} = \left[(2.0\text{N})\hat{\text{i}} + (-6.0\text{N})\hat{\text{j}} \right] \cdot \left[(-3.0\text{m})\hat{\text{i}} \right]$$

在可能的單位向量內積中，只有 $\hat{\text{i}} \cdot \hat{\text{i}}$、$\hat{\text{j}} \cdot \hat{\text{j}}$、$\hat{\text{k}} \cdot \hat{\text{k}}$ 不為零(參看附錄 E)。因此，可得

$$W = (2.0\text{N})(-3.0\text{m})\hat{\text{i}} \cdot \hat{\text{i}} + (-6.0\text{N})(-3.0m)\hat{\text{j}} \cdot \hat{\text{i}}$$
$$= (-6.0\text{J})(1) + 0 = -6.0\text{J} \qquad \text{(答)}$$

因此，力對箱子作負的 6.0 J 的功，故此力從木箱的動能轉移出 6.0 J 的能量。

(b) 若此木箱在位移 $\vec{d}$ 開始時有 **10 J** 的動能，則其在位移 $\vec{d}$ 後有多少動能？

關鍵概念

因為力對箱子作負功，遂它將減少箱子的動能。

計算 將功-動能定理用在 7-11 式的形式，可得

$$K_f = K_i + W = 10\text{J} + (-6.0\text{J}) = 4.0\text{J} \qquad \text{(答)}$$

因為動能減少了，所以箱子變慢。

7-3 重力作的功

學習目標

在閱讀完這個區塊的文字之後，讀者應該能夠...
7.07 計算當物體被舉高或降低時重力作的功。

7.08 針對物體被舉高或降低的情況，應用功–動能定理。

關鍵概念

● 當像質點般、質量 m 的物體移動了位移 $\vec{d}$ 的時候，重力 $\vec{F}_g$ 對物體作的功 W_g 為

$$W_g = mgd\cos\phi,$$

其中 ϕ 是 $\vec{F}_g$ 和 $\vec{d}$ 之間的夾角。

● 當像質點般的物體被舉高或降低的時候，所施之力作的功 W_a 與重力作的功 W_g，和物體的動能變化量 ΔK 有關，其關係式為

$$\Delta K = K_f - K_i = W_a + W_g.$$

如果 $K_f = K_i$，則方程式可以簡化為

$$W_a = -W_g,$$

上述數學式告訴我們，所施加之力轉移入物體的能量等於重力從該物體轉移出的能量

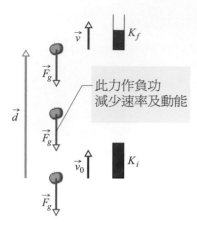

圖 7-6 因重力 $\vec{F}_g$ 作用其上,被往上拋的質量為 m 的似質點蕃茄其速率從 $\vec{v}_0$ 減慢成 $\vec{v}$,這過程發生於位移 $\vec{d}$ 之間。一動能計量器指出蕃茄的動能改變,從 $K_i(=\frac{1}{2}mv_0^2)$ 到 $K_f(=\frac{1}{2}mv^2)$。

重力所作的功

接下來,我們討論一種特殊形式的力對物體作功,那就是「物體的重力」。圖 7-6 表示一質量為 m 的似質點物體被以初速率 v_0 向上拋擲,所以其初動能 $K_i = \frac{1}{2}mv_0^2$。當蕃茄上升時,它會因重力 $\vec{F}_g$ 作用於其上而變慢;亦即,其動能因 $\vec{F}_g$ 在其上升時作用而減少。因為我們能把蕃茄當作一質點,我們可以用 7-7 式($W = Fd\cos\phi$)來表示位移 $\vec{d}$ 期間的作功。至於力的大小 F,我們以 mg 當作 $\vec{F}_g$ 的大小。因此,重力 $\vec{F}_g$ 對蕃茄作的功 W_g 是

$$W_g = mgd\cos\phi \quad \text{(重力所做的功)} \tag{7-12}$$

對一上升的物體,力 $\vec{F}_g$ 和位移 $\vec{d}$ 方向相反,如圖 7-6 所示。因此 $\phi = 180°$ 且

$$W_g = mgd\cos 180° = mgd(-1) = -mgd \tag{7-13}$$

負號表示當物體上升時,作用於物體的重力將的能量由物體的動能中轉移走 mgd。這與物體在上升時減速一致。

在物體上升到最高點後,它開始往下掉。力 $\vec{F}_g$ 與位移 $\vec{d}$ 的夾角 ϕ 為零。因此,

$$W_g = mgd\cos 0° = mgd(+1) = +mgd \tag{7-14}$$

正號表示現在重力將大小為 mgd 的能量轉移為物體的動能。此與物體在掉落時的加速是一致的(當然,它的速率增加了)。

舉起和放下物體所作的功

現在假設我們施一力 $\vec{F}$ 舉起一似質點物體。在向上的位移過程中,我們所施的力對物體作正功 W_a,同時,重力對物體作負功 W_g,我們所施的力傾向轉移能量給物體,而同時重力傾向將能量從物體轉移出來。由 7-10 式,因此兩能量轉換所引起的物體之動能改變 ΔK 為

$$\Delta K = K_f - K_i = W_a + W_g \tag{7-15}$$

其中,K_f 為位移結束時的動能,而 K_i 為位移開始時的動能。此方程式亦可用於放下物體時,但此時重力傾向轉移能量給物體,同時我們所施的力傾向於將能量從物體轉移出來。

如果在將物體舉高(例如將一本書從地板拿到書架上)之前和之後,物體都是靜止的。則 K_f 和 K_i 均為零,而且 7-15 式可以簡化為

$$W_a + W_g = 0$$

或 $\quad W_a = -W_g \tag{7-16}$

注意，若 K_f 和 K_i 不為零但值相同時，我們仍會得到相同的結果。總之，此結果意指外力作功是重力作功的負值，意即，外力轉移給物體的能量大小和重力從物體轉移出來的能量大小相同。用 7-12 式我們可將 7-16 式改寫為：

$$W_a = -mgd\cos\phi \quad (\text{舉起和放下所做的功；} K_f = K_i) \qquad (7\text{-}17)$$

ϕ 為 $\vec{F}_g$ 和 $\vec{d}$ 之間的夾角。如果位移為垂直向上(圖 7-7a)，則 $\phi = 180°$，施力所作的功等於 mgd。如果位移為垂直向下(圖 7-7b)，則 $\phi = 0°$，施力所作的功等於 $-mgd$。

　　7-16 和 7-17 式可用在舉起或放下物體的任何情況，而物體在移動前後為靜止的。它們和所用之力的大小是無關的。例如，當你將一個大杯子從地板舉到超過頭部時，作用在杯子的力在舉起的過程中一直在改變。然而，杯子在被舉起前後為靜止的，所以他作的功可從 7-16 和 7-17 式得到，在 7-17 式中，mg 是他所舉起的杯子重量，d 是舉起重物所經過的距離。

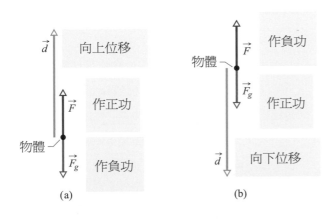

圖 7-7　(a)一施力 $\vec{F}$ 提起一個物體。物體的位移 $\vec{d}$ 與物體所受重力 $\vec{F}_g$ 的夾角為 $\phi = 180°$。施力對物體作正功。(b)施力使物體降低。物體的位移 $\vec{d}$ 與重力 $\vec{F}_g$ 的夾角為 $\phi = 0°$ 施力對物體作負功。

範例 7.4　拉雪橇上覆蓋著雪的斜坡

　　在這個範例中，物體沿著斜坡被拉動，但是剛開始與剛結束的時候物體都是靜止的，因此總體而言動能沒有改變(那很重要)。7-8a 顯示了這種情況。繩子拉著 200 kg 雪橇 (讀者可能已經知道它了)沿著傾斜角 $\theta = 30°$ 斜坡往上移動 $d=20$ m。橇與其裝載的事物總質量是 200 kg。蓋著雪的斜坡非常滑，使得我們可以視斜坡是無摩擦的。問作用在雪橇的每個力作功多少？

關鍵概念

(1) 在運動期間，每個力大小和方向都固定，因此我們可以運用 7-7 式($W = Fd\cos\phi$)計算每個力作的功，其中 ϕ 是力的方向與位移方向之間的夾角。運用 7-8 式 $W = \vec{F} \cdot \vec{d}$ 也可以得到相同結果，後面這種運算方式使用了力向量和位移向量的點積。(2)運用 7-10 式($\Delta K = W$)的功-動能定理，可以使全部的力所作的功與動能變化量(或就像這個例子一樣動能保持不變)產生關聯。

計算 解答涉及力的大部分物理問題，第一件事情就是畫自由體圖，以便組織我們的思維。對雪橇，圖 7-8b 是其自由體圖，其中顯示了重力 $\vec{F}_g$，，來自繩子的力 $\vec{T}$，來自斜坡的正向力 $\vec{F}_N$。

正向力作的功 W_N。

讓我們從這個簡單計算開始。向力垂直於斜坡，因此也垂直於雪橇的位移。此正向力不會影響雪橇的運動，它作的功為零。如果想要讓解答過程更正式，可以運用 7-7 式寫出

$$W_N = F_N d \cos 90° = 0. \qquad (答)$$

重力作的功 W_g

我們可以運用兩種方式求出重力作的功。(讀者可以選擇比較適合的方式)。先前關於斜坡的討論(範例 5.04 和圖 5-15)可以知道，沿著斜坡的重力分量大小為 $mg \sin\theta$，方向沿著斜坡往下。以其大小為

$$F_{gx} = mg\sin\theta = (200\,\text{kg})(9.8\,\text{m/s}^2)\sin 30°$$
$$= 980\,\text{N}.$$

位移方向與這個力分量之間的夾角 ϕ 是 180°。以我們可以運用 7-7 式寫出

$$W_g = F_{gx}d\cos 180° = (980\,\text{N})(20\,\text{m})(-1)$$
$$= -1.96\times 10^4\,\text{J}. \qquad (答)$$

負值的運算結果意味著，重力從雪橇移出能量。

第二種(同樣有效的)取得這項結果的方式是，使用全部重力 $\vec{F}_g$ 而不只是分量。$\vec{F}_g$ 和 $\vec{d}$ 之間的角度是 120° (90°加傾斜角 30°)。所以由 7-7 式可以得到

$$W_g = F_g d \cos 120° = mgd\cos 120°$$
$$= (200\,\text{kg})(9.8\,\text{m/s}^2)(20\,\text{m})\cos 120°$$
$$= -1.96\times 10^4\,\text{J}. \qquad (答)$$

繩力作的功 W_T

有兩種方式計算這個功。最的方式是使用 7-10 式($\Delta K = W$)的功–動能定理，其中這些力所作的淨功 W 為 $W_N + W_g + W_T$，動能變化量 ΔK 為零(因為初始和最終動能相同，即均為零)。所以由 7-10 式可以得到

$$0 = W_N + W_g + W_T = 0 - 1.96\times 10^4\,\text{J} + W_T$$

以及

$$W_T = 1.96\times 10^4\,\text{J}. \qquad (答)$$

我們也可以不這樣做，改成針對沿著 x 軸的運動應用牛頓第二定律，以便求出繩索力量的大小 F_T。假設沿著脅迫的加速度是零(除了起始與停止的短暫時期)，我們可以寫出

$$F_{net,x} = ma_x$$
$$F_T - mg\sin 30° = m(0)$$

進而求出

$$F_T = mg\sin 30°$$

這是繩力的大小值。因為力與位移都是沿著斜坡往上，所以這兩個向量之間的夾角是零。因此現在我們可以運用 7-7 式求出繩力作的功：

$$W_T = F_T d \cos 0° = (mg\sin 30°)d\cos 0°$$
$$= (200\,\text{kg})(9.8\,\text{m/s}^2)(\sin 30°)(20\,\text{m})\cos 0°$$
$$= 1.96\times 10^4\,\text{J} \qquad (答)$$

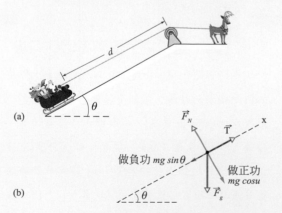

圖 7-8 (a)將雪橇拉上覆蓋著雪的斜坡。(b)雪橇的自由體圖。

範例 7.5　對加速的升降機所做的功

一質量 $m = 500$ kg 的升降機正以 $v_i = 4.0$ m/s 的速率下降，此時控制它的纜繩開始滑動，使它以一固定的加速度下降 $\vec{a} = \vec{g}/5$（圖 7-9a）。

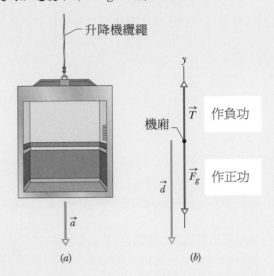

圖 7-9　升降機，正以速率 v_i 下降，突然間開始向下加速落下。(a)它以一固定的加速度 $\vec{d}$ 移動一段位移 $\vec{a} = \vec{g}/5$。(b)機廂的自由物體圖，位移亦示於其中。

(a) 落下距離 $d = 12$ m 的期間，由重力 $\vec{F}_g$ 對機廂所作的功 W_g 為何？

關鍵概念

我們可以將升降機視為一質點，然後使用 7-12 式（$W_g = mgd\cos\phi$）來找出所作的功 W_g。

計算　由圖 7-9b 可知 $\vec{F}_g$ 之方向與機廂位移 $\vec{d}$ 的夾角為 0°。所以由 7-12 式可得

$$W_g = mgd\cos 0° (500\text{kg})(9.8\text{m/s}^2)(12\text{m})(1)$$
$$= 5.8\times10^4\,\text{J} \approx 59\text{kJ} \tag{答}$$

(b) 落下 12 m 時，由升降機纜繩作用於機廂的向上拉力 $\vec{T}$ 對機廂所作的功 W_T 為何？

關鍵概念

運用 7-7 式（$W = Fd\cos\phi$），並且針對圖 7-9b 中的分量寫出 $F_{\text{net},y} = ma_y$，我們可以計算功 W_T。

計算　我們得到

$$T - F_g = ma \tag{7-18}$$

將 mg 代入 F_g 解 T，然後將結果代入 7-7 式，則可得

$$W_T = Td\cos\phi = m(a+g)d\cos\phi \tag{7-19}$$

接下來，以 $-g/5$ 代入(向下的)加速度 a，以 180° 代入 $\vec{T}$ 及 $m\vec{g}$ 兩者方向間的夾角 ϕ，可得：

$$W_T = m(-\frac{g}{5}+g)d\cos\phi = \frac{4}{5}mgd\cos\phi$$
$$= \frac{4}{5}(500\text{kg})(9.8\text{m/s}^2)(12\text{m})\cos 180°$$
$$= -4.70\times10^4\,\text{J} \approx -47\text{ kJ} \tag{答}$$

注意　因為在下降過程升降機處於加速狀態，所以 W_T 不單純地是 W_g 的負值。因此，7-16 式(它假設初始和最終動能相等) 不適用。

(c) 在落下過程中，作用於機廂的淨功 W 為何？

計算　此處的關鍵概念為淨功等於作用於機廂上之力所作的功之總合：

$$W = W_g + W_T = 5.88\times10^4\,\text{J} - 4.70\times10^4\,\text{J}$$
$$= 1.18\times10^4\,\text{J} \approx 12\text{ kJ} \tag{答}$$

(d) 下落 12 m 的最後，機廂的動能為何？

關鍵概念

根據 7-11 式（$K_f = K_i + W$），動能的改變是由於作用在機廂上的淨功造成。

計算　由利用 7-1 式，我們可以得到初始動能為 $K_i = \frac{1}{2}mv_i^2$。然後可以從 7-11 式得到

$$K_f = K_i + W = \frac{1}{2}mv_i^2 + W$$
$$= \frac{1}{2}(500\text{kg})(4.0\text{m/s}^2) + 1.18\times10^4\,\text{J}$$
$$= 1.58\times10^4\,\text{J} \approx 16\text{ kJ} \tag{答}$$

7-4 彈力作的功

學習目標

在閱讀完這個區塊的文字之後，讀者應該能夠...

7.09 應用彈簧作用在物體的力，彈簧的伸展或壓縮，以及彈簧的彈力常數三者之間的關係式(虎克定律)。

7.10 瞭解彈力是一種變力。

7.11 對於受彈力作用的物體，藉由對該力從初始位置到最終位置予以積分，或者藉由利用該積分的通用公式，計算彈力所作的功。

7.12 藉著在物體所受之力相對於物體位置的函數圖形上，進行圖形式積分，以便計算該力所作的功。

7.13 將功–動能定理應用於，物體受彈力而運動的情況。

關鍵概念

● 彈簧產生的力 $\vec{F}_s$ 為

$$\vec{F}_s = -k\vec{d} \quad \text{(虎克定律)}$$

其中 $\vec{d}$ 是彈簧自由端相距於，當彈簧呈鬆弛(既不壓縮也不伸展)狀態時自由端的位置的位移，而且 k 是彈力常數(彈簧堅硬程度的指數)。如果 x 軸沿著彈簧延伸，而且 x 軸的原點位於當彈簧處於鬆弛狀態時其自由端的位置，我們將得到

$$F_x = -kx \quad \text{(虎克定律)}$$

● 因此彈力是一種變力：它會隨著彈簧自由端的位移改變。

● 如果將物體連結於彈簧自由端，則當物體從初始位置移動到最終位置的時候，彈力對物體作的功 W_s 為

$$W_s = \frac{1}{2}kx_i^2 - \frac{1}{2}kx_f^2$$

如果 $x_i = 0$ 而且 $x_f = x$，則上述方程式將變成

$$W_s = -\frac{1}{2}kx^2$$

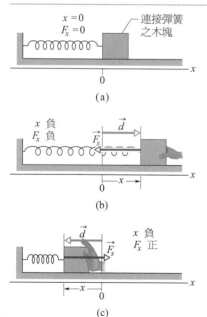

圖 7-10 (a)彈簧處於自然狀態。x 軸的原點置於彈簧繫於木塊的尾端。(b)木塊移動一段位移 $\vec{d}$，而彈簧的伸長量為 x。注意彈簧所施的恢復力 $\vec{F}_s$。(c)彈簧壓縮一段距離 x。注意彈簧的恢復力。

彈力所作的功

接下來，我們想要探討一種特殊的變力對似質點的物體作功的情形——亦即，**彈力**，彈簧所施的力。自然界中很多的力和彈力有相同的數學形式。故藉由探討彈力，你可了解許多其他的力。

彈力

圖 7-10a 顯示彈簧處於它的**自然狀態**——亦即它既不壓縮也不伸張。一個端點固定，一個似質點物體——如木塊——繫於另一端，即自由端。圖 7-10b 中，我們將木塊拉向右邊使得彈簧伸長。由於反作用的關係，彈簧拉著木塊向左邊(因為彈簧所施之力是為回復其自然狀態，所以此力有時被稱為恢復力)。如在圖 7-10c 中將木塊推向左邊以壓縮彈簧，彈簧會將木塊推向右邊。

近似而言，彈簧所施的力 $\vec{F}_s$ 正比於彈簧自由端的位移 $\vec{d}$，此位移係從彈簧處於自然狀態之位置算起。彈簧的力為

$$\vec{F}_s = -k\vec{d} \quad \text{(虎克定律)} \tag{7-20}$$

此稱為**虎克定律**，乃為了紀念 17 世紀一位英國的科學家 Robert Hooke 而

命名。7-20 式中的負號表示彈簧恢復力的方向總是與自由端的位移之方向相反。常數 k 稱為**彈力常數**(或**力常數**)；它是彈簧軟硬程度的一種度量。k 值愈大，彈簧愈硬，亦即，對某一位移而言彈簧拉或推的力量愈強。k 的 SI 單位為牛頓/公尺。

圖 7-10 中，x 軸平行於彈簧的長度，其中原點($x=0$)為彈簧處於自然狀態的自由端之位置。就此情形而言，7-20 式變成：

$$F_x = -kx \quad \text{(虎克定律)} \tag{7-21}$$

其中，我們改了下標。若 x 為正(彈簧在 x 軸上向右伸長)，則 F_x 為負(為向左的拉力)。反之，若 x 為負(彈簧向左壓縮)，則 F_x 為正(為向右之推力)。注意彈力為一變力，因為它隨自由端的位置 x 而變化。因此，F_x 能以 $F(x)$ 符號表示。注意虎克定律是力的大小和自由端之位置之間的線性關係。

彈力所作的功

為找出當圖 7-10a 中的木塊運動時，彈力所作的功之表示式，讓我們對彈簧作兩個簡單的假設。(1)它是無質量的；也就是說，其質量相較於木塊質量下為可忽略。(2)它為理想彈簧；也就是說它恰遵守虎克定律。之後，我們再假設地板與木塊之間無摩擦，而且木塊為似質點之物體。

我們將木塊向右急拉使它開始運動，然後置之不理。當木塊向右運動，彈力則對其作功，使動能減少，木塊慢下來。然而我們並不能以 7-7 式($W = Fd\cos\phi$)來求得此功。因為這個問題並未設定一個 F 值以便代入該方程式；事實上 F 值會隨著彈簧伸展而增加。

有一個簡潔的方式可以解決這個問題。(1) 將木塊的位移切割成許多小段，而且每個小段都非常細小，因而導致我們可以忽略在該小段中 F 的變化量。(2) 然後因為這樣在每個小段，力都具有(近乎)單一值，因此我們能夠運用 7-7 式以便求出所施之力在該小段位移作的功。(3) 最後將每個小段所作的功加總起來，藉此求出總功。好吧！那就是我們的目標了，但是我們不想花費接下來幾天時間，將如此巨量的各小段計算結果加總起來，更何況各小段計算結果可能只是近似值而已，取而代之地，我們將使各小段無限地小，因而導致每個小段所計算出來的功趨近於零。接著，運用積分而不是人工加總的方式，得到上述的巨量加法運算結果。經由簡便的微積分運算，這巨量的加法運算可以在幾分鐘而不是幾天之內作完。

假設木塊的初始位置是 x_i，稍後的位置是 x_f。然後將這兩個位置之間分成許多段，每一段微小長度為 Δx。再將這些線段由 x_i 開始以 1、2、…等等編號。當木塊通過一個線段時，因為線段很短以致於 x 幾乎沒變，所以彈力也幾乎沒變。因此在線段中我們可說力的大小近乎常數。將線段 1 之力編號為 F_{x1}，線段 2 為 F_{x2}，以此類推。

由於現在在每個線段中之力為常數，所以可藉由 7-7 式來求每線段之作功。在此 $\phi = 180°$，故 $\cos\phi = -1$。所以線段 1 的功為$-F_{x1}\Delta x$，線段 2 為$-F_{x2}\Delta x$，以此類推。而由 x_i 至 x_f，彈簧所作的功 W_s 為這些功的總和：

$$W_s = \sum -F_{xj}\Delta x \tag{7-22}$$

其中 j 為線段編號。當 Δx 趨近於零時，7-22 式變為：

$$W_s = \int_{x_i}^{x_f} -F_x\,dx \tag{7-23}$$

由 7-21 式我們知道，力 F_x 的量值是 kx。因此代入之後，我們得到

$$W_s = \int_{x_i}^{x_f} -kx\,dx = -k\int_{x_i}^{x_f} x\,dx$$
$$= \left(-\frac{1}{2}k\right)\left[x^2\right]_{x_i}^{x_f} = \left(-\frac{1}{2}k\right)\left(x_f^2 - x_i^2\right) \tag{7-24}$$

將式子乘開得

$$W_s = \frac{1}{2}kx_i^2 - \frac{1}{2}kx_f^2 \tag{7-25}$$

彈簧力所作的功 W_s 可為正值或負值，端視木塊從 x_i 移至 x_f 時，淨能量轉移是轉移給木塊或從木塊移出而定。小心：最後的位置 x_f 出現在 7-25 式右邊的第二項中。因此 7-25 式告訴我們：

> 若木塊最後結束的位置比起始時更要靠近自然位置($x = 0$)，則功 W_s 為正值。反之，若木塊最後比起始更遠離 $x = 0$，則 W_s 為負。而若木塊最後與起始離 $x = 0$ 的距離均相同，則 W_s 為零。

若 $x_i = 0$ 且令末位置為 x，則 7-25 式變成：

$$W_s = -\frac{1}{2}kx^2 \quad \text{（彈簧力所做的功）} \tag{7-26}$$

外力所作的功

假設木塊沿著 x 軸放置，且持續被施以一力 $\vec{F}_a$。在此位移期間，我們所施的力對木塊作功 W_a；同時彈力作功 W_s。根據 7-10 式，木塊因此兩能量轉換所造成的動能變化 ΔK 為

$$\Delta K = K_f - K_i = W_a + W_s \tag{7-27}$$

其中，K_f 為位移結束時的動能，而 K_i 為位移開始時的動能。若木塊位移前後皆為靜止，則 K_f 和 K_i 皆為零，且 7-27 式變成：

$$W_a = -W_s \tag{7-28}$$

> 若附在彈簧上的木塊在位移前後皆為靜止，則外力對木塊所作的功為彈力對木塊所作的功之負值。

小心：若在位移前後木塊並未靜止不動，則此敘述即不成立。

測試站 2

在圖 7-10 中，木塊沿著 x 軸的初位置和末位置分別為：(a) –3 cm 及 2 cm；(b) 2 cm 及 3 cm；(c) –2 cm 及 2 cm。在上述的每種情況下，彈力對木塊所作的功為正值、負值或為零？

範例 7.6　彈簧作功而改變動能

當彈簧對物體作功的時候，要求出所作的功不能僅只是將彈力乘以物體位移。原因是沒有任何一個值可以代表這個力，此力會改變其值。然而，物體的位移可以切割成無線多微小段，然後使彈力在各微小段近似地具有對應的常數值。再將彈力在所有微小段作的功利用積分加總起來。此處我們使用積分的通用公式。

如圖 7-11，一個質量 $m = 0.40$ kg 的木塊在一無摩擦的水平桌面上以 $v = 0.50$ m/s 的固定速率滑動。然後木塊撞上並壓縮一彈簧（彈力常數 $k = 750$N/m）。當木塊被彈簧暫時停住，彈簧壓縮了多少距離 d。

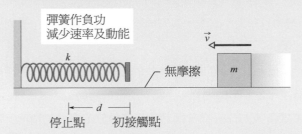

彈簧作負功
減少速率及動能

$\vec{v}$

k

無摩擦

m

d

停止點　　初接觸點

圖 7-11　一個質量 m 的木塊以速度 $\vec{v}$ 朝一彈力常數 k 之彈簧移動。

關鍵概念

1. 彈力作用在木塊上的功 W_s 與所求的距離 d 之間的關係如 7-26 式（$W_s = -\frac{1}{2}kx^2$）所示，其中以 d 取代 x。

2. 功 W_s 也和 7-10 式（$K_f - K_i = W$）中木塊之動能相關。

3. 木塊動能的起始值為 $K = \frac{1}{2}mv^2$，在暫時靜止的瞬間則為零。

計算　將前兩個觀念放在一起，我們可寫出木塊的功-動能定理如下：

$$K_f - K_i = -\frac{1}{2}kd^2$$

根據第三個關鍵概念代入，可得下式：

$$0 - \frac{1}{2}mv^2 = -\frac{1}{2}kd^2$$

簡化上式後解 d，並代入已知值可得，

$$d = v\sqrt{\frac{m}{k}} = (0.50\,\text{m/s})\sqrt{\frac{0.40\,\text{kg}}{750\,\text{N/m}}}$$

$$= 1.2 \times 10^{-2}\,\text{m} = 1.2\,\text{cm} \qquad\text{（答）}$$

7-5　變力作的功

學習目標

在閱讀完這個區塊的文字之後，讀者應該能夠...

7.14　在已知某個變力的位置函數的情形下，於一維或更多維空間中，經由對該函數從被施力物體的初始位置到最終位置進行積分，以便求出此變力對物體所作的功。

7.15　如果已知力相對於位置的函數圖形，圖解地對該力從物體的初始位置到最終位置進行積分，以便求出此力對物體所作的功。

7.16　將加速度相對於位置的圖形轉換成力相對於位置的圖形。

7.17　將功–動能定理應用於物體受變力而運動的情況。

關鍵概念

● 當作用在像質點般之某個物體的力 $\vec{F}$ 是依物體位置而定，而且物體從座標(x_i, y_i, z_i)的初始位置r_i移動到座標(x_f, y_f, z_f)的最終位置r_f時，力 $\vec{F}$ 對物體作的功一定可以藉由對力的函數進行積分而得到。如果假設分量F_x只依x而定，而與y或z無關，分量F_y只依y而定，而與x或z無關，分量F_z只依z而定，而與x或y無關，則此力作的功為

$$W = \int_{x_i}^{x_f} F_x dx + \int_{y_i}^{y_f} F_y dy + \int_{z_i}^{z_f} F_z dz$$

● 如果 $\vec{F}$ 只有x分量，則上述數學式可以簡化成

$$W = \int_{x_i}^{x_f} F(x) dx$$

變力作的功

一維分析

　　讓我們回到圖 7-2 的情況，但現在考慮力的方向是沿著 x 軸且力的大小隨著 x 位置而變。因此，隨著質點移動，對其所作的功之力的大小 $F(x)$ 也跟著 x 改變。變力只有大小改變，其方向不變，而且在任何位置的大小不會隨時間而改變。

　　圖 7-12a 為一維變力對位置的關係圖。我們想找出質點在此力的作用下，由初位置 x_i 移至末位置 x_f 的過程中，此力所作的功的表示式。然而，我們不可使用 7-7 式($W = Fd \cos\phi$)，因為它只適用於定力 $\vec{F}$ 的情況。這裡我們將再次使用微積分。我們將圖 7-12a 中曲線下之面積分成許多寬為 Δx 的狹窄面積 (圖 7-12b)。我們選取足夠小的 Δx，以允許我們在這小區間內，可將力 $F(x)$ 合理的視為定值。我們令 $F_{j,avg}$ 為在第 j 個區間內 $F(x)$ 的平均值。則在圖 7-12b 中，$F_{j,avg}$ 為第 j 個區塊的高。

　　由於將 $F_{j,avg}$ 考慮為常數，所以由力作用在第 j 個區間內所作的微小功 ΔW_j 可由 7-7 式表示為

$$\Delta W_j = F_{j,avg} \Delta x \tag{7-29}$$

在圖 7-12b 中，ΔW_j 等於第 j 個長方形，陰影區塊的面積。

　　為了近似地求出質點從 x_i 移至 x_f 時，力所作的總功 W，我們只要將圖 7-12b 介於 x_i 至 x_f 間所有小條的面積加起來即可：

$$W = \sum \Delta W_j = \sum F_{j,avg} \Delta x \tag{7-30}$$

7-30 式只是一個近似值，因為在圖 7-12b 中由長方形小條頂端所形成的間斷線所圍成者只是實際曲線 $F(x)$ 的近似而已。

　　我們可以如圖 7-12c 所示，將小條的寬度 Δx 減小而增加更多小條的數目來增加近似的程度。在極限的情況，我們令小條的寬度趨近於零，區間的數目趨於無限大，便可得到精確的結果，

$$W = \lim_{\Delta x \to 0} \sum F_{j,avg} \Delta x \tag{7-31}$$

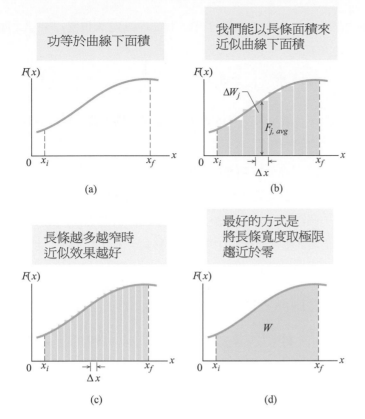

功等於曲線下面積

我們能以長條面積來近似曲線下面積

長條越多越窄時近似效果越好

最好的方式是將長條寬度取極限趨近於零

(a)

(b)

(c)

(d)

圖 7-12　(a)一般一維空間的力 $\vec{F}(x)$ 對它所施力的質點之位移 x 的關係圖。質點由 x_i 移至 x_f。(b) 與(a)相同，但是曲線下的面積劃分成許多小條。(c)與(b)相同，但是面積劃分成更多的小條。(d)極限情形。此功是由 7-32 式所示之力作的，而幾何上它是由曲線到 x 軸，與 x_i 到 x_f 之間的陰影面積所代表。

此極限值即等於函數 $F(x)$ 在極限值 x_i 與 x_f 間之積分值。故 7-31 式變成

$$W = \int_{x_i}^{x_f} F(x)\,dx \quad (\text{功：變力}) \tag{7-32}$$

如果我們知道函數 $F(x)$，我們可以將其代入 7-32 式，由積分的上下限計算出整個積分，從而求出功(參看附錄 E 所列出的積分表)。幾何上，功等於曲線 $F(x)$ 到 x 軸，與 x_i 到 x_f 之間所圍成的面積(圖 7-12d 的陰影部分)。

三維分析

考慮由一個三維空間的力作用於質點的情形

$$\vec{F} = F_x\hat{i} + F_y\hat{j} + F_z\hat{k} \tag{7-33}$$

其中分量 F_x，F_y 及 F_z 點的位置有關，意即它們是位置的函數。然而，我們作三個簡化：F_x 可以與 x 有關而與 y 或 z 無關，F_y 可以與 y 有關而與 x 或 z 無關，F_z 可以與 z 有關而與 x 或 y 無關。現在，讓質點移動一個位移增量

$$d\vec{r} = dx\,\hat{i} + dy\,\hat{j} + dz\,\hat{k} \tag{7-34}$$

在位移 $\vec{F}$ 中，力 $d\vec{r}$ 作用於質點所作的微小功 dW，由 7-8 式可知為：

$$dW = \vec{F} \cdot d\vec{r} = F_x\,dx + F_y\,dy + F_z\,dz \tag{7-35}$$

質點由座標(x_i, y_i, z_i)之初位置 r_i 移到座標(x_f, y_f, z_f)之末位置 r_f 時,這之間 $\vec{F}$ 所作的功 W 為:

$$W = \int_{r_i}^{r_f} dW = \int_{x_i}^{x_f} F_x dx + \int_{y_i}^{y_f} F_y dy + \int_{z_i}^{z_f} F_z dz \tag{7-36}$$

如果 $\vec{F}$ 只有 x 分量,則在 7-36 式中 y 和 z 項為零,此式變為 7-32 式。

變力的功-動能定理

7-32 式表示在一維空間中,變力作用在質點上所作的功。現在讓我們來確認,如功-動能定理所述,功等於動能的改變量。

考慮一個質量為 m 的質點,正沿 x 軸運動,而作用於其上的淨力 $F(x)$ 的指向亦沿著此軸。當質點由初位置 x_i 移動至末位置 x_f 時,此力對質點所作的功由 7-32 式可知其為:

$$W = \int_{x_i}^{x_f} F(x) dx = \int_{x_i}^{x_f} ma\, dx \tag{7-37}$$

其中我們利用牛頓第二定律,將 $F(x)$ 代之以 ma。我們可將 7-37 式中的 $ma\, dx$ 重新寫為

$$ma\, dx = m\frac{dv}{dt} dx \tag{7-38}$$

由微積分的連鎖律,可得

$$\frac{dv}{dt} = \frac{dv}{dx}\frac{dx}{dt} = \frac{dv}{dx} v \tag{7-39}$$

7-38 式變為

$$ma\, dx = m\frac{dv}{dx} v\, dx = mv\, dv \tag{7-40}$$

將 7-40 式代入 7-37 式可得

$$\begin{aligned} W &= \int_{v_i}^{v_f} mv\, dv = m\int_{v_i}^{v_f} v\, dv \\ &= \frac{1}{2}mv_f^2 - \frac{1}{2}mv_i^2 \end{aligned} \tag{7-41}$$

注意,當我們將變數由 x 換成 v 時,我們亦需將積分的上下限換成有關於此新變數所對應的量。而且要注意,由於質量 m 為常數,因此,我們可將它提到積分外面。

將 7-41 式右邊的項表示為動能,我們可將此式寫為

$$W = K_f - K_i = \Delta K$$

此即功-動能定理。

範例 7.7　利用圖形積分計算功

在圖 7-13*b* 中，8.0 kg 物塊在有力作用於其上的情形下，沿著無摩擦地板滑動，起始位置是 $x_1 = 0$，終止位置是 $x_3 = 6.5$ m。隨著物塊的移動，力的大小與方向均依據如圖 7-13*a* 所示的圖形變動。例如，從 $x = 0$ 到 $x = 1$ m，力是正的(在 x 軸的正方向)而且大小是從 0 增加到 40 N。從 $x = 4$ m 到 $x = 5$ m，力是負的，而且其大小是從 0 增加到 20 N。(請注意這個數值是顯示為–20 N。)已知物塊在 x_1 的動能是 $K_1 = 280$ J。試問物塊在 $x_1 = 0$，$x_2 = 4.0$ m 和 $x_3 = 6.5$ m 處的速率各為何？

關鍵概念

(1) 在任何位置，物塊速率都可以運用 7-1 式 $\left(K = \dfrac{1}{2}mv^2\right)$ 與其動能產生關聯。(2)運用功-動能定理 7-10 式($K_f - K_i = W$)，可以使在稍後位置的動能 K_f，與初始位置的動能 K_i 和對物體所作的功產生關聯。(3)藉著將變力 $F(x)$ 相對於位置 x 進行積分，可以計算變力對物體作的功 W。7-32 式告訴我們

$$W = \int_{x_i}^{x_f} F(x)\,dx$$

目前我們不知道用於進行積分的函數 $F(x)$，但是我們知道 $F(x)$ 的圖形，運用此圖形，可以求出介於代表 $F(x)$ 的圖形線與 x 軸之間的面積，以便取得其積分。當圖形線位於 x 軸上方，功(等於對應的面積)是正值。當圖形線位於 x 軸下方，功是負值。

計算　因為我們已經知道在 $x = 0$ 處的動能，因此題目所要求此處的速率可以很容易地求得。所以這裡可以直接將動能值代入動能公式內：

$$K_1 = \frac{1}{2}mv_1^2$$

$$280 \text{ J} = \frac{1}{2}(8.0 \text{ kg})v_1^2$$

然後可以得到

$$v_1 = 8.37 \text{ m/s} \approx 8.4 \text{ m/s} \tag{答}$$

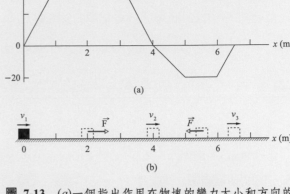

圖 7-13　(*a*)一個指出作用在物塊的變力大小和方向的圖。此物塊在地板上沿著 x 軸運動。(b)物塊在若干個時間點的位置。

在物塊從 $x = 0$ 移動到 $x = 4.0$ m 的過程中，圖 7-13*a* 中的圖形線位於 x 軸上方，這意味著作用於物塊的功是正功。這裡將圖形線下方的面積分割成左側的三角形，中間的矩形和右側的三角形。它們的總面積是

$$\frac{1}{2}(40 \text{ N})(1 \text{ m}) + (40 \text{ N})(2 \text{ m}) + \frac{1}{2}(40 \text{ N})(1 \text{ m})$$

$$= 120 \text{ N} \cdot \text{m}$$

$$= 120 \text{ J}.$$

這代表著在 $x = 0$ 和 $x = 4.0$ m 之間，力對物塊作了功 120 J，使物塊的動能和速率增加。所以，當物塊抵達 $x = 4.0$ m 的時候，功–動能定理告訴我們，動能為

$$K_2 = K_1 + W$$

$$= 280 \text{ J} + 120 \text{ J} = 400 \text{ J}.$$

這裡可以再一次利用動能的定義而得到

$$K_2 = \frac{1}{2}mv_2^2$$

$$400 \text{ J} = \frac{1}{2}(8.0 \text{ kg})v_2^2$$

然後得到

$$v_2 = 10 \text{ m/s}. \tag{答}$$

上述數值是物塊的最大速率,因為從 $x = 4.0$ m 到 $x = 6.5$ m 力是負的,意思是說此力反抗物塊的運動,對物塊作了負功,並且使其動能和速率減少。在該位置範圍內,介於圖形線和 x 軸之間的面積是

$$\frac{1}{2}(20\text{ N})(1\text{ m}) + (20\text{ N})(1\text{ m}) + \frac{1}{2}(20\text{ N})(0.5\text{ m})$$

$$= 35\text{ N} \cdot \text{m}$$

$$= 35\text{ J}.$$

這意味著在該位置範圍內,力作的功是 -35 J。在 $x = 4.0$ m,物塊的 $K = 400$ J。在 $x = 6.5$ m,功–動能定理告訴我們,其動能為

$$K_3 = K_2 + W$$

$$= 400\text{ J} - 35\text{ J} = 365\text{ J}$$

再一次地,利用動能的定義可以求得

$$K_3 = \frac{1}{2}mv_3^2$$

$$365\text{ J} = \frac{1}{2}(8.0\text{ kg})v_3^2$$

然後得到

$$v_3 = 9.55\text{ m/s} \approx 9.6\text{ m/s} \tag{答}$$

物塊還是沿著 x 軸正方向運動,比初始速率快一些。

範例 7.8 功、二維積分

當作用在物體的力是依物體位置而定的時候,我們無法藉著單純地將力乘以位移,而求出此力對物體作的功。理由是沒有任何一個值可以代表該力;此力會改變其值。所以,我們必須求出此力在極小位移過程所作的功,然後再將這些極小位移的功加總起來。實際上我們可以這樣說:「是的,任何指定的極小位移內,變力都會變動其值,但是變動是如此的小,使得我們可以將力在該位移期間內近似地視為常數值。」當然,它並不精確,但是如果使位移無限地小,則誤差也將變得無限小,導致計算結果變得精確。但是要以手算方式將無限多、極小位移的功加總起來,所花費的時間將比一學期還長。所以,我們利用積分進行加總運算,這將讓整個計算工作在幾分鐘之內完成(比一學期短得多)。

作用於一質點上的力 $\vec{F} = (3x^2\text{N})\hat{i} + (4\text{N})\hat{j}$ 僅改變此質點的動能,其中 x 單位為公尺。當此質點由座標 $(2\text{ m}, 3\text{ m})$ 移到 $(3\text{ m}, 0\text{ m})$ 時,力對其作功多少?質點的速率是增加、減少或不變?

關鍵概念

此力為一變力,因為它的分量與 x 有關。因此我們不能使用 7-7 和 7-8 式來找出功。取而代之,我們必須使用 7-36 式來對力積分。

計算 我們建立兩個積分項,每個積分項對應一個座標軸:

$$W = \int_2^3 3x^2 dx + \int_3^0 4\,dy = 3\int_2^3 x^2 dx + 4\int_3^0 dy$$

$$= 3[\frac{1}{3}x^3]_2^3 + 4[y]_3^0 = [3^3 - 2^3] + 4[0 - 3]$$

$$= 7.0\text{ J} \tag{答}$$

此正號的結果表示能量藉由力 $\vec{F}$ 轉移到質點中。因此,質點的動能增加,因為 $K = \frac{1}{2}mv^2$,它必定會加速。如果功的結果為負,則動能與速率會減少。

7-6　功率

學習目標

在閱讀完這個區塊的文字之後，讀者應該能夠...

7.18 應用平均功率，力所作的功，以及作功持續的時間間隔三者之間的關係。

7.19 在已知功的函數情形下，求出瞬時功率。

7.20 藉著對力向量和物體的速度向量作點積，並且運用大小角度表示法與單位向量表示法，求出瞬時功率。

關鍵概念

● 由某個力引起的功率指的是，該力對某個物體作功的時變率。

● 如果在時間間隔 Δt 內力作功 W，則由此力在該時間間隔內產生的平均功率是

$$P_{avg} = \frac{W}{\Delta t}$$

● 瞬時功率是作功的瞬間時變率：

$$P = \frac{dW}{dt}$$

● 對於其方向是與瞬時速度 $\vec{F}$ 行進方向夾著角度 ϕ 的力 $\vec{v}$，瞬時功率為

$$P = Fv\cos\phi = \vec{F} \cdot \vec{v}$$

功率

　　一力作功的速率稱為此力的**功率**。如果在 Δt 的時間內，一力所作的功為 W，則此段時間內此力的**平均功率**為

$$P_{avg} = \frac{W}{\Delta t} \quad \text{（平均功率）} \tag{7-42}$$

瞬時功率 P 為作功的瞬間時變率，可以寫成

$$P = \frac{dW}{dt} \quad \text{（瞬時功率）} \tag{7-43}$$

假設我們知道力所作的功的時間函數 $W(t)$。則為了得到在時間 $t = 3.0$ s 時的瞬時功率 P，首先我們要作 $W(t)$ 的時間微分，然後計算在 $t = 3.0$ s 的結果。

　　功率的 SI 單位為焦耳/秒。由於這單位常被用到，我們另外稱之為**瓦特**(W)。此單位是為了紀念瓦特而命名的。瓦特對蒸汽機功率的改進曾作出了偉大的貢獻。在英制中，功率的單位為呎・磅/秒。常用的單位則為馬力。這些單位間的一些關係為

$$1\,\text{watt} = 1\,\text{W} = 1\,\text{J/s} = 0.738\,\text{ft}\cdot\text{lb/s} \tag{7-44}$$

$$1\,\text{馬力} = 1\,\text{hp} = 550\,\text{ft}\cdot\text{lb/s} = 746\,\text{W} \tag{7-45}$$

由 7-42 式可看出功可寫成功率乘以時間，此常用單位稱為仟瓦小時。因此，

$$1仟瓦小時 = 1\,kW \cdot h = (10^3\,W)(3600\,s)$$
$$= 3.60 \times 10^6\,J = 3.60\,MJ \tag{7-46}$$

或許是由於電費帳單的原因，我們常把瓦特及仟瓦小時看成是電的單位。它們一樣可用來當做功率及功或能量在其他例子中的單位。因此，當你從地板上撿起一本書，並把它放在桌面上時，你可隨意地說你作了 $4 \times 10^{-6}\,kW \cdot h$ 的功(或者更方便的記為 $4\,mW \cdot h$)。

我們亦可利用作用於質點(或似質點的物體)上的力以及物體的速率來表達力對物體作功的速率。對一沿著直線(比如 x 軸)運動的質點，若有一方向和質點運動方向相同且和直線夾角為 ϕ 的定力 $\vec{F}$ 作用於其上，則 7-43 式變成

$$P = \frac{dW}{dt} = \frac{F\cos\phi\,dx}{dt} = F\cos\phi\left(\frac{dx}{dt}\right)$$

$$P = Fv\cos\phi \tag{7-47}$$

將 7-47 式的右邊改成內積 $\vec{F} \cdot \vec{v}$，則亦可寫成

$$P = \vec{F} \cdot \vec{v} \quad (瞬時速率) \tag{7-48}$$

例如，圖 7-14 中的有一卡車施力 $\vec{F}$ 於其所拖曳之負載上，卡車在某瞬間速度為 $\vec{v}$。由 $\vec{F}$ 所造成的瞬時功率為在某瞬間 $\vec{F}$ 對負載作功的速率，其可由 7-47 及 7-48 式求出。一般可接受的說法是將功率說成是「卡車的功率」，但我們要記住：功率是施力作功的速率。

圖 7-14 小貨車的施力對後頭拖車產生的功率為其施力對拖車的作功速率。(reglain ZUMA)

 測試站 3

一木塊作等速率圓周運動，而繫住木塊的繩索另一端被固定在圓的中心。則繩索之中心部分對木塊施力的功率為正值、負值或零？

範例 7.9 功率、力與速度

這裡要計算一個瞬時功率的例子——也就是在任何指定的瞬間作功的比率,而不是在一個時間間隔內作功的平均比率。圖 7-15 所示為,兩個定力 $\vec{F_1}$ 和 $\vec{F_2}$ 作用於一盒子上,盒子同時向右滑動經過一無摩擦地板。作用力 $\vec{F_1}$ 為水平,大小 2.0 N。作用力 $\vec{F_2}$ 離水平呈仰角 60 度,大小 4.0 N。盒子速率 v 在某一瞬間為 3.0 m/s。在該瞬間時,作用於盒子的兩力各產生多少功率,淨功率又為何?淨功率在該瞬間是改變的嗎?

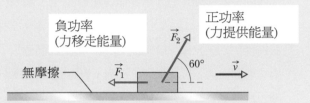

圖 7-15 兩力 $\vec{F_1}$ 和 $\vec{F_2}$ 作用在一盒子上,盒子向右滑行在一無摩擦的地板上。其速度為 $\vec{v}$。

關鍵概念

我們所要的是瞬時功率而不是在一段時間中的平均功率。此外,我們知道質點的速度(而不是其所受之功)。

計算 因此我們用 7-47 式求出每一力所產生的功率。對 $\vec{F_1}$ 而言,和速度 $\vec{v}$ 的夾角 $\phi_1 = 180°$,所以得到

$$P_1 = F_1 v \cos \phi_1 = (2.0\text{N})(3.0\text{m/s})\cos 180°$$
$$= -6.0 \text{ W} \tag{答}$$

負號結果告訴我們,力 $\vec{F_1}$ 以 6.0 J/s 的速率將能量從盒子轉移出來。

對 $\vec{F_2}$ 而言,和速度 $\vec{v}$ 的夾角 $\phi_2 = 60°$,所以得到

$$P_2 = F_2 v \cos \phi_2 = (4.0\text{N})(3.0\text{m/s})\cos 60°$$
$$= 6.0 \text{ W} \tag{答}$$

正號結果告訴我們,$\vec{F_2}$ 以 6.0 J/s 的速率將能量轉移至盒子。

淨功率為個別功率之和(必須考慮個別功率的正負號,計算才完整):

$$P_{net} = P_1 + P_2$$
$$= -6.0\text{W} + 6.0\text{W} = 0 \tag{答}$$

意即能量轉移的淨速率為零。因此,盒子動能 $K = \frac{1}{2}mv^2$ 沒有變化,且此盒子的速率維持 3.0 m/s。$\vec{F_1}$ 及 $\vec{F_2}$ 與速度 $\vec{v}$ 皆沒有改變,根據 7-48 式可知,P_1、P_2 和 P_{net} 亦無改變。

PLUS Additional example, video, and practice available at *WileyPLUS*

重點回顧

動能 與質量為 m,速率為 v 之質點的運動有關(此處的 v 遠小於光速)的**動能** K 為

$$K = \frac{1}{2}mv^2 \text{(動能)} \tag{7-1}$$

功 功 W 是經由作用在物體上的力所轉移的能量。能量被轉移至物體上為正功,而能量被從物體轉移出來為負功。

定力所作的功 定力 $\vec{F}$ 在位移 $\vec{d}$ 期間對質點所作的功為

$$W = Fd\cos\phi = \vec{F} \cdot \vec{d} \quad \text{(定力所做的功)} \tag{7-7, 7-8}$$

ϕ 是 $\vec{F}$ 和 $\vec{d}$ 之間的夾角。只有沿著位移 $\vec{F}$ 的 $\vec{d}$ 之分量才能作功在物體上。當兩個或兩個以上的力作用在物體上,它們的**淨功**是力作功的總和,等於淨力 $\vec{F}_{net}$ 對物體所作的功。

功和動能　質點動能的變化 ΔK 等於作用在質點上的淨功 W：

$$\Delta K = K_f - K_i = W \tag{7-10}$$

其中，K_i 為物體的初動能，K_f 為作功後的動能。7-10 式可重新排列為

$$K_f = K_i + W \tag{7-11}$$

重力所作的功　一質量 m 的似質點物體在位移 $\vec{F}_g$ 的期間，重力 $\vec{d}$ 對其所作的功 W_g 為

$$W_g = mgd\cos\phi \tag{7-12}$$

ϕ 為 $\vec{F}_g$ 和 $\vec{d}$ 之間的夾角。

舉起和放下物體所作的功　在舉起和放下似質點物體的過程中，施力所作的功和物體之重力所作的功 W_g 有關，而物體的動能變化 ΔK 為

$$\Delta K = K_f - K_i = W_a + W_g \tag{7-15}$$

如果 $K_f = K_i$，則 7-15 式變成

$$W_a = -W_g \tag{7-16}$$

亦即，施力轉移給物體的能量和重力由物體轉移出來的能量相等。

彈力　彈簧所施的力 $\vec{F}_s$ 為

$$\vec{F}_s = -k\vec{d} \quad \text{(虎克定律)} \tag{7-20}$$

此處 $\vec{d}$ 為彈簧從它的**自然狀態**(既不壓縮也不伸長)到其自由端的位移；而 k 為**彈力常數**(彈簧強度特性的程度)。如果 x 軸為沿彈簧的方向，且彈簧處於自然狀態時，令自由端為 x 軸的原點，則 7-20 式可寫為

$$F_x = -kx \text{(虎克定律)} \tag{7-21}$$

因此彈力是一變力。它隨著彈簧的自由端的位移而變。

彈力所作的功　如果一物體繫於彈簧的自由端，則當物體由初位置 x_i 移至末位置 x_f 時，彈力對物體所作的功 W_s 為

$$W_s = \frac{1}{2}kx_i^2 - \frac{1}{2}kx_f^2 \tag{7-25}$$

如果 $x_i = 0$ 及 $x_f = x$，則 7-25 式變成

$$W_s = -\frac{1}{2}kx^2 \tag{7-26}$$

變力所作的功　當作用在似質點的物體上之力 $\vec{F}$ 隨物體的位置而變化時，若物體由座標(x_i, y_i, z_i)的初位置 r_i 移至座標(x_f, y_f, z_f)的末位置 r_f，欲求此時 $\vec{F}$ 對物體所作的功，必須將力積分起來。如果我們假設 F_x 與 x 有關而與 y 或 z 無關，F_y 與 y 有關而與 x 或 z 無關，F_z 與 z 有關而與 x 或 y 無關，則功為

$$W = \int_{x_i}^{x_f} F_x\,dx + \int_{y_i}^{y_f} F_y\,dy + \int_{z_i}^{z_f} F_z\,dz \tag{7-36}$$

若 $\vec{F}$ 只有 x 分量，則 7-36 式簡寫為

$$W = \int_{x_i}^{x_f} F(x)\,dx \tag{7-32}$$

功率　由力所產生的**功率**是力對物體作功的速率。如果力在某一段時間 Δt 中所作的功為，則力在那段時間所產生的平均功率為

$$P_{\text{avg}} = \frac{W}{\Delta t} \tag{7-42}$$

瞬時功率為作功的瞬間時變率：

$$P = \frac{dW}{dt} \tag{7-43}$$

若力 $\vec{F}$ 和瞬時速度 $\vec{v}$ 之夾角為 ϕ，則瞬時功率為

$$P = Fv\cos\phi = \vec{F}\cdot\vec{v} \tag{7-47, 7-48}$$

討論題

1　在圖 7-16 中，一條細繩繞過兩個無質量、無摩擦的滑輪。質量 m = 30.0 kg 的罐狀物體懸吊在一個滑輪上，而且我們施加力 $\vec{F}$ 在細繩的自由端上。(a)如果我們想要以固定速率舉起罐狀物體，則 $\vec{F}$ 的量值必須多少？(b)如果要將罐狀物體舉起 3.50 cm，則我們必須拉動細繩自由端多少距離？在舉起的過程中，由(c)我們的力量(經由細繩)和(d)重力，對罐狀物體所做的功各是多少？(提示：當細線如圖所示繫著滑輪的時候，它拉著滑輪的淨力等於繩子張力的兩倍)。

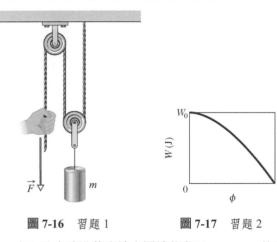

圖 7-16　習題 1　　　　圖 7-17　習題 2

2　在有孔小珠沿著直線金屬線移動了+ 5.0 cm 位移的過程中，一個力 $\vec{F}_a$ 被施加在小珠上。$\vec{F}_a$ 的量值設定在某特定值，但是在 $\vec{F}_a$ 和小珠位移方向之間的角度 ϕ 可以選擇。圖 7-17 顯示了在 ϕ 值範圍內，由力 $\vec{F}_a$ 作用在小珠上的功。W_0 = 30 J。若 ϕ 是：(a) 57°，(b) 165°，則由 $\vec{F}_a$ 所做的功各是多少？

3　某一個大型零售店利用傳輸帶將盒子從一個位置傳送到另一個位置，其中傳輸帶是以 0.60 m/s 固定速率移動。在某一個特定位置，傳輸帶必須沿著斜面往上移動 4.2 m，而且斜面與水平線成 10°，然後移動 2.0 m 水平距離，最後再沿著一個斜面往下移動 4.2 m，而且此斜面與水平線成 10°。假設放置在傳輸帶上的盒子具有質量 3.5 kg，而且傳輸過程沒有滑動現象。請問當盒子：(a)沿著 10°斜面上移，(b)水平移動，以及(c)沿著 10°斜面下移時，傳輸帶施加的力對盒子做功的速率是多少？

4　在圖 7-18a 中，在一個 4.0 kg 木塊往右邊方向橫越過無摩擦地板 1.0 m 的過程中，有一個 2.0 N 的力以往下 θ 角的方向作用在木塊上。請求出在木塊初速是：(a) 0 和 (b) 1.0 m/s 的情形下，當該移動距離結束的時候，木塊速率 v_f 的數學表示式。(c)圖 7-18b 的情形相似於木塊以 1.0 m/s 的初速往右移動的情形，但是現在是以 2.0 N 的力往左下方作用。求出在該 1.0 m 移動距離結束的時候，木塊速率 v_f 的數學表示式。(d)畫出三個 v_f 對向下角度 θ 的曲線圖，其中 θ = 0°到 θ = 90°。解釋曲線圖形。

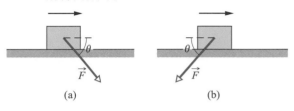

(a)　　　　　　　　(b)

圖 7-18　習題 4

5　圖 7-19 顯示了一個內裝熱狗的冷包裝盒，往右滑過無摩擦力地板 d = 35.0 cm 的距離，在此過程有三個力作用在盒子上。其中兩個是水平方向的力，量值分別為 F_1 = 5.00 N 和 F_2 = 1.00 N；第三個力的角度是向下 θ = 60.0°，其量值是 F_3 = 6.00 N。(a)請問在這 35.0 cm 位移內，由三個被施加的力，作用在盒子的重力，和由地板作用在盒子的正向力，對盒子所做的淨功是多少？(b)如果盒子的質量是 2.4 kg，而且其初始動能是 0，則在此位移結束的時候，盒子的速度是多少？

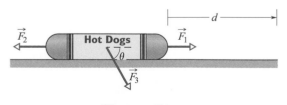

圖 7-19　習題 5

6　一個 7.00 N 的力作用於起初為靜止而質量為 11 kg 的物體。計算：(a)第一秒，(b)第二秒，(c)第三秒時，此力所作的功，(d)在第三秒末此力所作的瞬時功率。

7 當一個沿正方向的水平力作用於一重 1.5 kg 的木塊，木塊最初靜止在無摩擦力之平面。此力的大小為 $\vec{F}(x) = (2.5 - x^2)\hat{i}$ N，此處 x 以公尺為單位且木塊初始位置 $x = 0$。(a)當經過 $x = 2.8$ m 時，木塊的動能為何？(b)在物體由 $x = 0$ 運動到 $x = 2.0$ m 時，木塊的最大動能為何？

8 一個作用在質量 3.0 kg 沿正軸方向運動的唯一力，其具有分量 $F_x = -6x$ N，此處 x 以公尺為單位。在 $x = 3.0$ m 處的速度是 6.0 m/s。(a)求在 $x = 4.0$ m 處，物體的速度為何？(b)在多大的 x 正值處，物體的速度為 5.0 m/s？

9 某一個 170 kg 條板箱懸吊在長度 $L = 12.0$ m 繩索的一端。我們以變力 $\vec{F}$，水平地將條板箱推到旁邊，其移動的水平距離 $d = 3.50$ m (圖 7-20)。(a) 請問在此推動條板箱過程的最後位置，$\vec{F}$ 的量值是多少？在此條板箱位

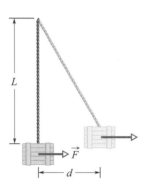

圖 7-20 習題 9

移過程，(b)對條板箱所做的總功是多少，(c)重力對條板箱做的功是多，以及(d)由繩索對條板箱的拉力做的功是多少？(e)已知在條板箱位移之前和之後，它是靜止不動的，請使用(b)、(c)和(d)小題的答案去求出我們的力 $\vec{F}$ 對條板箱做的功是多少？(f)為什麼我們的力量所作的功，不等於水平位移與(a)小題答案的乘積？

10 一裝滿負載而緩慢移動的送貨電梯，其總質量是為 1400 kg，它需要在 3.0 分鐘內上升 60 m。電梯之拮抗質量為 900 kg，故電梯馬達需幫忙將機廂往上拉。求電梯馬達的平均輸出功率。

11 一個有負載的升降機廂，其質量為 4.1×10^3 kg 並以等速率在 20 秒內升高 210 m。求纜繩施於機廂的平均功率為何？

12 沿著無摩擦力斜面往上移送一個物塊，x 軸也沿斜面。圖 7-21 將該物塊的動能表示成位置 x 的函數；

圖中的垂直軸尺度設定為 $K_s = 80.0$ J。假使物塊初速率為 4.00 m/s，則物塊體上正向力為何？

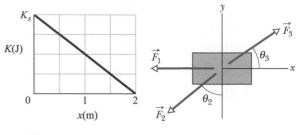

圖 7-21 習題 12   **圖 7-23** 習題 15

13 在 MIT 的春季班中，住宿在東校區宿舍的平行建築物間的學生們互相之間以外科手術用的橡膠管架在窗沿上作成很大的彈弓打起來。一個裝滿染色水的汽球放在袋子內並繫於管子上，而此管子被拉過整個房間。今假設此管子的伸長遵守虎克定律，且其具有 130 N/m 的彈力常數。如果此管子被拉長了 5.00 m，然後釋放，則當它又恢復其自然狀態的長度時，它對袋中的汽球作了多少功？

14 在圖 7-22 中，在某一本 2.00 kg 心理學教科書沿著無摩擦斜面往上滑動距離 $d = 0.700$ m 的過程中，有一個量值 20.0 N 的水平力 $\vec{F}_a$ 施加在教科書上，其中斜面傾斜角是 $\theta = 25.0°$。(a)在這個位移過程中，由 $\vec{F}_a$ 作用在書本上，由重力作用在書本上，以及由正向力作用在書本上的淨功是多少？(b)如果在位移過程開始的時候，教科書的動能是零，請問在位移過程結束的時候，教科書的速率為何？

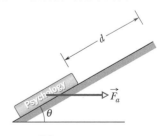

圖 7-22 習題 14

15 圖 7-23 為一俯視圖，三水平力作用於開始時靜止，現運動於無摩擦地面的貨物罐上。三力的大小為 $F_1 = 4.00$ N，$F_2 = 4.00$ N，$F_3 = 10.0$ N，且圖中兩個角 $\theta_2 = 50.0°$ 及 $\theta_3 = 35.0°$。在位移 2.50 m 的過程中，三力對此罐所作的淨功為多少？

16 一個漂流冰塊被湍急流水沿筆直河道推動了一段位移 $\vec{d} = (15m)\hat{i} - (12m)\hat{j}$，此水流施於冰塊上的力為 $\vec{F} = (290N)\hat{i} - (230N)\hat{j}$。在此位移中此力對冰塊作功為何？

17 一質子(質量 $m = 1.67 \times 10^{-27}$ kg)在線性加速器中，被直線加速到 1.7×10^{15} m/s²。若質子的初速為 2.4×10^6 m/s 且運動了 2.8 cm 後，則：(a)該質子的速率為多少？(b)其所增加的動能為何？

18 在圖 7-24 中，某一個冰塊沿著傾斜角 $\theta = 50°$ 的摩擦斜面往下滑動，與此同時有一位製冰工人以量值 70 N 的力量 $\vec{F_r}$ 拉著冰塊(經由繩索)，此力的方向直接沿著斜面往上。當冰塊沿著斜坡滑動了距離 $d = 0.60$ m 的時候，其動能增加了 80 J。如果沒有繩索附著在冰塊上，請問冰塊的動能會大多少？

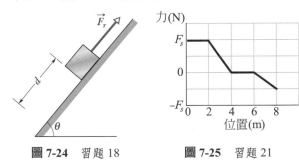

圖 **7-24** 習題 18　　　圖 **7-25** 習題 21

19 一匹馬以 38 lb 的力，與水平夾 30°角拉動車子，使該車以 3.0 mi/h 的速度移動，則(a)該力在 8.0 min 內做了多少功？(b)平均功率(以馬力計)是多少？(1 hp 的功率單位相當於 550 ft·lb/s。)

20 外力 $\vec{F} = (3.00\hat{i} + 7.00\hat{j} + 5.30\hat{k})$ N 作用在一質量 2.90 kg 的物體上，使其在 3.00 s 內由初始位置 $\vec{r_1} = (2.70\hat{i} - 2.90\hat{j} + 5.50\hat{k})$ m 移動至 $\vec{r_2} = (-2.10\hat{i} + 3.30\hat{j} + 5.40\hat{k})$ m，則(a)此力在此時間間隔內作了多少功？(b)平均功率為何？(c) $\vec{r_1}$ 與 $\vec{r_2}$ 間的夾角？

21 一個 5.0 kg 的木塊受到隨位置而變化的力之作用，如圖 7-25 所示。垂直軸的尺標可以用 $F_s = 20.0$ N 予以設定。當它由原點移到 $x = 8.0$ m 時，該力所作的功為何？

22 一個具有指針的彈簧懸掛在其上標記著公釐的尺標旁邊。三個不同的包裹依次掛在彈簧上，如圖 7-26 所示。(a)請問在沒有物體懸掛在彈簧上的時候，指針會指在尺標的什麼位置？(b)第三個包裹的重量 W 多少？

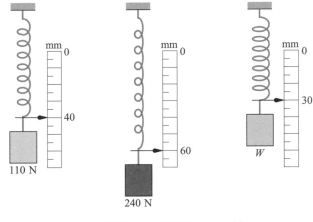

圖 **7-26** 習題 22

23 當一個量值 12.0 N 的固定力作用在移動於 xy 平面的 2.0 kg 物體時，此力與 x 軸正方向成 150°(逆時針測得)。當物體從原點移動到其位置向量是 $(5.00 \text{ m})\hat{i} - (6.00 \text{ m})\hat{j}$ 的一點時，請問此力對物體所作的功是多少？

24 某一個 400 g 木塊掉落到鬆弛的彈簧上，其中彈簧的彈力常數是 $k = 2.50$ N/cm (圖 7-27)。此時木塊變成連結在彈簧上，並且在短暫停止運動以前，壓縮了彈簧 18.0 cm。試問在彈簧被壓縮的過程中，由：

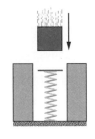

圖 **7-27** 習題 24

(a)重力和(b)彈性力作用在木塊上的功是多少？(c)就在木塊撞到彈簧的瞬間，木塊的速度是多少？(假設摩擦力可忽略)。(d)如果在撞擊的瞬間，木塊的速度加倍，則彈簧的最大壓縮量是多少？

25 當一陣突然的風對冰上滑行船施以往西 315 N 固定力量的時候，此船正靜止於無摩擦結冰湖面上。由於航行角度的緣故，風導致船往東偏北 20°，沿著直線路徑滑行了 9.2 m。請問在該 9.2 m 航程結束的時候，冰上滑行船的動能是多少？

26　一個 2.0 kg 午餐盒傳遞滑過無摩擦表面，其方向是沿著表面的 x 軸正方向。從時間 $t = 0$ 開始，一個穩定風力往 x 軸負方向推動午餐盒。圖 7-28 顯示的是，在風推著午餐盒的過程中，午餐盒的位置 x 表示成時間 t 的函數關係。請由圖形估計午餐盒在：(a) $t = 1.0$，(b) $t = 5.0$ s 時的動能。(c)從 $t = 1.0$ s 到 $t = 5.0$ s，風力對午餐盒所做的功是多少？

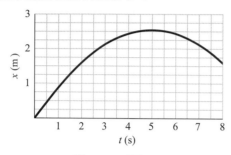

圖 7-28　習題 26

27　質量 3.05 kg 木塊由靜止開始被一外力拉上無摩擦的斜面，該外力與平面平行且大小為 50.0 N，平面作用於木塊上的正向力大小為 14.97 N，當位移 1.85 m 時木塊的速度為何？

28　當一個 6.0 kg 物體沿著 x 軸運動的時候，作用在此物體的唯一力量的變化情形如圖 7-29 所示。圖的垂直軸尺標可以用

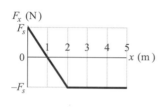

圖 7-29　習題 28

$F_s = 8.0$ N 予以設定。物體在 $x = 0$ 處的速度是 4.0 m/s。(a)請問物體在 $x = 3.0$ m 處的動能是多少？(b)當 x 值是多少的時候，物體的動能是 32 J？(c)物體在 $x = 0$ 和 $x = 5.0$ m 之間的最大動能是多少？

29　某一枚硬幣滑過無摩擦平面，在 xy 座標系統中，硬幣從原點移動到 xy 座標為(3.0 m, 4.0 m)之點，在此過程中有一定力作用其上。此力量值是 5.0 N，而且其方向相對於 x 軸正方向為逆時針 100°。請問在此位移過程中，由此力作用在硬幣上的功有多少？

30　圖 7-30 顯示出三力作用在一木箱上，使木箱在無摩擦的地面上向左運動了 1.80 m。三力的大小為 $F_1 = 6.00$ N，$F_2 = 9.00$ N，$F_3 = 14.00$ N；圖中的 $\theta = 60.0°$。在此位移期間，(a)三力對箱子作的淨功為何？

(b)箱子的動能增加或減少？

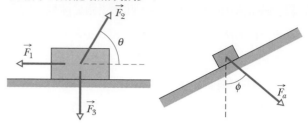

圖 7-30　習題 30　　　**圖 7-31**　習題 31

31　在圖 7-31 中，有一個量值 102 N 固定力 $\vec{F}_a$，以角度 $\phi = 53.0°$ 加在 3.00 kg 鞋盒上，導致鞋盒以固定速率沿著無摩擦斜坡往上移動。當盒子已經移動了垂直距離 $h = 0.230$ m 的時候，請問由 $\vec{F}_a$ 對盒子所做的功是多少？

32　力 $\vec{F} = (4.50 \text{ N})\hat{i} + (8.50 \text{ N})\hat{j} + (6.00 \text{ N})\hat{k}$ 作用在 2.00 kg 可移動物體上，將此物體在 4.00 s 內從初始位置 $\vec{d}_i = (3.00 \text{ m})\hat{i} - (2.00 \text{ m})\hat{j} + (5.00 \text{ m})\hat{k}$ 移動到最終位置 $\vec{d}_f = -(5.00 \text{ m})\hat{i} + (4.00 \text{ m})\hat{j} + (7.00 \text{ m})\hat{k}$。試求：(a)此力量在 4.00 s 時間間隔內對物體做的功，(b)在該時間間隔內，此力量所產生的平均功率，以及(c)向量 $\vec{d}_i$ 和 $\vec{d}_f$ 之間的角度。

33　當 $t = 0$ 時，外力 $\vec{F} = (-7.00\,\hat{i} + 7.00\,\hat{j} + 5.00\,\hat{k})$ N 開始作用在具有初速 5.00 m/s 的 2.80 kg 的粒子，試計算該粒子在位移 $\vec{d} = (4.00\,\hat{i} + 4.00\,\hat{j} + 7.00\,\hat{k})$ m 時的速度為何？

34　一個 72 kg 冰塊沿著無摩擦傾斜面滑下，傾斜面長 1.5 m，高度是 0.85 m。一個工人以平行於斜面的力量，對著冰塊往上推，使得冰塊以固定速率往下滑動。(a)請求出工人所施力的量值。請問：(b)由工人的力，(c)由重力，(d)由傾斜面作用在木塊上的正向力，以及(e)作用在木塊上的淨力，對木塊所施加的功是多少？

35　某一個方向在 x 軸正方向的力 $\vec{F}$，作用在沿著該軸運動的物體上。如果此力的量值是 $F = 10e^{-x/2.0}$ N，其中 x 的單位是公尺，請分別利用：(a)畫出 $F(x)$，然後估計在曲線下的面積，以及(b)積分，以這兩種方式，求出當物體從 $x = 0$ 移動到 $x = 2.0$ m，由 $\vec{F}$ 所做的功。

36 數值積分。某一個麵包盒受到一個力量的作用沿著 x 軸運動，其位移是從 $x = 0.050$ m 到 $x = 0.950$ m，該力的量值是 $F = \exp(-1.50x^2)$，其中 x 的單位是公尺，F 的單位是牛頓（這裡的 exp 代表指數函數）。請問此力量對麵包盒做的功是多少？

37 若某一滑雪電纜車在 70.0 s 內，以固定速率將平均重量 660 N 的 100 位乘客運送到 220 m 高度位置，則完成此運送的力量所需要的平均功率是多少？

38 為了將 31.0 kg 條板箱推上無摩擦的 25.0°傾斜面，工人施加了與傾斜面平行的 350 的力。當條板箱滑動 2.30 m，請問由：(a)工人施加的力，(b)作用在條板箱的重力，以及(c)由傾斜面作用在條板箱的正向力，對條板箱所做的功是多少？(d)對條板箱所做的總功是多少？

39 害怕的小孩沿遊戲場無摩擦滑梯滑下時，他的媽媽正扶著其身體。如果由其媽媽作用在小孩的力是沿著滑梯往上的 120 N，則在小孩沿著滑梯往下運動 1.8 m 距離的過程中，小孩的動能增加了 42 J。(a)請問在這 1.8 m 下滑過程，重力對小孩做的功是多少？(b)如果媽媽沒有扶著小孩，則當小孩沿著滑梯往下滑動相同的 1.8 m 距離時，小孩的動能增加了多少？

40 在圖 7-10 中的彈簧受力系統中，木塊的質量為 3.20 kg，彈簧力常數為 650 N/m，木塊從位置 $x_i = 0.400$ m 開始釋放，則(a) $x = 0$ 時，木塊的速度是多少；(b) 當 $x = 0$ 時，彈簧對木塊做的功為何？(c)釋放點 x_i 處彈簧之瞬時功率？(d) $x = 0$ 時的瞬時功率及(e)功率最大時木塊的位置？

41 當一個粒子沿著 x 軸運動的時候，有一個力沿該軸正方向對粒子作用。圖 7-32 顯示的是此力的量值 F 相對於粒子位置 x 的曲線圖形。曲線圖可以用 $F = a/x^2$ 表示，其中 $a = 7.0$ N·m²。請利用：(a)由圖形估計功，以及(b)對力函數進行積分，以這兩種方式，求出粒子從 $x = 1.0$ m 移動到 $x = 2.5$ m 的過程中，此力對粒子做的功。

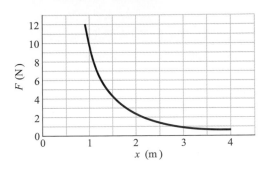

圖 7-32 習題 41

42 某一起初靜止的 4.0 kg 物體，在 3.0 s 內水平而且均勻地加速到速率 12 m/s。(a)請問在該 3.0 s 時間間隔內，由使物體加速的力對物體做的功是多少？在(b)時間間隔結束的瞬間，和(c)時間間隔前半段結束的瞬間，由該力對物體所做的瞬時功率是多少？

43 一自由端固定住且力常數為 15.0 N/cm 的彈簧。則(a)當彈簧從其長度拉長 6.20 mm 時，彈簧做了多少功？(b)若再拉長 7.60 mm，則彈簧會再做多少功？

44 若施力要以等速 2.00 m/s 向上拉動質量 5700 kg 且負載 2020 kg 電梯所做的功是多少？

45 當某一個粒子沿著 x 軸移動的時候，力 $\vec{F} = (cx - 3.00x^2)\hat{i}$ 作用在粒子上，其中 $\vec{F}$ 的單位是牛頓，x 的單位是公尺，而且 c 是常數。已知在 $x = 0$，粒子動能是 26.0 J；在 $x = 3.00$ m，其動能是 11.0 J。試求 c。

46 一個工具箱在 x 軸正方向上沿著地板滑動，在此過程中，有一個力 $\vec{F_a}$ 作用在箱子上。此力的方向是沿著 x 軸，而且其 x 分量是 $F_{ax} = 9x - 3x^2$，其中 x 的單位是公尺，F_{ax} 的單位是牛頓。箱子是從位置 $x = 0$、由靜止開始運動，而且它會移動直到它再度變成靜止狀態為止。(a)請畫出 $\vec{F_a}$ 對箱子所做的功，相對於 x 的函數關係圖。(b)功會在哪一個位置達到最大值，以及(c)此最大值為何？(d)在哪一個位置，功會變成零？(e)在哪一個位置，箱子會再度變成靜止？

47 某一個粒子沿著直線路徑移動了位移 $\vec{d} = (9 \text{ m})\hat{i} + c\hat{j}$，在這個過程中有力 $\vec{F} = (5.0 \text{ N})\hat{i} - (8.0 \text{ N})\hat{j}$ 作用在粒子上（也有其他力量作用在粒子上）。試問如果 $\vec{F}$ 作用在粒子上的功是：(a)零，(b)正值，(c)負值，則 c 值是多少？

48 如果質量 2050 kg 的汽正沿著高速公路以 110 km/h 移動，請問對站在公路旁的觀察者而言，汽車的動能是多少？

49 力 $\vec{F} = (5.00 \text{ N})\hat{i} + c\hat{j}$ 作用在一粒子上的同時，粒子移動了位移 $\vec{d} = (2.00 \text{ m})\hat{i} - (3.00 \text{ m})\hat{j}$（也有其他力量作用在粒子上）。如果由力 $\vec{F}$ 對粒子作的功是：(a) 0，(b) 17 J，(c) −18 J，請問 c 是多少？

50 以 $\vec{F} = (3x \text{ N})\hat{i} + (6 \text{ N})\hat{j}$ 由位置 $\vec{r}_i = (2 \text{ m})\hat{i} + (3 \text{ m})\hat{j}$ 到 $\vec{r}_f = -(4 \text{ m})\hat{i} - (3 \text{ m})\hat{j}$ 移動一質點，其中 x 以公尺為單位，試問此力作功多少？

51 為了將 60 kg 條板箱拉過無摩擦水平地板，一位工人對其施加 323 N 的力，其方向是位於水平線上方 20°。請問當條板箱移動 4.20 m 的時候，由：(a)工人的力，(b)作用在條板箱的重力，以及(c)地板作用在條板箱的正向力，對條板箱所做的功是多少？(d)對條板箱所做的總功是多少？

52 圖 7-33 提供了當某一個力量 $\vec{F}_a$ 施加在 2.00 kg 粒子上，並且使粒子從 $x = 0$ 移動到 $x = 9.0 \text{ m}$ 的時候，粒子加速度的曲線圖形。垂直軸的尺標可以用 $a_s = 12 \text{ m/s}^2$ 予以設定。試問當粒子到達：(a) $x = 4.0 \text{ m}$，(b) $x = 7.0 \text{ m}$，(c) $x = 9.0 \text{ m}$ 的時候，此力量對粒子做了多少功？當粒子到達：(d) $x = 4.0 \text{ m}$，(e) $x = 7.0 \text{ m}$，和(f) $x = 9.0 \text{ m}$ 的時候，粒子行進的速率和方向為何？

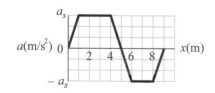

圖 7-33 習題 52

53 一個沙丁魚罐頭藉著量值為 $F = \exp(-5x^2)$ 的力量，其中 x 的單位是公尺，F 的單位是牛頓，此力使罐頭沿著軸從 $x = 0.60 \text{ m}$ 移動到 $x = 2.10 \text{ m}$。（這裡的 exp 代表指數函數）。試問由此力量對罐頭做的功有多少？

54 一個 10 kg 的磚塊沿著 x 軸運動。它的加速度是位置的函數，如圖 7-34 所示。垂直軸的尺標可以用 $a_s = 40.0 \text{ m/s}^2$ 予以設定。當質量由 $x = 0$ 運動到 $x = 8.0 \text{ m}$ 時，引起加速度的力作用於質量上的總功為何？

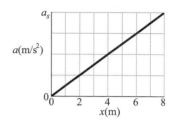

圖 7-34 習題 54

55 某粒子作三維位移 $\vec{d} = (2.00\hat{i} - 4.00\hat{j} + 3.00\hat{k}) \text{ m}$ 的過程中，有一個方向固定的 25 N 力量對此粒子做功。若粒子的動能改變量是：(a) +30.0 J 和(b) −30.0 J，請問在力量和位移之間的角度是多少？

CHAPTER 8

位能與能量守恆

8-1 位能

學習目標

在閱讀完這個區塊的文字之後,讀者應該能夠...

8.01 區分保守力與非保守力。

8.02 對於一個在兩固定端點間運動的質點,辨認出保守力對該質點所作的功與其運動動路徑。

8.03 計算出一個質點的重力位能(或者更確切地說,一個質點—地球系統的位能)。

8.04 計算出一個木塊—彈簧系統的彈力位能。

關鍵概念

● 對於一個沿著封閉路徑運動回起點的質點,若一力對該質點所作的總功為0,則此力為保守力。 而這亦等價於:對於一個在兩固定端點間運動的質點,若一力對該質點所作的總功與其運動路徑無關,則此力為保守力。重力和彈力為保守力,而動摩擦力則為非保守力。

● 在一個保守力作用的系統中,位能與該系統內組成物的分布有關。當保守力對系統中的某個質點作功W時,系統位能的變化 ΔU 為

$$\Delta U = -W$$

若一個質點從端點 x_i 運動到端點 x_f,則系統位能的變化為

$$\Delta U = -\int_{x_i}^{x_f} F(x)\,dx$$

● 在由地球及其周圍某質點所構成的系統中,其位能為重力位能。若該質點從高度 y_i 運動至高度 y_f,則此系統的重力位能變化為

$$\Delta U = mg(y_f - y_i) = mg\Delta y$$

● 若將某質點運動的參考點定為 $y_i = 0$,並且定義該參考點相應的重力位能為 $U_i = 0$,則此質點在任意高度y時重力位能U為

$$U(y) = mgy$$

● 與彈性物體拉伸、壓縮有關的能量為彈力位能。對於彈簧來說,當其自由端位移x後,將受到彈力 $F = -kx$,此時其位能為

$$U(x) = \frac{1}{2}kx^2$$

● 彈簧自然伸長的位置為其運動參考點,此時 $x = 0$ 並且 $U = 0$。

物理學是什麼?

物理學的一個工作是辨識這世界上不同類型的能量,特別是那些對一般人都很重要的能量。能量的一種普遍類型是**位能**(potential energy) U。嚴格來說,在一個組成物體彼此會相互施加作用力的系統中,位能是與其組成物的配置(排列)方式有關的一種能量。

DESIGN PICS INC/National Geographic Creative

圖 8-1 高空彈跳者的動能在自由下落期間會增加,而彈跳索開始伸展後便使彈跳者減速。

重力所做的正功

重力所做的負功

圖 8-2 一個上丟的蕃茄。當它上升,重力對其做負功,以轉移能量給蕃茄－地球系統的重力位能來減少其動能。當蕃茄落下,重力對其作正功,以將此系統的重力位能轉移出來而增加其動能。

這是你所熟悉且相當正式的定義。舉一個例子可能比這個定義幫助更大:玩高空彈跳的人從起跳平台躍下(圖 8-1)。此物體系統由地球和彈跳者組成。在物體之間的力是重力。系統的配置方式改變(在彈跳者和地球之間的距離減少——這當然是彈跳活動讓人顫慄的地方)。我們可以藉著定義**重力位能**(gravitational potential energy) U 來解釋彈跳者的運動過程,以及其動能的增加。這是在兩個彼此以重力互相吸引的物體,它們之間的分隔狀態有關的能量,這兩物體在這裡指的是彈跳者和地球。

當彈跳者在落下過程即將結束而開始繃緊彈跳繩時,物體系統是由繩索和彈跳者組成。在物體間的作用力是彈性(像彈簧般)力。系統的配置改變(繩索伸展)。我們可以藉著定義**彈力位能**(elastic potential energy) U 來解釋彈跳者動能為何減少,以及繩索長度為何增加。這是與彈性物體的壓縮或延展狀態有關的能量,這個彈性物體在這裡指的是彈跳繩。

物理學能決定系統的位能如何計算,使得此能量可儲存或使用。舉例來說,在任何特定彈跳者要躍下之前,某一個人(可能是機械工程師)必須經由計算理論上可以預期的重力位能和彈力位能,以便決定需要使用的繩索長度。然後才能使彈跳活動只會引起顫慄,而不會致命。

功與位能

在第 7 章中我們討論了動能改變和功之間的關係。此章我們將討論位能改變和功之間的關係。

現在向上丟一番茄(圖 8-2)。我們已經知道,當其上升,蕃茄所受重力對其所作的功為負值,因為重力將番茄的動能轉移出來。現在我們可說重力將能量轉移給蕃茄-地球系統間的重力位能。

番茄因重力而使得上升的速率愈來愈慢,直到停止,然後開始往下掉。在下落的期間,能量轉換是相反的:重力對蕃茄所作的功 W_g 現在為正值——重力從蕃茄-地球系統之重力位能轉移能量給蕃茄的動能。

對上升或落下,重力位能的變化 ΔU 被定義為相當於蕃茄之重力對其所作的功的負值。用 W 代表功,我們將其寫成:

$$\Delta U = -W \tag{8-1}$$

相同的關係可應用於木塊-彈簧系統,如圖 8-3 所示。如果我們突然將木塊向右推,彈簧力向左,所以對木塊作負功,而將木塊的動能轉換成彈簧-木塊的彈力位能。木塊會因彈簧力而慢下來,最後停止,然後開始向往左運動,因為彈力仍向左。此時能量轉移的方式和之前相反——從彈簧-木塊系統轉換至木塊的動能。

保守力與非保守力

以下列出我們所要討論的兩種情況之重要成分：

1. 此系統包含兩個或多個物體。

2. 一力作用於系統中似質點物體(蕃茄或木塊)及系統其餘部分之間。

3. 當系統的配置改變，此力對似質點物體作功(稱 W_1)，在物體的動能 K 和系統之某種其他型式的能量之間轉移能量。

4. 當配置變化和先前相反，此力顛倒能量轉移，在過程中所作的功為 W_2。

　　若 $W_1 = -W_2$ 恆成立，則此其他型式的能量為位能，且此力為保守力。你會察覺重力和彈簧力皆為**保守力**(否則我們無法如前所述的描述重力位能和彈力位能)。

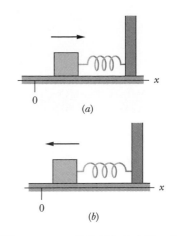

圖 8-3　(a)一繫於彈簧的木塊，起初靜止在 $x = 0$ 處，被設置使其向右運動。當木塊向右運動時(如箭頭所示)，彈簧力對其作負功。(b)然後，當木塊運動返回朝 $x = 0$ 時，彈簧力對其作正功。

　　不是保守之力稱為**非保守力**。動摩擦力和拖曳力就屬非保守力。例如，令一木塊滑行於有摩擦的地面。滑行期間，因為將木塊的動能轉換成木塊－地面系統的熱能(可使原子及分子做隨機運動)而使木塊慢下來。由經驗得知此能量轉換是不能反向的(熱能無法被動摩擦力轉換回木塊的動能)。所以，雖然我們有一系統(木塊及地板組成)，一力作用於系統的部分之間，且此力轉換了能量，但此力不是保守的。因此，熱能不是位能。

　　當只有保守力作用於似質點物體時，我們便能大大地簡化其他包括物體運動的難題。接著讓我們建立一種能夠辨別出保守力的測試，此測試提供了一個簡化這類問題的方法。

保守力與路徑無關

　　此為決定一力是否保守的最基本測試：一力作用(單獨地)於一沿著封閉路徑運動的質點，且其起點與終點相同(即質點做起點與終點相同的來回運動)。只有在質點來回一圈的運動期間，此力轉移給質點和從質點轉移出來的總能量為零時，此力才為保守力。換句話說：

> 一質點環繞運動於任何封閉路徑時，保守力對其所作的淨功為零。

　　我們從實驗得知，重力可通過此封閉路徑測試。一個例子是圖 8-2 中被上拋的番茄。蕃茄以初速 v_0 且動能 $\frac{1}{2}mv_0^2$ 離開投擲點。作用於其上的重力使其慢下來，停止，最後往回掉落。當它回到原投擲點，其速率再次為 v_0，動能為 $\frac{1}{2}mv_0^2$。因此，在上升的時候，重力從蕃茄轉移出的能量，和下降回投擲點時轉移給蕃茄的能量相同。重力在番茄來回一圈運動的期間對其所作的淨功為零。

此封閉路徑測試的一個重要結論為：

 保守力對在兩點間移動之物體所作的功與質點所選取的路徑無關。

例如，在圖 8-4a 中，假設一質點沿路徑 1 或 2 從起點運動至另一點。如果只有保守力作用在質點上，則對此質點所作的功沿著兩條路徑是一樣的。以符號表示我們可寫下結果為

$$W_{ab,1} = W_{ab,2} \qquad (8\text{-}2)$$

這裡的 ab 分別指最初和最後的位置，而 1 及 2 則是指路徑。

此結果非常有用，因為它允許我們在只有保守力作用下將難題簡化。假設你必須計算保守力沿兩點間之路徑所作的功，且此計算很困難，甚至若沒有多給資訊是不可求出的。你可在兩點間選取另一容易計算的路徑來求出功。

8-2 式的證明

圖 8-4b 為一質點任意地來回一圈運動，一單力作用於其上。質點作來回一圈的運動，沿路徑 1 由 a 到 b，再沿路徑 2 回到 a。當質點沿每一路徑運動時，此力對質點作功。不用擔心何處作正功和何處作負功，我們只以 $W_{ab,1}$ 表示沿路徑 1 從 a 到 b 所作的功，以 $W_{ba,2}$ 表示沿路徑 2 從 b 到 a 所作的功。若此力為保守力，則來回一圈的期間所作的淨功必為零：

$$W_{ab,1} + W_{ba,2} = 0$$

所以

$$W_{ab,1} = -W_{ba,2} \qquad (8\text{-}3)$$

以文字陳述時，即沿出發路徑所作的功為沿回來路徑所作的功之負值。

現在我們考慮，當質點沿路徑 2 從 a 移動到 b 時，力對其所作的功 $W_{ab,2}$，如圖 8-4a 所示。若該力為保守，功為 $W_{ba,2}$ 之負值：

$$W_{ab,2} = -W_{ba,2} \qquad (8\text{-}4)$$

以 8-3 式的 $W_{ab,2}$ 代換$-W_{ba,2}$，可得

$$W_{ab,1} = W_{ab,2}$$

此為我們證明的結果。

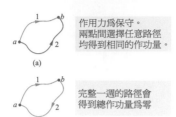

作用力為保守。兩點間選擇任意路徑均得到相同的作功量。

(a)

完整一週的路徑會得到總作功量為零

(b)

圖 8-4 (a)一個質點，在一保守力作用下，從 a 移動到 b 可走路徑 1 或路徑 2。(b)質點作來回一圈的運動，沿路徑 1 由 a 到 b 再沿路徑 2 回到 a。

 測試站 1

附圖為 a 到 b 間的三種路徑。單力 $\vec{F}$ 對沿每一路徑運動之質點所作的功如圖所示。根據此資訊，$\vec{F}$ 為保守力嗎？

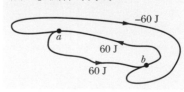

範例 8.1　乳酪塊，以等效路徑計算功

　　這道題目的關鍵在於：我們完全可以選取較好算的路徑計算之，而非較複雜的路徑。圖 8-5a 所示為 2.0 kg 易滑動的乳酪塊沿無摩擦軌道從 a 滑到 b。沿軌道滑過的長度為 2.0 m，淨垂直距離為 0.80 m。在滑動期間重力對乳酪塊作功多少？

關鍵概念

(1)我們不能使用 7-12 式($W_g = mgd \cos \phi$)來計算功。其原因是我們不知道沿著軌道上，重力 $\vec{F}_g$ 和位移 $\vec{d}$ 之間夾角 ϕ 會變化。(即使我們知道軌道實際的形狀，而且也能夠沿著軌道的 ϕ，不過此計算工作也會很困難)。**(2)**因為 $\vec{F}_g$ 是一保守力，我們可藉由選取從 a 到 b 之間——另一條計算較簡單的路徑——來求出功。

計算　我們選圖 8-5b 中的虛線路徑；該路徑是由兩個直線段所組成。沿著水平線段，ϕ 為定值 90°。雖然我們不知道水平線段的位移為多少，但從 7-12 式可知此段的功 W_h 為

$$W_h = mgd \cos 90° = 0$$

沿垂直的線段，位移 d 為 0.80 m，且 $\vec{F}_g$ 和 $\vec{d}$ 皆向下，所以 ϕ 為定值 0°。故由 7-12 式可求出此部分沿虛線路徑垂直段的功 W_v 為

$$W_v = mgd \cos 0°$$
$$= (2.0 \text{kg})(9.8 \text{m/s}^2)(0.80 \text{m})(1) = 15.7 \text{J}$$

當乳酪塊沿虛線從 a 移至 b，$\vec{F}_g$ 對其所作的總功為

$$W = W_h + W_v = 0 + 15.7 \text{J} \approx 16 \text{J} \tag{答}$$

這也是乳酪塊沿軌道從 a 到 b 的功。

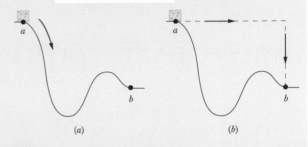

重力為保守。
兩點間選擇任意路徑
均得到相同的作功量。

圖 8-5　(a)一乳酪塊沿無摩擦的軌道從 a 滑到 b。(b)沿虛線路徑求出乳酪塊重量所作的功較沿實際路徑簡單；此兩路徑的結果相同。

決定位能值

這裡我們要找出能求得在本章中討論的兩種位能類型的值：重力位能和彈力位能。然而，首先我們必須找到一個在保守力和相關位能間的普遍關係。

現在考慮一似質點物體，此物體為系統的一部分，有一保守力 $\vec{F}$ 作用於系統上。當此力對物體作功 W 時，與此系統相關的位能變化 ΔU 為功的負值。我們以 8-1 式表示($\Delta U = -W$)。對一般的情況而言，力隨位置變化，其功 W 為 7-32 式：

$$W = \int_{x_i}^{x_f} F(x)dx \tag{8-5}$$

此方程式為物體由 x_i 移到 x_f 而改變系統配置時，力所作的功(因為此力為保守力，對兩點間的任何路徑來說，功皆相同)。

將 8-5 式代入 8-1 式，我們發現：在普遍關係中位置的改變造成位能改變。

$$\Delta U = -\int_{x_i}^{x_f} F(x)dx \tag{8-6}$$

重力位能

考慮一質量的質點沿 y 軸垂直運動(正方向朝上)。當此質點由 y_i 運動到 y_f，重力 $\vec{F}_g$ 對其作功。為了找出質點-地球系統之重力位能的變化，將 8-6 式做兩個改變：(1)將積分改為沿 y 軸，因重力為垂直作用。(2)用$-mg$ 代換力的符號 F，因為 $\vec{F}_g$ 具有大小 mg，且朝下平行 y 軸。故可得

$$\Delta U = -\int_{y_i}^{y_f} (-mg)dy = mg\int_{y_i}^{y_f} dy = mg\left[y\right]_{y_i}^{y_f}$$

化簡可得

$$\Delta U = mg(y_f - y_i) = mg\Delta y \tag{8-7}$$

在物理上，只有重力位能(或其他型式的位能)的改變量 ΔU 是有意義的。然而，為了簡化計算或討論，我們有時會說，重力位能與某一質點位於高度 y 時的該質點-地球系統的一個相關重力位能值 U。為此，8-7 式須改寫為

$$U - U_i = mg(y - y_i) \tag{8-8}$$

令 U_i 為系統在**參考組態**時的重力位能，此時質點在**參考點** y_i。我們經常定 $U_i = 0$ 及 $y_i = 0$。而 8-8 式變成

$$U(y) = mgy \quad \text{(重力位能)} \tag{8-9}$$

這個方程式告訴我們：

 質點-地球系統的重力位能，僅取決於質量相對於參考位置 $y = 0$ 的垂直位置 y，而與水平位置無關。

彈力位能

接下來考慮木塊-彈簧系統，如圖 8-3 所示。木塊繫於彈簧末端而運動著，彈力常數為 k。當木塊從 x_i 移至 x_f，彈簧力 $F_x = -kx$ 對木塊作功。為找出此系統彈力位能之改變，我們用 $-kx$ 代替 8-6 式的 $F(x)$。

$$\Delta U = -\int_{x_i}^{x_f} (-kx)dx = k \int_{x_i}^{x_f} x\, dx = \frac{1}{2}k \left[x^2 \right]_{x_i}^{x_f}$$

或

$$\Delta U = \frac{1}{2}kx_f^2 - \frac{1}{2}kx_i^2 \tag{8-10}$$

為了使位能 U 和位於位置 x 的木塊相關連，我們選擇當彈簧處於自然長度且木塊在 $x_i = 0$ 時做為參考組態。此時彈性位能 U_i 為 0，且 8-10 式變成

$$U - 0 = \frac{1}{2}kx^2 - 0$$

由上述數學式可以得到

$$U(x) = \frac{1}{2}kx^2 \quad \text{(彈力位能)} \tag{8-11}$$

 測試站 2

一方向沿 x 軸的保守力，作用在質點上，使其沿 x 軸從 $x = 0$ 運動到 x_1。附圖為力的 x 分量大小隨 x 變化的三種情況。所有三種情形中，此力都有相同的最大值 F_1。依質點運動時的位能變化由大到小排列之。

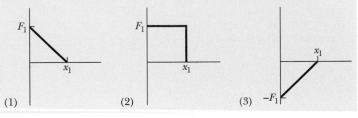

範例 8.2 樹獺，選擇重力位能的參考點

設計這道題目的意義在於：一般情形下，你可以選定任何高度作為參考點，但一旦參考點定下後，之後的運算都必須以同一點作為參考點。一隻 2.0 kg 的樹獺攀附在離地 5.0 m 的樹枝上（圖 8-6）。

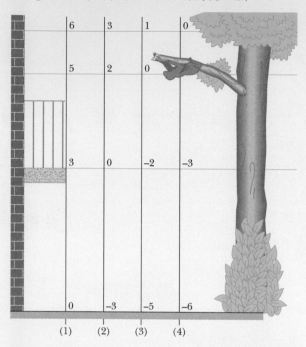

圖 8-6 參考點 $y = 0$ 的四個選擇。每一個 y 軸均以公尺為單位。此選擇會影響樹獺-地球系統的位能 U 的值。然而，它並不會影響在樹獺移動掉落時，系統的位能改變量 ΔU。

(a) 樹獺-地球系統的位能為何，如果我們定參考點 $y = 0$ 是在位於(1)地面上；(2)離地 3.0 m 處的陽台底部；(3)樹枝處，及(4)在高於樹枝 1.0 m 處。令 $y = 0$ 時，位能為 0。

關鍵概念

一旦選擇好某參考點作為 $y = 0$，利用 8-9 式，我們便可以計算出系統相對於該參考點的重力位能 U。

計算 對於(1)，樹獺最初位於 $y = 5.0$ m 處，於是

$$U = mgy = (2.0\,\text{kg})(9.8\,\text{m/s}^2)(5.0\,\text{m})$$
$$= 98\,\text{J} \tag{答}$$

對其他的情況，U 的值為

$$(2)\ U = mgy = mg(2.0\,\text{m}) = 39\,\text{J}$$

$$(3)\ U = mgy = mg(0) = 0\,\text{J}$$

$$(4)\ U = mgy = mg(-1.0\,\text{m})$$
$$= -19.6\,\text{J} \approx -20\,\text{J} \tag{答}$$

(b) 樹獺掉到地面。對於每個參考點選擇，掉落所致的樹獺-地球系統的位能變化 ΔU 為何？

關鍵概念

位能的改變和參考點 $y = 0$ 的選擇無關，相反的，它和高度的改變量 Δy 有關。

計算 對所有四種的選擇而言，我們都可得到相同的 $\Delta y = -5.0$。因此，在(1)到(4)的情形中，8-7 式告訴我們：

$$\Delta U = mg\Delta y = (2.0\,\text{kg})(9.8\,\text{m/s}^2)(-5.0\,\text{m})$$
$$= -98\,\text{J} \tag{答}$$

PLUS Additional example, video, and practice available at *WileyPLUS*

8-2 力學能守恆

學習目標

在閱讀完這個區塊的文字之後，讀者應該能夠...

8.05 對於一已知的系統，辨別出該系統的力學能為系統中物體的總動能與總位能之和。

8.06 對於一個只有保守力作用的獨立系統，利用力學能守恆將初始動能、位能與下一瞬間之動能、位能連繫起來。

關鍵概念

● 一個系統的力學能 E_{mec} 為該系統之動能K與位能U 之和：

$$E_{mec} = K + U$$

● 一個沒有外力造成能量變化的的系統，稱為獨立系統。如果獨立系統中又只有保守力作用的話，該系統的力學能 E_{mec} 將守恆。力學能守恆定律為：

$$K_2 + U_2 = K_1 + U_1$$

下標代表不同的運動瞬間。而力學能守恆定律又可以被寫成

$$\Delta E_{mec} = \Delta K + \Delta U = 0$$

力學能守恆

一系統的**力學能** E_{mec} 是此系統之位能 U 和其內物體的動能 K 的總和：

$$E_{mec} = K + U \quad (力學能) \tag{8-12}$$

此節我們將討論僅當一保守力作用於系統使其內部發生能量轉換時，力學能會發生什麼事──也就是說，當摩擦力和拖曳力不對系統中物體作用時。我們也假設，此系統是孤立於外界環境的，亦即，沒有來自系統外物體的外力使得系統內能量改變。

當一保守力對系統中的物體作功 W 時，它在物體的動能 K 和系統的位能 U 之間轉移能量。由 7-10 式，動能變化 ΔK 為

$$\Delta K = W \tag{8-13}$$

而由 8-1 式，位能變化 ΔU 為

$$\Delta U = -W \tag{8-14}$$

結合 8-13 式和 8-14 式，我們得到

$$\Delta K = -\Delta U \tag{8-15}$$

以文字陳述來說，一種能量增加的量和另一種能量減少的量一樣多。

8-15 式可重寫成

$$K_2 - K_1 = -(U_2 - U_1) \tag{8-16}$$

下標指質點運動時的兩個不同瞬間，亦即系統的兩個不同配置。重組 8-16 式得

$$K_2 + U_2 = K_1 + U_1 \quad (力學能守恆) \tag{8-17}$$

以文字陳述，方程式所述為：

$$\begin{pmatrix} 系統任一狀態的 \\ K 及 U 之和 \end{pmatrix} = \begin{pmatrix} 系統任意另一狀態的 \\ K 及 U 之和 \end{pmatrix}$$

在過去，會把一個人用毛毯往上拋，藉以在平緩地勢上可以看得更遠。現代來說這只是個樂趣。圖片上的人在上昇期間時，能量從動能轉換成重力位能。當能量轉換完畢時達到最大高度。然後落下的時候能量轉換反轉。(©AP/Wide World Photos)

當系統孤立且只有保守力對系統內物體作用。換句話說:

當只有保守力在孤立系統內作用而引起能量改變時,動能和位能可改變。然而,它們的加總,即系統的力學能 E_{mec} 不會改變。

此結果為**力學能守恆原理**(現在你知道保守力這個名字的由來了)。再加上 8-15 式,我們可將此原理寫成另一形式:

$$\Delta E_{mec} = \Delta K + \Delta U = 0 \tag{8-18}$$

力學能守恆原理允許我們去解決只用牛頓定律會很難解的題目:

當系統的力學能守恆時,我們可以只求某瞬間之動能、位能和與另一瞬間的能量和之關係,而不考慮中間運動過程,且不用找出其中包含之力所作的功。

圖 8-7 所示為力學能守恆原理可應用的例子:一個單擺在擺動時,單擺-地球系統間的能量在動能 K 和重力位能 U 之間轉換,且和 $K+U$ 為定值。如果給定擺錘在最高點(圖 8-7c)的重力位能,我們可用 8-17 式求出擺錘在最低點的動能(圖 8-7e)。

例如,我們選取最低點為參考點,而其所對應的重力位能 $U_2 = 0$。假設最高點的位能相對於參考點為 $U_1 = 20\,\text{J}$。因為擺錘在最高點瞬間停止,故該處的動能為 $K_1 = 0$。將這些值代入 8-17 式可得到最低點的動能 K_2:

$$K_2 + 0 = 0 + 20\,\text{J} \quad \text{或} \quad K_2 = 20\,\text{J}$$

注意,我們不用考慮最高點和最低點(如圖 8-7d 中所示)之間的運動,且不用找出運動中所包含之力所作的功即可得到此結果。

測試站 3

附圖所示為四種情況——其中一種是最初靜止的木塊落下,其他三種則是沿無摩擦的斜面下滑。(a)依據木塊在 B 點的動能大小,將四種情況由最大值開始依序排列。(b)依據木塊在 B 點的速率大小,將四種情況由最大值開始依序排列。

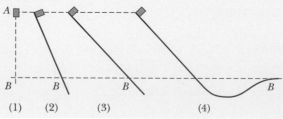

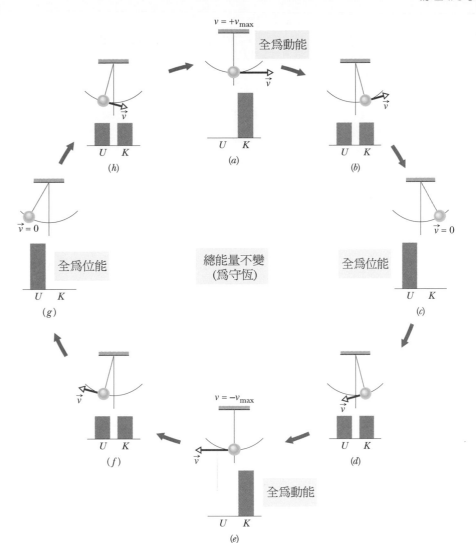

圖 8-7　一個單擺其質量集中在較低末端且來回擺動的擺錘上。圖中表示來回一趟的完整循環運動。在此一循環運動的過程中,單擺-地球系統的位能與動能值隨著擺錘的上升與下降而變化,然而系統的力學能 E_{mec} 卻不變。能量 E_{mec} 可由動能與位能間連續不斷的轉移表示出來。在(a)與(e)情況時,所有的能量為動能。此時擺錘具有它最大的速率且位在最低點。在(c)與(g)時,所有的能量為位能。則擺錘的速率為零且位在最高點。在(b)、(d)、(f)、(h)時,一半能量為動能而一半為位能。如果擺動牽涉到來自單擺繫於天花板上的摩擦力或是由於空氣的阻力,則 E_{mec} 將會消耗而最後使單擺停下來。

範例 8.3　滑水道、力學能守恆

使用能量守恆最大的好處在於,我們可以不用如牛頓運動定律那般考慮所有中間的複雜運動過程,而可以直接用能量將初始狀態與末狀態連繫起來。這裡提供了一個例子。在圖 8-8 中,一個質量為 m 的小孩,由靜止從滑水道頂端滑下,其高度為高於滑水道底部 $h = 8.5$ m。假設由於水的關係,滑水道上無摩擦。當她到達滑水道底部時,其速率有多大?

關鍵概念

(1) 此處我們無法像前幾章那樣,藉由沿著滑動過程的加速度,而求出小孩在底部的速度,因為我們並不知道滑水道的斜度(角度)。然而,因為她的速率和動能有關,或許我們能用力學能守恆來得到此速率。那我們就不須要知道滑水道的斜度。**(2)** 如果系統是孤立的,而且在此系統中只有保守力導致能量轉換,則力學能在此孤立系統中是守恆的。讓我們來檢驗一下。

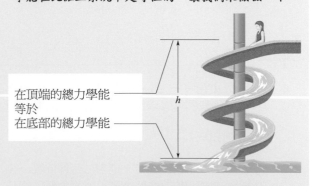

在頂端的總力學能
等於
在底部的總力學能

圖 8-8　一小孩沿高度 h 的滑水道下滑。

力 兩個力作用在孩子上。重力：是保守力，會對她作功。軌道作用於她的正向力則不作功，因爲小孩沿水道運動，此力總是和小孩的位移垂直。

系統 因爲只有重力對小孩作功，因此我們選擇小孩-地球系統作爲我們的系統，且是孤立的。

因此，我們只有一個保守力在孤立系統中作功，所以我們可以運用力學能守恆原理。

計算 當小孩在滑水道頂端時，令力學能爲 $E_{mec,t}$，而在底部時爲 $E_{mec,b}$。那麼守恆原理告訴我們：

$$E_{mec,h} = E_{mec,j} \tag{8-19}$$

要顯示出兩種力學能，可得

$$K_b + U_b = K_t + U_t \tag{8-20}$$

或

$$\frac{1}{2}mv_b^2 + mgy_b = \frac{1}{2}mv_i^2 + mgy_i$$

將上式除以 m，可得

$$v_b^2 = v_i^2 + 2g(y_i - y_b)$$

令 $v_t = 0$ 及 $y_t - y_b = h$ 代入上式，可得

$$v_b = \sqrt{2gh} = \sqrt{(2)(9.8 \text{m/s}^2)(8.5 \text{m})}$$
$$= 13 \text{m/s} \tag{答}$$

此速率與她落下 8.5 m 的高度有相同大小的速率值。在實際的滑水道，有某些摩擦力作用在孩子身上，因此，小孩不會移動得這麼快。

註解 雖然此問題很難由牛頓定律直接解答，但利用力學能守恆可使問題簡單些。然而，如果你被問及欲求出小孩抵達滑水道底端所需時間，能量的方法就沒有用了；你必須知道滑水道的形狀，此時你將是面臨了一個困難的問題了。

8-3 解讀位能曲線

學習目標

在閱讀完這個區塊的文字之後，讀者應該能夠...

8.07 給定一質點的位能函數，此函數以其位置x作爲變數，求出作用在質點上的力。

8.08 給定一個位能 – 位置(x)圖，決定出作用在質點上的力。

8.09 在一位能 – 位置(x)圖中，加上系統的力學能曲線，並用其求出該系統的動能曲線。

8.10 若一質點沿著x方向運動，以一個該方向的位能圖和力學能守恆將此質點運動路徑中不同位置的能量連繫起來。

8.11 在一個位能圖中，辨別出位能曲線的任何轉折點，並找出因爲能量要求而使質點不可能存在的區間。

8.12 解釋中性平衡、穩定平衡與不穩定平衡。

關鍵概念

● 若我們知道了一個一維質點系統的位能函數 $U(x)$，則我們可以求出施加在質點上的力 $F(x)$ 爲

$$F(x) = -\frac{dU(x)}{dx}$$

● 若在圖中 $U(x)$ 已被給定，則對於每個位置x，其受力 $F(x)$ 爲該曲線斜率的負值，並且其動能爲

$$K(x) = E_{mec} - U(x)$$

其中 E_{mec} 爲系統的力學能。

● 在轉折點處，質點轉變其運動方向(此處質點動能 $K = 0$)。

● 位能曲線 $U(x)$ 中，斜率爲零處，質點處於平衡(此處質點受力 $F(x) = 0$)。

解讀位能曲線

再次考慮系統中的一質點，且有保守力作用於系統。這次假設當保守力對其作功時，質點被限制在 x 軸上運動。我們想要畫出一個與保守力、保守力所作的功有關的位能圖 $U(x)$，然後我們想要思考如何將圖回推到該質點的受力與動能。然而，在討論這些圖之前，我們還需要一個位能和力的關係式。

由解析方式來求力

8-6 式告訴我們，如果知道力 $F(x)$，如何在一維空間的情形下求出兩點間的位能變化 ΔU。現在我們想要另闢一法；亦即，我們知道位能函數 $U(x)$，然後要求出力。

對一維運動而言，當質點移動一段距離 Δx 時，力作用在質點上所作的功 W 為 $F(x)\,\Delta x$。我們可將 8-1 式寫為

$$\Delta U(x) = -W = -F(x)\Delta x \tag{8-21}$$

解出 $F(x)$，並將其用在極限情況的微分表示，可得

$$F(x) = -\frac{dU(x)}{dx} \quad \text{(一維運動)} \tag{8-22}$$

這是我們要尋找的關係。

我們可以令 $U(x) = \frac{1}{2}kx^2$ 來驗證此結果，此為彈簧的彈力位能。結果 8-22 式，正如我們所預期的，會產生 $F(x) = -kx$ 的結果，此為虎克定律。同樣地，我們可以代 $U(x) = mgx$，質點-地球系統的重力位能函數。此為質量 m 的質點在地球表面高度 x 處的重力位能。8-22 式會產生 $F = -mg$ 的結果，此為作用於質點上的重力。

位能曲線

圖 8-9a 為一維空間質點運動時，保守力 $F(x)$ 對其作功之系統位能函數 $U(x)$ 圖形。我們現在可由對每一點取位能曲線 $U(x)$ 的斜率(由圖解的方式)而很容易地求出力 $F(x)$。(如 8-22 式告訴我們 $F(x)$ 是曲線 $U(x)$ 斜率的負值)。圖 8-9b 正是由此種方法所求出來的 $F(x)$ 圖形。

轉折點

在無非保守力時，系統的力學能 E 為一定值：

$$U(x) + K(x) = E_{mec} \tag{8-23}$$

此處 $K(x)$ 為系統內的質點動能函數(這個 $K(x)$ 為質點的動能對其位置 x 的函數)。我們可以重新寫出 8-23 式如下

$$K(x) = E_{mec} - U(x) \tag{8-24}$$

假設 E_{mec}(記得它是一個常數)恰爲 5.0J。它可由圖 8-9c 中，在能量軸上於 5.0J 處畫一水平線來代表(實際上已畫出)。

8-24 式和圖 8-9d 告訴我們如何決定質點在任何位置 x 的動能 K：在曲線 $U(x)$ 上，求出位置 x 時的 U，然後 E_{mec} 再減去 U。例如圖 8-9e，如果質點是在 x_5 的右邊之任意位置，則 $K = 1.0$ J。當質點位於 x_2 時，則 K 值爲最大(5.0 J)，而當質點在 x_1 時爲最小(0 J)。

由於 K 不可能爲負值 (因爲 v^2 恆爲正)，因此，質點不可能移動到 x_1 的左邊，此處 $E_{mec} - U$ 是負的。反之，當質點由 x_2 移向 x_1 時，K 減少(質點慢了下來)直到在 x_1 處 $K = 0$ (質點靜止處)。

注意當到達 x_1 時，作用在質點上的力，由 8-22 式所算出，是正的(因爲斜率 dU/dx 是負的)。這表示質點不會停留在 x_1 而是開始向右運動，它與原先的運動方向相反。因此，x_1 爲**轉折點**，該處的 $K = 0$(因 $U = E$)且質點改變方向。在圖的右邊沒有轉折點($K = 0$ 之處)。當質點朝右前進，它將繼續不停的走。

平衡點

圖 8-9f 顯示出在相同圖 8-9a 的位能函數 $U(x)$ 圖形上有三個不同的 E_{mec} 值。讓我們來看看它們如何改變情況。如果 E_{mec}=4.0 J (紫色線)，轉折點由 x_1 移至介於 x_1 與 x_2 之間的點。另外，在 x_5 的右邊任一點，系統的力學能等於它的位能；因此，質點沒有動能且(根據 8-22 式)沒有任何力作用於其上，因此，它將停留在那裡。在此一位置的質點稱爲處於**中性平衡**(neutral equilibrium)(在平坦的水平檯面上的彈珠便是處於此狀態)。

如果 $E_{mec} = 3.0$ J (粉紅色線)，有兩個轉折點：一個介於 x_1 與 x_2 之間，而另一個介於 x_4 與 x_5 之間。此外，x_3 爲 $K = 0$ 的點。如果質點正巧就在那個位置，作用在它之上的力亦爲零，質點將保持靜止在那裡。然而，如果在任一個方向把質點稍微拉離它的位置，一個不爲零的力將會把質點沿同一方向推向更遠，質點將繼續運動。在此一位置的質點稱爲處於**不穩定平衡**(放在保齡球端的彈珠便是一例)。

接下來考慮 $E_{mec} = 1.0$ J (綠色線)時的質點行爲。如果我們將它放在 x_4，它將停在那裡。它不能憑自己左右移動，因爲這樣的話會產生負值的動能。如果我們將它稍微推向左邊或右邊，一個恢復力將會迫使它又回到 x_4。在此一位置的質點稱爲處於**穩定平衡**(一個置於半球形狀的碗之底邊的彈珠便是一例)。如果我們將質點置於以 x_2 爲中心的杯子狀之位能谷中，它是在兩轉折點之間。它仍可左右移一些，但只是在往 x_1 或 x_3 的半途而已。

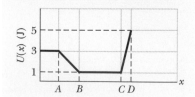

☑ **測試站 4**

附圖給定一維運動質點之系統的位能函數 $U(x)$。(a)根據力作用於質點的大小，將 AB、BC、CD 三個區間由大到小排列之。(b)質點在 AB 區間時，力的方向爲何？

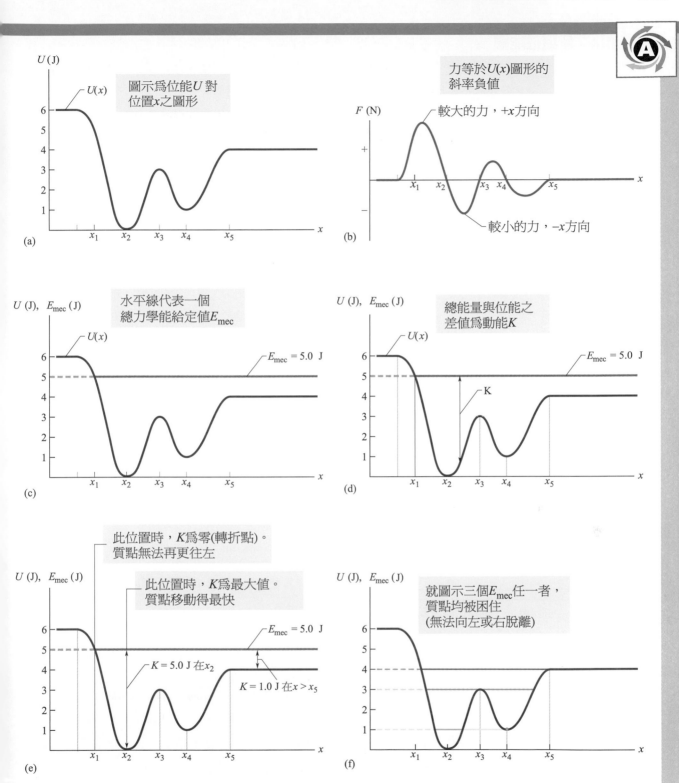

圖 8-9 (a) $U(x)$ 的函數圖形，為質點限制在 x 軸上運動的系統之位能函數。沒有摩擦力，因此力學能是守恆的。(b) 作用於質點上的力 $F(x)$ 之函數圖形，由在各個不同的點取位能函數的斜率而得。(c)-(e)如何決定動能。(f)在(a)圖中取三個可能的 E_{mec} 值之 $U(x)$ 圖形。**在網站 WileyPLUS 中，這些圖片可在配上語音的動畫中取得。**

範例 8.4 解讀位能圖

某個 2.00 kg 質點沿著 x 軸進行一維移動，在此過程中有一個保守力沿該軸作用於其上。與作用力相關的位能 $U(x)$ 描繪於圖 8-10a。亦即，若該質點放置於 $x = 0$ 與 $x = 7.00$ m 之間任一位置，將具有如圖所示的 U 值。在 $x = 6.5$ m 處，該質點具有速度 $v_0 = (-4.00 \text{ m/s})\hat{i}$。

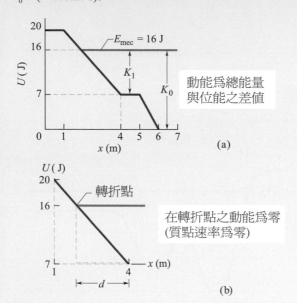

圖 8-10 (a)位能 U 對位置 x 的關係圖。(b)用於找出質點折返點之線段。

(a)試由圖 8-10a，定義在 $x_1 = 4.5$ m 處之質點速度。

關鍵概念

式 7-1($K = \frac{1}{2}mv^2$)可以告訴我們該質點的動能。因為只有保守力作用於該質點，所以當質點移動時，力學能 $E_{mec}(K+U)$ 是守恆的。因此，如圖 8-10a 中所繪 $U(x)$，動能相當於 E_{mec} 與 U 的差異量。

計算 在 $x = 6.5$ m 處，質點的動能為

$$K_0 = \frac{1}{2}mv_0^2 = \frac{1}{2}(2.0\text{kg})(4.00\text{m/s})^2$$
$$= 16.0\text{J}$$

因為該處位能 $U = 0$，所以力學能為

$$E_{mec} = K_0 + U_0 = 16.0\text{J} + 0 = 16.0\text{J}$$

此 E_{mec} 值繪製於圖 8-10a，即為圖中水平線。由該圖

可觀察在 $x = 4.5$ m 處，位能為 $U_1 = 7.0$ J。動能 K_1 為 E_{mec} 與 U_1 之差值：

$$K_1 = E_{mec} - U_1 = 16.0\text{J} - 7.0\text{J} = 9.0\text{J}$$

因為 $K_1 = \frac{1}{2}mv_1^2$，可求出

$$v_1 = 3.0\text{m/s} \quad \text{(答)}$$

(b)質點轉折點位於何處？

關鍵概念

轉折點為作用力瞬時停止使質點的運動暫時停止，並使質點開始反向運動的位置，隨即反向質點運動。亦即，該處為質點瞬間具有 $v = 0$ 遂 $K = 0$ 的地方。

計算 因為 K 為 E_{mec} 與 U 的差異量，所以所求為圖 8-10a 中 U 的曲線上升而與 E_{mec} 水平線相交之點，如圖 8-10b 所示。因為圖 8-10b 中，線條 U 為一直線，可繪製如圖示之相疊直角三角形，隨後寫為距離間的比率關係

$$\frac{16 - 7.0}{d} = \frac{20 - 7.0}{4.0 - 1.0}$$

得出 $d = 2.08$ m。因此，轉折點位於

$$x = 4.0\text{m} - d = 1.9m \quad \text{(答)}$$

(c)計算質點位在範圍 1.9 m < x < 4.0 m 時，作用在質點上的力。

關鍵概念

此力由式 8-22[$(F(x) = -dU(x)/dx)$]求出。此數學式說明作用力等於 $U(x)$ 圖形斜率的負值。

計算 在圖 8-10b 中，我們可以看到，在 1.0 m < x < 4.0 m 的範圍內，作用力為：

$$F = -\frac{20\text{J} - 7.0\text{J}}{1.0\text{m} - 4.0\text{m}} = 4.3\text{N} \quad \text{(答)}$$

因此，作用力大小為 4.3 N，並且是在 x 軸的正方向。此結果符合這樣的事實，即初始朝左移的質點受該力作用而停止，且隨後向右移動。

8-4　外力對系統所作的功

學習目標

在閱讀完這個區塊的文字之後，讀者應該能夠...

8.13　當一個系統受到非摩擦力的外力作功時，決定出系統的動能、位能變化。

8.14　當一個系統受到含有摩擦力的外力作功時，將此功與動能、位能、熱能變化連繫在一起。

關鍵概念

- 外力對系統會作功，而功W是一種轉移至系統或由系統轉移出的能量。
- 當有兩個以上的力作用在系統上時，它們所作的淨功為轉移的能量。
- 當系統受到非摩擦力的外力時，外力所作的功和系統力學能的變化 ΔE_{mec} 相等

$$W = \Delta E_{mec} = \Delta K + \Delta U$$

- 當系統受到含有動摩擦力的外力時，系統中的熱能 E_{th} 將會改變。(這個能量與系統中原子、分子的隨機運動有關。)此時作用在系統上的功為

$$W = \Delta E_{mec} + \Delta E_{th}$$

- 熱能的變化 ΔE_{th} 和動摩擦力 f_k 的大小、位移d的大小有關。其關係如下：

$$\Delta E_{th} = f_k d$$

外力對系統所作的功

在第 7 章，我們定義功為力作用於物時，轉移至物體或由物體轉移出的能量。現在我們擴展此定義，物體的系統也有外力在作功。

 功是轉移至系統或由系統轉移出來的能量。

圖 8-11a 表示正向的功(轉移能量至系統)，圖 8-11b 表示負向的功(從系統轉移能量出來)。當超過一個的力對系統作功，它們的淨功是轉移至系統或相反的能量。

這種轉移就像銀行交易時，錢的轉進和轉出一樣。如果系統由單一質點或似質點的物體構成，像第 7 章一樣，力對系統作的功可能改變的只有系統的動能。此能量狀態對於這樣的轉移就是 7-10 式($\Delta K = W$)的功-動能定理。即是，單一質點只有一能量叫動能。外力能夠轉移能量進入或移出。然而如果一個系統較複雜，外力可將「能」變成其它形式(例如位能)，亦即，一個較複雜的系統能有多種形式的能量。

讓我們藉由檢查兩種基本狀況，來找出這種系統的能量狀態：一種不包含摩擦力，而一種有。

不包含摩擦力

在一個保齡球比賽中，首先你要半彎腰站在地板上並用手托住球。然後挺身並同時迅速地用手的力量，將球向前方與臉相同的水平高度投

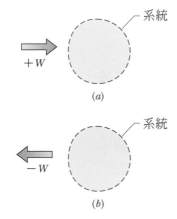

圖 8-11　(a)正向的功 W 在任意之系統表示能量轉移至系統。(b)負向的功 W 表示從系統轉為能量出來。

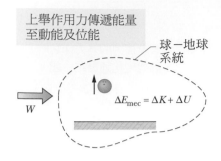

上舉作用力傳遞能量至動能及位能

球—地球系統

$$\Delta E_{mec} = \Delta K + \Delta U$$

W

圖 8-12 正向功 W 對保齡球和地球系統作功，造成在力學能系統中，ΔE_{mec} 的改變，球的動能 ΔK 的改變，以及系統的重力位能 ΔU 的改變。

出。在你向上運動期間，你的施力明顯的在球上作功。即為，外力轉移能量，但移到了什麼系統？

　　為了回答，我們檢驗哪些能量改變了。球的動能改變了 ΔK；且因為球和地球變得更分開了，在球-地球系統的重力位能改變了 ΔU。為了包含兩個變化在內，我們必須考慮球-地球系統。然後你的力是外力對系統的作功，此功為

$$W = \Delta K + \Delta U \tag{8-25}$$

$$W = E_{mec} \quad (\text{在系統上作功，不包含摩擦力}) \tag{8-26}$$

其中，ΔE_{mec} 是系統力學能的變化。這兩個式子表示在圖 8-12 中，當不包含摩擦力時，就外力對系統的作功而言，它們是關於能量的相同敘述。

包含摩擦力

　　我們接著考慮圖 8-13a 的例子。一固定的水平力 $\vec{F}$ 沿著 x 軸拉動一木塊且經過大小為 d 的位移，使木塊的速率從 $\vec{v}_0$ 增加到 $\vec{v}$。在這段運動中，地板產生一個固定的動摩擦力 $\vec{f}_k$ 在木塊上。首先讓我們選擇木塊作為系統，且應用牛頓第二定律。我們可以寫出沿 x 軸分量($F_{net,\,x} = ma_x$)的定律為：

$$F - f_k = ma \tag{8-27}$$

因為力是固定不變的，所以加速度 $\vec{a}$ 也是不變的。因此，我們可以 2-16 式來寫

$$v^2 = v_0^2 + 2ad$$

解方程式得 a，代入 8-27 式，並重新排列為

$$Fd = \frac{1}{2}mv^2 - \frac{1}{2}mv_0^2 + f_k d \tag{8-28}$$

或，因為對木塊而言，$\frac{1}{2}mv^2 - \frac{1}{2}mv_0^2 = \Delta K$：

$$Fd = \Delta K + f_k d \tag{8-29}$$

圖 8-13 (a)力 $\vec{F}$ 在木板上推動木塊，此時有動摩擦力 $\vec{f}_k$ 抗拒移動。當開始移動時，木塊有初速 $\vec{v}_0$，在位移 $\vec{d}$ 時，木塊速度為 $\vec{v}$。(b) 力 $\vec{F}$ 對木塊—地板系統作正功，造成木塊的力學能變動量 ΔE_{mec}，也造成木塊及木板的熱能改變 ΔE_{th}。

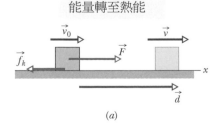

施力提供能量。摩擦力則將部分能量轉至熱能

(a)

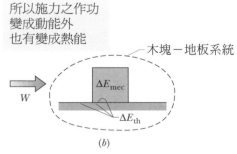

所以施力之作功變成動能外也有變成熱能

木塊—地板系統

ΔE_{mec}

W

ΔE_{th}

(b)

在更普遍的狀況(如，木塊在斜面上運動)中，位能會有所改變。爲包含此可能的改變，我們擴充 8-29 式爲

$$Fd = \Delta E_{mec} + f_k d \qquad (8\text{-}30)$$

藉著實驗，我們發現木塊和木塊滑過的地板變成溫熱的。如同我們要在第 18 章討論的，物體的溫度和物體的熱能有關(此能量和物體中原子和分子的隨機運動有關)。在此，木塊和地板的熱能都增加了，因爲(1)在他們之間有摩擦力，(2)有滑動。回顧摩擦力是由於兩個表面間的「冷焊」產生的。當木塊滑過地板，滑動在木塊和地板之間造成重複的撕扯和變化，使得木塊和地板變熱。因此，滑動增加了他們的熱能 E_{th}。

經由實驗，我們發現增加的熱能 ΔE_{th} 等於 f_k 及 d 的乘積：

$$\Delta E_{th} = f_k d \quad (由滑動所增加的熱能) \qquad (8\text{-}31)$$

因此，我們能得將 8-30 式重寫爲

$$Fd = \Delta E_{mec} + E_{th} \qquad (8\text{-}32)$$

Fd 是外力 $\vec{F}$ 所做的功(藉由力轉移的能量)，但作功於哪一個系統(能量轉移何處)？爲了回答，我們檢驗哪些能量改變了。木塊的力學能改變，木塊和地板的熱能也改變了。因此，力 $\vec{F}$ 是作功在木塊-地板系統上。此功爲

$$W = \Delta E_{mec} + E_{th} \quad (作功在系統上，包含摩擦力) \qquad (8\text{-}33)$$

這個式子表示在圖 8-13b 中，是當包含摩擦力時外力對系統作功的能量狀態。

測試站 5

在三個試驗中，一木塊被水平外力推動橫過有摩擦的地板，如圖 8-13a。力的大小 F 和推動木塊的速率的結果如下表。在全部 3 個試驗中，木塊被推動相同距離 d。根據木塊和地板在距離 d 所發生之熱能改變大小，由大到小排列三次試驗。

試驗	F	木塊的速度變化
a	5.0 N	減速
b	7.0 N	不變
c	8.0 N	加速

範例 8.5 包心菜頭，功、摩擦、熱能變化

一個食物裝貨者以不變的水平力 $\vec{F}$ (40 N)推動一箱有包心菜頭的木箱(全部質量 $m = 14$ kg)經過一混凝土的地板。在大小為 $d = 0.50$ m 的直線位移中，木箱的速度從 $v_0 = 0.60$ m/s 遞減至 $v = 0.20$ m/s。

(a)力 $\vec{F}$ 作功為多少，及對何種系統作功？

關鍵概念

因為所施加的力 $\vec{F}$ 是固定的，所以可以利用 7-7 式($W = Fd\cos\phi$)來計算此力所做的功。

計算 將給定的資料代入，其中包括此事實：力 $\vec{F}$ 和位移 $\vec{d}$ 處於相同方向；結果得到

$$W = Fd\cos\phi = (40\,\text{N})(0.50\,\text{m})\cos 0° $$
$$= 20\,\text{J}$$
(答)

推理 在決定功作用在哪個系統之前，讓我們先檢查一下哪種能量改變了。因為箱子的速率改變，所以箱子的動能也確定改變了 ΔK。在地板和箱子之間有摩擦力嗎？因此熱能也跟著改變了嗎？注意 F 及箱子的速度有相同的方向。因此，如果沒有摩擦力，則 $\vec{F}$ 應該使箱子加速到更大的速率。

然而，箱子卻慢了，所以一定有摩擦力，而且箱子和地板的熱能改變量是 ΔE_{th}。因此功所作用的系統為箱子-地板系統，因為兩個能量的改變皆發生在此系統。

(b)箱子和地板間的熱能增加多少 ΔE_{th}？

關鍵概念

我們可以由對於包含摩擦的系統的 8-33 式的能量敘述式，知道 ΔE_{th} 和 $\vec{F}$ 所作的功 W 的關係：

$$W = \Delta E_{mec} + \Delta E_{th} \qquad (8\text{-}34)$$

計算 我們由(a)知道 W 的值。箱子力學能的改變 ΔE_{mec} 正好是動能的改變，因為沒有位能改變發生，所以我們有

$$\Delta E_{mec} = \Delta K = \frac{1}{2}mv^2 - \frac{1}{2}mv_0^2$$

將之代入 8-34 式並解出 ΔE_{th}，我們發現

$$\Delta E_{th} = W - \left(\frac{1}{2}mv^2 - \frac{1}{2}mv_0^2\right) = W - \frac{1}{2}m(v^2 - v_0^2)$$
$$= 20\,\text{J} - \frac{1}{2}(14\,\text{kg})\left[(0.20\,\text{m/s})^2 - (0.60\,\text{m/s})^2\right]$$
$$= 22.2\,\text{J} \approx 22\,\text{J}$$
(答)

沒有進一步實驗，我們並不能知道到底有多少熱能傳入箱子、多少熱能傳入地板。我們只能知道其總和為 ΔE_{th}。

PLUS Additional example, video, and practice available at *WileyPLUS*

8-5 能量守恆

學習目標

在閱讀完這個區塊的文字之後，讀者應該能夠...

8.15 對於一個獨立系統(沒有淨外力)，應用能量守恆將初始總能量(各種形式的能量)與下一瞬間的總能量連繫在一起。

8.16 對於一個非獨立系統，將淨外力對其作的功與系統中各種能量的變化連繫在一起。

8.17 當能量有轉移時，應用平均功率、能量移轉和時間間隔的關係式。

8.18 給定一隨時間變化的能量函數(可能是一個方程式或一張圖)，決定出瞬時功率(每一給定瞬間的能量移轉)。

關鍵概念

● 只有當一些能量轉移至系統,或是系統轉移出一些能量時,一個系統的總能量E(其力學能與內能(包括熱能)的和)才會改變。這項實驗事實又被稱作能量守恆定律。

● 如果功W作用在一系統上,則

$$W = \Delta E = \Delta E_{mec} + \Delta E_{th} + \Delta E_{int}$$

如果系統是獨立的($W = 0$),則給出

$$\Delta E_{mec} + \Delta E_{th} + \Delta E_{int} = 0$$

或 $E_{mec,2} = E_{mec,1} - \Delta E_{th} - \Delta E_{int}$

其中下標1、2代表兩個不同的瞬間。

● 力造成的功率為該力轉移能量的速率。若一力在時間 Δt 內轉移了 ΔE 的能量,則其平均功率為

$$P_{avg} = \frac{\Delta E}{\Delta t}$$

● 一力造成的瞬時功率為

$$P = \frac{dE}{dt}$$

在能量E對時間t的圖中,瞬時功率等於曲線的切線斜率。

能量守恆

現在我們已經討論過幾個狀態:能量由物體和系統轉移出去或轉移進來,就像錢帳目的轉移。在每個情況我們假設能量是可說明的,即能量「不會神奇的出現或消失」。在更正式的語言中,我們適當地假設能量遵從一個定律叫**能量守恆定律**,這關係到系統的**總能** E。這個「總」是系統力學能、熱能及任何形式的內部能量的總和(我們還未討論到其它形式的內部能量)。此定律所述為:

> 系統的總能 E 只有在有能量由系統轉移出去或轉移進來才會改變。

目前我們唯一考慮過的能量移轉形式為外力對系統所作的功 W。因此,就此階段對於我們而言,定律所述為:

$$W = \Delta E = \Delta E_{mec} + \Delta E_{th} + \Delta E_{int} \tag{8-35}$$

其中,ΔE_{mec} 是系統力學能的任何改變,ΔE_{th} 是系統熱能的任何改變,ΔE_{int} 是系統內能的以任何形式之任何改變。包含在 ΔE_{mec} 中的是動能的改變 ΔK 及位能的改變 ΔU(彈力、重力,或我們發現的任何形式)。

此能量守恆定律不是我們所導出來的。而是以數不盡的實驗為基礎。科學家和工程師們至今還未找到任何例外。能量只是單純地不會無故產生或消失。

孤立系統

如果一系統從環境中孤立出來,那麼便不可能有能量的轉出或轉入。在這個例子,能量守恆定律為:

孤立系統的總能量 E 是不變的。

或許在孤立系統內部之間有許多能量轉移——例如,動能及位能或動能及熱能之間。然而,系統中所有形式的能量的總和不會改變。再次強調,能量不會無故地產生或消失。

以圖 8-14 中攀岩者為例,將他/裝備/地球三者近似為一孤立系統。當攀岩者用繩索沿岩石表面下降時,即改變了系統的配置,他必須控制從重力位能而來的能量轉換(能量不會如魔法般地消失)。有些轉換成他的動能。但他明顯地不想要太多動能,否則會太快,因此他用繩子繞過鋼環纏繞著他自己,下降時讓繩與環間產生摩擦力。環在繩上的滑動將系統的重力位能轉換為環與繩間的熱能,而此種情形是他可以控制的方式。攀岩者-裝備-地球系統的總能量(重力位能/動能/熱能之總和)在他下降時並不會改變。

對孤立系統,能量守恆定律可以寫成兩種方法。首先,設 8-35 式的 $W = 0$,我們得到:

$$\Delta E_{mec} + \Delta E_{th} + \Delta E_{int} = 0 \quad \text{(孤立系統)} \tag{8-36}$$

我們也可以令 $\Delta E_{mec} = E_{mec,2} - E_{mec,1}$,這裡的 1 及 2 指的是兩個不同的瞬時——指之前和之後發生的過程。然後 8-36 式變成

$$E_{mec,2} = E_{mec,1} - \Delta E_{th} - \Delta E_{int} \tag{8-37}$$

式 8-37 告訴我們:

 在孤立系統中,我們可將一瞬間之全部能量和另一瞬間的全部能量連繫起來而不必考慮到中間時間的能量。

當你需要將發生在系統中某個特定過程之前和之後的能量連繫起來時,這個事實在解決有關孤立系統的問題時,是非常有力的工具。

在 8-2 節,我們討論過孤立系統的特別狀況——亦即,非保守力 (像動摩擦力) 不會對他們作用的狀況。在那個特殊狀況中,ΔE_{th} 和 ΔE_{int} 都是零,遂 8-37 式化為 8-18 式。換句話說,當非保守力不對系統作用時,孤立系統的力學能是守恆的。

外力和內能的轉換

一個外力可以在不對物體做功的情形下,改變物體的動能或內能——換言之,此時並沒有能量轉移到物體上。取而代之的作法是,此時力是用來將物體內部的一種能量型式,轉換成另一種能量型式。

圖 8-14 要下降時,攀岩者必須從包含他、齒輪及地球的系統其重力位能中轉移出能量。攀岩者將繩索繞於金屬環上,所以繩索與環摩擦。這使大半轉移之能量變成繩索及環之熱能,而不是變成攀岩者的動能。(Tyler Stableford/The Image Bank/ Getty Images)

　　圖 8-15 顯示的是一個例子。一位起初靜止的溜冰者從欄杆向外推，然後在冰上滑動(圖 8-15a 和 b)。因為由欄杆作用在他身上的外力 $\vec{F}$，使得他的動能增加了。不過該力量並沒有從欄杆轉移能量到他身上。因此這個力量沒有對他做功。更確切地說，他的動能增加是從肌肉中的生物化學能量，經過內部轉換的結果。

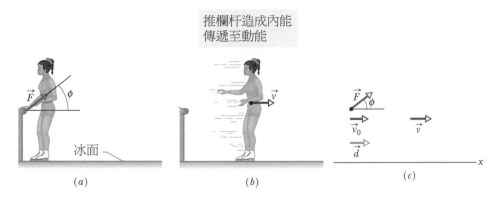

推欄杆造成內能
傳遞至動能

(a)　　　　　　(b)　　　　　　(c)

圖 8-15　(a)溜冰者從欄杆向外推，欄杆作用在他身上的外力 $\vec{F}$。(b)當溜冰者遠離欄杆之際，其速度為 $\vec{v}$。(c)外力 $\vec{F}$ 與水平 x 軸夾 ϕ 角而作用於溜冰者。當經過 $\vec{d}$ 位移時，其速度因為 $\vec{F}$ 的水平分量，由 $\vec{v}_0(=0)$ 變成 $\vec{v}$。

　　圖 8-16 顯示的是另一個例子。一部引擎利用四輪驅動增加汽車的速度 (所有四個輪子都是藉著引擎使其運轉)。在加速過程中，引擎導致輪胎對路面向後推。此推力會產生摩擦力 $\vec{f}$，而此摩擦力將以正的方向作用在每一個輪胎上。來自路面的淨外力 $\vec{F}$ 是這些摩擦力的總和，它將使汽車加速前進而增加其動能。然而，$\vec{F}$ 並沒有從路面轉移能量到汽車上，因此也沒有對汽車做功。更確切的說法是，汽車動能的增加是儲存在燃料中的能量經過內部轉換的結果。

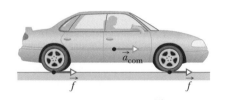

圖 8-16　汽車以四輪驅動向右加速。道路施加四個摩擦力(其中兩個有繪示)於輪胎的底面。加在一起，這四個力組成作用於汽車的淨外力 $\vec{F}$。

　　在像這兩種情況中，如果可以簡化整個情況，則我們有時候可以使作用在物體的外力 $\vec{F}$，與物體力學能的變化產生關連。讓我們考慮溜冰者的例子。在圖 8-15c，溜冰者施以推力距離的過程中，我們可以經由假設加速度是固定的，以及其速度從 $v_0 = 0$ 變化到 v，來簡化問題(換言之，我們假設 $\vec{F}$ 具有固定大小 F 和角度 ϕ)。在施以推力的過程結束以後，我們可以將溜冰者簡化成一個質點，並且忽略以下事實，即他的肌肉運作已經增加其肌肉的熱能，而且也已改變其他生理性質。然後我們可以應用 7-5 式($\frac{1}{2}mv^2 - \frac{1}{2}mv_0^2 = F_x d$)

$$K - K_0 = (F\cos\phi)d$$
$$\Delta K = Fd\cos\phi \tag{8-38}$$

　　如果情況也涉及物體高度的改變，則我們經由下列數學式，將重力位能的變化量 ΔU 也包括進來，

$$\Delta U + \Delta K = Fd\cos\phi \tag{8-39}$$

這個方程式右側的力並沒有對物體做功,但是它仍然是左側所顯示能量變化量的生成原因。

功率

現在你已經看到能量可以由一種形式轉變成另一種形式,我們可擴充 7-6 節中有關功率的定義。它表示力作功的速率。就更一般性的意義來說,功率 P 為力將能量從一種形式轉換為另一種的速率。若 ΔE 之能量在 Δt 的時間內被轉移,則由力所造成的**平均功率**為

$$P_{\text{avg}} = \frac{\Delta E}{\Delta t} \tag{8-40}$$

同樣地,由力所造成的**瞬時功率**為

$$P = \frac{dE}{dt} \tag{8-41}$$

範例 8.6　遊樂園滑水道上的能量損失

在圖 8-17 中滑水道的水平部分上,一彈簧將滑水小艇發射,使其沿著充滿水的軌道(摩擦力為零)滑至地平面。沿地面軌道繼續運動的滑水小艇因受到摩擦力將逐漸停止。人與滑水小艇的總質量為 $m = 200\,\text{kg}$,彈簧初始壓縮量為 $d = 5.00\,\text{m}$、彈力常數 $k = 3.20 \times 10^3\,\text{N/m}$;滑水小艇初始高度為 $h = 35.0\,\text{m}$,而地面軌道的動摩擦係數則為 $\mu_k = 0.800$。在滑水小艇停下前,其將沿著地面滑行多少距離 L 呢?

關鍵概念

在我們把算式輸進計算機之前,我們需要先檢查所有的力,再決定出應該選什麼系統分析。這樣才能決定我們該寫下什麼方程式。我們選的系統是獨立系統(那麼我們寫下的算式將會是能量守恆定律)還是一個有外力作功的系統(那麼我們的方程式需將此功與系統能量變化連繫起來)呢?

力　在滑水道滑行期間,軌道施加在滑水小艇上的正向力並不會對小艇作功,因為正向力永遠和小艇的位移垂直。由於重力為保守力,因此重力對小艇所作的功和重力位能有關。在彈簧推動小艇時,彈力對小艇作功,將彈簧原先儲存的彈力位能轉換成小艇的動能。而彈力也會推向不動的牆壁。當小艇沿著地面軌道滑行時,由於地面軌道有動摩擦力與小艇作用,因此這段運動會增加它們的熱能。

系統　讓我們選定一個系統,包含所有參與交互作用的物體:滑水小艇、軌道、彈簧、地球和牆壁。接著,因為所有可能的交互作用都被涵蓋進此系統,因此所選定的系統為獨立的,系統總能量不能改變。由此可知,我們該寫下的方程式不是外力對系統作功,而是能量守恆。我們以 Eq. 8-37 的形式寫下:

$$E_{\text{mec},2} = E_{\text{mec},1} - \Delta E_{\text{th}} \tag{8-42}$$

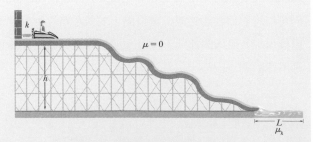

圖 8-17　彈簧式的遊樂園水上滑梯

這有點像收支方程式：最終剩下的錢等於初始的錢減去被小偷偷走的錢。在本例中，最終的力學能等於初始力學能減去摩擦力偷走的熱能。沒有任何能量無故產生或消失。

計算　現在我們有了方程式，讓我們接著找出滑行距離。我們將滑水小艇的初始狀態（當其靜止並接在壓縮彈簧上時）標記為 1，而末狀態（當其停止在地面軌道上時）標記為 2。不論對哪種狀態，系統的力學能為所有動能和所有位能的和。

此處有兩種位能：由壓縮的彈簧造成的彈力位能 $U_e = \frac{1}{2}kx^2$，以及和小艇高度有關的重力位能（$U_g = mgy$）。我們將地平面定為重力位能的參考高度。這代表小艇的初始高度為 $y = h$ 和末高度（$y = 0$）

在小艇靜止、彈簧壓縮的初始狀態，系統力學能為

$$E_{mec,1} = K_1 + U_{e1} + U_{g1}$$

$$= 0 + \frac{1}{2}kd^2 + mgh \tag{8-43}$$

在末狀態中，小艇靜止於地面軌道、彈簧處於自然長度，系統力學能為

$$E_{mec,2} = K_2 + U_{e2} + U_{g2}$$

$$= 0 + 0 + 0 \tag{8-44}$$

讓我們接著找出小艇與地面軌道間的熱能變化 ΔE_{th}。我們可以將 Eq. 8-31 中的 ΔE_{th} 以 $f_k L$（摩擦力大小與摩擦距離的乘積）取代。由 Eq. 6-2，我們知道 $f_k = \mu_k F_N$，其中 F_N 為正向力。因為小艇在有摩擦力的區域中水平運動，因此 F_N 的大小等於 mg（向上的力與向下的力抵銷）。故摩擦力從力學能中偷走了能量

$$\Delta E_{th} = \mu_k mgL \tag{8-45}$$

（順帶一提，沒有進一步實驗，我們沒辦法得知到底有多少熱能分給小艇、有多少熱能分給地面軌道。我們只知道其總和為 ΔE_{th}）

將 Eq. 8-43 到 Eq. 8-45 代入 Eq. 8-42 中，我們得

$$0 = \frac{1}{2}kd^2 + mgh - \mu_k mgL \tag{8-46}$$

和

$$L = \frac{kd^2}{2\mu_k mg} + \frac{h}{\mu_k}$$

$$= \frac{(3.20 \times 10^3 \,\text{N/m})(5.00\text{m})^2}{2(0.800)(200\text{kg})(9.8\,\text{m/s}^2)} + \frac{35\text{m}}{0.800}$$

$$= 69.3\text{m} \tag{答}$$

最後，注意到我們解法中簡潔的代數運算。透過仔細地定義一個系統，並了解到該系統為獨立的，我們便能夠使用能量守恆定律。這意味著我們可以將系統初始狀態與末狀態直接連繫起來，而不必考慮兩狀態中間的情形。尤其是我們根本不需考慮小艇在不規則軌道上的運動情形。如果我們用牛頓定律解這道問題，那麼我們還得必須知道滑水道的形狀為何，而這樣將會使我們面臨更複雜的計算過程。

PLUS Additional example, video, and practice available at *WileyPLUS*

◆ 重 點 回 顧

保守力　一質點沿一起點與終點相同的封閉路徑運動，若力對其所作之淨功為零，則此力為**保守力**。或等效地說法是，力對質點在兩點間運動時所作的功與質點在兩點間所選取的路徑無關，則此力為保守力。重力和彈力皆為保守力；動摩擦力為**非保守力**。

位能　**位能**是保守力作用於系統上時，與系統之配置有關的能量。當保守力對系統中之質點作功 W，其系統之位能變化 ΔU 為

$$\Delta U = -W \tag{8-1}$$

若質點由 x_i 點運動至 x_f 點，則系統中之位能變化為

$$\Delta U = -\int_{x_i}^{x_f} F(x)\,dx \tag{8-6}$$

重力位能　位能與包含地球和一附近的質點之系統有關時，稱為**重力位能**。若質點由高度 y_i 運動至高度

y_f，質點-地球系統的重力位能變化為

$$\Delta U = mg(y_f - y_i) = mg\Delta y \qquad (8\text{-}7)$$

若質點之**參考點**設為 $y_i = 0$，且其相對應之系統重力位能設為 $U_i = 0$，則在任何高度 y 的重力位能 U 為

$$U(y) = mgy \qquad (8\text{-}9)$$

彈力位能 **彈力位能**是與彈性物體之壓縮或伸長狀態有關的能量。當彈簧一自由端具有位移 x 時，彈力為 $F = -kx$，彈力位能為

$$U(x) = \frac{1}{2}kx^2 \qquad (8\text{-}11)$$

彈簧在處於自然長度時為**參考組態**，此時 $x = 0$ 且 $U = 0$。

力學能 一系統的**力學能** E_{mec} 為其動能 K 和位能 U 之總和：

$$E_{\text{mec}} = K + U \qquad (8\text{-}12)$$

一孤立系統是沒有外力能導致能量改變。若系統內只有保守力作功，則系統的力學能 E_{mec} 不會改變。此**力學能守恆原理**寫成

$$K_2 + U_2 = K_1 + U_1 \qquad (8\text{-}17)$$

此處下標指能量轉換過程中的不同時刻。此守恆原理亦可寫成

$$\Delta E_{\text{mec}} = \Delta K + \Delta U = 0 \qquad (8\text{-}18)$$

位能曲線 若一個一維力 $F(x)$ 作用於一質點上時，系統的位能函數 $U(x)$ 已知，我們可找出此力為

$$F(x) = -\frac{dU(x)}{dx} \qquad (8\text{-}22)$$

如果 $U(x)$ 是由圖形表示出來，則在任何點的力 $F(x)$ 為在那個點的位能曲線上的斜率之負值，且質點的動能為

$$K(x) = E_{\text{mec}} - U(x) \qquad (8\text{-}24)$$

此處 E_{mec} 為系統的力學能。**轉折點**為質點逆轉運動方向之點 x（此處 $K = 0$）。在質點處於平衡點時，曲線 $U(x)$ 的斜率為零（此處，$F(x) = 0$）。

外力對系統所作的功 功 W 即一外力作用在系統中的質點上時，移入或移出此系統的能量。當超過一個的力作用在系統上時，其淨功為轉移的能量。若不包含摩擦，作用於系統的功便等於系統之力學能變化 ΔE_{mec}：

$$W = E_{\text{mec}} = \Delta K + \Delta U \qquad (8\text{-}26, 8\text{-}25)$$

當一動摩擦力作用在系統上，系統的熱能 E_{th} 就會改變(此能量和系統中原子和分子的隨意運動有關)。系統上的作功為

$$W = \Delta E_{\text{mec}} + E_{\text{th}} \qquad (8\text{-}33)$$

改變量 ΔE_{th} 和摩擦力大小 f_k 及外力造成位移大小 d 有關：

$$\Delta E_{\text{th}} = f_k d \qquad (8\text{-}31)$$

能量守恆 一系統的**總能** E（其力學能和內部能量的總和，包含熱能)只有在有能量轉移出系統或轉入才會改變。這個由實驗所得到的事實稱為**能量守恆定律**。如果對系統作功 W，則

$$W = \Delta E = \Delta E_{\text{mec}} + \Delta E_{\text{th}} + \Delta E_{\text{int}} \qquad (8\text{-}35)$$

如果系統是孤立的($W = 0$)，則

$$\Delta E_{\text{mec}} + \Delta E_{\text{th}} + \Delta E_{\text{int}} = 0 \qquad (8\text{-}36)$$

$$E_{\text{mec},2} = E_{\text{mec},1} - \Delta E_{\text{th}} - \Delta E_{\text{int}} \qquad (8\text{-}37)$$

其中下標 1 及 2 表不同的兩個時刻。

功率 由力產生的**功率**是力轉移能量的速率。若能量 ΔE 是力在時間 Δt 之內所轉移的量，則此力的**平均功率**為

$$P_{\text{avg}} = \frac{\Delta E}{\Delta t} \qquad (8\text{-}40)$$

力的瞬時功率為

$$P = \frac{dE}{dt} \qquad (8\text{-}41)$$

討論題

1　某彈簧($k = 200$ N/m)固定在無摩擦斜面的頂端，斜面傾斜角是 $\theta = 40°$ (圖 8-18)。一個 1.5 kg 木塊沿著斜面往上投射，其初始位置是在與不受力彈簧的端點相距 $d = 0.60$ m 的地方，其初始動能是 16 J。(a)請問在木塊壓縮彈簧 0.20 m 的時候，木塊的動能是多少？(b)如果要讓木塊在壓縮彈簧 0.40 m 時它才會暫時停止運動，請問木塊沿著斜面往上投射時的動能必須是多少？

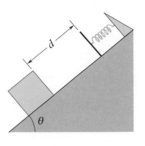

圖 8-18　習題 1

2　在圖 8-19 中，一個小木塊經過點 *A* 時的速率是 9.00 m/s。到達長度 $L = 12$ m 的區域(動摩擦係數 0.70)前，木塊的運動路徑沒有摩擦。圖示中兩個高度為 $h_1 = 7.00$ m 以及 $h_2 = 3.00$ m。試問在：(a) *B* 點和(b) *C* 點時的木塊速率是多少？(c)木塊會抵達點 *D* 嗎？如果會，請問木塊在那裡的速率是多少；如果不會，則木塊在有摩擦力的區域內行進多遠的距離？

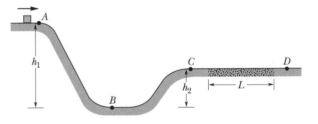

圖 8-19　習題 2

3　豪華的「Queen Elizabeth 2」輪船配備有電動柴油發電設施，此設施在巡行速率是 32.5 節的時候具有最大電力供應 92 MW 的能力。請問在這個速率下，作用在船上的向前力量是多少？(1 節 = 1.852 km/h)。

4　在某一特定工廠，250 kg 條板箱從包裝機器垂直掉落到以 1.40 m/s 移動的傳輸帶上(圖 8-20)(傳輸帶以馬達保持固定速率)。已知傳輸帶和每個條板箱之間的動摩擦係數是 0.400。在一段很短時間內，傳輸帶和條板箱之間的滑動現象將停止，然後條板箱會和傳輸帶一起移動。在條板箱逐漸變成靜止於傳輸帶的過程中，請使用相對於工廠呈現靜止的座標系統，計算：(a)施加在條板箱的動能，(b)施加在條板箱的動摩擦力大小，以及(c)由馬達供應的能量。(d)請解釋爲什麼(a)小題和(c)小題的答案是不一樣的？

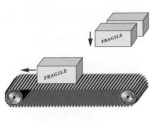

圖 8-20　習題 4

5　某特定彈簧並不遵守虎克定律。當彈簧伸長距離 x (單位是公尺)時，施加在彈簧上的力量(單位是牛頓)是 $72.4x + 51.6x^2$，其方向與伸長的方向相反。(a)請計算要將彈簧從 $x = 0.500$ m 伸長到 $x = 1.00$ m 下所需的功。(b)在將彈簧一端固定的情形下，將質量 1.50 kg 的粒子連結在彈簧的另一端，並且將彈簧伸長 $x = 1.00$ m。如果隨後將粒子從靜止釋放，則彈簧伸長在 $x = 0.500$ m 的瞬間，粒子速率是多少？(c)由彈簧施加的力是保守力或非保守力？請解釋。

6　某一個粒子只能沿著 x 軸移動，而且在軸有保守力作用在粒子上(圖 8-21 和下列表格)。質點在 $x = 5.00$ m 的位置釋放時，具有動能 $K = 14.0$ J 及位能 $U = 0$。如果其運動是在 x 軸的負方向，試問在 $x = 2.00$ m 處，粒子的：(a) K，(b) U 各爲何，以及在 $x = 0$ 處的(c) K，(d) U 各爲何？如果粒子的運動是在 x 軸的正方向，則在 $x = 11.0$ m 處，粒子的：(e) K，(f) U 是多少；而在 $x = 12.0$ m 處，粒子的：(g) K，(h) U 是多少；以及在 $x = 13.0$ m 處，其：(i) K，(j) U 爲何？(k)請針對 $x = 0$ 到 $x = 13.0$ m 的範圍，畫出 $U(x)$ 對 x 的曲線圖。

圖 8-21　習題 6 及 18

接著,將粒子在 $x = 0$ 從靜止狀態釋放。試求:(l)在 $x = 5.0$ m 處粒子的動能,以及(m)粒子所能抵達的最大正向位置 x_{max}。(n)在粒子抵達 x_{max} 以後,粒子的運動過程為何?

範圍	作用力
0 ~ 2.00 m	$\vec{F}_1 = +(3.00\text{N})\hat{i}$
2.00 m ~ 3.00 m	$\vec{F}_2 = +(5.00\text{N})\hat{i}$
3.00 m ~ 8.00 m	$F = 0$
8.00 m ~ 11.0 m	$\vec{F}_3 = -(4.00\text{N})\hat{i}$
11.0 m ~ 12.0 m	$\vec{F}_4 = -(1.00\text{N})\hat{i}$
12.0 m ~ 15.0 m	$F = 0$

7 我們沿著 x 軸移動一個粒子,它剛開始是從 $x = 1.0$ m 往外移動到 $x = 4.0$ m,然後回到 $x = 1.0$ m,過程同時有一個外力作用於其上。該力量的方向是沿著 x 軸,而且其 x 分量在往外的行程和回歸行程可以具有不同數值。這裡提供了四種情形下的數值(單位是牛頓),其中 x 的單位是公尺:

	向外	向內
(a)	+4.0	−4.0
(b)	+5.0	+5.0
(c)	+3.0x	−3.0x
(d)	+3.0x²	+3.0x²

請分別求出在四種情形下,一個來回行程中,由外力對粒子所作的功。(e)是否有哪些情形下的外力是保守力?

8 在我們以 22 N 水平力於固定速率下,將一個塑膠立方體推過地板 3.0 m 的過程中,立方體的溫度有受到監控。立方體的熱能增加 18 J。請問立方體滑過的地板增加了多少熱能?

9 一個質點在兩端部分抬高而中間平坦的軌道滑行,如圖 8-22 所示。平坦部分的長度為 $L = 60$ cm。軌道的彎曲部分無摩擦,而平坦

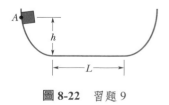

圖 8-22 習題 9

部分的動摩擦係數為 $\mu_k = 0.20$。若質點由 A 點釋放,其高度高於軌道的平坦部分 $h = L/2$。最後質點停於何處?

10 一個遊戲場的滑梯是以圓弧的形式建造起來,而且圓弧的半徑是 12 m。滑梯的最大高度是 $h = 4.0$ m,而且地面與圓弧成切線(圖 8-23)。一個 25 kg 的小孩在滑梯頂端從靜止開始滑下,而且在底部的速率是 6.2 m/s。(a)請問滑梯的長度是多少?(b)在這段距離內,作用在小孩身上的平均摩擦力是多少?如果現在改成不是地面與圓弧相切,而是有一條通過滑梯頂點的垂直線與圓弧相切,則:(c)滑梯的長度,和(d)作用在小孩身上的平均摩擦力各是多少?

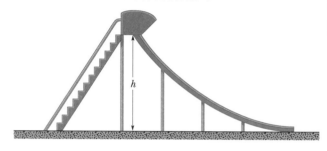

圖 8-23 習題 10

11 一個 50.0 kg 馬戲團表演者沿著一根桿子從靜止,往下滑落 8.00 m 到馬戲團地板上。請問如果由桿子作用在她身上的摩擦力(a)可以忽略(但是她會受傷)以及(b)具有大小 465 N,則當她抵達地板時的動能是多少?

12 聖母峰峰頂是位於海平面以上 8850 m 的地方。(a)請問一個 85 kg 登山者從海平面爬到峰頂,將花費多少能量抵抗重力的影響?(b)假設每一根糖果棒的能量是 1.25 MJ,則需要多少糖果棒才能補充上一小題的能量消耗?這一題的答案可以提醒我們,在爬山過程所消耗的能量中,用於克服重力所做的功只佔全部能量的一小部分。

13 1700 kg 的汽車在水平路面上從靜止開始出發,並在 30 s 內獲得 82 km/h 的速率增加量。(a)請問在 30 s 末,汽車動能為何?(b)在這 30 s 時間間隔內,汽車所需要的平均功率是多少?(c)假設加速度是定值,在 30 s 時間間隔結束時的瞬間功率是多少?

14 某一個火車頭具有功率 2.0 MW 的輸出能力,它可以讓列車在 6.0 min 內從 10 m/s 加速到 25 m/s。(a)請計算列車的質量。試求在這 6.0 min 時間間隔內,(b)列車的速率和(c)使列車加速的力量兩者的時間(單位是秒)函數。(d)求出在這段時間內,列車移動的距離。

15 為了製作一個擺錘,將一顆 425 g 的球連接到一根長度為 2.4 m 且質量可以忽略不計的細繩的一端(繩的另一端固定)。將球拉到一側,直至繩與垂直線成 30.0° 角為止。接著(繩維持繃緊)將球從靜止釋放。試問:(a)當繩與垂直線成 20.0° 角時的球速;(b)球的最大速度;(c)當球速為其最大值的三分之一時,繩與垂直線之間的角度是多少?

16 將一個 0.30 kg 的香蕉以初始速率 4.00 m/s 筆直往上拋出,並且使它到達的最大高度是 0.80 m。在上升的過程中,空氣阻力將導致香蕉-地球系統的力學能改變多少?

17 在圖 8-24 中,滑輪質量可以忽略,而且它和傾斜面都是無摩擦的。木塊 A 的質量是 2.00 kg,木塊 B 的質量是 4.00 kg,而且角度 θ 是 30.0°。如果在連結繩繃緊的情形下將木塊釋放,試問當木塊 B 掉落 32.0 cm 的時候,兩個木塊的總動能是多少?

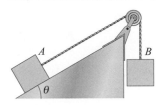

圖 8-24 習題 17

18 在習題 6 的力量配置方式中,將一個 2.00 kg 粒子在 $x = 5.00$ m 處以初始速度 3.45 m/s 予以釋放,其運動方向是在 x 軸的負方向。(a)如果粒子可以抵達 $x = 0$ m,請問粒子在那裡的速率是多少;又如果它無法抵達,則其轉折點在什麼位置?假設情況變成是當粒子在 $x = 5.00$ m 以速率 3.45 m/s 釋放時,其方向是往 x 軸正方向。(b)如果粒子可以抵達 $x = 13.0$ m,請問粒子在那裡的速率是多少;又如果它無法抵達,則其轉折點是在什麼位置?

19 1750 kg 的汽車開始以速率 32 km/h,沿 5.0°斜路面滑動。駕駛人已將引擎關閉,作用在汽車的力只有來自路面的淨摩擦力和重力。在汽車沿路面行進 65 m 後,速率變成 40 km/h。(a)淨摩擦力使汽車力學能下降多少?(b)淨摩擦力的大小是多少?

20 一位工廠工人無意中將 265 kg 條板箱釋放,條板箱被握住而靜止於長 6.2 m 的斜坡頂點,其中斜坡與水平線成 39°。斜坡與條板箱之間,以及條板箱與工廠地板之間的動摩擦係數是 0.28。(a)請問當條板箱抵達斜坡底部的時候,其速率是多少?(b)隨後條板箱會越過地板滑行多遠的距離?(假設當條板箱從斜坡移動到地板時,其動能不會改變)。(c)如果將條板箱的質量變成原來的一半,則(a)小題和(b)小題的答案會增加、減少或維持不變?

21 兩個木塊的質量分別是 $M = 2.80$ kg 和 $2M$,兩者連結到彈性常數 $k = 230$ N/m 的彈簧上,彈簧的一端是固定的,如圖 8-25 所示。水平表面和滑輪是無摩擦的,而且滑輪的質量可以忽略。兩個木塊是在彈簧處於自然狀況下而從靜止釋放的。(a)請問當懸掛著的木塊掉落 0.120 m 的時候,兩個木塊的總動能是多少?(b)當懸掛著的木塊掉落該 0.120 m 的時候,懸掛著的木塊具有多少動能?(c)在木塊暫時停止移動以前,懸掛著的木塊掉落的最大距離是多少?

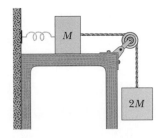

圖 8-25 習題 21

22 一個 88 g 的球以初始速率 8.0 m/s 從窗戶投出,其拋擲的方向是位於水平線上方 30°。請使用能量方法,求出:(a)球在其飛行過程頂點的動能以及(b)球在窗戶位置以下 3.0 m 處的速率。(b)小題的答案與(c)球的質量或(d)初始角度兩者有關嗎?

23 一長度 L 的無質量剛硬桿子，在其一端連結了質量 m 的球(圖 8-26)。桿子另一端經過連結成樞軸以後，可以讓球在垂直圓形路徑上運動。首先假設在樞軸處沒有摩擦存在。系統從水平位置 A，以初始速率 v_0 往下投擲。球幾乎能夠抵達 D 點，並且在這個位置停止運動。(a)請以 L，m，g 推導 v_0 的數學表示式。(b)當球通過 B 點的時候，桿子的張力是多少？(c)現在我們將一些沙礫放置在樞軸上。在這種條件下，當球以和先前相同的速率從 A 點投擲出去以後，球只能抵達 C 點。在這個運動過程中，力學能減少多少？(d)在經過幾次振盪過程後，球最後終於在點 B 處靜止下來，請問此時力學能的減少量是多少？

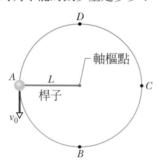

圖 8-26 習題 23

24 已知每一秒都有 1500 m³ 的水通過高 120 m 的瀑布。在掉落過程中，水的動能有四分之三經由水力發電機轉換成電能。請問發電機是以多大速率產生電能？(水 1 m³ 的質量是 1000 kg)。

25 圖 8-27 中的繩子長 $L = 140$ cm，一端接有球，一端固定。固定端到 P 點的固定栓之距離 d 為 80.0 cm。當球由圖示的地方釋放後，它會沿著虛線弧長擺動。則(a)在其到達最低點及(b)繩子被栓絆住後的最高點，速率各為多少？

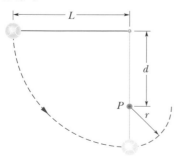

圖 8-27 習題 25 及 80

26 某一個 4.0 kg 麵包盒位於傾斜角 $\theta = 40°$ 摩擦斜面上，並且以細繩綁住、跨過滑輪，然後連接到彈力常數 $k = 120$ N/m 的輕型彈簧，如圖 8-28 所示。在彈簧處於未伸長狀態時，將盒子從靜止釋放。假設滑輪無質量而且無摩擦。(a)請問當盒子已經沿著斜面往下移動 10 cm 的時候，盒子的速率是多少？(b)請問在盒子短暫停止以前，盒子已經從其釋放位置，沿著斜面往下滑動多遠的距離，以及在盒子短暫停止的瞬間，盒子加速度的(c)大小和(d)方向(沿著斜面往上或往下)為何？

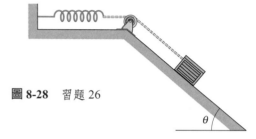

圖 8-28 習題 26

27 在圖 8-29 中，質量 $m = 0.040$ kg 的小木塊可沿著無摩擦的雲霄型軌道滑行，其中 $R = 10$ cm。木塊從 P 點靜止釋放，該處在軌道底部上高度 $h = 5.0R$。當

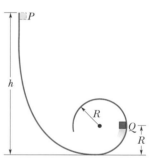

圖 8-29 習題 27 及 28

木塊從 P 點至(a) Q 點，(b)軌道之頂部時，重力對木塊所作的功為何？若木塊-地球系統之重力位能在軌道底部定為 0，則下列各處位能為何：(c)在點 P，(d)在點 Q，(e)在軌道頂部。(f)如果除了釋放，還提供沿著軌道之向下之初速率，則(a)到(e)的答案會增加？減少或相同？

28 在習題 27 中，當木塊到達 Q 點時，作用於木塊的淨力之(a)水平分量，(b)垂直分量為何？(c)如果要使木塊在迴圈頂端時，幾乎就要脫離軌道，則其應由距離底端多大的高度 h 開始釋放？(脫離軌道的意思是軌道作用於木塊的正向力為零)。

29 圖 8-30 顯示了一根長度 $L = 1.50$ m 而且質量可忽略的細桿，此細桿可以繞著其一端在垂直圓形路徑上轉動。有一顆質量 $m = 4.00$ kg 的球附著在細桿的另一端。將細桿往旁邊拉到角度 $\theta_0 = 30.0°$ 並且以初速 $\vec{v}_0 = 0$ 釋放。當球下降到最低點的時候，試問：(a)重力對球做了多少功，以及(b)球-地球系統的重力位能改變多少？(c)如果我們將最低點的重力位能設定為零，則在我們將球釋放的瞬間，其重力位能值為何？(d)如果角度 θ_0 增加，請問：(a)小題到(c)小題答案的大小將增加、減少或維持不變？

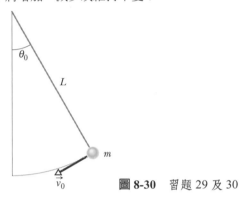

圖 8-30 習題 29 及 30

30 (a)在習題 29 中，球在最低點處的速率為何？(b)如果球的質量增加，請問球速會增加、減少或維持不變？

31 如圖 8-31 所示，一個 5.0 kg 木塊由一個彈力常數為 640 N/m 的壓縮彈簧釋放。在彈簧的自然長度處離開彈簧後，木塊在摩擦係數 $\mu_k = 0.25$ 的平面上運動。摩擦力使木塊移動了 $D = 8.5$ m 後停下來。(a)木塊-地板系統的熱能增加多少？(b)木塊的最大動能為何？(c)彈簧原來的壓縮距離為何？

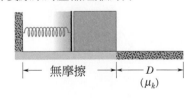

無摩擦 ← → D (μ_k)

圖 8-31 習題 31

32 為了形成鐘擺，我們將 0.12 kg 的球裝設在長度 0.80 m、質量可以忽略的桿子一端，桿子的另一端則安裝在樞軸上。桿子被旋轉到它垂直豎立為止，然後將它從靜止釋放，使得它繞著樞軸擺動。當球抵達其最低點的時候，請問：(a)球的速率，以及(b)桿子中的張力是多少？接下來將球旋轉到成水平為止，然後再一次將它從靜止釋放。(c)請問桿子與垂直線成什麼角度時，桿子的張力會與球的重量相等？(d)如果球的質量增加，則(c)小題的答案將增加、減少或維持不變？

33 0.650 kg 投射物體從懸崖邊緣以初始動能 1700 J 拋射出來。拋射物體相對於拋射點的最大向上位移是 +180 m。請問其拋射速度的(a)水平和(b)垂直分量各是多少？(c)在其速度垂直分量等於 65 m/s 的瞬間，拋射物體相對於拋射點的垂直位移是多少？

34 兩座積雪山峰相對於夾在其間的山谷，其高度分別是 $H = 820$ m 和 $h = 750$ m。有一個滑雪跑道延伸在兩個山峰之間，其總長度是 3.2 km，平均坡度是 $\theta = 30°$（圖 8-32）。(a)一個滑雪者在較高的山峰頂端從靜止開始出發。如果他在不使用滑雪杖的情形下順利滑行，請問他抵達較低山峰頂時的速率是多少？忽略摩擦。(b)請問滑雪板和雪之間的動摩擦係數大約是多少，可以讓他在抵達較低山峰頂的時候，自然停止運動？

圖 8-32 習題 34

35 一名質量 70 kg 的消防員從靜止沿垂直桿向下滑動 6.0 m。(a)如果消防員輕握圓桿，可忽略圓桿與手之間的摩擦力，則在到達地面時消防員的速度是多少？(b)如果消防員在滑動時緊抓圓桿，使得桿上的平均摩擦力提升到 500 N，則到達地面時消防員的速度是多少？

36 在水平表面上的 20 kg 木塊連結到一個水平彈簧上，彈簧的彈性常數是 $k = 6.0$ kN/m。將木塊往右邊拉，使得彈簧比其不受力長度伸長了 10 cm，然後將木塊從靜止釋放。在滑動中的木塊與水平表面之間的摩擦力具有大小 80 N。(a)請問當木塊從其釋放位置移動了 2.0 cm 的時候，其動能是多少？(b)當木塊第

一次回頭滑過彈簧的不受力位置時,其動能是多少?(c)在木塊從其釋放位置滑動到彈簧不受力位置的過程中,它所達到的最大動能是多少?

37 在 1981 年,Daniel Goodwin 用吸力杯和金屬夾,沿芝加哥市 Sears 大樓外部往上爬 443 m。(a)請約略估計他的重量,再計算他需要從生物化學(內)能轉換多少能量,變成地球-Goodwin 系統的重力位能,以便讓自己爬到該高度。(b)若他改成是使用大樓內部的樓梯(到相同高度),則他會需要轉換多少能量?

38 一輛載有乘客的汽車重 14720 N,當駕駛員要煞車,使汽車滑動到停止的時候,車子正以 92.0 km/h 速率移動。由路面作用在輪子上的摩擦力大小是 7022 N。試求汽車停止所需要的距離。

39 一個以水平速度 610 m/s 移動的 40 g 子彈,在一個實心牆中於 12 cm 內停止下來。(a)請問子彈的力學能改變量是多少?(b)由牆施加在子彈上的平均力大小是多少?

40 某 20 kg 物體受到保守力的作用,此保守力的方程式為 $F = -3.0x - 5.0x^2$,其中 F 的單位是牛頓,x 的單位是公尺。當物體位於 $x = 0$ 的時候,我們將與保守力相關的位能值選定為零。(a)請問當物體位於 $x = 2.0$ m 的時候,與該力相關的系統位能值是多少?(b)如果當物體位於 $x = 5.0$ m 的時候,其速度是 4.0 m/s,方向是在 x 軸負方向,請問當物體通過原點的時候,其速率是多少?(c)如果將物體位於 0 時的系統位能值選定為–8.0 J,則(a)小題和(b)小題的答案為何?

41 美國大陸表面面積約為 8×10^6 km²,平均海拔約為 500 m(高於海平面),年平均降雨量為 75 cm,該雨水通過蒸發返回大氣的比例為 $\frac{2}{3}$;其餘最終流入海洋。假設水的重力位能可以完全轉換為電能,那麼平均功率將是多少?(1 m³ 水的質量是 1000 kg)

42 某一個推圓盤遊戲的 0.69 kg 圓盤,起初是處於靜止狀態,遊戲者使用推桿以固定加速度使其速率增至 4.2 m/s。加速過程在 2.0 m 距離內完成,在結束的瞬間,推桿就不再接觸圓盤。然後在圓盤停止運動以前,它會再滑動額外的 12 m。假設推圓盤遊戲場是

平坦的,而且作用在圓盤的摩擦力是固定的。試問在:(a)額外的 12 m 距離內和(b)整個 14 m 距離內,圓盤-遊戲場系統的熱能增加量是多少?(c)由推桿對圓盤做的功是多少?

43 質量為 m_1 的粒子和質量為 m_2 的粒子之間的重力大小為

$$F(x) = G\frac{m_1 m_2}{x^2}$$

其中 G 為常數;x 是粒子之間的距離。(a)相對應的位能函數 $U(x)$ 應是多少?假設 $x \to \infty$ 時 $U(x) \to 0$,且 x 為正值。(b)需要多少功才能將粒子從 $x = x_1$ 分離到 $x = x_1 + d$?

44 保守力 $F(x)$ 作用於沿 x 軸移動的粒子,圖 8-33 顯示了和力 $F(x)$ 相應的位能 $U(x)$ 隨粒子位置的變化。(a)請在 $0 < x < 6$ m 的範圍內繪製 $F(x)$;(b)系統的機械能 E 為 4.0

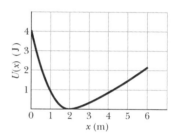

圖 8-33 習題 44

J,請直接在圖 8-33 上繪製粒子的動能 $K(x)$。

45 將垂直彈簧的一端固定在天花板上,把一錢幣連接到另一端,接著緩慢放低錢幣,直到和其重力平衡。請證明錢幣的重力位能損失等於彈簧位能增加的兩倍。

46 某一個 17.0 kg 木塊以 2.50 m/s² 沿著水平無摩擦表面加速,其速率從 14.0 m/s 增加到 34.0 m/s。試問 (a)木塊的力學能變化量是多少,以及(b)能量轉移到木塊上的平均變化率是多少?請問當木塊速率是(c) 14.0 m/s 和(d) 34.0 m/s 的時候,該能量轉移的瞬間變化率是多少?

47 0.750 kg 水球以初始速率 2.75 m/s 筆直往上射出。(a)請問就在水球被射出的時候,其動能是多少?(b)在水球的整個上升過程中,重力對它做的功有多少?(c)在整個水球上升過程中,水球-地球系統的重力位能改變量是多少?(d)如果將拋射點的重力位能選定為零,則當水球抵達最高點時,其重力位能是多

少？(e)如果情況變成在最高點的重力位能被選定爲零，則在拋射點處的重力位能是多少？(f)水球的最大高度是多少？

48 當挾著火山灰的氣流遭遇 10° 斜坡的時候，氣流正越過水平地面。然後氣流的鋒面在停止以前，沿著斜坡往上行進了 880 m。假設陷在氣流內的氣體會將氣流舉起，因此使得來自地面的摩擦力可以忽略；另外也假設氣流鋒面的力學能是守恆的。請問氣流鋒面的初始速度是多少？

49 如果一個 82 kg 棒球選手在盜壘的過程中，是以碰觸地面時的初始速率 12 m/s 滑入壘包，請問：(a)選手的動能減少量是多少，以及(b)其身體和他滑過的地面的熱能增加量是多少？

50 某一個固定水平力將 42.0 kg 大皮箱，以固定速率沿著 30° 移動 5.20 m。已知動摩擦係數是 0.170。試問：(a)由水平力所做的功，以及(b)皮箱和斜面的熱能增加量各是多少？

51 在圖 8-34 中，一個 1200 kg 花崗石塊利用纜線和絞盤，以固定速率 1.34 m/s 拉上斜面。標示的距離是 $d_1 = 60$ m 以及 $d_2 = 30$ m。石塊和斜面之間的動摩擦係數是

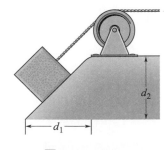

圖 8-34 習題 51

0.40。請問由纜線施加在石塊的力所產生的功率是多少？

52 一個重 560 N 的滑雪者走過半徑 $R = 20$ m 的無摩擦山丘(圖 8-35)。假設空氣阻力對滑雪者的影響可以忽略。當她來到山丘，在點 B 處其速率是 7.0

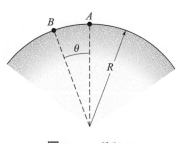

圖 8-35 習題 52

m/s，而且點 B 處的 $\theta = 20°$。(a)如果她順利往前行進、沒有使用滑雪杖，請問在山丘頂處(A 點)，其速率是

多少？(b)如果她想順利滑行到山頂，則她在 B 點處必須具有的最小速率是多少？(c)如果滑雪者重量是700 N 而非 560 N，則前面兩個小題的答案將增加、減少或維持不變？

53 圖 8-36a 顯示一個分子由質量爲 m 和 M 的兩個原子($m \ll M$)間隔 r 組成。圖 8-36b 顯示分子的位能 $U(r)$ 與 r 的關係。請描述原子的運動：(a)兩個原子系統的總機械能 E 大於零(如 E_1)；(b)E 小於零(如 E_2)。如果 $E_1 = 1 \times 10^{-19}$ J 且 $r = 0.3$ nm，試問：(c)系統的位能；(d)原子的總動能，

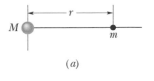

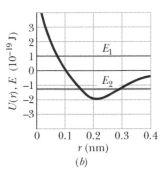

圖 8-36 習題 53

以及(e)作用於每個原子的力(大小和方向)。r 值爲何可使力產生(f)排斥；(g)吸引；(h)零？

54 將彈簧常數 $k = 620$ N/m 的彈簧垂直放置，下端爲水平表面。將上端向下壓 25 cm，將重量爲 50 N 的木塊放置(未連接)在受壓的彈簧上，接著將系統從靜止狀態釋放。假設該木塊的重力位能 U_g 在釋放點($y = 0$)爲零，計算在 y 等於(a) 0；(b) 0.050 m；(c) 0.10 m；(d) 0.15 m 和(e) 0.20 m 時的木塊動能 K。又(f)木塊會上升到釋放點以上多高的距離？

55 一個 0.50 kg 球以初始速率 13 m/s 筆直往上拋出，其抵達的最大高度是 7.0 m。請問在球上升到該最大高度的過程中，球-地球系統的力學能改變量是多少？

56 作用在某一個粒子上的唯一力量是保守力 $\vec{F}$。如果粒子是位於點 A，則與 $\vec{F}$ 和粒子兩者相關的系統位能是 60 J。如果粒子從點 A 移動到點 B，則由 $\vec{F}$ 對粒子做的功是+35 J。請問當粒子位於 B 點時的系統位能是多少？

57 6.20 kg 木塊以速率 6.00 m/s 沿著斜面往上投射,其中斜面與水平線成 30.0°。如果:(a)斜面是無摩擦的,以及(b)木塊和斜面之間的動摩擦係數是 0.400,請問木塊可以沿著斜面往上移動多遠?(c)在後一種情形下,木塊和斜面於木塊的上升過程中的熱能增加量是多少?(d)如果隨後木塊在有摩擦力作用的情形下,回頭往下滑動,則當木塊到達原來的投射點時,其速率多少?

58 某一位重 620 N 的短跑選手從靜止開始均勻加速,在 1.6 s 內跑完賽程的前 6.5 m。請問在 1.6 s 末,短跑選手的:(a)速率和(b)動能各是多少?(c)在這 1.6 s 時間間隔內,短跑選手產生的平均功率是多少?

59 一個 1.88 kg 雪球以初始速率 24.0 m/s 往上射出,其方向位於水平線上方 34.0°。(a)請問其初始動能是多少?(b)當雪球從拋射點移動到最大高度的位置,請問雪球-地球系統的重力位能改變量是多少?(c)最大高度是多少?

60 汽車行進時的阻力包含路面阻力和空氣阻力,前者與汽車速率幾乎完全無關,後者則與汽車速率平方成正比。對重量 12 000 N 的某特定汽車而言,其總阻力 F 為 $F = 500 + 1.8v^2$,其中 F 的單位是牛頓,v 的單位是每秒公尺。試計算當汽車速率是 70 km/h 的時候,要讓汽車以 0.92 m/s² 進行加速所需要的功率(單位是馬力)。

61 大約每秒約有 5.5×10^6 kg 的水在尼加拉大瀑布上方 50 m 落下。(a)水每秒的重力位能下降多少?(b)假設所有能量都可轉換為電能(事實上不可能),則提供電能的效率為何(1 m³ 水的質量為 1000 kg)?(c)如果電能以 1 美分/kW·h 的價格售出,那麼年收入是多少?

62 一彈簧常數為 $k = 200$ N/m 的彈簧垂直懸垂,上端固定在天花板上,下端在 $y = 0$ 位置。一 20 N 的重物固定在下端,維持一會兒後釋放。求當重物在 $y = -5.0$ cm 時(a)動能 K;(b)重力位能 ΔU_g 的變化(從初始值開始),以及(c)彈簧系統的彈性位能 ΔU_e 的變化。當 $y = -10$ cm 時,(d) K;(e) ΔU_g 和(f) ΔU_e 為何?

當 $y = -15$ cm 時,(g) K;(h) ΔU_g 和(i) ΔU_e 為何?當 $y = -20$ cm 時,(j) K;(k) ΔU_g;(l) ΔU_e 為何?

63 一條河流通過急流後下降 14 m。進入急流時水的速度為 3.0 m/s,離開時為 14 m/s。在下降過程中,水的重力位能有百分之幾會轉換為動能?(提示:考慮下降 10 kg 的水)

64 某一個彈力常數 4200 N/m 的彈簧,起初伸長到其彈力位能是 1.10 J 的長度(不受力彈簧的 $U = 0$)。請問如果初始伸長量改變成:(a) 2.0 cm 伸長量,(b) 2.0 cm 壓縮量,以及(c) 4.0 cm 壓縮量,則 ΔU 是多少?

65 在馬戲團表演中,一 82 kg 的小丑以初始速度 16 m/s 在水平線上的某個未知角度從一門大砲中射出。不久後該小丑降落在網中,該網垂直於該小丑的初始位置高度為 4.2 m。忽略空氣阻力,小丑落入網中時的動能是多少?

66 某一個機器以固定速度沿著 40°斜坡拉起 52 kg 大皮箱 3.0 m,機器對皮箱施力的方向與斜面平行。皮箱和斜面之間的動摩擦係數是 0.35。試問:(a)由機器的力量對皮箱做的功是多少,以及(b)皮箱和斜面的熱能增加量是多少?

67 某一個 65.0 kg 的男人從窗戶躍出,著陸在抬高的火災救援網,救援網位於窗戶下方 10.0 m。當他伸長網子 1.20 m 的時候,他短暫地停止運動。假設在這個過程中力學能是守恆的,而且網子的作用像理想彈簧,請求出當網子伸長 1.20 m 時的彈力位能。

68 某一個金屬工具被 212 N 的力量,按在研磨機器的輪子邊緣上使其磨尖。在輪子邊緣和金屬工具之間的摩擦力,將工具上的一小部分磨掉。輪子半徑是 20.0 cm,並且以 2.50 rev/s 轉動。輪子和工具之間的動摩擦係數是 0.390。請問馬達驅動輪子的能量,是以多少速率轉換成輪子和工具的熱能,以及由工具上磨掉的物質的動能?

69 一個 8.10 kg 投射物垂直往上發射。在投射物的上升過程中,空氣阻力使投射物-地球系統的力學能減少 72.0 kJ。試問如果空氣阻力小到可以忽略不計,則投射物可以比原先高度多上升多少距離?

70　將某一個 2.12 kg 飲料罐從高度 3.80 m，垂直往上拋起，其初速是 2.50 m/s。作用在飲料罐的空氣阻力可以忽略。請問：(a)當飲料罐在其掉落過程結束、抵達地面時，以及(b)當它位於到達地面距離的一半時，其動能是多少？在飲料罐抵達地面 0.180 s 以前，(c)飲料罐的動能是多少，以及(d)罐子-地球系統的重力位能是多少？在後面一種情形下，請將參考點 $y = 0$ 選在地面。

71　某一個游泳者以平均速率 0.200 m/s 遊過水中。已知平均阻力是 98.0 N。請問游泳者所需要作的平均功率是多少？

72　某一個 78 kg 跳傘運動選手，以固定終端速率 64 m/s 掉落下來。(a)請問地球-跳傘選手系統的重力位能，其隨時間減少的比率是多少？(b)系統力學能隨時間減少的比率是多少？

73　圖 8-37 顯示一質量 12.0 kg 的石頭靜止在一彈簧上。彈簧被石頭壓縮了 10.0 cm。(a)彈力常數為何？(b)現在將石頭再壓下 30.0 cm 然後釋放。在釋放前儲存於彈簧內的位能為何？(c)石頭從釋放點至最高點時，石頭-地球系統之重力位能的改變量為何？(d)此石頭將會自此釋放位置往上跳多高？

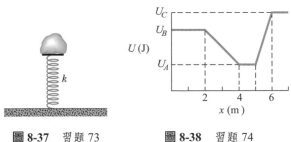

圖 8-37　習題 73　　　　**圖 8-38**　習題 74

74　圖 8-38 為 1.1 kg 粒子的位能 U 相對於位置 x 的關係圖形，而且已知此粒子只能沿著 x 軸行進(整個過程沒有牽涉到非保守力)。三個大小為 $U_A = 15.0$ J、$U_B = 35.0$ J、$U_C = 45.0$ J。粒子是在 $x = 4.5$ m 處釋放時具有初始速率 7.0 m/s，其方向指往負 x 方向。(a)如果粒子可以抵達 $x = 1.0$ m 處，請問此時粒子的速率為何，如果它無法抵達，則其轉折點在何處？當粒子開始移動到 $x = 4.0$ m 的左邊時，則作用在粒子上的力的(b)大小和(c)方向為何？假設情況變成是當粒子在 $x = 4.5$ m 以速率 7.0 m/s 釋放時，其方向是往 x 軸正方向。(d)如果粒子可以抵達 $x = 7.0$ m，請問此時其速率為何，若它無法抵達，則其轉折點在何處？當粒子開始移動到 $x = 5.0$ m 的右邊時，請問作用在粒子上的力的(e)大小和(f)方向為何？

75　一個男孩起初坐在半球形冰堆之頂，半徑 $R = 18.0$ m。他受到輕輕一推，然後就滑下來(圖 8-39)。假設冰塊無摩擦。男孩離開冰塊時的高度為何？

圖 8-39　習題 75

76　在圖 8-40 中，物塊沿著斜面往下滑動。在物塊從 A 點移動到 B 點(兩點相距 6.00 m)的過程中，有力量 $\vec{F}$ 作用在物塊上，力的大小是 2.00 N，方向是沿著斜面直接往下。作用在物塊上的摩擦力大小是 10.0 N。如果在 A 點和 B 點之間，物塊動能增加了 40.0 J，試問在物塊從 A 移動到 B 的過程中，重力對物塊做了多少功？

圖 8-40　習題 76 及 81

77　如圖 8-41，某 $m = 5.0$ kg 的木塊與一彈力常數 $k = 425$ N/m 的水平彈簧相撞。當物塊停止的時候，它已經壓縮彈簧 6.0 cm。木塊與平面間的動摩擦係數是 0.25。當木塊與彈簧接觸，並變成靜止時，(a)彈力作功為何，(b)木塊-地板系統之熱能增量為何？(c)木塊恰抵達彈簧時之速率為何。

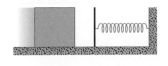

圖 8-41　習題 77

78 在圖 8-42 中，一木塊沿著軌道由某一水平面運動到另一較高的水平面，並穿過中間的狹谷。在木塊抵達較高水平面之前的軌道均無摩擦。在較高處有摩擦力將木塊在滑行一段距離 d 時停了下來。木塊的初速 v_0 為 7.0 m/s；高度差 h 為 2.0 m；動摩擦係數 μ_k 為 0.50。求 d。

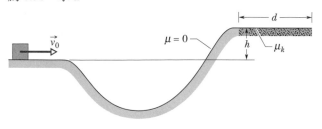

圖 8-42 習題 78

79 一隻 3.6 kg 樹懶懸掛在地面上方 3.8 m 處。(a)試問如果我們將參考點 $y = 0$ 選定在地面，則樹懶-地球系統的重力位能是多少？如果樹懶掉落到地面，而且空氣阻力可以忽略，則在樹懶抵達地面的瞬間，其(b)動能和(c)速率各是多少？

80 圖 8-27 中，繩子的長度 $L = 230$ cm，其一端連結著球，另一端則予以固定。在 P 點有一個固定的樁。球從靜止釋放以後，往下擺動直到繩子絆到固定樁為止；然後球繞著樁往上擺動。如果要讓球完全繞過固定樁，請問距離 d 必須超過哪一個數值？(提示：在擺動的頂端，球必須仍然在移動。你知道為什麼嗎？)

81 在圖 8-40 中，一個木塊被送到無摩擦斜坡上並且往下滑動。其速率在 A 點和 B 點分別是 2.00 m/s 和 2.60 m/s。接下來它再一次被送到斜坡往下滑動，但是這一次它在點 A 的速率是 6.00 m/s。請問此時在點 B 的速率是多少？

82 您用一顆後齒咬合施加在物體上的最大力約為 750 N。當您緩和地咬住一束甘草時，甘草會像彈簧般抵抗牙齒的壓力，其彈性係數 $k = 2.5 \times 10^5$ N/m。求(a)甘草被牙齒壓縮的距離，以及(b)牙齒在咬合期間對甘草所做的功。(c)畫出力的大小與壓縮距離的關係。(d)如果存在與此壓縮相關的位能，將其與壓縮距離作圖。

在 1990 年代，科學家發現一種特殊的三角龍的骨盆有很深的咬痕。標記的形狀顯示牠們是由霸王龍所造成的。為了驗證這個想法，研究人員用青銅和鋁製成了霸王龍牙齒的複製品，然後使用液壓機將復製品緩和地驅動到牛骨，達到三角恐龍骨骼中所見的深度。試驗所需的力和咬穿深度的關係如圖 8-43。圖中可見因為隨著近圓錐形的牙齒穿透骨骼，使更多的牙齒與骨骼接觸，所以所需的力量隨著咬穿深度的增加而增加。(e)在這樣的咬穿情況下，液壓機(推測是霸王龍)做了多少功？(f)這樣的咬穿具有位能嗎？(這項研究表明因霸王龍的巨大咬合力和能量的消耗，顯示該動物應是掠食者而不是食腐動物。)

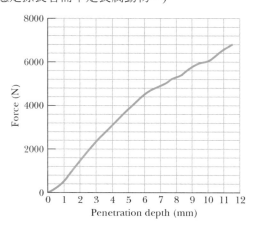

圖 8-43 習題 82

CHAPTER 9

質心與線動量

9-1 質心

學習目標

在閱讀完這個區塊的文字之後，讀者應該能夠…

9.01 給定在一直線或一平面上的一些質點，決定出它們的質心

9.02 利用對稱性，求出一個對稱、連續分布物體的質心位置

9.03 對於一個二維或三維、質量均勻且連續分布的物體，如何決定出其質心：(a)將此物體分割為數個簡單的幾何形狀，並用質點取代之(b)找出這些質點的質心。

關鍵概念

● 一個具有 n 個質點的系統，質心的座標定義為

$$x_{\text{com}} = \frac{1}{M}\sum_{i=1}^{n} m_i x_i, \quad y_{\text{com}} = \frac{1}{M}\sum_{i=1}^{n} m_i y_i, \quad z_{\text{com}} = \frac{1}{M}\sum_{i=1}^{n} m_i z_i,$$

或

$$\vec{r}_{\text{com}} = \frac{1}{M}\sum_{i=1}^{n} m_i \vec{r}_i,$$

其中 M 為系統總質量

物理學是什麼？

　　每一位機械工程師受雇為專業見證人時，都會使用物理學去重建交通事故現場。每一位要教導女芭蕾舞者應該如何跳躍的訓練人員，也都會使用物理學。的確，要分析任何類型的複雜運動，必須利用對物理學的理解來簡化所要處理的問題。在這一章中，我們將討論如果我們選取系統中一個特別的幾何點——即該系統的質量中心，則像汽車或女芭蕾舞者這樣的物質系統的複雜運動，將可以加以簡化。

　　這裡有一個比較容易理解的例子。如果我們將一顆球投向空中，並且使球沒有太大的轉動(圖 9-1a)，則其運動過程是簡單的；它會如同第四章所描述的依循一條拋物線路徑，而且球可以當作粒子加以處理。如果我們改為將棒球棍投向空中使其翻轉(圖 9-1b)，則它的運動會複雜許多。因為球棒的每個部分的移動情況都不同，它們會沿著許多不同形狀的路徑進行運動，所以我們不能以一個粒子去代表球棒。情況變成是，它是許多粒子構成的系統，其中每個粒子都依循自己的路徑通過空中。然而，球棒有一個稱為質量中心或質心的特別幾何點，它會以一條簡單的拋物

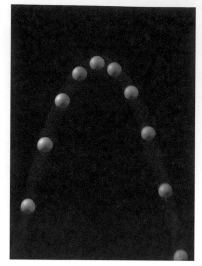

(a)

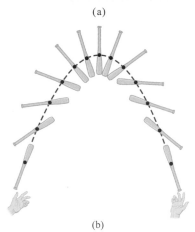

(b)

圖 9-1 (a)一顆球被丟向空中，路徑為拋物線。(b)被丟向空中的球棒其質心(黑點)也沿拋物線路徑行進，但球棒所有其他點則循更複雜的曲線路徑行進。

(a: Richard Megna/Fundamental Photographs)

線路徑在移動。球棒其他部分在質心周遭移動(如果想找出質心的位置，請將球棒置於伸出的手指上作平衡後，此時質心就在手指正上方，它是在球棒的中央軸上)。

我們無法完整描述在空中翻轉的球棒的運動歷程，但是我們可以建議跳遠選手或舞者正確躍向空中的整個歷程，並且建議在這個過程中，如何移動他們的手臂和腳部，或如何轉動他們的軀幹。我們的出發點是以人體質量中心爲基礎，因爲其運動路徑是簡單的。

質心

爲了能夠預測系統的可能運動過程，讓我們定義質點系統(例如一個人)的質量中心或**質心**(center of mass, com)。

> 質點系統的質心是一個點，考慮此點的移動方式時可想成(1)整個系統的質量集中在該點，且(2)所有施於該系統的外力都作用在此點。

這裡我們將討論如何決定質點系統質量中心的位置。我們從僅包含幾個質點的系統開始討論，然後再考慮包含很多質點的系統(例如像棒球這樣的實心物體)。本章稍後會討論當外力作用在系統的時候，系統質量中心如何運動。

質點系統

雙質點系統。圖 9-2a 爲兩個質量爲 m_1 及 m_2，相距 d 的質點。我們任意選定質量 m_1 的質點所在處爲 x 軸的原點。然後定義這兩個質點系統的質心(center of mass, com)位置爲

$$X_{\text{com}} = \frac{m_2}{m_1 + m_2} d \tag{9-1}$$

例如，設 $m_2 = 0$。則只有一個質點，質量 m_1，而質心必定在該質點位置；此時 9-1 式符合此意地可簡化成 $x_{\text{com}} = 0$。若 $m_1 = 0$，一樣，只剩下一個質點(質量 m_2)，且如預期般可得 $x_{\text{com}} = d$。若 $m_1 = m_2$，質心必定爲兩質點的一半，9-1 式簡化爲 $x_{\text{com}} = \frac{1}{2}d$，再次如同預期。最後，9-1 式告訴我們，若 m_1 及 m_2 均不爲零，則 x_{com} 的值只能在零和 d 之間；即質心須落在二質點間某處。

我們並不一定需要把座標原點設在其中一個質點上。圖 9-2b 所示爲更普遍的情形，座標系左移。此時質心位置定義爲

$$X_{\text{com}} = \frac{m_1 x_1 + m_2 x_2}{m_1 + m_2} \tag{9-2}$$

請注意，若令 $x_1 = 0$，則 x_2 變為 d，9-2 式必然地簡化成 9-1 式。同時也請注意，雖然座標系移動，但質心與各質點間的距離不變。質心是質點系統本身的物理性質，而與座標的選取無關。

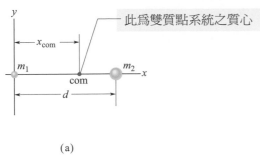

(a)

(b)

圖 9-2　(a)圖示之兩個質點分別具有質量為 m_1 及 m_2，兩者距離為 d。「com」處為質心的位置，可由 9-1 式計算。(b)與(a)同一質點系統只是座標原點離兩質點較遠。質心的位置可由 9-2 式計算。兩種情形中，質心的相對位置(對每一質點)均相同。

9-2 式可重寫成

$$x_{\text{com}} = \frac{m_1 x_1 + m_2 x_2}{M} \tag{9-3}$$

其中 M 為系統總質量。(此處，$M = m_1 + m_2$)。

　　多質點系統。我們可將此式延伸到更一般的情況，即 n 個沿 x 軸排列的質點。此時總質量為 $M = m_1 + m_2 + \ldots + m_n$，質心位置為

$$x_{\text{com}} = \frac{m_1 x_1 + m_2 x_2 + m_3 x_3 + \cdots + m_n x_n}{M} \tag{9-4}$$

此處的下標 i 為一索引值，範圍為由 1 到 n 間的所有整數。

　　三維系統。若質點分佈在三維空間，則須以三個座標來標示質心。由 9-4 式延伸可得

$$x_{\text{com}} = \frac{1}{M} \sum_{i=1}^{n} m_i x_i \quad y_{\text{com}} = \frac{1}{M} \sum_{i=1}^{n} m_i y_i \quad z_{\text{com}} = \frac{1}{M} \sum_{i=1}^{n} m_i z_i \tag{9-5}$$

　　我們也可以用向量術語來定義質心。首先回想一下，一個位於座標 x_i，y_i，z_i 的質點位置可寫成位置向量(從原點指向此質點)：

$$\vec{r}_i = x_i \hat{\text{i}} + y_i \hat{\text{j}} + z_i \hat{\text{k}} \tag{9-6}$$

此處的下標是標示質點，而 $\hat{\text{i}}$，$\hat{\text{j}}$，$\hat{\text{k}}$ 分別為指向 x，y 及 z 軸正向的單位向量。同理，一質點系統的質心位置之位置向量為

$$\vec{r}_{\text{com}} = x_{\text{com}} \hat{\text{i}} + y_{\text{com}} \hat{\text{j}} + z_{\text{com}} \hat{\text{k}} \tag{9-7}$$

如果你是簡潔符號的愛好者，9-5 式中的三個純量方程式此時可以被一個向量方程式取代，

$$\vec{r}_{\text{com}} = \frac{1}{M} \sum_{i=1}^{n} m_i \vec{r}_i \tag{9-8}$$

同樣地，M 為系統總質量。欲驗證此式是否正確，讀者可以將 9-6 及 9-7 式代入，將 x，y 及 z 三個分量分開。如此即可得 9-5 式的純量關係。

固體

一般物體，例如球棒，是由許多質點(原子)組成，因此我們可將其質量視為連續分佈。此時「質點」成為很微小的質量基素，9-5 式的累加變成積分，則質心的座標定義為：

$$x_{com} = \frac{1}{M}\int x\, dm, \quad y_{com} = \frac{1}{M}\int y\, dm, \quad z_{com} = \frac{1}{M}\int z\, dm \qquad (9\text{-}9)$$

此時 M 為物體的質量。積分使我們能有效地將 9-5 式應用在很大數量的質點系統，而不必花上好幾年的時間計算求和。

要以很常見的物體(如電視機或麋)來計算這些積分是很難的，因此此處我們只考慮均勻物體。這類物體具有均勻密度(每單位體積之質量)，意即，其密度 ρ (唸作 rho)在該物體的任一基素上都與該物體本身的密度相同。由 1-8 式可推導出：

$$\rho = \frac{dm}{dV} = \frac{M}{V} \qquad (9\text{-}10)$$

其中，dV 為質量基素所佔有的體積，V 為物體的總體積。若將 9-10 式的 $dm = (M/V)\, dV$ 代入 9-9 式，則可得

$$x_{com} = \frac{1}{V}\int x\, dV, \quad y_{com} = \frac{1}{V}\int y\, dV, \quad z_{com} = \frac{1}{V}\int z\, dV \qquad (9\text{-}11)$$

對稱性捷徑。如果該物體具有對稱的點、線、或面，你可以省略一個或一個以上的積分運算。這類物體的質心會位於該點，線或面上。例如，一個均勻球體(具有一對稱點)的質心位於球心(即該對稱點)。一均勻錐體(其軸為對稱線)的質心位於其軸上。香蕉(有一對稱面可將之分成相等的兩部分)的質心就在該面上的某處。

物體的質心不一定要在物體裡。例如甜甜圈的質心處沒有麵糰，馬蹄鐵的質心處沒有鐵。

範例 9.1   三個質點的質心

三個質點，質量各為 $m_1 = 1.2$ kg，$m_2 = 2.5$ kg，$m_3 = 3.4$ kg，各位於邊長 $a = 140$ cm 之等邊三角形的頂點上。此系統的質心位置為何？

關鍵概念

我們處理的是質點而非剛體，因此我們可以使用 9-5 式來定出其質心位置。質點位於等邊三角形的平面上，因此我們只需要前面二個方程式。

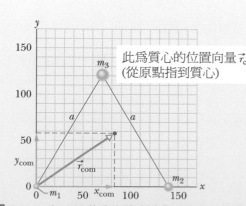

圖 9-3   三個不同質量的質點形成邊長為 a 的等邊三角形。質心的位置由位置向量 $\vec{r}_{com}$ 表之。

計算　我們可以選擇 xy 軸以便簡化計算，這樣做使得其中一個質點位在原點，且 x 軸與三角形其中一邊重疊(圖 9-3)。此時這三個質點的座標如下：

質點	質量(kg)	x(cm)	y(cm)
1	1.2	0	0
2	2.5	140	0
3	3.4	70	120

系統總質量 M 為 7.1 kg。

由 9-5 式得知，質心座標為

$$x_{com} = \frac{1}{M}\sum_{i=1}^{3} m_i x_i = \frac{m_1 x_1 + m_2 x_2 + m_3 x_3}{M}$$

$$= \frac{(1.2kg)(0) + (2.5kg)(140cm) + (3.4kg)(70cm)}{7.1kg}$$

$$= 83cm \qquad\qquad (答)$$

$$y_{com} = \frac{1}{M}\sum_{i=1}^{3} m_i y_i = \frac{m_1 y_1 + m_2 y_2 + m_3 y_3}{M}$$

$$= \frac{(1.2kg)(0) + (2.5kg)(0) + (3.4kg)(120cm)}{7.1kg}$$

$$= 58cm \qquad\qquad (答)$$

圖 9-3 中，質心的位置向量為 $\vec{r}_{com}$，其分量為 x_{com} 及 y_{com}。如果我們選擇了別的座標系統，質心的座標將會改變，但質心與質點間的相對位置並不會改變。

WILEY PLUS Additional example, video, and practice available at *WileyPLUS*

範例 9.2　缺片的板塊之質心

這道例題雖然有很多文字要讀，但它將使你能夠用簡單的代數計算質心，而非較複雜的積分。圖 9-4a 為一半徑 $2R$ 的均勻金屬板 P，挖去了一半徑 R 的圓盤，利用圖示的座標系，定出其質心位置。圓盤如同圖 9-4b 所表示。使用圖示之 xy 座標系統，求出板子 P 的質心 com_P 的位置。

關鍵概念

(1) 利用對稱性來粗略定出板 P 的中心。我們注意到這個圓板是對稱於 x 軸(藉由繞該軸旋轉上半部分，可以得到軸下方的部分)。因此，com_P 必在 x 軸上。此圓板(移掉圓盤後)在 y 軸上並不對稱。然而，因為在 y 軸右側有較多的質量，因此 com_P 必定在軸上偏右處，因此，com_P 的位置便可大略定在如圖 9-4a 的位置。

(2) 金屬板 P 為連續分布的固體，因此理論上我們可以使用 9-11 式計算 P 的質心座標。由於金屬板非常的薄且均勻，這裡我們主要求的是質心的 xy 座標；

若金屬板有任何的厚度的話，那麼質心就會落在此厚度的中間。計算積分時，我們必須先把挖空的金屬板的形狀函數找出來，再把它分別對 x、y 作積分，因此，9-11 式的計算仍然相當困難。

(3) 在此有一個更簡單的方法：在求質心時，我們可以假設一均勻物體(如同這裡看到的)，其質量被集中在位於該物體質心處的一個質點內。因此我們可以將物體視為一個質點並且避免二維積分。

計算　首先，將被移走的圓盤(稱為圓盤 S)放回原位(圖 9-4c)以形成最初完整的圓板(稱為板 C)。因為圓對稱，圓盤 S 的質心 com_S 便位於 S 的圓心，$x = -R$ 處。同理，C 板的質心 com_C 便位於 C 的圓心，即原點處。由此可列出：

金屬板	質心	質心位置	質量
P	com_P	$x_P = ?$	m_P
S	com_S	$x_S = -R$	m_S
C	com_C	$x_C = 0$	$m_C = m_S + m_P$

現在,假設圓盤 s 的質量 m_S 被集中在位於 $x_S = -R$ 的質點上,而質量 m_P 被集中在位於 x_P 的質點上(圖 9-4d)。接著我們利用 9-2 式找出雙質點系統的質心 x_{S+P}:

$$x_{S+P} = \frac{m_S x_S + m_P x_P}{m_S + m_P} \qquad (9\text{-}12)$$

接著注意,圓盤 S 及板 P 加起來即變成板 C。因此,com_{S+P} 的位置 x_{S+P} 必與 com_C 的位置 x_C 重合,也就是原點;所以,$x_{S+P} = x_C = 0$。因此,將之代入 9-12 式可得

$$x_P = -x_S \frac{m_S}{m_P} \qquad (9\text{-}13)$$

在注意到下列關係式之後,我們可以將這些質量間的關係以 S 及 P 的面積來表示

質量 = 密度 × 體積 = 密度 × 厚度 × 面積

則 $\dfrac{m_S}{m_P} = \dfrac{密度_S}{密度_P} \times \dfrac{厚度_S}{厚度_P} \times \dfrac{面積_S}{面積_P}$

因為這是一個均勻圓板,其密度與厚度是相同的;所以只剩下

$$\frac{m_S}{m_P} = \frac{面積_S}{面積_P} = \frac{面積_S}{面積_C - 面積_S}$$

$$= \frac{\pi R^2}{\pi (2R)^2 - \pi R^2} = \frac{1}{3}$$

將此及 $x_S = -R$ 代入 9-13 式可得

$$x_P = \frac{1}{3}R \qquad (答)$$

☑ 測試站 1

如圖所示為一個均勻正方形平板,四個角落處的相同大小的正方形平板將被移開。(a)起初平板的質心在哪裡?下列平板被移開後呢?(b)平板 1;(c)平板 1 和平板 2;(d)平板 1 和平板 3;(e)平板 1,2,3;(f)四個平板都移開。答案以象限、軸或點來表示(當然不用計算)。

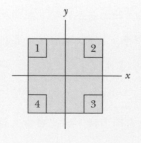

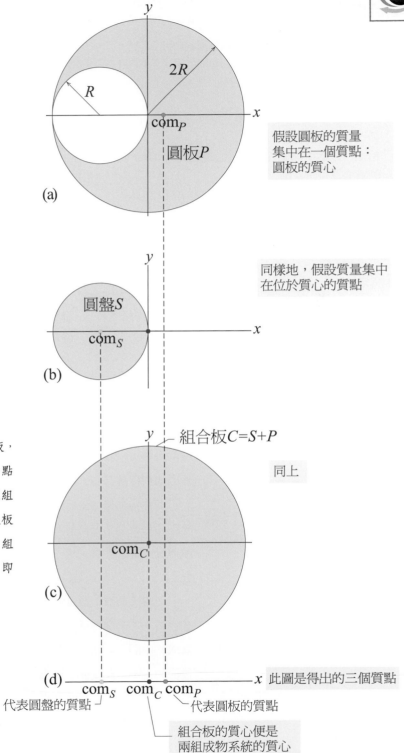

假設圓板的質量
集中在一個質點：
圓板的質心

同樣地，假設質量集中
在位於質心的質點

組合板C=S+P

同上

此圖是得出的三個質點

代表圓盤的質點

代表圓板的質點

組合板的質心便是
兩組成物系統的質心

圖 9-4　(a)板 P 為一半徑 2R 的金屬圓板，有一圓半徑 R 的圓洞 P 的質心位於點 com_P。(b)圓盤 S。(c)圓盤 S 已放原位以組成完整的圓板 C。圓盤 S 的質心 com_S 及板 C 的質心 com_C 均標在圖中。(d) S 及 P 組合體的質心位置 com_{S+P} 與 com_C 重疊，即在 $x = 0$ 處。

9-2 質點系統的牛頓第二運動定律

學習目標

在閱讀完這個區塊的文字之後，讀者應該能夠...

9.04 在質點系統中應用牛頓第二運動定律，把(作用在質點上的)淨力與系統的質心加速度連繫起來。

9.05 對系統中個別質點的運動，以及系統質心的運動，應用等加速度方程式。

9.06 給定一系統中每個質點的質量與速度，計算系統的質心速度。

9.07 給定一系統中每個質點的質量與加速度，計算系統的質心加速度。

9.08 在一系統中，給定質心位置對時間的函數，求定出質心的速度。

9.09 在一系統中，給定質心速度對時間的函數，求出質心的加速度。

9.10 將質心的加速度函數對時間積分，計算出系統質心速度的變化。

9.11 將質心的速度函數對時間積分，計算出系統質心的位移。

9.12 當一個雙質點系統的質心位置不變時，把質點們的位移與速度連繫起來。

關鍵概念

● 對於任意質點系統，其質心的運動由質點系統的牛頓第二運動定律所描述，即

$$\vec{F}_{\text{net}} = M\vec{a}_{\text{com}}$$

此處 $\vec{F}_{\text{net}}$ 為所有施加在系統上的外力總和，M 為系統的總質量，而 $\vec{a}_{\text{com}}$ 為系統的質心加速度。

質點系統的牛頓第二定律

　　既然現在我們已經知道如何找出質點系統的質心，讓我們開始討論外力如何移動質心。我們從由兩顆撞球組成的簡單系統開始。

　　若你推動母球去撞擊原為靜止的第二個球，你會預期看到此雙球系統在碰撞後朝某方向前進。若二球同時朝向你跑回來，或同時向右或向左運動，你必然會大吃一驚。你已經有了*某種東西*會持續向前運動的直覺。

　　而繼續前進，穩定運動完全不受碰撞所影響的東西，就是此雙球系統的質心。若你將注意力放在此點——由於兩球質量相同，因此它總在兩球的中間——你可以藉由在撞球桌上的試驗輕易地說服自己，它就是這樣的。不管此碰撞是擦過的，正面的，或在兩球間某處撞著，質心堂皇的向前進，猶如碰撞未曾發生。讓我們進一步探查此質心運動。

　　系統質心的運動。為了探討更一般的情形，我們以 n 個(可能)不同質量的質點所構成的系統取代此二球。令我們感興趣的只有系統中質心的運動，而非質點個別的運動。雖然質心只是一個點，它的運動卻像一個質量等於系統總質量的質點般。我們可以指出它的位置、速度、及加速度。我們用來描述(稍後證明)支配這樣一個質點系統之質心運動的(向量)

方程式為

$$\vec{F}_{net} = M\vec{a}_{com} \quad \text{(質點系統)} \tag{9-14}$$

此式即質點系統之質心運動的牛頓第二定律。注意，它留有與單一質點運動相同的形式（ $\vec{F}_{net} = m\vec{a}$ ）。然而，出現在 9-14 式裡的那三個量，在計算時要小心：

1.　$\vec{F}_{net}$ 為所有作用在系統上的外力之淨力。系統中某一部分作用在另一部分的力(內力)並不包括在 9-14 式內。

2.　M 為系統的總質量。我們假設系統運動時，沒有質量進入或離開此系統，因此 M 保持常數。此系統稱為**封閉的**。

3.　$\vec{a}_{com}$ 是系統質心的加速度。由 9-14 式無法得知跟系統其他點的加速度有關的資料。

9-14 式相當於包含沿著三個座標軸的 $\vec{F}_{net}$ 及 $\vec{a}_{com}$ 之分量在內的三個方程式。這些方程式為

$$F_{net,x} = Ma_{com,x} \quad F_{net,y} = Ma_{com,y} \quad F_{net,z} = Ma_{com,z} \tag{9-15}$$

撞球。現在，我們可以回頭檢視撞球的動作。當母球一開始滾動，便不再有淨外力作用於此(雙球)系統。因此，由於 $\vec{F}_{net} = 0$ ，由 9-14 式可知 $\vec{a}_{com} = 0$ 。因為加速度是速度的變化率，我們的結論便是此雙球系統的質心速度不變。當兩球相撞時，發生作用的力是內力，由其中一球作用於另一球。此力不會影響淨力 $\vec{F}_{net}$ ，仍為零。所以，在碰撞前便已向前走的系統之質心，在碰撞後必仍以相同之速率及方向移動。

固體。9-14 式不只適用於質點系統，也適用於固體，如圖 9-1b 中的球棒。在該情況裡，9-14 式裡 M 的是球棒的質量，$\vec{F}_{net}$ 是作用於球棒的重力。則 9-14 式告訴我們 $\vec{a}_{com} = \vec{g}$ 。換句話說，球棒的質心猶如一個力 $\vec{F}_g$ 作用在質量 M 的單一質點般運動。

爆炸物體。圖 9-5 所示為另一個有趣的情況。假設在一煙火大會上，火箭沿拋物線路徑前進。在某一點爆炸成許多碎片。若無爆炸，火箭必定繼續沿如圖示的軌跡行進。爆炸的力是由內部作用於系統(原先是火箭，然後是碎片)，意即它們是系統各部分彼此間的作用力。不管火箭是否爆炸，若忽略空氣阻力，作用於系統的淨外力 $\vec{F}_{net}$ 即系統所受的重力。因此，由 9-14 式，碎片們(當它們仍在飛行中)的質心加速度 $\vec{a}_{com}$ 仍然等於 $\vec{g}$ 。這表示碎片的質心仍遵循著火箭未爆炸時所產生的拋物線軌跡前進。

芭蕾跳躍。當一個芭蕾舞者作大跳躍橫過舞台時，她在腳離開舞台的同時舉起手臂並水平伸直雙腿(圖 9-6)。這些動作將她的質心通過身體向上移。雖然移動的質心仍忠實地遵循拋物線路徑通過舞台，但它相對

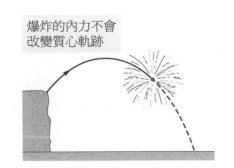

圖 9-5　煙火在行進中爆炸。在無空氣阻力下，諸碎片的質量中心將繼續沿爆炸前最初之拋物線路徑前進，直到諸碎片開始落到地面為止。

於身體的移動，降低了她的頭和軀幹在正常跳躍時可達到的高度。結果使得頭和軀幹沿著幾乎水平的路徑前進，予人舞者是浮著的幻覺。

頭的路徑

質心路徑

圖 9-6 大跳躍舞姿。（取自 The Physics of Dance, by Kenneth Laws, Schirmer Books, 1984）

9-14 式的證明

現在讓我們證明這個重要的方程式。由 9-8 式得知 n 個質點的系統

$$M \vec{r}_{\text{com}} = m_1 \vec{r}_1 + m_2 \vec{r}_2 + m_3 \vec{r}_3 + \cdots + m_n \vec{r}_n \tag{9-16}$$

其中 M 為系統總質量，$\vec{r}_{\text{com}}$ 為定出系統質心位置的向量。

將 9-16 式對時間微分可得

$$M \vec{v}_{\text{com}} = m_1 \vec{v}_1 + m_2 \vec{v}_2 + m_3 \vec{v}_3 + \cdots + m_n \vec{v}_n \tag{9-17}$$

此處 $\vec{v}_i$ ($d\vec{r}_i / dt$)為第 i 個質點的速度， $\vec{v}_{\text{com}}$ ($d\vec{r}_{\text{com}} / dt$)為質心的速度。

將 9-17 式對時間微分可得

$$M \vec{a}_{\text{com}} = m_1 \vec{a}_1 + m_2 \vec{a}_2 + m_3 \vec{a}_3 + \cdots + m_n \vec{a}_n \tag{9-18}$$

在此 $\vec{a}_i (= d\vec{v}_i / dt)$是第 i 個質點的加速度，且 $\vec{a}_{\text{com}} (= d\vec{v}_{\text{com}} / dt)$是質心的加速度。雖然質心只是幾何上的一個點，但它有位置、速度及加速度，就如同它是一個質點。

由牛頓第二定律，$m_i \vec{a}_i$ 就等於作用於第 i 個質點上的淨力 $\vec{F}_i$。因此，我們可把 9-18 式改寫成

$$M \vec{a}_{\text{com}} = \vec{F}_1 + \vec{F}_2 + \vec{F}_3 + \cdots + \vec{F}_n \tag{9-19}$$

9-19 式右邊所示諸力將為系統各質點間之相互作用力(內力)，與由系統外部而來作用於各質點的力(外力)。根據牛頓第三定律，這些內力將形成一對對作用力和反作用力而在 9-19 式右側的加總運算中成對抵銷。剩下的是作用於系統的外力之向量和。則 9-19 式化簡成 9-14 式而得證。

 測試站 2

兩位溜冰者在無摩擦力的冰上，彼此抓住無質量桿子的兩端。有一個座標軸沿著此桿，且軸的原點位在兩位溜冰者系統的質心處。溜冰者 Fred，比另一位溜冰者 Ethel 重兩倍。下列三種狀況中，他們將在那裡相遇呢：(a) Fred 拉著桿子使他自己向 Ethel 移動，(b) Ethel 將自己拉向 Fred 的方向，(c)他們一起拉向對方移動？

範例 **9.3**　三個質點的質心之移動

如果系統中所有的質點一致地一起運動，則質心也會跟著它們一起運動——這是毫無疑問的。但如果系統中的質點朝不同方向運動，並具有不同的加速度時，會發生什麼呢？這提供了一個例子。

圖 9-7a 中的三個質點一開始是靜止的。每個都受到來自此三質點系統之外的物體所施的外力。方向如圖所示，大小為 $F_1 = 6.0 \text{ N}$，$F_2 = 12 \text{ N}$，$F_3 = 14 \text{ N}$。問此系統的質心加速度為何？向那個方向移動？

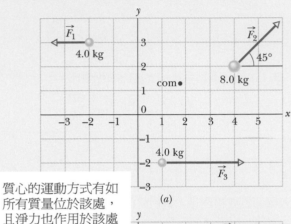

質心的運動方式有如所有質量位於該處，且淨力也作用於該處

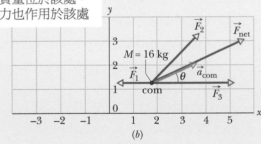

圖 9-7　(a)三個質點一開始是靜置於所示位置，受到如圖示的外力作用。系統之質心(com)如標示。(b)諸力現在轉而作用於系統之質心，它的行動像一質點，其質量等於系統的總質量。施於質心的淨外力 $\vec{F}_{\text{net}}$ 及其加速度 $\vec{a}_{\text{com}}$ 如圖示。

關鍵概念

質心的位置在圖上是以一個點做為標記。我們可以把質心看成一個真正的質點，其具有與系統總質量

相同的質量 $M = 16 \text{ kg}$。我們也可以將這三個外力看成是直接作用在質心上(圖 9-7b)。

計算

我們現在可以把牛頓第二運動定律($\vec{F}_{\text{net}} = m\vec{a}$)應用到質心上，其形式為

$$\vec{F}_{\text{net}} = M\vec{a}_{\text{com}} \tag{9-20}$$

$$\vec{F}_1 + \vec{F}_2 + \vec{F}_3 = M\vec{a}_{\text{com}}$$

$$\vec{a}_{\text{com}} = \frac{\vec{F}_1 + \vec{F}_2 + \vec{F}_3}{M} \tag{9-21}$$

9-20 式告訴了我們，質心的加速度 $\vec{a}_{\text{com}}$ 與系統的淨外力 $\vec{F}_{\text{net}}$ 有相同的方向(圖 9-7b)。因為質點一開始是靜止的，質心必定也是靜止的。而當質心一開始加速，它必定朝 $\vec{a}_{\text{com}}$ 及 $\vec{F}_{\text{net}} = m\vec{a}$ 共同的方向移動。

我們可直接以一可計算向量的計算機來求出 9-21 式右邊的答案，也可以把 9-21 式重寫成分量形式，找出 $\vec{a}_{\text{com}}$ 的分量，再推導出 $\vec{a}_{\text{com}}$。沿 x 軸我們可得

$$a_{\text{com},x} = \frac{F_{1x} + F_{2x} + F_{3x}}{M}$$

$$= \frac{-6.0\,\text{N} + (12\,\text{N})\cos 45° + 14\,\text{N}}{16\,\text{kg}} = 1.03\,\text{m/s}^2$$

沿 y 軸我們可得

$$a_{\text{com},y} = \frac{F_{1y} + F_{2y} + F_{3y}}{M}$$

$$= \frac{0 + (12\,\text{N})\sin 45° + 0}{16\,\text{kg}} = 0.530\,\text{m/s}^2$$

由這些分量我們可以求出 $\vec{a}_{\text{com}}$ 的大小

$$a_{\text{com}} = \sqrt{(a_{\text{com},x})^2 + (a_{\text{com},y})^2}$$

$$= 1.16\,\text{m/s}^2 \approx 1.2\,\text{m/s}^2 \tag{答}$$

及角度(與 x 軸正向之夾角)。

$$\theta = \tan^{-1}\frac{a_{\text{com},y}}{a_{\text{com},x}} = 27° \tag{答}$$

9-3 線動量

學習目標

在閱讀完這個區塊的文字之後,讀者應該能夠...

9.13 辨別出動量是一個向量,因此同時具有大小與方向,以及分量

9.14 依照質點之質量與速度的乘積,計算質點的(線)動量。

9.15 當質點改變速率與運動方向時,計算動量的變化(大小與方向)。

9.16 應用質點的動量和(淨)作用在質點上的力之間的關係。

9.17 依照系統總質量與質心速度的乘積,計算質點系統的總動量。

9.18 應用系統質心動量和(淨)作用在系統上的力之間的關係。

關鍵概念

● 對於單一質點,我們定義線動量 $\vec{p}$ 為

$$\vec{p} = m\vec{v}$$

是一個和速度同方向的向量。我們可以將牛頓第二運動定律以動量表示:

$$\vec{F}_{net} = \frac{d\vec{p}}{dt}$$

● 對於多質點系統,上述的關係變成

$$\vec{P} = M\vec{v}_{com} \quad \text{和} \quad \vec{F}_{net} = \frac{d\vec{P}}{dt}$$

線動量

這裡為了定義兩個重要物理量,我們只討論單一粒子,而不是質點系統。然後我們再將這些定義推廣到多質點系統。

第一個定義是關於一個熟悉的用字——動量——在日常用語中有很多意思,但在物理及工程中只有一個單一而精確的含義。一質點的**線動量**為一向量,定義為

$$\vec{p} = m\vec{v} \quad \text{(質點的線動量)} \tag{9-22}$$

其中,m 為質點質量,$\vec{v}$ 為其速度(形容詞「線」常被省略,但它可用來區分將在第 11 章中介紹的,與旋轉有關的角動量)。既然 m 恆為正的純量值,9-22 式便告訴了我們 $\vec{p}$ 和 $\vec{v}$ 具有相同方向。由 9-22 式可知,動量的 SI 單位為 kg・m/s。

力與動量。實際上,牛頓是以動量的形式來表示第二運動定律:

質點的動量對時間變動率就等於作用於質點上的淨力,且其方向就是該力之方向。

以方程式表示則為

$$\vec{F}_{net} = \frac{d\vec{p}}{dt} \tag{9-23}$$

換言之，9-23 式表達的是，作用在粒子的外力 $\vec{F}_{net}$，改變了粒子的線性動量 $\vec{p}$。相反地，線性動量只有藉由淨外力才能予以改變。如果沒有淨外力存在，$\vec{p}$ 不會改變。我們將在第 9-7 節看到，這項事實在求解問題的過程可以是極為有效的工具。

將 9-22 式的 $\vec{p}$ 代入 9-23 式可得

$$\vec{F}_{net} = \frac{d\vec{p}}{dt} = \frac{d}{dt}(m\vec{v}) = m\frac{d\vec{v}}{dt} = m\vec{a}$$

因此 $\vec{F}_{net} = d\vec{p}/dt$ 及 $\vec{F}_{net} = m\vec{a}$ 為質點的牛頓第二運動定律之等效關係式。

 測試站 3

如圖為一質點沿著軸運動的線動量大小 p 對時間 t 的示意圖。外力沿著軸的方向作用在質點上。(a)依照力的大小，由大到小排列此四個區域。(b)那個區域中質點正在減速？

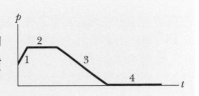

質點系統的線動量

讓我們將線性動量的定義延伸到質點系統。考慮個質點之系統，每個質點具有自己的質量、速度、與線性動量。其中的質點可能相互作用，且外部作用力可作用於這些質點上。此系統作為一個整體，具有總線性動量 $\vec{P}$，它被定義為個別質點線動量之向量和。因此，

$$\begin{aligned}\vec{P} &= \vec{P}_1 + \vec{P}_2 + \vec{P}_3 + \cdots + \vec{P}_n \\ &= m_1\vec{v}_1 + m_2\vec{v}_2 + m_3\vec{v}_3 + \cdots + m_n\vec{v}_n \end{aligned} \tag{9-24}$$

若將上式與 9-17 式比較，我們可以看出

$$\vec{P} = M\vec{v}_{com} \quad \text{（線動量，質點系統）} \tag{9-25}$$

這給了我們另一個定義質點系統之線動量的方法：

 質點系統的線動量就等於系統總質量與質心速度的乘積。

力與動量。 若我們將 9-25 式對時間微分(速度可以改變，但質量不行)，我們發現

$$\frac{d\vec{P}}{dt} = M\frac{d\vec{v}_{com}}{dt} = M\vec{a}_{com} \tag{9-26}$$

比較 9-14 及 9-26 式，我們可以把質點系統的牛頓第二定律寫成下面相等的形式：

$$\vec{F}_{net} = \frac{d\vec{P}}{dt} \quad \text{（質點系統）} \tag{9-27}$$

其中 $\vec{F}_{\mathrm{net}}$ 爲作用於系統的淨外力。此式將單一質點的方程式 $\vec{F}_{\mathrm{net}} = d\vec{p}/dt$ 延伸到質點系統的一般式。以文字陳述來說,這個方程式表達的是作用在質點系統的淨外力 $\vec{F}_{\mathrm{net}}$ 會改變系統的線性動量 $\vec{P}$。相反地,線性動量只有藉由淨外力才能予以改變。如果沒有淨外力存在,$\vec{P}$ 不會改變。再次強調,這項事實在解題時將成爲強而有力的工具。

9-4 碰撞與衝量

學習目標

在閱讀完這個區塊的文字之後,讀者應該能夠...

9.19 辨別出衝量是一個向量,因此同時具有大小和方向,以及分量。

9.20 應用衝量和動量變化間的關係。

9.21 應用衝量、平均力和時間間隔的關係。

9.22 應用等加速度方程式將衝量與平均力連繫起來。

9.23 給定力對時間的函數,將此函數積分,計算出衝量(亦即動量變化)

9.24 給定一個力—時間圖,透過圖中面積,計算出衝量(亦即動量變化)

9.25 在投射物一系列的碰撞中,透過投射物們的質量碰撞率和個別的速度改變量,計算目標物上的平均力。

關鍵概念

● 對一個類似質點的物體,在碰撞過程中應用牛頓第二運動定律的動量形式,將得到衝量—線性動量定理:

$$\vec{p}_f - \vec{p}_i = \Delta\vec{p} = \vec{J}$$

其中 $\vec{p}_f - \vec{p}_i = \Delta\vec{p}$ 爲此物體的動量變化,而 $\vec{J}$ 則爲碰撞過程中,其它物體施加在此物體上的力 $\vec{F}(t)$ 所造成的衝量:

$$\vec{J} = \int_{t_i}^{t_f} \vec{F}(t)\,dt$$

● 若 F_{avg} 爲碰撞過程中 $\vec{F}(t)$ 的平均大小,Δt 爲碰撞持續的時間,則對一維運動

$$J = F_{\mathrm{avg}}\Delta t$$

● 在穩定的投射物束中,每個投射物質量 m、速率 v。當這一連串投射物與一固定位置的物體碰撞時,作用在物體上的平均力爲

$$F_{\mathrm{avg}} = -\frac{n}{\Delta t}\Delta p = -\frac{n}{\Delta t}m\Delta v$$

其中 $n/\Delta t$ 爲投射物與固定物體的碰撞率,而 Δv 爲每個投射物的速度變化。此平均力亦可寫作

$$F_{\mathrm{avg}} = -\frac{\Delta m}{\Delta t}\Delta v,$$

其中 $\Delta m/\Delta t$ 爲投射物們與固定物體的質量碰撞率。若投射物在碰撞後停止,則 $\Delta v = -v$;若物體在碰撞後反彈且速率不變,則 $\Delta v = -2v$。

碰撞與衝量

除非有淨外力作用在其上,否則任何像粒子的物體其動量 $\vec{p}$ 都不會改變。舉例來說,我們可以對物體施以推力來改變其動量。更具有戲劇性地,我們可以安排物體與棒球棍互相碰撞。在這類碰撞(或者撞擊)中,作用在物體的外力是短暫的、具有大的量值以及能突然改變物體的動

量。在我們的世界中經常發生碰撞，但是我們首先需要討論比較簡單的碰撞情況，在此情況中，會有一個像粒子的運動物體(投射物)碰撞到其他物體(靶)。

單一碰撞

令投射物為球，靶為球棒。碰撞過程極短暫，而且球所受的力大到足以讓球速減緩、停止或者甚至反轉其運動方向。圖 9-8 顯示的是碰撞發生那一瞬間的情形。球所受的力 $\vec{F}(t)$ 在碰撞過程中會有所改變，而且這個力會改變球的線性動量 $\vec{p}$。這個改變量可以經由牛頓第二定律，而與該力產生關連。重新整理此第二定律的形式後，我們得到，在時間間隔 dt 內，球的動量變化為

$$d\vec{p} = \vec{F}(t)dt \tag{9-28}$$

如果我們對 9-28 式兩邊予以積分，而且積分範圍從碰撞開始的那一刻到碰撞結束的那一刻，則我們可以求出由於碰撞所導致的淨動量改變量：

$$\int_{t_i}^{t_f} d\vec{p} = \int_{t_i}^{t_f} \vec{F}(t)dt \tag{9-29}$$

這個方程式的左邊告訴我們動量改變量：$\vec{p}_f - \vec{p}_i = \Delta\vec{p}$。方程式右邊是碰撞力的量值和持續時間兩者的量度。此量度值稱為碰撞的衝量 (impulse) $\vec{J}$：

$$\vec{J} = \int_{t_i}^{t_f} \vec{F}(t)dt \quad \text{(衝量的定義)} \tag{9-30}$$

因此，物體的動量改變量等於作用在物體上的衝量：

$$\Delta\vec{p} = \vec{J} \quad \text{(線性動量-衝量定理)} \tag{9-31}$$

這個數學式也可以寫成以下的向量形式，

$$\vec{p}_f - \vec{p}_i = \vec{J} \tag{9-32}$$

而且其分量形式如下所示

$$\Delta p_x = J_x \tag{9-33}$$

$$p_{fx} - p_{ix} = \int_{t_i}^{t_f} F_x dt \tag{9-34}$$

將力積分。如果我們知道 $\vec{F}(t)$ 的函數形式，則我們可以經由對函數予以積分來**計算** $\vec{J}$ (因此可以計算動量改變量)。如果我們知道 $\vec{F}$ 相對於時間 t 的曲線圖，則我們可以經由求出介於曲線和 t 軸之間的面積，來計算 $\vec{J}$，例如圖 9-9a 所示。在很多情形下我們並不知道力如何隨著時間改變，但是我們卻知道力的平均量值 F_{avg}，以及碰撞的持續時間 $\Delta t\ (= t_f - t_i)$。然後我們可以將衝量量值寫成

以球棒碰撞球而球的部分崩塌變形。(Photo by Harold E. Edgerton. ©The Harold and Esther Edgerton Family Trust, courtesy of Palm Press, Inc.)

圖 9-8 當球跟球棒相碰撞時，會有力量 $\vec{F}(t)$ 作用在球上。

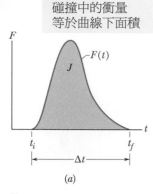

碰撞中的衝量
等於曲線下面積

(a)

平均力也得出相同的
曲線下面積

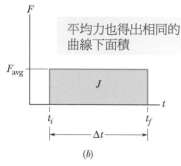

(b)

圖 9-9 (a)這個曲線顯示出,在圖 9-8 當中,作用在球上且隨著時間而不斷改變的力量強度 $F(t)$。曲線下的面積就是碰撞時所作用在球上的衝量大小 $\vec{J}$。(b)長方形的高表示在一段時間 Δt 當中,作用在這個球上的平均力大小 F_{avg}。此長方形的面積會等於(a)裡頭所說過的曲線下面積,所以當然會等於碰撞時的 $\vec{J}$ 衝量大小。

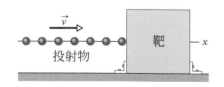

圖 9-10 一連串投射物體以相同的動量撞擊固定位置的靶。靶所受的平均力 F_{avg} 向右,且大小與投射物的碰撞率有關,或者等效來說,與質量的碰撞率有關。

$$J = F_{avg}\Delta t \tag{9-35}$$

圖 9-9b 所示是平均力相對於時間的量值。在這個曲線以下的面積,等於在圖 9-9a 中實際力 $F(t)$曲線以下的面積,這是因為兩個面積都等於衝量量值的緣故。

除了球以外,我們也可以將注意力放在圖 9-8 中的球棒。牛頓第三定律告訴我們,在任何瞬間,作用在球棒上的力具有與作用在球上的力相同的量值,只是方向相反。利用 9-30 式,這意味著作用在球棒上的衝量具有與作用在球上的衝量相同的量值,不過方向相反。

✓ 測試站 4

一個因為降落傘無法打開而降落失敗的傘兵,若他掉在雪地裡,那麼他只是受輕微的傷。但若他是降落在光禿的地面,那麼一直到完全靜止的這段時間,他可能將會發生十次很快且致命的碰撞。試問,雪地的出現將使得以下的量值:(a)傘兵動量的改變,(b)到傘兵靜止時所受的衝量和(c)所受的作用力,分別是增加、減少或保持不變?

系列碰撞

現在我們考慮一物體在經歷一系列相同且重複的碰撞時所受的力。例如,近乎胡鬧地我們調整一台可發射網球的機器,令它把網球以很快的速率直接發射到一面牆上。每一次碰撞都會產生一個力作用到牆上,但這並不是我們要找的力。我們要的是在這個轟擊期間,牆所受的平均力——意即在碰撞很多次的期間的平均力。

圖 9-10 中,一連串有著相同的質量 m 及線動量 $m\vec{v}$ 的穩定投射物,沿著 x 軸移動並撞擊一固定住的靶。令 n 為在 Δt 時間內撞擊的投射物數目。因為此運動只沿 x 軸,所以我們可使用沿此軸的動量分量。因此,每一投射物均有初動量 mv,且因碰撞使線動量改變了 Δp。n 個投射物在 Δt 的時間內,線動量的總改變量便為 $n\Delta p$。而在 Δt 的時間裡,作用於靶上的總衝量 $\vec{J}$ 沿著 x 軸,且有相同大小 $n\Delta p$,但方向相反。我們可將此關係寫成分量的形式,即

$$J = -n\Delta p \tag{9-36}$$

其中負號代表 J 和 Δp 的方向相反。

平均力。重新整理 9-35 式並代入 9-36 式,可得靶在碰撞期間所受的平均力 F_{avg}:

$$F_{avg} = \frac{J}{\Delta t} = -\frac{n}{\Delta t}\Delta p = -\frac{n}{\Delta t}m\Delta v \tag{9-37}$$

此式將 F_{avg} 以 $n/\Delta t$(即投射物對靶的撞擊率)及 Δv(即投射物的速度改變)表示出來。

速度變化。若投射物因嵌入靶而停住了,則在 9-37 式中的 Δv 可代以

$$\Delta v = v_f - v_i = 0 - v = -v \qquad (9\text{-}38)$$

其中 $v_i\,(=v)$ 和 $v_f\,(=0)$ 分別是碰撞前和後的速度。而若投射物是由靶直接彈回(反彈)去且速率不變,則 $v_f = -v$,我們可代以

$$\Delta v = v_f - v_i = -v - v = -2v \qquad (9\text{-}39)$$

在 Δt 的時間內,共有質量 $\Delta m = nm$ 撞上靶。由此結果,9-37 式可改寫成

$$F_{avg} = -\frac{\Delta m}{\Delta t}\Delta v \qquad (9\text{-}40)$$

此式將平均力 F_{avg} 以 $\Delta m/\Delta t$(質量對靶的撞擊率)表示出來。同樣地,我們可將 9-38 式或 9-39 式的 Δv 代入,要代入那一個則視投射物的行為而定。

測試站 5

圖示為一個球碰到牆的反彈情形之俯視圖,而且它前後的速率不變。考慮球前後線動量的變化 $\Delta\vec{p}$。Δp_x 是正,負或零?Δp_y 是正,負或零?$\Delta\vec{p}$ 之方向為何?

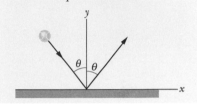

範例 9.4　二維衝量,賽車與牆壁碰撞

賽車與牆壁碰撞。圖 9-11a 是由一位賽車駕駛員在他的汽車碰撞到跑道邊壁的過程中,所留下汽車路徑的俯視圖。就在碰撞發生以前,其汽車正沿著與邊壁形成 30° 的直線跑道,以 $v_i = 70$ m/s 的速度行進。而且就在碰撞過程結束的時候,其汽車沿著與邊壁形成 10° 角的直線跑道,以 $v_f = 50$ m/s 的速度行進。他的質量 m 是 80 kg。

(a) 試問由碰撞所導致作用在駕駛員身上的衝量 $\vec{J}$ 是多少?

關鍵概念

我們可以將駕駛員當成像粒子一樣的物體來處理,因此我們會應用本節所討論的物理學。然而我們不能利用 9-30 式直接計算 $\vec{J}$,因為我們不知道在碰撞過程中作用於駕駛員的力 $\vec{F}(t)$ 的任何細節。換言之,我們不知道 $\vec{F}(t)$ 的函數形式或曲線圖,因此不能利用積分求出 $\vec{J}$。然而我們可以藉著 9-32 式($\vec{J}$),由駕駛員的線性動量 $\vec{p}$ 的變化量求出 $\vec{J} = \vec{p}_f - \vec{p}_i$。

計算　圖 9-11b 顯示的是在碰撞發生以前的駕駛員動量 $\vec{p}_i$(與正軸成 30°),以及碰撞過程以後的動量 $\vec{p}_f$(與正軸成 −10°)。由 9-32 和 9-22 式($\vec{p} = m\vec{v}$),我們得到下列數學式

$$\vec{J} = \vec{p}_f - \vec{p}_i = m\vec{v}_f - m\vec{v}_i = m(\vec{v}_f - \vec{v}_i) \qquad (9\text{-}41)$$

因為我們知道 m 是 80 kg,是 $\vec{v}_f$ 角度為 10° 的 50 m/s,而 $\vec{v}_i$ 是角度為 30° 的 70 m/s,所以我們可以在能處理向量的計算機上,直接計算這個方程式的右邊。然而我們並不打算這麼做,這裡我們將以分量的形式去計算 9-41 式。

x 分量:沿 x 軸我們可得

$$
\begin{aligned}
J_x &= m(v_{fx} - v_{ix}) \\
&= (80\,\text{kg})\big[(50\,\text{m/s})\cos(-10°) - (70\,\text{m/s})\cos 30°\big] \\
&= -910\,\text{kg}\cdot\text{m/s}
\end{aligned}
$$

y 分量:沿著 y 軸,

$$
\begin{aligned}
J_y &= m(v_{fy} - v_{iy}) \\
&= (80\,\text{kg})\big[(50\,\text{m/s})\sin(-10°) - (70\,\text{m/s})\sin 30°\big] \\
&= -3495\,\text{kg}\cdot\text{m/s} \approx -3500\,\text{kg}\cdot\text{m/s}
\end{aligned}
$$

衝量：衝量則為：

$$\vec{J} = (-910\hat{i} - 3500\hat{j})\,\text{kg}\cdot\text{m/s} \qquad (答)$$

這意味著衝量的量值是

$$\vec{J} = \sqrt{J_x^2 + J_y^2} = 3616\,\text{kg}\cdot\text{m/s} \approx 3600\,\text{kg}\cdot\text{m/s}$$

$\vec{J}$ 的角度可以如下求出

$$\theta = \tan^{-1}\frac{J_y}{J_x} \qquad (答)$$

以計算機計算上式的結果為 74.5°。請回想一下，反正切函數在物理上的正確結果可能是這個顯示值再加上 180°。我們可以經由 $\vec{J}$ 畫出的分量，來分辨哪一個才是這裡的正確結果(圖 9-11c)。我們發現 θ 實際上是 75.4° + 180° = 255.4°，我們可將這個角度寫成

$$\theta = -105° \qquad (答)$$

(b) 碰撞過程持續了 **14 ms**。試求在碰撞過程中，作用在駕駛員的平均力的量值。

關鍵概念

由 9-35 式($J = F_{\text{avg}}\Delta t$)我們知道，平均力的量值 F_{avg} 是衝量量值 J 對碰撞持續時間 Δt 的比值。

計算 我們得到

$$F_{\text{avg}} = \frac{J}{\Delta t} = \frac{3616\,\text{kg}\cdot\text{m/s}}{0.014\,\text{s}} \qquad (答)$$
$$= 2.583\times10^5\,\text{N} \approx 2.6\times10^5\,\text{N}$$

利用 $F = ma$，其中 $m = 80$ kg，我們可以證明在碰撞過程中，駕駛員的平均加速度量值大約是 3.22×10^3 m/s^2 = 329g，這個值足以造成駕駛員的致命傷亡。

提高存活率：機械工程師嘗試經由將跑道邊壁設計和建造得具有更大的「伸展性」，使得碰撞過程持續得更久，以便減少致命的危險性。舉例來說，如果本例題的碰撞時間延長 10 倍，而其他數據保持不變，則平均力和平均加速度的量值將減小 10 倍，使得駕駛員更能倖存。

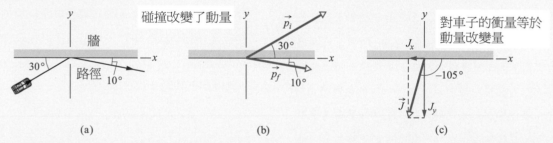

圖 9-11　(a)在賽車猛然撞上跑道邊壁的過程中，由賽車和其駕駛員所留下路徑的俯視圖。(b)駕駛員最初的動量 $\vec{p}_i$ 和最後的動量 $\vec{p}_f$。(c)在碰撞過程中作用於駕駛員的衝量 $\vec{J}$。

WILEY PLUS Additional example, video, and practice available at *WileyPLUS*

9-5　線動量守恆

學習目標

在閱讀完這個區塊的文字之後，讀者應該能夠...

9.26　對於一個獨立的質點系統，應用線動量守恆，將質點們的初始動量與下一瞬間的動量連 繫起來。

9.27　對於動量守恆，辨別出只要沿著某一軸沒有淨外力的分量作用，該軸上的動量分量就會守恆。

關鍵概念

● 若一個系統爲封閉且獨立的,則此系統沒有淨外力作用,因此縱使系統內部有改變,其線動量 $\vec{P}$ 仍爲一常數:

$$\vec{P} = \text{constant} \quad (封閉、獨立系統)$$

● 線動量守恆定律也可以用初始動量與其下一瞬間的動量表示:

$$\vec{P}_i = \vec{P}_f \quad (封閉、獨立系統)$$

線動量守恆

假設淨外力 $\vec{F}_{net}$ (所以淨衝量 $\vec{J}$)作用於質點的系統爲零(系統是被隔離的)並且沒有質點分離或進入系統(系統爲封閉的)。令 9-27 式中的 $\vec{F}_{net} = 0$,則可得 $d\vec{P}/dt$ 或

$$\vec{P} = 常數 \quad (封閉,孤立系統) \tag{9-42}$$

以文字陳述的話,

> 若無淨外力作用於一質點系統上,該系統的總線動量 $\vec{P}$ 便不會改變。

這項結果被稱作**動量守恆定律**,同時也是一個強而有力的解題工具。在作業中我們通常將此定律寫成

$$\vec{P}_i = \vec{P}_f \quad (封閉,孤立系統) \tag{9-43}$$

也就是說,這方程式告訴了我們,對一個封閉、孤立的系統而言,

$$\begin{pmatrix} 於某初始時間 t_i \\ 的總線動量 \end{pmatrix} = \begin{pmatrix} 於某稍後時間 t_f \\ 的總線動量 \end{pmatrix}$$

小心:動量不能與能量弄混淆。在本節的範例中,動量爲守恆,但能量當然沒有守恆。

注意,9-42 及 9-43 式均爲向量式,且均相當於在三個方向互相垂直的座標系統裡,例如,xyz 座標系裡的線動量守恆的三個方程式。根據作用於系統上的力之不同,線動量可能在一或二個方向上守恆,而不是在全部方向上守恆。然而,

> 若一封閉系統的淨外力在沿某個軸上的分量爲零,則該系統在沿此軸上的線動量分量將不會有變化。

在作業習題中,你要如何知道動量沿著某一軸,比如 x 軸,會守恆呢?檢查沿著該軸是否有力的分量。若所有力的淨分量在此軸上爲零,

則動量守恆就會成立。例如，拋出一個葡萄柚飛越房間。在它飛行期間，唯一作用於葡萄柚(我們當它是一個系統)身上的外力為重力 $\vec{F}_g$，方向垂直向下。此時，葡萄柚在垂直方向的線動量改變了，但因為沒有水平外力作用於其上，所以水平方向的線動量不會改變。

注意，我們的焦點在於作用在一封閉系統上的外力。雖然內力可以改變系統某部分的線動量，但並不會改變整個系統的總線動量。舉例來說，在你身體的器官間，彼此會有很多的作用力，但這些力並不會將你推出房間(慶幸地)。

本節的例題所涉及的爆炸，不是一維的(意指在爆炸發生以前和以後，各物體的運動是沿著單一軸在進行)，就是二維的(意指各物體的運動是在含有兩個軸的平面上在進行)。在後面的章節中我們考慮碰撞。

☑ 測試站 6

最初靜止的裝置在無摩擦地板上爆炸成兩塊碎片，在地板上滑動。一塊沿正 x 軸方向滑動。(a)爆炸後，兩塊碎片的總動量為何？(b)第二塊碎片的運動可否對軸有夾一角度？(c)第二塊碎片動量的方向為何？

範例 9.5　一維爆炸、相對速度、太空船

一維爆炸：圖 9-12a 所示為一太空船拖曳著一個貨艙，總質量 M，在太空中沿 x 軸旅行。其初始速度 $\vec{v}_i$ 之大小相對於太陽為 2100 km/h。藉由一個小爆炸，太空船排開了質量為 0.20 M 的貨艙(圖 9-12b)。接著太空船以比貨艙快 500 km/h 的速率沿 x 軸前進；意即，太空船與貨艙的相對速率 v_{rel} 為 500 km/h。則此時太空船相對於太陽的速度 $\vec{v}_{HS}$ 為何？

爆炸造成的分離能改變各部分的動量但不改變系統的動量

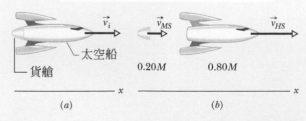

圖 9-12　(a)一架太空船載一貨艙，以速度 $\vec{v}_i$ 運動。(b)太空船與貨艙脫離。現在貨艙以 $\vec{v}_{MS}$ 的速度運動，而太空船以 $\vec{v}_{HS}$ 的速度運動。

關鍵概念

因為太空船-貨艙系統是封閉且孤立的，故其總線動量守恆，意即，

$$\vec{P}_i = \vec{P}_f \tag{9-44}$$

其中下標 i 及 f 分別代表脫離前及後的值。(此處我們必須小心：雖然系統的總動量不會改變，但這並不表示太空船與貨倉的動量也會不變)。

計算　由於此運動是沿著單一軸，因此我們可以藉其 x 分量來寫下速度及動量。在脫離前，

$$\vec{P}_i = Mv_i \tag{9-45}$$

令 v_{MS} 表脫離後貨艙相對於太陽的速度。則脫離後系統的總動量為

$$\vec{P}_f = (0.20M)v_{MS} + (0.80M)v_{HS} \tag{9-46}$$

其中右式的第一項為貨艙的線動量，第二項為太空船的。

我們可以將 v_{MS} 與已知的速度連結

$$\begin{pmatrix} 太空艙相對於 \\ 太陽的速度 \end{pmatrix} = \begin{pmatrix} 太空艙相對於 \\ 模組的速度 \end{pmatrix} + \begin{pmatrix} 模組相對於 \\ 太陽的速度 \end{pmatrix}$$

以符號表示則為

$$v_{HS} = v_{rel} + v_{MS} \qquad (9\text{-}47)$$

$$v_{MS} = v_{HS} - v_{rel}$$

將這個 v_{MS} 的表示式代入 9-46 式，再將 9-45 及 9-46 式代入 9-44 式，可得到

$$Mv_i = 0.20M(v_{HS} - v_{rel}) + 0.80Mv_{HS}$$

由上述數學式可以得到

$$v_{HS} = v_i + 0.20v_{rel}$$
$$v_{HS} = 2100\,km/\,h + (0.20)(500\,km/\,h)$$
$$= 2200\,km/\,h \qquad (答)$$

PLUS Additional example, video, and practice available at *WileyPLUS*

範例 9.6　二維爆炸、動量、椰子

二維爆炸：將爆竹放在一質量 M 的椰子內，靜置於無摩擦力的地板上。爆竹爆炸後將椰子分成了三塊滑過地板。圖 9-13a 為其俯視圖。C 塊的質量為 0.30 M，末速率 $v_{fC} = 5.0$ m/s

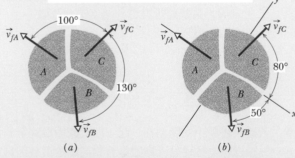

爆炸造成的分離改變各部分的動量但不改變系統的動量

圖 9-13 爆裂的椰子分成三塊，在無摩擦力的地板上往三個方向移動。(a)此事件的俯視圖。(b)一樣，但加上二維座標系。

(a) 質量 0.20 M 的 B 塊速率為何？

關鍵概念

首先看看線動量是否守恆。我們注意到：(1)椰子和它的碎塊組成了一封閉系統，(2)爆炸力為該系統的內力，(3)沒有淨外力作用在此系統上。因此，此系統的線動量是守恆的。(此處我們必須小心：雖然系統的總動量不會改變，但這並不表示碎塊的動量也會不變)。

計算　一開始，我們先加上一個 xy 座標系，如圖 9-13b 所示，x 軸的負方向與 $\vec{v}_{fA}$ 重疊。x 軸則與 $\vec{v}_{fC}$ 的方向夾 $80°$，與 $\vec{v}_{fB}$ 夾 $50°$ 角。

線動量沿著各軸分別守恆。我們使用 y 軸，寫下

$$P_{iy} = P_{fy} \qquad (9\text{-}48)$$

下標 i 表示起始值(爆炸前)，y 表示 $\vec{P}_i$ 或 $\vec{P}_f$ 的 y 分量。

因為椰子一開始是靜止的，初線動量的分量 P_{iy} 為零。為了求得 P_{fy} 的表示式，我們要找出每一塊的末線動量之 y 分量，並使用 9-22 式的 y 分量表示式($p_y = mv_y$)：

$$P_{fA,y} = 0$$
$$P_{fB,y} = -0.20Mv_{fB,y} = -0.20Mv_{fB}\sin 50°$$
$$P_{fC,y} = 0.30Mv_{fC,y} = 0.30Mv_{fC}\sin 80°$$

(注意，因為我們選擇的座標軸，使得 $p_{fA,y} = 0$)。9-48 式現在可寫成

$$P_{iy} = P_{fy} = P_{fA,y} + P_{fB,y} + P_{fC,y}$$

又 $v_{fC} = 5.0$ m/s，即

$$0 = 0 - 0.20Mv_{fB}\sin 50° + (0.30M)(5.0\,m/\,s)\sin 80°$$

由此可解出

$$v_{fB} = 9.64\,m/\,s \approx 9.6\,m/\,s \qquad (答)$$

(b) A 塊的速率為何？

計算　沿著 x 軸方向，因為沒有淨外力作用椰子和其碎片上，線動量在 x 軸上也會守恆。因此我們有

$$P_{ix} = P_{fx} \qquad (9\text{-}49)$$

其中因爲椰子一開始是靜止的，所以 $P_{ix} = 0$。爲了得到 P_{fx}，我們要找出末動量的 x 分量，並使用 A 塊質量必爲 $0.50M (= M - 0.20M - 0.30M)$ 的事實：

$$P_{fA,x} = -0.50Mv_{fA}$$

$$P_{fB,x} = -0.20Mv_{fB,x} = 0.20Mv_{fB}\cos 50°$$

$$P_{fC,x} = 0.30Mv_{fC,x} = 0.30Mv_{fC}\cos 80°$$

沿著 x 軸方向動量守恆的 9-49 式現在可以被寫成

$$P_{ix} = P_{fx} = P_{fA,x} + P_{fB,x} + P_{fC,x}$$

又 $v_{fC} = 5.0$ m/s 且 $v_{fB} = 9.64$ m/s，即

$$0 = -0.50Mv_{fA}$$
$$+ 0.20M(9.64\,\text{m/s})\cos 50°$$
$$+ 0.30M(5.0\,\text{m/s})\cos 80°$$

由此可解出

$$v_{fA} = 3.0\,\text{m/s} \tag{答}$$

PLUS Additional example, video, and practice available at *WileyPLUS*

9-6 碰撞中的動量與動能

學習目標

在閱讀完這個區塊的文字之後，讀者應該能夠...

9.28 區分彈性碰撞、非彈性碰撞與完全非彈性碰撞。

9.29 辨別出一維碰撞前後，碰撞物體們都沿著同一軸運動。

9.30 在一獨立的一維碰撞系統中，應用動量守恆定律，將物體們的初動量與碰撞後的動量連繫起來。

9.31 對於一個封閉的系統，辨別出即使系統內物體發生碰撞，系統動量與質心速度不會改變。

關鍵概念

● 在兩物體間的非彈性碰撞中，系統動能不會守恆。但若此系統爲封閉且獨立的，則此系統的總線動量會守恆，我們可以將其寫成向量形式

$$\vec{P}_{1i} + \vec{P}_{2i} = \vec{P}_{1f} + \vec{P}_{2f}$$

其中下標 i 和 f 分別代表碰撞前與碰撞後。

● 若碰撞過程中物體皆沿著單一軸運動，則此碰撞爲一維碰撞，並且我們可以將動量守恆定律以沿著該軸的速度分量表示：

$$m_1 v_{1i} + m_2 v_{2i} = m_1 v_{1f} + m_2 v_{2f}$$

● 若碰撞過程中物體黏在一起，則此碰撞爲完全非彈性碰撞，並且碰撞後物體具有相同的速度 V (因爲它們黏在一起)。

● 在由兩物體所組成的封閉、獨立的碰撞系統中，系統質心位置不會受到碰撞影響。特別地，系統質心速度 $\vec{v}_{com}$ 在碰撞前後亦不能改變。

碰撞的動量及動能

在第 9-4 節中，我們考慮了兩個像粒子般的物體的碰撞，但是我們一次只觀察一個物體。在接下來的各節中，我們將注意力移轉到系統本身，並且假設系統是封閉和孤立的。在第 9-5 節中，我們討論了一個有關這種系統的法則：因爲沒有淨外力去改變系統的總線性動量，所以總線性動量 $\vec{P}$ 不會改變。這是非常強力的法則，因爲可讓我們在不知道碰撞細節(例如像造成多少損害)的情形下，求出碰撞的結果。

我們對兩個物體碰撞的系統動能，也是需要注意的。若這兩個碰撞物體的系統之總動能在碰撞時不變，則該系統的動能是守恆的(碰撞前和碰撞後都相同)。這樣的碰撞稱為**彈性碰撞**(elastic collision)。每天常見的物體碰撞，如兩輛車或球與球棒，總有一些能量由動能轉成了其它形式的能量，例如熱能或聲能。因此，系統的動能並不守恆。這樣的碰撞稱為**非彈性碰撞**(inelastic collision)。

然而，在一些情況中，我們可令普通物體的碰撞近似於彈性的。假設你將一個特製球丟到硬地板上。若球和地板(或地球)間的碰撞是彈性的，則球將不會因碰撞而損失動能，且將彈回它原來的高度。然而，實際反彈的高度是會低一點，表示至少有一點動能在碰撞中損失了。也因此該碰撞是有些非彈性的，但我們仍可忽略這一點點的損失，令這此碰撞近似於彈性。

兩個物體的非彈性碰撞總是涉及系統的動能損失。如果兩個物體結合在一起，則碰撞過程發生最大動能損失，在這種情形下的碰撞稱為**完全非彈性碰撞**(completely inelastic collision)。棒球和球棒的碰撞是非彈性的。然而，因為潮濕油灰球會黏在球棒上，所以潮濕油灰球和球棒的碰撞是完全非彈性的。

一維的非彈性碰撞

一維非彈性碰撞

圖 9-14 所示為物體在作一維碰撞(即在碰撞前及後，此運動均沿單一軸行進)之前及之後的情形。在碰撞前(下標 i)和碰撞後(下標 f)的速度已標出。此兩物體組成了我們所要的封閉且孤立的系統我們可寫下此二物體系統的總動量守恆定律，即

$$(\text{碰撞前的總動量}\ \vec{P}_i) = (\text{碰撞後的總動量}\ \vec{P}_f)$$

寫成符號即為

$$\vec{P}_{1i} + \vec{P}_{2i} = \vec{P}_{1f} + \vec{P}_{2f} \quad \text{(線動量守恆)} \tag{9-50}$$

因為此運動是一維的，故我們可以把向量頭上的箭號丟掉，並僅使用沿該軸的分量，而以正負表示方向。因此，由 $p = mv$，我們可把 9-50 式改寫成

$$m_1 v_{1i} + m_2 v_{2i} = m_1 v_{1f} + m_2 v_{2f} \tag{9-51}$$

若我們知道如質量，初速度，及某個末速度，我們便可找出 9-51 式中的另一個末速度。

一維完全非彈性碰撞

圖 9-15 所示為兩物體在作了完全非彈性碰撞(即它們合在一起了)之前及之後的情形。質量 m_2 的物體一開始正好是靜止的($v_{2i} = 0$)。我們可稱

圖例為非彈性碰撞的一般情形

物體 1　　　物體 2

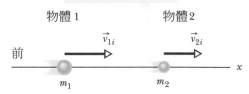

前

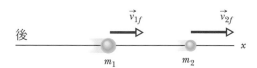

後

圖 9-14 物體 1 及 2 在作非彈性碰撞前及後，沿 x 軸移動的情形。

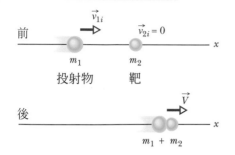

完全非彈性碰撞中
的碰撞物黏在一起

圖 9-15 兩物體間的完全非彈性碰撞。碰撞前，質量 m_2 的物體靜止且質量 m_1 的物體直接朝它移動。碰撞後，合在一起的兩物體同以速度 $\vec{V}$ 移動。

此物體是一個靶，而入射物體為一個投射物。在碰撞過後，合在一起的物體以速度 V 移動。在此情況裡，9-51 式可寫成

$$m_1 v_{1i} = (m_1 + m_2)V \tag{9-52}$$

$$V = \frac{m_1}{m_1 + m_2} v_{1i} \tag{9-53}$$

若我們知道如投射物的質量及初速度 v_{1i}，便可求出 9-53 式中的末速度 V。注意，V 必須小於 v_{1i}，因為 $m_1/(m_1+m_2)$ 的比值必小於 1。

質心速度

對一封閉，孤立的系統，其質心速度 $\vec{v}_{\text{com}}$ 並不會因碰撞而改變。因為既然系統是孤立的，便不會有淨外力來改變它。為了求出 $\vec{v}_{\text{com}}$ 的表示式，讓我們回到圖 9-14 中的二物體系統及一維碰撞。由 9-25 式（$\vec{P} = M\vec{v}_{\text{com}}$），我們可寫下 $\vec{v}_{\text{com}}$ 與該系統的總線動量 $\vec{P}$ 的關係為

$$\vec{P} = M\vec{v}_{\text{com}} m_1 v_{1i} = (m_1 + m_2)\vec{v}_{\text{com}} \tag{9-54}$$

總線動量 $\vec{P}$ 在碰撞期間是守恆的，因此它可由 9-50 式的任一邊得到。我們採用左式並寫成

$$\vec{P} = \vec{p}_{1i} + \vec{p}_{2i} \tag{9-55}$$

將上式之 $\vec{P}$ 代入 9-54 式，並求解 $\vec{v}_{\text{com}}$，得

$$\vec{v}_{\text{com}} = \frac{\vec{P}}{m_1 + m_2} = \frac{\vec{p}_{1i} + \vec{p}_{2i}}{m_1 + m_2} \tag{9-56}$$

此式右邊為一常數，因此在碰撞前或後 $\vec{v}_{\text{com}}$ 具有相同大小。

圖 9-16 圖 9-15 中的兩物體系統在作非彈性碰撞時的一些靜止畫面。每個畫面都標出該系統的質心。質心速度 $\vec{v}_{\text{com}}$ 並不受碰撞影響。因為物體在碰撞後結合在一起，所以其共同速度 $\vec{V}$ 便等於質心速度 $\vec{v}_{\text{com}}$。

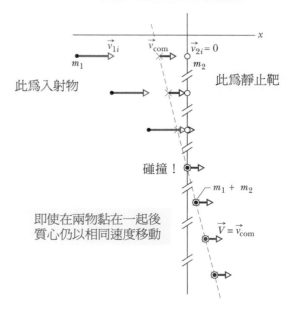

兩物體系統的質心位於
兩者之間，且以定速度移動

此為入射物

此為靜止靶

碰撞！

即使在兩物黏在一起後
質心仍以相同速度移動

例如，圖 9-16 所示為在圖 9-15 中的完全非彈性碰撞裡，質心運動的一系列靜止畫面。物體 2 為靶，它在 9-56 式裡的初線動量為 $\vec{p}_{2i} = m_2\vec{v}_{2i} = 0$。物體 1 為投射物，它在 9-56 式裡的初線動量為 $\vec{p}_{1i} = m_1\vec{v}_{1i} = 0$。注意，在由碰撞前顯示到碰撞後的一系列畫面裡，質心始終以等速度向右移動。在碰撞後，因為此時質心與合在一起的物體同時移動，故物體共有的末速度 V 等於 $\vec{v}_{\text{com}}$。

測試站 7

物體 1 和物體 2 作一維完全非彈性碰撞。試求末動量，且初動量分別為：(a) 10 kg · m/s 及 0；(b) 10 kg · m/s 及 4 kg · m/s；(c) 10 kg · m/s 及 –4 kg · m/s。

範例 9.7　衝量守恆，衝擊擺

這裡提供了一個物理學中常用技巧的例子。解題時我們並不能將題中所展示的作 y 做為一整體看待（對此我們並沒有可用的方程式）。因此，我們將此運動分為三個步驟並分別解決（對此我們有才可用方程式）。

衝擊擺是在電子定時裝置發展以前，用來量測子彈速率的裝置。圖 9-17 所示之版本包含一大木塊，質量 $M = 5.4$ kg，以二長繩懸掛而成。一個質量 $m = 9.5$ g 的子彈射入木塊，很快就靜止。木塊+子彈系統向上擺動。當擺至其圓弧軌線尾端而呈暫停時，系統的質心上升的垂直距離為 $h = 6.3$ cm。則在碰撞前一刻子彈的速率為何？

關鍵概念

我們可以看出子彈的速率 v 決定了上升高度 h。然而，我們不能用力學能守恆來把這兩個量連在一起，因為顯然能量會在子彈打入木塊時，由力學能轉換成其它形式的能量（如熱能及用以使木塊裂開的能量）。但我們可以將這個複雜的運動分解成兩個可個別分析的步驟：(1)子彈與木塊碰撞，(2)子彈與木塊上升，在後面一個步驟中，力學能是守恆的。

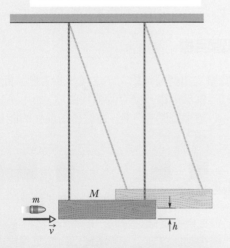

此處發生兩事件。子彈撞擊木塊，然後子彈-木塊系統上擺了高度 h

圖 9-17　衝擊擺，用來量測子彈的速率。

推理步驟 1　此子彈-木塊系統的碰撞很短，短到我們可做下面兩個重要的假設：(1)碰撞時，木塊所受重力及吊繩對木塊的施力仍為平衡。因此，在碰撞期間，此子彈-木塊系統的淨外衝量為零。故此系統為孤立的，它的線動量守恆。

（碰撞前總動量）=（碰撞後總動量）　　(9-57)

(2)子彈與木塊剛碰撞完時的方向為子彈最初運動的方向，由這點來看，此碰撞可視為是一維的。

因爲碰撞是一維的，木塊最初爲靜止，再加上子彈嵌入了木塊，所以我們可用 9-53 式來表達線動量守恆。將該式符號改成與此處相對應的符號，可得

$$V = \frac{m}{m+M}v \qquad (9\text{-}58)$$

推理步驟 2 當子彈與木塊一起擺動時，此子彈-木塊-地球系統的力學能是守恆的。

(底部的力學能) = (頂部的力學能)　(9-59)

(因爲繩子對木塊施力的方向恆垂直於木塊行進的方向，故此力並不會改變系統的力學能)。令木塊最初的水平高度爲我們的重力位能爲零的參考高度。則力學能守恆便意味著在擺動開始時的系統動能必等於

擺動到最高點時，系統的重力位能。因爲子彈和木塊在擺動開始時的速率即碰撞結束瞬間的速率 V，故守恆律可寫成

$$\frac{1}{2}(m+M)V^2 = (m+M)gh \qquad (9\text{-}60)$$

兩步驟結合 將 9-58 式的 V 代入可得

$$V = \frac{m+M}{m}\sqrt{2gh} \qquad (9\text{-}61)$$

$$= \left(\frac{0.0095\,\text{kg} + 5.4\,\text{kg}}{0.00095\,\text{kg}}\right)\sqrt{(2)(9.8\,\text{m/s}^2)(0.063\,\text{m})}$$

$$= 630\,\text{m/s} \qquad (\text{答})$$

此衝擊擺是一種「轉換器」，將輕質量物體(子彈)的高速轉換成重物(木塊)的低速，因此而易於測量。

9-7 　一維彈性碰撞

學習目標

在閱讀完這個區塊的文字之後，讀者應該能夠...

9.32 對於一維且獨立的彈性碰撞，應用系統總能量守恆與總動量守恆，連繫碰撞前後的能量值與動量值。

9.33 對於一個撞擊靜止目標物的投射物，辨別出下列三種情形下的碰撞結果：兩物體質量相等，目標物質量大於投射物，以及投射物質量大於目標物。

關鍵概念

● 彈性碰撞是碰撞中的一個特殊類型，其系統在碰撞前後動能會守恆。若系統爲封閉且獨立的，則此系統的線動量亦會守恆。若在一個一維碰撞中，物體 2 爲目標物而物體 1 入射的投射物，則透過動能守恆及線動量守恆，我們即可得兩物體在碰撞結束的瞬間速度分別爲

$$v_{1f} = \frac{m_1 - m_2}{m_1 + m_2}v_{1i}$$

和

$$v_{2f} = \frac{2m_1}{m_1 + m_2}v_{1i}$$

一維彈性碰撞

如同我們在 9-6 節討論過的，日常生活中的碰撞是非彈性的，但我們可將其中一些近似成彈性的。意即我們可令碰撞物體的動能趨近守恆且沒有轉換成其它形式的能量：

(碰撞前的總動能) = (碰撞後的總動能)　(9-62)

它的意思是：

 在彈性碰撞中，每一個碰撞物體的動能可能會變，但系統的
總動能是不變的。

　　例如，在撞球遊戲裡，母球與子球的碰撞便可近似成彈性的。若此
碰撞是正向的(母球直接迎頭撞上子球)，母球的動能幾乎可全部傳給子球
(儘管如此，這個碰撞實際上會將一部分能量轉移至你聽見的聲音)。

靜止靶

　　圖 9-18 所示為作一維碰撞之前及之後的兩物體，情況類似撞球間的
正面撞擊。質量 m_1，初速度 v_{1i} 的投射物，朝質量 m_2，原為靜止($v_{2i} = 0$)
的靶移動。假設這兩物體系統是封閉且孤立的。則其淨線動量便為守恆，
由 9-51 式，該守恆可寫成

$$m_1 v_{1i} = m_1 v_{1f} + m_2 v_{2f} \text{(線動量)} \qquad (9\text{-}63)$$

若碰撞是彈性的，則總動能便為守恆，可寫成

$$\frac{1}{2} m_1 v_{1i}^2 = \frac{1}{2} m_1 v_{1f}^2 + \frac{1}{2} m_2 v_{2f}^2 \text{(動能)} \qquad (9\text{-}64)$$

在這些方程式裡，下標 i 代表物體的初速度，f 代表末速度。若我們知道
物體的質量，也同時知道物體 1 的初速度 v_{1i}，則未知的量便只有兩物體
的末速度 v_{1f} 及 v_{2f}。由上面兩個方程式，我們便可以解出這兩個未知數。

　　首先將 9-63 式重寫成

$$m_1(v_{1i} - v_{1f}) = m_2 v_{2f} \qquad (9\text{-}65)$$

且 9-64 式可寫為[*]

$$m_1(v_{1i} - v_{1f})(v_{1i} + v_{1f}) = m_2 v_{2f}^2 \qquad (9\text{-}66)$$

將 9-66 式除以 9-65 式並作一些代數運算後可得

$$v_{1f} = \frac{m_1 - m_2}{m_1 + m_2} v_{1i} \qquad (9\text{-}67)$$

$$v_{2f} = \frac{2m_1}{m_1 + m_2} v_{1i} \qquad (9\text{-}68)$$

注意到 v_{2f} 恆正(一開始靜止、質量為 m_2 的目標物永遠向前運動)。而由
9-67 式可知，v_{1f} 可能為任一正負符號(若 $m_1 > m_2$，則質量的投射物會向
前移動，若 $m_1 < m_2$ 則反彈)。

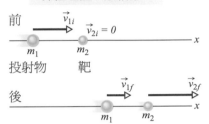

圖例為含有靜止靶的
彈性碰撞一般情形

圖 9-18　物體 1 在與物體 2 作彈性碰撞前
沿 x 軸移動，物體 2 最初為靜止。碰撞後，
兩物體均沿 x 軸移動。

---

[*]　在此步驟中，使用了等式 $a^2 - b^2 = (a - b)(a + b)$。可簡化求解聯立方程式
　　9-65 及 9-66 所需的代數量。

讓我們來看一些特殊情況。

1. **等質量**

   若 $m_1 = m_2$，則 9-67 及 9-68 式便簡化成

   $$v_{1f} = 0 \quad \text{且} \quad v_{2f} = v_{1f}$$

   我們可以稱之為撞球效果。它預測兩等質量物體在迎頭撞上後，物體 1 (最初是移動的)會在它的軌跡上完全停住，而物體 2 (最初是靜止的)則以物體 1 的初速率離開。在正面碰撞中，等質量的兩物體單純地交換速度。即使靶(物體 2)一開始並非靜止也成立。

2. **大質量的靶**

   在圖 9-18 裡，大質量靶意味著 $m_2 \gg m_1$。例如，發射一顆高爾夫球去撞砲彈。則 9-67 及 9-68 式會化簡成

   $$v_{1f} \approx -v_{1i} \quad \text{且} \quad v_{2f} \approx \frac{2m_1}{m_2} v_{1i} \tag{9-69}$$

   由此可知，物體 1 (高爾夫球)單純地沿原路徑反彈回去，基本上速率不變。起初靜止的物體 2 (砲彈)則以低速前進，這是因為 9-69 式括號裡的值遠小於 1 的緣故。這都是可以預期的。

3. **大質量的投射物**

   這是一個相反的例子即 $m_1 \gg m_2$。這一次，我們發射砲彈去撞擊高爾夫球。9-67 及 9-68 式簡化成

   $$v_{1f} \approx v_{1i} \quad \text{且} \quad v_{2f} \approx 2v_{1i} \tag{9-70}$$

   9-70 式告訴了我們物體 1 (砲彈)會繼續前進，幾乎不因碰撞而減速。物體 2 (高爾夫球)則以兩倍於砲彈的速率帶頭向前衝。怎麼會是兩倍呢？你可以回想一下 9-69 式所描述的碰撞裡，輕質量入射物(高爾夫球)的速度由+v 變成了−v，共改變了 2v。在此例中，速度也有相同的改變(但是由零變成 2v)。

移動靶

現在，我們已討論過一投射物與一靜止靶的彈性碰撞，接著就要來看看在作彈性碰撞前，兩物體均在移動的情形。

對圖 9-19 的情形而言，線動量守恆可寫成

$$m_1 v_{1i} + m_2 v_{2i} = m_1 v_{1f} + m_2 v_{2f} \tag{9-71}$$

而動能守恆則可寫成

$$\frac{1}{2} m_1 v_{1i}^2 + \frac{1}{2} m_2 v_{2i}^2 = \frac{1}{2} m_1 v_{1f}^2 + \frac{1}{2} m_2 v_{2f}^2 \tag{9-72}$$

圖例為含有移動靶的彈性碰撞一般情形

圖 9-19　兩物體朝一維彈性碰撞前進。

要解出此聯立方程式以求得 v_{1f} 及 v_{2f}，我們首先將 9-71 式改寫為

$$m_1(v_{1i} - v_{1f}) = -m_2(v_{2i} - v_{2f}) \qquad (9\text{-}73)$$

9-72 式則改寫為

$$m_1(v_{1i} - v_{1f})(v_{1i} + v_{1f}) = -m_2(v_{2i} - v_{2f})(v_{2i} + v_{2f}) \qquad (9\text{-}74)$$

將 9-74 式除以 9-73 式並作一些代數運算後可得

$$v_{1f} = \frac{m_1 - m_2}{m_1 + m_2}v_{1i} + \frac{2m_2}{m_1 + m_2}v_{2i} \qquad (9\text{-}75)$$

$$v_{2f} = \frac{2m_1}{m_1 + m_2}v_{1i} + \frac{m_2 - m_1}{m_1 + m_2}v_{2i} \qquad (9\text{-}76)$$

注意，下標 1 及 2 的分配是任意的。若我們把圖 9-19 及 9-75 和 9-76 式裡的下標交換，結果仍會得到相同的方程式。同時也注意，若我們令 $v_{2i} = 0$，則物體 2 變為圖 9-18 裡靜止的靶，9-75 及 9-76 式分別簡化成 9-67 及 9-68 式。

 測試站 8

在圖 9-18 中靶的最終線動量為何，如果最初投射物的線動量為 6 kg · m/s，且最後投射物的線動量分別為(a) 2 kg · m/s，(b) −2 kg · m/s。(c) 試求靶最後的動能，如果投射物最初與最後的動能分別是 5 J 和 2 J。

範例 9.8 彈性碰撞的鏈鎖反應

在圖 9-20a 中，木塊 1 以速度 $v_{1i} = 10\,\text{m/s}$ 朝同一直線上的兩靜止木塊接近。木塊 1 與木塊 2 碰撞後，木塊 2 又和質量為 $m_3 = 6.0\,\text{kg}$ 的木塊 3 碰撞。在第二次碰撞結束後，木塊停止，而木塊 3 則獲得速度 $v_{3f} = 5.0\,\text{m/s}$（圖 9-20b）。假定碰撞為彈性的。則木塊 1 和木塊 2 的質量分別為多少？木塊 1 的末速度為何？

關鍵概念

由於題目假定碰撞為彈性的，所以我們必須使力學能守恆(因此散失到聲音、熱和木塊振盪的能量可以以被忽略))。因為水平方向上並沒有外力作用在木塊上，我們需在沿 x 軸方向上使動量守恆。基於這兩個原因，我們可以應用 9-67 式和 9-68 式到每個碰撞中。

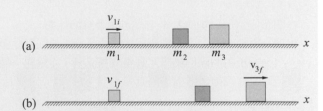

圖 9-20 木塊 1 碰撞到靜止的木塊 2，接著木塊 2 再碰撞到靜止的木塊 3

計算 如果我們先從第一次碰撞著手，則我們將會有太多未知的變數：我們並不知到碰撞中木塊的質量與初速。因此讓我們先考慮第二次碰撞，其中木塊 2 在和木塊 3 碰撞後回到靜止。應用 9-67 式到第二次碰撞，我們得

$$v_{2f} = \frac{m_2 - m_3}{m_2 + m_3}v_{2i}$$

其中 v_{2i} 為木塊二在第二次撞擊前的初速，v_{2f} 為其撞擊末速。代入 $v_{2f} = 0$ (木塊二停止)和 $m_3 = 6.0\,\text{kg}$，我們得

$$m_2 = m_3 = 6.00\,\text{kg} \qquad \text{(答)}$$

相似地，對於第二次碰撞，我們亦可將 9-68 式寫成-

$$v_{3f} = \frac{2m_2}{m_2 + m_3} v_{2i}$$

其中 v_{3f} 為木塊 3 的末速度。帶入 $m_2 = m_3$ 和 $v_{3f} = 5.0\,\text{m/s}$，我們得

$$v_{2i} = v_{3f} = 5.0\,\text{m/s}$$

接著，讓我們回到第一次碰撞，但我們必須小心木塊 2 的下標：它的速度 v_{2f} 此時為地一次碰撞後的末速，並和其第二次碰撞前的初速 v_{2i} 相等 ($=5.0\text{m/s}$)。套用 9.68 式到第一次碰撞並代入

$v_{1i} = 10\,\text{m/s}$，我們得

$$v_{2f} = \frac{2m_1}{m_1 + m_2} v_{1i}$$

$$5.0\,\text{m/s} = \frac{2m_1}{m_1 + m_2}(10\,\text{m/s})$$

因此

$$m_1 = \frac{1}{3} m_2 = \frac{1}{3}(6.0\,\text{kg}) = 2.0\,\text{kg} \qquad \text{(答)}$$

最終，應用 9-67 式並代入此結果到第一次碰撞，我們寫下

$$v_{1f} = \frac{m_1 - m_2}{m_1 + m_2} v_{1i}$$

$$= \frac{\dfrac{1}{3} m_2 - m_2}{\dfrac{1}{3} m_2 + m_2}(10\,\text{m/s}) = -5.0\,\text{m/s} \qquad \text{(答)}$$

PLUS Additional example, video, and practice available at *WileyPLUS*

9-8 二維碰撞

學習目標

在閱讀完這個區塊的文字之後，讀者應該能夠…

9.34 對於一個發生二維碰撞的獨立系統，分別對座標系統中的兩個軸應用動量守恆定律，連繫同一軸上碰撞前與碰撞後的動量分量。

9.35 對於一個發生二維彈性碰撞的獨立系統，(a)分別對座標系統中的兩個軸應用動量守恆定律，連繫同一軸上碰撞前與碰撞後的動量分量(b)應用動能守恆定律，連繫碰撞前與碰撞後系統的總動能。

關鍵概念

● 如果兩物體在碰撞過程前後並不沿著同一個軸運動(非正面碰撞)，則此碰撞為二維的。若此雙質點系統為封閉且獨立的，則碰撞過程動量守恆定律成立，可以被寫為

$$\vec{P}_{1i} + \vec{P}_{2i} = \vec{P}_{1f} + \vec{P}_{2f}$$

在分量形式中，動量守恆給予了我們兩個描述此碰撞的方程式(每個軸會有一個)。若此二維碰撞亦為彈性的(一個特例)，則動能守恆給出了第三個方程式：

$$K_{1i} + K_{2i} = K_{1f} + K_{2f}$$

二維碰撞

當兩物體相撞，其中之一給予另一個的衝量會決定它們接下來行進的方向。特別當碰撞並非是正面的時候，結果是物體不會再沿著初始軸前進。對發生在一個封閉，孤立的系統中的這樣一個二維碰撞，總線動量仍必須守恆：

$$\vec{P}_{1i} + \vec{P}_{2i} = \vec{P}_{1f} + \vec{P}_{2f} \tag{9-77}$$

若此碰撞也是彈性的(特殊情況下)，則總動能也守恆：

$$K_{1j} + K_{2j} = K_{1f} + K_{2f} \tag{9-78}$$

若我們以一 xy 座標系的分量來寫下 9-77 式，會更有助於分析一個二維碰撞。例如，圖 9-21 顯示的是，在一投射物與原本靜止的靶之間的擦撞 (並非正面的)。投射物起初沿 x 軸前進，物體間的衝撞使它們改以與 x 軸夾 θ_1 及 θ_1 角的方向離去。在此情形裡，9-77 式可重寫成分量形式，沿 x 軸時為

$$m_1 v_{1i} = m_1 v_{1f} \cos\theta_1 + m_2 v_{2f} \cos\theta_2 \tag{9-79}$$

而沿 y 軸時為

$$0 = -m_1 v_{1f} \sin\theta_1 + m_2 v_{2f} \sin\theta_2 \tag{9-80}$$

我們也可以把 9-78 式(彈性碰撞的特殊情形)改以速率寫成：

$$\frac{1}{2} m_1 v_{1i}^2 = \frac{1}{2} m_1 v_{1f}^2 + \frac{1}{2} m_2 v_{2f}^2 \quad \text{(動能)} \tag{9-81}$$

從 9-79 到 9-81 式共包含了七個變數：兩個質量，m_1 及 m_2；三個速率，v_{1i}，v_{1f} 及 v_{2f}；及兩個角度，θ_1 及 θ_2。若我們知道其中任意四個的數值，便可以解這三個方程式，求出剩餘的三個未知數。

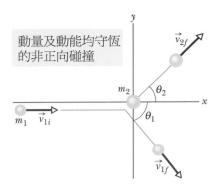

動量及動能均守恆的非正向碰撞

圖 9-21　兩物體作彈性碰撞但非正向。質量為 m_2 之物體(靶)原為靜止。

測試站 9

如圖 9-21，假設投射體的初動量為 6 kg・m/s，且碰撞後的 x 分量為 4 kg・m/s，y 分量為 −3 kg・m/s。試問對於靶體，碰撞後動量的 (a) x 分量與 (b) y 分量各為何？

9-9　變質量系統：火箭

學習目標

在閱讀完這個區塊的文字之後，讀者應該能夠...

9.36　應用第一火箭方程式，將火箭的質量損失速率、廢氣相對火箭的速率、火箭的質量及火箭的加速度連繫起來。

9.37　應用第二火箭方程式，將火箭速率的變化和廢氣對火箭的相對速率、火箭的初質量、火箭的末質量連繫起來。

9.38　對於一個給定質量變化速率的運動系統，將此速率與動量改變連繫起來。

關鍵概念

● 沒有外力下，一個火箭的瞬時加速度為

$$Rv_{rel} = Ma \quad (\text{第一火箭方程式})$$

其中M為火箭的瞬時質量(包含未消耗的燃料)，R為燃料消耗率，而v_{rel}則為排出的廢氣相對火箭的速率。Rv_{rel} 這項為火箭引擎的推力。

● 對於一個R和v_{rel}為常數的火箭，若其速率從v_i變為v_f，質量從M_i變成M_f，則

$$v_f - v_i = v_{rel} \ln \frac{M_i}{M_f} \quad (\text{第二火箭方程式})$$

變質量系統：火箭

到目前為止，我們都假定所處理的系統中的總質量固定不變。但有時並非如此，例如火箭。在發射台上的火箭質量大部分為燃料，全都會燃燒並由火箭引擎的噴嘴排出。

當火箭加速時，我們處理火箭質量的變化所採取的作法是，將牛頓第二定律不只施加於火箭本身，而是施加於火箭與其排出的燃燒物。此一系統的質量在火箭加速時是不變的。

求加速度

假設我們相對於一慣性座標系為靜止的，由此觀察一火箭在不受重力及空氣阻力作用下，加速通過太空。在這個一維運動中，令任一時間 t 的火箭質量為 M，速度為 v (見圖 9-22a)。

圖 9-22 (a)在時間 t，由慣性參考座標所見質量為 M 之加速度中的火箭。(b) $t + dt$ 時所見同一火箭之情形。在 dt 時間內所排出的廢氣亦如圖示。

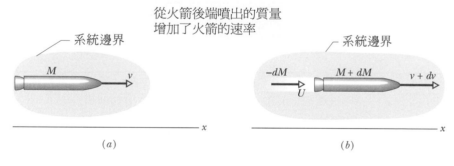

從火箭後端噴出的質量增加了火箭的速率

(a) (b)

圖 9-22 b 所示為過了 dt 時間後，系統的情形。此時火箭的速度為 $v + dv$，質量為 $M + dM$，其中質量的改變量 dM 是負值。在 dt 的時間間隔內，由火箭排出的廢氣質量為$-dM$，相對於我們的慣性座標之速度為 U。

動量守恆。我們的系統由火箭及在時間 dt 內排出的廢氣組成。此系統是封閉且孤立的，因此系統的線動量在 dt 的時間必定是守恆的，意即

$$P_i = P_f \tag{9-82}$$

其中，下標i及f代表時間間隔dt的開始及結束。9-82 式可重寫成

$$Mv = -dM\,U + (M + dM)(v + dv) \tag{9-83}$$

右式的第一項為 dt 時間內排出的廢氣之線動量，第二項為火箭在 dt 時間過後的線動量。

使用相對速度。我們可以用火箭及廢氣的相對速率 v_{rel} 來簡化 9-83 式，廢氣相對於座標的速度關係為

$$\begin{pmatrix} 火箭相對於 \\ 參考系之速度 \end{pmatrix} = \begin{pmatrix} 火箭相對於 \\ 產物之速度 \end{pmatrix} + \begin{pmatrix} 產物相對於 \\ 參考系之速度 \end{pmatrix}$$

此關係式寫成符號即為

$$(v + dv) = v_{rel} + U$$

$$U = v + dv - v_{rel} \tag{9-84}$$

將此結果代入 9-83 式的 U 並整理後得

$$-dM \, v_{rel} = M \, dv \tag{9-85}$$

兩邊同除以 dt 可得到

$$-\frac{dM}{dt} v_{rel} = M \frac{dv}{dt} \tag{9-86}$$

我們以 $-R$ 取代 dM/dt（火箭損失質量的速率），其中 R 為燃料質量的(正)消耗率，且我們知道 dv/dt 為火箭的加速度。由此 9-86 變成

$$Rv_{rel} = Ma \quad (第一火箭方程式) \tag{9-87}$$

9-87 式對於任何給定瞬間的值成立。

請注意，9-87 式的左邊有著力的因次($\text{kg/s} \cdot \text{m/s} = \text{kg} \cdot \text{m/s}^2 = \text{N}$)，且只和火箭引擎設計的特性有關——也就是它消耗燃料質量的速率 R 及該質量排出時相對於火箭之速率 v_{rel}。我們稱 Rv_{rel} 此項為火箭引擎的**推力**，並以 T 表示之。若我們將 9-87 式寫成 $T = Ma$，牛頓第二定律便清楚地現身了，其中 a 為火箭在其質量為 M 時的加速度。

求速度

當火箭消耗燃料時，它的速度是如何變化的呢？由 9-85 式我們得到

$$dv = -v_{rel} \frac{dM}{M}$$

積分後可得

$$\int_{v_i}^{v_f} dv = -v_{rel} \int_{M_i}^{M_f} \frac{dM}{M}$$

其中 M_i 為火箭的起始質量，M_f 為其末質量。求積分可得

$$v_f - v_i = v_{rel} \ln \frac{M_i}{M_f} \quad (第二火箭方程式) \tag{9-88}$$

此即火箭質量由 M_i 變成 M_f 期間，速率增加的方程式(9-88 式的「ln」表自然對數)。這裡我們可以看出多節火箭的優越性，它藉由接連地拋棄燃料燒盡的火箭節來減少 M_f。理想的火箭會僅帶著它所餘的負載到達目的地。

範例 9.9 火箭引擎、推力、加速度

在本節以前，本章所有的範例中，系統的質量都是一個常數(一個固定的值)。這裡提供了一個損失質量系統(火箭)的範例。初始質量 M_i 為 850 kg 之火箭，以速率 $R = 2.3$ kg/s 消耗燃料。相對於火箭引擎之噴射氣體的速率 v_{rel} 為 2800 m/s。試問火箭引擎所提供的推力為多少？

關鍵概念

推力 T 等於排出噴射氣體時，燃料消耗率 R 與對應速率 v_{rel} 的乘積，這可以由 9-87 式看出來。

計算 在此可求得

$$T = Rv_{rel} = (2.3 \text{kg/s})(2800 \text{m/s})$$
$$= 6440 \text{N} \approx 6400 \text{N} \qquad \text{(答)}$$

(b) 火箭初始加速度為何？

關鍵概念

我們能以 $T = Ma$ 讓火箭的推力 T 與所產生的加速度大小 a 產生關連，其中 M 為火箭之質量。然而，

當燃料消耗時，M 減少而 a 增加。因為此處所求為 a 之初始值，所以必須使用質量的初始值 M_i。

計算 我們得到

$$a = \frac{T}{M_i} = \frac{6440 \text{N}}{850 \text{kg}} = 7.6 \text{m/s}^2 \qquad \text{(答)}$$

為了從地球表面升空，火箭必須具有大於 $g = 9.8$ m/s^2 之初始加速度。因此在表面它必須有大於重力加速度。換言之，火箭引擎推力 T 必須超過作用於火箭上的初始重力，而重力大小為 Mg，可得

$$(850 \text{kg})(9.8 \text{m/s}^2) = 8330 \text{N}$$

因為加速度或推力的規格並不符合要求（此處 $T = 6400$ N），所以這具火箭無法從地球表面自行升空；而是需要其他更有力的火箭。

WILEY PLUS Additional example, video, and practice available at *WileyPLUS*

重 點 回 顧

質心 n 個質點組成的系統，其質心可定義為以下座標的點

$$x_{com} = \frac{1}{M}\sum_{i=1}^{n} m_i x_i \quad y_{com} = \frac{1}{M}\sum_{i=1}^{n} m_i y_i \quad z_{com} = \frac{1}{M}\sum_{i=1}^{n} m_i z_i \tag{9-5}$$

$$\vec{r}_{com} = \frac{1}{M}\sum_{i=1}^{n} m_i \vec{r}_i \tag{9-8}$$

其中 M 為系統總質量。

質點系統的牛頓第二定律 任何質點系統之質心的運動，均由**質點系統的牛頓第二定律**所支配，即

$$\vec{F}_{net} = M\vec{a}_{com} \tag{9-14}$$

這裡 $\vec{F}_{net}$ 為所有作用於系統上的外力之淨力，M 為系統總質量，$\vec{a}_{com}$ 為系統質心加速度。

線動量及牛頓第二運動定律 單一質點的線動量定義為一向量 $\vec{p}$：

$$\vec{p} = m\vec{v} \tag{9-22}$$

牛頓第二定律以動量表之為：

$$\vec{F}_{net} = \frac{d\vec{p}}{dt} \tag{9-23}$$

若為質點系統，這些關係式變為

$$\vec{P} = M\vec{v}_{com} \quad \text{且} \quad \vec{F}_{net} = \frac{d\vec{p}}{dt} \tag{9-25,9-27}$$

碰撞與衝量 將牛頓第二定律以動量的形式應用到，包含在一碰撞過程中的類似質點的各物體上，便可以導出**衝量−線動量定理**：

$$\vec{p}_f - \vec{p}_i = \Delta\vec{p} = \vec{J} \tag{9-31,9-32}$$

其中 $\vec{p}_f - \vec{p}_i = \Delta\vec{p}$ 為物體線動量的變化值,為**衝量**,來自碰撞期間一物體施予另一物體的力 $\vec{J}$:

$$\vec{J} = \int_{t_i}^{t_f} \vec{F}(t)dt \qquad (9\text{-}30)$$

若 F_{avg} 為在碰撞期間 $\vec{F}(t)$ 的平均值,Δt 為碰撞的時間間隔,則在一維碰撞的情形下

$$J = F_{avg}\Delta t \qquad (9\text{-}35)$$

當一連串質量均為 m 且速率為 v 的穩定物體群撞擊一位置固定的物體時,此固定物所受的平均力為

$$F_{avg} = -\frac{n}{\Delta t}\Delta p = -\frac{n}{\Delta t}m\Delta v \qquad (9\text{-}37)$$

其中 $n/\Delta t$ 為這些物體對固定物的撞擊率,Δv 為每個撞擊物速度的變化。這個平均力也可以改寫成

$$F_{avg} = -\frac{\Delta m}{\Delta t}\Delta v \qquad (9\text{-}40)$$

其中 $\Delta m/\Delta t$ 為質量對固定物的撞擊率。在 9-37 及 9-40 式裡,若物體在撞擊時停住了,則 $\Delta v = -v$,若它們直接彈回且速率不變,則 $\Delta v = -2v$。

線動量守恆 若一個系統是孤立的,無淨外力作用於此系統,則此系統的線動量 $\vec{P}$ 保持常數:

$$\vec{P} = 常數 \quad (封閉,孤立的系統) \qquad (9\text{-}42)$$

這也可寫成

$$\vec{P}_i = \vec{P}_f \quad (封閉,孤立的系統) \qquad (9\text{-}43)$$

$\vec{P}$ 的下標代表在最初和最後時刻。9-42 式和 9-43 式為**線動量守恆定律**的兩個等效式。

一維非彈性碰撞 在兩物體的非彈性碰撞裡,此兩物體系統的動能並非守恆。若該系統封閉且孤立,則總線動量必定守恆,寫成向量式即為

$$\vec{P}_{1i} + \vec{P}_{2i} = \vec{P}_{1f} + \vec{P}_{2f} \qquad (9\text{-}50)$$

下標 i 及 f 分別表示碰撞前一刻及後一刻的值。若物體沿單一軸運動,此碰撞便是一維的,9-50 式可以用該軸的速度分量表為

$$m_1 v_{1i} + m_2 v_{2i} = m_1 v_{1f} + m_2 v_{2f} \qquad (9\text{-}51)$$

若物體膠著在一起,此碰撞便是完全非彈性碰撞,且物體均有相同的末速度(因為它們合在一起了)。

質心的運動 兩碰撞物形成之封閉、孤立的系統,其質心並不受碰撞影響。尤其,質心的速度 $\vec{v}_{com}$ 並不會因碰撞而改變。

一維彈性碰撞 彈性碰撞是碰撞的一個特殊情況,碰撞物的系統動能在此是守恆的。若系統封閉且孤立,其線動量也是守恆的。對一個物體 2 為靶且物體 1 為入射投射物所作的一維彈性碰撞,動能及線動量守恆可以導出下列在碰撞後瞬間的速度之表示式:

$$v_{1f} = \frac{m_1 - m_2}{m_1 + m_2}v_{1i} \qquad (9\text{-}67)$$

$$v_{2f} = \frac{2m_1}{m_1 + m_2}v_{1i} \qquad (9\text{-}68)$$

二維碰撞 若兩物體相撞且不沿單一軸運動(此碰撞並非正面的),則此碰撞是二維的。若這兩物體系統是封閉且孤立的,則可將動量守恆應用在此碰撞,可寫成

$$\vec{P}_{1i} + \vec{P}_{2i} = \vec{P}_{1f} + \vec{P}_{2f} \qquad (9\text{-}77)$$

以分量形式表示時,此定律提供兩個方程式來描述碰撞(一個方程式對應一個維度)。若碰撞也是彈性的(特殊情況),則由碰撞期間的動能守恆可得到第三個方程式:

$$K_{1j} + K_{2j} = K_{1f} + K_{2f} \qquad (9\text{-}78)$$

變動質量系統 在沒有外力的情形下,火箭的瞬時加速度為

$$Rv_{rel} = Ma \quad (第一火箭方程式) \qquad (9\text{-}87)$$

其中 M 為火箭的瞬間質量(包括未消耗之燃料),R 為燃料消耗率,v_{rel} 為排出的燃料相對於火箭的速率。Rv_{rel} 項為火箭引擎的**推力**。一個 R 及 v_{rel} 為常數的火箭,當其質量由 M_i 變為 M_f 時,速率由 v_i 變成了 v_f。

$$v_f - v_i = v_{rel}\ln\frac{M_i}{M_f} \quad (第二火箭方程式) \qquad (9\text{-}88)$$

討論題

1 速率減縮器。在圖 9-23 中，質量 m_1 的木塊 1 以速率 2.00 m/s 沿著 x 軸在無摩擦地板上滑動。然後它與靜止、質量 $m_2 = 2.00m_1$ 的木塊 2 進行一維彈性碰撞。接著，木塊 2 與靜止、質量 $m_3 = 2.00m_2$ 的木塊 3 進行一維彈性碰撞。(a)請問此時木塊 3 的速率是多少？木塊 3 的(b)速率，(c)動能，和(d)動量，大於、小於或等於木塊 1 的初始值？

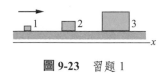

圖 9-23 習題 1

2 速率放大器。在圖 9-24 中，質量 m_1 的木塊 1 以速率 $v_{1i} = 2.00$ m/s 沿著 x 軸在無摩擦地板上滑動。然後它與靜止、質量 $m_2 = 0.500m_1$ 的木塊 2 進行一維彈性碰撞。接著，木塊 2 與靜止、質量 $m_3 = 0.500m_2$ 的木塊 3 進行一維彈性碰撞。(a)請問此時木塊 3 的速率是多少？木塊 3 的(b)速率，(c)動能，和(d)動量，大於、小於或等於木塊 1 的初始值？

圖 9-24 習題 2

3 一個 75 kg 的男人騎在以速率 2.3 m/s 行進、質量 50 kg 的小推車上。他以相對於地面零水平速率跳下車。試問所產生的推車速率改變量是多少，其中應包含正負號？

4 一個 0.270kg 的球直接落到混凝土上，以 12.0 m/s 的速度擊中它，然後以 3.00 m/s 的速度直接延伸 y 軸向上反彈。利用單位向量表示法，(a)球的動量變化為何？(b)球的衝量為何？(c)作用在混凝土的衝量為何？

5 一個電子與一個起初是靜止的氫原子進行一維彈性碰撞。請問電子的初始動能有多少百分比轉換成氫原子的動能？(氫原子質量是電子質量的 1840 倍)。

6 移動時摩擦力可以忽略的 2140 kg 鐵路平板車，停靠在月台上靜止不動。一位 242 kg 相撲角力選手沿著月台(平行於軌道)以 5.3 m/s 往前跑，然後跳到平板車上。請問平板車的速率為何，如果此時他：(a)站在平板車上，(b)在原來方向以相對於平板車的速率 5.3 m/s 往前跑，以及(c)轉向然後在與原來相反的方向上，以相對於平板車的速率 5.3 m/s 跑？

7 在一場撞球遊戲中，母球撞擊到另一個相同質量而且起初處於靜止狀態的球。在碰撞以後，母球的移動速率是 3.50 m/s，其方向與母球原來方向成 22.0°角，另一個球的速率是 2.00 m/s。試求：(a)另一個球的運動方向與母球原來方向之間的角度，以及(b)母球原先的速率。(c)請問動能(質心的動能，這裡不考慮旋轉問題)守恆嗎？

8 一個質量 2900 kg 的火箭雪橇在一組鐵軌上以速率 175 m/s 行進。在鐵軌某特定點，火箭上的勺子會浸入位於鐵軌之間的水槽中，並且將水杓入雪橇上的空櫃內。請應用線性動量守恆原理，求出在雪橇已經將水杓上 920 kg 以後的雪橇速率。忽略任何施加在勺子上的阻滯力量。

9 在圖 9-25 中，質量 $m_1 = 6.6$ kg 的木塊 1 靜止於無摩擦長桌上，長桌則緊靠牆壁。質量 m_2 的木塊 2 放置在木塊 1 和牆壁之間，並且以固定速率 v_{2i} 往左方的木塊 1 滑去。如果在木塊 2 和木塊 1 碰撞一次，並且也和牆壁碰撞一次以後，兩個木塊以相同速度運動，請求出 m_2 的值。假設所有碰撞都是彈性的(與牆壁發生碰撞，並沒有改變木塊 2 的速率)。

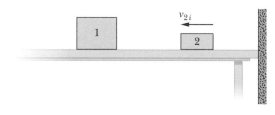

圖 9-25 習題 9

10　500.0 kg 太空艙附著於 400.0 kg 太空梭，太空梭以相對於靜止太空母艦的速率 1000 m/s 移動。然後一起小爆炸事件使太空艙以相對於太空梭新速率的速率 100.0 m/s 往後移動。則就太空母艦上的量測數據而言，由於爆炸的影響，太空艙和太空梭的動能增加比例各是多少？

11　假定匪徒以 120 發子彈/分鐘的發射率，向超人胸部掃射質量 4.0 g 的子彈，每發子彈的速率為 500 m/s。另外也假定子彈速率不變地筆直彈回。試問超人胸部上平均作用力大小為何？

12　在時間 $t = 0$，有一顆球在地面上被敲擊，並且飛過平地。圖 9-26 提供了在飛行過程中，球的動量 p 相對於 t 的曲線圖形($p_0 = 8.0$ kg．m/s 及 $p_1 = 4.0$ kg．m/s)。試問球飛出時的初始角度為何？(提示：找出一個不需要從尋找圖形中最低點時間的解。)

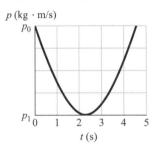

圖 9-26　習題 12

13　圖 9-27 顯示了一個邊長 $6d = 6.0$ m 的均勻正方形平板，此平板上有一塊邊長為 $2d$ 的正方形小區域已經移除。請問剩餘部分的質心的：(a) x 座標和(b) y 座標為何？

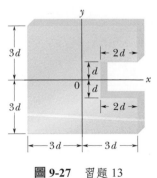

圖 9-27　習題 13

14　在 xy 坐標系的原點處，靜止的原子核產生核轉換成為三個粒子。粒子 1 的質量 16.7×10^{-27} kg，以 $(6.00 \times 10^6$ m/s$)\hat{i}$ 的速度離開原點；質量為 8.35×10^{-27} kg 的粒子 2 以 $(-8.00 \times 10^6$ m/s$)\hat{j}$ 速度離開。(a)用單位向量符號表示，質量為 11.7×10^{-27} kg 的第三個粒子的線性動量為何？(b)此轉換中可產生多少動能？

15　圖 9-28 中，塊狀物體 1 以速率 0.75 m/s 沿 x 軸在無摩擦地板上滑行。當它抵達靜止塊狀物體 2 的時候，兩個塊狀物體進行了彈性碰撞。下列表格告訴我們兩個(均勻)塊狀物體的質量和長度，以及在時間 $t = 0$ 其中心點的位置。試問：(a)在 $t = 0$ 的時候，(b)當兩個塊狀物體剛接觸的時候，以及(c)在 $t = 4.0$ s 的時候，兩個塊狀物體的系統質心在什麼位置？

物塊	質量(kg)	長度(cm)	$t = 0$ 時的中心
1	0.25	5.0	$x = -1.50$ cm
2	0.50	6.0	$x = 0$

圖 9-28　習題 15

16　在圖 9-29 中，3.2 kg 跑鞋盒子在水平無摩擦桌面上滑行，它會與位於桌面邊緣、起初是靜止的 2.0 kg 芭蕾舞鞋盒子發生碰撞，桌面高度 $h = 0.30$ m。在發生碰撞以前的瞬間，3.2 kg 盒子的速率是 3.0 m/s。如果由於在盒子周圍包裝繩的關係，碰撞以後兩個盒子因而附著在一起，請問在它們撞到地面以前的瞬間，它們的動能是多少？

圖 9-29　習題 16

17　(a)地球-月球系統的質心，與地球中心點相距多遠？(附錄 C 有提供地球和月球的質量，及兩者間的距離)。(b)該距離是地球半徑的多少百分比？

18 一 6090 kg 太空探險火箭以相對於太陽 140 m/s 之速率,以船首朝向木星移動。然後火箭發動機噴出 80.0 kg 氣體,此氣體相對於探險火箭之速率為 253 m/s。探險火箭的末速度為何?

19 在圖 9-30 中,兩個完全相同的裝糖容器以一條細繩予以連接,而且細繩穿過無摩擦的滑輪。細繩和滑輪的質量可以忽略,每一個容器和其內的糖加起來的質量是 500 g,兩個容器的中心分隔了 50 mm 的距離,而且兩個容器被約束在相同高度。請

圖 9-30 習題 19

問在容器 1 的中心和兩個容器的系統質心之間的水平距離,(a)起初是多少,(b)在將 20 g 糖從容器 1 轉移到容器 2 後是多少?在轉移這些質量的糖以後,以及在將兩個容器釋放以後,其質心以(c)什麼方向和(d)什麼加速度量值來移動?

20 一個質量 2400 kg 的舊型克萊斯勒正沿著公路的直線路段,以時速 80 km/h 移動。其後尾隨著質量 1600 kg、速率 40 km/h 的福特汽車。試問兩輛汽車的質量中心移動的速率為何?

21 在圖 9-31 中,質量 m_1 的物塊 1 由靜止狀態,從無摩擦斜坡上的高度 $h = 2.50$ m 處往下滑動,然後與靜止的物塊 2 發生碰撞,已知物塊 2 的質量是 $m_2 = 2.00m_1$。在碰撞之後,物塊 2 進入動摩擦係數 μ_k 是 0.600 然後在該區域行進了距離 d 才停止。如果此碰撞是:(a)彈性,(b)完全非彈性,試問距離 d 的值為何?

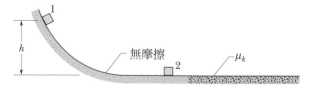

圖 9-31 習題 21

22 兩個濕油灰球沿著垂直軸彼此直接朝著對方移動,然後兩者之間發生完全非彈性碰撞。在碰撞之前的瞬間,其中一個質量 3.0 kg 的球以速率 28 m/s 往上

移動,另一個質量 2.0 kg 的球以速率 12 m/s 往下移動。兩個油灰球結合在一起之後,可以上升到位於碰撞點上方多高的地方?(忽略空氣阻力)。

23 質點 A 及 B 藉由處於它們之間的一壓縮彈簧連結在一起。當它們被鬆開時,彈簧把它們推開了,它們朝相反的方向移動,遠離彈簧。A 的質量為 B 的 2.00 倍,儲存在彈簧裡的能量為 90 J。設彈簧的質量可忽略,且其能量全都轉移到了質點身上。當此轉換完成時,求(a)質點 A 及 (b)質點 B 的動能各為何?

24 如圖 9-32a 所示,狗重 4.5 kg,站在重量 18 kg 的平底船上,離岸 D = 5.6 m。狗在船上向岸走 3.0 m 後停止。假設船與水間無摩擦,最後狗離岸多遠?(提示:見圖 9-32b)。

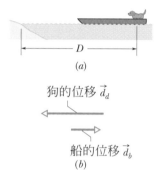

狗的位移 $\vec{d}_d$

船的位移 $\vec{d}_b$

(b)

圖 9-32 習題 24

25 如圖 9-33 所示,一個無人太空探測器(質量為 m;相對於太陽的速度為 v)接近木星(質量為 M;相對於太陽的速度為 V_J)。 飛行器繞行星旋轉再朝反方向離開。在這次重力彈射(slingshot encounter)之後,相對於太陽的速度(以 km/s 為單位)是多少?何者可用碰撞分析? 假設 v = 10.5 km/s、V_J = 13.0 km/s(木星的軌道速度),木星的質量遠大於航天器的質量($M \gg m$)。

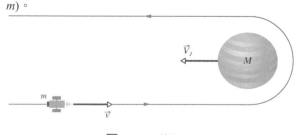

圖 9-33 習題 25

26 在時間 $t = 0$，力量 $\vec{F_1} = (-4.00\hat{i} + 5.00\hat{j})$N 作用在質量 2.00×10^{-3} kg、起初靜止的粒子上，而且力量 $\vec{F_2} = (2.00\hat{i} - 4.00\hat{j})$N 作用在質量 4.00×10^{-3}kg、起初靜止的粒子上。從時間 $t = 0$ 到 $t = 2.00$ ms，請問雙質點系統質心位移的：(a)量值和(b)角度(相對於 x 軸正方向) 是多少？(c)在時間 $t = 2.00$ ms，質心的動能是多少？

27 某一把鳥槍每秒可以發射十個質量 2.0 g、速率 500 m/s 的彈丸。這些彈丸被堅實牆壁阻擋下來。試問：(a)每個彈丸動量的量值，(b)每個彈丸的動能，以及(c)由彈丸流作用在牆壁上平均力量值各是多少？(d)如果每個彈丸與牆壁接觸時間都是 0.60 ms，則每個彈丸在接觸時段內，對牆壁施加的平均力量值是多少？(e)為什麼這個平均力與(c)小題平均力計算值會差別這麼大？

28 質量為 200 g 且速度為 3.00 m/s 的粒子 1 與一質量為 400 g 的固定粒子 2 發生一維碰撞，如果碰撞是(a)彈性；(b)完全非彈性，則對粒子 1 的衝量大小為何？

29 一爆裂彈由槍射出，在槍口之初速度 $\vec{v_0}$ 為 24 m/s 和水平夾角 $\theta_0 = 60°$。子彈在運動軌跡最高點時爆炸為兩片，質量相等(圖 9-34)。其中一片爆炸瞬間速率為零且垂直落下。假設地面為水平且空氣阻力可不計。另一片落地時離槍的距離為何？

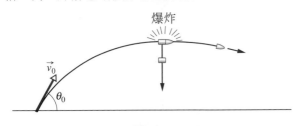

圖 9-34 習題 29

30 在圖 9-21 的配置方式中，以速率 2.2 m/s 行進的撞球 1 會與完全相同的靜止撞球 2，發生偏斜的碰撞。在碰撞以後，球 2 將以速率 1.1 m/s 運動，方向位於 $\theta_2 = 60°$。請問在碰撞以後，球 1 速度的(a)量值和(b)方向各為何？(c)給定的數據可以告訴我們此碰撞是彈性的或非彈性的嗎？

31 一個 0.15 kg 的球以如下速度撞擊牆壁：

$$(5.00\text{m}/\text{s})\hat{i} + (6.50\text{m}/\text{s})\hat{j} + (4.00\text{m}/\text{s})\hat{k}$$

它從牆壁反彈的速度是：

$$(2.00\text{m}/\text{s})\hat{i} + (3.50\text{m}/\text{s})\hat{j} + (-3.20\text{m}/\text{s})\hat{k}$$

試問：(a)球的動量改變量，(b)作用在球上的衝量，和(c)作用在牆壁的衝量各是多少？

32 某一個太空船經由引爆具有爆炸性的螺栓而分成兩部分，螺栓原先是用來將這兩部分束縛在一起的。這兩部分的質量分別是 1200 kg 和 1800 kg；由螺栓作用在每一個部分的衝量量值是 300 N·s。試問爆炸使兩個部分以多少相對速率分開？

33 兩個質量 1.0 kg 和 3.0 kg 的木塊以彈簧連接在一起，並且靜止在無摩擦表面上。它們被設定的速度是彼此互相往對方運動，其中 1.0 kg 木塊起初是以 2.5 m/s 往質心行進，而且質心處於靜止狀態。請問另一個木塊的初始速率是多少？

34 高樓建物失速平墜倒塌。在圖 9-35a 所示的高樓剖面圖中，任何給定的樓層 K 之基礎構造必須支撐所有較高樓層重量 W。一般而言，該樓層以安全係數 s 建造，使之能夠承受更高的向下作用力 sW。然而，如果 K 與 L 樓層之間的支柱突然崩毀，並讓較高樓層一起自由下墜在樓層 K 上(圖 9-35b)，則此衝撞的作用力可能超過 sW，且在短暫停頓後，造成 K 崩落在樓層 J 上，而樓層 J 又崩落在樓層 I 上，以此類推直到抵達地面為止。假設樓層以 $d = 4.0$ m 相隔且具有相同質量。另外也假設當 K 上方樓層自由下墜在 K 時，衝撞持續 1.5 ms。在此經過簡化條件下，為了避免建築物失速平墜倒塌，則安全係數 s 必須超過多少？

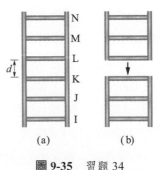

圖 9-35 習題 34

35 雷達站追蹤到一個物體，發現其位置向量是 $\vec{r} = (3500 - 160t)\hat{i} + 2700\hat{j} + 300\hat{k}$，其中 $\vec{r}$ 的單位是公尺，t 的單位是秒。雷達站的 x 軸指向東方，y 軸指向北方，其 z 軸垂直往上。如果此物體是 250 kg 的氣象學投射物，請問：(a)其線性動量，(b)其運動方向，和(c)作用在其上的淨力是多少？

36 在圖 9-21 中，投射粒子 1 是 α 粒子，標靶粒子 2 是氧原子核。α 粒子以 $\theta_1 = 64.0°$ 散射，氧原子核的反彈速率是 1.20×10^5 m/s，角度為 $\theta_2 = 40.0°$。如果以原子質量單位表示，則 α 粒子的質量是 4.00 u，而且氧原子核的質量是 16.0 u。試問 α 粒子的(a)最終速率和(b)初始速率為何？

37 「相對的」是很重要的字詞。在圖 9-36 中，質量 m_L = 1.00 kg 的木塊 L 和

圖 9-36　習題 37

質量 m_R = 0.500 kg 的木塊 R，與一個位於它們之間、受到壓縮的彈簧約束在一起。當我們將木塊釋放，彈簧會迫使木塊滑過無摩擦地板(彈簧質量可以忽略，而且在木塊離開它以後，彈簧將掉落地面)。(a)如果彈簧施加給木塊 L 的釋放速率是相對於地板的 1.20 m/s，請問木塊 R 會在接下來的 0.800 s 內行進多遠的距離？(b)如果情況變成是彈簧施加給木塊 L 的釋放速率 1.20 m/s，是相對於木塊 R 而言，請問木塊 R 在接下來的 0.800 s 內將行進多遠的距離？

38 一部以速率 5.3 m/s 移動、質量 1400 kg 的汽車，起初是在 y 軸正方向往北方行進。在 4.6 s 內完成 90° 右轉以後，開車不專心的駕駛人撞上路樹，汽車在 350 ms 內停止下來。以單位向量表示，請問：(a)由於轉彎和(b)由於碰撞，而作用在汽車上的衝量是多少？在(c)轉彎期間和(d)碰撞期間，作用在汽車上的平均力量值是多少？(e)在轉彎期間的平均力方向為何？

39 在圖 9-37 的俯視圖中，三顆球是完全相同的。球 2 和球 3 彼此接觸在一起，而且它們所排成的直線與球 1 的路徑互相垂直。球 1 的速度量值是 v_0 = 10 m/s，而且其方向指著球 3 和球 2 的接觸點。請問在

發生碰撞以後，球 2 的(a)速率和(b)速度的方向各為何，球 3 的(c)速率和(d)速度的方向各為何，以及球 1 的(e)速率和(f)速度的方向各為何？(提示：在沒有摩擦力的情形下，每一個衝量的方向都是沿著，把發生碰撞的球的中心點連接起來的直線上，這個方向會垂直於發生碰撞的表面)。

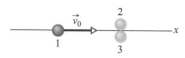

圖 9-37　習題 39

40 圖 9-38 顯示了兩個粒子以固定速度在無摩擦表面上滑動的俯視圖。兩個粒子具有相同質量和相同初始速率 v = 4.00 m/s，而且它們在運動路徑交叉的地方發生碰撞。x 軸被安排成將介於兩個粒子的入射路徑之

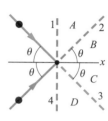

圖 9-38　習題 40

間的角度平分，因而使得 $\theta = 40.0°$。碰撞處右方的區域由 x 軸和四個編號虛線，分成四個以字母區分的區段。如果碰撞是：(a)完全非彈性，(b)彈性，和(c)非彈性，則粒子會行經哪一個區域或沿著哪一條線運動？如果碰撞是：(d)完全非彈性和(e)彈性，則粒子的最後速率是多少？

41 質量 150 g 的球以速率 5.2 m/s 撞擊在牆壁上，並且只以其初始動能的 50% 反彈回來。(a)請問在反彈回來的那一瞬間，球的速率是多少？(b)由牆壁作用在球上的衝量量值是多少？(c)如果球與牆壁的接觸時間是 7.6 ms，則在這段時間內，由牆壁作用在球上的平均力量值是多少？

42 某特定輻射原子核(母核)經由放射電子和微中子，轉變成不同的原子核(子核)。母核靜止於 xy 座標系統的原點。電子以線性動量 $(-1.2 \times 10^{-22}\ \mathrm{kg \cdot m/s})\hat{i}$ 離開原點；微中子以線性動量 $(-6.4 \times 10^{-23}\ \mathrm{kg \cdot m/s})\hat{i}$ 離開原點。試問子核線性動量的(a)量值和(b)方向為何？(c)如果子核的質量是 5.8×10^{-26} kg，則其動能是多少？

43 兩個粒子 P 和 Q 彼此相隔 1.0 m，此刻從靜止釋放。P 的質量是 0.10 kg，Q 的質量是 0.30 kg。P 和 Q 彼此以固定的力量 1.0×10^{-2} N 互相吸引。已知沒有任何外力作用在系統上。(a)請問當 P 和 Q 相隔 0.50 m 的時候，兩者的質心速率是多少？(b)兩者發生碰撞的位置與 P 的原來位置相距多遠？

44 一個男人(重 850 N)站在鐵路長平板車(重 1700 N)上，此時火車正以 18.2 m/s 速率往 x 軸正方向行駛，而且摩擦力可以忽略。然後男人以相對於平板車的 4.00 m/s 速率，往 x 軸負方向跑去。請問因此而產生的平板車速率增加量是多少？

45 在登月任務時，當飛航器相對於月球以 400 m/s 的速度移動時，須將其速度提高 2.2 m/s。相對於飛航器，火箭發動引擎的排出物之速度為 1000 m/s。為完成速度的提升，引擎必須燃燒耗掉飛航器初始質量的百分之幾？

46 一個 4.00 kg 粒子的行進速度為：

$$\vec{v}_1 = (-4.00\text{m}/\text{s})\hat{i} + (-5.00\text{m}/\text{s})\hat{j}$$

另一個 6.00 kg 粒子的行進速度為：

$$\vec{v}_2 = (6.00\text{m}/\text{s})\hat{i} + (-2.00\text{m}/\text{s})\hat{j}$$

兩個粒子發生了碰撞。碰撞過程將兩個粒子連結在一起。試問此時它們的速度為何，(a)以單位向量標記法表示之，以及其(b)量值和(c)角度表示之？

47 球桿在 14 ms 的時間內以 24 N 的平均力撞擊固定的撞球。如果球的質量為 0.20 kg，撞擊後瞬間的速度為何？

48 一個鐵路火車車廂在穀倉升降機下方，以固定速率 3.20 m/s 移動。穀粒以 540 kg/min 的速率掉入車廂內。如果摩擦力可以忽略，請問要讓車廂維持以固定速率移動所需要力的量值是多少？

49 一部動作電影的劇本要求小型賽車(質量 1500 kg 而且長度 3.0 m)沿著平頂船隻(質量 4000 kg 而且長度 14 m)的一端加速到另一端，然後賽車會躍過在船隻和碼頭之間的縫隙，其中碼頭的高度略低於船隻高度。現在我們是電影的技術指導。如圖 9-39 所示，起初船會碰觸到碼頭；船可以在沒有明顯摩擦力的情況下滑過水面；賽車和船隻兩者都可以將其質量近似地視為均勻分佈。請求出賽車剛要進行這次飛越過程時的縫隙寬度。

圖 9-39　習題 49

50 在圖 9-20 的雙球體配置方式中，假設球體 1 具有質量 50 g、初始高度 $h_1 = 9.0$ cm，而且球體 2 的質量是 85 g。在球體 1 被釋放並且與球體 2 發生彈性碰撞以後，請問：(a)球體 1 和(b)球體 2 所達到的高度為何？在下一次(彈性)碰撞發生以後，(c)球體 1 和(d)球體 2 所達到的高度是多少？(提示：請勿使用捨入值)。

51 以 8.0 m/s 移動於 x 軸正向之 3.0 kg 物體，與質量 M 物體發生一維彈性碰撞，後者初始靜止。質量 M 物體於碰撞後在 x 軸正向有 6.0 m/s 的速度。則質量 M 為何？

52 某一個 6100 kg 的火箭已經設定成從地面垂直發射。假設所排出氣體的速率是 1200 m/s，如果：(a)引擎推力等於火箭所受重力，以及(b)引擎推力必須給予火箭具有 21 m/s^2 的初始向上加速度，則引擎必須每秒排出多少氣體？

53 在圖 9-40 中，一個 80 kg 的男人位於懸掛在氣球的梯子上，氣球總質量是 320 kg(包括籃子中的乘客)。氣球起初相對於地面是靜止的。如果位於梯子上的男人開始以相對於梯子的速率 2.5 m/s 爬動，請問氣球移動的(a)方向為何，(b)速率為何？(c)如果男人停止爬動，請問氣球速率為何？

圖 9-40　習題 53

54 一個質量 3.18×10^4 kg 的鐵路運貨車廂與靜止的車服員車廂發生碰撞。它們耦合在一起，其初始動能的 27.0% 轉換成熱能、聲能、震動等等。試求車服員車廂的質量。

55 火箭的最後一節正以速率 7600 m/s 行進,它是由兩個部分組成並且以鐵箍夾緊在一起,這兩個部分是:質量 290.0 kg 的火箭外殼和質量 150.0 kg 的太空艙。當鐵箍放鬆的時候,一個經過壓縮的彈簧會使兩個部分以相對速率 910.0 m/s 分開。請問在它們分開以後,(a)火箭外殼和(b)太空艙的速率各是多少?假設所有速度都是沿著相同直線。試求兩個部分在(c)分開前,(d)分開後的總動能。(e)請解釋它們的差值。

56 某一顆速率 9.30 m/s、質量 140 g 的球垂直撞上牆壁,並且以相反方向、相同速率反彈回來。碰撞過程持續了 3.80 ms。請問由球作用在牆壁上的:(a)衝量和(b)平均力的量值各是多少?

57 一物體質量 m,相對於觀察者的速率為 v,爆炸成兩塊碎片,其中一塊是另一塊的四倍重;此爆炸發生在太空中。較輕的那一塊相對於觀察者而言停住了。則對觀察者所在座標系而言,此爆炸給系統增加了多少動能?

58 在圖 9-41 中,有一個靜止的物塊爆炸成兩個斷片 L 和 R,兩者都會滑過無摩擦地板,然後進入具有摩擦力的區域,並且在這種區域內停止下來。質量 3.0 kg 的斷片 L 遭遇的區域具有動摩擦係數 $\mu_L = 0.40$,並且在滑動距離 $d_L = 0.15$ m 之後停止下來。片斷 R 遭遇的區域具有動摩擦係數 $\mu_R = 0.50$,並且在滑動距離 $d_R = 0.25$ m 之後停止下來。試問物塊的質量是多少?

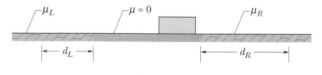

圖 9-41 習題 58

59 圖 9-42 中,1.0 kg 木塊 2 置於無摩擦的水平表面上且連結在一條未伸長的彈簧(彈性常數為 490 N/m)上。彈簧的另一端固定於牆。一個 2.0 kg 的木塊 1 以 $v_1 = 4.0$ m/s 之速率與木塊 2 碰撞。碰撞後兩木塊黏在一起。當木塊暫停時,彈簧的壓縮距離為何?

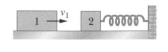

圖 9-42 習題 59

60 一個物體以 2.0 m/s 沿著 x 軸正方向行進;沒有任何淨力作用在物體上。一個內部爆炸將物體分成兩部分,每一部分都具有質量 4.0 kg,而且總動能增加 16 J。前面部分以物體原來的運動方向繼續移動。請問:(a)後面部分和(b)前面部分的速率各是多少?

61 某一個火箭以 6.0×10^3 m/s 的速率飛離太陽系。它點燃引擎,引擎以相對於火箭的速率 3.0×10^3 m/s 排出廢氣。此時火箭的質量是 2.5×10^4 kg,而且其加速度是 2.0 m/s²。(a)試問火箭的推力是多少?(b)在點然引擎的期間,火箭以什麼樣的比率排出廢氣,請以每秒公斤表示之?

CHAPTER 10

轉動

10-1 轉動的變數

學習目標

在閱讀完這個區塊的文字之後，讀者應該能夠...

10.01 對一繞著固定軸旋轉的物體，若其所有的部分都固定在一起，則此物體為剛體(這章就是在討論此種物體的運動)。

10.02 辨別出一個剛體的角位移，為內部的參考線和外部固定的另一參考線之間的夾角。

10.03 應用角位移與初、末角位置之間的關係。

10.04 應用平均角速度、角位移與時間間隔之間的關係。

10.05 應用平均角加速度、角速度變化量與時間間隔之間的關係。

10.06 辨別出逆時針方向為正方向，而順時針方向則為逆方向。

10.07 給定角位置對時間的函數，求出任意時間下的瞬時角速度，以及在任意時間間隔內的平均角速度。

10.08 給定一角位置—時間圖，決定出某時間點的瞬時角速度以及某個時間間隔內的平均角速度。

10.09 辨別出瞬時角速率為瞬時角速度的大小。

10.10 給定角速度對時間的函數，求出任意時間下的瞬時角加速度，以及在任意時間間隔內的平均角加速度。

10.11 給定一角速度—時間圖，決定出某時間點的瞬時角加速度以及某個時間間隔內的平均角加速度。

10.12 透過將角加速度函數對時間積分，求出一個物體的角速度變化。

10.13 透過將角速度函數對時間積分，求出一個物體的角位置變化。

關鍵概念

● 為了要描述一剛體對某一固定軸(即轉動軸)的轉動，我們假定一參考線固定在該剛體內、垂直於轉動軸並且與剛體一起旋轉。透過量測此參考線與一固定方向之間的夾角，我們即可得到角位置 θ。當 θ 的單位為弧度時，

$$\theta = \frac{s}{r} \quad \text{(弧度量)}$$

其中s為半徑r在角度 θ 下所張成的弧線。

● 弧度和度、圈的關係為

$$1 \text{ rev} = 360° = 2\pi \text{rad}$$

● 對某一轉動軸旋轉的物體，當其角位置從 θ_1 轉至 θ_2 時，其角位移為

$$\Delta\theta = \theta_2 - \theta_1$$

其中，對於逆時針旋轉，$\Delta\theta$ 為正的；而對於順時針旋轉，$\Delta\theta$ 則為負的。

● 若一物體在時間 Δt 內轉了角位移 $\Delta\theta$，則其平均角速度 ω_{avg} 為

$$\omega_{avg} = \frac{\Delta\theta}{\Delta t}$$

● 物體的(瞬時)角速度 ω 為

$$\omega = \frac{d\theta}{dt}$$

其中 ω_{avg} 和 ω 都是向量，其方向可以透過右手定則得到。它們在逆時針轉動下為正，而瞬時針轉動下為負。其角速度大小則為角速率。

● 若一物體在時間 $\Delta t = t_2 - t_1$ 內角速度從 ω_1 變化至 ω_2，則其平均角加速度 α_{avg} 為

$$\alpha_{avg} = \frac{\omega_2 - \omega_1}{t_2 - t_1} = \frac{\Delta\omega}{\Delta t}$$

物體的(瞬時)角加速度 α 為

$$\alpha = \frac{d\omega}{dt}$$

其中 α_{avg} 和 α 都是向量。

(a)

(b)

圖 10-1 花式溜冰選手 Sasha Cohen 的運動：(a)沿固定方向的純平移；(b)繞一垂直軸的純轉動。

(a: Mike Segar/Reuters/ Newscom; b:Elsa/Getty Images, Inc.)

物理學是什麼？

我們已經提起過，物理學的焦點之一是探討物質運動。然而，到現在為止我們只探討了**平移**(translation)運動，在這類運動中，物體會沿著直線或曲線進行運動，如圖 10-1a 所示。我們現在開始談到**旋轉**(rotation)運動，在這種運動形式中，物體將繞著一個軸在旋轉或轉動，如圖 10-1b 所示。

在每天的生活中，幾乎在每部機器中都能看見旋轉物體，每一次我們使用拉環開啟罐裝飲料時會看見它，而且每次我們付錢到遊樂園遊玩時也會碰見。旋轉運動是許多趣味活動相當重要的一部分，例如玩高爾夫球要擊出長遠球(球需要使其旋轉才能讓空氣將球維持在空中久一些)，以及在棒球比賽中投出曲球(球需要旋轉才能讓空氣將它推向左邊或右邊)。旋轉對更嚴重的事情也很重要，例如老舊飛機的金屬疲乏。

如同在第 2 章討論平移運動時所做的，我們將定義轉動運動的相關變數，來開始討論轉動。如同我們將看到的，轉動運動的變數類似一維運動的變數，且如同第二章，一個特例是加速度(在這裡是轉動加速度)為常數的情形。也將會看到牛頓第二定律應用於轉動運動上，但我們必須使用新的物理量「力矩」來取代力。功和功-動能定理也可應用於轉動運動，但我們必須使用新的物理量「轉動慣量」來取代質量。簡單地說，我們目前為止的大部分討論可直接應用於轉動運動，除了或許有一些改變處。

注意：儘管物理概念一再地重覆，許多學生仍覺得本章和下一章非常困難。教師們對此現象有各種不同的解釋，其中的兩個較關鍵的原因為：(1)此處有大量的符號(希臘字母)需要區分(2)雖然你可能對線性運動(你可以穿越房間走到馬路上)很熟悉，但你可能對轉動非常不熟悉(這也是為何你願意花這麼多錢到遊樂園玩)。如果習題對你來說有如天書，把它類比成第二章中的一維線性運動看看，或許會幫上忙。舉例來說，若你想了解角距離，則不仿先把*角*去掉，看看你能否用第二章的符號和概念解決此題。

轉動的變數

我們打算討論的，是剛體繞固定軸的轉動。**剛體**是指所有部分都可固定在一起轉動且不會有任何變形產生的物體。**固定軸**則是指轉動是繞著一個不會移動的軸發生的。因此，我們將不會謬論太陽之類的物體，因為太陽(氣體球)的各部分並不是固定的。我們也不討論像沿著球道滾動的保齡球一樣的物體，因為球是繞著會移動的軸在旋轉(球的運動混合了平移和轉動)。

圖 10-2 所示為繞固定軸旋轉的一任意形狀的剛體，該軸稱為**轉動軸**。在純轉動(角運動)中，該物體的每一點都在圓心位於轉動軸上的一個圓上移動，且每一點在特定的時間間隔內移動了相同的角度。在純平移(線運動)中，物體的每一點均沿直線移動，且每一點在特定時間內移動了相同的線距離。

現在我們要一次一個地來看與線運動中的位置，位移，速度及加速度相對應的角量。

角位置

圖 10-2 裡畫出了一條參考線，固定於物體，垂直轉動軸，且隨著該物體旋轉。此線的**角位置**即它與定為零角位置的固定方向之夾角。圖 10-3 裡，角位置 θ 是與 x 軸正方向的夾角。由幾何學我們可知，θ 即

$$\theta = \frac{s}{r} \quad \text{(弳度量)} \tag{10-1}$$

這裡 s 為從 x 軸(零角位置)延伸至參考線的圓弧長)，r 為該圓的半徑。

以此定義的角度是以**弳度**(rad)為單位做量測，而非以圈(rev)或度。弳度是兩個長度的比值，是純粹的數字，沒有因次。因為半徑 r 的圓周長為 $2\pi r$，所以繞圓完整一圈的角度為弳度 2π：

$$1 \text{ rev} = 360° = \frac{2\pi r}{r} = 2\pi \text{ rad} \tag{10-2}$$

$$1 \text{ rad} = 57.3° = 0.159 \text{ rev} \tag{10-3}$$

我們並不會在參考線繞轉動軸一整圈之後重新令 θ 為零。若參考線由零角位置處起轉了整整兩圈，則該線的角位置 θ 為 $\theta = 4\pi$ rad。

對於沿 x 軸的純平移，若我們知道 $x(t)$ 的這個位置對時間函數，便可以知道關於移動物體所要知道的全部資訊。同理，對於純轉動，若我們知道 $\theta(t)$，即該物體參考線的角位置對時間的函數，便可以知道關於轉動物體所要知道的全部資訊。

角位移

若圖 10-3 裡的物體是繞如圖 10-4 裡的轉動軸轉動，參考線的角位置由 θ_1 變到 θ_2，則該物體經歷了一個**角位移** $\Delta\theta$ 為

$$\Delta\theta = \theta_2 - \theta_1 \tag{10-4}$$

此角位移的定義不只對剛體整體而言成立，對該物體內部每一點而言也都成立。

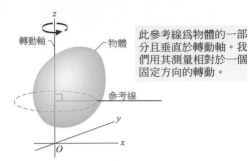

此參考線為物體的一部分且垂直於轉動軸。我們用其測量相對於一個固定方向的轉動。

圖 10-2 任意形狀的剛體繞座標系的 z 軸作純轉動。相對於剛體之參考線的位置是任意的。它和轉動軸垂直且固定在物體上隨著物體作轉動。

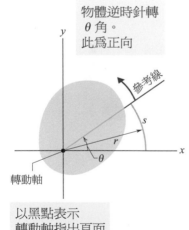

物體逆時針轉 θ 角。此為正向

以黑點表示轉動軸指出頁面

圖 10-3 圖 10-2 中作轉動的剛體，由上方俯視所見之橫截面圖。截面之平面與轉動軸垂直。圖示參考線位置和 x 軸夾角為 θ。

時鐘是負的。若一物體沿 x 軸做平移運動，其位移 Δx 非正既負，取決於該物體是沿軸的正或負方向移動。同理，轉動物體的角位移 $\Delta\theta$ 的正負是根據下面規則：

> 沿逆時針方向的角位移爲正，沿順時針方向則爲負。

能以「時鐘是負的」(clocks are negative)這種雙關語來幫助你記憶此一規則(因爲一大早鬧鐘鈴聲大作時，確實讓人感到一種「負面」的感覺)。

 測試站 1

盤子可沿著其中心軸如同旋轉木馬般旋轉。下列各配對值分別表示該盤子初始與最終的角度位置，何者產生的是負的角位移：(a) –3 rad，+5 rad，(b) –3 rad，–7 rad，(c) 7 rad，–3 rad。

角速度

如圖 10-4 所示，假設轉動物體在時間 t_1 時的角位置爲 θ_1，時間 t_2 時爲 θ_2。我們定義此物體在 t_1 到 t_2 的時間間隔 Δt 內的**平均角速度**爲

$$\omega_{\text{avg}} = \frac{\theta_2 - \theta_1}{t_2 - t_1} = \frac{\Delta\theta}{\Delta t} \tag{10-5}$$

其中，$\Delta\theta$ 是在 Δt 之間的角位移(ω 是小寫的 Ω)。

我們最關心的**(瞬時)角速度** ω，則是在 10-5 式的比值裡，令 Δt 趨近於 0 時的極限值。因此，

$$\omega = \lim_{\Delta t \to 0} \frac{\Delta\theta}{\Delta t} = \frac{d\theta}{dt} \tag{10-6}$$

若我們知道 $\theta(t)$，便可藉由微分求出角速度 ω 來。

10-5 及 10-6 式不只對剛體整體而言成立，對剛體內部每一點而言也都成立，因爲這些點全都是固定在一起的。角速度的單位一般是每秒弳度(rad/s)或每秒圈(rev/s)。另一種角速度的量測曾在搖滾年代的至少前三十年用過：黑膠唱片在唱盤上以「$33\frac{1}{3}$ rpm」或「45 rpm」(意思是 $33\frac{1}{3}$ rev/min 或 45 rev/min)播放，而產生音樂。

若質點沿著 x 軸作平移，其線性速度 v 非正即負，取決於沿軸的方向。同理，轉動剛體的角速度 ω 是正是負，端看該物體是朝逆時針(正)或順時針(負)方向轉動(「時鐘是負的」仍然管用)。角速度的大小稱爲**角速率**，也以 ω 表示。

角加速度

如果一轉動物體的角速度並非常數，則此物體便有一角加速度。令 ω_2 及 ω_1 分別爲時間 t_2 及 t_1 時的角速度。則此轉動物體在 t_1 到 t_2 的時間間隔

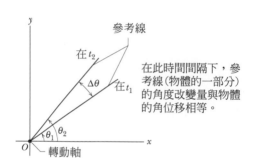

圖 10-4 在圖 10-2 和圖 10-3 中，剛體的參考線在時間爲 t_1 時之角位置爲 θ_1，時間 t_2 時，角位置爲 θ_2。$\Delta\theta(= \theta_2 - \theta_1)$ 爲在時間間隔 $\Delta t(= t_2 - t_1)$ 內的角位移。轉動體本身沒標出。

裡的**平均角加速度**便定義為

$$\omega_{\text{avg}} = \frac{\omega_2 - \omega_1}{t_2 - t_1} = \frac{\Delta\omega}{\Delta t} \tag{10-7}$$

其中，$\Delta\omega$ 為在 Δt 的時間間隔裡，角速度的改變量。我們最關心的(**瞬時**)**角加速度** α，便是此量在 Δt 趨近於 0 時的極限值。因此，

$$\alpha = \lim_{\Delta t \to 0} \frac{\Delta\omega}{\Delta t} = \frac{d\omega}{dt} \tag{10-8}$$

如同其名，這就是物體在一給定瞬間的角加速度。10-7 及 10-8 式不只對剛體整體而言成立，對剛體內部每一點而言也都成立。角加速度的單位一般是每秒平方弧度(rad/s²)或每秒平方圈數(rev/s²)。

範例 **10.1** 從角位置推導角速度

圖 10-5a 中的圓盤就像旋轉木馬一樣繞它的中心軸轉動。該圓盤的參考線之角位置 $\theta(t)$ 為

$$\theta = -1.00 - 0.600t + 0.250t^2 \tag{10-9}$$

其中 t 的單位為秒，θ 的單位為弧度，而零角位置如圖所示。(若你喜歡，你可以將所有符號和第二章中的做類比，你只需要把角位置的「角」字暫時拿掉，把符號 θ 換成 x。那麼你將會和第二章中的一維運動一樣，得到一個位置對時間的函數。)

(a) 畫出 $t = -3.0$ s 到 $t = 5.4$ s 時，圓盤的角位置對時間的曲線圖。概略畫出 $t = -2.0$ s、0 s、4.0 s，及此曲線通過 t 軸時的圓盤和其參考線角位置。

關鍵概念

圓盤的角位置即其參考線的角位置 $\theta(t)$，也就是 10-9 式這個時間 t 的函數。因此我們可以畫出 10-9 式，結果如圖 10-5b 所示。

計算 要畫出在某特定時刻的圓盤及其參考線，我們須要知道在該時間的 θ 值。為此，我們將時間代入 10-9 式。在 $t = -2.0$ s 時可得

$$\theta = -1.00 - (0.600)(-2.0) + (0.250)(-2.0)^2$$
$$= 1.2\,\text{rad} = 1.2\,\text{rad}\frac{360°}{2\pi\,\text{rad}} = 69°$$

這表示在 $t = -2.0$ 時，圓盤上的參考線從零角位置處逆時針轉了 1.2 rad = 69°(因為 θ 是正值所以是逆時針)。圖 10-5b 中的插圖 1 所示即此參考線的角位置。

同理，$t = 0$ 時我們求出 $\theta = -1.00$ rad $= -57°$，意即參考線由零角位置處順時針轉動了 1.0 rad 或 57°，如插圖 3 所示。$t = 4.0$ s 時，求得 $\theta = 0.60$ rad = 34°(插圖 5)。要畫出曲線通過 t 軸時的圖很容易，因為當時 $\theta = 0$，且參考線在那瞬間與零角位置重合(插圖 2 及 4)。

(b) $\theta(t)$ 會在哪個時點 t_{min} 變成圖 **10-5b** 所示的最小值？此最小值為何？

關鍵概念

要找出一個函數的極值(這裡是極小值)，我們要做的是對此函數做一次微分並令它為零。

計算 $\theta(t)$ 的一次微分為

$$\frac{d\theta}{dt} = -0.600 + 0.500t \tag{10-10}$$

令此式為零並解出 t，便可得 $\theta(t)$ 為極小值時的時間：

$$t_{\text{min}} = 1.20\,\text{s} \tag{答}$$

將 t_{min} 再代回 10-9 式便可得 θ 的極小值為

$$\theta = -1.36\,\text{rad} \approx -77.9° \tag{答}$$

$\theta(t)$ 的極小值(圖 10-5b 的曲線的底部)對應的是圓盤由零角位置順時針轉動角位移的極大值，比插圖 3 所示的還要更大一點。

(c) 畫出此圓盤由 $t = -3.0$ s 到 $t = 6.0$ s，角速度 ω 對時間的關係圖。在 $t = 2.0$ s、4.0 s、t_{min} 時，畫出此圓盤並指出其轉動方向和 ω 的符號。

關鍵概念

由 10-6 式，角速度 ω 為 $d\theta/dt$ (10-10 式)。因此：

$$\omega = -0.600 + 0.500t \qquad (10\text{-}11)$$

此函數 $\omega(t)$ 的圖即如圖 10-5c 所示。因為此函數為線性的，所以在圖中為一條直線。其斜率為 0.500 rad/s^2，截距(圖中未標示)為 -0.600 rad/s。

計算 為了畫出 $t = -2.0$ s 時的圓盤，我們將此值代入 10-11 式，得到

$$\omega = -1.6 \,\text{rad/s} \qquad (\text{答})$$

負號告訴我們在 $t = -2.0$ s 時，此圓盤是順時針轉動的(如同圖 10-5c 中左小圖所示)。

將 $t = 4.0$ s 代入 10-11 式則可得

$$\omega = 1.4 \,\text{rad/s} \qquad (\text{答})$$

正號告訴我們，現在圓盤是逆時針轉動的(如圖 10-5c 中右側圖所示)。

在 $t_{\min}$，我們已知 $d\theta/dt = 0$。所以，也一定有 $\omega = 0$。意即，在參考線到達圖 10-5b 中 θ 的極小值時，圓盤在瞬間是靜止的，如圖 10-5c 裡中央的圖所示。在圖 10-5c ω 對 t 的作圖中，短暫停止的點發生在角速度為 0 處，此時圓盤從負的順時針轉動改變為正的逆時針轉動。

(d) 利用(a)到(c)的結果來描述圓盤在 $t = -3.0$ s 到 $t = 6.0$ s 的運動。

說明 當我們起初在 $t = -3.0$ s 觀察圓盤時，它的角位置為正且朝順時針方向轉並逐漸慢下來。它在 $\theta = -1.36$ rad 的角位置停住，並開始改向逆時針方向轉，其角位置也再次變為正值。

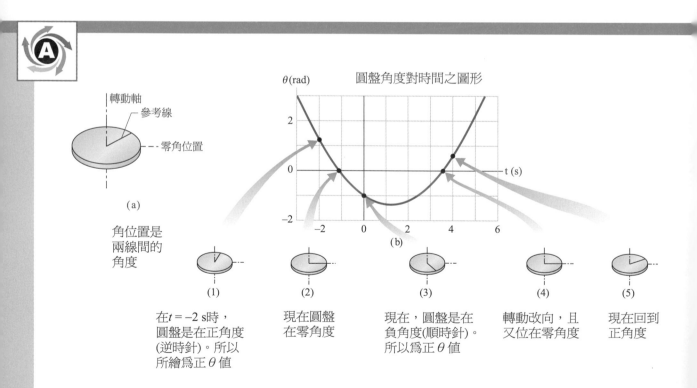

圖 10-5 (a)一轉動圓盤。(b)此圓盤角位置 $\theta(t)$ 的圖。五個小插圖中的參考線標出曲線上五個點的角位置。

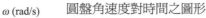

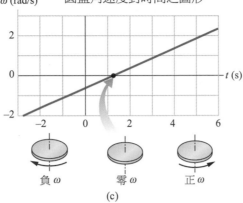

角速度初始為負,並且減慢,
然後在轉為反向的瞬間為零,
接著變正值,並增快

圖 10-5(續) (c)圓盤角速度 $\omega(t)$ 的圖。ω 為正值時對應逆時針轉動,負值則對應順時針轉動。

範例 **10.2** 由角加速度得到角速度

某位孩童的頭頂以下列的角加速度旋轉

$$\alpha = 5t^3 - 4t$$

其中 t 單位為秒,而 α 單位為每平方秒弳度。在 $t = 0$ 時,頭頂的角速度為 5 rad/s,而且在頭上的某條參考線的角位置為 $\theta = 2$ rad。

(a) 試求頭頂角速度 $\omega(t)$ 的數學式。亦即,找出一個表達式,其明確指出角速度與時間的關係(我們可以看出是有這樣的關係的,因為頭頂有角加速度代表其角速度在改變)。

關鍵概念

根據定義,$\alpha(t)$ 為 $\omega(t)$ 對時間之導數。因此,求 $\omega(t)$ 時,可將 $\alpha(t)$ 對時間積分來得到。

計算 式 10-8 告訴我們

$$d\omega = \alpha dt$$

因此　　$\int d\omega = \int \alpha dt$

由此可以求得

$$\omega = \int (5t^3 - 4t)dt = \frac{5}{4}t^4 - \frac{4}{2}t^2 + C$$

要計算積分常數 C 時,注意到 $t = 0$ 時 $\omega = 5$ rad/s。將此數值代入前述 ω 表示式可以導得

$$5\,\mathrm{rad/s} = 0 - 0 + C$$

因此 $C = 5$ rad/s。即

$$\omega = \frac{5}{4}t^4 - 2t^2 + 5 \tag{答}$$

(b) 試求頭頂角位置 $\theta(t)$ 之表示式。

關鍵概念

根據定義,$\omega(t)$ 為 $\theta(t)$ 對時間之導數。因此,求 $\theta(t)$ 時,可將 $\omega(t)$ 對時間作積分而得。

計算 因為式 10-6 告訴我們

$$d\theta = \omega dt$$

因此可寫出

$$\theta = \int \omega \, dt = \int \left(\frac{5}{4}t^4 - 2t^2 + 5 \right) dt$$

$$= \frac{1}{4}t^5 - \frac{2}{3}t^3 + 5t + C'$$

$$= \frac{1}{4}t^5 - \frac{2}{3}t^3 + 5t + 2 \tag{答}$$

其中,C 的計算方式為利用在 $t = 0$ 時 $\theta = 2$ rad 這個條件。

圖 10-6 (a)一張唱片對垂直軸轉動，該軸與機軸方向一致。(b)轉動的唱片，其角速度可以一沿軸向下的向量 $\vec{\omega}$ 表之。(c)由右手定則建立角速度向量之方向為向下。當右手手指頭彎曲沿唱片轉動方向繞，伸出的拇指指向 $\vec{\omega}$ 的方向。

角量是向量嗎？

我們可以把單一質點的位置，速度，及加速度以向量來作敘述。然而，若該質點固定於一直線上，則我們並不真的需要向量符號。這樣的質點只有兩個可能的方向，我們可用正負號來指出這些方向。

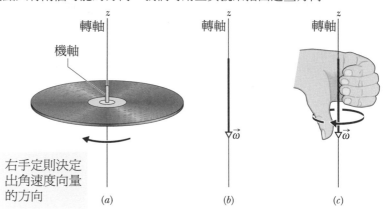

同理，剛體對一固定軸轉動，只能順時針或逆時針兩個方向，我們可在這二個中間選定為正號或負號。問題是：「我們是否可將轉動物體的角位移、速度和加速度當作向量？」答案為「可」(參見以下注意內容，與角位移有關)。

角速度。先考慮角速度。圖 10-6a 所示為在唱機上轉動的一張黑膠唱片。該唱片具有順時針方向的等角速率 ω ($=33\frac{1}{3}$rev / min)。我們可以將它的角速度表為方向沿著該轉動軸的向量 $\vec{\omega}$，如圖 10-6b 所示。下面是表示法：我們根據一些簡易的尺度來選擇此向量的長度，例如，1 cm 對應 10 rev/min。接著我們用**右手定則**來定出向量 $\vec{\omega}$ 的方向，如圖 10-6c 所示：將你的右手繞轉動軸彎曲，手指指向轉動方向。伸出的拇指便指向該角速度向量的方向。若該唱片朝相反方向轉動，那右手定則便會告訴你角速度向量是朝向相反的方向。

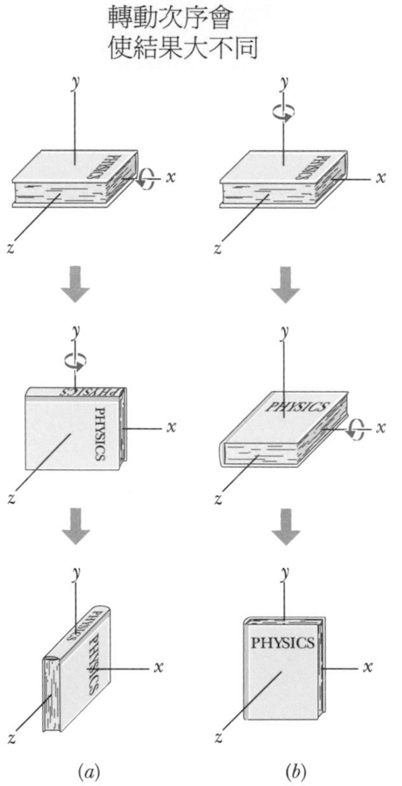

以向量來表示角量的方式並不容易習慣。我們會直覺地想看到某物沿著向量方向移動。這裡的情況不同。取而代之，某物體(剛體)繞著向量方向轉動。在純轉動的世界裡，向量定義的是轉動軸，而非物體移動的方向。不過，此向量也定義了運動情形。而且，它也遵守在第 3 章裡討論過的所有向量操作的規則。角加速度 $\vec{\alpha}$ 為另一個向量，它也遵守這些規則。

在本章裡，我們只考慮繞固定軸所作的轉動。對於這種轉動情形，我們並不需要考慮向量——我們可以用 ω 表示角速度，α 表示角加速度，而且可用不加正號來表示逆時針方向，加一個負號表示順時針方向。

角位移。現在注意：角位移不能當作是向量(除非它們很小)。為什麼不行？我們一定可以給它大小及方向，如我們對圖 10-6 裡的角速度向量所作。然而，要以向量表示，一個量就必須同時遵守向量相加規則，其

轉動次序會使結果大不同

圖 10-7 (a)書由最頂端的起始位置被連續兩次轉動 90°，第一次是繞 x(水平)軸，接著是繞 y(垂直)軸。(b)書本做了相同但順序相反的轉動。

中之一是說若你將兩向量相加，相加的順序並不影響結果。角位移對此並不成立。

　　圖 10-7 提供了一個範例。一本初始狀態是水平的書本被施以兩次的 90 度角位移，先用圖 10-7a 的順序，再換用圖 10-7b 的順序。雖然兩個角位移相同，但順序不同，而書本最後爲不同方位。此處有另一範例。朝下抓住右手臂，手掌朝向大腿。保持手腕僵硬，(1)手臂朝前提昇直到水平，(2)手臂水平移動直到指向右方，以及(3)然後向下帶至身體側邊。此時手掌將朝向前方。如果重新開始，但步驟相反，最後手掌將朝向何方？從此兩例，可結論得到，兩個角位移的相加與其順序有關，由此可知角位移不是向量。

10-2 等角加速度轉動

學習目標

在閱讀完這個區塊的文字之後，讀者應該能夠...

10.14 對於等角加速度轉動，應用角位置、角位移、角速度、角加速度和所費的時間之間的關係。(表10-1)

關鍵概念

● 等角加速度 $\alpha = \text{constant}$ 爲轉動中一個非常重要的特例。其運動方程爲：

$$\omega = \omega_0 + \alpha t,$$
$$\theta - \theta_0 = \omega_0 t + \frac{1}{2}\alpha t^2,$$
$$\omega^2 = \omega_0^2 + 2\alpha(\theta - \theta_0),$$
$$\theta - \theta_0 = \frac{1}{2}(\omega_0 + \omega)t,$$
$$\theta - \theta_0 = \omega t - \frac{1}{2}\alpha t^2.$$

等角加速度轉動

　　在純平移裡，等線加速度運動(如自由落體)是很重要的一個特例。表 2-1 裡，我們列出了在該運動裡成立的方程式。

　　在純轉動裡，等角加速度的例子也很重要，且相同的一組方程式在此也成立。我們不需要推導，只要寫下相對應的線方程式，將等效的角量代入線方程式即可。如表 10-1 裡所做的，它將兩組方程式均列出來了(2-11 及 2-15 到 2-18 式；10-12 到 10-16 式)。

　　回想一下，2-11 及 2-15 式爲等線加速度的基本方程式——其它的線方程式都可以由它們推導而來。同理，10-12 及 10-13 式爲等角加速度的

基本方程式,其它的角方程式都可以由它們推導出來。要想解含有等角加速度在內的簡單題目,你可以使用表 10-1 裡的其中一個角方程式(若你有這個列表)。選擇一個方程式,它唯一的未知數正好就是題目要求的變數。更好的計畫是只要記住 10-12 及 10-13 式,並在需要時將它們做為聯立方程式求解。

測試站 2

一轉動物體的角位置 $\theta(t)$ 有四種情況:(a) $\theta = 3t - 4$,(b) $\theta = -5t^3 + 4t^2 + 6$,(c) $\theta = 2/t^2 - 4/t$,(d) $\theta = 5t^2 - 3$。那些情況適用表 10-1 的角方程式?

表 10-1　等加速度直線運動及等角加速度運動的方程式

方程式編號	線方程式	缺項變數		角方程式	方程式編號
(2-11)	$v = v_0 + at$	$x - x_0$	$\theta - \theta_0$	$\omega = \omega_0 + \alpha t$	(10-12)
(2-15)	$x - x_0 = v_0 t + \frac{1}{2}at^2$	v	ω	$\theta - \theta_0 = \omega_0 t + \frac{1}{2}\alpha t^2$	(10-13)
(2-16)	$v^2 = v_0^2 + 2a(x - x_0)$	t	t	$\omega^2 = \omega_0^2 + 2\alpha(\theta - \theta_0)$	(10-14)
(2-17)	$x - x_0 = \frac{1}{2}(v_0 + v)t$	a	α	$\theta - \theta_0 = \frac{1}{2}(\omega_0 + \omega)t$	(10-15)
(2-18)	$x - x_0 = vt - \frac{1}{2}at^2$	v_0	ω_0	$\theta - \theta_0 = \omega t - \frac{1}{2}\alpha t^2$	(10-16)

範例 10.3　等角加速度,磨石輪

一磨石輪(圖 10-8)以等角加速度 $\alpha = 0.35$ rad/s^2 轉動。在時間 $t = 0$ 時,其角速度為 $\omega_0 = -4.6$ rad/s,參考線為水平,角位置 $\theta_0 = 0$。

我們使用參考線來測量轉動。
順時針 = 負
逆時針 = 正

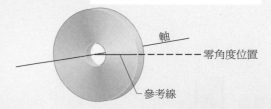

圖 10-8　一磨石輪。當 $t = 0$ 時,參考線(假想在磨石上所作記號)為水平的。

(a) 在 $t = 0$ 後多久,參考線角位置到達 $\theta = 5.0$ rev?

關鍵概念

角加速度為常數,因此我們可以用表 10-1 裡的轉動方程式。我們選擇 10-13 式

$$\theta - \theta_0 = \omega_0 t + \frac{1}{2}\alpha t^2$$

這是因此式裡唯一未知的變數即我們要求的時間 t。

計算　代入已知數值並令 $\theta_0 = 0$ 且 $\theta = 5.0$ rev $= 10\pi$ rad,可得

$$10\pi\,\text{rad} = (-4.6\,\text{rad/s})t + \frac{1}{2}(0.35\,\text{rad/s}^2)t^2$$

(我們將 5.0 rev 換成 10π rad 以保持單位一致)。解此二次方程式求 t，可得

$$t = 32 \text{ s} \tag{答}$$

注意到有些奇妙的地方。我們先看輪子當它正在轉動到負的方向且經過了 $\theta = 0$ 的方位。我們僅找到 32 s 後它是在 $\theta = 5.0$ rev 的正方向。在那時間間格中發生了什麼讓它會為正方向？

(b) 描述此石磨輪在 t＝0 到 t=32 s 間的轉動。

說明 此輪最初是以角速度 $\omega_0 = -4.6$ rad/s 朝負方向(順時針)轉動，但它的角加速度 α 是正的。角速度與角加速一開始符號相反，代表此輪會在負方向越轉越

慢，停住，然後反過來朝正方向轉動。在參考線回頭通過它起始的位置 $\theta = 0$ 後，此輪在 $t = 32$ s 時多轉動了 5.0 rev。

(c) 石磨輪在何時 t 會暫時停住？

說明 我們再次回到等角加速度方程式的那個表，並再找一個僅含有我們想要的未知變數 t 在內的方程式。然而，此方程式必須同時包含變數 ω 在內，這樣我們才可以令它為 0 並解出對應的時間 t。我們選擇了 10-12 式，得

$$t = \frac{\omega - \omega_0}{\alpha} = \frac{0 - (-4.6 \text{ rad/s})}{0.35 \text{ rad/s}^2} = 13 \text{s} \tag{答}$$

範例 10.4 等角加速度，乘坐轉筒

當你操作一轉筒(遊樂園可見的一種大型垂直轉動的圓柱狀乘坐物)時，你注意到有一名乘客處於強烈的痛苦中，於是你以等角加速度將轉筒的角速率在 20.0 rev 裡由 3.40 rad/s 降低到 2.00 rad/s。(該乘客顯然「平移的人」多於「轉動的人」。)

(a) 在降低角速率時，等角加速度是多少？

關鍵概念

因為角加速度是常數，所以我們可以藉由等角加速度的基本方程式(10-12 及 10-13 式)來將轉筒的角加速度與它的角速度及角位移連結起來。

計算 讓我們先快速地檢查基本的方程式是否能解。初始角速度為 $\omega_0 = 3.40$ rad/s，角位移為 $\theta - \theta_0 = 20.0$ rev，而末角速度為 $\omega = 2.00$ rad/s。除了我們想求出的 α 外，兩個基本的方程式都含有我們不需知道的時間 t。

為了消去未知數 t，我們以 10-12 式寫下

$$t = \frac{\omega - \omega_0}{\alpha}$$

接著將之代入 10-13 式便可得

$$\theta - \theta_0 = \omega_0 \left(\frac{\omega - \omega_0}{\alpha} \right) + \frac{1}{2} \alpha \left(\frac{\omega - \omega_0}{\alpha} \right)^2$$

解出 α，代入已知數值，並將 20.0 rev 換算成 125.7 rad，則

$$\alpha = \frac{\omega^2 - \omega_0^2}{2(\theta - \theta_0)} = \frac{(2.00 \text{ rad/s})^2 - (3.40 \text{ rad/s})^2}{2(125.7 \text{ rad})}$$
$$= -0.0301 \text{ rad/s}^2 \tag{答}$$

降低速率共花了多少時間？

計算 現在我們已知 α，故可用 10-12 式解出：

$$t = \frac{\omega - \omega_0}{\alpha} = \frac{2.00 \text{ rad/s} - 3.40 \text{ rad/s}}{-0.0301 \text{ rad/s}^2}$$
$$= 46.5 \text{s} \tag{答}$$

10-3 線變數與角變數的關聯

學習目標

在閱讀完這個區塊的文字之後，讀者應該能夠...

10.15 對一固定軸轉動的剛體，將此剛體的角變數(角位置、角速度和角加速度)和位於其上任意半徑處的質點之線變數連繫起來。

10.16 區分切線加速度和徑向加速度，並對於繞著固定軸轉動的剛體上面的一個質點，在角速率增加與減少兩種情況下，分別於草圖中畫出代表兩加速度的向量。

關鍵概念

● 一轉動剛體上面的一個點，在與轉動軸垂直距離 r 處，沿著半徑爲 r 的圓周移動。若此剛體轉動了角度 θ，則此點將移動弧長 s：

$$s = \theta r \quad \text{(弧度量)}$$

其中 θ 單位爲弧度。

● 該點的的線速度 $\vec{v}$ 與繞出的圓相切；其速率爲

$$v = \omega r \quad \text{(弧度量)}$$

其中 ω 爲剛體(也是質點)的角速率(單位爲弧度每秒)。

● 該點的的線加速速度 $\vec{a}$ 有切線分量和徑向分量。切線分量爲：

$$a_t = \alpha r \quad \text{(弧度量)}$$

其中 α 爲剛體的角加速度的大小(單位爲弧度每秒平方)。而 $\vec{a}$ 的徑向分量則爲

$$a_r = \frac{v^2}{r} = \omega^2 r \quad \text{(弧度量)}$$

● 若此點作等速率圓周運動，則此點和剛體的週期 T 爲

$$T = \frac{2\pi r}{v} = \frac{2\pi}{\omega} \quad \text{(弧度量)}$$

線變數與角變數的關連

在第 4-5 節，我們討論過等速率圓周運動，即一質點以等線速率沿著一圓繞轉動軸前進。當一個剛體，如旋轉木馬繞一軸轉動時，此物體內的每一點都繞該軸在自己的圓上移動。既然物體是剛體，所有的點便都在相同時間內完成一轉；意即，它們全都有相同的角速率 ω。

然而，一質點離軸越遠，屬於它的圓周也就越大，它的線速率必然也就越快。你可以在旋轉木馬上注意到這一點。不管你距離中心多遠，你都以相同的角速率 ω 轉動。但若你向旋轉木馬的邊緣移動，則你的線速率 v 會明顯地增加。

我們常會需要把某轉動物體內的一個特定點之線性變數 s、v、a 與該物體的角變數 θ、ω、α 關連起來。這兩組變數間的關連點在 r，即該點與轉動軸的垂直距離。此距離是沿著垂直轉動軸的方向所測量的點與軸之間的距離。它也是該點繞轉動軸前進的圓之半徑 r。

位置

若剛體上的參考線轉動了角 θ，此物體內離轉動軸的位置爲 r 的一點沿著圓弧移動了 s 的距離，則 s 由 10-1 式可得爲：

$$s = \theta r \quad (\text{弳度量}) \tag{10-17}$$

這是我們的第一個線-角關係式。小心：因為 10-17 式即是以弳度量測角度的定義本身，所以這裡的角 θ 必須是以弳度來做量測。

速率

將 10-17 式對時間微分——保持 r 定值——可得

$$\frac{ds}{dt} = \frac{d\theta}{dt} r$$

然而，ds/dt 是討論中的點的線速率(線速度的大小)，且 $d\theta/dt$ 是該轉動物的角速率 ω。所以

$$v = \omega r \quad (\text{弳度量}) \tag{10-18}$$

小心：此角速率 ω 必須以弳度量表示。

10-18 式告訴了我們，既然剛體內所有的點都有相同的角速率，有越大的值的點便會有越大的線速率。圖 10-9a 提醒了我們線速度是永遠與討論的點的圓路徑相切的。

若剛體的角速率 ω 為常數，則由 10-18 式可知在物體內任一點的線速率 v 也是常數。因此，物體內每一個點都作等速率圓周運動。對每一點及物體本身的運動來說，其轉動週期可由 4-35 式得到：

$$T = \frac{2\pi r}{v} \tag{10-19}$$

由此式可知每轉一圈所須的時間，即將該圈的圓周長 $2\pi r$ 除以其速率。將 10-18 式的 v 代入並消去 r，也得到

$$T = \frac{2\pi}{\omega} \quad (\text{弳度量}) \tag{10-20}$$

此等效式說明了每轉一圈所需的時間，就是該圈的角度距離 2π rad 除以角速率。

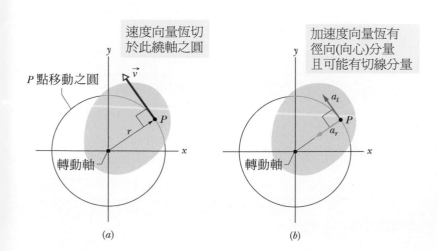

圖 10-9 圖 10-2 轉動剛體的橫截面。物體上每一點(如 P 點)繞著轉軸作圓形路徑運動。(a)各點的線速度 $\vec{v}$ 與該點所處的圓相切。(b)該點的線加速度 $\vec{a}$ (一般)有兩個分量：切線分量 a_t 與徑向分量 a_r。

加速度

將 10-18 式對時間微分(保持 r 定值)可得

$$\frac{dv}{dt} = \frac{d\omega}{dt}r \qquad (10\text{-}21)$$

這裡的情況較為複雜。在 10-21 式裡，dv/dt 僅表示了線加速度中，使得線速度 $\vec{v}$ 的大小 v 改變的部分。像 $\vec{v}$ 一樣，線加速度是與討論的點的路徑相切。我們稱之為線加速度在此點的切線分量，寫成

$$a_t = \alpha r \quad (弳度量) \qquad (10\text{-}22)$$

其中，$\alpha = d\omega/dt$。小心：10-22 式裡的角速度 α 必須以弳度做量測。此外，由 4-34 式可知，一個質點(或點)沿圓路徑移動時，會有一個線加速度的徑向分量 $a_r = v^2/r$ (方向是徑向朝內)，是用來改變線速度 $\vec{v}$ 的方向。將 10-8 式的 v 代入，則此分量可寫成

$$a_r = \frac{v^2}{r} = \omega^2 r \quad (弳度量) \qquad (10\text{-}23)$$

因此，如圖 10-9b 所示，在轉動剛體上一點的線加速度通常有兩個分量。只要物體的角速度不為零，徑向朝內的分量(10-23 式)便存在。只要角加速度不為零，切線分量(10-22 式)便存在。

☑ **測試站 3**

一隻蟑螂停在旋轉木馬的邊緣。若此系統(旋轉木馬+蟑螂)的角速率固定，則蟑螂有(a)徑向加速度和(b)切線加速度嗎？若角速率 ω 是遞減的，則蟑螂也有(c)徑向加速度和(d)切線加速度嗎？

範例 10.5 設計巨環：一個大尺度的遊樂設施

我們受到委託，想設計一個繞著垂直軸轉動的巨無霸水平圓環，其半徑為 $r = 33.1$ m (和北京的觀景摩天輪(世界上最大的摩天輪)一致)。乘客將從圓環外壁的門進入，接著靠在圓環壁上(圖 10-10a)。我們決定讓圓環在 $t = 0$ 到 $t = 2.30$s 內，相對於參考線轉動了角度 $\theta(t)$：

$$\theta = ct^3 \qquad (10\text{-}24)$$

其中 $c = 6.39 \times 10^{-2}$ rad/s^3。在 $t = 2.30$s 後，圓環的角速度將維持不變直到運轉停止。一旦圓環開始旋轉，圓環的底板將從設施上落下，但乘客卻不會掉落——當然，他們會覺得自己好像被固定在圓環壁上。在時間 $t = 2.20$s 時，讓我們來決定出乘客此時的角速率 ω、線速率 v、角加速度 α、切線加速度 a_t、徑向加速度 a_r 和加速度 $\vec{a}$。

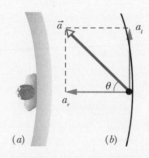

圖 10-10 (a)從準備搭乘巨環的乘客頭頂之俯視圖 (b)(整個)向量的徑向和切線分量

關鍵概念

(1) 角速率 ω 由 10-6 式給出($\omega = d\theta/dt$)

(2) 由 10-18 式，線速率 v(沿著圓周路徑)和角速率(繞著轉軸)有關($v = \omega r$)

(3) 角加速度由 10-8 式給出($\alpha = d\omega/dt$)

(4) 由 10-22 式，切線加速度 a_t (沿著圓周路徑)和角加速度(繞著轉軸)有關($a_t = \alpha r$)

(5) 徑向加速度 a_r 由 10-23 式給出 $a_r = \omega^2 r$

(6) 切線和徑向加速度分別為(整個)加速度 $\vec{a}$ 的切線和徑向分量,因此互相垂直。

計算 讓我們一步一步解開此題。我們先將角位置對時間微分並代入 $t = 2.20\text{s}$,求出角速度:

$$\omega = \frac{d\theta}{dt} = \frac{d}{dt}(ct^3) = 3ct^2 \tag{10-25}$$

$$= 3(6.39 \times 10^{-2} \text{ rad/s}^3)(2.20\text{ s})^2 = 0.928 \text{ rad/s} \quad (\text{答})$$

由 10-18 式,線速率因此為

$$v = \omega r = 3ct^2 r \tag{10-26}$$

$$= 3(6.39 \times 10^{-2} \text{ rad/s}^3)(2.20\text{ s})^2(33.1\text{ m})$$

$$= 30.7 \text{ m/s} \quad (\text{答})$$

雖然這個值非常的快(111 km/h 或 68.7mi/h),但在大多數的遊樂設施卻很常見,而且並不危險,因為(如同第二章所提及)人的身體會對加速度起反應,但對速度卻不會(人體為加速度計,而非速度計)。從 10.26 式我們可以看出線速度隨著時間增加(但在 $t = 2.30\text{s}$ 會停止變化)。

接著,讓我們透過對 10-25 式微分,處理角加速度:

$$\alpha = \frac{d\omega}{dt} = \frac{d}{dt}(3ct^2) = 6ct$$

$$= 6(6.39 \times 10^{-2} \text{ rad/s}^3)(2.20\text{ s}) = 0.843 \text{ rad/s}^2 \quad (\text{答})$$

切線加速度遵循 10-22 式:

$$a_t = \alpha r = 6ctr \tag{10-27}$$

$$= 6(6.39 \times 10^{-2} \text{ rad/s}^3)(2.20\text{ s})(33.1\text{ m})$$

$$= 27.91 \text{ m/s}^2 \approx 27.9 \text{ m/s}^2 \quad (\text{答})$$

或者 2.8g (合理且有一點刺激)。10-27 式告訴我們切線加速度隨時間增加(但在 $t = 2.30\text{s}$ 會停止變化)。由 10-23 式,我們將徑向加速度寫作

$$a_r = \omega^2 r$$

將 10-25 式代入,我們得

$$a_r = (3ct^2)^2 r = 9c^2 t^4 r \tag{10-28}$$

$$= 9(6.39 \times 10^{-2} \text{ rad/s}^3)^2(2.20\text{ s})^4(33.1\text{ m})$$

$$= 28.49 \text{ m/s}^2 \approx 28.5 \text{ m/s}^2 \quad (\text{答})$$

或者 2.9g (也很合理且有一點刺激)。

徑向和切線加速度互相垂直,而且是 $\vec{a}$ 的分量,因此 $\vec{a}$ 的大小為

$$a = \sqrt{a_r^2 + a_t^2} \tag{10-29}$$

$$= \sqrt{(28.49 \text{ m/s}^2)^2 + (27.91 \text{ m/s}^2)^2}$$

$$\approx 39.9 \text{ m/s}^2 \quad (\text{答})$$

或 4.1g (非常刺激!)。所有得出的數值都很合理。

為了找出 $\vec{a}$ 的方向,我們計算圖 10-10b 中的角度 θ:

$$\tan\theta = \frac{a_t}{a_r}$$

然而此處不要馬上把我們算出來的數值代入。讓我們先使用 10-27 和 10-28 中的代數結果:

$$\theta = \tan^{-1}\left(\frac{6ctr}{9c^2 t^4 r}\right) = \tan^{-1}\left(\frac{2}{3ct^3}\right) \tag{10-30}$$

我們可以發現,代數地解出角度的最大好處在於 (1) 角度與環的半徑無關 (2) t 從 0 增加至 2.20 s 的期間,角度遞減。也就是說,加速度 $\vec{a}$ 會逐漸往中心轉向,因為徑向分量(和 t^4 成正比)隨著時間快速地支配切線加速度(只和 t 成正比)。在 $t = 2.20\text{s}$ 時,我們有

$$\theta = \tan^{-1}\frac{2}{3(6.39 \times 10^{-2} \text{ rad/s}^3)(2.20\text{ s})^3} = 44.4° \quad (\text{答})$$

10-4 轉動動能

學習目標

在閱讀完這個區塊的文字之後，讀者應該能夠...

10.17 求出一個質點相對於某一點的轉動慣量。

10.18 求出繞著某一固定軸運動的許多質點之總轉動慣量。

10.19 由轉動慣量和角速率計算出轉動動能。

關鍵概念

● 對某固定軸轉動的剛體，動能 K 為

$$K = \frac{1}{2}I\omega^2 \text{ (弧度量)}$$

● 其中I為此剛體的轉動慣量，若對質點離散的系統，轉動慣量定義為

$$I = \sum m_i r_i^2$$

轉動動能

　　一快速旋轉的鏈鋸必定具有轉動所致的動能。我們要如何表達此能量呢？我們不能將平常的公式 $K = \frac{1}{2}mv^2$ 直接套用到鏈鋸身上，因為它只會告訴我們鏈鋸質心的動能，就是零。

　　取而代之的是，我們可以將鏈鋸(及任何的轉動剛體)看作是具有不同速率之質點的集合體。接著便可以將所有質點的動能加起來以求出整個物體的動能。由此方法可得到一轉動物體的動能為

$$K = \frac{1}{2}m_1 v_1^2 + \frac{1}{2}m_2 v_2^2 + \frac{1}{2}m_3 v_3^2 + \cdots$$
$$= \sum \frac{1}{2}m_i v_i^2 \tag{10-31}$$

其中，m_i 為第 i 個質點的質量，v_i 為其速率。此加總式的範圍是物體內所有的質點。

　　10-31 式的問題為，並非所有的質點都有相同 v_i。為了解決這個問題，我們把 10-18 式($v = \omega r$)的 v 代入便可得到

$$K = \sum \frac{1}{2}m_i(\omega r_i)^2 = \frac{1}{2}\left(\sum m_i r_i^2\right)\omega^2 \tag{10-32}$$

其中，所有質點的 ω 都是一樣的。

　　10-32 式右邊括號內的量說明了轉動物體的質量是如何繞著它的轉動軸分佈的。我們稱此量為物體對該轉動軸的**轉動慣量**(rotational inertia)或**慣性矩**(moment of inertia) I。它對一特定剛體及特定轉動軸而言是常數(注意：若要計算 I 值，便一定要指出該轉動軸)。

現在我們可以寫下

$$I = \sum m_i r_i^2 \quad \text{(轉動慣量)} \tag{10-33}$$

代入 10-32 式可得

$$K = \frac{1}{2}I\omega^2 \quad \text{(弳度量)} \tag{10-34}$$

此即我們要找的表示式。因為我們用了 $v = \omega r$ 的關係式來推導 10-34 式，所以 ω 必須是以弳度表示。I 的 SI 單位為公斤-平方公尺($\text{kg} \cdot \text{m}^2$)。

策略。若已給定轉軸和一些質點後，我們即可求出每個質點的 mr^2 值並將它們如同 10.33 式加總，進一步求得轉動慣量 I。若我們想求轉動動能，我們可以將算出的 I 代入 10.34 式中。以上就是對一些離散質點的解題策略。但有時也會遇到像棒子這般有非常多質點的物體，因此我們將會在下節中學會用如何用幾分鐘的計算，解決這類連續體問題。

10-34 式表示處於純轉動中的剛體之動能，是純平移的剛體之動能公式 $K = \frac{1}{2}Mv_{\text{com}}^2$ 的角量等效式。這兩個式子均存在一個 $\frac{1}{2}$ 因數。質量 M 出現在其中一個公式，I(同時包含質量及其分佈)出現在另一個。最後，每個式子都包含了一個因子即速率平方項—— 平移的或轉動的，看哪個恰當。平移的及轉動的動能並不是不同種類能量。它們都是動能，各以適合該運動的方式來表達。

之前我們便已注意到，一個轉動物體的轉動慣量不只包含其質量，也包含了此質量是如何分佈的。這裡有個例子可讓你明確地感覺到此點。轉動一根具有適度重量的長棍(竹竿，一段木材，或其它類似的東西)，首先繞它的中心(縱向)軸轉(圖 10-11a)，接著繞垂直該棍子並通過其中心的軸轉(圖 10-11b)。兩種轉動法包含了完全相同的質量，但第一種轉動要比第二種容易多了。這是因為在第一種轉動裡，質量的分佈要比第二種更加接近轉動軸。結果，圖 10-11a 裡棍子的轉動慣量，要比圖 10-11b 裡小多了。一般而言，較小的轉動慣量意味著較易於轉動。

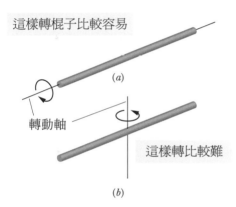

這樣轉棍子比較容易

轉動軸

這樣轉比較難

圖 10-11 一長棍子繞它的(a)中心軸(縱向的)轉動要比繞(b)通過其中心並與長度垂直的軸轉動來得容易多了。這是因為質量分佈在(a)中比在(b)中更接近轉動軸。

 測試站 4

如圖所示為三個質點繞一垂直軸轉動的情形。軸和質心間的垂直距離如圖所示。試將三質點對軸的轉動慣量由大至小依順序排列出來。

轉動軸

1 m ● 36 kg
2 m ● 9 kg
3 m ● 4 kg

10-5 計算轉動慣量

學習目標

在閱讀完這個區塊的文字之後，讀者應該能夠…

10.20 決定出在表10-2中出現的物體其轉動慣量大小。

10.21 透過將質量元素對整個物體積分，計算出該物體的轉動慣量。

10.22 對於一個與通過物體質心的轉動軸平行的另一轉動軸，應用平行軸定理。

關鍵概念

● I 為物體的轉動慣量，對於離散的質點來說，其定義為

$$I = \sum m_i r_i^2$$

而對於一質量連續分布物體來說，其定義為

$$I = \int r^2 dm$$

其中 r 和 r_i 代表物體中每個質量元素到轉動軸的垂直距離，由於積分時是對整個物體做加總，因此會包含到所有的質量元素。

● 對於任意的轉動軸，平行軸定理將其與和它平行且通過物體質心的另一轉動軸連繫在一起：

$$I = I_{com} + Mh^2$$

此處 h 為兩平行軸間的垂直距離，而 I_{com} 則為通過物體質心的平行軸的轉動慣量。我們可以將 h 理解成實際的轉動軸從原本通過質心的平行軸平移的距離。

轉動慣量的計算

若剛體是由少數質點組成，我們可由 10-33 式（$I = \sum m_i r_i^2$），計算它繞著一給定的轉動軸之轉動慣量，意即，我們可以找出每個質點的乘積，再把它們加起來（記住 r 是質點距其轉動軸的垂直距離）。

如果剛體是由大量相鄰的質點組成（也就是連續的，像飛盤），要使用 10-33 式便需要一台電腦了。因此，我們將 10-33 式的和改以積分來代替，並定義物體的轉動慣量為

$$I = \int r^2 dm \quad \text{（轉動慣量，連續物體）} \tag{10-35}$$

表 10-2 列出了九種常見物體形狀及指定轉動軸，經過積分所得的結果。

平行軸定理

設我們想找出一個質量 M 的物體繞給定軸的轉動慣量 I。原則上，我們恆可用 10-35 式的積分找出 I。然而，若我們恰巧已知道此物體繞通過其質心的平行軸之轉動慣量 I_{com}，便有一條捷徑可走。令 h 為指定軸及通過質心之軸間的垂直距離（記住這兩軸必須平行）。則繞該指定軸的轉動慣量 I 為

$$I = I_{com} + Mh^2 \quad \text{（平行軸定理）} \tag{10-36}$$

把 h 想成是通過質心的轉動軸被我們平移的距離，此式即稱為**平行軸定理**。我們現在證明之。

表 10-2　一些轉動慣量

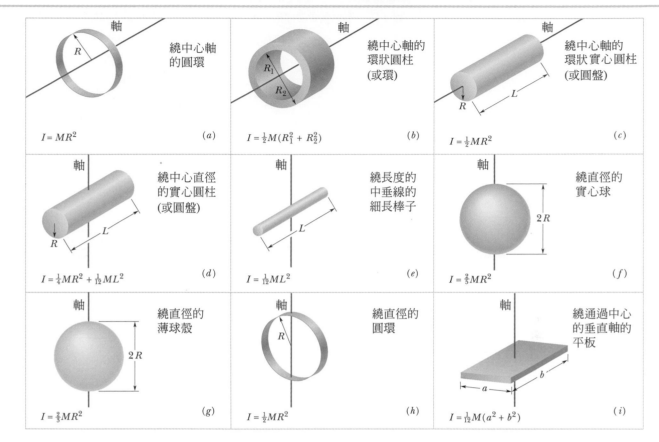

軸 繞中心軸 的圓環 $I = MR^2$ (a)	軸 繞中心軸的 環狀圓柱 (或環) $I = \frac{1}{2}M(R_1^2 + R_2^2)$ (b)	軸 繞中心軸的 環狀實心圓柱 (或圓盤) $I = \frac{1}{2}MR^2$ (c)
軸 繞中心直徑 的實心圓柱 (或圓盤) $I = \frac{1}{4}MR^2 + \frac{1}{12}ML^2$ (d)	軸 繞長度的 中垂線的 細長棒子 $I = \frac{1}{12}ML^2$ (e)	軸 繞直徑的 實心球 $I = \frac{2}{5}MR^2$ (f)
軸 繞直徑的 薄球殼 $I = \frac{2}{3}MR^2$ (g)	軸 繞直徑的 圓環 $I = \frac{1}{2}MR^2$ (h)	軸 繞通過中心 的垂直軸的 平板 $I = \frac{1}{12}M(a^2 + b^2)$ (i)

平行軸定理的證明

圖 10-12 中，以截面所示之任意形狀物體中，令 O 為其質心。將座標原點置於 O。考慮一軸通過 O 點且與圖平面垂直，另一軸通過 P 點並與第一軸平行。令 P 的 x 及 y 座標分別為 a 及 b。

令 dm 為位於一般座標 x 及 y 的質量元素。則由 10-35 式，此物體繞通過 P 點之軸的轉動慣量為

$$I = \int r^2 dm = \int \left[(x-a)^2 + (y-b)^2 \right] dm$$

重新整理可得

$$I = \int (x^2 + y^2) dm - 2a \int x\, dm - 2b \int y\, dm + \int (a^2 + b^2) dm \qquad (10\text{-}37)$$

由質心的定義(9-9 式)可知，10-37 式中間的兩項積分就是質心的座標(乘以一常數)，因此必為零。因為 $x^2 + y^2$ 等於 R^2，其中 R 是 O 點到 dm 的距離，故第一項積分便為 I_{com}，即物體繞通過其質心的軸之轉動慣量。檢視圖 10-12 可看出 10-37 式最後一項為 Mh^2，其中 M 為物體總質量。因此，10-37 式便可化簡成 10-36 式，也就是我們所要證明的關係式。

我們需找出繞 P 處之軸的轉動慣量及繞質心處之軸的轉動慣量兩者間的關係

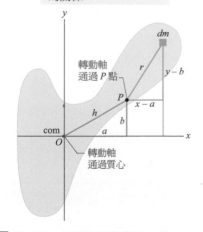

圖 10-12　一剛體的橫截面，質心在 O 點。平行軸定理(10-36 式)將物體對通過 O 點之軸的轉動慣量，及物體對通過某點如離質心距離為 h 之 P 的軸的轉動慣量，兩者建立起關係。

測試站 5

圖示為一個像書的物體(一邊的邊長較另一邊為長)，且有四個垂直於書面的轉動軸。試將物體對四軸的轉動慣量由大至小排列之。

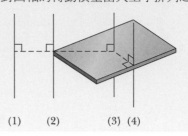

(1) (2) (3) (4)

範例 10.6　雙質點系統的轉動慣量

圖 10-13a 所示剛體是由兩個質量均為 m 的質點以無質量且長度 L 之棒連結而組成。

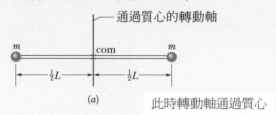

此時轉動軸通過質心

此時則從質心作位移，方位不變。
我們可使用平行軸定理

圖 10-13　一剛體由二個質量均為 m 的質點以一輕質棒連結而成。

(a) 此物體對通過質心與棒垂直的軸之轉動慣量 I_{com} 為何？

關鍵概念

因為我們只有兩個帶有質量的質點，所以我們可以由 10-33 式來找出物體的轉動慣量 I_{com} 而不必積分。也就是說，我們只需要分別把每個質點的轉動慣量求出，再將其加總即可。

計算　這兩個質點對轉動軸的垂直距離均為 $\frac{1}{2}L$，因此

$$I = \sum m_i r_i^2 = (m)(\frac{1}{2}L)^2 + (m)(\frac{1}{2}L)^2$$
$$= \frac{1}{2}mL^2 \qquad (答)$$

(b) 此物體對通過棒子左端且與第一軸平行的軸之轉動慣量 I（圖 10-13b）為何？

關鍵概念

這情況夠簡單，讓我們可用兩種技巧中的任一個來找出。第一種技巧與(a)中所使用的類似。第二種技巧更有效，即使用平行軸定理。

技巧 1　像(a)中那樣求出，唯一不同的是左邊質點的垂直距離 r_i 為零，而右邊質點的則為 L。則由 10-33 式可得

$$t = m(0)^2 + mL^2 = mL^2 \qquad (答)$$

技巧 2　因為我們已知繞著通過質心的軸之轉動慣量 I_{com}，且此處的軸與該「質心軸」是平行的，所以我們可以採用平行軸定理(10-36 式)。我們得到

$$I = I_{com} + Mh^2 = \frac{1}{2}mL^2 + (2m)(\frac{1}{2}L)^2$$
$$= mL^2 \qquad (答)$$

範例 10.7　均勻細棒的轉動慣量，積分

圖 10-14 顯示的是一根質量 M、長度 L 的均勻細棒，它位於 x 軸上，而且軸的原點在棒的中心點。

(a) 試問此棒相對於通過中心點的垂直旋轉軸，其轉動慣量是多少？

關鍵概念

(1)棒子由非常大量的質點構成，每個質點到轉動軸間又有各種不同的距離，因此在計算上我們當然不希望直接將它們的轉動慣量分別加總。我們先把距離轉動軸 r、質量元素 dm 的轉動慣量通式寫下：$r^2 dm$

(2)接著，我們透過積分此通式，將所有質量元素的轉動慣量加總(而非將其一個一個相加)。根據 10-35 式，我們寫下

$$I = \int r^2 dm \qquad (10\text{-}38)$$

(3)因為棒子為均勻的，並且轉動軸位於中心，因此我們實際上是在計算相對於質心的轉動慣量 I_{com}。來求轉動慣量。

計算　因為我們要對座標 x 進行積分(不是如積分式中所示的質量 m)，所以我們必須讓細棒的元素質量 dm，與其沿著棒子的長度 dx 建立起關連(這樣的計算元素顯示於圖 10-14)因為細棒是均勻的，所以對所有的計算單元以及對整體薄棒而言，質量相對於長度的比值是相同的。因此可寫出

$$\frac{\text{元素質量}dm}{\text{元素長度}dx} = \frac{\text{桿之質量}M}{\text{桿之質量}L}$$

或　　$$dm = \frac{M}{L} dx$$

我們現在可以將 10-38 式中的 dm 代換成上述結果，並且以 x 替換 r。然後我們從棒的一端積分到另一端(從 $x = -L/2$ 到 $x = L/2$)，以便將所有元素包括在內。我們得到

$$I = \int_{x=-L/2}^{x=+L/2} x^2 \left(\frac{M}{L} \right) dx$$

$$= \frac{M}{3L} \left[x^3 \right]_{-L/2}^{+L/2} = \frac{M}{3L} \left[\left(\frac{L}{2} \right)^3 - \left(-\frac{L}{2} \right)^3 \right]$$

$$= \frac{1}{12} ML^2$$

(b) 如果新旋轉軸也垂直於細棒，並且通過棒的左端，試問細棒相對於新旋轉軸的轉動慣量 I 是多少？

關鍵概念

我們可以這樣求 I，即將 x 軸原點移向棒子左端，再作積分從 $x = 0$ 到 $x = L$。不過，此處我們將使用一個更有效(也更簡單)的求解方法，此方法使用到平行軸定理(10-36 式)，會將轉動軸保持方位下作位移。

計算　如果我們將旋轉軸放在均勻棒的端點，使得它平行於通過質心的軸，然後我們可以使用平行軸定理(10-36 式)。我們由(a)小題知道是 I_{com} 為 $\frac{1}{2}ML^2$。從圖 10-14 我們知道，在新旋轉軸和質心之間的垂直距離 h 是 $\frac{1}{2}L$。然後方程式 10-36 告訴我們

$$I = I_{com} + Mh^2 = \frac{1}{12} ML^2 + (M)\left(\frac{1}{2} L \right)^2$$

$$= \frac{1}{3} ML^2 \qquad (答)$$

實際上對任何通過左端點或右端點，並且與均勻棒互相垂直的旋轉軸而言，這項結果都成立。

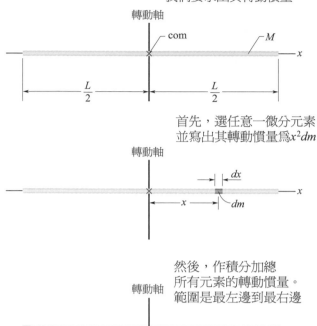

此為棒子全貌。
我們要求出其轉動慣量

首先，選任意一微分元素
並寫出其轉動慣量為$x^2 dm$

然後，作積分加總
所有元素的轉動慣量。
範圍是最左邊到最右邊

圖 10-14 一根長度 L、質量 M 的均勻棒。圖中顯示出一個質量 dm、長度 dx 的計算單元。

範例 10.8 轉動動能，自旋測試時的爆炸

首次在一自旋測試系統裡，檢測處於長時間高速轉動的大型機械元件其毀壞的可能性。在此系統裡，一個元件被放置於由鉛磚及固定線組成的圓柱狀設備內並加以轉動(使速率增加)，這整個裝置都放在一個鋼殼裡並加蓋鎖緊。若轉動使得元件損毀，軟質鉛磚應該會抓住破片，這樣便可以分析此毀壞的情形。

1985 年，Test Devices, Inc.(www.testdevices.com)公司利用轉動測試一個鋼筒(圓盤)樣品，其質量 $M =$ 272 kg 且半徑 $R = 38.0$ cm。當此樣品角速率 ω 達到 14000 rev/min 時，測試工程師由該測試系統聽到一個模糊的撞擊聲，來自下方地板並穿過房間。調查之下，他們發現鉛磚被拋到了通往測試室的走廊，該房間的一扇門被丟到隔壁的停車場，有一塊鉛磚由測試基座打穿了鄰居廚房的一面牆，該測試大樓的結構橫樑已受到損傷，轉動室底下的混凝土地板被向下推擠了約 0.5 cm，而重 900 kg 的蓋子被拋向上方打破天花板再重重地跌回測試裝置上(圖 10-15)。爆開來的碎片沒有穿過測試工程師所在的房間真只能說是幸運了。

在這一次鋼筒的爆炸裡，有多少能量被釋放出來了？

關鍵概念

被釋放出來的能量就等於鋼筒到達 14000 rev/min 的角速率時的轉動動能 K。

圖 10-15　由高速旋轉的鋼盤爆炸所引起的一些損毀。
（感謝 Test Devices, Inc.提供此照片）

計算　我們可以由 10-34 式($K = \frac{1}{2}I\omega^2$)求出 K，但首先我們要知道轉動慣量 I 的表示式。因爲鋼筒是像

旋轉木馬一樣轉動的圓盤，所以 I 即爲表 10-2c 中的表示式($I = \frac{1}{2}MR^2$)。因此

$$I = \frac{1}{2}MR^2 = \frac{1}{2}(272\,\text{kg})(0.38\,\text{m})^2 = 19.64\,\text{kg}\cdot\text{m}^2$$

轉子的角速率爲

$$\omega = (14000\,\text{rev/min})(2\pi\,\text{rad/rev})\left(\frac{1\,\text{min}}{60\,\text{s}}\right)$$
$$= 1.466 \times 10^3\,\text{rad/s}$$

接著，由 10-34 式，我們得出釋放的(大量)能量

$$K = \frac{1}{2}I\omega^2 = \frac{1}{2}(19.64\,\text{kg}\cdot\text{m}^2)(1.466 \times 10^3\,\text{rad/s})^2$$
$$= 2.1 \times 10^7\,\text{J} \tag{答}$$

PLUS Additional example, video, and practice available at *WileyPLUS*

10-6　力矩

學習目標

在閱讀完這個區塊的文字之後，讀者應該能夠…

10.23 辨別出物體上的力矩和力、位置向量有關，位置向量從轉動軸指向力作用的點。

10.24 透過(a)位置向量與力的夾角　(b)力的作用線和力臂　(c)力在垂直位置向量方向上的分量，計算出力矩。

10.25 辨別出在計算力矩時，總是要指定一轉動軸。

10.26 相對於一給定的轉動軸，力矩會使物體傾向某一方向轉動，依據此方向力矩被賦予正負號：順時針爲負。

10.27 當有兩個以上力的矩作用在物體上時，計算淨力矩。

關鍵概念

● 相對一轉動軸，一物體上的力矩爲力 $\vec{F}$ 造成的轉動或扭轉作用。若 $\vec{F}$ 作用在相對轉軸位置 $\vec{r}$ 處，則力矩的大小爲

$$\tau = rF_t = r_\perp F = rF\sin\phi$$

其中 F_t 爲 $\vec{F}$ 在垂直 $\vec{r}$ 方向上的分量，ϕ 爲 $\vec{r}$ 和 $\vec{F}$

的夾角。而 $r_\perp$ 則爲轉動軸和 $\vec{F}$ 所延伸出的直線之間的最短距離。這條線叫做 $\vec{F}$ 的作用線，而 $r_\perp$ 叫做 $\vec{F}$ 的力臂。相似地，r 則爲 F_t 的力臂。

● 力矩的SI單位爲牛頓米($\text{N}\cdot\text{m}$)。若一力矩 τ 傾向使靜止的物體朝逆時針方向旋轉，則此力矩爲正；若傾向朝順時針方向旋轉，則爲負的。

力矩

門把之所以要儘可能地遠離門的樞紐線是有原因的。如果你想打開一道厚重的門，當然必須要施力；然而，光是這樣並不夠。你在何處施力及你往那個方向推動也是很重要的。如果你在比門把接近樞紐線的地方施力，或者作用的角度不與門平面成 90°，則你必然要花比施於門把且垂直於門平面更大的力，才能推得動門。

圖 10-16a 所示為一物體的橫截面，該物體繞著通過 O 點且與截面垂直的軸自由轉動。一力 $\vec{F}$ 作用於 P 點，其相對於 O 點的位置以一位置向量 $\vec{r}$ 定義。向量 $\vec{F}$ 及 $\vec{r}$ 兩者方向間的夾角為 ϕ。(為了簡單起見，我們只考慮在平行轉動軸方向無分量的力；因此，$\vec{F}$ 就位在頁面上)。

為了決定 $\vec{F}$ 是如何使物體繞轉動軸轉動，我們將 $\vec{F}$ 分解成兩個分量(圖 10-16b)。其中一個稱為徑向分量 F_r，指向 $\vec{r}$ 的方向。因為這個分量是沿著通過 O 點的線作用，因此並不會造成轉動(如果你平行門平面拉動門，是無法轉動它的)。$\vec{F}$ 的另一分量稱為切線分量 F_t，其垂直於 $\vec{r}$ 且大小為 $F_t = F \sin\phi$。此分量會使物體轉動。

圖 10-16 (a) 力量 $\vec{F}$ 作用於剛體，以一個垂直於頁面的轉動軸。力矩能以下列參數求得：(a)角度 ϕ；(b)切線力分量 F_t；或(c)力臂 $r_\perp$。

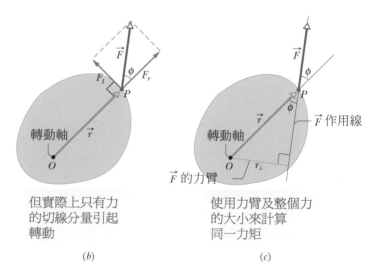

此力所致之力矩
引起繞此軸之轉動
(軸指向你)

(a)

但實際上只有力
的切線分量引起
轉動

(b)

使用力臂及整個力
的大小來計算
同一力矩

(c)

計算力矩。 $\vec{F}$ 轉動物體的能力不只與其切線分量 F_t 的大小有關，也與此力作用處離 O 點多遠有關。為了把這兩項因數都包括在內，我們定義一個稱為力矩的量，τ，為此兩項的乘積，寫做

$$\tau = (r)(F\sin\phi) \tag{10-39}$$

計算力矩的兩個等效的方法為

$$\tau = (r)(F\sin\phi) = rF_t \tag{10-40}$$

$$\tau = (r\sin\phi)(F) = r_\perp F \tag{10-41}$$

其中，$r_\perp$ 為 O 點的轉動軸與向量 $\vec{F}$ 的延長線間的垂直距離(圖 10-16c)。

此延伸線稱為 $\vec{F}$ 的**作用線**，$r_\perp$ 稱為 $\vec{F}$ 的**力臂**。圖 10-16b 中，我們可以把 $\vec{r}$ 的大小 r 描述為力分量 F_t 的力臂。

力矩一詞來自拉丁文，意為「扭轉」，意思大概是指是力 $\vec{F}$ 的轉動或扭轉作用。當你施力於物體——如螺絲起子或螺絲鉗——並試圖轉動它時，你正對它施了一力矩。力矩的 SI 單位為牛頓-公尺(N·m)。小心：牛頓-公尺同時也是功的單位。然而，力矩與功是完全不同的量，不可搞混。功經常以焦耳表示(1 J = 1 N·m)，但力矩絕不會如此表示。

順時針為負。在第 11 章中我們將用向量表示一力矩，但此處對於繞著單一軸的轉動，我們只使用正負號表示之。若一力矩造成逆時針轉動，則其為正的。若一力矩造成瞬時針轉動，則其為負的。(10-1 小節中的「順時針為負」一詞此處亦適用)

力矩遵守著我們曾在第 5 章針對力討論過的疊加原理：當數個力矩作用於一物體，則淨力矩(或合力矩)便是個別力矩的和。淨力矩的符號為 τ_{net}。

 測試站 6

圖示為一根米尺之俯瞰視點，可於標示為 20 (代表 20 cm)之點作樞轉。施在米尺上的五個力均在同一水平面，並具有相同大小。試由大至小將這五力所產生的力矩大小排列之。

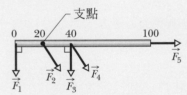

10-7　轉動的牛頓第二運動定律

學習目標

在閱讀完這個區塊的文字之後，讀者應該能夠...

10.28 應用轉動版的牛頓第二運動定律，將物體相對於一給定轉軸的淨外力矩、轉動慣量以及角加速度連繫在一起。

關鍵概念

● 牛頓第二運動定律在轉動中的類比為

$$\tau_{net} = I\alpha$$

其中 τ_{net} 為作用在質點或剛體上的淨外力矩，I 為質點或剛體相對於轉動軸的轉動慣量，而 I 為相對該轉軸的轉動慣量。

力的切線分量所致
的力矩造成繞轉動
軸之角加速度

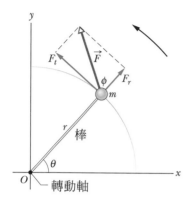

圖 10-17 一簡單剛體可自由繞通過 O 之軸轉動，組成包括：質量為 m 的質點，長度為 r 且可忽略質量的棒；而質點固定於棒子一端。一個施力 $\vec{F}$ 使剛體轉動。

轉動的牛頓第二定律

力矩可以用來使剛體轉動，像是你用一力矩來轉動一扇門。這裡我們要把一剛體所受的淨力矩 τ_{net} 與它繞一固定軸所引起的角加速度 α 連結起來。我們與描述一個質量 m 的物體因受沿一座標軸的淨力 F_{net} 而產生加速度 a 的牛頓第二定律($F_{net} = ma$)做個類比。將 F_{net} 換成 τ_{net}，m 換成 I，a 換成 α (單位是弧度)，便可寫下

$$\tau_{net} = I\alpha \quad \text{(轉動的牛頓第二定律)} \tag{10-42}$$

10-42 式的證明

為了證明 10-42 式，首先考慮如圖 10-17 所示的簡單情況。該剛體由一質量的質點，位於長度，可忽略質量的棒子之一端所組成。此棒子所能作的移動是，只能繞著位於它的另一端且垂直於頁面的轉動軸(比如一般車軸)作轉動。因此，該質點只能在中心位於轉動軸上的圓路徑裡移動。

一力 $\vec{F}$ 作用於質點上。然而，因為質點只能沿著圓路徑移動，因此只有力的切線分量 F_t (與圓路徑相切的分量)能使質點沿該路徑加速。我們可以把 F_t 與質點沿該路徑的切線加速度以牛頓第二定律連繫起來，寫成

$$F_t = ma_t$$

由 10-40 式，作用於質點的力矩便為

$$\tau = F_t r = ma_t r$$

由 10-22 式($a_t = \alpha r$)，我們可以把上式寫成

$$\tau = m(\alpha r)r = (mr^2)\alpha \tag{10-43}$$

10-43 式右側括號內的量便是質點繞該轉動軸的轉動慣量(見 10-33 式，但此處我們僅有單一質點)。因此使用 I 於轉動慣量，10-43 式簡化為

$$\tau = I\alpha \quad \text{(弧度量)} \tag{10-44}$$

若有兩個以上的力矩作用在質點上時，10-44 式變為

$$\tau_{net} = I\alpha \quad \text{(弧度量)} \tag{10-45}$$

此即我們要開始證明的式子。我們可將此式推廣到任何繞固定軸轉動的剛體，因為任何這樣的物體都恆可當作單一質點的集合體來加以分析。

☑ **測試站 7**

圖示為俯瞰視點之一根米尺，其可繞標記點作樞轉，該點位於米尺中點左側。兩個在水平面上的力 $\vec{F_1}$ 和 $\vec{F_2}$ 被施予米尺上。只有 $\vec{F_1}$ 有顯示出。力 $\vec{F_2}$ 是垂直於米尺，且施加於右端。若米尺無法轉動，則(a) $\vec{F_2}$ 的方向為何？(b) F_2 應大於、小於、等於 F_1？

支點

$\vec{F_1}$

範例 10.9　在基礎的柔道腰技中應用轉動的牛頓第二運動定律

為了使用基礎的柔道腰技擲出一個 80 kg 的對手，你計畫用一個力 $\vec{F}$ 拉住它的衣服，此力相對於你右腰的中樞點（轉動軸）有 $d_1 = 0.30$ m 的力臂（圖 10-18）。你希望以相對於中樞點 $\alpha = -6.0$ rad/s^2 的角加速度轉動對手——意即，角加速度在圖中為順時針的。假定你的對手相對於中樞點的轉動慣量 I 為 15kg·m^2。

(a) 在你擲出對手前，你把對手向前彎曲並將他的質心帶到你的腰上，那麼你應該施多大的力（圖 10-18a）？

關鍵概念

透過轉動的牛頓第二運動定律 $\tau_{net} = I\alpha$，我們可以將你施在對手身上的力 $\vec{F}$ 和給定的角加速度值 α 連繫在一起。

計算　當你的對手腳離開地面時，我們假定只有三種力對他作用：你的拉力 $\vec{F}$、從你中樞點施的力 $\vec{N}$（此力並未在圖 10-18 中標出），以及重力 $\vec{F}_g$。為了應用 $\tau_{net} = I\alpha$，我們需要求出這三個力相對於中樞點所造成的力矩。

根據 10-41 式（$\tau = r_\perp F$），拉力 $\vec{F}$ 造成的力矩等於 $-d_1 F$，其中 d_1 為力臂 $r_\perp$，而負號則表示此力矩造成的旋轉傾向為順時針的。因為 $\vec{N}$ 恰好作用在中樞點（旋轉軸）上，力臂 $r_\perp = 0$，因此 $\vec{N}$ 此時造成的力矩為零，

為了計算 $\vec{F}_g$ 所造成的力矩，我們假定 $\vec{F}_g$ 作用在你對手的質心上。當你的對手質心恰好落在你腰部的中樞點上時，$\vec{F}_g$ 相對轉軸的力臂 $r_\perp = 0$ 為零，因此 $\vec{F}_g$ 對轉軸不造成力矩。結果是，只有你的拉力 $\vec{F}$ 作用在你對手身上。因此我們將 $\tau_{net} = I\alpha$ 寫為

$$-d_1 F = I\alpha$$

接著我們得

$$F = \frac{-I\alpha}{d_1} = \frac{-(15\text{kg·m}^2)(-6.0 \text{ rad/s}^2)}{0.30 \text{ m}}$$

$$= 300\text{N} \tag{答}$$

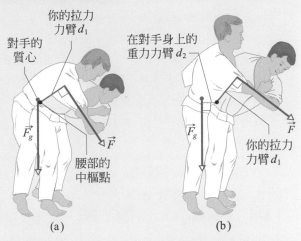

你的拉力力臂 d_1
對手的質心
$\vec{F}_g$
腰部的中樞點
$\vec{F}$

在對手身上的重力力臂 d_2
你的拉力力臂 d_1
$\vec{F}_g$
$\vec{F}$

(a)　　　　　　　(b)

圖 10-18　一個柔道腰技 (a)正確的執行 (b)不正確的執行

(b) 若在你擲出對手前，他的身體仍維持筆直，此時 $\vec{F}_g$ 將有力臂 $d_2 = 0.12$ m（圖 10-18b）。那麼這時候你應該施多大的力呢？

關鍵概念

由於 $d_2 = 0.12$ m 的力臂此時不再為零，因此現在 $\vec{F}_g$ 會造成旋轉傾向為逆時針的正力矩 $d_2 mg$。

計算　現在我們將 $\tau_{net} = I\alpha$ 寫成

$$-d_1 F + d_2 mg = I\alpha$$

這將給出

$$F = -\frac{I\alpha}{d_1} + \frac{d_2 mg}{d_1}$$

又由(a)，我們知道右手邊的第一項等於 300 N。將此值和其它給定的數據代入，我們得

$$F = 300\text{N} + \frac{(0.12\text{m})(80\text{kg})(9.8 \text{ m/s}^2)}{0.30 \text{ m}}$$

$$= 613.6\text{N} \approx 610\text{N} \tag{答}$$

這項結果說明，當你在拉動對手前，若沒有將他的身體彎曲並把他的質心帶至你個腰部的話，你將施更多的力。一個好的柔道手了解物理中的這個學問。確實，物理為大部分武術的基礎，在人類幾個世紀以來數不盡的嘗試與錯誤中被理解。

範例 **10.10**　牛頓第二定律、轉動、力矩、圓盤

圖 10-19a 所示為一均勻圓盤,其質量 $M = 2.5$ kg,半徑 $R = 20$ cm,設置在在一固定水平軸上。一質量 $m = 1.2$ kg 的木塊經由一不計質量的繩子繞過圓盤的邊緣懸掛著。求木塊下落的加速度(假設木塊會下落),圓盤的角加速度,及繩子的張力。該繩不會滑脫且在軸上無摩擦力。

關鍵概念

　　(1)把木塊看成一個系統,這樣便可以把它的加速度 a 與作用在它身上的力用牛頓第二定律($\vec{F}_{net} = m\vec{a}$)連繫起來。(2)將圓盤視為一個系統,便可以利用轉動的牛頓第二定律($\tau_{net} = I\alpha$),讓圓盤的角速度 α 與其上力矩產生關聯。(3)為了將木塊和圓盤的運動結合起來,我們運用一個事實,那就是木塊的線加速度 a 和圓盤的(切線)線加速度是相等的。(為了避免正負號混淆,讓我們在加速度的大小和清楚的代數符號上下點功夫)

木塊上的力　這些力就如圖 10-19b 裡木塊的自由物體圖所示:來自繩子的力為 $\vec{T}$,重力為 $\vec{F}_g$ (大小為 mg)。現在我們可以寫下牛頓第二定律在垂直軸 y 上的分量形式($F_{net,y} = ma_y$)為

$$T - mg = m(-a) \tag{10-46}$$

其中 a 為加速度的大小(沿負 y 軸方向),然而我們無法由此式解出 a,因為它還含有未知數 T。

圓盤上的力矩　在此之前,每當我們在 y 方向的計算卡住時,我們換到 x 方向列式。這裡我們改成去計算圓盤的轉動,並應用轉動的牛頓第二運動定律。為了計算力矩與轉動慣量,我們選定垂直圓盤、通過質心的直線作為轉動軸,其位於圖 10-19c 中的 O 點。

　　接下來,由 10-40 式($\tau = rF_t$)便可求得力矩。圓盤所受的重力以及由軸作用於圓盤的力,均作用於圓盤中心,故距離 $r = 0$,也因此其力矩為零。而圓盤所受來自於繩子的力 $\vec{T}$ 作用於距離 $r = R$ 處且與圓盤邊緣相切。因此,其力矩為 $-RT$,負號是因為此力矩使圓盤由靜止朝順時針方向轉動。由表 10-2c,圓盤的轉動慣量 I 為 $\frac{1}{2}MR^2$。所以,可以將 $\tau_{net} = I\alpha$ 寫為

$$-RT = \frac{1}{2}MR^2(-\alpha) \tag{10-47}$$

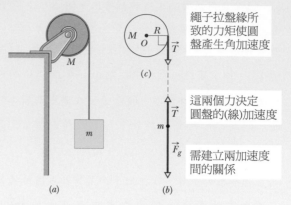

繩子拉盤緣所致的力矩使圓盤產生角加速度

這兩個力決定圓盤的(線)加速度

需建立兩加速度間的關係

圖 10-19　(a)下落的木塊使盤轉動。(b)石塊的自由體圖。(c)盤的不完整自由物體圖。

　　此方程式看來似乎不管用,因為它有兩個未知數 α 及 T,沒一個是我們想要的 a。然而,請鼓起你的物理勇氣,我們可以用下列事實讓它變得有用:因為繩子不會滑脫,木塊的線加速度 a 及圓盤邊緣的切線加速度 a_t 是一致的。那麼,由 10-22 式($a_t = \alpha r$)便可看出此處 $\alpha = a/R$。代入 10-47 式便可得

$$T = \frac{1}{2}Ma \tag{10-48}$$

結果相加　結合 10-46 式及 10-48 式可得出

$$a = g\frac{2m}{M + 2m} = (9.8\,\text{m/s}^2)\frac{(2)(1.2\,\text{kg})}{2.5\,\text{kg} + (2)(1.2\,\text{kg})}$$
$$= 4.8\,\text{m/s}^2 \tag{答}$$

然後由 10-48 式求 T:

$$T = \frac{1}{2}Ma = \frac{1}{2}(2.5\,\text{kg})(4.8\,\text{m/s}^2)$$
$$= 6.0\,\text{N} \tag{答}$$

正如我們所預料的,下落的木塊之加速度 a 比 g 小,且繩之張力 T (= 6.0 N)比木塊的重量(= mg = 11.8 N)小。我們亦見,a 和 T 與盤的質量有關,但與盤的半徑無關。

　　為了驗證,我們注意到上面所導之公式,若不計圓盤的質量($M = 0$),會預測 $a = -g$ 及 $T = 0$。這正如我們所預測的,木塊就只是像自由落體般下落。圓盤的角加速度,可由 10-22 式得:

$$\alpha = \frac{a}{R} = \frac{4.8\,\text{m/s}^2}{0.20\,\text{m}} = 24\,\text{rad/s}^2 \tag{答}$$

10-8 功與轉動動能

學習目標

在閱讀完這個區塊的文字之後，讀者應該能夠...

10.29 對於作用在旋轉物體上的力矩，將其對轉動角度積分，計算出力矩所作的功。

10.30 應用功—能定理，將力矩所作的功與轉動動能的變化連繫在一起。

10.31 計算定力矩所作的功，並將此功與物體的轉動角度連繫在一起。

10.32 透過找出力矩作功的速率，計算出力矩的功率。

10.33 將功率與力矩、角速度連繫在一起，計算出力矩在任意瞬間的功率。

關鍵概念

● 在轉動運動中，計算功與功率的方程式和平移運動中的公式相對應，為

$$W = \int_{\theta_i}^{\theta_f} \tau \, d\theta$$

和

$$P = \frac{dW}{dt} = \tau\omega$$

● 當 τ 為一定值時，功的積分變為

$$W = \tau(\theta_f - \theta_i)$$

● 對於轉動中的物體，功—能定理的形式變為

$$\Delta K = K_f - K_i = \frac{1}{2}I\omega_f^2 - \frac{1}{2}I\omega_i^2 = W$$

功與轉動動能

如同我們在第 7 章討論過的，當力 F 使得質量 m 的物體沿一座標軸加速時，此力對物體作了功 W。因此，該物體的動能 $K = \frac{1}{2}mv^2$ 會改變。假設它是此物體唯一改變的能量。則我們可由功-動能定理(7-10 式)來把動能的改變量 ΔK 與功 W 連結起來，寫成

$$\Delta K = K_f - K_i = \frac{1}{2}mv_f^2 - \frac{1}{2}mv_i^2 = W \quad \text{(功-動能定理)} \tag{10-49}$$

對於限制在 x 軸上的運動，我們可由 7-32 式來計算此功，

$$W = \int_{x_i}^{x_f} F \, dx \quad \text{(功，一維運動)} \tag{10-50}$$

若 F 為常數且物體的位移為 d，則此式可化簡為 $W = Fd$。對物體作功的速率即功率，可由 7-43 及 7-48 式求得，為

$$P = \frac{dW}{dt} = Fv \quad \text{(功率，一維運動)} \tag{10-51}$$

現在，讓我們考慮在轉動時類似的情形。當一力矩加速一個繞固定軸轉動的剛體時，它對此物體作了功 W。因此，此物體的轉動動能 ($K = \frac{1}{2}I\omega^2$)會改變。假設它是此物體唯一改變的能量。則我們仍然可以用功-動能定理將動能的改變量 ΔK 與功 W 連結起來，除了現在動能是轉動動能外：

$$\Delta K = K_f - K_i = \frac{1}{2}I\omega_f^2 - \frac{1}{2}I\omega_i^2 = W \quad \text{(功-動能定理)} \tag{10-52}$$

這裡，I 是該物體繞固定軸的轉動慣量，ω_i 及 ω_f 分別為作功前及作功後物體的角速率。

一樣，我們可以用 10-50 式的轉動的等效式來計算功，即

$$W = \int_{\theta_i}^{\theta_f} \tau \, d\theta \quad \text{(功，繞固定軸轉動)} \tag{10-53}$$

其中 τ 是作功 W 的力矩，θ_i 及 θ_f 分別為作功前後物體的角位置。當 τ 為常數，10-53 式簡化成

$$W = \tau(\theta_f - \theta_i) \quad \text{(功，τ 為常數)} \tag{10-54}$$

對物體作功的速率即功率，我們可由 10-51 式的轉動等效式求出

$$P = \frac{dW}{dt} = \tau\omega \quad \text{(功率，繞固定軸轉動)} \tag{10-55}$$

表 10-3 列出了應用於繞固定軸轉動之剛體的方程式，以及在平移運動裡對應的方程式。

10-52 式到 10-55 式的證明

現在我們再一次地考慮圖 10-17 的情形，即力 $\vec{F}$ 使一剛體轉動，此剛體由固定在質量可忽略的棒子之一端，質量為 m 的質點所組成。在轉動時，力 $\vec{F}$ 對物體作了功。假設被 $\vec{F}$ 改變了的物體能量只有動能。則我們便可以應用 10-49 式的功-動能定理，得：

$$\Delta K = K_f - K_i = W \tag{10-56}$$

由 $K = \frac{1}{2}mv^2$ 及 10-18 式($v = \omega r$)，10-56 式可改寫成

$$\Delta K = \frac{1}{2}mr^2\omega_f^2 - \frac{1}{2}mr^2\omega_i^2 = W \tag{10-57}$$

由 10-33 式，此單一質點物體的轉動慣量為 $I = mr^2$。將之代入 10-57 式可得

$$\Delta K = \frac{1}{2}I\omega_f^2 - \frac{1}{2}I\omega_i^2 = W$$

此即 10-52 式。我們由只有單一質點的剛體推導出來，但它對任何繞固定軸轉動的剛體而言都成立。

接著，我們要把對圖 10-17 裡的物體所做的功 W，與力 $\vec{F}$ 給物體的力矩 τ 連結起來。當此質點沿著圓路徑移動了 ds 的距離時，只有力的切線分量 F_t 會沿此路徑加速質點。因此，只有 F_t 會對質點作功。我們將此功 dW 寫為 $F_t \, ds$。然而，我們可以把 ds 換成 $r \, d\theta$，其中 $d\theta$ 為質點移動通過的角度。因此，我們有：

$$dW = F_t r\, d\theta \qquad\qquad (10\text{-}58)$$

由 10-40 式可知，$F_t r$ 的乘積即爲力矩 τ，因此，10-58 式便可改寫成

$$dW = \tau\, d\theta \qquad\qquad (10\text{-}59)$$

那麼在由 θ_i 到 θ_f 這有限角位移的期間所作的功便爲

$$W = \int_{\theta_i}^{\theta_f} \tau\, d\theta$$

此即 10-53 式。對任何繞固定軸轉動的剛體而言都成立。10-54 式是直接由 10-53 式而來。

而由 10-59 式，我們可以找出轉動運動的功率 P：

$$P = \frac{dW}{dt} = \tau\frac{d\theta}{dt} = \tau\omega$$

此即 10-55 式。

表 10-3　平移與轉動的若干對應關係

純平移(固定方向)		純轉動(固定軸)	
位置	x	角位置	θ
速度	$v = dx/dy$	角速度	$\omega = d\theta/dt$
加速度	$a = dv/dt$	角加速度	$\alpha = d\omega/dt$
質量	m	轉動慣量	I
牛頓第二定律	$F_{\text{net}} = ma$	牛頓第二定律	$\tau_{\text{net}} = I\alpha$
功	$W = \int F\, dx$	功	$W = \int \tau\, d\theta$
動能	$K = \frac{1}{2}mv^2$	動能	$K = \frac{1}{2}I\omega^2$
功率(力爲常數)	$P = Fv$	功率(力矩爲常數)	$P = \tau\omega$
功-動能定理	$W = \Delta K$	功-動能定理	$W = \Delta K$

範例 10.11　功、轉動動能、力矩、圓盤

令圖 10-18 的圓盤在時間 $t = 0$ 從靜止開始，並且令質量可忽略的細線張力爲 6.0 N，以及圓盤的角加速度爲 -24 rad/s^2。則在 $t = 2.5$ s 時，轉動動能 K 爲何？

關鍵概念

可由 10-34 式（$K = \frac{1}{2}I\omega^2$）求得 K。我們已知 $I = \frac{1}{2}MR^2$，但我們還不知道 $t = 2.5$ s 時的 ω。然而，因爲角加速度 α 爲常數等於 -24 rad/s^2，因此我們可以用表 10-1 裡的等角加速度公式。

我們要求的是 ω，且已知 α 及 ω_0 $(= 0)$，因此我們使用 10-12 式：

$$\omega = \omega_0 + \alpha t = 0 + \alpha t = \alpha t$$

將 $\omega = \alpha t$ 及 $I = \frac{1}{2}MR^2$ 代入 10-34 式可得

$$K = \frac{1}{2}I\omega^2 = \frac{1}{2}\left(\frac{1}{2}MR^2\right)(\alpha t)^2 = \frac{1}{4}M(R\alpha t)^2$$
$$= \frac{1}{4}(2.5\,\text{kg})\left[(0.20\,\text{m})(-24\,\text{rad/s}^2)(2.5\,\text{s})\right]^2$$
$$= 90\,\text{J} \qquad\qquad (\text{答})$$

關鍵概念

我們也可以由對圓盤所作的功來求出圓盤動能，藉此求得答案。

計算 首先，由 10-52 式 ($K_f - K_i = W$)的功-動能定理，將圓盤的動能改變量與對圓盤所作的淨功 W 連結起來。將 K 代入 K_f，0 代入 K_i，則

$$K = K_i + W = 0 + W = W \qquad (10\text{-}60)$$

接著要找出功 W。我們可以由 10-53 或 10-54 式來將 W 與作用於圓盤的力矩連結起來。唯一引起角加速度並作功的力矩，是起自繩子施於圓盤的力 $\vec{T}$，等於$-TR$。因為 α 為常數，此力矩也必定是常數。因此，

我們可由 10-54 式寫下

$$W = \tau(\theta_f - \theta_i) = -TR(\theta_f - \theta_i) \qquad (10\text{-}61)$$

因為 α 是常數，所以我們可用 10-13 式求出 $\theta_f - \theta_i$。由於 $\omega_i = 0$，所以可得

$$\theta_f - \theta_i = \omega_i t + \frac{1}{2}\alpha t^2 = 0 + \frac{1}{2}\alpha t^2 = \frac{1}{2}\alpha t^2$$

將之代入 10-61 式，再將結果代入 10-60 式。代入所給定的值 $T = 6.0\,\text{N}$ 以及 $\alpha = -24\,\text{rad/s}^2$，我們得到

$$K = W = -TR(\theta_f - \theta_i) = -TR(\alpha t^2) = -\frac{1}{2}TR\alpha t^2$$

$$= -\frac{1}{2}(6.0\,\text{N})(0.20\,\text{m})(-24\,\text{rad/s}^2)(2.5\,\text{s})^2$$

$$= 90\,\text{J} \qquad\qquad (答)$$

重 點 回 顧

角位置 為了描述剛體繞稱為**轉動軸**之固定軸的轉動，我們假設有一條**參考線**固定在物體上，與軸垂直且隨物體轉動。我們量測此線相對固定方向的**角位置** θ。當 θ 的單位為**弳度**時

$$\theta = \frac{s}{r} \quad (弳度量) \qquad (10\text{-}1)$$

其中 s 為半徑 r、圓弧角 θ 的弧長。弳度與轉及度之間的關係為

$$1\ \text{rev} = 360° = 2\pi\ \text{rad} \qquad (10\text{-}2)$$

角位移 一物體繞轉動軸轉動，角位置由 θ_1 改變到 θ_2，則它經歷了**角位移**

$$\Delta\theta = \theta_2 - \theta_1 \qquad (10\text{-}4)$$

在逆時針轉動時 $\Delta\theta$ 為正，順時針轉動時 $\Delta\theta$ 為負。

角速度及角速率 若一物體在 Δt 的時間內轉動了 $\Delta\theta$ 的角位移，則其**平均角速度** ω_{avg} 為

$$\omega_{\text{avg}} = \frac{\Delta\theta}{\Delta t} \qquad (10\text{-}5)$$

物體的**(瞬時)角速度** ω 則為

$$\omega = \frac{d\theta}{dt} \qquad (10\text{-}6)$$

ω_{avg} 及 ω 均為向量，且方向由圖 10-6 的**右手定則**決定。它們在逆時針轉動時為正，順時針轉動時為負。物體角速度的大小即為**角速率**。

角加速度 若物體的角速度在 $\Delta t = t_2 - t_1$ 的時間內由 ω_1 變成 ω_2，則其**平均角加速度** α_{avg} 為

$$\alpha_{\text{avg}} = \frac{\omega_2 - \omega_1}{t_2 - t_1} = \frac{\Delta\omega}{\Delta t} \qquad (10\text{-}7)$$

物體的**(瞬時)角加速度** α 則為

$$\alpha = \frac{d\omega}{dt} \qquad (10\text{-}8)$$

α_{avg} 及 α 均為向量。

等角加速度的運動方程式 等角加速度($\alpha = $ 常數)是轉動運動裡一個重要的特殊情況。表 10-1 列出了一些適當的運動方程式，為

$$\omega = \omega_0 + \alpha t \qquad (10\text{-}12)$$

$$\theta - \theta_0 = \omega_0 t + \frac{1}{2}\alpha t^2 \qquad (10\text{-}13)$$

$$\omega^2 = \omega_0^2 + 2\alpha(\theta - \theta_0) \qquad (10\text{-}14)$$

$$\theta - \theta_0 = \tfrac{1}{2}(\omega_0 + \omega)t \qquad (10\text{-}15)$$

$$\theta - \theta_0 = \omega t - \tfrac{1}{2}\alpha t^2 \qquad (10\text{-}16)$$

線變數與角變數的關係　轉動剛體上一點與轉動軸的垂直距離為 r，在半徑 r 的圓上移動。若此物體轉動了 θ 角，該點沿圓弧移動的距離便為

$$s = \theta r \quad (\text{弳度量}) \qquad (10\text{-}17)$$

其中 θ 為弳度單位。

該點的線速度 $\vec{v}$ 與圓相切；其線速率 v 為

$$v = \omega r \quad (\text{弳度量}) \qquad (10\text{-}18)$$

其中 ω 為物體的角速率(單位為 rad/s)。

該點的線加速度 $\vec{a}$ 同時具有切線與徑向分量。切線分量為

$$a_t = \alpha r \quad (\text{弳度量}) \qquad (10\text{-}22)$$

其中 α 為物體角加速度的大小(單位為 rad/s^2)。$\vec{a}$ 的徑向分量則為

$$a_t = \frac{v^2}{r} = \omega^2 r \quad (\text{弳度量}) \qquad (10\text{-}23)$$

若該點是做等速率圓周運動，則點與物體運動的週期 T 為

$$T = \frac{2\pi r}{v} = \frac{2\pi}{\omega} \quad (\text{弳度量}) \qquad (10\text{-}19,\ 10\text{-}20)$$

轉動動能與轉動慣量　剛體繞固定軸轉動的動能 K 為

$$K = \frac{1}{2}I\omega^2 \quad (\text{弳度量}) \qquad (10\text{-}34)$$

其中 I 為該物體的轉動慣量，定義為

$$I = \sum m_i r_i^2 \qquad (10\text{-}33)$$

上式為離散質點系統之情形。而底下定義

$$I = \int r^2 dm \qquad (10\text{-}35)$$

為連續質量分佈的系統的情形。表示式裡的 r 及 r_i 代表物體內每一個質點與轉動軸間的垂直距離，並且整個物體進行整合，所以包含每個質量元素。

平行軸定理　平行軸定理表示了物體繞任何軸的轉動慣量 I 與繞通過質心的平行軸之轉動慣量間的關係：

$$I = I_{\text{com}} + Mh^2 \qquad (10\text{-}36)$$

其中 h 為兩軸間的垂直距離，I_{com} 為物體通過其質心的軸之轉動慣量。我們可以從旋轉軸通過質心的偏移描述 h 為實際旋轉軸的距離。

力矩　力矩為施力 $\vec{F}$ 於物體上使之繞轉動軸轉動或扭轉的作用。若 $\vec{F}$ 作用在相對於軸的位置向量為 $\vec{r}$ 的一點上，則力矩的大小為

$$\tau = rF_t = r_\perp F = rF\sin\phi \quad (10\text{-}40,\ 10\text{-}41,\ 10\text{-}39)$$

其中 F_t 為垂直於 $\vec{F}$ 的分量 $\vec{r}$，ϕ 為 $\vec{r}$ 與 $\vec{F}$ 之間的夾角。$r_\perp$ 的量則為轉動軸與向量 $\vec{F}$ 的延伸線之間的垂直距離。此延伸線稱為 $\vec{F}$ 的**作用線**，$r_\perp$ 稱為 $\vec{F}$ 的**力臂**。同理，r 便是 F_t 的力臂。

　力矩的 SI 單位為牛頓-公尺(N·m)。若力矩 τ 傾向使靜止物體做逆時針轉動則為正，若傾向使之做順時針轉動則為負。

角量型式的牛頓第二定律　牛頓第二定律在轉動的類比式為

$$\tau_{\text{net}} = I\alpha \quad (\text{弳度量}) \qquad (10\text{-}45)$$

其中 τ_{net} 是作用於一質點或剛體上的淨力矩，而 I 是該質點或物體繞轉動軸的轉動慣量，α 為繞該軸的總角加速度。

功與轉動動能　用以計算轉動運動裡的功與功率之方程式與平移運動中的形式有對應，為

$$W = \int_{\theta_i}^{\theta_f} \tau\, d\theta \qquad (10\text{-}53)$$

$$P = \frac{dW}{dt} = \tau\omega \qquad (10\text{-}55)$$

當 τ 為常數，10-53 式簡化成

$$W = \tau(\theta_f - \theta_i) \qquad (10\text{-}54)$$

轉動物體的功-動能定理的形式為

$$\Delta K = K_f - K_i = \frac{1}{2}I\omega_f^2 - \frac{1}{2}I\omega_i^2 = W \qquad (10\text{-}52)$$

討論題

1 高空走鋼索者總是企圖保持質心在鋼索(或繩索)上。表演者通常攜帶一根長的且重的竿子作為輔助：亦即如果傾斜向右方(其質心向右移動)且處於從鋼索轉倒之危險，就移動竿子至左方(竿子質心移至左方)以減慢旋轉並使自己有時間調整自身的平衡。假設表演者具有 70.0 kg 的質量與相對於鋼索的 12.0 kg·m² 的轉動慣量。假如表演者質心在鋼索右方 3.0 cm，則：(a)當未攜帶竿子，及(b)攜帶了 14.0 kg 的竿子而且竿子的質心在鋼索左方 8.0 cm 處，其相對於鋼索之角加速度大小為何？

2 圖 10-20 顯示的是兩個圓環的扁平構造，它們具有相同的圓心點，並且以三根質量可忽略的竿子固定在一起。此構造起初處於靜止

圖 10-20 習題 2

狀態，而且可以繞著共同圓心旋轉(像旋轉木馬一樣)，其旋轉軸則是由另一根質量可以忽略的竿子所構成。兩個圓環的質量、內半徑和外半徑整理在下列表格中。已知有一個量值 22.0 N 的切線方向力施加於外環的外半徑上，時間持續了 0.500 s。請問在該時間間隔內，此構造物的角速度變化量是多少？

圓環	質量(kg)	內徑(m)	外徑(m)
1	0.120	0.0160	0.0450
2	0.240	0.0900	0.1400

3 在 1908 年 6 月 30 日早上 7:14，遙遠的西伯利亞中央地區上空發生了規模很大的爆炸事件，其位置大約在北緯 61° N 而東經 102° E；所產生的火球是在核子武器誕生以前人們可以看見的最明亮閃光。根據碰巧目擊的人描述，Tunguska 事件「涵蓋大半個天空」，可能是寬度 140 m 石質小行星的爆炸所引起。(a)只考慮地球自轉，試求經過多少時間小行星會抵達位於東經 25° E 的 Helsinki(芬蘭首都)，並在那裡爆炸。這可能將毀滅這個城市。(b)如果小行星變成是由金屬物質構成的小行星，則它將可以抵達地球表面。請問經過

多久小行星可以抵達在西經 20° W 的大西洋，然後在該處引起撞擊？(所產生的海嘯會橫掃大西洋兩邊海岸的文明)。

4 圖 10-21 顯示了一個以位於 *B* 點的垂直軸為旋轉軸，以角速率 2000 rev/min 進行轉動的推進器葉片。點

圖 10-21 習題 4

A 位於葉片的外部頂點，徑向距離是 1.50 m。(a)請問 *A* 點和位於徑向距離 0.150 m 上的某一點，其向心加速度量值 *a* 之間的差值是多少？(b)在 *a* 相對於沿著葉片的徑向距離的關係圖中，試求圖形的斜率。

5 據觀察，獵豹以最快的速度奔跑，時速可達 114 km/h (約合 71 mi/h)，令人震驚！想像一下，如果保持車輛與動物並駕齊驅，同時瞥一眼速度為 114 km/h 的速度表，來測量獵豹的速度。您將車輛與獵豹保持 8.0 m 距離，但是車輛的噪音導致獵豹沿著半徑為 92 m 的圓形路徑不斷偏離您。因此，您沿著半徑為 100 m 的圓形路徑行進。(a)您和獵豹在圓形路徑周圍的角速度是多少？(b)獵豹沿著它的路徑的切線速度是多少？(如果不考慮圓周運動，您會得出錯誤的結論：獵豹的速度為 114 km/h，這類錯誤顯見於一些已發表的報告中。)

6 質量 1.06 kg 的小球各附著在長度 1.20 m 且質量 6.40 kg 的細鋼桿一端。鋼桿已經設定成繞著通過其中點的垂直軸，在水平面上進行旋轉。在某特定瞬間，其轉速是 39.0 rev/s。因為摩擦力的緣故，它會在 32.0 s 內停止轉動。假設由摩擦力引起的阻滯轉矩是固定的，請計算：(a)角加速度，(b)阻滯轉矩，(c)經由摩擦力而將力學能轉換成熱能的總能量，以及(d)在 32.0 s 期間的轉動次數。(e)現在我們假設阻滯轉矩不是固定值。在此條件下，如果(a)、(b)、(c)和(d)小題的解答還有任何一個不需額外資訊就能計算出來，請寫出其數值。

7 均勻的直昇機旋轉翼葉片的長度是 7.80 m，質量為 110 kg，而且葉片是經由單獨一個栓固定在旋轉軸上。(a)當旋轉翼的轉速是 320 rev/min 的時候，由旋轉軸作用在螺栓上的力量值為何？(提示：在計算這一小題的過程中，葉片可以視為是位於其質心的質點。)(b)請計算要在 6.70 s 內將旋轉翼從靜止加速到完全轉速，所必須施加的轉矩。忽略空氣阻力(在計算這一小題的時候，葉片不可以視為質點。為什麼不行？我們假設其質量分佈在薄桿上)。(c)要讓葉片達到 320 rev/min 的速率，轉矩必須對葉片做多少功？

8 一個半徑 0.20 m 的輪子安裝在無摩擦水平軸上。輪子相對於轉軸的轉動慣量是 0.050 kg·m²。有一條繞在輪子上的無質量細繩連結到 2.0 kg 木塊，此木塊則在水平無摩擦表面上滑動。如果有一個量值 $P = 3.0$ N 的水平力如圖 10-22 所示施加到木塊上，請問輪子的角加速度量值是多少？假設細繩不會在輪子上滑動。

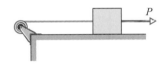

圖 10-22 習題 8

9 如圖 10-23 所示，一圓柱質量為 2.0 kg 可對通過 O 之中心軸轉動。力的作用情形如圖示。$F_1 = 6.0$ N，$F_2 = 4.0$ N，$F_3 = 2.0$ N 及 $F_4 = 5.0$ N。且 $r = 7.0$ cm，$R = 14$ cm。求圓柱的角加速度之(a)大小及(b)方向(假設在轉動期間，作用力相對於圓柱之夾角不變)。

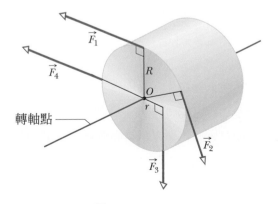

圖 10-23 習題 9

10 圖 10-24 為一質量 0.212 kg，三邊長各為 $a = 3.5$ cm、$b = 10$ cm 及 $c = 0.85$ cm 的均勻實心木塊。求對通過其中一角與木塊大表面垂直的軸的轉動慣量為何。

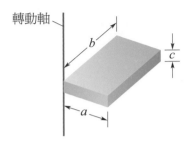

圖 10-24 習題 10

11 兩均勻實心球體具有相同質量 2.40 kg，但是其中一個球體的半徑是 0.368 m，另一個的半徑是 0.980 m。它們每一個都能繞著通過其中心點的軸轉動。(a)請問要讓比較小的球體在 15.5 s 內，從靜止加速到 317 rad/s 的角速度，所需要的轉矩 τ 量值是多少？(b)要產生這樣的轉矩，必須在球體赤道上沿著切線方向施加多少量值的力 F？如果受力對象是比較大的球體，則：(c) τ 和(d) F 的相對應數值是多少？

12 圖 10-25 所示兩質點 1 及 2，質量均為 m，懸掛在長為 $L_1 + L_2$ ($L_1 = 35$ cm 及 $L_2 = 95$ cm)，質量可不計的剛體棒之兩端。如圖，棒保持在水平位置，然後釋放。(a)質點 1 以及(b)質點 2 一開始的加速度各是多少？

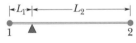

圖 10-25 習題 12

13 圖 10-26 所示的剛性物體由三個以無質量桿子連結在一起的粒子所組成。剛性物體所要繞著轉動的旋轉軸，通過 P 點垂直於此物體所在平面。如果 $M = 0.40$ kg，$a = 30$ cm，且 $b = 50$ cm，請問要讓此物體的角速率從靜止增加到 5.0 rad/s，所需要做的功是多少？

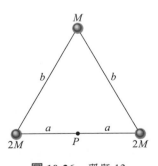

圖 10-26 習題 13

14 圖 10-27 中，一個半徑 0.20 m 之輪子安裝在無摩擦力的水平軸上。一條無質量細繩沿輪子纏繞，並連接在 2.0 kg 盒子，該盒子在一個與水平面夾角 $\theta = 20°$ 的無摩擦表面上滑動。已知該盒以 2.0 m/s^2 加速滑下表面。試問輪子相對於轉軸之轉動慣量為何？

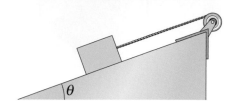

圖 10-27 習題 14

15 在圖 10-19a 中，一個半徑 0.20 m 的輪子安裝在無摩擦水平軸上。輪子相對於轉軸的轉動慣量是 0.40 kg·m^2。一條無質量細繩纏繞著輪子的周邊，其一端附著在質量 6.0 kg 箱子上。已知系統由靜止狀態釋放。請問當物體具有 6.0 J 動能的時候，(a)輪子的轉動動能是多少？(b)箱子已經掉落的距離是多少？

16 一張圓盤以等角加速度旋轉，在 6.00 s 內從角位置 $\theta_1 = 10.0$ rad 到角位置 $\theta_2 = 70.0$ rad。在 θ_2 的角速度為 15.0 rad/s。(a)在 θ_1 的角速度為何？(b)角加速度為何？(c)盤子初始靜止時角位置為何？(d)繪製盤子之 θ 對 t 以及角速率 ω 對 t 的關係圖，從運動開始時(令當時 $t = 0$)。

17 在圖 10-28 中，兩個 6.20 kg 的木塊以無質量的細繩連結在一起，細繩會通過半徑 2.40 cm、轉動慣量 7.40×10^{-4} kg·m^2 的滑輪。繩子在滑輪上不會發生滑動現象；我們不知道桌面和滑動木塊之間是否有摩擦力；但是已知滑輪轉軸是無摩擦的。當這個系統從靜止釋放，滑輪將在 91.0 ms 內轉動 0.130 rad，而且已知木塊加速度是固定的。試問：(a)滑輪角加速度的量值，(b)木塊加速度的量值，(c)繩子張力 T_1，(d)繩子張力 T_2 各是多少？

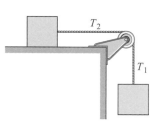

圖 10-28 習題 17

18 競速的圓盤。圖 10-29 顯示了可以像旋轉木馬般繞著它們的軸旋轉的兩個圓盤。在時間 $t = 0$，兩個圓盤上的參考線位於相同方位。此時圓盤 A 已經在旋轉，其速率一直是 9.5 rad/s。圓盤 B 則處於靜止狀態，但是此時開始以固定加速度 2.2 rad/s^2 轉動。(a)試問兩個圓盤的參考線在什麼時間 t，會具有相同的角度位移 θ？(b)請問這個時間 t 是自 $t = 0$ 以來，兩條參考線的第一次短暫對齊嗎？

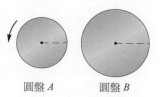

圓盤 A   圓盤 B

圖 10-29 習題 18

19 如果當飛機以相對於地面的速率 480 km/h 飛行的時候，飛機螺旋槳的轉速是 2000 rev/min，請問由：(a)飛行員和(b)地面觀察者所看到，在螺旋槳頂端上位於半徑 1.5 m 處的某一點，其線性速率為何？飛機速度平行於螺旋槳轉軸的方向。

20 我們的太陽與我們的銀河系中心相距 2.3 × 10^4 ly (light-years，光年)，並且正以 250 km/s 的速率在一個圓形路徑繞著該中心轉動。(a)請問太陽繞銀河系中心一周會花費多少時間？(b)自從太陽在大約 4.5 × 10^9 年以前形成以後，它已經繞行多少圈？

21 在圖 10-30 中，一個均勻細桿(質量 3.0 kg，長度 4.0 m)繞著水平軸 A 自由轉動，已知水平軸 A 與細桿垂直並且通過與細桿端點相距 $d = 1.0$ m 的一點。當細桿通過垂直位置的時候，其動能是 20 J。(a)請問細桿相對於水平軸 A 的轉動慣量是多少？(b)當細桿通過垂直位置的時候，桿子的端點 B 的(線性)速率是多少？(c)請問在桿子向上擺動的過程中，它會在什麼角度 θ 暫時停止？

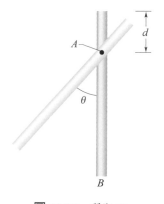

圖 10-30 習題 21

22 (a)試證明質量 M、半徑 R 的實心圓柱體相對於其中心軸的轉動慣量，等於質量 M、半徑 $R/\sqrt{2}$ 的細箍相對於其中心軸的轉動慣量。(b)請證明質量 M 的任意給定物體相對於任意給定軸的轉動慣量 I，等於具有相等質量 M 的對等箍(equivalent hoop)相對於該軸的轉動慣量，而且此箍的半徑 k 爲

$$k = \sqrt{\frac{I}{M}}$$

對等箍的半徑 k 稱爲該給定物體的迴轉半徑(radius of gyration)。

23 一輪由靜止起動，以等角加速度 2.00 rad/s² 轉動。在 3.00 s 期間內轉了 90.0 rad。(a)在該 3.00 s 期間的初始時間點時，輪的角速率爲何？(b)在此 3.00 s 期間開始之前，輪已轉了多久？

24 一個外型像溜溜球的裝置安裝在無摩擦水平軸上，如圖 10-31 所示，它被用來舉起 30 kg 的箱子。此裝置的外緣半徑 R 是 0.50 m，而且其輪轂的半徑 r 是 0.20 m。當量值爲 140 N 的固定水平力 $\vec{F}_{app}$ 施加在繞於此裝置外緣的繩索時，懸吊在繞於輪轂繩索上的箱子具有量值 0.80 m/s² 的向上加速度。請問此裝置相對於其旋轉軸的轉動慣量是多少？

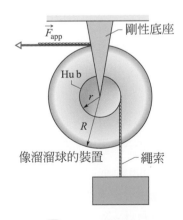

圖 10-31 習題 24

25 直徑爲 8.0 cm 的滑輪在其外圍纏繞一條 8.2 m 長的繩索。從靜止開始，滑輪以 0.86 rad/s² 的等角加速度旋轉。(a)滑輪必須旋轉多少角度才能使繩索完全解開？(b)需要多長時間？

26 費理斯(George Washington Gale Ferris, Jr.)是 Rensselaer 理工專科技術學院的畢業生，他替 1893 年在芝加哥舉辦的 World's Columbian Exposition 建造了費理斯轉輪。那時候這種轉輪是令人驚奇的工程構造，它環繞直徑 76 m 的圓圈，攜帶著 36 個木製車廂，每個車廂能容納達 60 位乘客。車廂一次六個讓乘客上去，一旦所有 36 個車廂全部載滿乘客，轉輪能以固定角速度在大約 2 min 內旋轉一圈。請估計機器裝置要單獨旋轉乘客所需要做的功。

27 圖 10-32 之物體以 O 爲支點。作用在物體上有三個力：$F_A = 16$ N 於點 A (離 O 有 8.0 m)，$F_B = 16$ N 於點 B (離 O 有 4.0 m)，$F_C = 24$ N 於點 C (離 O 有 3.0 m)。求對 O 點的淨力矩爲何？

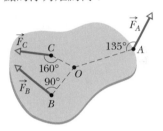

圖 10-32 習題 27

28 一名太空人在半徑爲 12 m 的離心機中，以 $\theta = 0.20t^2$ 進行旋轉測試。在 $t = 5.0$ s 時，(a)角速度；(b)線速度；(c)切線加速度和(d)角速度的大小分別是多少？

29 一圓盤以一定的角加速度由靜止開始繞一固定軸轉動。某時刻之角速率爲 10 rev/s，又轉過 50 rev 後，角速率成爲 20 rev/s。求出：(a)角加速度，(b)轉過上述 50 rev 所需之時間，(c)達到 10 rev/s 的角速率所需之時間，及(d)由靜止到角速率爲 10 rev/s 之間所轉的圈數。

30 一輛汽車從靜止開始出發，繞著半徑 26.0 m 的圓形路徑運動。其速率以 0.500 m/s² 的固定變率增加。(a)請問 8.00 s 以後，其淨線性加速度的量值是多少？(b)在這個時候，此淨加速度向量與汽車速度之間的角度爲何？

31 圖 10-33 中，兩個粒子，質量各為 $m = 0.95$ kg，彼此連繫著，並以兩根細棒繫在一轉動軸 O 點上，兩桿長度為 $d = 5.6$ cm 及質量 $M = 1.8$ kg。此一組合以角速率 $\omega = 0.50$ rad/s 繞轉動軸轉動。對 O 時，求此組合的(a)轉動慣量及(b)轉動動能。

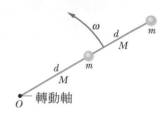

圖 10-33 習題 31

32 在圖 10-34 中，有三個 0.0200 kg 的粒子被黏著於一根長度 $L = 3.40$ cm 而且質量可忽略的桿子上。此構造可以繞著通過其左端點 O 的垂直軸轉動。如果我們將其中一個粒子(換言之，即 33%的質量)移除，則當被移除的粒子是(a)最裡面的一個和(b)最外面的一個的時候，請問這個組合繞著該轉軸的轉動慣量將會減少多少百分比？

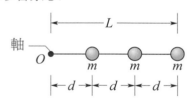

圖 10-34 習題 32

33 某一個輪子的角加速度 $\alpha = 6.0t^4 - 5.0t^2$，其中 α 的單位是每平方秒弧度，t 的單位是秒。在時間 $t = 0$，輪子的角速度是+3.0 rad/s，其角度位置是+7.0 rad。請寫出：(a)角速度(rad/s)；(b)角度位置(rad)的時間(s)函數。

34 一圓盤最初以 160 rad/s 轉動，然後以 4.0 rad/s² 的等角加速度慢下來。(a)圓盤停止，需多少時間？(b)由轉動至停止期間，所轉的總角度為何？

35 圖 10-35 中，一個半徑 $r = 2.00$ cm 的小型圓盤已經黏著在半徑 $R = 4.00$ cm 的比較大型圓盤邊緣上，兩個圓盤位於相同平

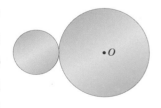

圖 10-35 習題 35

面。兩個圓盤繞著通過 O 點的垂直軸轉動，其中 O 點是大圓盤的中心點。兩個圓盤都具有均勻密度(每單位體積的質量) 689 kg/m³，以及均勻厚度 3.00 mm。請問此雙圓盤組合相對於通過點 O 的旋轉軸，其轉動慣量為何？

36 一顆高爾夫球以 50 m/s 速率與 70 rad/s 轉速率，由水平夾角 20°擊出。忽略空氣阻力，試求高爾夫球達到最大高度時的迴轉數。

37 一圓盤由靜止開始以一定的角加速度繞軸轉動。5.0 s 內轉了 50 rad。此段時間內的(a)角加速度為何？(b)平均角速度為何？(c) 5.0 s 末，圓盤的瞬時角速度為何？(d)如角加速度不變，再經 5.0 s 後多轉的角度為何？

38 旋轉輪邊緣上的角位置為 $\theta = 4.0t - 5.0t^2 + t^3$，$\theta$ 的單位為弧度，t 為秒。(a)在 $t = 2.0$ s 和(b) $t = 5.0$ s 的角速度各為何？(c)開始時間為 $t = 2.0$ s，結束時間為 $t = 5.0$ s，在這段時間內的平均角加速度為何？此時間間隔的(d)最初與(e)最後的瞬時角加速度為何？

39 飲料工程學。拉環是飲料容器工程設計上一個很大的進步。拉環以飲料罐頂部中央位置的栓為樞軸。當我們將拉環的一端往上拉起的時候，其另一端會對已經印製痕跡的飲料罐頂部某部分向下壓。如果我們以 10 N 力量拉起，則大約有多少量值的力施加在印製痕跡的區域？(讀者必須先檢視具有拉環的飲料罐)。

40 在圖 10-36 中，塊體 1 具有質量 $m_1 = 460$ g，塊體 2 具有質量 $m_2 = 500$ g，而固定於可忽略摩擦力之水平軸上的滑輪是具有半徑 $R = 8.00$ cm。由靜止狀態釋放，在細繩不會在滑輪

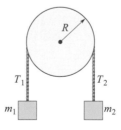

圖 10-36 習題 40 及 41

上滑動的條件下，塊體 2 於 5.00 s 內落下 75.0 cm。(a)兩塊體加速度大小為何？(b)張力 T_2 與(c)張力 T_1 為何？(d)滑輪的角加速度大小為何？(e)轉動慣量為何？

41 圖 10-36 中，兩質量分別是 $m_1 = 400$ g 和 $m_2 = 600$ g 的木塊以無質量細繩連結在一起，細繩繞過質量 $M = 500$ g、半徑 $R = 12.0$ cm 的均勻圓盤。圓盤可在無摩擦力的情形下，繞著通過其中心點的固定水平軸旋轉；細繩在圓盤上不會發生滑動的現象。已知系統由靜止狀態釋放。試求：(a)木塊的加速度量值，(b)左方細繩的張力 T_1，及(c)右方細繩的張力 T_2。

42 某一薄球殼具有半徑 1.90 m。將轉矩 960 N·m 施加於其上，可以使此球形殼繞著通過其中心點的旋轉軸產生角加速度 6.20 rad/s^2。試問：(a)球形殼相對於該轉軸的轉動慣量是多少，(b)球殼的質量是多少？

43 在踩踏板將腳踏車騎上陡峭路面的時候，質量 85 kg 的腳踏車騎士將其所有質量放在每一個往下移動的踏板上。假設踏板在轉動時的圓形軌跡直徑是 0.40 m，然後請求出他所施加在踏板的轉動軸上的最大轉矩量值。

44 有四個粒子放置在邊長 0.50 m 的正方形四個頂點上，其中每一個粒子的質量是 0.30 kg。粒子間由質量可忽略之桿連接。此剛體可於鉛垂面上繞通過一粒子之水平軸 A 而轉動。在桿 AB 為水平時，此剛體被釋放(圖 10-37)。(a)問此剛體相對於轉軸 A 的轉動慣量是多少？(b)在桿 AB 擺盪過垂直位置的瞬間，剛體相對於轉軸 A 的角速率是多少？

圖 10-37 習題 44

45 一個 0.855 kg 重的小球附在一 0.780 m 長，質量可不計的棒上，另一端懸在支點上。系統以角速度 3160 rev/min 繞著桿子的另一端，在水平圓形路徑上

運動。(a)請計算系統相對於旋轉軸的轉動慣量。(b)假設有 2.30×10^{-2} N 的空氣阻力作用在球上，其方向與運動方向相反。試問如果要讓系統保持以固定速率轉動，則必須對系統施加多大的轉矩？

46 轉盤上的黑膠唱片以 $33\frac{1}{3}$ rev/min 的速度旋轉。(a)它的角速度是多少 rad/s？在(b)距轉盤軸 15 cm 和(c)7.4 cm 的唱片上的某點的線速度是多少？

47 在圖 10-38 中，有四個滑輪經由兩條皮帶連接在一起。滑輪 A (半徑 15 cm)是驅動滑輪，其轉速是 10 rad/s。滑輪 B (半徑 10 cm)經由皮帶 1 連接到滑輪 A。滑輪 B′ (半徑 5 cm)具有與滑輪 B 相同的旋轉軸，而且牢牢地附著於其上。滑輪 C (半徑 25 cm)經由皮帶 2 連接到滑輪 B′。請計算：(a)在皮帶 1 上某一點的線性速率，(b)滑輪 B 的角速率，(c)滑輪 B′ 的角速率，(d)皮帶 2 上某一點的線性速率，(e)滑輪 C 的角速率。(提示：如果在兩個滑輪之間的皮帶不會滑動，則這兩個滑輪圓週邊緣的線性速率必然會相等)。

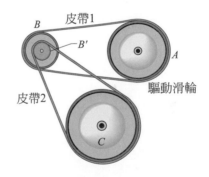

圖 10-38 習題 47

48 一個唱片轉盤的轉速是 $33\frac{1}{3}$ rev/min，在馬達關閉後開始變慢並於 15.0 s 後停止轉動。(a)請求出其(固定)角加速度，並且以每平方分鐘的轉數表示之。(b)在這段時間，它轉動多少圈？

49 一個 49.0 kg 的輪，本質上為半徑為 1.70 m 的薄圓環，以 280 rev/min 速率轉動。它必須在 9.50 s 內減速停止。(a)需作多大的功以停止？(b)所需平均功率為何？

50 圖 10-39 所示的剛體是由三顆球和三個連接桿所組成，其中 $M = 1.6$ kg，$L = 0.60$ m，$\theta = 30°$。球可視為質點，且連接桿之質量可忽略。已知剛體的角速度是 1.2 rad/s，如果旋轉軸是：(a)通過 P 點並且與圖形所在平面垂直，及(b)通過 P 點，與長度 $2L$ 的桿子垂直，並且位於圖形所在平面上，請求出此剛體的轉動動能。

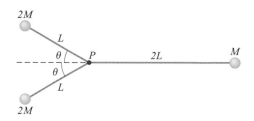

圖 10-39 習題 50

51 圖 10-40 針對某一根繞著其一端轉動的細桿，提供了其角速率相對於時間的曲線圖形。ω 軸的尺標可以用 $\omega_s = 12$ rad/s 予以設定。(a)試問細桿的角加速度量值為何？(b)在 $t = 4.0$ s 的時候，桿子的轉動動能是 2.20 J。請問在 $t = 0$ 的時候，其動能為何？

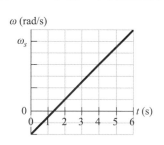

圖 10-40 習題 51

52 跳水者離開跳板，在 220 ms 內，她的角速度由 0 變為 7.00 rad/s。對質心的轉動慣量是 16.0 kg·m^2。跳水期間，(a)平均角加速度為何？(b)跳水板作用於她的平均外力矩為何？

53 圖 10-41 所顯示的均勻圓盤可以像旋轉木馬般繞著其中心轉動。圓盤具有半徑 2.00 cm 以及質量 120 克，而且起初它是處於靜止狀態。從時間 $t = 0$ 開始，有兩個力如圖所示由切線方向施加在圓盤邊緣上，使得在時間 $t = 1.25$ s，圓盤具有逆時針角速度 250 rad/s。已知力 $\vec{F}_1$ 的量值是 0.300 N。試問 F_2 量值為何？

圖 10-41 習題 53

54 在 $t = 0$ 從靜止狀態開始啟動，某一個輪子進行著固定角加速度。當 $t = 2.0$ s 的時候，輪子的角速度是 5.0 rad/s。加速度持續到 $t = 20$ s 為止，在這個時間點加速度會突然停止。請問在 $t = 0$ 到 $t = 50$ s 的時間間隔內，輪子的轉動的角度是多少？

55 一個剛性物體是由三個完全相同的細桿所組成，每一根桿子的長度是 $L = 0.800$ m，彼此以字母 H 的形式固定在一起(圖 10-42)。此物體可以繞著一個穿過 H 兩根腳的細桿其中之一的水平軸，進行自由轉動。這個剛性物體從該 H 型物體呈水平的狀態的位置上，自靜止狀態掉落下來。請問當此 H 型物體所在平面變成垂直的時候，物體的角速率是多少？

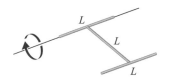

圖 10-42 習題 55

56 圖 10-43 中的均勻細桿具有長度 1.25 m，且能繞通過桿子一端的水平銷作樞轉。它從位於水平線上方的角度 $\theta = 55°$ 由靜止狀態予以釋放。請使用能量守恆原理，求出當桿子通過水平位置時的角速率。

圖 10-43 習題 56

57 某一個引擎的飛輪以 40.0 rad/s 轉動。當引擎關閉的時候，飛輪以固定比率減緩速率，並且在 20.0 s 內停止運動。請計算：(a)飛輪的角加速度，(b)在停止的過程中，飛輪所轉過的角度，及(c)在停止的過程中，飛輪的轉動次數。

58 兩根細桿(每根質量 0.20 kg)如圖 10-44 所示接合成一個剛性物體。其中一根桿子的長度是 $L_1 = 0.40$ m，另一根長度是 $L_2 = 0.50$ m。請問下列情形時，剛體的轉動慣量為何：(a)旋轉軸是垂直於本頁頁面，而且通過比較短桿子中心點的時候，(b)旋轉軸是垂直於本頁頁面，並且通過比較長桿子中心點。

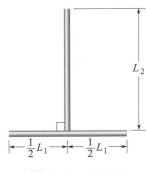

圖 10-44 習題 58

59 直徑為 0.52 m 的砂輪輪緣上的一點在 8.9 s 內以定速從 12 m/s 變為 33 m/s。車輪的平均角加速度是多少？

60 將一根長度為 1.70 m 的棍子垂直放置，一端在地板上，然後讓其掉落。假設地板端不打滑，請問另一端撞到地板前之速度。(提示：將棍子視為細桿，並使用能量守恆原理。)

CHAPTER 11

滾動、力矩與角動量

11-1　動能

學習目標

在閱讀完這個區塊的文字之後，讀者應該能夠…

11.01 了解平穩滾動是「純轉動」與「純平移」的組合。

11.02 當一個物體在平穩滾動時，懂得應用其質心速度和角速度之間的關係。

關鍵概念

● 半徑為 R 的車輪平穩地滾動運動時

$$v_{\text{com}} = \omega R$$

v_{com} 是車輪的質心線速率。 ω 是車輪上半徑 R 處繞車輪中心的角速率。

● 車輪的瞬間轉動是相對於與車輪接觸地面上的 P 點。車輪繞此點的角速率與繞其中心的角速率相同。

物理學是什麼？

　　如同我們在第十章所討論的，物理的研究領域也包含了轉動的部分。而且幾乎可以說物理學最重要的應用就是讓輪子以及類似輪子物體可以轉動。這也讓物理學成為人類長久以來一直在應用的學問。例如，復活節島上古文明時期的人類將巨石從採石場移出時，他們便是在巨石底下墊圓木當輪子用，因而能橫跨整個島嶼。在很久之後的西元 1800 年代，美洲的拓荒者起先是以馬車運送財產，後來才使用火車。在今日，無論我們是否樂見這種情況，這世界已經充斥著汽車、卡車、摩托車、腳踏車以及其它有輪的交通工具。

　　關於滾動的物理學或工程學已經發展了這麼久的時間，以致於有人會懷疑是否還有什麼新的構想會出現。然而，近年來才發明製造的滑板和直排輪便帶來很大的商業成功。滑板車(street luge)現在正流行，而賽格威自動平衡電動車(圖 11-1)也可能改變大都市裡人們移動的方式。滾動的物理學在應用方面仍然會帶來許多驚奇與報酬。我們先從滾動的簡化做為起點，開始探索其中的學問。

圖 11-1　圖示為可以自動平衡的 Segway 公司的人類運輸載具。

(Justin Sullivan/Getty Images, Inc.)

將滾動視為轉動與平移之組合

　　這裡我們只考慮沿表面平穩滾動的物體；亦即，這種物體在表面上滾動的時候，不會有滑動或彈跳的情形。圖 11-2 顯示出，平穩滾動運動可以非常複雜：雖然物體的中心是在與表面平行的直線上進行運動，但

是在邊緣上的點當然不是如此。然而我們在研究這種運動的時候，可以將它視爲質心的平移運動，與物體其餘各點繞著中心作旋轉運動的組合。

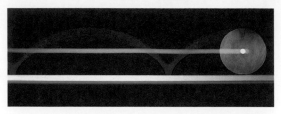

圖 11-2 對滾動圓盤的長時間曝光照片。盤上附加兩個小燈光，一個在圓心而一個在邊緣。邊緣燈光描繪出的曲線稱爲擺線(cycloid)。(Richard Megna/Fundamental Photographs)

要瞭解我們應該如何處理這種情形，讓我們假裝自己此刻正站在人行道上，觀察著圖 11-3 的腳踏車輪子沿著街道滾動。如圖所示我們看見輪子的質心 O 以固定速率 v_{com} 向前運動。街道表面與輪子接觸的點是點 P，這個點也以速率 v_{com} 向前運動，使得點 P 永遠保持在點 O 的正下方。

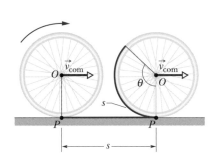

圖 11-3 一滾動車輪轉動角度 θ，其質心 O 以速度 $\vec{v}_{com}$ 移動一距離 s。車輪與作爲滾動之用的表面之接觸點 P 亦移動此一距離 s。

在時間間隔 t 內，你看見點 O 及點 P 均前進了距離 s。自行車騎士看見車輪繞輪中心轉動了 θ 角，車輪與街道在 t 開始時的接觸點則走了弧長 s。由 10-17 式可知弧長與轉動角度 θ 的關係爲：

$$s = \theta R \qquad (11\text{-}1)$$

其中 R 爲車輪的半徑。車輪中心(此均勻輪子的質心)的線速率爲 ds/dt。車輪繞其中心的角度率 ω 爲 $d\theta/dt$。因此，將 11-1 式對時間微分(R 爲常數)便可得

$$v_{com} = \omega R \quad \text{(平穩地滾動運動)} \qquad (11\text{-}2)$$

轉動與平移之組合。圖 11-4 顯示了車輪的滾動爲純粹平移和純粹轉動運動的組合。圖 11-4a 所示爲純粹轉動運動(就像通過中心的轉動軸是靜止的)：車輪上的每一點均繞中心以角速率 ω 轉動(此即我們在第 10 章考慮的運動型態)。在車輪外緣的每一點都具有由 11-2 式給出的線速率 v_{com}。圖 11-4b 所示則爲純粹平移運動(就像車輪完全不轉動)：車輪上的每一點均以速率 v_{com} 向右移動。

圖 11-4a 及 11-4b 結合成了車輪實際的滾動運動，即圖 11-4c。注意，此結合運動車輪底部(P 點)是靜止的，而車輪頂端(T 點)則以 $2 v_{com}$ 的速率移動，比車輪其他部分都要來得快。圖 11-5 證明了這些結果，此圖是滾動中的自行車車輪連續曝光拍得的照片。因爲照片中，頂端的輪輻要比底部來得模糊，可知車輪在頂端部分移動的比底部快。

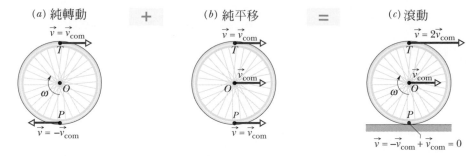

圖 11-4　輪子的滾動為純轉動和純平移的組合。(a)純轉動：輪上各點以相同的角速率 ω 運動。輪外緣各點以相同的線速率 $v = v_{com}$ 移動。在輪頂點(T)與底部(P)兩點的線速度 $\vec{v}$ 如圖示。(b)純平移：輪上各點與輪子中心均以相同的線速度 $\vec{v}_{com}$ 向右移動。(c)輪子的滾動為(a)與(b)的組合。

　　任何圓形物體在平面上平穩地作滾動運動，均可分成純粹轉動與純粹平移的運動，如圖 11-4a 及 11-4b 所示。

將滾動視爲純轉動

　　圖 11-6 提供了另一種方法來看車輪的滾動運動——也就是純粹轉動，此轉動是繞著通過車輪移動時，輪子與街道的接觸點的軸。我們將滾動運動視作繞通過圖 11-4c 裡的 P 點且與頁面垂直的軸所作的轉動。圖 11-6 裡的向量就表示了滾動裡不同點的瞬時速度。

Q：　一靜止的觀察者所見此滾動中的自行車車輪繞新軸的角速率爲何？

A：　與騎車者所見的車輪之角速率 ω 相同就跟騎自行車者所看到的一樣，他(或她)看見的是車輪繞通過其質心的軸作純粹轉動。

爲了要證實此答案，我們用它來計算靜止的觀察者所見的滾動車輪頂端之線速率：令車輪半徑爲 R，則頂端與通過圖 11-6 中 P 點的軸之距離爲 $2R$，因此頂端的線速率爲(利用 11-2 式)

$$v_{top} = (\omega)(2R) = 2(\omega R) = 2v_{com}$$

與圖 11-4c 所示一致。同理可證圖 11-4c 中，車輪在 O 及 P 點的線速率。

　測試站 1

有一小丑的腳踏車，後輪半徑爲前輪的二倍；則：(a)後輪最頂端的線速率大於，等於或小於前輪者？(b)後輪之角速率爲大於，等於或小於前輪者？

圖 11-5　滾動中的自行車車輪相片。靠近輪子頂端部分輻線的像比靠近底的像模糊，因該部分移動較快之故，如圖 11-4c 所示。(感謝 Alice Halliday 提供此照片)

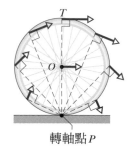

轉軸點 P

圖 11-6　滾動可看作純轉動，以角速率 ω 繞通過 P 點的軸。圖中向量為滾動輪上該點的瞬時線速度。由圖 11-4 的平移與轉動之組合而得。

11-2 滾動的力與動能

學習目標

在閱讀完這個區塊的文字之後，讀者應該能夠…

11.03 在物體平穩滾動時，將其動能視爲平移的質心動能與繞著質心的滾動動能之和來計算。

11.04 運用外力在平穩滾動之物體所做的功與其的動能改變量之間的關係。

11.05 在平穩滾動情況下(不包含滑動)，運用力學能守恆概念了解初能量值與末能量值的關係。

11.06 畫出正在平面或斜坡上下平穩滾動的加速物體之自由體圖(free-body diagram)

11.07 運用質心加速度與角加速度之間的關係。

11.08 在物體於斜坡上下平穩滾動時，運用物體的加速度、轉動慣量與斜坡角度之間的關係。

關鍵概念

● 輪子平穩滾動時的動能：

$$K = \frac{1}{2}I_{\text{com}}\omega^2 + \frac{1}{2}Mv_{\text{com}}^2$$

I_{com} 爲輪子相對於質心的轉動慣量。M爲輪子質量。

● 若一個正在加速中的輪子，但仍保持平穩滾動，它的質心加速度 $\vec{a}_{\text{com}}$ 與相對於質心的角加速度α之關係爲

$$a_{\text{com}} = \alpha R.$$

● 若一輪子平穩滾下角度爲θ的斜坡，則其沿著上斜坡方向 x 軸的加速度爲

$$a_{\text{com},x} = -\frac{g\sin\theta}{1 + I_{\text{com}}/MR^2}$$

滾動動能

現在，讓我們計算一下由靜止的觀察者所量測的滾動車輪之動能：在圖 11-6 中，若將滾動視爲繞通過 P 點之軸的純粹轉動，則由 10-34 式可得

$$K = \frac{1}{2}I_P\omega^2 \tag{11-3}$$

其中 ω 爲車輪的角速率，I_P 爲車輪繞通過 P 點之軸的轉動慣量。由 10-36 式的平行軸定理($I = I_{\text{com}} + Mh^2$)，可得

$$I_P = I_{\text{com}} + MR^2 \tag{11-4}$$

其中 M 爲車輪的質量，I_{com} 爲通過質心之軸的轉動慣量，R (車輪半徑)等於垂直距離 h。將 11-4 式代入 11-3 式可得

$$K = \frac{1}{2}I_{\text{com}}\omega^2 + \frac{1}{2}MR^2\omega^2$$

由關係式 $v_{\text{com}} = \omega R$ (11-2 式)則可得

$$K = \frac{1}{2}I_{\text{com}}\omega^2 + \frac{1}{2}Mv_{\text{com}}^2 \tag{11-5}$$

其中，$\frac{1}{2}I_{\text{com}}\omega^2$ 這項可解釋為車輪繞通過其質心的軸之轉動動能(圖 11-4a)，而 $\frac{1}{2}Mv_{\text{com}}^2$ 則為車輪質心作平移運動的動能(圖 11-4b)。由此可歸納出下列規則：

 一個滾動物體具有兩種動能形式：來自繞其質心轉動的轉動動能 $\frac{1}{2}I_{\text{com}}\omega^2$ 及來自其質心平移的平移動能 $\frac{1}{2}Mv_{\text{com}}^2$。

滾動的力

摩擦與滾動

若一輪子以等速率滾動，如圖 11-3，它在接觸點 P 沒有滑動，則無摩擦力作用其上。然而，若有一淨力作用於滾動的輪子上使其加速或減慢，則此淨力會導致質心沿移動方向有一加速度 $\vec{a}_{\text{com}}$。它同時會導致輪子轉得更快或更慢，也就是說它會引起一個繞質心的角加速度 α。這些加速度傾向於使輪子在 P 點滑動。因此，必有一摩擦力作用於輪子的 P 點處以對抗此趨勢。

若輪子沒有滑動，此力為一靜摩擦力 $\vec{f}_s$ 且該運動是平穩地滑動。我們可藉由將 11-2 式對時間微分(R 保持常數)，求得線加速度 $\vec{a}_{\text{com}}$ 與角加速度 α 兩者大小間的關係。在左式，dv_{com}/dt 即 a_{com}，而在右式，$d\omega/dt$ 即 α。因此，對平穩滾動而言

$$a_{\text{com}} = \alpha R \quad \text{(平穩地滾動運動)} \tag{11-6}$$

若在外力作用時，此輪確實滑動了，則作用於圖 11-3 裡 P 點的摩擦力便為動摩擦力 $\vec{f}_k$。此運動便不是平穩地滾動，而 11-6 式就不適用於此運動。本章中，我們只討論平穩地滾動。

圖 11-7 為一個例子，輪子在平面上滾動時被轉得更快，如同車賽開始時自行車的車輪。此加快轉動傾向使輪子底部在 P 點處向左滑動。而在 P 點的一摩擦力，方向向右，在對抗此滑動的趨勢。若輪子沒有滑動，則此摩擦力為一靜摩擦力 $\vec{f}_s$(如圖示)，該運動為一平穩滾動，且 11-6 式可用於此處(若無摩擦力，則自行車競賽將會靜止且非常無聊)。

若圖 11-7 裡的輪子轉速變慢了，如同一輛減速中的自行車，我們將改變此圖的兩個地方：質心加速度 $\vec{a}_{\text{com}}$ 及 P 點的摩擦力 $\vec{f}_s$，兩者的方向將朝右。

滾下斜坡

圖 11-8 所示為一質量 M，半徑 R 的圓形均勻物體沿 x 軸平穩滾下斜度 θ 的斜坡。我們想求此物體滾下斜坡時的加速度 $a_{\text{com},x}$ 之表示式。同時使用牛頓第二定律的線運動式($F_{\text{net}} = Ma$)及角運動式($\tau_{\text{net}} = I\alpha$)便可達到。

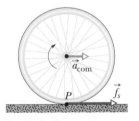

圖 11-7 一輪子水平滾動，在以線加速度 $\vec{a}_{\text{com}}$ 加速時沒有滑動的現象，像是腳踏車競速比賽開始之時。一靜摩擦力 $\vec{f}_s$ 作用於輪子上的 P 點處以對抗其滑動的趨勢。

先畫下作用於物體的力,如圖 11-8:

1. 物體的重力 $\vec{F}_g$ 指向正下方。向量的起點放在物體的質心。沿斜坡的分量為 $F_g \sin \theta$,就等於 $Mg \sin \theta$。

2. 正向力 $\vec{F}_N$ 垂直於斜坡。它作用於接觸點 P,但在圖 11-8 裡,此向量被平移至其上方,直到它的端點位於物體質心為止。

3. 一靜摩擦力 $\vec{f}_s$ 作用於接觸點 P 且朝向斜坡上方。(你知道為什麼嗎?若物體在 P 點滑動,它會滑下斜坡。因此,對抗此滑動的摩擦力必須朝斜坡上方。)

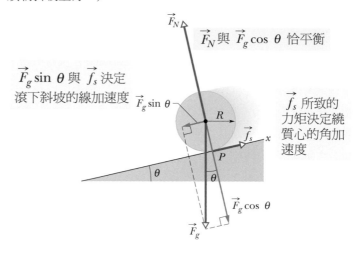

圖 11-8　半徑 R 的圓形均勻物體滾下斜坡。作用於物體上的力有重力 $\vec{F}_g$,正向力 $\vec{F}_N$,及朝向斜坡上方的摩擦力 $\vec{f}_s$ (為了清晰起見,向量 $\vec{F}_N$ 朝它所指的方向上移直到其端點位於物體中心)。

我們可寫下牛頓第二定律沿圖 11-8 裡的 x 軸之分量式($F_{\text{net},x} = ma_x$),為

$$f_s - Mg \sin \theta = Ma_{\text{com},x} \tag{11-7}$$

這個方程式含有兩個未知數 f_s 與 $a_{\text{com},x}$ (我們不應該假設 f_s 是在它的最大值 $f_{s,\max}$。所有我們知道的是 f_s 的值剛剛好讓物體可以平順的沿著斜坡向下滾動,沒有出現滑動的情況)。

我們現在希望將牛頓第二運動定律以角形式運用到物體相對於它的質心作滾動運動的情況。首先,我們使用 10-41 式($\tau = r_\perp F$)寫出相對該點作用於物體的力矩。摩擦力 $\vec{f}_s$ 具有力臂 R,因此產生了力矩 Rf_s,由於在圖 11-8 裡,它傾向使物體逆時針轉動,故為正。力 $\vec{F}_g$ 及 $\vec{F}_N$ 均無繞質心的力臂,故不產生力矩。所以,牛頓第二定律在繞著通過物體質心的軸之角形式($\tau_{\text{net}} = I\alpha$)為

$$Rf_s = I_{\text{com}}\alpha \tag{11-8}$$

此方程式包含兩未知數,f_s 及 α。

因為物體是平穩地在滾動，我們可用 11-6 式($a_{com} = \alpha R$)把未知數 $a_{com,x}$ 及 α 連繫起來。但千萬要小心，這裡 $a_{com,x}$ 是負的(在 x 軸的負方向上)且 α 是正的(逆時針方向)。因此，我們將$-a_{com,x}/R$ 代入 11-8 式的 α 裡。解 f_s，可得

$$f_s = -I_{com}\frac{a_{com,x}}{R^2} \tag{11-9}$$

將 11-9 式的右邊代入 11-7 式的 f_s 可得

$$a_{com,x} = -\frac{g\sin\theta}{1 + I_{com}/MR^2} \tag{11-10}$$

我們可用此式找出任何在與水平夾角 θ 的斜面上滾動之物體的線加速度 $a_{com,x}$。

請注意來自重力的拉力使物體沿著斜坡向下，但摩擦力正是使物體轉動與因此滾動的原因。如果你移除摩擦力(用冰塊或是潤滑油讓斜坡滑溜)或是使 $Mg\sin\theta$ 超過 $f_{s,max}$，就可以消去物體自斜坡平穩向下的滾動，然後物體就會自斜坡滑下。

測試站 2

A、B 兩相同圓盤，以相同速率沿地面滾動。然後 A 沿一斜面向上滾，其可達最大高度為 h，B 亦沿相同但無摩擦之斜面上移。則 B 所達之最大高度大於，等於或小於 h？

範例 11.1　球體沿著斜坡滾下

一個質量 M = 6.00 kg，半徑 R 的均勻球體，由靜止平穩滾下一角度 θ = 30.0°的斜坡(圖 11-8)。

(a) 球到達斜坡底時，降低了垂直高度 h = 1.20 m。則在底部時，其速率為何？

關鍵概念

球-地球系統的力學能 E 在球滾下斜坡時是守恆的。理由是，對球做功的唯一作用力為重力，而它是一個保守力。斜坡施於球的正向力並不作功，因為它垂直於球的路徑。斜坡施於球的摩擦力並未轉移任何能量成為熱能，因為球不滑動滾動(它平穩地滾動)。

因此，我們可寫下力學能守恆式 $E_f = E_i$ 為

$$K_f + U_f = K_i + U_i \tag{11-11}$$

其中下標 f 及 i 分別表示末值(在到底部時)及起始值(靜止時)。一開始的重力位能為 $U_i = Mgh$(M 為球的質量)且最後為 $U_f = 0$。而一開始的動能 $K_i = 0$。至於末動能 K_f，我們需要第三個關鍵概念：因為球在滾動，動能包含了平移及轉動，所以我們把它們都包括到 11-5 式的右邊裡。

計算　將這些表示式全代入 11-11 式裡，可得

$$\left(\frac{1}{2}I_{com}\omega^2 + \frac{1}{2}Mv_{com}^2\right) + 0 = 0 + Mgh \tag{11-12}$$

其中 I_{com} 為球通過其質心的軸之轉動慣量，v_{com} 為所要求的在底部時的速率，ω 為該處的角速率。

因為球是平穩地滾動，我們可用 11-2 式將 v_{com}/R 代入 ω 以減少 11-12 式的未知數。接著再將 $\frac{2}{5}MR^2$ 代入 I_{com}(見表 10-2f)，解 v_{com} 可得

$$v_{com} = \sqrt{\left(\frac{10}{7}\right)gh} = \sqrt{\left(\frac{10}{7}\right)(9.8\,\text{m/s}^2)(1.20\,\text{m})}$$

$$= 4.10\,\text{m/s} \tag{答}$$

請注意，此答案與球的質量 M 或半徑 R 均無關係。

(b) 當球滾下斜坡時，作用其上的摩擦力之大小及方向為何？

關鍵概念

因為球是平穩地滾動，故可由 11-9 式求出作用於球上的摩擦力。

計算 在要使用 11-9 式之前，我們需要球的加速度 $a_{\text{com},x}$，由 11-10 式：

$$a_{\text{com},x} = -\frac{g\sin\theta}{1 + I_{\text{com}}/MR^2} = -\frac{g\sin\theta}{1 + \frac{2}{5}MR^2 \Big/ MR^2}$$

$$= -\frac{(9.8\,\text{m/s}^2)\sin 30.0°}{1 + \frac{2}{5}} = -3.50\,\text{m/s}^2$$

請注意，我們並不需要借助質量 M 或半徑 R 來算出 $a_{\text{com},x}$。因此，任何尺寸且質量均勻的球體平穩地滾下 30.0° 斜坡時的加速度都會是如此。

現在我們可以解出 11-9 式得

$$f_s = -I_{\text{com}}\frac{a_{\text{com},x}}{R^2} = -\frac{2}{5}MR^2\frac{a_{\text{com},x}}{R^2} = -\frac{2}{5}Ma_{\text{com},x}$$

$$= -\frac{2}{5}(6.00\,\text{kg})(-3.50\,\text{m/s}^2) = 8.40\,\text{N} \qquad \text{(答)}$$

請注意，我們需要的是質量 M，而不是半徑 R。因此，不論球的半徑是多少，沿著 30.0° 斜坡平穩滾下的任何質量 6.00 kg 的球體，作用在其上的摩擦力都是 8.40 N。

11-3 溜溜球

學習目標

在閱讀完這個區塊的文字之後，讀者應該能夠...

11.09 畫出溜溜球沿著它的繩子上下移動的自由體圖 (free-body diagram)

11.10 發覺溜溜球確實是個在90度角的斜坡上滾上滾下的物體。

11.11 在溜溜球沿著它的繩子移上移下時，運用溜溜球的加速度和其轉動慣量之間的關係。

11.12 算出在溜溜球移上移下之時其繩子的張力。

關鍵概念

● 一個沿著繩子垂直上下移動的溜溜球可以被視為一個沿著90度角的斜面滾動的輪子。

溜溜球

溜溜球是一個你可以放在口袋裡的物理實驗室。若一溜溜球沿繩子滾下 h 的距離，則它會失去重力位能 mgh，但得到包含了平移 $\frac{1}{2}Mv_{\text{com}}^2$ 與轉動 $\frac{1}{2}I_{\text{com}}\omega^2$ 兩種形式的動能。而當它爬升回去時，它損失了動能但得回位能。

現在的溜溜球，線並非綁在軸上而是纏繞在上面。當溜溜球「到達」線的底端時，線作用在軸上的一個向上的力使其停止下降。溜溜球便開始自轉，轉軸在線圈內，只有轉動動能而已。溜溜球保持著自轉(就像「睡著」)，直到你急拉繩將它「喚醒」，使繩絆住軸於是溜溜球往回爬升。

溜溜球在繩子底端的轉動動能(以及它「睡著的時間」)可藉由向下拋擲它來增加,因此它並非由靜止開始滾動,而是一開始便具有初速率 v_{com} 及 ω。

　　為了找出溜溜球沿線往下滾動的線加速度 a_{com} 之表示式,我們可使用牛頓第二定律(以線性與角度的型式),如同我們對圖 11-8 中滾下斜坡的物體所做的。以相同的概念分析如下:

1. 取代滾下的斜坡與水平的夾角 θ,溜溜球是以與水平夾 $\theta = 90°$ 角沿線向下滾動的。

2. 取代以半徑 R 的外緣作滾動,溜溜球是以半徑 R_0 的轉軸在滾動(圖 11-9a)。

3. 取代因摩擦力 $\vec{f_s}$ 而減慢,溜溜球是因為線作用於它的力 $\vec{T}$ 而減慢(圖 11-9b)。

這些分析會再度引導我們到 11-10 式。因此,我們只要改變 11-10 式裡的符號,並令 $\theta = 90°$,,寫下線加速度為

$$a_{com} = -\frac{g}{1 + I_{com} / MR_0^2} \tag{11-13}$$

其中 I_{com} 是溜溜球相對於其中心的轉動慣量且 M 是其質量。一個溜溜球當它往回爬升的時候會有相同的向下加速度。

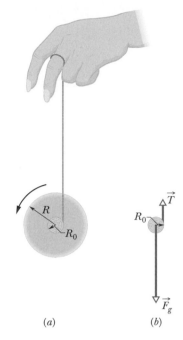

圖 11-9 (a)溜溜球的橫截面。線捲繞在半徑為 R 的軸上,假設線的厚度不計。(b)下落中之溜溜球的自由體圖。圖中只顯示了軸。

11-4 再談力矩

學習目標

在閱讀完這個區塊的文字之後,讀者應該能夠...

11.13 發覺力矩是個向量。

11.14 了解計算力矩時的參考點必須總是指定的。

11.15 不論在單位向量或是純量角度的表示法下,透過質點的位置向量和作用力向量之外積來計算質點受外力作用的力矩。

11.16 使用外積右手法則找出力矩向量的方向。

關鍵概念

● 在三維空間中,力矩 $\vec{\tau}$ 是一個相對於某固定點(通常是原點)定義的向量,可以表示為:
$$\vec{\tau} = \vec{r} \times \vec{F}$$
$\vec{F}$ 是作用於質點的力。$\vec{r}$ 是質點相對於某固定點的位置向量。

● $\vec{\tau}$ 的大小為
$$\tau = rF\sin\phi = rF_\perp = r_\perp F$$
ϕ 是 $\vec{F}$ 與 $\vec{r}$ 之間的夾角,$F_\perp$ 是 $\vec{F}$ 垂直於 $\vec{r}$ 的分量。$r_\perp$ 是 $\vec{F}$ 的力臂。

● $\vec{\tau}$ 的方向可以由外積右手定則得出。

再談力矩

在第 10 章，我們由繞固定軸旋轉的剛體來定義力矩 τ。現在，我們將力矩的定義擴展，使之可應用於沿相對於固定點(而非固定軸)的任何路徑移動的個別的質點。此路徑不需是一個圓，且我們必須把力矩寫成是任意方向的向量 $\vec{\tau}$。我們能夠透過公式來計算力矩的大小，並利用向量積(外積)右手定則來決定它的方向。

圖 11-10a 所示為這樣的一個質點，位於 xy 平面上的點 A。該平面上的單一力 $\vec{F}$ 作用於此質點上，且此質點相對於原點 O 的位置是以位置向量 $\vec{r}$ 表示。相對於固定點 O 而作用於質點上的力矩 $\vec{\tau}$ 為一向量，定義為

$$\vec{\tau} = \vec{r} \times \vec{F} \quad \text{(力矩定義)} \tag{11-14}$$

我們可利用 3-3 節的外積規則來計算在此力矩 $\vec{\tau}$ 定義中的向量積。而要找出 $\vec{\tau}$ 的方向，我們要移動向量 $\vec{F}$ (不改變其方向)直到它的一端位於原點 O 上，這樣，向量乘積裡的這兩個向量便是尾對尾的，如圖 11-10b。接著我們利用圖 3-19a 裡向量乘積的右手定則，將右手手指由 $\vec{r}$ (乘積裡的第一個向量)掃到 $\vec{F}$ (第二個向量)。向外伸直的拇指便是指向 $\vec{\tau}$ 的方向。在圖 11-10b 裡，$\vec{\tau}$ 的方向為 z 軸的正方向。

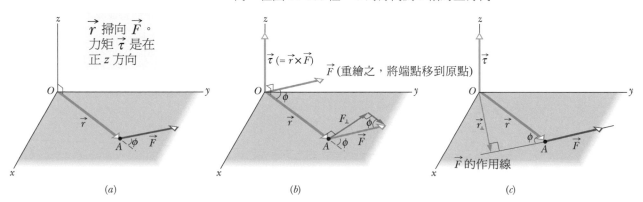

(a)　(b)　(c)

圖 11-10　定義力矩。一力 $\vec{F}$ 於 xy 平面上，作用於質點 A。(b)此力產生一相對於原點 O 的力矩 $\vec{\tau}(= \vec{r} \times \vec{F})$ 作用於質點上。利用向量積(外積)右手定則，可得知力矩向量為向正 z 方向。其大小在(b)為 $rF_\perp$，在(c)為 $r_\perp F$。

而要決定 $\vec{\tau}$ 的大小，我們可利用 3-27 式一般的計算方式($c = ab \sin\phi$)，求出

$$\tau = rF \sin\phi \tag{11-15}$$

其中 ϕ 為 $\vec{r}$ 及 $\vec{F}$ 尾對尾時，其方向之間的夾角。由圖 11-10b 可看出，11-15 式可重寫為

$$\tau = rF_\perp \tag{11-16}$$

其中 $F_\perp (= F \sin\phi)$ 是 $\vec{F}$ 垂直於 $\vec{r}$ 的分量。由圖 11-10c 可看出，11-15 式也可再寫為

$$\tau = r_\perp F \qquad\qquad (11\text{-}17)$$

其中 $r_\perp$ 為 $\vec{F}$ 的力臂(O 及 $\vec{F}$ 的作用線間的垂直距離)。

測試站 3

一質點之位置向量 $\vec{r}$ 為沿 z 正方向。如果在質點上的力矩為(a)零；(b)沿負 x 軸方向；(c)沿負 y 軸方向，則產生此力矩之作用力的方向為何？

範例 11.2　一個力作用於質點的力矩

圖 11-11a 中，三個力大小均為 2.0 N，施於一質點上。質點在 xz 平面上的點 A 處位置向量為 $\vec{r}$，此處 $r = 3.0$ m 及 $\theta = 30°$。各力對原點 O 之力矩為何？

關鍵概念

因為這三個力向量並非位於一個平面上。我們必須使用向量乘積 (或外積、叉積)，其大小可由 11-15 式 $\tau = rF\sin\phi$ 得出，方向則可由向量乘積的右手定則來決定。

計算　因為我們要的是相對於原點 O 的力矩，故先定出外積所須的位置向量 $\vec{r}$。為了定出 $\vec{r}$ 與每個力的方向間的夾角 ϕ，我們輪流平移圖 11-11a 裡的力向量，使其尾端位於原點上。圖 11-11b、c 及 d 為 xz 平面的正面圖，分別顯示了平移後的力 $\vec{F}_1$、$\vec{F}_2$ 及 $\vec{F}_3$。(請留意作用力向量與位置向量之間的夾角就可容易的看出來)。在圖 11-11d 裡，$\vec{r}$ 及 $\vec{F}_3$ 的方向夾角為 90°，符號 $\otimes$ 表示 $\vec{F}_3$ 是垂直指入頁面。(若它是垂直指出圖平面，則代表符號為 $\odot$)

現在，我們應用 11-15 式可以得出

$$\tau_1 = rF_1 \sin\phi_1 = (3.0\,\text{m})(2.0\,\text{N})(\sin 150°) = 3.0\,\text{N·m}$$

$$\tau_2 = rF_2 \sin\phi_2 = (3.0\,\text{m})(2.0\,\text{N})(\sin 120°) = 5.2\,\text{N·m}$$

$$\tau_3 = rF_3 \sin\phi_3 = (3.0\,\text{m})(2.0\,\text{N})(\sin 90°) = 6.0\,\text{N·m} \qquad (\text{答})$$

接下來我們使用右手定則，將右手手指從 $\vec{r}$ 轉至 $\vec{F}$ 且經過兩方向的夾角中較小者。拇指即指向力矩的方向。因此，$\vec{\tau}_1$ 在圖 11-11b 中指入紙面，$\vec{\tau}_2$ 在圖 11-11c 中指出紙面，而 $\vec{\tau}_3$ 方向如圖 11-11d 所示。所有三個力矩向量如圖 11-11e 所示。

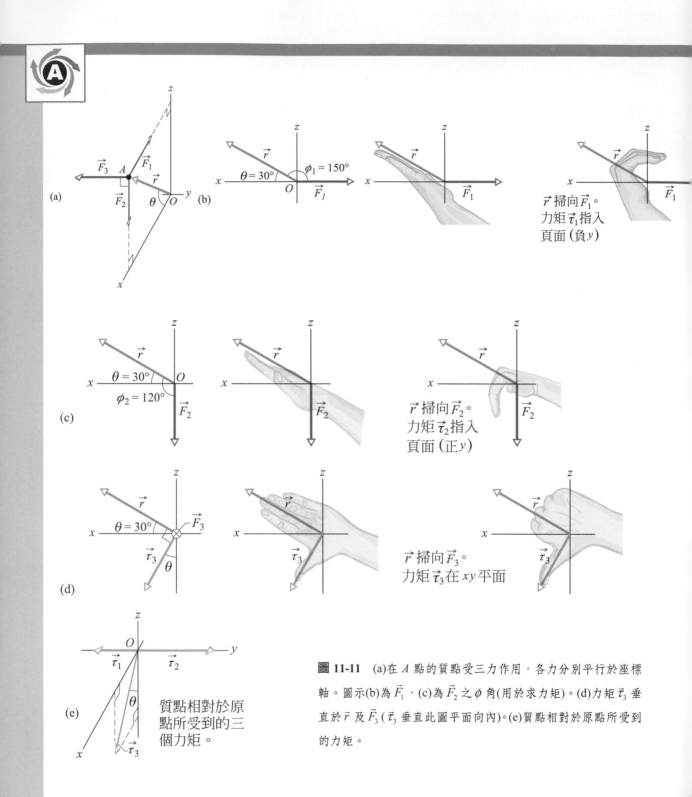

(a)

(b)

$\theta = 30°$ $\phi_1 = 150°$

$\vec{r}$ 掃向 $\vec{F_1}$。
力矩 $\vec{\tau_1}$ 指入
頁面（負 y）

(c)

$\theta = 30°$
$\phi_2 = 120°$

$\vec{r}$ 掃向 $\vec{F_2}$。
力矩 $\vec{\tau_2}$ 指入
頁面（正 y）

(d)

$\theta = 30°$

$\vec{r}$ 掃向 $\vec{F_3}$。
力矩 $\vec{\tau_3}$ 在 xy 平面

(e)

質點相對於原
點所受到的三
個力矩。

圖 11-11 (a)在 A 點的質點受三力作用，各力分別平行於座標軸。圖示(b)為 $\vec{F_1}$，(c)為 $\vec{F_2}$ 之 ϕ 角(用於求力矩)。(d)力矩 $\vec{\tau_3}$ 垂直於 $\vec{r}$ 及 $\vec{F_3}$ ($\vec{\tau_3}$ 垂直此圖平面向內)。(e)質點相對於原點所受到的力矩。

11-5　角動量

學習目標

在閱讀完這個區塊的文字之後，讀者應該能夠...

11.17 發覺角動量是個向量。

11.18 發覺用來計算角動量的某固定參考點必須總是指定的。

11.19 不管在單位向量或是純量角度的型式下，皆能透過質點的位置向量與動量向量之外積來計算其角動量。

11.20 使用外積右手定則找出角動量向量之方向。

關鍵概念

● 一線動量 $\vec{p}$、質量 m 及線速度 $\vec{v}$ 的質點，其角動量 $\vec{\ell}$ 為相對於一固定點(通常是原點)的向量，即

$$\vec{\ell} = \vec{r} \times \vec{p} = m(\vec{r} \times \vec{v})$$

● $\vec{\ell}$ 的大小則為

$$\vec{\ell} = rmv\sin\phi$$
$$= rp_\perp = rmv_\perp$$
$$= r_\perp p = r_\perp mv$$

ϕ 為 $\vec{r}$ 與 $\vec{p}$ 間的夾角，$p_\perp$ 及 $v_\perp$ 為 $\vec{p}$ 及 $\vec{v}$ 垂直於 $\vec{r}$ 的分量，而 $r_\perp$ 為固定點及 $\vec{p}$ 延伸線間的垂直距離。

● $\vec{\ell}$ 的方向可以由右手定則得到：將右手的手指指向 $\vec{r}$ 的方向，掌心為 $\vec{p}$ 的方向，向掌心捲起手指，大拇指方向即為 $\vec{\ell}$ 的方向。

角動量

　　回憶一下，線動量 $\vec{p}$ 的概念及線動量守恆原理是極有力的工具。它們使我們可以去預測，例如，兩輛車子的碰撞的結果，即使不知道碰撞的細節。這裡我們要開始討論對應於 $\vec{p}$ 的角對應量，而將在第 11-8 節討論角對應量的守恆原理作為結束。在芭蕾舞、花式跳水、溜冰以及其他許多活動的物理分析中，這個守恆原理能夠推導出美妙(幾乎是不可思議)的傑作。

　　圖 11-12 展示了一個質點 m 當它通過位於 xy 平面上的點 A 時具有線動量 $\vec{p}\,(=m\vec{v})$。此質點相對於原點 O 的**角動量** $\vec{\ell}$ 為一向量，定義為

$$\vec{\ell} = \vec{r} \times \vec{p} = m(\vec{r} \times \vec{v}) \quad \text{(角動量定義)} \tag{11-18}$$

其中 $\vec{r}$ 為質點相對於原點 O 的位置向量。當質點相對於 O 在它的動量 $\vec{p}$ 的方向上移動，位置向量 $m\vec{v}$ 是繞著 O 轉動。小心留意，欲具有相對於 O 的角動量，此質點自己不必繞著 O 轉動。比較 11-14 及 11-18 式可知，角動量與線動量之間，具有和力矩與力之間相同的關係。角動量的 SI 單位為公斤・公尺平方每秒($\text{kg} \cdot \text{m}^2/\text{s}$)，相當於焦耳・秒($\text{J} \cdot \text{S}$)。

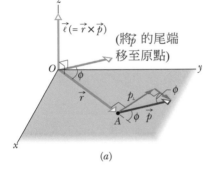

(a)

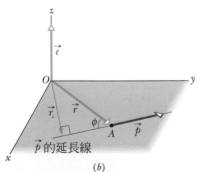

(b)

圖 11-12　定義角動量。通過 A 點的一質點具有線動量 $\vec{p}\,(=m\vec{v})$ 位於 xy 平面上。此質點相對於原點 O 的角動量為 $\vec{\ell}\,(=\vec{r}\times\vec{p})$。由右手定則，角動量向量指向 z 的正方向。

(a) $\vec{\ell}$ 的大小為 $\ell = rp_\perp = rmv_\perp$。

(b) $\vec{\ell}$ 的大小也可寫成 $\ell = r_\perp p = r_\perp mv$。

方向。要找出圖 11-12 裡角動量向量 $\vec{\ell}$ 的方向，我們移動向量 $\vec{p}$ 直到其尾端位於原點 O 上。接著使用向量乘積的右手定則，將四指由 $\vec{r}$ 掃至 $\vec{p}$。向外伸的拇指即朝向 $\vec{\ell}$ 的方向，在圖 11-12 裡為 z 軸的正方向。當質點持續移動時，其位置向量 $\vec{r}$ 繞 z 軸作逆時針轉動，正與此正方向一致($\vec{\ell}$ 的負方向則與 $\vec{r}$ 繞 z 軸作順時針轉動一致)。

大小。為了找出 $\vec{\ell}$ 的大小，我們利用 3-27 式一般的結果，寫下

$$\ell = rmv \sin\phi \tag{11-19}$$

其中 ϕ 為 $\vec{r}$ 與 $\vec{p}$ 兩向量尾對尾時的夾角。由圖 11-12a 可看出 11-19 式可改寫為

$$\ell = rp_\perp = rmv_\perp \tag{11-20}$$

其中，$p_\perp$ 為 $\vec{p}$ 垂直於 $\vec{r}$ 的分量，$v_\perp$ 為 $\vec{v}$ 垂直於 $\vec{r}$ 的分量。由圖 11-12b 可看出 11-19 式也可再寫為

$$\ell = r_\perp p = r_\perp mv \tag{11-21}$$

其中，$r_\perp$ 為 O 到 $\vec{p}$ 延伸線間的垂直距離。

重要。留意這裡的兩個特色：(1)角動量只有相對於某個指定的原點下才具有意義。(2)它的方向永遠垂直於位置向量與線動量向量 $\vec{r}$ 與 $\vec{p}$ 所構成的平面。

 測試站 4

如圖 a 中，質點 1 與 2 分別以半徑 2 及 4 公尺繞 O 點旋轉。圖 b 中，質點 3 與 4 分別沿距 O 垂直距離 4 及 2 公尺之直線作運動。質點 5 為直接遠離 O 點。5 個質點均具有相同質量及相同的速率。(a)將這些質點相對於 O 之角動量，由大至小排列之。(b)那些質點相對於 O 點具有負的角動量？

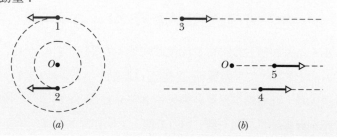

(a) (b)

範例 11.3　雙質點系統的角動量

圖 11-13 表示兩質點沿水平路徑以固定動量運動的俯視圖。質點 1，動量大小為 $p_1 = 5.0\,\text{kg·m/s}$，位置向量 $\vec{r_1}$ 將通過距 O 點 2.0 公尺處。質點 2，動量大小為 $p_2 = 2.0\,\text{kg·m/s}$，位置向量 $\vec{r_2}$ 將通過距 O 點 4.0 公尺處。此雙質點系統相對於 O 之總角動量 $\vec{L}$ 為何？

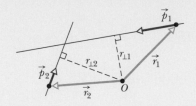

圖 11-13　兩質點通過點 O 附近。

關鍵概念

如果想要求 $\vec{L}$，我們可以先求出個別的角動量 $\vec{\ell_1}$ 及 $\vec{\ell_2}$，再把它們相加。利用 11-18 到 11-21 式的其中之一即可計算它們的大小。然而，用 11-21 式是最簡單的，因為我們已知垂直距離 $r_{\perp 1}$ (= 2.0m) 及 $r_{\perp 2}$ (= 4.0m)，與動量大小 p_1 及 p_2。

計算　對質點 1，由 11-21 式可得

$$\ell = r_{\perp 1} p_1 = (2.0\,\text{m})(5.0\,\text{kg·m/s})$$
$$= 10\,\text{kg·m}^2/\text{s}$$

向量 $\vec{\ell_1}$ 之方向可用 11-18 式及右手定則找到。由 $\vec{r_1} \times \vec{p_1}$，知其方向為指出紙面，即垂直於圖 11-13 之平面。此為正方向，由於質點由位置 $\vec{r_1}$ 繞 O 點逆時針旋轉而成。因此，質點 1 之角動量向量為

$$\ell_1 = +10\,\text{kg·m}^2/\text{s}$$

同樣的，$\vec{\ell_2}$ 大小為

$$\ell_2 = r_{\perp 2} p_2 = (4.0\,\text{m})(2.0\,\text{kg·m/s})$$
$$= 8.0\,\text{kg·m}^2/\text{s}$$

而向量乘積 $\vec{r_2} \times \vec{p_2}$ 為入紙面，即負方向，由質點 2 自 $\vec{r_2}$ 順時針繞 O 點而成。因此，質點 2 之角動量向量為

$$\ell_2 = -8.0\,\text{kg·m}^2/\text{s}$$

此雙質點系統之淨角動量即為

$$L = \ell_1 + \ell_2 = +10\,\text{kg·m}^2/\text{s} + (-8.0\,\text{kg·m}^2/\text{s})$$
$$= +2.0\,\text{kg·m}^2/\text{s} \qquad\qquad (答)$$

正號代表系統相對於 O 點之淨角動量為出紙面。

WILEY PLUS Additional example, video, and practice available at *WileyPLUS*

11-6　牛頓第二定律的角形式

學習目標

在閱讀完這個區塊的文字之後，讀者應該能夠...

11.21 運用牛頓第二定律的角型式來了解相對於某個指定點下作用於質點的力矩與質點角動量之時變量的關係。

關鍵概念

● 一質點的牛頓第二定律之角形式為

$$\vec{\tau}_{\text{net}} = \frac{d\vec{\ell}}{dt}$$

其中 $\vec{\tau}_{\text{net}}$ 為作用於質點的淨力矩，$\vec{\ell}$ 為該質點的角動量。

牛頓第二定律的角形式

牛頓第二定律的形式

$$\vec{F}_{\text{net}} = \frac{d\vec{p}}{dt} \quad (\text{單一質點}) \tag{11-22}$$

顯示了單一質點的力與線動量間密切的關係。我們已見過足夠的線量與角量間的對應，因此可以十分肯定力矩與角動量間也有密切的關係。由 11-22 式的引導，我們甚至可猜想它必定是

$$\vec{\tau}_{\text{net}} = \frac{d\vec{\ell}}{dt} \quad (\text{單一質點}) \tag{11-23}$$

11-23 式確實是單一質點的牛頓第二定律之角量形式：

作用於一質點的力矩之(向量)總和就等於該質點的角動量對時間的變動率。

其中力矩 $\vec{\tau}$ 及角動量 $\vec{\ell}$ 必須是相對於同一點(通常使用座標系原點)而定義，否則 11-23 式就沒有意義。

11-23 式的證明

我們從 11-18 式開始，一質點的角動量定義為：

$$\vec{\ell} = m(\vec{r} \times \vec{v})$$

其中 $\vec{r}$ 是該質點的位置向量，$\vec{v}$ 為其速度。將兩邊同時對 t 微分*得

$$\frac{d\vec{\ell}}{dt} = m\left(\vec{r} \times \frac{d\vec{v}}{dt} + \frac{d\vec{r}}{dt} \times \vec{v}\right) \tag{11-24}$$

然而，$d\vec{v}/dt$ 為該質點的加速度 $\vec{a}$，且 $d\vec{r}/dt$ 為其速度 $\vec{v}$。因此，11-24 式可改寫成

$$\frac{d\vec{\ell}}{dt} = m(\vec{r} \times \vec{a} + \vec{v} \times \vec{v})$$

現在 $\vec{v} \times \vec{v} = 0$ (任何向量與它本身的向量乘積為零，因為兩向量間的夾角必為零)。因此，這個式子的最後一項被消掉而我們有

$$\frac{d\vec{\ell}}{dt} = m(\vec{r} \times \vec{a}) = \vec{r} \times m\vec{a}$$

我們由牛頓第二定律($\vec{F}_{\text{net}} = m\vec{a}$)可知，$m\vec{a}$ 就等於作用於質點上之力的向量和，故可以之取代，得

$$\frac{d\vec{\ell}}{dt} = \vec{r} \times \vec{F}_{\text{net}} = \sum \left(\vec{r} \times \vec{F}\right) \tag{11-25}$$

---

* 微分向量乘積時，要確定沒有改變乘積中的兩量順序(此處為 $\vec{r}$ 及 $\vec{v}$，請參考 3-28 式)。

符號 Σ 代表我們必須把所有力的向量乘積 $\vec{r} \times \vec{F}$ 加起來。然而，由 11-14 式可知，這每一個向量乘積即為其中一個力產生的力矩。因此，11-25 式便說明了

$$\vec{\tau}_{net} = \frac{d\vec{\ell}}{dt}$$

此即 11-23 式，我們所要證明的關係式。

測試站 5

如圖所示為質點於某一時刻之位置向量 $\vec{r}$，有四個施力方向使質點加速。且此四個方向均在 xy 平面上。則：(a)由大至小排列出相對於 O 點此四力造成之角動量變化率 $d\vec{\ell} / dt$ 之大小。(b)那些力會造成相對於 O 點之變化率為負值？

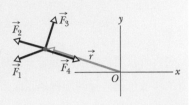

範例 11.4 力矩與角動量的對時間微分

圖 11-14a 顯示一幅 0.500 公斤的質點沿著直線前進的停格圖(freeze-frame)，其位置向量為：

$$\vec{r} = (-2.00t^2 - t)\hat{i} + 5.00\hat{j}$$

$\vec{r}$ 的單位為公尺。t 的單位為秒，且從 $t = 0$ 開始。位置向量從原點指向質點。在相對於原點的情況下，請用單位向量的型式表示質點角動量 $\vec{\ell}$ 以及作用於質點的力矩 $\vec{\tau}$。判斷質點運動方向之正負符號。

關鍵概念

(1) 計算質點角動量的參考點必須總是指定的。這裡選用原點。(2) 質點角動量 $\vec{\ell}$ 可以由式子 11-18 ($\vec{\ell} = \vec{r} \times \vec{p} = m(\vec{r} \times \vec{v})$) 得到。(3) 當質點移動時，質點角動量之正負符號是隨著質點之位置向量（繞著旋轉軸）定。順時針方向為負，逆時針方向為正。(4) 若一力矩作用於質點且計算角動量時也繞著同一點，可以由式子 11-23 ($\vec{\tau} = d\vec{\ell} / dt$)得到該力矩與角動量的關係。

計算 為了使用式子 11-18 來計算相對於原點的角動量，首先我們必須用位置向量對時間微分來找出質點的速度表示式。我們可以把式子 4-10($\vec{v} = d\vec{r} / dt$)寫成

$$\vec{v} = \frac{d}{dt}((-2.00t^2 - t)\hat{i} + 5.00\hat{j})$$

$$= (-4.00t - 1.00)\hat{i}$$

$\vec{v}$ 的單位是公尺/秒。

接下來我們利用外積公式 3-27 來計算 $\vec{r}$ 和 $\vec{v}$ 的外積

$$\vec{a} \times \vec{b} = (a_y b_z - b_y a_z)\hat{i} + (a_z b_x - b_z a_x)\hat{j} + (a_x b_y - b_x a_y)\hat{k}$$

這裡把 $\vec{a}$ 替換成 $\vec{r}$，$\vec{b}$ 替換成 $\vec{v}$。然而，我們實際上不需要做那麼多計算，首先考慮外積式子中的相減項。因為 $\vec{r}$ 沒有 z 分量且 $\vec{v}$ 沒有 z 分量和 y 分量，因此外積中唯一的非零項是最後一項 $(-b_x a_y)\hat{k}$。於是，我們可以藉由下是算出數值

$$\vec{r} \times \vec{v} = -(-4.00t - 1.00)(5.00)\hat{k} = (20.0t + 5.00)\hat{k} \, m^2 / s$$

請注意，通常外積會產生垂直於原向量的新向量。

在式子 11-18 中，我們加入了質量而得出

$$\vec{l} = (0.500 \text{ kg})[(20.0t + 5.00)\hat{k} \text{ m}^2 / \text{s}]$$

$$= (10.0t + 2.50)\hat{k} \text{ kg} \cdot \text{m}^2 / \text{s} \qquad \text{(答)}$$

然後相對於原點的力矩也馬上可以從式子 11-23 得到

$$\vec{\tau} = \frac{d}{dt}(10.0t + 2.50)\hat{k} \text{ kg} \cdot \text{m}^2 / \text{s}$$

$$= 10\hat{k} \text{ kg} \cdot \text{m}^2 / \text{s}^2 = 10.0\hat{k} \text{ N} \cdot \text{m} \qquad \text{(答)}$$

方向是沿著正 z 軸。

$\vec{l}$ 的結果告訴我們角動量是沿著正 z 軸的方向。為了更直覺的了解位置向量的旋轉是正向方向的。我們將向量帶入數值做了幾次計算：

$t = 0$　　　　　$\vec{r}_0 = 5.00\hat{j}$ m

$t = 1.00$ s　　　$\vec{r}_1 = -3.00\hat{i} + 5.00\hat{j}$ m

$t = 2.00$ s　　　$\vec{r}_2 = -10.0\hat{i} + 5.00\hat{j}$ m

根據圖 11-14b 所描繪的結果，我們可以看到 $\vec{r}$ 為了持續指向質點的所在而反時針方向旋轉。這就是正向旋轉。因此，即使質點是沿著直線前進，它仍然是繞著原點反時針移動，且具有正向角動量。

我們也可以藉著外積右手定則來找出的 $\vec{l}$ 方向（這裡指的是 $\vec{r} \times \vec{v}$，如果你想要用 $m\vec{r} \times \vec{v}$ 也會得到相同的結果）。就像圖 11-14c 所示，在質點運動中的任何時刻，右手手指首先向著外積裡的第一個向量（$\vec{r}$）的方向伸出。然後如圖 11-14d，將手的方位把在適當的位子(在頁面或螢幕上)，可以讓手指輕鬆的繞著掌心轉向外積第二個向量($\vec{v}$)的方向。而大拇指向外延伸所指的方向就是外積的結果。如圖 11-14e，外積後的向量是指向正 z 軸（離開圖表平面的方向），這也和我們之前得到的結果一致。圖 11-14e 中 $\vec{\tau}$ 的方向也是沿著正 z 軸，這是因為角動量正沿著該方向增加。

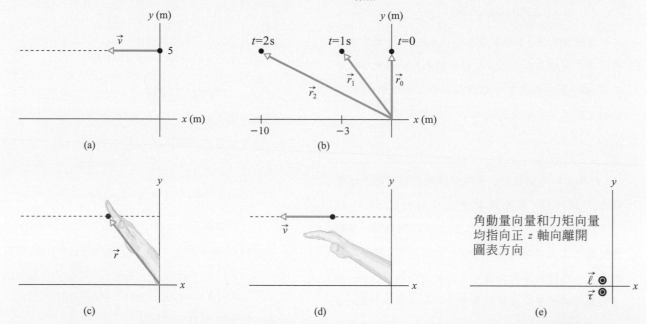

圖 11-14 (a) 一個沿著直線運動的質點在 $t = 0$ 時的位置。(b) 位置向量分別在 $t = 0, 1.00$s, 2.00s 時的狀態。(c) 運用外積右手定則時的第一個步驟。(d) 第二步驟。(e) 角動量向量和力矩向量是沿著 z 軸向離開圖表平面方向延伸。

11-7 剛體的角動量

學習目標

在閱讀完這個區塊的文字之後,讀者應該能夠...

11.22 在質點系統中,運用角度型式的牛頓第二定律來了解作用於系統的淨力矩與系統角動量之時變率的關係。

11.23 運用繞著固定軸轉動的剛體角動量與繞著該軸之物體轉動慣量和角速率之間的關係。

11.24 在兩個剛體繞著同一軸轉動情況下,計算他們的總角動量。

關鍵概念

● 一質點系統的角動量 $\vec{L}$ 即個別質點的角動量之向量和:

$$\vec{L} = \vec{\ell}_1 + \vec{\ell}_2 + \cdots + \vec{\ell}_n = \sum_{i=i}^{n} \vec{\ell}_i$$

● 此角動量的時間變動率即等於作用於系統的淨外力矩(系統外質點與系統內質點交互作用所產生之力矩的向量和):

$$\vec{\tau}_{net} = \frac{d\vec{L}}{dt} \quad \text{(質點系統)}$$

● 對繞固定軸的剛體而言,其角動量在平行轉動軸方向的分量為

$$L = I\omega \quad \text{(剛體,固定軸)}$$

質點系統的角動量

現在,將我們的注意力轉回質點系統相對於原點的角動量。此系統的總角動量 $\vec{L}$ (向量)為個別質點的角動量 $\vec{\ell}$ 的(向量)和:

$$\vec{L} = \vec{\ell}_1 + \vec{\ell}_2 + \vec{\ell}_3 + \cdots + \vec{\ell}_n = \sum_{i=1}^{n} \vec{\ell}_i \tag{11-26}$$

由於系統內的交互作用,或者是由於外界造成的影響,使得質點的個別角動量可能隨時間而變化。將 11-26 式對時間微分,我們就可找出當這些變化發生時,的改變。因此,

$$\frac{d\vec{L}}{dt} = \sum_{i=1}^{n} \frac{d\vec{\ell}_i}{dt} \tag{11-27}$$

由 11-23 式可知,$d\vec{\ell}_i / dt$ 就等於第 i 個質點上的淨力矩 $\vec{\tau}_{net,i}$。11-27 式便可改寫成

$$\frac{d\vec{L}}{dt} = \sum_{i=1}^{n} \vec{\tau}_{net,i} \tag{11-28}$$

意即,系統角動量 $\vec{L}$ 的變化率就等於作用於個別質點的力矩之向量和。這些力矩包含了內力矩(來自質點間的力)和外力矩(來自系統外物體對質點施的力)。然而,質點間的力總是會形成第三定律的配對力,故其力矩和會為零。因此能改變系統總角動量 $\vec{L}$ 的力矩,就只有作用於該系統的外力矩而已。

淨外力矩。令 $\vec{\tau}_{\text{net}}$ 表淨外力矩,即所有作用於系統質點的外力矩之向量和。則 11-28 式便可寫成

$$\vec{\tau}_{\text{net}} = \frac{d\vec{L}}{dt} \quad \text{(質點系統)} \tag{11-29}$$

上式是以角度形式呈現的牛頓第二定律。其敘述如下:

> 作用於一質點系統的淨外力矩 $\vec{\tau}_{\text{net}}$ 等於此系統的總角動量 $\vec{L}$ 之時間變動率。

11-29 式類似 $\vec{F}_{\text{net}} = d\vec{P}/dt$ (9-27 式),但要特別注意的是:力矩和系統的角動量必須相對於同一原點作測量。若此系統的質心並無相對於一慣性座標加速,則原點可以是任意一點。不過,如果它正在加速,那麼它必是原點。例如,把車輪視作一質點系統。若車輪是繞著相對於地面為固定的軸轉動,則在應用 11-29 式時,原點可以是任意一個相對於地面為靜止的點。然而,若車輪是繞著加速中的軸轉動(就像輪子滾下斜坡時),則原點就只能位於其質心。

繞固定軸轉動之剛體的角動量

接著我們要來計算組成一剛體的質點系統繞固定軸轉動時的角動量。圖 11-15a 所示即這樣的一個物體。固定的轉動軸為 z 軸,物體以等角速率 ω 繞著它轉動。我們想找出此物體繞該軸的角動量。

我們可將物體的質量元素之角動量的 z 分量相加來求得其角動量。在圖 11-15a,一典型的質量元素具有質量 Δm_i 且沿圓路徑繞 z 軸移動。其位置向量相對於原點為 $\vec{r}_i$。質量元素的圓路徑之半徑為 $r_{\perp i}$,即元素與 z 軸間的垂直距離。

此質量元素相對於原點 O 的角動量 $\vec{\ell}_i$ 之大小,可由 11-19 式求得為

$$\ell_i = (r_i)(p_i)(\sin 90°) = (r_i)(\Delta m_i v_i)$$

其中 p_i 及 v_i 分別為質量元素的線動量及線速率,90° 為 $\vec{r}_i$ 及 $\vec{p}_i$ 間的夾角。在圖 11-15a 中的質量元素之角動量向量 $\vec{\ell}_i$ 即如圖 11-15b 所示;其方向必垂直於 $\vec{r}_i$ 及 $\vec{p}_i$。

z 分量 我們對於平行於轉動軸——即 z 軸的 $\vec{\ell}_i$ 之分量頗有興趣。此 z 分量為

$$\ell_{iz} = \ell_i \sin\theta = (r_i \sin\theta)(\Delta m_i v_i) = r_{\perp i} \Delta m_i v_i$$

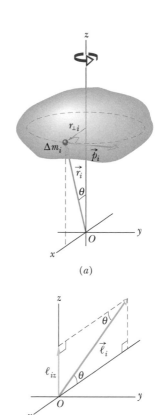

(a)

(b)

圖 11-15 (a)一剛體繞 z 軸以角速率 ω 轉動。物體內一質量為 Δm_i 的質量元素繞 z 軸在半徑為 $r_{\perp i}$ 之圓上移動。它的線動量為 $\vec{p}_i$,對原點 O 的位置向量為 $\vec{r}_i$。圖示為該質量元素之 $r_{\perp i}$ 平行 x 軸時。(b)於(a)的該質量元素對 O 的角動量為 $\vec{\ell}_i$。其 z 分量 ℓ_{iz} 亦如圖示。

此轉動剛體整體的角動量之 z 分量可由組成該物體的全部質量元素的 ℓ_{iz} 相加而得。因 $v = \omega r_\perp$，故可寫成

$$L_z = \sum_{i=1}^{n} \ell_{iz} = \sum_{i=1}^{n} \Delta m_i v_i r_{\perp i} = \sum_{i=1}^{n} \Delta m_i (\omega r_{\perp i}) r_{\perp i}$$

$$= \omega \left(\sum_{i=1}^{n} \Delta m_i r_{\perp i}^2 \right) \tag{11-30}$$

對轉動剛體的每一點而言，均相同，所以我們可將 ω 移到相加符號之外。

11-30 式的 $\sum \Delta m_i r_{\perp i}^2$ 即為剛體繞固定軸的轉動慣量(見 10-33 式)。因此 11-30 式可簡化為

$$L = I\omega \quad (剛體，固定軸) \tag{11-31}$$

我們將下標 z 去掉了，但要記得，11-31 式定義的角動量是繞轉動軸的角動量。且此式裡的 I 也是繞相同軸的轉動慣量。

表 11-1 為表 10-3 的補充，擴大列出了線量與角量間的關係。

表 11-1　更多平移與轉動運動的相關變數及關係式 [a]

平移		轉動	
力	$\vec{F}$	力矩	$\vec{\tau}(=\vec{r}\times\vec{F})$
線動量	$\vec{p}$	角動量	$\vec{\ell}(=\vec{r}\times\vec{p})$
線動量 [b]	$\vec{P}(=\sum \vec{p}_i)$	角動量 [b]	$\vec{L}(=\sum \vec{\ell}_i)$
線動量 [b]	$\vec{P} = M\vec{v}_{com}$	角動量 [c]	$L = I\omega$
牛頓第二定律 [b]	$\vec{F}_{net} = \dfrac{d\vec{P}}{dt}$	牛頓第二定律 [b]	$\vec{\tau}_{net} = \dfrac{d\vec{L}}{dt}$
守恆定律 [d]	$\vec{P} =$ 常數	守恆定律 [d]	$\vec{L} =$ 常數

[a]　亦見表 10-3。
[b]　對質點系統，包括剛體而言。
[c]　對繞固定軸之剛體而言，L 為沿該軸之分量。
[d]　對封閉，孤立的系統而言。

測試站 6

如圖所示，一個圓盤、一個圓環及一個實心球，分別以細繩纏繞並施以一相同且固定之切線力 $\vec{F}$，使三者均繞某一固定軸自旋。此三個物體具有相同質量及半徑且最初均為靜止。當細繩拉扯一段時間 t 後，試依其：(a)相對於中心軸之角動量，及(b)角速度，由大至小排列之。

圓盤　　　　　圓環　　　實心球
$\vec{F}$　　　　$\vec{F}$　　　$\vec{F}$

11-8 角動量守恆

學習目標

在閱讀完這個區塊的文字之後，讀者應該能夠...

11.25 在無外力矩且沿著特定軸的系統中，運用角動量守恆來知道沿著該軸的初角動量與末角動量的關係。

關鍵概念

● 若無淨外力矩作用於系統，則其角動量 $\vec{L}$ 保持為常數：

$$\vec{L} = \text{常數} \quad \text{(孤立系統)}$$

$$\text{或} \quad \vec{L}_i = \vec{L}_f \quad \text{(孤立系統)}$$

此即角動量守恆定律。

角動量守恆

到目前為止，我們已經討論過兩個重要的守恆定律；能量守恆及線動量守恆。現在我們遇到這類型的第三個定律了，即角動量守恆。我們由 11-29 式 $\vec{\tau}_{\text{net}} = d\vec{L} / dt$ 開始，此式為牛頓第二定律的角量形式。若無淨外力矩作用於系統上，則此式變為 $d\vec{L} / dt = 0$ 或

$$\vec{L} = \text{常數} \quad \text{(孤立系統)} \tag{11-32}$$

此結果稱為**角動量守恆定律**，也可寫成

$$\begin{pmatrix} \text{於某一初始時間}t_i \\ \text{的淨角動量} \end{pmatrix} = \begin{pmatrix} \text{於某一稍後時間}t_f \\ \text{的淨角動量} \end{pmatrix}$$

$$\vec{L}_i = \vec{L}_f \quad \text{(孤立系統)} \tag{11-33}$$

11-32 式及 11-33 式說明了：

若作用於一系統的淨外力矩為零，則無論此系統內部發生什麼變化，其角動量 $\vec{L}$ 都保持為常數。

11-32 式及 11-33 式為向量式，也就是說，相當於三個分量式，對應於三個互相垂直的方向上的角動量守恆。若淨外力矩不為零，則根據作用在系統上的力矩，其角動量可能只在一個或兩個方向上守恆，而非全部方向，換言之：

若作用於一系統的淨外力矩沿某個軸的分量為零，則無論此系統內部發生什麼變化，系統沿該軸的角動量分量不會改變。

這是一個有力的說明：在這種情況下，我們只要考慮系統的初始狀態與末狀態，不需要考慮期間的任何狀態。

我們可將此定律應用到圖 11-15 裡，繞 z 軸轉動的孤立物體上。假設原剛體不知爲何重新分佈了其質量相對於該轉動軸的位置，改變了它繞該軸的轉動慣量。由 11-32 及 11-33 式的述敘，可知此物體的角動量不會改變。將 11-31 式(沿轉動軸的角動量)代入 11-33 式，可將守恆定律寫成

$$I_i \omega_i = I_f \omega_f \tag{11-34}$$

其中的下標表示轉動慣量 I 及角速率 ω 在質量重新分佈前及後的值。

就像我們曾經討論過的其它兩個守恆定律一樣，11-32 及 11-33 式在牛頓力學的限制之外亦成立。它們在質點速率接近光速(狹義相對論的領域)時成立，在次原子質點的世界(量子物理的領域)也仍然是正確的。角動量守恆定律例外的情況還不曾發現過。

現在我們要討論四個包含此定律之例子。

1. 自轉的志願者

圖 11-16 所示爲一學生坐在可繞垂直軸自由轉動的凳子上。兩手水平伸直且各持一啞鈴，使其以適度的初角速率 ω_i 轉動。他的角動量向量 $\vec{L}$ 沿著垂直的轉動軸，方向向上。

現在，教師令學生將手縮回，因他將質量移近轉動軸，他的轉動慣量由最初值 I_i 減至較小值 I_f。轉動速率顯著地由 ω_i 增爲 ω_f。若此學生希望慢下來，唯有將手臂再次伸直。

無淨外力矩施於此包括學生、凳子及啞鈴的系統。因此，不管該學生如何使出策略移動啞鈴，該系統繞轉動軸的角動量必然保持不變。圖 11-16a 中，該學生的角速率 ω_i 相對地低，轉動慣量 I_i 相對地高。根據 11-34 式，圖 11-16b 中，他的角速率必定會增加以便補償減少的轉動慣量。

2. 跳板的跳水者

圖 11-17 所示爲跳水者向前作一圈半翻斛斗之跳水。如你預料的，她的質心循拋物線路徑前進。她繞通過身體質心的軸以一定的角動量 $\vec{L}$ 離開跳板，此角動量以一垂直進入圖 11-17 平面的向量表之。在空中，沒有淨外力矩繞其質心作用在跳水者身上，因此其角動量不會改變。藉由縮回手臂及腳進入閉合的縮攏姿勢，她減小了繞同一軸的轉動慣量，因而依 11-34 式增加了角速度。在跳水末段期間，由縮攏姿勢伸展(進入開放的伸展姿勢)增加她的轉動慣量而減慢轉動速率，因此可在進水時，僅有小水花飛濺。即使是包括扭轉

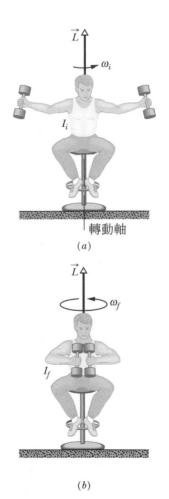

(a)

(b)

圖 11-16 此學生具有相對大的轉動慣量及一相對小的角速率。因轉動慣量的減小，該學生自動地增加角速率。此轉動系統的角動量 $\vec{L}$ 保持不變。

的複雜跳水動作,在整個跳水過程中,跳水者的角動量包括大小及方向,必定是守恆的。

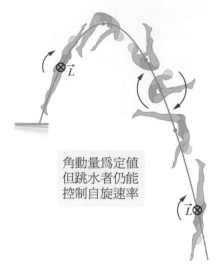

角動量爲定值
但跳水者仍能
控制自旋速率

圖 11-17 在跳水的全程中,跳水者的角動量 $\vec{L}$ 保持不變,以 ⊗ 表示垂直進入此圖平面的箭頭。同時注意,她的質心路徑(粉紅標點)呈一拋物線。

3. **跳遠**

當運動員在奔馳跳遠中從地面起跳時,起跳腳掌上的作用力給予運動員沿水平軸向前旋轉之角動量。此一轉動將使跳躍者無法正確著地:著地時,雙腳應該合併並朝前以一角度延伸,使腳後跟在沙上以最大距離留下記號。一旦滯空,因爲沒有外部扭矩作用於其上來改變角動量,所以角動量將無法改變(其爲保守量)。然而,跳躍者可藉著風車姿態(圖 11-18),擺動雙臂來轉移大部分角動量至雙臂。身體因而維持挺直並以正確的方位著地。

圖 11-18 在跳遠過程中,手臂的風車動作有助於讓身體在著陸時維持正確的方位。

4. **迴旋越步**

在迴旋越步的過程中,當芭蕾舞者保持一條腿垂直於身體(圖11-19a)之際,由地板以小幅度扭轉動作單腳跳高。其角速率如此微小而不易被觀眾察覺。當舞者上升時,他會放下向外伸展的腿並提起另一條腿,最後兩腿與身體呈角度 θ (圖11-19b)。此動作高雅,亦有助於增加轉動,其原因是將原先向外伸展的腿往內縮將減少舞者的轉動慣量。因爲無外部扭矩作用於滯空的舞者,角動量是不會改變的。因此,隨著轉動慣量減少,角速率將會增加。當跳躍動作完美地執行時,在將原本腳的方向反轉以便準備著陸之前,舞者看似

會突然開始快速旋轉並且轉動 180°。一旦單腿再次向外伸展，則轉動似乎又消失不見。

圖 11-19　(a)迴旋越步的初始階段：大的轉動慣量與小的角速率。(b)稍後的階段：較小的轉動慣量與較大的角速率。

測試站 7

一隻犀牛蜜蜂騎在小型圓盤的邊緣，圓盤轉動的方式像旋轉木馬。如果蜜蜂往圓盤中心爬動，則對蜜蜂－圓盤系統而言，下列各物理量(每一個都相對於中心軸來考慮)是增加、減少或保持不變：(a)轉動慣量，(b)角動量，及(c)角速度？

範例 11.5　角動量守恆，轉動車輪的示範

圖 11-20a 所示為一學生，再次坐在一個可繞垂直軸自由轉動的椅子上。此學生最初為靜止，手裡拿著一個車輪，輪緣裝載在鉛條裡，車輪繞其中心軸的轉動慣量 I_{wh} 為 1.2 kg·m^2(輪緣裝有鉛條是為了讓 I_{wh} 的值夠大)。此車輪以角速率 3.9 rev/s 轉動，當你俯瞰時，它是以逆時針方向轉動的。輪軸是垂直的，且輪子的角動量 $\vec{L}_{wh}$ 方向為垂直向上。此學生現在將車輪反轉(圖 11-20b)，使得俯瞰時它是順時針轉動的。其角動量便變成 $-\vec{L}_{wh}$。此反轉的結果使得學生、椅子、及車輪中心如同一整個剛體般，繞椅子的轉動軸轉動，其轉動慣量 $I_b = 6.8 \text{ kg·m}^2$(車輪也繞其中心軸轉動的此一事實並不影響整個剛體的質量分佈，因此無論車輪轉動與否，I_b 值均相同)。此組成物在車輪反轉後，轉動的角速率 ω_b 及方向為何？

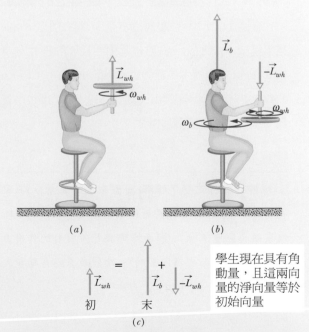

圖 11-20　(a)學生持車輪繞垂直軸轉動。(b)學生將輪倒翻，使本身轉動。(c)雖然車輪倒翻，此系統淨角動量保持相同。

學生現在具有角動量，且這兩向量的淨向量等於初始向量

關鍵概念

1. 我們要找的角速率 ω_b 可由 11-31 式($L = I\omega$)與組成物繞椅子轉動軸的末角動量 $\vec{L}_b$ 連繫起來。

2. 車輪的初角速率 ω_{wh} 與車輪繞其中心轉動的角動量 $\vec{L}_{wh}$ 間的關係式也是同一式。

3. $\vec{L}_b$ 及 $\vec{L}_{wh}$ 的向量相加即學生、椅子及車輪此一系統的總角動量 $\vec{L}_{tot}$。

4. 當車輪反轉時，無淨外力矩作用於該系統以改變繞任何垂直軸的 $\vec{L}_{tot}$(力矩來自當車輪反轉時，學生與車輪間的力，這是屬於系統的內力)。因此，系統的總角動量繞任何垂直軸均守恆，包括繞通過凳子的旋轉軸。

計算 $\vec{L}_{tot}$ 的守恆如圖 11-20c 中向量所表示。我們也可將它以沿垂直軸的分量寫成

$$L_{b,f} + L_{wh,f} = L_{b,i} + L_{wh,i} \qquad (11\text{-}35)$$

其中 i 及 f 分別表示初狀態(車輪反轉前)及末狀態(車輪反轉後)。因為反轉車輪會倒轉車輪轉動的角動量，我們以 $-L_{wh,i}$ 取代 $L_{wh,f}$。那麼，如果我們設定 $L_{b,i} = 0$(因為學生、椅子以及車輪的中心剛開始時是靜止的)，11-35 式變成

$$L_{b,f} = 2L_{wh,i}$$

由 11-31 式，將 $L_{b,f}$ 代以 $I_b\omega_b$、$L_{wh,i}$ 代以 $I_{wh}\omega_{wh}$，解 ω_b，得

$$\omega_b = \frac{2I_{wh}}{I_b}\omega_{wh}$$

$$= \frac{(2)(1.2\,\text{kg·m}^2)(3.9\,\text{rev/s})}{6.8\,\text{kg·m}^2} = 1.4\,\text{rev/s} \qquad (答)$$

結果為正值，這說明了在俯瞰時，學生是繞椅子的軸以逆時針轉動。如果此學生希望停止轉動，他只須再一次反轉車輪即可。

範例 11.6 角動量守恆，圓盤上的蟑螂

在圖 11-21 中，一隻蟑螂質量 m，騎在質量 $6.00m$ 且半徑 R 的圓盤上。圓盤繞其中心軸以角速率 $\omega_i = 1.50$ rad/s，如旋轉木馬般轉動。蟑螂初始位於半徑 $r = 0.800R$ 處，不過隨即爬出至圓盤邊緣。將蟑螂視為質點。那麼此時角速率為何？

關鍵概念

(1)蟑螂的爬行改變了蟑螂-圓盤系統的質量分佈(與其轉動慣量)。(2)由於並無外部扭矩改變該系統，所以系統角動量不會改變(由蟑螂爬行所引起的作用力與扭矩對系統而言為內部的)。剛體或質點角動量大小可以由式 11-31 求出($L = I\omega$)。

計算 所求為找出最終角速率。本題要點為將最終角動量 L_f 視作等於初始角動量 L_i，這是兩者皆涉及角速率的緣故。兩角動量亦涉及轉動慣量 I。因此，從找出爬行前後蟑螂與圓盤系統轉動慣量開始著手。

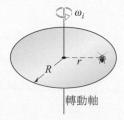

圖 11-21 蟑螂位於圓盤半徑 r 處，如旋轉木馬般轉動。

由表 10-2c 得繞中心軸轉動之圓盤轉動慣量為 $\frac{1}{2}MR^2$。以 $6.00m$ 取代質量 M，則圓盤具有轉動慣量：

$$I_d = 3.00mR^2 \qquad (11\text{-}36)$$

(雖然並未有 m 與 R 之數值，但是仍須憑藉物理學勇氣繼續進行)。

從式 10-33 我們知道，蟑螂(質點)的轉動慣量等於 mr^2。代入蟑螂的初始半徑($r = 0.800R$)與最終半徑($r = R$)，我們求出其繞著轉動軸的初始轉動慣量為

$$I_{ci} = 0.64mR^2 \qquad (11\text{-}37)$$

而繞著轉動軸的最終轉動慣量為

$$I_{cf} = mR^2 \qquad (11\text{-}38)$$

因此，蟑螂-圓盤系統一開始具有轉動慣量

$$I_i = I_d + I_{ci} = 3.64mR^2 \qquad (11\text{-}39)$$

而最後具有轉動慣量

$$I_f = I_d + I_{cf} = 4.00mR^2 \qquad (11\text{-}40)$$

其次，利用 11-31 式$(L = I\omega)$將系統最終角動量 L_f 等於系統初始角動量 L_i 之事實寫為：

$$I_f\omega_f = I_i\omega_i$$
$$4.00mR^2\omega_f = 3.64mR^2(1.50\,\text{rad/s})$$

抵銷未知數 m 與 R 後，即求出

$$\omega_f = 1.37\,\text{rad/s} \qquad (\text{答})$$

請注意角速率 ω 減少是因為部分質量從轉動軸朝外移動，而增加系統轉動慣量。

WILEY **PLUS** Additional example, video, and practice available at *WileyPLUS*

11-9 陀螺儀的進動

學習目標

在閱讀完這個區塊的文字之後，讀者應該能夠…

11.26 了解重力作用於一個自旋的陀螺儀時，會導致一個相對於垂直軸的自旋角動量向量（陀螺儀只所以為陀螺儀之特徵），這樣的運動稱為進動。

11.27 計算陀螺儀的進動率。

11.28 發現陀螺儀的進動率與陀螺儀的質量無關。

關鍵概念

● 旋轉中的陀螺儀會透過支撐點繞一垂直軸進動，進動率為

$$\Omega = \frac{Mgr}{I\omega}$$

其中 M 是陀螺儀的質量，r 為力臂，I 為轉動慣量，ω 為旋轉速率。

陀螺儀的進動

簡單的陀螺儀(gyroscope)內含固定在細桿上的轉輪而且轉輪可以相對於細桿軸自由旋轉。如果未自旋的陀螺儀細桿一端被放在如圖 11-22a 的支架上，並且將陀螺儀釋放，則陀螺儀將相對於支架的頂點往下轉動，然後掉落下來。既然掉落過程涉及轉動，則掉落過程受角量形式的牛頓第二定律所支配；利用 11-29 式，我們得到：

$$\vec{\tau} = \frac{d\vec{L}}{dt} \qquad (11\text{-}41)$$

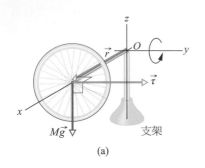

(a)

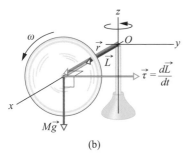

(b)

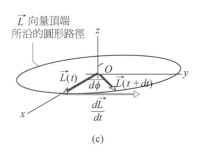

(c)

圖 11-22 (a)因為力矩 $\vec{\tau}$ 的作用，無自旋陀螺儀會在 xz 平面上產生轉動，然後掉落下來。(b)具有角動量 $\vec{L}$ 的快速自旋陀螺儀會繞著 z 軸進動。其進動的運動過程是發生在 xy 平面中。(c)角動量的變化 $d\vec{L}/dt$ 導致 $\vec{L}$ 繞著 O 旋轉。

這個方程式告訴我們，引起向下轉動(掉落)的力矩，會改變初始值為零的陀螺儀角動量 $\vec{L}$。力矩 $\vec{\tau}$ 起自重力 $M\vec{g}$ 作用在陀螺儀的質心，而此質心是位於轉輪的中心。相對於位在圖 11-22a 中的 O 點的支架頂點，力臂為 $\vec{r}$。$\vec{\tau}$ 的量值是

$$\tau = Mgr\sin 90° = Mgr \tag{11-42}$$

(因為介於 $M\vec{g}$ 和 $\vec{r}$ 之間的角度是 90°)，其方向如圖 11-22a 所示。

快速自旋的陀螺儀行為方式則完全不同。假設釋放陀螺儀的時候，細桿的角度稍微向上。它剛開始會稍微往下轉動，但是隨後在它仍然繞著自身細桿自旋的同時，它開始繞著通過支架點 O 的垂直軸水平轉動，這種運動情況稱為**進動**(precesseion)。

為何不會掉落下來？ 為什麼自旋的陀螺儀會停留在空中，而不是像未自旋的陀螺儀般掉落下來？解答這個問題的線索是，當自旋陀螺儀被釋放的時候，由 $M\vec{g}$ 引起的力矩要改變的已經不是初始值為零的角動量，而是某種已經存在、由自旋引起的非零角動量。

為了瞭解這個非零的初始角動量如何導致進動現象，我們首先考慮由自身的自旋所引起陀螺儀角動量 $\vec{L}$。為了簡化情況，我們假設自旋速率是如此快，以致於由進動所引起的角動量與 $\vec{L}$ 相比是可忽略的。我們也假設當進動開始的時候，細桿呈現水平狀態，如圖 11-22b 所示。$\vec{L}$ 的量值可以由 11-31 式求出：

$$L = I\omega \tag{11-43}$$

其中 I 是陀螺儀相對於其細桿的轉動慣量，而 ω 是轉輪相對於細桿的自旋角速度。向量 $\vec{L}$ 的方向與細桿平行，如圖 11-22b 所示。既然 $\vec{L}$ 平行於 $\vec{r}$，力矩 $\vec{\tau}$ 必然與 $\vec{L}$ 垂直。

根據 11-41 式，在遞增的時間間隔 dt 內，力矩 $\vec{\tau}$ 會導致陀螺儀角動量產生一個遞增量 $d\vec{L}$；換言之，

$$d\vec{L} = \vec{\tau}dt \tag{11-44}$$

然而對於快速自旋的陀螺儀，$\vec{L}$ 的量值被 11-43 式予以固定。因此力矩只能改變 $\vec{L}$ 的方向，無法改變其量值。

由 11-44 式我們瞭解，$d\vec{L}$ 的方向是在 $\vec{\tau}$ 的方向上，它與 $\vec{L}$ 垂直。唯一讓 $\vec{L}$ 能夠沿 $\vec{\tau}$ 方向被改變而 L 的量值卻不會受到影響的方法，是讓 $\vec{L}$ 繞著 z 軸旋轉如圖 11-22c 所示。$\vec{L}$ 維持它的量值，$\vec{L}$ 向量的方向循著圓形的路線，以及 $\vec{\tau}$ 一直相切於這條路線。既然 $\vec{L}$ 的方向總是與細桿方向平行，因此細桿必須遵循 $\vec{\tau}$ 的方向繞著 z 軸旋轉。結果我們推論得到進動現象。因為自旋的陀螺儀在讓初始角動量有所改變的時候，必須遵守

牛頓定律的角量形式，所以它必須進動而不是從支架頂點倒下來。

進動。經由使用 11-44 式和 11-42 式求得 $d\vec{L}$ 的量值後，我們可以進一步求出**進動率**(precession rate) Ω：

$$dL = \tau\, dt = Mgr\, dt \tag{11-45}$$

當 $\vec{L}$ 在遞增的時間間隔 dt 內增加了一個遞增量，細桿和 $\vec{L}$ 將繞著 z 軸掃過遞增的角度量 $d\phi$（圖 11-22c 中，爲清楚起見而放大角 $d\phi$）。藉著 11-43 式和 11-45 式的幫助，我們推論得到以下的 $d\phi$ 數學式

$$d\phi = \frac{dL}{L} = \frac{Mgr\, dt}{I\omega}$$

將這個數學式除以 dt，並且令進動率 $\Omega = d\phi/dt$，我們得到

$$\Omega = \frac{Mgr}{I\omega} \quad \text{（進動率）} \tag{11-46}$$

上述結果只針對自旋速率 ω 值很大的情況下才有效。請注意，當 ω 增加的時候，Ω 會減少。也請注意到，如果重力 $M\vec{g}$ 沒有作用在陀螺儀上，就不會有進動，但是因爲 I 是 M 的函數，所以 11-46 式中的質量將銷掉；因此 Ω 與質量無關。

如果自旋陀螺儀的細桿與水平面有一個夾角，則 11-46 式依然成立。對普通的自旋陀螺而言，基本上可被視爲一種與水平面呈現一個夾角的自旋陀螺儀，故 11-46 式也適用。

重 點 回 顧

滾動的物體 半徑 R 的車輪平穩地滾動時，

$$v_{\text{com}} = \omega R \quad \text{（平穩地滾動運動）} \tag{11-2}$$

其中 v_{com} 爲輪中心的線速率，ω 爲車輪繞其中心的角速率。車輪的瞬間轉動是相對於與車輪接觸地面上的 P 點。車輪相對於此點的角速率與繞其中心的角速率相同。滾動的輪子具有動能。

$$K = \frac{1}{2} I_{\text{com}} \omega^2 + \frac{1}{2} M v_{\text{com}}^2 \tag{11-5}$$

其中 I_{com} 爲輪子繞其中心的轉動慣量，M 爲其質量。若車輪加速中但仍是平穩地滾動，則質心加速度 $\vec{a}_{\text{com}}$ 與繞其中心的角加速度 α 之關係爲

$$a_{\text{com}} = \alpha R \tag{11-6}$$

若車輪平穩地滾下角度 θ 的斜坡，則其加速度在沿著上斜坡方向的 x 軸爲

$$a_{\text{com},x} = -\frac{g\sin\theta}{1 + I_{\text{com}}/MR^2} \tag{11-10}$$

力矩爲向量 在三維空間，力矩 $\vec{\tau}$ 是一個相對某固定點（通常是原點）定義的向量，即

$$\vec{\tau} = \vec{r} \times \vec{F} \tag{11-14}$$

其中 $\vec{F}$ 爲作用於一質點的力，$\vec{r}$ 爲該質點相對於固定點（或原點）的位置向量。$\vec{\tau}$ 的大小則爲

$$\tau = rF\sin\phi = rF_\perp = r_\perp F \quad (11\text{-}15, 11\text{-}16, 11\text{-}17)$$

其中，ϕ 爲 $\vec{F}$ 與 $\vec{r}$ 間的夾角，$F_\perp$ 爲 $\vec{F}$ 垂直於 $\vec{r}$ 的分量，$r_\perp$ 爲 $\vec{F}$ 的力臂。$\vec{\tau}$ 的方向可由外積的右手定則得出。

質點的角動量 具有線動量 $\vec{l}$，質量 m，及線速度 $\vec{p}$ 的質點之角動量 $\vec{v}$ 爲相對一固定點（通常是原點）定義的向量，即

$$\vec{\ell} = \vec{r} \times \vec{p} = m(\vec{r} \times \vec{v}) \qquad (11\text{-}18)$$

$\vec{\ell}$ 的大小則爲

$$\ell = rmv\sin\phi \qquad (11\text{-}19)$$

$$= rp_\perp = rmv_\perp \qquad (11\text{-}20)$$

$$= r_\perp p = r_\perp mv \qquad (11\text{-}21)$$

其中，ϕ 爲 $\vec{r}$ 與 $\vec{p}$ 間的夾角，$p_\perp$ 及 $v_\perp$ 爲 $\vec{p}$ 及 $\vec{v}$ 垂直於 $\vec{r}$ 的分量，而 $r_\perp$ 爲固定點及 $\vec{p}$ 延伸線間的垂直距離。$\vec{\ell}$ 的方向可由外積的右手定則得出。

牛頓第二定律的角形式 一質點的牛頓第二定律之角量形式爲

$$\vec{\tau}_{\text{net}} = \frac{d\vec{\ell}}{dt} \qquad (11\text{-}23)$$

其中 $\vec{\tau}_{\text{net}}$ 爲作用於質點的淨力矩，$\vec{\ell}$ 爲該質點的角動量。

質點系統的角動量 一質點系統的角動量即個別質點的角動量之向量和：

$$\vec{L} = \vec{\ell}_1 + \vec{\ell}_2 + \vec{\ell}_3 + \cdots + \vec{\ell}_n = \sum_{i=1}^{n} \vec{\ell}_i \qquad (11\text{-}26)$$

此角動量的時變率即等於作用於系統的淨外力矩(系統外質點與系統內質點交互作用所產生之力矩的向量和)：

$$\vec{\tau}_{\text{net}} = \frac{d\vec{L}}{dt} \quad (質點系統) \qquad (11\text{-}29)$$

剛體的角動量 對繞固定軸轉動的剛體而言，其角動量在平行轉動軸方向的分量爲

$$L = I\omega \quad (剛體，固定軸) \qquad (11\text{-}31)$$

角動量守恆 若無淨外力矩作用於系統，則其角動量保持爲常數：

$$\vec{L} = 常數 \quad (孤立系統) \qquad (11\text{-}32)$$

$$\vec{L}_i = \vec{L}_f \quad (孤立系統) \qquad (11\text{-}33)$$

此即**角動量守恆定律**。

陀螺儀的進動 旋轉中的陀螺儀會透過支撐點繞一垂直軸進動，進動率爲

$$\Omega = \frac{Mgr}{I\omega} \qquad (11\text{-}46)$$

其中 M 是陀螺儀的質量，r 爲力臂，I 爲轉動慣量，ω 爲旋轉速率。

討論題

1 某一個質量 10.0 kg、半徑 0.400 m 的均勻輪子，被緊緊地安裝在通過其中央的軸上(圖 11-23)。中央軸的半徑是 0.300 m，輪子-軸的組合相對於中心軸的轉動慣量是 0.600 kg·m^2。輪子起初是靜止於與水平線成 $\theta = 30.0°$ 角的傾斜面頂端；輪子會伸入位於傾斜面的溝槽中，而不會碰觸到傾斜面，而軸則是擺置在傾斜面上。一旦予以釋放，軸將沿著傾斜面平穩往下滾動，而不會有滑動的情形。當輪子-軸的組合沿著傾斜面往下滾動了 2.00 m 的時候，請問其：(a)轉動動能和(b)平移動能各是多少？

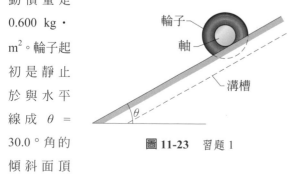

圖 11-23 習題 1

2 一溜溜球的轉動慣量爲 1250 g·cm^2，質量爲 120 g。它的軸半徑是 3.2 mm，且繩的長度是 120 cm 長。溜溜球從靜止開始向下滾到繩的末端。(a)它的加速度爲何？(b)到繩末端需時多久？到繩末端時，它的(c)線速度，(d)平移動能，(e)轉動動能，(f)角速率各爲何？

3 一溜溜球(質量 120 g，轉動慣量 950 g·cm²，軸半徑 3.2 mm)以 1.3 m/s 的初始速度沿長度為 120 cm 的繩子從靜止拋下。(a)溜溜球要花多長時間才能到達繩的盡頭？當它到達繩的末端時，其(b)總動能；(c)線速度；(d)轉換動能；(e)角速度和(f)旋轉動能是什麼？

4 一個外型像書的花崗石塊的正面尺寸是 20 cm 和 15 cm，其厚度為 1.2 cm。花崗石的密度(每單位體積的質量)是 2.64 g/cm³。石塊繞著與其正面垂直的旋轉軸轉動，而且此旋轉軸通過其正面中心點和頂點之間的中點。已知它相對於該轉軸的角動量是 0.249 kg·m²/s。請問它相對於該轉軸的轉動動能是多少？

5 在圖 11-24 中，某一個 0.400 kg 的球以初始速率 40.0 m/s 筆直往上發射。請問當球：(a)位於最大高度以及(b)落回到一半高的時候，相對於與發射地點相距 6.30 m 水平距離的點 P，其角動量為何？試問當球：(c)位於最大高度和(d)回落至一半高的時候，由重力所引起、作用於球上而且相對於點 P 的力矩為何？

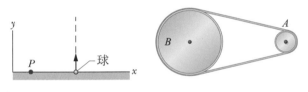

圖 11-24 習題 5　　**圖 11-25** 習題 8

6 在某一個粒子移動經過 xyz 座標系統的同時，有一個力量作用於此粒子上。當粒子的位置向量是 $\vec{r} = (2.00\text{m})\hat{i} - (3.00\text{m})\hat{j} + (2.00\text{m})\hat{k}$ 的時候，此力量是 $\vec{F} = F_x\hat{i} + (7.00\text{N})\hat{j} - (6.00\text{N})\hat{k}$ 且相對於原點所產生的力矩為 $\vec{\tau} = (4.00\text{N}\cdot\text{m})\hat{i} - (2.00\text{N}\cdot\text{m})\hat{j} - (7.00\text{N}\cdot\text{m})\hat{k}$。試求 F_x。

7 於 $t = 0$，一個 8.1 kg 質點具有速度 $\vec{v} = (5.0\text{m/s})\hat{i} - (6.0\text{m/s})\hat{j}$，且位在 $x = 3.0$ m 及 $y = 8.0$ m。它受到沿負 x 方向 7.0 N 的力作用。(a)該質點相對於原點的角動量為何？(b)該質點相對於原點所受的力矩為何？(c)該質點之角動量變化率為何？

8 在圖 11-25 中的輪子 A 和 B 以不會滑動的皮帶連結在一起。B 的半徑是 A 半徑的 4.00 倍。如果兩個輪子：(a)相對於它們的中央軸的角動量相等，以及(b)

具有相同轉動動能，請問轉動慣量的比值 I_A/I_B 是多少？

9 如圖 11-26 所示，一水平力 $\vec{F}_{\text{app}}$ 大小為 10 N 施於一質量為 10 kg，半徑 0.30 m 之輪子上。此輪平穩地壓水平面上滾動，且質心之加速度為 0.90 m/s²。(a)作用在輪上之摩擦力大小及方向為何？(b)此輪相對於通過其質心且垂直於輪面之軸的轉動慣量為何？

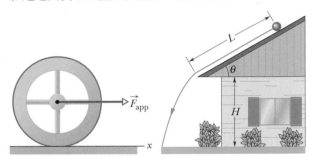

圖 11-26 習題 9　　**圖 11-27** 習題 11

10 一個均勻桿子在水平面上繞著通過其一個端點的垂直軸轉動。桿子長 4.00 m，重 10.0 N，而且以角速率 240 rev/min 轉動。請計算：(a)其相對於旋轉軸的轉動慣量，以及(b)其相對於該轉軸的角動量大小。

11 一半徑為 15 cm，質量為 21 kg 之實心圓柱，由靜止沿一傾斜角為 $\theta = 30°$ 的屋頂滾下的距離 $L = 6.0$ m，無滑動(見圖 11-27)。(a)離開屋頂時，圓柱繞其中心之角速率為何？(b)若房子屋頂外緣離地高約 $H = 5.0$ m。圓柱到達地面處距屋頂邊緣多遠？

12 一輪胎直徑為 75.0 cm 的汽車以 105.0 km/h 速率前進。(a)輪胎繞軸的角速率為何？(b)此汽車在輪胎歷經 30.0 轉後(無滑動)停止，輪胎之角加速度為何？(c)在此剎車期間，車子走多遠？

13 在圖 11-28 所描述的瞬間，有兩個質點在 xy 平面上移動。粒子 P_1 具有質量 4.2 kg 而且 v_1 = 2.2 m/s，它與點 O 的

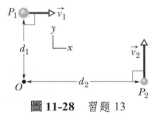

圖 11-28 習題 13

距離 $d_1 = 1.5$ m。質點 P_2 具有質量 3.1 kg 而且 $v_2 = 3.6$ m/s，它與點 O 的距離 $d_2 = 2.8$ m。試問相對於 O，兩個質點的淨角動量的(a)量值和(b)方向為何？

14 一個薄管壁的管子沿著地板滾動。試問其平移動能，與相對於其中央軸的轉動動能的比值是多少？上述所指中央軸與管子的長平行。

15 某一個 121 kg 的圓箍沿著水平地板滾動，使得圓箍質心的速率為 0.0850 m/s。試問要讓圓箍停止必須做多少功？

16 一質點受到相對於原點的兩個力矩之作用：$\vec{\tau}_1$，大小為 3.8 N·m、向正 x 值之方向；$\vec{\tau}_2$，大小為 4.6 N·m、向 y 負值之方向。試求 $d\vec{\ell}/dt$ 並以單位向量標示法作答。其中，$\vec{\ell}$ 為質點的角動量。

17 力施於座標為(0, –4.0 m, 3.0 m)處的質點上。假設此力為：(a) $\vec{F}_1$ 分量為 $F_{1x} = 4.0$ N 和 $F_{1y} = F_{1z} = 0$，及 (b) $\vec{F}_2$ 分量為 $F_{2x} = 0$，$F_{2y} = 3.0$ N 和 $F_{2z} = 5.0$ N，則各力產生作用於質點相對於原點之力矩為何？請以單位向量標記法作答。

18 一圓盤狀水平臺，在無摩擦的軸承上，繞通過盤中心之垂直軸轉動。此臺質量為 150 kg，半徑為 2.0 m，對轉動軸之轉動慣量為 300 kg·m²。一 60 kg 的學生由臺邊緣慢慢走向中心處。若學生在臺邊緣時，系統的角速率 0.85 rad/s，則她在離中心 0.30 m 處之角速率為何？

19 一均勻球如圖 11-29 所示，由軌道頂靜止起動，平穩地滾至右端後飛離。若 $H = 7.0$ m，$h = 3.0$ m。軌道右端為水平，求該球落至地面處離 A 多遠？

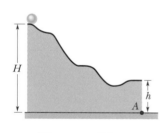

圖 11-29 習題 19

20 某一個陀螺以 38 rev/s 繞著與垂直線成 30°的軸轉動。陀螺的質量是 0.41 kg，它相對於中央軸的轉動慣量是 5.0×10^{-4} kg·m²，而且其質心與軸心點相距 4.0 cm。如果從俯視角度觀看，陀螺呈順時針轉動，試問從俯視角度觀看，陀螺的：(a)進動率和(b)進動的方向為何？

21 圖 11-30 針對一個質量 0.500 kg、半徑 9.00 cm 並且沿著 30° 斜坡往下平穩滾動的物體，提供了其速率 v 相對於時間 t 的曲線圖形。垂直軸的尺標可以用 $v_s = 4.0$ m/s 予以設定。試問此物體的轉動慣量為何？

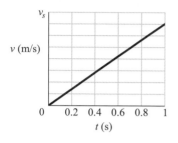

圖 11-30 習題 21

22 在圖 11-31 中，一個 20 kg 的小孩站在半徑 2.0 m 的靜止旋轉木馬邊緣。此旋轉木馬繞其轉動軸的轉動慣量為 150 kg·m²。小孩接住了由朋友扔來，重 1.0 kg 的球。球在被接住前，具有 12 m/s 的水平 $\vec{v}$ 速度，該速度與旋轉木馬邊緣的切線夾一個 $\phi = 37°$角，如圖 11-31 所示。在球剛被接到後，旋轉木馬之角速率為何？

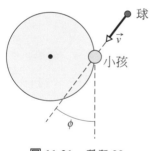

圖 11-31 習題 22

23 有一唱片，質量為 0.10 kg，半徑為 0.10 m，繞通過其中心的垂直軸以 4.7 rad/s 之角速率轉動。其對轉動軸之轉動慣量為 5.0×10^{-4} kg·m²。一質量為 0.036 kg 的油灰塊由上面垂直落下並黏在唱片邊緣。此時，唱片的角速率為何？

24 在遊戲場中，有一個半徑 1.20 m、質量 200 kg 的小型旋轉木馬。其迴轉半徑(請參看第十章習題 22)是 91.0 cm。一個質量 44.0 kg 的小孩以速率 3.00 m/s，沿著一條與旋轉木馬邊緣相切的路徑跑步，然後跳到旋轉木馬上，已知旋轉木馬起初為靜止狀態。忽略旋轉木馬的軸承和軸之間的摩擦力。請計算：(a)旋轉木馬相對於其轉軸的轉動慣量，(b)奔跑的小孩相對於旋

轉木馬轉軸的角動量量值，以及(c)在小孩跳到旋轉木馬以後，旋轉木馬和小孩的角速率。

25　某一轉輪正以角速率 900 rev/min 在其軸上自由轉動，而且軸的轉動慣量可以忽略。另有一起初呈靜止狀態的第二個轉輪，其轉動慣量是第一個的兩倍，突然將之連結到相同的軸上之後。(a)試問所產生的軸和兩個轉輪的構造，具有多大的角速率？(b)原先的轉動動能有多少比例損失掉？

26　一個質量 3.00 kg、以速度 $(-3.00\text{m}/\text{s})\hat{j}$ 水平越過地板的質點，與質量 4.00 kg、以速度 $(4.50\text{m}/\text{s})\hat{i}$ 水平越過地板的質點進行完全非彈性碰撞。碰撞發生的位置是在 xy 座標$(-0.500 \text{ m}, -0.100 \text{ m})$。試問在碰撞發生以後，黏著在一起的質點相對於原點的角動量是多少？請以單位向量標示法作答。

27　一個半徑 0.15 m 的中空球體，相對於通過其質心的直線的轉動慣量是 $I = 0.040 \text{ kg} \cdot \text{m}^2$，它沿著與水平線成 30°的傾斜面，無滑動地往上滾動。在某特定初始位置，球體的總動能是 34 J。(a)請問在這個總動能中有多少是轉動動能？(b)請問在初始位置上，球體質心的速率是多少？當球體從初始位置沿著斜面往上移動 1.0 m，請問：(c)其總動能和(d)質心速率各是多少？

28　兩個質量都是 2.90×10^{-4} kg、速率均為 3.03 m/s 的質點，沿著間隔距離 4.20 cm 的兩條平行線在相反方向上行進。(a)請問此雙質點系統繞著兩條平行線之間的中點的角動量量值 L 是多少？(b)如果此系統所繞轉的點不是兩條平行線之間的中點，試問 L 值會改變嗎？如果將其中一個質點的行進方向倒轉，則(c)在(a)小題中的答案會改變嗎？以及(d)在(b)小題中的答案會改變嗎？

29　一質點要在 xy 平面上移動，而且從 z 軸的正座標這一邊來看，該質點是順時針方向繞著原點移動。如果該質點相對於原點的角動量量值是：(a) 6.5 kg·m²/s，(b) $6.5 \ t^2$ kg·m²/s，(c) $6.5\sqrt{t}$ kg·m²/s，(d) $6.5/t^2$ kg·m²/s，請問作用於質點的力矩為何？試以單位向量表示之。

30　質量 M 之女孩立於未移動而且半徑 R 轉動慣量 I 的旋轉木馬邊緣。她以相切於旋轉木馬外緣方向，水平扔出質量 m 的石頭。石頭速率相對於地面為 v。其後，(a)旋轉木馬角速率與(b)女孩的線性速率為何？

31　圖 11-32 所描述的瞬間，某一2.0 kg質點 P 的位置向量 $\vec{r}$ 具有量值 2.0 m 和角度 $\theta_1 = 45°$，其速度向量 $\vec{v}$ 具有量值 4.0 m/s 和角度 $\theta_2 = 30°$。有一量值 2.0 N、角度 $\theta_3 = 30°$的力 $\vec{F}$ 作用於 P。所有三個向量都位於 xy

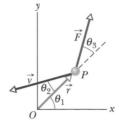

圖 11-32　習題 31

平面。相對於原點，求質點 P 的角動量：(a)量值，(b)方向為何？作用於 P 的力矩：(c)量值，(d)方向為何？

32　力量 $\vec{F} = (2.0\text{N})\hat{i} - (6.0\text{N})\hat{k}$ 作用在座標向量為 $\vec{r} = (0.50\text{m})\hat{j} - (2.0\text{m})\hat{k}$ 的小石頭上。請問所產生作用在小石頭上的力矩，相對於：(a)原點，(b)點(2.0 m, 0, -3.0 m)，其值為何？請以單位向量標記法作答。

33　在某一個瞬間，力 $\vec{F} = 4.0\hat{j}$ N 作用於 0.25 kg 物體上，此時物體的位置向量為 $\vec{r} = (2.0\hat{i} - 2.0\hat{k})$ m 且速度向量為 $\vec{v} = (-5.0\hat{i} + 8.0\hat{k})$ m/s。相對於原點，請問：(a)物體的角動量和(b)作用於物體的力矩為何？請以單位向量標記法表示之。

34　一個重 36.0 N 的實心球體沿著角度為 30.0°的斜面往上滾動。在斜面底部，球體質心具有平移速率 5.80 m/s。(a)請問在斜面底部的球體動能是多少？(b)球體可以沿著斜面往上行進多遠的距離？(c)在(b)小題中的答案與質量有關嗎？

35　一沙粒在座標(3.0 m, -2.0 m, 4.0 m)，假設施於沙粒的力為：(a) $\vec{F}_1 = (3.0\text{N})\hat{i} - (4.0\text{N})\hat{j} + (5.0\text{N})\hat{k}$，(b) $\vec{F}_2 = (-3.0\text{N})\hat{i} - (4.0\text{N})\hat{j} - (5.0\text{N})\hat{k}$，(c) $\vec{F}_1$ 與 $\vec{F}_2$ 的合力；則施於沙粒相對於原點之力矩各為何？(d)將座標改為(3.0 m, 2.0 m, 4.0 m)之點取代原點，重覆(c)小題求力矩。請以單位向量標記法作答。

36　半徑爲 0.250 m 的車輪最初以 33.0 m/s 的速度運動，滾動到 225 m 處停止。計算其(a)線加速度和(b)角加速度的大小。(c)繞中心軸的轉動慣量爲 0.155 kg·m²，求出車輪摩擦產生的繞中心軸的力矩大小。

37　力 $\vec{F} = (-8.0\text{N})\hat{i} + (4.0\text{N})\hat{j}$ 施於質點，其位置向量爲 $\vec{r} = (3.0\text{m})\hat{i} + (4.0\text{m})\hat{j}$。求：(a)作用於質點相對於原點之力矩，請以單位向量標記法表示之；(b) $\vec{r}$ 與 $\vec{F}$ 的夾角。

38　某一個輪子以角動量 600 kg·m²/s，繞其中央軸順時針轉動。在時間 $t = 0$，爲了阻滯其轉動，有一個量值 60 N·m 的力矩施加在輪子上。請問在什麼時間 t，其角速率將爲零？

39　某一隻質量 0.25 kg 的德州蟑螂逆時針繞著圓轉盤(一種安裝在垂直軸上的圓盤)跑動，圓轉盤具有半徑 15 cm，轉動慣量 5.0×10^{-3} kg·m²，而且其軸承是無摩擦力的。蟑螂的速率(相對於地面)是 2.0 m/s，圓轉盤是以角速度 $\omega_0 = 2.8$ rad/s 順時針轉動。蟑螂在邊緣上發現一片麵包屑，並且停下來。(a)請問在蟑螂停下來以後，圓轉盤的角速率爲何？(b)在蟑螂停下來的過程，力學能有守恆嗎？

40　打磨圓盤的轉動慣量爲 2.4×10^{-3} kg·m² 裝於電鑽上，此電鑽的馬達輸送 16 N·m 之力矩。求：(a)角動量及(b)馬達起動 33 ms 後圓盤之角速率爲何？

41　一均勻圓盤質量 10 m，半徑 3.0r 可繞中心軸自由旋轉。另一較小之均勻圓盤質量 m，半徑 r 置於其上且同心。最初兩者同以角速率 30 rad/s 旋轉。後因一很小的擾動使小盤在大盤上向外滑動，直到小盤邊緣與大盤邊緣相接觸。之後兩者又再度一起旋轉(無相對滑動)。(a)則相對於大盤中心軸之角速率變爲何？(b)末動能與系統原本的動能比值 K/K_0 爲何？

42　一個像旋轉木馬般轉動的圓盤具有轉動慣量 14.0 kg·m²，與此同時有一個力矩 $\tau = (5.00 + 2.00t)$ N·m 作用在其上。在時間 $t = 1.00$ s 時，圓盤角動量爲 5.00 kg·m²/s。在 $t = 3.00$ s 時，其角動量爲何？

43　一人站於臺上，此臺以 1.5 rev/s 之角速率無摩擦地轉動，他兩臂伸直並各持一重物。此時人、重物與臺之組合系統的轉動慣量是 8.0 kg·m²。將手臂收回後，轉動慣量減至 2.0 kg·m²，(a)此臺之末角速率爲何及(b)末動能與初動能之比率爲何？(c)由誰提供此新增加之動能？

44　在圖 11-33 中，一個量值 18 N 的固定水平力 $\vec{F}_{\text{app}}$，經由纏繞在均勻實心圓柱的釣魚線施加在圓柱上。圓柱的質量是 10 kg，半徑是 0.10 m，而且圓柱在水平表面上平穩滾動。(a)請問圓柱質量中心的加速度量值是多少？(b)圓柱相對於質量中心的角加速度量值是多少？(c)試問作用在圓柱的摩擦力爲何，請以單位向量標記法表示之。

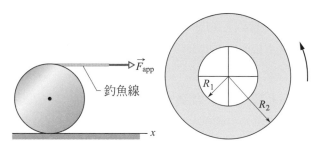

圖 11-33　習題 44　　　　**圖 11-34**　習題 46

45　電動馬達之轉子對中央軸的轉動慣量爲 $I_m = 3.0 \times 10^{-3}$ kg·m²。轉子裝設在太空探測器上，用以改變其方位。轉子軸沿探測器之中心軸裝設；探測器對中心軸的轉動慣量爲 $I_p = 12$ kg·m²。試求使探測器繞中心軸轉 30 度時，轉子所需的轉數。

46　圖 11-34 顯示了一個圓環的俯視圖，圓環像旋轉木馬般繞著其中心軸轉動。其外半徑 R_2 是 0.800 m，內半徑 R_1 是 $R_2/2.00$，質量 M 是 8.00 kg，而且在其中央的十字形構造之質量可以忽略。圓環起初以角速率 9.00 rad/s 轉動，而且此時有一隻質量 $m = M/4.00$ 的貓位於外部邊緣上，此處是半徑爲 R_2 的位置。如果貓爬到內部邊緣、半徑爲 R_1 的位置，請問這隻貓使貓-圓環系統的動能增加多少？

47 相對其中心軸具有轉動慣量為 0.333 kg·m² 的飛輪，其角動量在 1.50 s 內由 3.00 kg·m²/s 減至 0.800 kg·m²/s。(a)在此期間，作用於飛輪之平均力矩為何？(b)假設為等角加速度運動，飛輪在此期間所轉之角度為何？(c)施於輪的功為若干？(d)飛輪之平均功率為何？

48 兩圓盤裝在同一軸及摩擦很小的軸承上，可使兩盤連結成一單位而轉動。第一圓盤的轉動慣量為 3.30 kg·m²，具有 450 rev/min 之自轉角速率。第二圓盤的轉動慣量 6.60 kg·m²，具有 900 rev/min 之自轉角速率。兩盤方向同為逆時針。然後兩盤連結在一起。(a)此時的角速率為何？假設第二圓盤的自轉角速率改為 800 rev/min 順時針方向，則兩盤連結後的：(b)角速率為何？(c)轉動方向為何？

49 圖 11-35 所示為作用於起初呈靜止狀態的圓盤的力矩 τ，這個圓盤可以像旋轉木馬般繞著其中心轉動。τ 軸的尺標可以用 $\tau_s = 8.0$ N·m 予以設定。試問在時間：(a) $t = 7.0$ s 和(b) $t = 20$ s 的時候，圓盤相對於其轉軸的角動量為何？

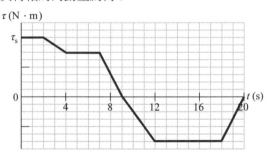

圖 11-35　習題 49

50 某一個均勻實心球沿著地板滾動，然後沿著傾斜角 22.0° 的斜坡往上繼續滾動。當球沿著斜坡滾動刻 2.10 m 的時候停住了。試問球的初始速率是多少？

51 一個半徑 R、質量 m 的物體以速率 v 在水平表面上平穩滾動。然後它滾上一個山岡的最大高度是 h。(a)如果 $h = 3v^2/4g$，請問物體相對於通過其質量中心的轉軸的轉動慣量是多少？(b)這個物體可能是什麼？

52 在圖 11-36 中，某一個實心、均勻小球要從點 P 發射，使得球能夠沿著水平路徑平穩滾動，然後沿著斜坡往上滾動，最後抵達平頂部分。然後它水平離開了平頂部分，著陸於遊戲台上，其著陸地點與平頂右方邊緣相距 d 距離。已知垂直高度 $h_1 = 5.00$ cm，而且 $h_2 = 1.60$ cm。如果要讓球著陸於 $d = 8.00$ cm 的位置，試問球從點 P 發射時的速率必須是多少？

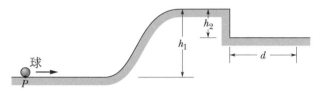

圖 11-36　習題 52

53 一個 7.5 kg 玩具車沿著 x 軸以速度 $\vec{v} = -2.0t^3\hat{i}$ m/s 移動，其中 t 的單位是秒。當 $t > 0$，請問相對於原點，(a)汽車的角動量 $\vec{L}$ 和(b)作用在汽車的力矩 $\vec{\tau}$ 各為何？相對於點(2.0 m, 5.0 m, 0)，(c)$\vec{L}$；(d)$\vec{\tau}$ 為何？相對於點(2.0 m, −5.0 m, 0)，汽車的(e)$\vec{L}$ 和(f)$\vec{\tau}$ 是多少？

54 在圖 11-37 中，當某一個質量 0.340 g 的實心黃銅球，從靜止沿著直線軌道部分釋放的時候，它將沿著圖形翻轉軌道平穩滾動。圓形軌道的半徑 $R = 21.0$ cm，而且球的半徑 $r \ll R$。(a)如果在球抵達圓形軌道頂端的時候，球將處於瀕臨離開軌道的邊緣，請問 h 是多少？如果球在 $h = 6.00R$ 高度處釋放，試問在點 Q 處作用在球上的水平分量力的：(b)大小和(c)方向為何？

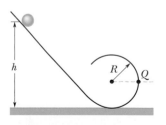

圖 11-37　習題 54

55 不均勻的球。圖 11-38 中，某一質量 M、半徑 R 的球，從靜止沿著斜坡往下平順滾動，然後滾到一個半徑 0.48 m 的圓形彎道上。球所在的初始高度 $h =$ 0.34 m。在圓形彎道的底部，作用在球上的正向力量值是 2.00 Mg。球是由外部球殼(特定均勻密度)黏著於中央球體(不同的均勻密度)所組成。物體的轉動慣量可以表示成一般形式 $I = \beta MR^2$，但是 β 並不是像均勻密度圓柱體所具有的 0.4。試求 β。

圖 11-38　習題 55

56 在時間 t 的時候，一 5.4 kg 質點相對於 xy 座標系統原點的位置向量是 $\vec{r} = 4.0t^2\hat{\mathbf{i}} - (2.0t + 6.0t^2)\hat{\mathbf{j}}$ ($\vec{r}$ 的單位是公尺，t 的單位是秒)。(a)試求相對於原點、作用於該質點的力矩的數學表示式。(b)粒子相對於原點的角動量量值會增加、減少或維持不變？

57 於圖 11-39，質量 $m = 31$ g 的質點被綁在三根長 d = 15 cm 且質量可忽略不計的棒子上。這個剛體組合體以角速度 $\omega = 0.85$ rad/s 繞著點 O 轉動。以 m、d 及 ω 表示，且相對於 O，問：(a)此組合的轉動慣量，(b)中間質點的角動量，及(c)三個質點的總角動量各為何？

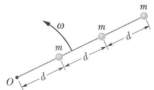

圖 11-39　習題 57

58 圖 11-40 所示為一剛體結構，由一質量 m，半徑 R 的圓環，及一個由四根長度 R 且質量 m 之細桿形成的方形所組成。此剛體結構以等速率繞一固定軸轉動，轉動周期為 7.6 s。設 $R = 0.50$ m 且 $m = 2.0$ kg，試計算：(a)此結構繞轉動軸之轉動慣量及(b)其繞該軸之角動量。

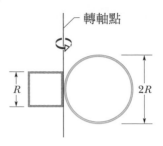

圖 11-40　習題 58

59 一塌縮的自轉星球之轉動慣量變為初值的 85%。新的轉動動能與初轉動動能之比率為何？

60 有一隻質量為 m 之蟑螂，在質量為 4.00 m 之均勻圓盤邊緣，此盤可繞圓心自由轉動。最初蟑螂與圓盤同時以角速度 0.345 rad/s 旋轉。然後蟑螂走至圓心與邊緣之中點。則：(a)此系統之角速率為何？(b)系統之新動能與初動能之比值 K/K_0 為何？(c)動能變化因何而來？

CHAPTER 12

平衡與彈性

12-1 平衡

學習目標

在閱讀完這個區塊的文字之後，讀者應該能夠…

12.01 區分平衡與靜態平衡之間的差別。

12.02 指認靜態平衡的四個條件。

12.03 解釋何謂重心和它與質心之間的關係。

12.04 在某一情況下的粒子系統，計算重心座標和質心座標。

關鍵概念

● 一靜止剛體稱為處於靜態平衡。對此物體而言，施於它的外力之向量和為零：

$$\vec{F}_{net} = 0 \quad (\text{力的平衡})$$

若所有力均在xy平面，此式即相當於二個分量方程式：

$$F_{net,x} = 0 \ \text{及} \ F_{net,y} = 0 \quad (\text{力的平衡})$$

● 靜態平衡亦暗示著，施於物體相對於任何點之外力矩的向量和為零，亦即

$$\vec{\tau}_{net} = 0 \quad (\text{力矩平衡})$$

若力在xy平面上，則所有力矩皆平行於z軸，力矩平衡公式將可簡化為單一分量之方程式

$$\tau_{net,z} = 0 \quad (\text{力矩的平衡})$$

● 重力作用於組成物體之個別原子上。個別作用力加總之淨效應，可藉由想像成一總重力$\vec{F}_g$施於重心而求得。若物體上原子所在位置的重力加速度g值都相同，則重心即為質心。

物理學是什麼?

人們在建造建築物時，會希望即使在外力作用下，建築物仍能保持穩定。舉例來說，在重力和風力的作用下，一棟建築仍應保持穩定；或是一座受重力下拉、且有汽車和卡車持續在其上撼動的橋，也應該要能保持穩定。

物理學所關注的一個焦點是，什麼因素讓一個物體在受到外力作用下，仍能保持穩定。在這一章中我們將探討關於穩定性的兩個主要性質：作用在剛性物體的諸力量和諸力矩的平衡，以及非剛性物體的彈性，後者是支配非剛性物體如何形變的特性。這種物理學若能利用得當，就能在物理學和工程學期刊中貢獻無數篇文章；若是用得不對，則會成為報紙和法律期刊中眾多文章的主題。

圖 12-1 達到平衡的岩石塊。雖然其座落樣子似乎岌岌可危,但岩石塊是處於靜平衡。

攝影者:Kanwarjit Singh Boparai

取材網站:shutterstock

平衡

考慮這些物體:(1)靜置於桌上的書,(2)等速滑過無摩擦表面的曲棍球圓盤,(3)在天花板上轉動中的電扇葉片,(4)沿直線路徑等速行駛中的自行車車輪。上述四物體皆具有如下特性:

1. 質心之線動量 $\vec{P}$ 為常數。
2. 繞質心或其他任何點的角動量 $\vec{L}$ 亦為常數。

我們稱這些物體是處於**平衡**。即平衡的兩個條件為

$$\vec{P} = 常數,且 \vec{L} = 常數 \qquad (12\text{-}1)$$

本章我們所關心的,事實上是 12-1 式的常數均為零的情形。即我們最關心的是完全不運動的物體——從我們觀察它們的參考座標來說,它們不移動也不轉動。這樣的物體是處於**靜態平衡**。而在開頭所提四個物體裡,只有一個——靜置於桌上的書——是處於靜態平衡。

圖 12-1 的平衡石塊是另一個例子,就是物體至少暫時處於靜態平衡的情形。其跟無數其他結構均共有此性質,如大教堂、房子、文件櫃、炸玉米餅攤(taco stand)等,在一段時間內保持靜止。

圖 12-2 (a)一個相對於其邊緣處於平衡的骨牌,其質心在邊緣的正上方。骨牌所受的重力 $\vec{F}_g$ 之垂直連線通過邊緣。(b)如果骨牌轉動而偏離平衡方位,即使此偏離是非常微小的,則重力 $\vec{F}_g$ 將產生力矩因而增加轉動的趨勢。(c)一個骨牌由較狹窄的一邊筆直地立著,它比圖(a)的骨牌穩定。(d)一個更加穩定的方塊積木。

欲使骨牌傾斜,質心需超過支撐邊緣

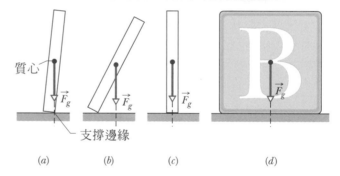

如我們在 8-3 節所討論的,若一物體受力作用移動後,能再回到靜態平衡狀態,我們稱此物體處於穩定靜態平衡。半球狀碗底的彈珠即為一例。然而,若一小力即可使物體移動且使平衡瓦解的,則此物體是屬於不穩定靜態平衡。

骨牌。如圖 12-2a 所示,我們讓一個骨牌處於平衡,其質心位置在邊緣正下方。因為 $\vec{F}_g$ 的連線通過邊緣,由重力 $\vec{F}_g$ 在骨牌上所產生的力矩為零。因此骨牌是處於平衡。當然,即使是因為一些偶然的擾動,使得骨牌受到一微小的力作用,便會結束平衡。當 $\vec{F}_g$ 的作用線移至支撐邊緣的一側(如圖 12-2b),起自 $\vec{F}_g$ 的力矩便會使骨牌增加轉動。因此圖 12-2a 是在不穩定靜態平衡。

圖 12-2c 的骨牌是比較穩定的。要推倒這個骨牌，必須使其轉至超過圖 12-2a 的平衡位置。所以僅施一微小作用力是無法推倒骨牌的，但用手指輕彈骨牌則當然會傾倒(假如我們安排一連串筆直的骨牌，用手指輕彈第一個則會導致一連串地傾倒)。

積木。圖 12-2d 的小孩方塊積木則更加穩定，因爲它的質心離邊緣的正上方較遠。用手指輕彈無法使積木傾倒(這就是爲什麼你從未看過方塊積木的連鎖傾倒現象)。圖 12-3 中的工人就像骨牌和方塊積木兩者：平行於橫樑時，他的位置寬因此他是穩定的；垂直於橫樑時，他的位置狹窄因此他是不穩定的(而且只能任由變化的強風所擺佈)。

靜態平衡分析在工程進行上很重要。工程設計師須一一分析且確認所有作用於構造物的外力與力矩，經由良好設計及明智選擇材料，確定構造物在這些負荷下仍可保持平衡。此類分析可確保橋樑在交通量及風吹負荷下不致倒塌，或是飛機之起落架能承受崎嶇著陸處的震動。

圖 12-3 平衡於鋼樑的建築工人是處於穩定平衡，但平行於橫樑會較垂直於橫樑穩定。

(Robert Brenner/PhotoEdit)

平衡的條件

物體之平移由牛頓第二定律的線性動量形式，亦即 9-27 式所決定，其爲

$$\vec{F}_{\text{net}} = \frac{d\vec{P}}{dt} \tag{12-2}$$

若物體處於平移平衡——亦即，若 $\vec{P}$ 爲常數——則 $d\vec{P}/dt = 0$，我們必定可得

$$\vec{F}_{\text{net}} = 0 \quad (\text{力的平衡}) \tag{12-3}$$

物體之轉動由牛頓第二定律的角動量形式，亦即 11-29 式所決定，其爲

$$\vec{\tau}_{\text{net}} = \frac{d\vec{L}}{dt} \tag{12-4}$$

若物體處於轉動平衡——亦即，若 $\vec{L}$ 爲常數——則 $d\vec{L}/dt = 0$，我們必定可得

$$\vec{\tau}_{\text{net}} = 0 \quad (\text{力矩平衡}) \tag{12-5}$$

因此，物體欲平衡的兩個條件如下：

1. 所有作用於物體之外力的向量和必須爲零。
2. 作用於物體的外力矩之向量和對任何點亦必須爲零。

這些條件明顯的適合於靜態平衡。對於 $\vec{P}$ 及 $\vec{L}$ 爲不等於零之常數的廣義平衡而言也同樣適用。

12-3 式及 12-5 式為向量方程式,每一式相當於三個獨立的純量方程式,各座標軸方向之式子為:

力平衡	力矩平衡
$F_{\text{net},x} = 0$	$\tau_{\text{net},x} = 0$
$F_{\text{net},y} = 0$	$\tau_{\text{net},y} = 0$
$F_{\text{net},z} = 0$	$\tau_{\text{net},z} = 0$

(12-6)

主要的式子。我們將事情簡化,僅考慮作用於物體的力位在 xy 平面上的情況。意即作用於物體之力矩只有傾向於使物體繞著與 z 軸平行的軸轉動。由此假設,我們將 12-6 式中的一個力方程式和二個力矩方程式消去,得到

$$F_{\text{net},x} = 0 \quad \text{(力的平衡)} \tag{12-7}$$

$$F_{\text{net},y} = 0 \quad \text{(力的平衡)} \tag{12-8}$$

$$\tau_{\text{net},z} = 0 \quad \text{(力矩的平衡)} \tag{12-9}$$

此處 $\tau_{\text{net},z}$ 為外力所產生,它是繞 z 軸或任何平行 z 軸之軸的淨力矩。

一個以等速度滑過冰面的曲棍球圓盤滿足 12-7 式、12-8 式及 12-9 式,因此處於平衡,但不是靜態平衡。因為若是靜態平衡,則該圓盤的線動量 $\vec{P}$ 不但須為常數亦須為零;即圓盤必須靜置於冰面。因此對於靜態平衡而言,有其他必要的條件:

 3. 物體的線性動量 $\vec{P}$ 必須為零。

 測試站 1

附圖是一根均勻木棒的六個俯視圖,在這些圖中作用在木棒上的都有兩個以上的垂直作用力。假使作用力的大小已適當地調整(但保持不為零),在哪種情況木棒會處於靜態平衡呢?

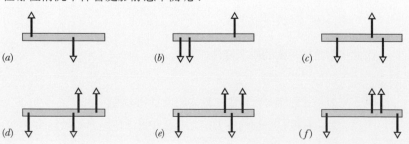

重心

作用於連續物體的重力,是此組成物體之個別元素(原子)所受重力之向量和。我們並不考慮個別元素,而可以這麼說

 作用於某個物體的重力 $\vec{F}_g$,是等效地作用於單獨一個點,此點稱爲物體的**重心**(center of gravity,簡稱 cog)。

這裡所說的「等效」指將作用於個別元素的力移除,並將 $\vec{F}_g$ 的力作用於重心,則作用於物體上的淨力和淨力矩(相對於任一點)將不會改變。

目前爲止,我們曾假設重力 $\vec{F}_g$ 是作用於物體的質心(com)。這等同於假設重心是位在質心。請回想,對於一個質量爲 M 的物體,力 $\vec{F}_g$ 等於 $M\vec{g}$,其中 $\vec{g}$ 是物體於自由落體時該力會產生的加速度。由上可證明:

 假如物體中每一元素的 $\vec{g}$ 都相同,則物體的重心(cog)和質心(com)是重疊的。

這對日常所見之物體而言大致上是對的,因爲沿地球表面的 $\vec{g}$ 改變量很小,且其大小隨高度而減少的量也是極細微的。因此,對於各種物體例如老鼠或糜鹿等,我們都已證實「重力作用在質心上」的假設有效。經過底下的證明後,我們會繼續這個假設。

證明

首先我們觀察在物體中的單一元素。圖 12-4a 所示爲一質量爲 M 的連續物體,及其中的一個元素,質量 m_i。作用在每個這類的元素上的重力 $\vec{F}_{gi}$ 等於 $m_i\vec{g}_i$。而 $\vec{g}_i$ 的下標是表示 $\vec{g}_i$ 爲此元素所在位置的重力加速度(對個別元素而言其值可能不同)。

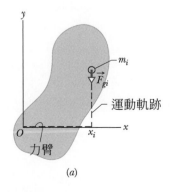
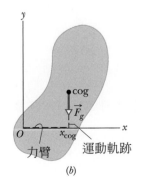

圖 **12-4**　在連續物體上,單一元素質量 m_i。重力 $\vec{F}_{gi}$,在座標上對於原點的力臂爲 x_i。物體所受重力 $\vec{F}_g$ 可視爲作用在重心(cog)上。其中 $\vec{F}_g$ 對原點的力臂爲 x_{cog}。

圖 12-4a 中，每一個力 $\vec{F}_{gi}$ 相對於原點產生一力矩 τ_i 作用在元素上，力臂為 x_i。使用 10-41 式($\tau = r_{\perp}F$)，我們可以寫出力矩 τ_i 如

$$\tau_i = x_i F_{gi} \tag{12-10}$$

作用於物體全部元素的淨力矩為

$$\tau_{\text{net}} = \sum \tau_i = \sum x_i F_{gi} \tag{12-11}$$

接著，我們要考慮整個物體。圖 12-4b 表示重力 $\vec{F}_g$ 作用在物體的重心。此力相對原點產生一力矩 τ 作用於物體上，其力臂為 x_{cog}。我們再次利用 10-41 式，將此力矩寫為

$$\tau = x_{\text{cog}} F_g \tag{12-12}$$

作用於物體的重力 $\vec{F}_g$ 與所有元素的重力 $\vec{F}_{gi}$ 的總合是相等的，所以我們在 12-12 式中以 $\sum F_{gi}$ 代替 F_g 而寫成

$$\tau = x_{\text{cog}} \sum F_{gi} \tag{12-13}$$

現在回想一下，力 $\vec{F}_g$ 作用在重心而產生之力矩，和物體中所有元素所受的所有的力 $\vec{F}_{gi}$ 產生的淨力矩是相等的(這是重心的定義)。因此，12-13 式中的 τ 和 12-11 式中的 τ_{net} 是相等的。將此兩等式放在一起，可得到

$$x_{\text{cog}} \sum F_{gi} = \sum x_i F_{gi}$$

以 $m_i g_i$ 替代 F_{gi} 可得

$$x_{\text{cog}} \sum m_i g_i = \sum x_i m_i g_i \tag{12-14}$$

現在，這裡有個關鍵概念：假如加速度 g_i 在所有元素所在位置都相同，我們便可以消掉等式中的 g_i 而寫成

$$x_{\text{cog}} \sum m_i = \sum x_i m_i \tag{12-15}$$

所有元素的質量總合 $\sum m_i$ 即為此物體的質量 M。因此我們可以將 12-15 式改寫成

$$x_{\text{cog}} = \frac{1}{M} \sum x_i m_i \tag{12-16}$$

上式的右側即物體質心的座標 x_{com} (依 9-4 式)。因此得證。若重力加速度對物體內每個位置的元素均相同，物體的質心與重心座標就相等：

$$x_{\text{cog}} = x_{\text{com}} \tag{12-17}$$

12-2　靜態平衡範例

學習目標

在閱讀完這個區塊的文字之後，讀者應該能夠…

12.05 在靜態平衡下運用力與力矩。

12.06 了解選擇適當的原點（關於在計算力矩時）可以藉由消除力矩方程式的一個或多個未知力來簡化計算。

關鍵概念

● 一靜止剛體稱為處於靜態平衡。對此物體而言，施於它的外力之向量和為零：

$$\vec{F}_{\text{net}} = 0 \quad (\text{力的平衡})$$

若所有力均在 xy 平面，此式即相當於二個分量方程式：

$$F_{\text{net},x} = 0 \quad \text{及} \quad F_{\text{net},y} = 0 \quad (\text{力的平衡})$$

● 靜態平衡亦暗示著，施於物體相對於任何點之外力矩的向量和為零，亦即

$$\vec{\tau}_{\text{net}} = 0 \quad (\text{力矩的平衡})$$

若力在 xy 平面上，則所有力矩皆平行於 z 軸，力矩平衡方程式將可簡化為單一分量之方程式

$$\vec{\tau}_{\text{net},z} = 0 \quad (\text{力矩的平衡})$$

靜態平衡範例

　　本節舉出幾個靜態平衡之例題。每一題中所選擇的系統，皆包含一個以上之物體，並將平衡方程式(12-7 式、12-8 式及 12-9 式)應用於其上。在這些例子中，施力均在 xy 平面上，意即所產生之力矩皆平行 z 軸。因此，在應用力矩平衡式(12-9 式)時，我們選擇平行於 z 軸的軸來計算力矩。雖然 12-9 式必定滿足所有以此方式選擇的軸，但你會發現，有些選擇可先消去一個或更多的力而使問題簡化。

 測試站 2

附圖為一處於靜態平衡的均勻木棒之俯視圖。(a)藉由平衡這些力，你可以找出未知力 $\vec{F}_1$ 和 $\vec{F}_2$ 嗎？(b)如果你想僅利用一方程式即求出 $\vec{F}_2$ 的大小，則轉軸應設在哪裡？(c) $\vec{F}_2$ 的大小為 65 N。則 $\vec{F}_1$ 的大小為何？

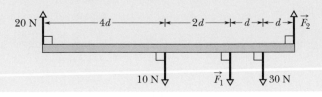

範例 **12.1** 平衡一根水平樑

如圖 12-5a 所示，一長度 L、質量 $m = 1.8$ kg 的均勻樑，兩端靜置於兩磅秤上。一質量 $M = 2.7$ kg 的均勻木塊置於樑上，它的中央離樑的左端距離為 $L/4$。求兩磅秤的讀數。

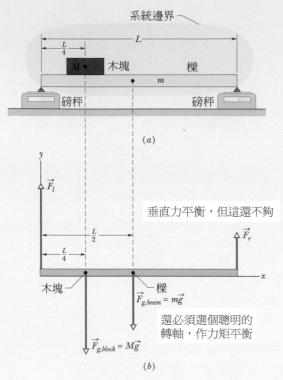

圖 12-5 (a)一質量為 m 的樑，支持一質量為 M 的木塊。(b)[樑+木塊]系統之自由體圖，顯示作用於系統的力。

關鍵概念

解任何靜態平衡問題的第一步為：清楚地定義此系統以便加以分析，然後繪一抽象圖顯示出所有作用在系統上的力。這裡我們將樑和木塊一起視為一系統。系統上之作用力顯示於圖 12-5b 之自由體圖(系統該如何選擇需要相當的經驗，而常常有一個以上的好選擇)。因為系統處於靜平衡，我們可以對它應用力平衡方程式(12-7 式和 12-8 式)以及力矩平衡方程式(12-9 式)。

計算 秤對樑的正向力有左端的 $\vec{F}_l$ 及右端的 $\vec{F}_r$。而秤的讀數就是這些力的值。樑的重力 $\vec{F}_{g,beam}$ 作用在樑的質心，其值等於 mg。同樣，木塊所受重力 $\vec{F}_{g,block}$ 作用在其質心上，其值為 Mg。然而，為了簡化圖 12-5b，木塊以點表示之，標於樑的邊界內，且向量 $\vec{F}_{g,block}$ 尾端畫在該點上(將向量 $\vec{F}_{g,block}$ 沿其作用方向下移不會改變 $\vec{F}_{g,block}$ 繞垂直圖面的任何軸所產生之力矩)。

這些力沒有 x 軸的分量，所以 12-7 式($F_{net,x} = 0$)沒有提供任何資訊對於 y 分量，12-8 式($F_{net,y} = 0$)讓我們有

$$F_l + F_r - Mg - mg = 0 \tag{12-21}$$

此式有 F_l 和 F_r 兩未知數，故還需要 12-9 式，力矩的平衡式。我們可以對垂直於圖 12-5 平面的任何轉動軸應用該式。令所選的軸通過樑之左端。一般來說，力矩正負號依如下規則定義：若一力矩使原靜止物體繞所選軸順時針轉動，則此力矩為負。逆時針轉動則為正。最後，我們將力矩寫成 $r_\perp F$，其中 $\vec{F}_l$ 的力臂 $r_\perp$ 為 0，Mg 的力臂為 $L/4$，mg 時為 $L/2$，$\vec{F}_r$ 時為 L。

現在我們可將平衡式($\tau_{net,z} = 0$)寫成

$$(0)(F_l) - (L/4)(Mg) - (L/2)(mg) + (L)(F_r) = 0$$

由上述數學式可以得到

$$
\begin{aligned}
F_r &= \tfrac{1}{4}Mg + \tfrac{1}{2}mg \\
&= \tfrac{1}{4}(2.7\,\text{kg})(9.8\,\text{m/s}^2) + \tfrac{1}{2}(1.8\,\text{kg})(9.8\,\text{m/s}^2) \\
&= 15.44\,\text{N} \approx 15\,\text{N} \tag{答}
\end{aligned}
$$

現在，解 12-21 式求 F_l，並將結果代入，可得

$$
\begin{aligned}
F_l &= (M + m)g - F_r \\
&= (2.7\,\text{kg} + 1.8\,\text{kg})(9.8\,\text{m/s}^2) - 15.44\,\text{N} \\
&= 28.66\,\text{N} \approx 29\,\text{N} \tag{答}
\end{aligned}
$$

注意此問題的解法：當我們寫好問題中的力平衡式，我們得到兩未知數而無法解答。假若我們任意選取一軸，寫下相對於此軸的力矩平衡式，仍可能無法消除這兩個未知數。然而，因為我們選擇的軸通過未知力之一的作用點，此處為 $\vec{F}_l$，所以我們得以繼續下去。如此選擇巧妙地利用力矩方程式消去了此一未知力，而解出另一未知力大小 F_r。然後再利用力分量的平衡求出剩下的未知力的值。

範例 **12.2** 平衡一根斜吊桿

圖 12-6a 展示一個保險箱(質量 $M = 430$ kg)($a = 1.9$ m 與 $b = 2.5$ m)被一條吊桿上的繩子(不計其質量)所吊掛著,這個吊桿是由樑($m = 85$ kg)與水平鋼索所組成(不計其質量)。

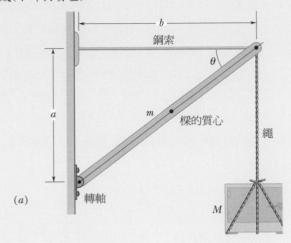

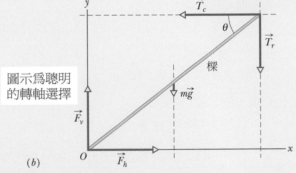

圖示為聰明的轉軸選擇

圖 12-6 (a)以吊桿吊起一沉重保險箱,吊桿由水平鋼索及材質均勻之樑所組成。(b)樑之自由體圖。

(a) 鋼索的張力 T_c 為何?換句話說,鋼索施於樑的力 $\vec{T}_c$ 的大小為何?

關鍵概念

此系統僅有樑,其上作用力則顯示於圖 12-6b 的自由體圖。圖中標出了樑所受的力,鋼索造成之力為 $\vec{T}_c$。樑受重力 $m\vec{g}$ 作用在其質心(在樑中央)上。轉軸作用在樑上的力之垂直分量為 $\vec{F}_v$,水平分量為 $\vec{F}_h$。繩索支撐箱子的力為 $\vec{T}_r$。因為樑、繩索及箱子是固定不動的,所以 $\vec{T}_r$ 的大小等於:保險箱的重量:$T_r = Mg$。我們以轉軸作為 xy 座標系的原點。因為系統處於靜態平衡,所以可將平衡方程式應用於其上。

計算 我們由 12-9 式($\tau_{net,z} = 0$)開始。注意我們要求的是力 $\vec{T}_c$ 的值,而不是 $\vec{F}_h$ 和 $\vec{F}_v$。因此第二個關鍵概念在於取垂直通過 O 點的軸來計算力矩,以便在計算力矩時消去 $\vec{F}_h$ 和 $\vec{F}_v$。如此一來,$\vec{F}_h$ 和 $\vec{F}_v$ 的力臂為零。$\vec{T}_c$、$\vec{T}_r$ 和 $m\vec{g}$ 的作用線在圖 12-6b 中以虛線表示。其力臂分別為 a、b 和 $b/2$。

將力矩寫成 $r_\perp F$ 形式,再配合力矩的正負號規則,則平衡式 $\tau_{net,z} = 0$ 可得

$$(a)(T_c) - (b)(T_r) - \left(\frac{1}{2}b\right)(mg) = 0 \qquad (12\text{-}19)$$

以 Mg 取代 T_r 並解得 T_c

$$
\begin{aligned}
T_c &= \frac{gb\left(M + \frac{1}{2}m\right)}{a} \\
&= \frac{(9.8 \text{m/s}^2)(2.5 \text{m})(430 \text{kg} + 85/2 \text{kg})}{1.9 \text{m}} \\
&= 6093 \text{N} \approx 6100 \text{N} \qquad \text{(答)}
\end{aligned}
$$

(b) 求轉軸作用在樑上的淨力大小 F?

關鍵概念

現在我們要得出水平分力 F_h 與垂直分力 F_v,以便我們能夠結合兩者而算出淨力 F 的大小值。因為已知 T_c,把力平衡式應用在樑上。

計算 於垂直方向的平衡,將 $F_{net,y} = 0$ 寫為

$$F_h - T_c = 0 \qquad (12\text{-}20)$$

所以　　$F_h = T_c = 6093 \text{N}$

從垂直平衡 $F_{net,y} = 0$ 知

$$F_v - mg - T_r = 0$$

以 Mg 取代 T_r,並解 F_v,可得

$$
\begin{aligned}
F_v &= (m + M)g = (85 \text{kg} + 430 \text{kg})(9.8 \text{m/s}^2) \\
&= 5047 \text{N}
\end{aligned}
$$

從畢式定理可得

$$
\begin{aligned}
F &= \sqrt{F_h^2 + F_v^2} \\
&= \sqrt{(6093 \text{N})^2 + (5047 \text{N})^2} \approx 7900 \text{N} \qquad \text{(答)}
\end{aligned}
$$

注意 F 值比箱子與樑的總重量(5000 N)或水平線張力(6100 N)還大。

範例 12.3 平衡一個傾斜的梯子

於下頁圖 12-7a 中，一個長 $L = 12$ m 且質量 $m = 45$ kg 的梯子倚靠在一個光滑的牆面(也就是說，梯子與牆面之間沒有摩擦的現象)。梯頂距地 $h = 9.3$ m，設牆無摩擦，但地面有摩擦。梯子質心在離底端沿梯子長度的 $L/3$ 處。一質量 $M = 72$ kg 之救火員在梯上往上爬，直到她的質心落在梯的中點處 $L/2$。求牆及地面施於梯子的力各為何？

關鍵概念

首先，我們將防火員和梯子兩者一起視為一系統，並畫出其自由體圖，即圖 12-7b，以顯示作用於此系統上的力。因為這個系統處於靜態平衡，力與力矩的平衡方程式(12-7 至 12-9 式)可以運用於它。

計算 在圖 12-7b 中，救火員是用梯之邊界內的小圓點加以標示。作用於其上的重力則以對應的向量 Mg 加以表示，而且此向量已沿其作用線(通過力向量的延長線)下移，以便讓其尾端位於該小圓點上(此移動不會改變 Mg 相對於垂直圖面的軸所產生之力矩。因此，此移動不會影響到我們將要使用的力矩平衡方程式)。

牆施於梯之力只有水平力 $\vec{F}_w$ (在無摩擦力的壁面上，不會有摩擦力，所以牆對梯沒有垂直作用力)。地面作用於梯子的力 $\vec{F}_p$ 有兩個分力：一個水平分力 $\vec{F}_{px}$ 是一個靜摩擦力以及一個垂直分力 $\vec{F}_{py}$ 是一個垂直的力。

要應用平衡方程式時，讓我們從 12-9 式($\tau_{net,z} = 0$) 的力矩平衡開始。首先要選取一軸用於計算力矩，其中應該注意在梯之兩端有未知力($\vec{F}_w$ 和 $\vec{F}_p$)。為了消去例如 $\vec{F}_p$，我們將軸置於 O 點處並垂直於圖面(圖 12-7b)。同時也將 xy 座標系的原點置於 O 點處。我們能夠以 10-39 至 10-41 式中的任一個來算出相對於 O 的力矩，但是在這裡 10-41 式($\tau = r_\perp F$)最容易使用。聰明的選擇原點的所在位置，可以使我們的力矩計算變得容易許多。

要算出水平力 $\vec{F}_w$ 自牆面量起的力臂 $r_\perp$，我們畫一條穿過該向量的作用線(它是一條水平虛線如圖 12-7c 所示)。則 $r_\perp$ 即此作用線至 O 的垂直距離。在圖 12-7c 裡，$r_\perp$ 是沿著 y 軸且等於高度 h。仿上述作法畫出 Mg 和 mg 的作用線，我們可發現其力臂是沿 x 軸。從圖 12-7a 所示之距離可知其力臂分別為 $a/2$(救火員站在梯子的一半)和 $a/3$(梯子的質心在由下往上 $1/3$ 處)。$\vec{F}_{px}$ 與 $\vec{F}_{py}$ 的力臂等於零，因為這些力都作用在原點處。

現在，將力矩寫成 $r_\perp F$ 形式，則平衡式 $\tau_{net,z} = 0$ 變成

$$-(h)(F_w) + (a/2)(Mg) + (a/3)(mg)$$
$$+ (0)(F_{px}) + (0)(F_{py}) = 0 \quad (12\text{-}19)$$

(回想我們的規則：正力矩對應於逆時針轉動，負力矩對應於順時針轉動。)

使用畢式定理於圖 12-7a 中由梯子所構成的直角三角形，我們得到

$$a = \sqrt{L^2 - h^2} = 7.58 \text{m}$$

然後，由 12-21 式可得

$$F_w = \frac{ga(M/2 + m/3)}{h}$$
$$= \frac{(9.8 \text{m/s}^2)(7.58 \text{m})(72/2 \text{kg} + 45/3 \text{kg})}{9.3 \text{m}}$$
$$= 407 \text{N} \approx 410 \text{N} \quad (答)$$

現在我們需要使用力平衡式與圖 12-7d。使用力平衡式 $F_{net,x} = 0$ 可得

$$F_w - F_{px} = 0$$
$$F_{px} = F_w = 410 \text{N} \quad (答)$$

而由平衡式 $F_{net,y} = 0$ 可得

$$F_{py} - Mg - mg = 0$$

因此

$$F_{py} = (M + m)g = (72 \text{kg} + 45 \text{kg})(9.8 \text{m/s}^2)$$
$$= 1146.6 \text{N} \approx 1100 \text{N} \quad (答)$$

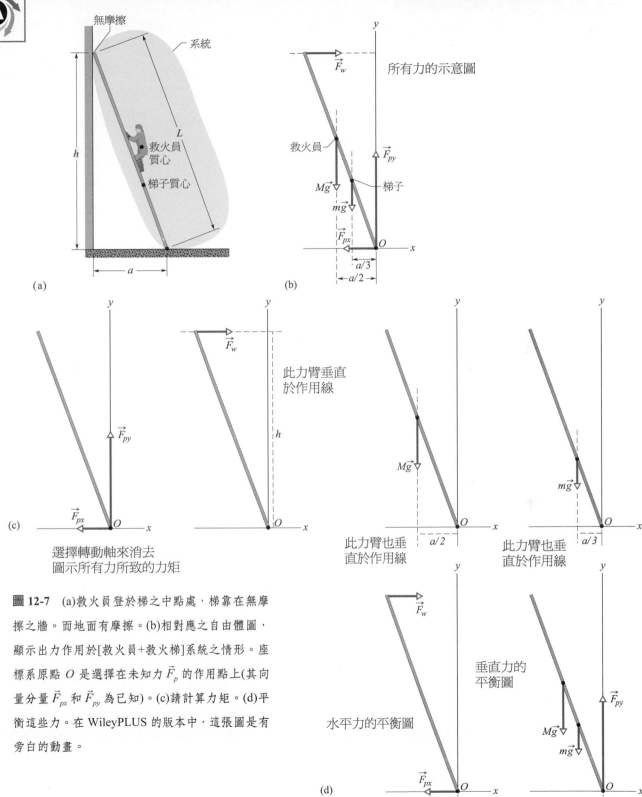

圖 12-7　(a)救火員登於梯之中點處，梯靠在無摩擦之牆。而地面有摩擦。(b)相對應之自由體圖，顯示出力作用於[救火員+救火梯]系統之情形。座標系原點 O 是選擇在未知力 $\vec{F}_p$ 的作用點上(其向量分量 $\vec{F}_{px}$ 和 $\vec{F}_{py}$ 為已知)。(c)請計算力矩。(d)平衡這些力。在 WileyPLUS 的版本中，這張圖是有旁白的動畫。

範例 12.4　比薩斜塔之平衡問題

假設比薩斜塔是一個均勻的中空圓柱體,其半徑 R 為 9.8 m,高 h 為 60 m。它的質心位於高 $h/2$ 處,並在圓柱體中心線上。如圖 12-8a,圓柱體是直立的。在圖 12-8b,比薩斜塔向右傾斜(向塔南邊的牆),傾斜角 $\theta = 5.5°$ 使得質心位移距離 d。假設地面只有施兩力於塔,分別為正向力 $\vec{F}_{NL}$ 作用於左邊(北邊)的牆以及正向力 $\vec{F}_{NR}$ 作用於右邊(南邊)的牆。試問,F_{NR} 的大小會因為傾斜而增加多少百分比?

關鍵概念

因為塔仍立著,所以它處於平衡狀態, 因此各點的力矩和必須是零。

計算　因為我們想計算右邊的 F_{NR} 但是不知如何下手,左邊的 F_{NL} 也是,所以我們用左邊底端的點來計算力矩。圖 12-8c 表示各作用於直立圓柱體的力。作用於質心的重力 $m\vec{g}$ 為垂直方向而力臂為 R(從左邊底端點至作用力延伸線之垂直距離)。相對於該端點,此力產生的力矩傾向有一個順時針方向的轉動,而其方向為負。而在右牆的正向力 $\vec{F}_{NR}$ 也是垂直方向,而力臂為 $2R$。相對於底端點,此力所產生的力矩傾向有反時針方向轉動,而方向為正。因此,我們可以寫出力矩平衡的式子($\tau_{\text{net},z} = 0$)

$$-(R)(mg) + (2R)(F_{NR}) = 0,$$

由上式可以得到

$$F_{NR} = \frac{1}{2}mg$$

我們應該可以猜到結果:質心位於中線(圓柱體的線對稱性),所以右邊支撐圓柱體一半的重量。

在圖 12-8b 中,質心向右偏移了一點距離

$$d = \frac{1}{2}h\tan\theta$$

在力矩平衡公式裡唯一的改變是重力的力臂現在是 $R+d$,而且右邊的正向力的大小也改為 F'_{NR} (圖 12-8d)。因此,我們可以得到

$$-(R+d)(mg) + (2R)(F'_{NR}) = 0$$

經過整理可以得到

$$F'_{NR} = \frac{(R+d)}{2R}mg$$

把右邊正向力的新結果除以之前的結果,並且把 d 替換掉,我們可以得到

$$\frac{F'_{NR}}{F_{NR}} = \frac{R+d}{R} = 1 + \frac{d}{R} = 1 + \frac{0.5h\tan\theta}{R}$$

代入 $h = 60$m、$R = 9.8$m 和 $\theta = 5.5°$ 的值,可以得到

$$\frac{F'_{NR}}{F_{NR}} = 1.29$$

因此,我們這個簡易的模型預測,雖然傾斜是些微的,但塔南邊所受到的正向力增加了約 30%。塔的其一危險為該力會導致南邊的牆彎曲變形而崩解。傾斜的原因是塔底下的可被壓縮的土壤會因為每次下雨讓情況更惡化。最近,工程師已經穩住整個塔且藉著增加引流系統來改善塔的傾斜狀況。

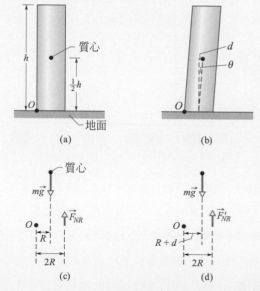

圖 12-8　模擬比薩斜塔的圓柱體:(a) 直立體。(b) 傾斜的情境,且質心向右邊移。(c) 塔為直立狀態時,相對於左邊底端點 O 的作用力、力臂、力矩分析。(d) 塔為傾斜時的分析。

12-3 彈性

學習目標

在閱讀完這個區塊的文字之後，讀者應該能夠...

12.07 解釋何爲不定狀態(indeterminate situation)。

12.08 在分析張力與壓縮力時，運用應力(stress)、應變(strain)以及楊氏係數(Young's modulus)關係式。

12.09 區分降伏強度 (yield strength) 與極限強度 (ultimate strength)的差異。

12.10 在分析剪力時，運用應力、應變以及剪力模數關係式。

12.11 在分析流體應力時，運用流體壓力、應變與體積模數關係式。

關鍵概念

● 有三種彈性模數用於描述物體受力作用後之彈性行爲(形變)。應變(長度上的變化比率)與所施應力(單位面積所受的力)具有線性關係，一般關係式爲

應力 = 模數 × 應變

● 當物體受到張力或壓縮力作用，應變與應力的關係式就變成

$$\frac{F}{A} = E\frac{\Delta L}{L}$$

其中，$\Delta L / L$ 爲物體之應變，F爲造成應變之作用力 $\vec{F}$ 的大小，A爲 $\vec{F}$ 作用之面積(兩者互相垂直)，E 爲物體之楊氏係數。其中應力爲F/A。

● 物體受一剪應力時，應變與應力的關係式就變成

$$\frac{F}{A} = G\frac{\Delta x}{L}$$

其中 $\Delta x / L$ 式物體之剪應變，Δx 爲物體之一端在施力 $\vec{F}$ 方向之位移，G爲物體之剪力模數。其中應力爲F/A。

● 當物體受到流體應力作用而產生壓縮時，應變與應力的關係式

$$p = B\frac{\Delta V}{V}$$

其中p爲流體施於物體之壓力(流體應力)，$\Delta V / V$ (應變) 爲物體受壓力後體積變化量之比例的絕對值，B爲物體的體積模數。

不定結構

　　在本章問題中，我們僅處理三個獨立方程式：二個力平衡方程式及一個相對於已知軸的力矩平衡方程式。因此，若問題中有超過三個未知數就不能解。

　　考慮一部非對稱負荷之汽車。則作用於四個輪胎之力(均不同)爲何？然而，我們可用的只有三個獨立方程式，無法求出它們的解。同理，我們可解三隻腳的桌子之平衡問題而無法解四隻腳的桌子之問題。像這種未知數超過方程式個數的問題，我們稱之爲**不定的**(indeterminate)。

　　雖然如此，但在眞實世界中，不定問題是有解的。若將汽車的四個輪胎靜置於四個平台磅秤上，各平台磅秤就會顯示出讀數，讀數的和即車重。在我們努力解方程式以求出單獨的力時，有那些事阻礙了我們？

　　問題是，我們曾假設——但沒有強調——應用靜態平衡方程式的物體爲理想的剛體。意謂力施於它們時，它們不會變形。嚴格地說，世界上並沒有這樣的物體。例如，汽車的輪胎在重負下很容易變形，直到汽

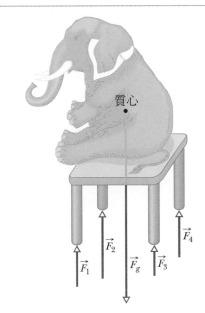

圖 12-9 此桌子爲不定結構。作用於四隻腳的力大小不同，無法單獨由靜態平衡定律求解。

車到達靜態平衡位置爲止。

我們都有過這樣的經驗：在一張不穩桌子的一隻腳下，放置折疊的紙使它保持水平。然而，若一夠大的大象坐在此桌上，且桌子沒倒塌，你應該可以確定桌子會像汽車輪胎一樣變形。使得每支桌腳都接觸地板，且受到特定大小(且各不相同)的向上作用力，如圖 12-9 所示，此時桌子也不再搖晃。當然，我們(以及大象)將會被扔到街頭，但原則上，如何才能算出在這個出現變形或類似的情況下那些作用於這些腳之力的個別值？

爲了解此類型的不定平衡問題，我們必須以彈性學(elasticity)的知識來補充平衡方程式。彈性學爲物理學和工程學之分支，它描述眞實之物體受到力作用後如何產生形變。下一節將作有關此主題之介紹。

測試站 3

一個水平均勻的木棒重爲 10 N，被兩金屬線懸掛於天花板，其中金屬線之向上作用力分別爲 $\vec{F_1}$ 和 $\vec{F_2}$。附圖表示四種不同的金屬線配置。如果有的話，哪些會形成不定問題(導致無法解出 $\vec{F_1}$ 和 $\vec{F_2}$ 的數值)？

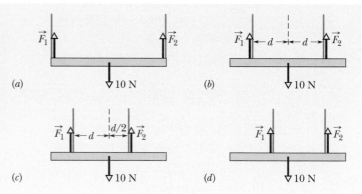

彈性

當大量的原子聚集一起形成剛性固體，例如鐵釘，原子會在三維晶格中的平衡位置穩定下來；晶格是一重覆出現之結構，在此結構中，各原子與最接近的原子維持平衡距離。原子間的力將各原子彼此結合在一起，該力之作用有如微小的彈簧，如圖 12-10 所示。晶格的剛性很強，也就是「原子間彈簧」很硬的另一說法。因此我們會感覺許多日常可見之物體，例如梯子、桌子、湯匙爲完全的剛性。當然，有些日常物體，例如花園水管或橡膠手套，全然不會讓人想到剛體。組成後面這些物體的原子，不會形成如圖 12-10 的剛性晶格。但它們排列在長的撓性分子鏈上，各鏈鬆弛地與鄰近者連結在一起。

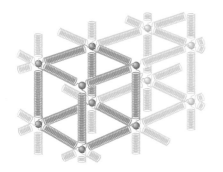

圖 12-10 金屬固體的原子排列如圖中的晶格。此處的彈簧代表原子間的內力。

所有眞實的「剛性」物體均具某種程度的**彈性**，其意爲我們可由拉、推、扭或壓縮物體，使其體積作少許的改變。爲感受其改變之大小，以一垂直鋼棒爲例，棒長 1 m，直徑 1 cm，附於工廠天花板。若繫一小汽車於棒之一端，棒將伸長大約 0.5 mm 或 0.05%。而當汽車移走時，棒將回到原始長度。

若懸掛兩車於棒上，棒將會永久伸長，在負荷移走後，也不會恢復原始長度。若掛三部車，棒將斷裂。在棒斷裂前的瞬間，棒之伸長量小於 0.2%。雖然這種變形程度似乎很小，但是在工程實務上是很重要的(受重負的機翼還能否停留在機身上，當然是很重要的問題)。

三種情形。圖 12-11 表示固體受力作用後，體積改變之三種方式。圖 12-11a 的圓柱被拉長。圖 12-11b 中，圓柱受垂直於軸的作用力而變形，很像是一副牌或一本書變形一般。圖 12-11c 的固體放在流體中受到高壓而全面均勻地壓縮。上述三種變形的共通點是，**應力**(stress)(每單位面積的形變力)產生**應變**(strain)(單位形變)。在圖 12-11 中，(a)所示為張應力(拉長的力)，(b)所示為剪應力，(c)所示為流體應力。

圖 12-11 (a)一圓柱體受張應力作用而伸長 ΔL。(b)一圓柱體受剪應力變形了 Δx，有如一疊牌變形。(c)一實心球受均勻流體應力而使體積縮小了 ΔV。圖示之形變量皆比實際狀況誇大。

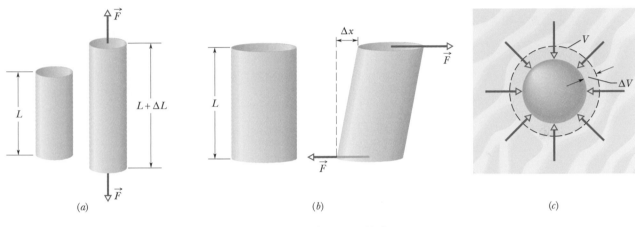

(a) (b) (c)

在圖 12-11 中的三種情形，各應力與應變形式各不相同，不過在工程用途範圍內，應力與應變都是互相成正比的。其比例常數稱為**彈性模數**(modulus of elasticity)，因此

$$應力 = 模數 \times 應變 \qquad (12\text{-}22)$$

在標準張力試驗中，試驗圓柱(如圖 12-12 中)的張應力慢慢地由零增加直到圓柱裂斷之點，在此過程中仔細量測應變並繪製圖形。圖 12-13 表示一鋼製試驗圓柱(如圖 12-13 所示)的應力與應變之關係。在所施應力的某個範圍內，應力與應變關係是線性的，當應力移除後，樣品就回復到原有尺寸，此範圍適用於 12-22 式。若應力增加至超過樣品的**降伏強度**(yield strength) S_y，樣品就會永久變形。若應力繼續增加至**極限強度**(ultimate strength) S_u，樣品就會裂斷。

張力與壓縮力

簡單的張力(tension)或壓縮力(compression)，其應力定義為 F/A，其中 F 為垂直於此物體面積 A 的力之大小。應變或形變的定義為無因次的量 $\Delta L/L$，即樣品某一段長度變化量的比例(或百分率)。若樣品為一長棒，且應力不超過降伏強度時，不但棒的全部，且其任何橫截面均受相同的

圖 12-12 張應力-應變測試中所使用之樣品，所繪出之應力-應變曲線與圖 12-13 類似。ΔL 為樣品上某一段長度 L 受力之後的形變量。

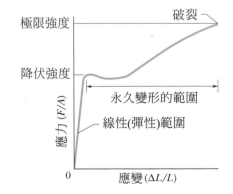

圖 12-13 一銅製樣品(類似圖 12-12)的應力-應變曲線。當應力等於材料之降伏強度時，該樣品永久變形。當應力等於材料之極限強度時，該樣品破裂。

羅利，北卡羅來納州 (Courtesy Vishay Micro-Measurements Group, Raleigh, NC)

圖 12-14 一個應變規尺寸 9.8 mm × 4.6 mm。應變規可用黏著物將其固定於欲量測之物體上；應變規會隨同物體產生相同的應變。應變規之電阻隨應變而變化，最大可測量之應變為 3%。

應變。由於應變無單位，所以 12-22 式中模數的單位與應變相同——即「每單位面積的力」。

張應力與壓應力之模數稱爲**楊氏係數**(Young's modulus)，在工程實用上以符號 E 表之。此時 12-22 式變成

$$\frac{F}{A} = E\frac{\Delta L}{L} \tag{12-23}$$

一個樣本的應變 $\Delta L/L$ 常常可以用一個應變計(strain gage，如圖 12-14)很方便的被量測出來，應變計可以用黏膠直接黏在運轉中的機台上。其電氣特性會隨它所受到的應變量而改變。

雖然一物體之張力與壓縮力之楊氏模數幾乎相同，但這兩種不同力作用的結果，其極限強度卻十分不同。例如，混凝土受壓縮時顯得很強硬，但受張力時很脆弱，所以幾乎不會被用來承受拉力。表 12-1 表示若干工程常用材料之楊氏係數及其他彈性特性。

表 12-1 若干工程常用材料之彈性特性

材料	密度 ρ (kg/m³)	楊氏係數 E (10^9N/m²)	極限強度 S_u (10^6N/m²)	降伏強度 S_y (10^6N/m²)
鋼 [a]	7860	200	400	250
鋁	2710	70	110	95
玻璃	2190	65	50[b]	—
混凝土 [c]	2320	30	40[b]	—
木頭 [d]	525	13	50[b]	—
骨頭	1900	9[b]	170	—
聚某乙烯	1050	3	48	—

[a] 建築用鋼料(ASTM-A36)。   [c] 高度伸長狀況。
[b] 受高壓狀況。   [d] 道格拉斯冷杉。

剪力

在剪力(shearing)方面，此應力亦爲單位面積的力，但此力的向量位於面積之平面上，而非垂直於平面。其應變爲無單位的比率 $\Delta x/L$，Δx 與 L 之定義如圖 12-10b 所示。其模數在工程實務上以 G 符號表示，稱爲**剪力模數**(shear modulus)。對剪力而言，12-22 式寫成

$$\frac{F}{A} = G\frac{\Delta x}{L} \tag{12-24}$$

剪應(shearing)發生在負重轉動中的軸承彎曲變形，且彎曲造成骨折。

流體應力

圖 12-11c 中的應力爲作用於物體的流體壓力 P。你將會在第 14 章學到，壓力是每單位面積之力。此時的應變爲 $\Delta V/V$，其中 V 爲樣品之原始體積，ΔV 爲體積變化量之絕對值。其模數以符號 B 表之，稱爲材料的**體積模數**(bulk modulus)。在此情況下，物體稱爲受到流體壓縮力。而壓力則稱爲流體應力(hydraulic stress)。此時我們可將 12-22 式寫成：

$$p = B\frac{\Delta V}{V} \tag{12-25}$$

水的體積模數爲 2.2×10^9 N/m²，鋼爲 1.6×10^{11} N/m²。平均深度約 4000 m 的太平洋海底處壓力爲 4.0×10^7 N/m²。在此深度及壓力的水的體積壓縮比例變化 $\Delta V/V$，爲 1.8%；而同樣條件下鋼製物體只有約 0.025%。一般而言，固體——具有剛性原子晶格——比液體較不易壓縮，液體中原子或分子之間彼此的連結較爲鬆散。

範例 **12.5** 伸長棒子的應力與應變

一建築用鋼棒半徑爲 $R = 9.5$ mm，長爲 $L = 81$ cm，其一端以老虎鉗夾住。然後在另一端以垂直於端表面的一個力施加於端表面(均勻地施加於其面積上)，其大小爲 $F = 62$ kN。試問棒之應力爲何？其伸長量 ΔL 及應變爲何？

關鍵概念

(1)因爲該力垂直於棒的端面且是均勻的，應力等於力 F 的大小與面積 A 的比值。而此比值爲 12-23 式的左側。(2)伸長量 ΔL 可以經由 12-23 式($F/A = E\Delta L/L$)與棒上的應力和楊氏係數 E 產生關聯。(3)應變是伸長量相對於原始長度 L 的比值。

計算 如果想要求得應力，可以使用下列數學式

$$應力 = \frac{F}{A} = \frac{F}{\pi R^2} = \frac{6.2 \times 10^4\,\text{N}}{(\pi)(9.5 \times 10^{-3}\,\text{m})^2}$$
$$= 2.2 \times 10^8\,\text{N/m}^2$$

建築用鋼的降伏強度是 2.5×10^8 N/m²，故此棒是很危險地接近降伏強度。

在表 12-1 中找出鋼棒的楊氏係數值。然後利用 12-23 式求得伸長量：

$$\Delta L = \frac{(F/A)L}{E} = \frac{(2.2 \times 10^8\,\text{N/m}^2)(0.81\text{m})}{2.0 \times 10^{11}\,\text{N/m}^2}$$
$$= 8.9 \times 10^{-4}\,\text{m} = 0.89\text{mm} \tag{答}$$

對於應變，可得

$$\frac{\Delta L}{L} = \frac{8.9 \times 10^{-4}\,\text{m}}{0.81\text{m}}$$
$$= 1.1 \times 10^{-3} = 0.11\% \tag{答}$$

範例 12.6 平衡搖晃的桌

一桌子有三隻 1.00 m 長的腳,第四隻較長,多出 $d = 0.50$ mm,故桌子輕微搖晃。一質量 $M = 290$ kg 的鋼製圓柱置於桌上(桌子的質量遠小於 M),四桌腳皆因此被壓縮(且未膨脹),桌面水平且桌子不再搖晃。桌腳為木製圓柱,其截面積為 $A = 1.0$ cm²。木材之楊氏係數為 $E = 1.3 \times 10^{10}$ N/m²。請問地板向上施於桌腳之力為何?

關鍵概念

取桌子與圓柱為系統。此情形很像圖 12-9,只是現在是置放一鋼製圓柱在桌上。由於桌面保持水平,則可知:各短腳必受有相同的壓縮量(設 ΔL_3),遂受相同大小的力 F_3。長腳必有較大之壓縮量 ΔL_4,遂受較大的力 F_4。換言之,對於一水平桌面,必有

$$\Delta L_4 = \Delta L_3 + d \tag{12-26}$$

由 12-23 式可知長度變化與引起此變化的力之關係為 $\Delta L = FL/AE$。其中 L 為桌腳的原始長度。使用此關係式來替代 12-26 式的 ΔL_4 和 ΔL_3。不過請注意,我們可近似地令四隻桌腳的原始長度 L 是相同的。

計算 執行上述各項取代動作及假設後,可得

$$\frac{F_4 L}{AE} = \frac{F_3 L}{AE} + d \tag{12-27}$$

此式有兩個未知數,因此我們還無法解它。

要得到含有 F_3 及 F_4 的第二個方程式,可利用一垂直的 y 軸,寫下此垂直方向的力平衡($F_{net,y} = 0$)為

$$3F_3 + F_4 - Mg = 0 \tag{12-28}$$

其中 Mg 為系統所受重力之大小(三隻桌腳均有力 $\vec{F_3}$ 作用其上)。要解 12-27 及 12-28 式這兩個聯立方程式,例如求 F_3,首先由 12-28 式求出 $F_4 = Mg - 3F_3$。將之代入 12-27 式,作一些代數運算後可得

$$
\begin{aligned}
F_3 &= \frac{Mg}{4} - \frac{dAE}{4L} \\
&= \frac{(290\,\mathrm{kg})(9.8\,\mathrm{m/s^2})}{4} \\
&\quad - \frac{(5.0 \times 10^{-4}\,\mathrm{m})(10^{-4}\,\mathrm{m^2})(1.3 \times 10^{10}\,\mathrm{N/m^2})}{(4)(1.00\,\mathrm{m})} \\
&= 548\,\mathrm{N} \approx 5.5 \times 10^2\,\mathrm{N} \tag{答}
\end{aligned}
$$

由 12-28 式可得

$$
\begin{aligned}
F_4 &= Mg - 3F_3 = (290\,\mathrm{kg})(9.8\,\mathrm{m/s^2}) - 3(548\,\mathrm{N}) \\
&\approx 1.2\,\mathrm{kN} \tag{答}
\end{aligned}
$$

你還可證出為達平衡,各短腳壓縮了 0.42 mm,長腳壓縮 0.92 mm。

重 點 回 顧

靜態平衡 一靜止剛體稱為處於靜態平衡。對此物體而言,施於它的外力之向量和為零:

$$\vec{F}_{net} = 0 \quad \text{(力的平衡)} \tag{12-3}$$

若所有力均在 xy 平面,此式即相當於二個分量方程式:

$$F_{net,x} = 0 \text{ 及 } F_{net,y} = 0 \text{ (力的平衡)} \tag{12-7, 12-8}$$

靜態平衡亦暗示著,施於物體相對於任何點之外力矩的向量和為零,亦即

$$\vec{\tau}_{net} = 0 \quad \text{(力矩平衡)} \tag{12-5}$$

若力在 xy 平面上,則所有力矩皆平行於 z 軸,12-5 式將可簡化為單一分量之方程式

$$\tau_{net,z} = 0 \quad \text{(力矩的平衡)} \tag{12-9}$$

重心 重力作用於組成物體之個別原子上。個別作用力加總之淨效應,可藉由想像成一總重力 $\vec{F_g}$ 施於重心而求得。若物體上原子所在位置的重力加速度 $\vec{g}$ 值都相同,則重心即為質心。

彈性模數 有三種**彈性模數**用於描述物體受力作用後之彈性行爲(形變)。**應變**(長度上的變化比率)與所施**應力**(單位面積之力)具有線性關係，一般關係式爲

$$應力 = 模數 \times 應變 \tag{12-22}$$

張力與壓縮力 當物體受到張力或壓縮力作用，12-22 式就變成

$$\frac{F}{A} = E\frac{\Delta L}{L} \tag{12-23}$$

其中，$\Delta L/L$ 爲物體之應變，F 爲造成應變之作用力 $\vec{F}$ 的大小，A 爲 $\vec{F}$ 作用之面積(兩者互相垂直，如圖 12-10a)，E 爲物體之**楊氏係數**。其中應力爲 F/A。

剪力 物體受一剪應力時，12-22 式就變成

$$\frac{F}{A} = G\frac{\Delta x}{L} \tag{12-24}$$

其中 $\Delta x/L$ 爲物體之一端在施力 $\vec{F}$ 方向之應變(如圖 12-10b)，G 爲物體之**剪力模數**。其中應力爲 F/A。

流體應力 當物體受到流體應力作用而產生壓縮時，12-22 式就變成

$$p = B\frac{\Delta V}{V} \tag{12-25}$$

其中 p 爲流體施於物體之壓力(流體應力)，$\Delta V/V$(應變)爲物體受壓力後體積變化量之比例的絕對值，B 爲物體的**體積模數**。

討論題

1 圖 12-15 的系統處於平衡狀態，此時中間的繩子恰好呈現水平狀態。物塊 A 重 32 N，物塊 B 重 45 N，而且角度 ϕ 等於 35°。試求：(a)張力 T_1，(b)張力 T_2，(c)張力 T_3，(d)角度 θ。

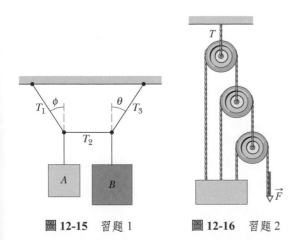

圖 12-15 習題 1　　**圖 12-16** 習題 2

2 圖 12-16 中的力 $\vec{F}$ 使 6.40 kg 木塊與滑輪組保持平衡。滑輪組的質量和摩擦力可以忽略。請計算最上方纜繩的張力 T (提示：當纜繩像這裡所顯示的不完全纏繞著滑輪，其作用在滑輪上的淨力值是纜繩張力的兩倍)。

3 85 kg 的窗戶清潔員用重 10 kg 長 8.0 m 的梯子。他將梯一端放在地面距牆面 2.5 m 處，梯子另一端靠在破裂窗戶上並爬上梯子。當他沿梯爬上 3.0 m 後窗戶破裂。不計梯子與窗戶間之摩擦且設梯底不滑動。求窗戶破裂前瞬間之(a)梯施於窗之力的大小，(b)地面施於梯之力的大小，(c)施於梯之力與水平之夾角？

4 四塊長 L、完全相同而且均勻的磚塊以兩種方式堆疊在桌上，如圖 12-17 所示(與習題 63 互相比較)。在這兩種排列方式中，欲使伸出距離 h 達到最大。試求 a_1、a_2、b_1 和 b_2 的最佳距離，並且計算兩種排列方式的 h。

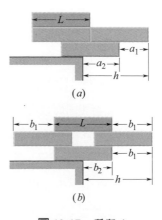

圖 12-17 習題 4

5 如圖 12-18 所示,有一重 413 N 之均勻樑,其一端用轉軸固定於牆上,另一端用金屬線支撐著,線與牆及樑之夾角皆為 $\theta = 30.0°$。試求(a)線的張力以及轉軸施於樑的力之(b)水平分量及(c)垂直分量各為何?

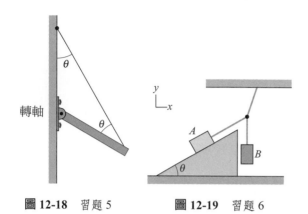

圖 12-18 習題 5   **圖 12-19** 習題 6

6 圖 12-19 顯示的是兩個粉筆箱和三條細繩的靜態配置方式。粉筆箱 A 的質量是 11.0 kg,且位於傾斜角 $\theta = 30.0°$ 的斜坡上;粉筆箱 B 的質量是 7.00 kg,且懸吊在一條細繩上。連結到粉筆箱 A 的細繩與斜坡面平行,而且斜坡是無摩擦的。(a)請問最上方細繩的張力是多少,(b)該細繩與水平面的夾角是多少?

7 圖 12-20,一 210 kg 均勻圓形木材,由兩條鋼線 A 及 B 懸著。兩線半徑均為 1.20 mm。最初,A 線長為 2.50 m 比 B 線短 2.00 mm。現在木材為水平。試問:(a) A 線及(b) B 線各有多大的力作用於木材?(c) dA/dB 比率為何?

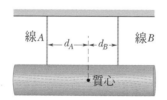

圖 12-20 習題 7

8 四個長度為 L、完全相同而且均勻的磚塊,彼此堆疊在另一個磚塊的頂部(圖 12-21),使得每一塊磚塊都有一部分伸出其下方磚塊的邊緣。請求出在磚塊保持平衡的情況下,(a) a_1,(b) a_2,(c) a_3,(d) a_4,(e) h 的最大值,試以 L 表示之。

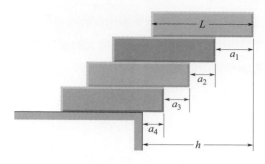

圖 12-21 習題 8

9 在圖 12-22 中,假設均勻桿長 L 為 1.82 m、重量為 200 N。物重 $W = 300$ N 且 $\theta = 30.0°$。該線可支持的最大張力為 412 N。(a)線斷裂前可能的最大距離 x 為何?此時 A 處轉軸施於桿之力的(b)水平分力及(c)垂直分力為何?

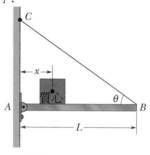

圖 12-22 習題 9

10 如果圖 12-6a 中的(正方形)橫樑是由黃杉製成,為了保持作用於其上的壓縮應力在它的極限強度的 $\frac{1}{6}$,請問其厚度必須是多少?

11 一門沿垂直向上延伸的 y 軸高度為 2.1 m,沿門栓邊緣向外延伸的 x 軸寬度為 0.91 m。距頂部 0.25 m 的門栓和距底部 0.25 m 的門栓分別支撐門的一半重量,即 27 kg。用單位向量表示法表示(a)頂部門栓和(b)底部門栓對門的作用力分別為何?

12 在圖 12-23 中,一個質量 m 的包裹懸掛在短繩上,短繩經由細繩 1 綁在牆上,經由細繩 2 綁在天花板上。細繩 1 與水平面的夾角是 $\phi = 40°$;細繩 2 與水平面的夾角是 θ。(a)請問 θ 值為何,可以讓細繩 2 的張力最小?(b)細繩 2 的張力最小為多少 mg?

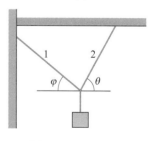

圖 12-23 習題 12

13 圖 12-24，欲使車輪升高越過高為 $h = 3.00$ cm 之障礙物，所需施於輪軸之水平力 $\vec{F}$ 大小為何？令輪的半徑為 $r = 6.00$ cm，質量為 $m = 0.415$ kg。

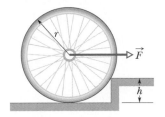

圖 12-24 習題 13

14 圖 12-25a 顯示一手指在捲曲抓握(crimp hold)下的形態，一攀岩者用一隻手攀爬，手指向下壓在狹小的岩石突出處上。從前臂肌延伸的肌腱(tendon)附著在手指的遠節指骨(far bone)上。沿此，肌腱穿過稱為滑車韌帶(pulley)的多個引導腱鞘(sheath)。A2 韌帶連接到第一指骨(first finger bone)上；A4 韌帶連接到第二指骨(second finger bone)。為了將手指拉向手掌，前臂肌肉將肌腱拉過韌帶，就像牽拉木偶上的細繩可以移動木偶的一部分一樣。圖 12-25b 是第二指骨的簡化圖，長度為 d。肌腱在骨骼上的拉力($\vec{F_t}$)作用在肌腱進入 A4 韌帶的位置，距離為 $d/3$。如果作用在四根捲曲抓握手指上的分力皆為 $F_h = 13.4$ N 和 $F_v = 162.4$ N，則 $\vec{F_t}$ 應為多少？此結果大概是攀岩者可以承受的，但如果攀岩者僅用一或兩根手指攀爬，則 A2 和 A4 韌帶就可能會斷裂，這是攀岩者常見的運動傷害。

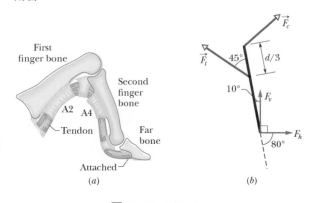

圖 12-25 習題 14

15 圖 12-26 所示為力 $\vec{F_1}$，$\vec{F_2}$，$\vec{F_3}$ 作用在某一構造物上之俯視圖。今欲在 P 點施第四力使該物保持平衡。此第四力有二分量 $\vec{F_h}$ 和 $\vec{F_v}$。其中 $a = 2.5$ m，$b = 3.0$ m，$c = 1.0$ m，$F_1 = 20$ N，$F_2 = 10$ N，$F_3 = 8.0$ N。求：(a) F_h，(b) F_v，(c) d 值。

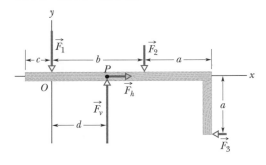

圖 12-26 習題 15

16 天花板上的活板門面積為 0.91 m^2，質量為 15 kg，一側接著門栓，另一側有擋板。如果門的重心距離門栓側 10 cm，那麼門在(a)擋板和(b)門栓上的施力大小分別是多少？

17 有一長 $L = 150$ m 之平頂隧道，其高為 $H = 7.2$ m，寬為 5.8 m，建於地面下 $d = 60$ m 處(見圖 12-27)。隧道頂面完全由正方形鋼柱支持，各柱之橫截面積為 885 cm^2。1.0 cm^3 土壤的質量為 2.8 g。(a)鋼柱所須支持的土壤總重量為何？(b)需多少鋼柱來維持各柱之壓應力為極限強度的一半？

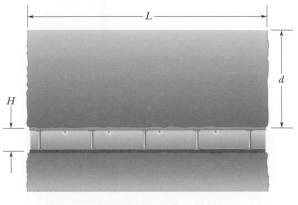

圖 12-27 習題 17

18 在圖 12-28 中，一個 13 kg 球體由無摩擦斜面所支撐，斜面與水平面之間的夾角是 $\theta = 55°$。已知角度 ϕ 等於 25°。請計算纜線的張力。

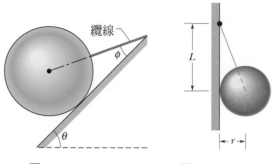

圖 12-28 習題 18　　**圖 12-29** 習題 19

19 圖 12-29 中，一質量 $m = 1.05$ kg，半徑 $r = 4.2$ cm 之均勻球，以繫於無摩擦之牆的無質量之繩懸掛著，繫點離球心之垂直距離為 $L = 6.0$ cm。求(a)繩張力？及(b)牆施於球之力？

20 一個長度 L 的橫樑由三個男人搬運，其中一個男人位於橫樑一端，其餘兩個人以一根橫木支撐在他們兩個之間的橫樑，橫木擺放的位置使得三個人平分橫樑的重量。請問橫木放在與橫樑不受力端相距多遠的地方？(忽略橫木的質量。)

21 於圖 12-30，一 78.0 kg 均勻的方形招牌，其邊長 $L = 2.00$ m，掛在一根長 $d_h = 3.00$ m 且質量可忽略不計的桿子。一條鋼索繫在桿子的末端以及繫在桿子鏈接之處上方 $d_v = 4.00$ m 的牆面上。(a)試問纜線的張力為何？試問牆壁作用在桿子的力，其水平分量的(b)量值和(c)方向(往左或往右)為何？垂直分量的(d)量值和(e)方向(往上或往下)為何？

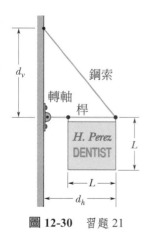

圖 12-30 習題 21

22 在圖 12-31 中，兩個完全相同、均勻和無摩擦的球體靜置在堅硬的矩形容器內，其中每一個球體的質量是 m。將兩個球體中心點連接在一起的直線，與水平面的夾角是 45°。請求出由：(a)容器底部，(b)容器左側，(c)容器右側，(d)兩個球彼此，作用在球體上的力的量值(提示：由一個球體作用在另一個球體的力量是沿著中心點連接線而作用)。

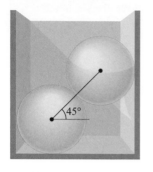

圖 12-31 習題 22

23 圖 12-32 所示為某一根剛性桿子繞著垂直軸轉動的俯視圖，這根桿子會持續轉動，直到兩個完全相同的橡膠墊片 A 和 B 受到剛性牆壁施力為止，墊片 A 與轉軸相距 $r_A = 7.0$ cm，墊片 B 與轉軸相距 $r_B = 4.0$ cm。剛開始的時候，墊片在沒有被壓縮的情形下碰觸牆壁。然後有一個量值 220 N 的力量 $\vec{F}$ 垂直作用於桿子，其施力點與轉軸相距 $R = 4.0$ cm。試求壓縮(a)墊片 A 和(b)墊片 B 之力的量值。

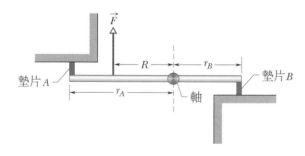

圖 12-32 習題 23

24 在圖 12-33 中，一個 704 kg 工地吊桶懸吊在纜繩 A 上，纜繩 A 在點 O 處連結到纜繩和上，纜繩 B 和 C 與水平線的夾角分別是 $\theta_1 = 51.0°$ 和 $\theta_2 = 66.0°$。請求出：(a)纜繩 A，(b)纜繩 B，(c)纜繩 C 的張力(提示：為了避免出現對兩個方程式求解兩個未知數的情形，請如圖所示設置座標軸)。

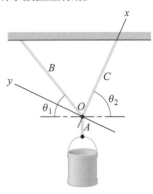

圖 12-33　習題 24

25 一水平的鋁桿，其直徑為 4.8 cm，由牆壁突出 5.3 cm。一個 1500 kg 物體懸於桿之末端。鋁的剪力模數為 3.0×10^{10} N/m²。不計桿之重量，求：(a)桿之剪應力及(b)桿之末端的垂直形變量。

26 在圖 12-34 中，一個重 60 N、長 3.2 m 的橫樑，其下端點使用轉軸固定著，並且以量值 50 N 的力 $\vec{F}$ 作用在其上端。橫樑以一條纜線使其維持在垂直狀態，纜線與地面的夾角是 $\theta = 25°$，纜線連結在橫樑的位置是在高度 $h = 2.0$ m 的地方。試求：(a)纜線中的張力和(b)轉軸作用在橫樑的力(以單位向量標記法作答)。

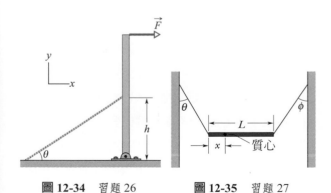

圖 12-34　習題 26　　　　圖 12-35　習題 27

27 不均勻桿由兩條輕質繩懸掛，呈水平靜止，如圖 12-35 中一繩與垂直線夾角 $\theta = 36.9°$，另一繩與垂直線夾角 $\phi = 53.1°$。若桿長 L 為 4.35 桿之重心距桿左端之距離 x 為何？

28 某一個礦場升降機利用單獨一條直徑 2.4 cm 的鋼纜線支撐其重量。升降機座廂與乘客的總質量是 670 kg。當升降機是懸吊在：(a) 12 m 纜線和(b) 362 m 纜線上的時候，請問纜線伸展了多長？(忽略纜線的質量)。

29 一均勻板子長度 $L = 6.10$ m，重 510 N，靜置於地面並靠在牆頂端之無摩擦滾軸上，其中牆高 $h = 4.00$ m，如圖 12-36 所示。板子在角度 $\theta \geq 70°$時均能保持平衡，但 $\theta < 70°$ 即開始滑動。試求板子與地面間之靜摩擦係數。

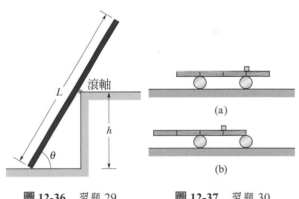

圖 12-36　習題 29　　　　圖 12-37　習題 30

30 在圖 12-37a 中，一個均勻的 40.0 kg 樑放置在兩個滾軸之間。樑上的垂直線是用以標記出相等距離。其中兩條線是位於兩個滾軸中心點上方；有一份 10.0 kg 墨西哥料理包放置在滾軸 B 中心點上方。請問：(a)滾軸 A 和(b)滾軸 B 作用在樑上的力大小各為何？然後將樑往左方滾動，直到右邊端點位於滾軸 B 中心點的上方(圖 12-37b)。請問現在：(c)滾軸 A 和(d)滾軸 B 作用在吊樑上的力大小各為何？接下來將吊樑往右方滾動。假設吊樑的長度是 0.800 m。(e)請問當料理包和滾軸 B 之間的水平距離是多少的時候，可以讓樑瀕臨與滾軸 A 失去接觸的狀態？

31 在圖 12-38 中，某一個具有均勻質量 $m_2 = 30.0$ kg、長度 $L_2 = 2.00$ m 的水平臺架 2，懸吊在具有均勻質量 $m_1 = 85.0$ kg 的水平臺架 1 下方。將 20.0 kg 的鐵釘盒放置在臺架 2 上，鐵釘盒的中心與臺架左方端點相距 $d = 0.500$ m。請問圖中所示的纜線張力 T 是多少？

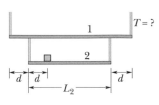

圖 12-38　習題 31

32 粒子受到力(單位：N)作用，$\vec{F}_1 = 8.40\hat{i} - 5.70\hat{j}$ 和 $\vec{F}_2 = 16.0\hat{i} + 4.10\hat{j}$。(a)平衡這些力的合力 $\vec{F}_3$ 的 x 分量和(b) y 分量為何？(c) $\vec{F}_3$ 相對於 x 軸正方向的角度為何？

33 圖 12-39a 顯示了某一根質量 m_b、長度 L 的水平均勻樑木，支撐此樑木的方式為，其左方端點以轉軸固定於牆壁，其右方端點則綁上一條與水平線成角度 θ 的纜線。將質量 m_p 的包裹放置在樑木上，其位置與左方端點相距 x。總質量是 $m_b + m_p = 89.00$ kg。圖 12-39b 為纜線張力 T 與包裹位置的關係圖，其中包裹位置以樑木長度的 x/L 倍表示之。T 軸的尺標可以用 $T_a = 500$ N，$T_b = 700$ N 予以設定。試計算：(a)角度 θ，(b)質量 m_b，(c)質量 m_p。

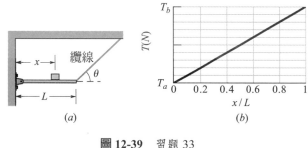

圖 12-39　習題 33

34 在圖 12-40 中，木塊 A (質量 10 kg)處於平衡狀態，但是如果木塊 B (質量 5.0 kg)再多重一點，則木塊將會滑動。已知角度 $\theta = 30°$，請問木塊 A 和其下方表面之間的靜摩擦係數是多少？

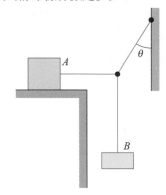

圖 12-40　習題 34

35 圖 12-41 中的系統處於平衡狀態。一質量 430 kg 的水泥塊掛在一均勻支柱之一端，已知支柱質量為 45.0 kg。$\phi = 30.0°$ 及 $\theta = 45.0°$，求(a)鋼索之張力 T。及求轉軸施於支柱之(b)水平分力及(c)垂直分力。

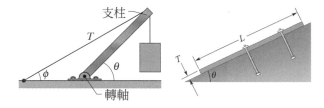

圖 12-41　習題 35　　**圖 12-42**　習題 36

36 在圖 12-42 中，一個矩形石材厚板靜置在傾斜角 $\theta = 26°$ 的床岩表面上。厚板的長度是 $L = 43$ m，厚度為 $T = 2.5$ m，寬度是 $W = 12$ m，而且已知這種石材每 1.0 cm^3 的質量為 3.2 g。厚板和床岩之間的靜摩擦係數是 0.39。(a)請計算重力作用在厚板上之平行於床岩表面的分量。(b)計算作用在厚板的靜摩擦力量值。經由比較(a)和(b)，我們將發現厚板處於會滑動的危險狀態。這只能偶然地以床岩的突起部分加以防止。(c)為了穩定石板，可以將螺栓垂直打入床岩表面(圖中顯示了兩個螺栓)。如果每個螺栓的截面積是 6.4 cm^2，而且在剪應力為 3.6×10^8 N/m^2 的時候將會斷裂，請問所需要的螺栓數量最少要有幾個？假設螺栓不會影響正向力。

37 圖 12-43a 顯示了一根長 L 而且其下方端點以轉軸固定的垂直均勻槳木。將水平力 $\vec{F}_a$ 施加於槳木上，其施力點與槳木下方端點的距離是 y。因爲有一條纜線綁在槳木的上方端點，所以槳木能保持垂直狀態，其中纜線與水平線的夾角是 θ。圖 12-43b 提供了纜線張力 T 表示成施力點位置的函數圖形，其中施力點在槳木長度的 y/L 倍處。T 軸的尺標可以用 $T_s = 900$ N 予以設定。圖 12-43c 提供了由轉軸作用在槳木的水平力量值 F_h 的曲線圖，它也是表示成 y/L 的函數。請計算 $\vec{F}_a$ 的：(a)角度 θ 和(b)量值。

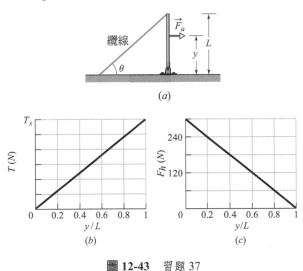

圖 **12-43** 習題 37

38 比薩斜塔高 59.1 m，直徑 7.44 m。塔的頂部沿垂直方向到地面的高度爲 4.01 m。若將塔視爲均勻的圓柱體，則(a)塔頂位移量多少會使塔瀕臨倒塌？(b)此時塔與垂直地面的線成何角度？

39 某一條質量可忽略的繩索在兩個相距 3.44 m 的支撐之間，沿著水平方向緊繃。當重 3160 N 的物體懸吊在繩索中央的時候，我們觀察到繩索下垂了 25.0 cm。試問繩索張力爲何？

40 在圖 12-44 中，一個長度 12.0 m 的均勻槳以水平纜線和轉軸加以支撐，圖中所示 $\theta = 50.0°$。纜線的張力是 400 N。請問：(a)作用在橫樑的重力，以及(b)由轉軸作用在橫樑的力爲何？試以單位向量標記法表示之。

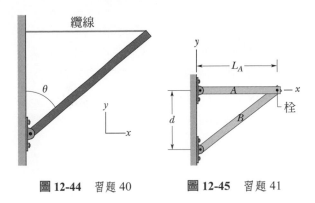

圖 **12-44** 習題 40　　圖 **12-45** 習題 41

41 在圖 12-45 中，均勻槳木 A 和 B 以轉軸固定於牆壁上，並且以螺栓鬆散地連結在一起(它們之間沒有力矩的作用)。槳木 A 具有長度 $L_A = 2.40$ m 和質量 54.0 kg；槳木 B 具有質量 68.0 kg。兩個裝上轉軸的位置相距 $d = 1.60$ m。試問：(a)由槳木 A 的轉軸作用在槳木 A 的力，(b)由螺栓作用在槳木 A 的力，(c)由槳木 B 的轉軸作用在槳木 B 的力，以及(d)由螺栓作用在槳木 B 的力各爲何？請以單位向量標記法表示之。

42 某一個長度 6.2 m、重 400 N 的均勻梯子靠在無摩擦垂直壁面。地面與梯腳之間的靜摩擦係數是 0.39。如果要讓梯子不會立即滑動，請問梯腳到壁面底部的距離最大可以是多少？

43 圖 12-46 正方形剛性架構的邊長是四個棍子 AB、BC、CD 和 DA，另外再加上兩個對角線棍子 AC 和 BD，兩個對角線棍子在交叉點 E 互不相影響。利用鬆緊螺旋扣 G，使得棍子 AB 處於拉緊狀態，就好像棍子兩端受到水平往外、量值爲 535 N 的力 $\vec{T}$ 在作用。(a)其餘的棍子有哪些處於拉緊狀態？(b)使這些棍子處於拉緊狀態的各力的量值是多少，(c)使其餘棍子處於壓縮狀態的各力的量值是多少？(提示：考慮對稱性質可以相當程度地簡化這個問題。)

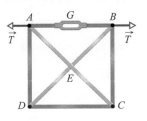

圖 **12-46** 習題 43

44 建築工人企圖將一根均勻橫樑舉離地面，並且讓它上升到一個垂直位置。橫樑有 2.50 m 長，重 500 N。在某瞬間，工人藉由施加一個與橫樑垂直的力 $\vec{P}$ 於橫樑上，讓橫樑保持短暫的靜止狀態，此時其一端位於地板

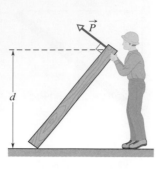

圖 12-47 習題 44

上方 $d = 1.50$ m，如圖 12-47 所示。(a)試問量值 P 是多少？(b)地板作用在橫樑的(淨)力量值是多少？(c)為了要讓橫樑在此瞬間不會滑動，請問橫樑與地板之間靜摩擦係數的最小值是多少？

45 圖 12-48 顯示了水平的 300 kg 圓柱。三條鋼索從天花板支撐該圓柱。鋼索 1 與 3 連接於圓柱兩端，而鋼索 2 連接於中間。每一鋼索皆具有 2.00×10^{-6} m² 的截面積。起初(圓柱放置就位前)鋼索 1 與 3 長 2.0000 m，而鋼索 2 則比此長度再長 6.00 mm。現時(圓柱已就定位)所有鋼索皆已拉伸。試問：(a)鋼索 1 與(b)鋼索 2 張力為何？

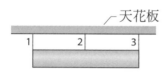

圖 12-48 習題 45

46 在經過一次掉落以後，一位 95 kg 攀岩者發現自己懸盪在原長 15 m、直徑 9.6 mm 之繩索的一端，但現在繩索已經拉長 1.3 m。請針對這條繩索，計算：(a)應變，(b)應力，(c)楊氏係數。

47 一位質量 46.0 kg 的體操選手，站在如圖 12-49 所示的均勻平衡木之一端。平衡木的長度是 5.00 m，質量是 250 kg (不含兩個支架的質量)。每一個支架與較接近之橫樑末端相距 0.540 m。請問由：(a)支架 1 和(b)支架 2 作用在橫樑的力為何？以單位向量標記法表示之。

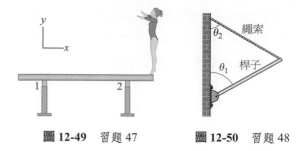

圖 12-49 習題 47　　**圖 12-50** 習題 48

48 在圖 12-50 中，質量 m 的均勻桿子在其較低端以轉軸固定在建築物上，其較高的一端則以固定在牆壁的繩索連結著。如果角度 $\theta_1 = 60°$，請問角度 θ_2 必須是多少，才能讓繩索的張力等於 $mg/2$？

49 一簡易鞦韆是將繩索的一端製作一個環並將另一端綁在樹幹上所組成。小孩坐在繩環中，繩子垂直懸掛，父親用水平力將小孩拉動並向一側移動。在將小孩從靜止釋放前，繩索與垂直地面方向成 15° 角，繩索張力為 280 N。請問(a)小孩的重量是多少？(b)在釋放小孩前，父親對小孩的(水平)施力大小是多少？(c)如果父親可以在孩子身上施加的最大水平力為 93 N，那麼父親在水平方向拉動時，繩索可與垂直地面方向形成的最大角度是多少？

50 一個均勻梯子長 10 m，重 200 N。在圖 12-51 中，梯子靠在垂直無摩擦壁面上，其停靠位置是在地面上方高度 $h = 8.0$ m 的地方。有一個水平力 $\vec{F}$ 被施加在梯子上，力的施加位置與梯底部相距 $d = 2.0$ m (沿著梯子量測)。(a)如果 $F = 50$ N，請問地面作用在梯子的力為何？試以單位向量標記法表示之。(b)如果 $F = 150$ N，則地面作用在梯子的力為何，也以向量標記法表示之？(c)假設地面與梯子之間的靜摩擦係數是 0.38；試問可以讓梯子剛好開始往牆壁移動的 F 最小值是多少？

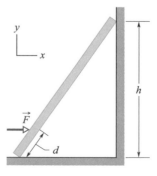

圖 12-51 習題 50

51 一個實心銅立方體的邊長是 85.5 cm。為了使立方體的邊長減少為 85.0 cm，試問必須施加多少應力在立方體上？已知銅的體積模數是 1.4×10^{11} N/m²。

52 圖 12-52 中的系統處於平衡狀態。相關角度分別是 $\theta_1 = 60°$，及 $\theta_2 = 20°$，而且球的質量是 $M = 2.0$ kg。請問：(a)繩子 ab 和(b)繩子 bc 中的張力是多少？

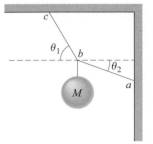

圖 **12-52** 習題 52

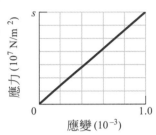

圖 **12-53** 習題 55

53 一個秤盤天平是由剛性、無質量桿子，以及懸吊在桿子兩端的秤盤所組成。桿子是以某一點作為支撐點，該點不是中間點，而桿子可以該點為軸心轉動。天平是以兩個置於秤盤的不相等質量加以平衡。當一個未知質量 m 被放置在左方秤盤的時候，天平是利用在右方秤盤放置質量 m_1 取得平衡；當質量 m 是放在右方秤盤的時候，天平是利用在左方秤盤放置質量 m_2 取得平衡。試證明 $m = \sqrt{m_1 m_2}$。

54 某一個圓柱形鋁棍的初始長度是 0.8000 m，半徑為 1000.0 μm，其一端被夾鉗夾住，然後以機器在另一端沿著與其長度平行的方向拉著鋁棍使其伸展。假設鋁棍的密度(每單位體積的質量)不會改變，請求出要讓鋁棍的半徑減少為 999.9 μm，機器所需要施加的力大小為何(未超過降伏強度)。

55 圖 12-53 顯示了當一條鋁金屬線以機器在其兩端往相反方向拉緊時，其應力相對於應變的曲線圖。應力軸的尺標可以用 $s = 9.5$ 予以設定，單位為 10^7 N/m²。金屬線的初始長度為 0.800 m，其初始截面積為 2.00×10^{-6} m²。如果要產生 1.00×10^{-3} 的應變，試問由機器施加的力對金屬線做的功有多少？

56 圖 12-54a 顯示的是在兩棟建築物之間材質均勻之斜坡，人可透過斜坡在二建築物之間走動。在斜坡的左端，斜坡以轉軸固定在建築物的牆壁上；在斜坡的右端安裝了可以沿著建築物牆壁滾動的滾軸。已知建築物沒有施加任何垂直力在滾輪上，只有施加量值 F_h 的水平力。兩棟建築物之間的水平距離是 $D = 4.00$ m。斜坡的上升高度是 $h = 0.490$ m。一個男人從左方橫越斜坡。圖 12-54b 顯示的是 F_h 和 x 之間的函數關係，其中 x 是男人與左方建築物之間的水平距離。F_h 軸的尺度由 $a = 20$ kN 及 $b = 25$ kN 設定。試問：(a)斜坡和(b)男人的質量是多少？

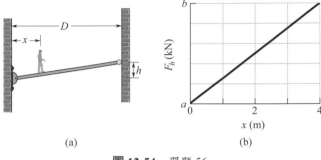

(a)   (b)

圖 **12-54** 習題 56

57 一正立方盒充滿了沙，重 700 N。想要水平推上端的任一邊緣使盒子「滾動」。(a)至少需多大的力？(b)盒子與地板間的靜摩擦係數至少需多大？(c)是否有更有效的方法使它滾動？若有，並求出所需之最小力(提示：在立方體開始翻倒的瞬間，正向力的作用位置在哪裡？)

58 一個邊長 8.0 cm 的均勻正立方體靜置在水平地板上。立方體與地板之間的靜摩擦係數是 μ。水平拉力 $\vec{P}$ 被垂直施加在立方體的一個垂直面，其作用位置是在立方體表面的垂直中線上、地面上方 7.0 cm 的地方。$\vec{P}$ 的量值會漸漸增加。請問在此增加過程中，μ 值是多少的時候，立方體最後會：(a)開始滑動以及(b)開始翻倒？(提示：在立方體開始翻倒的瞬間，正向力的作用位置在哪裡？)

59 一根均勻橫樑的長度是 5.0 m，質量是 53 kg。在圖 12-55 中，橫樑由轉軸和纜線支撐在水平位置，其中角度 $\theta = 60°$。試問由轉軸

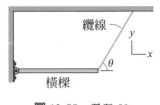

圖 **12-55** 習題 59

作用在橫樑的力為何？請以單位向量標記法表示之。

60 某一個 73 kg 的男人站在長 L 的水平橋面。他所在位置與橋的一端相距 $L/4$。橋本身是均勻的,而且重 2.7 kN。請問由:(a)比較遠離他的端點上的橋墩,以及(b)比較接近他的端點上的橋墩,作用在橋上的垂直力量值是多少?

CHAPTER 13

重力

13-1 牛頓重力定律

學習目標

在閱讀完這個區塊的文字之後，讀者應該能夠...

13.01 運用牛頓重力定律來了解兩質點之間的重力與兩質點質量和距離之間的關係。

13.02 了解由物質構成的均勻球殼對球殼外一質點的吸引力，等於將球殼質量集中於球心時，對該質點的吸引力。

13.03 畫出自由體圖說明作用於一質點的重力自來另一質點或由物質組成的均勻的球殼。

關鍵概念

● 宇宙中任何質點均以重力吸引其它質點，重力的大小為

$$F = G\frac{m_1 m_2}{r^2} \quad \text{（牛頓重力定律）}$$

m_1, m_2是質點的質量，r是彼此間的距離，G為重力常數，其值為6.67×10^{-11} N·m^2/kg^2。

● 有體積之物體間的重力求法是，累加(積分)物體內個別質點上之個別作用力。不過，若物體為一均勻球殼，或具有球形對稱的性質，則它對其他物體所施的重力，可將球殼或球體的質量視為集中於球心處來計算。

物理學是什麼？

　　長久以來物理學有一個目標就是了解重力——這個力量讓我們停留在地球上，讓月球維持在繞著地球的軌道上，以及使地球維持在圍繞太陽的軌道。它的影響範圍往外擴張到整個銀河系，讓銀河系中無數個星球緊靠在一起，也讓星球間數不盡的分子和塵粒彼此聚集。我們地球位於這個由許多星球和其他物質所組成的圓碟狀集合體幾近邊緣的地方，地球以緩慢速度繞著銀河中心旋轉，大約距離中心 2.6×10^4 個光年(2.5×10^{20} m)。

　　重力的影響也存在於各星系之間，將本星系群(Local Group of galaxies)彼此連結在一起，除了我們所在的銀河星系之外，還包括距離地球 2.3×10^6 光年的仙女座星系(圖 13-1)，再加上幾個比較近的矮星系(dwarf galaxies)，例如大麥哲倫星雲。本星系群是本超星系團(Local Supercluster of galaxies)的一部分，本超星系團被重力拉向稱為大引力源(Great Attractor)的地方，這是一個具有異常巨大質量的空間區域。這個區域似乎與地球相距約 3.0×10^8 光年，位於我們所在銀河的相反邊上。而

圖 13-1 仙女座星系。距地球 2.3×10^6 光年，用肉眼依稀可見，它的形狀和我們居住的銀河系很類似。(感謝 NASA 提供照片)

且重力的影響範圍甚至更遠，因爲它企圖讓整個正在擴張的宇宙聚集起來。

這種類型的力量也是宇宙中某些最神秘結構的根本原因：黑洞。當一個比我們的太陽大相當多的星球燃燒殆盡以後，它本身所有粒子之間的重力會導致此星球塌陷，因而形成黑洞。在這樣一個塌陷星球的表面，重力會非常強大，使得粒子與光線都無法從表面逃脫(因此稱爲「黑洞」)。任何過於靠近黑洞的星球可能被強大重力扯裂，並且吸入洞中。在捕捉數量足夠的星球後，將形成極巨大的黑洞。像這樣神秘的巨大物質在宇宙中是很常見的。的確，這樣的巨大物質潛伏在我們銀河系的中心，即爲黑洞的所在，稱爲射手座 A*，其質量約爲 3.7×10^6 個太陽。這黑洞附近的中強大到把行星聚集在黑洞附近，而完成軌道一圈所需的時間小到 15.2 年。

雖然我們仍然不完全了解重力，但是我們對它的理解是以牛頓的引力定義爲出發點。

牛頓重力定律

在討論方程式之前，讓我們花些時間思考一些我們認爲理所當然的事情。我們剛好可以立在地面上，而引力沒強到讓我們得爬著去上學(雖然一個臨時的考試會讓你爬著回家)，也沒有輕到讓我們一跳就會撞到天花板。它就是讓我們可以剛好立在地面上而不會和其他人吸撞在一起(這在任何一間教室都會是尷尬的)，或是我們也沒和身邊的物體吸在一起(否則片語"catching a bus"可能就會有另一個新的意思了。)這個吸引力很明顯的和我們自己以及其他物體有多少「東西」有關係：地球有很多「東西」所以產生很大的吸引力，但是另一個人有很少的「東西」所以產生很小(甚至可以忽略)的吸引力。而且「東西」總是吸引其他的「東西」，而不是排斥(否則一個大噴嚏就能把我們送上軌道)。

在過去，人們顯然知道他們正在被往下拉(尤其是當他們被絆倒時)，但是他們認爲那個向下的力量是地球獨有的，和天體橫過天空的視運動(apparent movement)無關。但在西元 1665 年，23 歲的艾薩克·牛頓認清到這力量是讓月亮能夠維持在自己軌道上的原因。他確實證明了在宇宙中每一個物體都吸引著其他每一個物。這種物體互相往對方移動的傾向被稱爲**萬有引力**，而內含的「東西」是每一個物體的質量。牛頓的**萬有引力定律**靈感來自於一顆掉落的蘋果，如果這個神話是眞的，那麼這引力是蘋果質量和地球質量之間的關係。因爲地球如此的巨大，所以這引力是可以察覺到的，但即使如此還是只有大約 0.8N。在公車上站在一起的兩個人之間的引力是(謝天謝地)非常小(小於 1 μN)且感覺不到。

在像是兩個人之間這類延展物體的萬有引力是很難計算的。這裡我們將重點放在兩個質點(沒有大小)之間的牛頓萬有引力定律。讓他們的質量為 m_1 和 m_2 然後 r 是間距。然後互相作用在對方的重力大小為

$$F = G\frac{m_1 m_2}{r^2} \quad \text{(牛頓重力定律)} \tag{13-1}$$

G 為重力常數：

$$\begin{aligned} G &= 6.67\times10^{-11}\,\text{N}\cdot\text{m}^2/\text{kg}^2 \\ &= 6.67\times10^{-11}\,\text{m}^3/\text{kg}\cdot\text{s}^2 \end{aligned} \tag{13-2}$$

在圖 13-2a 中，$\vec{F}$ 是由粒子 2(質量 m_2)所引起作用在粒子 1(質量 m_1)上的重力。因為粒子 1 被吸向粒子 2，所以這個力量指向粒子 2，而且被稱為是一種吸引力(attractive force)。這個力的量值計算方式如 13-1 式所示。

我們可將 $\vec{F}$ 描述成是沿著從粒子 1 到粒子 2 的徑向 r 軸的正方向(圖 13-2b)。描述 $\vec{F}$ 時，也可使用徑向單位向量 $\hat{r}$(量值為 1 的無因次向量)，這個單位向量是沿著 r 軸(圖 13-2c)離開粒子 1。利用 13-1 式，作用在粒子 1 的力量可以寫成

$$\vec{F} = G\frac{m_1 m_2}{r^2}\hat{r} \tag{13-3}$$

由粒子 1 所引起作用在粒子 2 的力，與作用在粒子 1 上的力具有相同量值，但是方向相反。這兩個力形成滿足牛頓第三定律的一組力對，而且我們可以說，介於這兩個粒子之間的重力具有如 13-1 式所描述的量值。在兩個粒子之間所產生的這種力不受其他物體的影響而改變，即使那些物體放置在這兩個粒子之間也是如此。換句話說，沒有任何物體可以阻隔粒子受到其他粒子所引起的重力的影響。

重力的大小——也就是兩給定質量及距離的質點互相吸引的程度——與重力常數 G 有關。假如 G 值因著某種奇蹟，突然變成 10 倍，地球引力會將你壓垮在地板上。而若 G 值變成只有原來的幾分之一，地球引力會很弱，跳高記錄就要改寫了。

非質點。雖然牛頓重力定律僅適用於質點，但如兩個物體的大小遠小於其間的距離，那麼 13-1 式可以作為極佳的近似公式。例如，地球與月球雖大，但其間之距離更大得多，因此地球與月球均可視為質點，13-1 式可以適用。但蘋果與地球之間又如何？從蘋果的角度來看，它下方又寬又廣的大地絕不可能是個質點。

牛頓用所謂的殼層理論(shell theorem)來解決蘋果與地球間的重力問題。殼層理論如下：

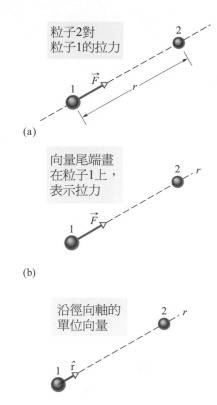

圖 13-2 (a)由於粒子 2 的關係，作用在粒子 1 上的重力 $\vec{F}$ 是一種吸引的力，這都是因為粒子 2 吸引了粒子 1 的緣故。(b)力 $\vec{F}$ 的方向是沿著從粒子 1 伸展到粒子 2 的徑向座標軸 r。(c)力 $\vec{F}$ 就在順著 r 軸之單位向量 $\hat{r}$ 的方向上。

> 由物質構成的均勻球殼對球殼外一質點的吸引力，等於將球殼質量集中於球心時，對該質點的吸引力。

地球是實心的，可以視為一系列大小不同的球殼層層套合而成，每一球殼對地球外一質點的吸引力，都等於將球殼的質量集中於球心時對該質點之吸引力。因此，由蘋果的觀點看來，地球可視為一質點，位於地球中心，質量等於地球總質量。

第三定律的力對(Force Pair)。假設在圖 13-3 中，地球以 0.80 N 的力將蘋果向下拉。蘋果亦必以 0.80 N 的力將地球向上拉，我們將此上拉之力視為作用於地球中心。用第五章的概念來說，這些力形成一對牛頓第三定律的力對。雖然它們大小相等，但是當蘋果被釋放時，他們產生不同的加速度。蘋果的加速度約為 9.8 m/s²，和地表附近自由落體加速度相似。而地球的加速度(以蘋果與地球之共同質心為參考座標)則僅有 1×10^{-25} m/s²。

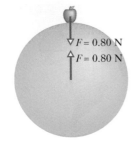

圖 13-3 地球拉蘋果的力與蘋果拉地球的力大小相等。

 測試站 1

一個質點依次被放置於四個物體的外面，每個物體的質量均為 m：(1)一個大的均勻實心球，(2)一個大的均勻球殼，(3)一個小的均勻實心球，(4)一個小的均勻球殼。在每一種情況中，質點和物體的中心之距離均為 d。試依物體和質點之重力的大小由大至小排列之。

13-2 重力及疊加原理

學習目標

在閱讀完這個區塊的文字之後，讀者應該能夠...

13.04 若超過一個重力作用於一質點，畫出自由體圖來表示這些力，且將力的向量箭頭延伸到質點上。

13.05 若超過一個重力作用於一質點，藉由將個別作用力表示成向量來找出淨力。

關鍵概念

● 重力遵守疊加原理；也就是，施於質點1的重力淨值$F_{1,\,net}$等於其他各質點同時施於質點1的各個重力的向量和

$$\vec{F}_{1,net} = \sum_{i=2}^{n} \vec{F}_{1i},$$

質點2, 3, ..., n作用於質點1的力F_{1i}之向量加總的結果。

● 欲計算物體對一質點所施的重力F_1，可先將該物體細分成許多微小的單元質量dm，每一微小質量各施一力dF於質點，最後將F積分，即得總力：

$$\vec{F}_1 = \int d\vec{F}$$

重力及疊加原理

　　假若有一群質點，則每一質點所受的總重力可以用**疊加原理**(principle of superposition)來計算。這是一個通用的原理，亦即總效應是個別效應的總和。因此，此原理代表，我們先求出所選質點上所受其他各質點的個別引力。然後，我們將這些作用力以向量法相加來得出淨作用力，如同前幾章我們將作用力相加一樣。

　　讓我們先來看上個句子(或許快速讀過)中兩個重點。(1)由於力是可以指著不同方向的向量，因此我們必須把它們當成是向量相加，以便把方向給算進去。(如果有兩個人分別以不同方向拉你，他們的淨作用力很明顯的會和他們同一個方向拉你時不一樣。)(2)我們在加總個別作用力時，試想這個世界是否會存在某種力與力之間的組合因素會與環境變化有關，或是某作用力的存在會放大其他作用力的大小。不，很幸運地，這個世界僅是簡單的作用力向量加法。

　　今假設有 n 個相互施力的質點，我們可將作用在質點 1 的重力的疊加原理寫成

$$\vec{F}_{1,\text{net}} = \vec{F}_{12} + \vec{F}_{13} + \vec{F}_{14} + \vec{F}_{15} + \cdots + \vec{F}_{1n} \tag{13-4}$$

這裡 $\vec{F}_{1,\text{net}}$ 為其他質點施於質點 1 的淨力，例如，$\vec{F}_{13}$ 表示質點 3 施於質點 1 的力。此式可寫成更簡短的形式：

$$\vec{F}_{1,\text{net}} = \sum_{i=2}^{n} \vec{F}_{1i} \tag{13-5}$$

　　真實物體。那麼，一個真實(具有廣延)的物體施於一質點的重力又該如何計算？我們可以將該物體分成許多小單元，每一小單元均可視為一質點，再利用 13-5 式求得各小單元施於該質點之重力的向量和。在極限情況下，我們可將具有廣延的物體分成許多微量單元，其質量為；各施微量的重力 $d\vec{F}$ 於質點上。在此極限情況下，13-5 式之向量和變成了積分：

$$\vec{F}_1 = \int d\vec{F} \tag{13-6}$$

其中，積分範圍涵蓋整個廣延物體。此外，我們也省略表示淨力的 net 下標。若該物體為一球體或球殼，則我們可以假設物體的質量集中在物體的質心，再利用 13-1 式計算結果，如此即可不必計算 13-6 式的積分。

測試站 2

如圖爲三個同質量之質點的四種不同排列。(a)將四種排列作排序，依照作用於質點 m 的淨重力大小，由大至小。(b)在第二種排列中，淨力的方向是靠近長度 d 的直線或長度 D 的直線？

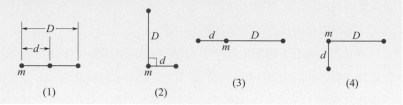

(1)　　　　(2)　　　　(3)　　　　(4)

範例 13.1　淨重力，二維，三個質點

三個質點位置如圖 13-4a 所示，質點 1 的質量 $m_1 = 6.0$ kg，質點 2 和質點 3 的質量 $m_2 = m_3 = 4.0$ kg，$a = 2.0$ cm。試問其它質點對質點 1 所產生的淨重力 $\vec{F}_{1,\text{net}}$ 爲何？

關鍵概念

(1) 因為我們已知各質點的質量和彼此之間的相對距離，故可利用 13-1 式($F = Gm_1m_2/r^2$)求出由其餘兩個質點任何一個作用在質點 1 的力的大小。**(2)** 作用在質點 1 上的每一個重力，其方向必定朝向該相對應的質點。**(3)** 因為作用在質點 1 上的各個力，其方向並不一致，所以我們並不能任意地將它們相加或相減。而必須像向量一般來處理它們。

計算　由 13-1 式可以知道，由質點 2 作用在質點 1 的力 $\vec{F}_{12}$ 的大小爲

$$\vec{F}_{12} = \frac{Gm_1m_2}{a^2}$$

$$= \frac{(6.67 \times 10^{-11}\,\text{m}^3/\text{kg·s}^2)(6.0\,\text{kg})(4.0\,\text{kg})}{(0.0020\,\text{m})^2}$$

$$= 4.00 \times 10^{-6}\,\text{N} \tag{13-7}$$

同理，質點 3 作用在質點 1 的力 $\vec{F}_{13}$ 的大小爲

$$\vec{F}_{13} = \frac{Gm_1m_3}{(2a)^2}$$

$$= \frac{(6.67 \times 10^{-11}\,\text{m}^3/\text{kg·s}^2)(6.0\,\text{kg})(4.0\,\text{kg})}{(0.0040\,\text{m})^2}$$

$$= 1.00 \times 10^{-6}\,\text{N} \tag{13-8}$$

$\vec{F}_{12}$ 的方向是朝 y 軸的正方向(圖 13-4b)，並且只有 y 分量 F_{12}。同理，$\vec{F}_{13}$ 的方向是朝 x 軸的負方向，並且只有分量 $-F_{13}$(圖 13-4c)。(請注意一些重要的事：我們在畫力圖時，把作用力的尾端定於受其力作用的質點上。用別的方法來畫時會出現錯誤，特別在考試的時候。)

爲了求出作用在質點 1 上的淨力 $\vec{F}_{1,\text{net}}$，我們必須以向量的方式將兩個力相加起來(圖 13-4d, e)。我們可以使用能處理向量的計算機來計算它們。不過，在這裡我們注意到，$-F_{13}$ 和 F_{12} 實際上爲 $\vec{F}_{1,\text{net}}$ 的 x 分量和 y 分量。所以我們可以使用 3-6 式，先求出 $\vec{F}_{1,\text{net}}$ 的大小，然後再求出其方向。所以其大小爲

$$F_{1,\text{net}} = \sqrt{(F_{12})^2 + (-F_{13})^2}$$

$$= \sqrt{(4.00 \times 10^{-6}\,\text{N}) + (-1.00 \times 10^{-6}\,\text{N})^2}$$

$$= 4.1 \times 10^{-6}\,\text{N} \tag{答}$$

以 x 軸的正方向爲準，根據 3-6 式可得 $\vec{F}_{1,\text{net}}$ 的方向爲

$$\theta = \tan^{-1}\frac{F_{12}}{-F_{13}} = \tan^{-1}\frac{4.00 \times 10^{-6}\,\text{N}}{-1.00 \times 10^{-6}\,\text{N}} = -76°$$

這個方向合理嗎(圖 13-4f)？當然不，因爲 $\vec{F}_{1,\text{net}}$ 的方向必須位在 $\vec{F}_{12}$ 和 $\vec{F}_{13}$ 的方向間。回想第 3 章，對於 $\tan^{-1}$ 函數，計算機只顯示出兩個可能答案中的其中一個。我們可加上 180° 找出另一個答案即：

$$-76° + 180° = 104° \tag{答}$$

這就是 $\vec{F}_{1,\text{net}}$ 的合理方向(圖 13-4g)。

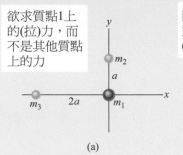

欲求質點1上的(拉)力，而不是其他質點上的力

(a)

圖示為質點2對質點1的(拉)力

(b)

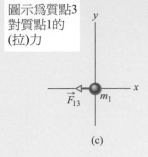

圖示為質點3對質點1的(拉)力

(c)

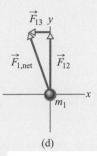

(d)

(e)

(f)

(g)

圖示是繪製質點1所受淨力的一種方式。注意到頂端接尾端的畫法。

圖示是另一種繪製方式，也是頂端接尾端。

用計算機的逆正切函數可得出角度

但這才是正確角度

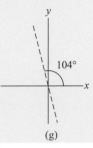

圖 13-4 (a)三個質點相對的位置。作用於質點 1 之力肇因於：(b)質點 2；(c)質點 3。(d)-(g)幾種結合力的方法以得出淨力的量值與方向。在 WileyPLUS 版本裡，這張圖是有旁白的動畫。

13-3 地表附近的重力

學習目標

在閱讀完這個區塊的文字之後，讀者應該能夠…

13.06 區分自由落體加速度與重力加速度。

13.07 計算質量均勻的球形星球體外且接近其表面之重力加速度。

13.08 區分量測重量與重力量值。

關鍵概念

● 質點(質量 m)之重力加速度a_g純粹是由作用在該質點上之重力所產生。當質點與一均勻球體(質量M)之球心相距r時，所受之重力大小如13-1式所述。而根據牛頓第二定律

$$F = ma_g$$

可得重力加速度為

$$a_g = \frac{GM}{r^2}$$

● 自由落體加速度及重量因為地球的質量並非均勻分佈，還有地球也非完美球形，且還會自轉，所以地表附近一個質點的實際自由落體加速度與其重力加速度a_g 稍有不同，而質點的重量(等於mg)也不同於其所受的重力大小。

表 13-1 a_g 與高度的關係

高度(km)	$a_g(m/s^2)$	例子
0	9.83	一般地表
8.8	9.80	喜馬拉雅山
36.6	9.71	最高載人氣球
400	8.70	太空梭軌道
35700	0.225	通訊衛星

地表附近的重力

假設地球是一個質量爲 M 的均勻球體。則地球外一質量 m、距地球中心爲 r 的質點所受之重力爲如方程式 13-1

$$F = G\frac{Mm}{r^2} \qquad (13\text{-}9)$$

若將質點釋放，則重力 $\vec{F}$ 會使其往地心掉落，且加速度稱爲**重力加速度** $\vec{a}_g$。牛頓第二定律告訴我們 F 和 a_g 的關係爲

$$F = ma_g \qquad (13\text{-}10)$$

將 13-9 式的 F 代入 13-10 式即可解出 a_g

$$a_g = \frac{GM}{r^2} \qquad (13\text{-}11)$$

表 13-1 顯示的是在地球表面上的各種不同高度，所計算出的 a_g 值。請注意，即使到高度 400 km，a_g 之值仍很大。

從 5-1 節起我們即忽略地球的自轉，而假設地球是一個慣性座標系。此簡化讓我們可以假設一質點的自由落體加速度和重力加速度(從現在起寫爲 a_g)是相同的。更進一步地，我們假定在地表任意處的 g 值爲常數 9.8 m/s²。然而，我們測量所得到的 g 值和從 13-11 式中計算所得的 a_g 值是不一樣的，這有三個原因：(1)地球質量的分佈並不均勻，(2)地球不是完美的球體，(3)地球會自轉。此外，因爲 g 和 a_g 不同，同樣上述三個理由代表，質點的測重 mg 不同於從 13-9 式所得的施於質點的重力大小。茲說明如下：

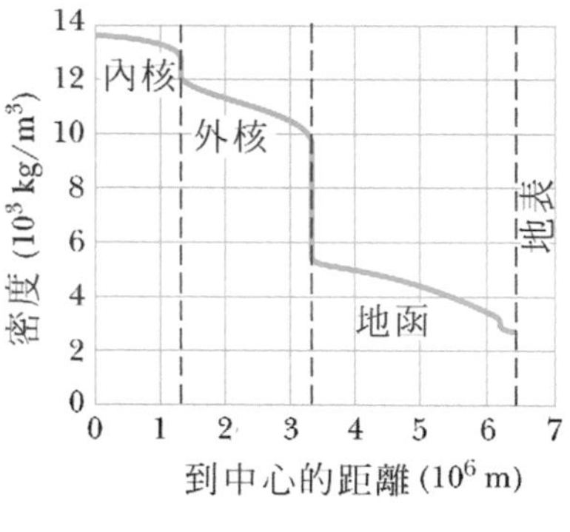

1. 地球質量分佈不均勻

地球的密度(每單位體積質量)在半徑方向的變化如圖 13-5 所示；而且地殼上的密度會隨著在地表上位置的不同而不同。所以 g 因位置的不同而改變。

2. 地球不是正球形

地球較像個橢圓形，兩極部分稍扁，赤道部分較凸。它的赤道半徑(從它的中心到赤道)大於極地半徑(它的中心到南北極)達 21 km。因此，在兩極的一個點，比在赤道的一個點更靠近高密度的地芯。這是如果你從赤道朝著向南北極移動的時候來量測自由落體加速度 g 會發現它增加的原因。當你移動的時候，實際上更接近地球的中心也央此，由牛頓的萬有引力定律，g 會增加。

3. 地球一直在自轉

地球自轉係以兩極的連線爲軸。因此，任何地表的物體 (兩極除外)均繞著轉軸作圓周運動，亦即，均具有向心加速度；其方向指向圓

圖 13-5 地球密度在徑向之變化圖。固態的內核，液態的外核，及固態的地殼之間的界線，均示於圖中；但地表的厚度極小，圖中畫得不是很精確。

周運動的圓心。此一向心加速度相當於有一指向圓心的向心力存在。

為了瞭解地球的自轉是如何導致 g 和 a_g 的差異，讓我們來看看一個簡單的狀況，假設在赤道上有個質量 m 的木箱被置於磅秤上。而且從北極上方觀察之，如圖 13-6a 所示。

圖 13-6b 為該木箱之自由體圖，顯示有兩個力作用在此木箱上，兩力方向皆沿著由地球中心延伸出來的徑向 r 軸。磅秤施在木箱上的正向力 $\vec{F}_N$ 是徑向向外，沿 r 軸正向。而重力(被表示成 $m\vec{a}_g$)是指向內。由於地球自轉時，木箱繞著地心作一圓周運動，木箱會具有一指向地心的向心加速度 $\vec{a}$。從 10-23 式($a_r = \omega^2 r$)知，此向心加速度等於 $\omega^2 R$，其中 ω 是地球的角速率，而 R 是此圓周運動的半徑(約略等於地球半徑)。因此，根據牛頓第二定律，在 r 軸上($F_{net,r} = ma_r$)。

$$F_N - ma_g = m(-\omega^2 R) \tag{13-12}$$

正向力 F_N 的大小等於在磅秤上所讀到的重量值 mg。將 mg 代入 F_N，13-12 式給出

$$mg = ma_g - m(\omega^2 R) \tag{13-13}$$

上述數學式的意思是

$$(測量重量) = (重力量值) - (質量乘向心加速度)$$

因為地球自轉的關係，所以測量的重量實際上小於作用在木箱上的重力。

加速度的不同處。為了找出 g 和 a_g 之間的關係，我們消去 13-13 式中的 m 而寫成

$$g = a_g - (\omega^2 R) \tag{13-14}$$

上述數學式的意思是

$$(自由落體加速度) = (重力加速度) - (向心加速度)$$

因此，因為地球自轉，自由落體加速度實際上是小於重力加速度的。

赤道。g 和 a_g 的差值等於 $\omega^2 R$，且相差最多的地方是在赤道上(基於某種理由，木箱的圓路徑半徑在這裡是最大值)。為了找出此差值，我們可以使用 10-5 式($\omega = \Delta\theta/\Delta t$)和地球半徑 $R = 6.37 \times 10^6$ m。對於地球自轉一周，$\theta = 2\pi$，而所花的時間大約為 24 小時。代入這些值(注意要將小時換算成秒)，我們可以發現 g 比 a_g 大約只小 0.034 m/s² (相對於 9.8 m/s²)。因此，忽略 g 和 a_g 之間的差異通常是合理的。同理，忽略重量和重力之間的差異通常也是被允許的。

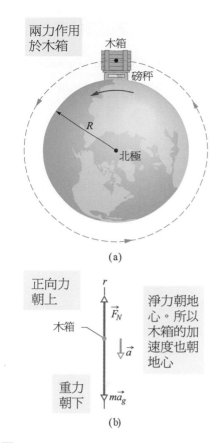

圖 13-6　(a)赤道上有一個木箱置於磅秤上，且此圖是由一個在北極上空，位於地球自轉軸上的觀察者所看到的景像。(b)木箱的自由體圖，圖中顯示了由地球中心延伸出來的徑向 r 軸。木箱所受的重力為 $m\vec{a}_g$。而磅秤施於木箱的正向力為 $\vec{F}_N$。因為地球的自轉，木箱具有向心加速度 $\vec{a}$，其方向指向地心。

範例 13.2 頭和腳的重力加速度差異量

(a) 太空人身高 $h = 1.70$ m，他的腳站於太空梭裡且離地心的距離爲 $r = 6.77 \times 10^6$ m。試問其頭和腳的重力加速度有什麼不同？

關鍵概念

我們可以將地球近似爲一個均勻球體，質量爲 M_E。13-11 式告訴我們距地心之任何距離 r 處之重力加速度爲

$$a_g = \frac{GM_E}{r^2} \qquad (13\text{-}15)$$

我們將直接應用上式兩次，首先腳的位置爲 $r = 6.77 \times 10^6$ m，然後頭的位置爲 $r = 6.77 \times 10^6$ m + 1.70 m。然而，這樣的算法將得到兩個相同的 a_g 值，其差值爲零，這是因爲相對於 r 而言，h 實在是太小了。這裡有個較可行的方法：因爲從太空人的腳到頭有 dr 的變化量，讓我們將 13-15 式對 r 微分。

計算 微分結果爲

$$da_g = -2\frac{GM_E}{r^3} dr \qquad (13\text{-}16)$$

其中 da_g 是重力加速度的微小變化，它是因爲 r 之微量 dr 所造成的。對於太空人，$dr = h$ 及 $r = 6.77 \times 10^6$ m。將這些資料代入 13-16 式得

$$da_g = -2\frac{(6.67 \times 10^{-11}\,\text{m}^3/\text{kg}\cdot\text{s}^2)(5.98 \times 10^{24}\,\text{kg})}{(6.77 \times 10^6\,\text{m})^3}(1.70\,\text{m})$$
$$= -4.37 \times 10^{-6}\,\text{m/s}^2 \qquad (\text{答})$$

其中，M_E 之值由附錄 C 而得。這個結果告訴我們，太空人腳處對於地球的重力加速度之值，略大其頭處對於地球之重力加速度。這個加速度上的差異(常稱之爲潮汐作用)傾向於拉長它的身體，但是由於差異實在太小了使得她根本感覺不到這個拉長作用，更不要說會因之感到疼痛。

(b) 如果現在太空人是站立於距黑洞(質量 $M_h = 1.99 \times 10^{31}$ kg，相當於太陽質量的 10 倍) $r = 6.77 \times 10^6$ m 的軌道上，腳和頭的重力加速度有何不同？黑洞有一個數學性表面(事件視界，event horizon)，其半徑 $R_h = 2.95 \times 10^4$ m。沒有任何東西，甚至連光都無法從該表面或裡面的任何地方逃離。請注意，此太空人是處在表面外(在 $r = 229R_h$ 之處)。

計算 太空人的頭和腳之間的距離 r 再次有了微小的變化 dr，所以我們可以再次使用 13-15 式。不過，現在是以 $M_h = 1.99 \times 10^{31}$ kg 來代替 M_E。首先我們得到

$$da_g = -2\frac{(6.67 \times 10^{-11}\,\text{m}^3/\text{kg}\cdot\text{s}^2)(1.99 \times 10^{31}\,\text{kg})}{(6.77 \times 10^6\,\text{m})^3}(1.70\,\text{m})$$
$$= -14.5\,\text{m/s}^2 \qquad (\text{答})$$

這意謂著，腳所受朝黑洞之重力加速度明顯大於頭的重力加速度。這個結果傾向於拉長她的身體，雖然耐得住但是會很痛苦。如果她逐漸陷入黑洞，拉長的傾向將大大地增加。

13-4 地球內部的重力

學習目標

在閱讀完這個區塊的文字之後，讀者應該能夠…

13.09 了解一均勻球殼對位於其內部之質點所施的淨重力爲零。

13.10 計算作用於一個位於某均勻球體內部的質點之重力。

關鍵概念

● 一均勻球殼對其內部之任何質點所施的淨重力等於零。

● 若一質點位於一實心球內,距球心為r,則僅有半徑r之球形「內部的質量」M_{ins}會施重力於該質點。其中,質量M_{ins}為

$$M_{ins} = \frac{4}{3}\pi r^3 \rho = \frac{M}{R^3}r^3$$

式中ρ為球的密度。R為球半徑。M為球質量。我們可以把這個「內部的質量」看成一位於實心球中心位置的質點之質量,然後用質點間的牛頓重力定律。我們可以得到作用於質量m的力大小為:

$$F = \frac{GmM}{R^3}r$$

地球內部的重力

牛頓殼層理論也可應用於均勻球殼內的質點,如下所述:

 一均勻球殼對其內部之任何質點所施的重力等於零。

請注意:此陳述並不表示由球殼的各個單元對該質點所產生的重力奇蹟般地消失了。而是由所有單元對該質點所產生的總力向量和為零之故。

如果地球的密度是均勻的,那麼在地球表面的質點所受的重力最大;質點越往外移動,所受重力會越來越小。若質點往地心移動,所受重力的變化取決於兩個因素:(1)它越移靠近地心,重力應增大。(2)因質點徑向位置之外的球殼部分對質點所施的重力為零,故重力應遞減。假設地球是均勻的,上述的第二項因素應該是較有說服力的,並且作用在質點上的重力將會越來越小,當到達地心時,其值為零。然而,對於真實的(非均勻)地球,當質點開始下降時,其上作用力實際上會增加。至一個確定的深度,作用力會達最大值,當質點再往地心移動其作用力開始減少。

為了要找出位於均勻地球內部重力的數學式,讓我們先來看早期一部由 George Griffith 寫的科幻作品 Pole to Pole 裡的劇情。三個探險家嘗試利用太空艙通過直接由北極通到南極的隧道(當然,這是杜撰的)。如圖 13-7 所示,太空艙(質量 m)掉進距離地球中心 r 處。在那個瞬間,作用在太空艙的淨重力是來自半徑 r 的內部球體質量 M_{ins}(被虛線所圍住的區域),而非外部球殼的質量。而且我們可以將內部的質量 M_{ins} 看成是集中在地心的質點。因此,我們可以用 13-1 式在太空艙上的重力大小寫成

$$F = \frac{GmM_{ins}}{r^2} \tag{13-17}$$

因為我們假設一均勻密度 ρ,所以我們可以將內部質量以地球總質量 M 和半徑表示 R:

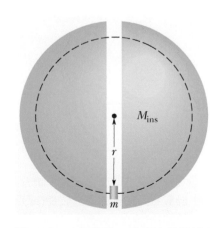

圖 13-7 一個質量 m 的太空艙從靜止狀態掉落連接地球的南極和北極的隧道中。當此太空艙距離地心 r 時,在地球半徑 r 以內的部分,質量為 M_{ins}。

$$密度 = \frac{內部質量}{內部體積} = \frac{全部質量}{全部體積}$$

$$\rho = \frac{M_{\text{ins}}}{\frac{4}{3}\pi r^3} = \frac{M}{\frac{4}{3}\pi R^3}$$

求出 M_{ins}

$$M_{\text{ins}} = \frac{4}{3}\pi r^3 \rho = \frac{M}{R^3}r^3 \tag{13-18}$$

將 M_{ins} 的第二個數學式代入 13-17 式,我們可以得到作用在太空艙的重力大小,以距離地心 r 為函數,可寫為

$$F = \frac{GmM}{R^3}r \tag{13-19}$$

根據 Griffith 的故事,當他們接近地心時,作用在身上的重力變得非常得大,當到達地心後,重力忽然立刻消失。事實上,從 13-19 式我們發現當太空艙接近地心時,力的大小會線性的減少,直到位於地心處為零。至少 Griffith「在地心為零」的細節是對的。

13-19式也可用作用力向量 F 和太空艙由地心沿徑向軸延伸出來的位置向量 r 來表示。令 K 代表常數。13-19 式可寫成

$$\vec{F} = -K\vec{r} \tag{13-20}$$

在這裡我們增加了一個負號,以指出 $\vec{F}$ 和 $\vec{r}$ 的方向相反。13-20 式具有虎克定律(7-20 式, $\vec{F} = -k\vec{d}$)的形式。因此,在這個故事的理想化條件下,此太空艙將會像一塊物體連接著彈簧般振盪,振盪的中心在地球的中心。在太空艙從南極通過地球的中心後,它將從中心往北極駛去(就如同 Griffith 所說的),並且將再度回來,永遠重複這個循環。

對於真實的地球而言,質量的分佈是不均的(圖 13-5),當太空艙往下掉時,作用在太空艙的力一開始會增加,在某一深度時力會最大。然後再更往下掉時,力會開始減小。

13-5 重力位能

學習目標

在閱讀完這個區塊的文字之後,讀者應該能夠...

13.11 計算質點系統的重力位能(或是將均勻球體視為質點)。

13.12 了解如果在重力作用的情況下,一質點由初位置到末位置,重力所作的功(也是所謂的重力位能改變量)與路徑的選擇是無關的。

13.13 藉由質點在天體附近的重力作用(或者是第二個物體固定於某地),來計算當該質點移動時重力所作的功。

13.14 應用力學能守恆(包含重力位能)來分析質點運動與天體(或者是第二個物體固定於某地之間的關係)。

13.15 解釋質點欲逃離天體所需的能量(通常假設是一個均勻球體)。

13.16 計算一個質點對一個天體的脫離速率。

關鍵概念

● 質量 M 及 m 的兩質點相距 r 時,此兩質點的系統之重力位能 $U(r)$ 為,一質點將另一質點以重力從無限遠處吸引至 r 處所作功的負值:其能量是

$$U = -\frac{GMm}{r} \quad \text{(重力位能)}$$

● 若一系統含有兩個以上的質點,則系統的總重力位能 U 等於各對質點間位能之總和。例如,若系統有三個質點,質量分別為 m_1、m_2 及 m_3,則

$$U = -\left(\frac{Gm_1m_2}{r_{12}} + \frac{Gm_1m_3}{r_{13}} + \frac{Gm_2m_3}{r_{23}}\right)$$

● 若一物體欲由一天體(質量 M,半徑 R)之表面上脫離其重力拉扯,而到達極遠處,則其初速率至少必須等於脫離速率:

$$v = \sqrt{\frac{2GM}{R}}$$

重力位能

在 8-1 節中,我們曾討論質點-地球系統的重力位能。我們小心地將質點保留在地表附近,所以我們能把重力看成常數。然後我們選擇系統的某一種參考組態,使其重力位能為零。通常在此配置下,質點位於地球表面。如果質點不在地球表面。則質點和地球相隔的距離減少時,重力位能也會減少。

這裡我們推廣我們的觀點。考慮兩個質點的重力位能 U,其質量為 m 和 M,相隔的距離為 r。我們再度選擇一重力位能為零的參考配置。然而,為了簡化方程式,現在的參考配置中,分開的距離 r 是趨於無限大。如同前面的情況,分開的距離減少時,重力位能 U 亦同樣地減少。既然 $r = \infty$ 時 $U = 0$,所以在任何有限的相隔距離下,其位能皆為負值,而且當質點互相接近時,此負值會逐漸變得更負。

有了這些論據,我們將在下面證明兩個質點的重力位能為

$$U = -\frac{GMm}{r} \quad \text{(重力位能)} \tag{13-21}$$

由此可知當 r 趨於無限大時,$U(r)$ 趨於零,且任何有限之 r,其 $U(r)$ 之值為負。

概念。13-21 式所述之位能是兩個質點之間的位能,而不是某一單獨質點的位能。我們沒有辦法將此位能分成兩部分,然後說這一部分是這個質點的位能,那一部分是那一個質點的位能。不過,假如 $M \gg m$,例如地球(質量 M)與棒球(質量 m)就是這樣,我們常常是這樣提:「棒球的位能為…」。因為當棒球在地球附近運動時,由於地球本身的動能變化幾乎測不出來,因此系統的位能變化幾乎就等於棒球的動能變化。與此類似地,於第 13-8 節我們應該說繞行地球的「人造衛星的位能」,因為人造衛星的質量遠遠的輕於地球的質量。當我們說到一個可比較的質量之物體的位能時,我們必須小心的將它們看成一個系統。

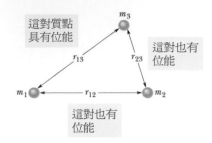

這對質點具有位能

這對也有位能

這對也有位能

圖 13-8 三個質點的系統。系統的重力位能為三對質點間的重力位能總和。

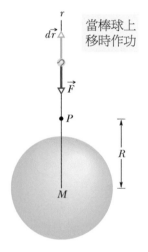

當棒球上移時作功

圖 13-9 一粒棒球從很遠的地方被拋向地球,到達距地球中心 R 之處。作用在球上的重力 $\vec{F}$ 和微量位移向量 $d\vec{r}$ 均顯示在圖上,兩者的方向皆沿著 r 軸。

多質點。假如有兩個以上的質點存在,則必須先計算每對質點之間的位能(利用 13-21 式),然後將所有的結果加起來,即為系統的總位能。例如圖 13-8 中,系統的位能為

$$U = -\left(\frac{Gm_1m_2}{r_{12}} + \frac{Gm_1m_3}{r_{13}} + \frac{Gm_2m_3}{r_{23}} \right) \tag{13-22}$$

13-21 式的證明

讓我們從很遠的地方向地球拋出一粒棒球,如圖 13-9 所示。我們想要找出此棒球沿著該路徑,到達 P 點時的重力位能 U 的表示式,其中 P 點和地球中心的距離為 R。為了達到此目的,我們首先找到當球從 P 點被移至距地球極遠(無窮遠)處時,重力對球所作的功 W。因為重力 $\vec{F}(r)$ 是可變的力(其大小與 r 有關),所以我們必須使用 7-8 節的技巧來找出此功。使用向量符號,我們可以寫下

$$W = \int_R^\infty \vec{F}(r) \cdot d\vec{r} \tag{13-23}$$

這個積分包含 $\vec{F}(r)$ 和沿棒球路徑的微分位移向量 $d\vec{r}$ 兩者的純量積(或內積)。我們可以展開此內積如下

$$\vec{F}(r) \cdot d\vec{r} = F(r)dr\cos\phi \tag{13-24}$$

其中,ϕ 是 $\vec{F}(r)$ 和 $d\vec{r}$ 之間的夾角。當我們將 180° 代入 ϕ 和 13-1 式代入 F(r),則 13-24 式變成

$$\vec{F}(r) \cdot d\vec{r} = -\frac{GMm}{r^2}dr$$

其中 M 是地球的質量,而 m 是棒球的質量。

代入 13-23 式並積分之

$$W = -GMm\int_R^\infty \frac{1}{r^2}dr = \left[\frac{GMm}{r}\right]_R^\infty$$

$$= 0 - \frac{GMm}{R} = -\frac{GMm}{R} \tag{13-25}$$

其中,W 是將棒球從 P 點(距離 R)移到無限遠處所作的功。8-1 式($\Delta U = -W$) 告訴我們可以將功寫成和位能的關係如下

$$U_\infty - U = -W$$

因為在無限遠處的位能 U_∞ 為零,而 U 是在 P 點的位能,W 則根據 13-25 式得出,因此上式變為

$$U = W = -\frac{GMm}{R}$$

將 R 變成 r,便可得到 13-21 式。而這正是原先想要證明的。

與路徑無關

在圖 13-10 中，我們把一粒棒球從 A 點沿著某路徑移至 G 點，此路徑包含三條徑向長度和三條圓弧(以地球為圓心)。我們感興趣的是將球從 A 移至 G 時，地球的重力 $\vec{F}$ 對球所作的功。因為 $\vec{F}$ 的方向垂直於圓弧上的每一點，沿著圓弧路徑所作的功為零。所以，只有沿著三條徑向長度時，$\vec{F}$ 做的功才不為零，且總功 W 是這些功的總和。

現在，假設我們在心中將這些圓弧的長度收縮為零。然後我們直接將球從 A 沿著單一徑向長度，移動到 G。所作的功有改變嗎？答案是沒有。因為沿著圓弧路徑並沒有做功，消除它們並不會使功發生變化。現在，從 A 點到 G 點的路徑明顯地不同了，但是 $\vec{F}$ 做的功還是一樣。

我們已經在 8-1 節用一般性的方法討論過這樣的結果。此處的重點是：重力是保守力。因此，重力所作的功與起點 i 和終點 f 之間的路徑無關。從 8-1 式可知，起點 i 至終點 f 的重力位能變化量 ΔU 可以寫成

$$\Delta U = U_f - U_i = -W \tag{13-26}$$

因為保守力所作的功 W 和實際的路徑無關，所以重力位能變化量 ΔU 也和實際的路徑無關。

位能與力

前面我們證明 13-21 式時，曾利用力函數 $\vec{F}(r)$ 來求位能函數 $U(r)$。我們現在則反過來，利用位能函數來導出力函數。由 8-22 式($F(x) = -dU(x)/dx$)可得

$$\begin{aligned} F &= -\frac{dU}{dr} = -\frac{d}{dr}\left(-\frac{GMm}{r}\right) \\ &= -\frac{GMm}{r^2} \end{aligned} \tag{13-27}$$

此即為牛頓的重力定律(13-1 式)。負號意謂著作用在質量 m 之力，沿著徑向方向朝向質量 M。

脫離速率

垂直向上發射一枚拋體時，它的速度會愈來愈慢，接著靜止片刻，最後會掉回地面來。然而，存在一最小初始速率，可使其永遠向上運動，理論上僅當抵達無窮遠時才靜止。那麼此發射時之最小初速率稱為(地球的)**脫離速率**(escape speed)。

設拋體的質量為 m，以脫離速率 v 由一星球(或其他天體系統)的地面發射。拋體具有動能 K 為 $\frac{1}{2}mv^2$，位能 U 為(見 13-21 式)：

$$U = -\frac{GMm}{R}$$

其中 M 為該星球質量，R 為其半徑。

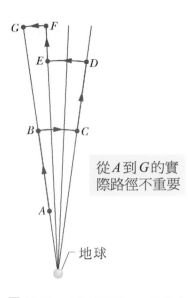

圖 13-10 在地球附近，一粒棒球從 A 點沿著某路徑被移至 G 點，這條路徑包含徑向長度和圓弧。

從 A 到 G 的實際路徑不重要

地球

當拋體到達無限遠處，且在該處恰爲靜止時，動能爲零。其位能也等於零，因兩物相距無窮遠是我們的零位能組態。因此在無限遠處之總能量等於零。由能量守恆律，拋體最初在地面時之總能量亦必爲零，故

$$K + U = \frac{1}{2}mv^2 + \left(-\frac{GMm}{R}\right) = 0$$

由此式得

$$v = \sqrt{\frac{2GM}{R}} \tag{13-28}$$

請注意，脫離速率 v 與拋體發射的方向無關。然而，如果拋體是朝著發射台隨地球自轉而移動的方向發射，則要達到此速率便較爲容易。例如，在卡納維拉角向東發射的火箭，便利用了因地球自轉所具有向東 1500 km/h 的速率。

13-28 式可適用於拋體脫離任何天體所需的脫離速率，只要將式中的 M 及 R 以該天體之質量及半徑代入即可。表 13-2 爲一些天體的脫離速率。

表 13-2 脫離速率比較表

天體	質量(kg)	半徑(m)	脫離速率(km/s)
穀神星 [a]	1.17×10^{21}	3.8×10^5	0.64
月球 [a]	7.36×10^{22}	1.74×10^6	2.38
地球	5.98×10^{24}	6.37×10^6	11.2
木星	1.90×10^{27}	7.15×10^7	59.5
太陽	1.99×10^{30}	6.96×10^8	618
天狼星 B [b]	2×10^{30}	1×10^7	5200
中子星 [c]	2×10^{30}	1×10^4	2×10^5

[a] 最重的小行星。

[b] 是亮星天狼星的伴星，屬白矮星(演化最後階段)。

[c] 恆星發生超新星爆炸後，所剩的坍塌核心。

 測試站 3

將一顆質量爲 m 的球移離質量爲 M 的球。

(a)此兩球系統的重力位能增加或減少？

(b)在 m 和 M 之間重力所作之功爲正或負？

範例 13.3 外太空墜落的隕石，力學能

一個小行星以相對於地球的速率 v =12 km/s 朝向地球運動，此時距地心的距離為地球半徑的 10 倍。忽略地球上大氣層對小行星的影響，求小行星到達地表時的速率 v_f。

關鍵概念

因爲我們將忽略大氣對小行星的影響，所以在墜落期間，小行星─地球系統的力學能是守恆的。因此，最後的力學能(即當小行星到達地表時)等於最初的力學能。以 K 代表動能，以 U 代表重力位能，我們可以將這項關係表示如下

$$K_f + U_f = K_i + U_i \qquad (13\text{-}29)$$

此外，假如我們假設的系統是孤立的，那麼在落下的過程中，此系統的線動量必定是守恆的。因此，該小行星的動量變化量必定和地球的動量變化量大小相等，符號相反。然而，因爲地球的質量遠大於此小行星的質量，所以相對於小行星的速率變化，地球的速率變化是可以忽略的。故地球的動能變化也可以被忽略。那麼，我們可以把 13-29 式中的那些動能全都看成是小行星的動能。

計算 令 m 代表小行星的質量，M 代表地球的質量 $(5.98 \times 10^{24} \text{ kg})$。小行星最初在距離地球 $10R_E$ 處，而最後在 R_E 處，其中 R_E 是地球半徑 $(6.37 \times 10^6 \text{ m})$。

用 13-21 式代替 U，$\frac{1}{2}mv^2$ 代替 K，我們重新將 13-29 式寫成如下

$$\frac{1}{2}mv_f^2 - \frac{GMm}{R_E} = \frac{1}{2}mv_i^2 - \frac{GMm}{10R_E}$$

重新整理並代入已知值，我們發現

$$v_f^2 = v_i^2 + \frac{2GM}{R_E}\left(1 - \frac{1}{10}\right)$$

$$= (12 \times 10^3 \text{ m/s})^2$$

$$+ \frac{2(6.67 \times 10^{-11} \text{ m}^3/\text{kg·s}^2)(5.98 \times 10^{24} \text{ kg})}{6.37 \times 10^6 \text{ m}} 0.9$$

$$= 2.567 \times 10^8 \text{ m}^2/\text{s}^2$$

以及

$$v_f = 1.60 \times 10^4 \text{ m/s} = 16 \text{ km/s} \qquad (答)$$

在這個速度下，小行星不必太大即可造成相當大的損壞。譬如假使它只有 5 m 寬，撞擊時將釋放很大的能量，如同在廣島市所造成的原子彈爆炸。令人掛慮的是，大約有五億個如上述大小的小行星在地球軌道附近，在 1994 年其中一個小行星穿過大氣層且在南太平洋上方 20 km 處爆炸(導致 6 個軍用衛星發出核彈爆炸的警告訊息)。

WILEY PLUS Additional example, video, and practice available at *WileyPLUS*

13-6 行星及衛星：刻卜勒定律

學習目標

在閱讀完這個區塊的文字之後，讀者應該能夠…

13.17 了解刻卜勒的三個定律。

13.18 了解刻卜勒定律中與角動量守恆的部份。

13.19 在橢圓軌道的圖中，能指認出半長軸、離心率、近日點、遠日點以及其他焦點。式中的軌道週期、半徑以及運行天體之質量。

13.20 在橢圓軌道中，運用半長軸、離心率、近日點以及遠日點之間的關係。

13.21 對於軌道運行中的自然衛星或是人造衛星，運用刻卜勒關係

關鍵概念

● 人造衛星的運動，不管是自然的或是人造的，都受到刻卜勒定律規範：

1. 軌道定律：所有行星的軌道均爲橢圓，太陽位於其中一個焦點上。

2. 面積定律：在相等的時間間隔內，由任何行星連 接到太陽的線段所掃過的面積是相等的(這個敘述相當於角動量守恆)。

3. 週期定律：任何行星繞日週期T的平方與其軌道半長軸a的立方成正比。對半徑爲r的半徑軌道，

$$T^2 = \left(\frac{4\pi^2}{GM}\right)r^3 \quad \text{(週期定律)}$$

其中M是引力體的質量——在太陽系指的是太陽。此式亦適於橢圓形軌道，只要將r改爲半長軸a即可。

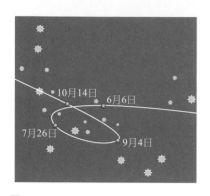

圖 13-11 1971 年火星的路徑，其背景爲牡羊座的星群。圖中標示了火星在所選擇的四天的位置。因火星與地球兩者都繞太陽運動，因此我們所看到的是火星對地球的相對運動，這有時導致火星的路徑中產生明顯的繞圈子的現象。

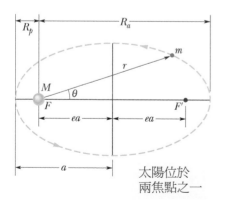

圖 13-12 質量 m 的行星繞太陽作橢圓軌道運動。太陽(質量 M)位於橢圓的一個焦點 F 上。另一焦點 F' 爲空焦點。焦點與橢圓中心點之距離爲 ea，其中 e 爲橢圓的離心率。圖中，a 爲橢圓的半長軸，R_p 爲近日距離，R_a 爲遠日距離。

行星及衛星：刻卜勒定律

自有人類歷史以來，行星在天空中與恒星有截然不同的詭異路徑，一直使人類困惑不已。如圖 13-11 所示的火星繞圈的運動尤其怪異。德國天文學家刻卜勒(1571-1630)窮畢生之精力，終於整理出三條經驗定律來說明行星運動。而他所採用的數據則是由丹麥天文學家布哈爾所觀察記錄下來的。後來，牛頓證明了刻卜勒的三定律是重力定律的必然結果。

下面我們將討論刻卜勒的三個定律：它們不但適用於行星繞日的運動，也適用於衛星(包括人造的)繞地球的運動。

 1. 軌道定律：所有行星均循橢圓軌道運動，太陽即位於橢圓的一個焦點上。

圖 13-12 所示者爲一顆行星(質量 m)繞太陽(質量 M)之軌道。我們假設 $M \gg m$，故此行星-太陽系統的質心就大約在太陽的中心。

在圖 13-12 中，軌道係以**半長軸** a 及**離心率** e 來表示；而 ea 則爲橢圓中心點至焦點 F 或 F' 的距離。若橢圓的離心率爲零，則爲一個正圓；此時兩個焦點合而爲一，變成圓心。通常行星的離心率都很小，因此畫出來幾乎是個正圓。例如圖 13-12 的橢圓，爲了清楚表示，故把離心率誇大爲 0.74。但地球軌道的離心率才不過是 0.0167 而已。

 2. 面積定律：行星與太陽的連線在相等時間內掃過相等面積，即速率 dA/dt 是固定的。

換句話說，此定律告訴我們，當行星離太陽最遠時，移動最慢；而當離太陽最近時，移動最快。事實上，刻卜勒的第二定律相當於角動量守恒定律。茲證明如下。

在圖 13-13a 中所示的陰影部分約爲在 Δt 時間中行星和太陽的連線掃過的面積；其中太陽和該行星的距離爲 r。此面積 ΔA 爲底 $r\Delta\theta$、高 r 之

三角形面積。故 $\Delta A \approx \frac{1}{2}r^2 \Delta \theta$。當 $\Delta t(\Delta \theta)$趨近於零時，ΔA 之表示式變得越精確。故掃過之面積的瞬時變化率爲

$$\frac{dA}{dt} = \frac{1}{2}r^2 \frac{d\theta}{dt} = \frac{1}{2}r^2 \omega \tag{13-30}$$

其中 ω 爲行星與太陽轉動連線之角速率。

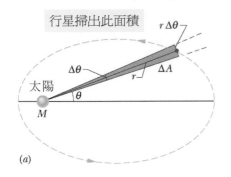

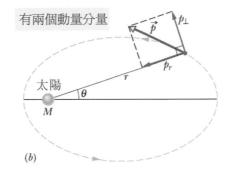

圖 **13-13** (a)在 Δt 時間中，行星與太陽的連線 r 掃過一角度 $\Delta \theta$，亦即掃出面積 ΔA(陰影部分)。(b)行星的線動量 $\vec{p}$ 及其 $\vec{p}$ 分量。

圖 13-13b 所示爲行星之線動量 $\vec{p}$ 及其分量。由 11-20 式($L = rp_\perp$)，行星繞日之角動量 $\vec{L}$ 其大小由 r 及 $p_\perp$ ($\vec{p}$ 垂直於 r 之分量)之積得出。這裡，對於質量 m 之行星，

$$\begin{aligned} L &= rp_\perp = (r)(mv_\perp) = (r)(m\omega r) \\ &= mr^2 \omega \end{aligned} \tag{13-31}$$

其中，$v_\perp$ 被換成相等的 ωr(10-18 式)。由 13-30 式及 13-31 式消去 $r^2 \omega$，得

$$\frac{dA}{dt} = \frac{L}{2m} \tag{13-32}$$

若 dA/dt 爲定値(如刻卜勒所言)，則 13-32 式表示角動量 L 必亦爲定値——亦即，角動量爲守恆。因此，刻卜勒第二定律確實相當於角動量守恆定律。

 3. 週期定律：任何行星繞日週期 T 的平方與其軌道半長軸 a 的立方成正比。

我們考慮一個半徑 r(相當於半長軸)的正圓形軌道，如圖 13-14 所示。應用牛頓第二定律($F = ma$)於圖 13-14 中的行星，可得

$$\frac{GMm}{r^2} = (m)(\omega^2 r) \tag{13-33}$$

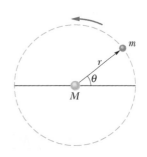

圖 **13-14** 質量 m 之行星以半徑 r 之圓形軌道作繞日運動。

表 13-3
太陽系行星之刻卜勒週期定律

行星	半長軸 $a(10^{10}\text{m})$	週期 $T(\text{y})$	T^2/a^3 $(10^{-34}$ $\text{y}^2/\text{m}^3)$
水星	5.79	0.241	2.99
金星	10.8	0.615	3.00
地球	15.0	1.00	2.96
火星	22.8	1.8	2.98
木星	77.8	11.9	3.01
土星	143	29.5	2.98
天王星	287	84.0	2.98
海王星	450	165	2.99
冥王星	590	248	2.99

其中我們以 13-1 式來代替 F，以 $\omega^2 r$ 代替向心加速度。若現在使用式 10-20 來將 ω 換成 $2\pi/T$，其中 T 爲運動週期，則我們會得到刻卜勒第三定律：

$$T^2 = \left(\frac{4\pi^2}{GM}\right)r^3 \quad \text{(週期定律)} \tag{13-34}$$

括弧內的量爲定值，且僅與被該行星環繞的中心物體的質量有關。

13-34 式亦適用於橢圓形軌道，只要將 r 換成半長軸 a 即可。這個定律意謂著比值 T^2/a^3，在各行星軌道之值皆相同，只要所環繞的中心物體是一樣的。表 13-3 所列者爲太陽系中各行星的數據。

 測試站 4

第一個衛星繞其行星運轉時爲正圓形之軌道，第二個衛星亦是，且有較大的軌道半徑。那一個衛星：(a)有較長的週期和(b)有較大的速度？

範例 13.4 從飛機丟下的拋射物

哈雷彗星的週期爲 76 年；它在 1986 年到達近日點，與太陽相距 $R_p = 8.9 \times 10^{10}$ m。由表 13-3 知，此距離介於水星及金星軌道之間。

(a) 試問，當彗星到達遠日點時，與太陽之間的距離 R_a 應爲若干？

關鍵概念

由圖 13-12 可以看到 $R_a + R_p = 2a$，其中 a 是哈雷彗星軌道中的半長軸。所以，假如我們已經得到 a 了，我們便可以找出 R_a。假如我們將 r 換成 a 的話，便可以經由週期定律(13-34 式)，使 a 和已知的週期產生關聯。

計算 作了上述取代後，針對 a 求解，我們得到

$$a = \left(\frac{GMT^2}{4\pi^2}\right)^{1/3} \tag{13-35}$$

假如我們將太陽的質量 $M = 1.99 \times 10^{30}$ kg 和週期 T (76 年)換算成 2.4×10^9 秒再代入 13-35 式，我們可以得到 $a = 2.7 \times 10^{12}$ m。現在我們可以計算

$$R_a = 2a - R_p$$
$$= (2)(2.7 \times 10^{12}\text{ m}) - 8.9 \times 10^{10}\text{ m}$$
$$= 5.3 \times 10^{12}\text{ m} \quad \text{(答)}$$

由表 13-3 可知，此距離略小於冥王星軌道的半長軸。所以，哈雷彗星並沒有比冥王星更遠離太陽。

(b) 哈雷彗星的離心率爲何？

關鍵概念

我們可以透過圖 13-12 讓 e、a 和 R_p 產生關聯，三者具有 $ea = a - R_p$ 此關係式。

計算 我們得到

$$e = \frac{a - R_p}{a} = 1 - \frac{R_p}{a} \tag{13-36}$$
$$= 1 - \frac{8.9 \times 10^{10}\,m}{2.7 \times 10^{12}\,m} = 0.97 \quad \text{(答)}$$

此離心率接近 1，表示哈雷彗星的軌道爲一狹長的橢圓形。

13-7 衛星：軌道及能量

學習目標

在閱讀完這個區塊的文字之後，讀者應該能夠...

13.22 對繞某一天體作圓形軌道運動的衛星，計算其重力位能、動能以及總能。。

13.23 對以橢圓軌道運行之衛星，計算其總能。

關鍵概念

● 質量 m 之行星或衛星以半徑 r 作圓形軌道運動時，其位能 U 及動能 K 分別為

$$U = -\frac{GMm}{r} \text{ 以及 } K = \frac{GMm}{2r}$$

總力學能 $E = K + U$ 為

$$E = -\frac{GMm}{2r}$$

對於半長軸 a 的橢圓形軌道，可以寫成

$$E = -\frac{GMm}{2a}$$

衛星：軌道及能量

當衛星繞地球以橢圓形軌道運動時，其速率(決定它的動能 K)以及與地心的距離(決定它的位能 U)，均作週期性變化。但其總力學能 E 恆保持定值(因衛星質量遠小於地球質量，我們將地球和衛星系統的位能 U 與動能 K，都當成是衛星的位能 U 和動能 K)。

此系統的位能可由 13-21 式求得，即

$$U = -\frac{GMm}{r}$$

(設在無限遠的距離時 $U = 0$)。其中 r 為軌道半徑，並假設此軌道為正圓形，且 M 和 m 分別為地球和衛星的質量。

利用牛頓第二定律($F = ma$)可得衛星作圓形軌道運動之動能：

$$\frac{GMm}{r^2} = m\frac{v^2}{r} \tag{13-37}$$

其中，v^2/r 為衛星的向心加速度。由 13-37 式知動能為

$$K = \frac{1}{2}mv^2 = \frac{GMm}{2r} \tag{13-38}$$

可見對圓形軌道運動的衛星而言

$$K = -\frac{U}{2} \quad \text{(圓形軌道)} \tag{13-39}$$

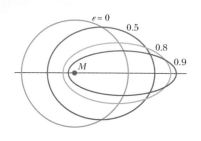

圖 13-15 關於質量為 M 的物體之四個軌道，圖中的數字為各軌道的離心率 e。四個軌道的半長軸 a 均相同，故總能量 E 亦相等。

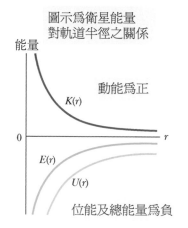

圖 13-16 衛星作半徑 r 的圓形軌道運動時，其動能 K，位能 U，以及總能量 E 對 r 的函數圖形。在任何半徑 r，U 及 E 均為負值而 K 為正值，且 $E = -K$，當 r 趨於無限大時，所有能量均趨於零。

故衛星的總力學能為

$$E = K + U = \frac{GMm}{2r} - \frac{GMm}{r}$$

$$E = -\frac{GMm}{2r} \quad \text{(圓形軌道)} \tag{13-40}$$

此式告訴我們，作圓形軌道運動的衛星其總力學能 E 等於動能 K 的負數

$$E = -K \quad \text{(圓形軌道)} \tag{13-41}$$

若衛星軌道為橢圓形，則 13-40 式仍可適用，但此時 r 變為半長軸 a，即

$$E = -\frac{GMm}{2a} \quad \text{(橢圓軌道)} \tag{13-42}$$

此式告訴我們，衛星的總力學能只與軌道的半長軸有關，與離心率 e 無關。例如在圖 13-15 中，四個軌道的半長軸都相同，因此衛星在四者中任一軌道上之總力學能 E 都是相等的。圖 13-16 所示者為一衛星繞一極重物體作圓形軌道運動時，其 K、U 及 E 為 r 的函數圖。(請注意，當 r 增加時，其動能是減少的(軌道速率也是)。

☑ **測試站 5**

此圖為太空梭最初繞地球作半徑 r 之圓周運動。在 P 點時駕駛員點燃指向前方的減速火箭，使得動能 K 和總能 E 均減少。(a)在圖中那一個虛線橢圓軌道是此時太空梭所運行的？(b)太空梭的軌道週期(回到 P 點的時間)變大、變小或不變？

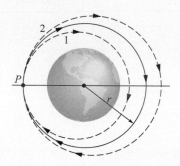

範例 **13.5** 繞行地球之保齡球的力學能

某太空人將質量 $m = 7.20$ kg 的保齡球在高度 $h = 350$ km 放入環繞地球的圓形軌道中。

(a) 試求該球的總力學能 E。

關鍵概念

假如我們已經求出軌道半徑 r 的話，我們便可以從 13-40 式($E = -GMm/2r$)軌道能量求得 E (不僅僅是已知的高度)。

計算 軌道半徑爲

$$r = R + h = 6370\,\text{km} + 350\,\text{km} = 6.72 \times 10^6\,\text{m}$$

其中 R 爲地球半徑。然後，從 13-40 式與地球質量 $M = 5.98 \times 10^{24}\,\text{kg}$，得出力學能爲

$$E = -\frac{GMm}{2r}$$

$$= -\frac{(6.67 \times 10^{-11}\,\text{N} \cdot \text{m}^2 / \text{kg}^2)(5.98 \times 10^{24}\,\text{kg})(7.20\,\text{kg})}{(2)(6.72 \times 10^6\,\text{m})}$$

$$= -2.14 \times 10^8\,\text{J} = -214\,\text{MJ} \qquad \text{(答)}$$

(b) 在甘迺迪太空中心的發射台上，球體之力學能 E_0 是多少(在發射之前)？由發射場發射至軌道時，其力學能之變化量 ΔE 爲何？

關鍵概念

在發射台上，此球並不在軌道上，故 13-40 式並不能使用。取而代之，須求出 $E_0 = K_0 + U_0$，其中 K_0 是該球的動能，而 U_0 是球-地球系統的重力位能。

計算 爲了求出 U_0，我們利用 13-21 式而得

$$U_0 = -\frac{GMm}{R}$$

$$= -\frac{(6.67 \times 10^{-11}\,\text{N} \cdot \text{m}^2 / \text{kg}^2)(5.98 \times 10^{24}\,\text{kg})(7.20\,\text{kg})}{6.37 \times 10^6\,\text{m}}$$

$$= -4.51 \times 10^8\,\text{J} = -451\,\text{MJ}$$

球的動能 K_0 是由於地球的自轉所造成的。讀者可以證明 K_0 是小於 1 MJ，相對於 U_0 是可以被忽略的。所以，該球在發射場的總能爲

$$E_0 = K_0 + U_0 \approx 0 - 451\,\text{MJ} = -451\,\text{MJ} \qquad \text{(答)}$$

當球由發射場發射至軌道上時，其力學能之增加量爲

$$\Delta E = E - E_0 = (-214\,\text{MJ}) - (-451\,\text{MJ})$$

$$= 237\,\text{MJ} \qquad \text{(答)}$$

這花費的錢並不多。很明顯地，要將物體放置在地球軌道上所需的鉅額費用，其原因並不是物體所需的力學能。

範例 13.6　將圓形軌道改爲橢圓軌道

一艘質量 $m = 4.50 \times 10^3\,\text{kg}$ 的太空船在圓形地球軌道中，軌道半徑 $r = 8.00 \times 10^6\,\text{m}$、週期 $T_0 = 118.6\,\text{min} = 7.119 \times 10^3\,\text{s}$。當推進器往前進方向啟動使得速度降爲原來的 96.0%。試問，降速後的橢圓軌道(圖 13-17)週期爲？

關鍵概念

(1) 根據刻卜勒第三定律，橢圓軌道的週期和其半長軸有關，如式子 13-34 ($T^2 = 4\pi^2 r^3 / GM$)，但將 a 置換成 r。**(2)** 根據式子 13-42 ($E = GMm/2a$)，地球質量 $M = 5.98 \times 10^{24}\,\text{kg}$，半長軸與太空船的總力學能 E 有關。**(3)** 由式子 13-21 ($U = -GMm/r$) 可以得到太空船在距離地球中心的軌道半徑 r 處的位能。

計算 由關鍵概念得知，我們需要藉著計算總能 E 來得到半長軸 a，以便我們之後計算橢圓軌道的週期。

讓我們從推進器發動之後的動能來著手。太空船速率 v 是初速率 v_0 的 96%，初速率 v_0 與原圓軌道之周長和原軌道週期比值一致。因此，在推進器發動後的瞬間，動能爲

$$K = \frac{1}{2}mv^2 = \frac{1}{2}m(0.96v_0)^2 = \frac{1}{2}m(0.96)^2\left(\frac{2\pi r}{T_0}\right)^2$$

$$= \frac{1}{2}(4.50 \times 10^3\,\text{kg})(0.96)^2\left(\frac{2\pi(8.00 \times 10^6\,\text{m})}{7.119 \times 10^3\,\text{s}}\right)^2$$

$$= 1.0338 \times 10^{11}\,\text{J}$$

在推進器發動後的瞬間，太空船的軌道半徑仍是 r，因此重力位能爲

$$U = -\frac{GMm}{r}$$

$$= -\frac{(6.67 \times 10^{-11}\,\text{N} \cdot \text{m}^2 / \text{kg}^2)(5.98 \times 10^{24}\,\text{kg})(4.50 \times 10^3\,\text{kg})}{8.00 \times 10^6\,\text{m}}$$

$$= -2.2436 \times 10^{11}\,\text{J}$$

我們可以藉由重新整理式子 13-42 來得到半長軸，將 r 換成 a。置換後，結果爲

$$a = -\frac{GMm}{2E} = -\frac{GMm}{2(K+U)}$$

$$= -\frac{(6.67\times10^{-11}\text{ N}\cdot\text{m}^2/\text{kg}^2)(5.98\times10^{24}\text{ kg})(4.50\times10^3\text{ kg})}{2(1.0338\times10^{11}\text{ J} - 2.2436\times10^{11}\text{ J})}$$

$$= 7.418\times10^6\text{ m}$$

好了，現在還有一步要走。我們在 13-42 式中將 r 換成 a。然後解出週期 T，將結果用 a 置換：

$$T = \left(\frac{4\pi^2 a^3}{GM}\right)^{1/2}$$

$$= \left(\frac{4\pi^2(7.418\times10^6\text{ m})^3}{(6.67\times10^{-11}\text{ N}\cdot\text{m}^2/\text{kg}^2)(5.98\times10^{24}\text{ kg})}\right)^{1/2}$$

$$= 6.356\times10^3\text{ s} = 106\text{ min}$$

WILEY **PLUS** Additional example,video,and practice available at *WileyPLUS*

這就是太空船在推進器啓動之後的橢圓軌道週期。新週期比原週期 T_0 小，有兩個原因：(1) 軌道路徑長度現在比較短。(2) 除了推進器啓動點之外(圖 13-17)，橢圓軌道讓太空船距離地球更近了。重力位能的減少讓動能增加，而太空船的速率也跟著增加。

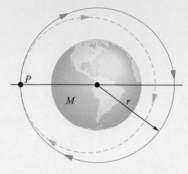

圖 13-17 推進器在 P 點發動，將太空船軌道從圓形變成橢圓形。

13-8 愛因斯坦和重力

學習目標

在閱讀完這個區塊的文字之後，讀者應該能夠…

13.24 解釋愛因斯坦等效原理。

13.25 了解愛因斯坦重力模型是以時空彎曲爲基石。

關鍵概念

● 愛因斯坦指出，重力及加速度是完全等效的。此一等效原理爲他的重力理論(廣義相對論)的基石。他的理論解釋了重力效應與空間彎曲的關係。

愛因斯坦和重力

等效原理

愛因斯坦曾經說過：「有一次我坐在伯恩專利局辦公室裡時，突然間想到：『一個自由落下的人不會感覺到自己的重量。』而悚然一驚。這個單純不過的想法卻使我難以忘懷。而驅使我去思考重力的理論。」

這就是愛因斯坦告訴我們，他如何著手創立**廣義相對論**(general theory of relativity)。這個關於重力(兩物體間的引力)的理論之基本假設稱爲**等效原理**(principle of equivalence)，是說明重力和加速度是等效的。如

果一個物理學家被關在如圖 13-18 之密閉箱子中，他將不能夠分辨箱子是靜止在地球上(其間只受到地球的重力作用)，如圖 13-18a 所示，或箱子以 9.8 m/s² 的加速度在外太空運動(只受產生該加速度的力作用)，如圖 13-18b 所示。在這兩種情況他將得到相同的感受且他在磅秤上所讀到的重量之值也會相等。此外，如果他看著物體從他身旁落下，他會認為在兩種情況物體相對於他的加速度是相等的。

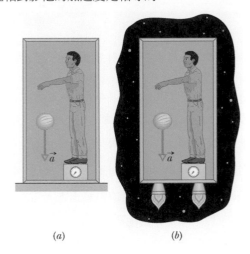

(a) (b)

圖 13-18　(a)一位物理學家被關在靜置在地表上的箱中，並看到大香瓜以加速度 *a* = 9.8 m/s² 落下。(b)若他跟箱子在外太空以 9.8 m/s² 加速，大香瓜具有相同的相對加速度。箱子裡的人無法根據實驗，區別他所處的狀況。例如，在他腳下的磅秤讀數在上述兩種情況下都完全相同。

空間的彎曲

　　我們直到目前為止都將重力解釋為質量間的作用力。而愛因斯坦以質量所造成的空間彎曲(或變形)來表示重力(這些將在這本書的後面加以討論，時間和空間是糾纏的，所以愛因斯坦所說的彎曲，實際上是時空的彎曲，是將我們所處世界的四個向度結合在一起的現象)。

　　空間有多彎曲要畫出來是很困難的。一個類似的情況可幫助我們了解：假設我們從軌道上觀看一場競賽，為兩艘在赤道且分開距離為 20 km，向南方行駛的船(如圖 13-19a。對於船員而言，船沿平行的平坦路徑行駛。然而，隨時間過去，兩船逐漸靠近，直到南極它們碰頭。在船上的船員可以依據作用在船上的力來說明為何會碰頭。然而，我們可以看到這只是因為地球的表面是彎曲的。我們可以看到這種情況，是因為我們是在地球的表面「外」看此兩艘船的行駛。

　　圖 13-19b 表示相似的情況。兩個水平分離的蘋果從地球上方同樣的高度落下。雖然蘋果看起來好像沿著平行的方向運行，但事實上，因為它們都往地心處運動，所以是彼此互相接近的。我們可以用地球對蘋果的重力來解釋此運動。我們也可以將該運動以地球附近空間的彎曲來表示，這彎曲是由於地球的質量所引起的。這一繁我們看不到這個彎曲是因為我們無法置身於彎曲空間「之外」，如同在船的例子中我們到了彎曲的地球「之外」。但我們可以如圖 13-19c 所示般畫出時空彎曲，圖中蘋果將沿著朝地球彎曲的表面(因為地球的質量)運動。

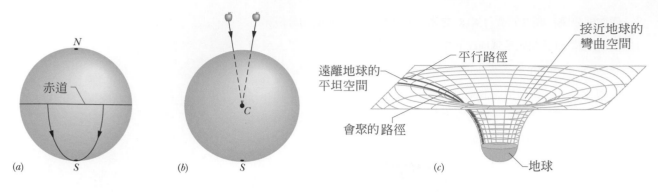

圖 **13-19**　(a)兩個物體因為地球表面彎曲，而沿著經線移動至南極，再聚在一起。(b)兩物體在地表附近自由落下，因為地表附近的空間彎曲所以沿著朝向地心會聚的直線運動。(c)遠離地球(和其他大質量的星球)的地方，空間是平坦的並且平行的路徑仍是平行的。接近地球的地方，平行的路徑因為地球質量所造成的彎曲而開始會聚在一起。

　　當光通過地球表面，因為空間的彎曲而使得它的路徑略為彎曲，這種效應稱為重力透鏡(gravitational lensing)。當它通過一個較大質量的結構，如銀河或黑洞，則它的路徑將彎曲得更屬害。如果此結構在我們和類星體(quasar)之間(類星體是非常地明亮且是相當遠的光源)，從類星體所發之光源可以沿著彎曲的路徑通過較大質量之結構而射向我們，如圖 13-20a。此時，因為光看起來似乎由天空中許多稍微不同的方向射向我們，所以我們可以由這些不同方向看見相同的類星體。在某些情況下，我們所看到的類星體發出的光，會混合形成一個明亮而巨大的弧形，此稱為愛因斯坦環(Einstein ring)(如圖 13-20b)。

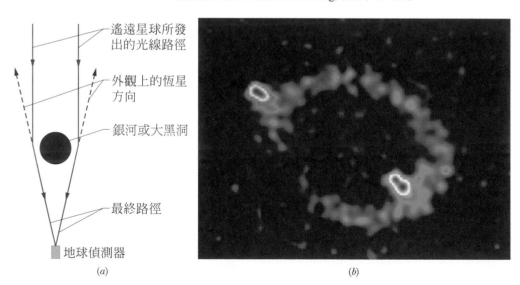

圖 **13-20**　(a)從遙遠的星球所發出來的光沿彎曲的路徑繞過星系或黑洞，這是因為星系或黑洞的質量已經造成空間的彎曲。如果光被偵測到，它看起來好像是從最終路徑(虛線部分)向後的延長方向發出來的。(a)由望遠鏡電腦螢幕所示的此愛因斯坦環稱為 MG1131＋0456。光源(事實上是無線電波，這是非可見光的一種形式)是來自產生該環的巨大且不可見的星系的遙遠後方，沿著環可看到兩個明亮的斑點(感謝 National Radio Astronomy Observatory 提供照片)。

重點回顧

重力定律　宇宙中任何質點均以重力吸引其它質點，**重力**的大小為

$$F = G\frac{m_1 m_2}{r^2} \quad \text{(牛頓重力定律)} \tag{13-1}$$

m_1，m_2 是質點的質量，r 是彼此間的距離，G 為重力常數，其值為 6.67×10^{-11} N・m^2/kg^2。

均勻球殼之重力　有體積之物體間的重力求法是，累加(積分)物體內個別質點上之個別作用力。不過，若物體為一均勻球殼，或具有球形對稱的性質，則它對其他物體所施的重力，可將球殼或球體的質量視為集中於球心處來計算。

疊加原理　重力遵守**疊加原理**；即，施於質點 1 的重力 $\vec{F}_{1,net}$ 淨值等於其他各質點施於質點 1 的各個重力的向量和

$$\vec{F}_{1,net} = \sum_{i=2}^{n} \vec{F}_{1i} \tag{13-5}$$

也就是說，將質點 2, 3, ..., n 作用於質點 1 的力 $\vec{F}_{1i}$ 加總的結果。欲計算物體對一質點所施的重力 $\vec{F}_1$，可先將該物體細分成許多微小的單元質量 dm，每一微小質量各施一力 $d\vec{F}$ 於質點，最後將 $\vec{F}_1$ 積分，即得總力：

$$\vec{F}_1 = \int d\vec{F} \tag{13-6}$$

重力加速度　質點(質量 m)之重力加速度 a_g 純粹是由作用在該質點上之重力所產生。當質點與一均勻球體(質量 M)之球心相距 r 時，所受之重力大小如 13-1 式所述。而根據牛頓第二定律

$$F = ma_g \tag{13-10}$$

可得重力加速度為

$$a_g = \frac{GM}{r^2} \tag{13-11}$$

自由落體加速度及重量　因為地球的質量並非均勻分佈，還有地球也非完美球形，且還會自轉，所以地表附近的一個質點的實際自由落體加速度與其重力加速度 $\vec{a}_g$ 稍有不同，而質點的重量(等於 mg)與其所受的重力大小(13-1 式)也不同。

球殼內之重力　一均勻球殼對其內部之任何質點所施的重力等於零。亦即，若一質點位於一實心球內，距球心為 r，則僅有半徑 r 之球形內部的質量(內部球體)會施重力於該質點。其作用力大小

$$F = \frac{GmM}{R^3}r \tag{13-19}$$

M 為實心球體質量，R 為其半徑。

重力位能　質量 M 及 m 的兩質點相距 r 時，此兩質點的系統之重力位能 $U(r)$ 等於，一質點將另一質點以重力從無限遠處吸引至 r 處所作的功的負值；這個能量是

$$U = -\frac{GMm}{r} \quad \text{(重力位能)} \tag{13-21}$$

質點系統的位能　若一系統含有兩個以上的質點，則系統的總重力位能等於各對質點間位能之總和。例如，若系統有三個質點，質量分別為 m_1，m_2 及 m_3，則

$$U = -\left(\frac{Gm_1 m_2}{r_{12}} + \frac{Gm_1 m_3}{r_{13}} + \frac{Gm_2 m_3}{r_{23}}\right) \tag{13-22}$$

脫離速率　若一物體欲由一天體(質點 M，半徑 R)之表面上脫離其重力拉扯，而到達極遠處，則其初速率至少必須等於**脫離速率**：

$$v = \sqrt{\frac{2GM}{R}} \tag{13-28}$$

刻卜勒定律　人造衛星的運動，不管是自然的或是人造的，都受到這些定律規範：

1. **軌道定律**：所有行星的軌道均為橢圓，太陽位於其中一個焦點上。

2. **面積定律**：在相等的時間間隔內，由任何行星連接到太陽的線段所掃過的面積是相等的(這個敘述相當於角動量守恆)。

3. **週期定律**：任何行星繞日週期 T 的平方與其軌道半長軸 a 的立方成正比。對半徑為 r 的半徑軌道，

$$T^2 = \left(\frac{4\pi^2}{GM}\right)r^3 \quad \text{(週期定律)} \tag{13-34}$$

其中 M 是引力體的質量——在太陽系指的是太陽。此式亦適於橢圓形軌道，只要將 r 改為半長軸 a 即可。

行星運動的能量 質量 m 之行星或衛星以半徑 r 作圓形軌道運動時，其位能 U 及動能 K 分別為

$$U = -\frac{GMm}{r} \text{ 及 } K = \frac{GMm}{2r} \quad \text{(13-21，13-38)}$$

總力學能 $E = K + U$ 為

$$E = -\frac{GMm}{2r} \quad \text{(13-40)}$$

對於半長軸 a 的橢圓形軌道，可以寫成

$$E = -\frac{GMm}{2a} \quad \text{(13-42)}$$

愛因斯坦的重力觀點 愛因斯坦指出，重力及加速度是完全等效的。此一**等效原理**為他的重力理論(**廣義相對論**)的基石。在他的理論中，重力被視為空間的曲率。

討論題

1 如圖 13-21 所示，質量均為 $m = 270$ kg 的兩個人造衛星 A 及 B 在半徑 $r = 7.87 \times 10^6$ m 之同一圓形軌道繞地球運轉，但兩者運轉方向相反，最後迎面撞上。(a)試求

圖 13-21 習題 1

兩衛星碰撞前之總力學能 $E_A + E_B$。(b)設 A 與 B 之碰撞為完全非彈性，碰撞後合為一，成一堆廢鐵(質量 $2m$)，試求碰撞後之瞬間的總力學能。(c)試描述該堆廢鐵後是直接往地心掉落，或繞地球運轉。

2 為了緩解波士頓和華盛頓特區這兩個城市之間的交通雍塞問題，工程師們提議沿著連接城市的弦線建造一條鐵路隧道(圖 13-22)。一列不受任何引擎推動的火車從靜止滑進隧道的上半部，然後再移動到下半部分。假設地球是一個均勻的球體，忽略空氣的阻力和摩擦，請計算出城市之間的旅行時間。

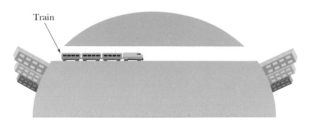
圖 13-22 習題 2

3 已知質量為 9.1 kg 及 4.2 kg 之兩質點間的重力為 2.3×10^{-12} N，試求兩者的距離。

4 (a)求習題 3 中兩質點之系統所具有的重力位能。若將兩質點拉開，使距離為原來的 3 倍，求：(b)兩質點間的重力所作的功？(c)拉開之力所作的功？

5 (a)高度為 300 km 的人造衛星在軌道上之線速率為若干？(b)其軌道週期為若干？

6 將質量為 $M = 5.00$ kg 的細桿彎曲成半徑 $R = 0.650$ m 的半圓(圖 13-23)。(a)在曲率中心 P 處質量為 $m = 3.0 \times 10^{-3}$ kg 的粒子上，其重力

圖 13-23 習題 6

(大小和方向)是多少？(b)如果細桿是一個完整的圓，則粒子上的力是多少？

7 一維問題。在圖 13-24 中，有兩個點粒子固定在 x 軸上，其分隔距離是 d。粒子 A 具有質量 m_A 而且粒子 B 具有質量 $3.00m_A$。我們要將質量 $55.0m_A$ 的粒子 C 放置在 x 軸上，而且是在粒子 A 和 B 附近。試問 C 應該放在哪一個 x 座標，才能使由粒子 B 和 C 作用於粒子 A 的淨重力為零，以距離 d 表示之。

圖 13-24 習題 7

8 二維問題。在圖 13-25 中，有三個粒子固定在 xy 平面上的特定位置。粒子 A 的質量是 m_A，粒子 B 的質量是 $4.00m_A$，而且粒子 C 具有質量 $6.00m_A$。我們想要將質量 $4.00m_A$ 的第四個粒子 D 放置在其餘三個粒子的附近。請問粒子 D 所在位置的：(a) x 座標和(b) y 座標應該為何？才能讓由粒子 B、C 和 D 對粒子 A 所產生的淨重力為零，試以距離 d 表示之。

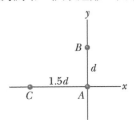

圖 13-25 習題 8

9 試問，在地球表面上高度多少的地方，其重力加速度為 2.3 m/s^2？

10 一台質量 150.0 kg 從地球往外作徑向運動的火箭，當它在地表上方 200 km 處關閉引擎的時候，其速率為 3.70 km/s。(a)假設空氣阻力可以忽略，請求出火箭在地表上方 1000 km 處的動能。(b)火箭所能達到的最大高度是多少？

11 某一個小行星的質量是地球質量的 2.0×10^{-4} 倍，它在圓形軌道上繞著太陽運轉，小行星與太陽的距離是地球與太陽距離的 3 倍。(a)請計算小行星的運轉週期，並且以年為單位表示之。(b)小行星的動能相對於地球動能的比值為何？

12 太空船在地球和月球之間的直線路徑上。請問太空船到地球距離為何時淨重力為零？

13 圖 13-26a 顯示了某一個可以從與原點相距無限遠的地方，沿著 y 軸移動的粒子 A。該原點位於粒子 B 和 C 之間的中點，粒子 B 和 C 具有相同質量，而且 y 軸是在它們之間的垂直平分線。距離 D 是 1.240 m。圖 13-26b 所示為此三粒子系統的重力位能 U，並且將它表示成粒子 A 沿著軸 y 移動的位置的函數圖形。曲線實際上往右延伸，並且隨著 $y \to \infty$，逼近漸進線 -2.7×10^{-11} J。試問：(a)粒子 B 和 C，及(b)粒子 A 的質量？

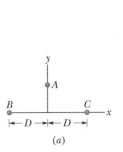
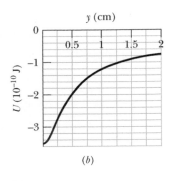

圖 13-26 習題 13

14 一人造衛星以圓形軌道繞地球運動，其軌道半徑恰為月球軌道半徑之 $\frac{1}{3}$。試求該人造衛星的週期與月球週期之比。(一個朔望月(lunar month)是月球運行的週期)。

15 如圖 13-27 所示，三個球共線，質量分別為 $m_A = 80$ g，$m_B = 10$ g，$m_C = 30$ g；且 $L = 12$ cm，$d = 4.0$ cm。你將 B 向右移動使 B 及 C 球心相距 $d = 4.0$ cm。試求：(a)你對 B 作的功，(b)由 A 和 C 施於 B 之總重力所作的功。

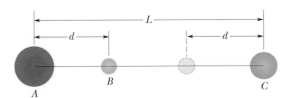

圖 13-27 習題 15

16 行星 Roton 的質量是 7.0×10^{24} kg，半徑為 1600 km，它以重力吸引一顆起初相對於行星呈靜止的流星，流星與行星之間的初始距離大到可以視為無限大。流星往行星掉落。假設行星是沒有空氣的，請求出當流星抵達行星表面時的速率。

17 某人造衛星的軌道為橢圓形，其最遠點距地面 400 km，最近點距地面 280 km。試求：(a)軌道的半長軸，(b)軌道的離心率。

18 某一個質量 m 的物體起初的位置維持在與地球中心相距 $r = 3R_E$ 的地方，其中 R_E 是地球半徑。令 M_E 是地球的質量。將某一個力量施加在物體上，使其移動到徑向距離為 $r = 4R_E$ 的地方，然後讓它固定在該位置。請利用對力的量值進行積分的方式，計算在這段移動過程中，由被施加的力量所做的功。

19 圖 13-28 顯示了四個質量都是 47.0 g 的粒子，這四個粒子形成邊長為 d = 0.600 m 的正方形。如果 d 減少為 0.200 m，請問此四粒子系統的重力位能改變量是多少？

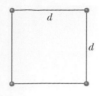

圖 13-28 習題 19

20 某一個 50 kg 衛星每 6.0 小時繞行星 Cruton 一圈。Cruton 作用在衛星上的重力量值是 80 N。(a)請問軌道半徑多少？(b)衛星的動能是多少？(c)行星 Cruton 的質量為何？

21 圖 13-39 顯示了半徑 R = 4.00 cm 的鉛球內部具有球形空洞；空洞的表面通過球體的中心，並且「碰觸」到球體的右方邊緣。在製造出空洞以前，球體的質量是 M = 3.50 kg。試問具有空洞的鉛球體對於質量 m = 5.32 kg 與鉛球體中心相距 d = 9.00 cm 的小球，會產生多少重力吸引力？而且已知小球位於連接鉛球體中心和空洞中心的直線上。

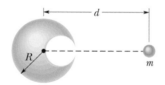

圖 13-29 習題 21

22 在質量 m = 3000 kg 的太空梭中，Janeway 船長在半徑 r = 4.20 × 10^7 m 的圓形軌道繞著質量 M = 9.50 × 10^{25} kg 的行星運轉。請問：(a)軌道週期和(b)太空梭的速率是多少？Janeway 簡短地點燃指向前方的推進器，降低她的速率 2.00%。就在此時，請問太空梭的：(c)速率，(d)動能，(e)重力位能，(f)力學能各多少？(g)現在太空梭所採用的橢圓形軌道的半長軸是多少？(h)試問原來的圓形軌道的週期，與新橢圓形軌道的週期之間的差值是多少？(i)請問哪一個軌道的週期比較小？

23 在圖 13-30 中，某一個邊長 20.0 cm 的正方形由四個球體形成，四個球體的質量分別為 m_1 = 6.00 g，m_2 = 3.00 g，m_3 = 2.00 g，和 m_4 = 6.00 g。請問由這些球體作用於質量 m_5 = 2.50 g 的中心球體的淨重力為何？試以單位向量標記法表示之。

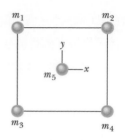

圖 13-30 習題 23

24 一個投射物從地球表面以初始速率 10 km/s 垂直發射。在忽略空氣阻力的情況下，它可以抵達地球表面上方多遠的地方？

25 在圖 13-31a 中，粒子 A 固定位於在 x 軸上的 x = –0.60 m，而且質量 1.0 kg 的粒子 B 固定放置於原點。粒子 C(沒有顯示)可以沿著 x 軸，在粒子 B 和 x = ∞ 之間移動。圖 13-31b 顯示了由粒子 A 和 C 作用於粒子 B 的淨重力 x 分量 $F_{net,x}$，表示成粒子 C 的 x 位置的函數圖形。曲線圖實際上往右延伸，當 $x \to \infty$ 時，逼近漸進線–4.17×10^{-10} N。試問：(a)粒子 A 和(b)粒子 C 的質量各為何？

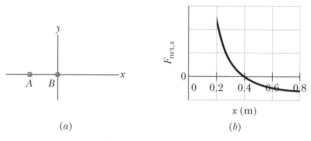

圖 13-31 習題 25

26 黑洞的半徑 R_h 是數學球體的半徑，稱為視界(event horizon)，那是以黑洞為中心的球體。發生在視界裡面的事件訊息將無法抵達外部世界。根據愛因斯坦的廣義相對論，$R_h = 2GM/c^2$，其中 M 是黑洞的質量，而且 c 是光速。

假設我們想要在徑向距離 $40R_h$ 的地方，就近研究黑洞。然而我們並不希望當我們腳往下(或頭往下)朝向黑洞的時候，頭和腳之間的重力加速度差值超過 10 m/s^2。(a)請問在指定徑向距離處，我們所能忍受的黑洞質量極限大約是多少？試以我們的太陽質量 M_S 的倍數表示之(需要估計我們的高度)。(b)請問此極限值是上極限(我們可以忍受比較小的質量)或下極限(我們可以忍受比較大的質量)？

27 (a)請問在地球表面上方多高的距離處,此時要將人造衛星運送到該高度所需要的能量,會是行星在該高度的軌道運行所需要的動能之 1.5 倍?(b)對於比較大的高度,運送所需要的能量和運行所需要的能量,哪一個比較大?

28 (a)如果牛頓的傳奇性蘋果可以在中子星表面,高度為 2 m 的位置從靜止釋放,而且此中子星的質量是我們太陽質量的 1.5 倍,其半徑為 20 km,請問當蘋果抵達中子星表面的時候,蘋果的速率會是多少?(b)如果蘋果可以靜置在中子星表面,請問蘋果頂部和底部之間的重力加速度的差值大約是多少?(請選擇蘋果的合理尺寸;答案將顯示蘋果絕不可能存在於中子星附近。)

29 某一個半徑 R 的均勻實心球體,在其表面上產生重力加速度 a_g。請問在球體:(a)內部和(b)外部的重力加速度是 $a_g/4$ 的位置,其與球體中心的距離是多少?

30 在圖 13-32 中,兩質量相同 m = 2.00 kg 的方塊懸掛在地球表面的天平上的不同長度的弦上。弦的質量可忽略不計,兩弦長度相差 h = 5.00 cm。假設地球為球形且密度均勻,ρ = 5.50 g/cm^3。由於其中一個方塊比另一個方塊更靠近地球,因此方塊的重量有何不同?

圖 13-32 習題 30

31 某一個投射物從地球表面筆直往外發射。地球自轉的影響可以忽略。如果:(a)此投射物初始速率是離開地球的脫離速率的 $\frac{1}{3}$ 倍,以及(b)其初始動能是脫離地球所需動能的 $\frac{1}{3}$ 倍,請問投射物可以達到的徑向距離是地球半徑 R_E 的多少倍?(c)如果投射物要脫離地球,則它發射時所需要的最小初始力學能是多少?

32 質量 80 kg 的球體 A 位於 xy 座標系的原點;質量 60 kg 的球體 B 位於座標(0.25 m, 0);質量 0.20 kg 的球體 C 位於第一象限,與 A 相距 0.20 m,與 B 相距 0.15 m。請問由 A 和 B 作用在 C 上的重力是多少?

33 一中子星(密度極高的恆星)以 2.3 rev/s 的速度旋轉。如果此恆星的半徑為 20 km,那麼它的最小質量應該是多少,可以在快速旋轉期間使其表面上的物質保留在原位?

34 兩個 20 kg 球體固定在 y 軸上的適當位置,一個位於 y = 0.40 m,另一個位於 y = −0.40 m。然後一顆 10 kg 的球在 x 軸上某一點從靜止釋放,該點與這兩個球體相距很遠(可以有效地視為無限大)。如果球體作用在球上唯一的力量是重力,那麼請問當球抵達(x, y)座標點(0.30 m, 0)的時候,(a)其動能和(b)由球體作用在球上的淨力為何?試以單位向量標記法表示之。

35 在圖 13-33 裡,有三顆 8.30 kg 的球且 d_1 = 0.300 m,d_2 = 0.400 m。試求 A 和 C 作用於 B 的淨重力:(a)大小;(b)方向(相對於 x 軸正向)?

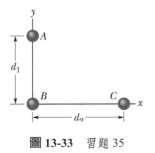

圖 13-33 習題 35

36 如果郵包掉落到通過地球中心的隧道內,請問郵包通過地球中心時的速率是多少?

37 圖 13-34 中,質量 m_1 = 1.42 kg 質點,以及長度 L = 3.0 m 且質量 M = 6.9 kg 之均勻桿子,兩者相距 d = 13 cm。試問質點所受桿子的重力 F 大小為何?

圖 13-34 習題 37

38 出現在令人著迷的故事《小王子》中的神秘訪客,據說是來自「不會比房子大多少的」的行星。假設行星每單位體積的質量大約與地球相當,而且行星不會有明顯的自轉。請估計:(a)在行星表面上的自由落體加速度,(b)脫離此行星的速率。

39 某一個人造衛星在半徑 2.0×10^7 m 的圓形軌道上，繞著質量未知的行星運轉。由行星作用在人造衛星的重力量值是 $F = 100$ N。(a)請問人造衛星在這個軌道上的動能為何？(b)如果軌道半徑增加為 3.0×10^7 m，請問 F 將會是多少？

40 在雙星系統中，兩個質量各為 6.0×10^{30} kg 的星球各自以半徑 1.0×10^{11} m 繞著系統質心轉動。(a)請問它們的共同角速率是多少？(b)假設一顆流星垂直於它們的軌道平面，通過系統的質心，在這種情形下，如果流星要脫離到與雙星系統相距「無限遠」的地方，則它在系統質心處的最小速率必須是多少？

41 要破壞軌道上的人造衛星，可以由地面發射一群彈丸，使其進入該衛星的軌道，且與衛星作相反方向之運行。設有一人造衛星之圓形軌道高度為 700 km，與一顆質量 4.0 g 的小彈丸迎面碰撞。(a)若以人造衛星為參考座標，試求在碰撞前瞬間彈丸之動能。(b)目前陸軍使用最新型的步槍，初速率為 800 m/s。若子彈質量也是 4.0 g，其動能與(a)中之彈丸比較時，孰大孰小？

42 Jules Verne 在 1865 年所寫的科幻小說《從地球到月球》(*From the Earth to the Moon*)，描寫三位太空人如何以巨型大砲射向月球。根據 Verne 的描述，裝載著太空人的鋁製太空艙藉由點燃硝棉，沿著長 220 m 的砲管加速到速率 11 km/s。(a)試問在砲管內太空艙和太空人的平均加速度是多少？請以 g 作為單位表示之。(b)對太空人而言，該加速度是可容忍的或致命的？

這種大砲發射太空船(雖然沒有乘客)的現代版本已經有人提出。在這種現代版本中，稱為 SHARP (超高度研究計畫，Super High Altitude Research Project) 的大砲，以燃燒甲烷和空氣將活塞沿著砲管往下衝撞，經由這種方式壓縮氫氣，然後發射火箭。在此發射過程中，火箭移動了 3.5 km 並且達到 7.0 km/s 的速率。一旦被發射出去，火箭還可以點燃以便取得額外的速率。(c)請問在發射器中，火箭的平均加速度會是多少？試以 g 為單位表示之。(d)如果火箭要在 700 km

高度上繞行地球，請問火箭需要(經由火箭引擎)多少額外的速率？

43 某星球有一個質量為 M，半徑為 R 的核心，其外層被內半徑 R，外半徑 $2R$，且質量 $4M$ 為的球殼所環繞。假如 $M = 3.6 \times 10^{24}$ kg，$R = 8.0 \times 10^6$ m，試問在下列各處(和此星球中心的距離)的重力加速度為何：(a) R，(b) $3R$？

44 有四個球體的質量分別是 $m_A = 40$ kg，$m_B = 35$ kg，$m_C = 200$ kg，$m_D = 50$ kg，其座標(x, y)分別為$(0, 50$ cm$)$，$(0, 0)$，$(-80$ cm$, 0)$，$(40$ cm$, 0)$。請問由其他球體作用在球體 B 的淨重力是多少？試以單位向量標記法表示之。

45 在圖 13-18b 中，一個質量為 80 kg 的物理學家其重量讀數為 220 N。當他將甜瓜自由釋放(相對於他自己)時，甜瓜距地 2.1 m，問需多久甜瓜會到達地板？

46 我們觀察兩個完全相同的天文物體 A 和 B，兩者的質量都是 m，因為兩者之間的重力影響，它們彼此往對方移動。它們起初的中心-中心間隔距離是 R_i。假設我們身處在一個慣性座標系，而且此座標系相對於這個雙物體系統的質量中心是靜止的。請使用力學能守恆原理$(K_f + U_f = K_i + U_i)$，求出當中心-中心間隔距離是 $0.5R_i$ 時的下列各項物理量：(a)系統的總能，(b)每個物體的動能，(c)每個物體相對於我們的速率，(d)物體 B 相對於物體 A 的速率。

其次假設我們是身處在依附於物體 A 上的參考座標系(我們乘坐在物體上)。現在我們看見物體 B 從靜止向我們掉落。在這個參考座標系上，我們再度使用 $K_f + U_f = K_i + U_i$，求出當中心-中心間隔距離是 $0.5R_i$ 時的下列各物理量：(e)物體 B 的動能，(f)物體 B 相對於物體 A 的速率。(g)為什麼(d)和(f)的答案是不同的？哪一個答案才正確？

47 黑洞的半徑 R_h，質量 M_h，其關係式為 $R_h = 2\,GM_h/c^2$，其中 c 為光速。物體距黑洞中心之距離為 $r_o = 1.001R_h$，該處之重力加速度 a_g 可由 13-11 式求得：(a)以 M_h 來表示在 r_o 處的 a_g。(b)增加 M_h，則在 r_o 處的 a_g 增加或減少？(c)若黑洞質量是太陽質量 $(1.99 \times 10^{30}$ kg$)$ 的 2.00×10^{12} 倍，求在 r_o 處的 a_g？(d)如果一個身高 1.70 m 的太空人位在 r_o 之處雙腳朝下，請問他的頭與腳之處的加速度相差多少？(e)是否會嚴重地拉長太空人？

48 行星自轉的最快可能速率是當作用在赤道上物質的重力，恰好勉強提供作為其自轉所需要的向心力。(為什麼？)(a)證明對應的最短的週期是

$$T = \sqrt{\frac{3\pi}{G\rho}}$$

其中 ρ 是球形行星的平均密度(單位體積的質量)。(b)假設密度是 3.0 g/cm^3，這是許多行星、衛星和流星的典型值，請計算自轉週期。沒有任何天文物體曾經被發現，具有比這個分析公式所求出的數值還要短的自轉週期。

49 假設某行星是半徑 R 的均勻球體，此行星(由於某種未知的原因)具有一條通過其中心的狹窄徑向隧道(圖 13-7)。另外也假設我們可以沿著隧道或在行星外部的任何地方放置蘋果。令 F_R 是當蘋果放置在行星表面時，蘋果所受的重力量值？如果我們將蘋果：(a)移離行星；(b)移入隧道，則請問在距離行星表面多遠的地方，作用於蘋果的重力量值是 $\frac{1}{3}F_R$？

50 一顆衛星在週期為 8.00×10^4 秒的橢圓形軌道上，繞著質量 7.00×10^{24} 公斤的行星運轉。在遠日點上，其徑向距離是 4.5×10^7 公尺，衛星的角速度是 7.158×10^{-5} rad/s。請問衛星在近日點上的角速率是多少？

51 在太空深處，質量 20 kg 的球體 A 位於 x 軸的原點，而且質量 15 kg 的球體也位於 x 軸上，其座標值 $x = 0.60$ m。當球體 A 維持在原點的同時，球體 B 從靜止予以釋放。(a)試問在 B 釋放的瞬間，雙球體系統的重力位能是多少？(b)當 B 已經往 A 移動了 0.20 m 的時候，請問 B 的動能為何？

52 某一個位於地球赤道上的物體會：(a)因為地球自轉而向地球的中心加速，(b)因為地球在近乎圓形的軌道上繞著太陽公轉，而向太陽加速，及(c)因為太陽繞著銀河系中心運動，而向我們銀河的中心加速。在後一種情形，其週期是 2.5×10^8 y，而且半徑是 2.2×10^{20} m。請計算這三種加速度，並且以 $g = 9.8$ m/s^2 的倍數表示之。

53 一枚 150 kg 的人造衛星其軌道週期是 2.4 小時且半徑 9.0×10^6 m 正繞轉一個質量未知的行星。如果這個行星地表的重力加速度是 8.0 m/s^2，請問行星的半徑是多少？

54 有三個球體的質量和座標數值如下：20 kg，$x = 0.50$ m，$y = 1.0$ m；40 kg，$x = -1.0$ m，$y = -1.0$ m；60 kg，$x = 0$ m，$y = -0.50$ m。請問由這三個球體作用在位於原點的 20 kg 球體的重力量值是多少？

55 兩個中子星的分隔距離是 1.0×10^{10} m。它們的質量都是 2.0×10^{30} kg，半徑均為 1.0×10^5 m。它們起初相對於彼此是處於靜止狀態。在我們從該靜止參考座標系測量的時候，請問當：(a)它們的分隔距離減少成初始值的一半時，以及(b)它們就要發生碰撞的瞬間，它們移動的速率各為何？

56 有一個非常早期的簡陋衛星是由經過充氣的球形鋁製氣球所組成，氣球直徑是 30 m，質量為 20 kg。假設有一顆質量 14 kg 的流星通過衛星表面 3.0 m 範圍內。請問在最接近的距離處，由衛星作用在流星的重力量值是多少？

57 圖 13-35 提供了某一個投射物的重力位能函數 $U(r)$圖形，它是從半徑 R_s 的星球表面往外繪製。試求 50 kg 的投射物之脫離速率為何？

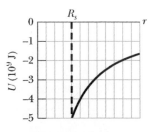

圖 13-35 習題 57

58 您計畫將第一顆 GPS 衛星送入火星附近。在 9.5 h 的軌道周期內，圓形軌道半徑需為多少？

59 (a)某球形之小行星半徑 750 m，其表面的重力加速度爲 3.0 m/s^2，試求在該小行星上之脫離速率？(b)若一物體在該小行星表面上以 1000 m/s 之初速向上發射，試問，它能到達多遠？(c)若一物體由距該小行星表面上 800 km 處自由落下，試求落至其表面時之速率？

60 一個典型中子星可以具有與太陽相等的質量，但是半徑只有 10 km。(a)請問在這樣的星球表面，其重力加速度是多少？(b)在這樣的星球表面，如果一個物體從靜止掉落 2.0 m 的距離，它將移動有多快？(假設此星球沒有自轉。)

61 地球繞行太陽的軌道近乎圓形：最近和最遠的距離分別是 1.47×10^8 km 與 1.52×10^8 km。請求出下列各物理量的相對應變化：(a)總能量，(b)重力位能，(c)動能，(d)軌道速率(提示：使用能量守恆和動量守恆)。

62 考量一顆脈衝星，其爲具有超高密度之崩壞恆星，質量 M 等於太陽質量(1.98×10^{30} kg)、然而僅具有 12 km 的半徑 R 與 0.041 s 的自轉週期 T。試問其自由落體加速度 g 與該球體恆星赤道處的重力加速度 a_g 相差多少百分比？

63 (a)在習題 44 中，移除球體 A 並且計算其餘三粒子系統的重力位能。(b)如果隨後將 A 放回原位，則四粒子系統的位能大於或小於(a)小題中系統的重力位能？(c)在(a)小題中，我們移除 A 所做的功是正值或負值？(d)在(b)小題中，我們放回 A 所做的功是正值或負值？

64 某特定三個星球的系統包含兩個質量都是 m 的星球，它們都以半徑爲 r 的相同圓形軌道，繞著質量 M 的中心星球旋轉(圖 13-36)。兩個在運轉的星球總是位於軌道直徑的相反兩端。請推導兩個星球公轉週期的數學式。

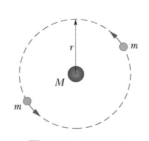

圖 13-36 習題 64

65 有幾個行星(木星、土星、天王星)被圓環包圍，這些圓環可能是由無法形成衛星的物質所構成。除此之外，許多銀河系包含類似環狀的構造。讓我們考慮一個質量 M 而且外半徑爲 R 的均勻薄環(圖 13-37)。(a)試問這個圓環施加在位於圓環中心軸上、質量爲 m 的粒子上的重力引力是多少？其中該粒子與圓環中心相距 x。(b)假設粒子受圓環物質引力的影響，從靜止狀態開始掉落。請問當粒子通過圓環中心的時候，其速率是多少？

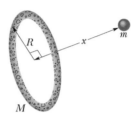

圖 13-37 習題 65

66 圖 13-38 是一個小行星在直接往地球中心掉落過程中，其動能 K 相對於其與地球中心的距離 r 的曲線圖。(a)請問小行星的(近似)質量是多少？(b)它在 $r = 1.945 \times 10^7$ m 處的速率是多少？

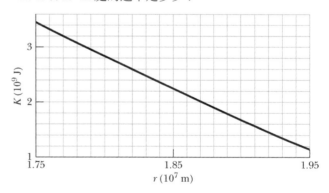

圖 13-38 習題 66

CHAPTER 14

流體

14-1 流體、密度和壓力

學習目標

在閱讀完這個區塊的文字之後,讀者應該能夠...

14.01 區分流體和固體。

14.02 當質量均勻分布時,連結密度與質量和體積的關係。

14.03 運用靜流體壓力、作用力與該力作用的表面積之間的關係。

關鍵概念

● 任何物質的**密度**ρ定義為每單位體積的質量:

$$\rho = \frac{\Delta m}{\Delta V}$$

通常,若物質樣本遠大於原子尺寸,則

$$\rho = \frac{m}{V}$$

● 會流動的物質稱為流體;由於剪應力在其中無法存在,故流體的形狀視容器內部之形狀而定。同時,它會施一與表面垂直的力於容器壁。此力用壓力p來描述:

$$p = \frac{\Delta F}{\Delta A}$$

其中ΔF為作用於面積元素ΔA的力。若力是均勻作用於一平面上,則

$$p = \frac{F}{A}$$

● 在一流體中任一點由流體壓力所產生的力,其大小在各方向均相同。

物理學是什麼?

　　流體物理學是水力工程學的基礎,它是可以應用在很多領域的一個工程學分支部門。核子工程師可能需要研究老舊核子反應爐的液壓系統的流體流動過程,另一方面,醫學工程師可能必須研究年老病人動脈中的血液流動情形。環境工程師可能必須關心垃圾場的排水問題,或農地的有效灌溉問題。海軍工程師在意的可能是深海潛水夫必須面對的危險,或者在意從損毀下沈的潛水艇中,逃脫出來的潛艦人員生存的可能性。航空學工程師可能必須設計用來控制飛機襟翼的液壓系統,以便使噴射飛機能安全著陸。水力工程學也被應用在許多百老匯和拉斯維加斯的表演中,這類演出就是利用液壓系統讓大型布景很快搭建好,又可以很快卸下。

　　在開始探討任何這樣的流體物理學應用以前,我們首先必須回答一個問題:「流體是什麼?」

流體是什麼？

流體與固體不同，它可以流動。當我們把流體裝在一個容器時，流體的形狀與容器內部是一致的。其原因是流體無法支撐一個與它表面相切的力(以第 12-3 節中較正式的用語來說，流體因其無法承受一個剪應力而流動。它只能在表面之垂直方向施力)。有些物質(如瀝青)雖然需要較長的時間才能與容器內部之形狀取得一致，但我們仍將它歸類為流體。

你也許會奇怪，為什麼液體及氣體合起來稱為流體。畢竟(你也許會說)，液態的水跟水蒸氣的不同，就類似水跟冰的不同。實際上，不大類似。冰與其他結晶之固體一樣，其分子在三維空間有規則之堅固排列，稱為晶格。在晶格中，分子與分子間有大範圍之規則性的排列，是水蒸汽及液態水所沒有的。

密度與壓力

當我們討論剛體時，我們考慮的是一塊東西，例如木塊、球、金屬桿等等。此時我們用到的物理量是質量及力，並用這些量表現出牛頓定律。例如我們說，25 N 的力作用於 3.6 kg 之木塊，如此這般。

而討論流體時，我們較關注一整個連續體積範圍的物質，以及在此物質中不同點之性質差異。此時使用**密度**和**壓力**比用質量和力來得方便。

密度

欲求一流體中某一點的密度 ρ，我們考慮在該點處之體積元素 ΔV，測出該體積元素內所含的質量 Δm。則**密度**為

$$\rho = \frac{\Delta m}{\Delta V} \tag{14-1}$$

理論上，流體中任一點之密度為上式在 ΔV 趨近於 0 時之極限值。在實用上，我們常假定所考慮之流體比原子尺寸大得多，因此可將流體視為均勻的分佈，原子之粒子性可以忽略。這個假設讓我們可以把密度以流體的質量 m 和體積 V 來描述。

$$\rho = \frac{m}{V} \quad \text{(均勻的密度)} \tag{14-2}$$

密度為一純量，其 SI 單位為仟克/立方公尺。表 14-1 所列者為某些物質之密度及一些物體的平均密度。請注意氣體的密度與壓力大有關係(見本表的空氣)；但液體(見本表的水)則否；我們稱氣體具可壓縮性，而液體則不具該特性。

表 14-1　一些常用密度

物質或物體	密度(kg/m³)	物質或物體	密度(kg/m³)
星際空間	10^{-20}	鐵	7.9×10^3
實驗室最佳真空	10^{-17}	水銀	13.6×10^3
空氣：20°C 及 1atm	1.21	地球：平均	5.5×10^3
20°C 及 50atm	60.5	地核	9.5×10^3
泡棉	1×10^2	地殼	2.8×10^3
冰	0.917×10^3	太陽：平均	1.4×10^3
水：20°C 及 1atm	0.998×10^3	核心	1.6×10^5
20°C 及 50atm	1.000×10^3	白矮星(核心)	10^{10}
海水：20°C 及 1atm	1.024×10^3	鈾原子核	3×10^{17}
血液	1.060×10^3	中子星(核心)	10^{18}

壓力

如圖 14-1a 所示，一小型壓力感測器懸於某盛裝流體之容器中。感測器的構造如圖 14-1b 所示，面積 ΔA 之活塞緊嵌入一小氣缸中，並以一彈簧頂著。若彈簧經過校準，並可取得讀數，則我們可以測出流體作用於活塞上之力 ΔF。我們將流體作用於活塞上之**壓力**定義為

$$p = \frac{\Delta F}{\Delta A} \tag{14-3}$$

理論上，在流體內任一點的壓力為，當活塞面積 ΔA 以該點為中心趨近於零時，上式比值之極限值。若作用於一面積為 A 的平面活塞之力為均勻(也可以說是該區域內每一點)，則 14-3 式可寫為

$$p = \frac{F}{A} \quad (\text{平板受均勻力的壓力}) \tag{14-4}$$

其中 F 是作用於垂直面積 A 的力。

由實驗發現，在靜止流體中某一點，無論壓力感測器的方向為何，所得的壓力 p (由 14-4 式所定義)都相同。所以壓力是一個純量，無方向性。雖然作用於感測器活塞上的力是向量，但 14-4 式中的力只是大小而已，是一個純量。

在 SI 單位系統中，壓力的單位是牛頓/平方公尺，或稱為**巴斯卡**(pascal，Pa)。在一些使用公制單位的國家，汽車輪胎的壓力計常用仟巴斯卡作單位。巴斯卡與其他常用的(非 SI)之壓力單位的關係如下：

$$1\text{atm} = 1.01 \times 10^5\, \text{Pa} = 760\, \text{torr} = 14.7\, \text{lb/in}^2$$

大氣壓(atm)，顧名思義，約等於海平面上之大氣平均壓力。托(torr)係指毫米水銀柱(mm-Hg)而言(為紀念於 1674 年發明水銀氣壓計的科學家托

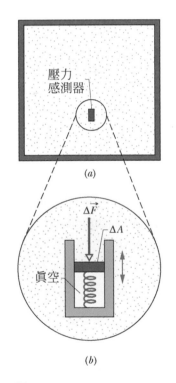

圖 14-1　(a)在充滿流體的容器中包含一個小的壓力感測器，其構造如(b)所示。壓力的大小由感測器中可活動的活塞相對位置來決定。

里塞利而訂)。在使用英制單位的國家則常用磅/平方吋(lb/in)。表 14-2 列出若干常見的壓力。

表 14-2 一些常見的壓力

物質或物體	壓力(pa)	物質或物體	壓力(pa)
太陽中心	2×10^{16}	汽車輪胎 [a]	2×10^5
地球中心	4×10^{11}	海平面大氣壓力	1.0×10^5
實驗室可達到之最高壓力	1.5×10^{10}	人體心臟收縮時的血壓 [a,b]	1.6×10^4
最深的海溝底	1.1×10^8	最佳實驗室真空	10^{-12}
高跟鞋對地面	10^6		

[a] 超過大氣壓部分的壓力。
[b] 相當於醫生血壓計上的 120 torr。

範例 14.1 大氣壓與力

有一間客廳,具有 3.5 m 與 4.2 m 長寬的地板而高度為 2.4 m。

(a) 當氣壓為 1.0 atm 時,房間內空氣重量為何?

關鍵概念

(1)空氣的重量等於 mg,其中 m 是它的質量。**(2)**質量 m 與空氣密度 ρ 及空氣體積 V 的關係是 **14-2 式** ($\rho = m/V$)。

計算 將上述兩要點合而為一,並由表 14-1 獲得空氣在 1.0 atm 時的密度,可以求得

$$mg = (\rho V)g$$
$$= (1.21 \text{kg/m}^3)(3.5 \text{m} \times 4.2 \text{m} \times 2.4 \text{m})(9.8 \text{m/s}^2)$$
$$= 418 \text{N} \approx 420 \text{N} \qquad \text{(答)}$$

此值大概是 110 罐百事可樂的重量。

(b) 作用於面積 0.040 m² 的頭頂上之大氣壓向下作用力的大小?

關鍵概念

當面積 A 之表面上,流體壓力 p 是均勻時,表面上流體作用力可由 14-4 式($p = F/A$)獲得。

計算 雖然空氣壓力每日都會改變,但仍可以近似表示為 $p = 1.0$ atm。然後 14-4 式給出

$$F = pA = (1.0 \text{atm}) \left(\frac{1.01 \times 10^5 \text{ N/m}^2}{1.0 \text{atm}} \right) (0.040 \text{m}^2)$$
$$= 4.0 \times 10^3 \text{ N} \qquad \text{(答)}$$

這個巨大的力等於從你的頭頂到大氣頂端的空氣柱體的重量。

WILEY **PLUS** Additional example,video,and practice available at *WileyPLUS*

14-2 靜止的流體

學習目標

在閱讀完這個區塊的文字之後,讀者應該能夠...

14.04 運用靜流體壓力、流體密度以及參考點上下的高度之間的關係。

14.05 區分總壓力(絕對壓力)與錶壓力。

關鍵概念

● 靜止流體中之壓力隨著垂直位置y而變。令y向上為正，

$$p_2 = p_1 + \rho g(y_1 - y_2)$$

設p_0為參考點之壓力，若有一物體在流體中參考點下方h處，則

$$p = p_0 + \rho g h$$

其中p為該物所受的壓力。

● 在靜止流體中同一高度各點之壓力均相等。

● 錶壓力為某點的實際壓力(絕對壓力)與大氣壓力之差。

靜止的流體

圖 14-2a 所示為一暴露於大氣中之水槽(或其他液體)。每一個潛水者都知道，由水面下潛，深度越大，壓力就越大。事實上，潛水用的深度計與圖 14-1b 所繪的壓力感測器差不多。爬過高山的人都知道，越往高處，氣壓越低。這潛水者及登山者所經驗到的壓力，稱為靜流體壓力，因為其來自於靜態(靜止)的流體。這裏我們將找出靜流體壓力和深度或高度的關係式。

首先，我們討論水面下，深度與壓力增加的關係。我們設定一垂直的 y 軸，其原點在水面上，其正方向為向上。今考慮一包含於假想之正圓柱體(底面積 A)內之水樣本，並令圓柱體之上、下底的深度分別為 y_1 及 y_2(在此均為負數)。

圖 14-2(e)所示為包含於圓柱體內之水的自由體圖。水是處於靜態平衡狀態；意即，水是靜止不動且作用其上的力達到平衡。有三個垂直的力作用於其上：因圓柱體上方的水導致的力 $\vec{F_1}$ 作用在圓柱體的上表面(圖 14-2b)。同理，因圓柱體下方的水導致的力 $\vec{F_2}$ 作用在圓柱體的底部(圖 14-2c)。而作用在圓柱體中的水的重力為 $m\vec{g}$，其中 m 為圓柱體中水的質量(圖 14-2d)。這些力的平衡可表示成

$$F_2 = F_1 + mg \tag{14-5}$$

考慮壓力，我們把 14-4 式寫成

$$F_1 = p_1 A \text{ 及 } F_2 = p_2 A \tag{14-6}$$

由 14-2 式，圓柱體內水的質量 m 可表示為 $m = \rho V$，其中圓柱體積 V 是底面積 A 與高 $y_1 - y_2$ 的乘積。所以，m 等於 $\rho A(y_1 - y_2)$。將此與 14-6 式代入 14-5 式，可得

$$p_2 A = p_1 A + \rho A g(y_1 - y_2)$$

$$p_2 = p_1 + \rho g(y_1 - y_2) \tag{14-7}$$

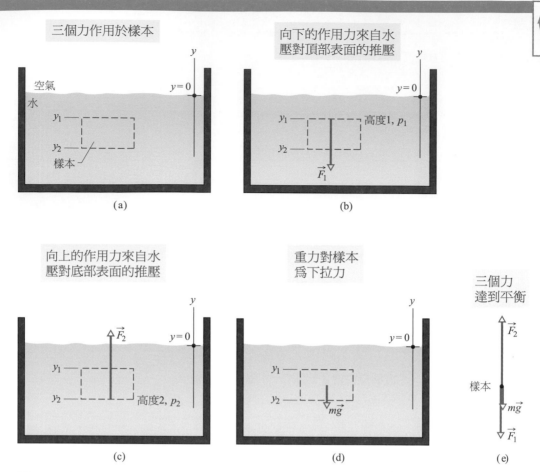

三個力作用於樣本

空氣
水
y_1
y_2
樣本

(a)

向下的作用力來自水
壓對頂部表面的推壓

y_1 高度1, p_1
y_2
$\vec{F_1}$

(b)

向上的作用力來自水
壓對底部表面的推壓

$\vec{F_2}$
y_1
y_2 高度2, p_2

(c)

重力對樣本
爲下拉力

y_1
y_2
$m\vec{g}$

(d)

三個力
達到平衡

$\vec{F_2}$
樣本
$m\vec{g}$
$\vec{F_1}$

(e)

圖 14-2 (a)包含一假想之圓柱體(底面積爲 A)之水樣本的水槽。(b)-(d) $\vec{F_1}$ 作用於圓柱體的上表面，$\vec{F_2}$ 作用於圓柱體的底部，作用於圓柱體內水樣本的重力爲 $m\vec{g}$ 。(e)水樣本的自由體圖。在 *WileyPLUS* 的版本中，這張圖爲有旁白的動畫。

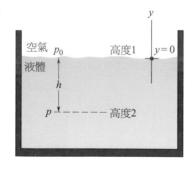

空氣 p_0 高度1 $y=0$
液體
h
p 高度2

圖 14-3 壓力 p 隨深度 h 而增加，見 14-8 式。

使用這個方程式可以求得液體和大氣的壓力(各以深度及海拔/高度爲函數)。前者時，假設要計算液面下深度 h 處之壓力 p。我們可以選擇高度位置 1 爲水面，而高度位置 2 爲水面下深度 h，如圖 14-3 所示，並令 p_0 爲水面大氣壓力。則將

$$y_1 = 0 ， p_1 = p_0 \text{ 及 } y_2 = -h ， p_2 = p$$

代入 14-7 式得

$$p = p_0 + \rho g h \quad (\text{深度 } h \text{ 的壓力}) \tag{14-8}$$

注意，在液面下某一深度之壓力僅與深度有關，而與任何水平長度無關。

 對於處於靜態平衡的流體，流體中某一點的壓力和該點所處的深度有關，而與流體的水平位置或容器形狀無關。

因此，14-8 式對任何形狀之容器皆成立。如果容器底部水面的深度為 h，則在此水面的壓力 p 如 14-8 式所示。

在 14-8 式中，p 被稱為液面 2 的總壓力或**絕對壓力**(absolute pressure)。要知道為什麼，在圖 14-3 中液面 2 的壓力包含兩個部分：(1) p_0 是由大氣所產生的壓力，在壓迫著液面，(2) $\rho g h$ 是液面 2 上之液體所產生的壓力，壓迫著液面 2。一般而言，絕對壓力和大氣壓力之差稱為**錶壓力**(gauge pressure，名稱來自於使用錶來測量此壓力差)。在圖 14-3 其測量壓力為 $\rho g h$。

14-7 式在液面之上也成立：我們可以位於液面 1 的大氣壓力 p_1 來求距離液面 1 某個距離的大氣壓力(假設這段距離內大氣之密度是均勻的)。例如，在液面 1 之上距離為 d 的大氣壓力如圖 14-3，我們代換

$$y_1 = 0 \text{，} p_1 = p_0 \text{ 及 } y_2 = d \text{，} p_2 = p$$

且 $\rho = \rho_{air}$，我們得

$$p = p_0 - \rho_{air} g d$$

測試站 1

如圖所示四個裝有橄欖油的容器。在同樣的深度 h 處依壓力由大而小排列之。

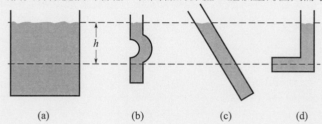

(a)　　　　(b)　　　　(c)　　　　(d)

範例 14.2　作用於潛水員的錶壓

一潛水生手在游泳池中練習時，吸滿了氣筒中的氣體。在某一深度 L 時，他關掉氣筒，然後游向水面，但他沒有把氣吐掉。結果浮到水面時，發現其肺內的氣壓與大氣壓的壓力差 Δp 為 9.3 kPa。試求他在水中原來的深度為何？

關鍵概念

在密度 ρ 的液體中，深度 h 處的壓力可以利用 14-8 式($p = p_0 + \rho g h$)求出，在此處 14-8 式是將儀表壓力 $\rho g h$ 加上大氣 p_0。

計算 此處當潛水者在深度 L 處吸滿氣體時，他的外部壓力(以及在他肺內的氣壓)大於正常值，由 14-8 式可知

$$p = p_0 + \rho g L$$

其中 ρ 為水的密度(998 kg/m^3，見表 14-1)。浮上水面後，體外的壓力降低，直至為水面之大氣壓力 p_0。他的血壓也跟著降到正常值。然而他忘了把肺內的氣體呼出，所以此時他肺內的氣壓仍保持在深度 L 的值。在表面，其壓力差 Δp 為

$$\Delta p = p - p_0 = \rho g L$$

所以

$$L = \frac{\Delta p}{\rho g} = \frac{9300\,\text{Pa}}{(998\,\text{kg/m}^3)(9.8\,\text{m/s}^2)}$$

$$= 0.95\,\text{m} \qquad (答)$$

這並不深！然而 9.3 kPa 的壓力差(約大氣壓力的 9%)

WILEY PLUS Additional example,video,and practice available at *WileyPLUS*

足以破壞其肺臟，原溶於血中之高壓氣體因外界壓力降低而在肺血管中形成氣泡，當血液將氣泡帶入心臟及腦部血管，形成血拴時，他就完了。要避免這種危險，在他浮上水面當中，只要逐漸呼出肺中的氣體，使肺中的壓力與體外壓力保持平衡即可。

範例 14.3　U 形管中的壓力平衡

圖 14-4 所示之 U 形管中有兩種互不相混合的液體處於靜態平衡：密度 ρ_w (= 998 kg/m^3) 的水柱在右臂，未知密度 ρ_x 的油柱在左臂。由測量發現 l = 135 mm，d = 12.3 mm。試求油的密度。

關鍵概念

(1) 在左臂中油-水界面處的壓力 p_{int}，是與密度 ρ_x 和油在此界面上的高度有關聯的。**(2)** 在右臂中的水在相同高度處，其壓力亦同為 p_{int}。此乃因為處於靜態平衡的水，其中位於同一水平面的兩點必定具有相同壓力，即使這兩個點在水平方向是被區隔開的也是如此。

計算　在右臂中，該界面與水面距離 l，由 14-8 式可以得到

$$p_{\text{int}} = p_0 + \rho_w g l \quad (右臂)$$

同理，在左臂中，界面與油面距離為 $l + d$，由 14-8 式

$$p_{\text{int}} = p_0 + \rho_x g(l + d) (左臂)$$

上兩式相等，故解出未知密度為

$$\rho_x = \rho_w \frac{l}{l+d} = (998\,\text{kg/m}^3)\frac{135\,\text{mm}}{135\,\text{mm} + 12.3\,\text{mm}}$$

$$= 915\,\text{kg/m}^3 \qquad (答)$$

注意答案與大氣壓力 p_0 及重力加速度 g 無關。

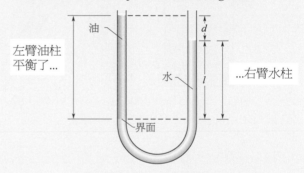

圖 14-4　左臂之液面較右臂為高。

WILEY PLUS Additional example,video,and practice available at *WileyPLUS*

14-3　測量壓力

學習目標

在閱讀完這個區塊的文字之後，讀者應該能夠...

14.06 描述壓力計如何測得大氣壓力。

14.07 描述開管氣體壓力計如何量得氣體的錶壓力。

關鍵概念

● 水銀壓力計可以用來量大氣壓力。

● 開管氣體壓力計可以用來量測密閉容器內氣體。

測量壓力

水銀氣壓計

圖 14-5a 所示為一簡單的水銀氣壓計，用來量測大氣壓力。其構造為一充滿水銀的玻璃管倒置於一水銀槽中而成。在玻璃管中水銀柱上方的空間僅有少量的水銀蒸汽，在常溫之下，其壓力甚小，可以忽略。

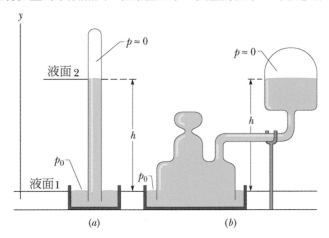

圖 14-5 (a)水銀氣壓計。(b)另一種水銀氣壓計。兩者之 h 是相同的。

我們利用 14-7 式，可以由水銀柱的高度 h 求出大氣壓力 p_0。我們令圖 14-2 中之液面 1 為水銀與空氣的界面，液面 2 為水銀柱的頂端，如圖 14-5a 所示。則將

$$y_1 = 0，p_1 = p_0 \text{ 及 } y_2 = h，p_2 = 0$$

代入 14-7 式中，可得

$$p_0 = \rho g h \tag{14-9}$$

其中 ρ 是水銀的密度。

在某一壓力下，水銀柱高度 h 與玻璃管之截面半徑無關。圖 14-5b 是一種比較有變化的水銀氣壓計，其功能與圖 14-5a 者相同，都是利用水銀面的高度差來量測氣壓。

由 14-9 式可以看出，在某一壓力下，水銀柱的高度與氣壓計所在位置的 g 值有關；同時與水銀的密度(隨溫度而變)也有關。如果氣壓計所在位置的值為標準值，即 9.80665 m/s^2，同時，水銀的溫度為 0 °C，那麼水銀柱的高度(以 mm 為單位)與氣壓(以 torr 為單位)之數值是相同的。但一般而言，這種狀況甚少出現，因此水銀柱高度就必須經過一些修正或換算，才能得出正確的氣壓值。

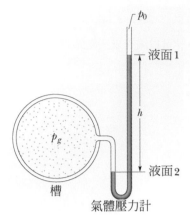

圖 14-6 開管氣體壓力計,用來測量槽中氣體的計示壓力。U 形管之右臂對大器開放。

開管氣體壓力計

　　一個開管氣體壓力計(圖 14-6)可直接量出氣體的錶壓力 p_g。其構造爲一 U 形管,其一端與裝待測氣體之容器相連,另一端爲開放,而與大氣相通。我們利用 14-7 式可以由圖 14-6 中之 h 求出標準壓力。令液面 1 及液面 2 如圖 14-6 所示。則將

$$y_1 = 0 \text{ , } p_1 = p_0 \text{ 及 } y_2 = -h \text{ , } p_2 = p$$

代入 14-7 式,可以得到

$$p_g = p - p_0 = \rho g h \tag{14-10}$$

其中 ρ 是管中液體的密度。量測壓力 p_g 與 h 成正比。

　　錶壓力依據 $p > p_0$ 或 $p < p_0$ 可爲正或負。汽車輪胎中或人體循環系統中的絕對壓力都大於大氣壓力,此時錶壓力爲一正值,稱爲過壓力。當你用吸管吸上飲料時,你肺中的絕對壓力實際上小於大氣壓力。此時錶壓力爲一負數。

14-4　巴斯卡原理

學習目標

在閱讀完這個區塊的文字之後,讀者應該能夠...

14.08 了解巴斯卡原理。

14.09 分析液壓槓桿時,運用輸入面積和其離動距離與輸出面積和其離動距離之間的關係。

關鍵概念

● 巴斯卡原理說明當一密閉流體中某一部分被施以壓力之變化時,此一變化必以原樣傳遞至流體內各點,以及容器之器壁。

巴斯卡原理

　　當你擠牙膏時,就是活生生的**巴斯卡原理**的呈現。有名的哈姆立克急救法(Heimlich maneuver),即當有異物哽在喉嚨時,用手衝壓患者腹部,可將異物逼出的方法,也是巴斯卡原理的應用。此一原理是 1652 年由巴斯卡首先提出的(壓力單位 Pa 也是因他命名):

　　在一封閉的流體中,在流體的一部分改變壓力,則此壓力改變必以原樣傳遞至流體之各部分,且傳至盛此流體容器之器壁。

巴斯卡原理之說明

如圖 14-7 所示，一高柱體缸內盛有不可壓縮的液體。上端裝有活塞，活塞上可放置鉛粒以產生壓力。大氣以及鉛粒產生壓力 p_{ext} 於活塞，活塞又將壓力傳給液體。在液體內 P 點之壓力 p 為

$$p = p_{ext} + \rho g h \tag{14-11}$$

現於活塞上方再加一些鉛粒，使壓力 p_{ext} 增加 Δp_{ext}。因 14-11 式中的 ρ、g 及 h 各量均保持不變，故 P 點的壓力變化為：

$$\Delta p = \Delta p_{ext} \tag{14-12}$$

此一壓力改變與 h 無關，即表示 14-12 式適用於液內各點，如巴斯卡原理所述。

巴斯卡原理及液壓槓桿

圖 14-8 顯示巴斯卡原理可作液壓槓桿的理論基礎。操作時，一個大小為 F_i 之外力向下作用於左臂中(輸入)之活塞(面積為 A_i)。機器裡的不可壓縮液體即將此壓力傳遞至右臂(輸出)之活塞，其面積為 A_o，因而產生一向上的力 F_o。為了保持系統的平衡，也必須在出力活塞上以外部負載(未顯示)施以大小為 F_o 的力。施於左臂的力 $\vec{F_i}$ 及右臂的力 $\vec{F_o}$，會使液體壓力發生改變 Δp，

$$\Delta p = \frac{F_i}{A_i} = \frac{F_o}{A_o}$$

故

$$F_o = F_i \frac{A_o}{A_i} \tag{14-13}$$

如果 $A_o > A_i$，如圖 14-8 中所示，則 14-13 式告訴我們，出力 F_o 必大於入力 F_i。

如果入力活塞被壓下的距離為 d_i，則出力活塞被推上的距離為 d_o，使得兩側活塞的不可壓縮液體有相同的體積變化量 V。即

$$V = A_i d_i = A_o d_o$$

故得

$$d_o = d_i \frac{A_i}{A_o} \tag{14-14}$$

此式顯示，若 $A_o > A_i$ (如圖 14-8 所示)，出力活塞移動距離必小於入力活塞之移動距離。

由 14-13 及 14 兩式可知出力所作的功為

$$W = F_o d_o = \left(F_i \frac{A_o}{A_i} \right) \left(d_i \frac{A_i}{A_o} \right) = F_i d_i \tag{14-15}$$

這個公式告訴我們，作用力對入力活塞所作的功，恰等於出力活塞移動

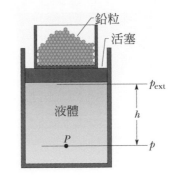

圖 14-7 加於活塞之鉛粒產生壓力 p_{ext} 於封閉且不可壓縮之液體頂部。若增加重量使 p_{ext} 增加，則此增加的壓力必傳至液體內各點。

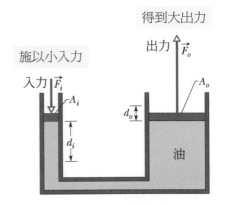

圖 14-8 液壓槓桿構造圖，用來放大入力 $\vec{F_i}$。但所作的功並未放大，也就是說，入力及出力所作的功是一樣的。

時所作的功。

液壓槓桿的功用為：

> 使用液壓槓桿，可以將作用一段距離的力轉換成較大的力，
> 但移動距離變小了。

力與距離的乘積則為一定值，表示入力與出力所作的功是一樣。在日常生活中，有時我們需要很大的力，而不計較距離的多少，這時，液壓槓桿就有用了。例如，一個人無法舉起一部汽車，但有液壓千斤頂就好辦了，雖然在操作千斤頂時，汽車只上升一點點，但能夠舉起汽車，我們的目的就達到了。

14-5　阿基米德原理

學習目標

在閱讀完這個區塊的文字之後，讀者應該能夠⋯

14.10 描述阿基米德原理。

14.11 運用作用於物體之浮力與被該物體所替換的流體質量之間的關係。

14.12 了解浮體的浮力與重力之間的關係。

14.13 了解重力與被浮體所替換的流體質量之間的關係。

14.14 區分視重與實際重量。

14.15 計算全部或部分浸在液體中之物體的視重。

關鍵概念

● 阿基米德原理說明當一物體全部或部分浸於流體中，則其周遭的流體會對該物體作用一個向上的浮力，大小為

$$F_b = m_f g$$

其中 m_f 是被物體排開的流體質量。

● 物體是漂浮在流體中時，作用在物體上的浮力大小 F_b (向上)等於作用其上的重力大小 F_g (朝下)。

● 在浮力作用下物體的視重和實際重量關係如下

$$weight_{app} = weight - F_b$$

阿基米德原理

圖 14-9 顯示一學生在游泳池裡，觀察一充滿水的薄塑膠袋(其質量可忽略)。她一定會發現，該塑膠袋不沈也不浮，也就是說，它處於一靜平衡狀態。塑膠袋內的水受到一個向下的重力 $\vec{F}_g$，此力必定全被一來自塑膠袋周圍的水所產生向上的力所平衡。

此一向上的力稱為**浮力**(buoyant force) $\vec{F}_b$。係塑膠袋四周的水作用於袋內的水的力。前面我們已經知道，水的壓力隨水的深度而增加，因而塑膠袋下方所受的壓力必大於上方所受的壓力。所以在塑膠袋下方會受

到一個比上方還大的力。圖 14-10a 顯示出一些力，其中我們把塑膠袋連袋中的水一起拿掉留下一個空洞。注意，靠近此一空洞下力的向量力(擁有向上的分量)比起上方，有較長的長度。若我們將這些力作向量相加，則水平分量會相消掉，而垂直分量相加的結果會得到一個向上的浮力 $\vec{F}_b$ 作用在塑膠袋上(力 $\vec{F}_b$ 顯示在圖 14-10a 中池子的右邊)。

因為此裝水的塑膠袋是處於靜態平衡，所以其所受的力 $\vec{F}_b$ 和重力 $\vec{F}_g$ 會相等：$F_b = m_f g$(下標 f 代表流體)。換句話說，袋中的水所受的浮力和其重量是相等的。

若在圖 14-10a 的空洞中置一與空洞形狀完全相同的石頭，如圖 14-10b 所示。因為形狀完全相同，所以現在作用在空洞表面上的力和塑膠袋充滿水的情況是相同的。則原來作用於充滿水之塑膠袋之浮力必同樣的作用於石塊上。此浮力即為 F_b，大小為 $m_f g$，也就是被石頭所替代的水的重量。

對裝水之袋的
浮力等於袋內水重

圖 14-9 在游泳池中，一裝滿水之薄塑膠袋為靜平衡狀態。其重量被浮力所抵銷。

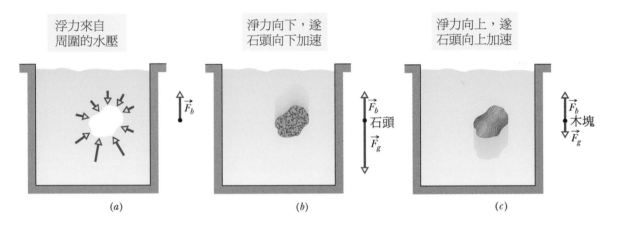

浮力來自
周圍的水壓

淨力向下，遂
石頭向下加速

淨力向上，遂
石頭向上加速

(a)   (b)   (c)

圖 14-10 (a)空洞四周的水作用力於空洞四周，結果產生的合力為一向上的浮力，任何填充於此空洞的物體均受此浮力之作用。(b)空洞中若填以石塊，其重量大於浮力。(c)空洞中若填以木塊，則重量小於浮力。

和充滿水的塑膠袋不一樣，石頭並不是處於靜態平衡。如圖 14-10b 中池子右方的自由體圖所示，石頭受到向下的重力 $\vec{F}_g$ 比其所受的向上浮力來得大。因而石頭會加速下沈至池子的底部。

若在圖 14-10a 的空洞中塞入一形狀完全一致的木塊，如圖 14-10c 所示。其受到的浮力 F_b 大小依舊為 $m_f g$，也就是被替換的水的重量。就像石頭一樣，木塊也不會保持在靜態平衡狀態。而不同的是這一次重力 $\vec{F}_g$ 比浮力來得小(如池子的右邊所示)，所以木塊會加速上浮直至水面。

綜上所述，可歸納出**阿基米德原理**如下：

當一物體全部或部分浸於流體中，則其周遭的流體會對該物體作用一個浮力 $\vec{F}_b$。浮力的大小恰等於該物體所排開之流體重量 $m_f g$

在流體中物體所受浮力大小為

$$F_b = m_f g \quad (\text{浮力}) \tag{14-16}$$

其中 m_f 為被物體所替代的流體質量。

漂浮

有一輕質的木塊在池面上釋放，一開始它會因為向下的重力，而沈入水中。接著當木塊取代越來越多的水，其所受到的向上的浮力 F_b 也會跟著增加。最後 F_b 會和向下的重力相等，使得木塊不再下沈。此時木塊處於靜態平衡，也就是浮在水中。一般而言。

當一物體浮在流體中，則物體受到的浮力 F_b 等於其受到重力 F_g 的大小。

可寫成

$$F_b = F_g \quad (\text{漂浮}) \tag{14-17}$$

從 14-16 式，可知 $F_b = m_f g$。因此，

當物體浮在流體上，物體所受的重力等於被物體所取代的流體的重量 $m_f g$。

可寫成

$$F_g = m_f g \quad (\text{漂浮}) \tag{14-18}$$

換句話說，漂浮的物體只取代和它本身重量相同的流體。

流體中的視重

若我們把一顆石頭放在秤上，則我們可從秤上讀到石頭的重量。但若我們在水中作同一件事，則讀取值會因浮力而變小。該讀值即為**視重**。一般而言，視重和物體實際重量及浮力的關係如下：

$$(\text{視重}) = (\text{實際重量}) - (\text{浮力的大小})$$

故得

$$\text{weight}_{\text{app}} = \text{weight} - F_b \quad \text{(視重)} \qquad (14\text{-}19)$$

在某些有關承受力的特殊測試中，若你必須舉起很重的石頭，此時可將石頭置於水中而較易達成。你的施力只須大於視重即可，而不用和實際重量一樣大。

漂浮物體所受浮力大小等於其重量。14-19 式告訴我們漂浮物的視重爲零——從秤上會讀到零。例如，當太空人準備在太空中出複雜的任務前，會先漂浮在水中練習該工作。在練習中，他們的配備會把他們的視重調整爲零。

測試站 2

一企鵝起初漂浮在一密度爲 ρ_0 的液體上，後來換成密度 $0.95\rho_0$ 的液體，最後爲密度 $1.1\rho_0$ 的液體。(a)根據對企鵝的浮力大小，將這些密度由浮力最大者開始排列。(b)將密度按被企鵝所取代的液體量由大至小加以排列。

範例 14.4 漂浮、浮力與密度

於圖 14-11，一個密度爲 $\rho = 800 \text{ kg/m}^3$ 的物塊面向下的漂浮在一個密度爲 $\rho_f = 1200 \text{ kg/m}^3$ 的流體中。物塊的高度爲 $H = 6.0 \text{ cm}$。

漂浮指浮力
同重力

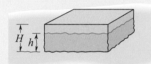

圖 14-11 高 H 之物塊漂浮於流體中，深度 h

(a) 請問物塊浸沒深度 h 爲何？

關鍵概念

(1)要讓物塊呈現漂浮狀態需要使作用於物塊的向上浮力與向下重力相同。(2)浮力等於由物塊浸沒部分所排開的流體重量。

計算 從式 14-16 可知，浮力具有大小 $F_b = m_f g$，其中 m_f 爲物塊浸沒體積 V_f 所排開的流體質量。從 14-2 式($\rho = m/V$)，我們知道被排出的流體的質量等於 $m_f = \rho_f V_f$。雖然我們並不知道 V_f，但如果將物塊長度標記爲 L 而其寬度標記爲 W，則可從圖 14-11 觀察到浸沒體積必爲 $V_f = LWh$。此時結合上述三個表示式，可發現朝上浮力的大小爲

$$F_b = m_f g = \rho_f V_f g = \rho_f LWhg \qquad (14\text{-}20)$$

同樣地，我們亦可寫出作用於物塊的重力大小 F_g，首先以物塊的質量 m 表示、其次以物塊密度 ρ

與(整個)體積 V 表示，最後以盒子尺寸 L、W、H(整個高度)表示之。

$$F_g = mg = \rho Vg = \rho LWHg \qquad (14\text{-}21)$$

漂浮的物塊是靜止的。因此，寫出向上爲正之垂直 y 軸之牛頓第二定律($F_{\text{net},y} = ma_y$)，可以得到

$$F_b - F_g = m(0)$$

或從式 14-20 與 14-21，可以寫出

$$\rho_f LWhg - \rho LWHg = 0$$

由上述數學式可以得到

$$h = \frac{\rho}{\rho_f} H = \frac{800 \text{ kg/m}^3}{1200 \text{ kg/m}^3}(6.0 \text{ cm}) = 4.0 \text{ cm} \qquad \text{(答)}$$

(b) 如果完全浸沒物塊，隨後釋放之，則物塊的加速度大小爲何？

計算 雖然物塊所受重力仍相同，但現在由於物塊完全浸入水中，所以被排開的水體積將爲 $V = LWH$。(使用了物塊全部的高度)。這意味著現在的 F_b 值比較大，而盒子將不再是靜止而是朝上加速。現在，牛頓第二定理告訴我們

$$F_b - F_g = ma$$

或是

$$\rho_f LWHg - \rho LWHg = \rho LWHa$$

其中我們置入 ρLWH 作爲物塊質量 m。求解 a，可以得到

$$a = \left(\frac{\rho_f}{\rho} - 1\right)g = \left(\frac{1200 \text{ kg/m}^3}{800 \text{ kg/m}^3} - 1\right)(9.8 \text{ m/s}^2)$$

$$= 4.9 \text{ m/s}^2 \qquad \text{(答)}$$

14-6 連續方程式

學習目標

在閱讀完這個區塊的文字之後，讀者應該能夠…

14.16 描述穩定流、不可壓縮流、非黏滯流以及非旋流。

14.17 解釋流線。

14.18 運用連續方程式來分析管內某點之截面積與流速與其他點之間的關係。

14.19 了解並計算體積流率。

14.20 了解並計算質量流率。

關鍵概念

● 理想流體是不可壓縮、無黏滯性、流動時穩定且非旋流的。

● 流線為流體粒子流動之軌跡。

● 流管是由一束流線所形成。

● 在任何流管中，理想流體必須符合連續方程式：

$$RV = A_v = 常數$$

其中，R_v 為體積流率，A 為流管在各處之截面積，v 為在該點的流速。

● 質量流率 R_m 為

$$R_m = \rho R_V = \rho A v = 常數$$

理想流體之流動

圖 14-12 升至某一位置時，煙及加熱氣體的上升氣流從穩態變為紊流。(Will McIntyre/Science Source)

　　一個真實流體的運動是非常複雜的，目前亦無法完全瞭解。取而代之的是我們要討論**理想流體**的運動，這在數學上的討論是較易處理的，而且可以提供有用的結果。下面是所謂理想流體的四個假設：

1. **穩定流**(stead flow)：

在穩定流(層流)中，在一固定點上的運動流體速度不隨時間改變。在安靜小溪中央溫順的水流接近於一穩定流；而在急湍中之水流則否。圖 14-12 所示之上升香煙便是穩定流變非穩定流(或非層流，紊流)的例子。但當煙越向上升，煙粒子的速率越快，到達某一臨界速率時，穩定流即變為亂流(從層流變成非層流)。

2. **不可壓縮流**(incompressible flow)：

與前面講到靜止流體時一樣，我們假設理想流體為不可壓縮，也就是說，它的密度恆保定值(而且是均勻的)。

3. **非黏滯流**(nonviscous flow)：

大體而言，流體的黏滯性指的是流體內阻礙流動之本性的一種量度。例如，蜂蜜比水較難順暢的流動，我們就說，蜂蜜的黏滯性較水為大。流體之黏滯性與固體間之摩擦力相當，兩者均為運動物體之動能轉變為熱能的原因。沒有摩擦力，則一木塊可以在水平面上

等速滑動。同理，一物體在非黏滯流體中運動時，不會受到黏滯曳力的作用——亦即，沒有黏滯性造成的力；物體能以定速穿過流體。羅理爵士(英國物理學家，1842-1919)曾指出，若水沒有黏滯性，船的螺旋槳將毫無用處，不過一旦船動了，就不需要螺旋槳了。

4. **非旋流**(irrotational flow)：

雖然我們不會進一步研究這個現象，但我們也假設流體屬於非旋流。我們可以置一微小顆粒於流動的流體中，來檢驗此一性質。儘管這個測試物體也許會(也許不會)沿著圓形路徑移動，於非旋性流測試物體不會繞著它自己的質心旋轉。粗略的比喻，摩天輪的運動是旋轉的，而其上的乘客是不旋轉的。

我們可以在流體中加入追蹤劑(tracer，或描跡劑)使得流體流動變得可見。圖 14-13 所示者為利用染料注入流體中，來作為追蹤器，其目的是顯示出流線分佈的情形(圖 14-12)。所謂流線是由流體中一微小流體元素(又稱流體粒子)所描出的路徑。回想第 4 章中，粒子的速度恆切於其路徑。此處粒子為流體元素，其速度恆切於一流線(圖 14-14)。由於這個原因，兩條流線不會相交，如果它發生的話，則一流體元素抵達相交處時，就會在同一瞬間具有兩個不同的速度——這是不可能的事。

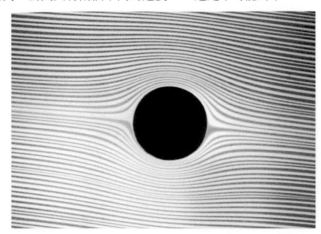

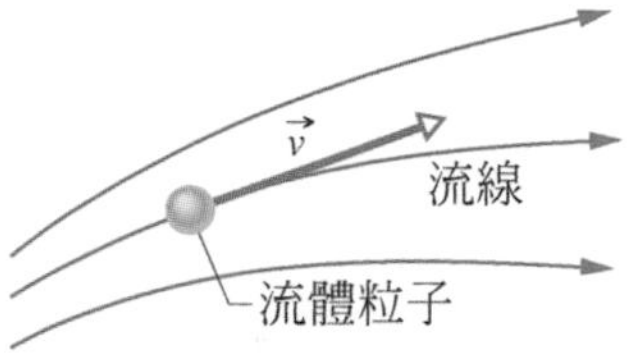

圖 14-14 當流體粒子運動時，描繪出一條流線。在任何點，其速度向量必與流線相切。

圖 14-13 利用染色描跡劑，可以顯示出一穩定流在一圓柱附近之流線。
(Courtesy D.H. Peregrine，University of Bristol)

連續方程式

你也許曾注意到你可以用拇指壓住花園水管開口的一部分來增加水噴出的速度。明顯地，水的速率 v 和其流過處的截面積 A 有關。

如圖 14-15，有一屬於理想流體的穩定流流經一截面積會變化的管子，我們想導出其 v 和 A 的關係式。在此，流動方向是向右，而我們所注意的那一節管子(較長管子的一部分)長度為 L。在管子左端，流體速率為 v_1，在管子右端，流體速率為 v_2。管子在左端之截面積為 A_1，右端為

A_2。設為時間間隔 Δt 內有體積為 ΔV 的流體注入管子左端(圖 14-15 左端紫紅色的部分)。而因為流體是不可壓縮的,因此必須有相同體積 ΔV 從管子的右端流出(圖 14-15 右端青綠色的部分)。

此處之每秒體積流量須等於...

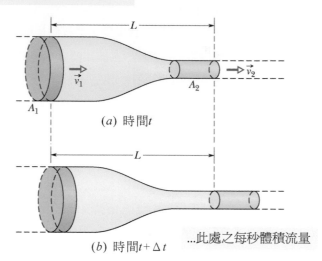

(a) 時間 t

...此處之每秒體積流量

(b) 時間 $t + \Delta t$

圖 **14-15** 有一穩定流從一段長度為 L 的管子左端流到右端。在左端其速度為 v_1,而右端其速度為 v_2。管子在左端及右端其橫截面積分別為 A_1 和 A_2。從時間 t 時的(a)到時間為 $t + \Delta t$ 時的(b),位於左端以紫色表示的進入流體量等於從右端離開以綠色表示的流體量。

我們可利用此一共同的體積 ΔV 去得到速率和截面積的關係。首先我們考慮一有均勻截面積 A 的管子,其側視圖如圖 14-16 所示。在圖 14-16a 中,流體粒子通過橫跨管子寬度的虛線。該粒子之速率為 v,所以於時間間隔 Δt,該粒子沿著管子流過的距離為 $\Delta x = v\Delta t$。而在此時間間隔 Δt 內流經虛線的流體體積為

$$\Delta V = A \, \Delta x = Av \, \Delta t \tag{14-22}$$

把 14-22 式應用在圖 14-15 管子的左右兩端,可得

$$\Delta V = A_1 v_1 \, \Delta t = A_2 v_2 \, \Delta t$$
$$A_1 v_1 = A_2 v_2 \quad \text{(連續方程式)} \tag{14-23}$$

此一速率與截面積的關係稱作理想流體流動時的**連續方程式**。它告訴我們當流體流經之截面積縮減時,流動的速度也會增加。

14-23 式除了應用於真實的管子外,也可用在任何流管或者說是想像的管子(其邊界由流線構成)。因為沒有流體粒子能和流線相交錯,所以這樣的管子實際上和真實的一樣。所以在流管中的所有流體都會在流管的邊界內流動。圖 14-17 所示為一流管,其截面積沿著流動方向從 A_1 增加到 A_2。從 14-23 式,我們知道當面積增加時,速率必定變小,則圖 14-17 右方流線之間的間隔較大。同理,在圖 14-13 中球體的上方及下方流體流動速率是最大的。

我們可將 14-23 式寫成

$$R_V = Av = \text{常數} \quad \text{(體積流率,連續方程式)} \tag{14-24}$$

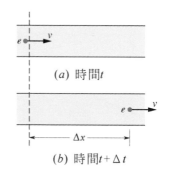

(a) 時間 t

(b) 時間 $t + \Delta t$

圖 **14-16** 流體以固定的流速 v 通過管子。(a)在時間 t,流體粒子 e 在此通過虛線。(b)在時間 $t + \Delta t$,粒子 e 位於距虛線 $\Delta x = v\Delta t$ 處。

此處之每秒體積流量須等於...

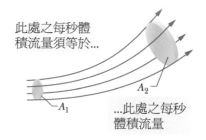

...此處之每秒體積流量

圖 **14-17** 一條流管是由一組流線作為其邊界所定義出來的。在流管的任一個截面上,流體的流率都是相等的。

其中，R_v 稱為流體的**體積流率**(單位時間內流過的體積)。在 SI 單位制裡，其單位為立方公尺/秒。若流體的密度 ρ 是均勻的，我們可將 14-24 式乘上密度而得到**質量流率** R_m (單位時間內流過的質量)：

$$R_m = \rho R_v = \rho A v = \text{常數} \quad \text{(質量流率)} \tag{14-25}$$

其 SI 單位為每秒公斤(kg/s)。14-25 式指出，在圖 14-15 的管子中，每秒鐘流進流出的質量都相等。

測試站 3

如圖所示一個傳輸管，其中體積流率(單位為 cm³/s) 和流動的方向都給定，且每一位置都有相同的截面積，其中有一個體積流率未給定。求其體積流率和方向。

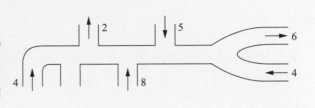

範例 14.5 變窄的水流

圖 14-18 繪出水流由水龍頭流下時，逐漸變細的情形。這個水平截面積變窄的變化是任何層流性(不是擾流)流動的特徵，因為重力會將流速加快的緣故。設截面積 $A_0 = 1.2 \text{ cm}^2$，$A = 0.35 \text{ cm}^2$，兩者之垂直距離為 $h = 45 \text{ mm}$。試求水的流量。

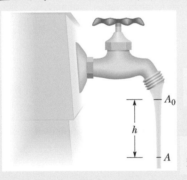

此處之每秒體積流量須等於...

...此處之每秒體積流量

圖 14-18 當水由水龍頭流下時，其速率遞增。由於流率為一定值，故水流自然變細。

關鍵概念

流經較高處截面積的體積流率必定和較低處相同。

計算 從 14-24 式得到

$$A_0 v_0 = A v \tag{14-26}$$

其中 v_0 及 v 代表水在 h 上下兩端分別對應面積 A_0 與 A 之流速。因水流以加速度 g 自由落下，故亦可由 2-16 式得

$$v^2 = v_0^2 + 2gh \tag{14-27}$$

由 14-26 及 14-27 兩式消去 v，並解出 v_0，可得

$$
\begin{aligned}
v_0 &= \sqrt{\frac{2ghA^2}{A_0^2 - A^2}} \\
&= \sqrt{\frac{(2)(9.8\,\text{m/s}^2)(0.045\,\text{m})(0.35\,\text{cm}^2)^2}{(1.2\,\text{cm}^2)^2 - (0.35\,\text{cm}^2)^2}} \\
&= 0.286\,\text{m/s} = 28.6\,\text{cm/s}
\end{aligned}
$$

由 14-24 式，體積流率 R_v 為

$$
\begin{aligned}
R_v &= A_0 v_0 = (1.2\,\text{cm}^2)(28.6\,\text{cm/s}) \\
&= 34\,\text{cm}^3/\text{s} \tag{答}
\end{aligned}
$$

WILEY **PLUS** Additional example, video, and practice available at *WileyPLUS*

14-7 柏努利方程式

學習目標

在閱讀完這個區塊的文字之後,讀者應該能夠...

14.21 計算含流體密度與流速的動能密度。

14.22 了解流體壓力可視為一種能量密度。

14.23 計算重力位能密度。

14.24 運用柏努利方程式來了解流線上某點之總能密度與其他點之間的關係。

14.25 了解柏努利方程式是一種能量守恆的陳述。

關鍵概念

● 將力學能守恆原理應用於理想流體之任一流管,可得柏努利方程式:

$$p + \frac{1}{2}\rho v^2 + \rho g y = \text{常數}$$

沿著任何流管 。

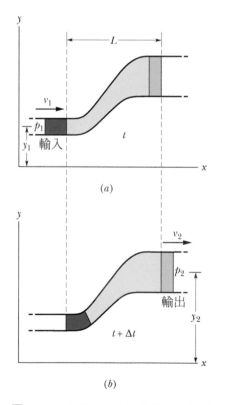

圖 14-19 流體穩定地流經長度為 L 的管子,左端為輸入端,右端為輸出端。當時間由 t 進行到 $t+\Delta t$ 時,狀態由圖(a)變到圖(b),從輸入端流入的流量(深色)和從輸出端流出的流量(淺色)相同。

柏努利方程式

圖 14-19 所示為一水管,其中有穩定的理想流體流動。在時間 Δt 內,假定有體積 ΔV 之流體(為紫色)由圖 14-19 所示之管的左端(或輸入端)流入,同時,相等體積的流體(為綠色)由管之右端(或輸出端)流出。我們確定流入與流出的體積相等,是由於流體係假定為不可壓縮,亦即其密度 ρ 為一定值。

設流體由管子左端流入時,其高度、速率、壓力分別為 y_1、v_1 及 p_1;而流體由管子右端流出時,則分別為 y_2、v_2 及 p_2。根據能量守恆的原理,可得

$$p_1 + \frac{1}{2}\rho v_1^2 + \rho g y_1 = p_2 + \frac{1}{2}\rho v_2^2 + \rho g y_2 \qquad (14\text{-}28)$$

一般而言,$\frac{1}{2}\rho v^2$ 該項稱為**流體動能密度**(kinetic energy density)(每單位體積的動能)。式 14-28 亦可寫成

$$p + \frac{1}{2}\rho v^2 + \rho g y = \text{常數} \quad (\text{柏努利公式}) \qquad (14\text{-}29)$$

方程式 14-28 與 14-29 是**柏努利方程式**(Bernoulli's equation,以 Daniel Bernoulli 為名)的一體兩面,他在 1700 年代研究流體[*]。與連續方程式(14-24 式)相同的是,柏努利方程式不是新的原理而只是將一個已為人所熟知的原理改以適用於流體力學的形式表現出來。我們來檢視一下柏努

---

[*] 對非旋流(我們所假設的)而言,14-29 式中之定值適用於流管內之任何點,甚至於不同流線上的點亦可。同理 14-28 式中之點 1 及點 2 可泛指流管內之任兩點。

利定律:設流體爲靜止,則 $v_1 = v_2 = 0$,代入 14-28 式中。可得 14-7 式:

$$p_2 = p_1 + \rho g(y_1 - y_2)$$

若取 y 爲定值(比如 $y = 0$),讓流體在流動時不改變高度,則可看到柏努利方程式的一個主要預測。則 14-28 式變爲

$$p_1 + \frac{1}{2}\rho v_1^2 = p_2 + \frac{1}{2}\rho v_2^2 \tag{14-30}$$

它告訴我們:

> 如果在一水平面上流動的流體,其流速越快,則流體的壓力越小;反之亦可類推。

用另一種方式來說,流體中流線越密集的地方(流速較快),流體壓力較小;反之亦可類推。

若你考慮一個流體元素流經寬度變化之管,上述流速變化與壓力變化間之關係便相當合理。請回想在較窄區域的流體粒子比較快而在較寬的區域會比較慢。根據牛頓第二運動定律,力(或是壓力)必定會造成速度發生變化(加速度)。當流體粒子流入較狹窄的地方時,其後方(較寬)因壓力較大,於是就推動該流體粒子,使其產生加速,所以在狹窄的地方,流速自然較快。反之,當它流入一較寬的地方時,則遇到較大的壓力而減速,故在較寬的地方,流速自然較慢。

柏努利定律只適用於理想流體,這一點要特別注意。若流體有黏滯性,則會牽涉到熱能的問題。柏努利定律只適用於理想流體 。若流體有黏滯性,則會牽涉到熱能的問題。在此不討論。

柏努利方程式的證明

考慮圖 14-19 所示的全部理想流體。我們將討論當整個系統由最初狀態(圖 14-19a)變爲最終狀態(圖 14-19b)時,根據能量守恒律所得到的結果。我們注意到,在該圖中,水平距離爲 L 的兩垂直平面間的流體性質在整個過程之中並無任何改變,改變的只有輸入端及輸出端兩段。

我們將能量守恒律以功-動能定理的形式來表示,即

$$W = \Delta K \tag{14-31}$$

它告訴我們,一系統動能的變化必須等於作用於系統之功。而動能的變化係因管子兩端流體速率的不同而產生,爲:

$$\begin{aligned} \Delta K &= \frac{1}{2}\Delta m v_2^2 - \frac{1}{2}\Delta m v_1^2 \\ &= \frac{1}{2}\rho \Delta V(v_2^2 - v_1^2) \end{aligned} \tag{14-32}$$

其中 $\Delta m \, (= \rho \, \Delta V)$爲在 Δt 時間中，進入管中或離開管子的那一小段質量。

　　其次，作用於此系統之功有兩個來源。第一個是當質量 Δm 由流入時之高度 y_1 至流出時之高度 y_2 之間，重量 $\Delta m g$ 所作的功 W_g：

$$W_g = -\Delta m g (y_2 - y_1)$$
$$= -\rho g \Delta V (y_2 - y_1) \tag{14-33}$$

因流體係向高處流(見圖 14-19)，而重力係向下，故爲負。

　　流體的壓力在流入端必須對系統作功，以便能將流體推入；而系統流出端的壓力亦須對流體作功，以便將流體推出。一般而言，大小爲 F 之力將截面積 A 之管子內之流體推動 Δx 距離時，所作的功爲

$$F \Delta x = (pA)(\Delta x) = p(A \Delta x) = p \Delta V$$

則作用在系統上的功爲 $p_1 \Delta V$，而系統所作的功爲 $-p_2 \Delta V$。其總和 W_p 爲

$$W_p = -p_2 \Delta V + p_1 \Delta V$$
$$= -(p_2 - p_1) \Delta V \tag{14-34}$$

14-31 式所示之功-動能定理變爲：

$$W = W_g + W_p = \Delta K$$

將 14-32，14-33 及 14-34 等式代入之，得

$$-\rho g \Delta V (y_2 - y_1) - \Delta V (p_2 - p_1) = \frac{1}{2} \rho \Delta V (v_2^2 - v_1^2)$$

整理之即得 14-28 式。

測試站 4

附圖爲水平滑地流過導管(此過程爲向下流)由大至小排列四個導管截面。依照：(a)體積流動速率 R_V，(b)流動的速率 v，(c)水的壓力 p。

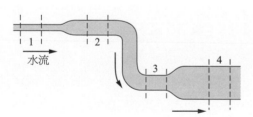

水流

範例 14.6　面積縮減時的柏努利原理

　　密度 ρ = 791 kg/m³ 之乙醇順利的流過一水平放置的管子，其形狀約如圖 14-15 所示，其一端之截面積爲 $A_1 = 1.20 \times 10^{-3}$ m²，另一端爲 $A_2 = A_1/2$。已知管兩端流體的壓力差爲 4120 Pa。試求乙醇之體積流率 R_V。

關鍵概念

(1)因爲流經管子較寬端的流體也會全部通過較窄端，所以體積流率 R_V 在管子兩端是一樣的。因此，從 14-24 式，

$$R_V = v_1 A_1 = v_2 A_2 \tag{14-35}$$

然而上式中有兩個未知的速度，所以我們尚無法計算出 R_V。(2)因為流動是平順的，所以我們可以利用柏努利方程式。由 1-28 式可推導出：

$$p_1 + \frac{1}{2}\rho v_1^2 + \rho gy = p_2 + \frac{1}{2}\rho v_2^2 + \rho gy \quad (14\text{-}36)$$

其中 1 及 2 分別代表管子較寬及較窄的一端，而 y 為其共同的高度。此式看起來似乎沒有什麼幫助，因為其中並沒有包括體積流率 R_V，而且依舊有兩個未知的速度 v_1 和 v_2。

計算　我們有一巧妙的方法來利用 14-36 式：首先，我們利用 14-35 式及 $A_2 = A_1/2$，可得

$$v_1 = \frac{R_V}{A_1} \ \text{及} \ v_2 = \frac{R_V}{A_2} = \frac{2R_V}{A_1} \quad (14\text{-}37)$$

將上面結果代入 14-36 式，消去未知的速率以導出欲求之體積流率。解出 R_V 可得

$$R_V = A_1\sqrt{\frac{2(p_1 - p_2)}{3\rho}} \quad (14\text{-}38)$$

我們仍有一個選擇可作：我們已知導管兩端壓力差為 4120 Pa，但仍須決定 $p_1 - p_2$ 是 4120 Pa 或是 -4120 Pa？我們可以猜測前者為真，或者否則，14-38 式的平方根會給出虛數。我們可以作一些推論。從 14-35 式我們知道較窄端(A_2)的流速 v_2 比較寬端(A_1)的流速 v_1 來得大。而我們知道當流速增加時，壓力會跟著變小。所以 p_1 大於 p_2，故 $p_1 - p_2 = 4120$ Pa。將上面結果及所有已知數據代入 14-38 式，可得

$$R_V = 1.20\times10^{-3}\,\text{m}^2\sqrt{\frac{(2)(4120\,\text{Pa})}{(3)(791\,\text{kg/m}^3)}}$$

$$= 2.24\times10^{-3}\,\text{m}^3/\text{s} \quad \text{(答)}$$

範例 **14.7**　柏努利原理於漏水之水槽

在古老的西方，一個歹徒朝水槽開槍(如圖 14-20)，在水面下方 h 處造成了一個洞。從這個洞流出來的水速率 v 為何？

關鍵概念

(1)這個情況實際上是水以速率 v_0（向下）流動通過寬的導管(水槽)，其截面積為 A，且接著以速率 v 通過(水平)一個較窄的導管，其截面積為 a。(2)因為通過較寬導管的水也會全部通過較窄導管，所以對此兩「導管」而言，體積流率相同。(3)我們也可從柏努利方程式(14-28 式)來找出 v 和 v_0（及 h）的關聯。

計算　從 14-24 式，

$$R_V = av = Av_0$$

因此　　$$v_0 = \frac{a}{A}v$$

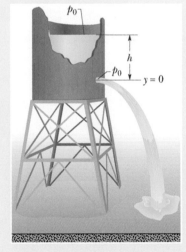

圖 14-20　在水槽中水從水洞湧流而出(在水面下方 h 處)。水的壓力在水面和在小洞皆為大氣壓力 p_0。

因為 $a \ll A$，可看出 $v_0 \ll v$。為了運用柏努利方程式，我們將小洞的高度定為測量海拔高度(及重力位能)時的參考高度。在注意到水槽頂點和小洞的大氣壓力皆為 p_0(因為兩者的位置皆暴露於大氣中)之後，我們將 14-28 式寫成

$$p_0 + \frac{1}{2}\rho v_0^2 + \rho gh = p_0 + \frac{1}{2}\rho v^2 + \rho g(0) \quad (14\text{-}39)$$

(方程式的左邊表示水槽頂點，方程式右邊表示小洞。右邊 0 的那一項表示小洞是在我們的參考水平面上)。在我們解 14-39 式求 v 前，我們可以使用 $v_0 \ll v$ 來簡化：假設在 14-39 式中，v_0^2 這項(遂 $\frac{1}{2}\rho v_0^2$)是遠小於其它項，故忽略之。解剩下的方程式求 v 可得

$$v = \sqrt{2gh} \quad \text{(答)}$$

這個速率是和高為 h 之自由落下的物體一樣。

PLUS Additional example, video, and practice available at *WileyPLUS*

重 點 回 顧

密度　任何物質的**密度** ρ 定義為每單位體積的質量：

$$\rho = \frac{\Delta m}{\Delta V} \quad (14\text{-}1)$$

通常，若物質樣本遠大於原子尺寸，則 14-1 式可寫成

$$\rho = \frac{m}{V} \quad (14\text{-}2)$$

流體壓力　會流動的物質稱為**流體**；由於剪應力在其中無法存在，故流體的形狀視容器內部之形狀而定。同時，它會施一與表面垂直的力於容器壁。此力用**壓力** p 來描述：

$$p = \frac{\Delta F}{\Delta A} \quad (14\text{-}3)$$

其中 ΔF 為作用於面積元素 ΔA 的力。若力是均勻作用於一平面上，則 14-3 式可寫成

$$p = \frac{F}{A} \quad (14\text{-}4)$$

在一流體中任一點，由流體壓力所產生的力，其大小在各方向均相同。**錶壓力**為實際壓力與大氣壓力之差。

壓力隨高度或深度之變化　靜止流體中之壓力隨著垂直位置 y 而變。令 y 向上為正，

$$p_2 = p_1 + \rho g(y_1 - y_2) \quad (14\text{-}7)$$

在靜止流體中同一高度各點之壓力均相等。設 p_0 為座標原點處之壓力，若有一物體在流體中原點下方 h 處，然後，流體內的壓力為

$$p = p_0 + \rho gh \quad (14\text{-}8)$$

巴斯卡原理　當一密閉流體中某一部分被施以壓力之變化時，此一變化必以原樣傳遞至流體內各點，以及容器之器壁。

阿基米德原理　當一物體全部或部分浸於流體中，則其周遭的流體會對該物體作用一個浮力 $\vec{F}_b$。此力向上且大小為

$$F_b = m_f g \quad (14\text{-}16)$$

其中 m_f 是被物體排開(換言之，流體已經被物體推離開此物體要行進的路徑)的流體質量。

當物體是漂浮在流體中時，作用在物體上的浮力大小 F_b (向上)等於作用其上的重力大小 F_g (朝下)。在浮力作用下物體的**視重**和實際重量關係如下

$$\text{Weight}_{\text{app}} = \text{weight} - F_b \quad (14\text{-}19)$$

理想流體的流動　**理想流體**是不可壓縮、無黏滯性、流動時穩定且非旋流的。流線為流體粒子流動之軌跡。流管是由一束流線所形成。在任何流管中，理想流體必須符合**連續方程式**：

$$R_V = Av = \text{常數} \quad (14\text{-}24)$$

其中，R_V 為**體積流率**，A 為流管在各處之截面積，v 為流速(設在整個截面積 A 上為定值)。**質量流率** R_m 亦為

$$R_m = \rho R_V = \rho Av = 常數 \qquad (14\text{-}25)$$

柏努利方程式 將力學能守恒原理應用於理想流體之任一流管，可得**柏努利方程式**沿著任何流管，式中三個項目相加為定值。

$$p + \frac{1}{2}\rho v^2 + \rho gy = 常數 \qquad (14\text{-}29)$$

討論題

1 空戰中的 g-LOC。現代戰機內的駕駛員以高速施作小半徑急轉時，腦部高度的血壓將減少，血液不再流往腦部，而腦部內的血液將外流。當駕駛員承受 4.5 g 水平離心加速度時，若心臟保持主動脈內計示(靜)壓力為 120 torr (或 mmHg)，此時距離心臟 30 cm 的腦內血壓(以 torr 表示)為何？輸入腦部內的血液過少，視野將變得黑白且狹窄成「隧道視野」，導致駕駛員產生 g-LOC(「重力加速度-引致意識喪失」)的症狀。血液密度為 1.06×10^3 kg/m^3。

2 一位滑雪者被雪崩籠罩住，他完全淹沒在密度為 96 kg/m^3 流動的雪中。假設滑雪者、其衣物和滑雪設備的平均密度是 1020 kg/m^3。請問作用在滑雪者的重力，有多少百分比會由雪的浮力所抵銷？

3 在一次觀察中，水銀氣壓計柱體(如圖 14-5a 所示)具有量測高度 $h = 739.01$ mm。溫度為–5.0 ℃，水銀密度 ρ 在該溫度為 1.3608×10^4 kg/m^3。水銀氣壓計所在位置之自由落體加速度為 9.7084 m/s^2。試問該處以 pascal 與 torr (常見的氣壓計讀數單位)所表示的大氣壓力為何？

4 當容器(圖 14-21)靜止時，將固體方塊以細繩保持在液體表面以下(液體密度大於方塊的密度)，細繩張力為 T_0。當容器以加速度 0.250g 向上時，需要多少倍的 T_0 才能讓細繩保有張力？

圖 14-21 習題 4

5 一鐵錨在水中較空氣中輕 180 N，鐵的密度為 7870 kg/m^3。(a)試求鐵錨的體積。(b)求它在空氣中的重量。

6 半徑 6.22 cm，質量 8.60 kg 的球體在深度 2.22 km 的海水中，平均密度為 1025 kg/m^3。請問：(a)表壓力，(b)總壓力和(c)施加在球體表面的總力量是多少？(d) 球體的浮力大小為何？(e)球體自由移動時的加速度大小為何？一大氣壓為 1.01×10^5 Pa。

7 一水管之內直徑為 2.5 cm，接水至一房子之地下室，最初管內水之流速為 0.90 m/s，壓力為 290 kPa。由此水管開始變細至內直徑為 1.2 cm，並轉接至 7.6 m 高(由輸入端算起)之二樓房間，試問水通到二樓時之(a)流速；(b)水壓力。

8 圖 14-22 中的塑膠管具有截面積 5.00 cm^2。塑膠管被不斷填裝水直到短管臂(長 0.800 m)充滿水為止。然後將短管臂密封起來，並且將更多

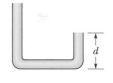

圖 14-22 習題 8 及 17

的水到入長管臂中。如果當作用於短管臂封裝部分的力量大於 5.91 N 的時候，封裝部分將會跳起，請問當長管臂總高度是多少的時候，封裝部分將會瀕臨跳起的邊緣？

9 兩條溪流，匯流為一條河流。一條溪流具有 9.2 m 寬、3.4 m 深、與 2.3 m/s 流速。另一條溪流則具有 10.3 m 寬、3.2 m 深、與 2.6 m/s 流速。如果河流具有 10.5 m 寬與 2.9 m/s 流速，試問其深度為何？

10 (a)對於密度為 1.03 g/cm³ 的海水，如果船體水平橫截面面積為 2200.0 m²，則在 255 m 深度處潛水艇頂部的水重是多少？(b)在標準氣壓下，此深度下的潛水員承受的水壓力為何？

11 一塊木頭(質量為 4.41 kg，密度為 600 kg/m³)裝有鉛塊(密度為 1.14×10^4 kg/m³)，使其漂浮在水上，浸入水面以下部分是體積的 0.900。如果鉛塊安裝在木塊的(a)頂部，(b)底部，分別求出鉛塊質量。

12 假設我們的身體具有均勻的密度，而且此密度是水的 0.95 倍。(a)如果我們漂浮在游泳池中，請問我們的身體有多少比例位於水面上？

　流沙是當水受迫往上流入沙子所產生的液體，此液體會將沙粒彼此移開，使得沙粒不會再由摩擦力將它們緊密銜接在一起。當山谷具有沙袋，而且來自山上的水由地下排入山谷的時候，就有可能形成流沙坑。(b)如果我們踏入頗深的流沙坑，而且流沙的密度是水的 1.6 倍，請問我們的身體體積有多少比例會在流沙表面以上？(c)尤其要注意的是，我們淹沒的深度是否已經足以讓我們無法呼吸？

13 一中空球其內半徑為 9.0 cm，外半徑為 10.0 cm，半浮於密度 800 kg/m³ 之液面上。(a)球的質量若干？(b)製造該球之物質之密度為何？

14 某一個懸吊在彈簧秤的物體。彈簧秤在空氣中顯示的數值是 30 N，當物體浸在水的時候，彈簧秤顯示的數值是 20 N，而且當物體浸入另一個密度未知的液體中時，彈簧秤讀值是 24 N。試問該液體的密度是多少？

15 在圖 14-23 中，某一個彈力常數 3.00×10^4 N/m 的彈簧，放置在剛性樑和液壓槓桿的輸出活塞之間。將質量可忽略的空容器放置在輸入活塞上。輸入活塞的面積是 A_i，而且輸出活塞的面積是 $21.0A_i$。起初彈簧處於其靜止長度。試問必須(緩慢)倒入多少公斤的沙到容器內，才能將彈簧壓縮 5.00 cm？

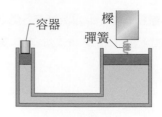

圖 14-23 習題 15

16 當我們咳嗽的時候，我們會經由氣管和上支氣管將空氣排出，使得空氣將沿著行進路徑排列的多餘黏液移除。我們經由這樣的程序產生高速氣體：我們吸進大量空氣，經由關閉聲門(喉頭的狹窄開口)圍住這些空氣，經由收縮肺部增加空氣壓力，部分摺疊氣管和支氣管以便使空氣行進路徑變窄，然後再突然打開聲門使空氣經由上述路徑排出。假設排出過程的體積流率是 7.0×10^{-3} m³/s。如果氣管直徑：(a)保持其正常值 14 mm，及(b)收縮成 5.2 mm，請問流經氣管的空氣速率是 343 m/s (音速 v_s)的多少倍？

17 圖 14-22 顯示了經過修正的 U 型管：其右臂比左臂短。右臂的開口端位於實驗室長凳上方高度 $d = 10.0$ cm 的地方。整條管子的半徑是 1.50 cm。將水漸漸倒入左臂的開口端，直到水開始流出右臂的開口端為止。然後將密度 0.80 g/cm³ 的液體漸漸加到左臂，直到左臂的液體高度等於 8.0 cm (此液體不會與水混合在一起)。請問有多少水從右臂流出？

18 一房屋建造在斜坡上，污水出口在街道水平面以下 6.59 m。如果下水道低於街道水平面 2.16 m，請問污水泵將平均密度為 1000.00 kg/m³ 的廢棄物從出口傳送到下水道所產生的最小壓力差為何？

19 在淡水中的魚其骨頭具多孔性，體內並有一氣囊，目的是使其身體的平均密度與水相同，可以在水裡面優游自在。假設某魚之氣囊完全不充氣，魚之平均密度為 1.06 g/cm³。試問，當氣囊充氣之體積為該魚充氣後總體積的百分之多少時，魚密度恰好與水的密度相等？

20 半徑 2.00 cm 的玻璃球位於裝有牛奶的容器底部，已知牛奶的密度是 1.03 g/cm³。由容器的底部表面作用在玻璃球的正向力，其量值是 9.48×10^{-2} N。請問玻璃球的質量是多少？

21 某人身高 1.60 m，試求其由腦部至腳底血壓之靜液壓力差。設血液密度為 1.06×10^3 kg/m³。

22 假設漂浮在死海的人有 28%的身體位於吃水線上，人體的密度是 0.98 g/cm³，試求在死海中水的密度。(為什麼它比 1.0 大那麼多？)

23 一辦公室的窗戶尺寸為 2.9 m × 1.7 m。颱風來襲時，戶外氣壓降為 0.96 atm，而室內則維持 1.0 atm。試求窗戶所受之向外推力。

24 邊長為 $L = 0.600$ m 之正立方體在真空中質量為 $W = 520$ kg，以一繩吊起，浸於密度 1030 kg/m³ 之液體中，如圖 14-24 所示。(a)試求大氣及液體施於物體上表面之總力；(b)試求施於物體下表面之總力，假設大氣壓力為 1.00 atm；(c)試求繩中之張力。(d)利用阿基米德原理，求該物體所受之浮力。上述各結果之間有何關係？

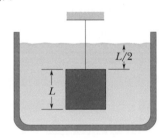

圖 14-24 習題 24

25 當一個 5.00 kg 物體完全浸沒於某一個液體中的時候，我們將它從靜止釋放。浸沒的物體排開的液體質量是 3.00 kg。假設物體可以自由移動，而且液體作用於它的阻力可以忽略，請問物體在 0.150 s 內移動的距離和移動的方向為何？

26 在一次實驗中，某一個高度 h 的矩形塊狀物體可以漂浮在四個分開的液體中。第一個液體是水，塊狀物體漂浮時會完全浸入其中。在液體 A，B，和 C 中，物體漂浮時位於液面的高度分別是 h/2，2h/3，和 h/4。請問：(a) A，(b) B，(c) C 的相對密度(相對於水的密度)是多少？

27 在 1654 年，格克里，同時也是抽氣機的發明人，在皇室議會的前面作了一個歷史性的表演。他將兩個

黃銅半球密接起來，抽去球內的空氣，結果用兩隊各八匹馬的拉力，仍然無法將兩個銅半球拉開。(a) 設兩半球球壁均不很厚，因此圖 14-25 中的 R 可以說是內徑，也可說是外徑。試證，拉開兩半球所需的力 $\vec{F}$ 為 $F = \pi R^2 \Delta p$，其中 Δp 為球內外之壓力差。(b)設 $R = 22$ cm，球內氣壓為 0.10 atm，球外則為 1.00 atm，試求拉開兩半球所需的力。(c)若將一個半球密接於堅固的壁面上，則僅用一隊的馬也可進行相同的實驗，請解釋其原因。

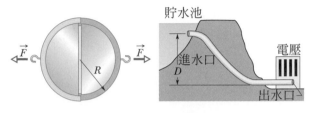

圖 14-25 習題 27　　　　**圖 14-26** 習題 31

28 一個簡單的開口 U 型管內含水銀。當將 8.90 cm 高的水量倒入管子的右臂，試問在左臂中，水銀比其初始高度上升多少距離？

29 一注射針筒的活塞半徑為 1.1 cm，當護士以 63 N 之力施於活塞時，針筒內流體壓力增加多少？

30 某一個錫製罐頭的總體積是 1200 cm³，質量是 130 g。試問它可以攜帶多少克的鉛彈(密度為 11.4 g/cm³)，而不會沈到水中？

31 如圖 14-26 所示，水力發電廠在水庫端的進水口截面積為 0.74 m²，進口流速為 0.40 m/s。電廠在進水口下方 D = 250 m 處，出水口較小，水之出口流速為 9.5 m/s。求進水口與出水口之壓力差。

32 一漂浮在淡水上的 0.441 m 厚的冰板，要在上面可承載 938 kg 汽車的最小表面積(平方公尺)是多少？冰和淡水的密度分別為 917 kg/m³ 和 998 kg/m³。

33 水流過內徑為 2.3 cm 的導管且由三個內直徑為 1.3 cm 的導管流出。(a)如果在三個較小內直徑的導管，其水流速率為 26、19 和 11 L/min。求在內徑 2.3 cm 導管之水流速率。(b)內直徑為 2.3 cm 之水流速率和水流速率為 26 L/min 之比值為何？

34 圖 14-27 示的是虹吸管(siphon)，這是一種用於將容器內的液體移除的裝置。管子 ABC 剛開始必須裝滿液體，但是一旦這個條件滿足以後，液體將經由管子流動，直到容器內的液體表面與在 A 處的管子開口位於相同高度。液體的密度是 1000 kg/m³，而且其黏性可忽略。圖中顯示的距離分別是 $h_1 = 25$ cm，$d = 12$ cm，$h_2 = 40$ cm。(a)請問從 C 流出管子的液體速率是多少？(b)如果大氣壓力是 1.0×10^5 Pa，試問在最高點 B 的液體壓力是多少？(c)理論上，虹吸管可以將水吸起的最大可能高度 h_1 是多少？

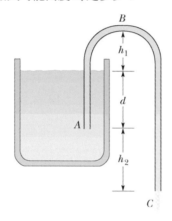

圖 14-27 習題 34

35 有一個部分真空的氣密式容器有一個面積 77 m² 且質量忽略不計的密閉蓋子。如果移走蓋子所需要的力是 315 N 且大氣壓是 1.0×10^5 Pa，請問容器內部的大氣壓是多少？

36 如果對於一個上升中的熱空氣氣球而言，其外部空氣密度與內部空氣密度的比值是 1.39，試問此氣球的上升加速度是多少？忽略熱氣球結構與籃子等的質量。

37 一條水管內直徑為 1.8 cm，接到一灑水器，灑水器之蓮蓬頭有 24 個孔，每個孔的直徑都是 0.11 cm。若水在水管中的流速為 0.91 m/s，求水由蓮蓬頭噴出的速率。

38 如果在蘇打水中的氣泡以 0.333 m/s² 的比率向上加速，而且其半徑是 0.450 mm，請問其質量是多少？假設氣泡所受的阻力可以忽略。

39 水在截面積 4.0 cm² 之水管中以速率 5.0 m/s 流動。水管逐漸往低處去，高度下降 15 m，水管截面積也逐漸加粗至 8.0 cm² 之截面積。(a)求水在最低處之流速。(b)若最上端處水的壓力為 1.5×10^5 Pa，求最低處之壓力？

40 如圖 14-28 所示，水流通過水平管路，然後以 $v_1 = 17$ m/s 的速率從該管路流出到空氣中。管路左段和右段的直徑分別是 5.0 cm 和 3.0 cm。試求：(a)在 10 分鐘內流出的水體積是多少？另外，在左段的管路裡，(b)速率 v_2 為何？(c)錶壓是多少？

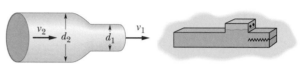

圖 14-28 習題 40   **圖 14-29** 習題 42

41 如果在某一個管路兩端的壓力差是 1.0 atm，試問在迫使 2.8 m³ 的水通過內部直徑為 13 mm 的管路時，壓力所做的功有多少？

42 潛伏中的短吻鱷。因為短吻鱷僅露出頭部頂端，漂浮著等待獵物上門，因此獵物無法輕易看到短吻鱷。短吻鱷能夠調整下沉程度之方法為控制肺部尺寸。另一方法可能是吞嚥石頭(胃石)，爾後儲存在胃裡。圖 14-29 顯示質量 140 kg 之高度簡化模型(菱形物模型)，該模型以頭部部分露出漫遊。頭部頂端表面具有面積 0.20 m²。如果短吻鱷需吞嚥石頭總體質量為其身體質量 1.0%（典型數目），則短吻鱷能夠下沉多少？

43 一鐵模內有若干空腔，在空氣中重 6050 N，在水中重 3950 N。試求鐵模內部空腔的總體積。固態鐵的密度為 7.87 g/cm³。

44 兩個完全相同的圓柱形容器，其底部位於相同高度，而且兩者都含有相同密度 1.30×10^3 kg/m³ 的液體。其底部面積都是 5.20 cm²，但是一個容器的液體高度是 0.854 m，另一個則是 1.90 m。當我們將兩個容器連接在一起的時候，請計算在使液面等高度的過程中，由重力所做的功。

45 在圖 14-30 中，某一個長 L = 1.8 m、截面積 A = 4.6 cm^2 的開口管子固定在圓柱形桶子的頂端，桶子的直徑是 D = 1.2 m，高度為 H = 1.0 m。桶子和管子裝了水(到管子的頂端)。請計算作用於桶子底部的靜水力，與作用於桶子所裝水的重力的比值。為什麼該比值不等於 1.0？(讀者不需要考慮大氣壓力。)

圖 14-30 習題 45

46 在分析地球之地質學問題時，通常假設在地下某處有一補償水平，在該水平面上很大的範圍內，壓力均相同，都等於其上方之物質的重量。易言之，在補償水平面上的壓力可以引用流體壓力的公式。當然，先決條件是有山的地方其下方的表層結構必須伸入下層地殼中，稱為「山根」，如圖 14-31 所示。設有一山高度為 H = 5.0 km，地表層的厚度為 T = 35 km。其岩石密度為 2.9 g/cm^3，地殼下層的密度為 3.3 g/cm^3。試求山根的深度 D。(提示：令 a、b 兩點的壓力相等，計算時補償水平的深度 y 即可消去)。

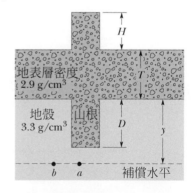

圖 14-31 習題 46

47 一船浮於淡水中時，排開 44.7 kN 的水。(a)若此船浮於密度 1.10×10^3 kg/m^3 之鹹水中，可排開多重的鹹水？(b)在上述兩情況中，船所排開的水體積相差多少？

48 利用泵將水以 7.0 m/s 的速度藉由半徑 1.0 cm 的軟管，從注滿水的地下室被穩定地抽出，通過水平線以上 3.0 m 的窗戶。請問泵的功率是多少？

49 圖 14-32 顯示了一個鐵球經由質量可忽略的繩子，懸吊於漂浮在水中的正圓柱體上，此圓柱體有一部分浸沒於水中。圓柱體的高度是 6.00 cm，圓柱體頂部和底部的面積是 20.0 cm^2，密度 0.30 g/cm^3，而且其高度的 2.00 cm 位於水面上方。試問鐵球的半徑為何？

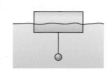

圖 14-32 習題 49

50 一部機器要將密度 1700 kg/m^3 的泥漿，沿著管子往上吸 1.3 m 的高度，請問這部機器必須產生的錶壓力為何？

51 在圖 14-33 中，水穩定地從左方管路區段(半徑 r_1 = 2.00R)流入，通過中間區段(半徑 R)，然後進入右方區段(半徑 r_3 = 3.00R)。在中間區段，水流速率是 0.700 m/s。請問在 0.400 m^3 的水從左方區段移動到右方區段的過程中，作用於這些水的淨功為何？

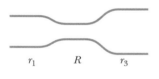

圖 14-33 習題 51

52 在圖 14-34 中，蓄水壩後方的淡水具有深度 D = 15 m。在深度 d = 9.0 m 處有一條直徑 4.0 cm 的水平管路貫穿水壩。有一個塞子阻塞了管路的開口。(a)試求在塞子和管壁之間的摩擦力量值。(b)將塞子移除。請問在 1.2 小時內，會有多少體積的水由此管路流出？

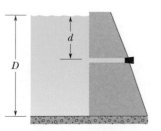

圖 14-34 習題 52

53 淡水從截面積 A_1 的管路區段 1 水平 流入截面積 A_2 的管 路區段 2。圖 14-35 提供了壓力差 $p_2 - p_1$ 相對於面積平方的 倒數 A_1^{-2} 的曲線圖，

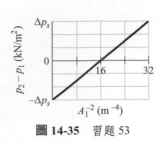

圖 14-35 習題 53

如果水流在所有情況下都是層流，則我們可以預期這 些數據會與某特定體積流率值有關。垂直軸的尺標可 以用 $\Delta p_s = 450$ kN/m² 予以設定。如此圖形的條件， 試問：(a) A_2 和(b)體積流率的數值為何？

54 假設兩個在其頂部都具有大開口液槽 1 和 2，含 有不同的液體。我們在兩個液槽內部液體表面下方相 同深度 h 處，製造了小孔，但是液槽 1 的小孔截面積 是液槽 2 小孔截面積的一半。(a)如果兩個小孔的質量 流率相同，請問液體密度的比值 ρ_1/ρ_2 為何？(b)兩個 液槽體積流率的比值 R_{V1}/R_{V2} 為何？(c)在某一個瞬 間，液槽 1 的液面位於小孔上方 14.0 cm。如果要讓 液槽具有相同體積流率，請問在那一瞬間，液槽 2 的 液面必須位於小孔上方多大的高度？

55 圖 14-36 顯示了由水槽內深度 $h = 10$ cm 處的小 孔流出的水流，而且水槽深度維持在 $H = 30$ cm。(a) 試問水流撞擊到地面的時候，距離 x 為何？(b)如果要 讓另一個小孔取得相同的 x 值，試問其深度為何？(c) 如果要讓 x 達到最大，試問應該要將小孔的深度選擇 在何處？

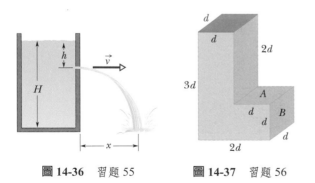

圖 14-36 習題 55　　　**圖 14-37** 習題 56

56 如圖 14-37 所示，一個 L 形的水槽中貯滿水，頂 部無蓋。設 $d = 4.2$ m，試求水壓作用於：(a) A 面； (b) B 面之總力。

57 某一個木塊漂浮在淡水中的時候，其體積 V 的 60%浸沒於淡水中，當木塊漂浮於油中的時候，有 $0.90V$ 的體積浸沒於油中。試求：(a)該木頭和(b)油的 密度。

58 如圖 14-38 所示，在一垂直水壩的正後方，水深 為 $D = 38.0$ m。設水壩的寬度為 $W = 314$ m。(a)試求 由水之不動壓力作用於水壩之水平總力；(b)若以通 過 O 點而與壩之寬度平行的直線為軸，則淨力矩為 何？這個力矩會讓水壩順著那一條線轉動，這會造成 這個水壩崩裂。(c)這個力矩的動量矩為何？

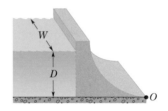

圖 14-38 習題 58

59 某一個高 5.00 m 的大型水族箱裝了 2.00 m 深的 淡水。水族箱的一面牆壁是由寬 6.20 m 的厚塑膠所 組成。如果接下來將水族箱裝水使其深度變成 3.80 m，請問作用於該面牆壁的總力會增加多少？

60 某一個截面積 a 的活塞被用於液壓機，以便對密 閉液體施加量值 f 的比較小的力量。有一個連接管引 導到截面積 A 的比較大的活塞(圖 14-39)。(a)請問比 較大的活塞可以支撐多大量值 F 的力，而不會移動？ (b)如果活塞直徑分別是 3.70 cm 和 54.5 cm，請問當 作用於大活塞的力是 20.0 kN 的時候，作用於小活塞 上的力的量值要多少才能達成平衡？

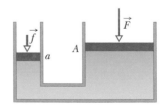

圖 14-39 習題 60

61 一個大水槽裝有深度 $D = 0.30$ m 的水。水槽底部 有一截面積 $A = 8.0$ cm² 的孔，水由孔中漏出。(a)試 求水漏出之流率(以 m³/s 為單位)。(b)水流下多少高度 時，水柱截面積恰為孔截面積的一半？

CHAPTER 15

振盪

15-1　簡諧運動

學習目標

在閱讀完這個區塊的文字之後，讀者應該能夠...

15.01 區分簡諧運動與其他類型的週期性運動。

15.02 在簡諧運動中，運用位置x與時間t的關係式計算兩者其一，即使在另外一參數未給予數值的情況下仍可計算之。

15.03 了解週期T、頻率f、角頻率ω之間的關係。

15.04 了解(位移)振幅x_m、相位常數(或相位角)ϕ與相位$\omega t + \phi$。

15.05 畫出振盪子之位置x與時間t關係圖，並指認出振幅x_m與週期T。

15.06 從位置與時間關係圖、速度與時間關係圖或加速度與時間關係圖，決定出振幅以及相位常數ϕ的值。

15.07 從位置對時間的圖上描述週期T、頻率f、振幅x_m或相位常數ϕ之改變效應。

15.08 了解當一作SHM的質點在端點或是行經中點時，相位角ϕ可以用起始時間$(t = 0)$來決定。

15.09 在給定位置對時間函數$x(t)$時，找出其速度對時間函數$v(t)$，並從結果指認出速度振幅v_m，且計算某一時間點的速度。

15.10 畫出一振盪子的速度v對時間t的圖，並指認速度振幅v_m。

15.11 運用速度振幅v_m、角頻率ω與(位移)振幅x_m之間的關係。

15.12 在給定速度對時間函數$v(t)$時，找出加其速度對時間函數$a(t)$，並從結果指認出加速度振幅a_m，且計算某一時間點的加速度。

15.13 畫出一振盪子的加速度a對時間t的圖，並指認加速度振幅a_m。

15.14 了解對於簡諧運動來說，任時間點的加速度a剛好總是為一負常數與位移的乘積。

15.15 對於在振盪中任何給定的某一瞬間，運用加速度a、角頻率ω以及位移x之間的關係。

15.16 對於某一瞬間之給定位置x與速度v的資訊，決定出相位$\omega t + \phi$以及相位常數ϕ。

15.17 在彈簧與木塊的振盪運動中，運用彈簧係數k、質量m與週期T或角頻率ω之間的關係。

15.18 運用虎克定律來了解任一瞬間作用於簡諧運動的力F與該瞬間位移的關係。

關鍵概念

- 每一個振盪或週期運動都有一個頻率 f (每秒的振盪次數)。其SI單位為赫茲(hertz)：$1 \text{ Hz} = 1 \text{ s}^{-1}$。

- 週期T是完成一次完整的振盪(或循環)所需要的時間。其與頻率的關係為$T = 1/f$。

- 在簡諧運動(SHM)中，質點相對於其平衡位置的位移 $x(t)$ 可由以下方程式描述之

$$x = x_m \cos(\omega t + \phi) \quad \text{(位移)}$$

其中x_m為此位移的振幅，$(\omega t + \phi)$為運動的相位，而ϕ為相位常數。角頻率ω與運動的週期與頻率的關係為$\omega = 2\pi/T = 2\pi f$。

- 微分$x(t)$可得質點在SHM中的速度與加速度的時間函數關係式：

$$v = -\omega x_m \sin(\omega t + \phi) \quad \text{(速度)}$$
$$a = -\omega^2 x_m \cos(\omega t + \phi) \quad \text{(加速度)}$$

在速度的式子中，正值的ωx_m是此運動的速度振幅v_m。在加速度的式子中，正值的$\omega^2 x_m$是此運動的加速度振幅a_m。

- 質量為m的質點在虎克定律所描述恢復力$F = -kx$之作用下，會進行線性簡諧運動，其中

$$\omega = \sqrt{\frac{k}{m}} \quad \text{(角頻率)}$$
$$T = 2\pi\sqrt{\frac{m}{k}} \quad \text{(週期)}$$

物理學是什麼?

我們的世界到處充滿著物體不斷來回移動的振動現象。許多振動僅只是有趣或令人懊惱的現象,但是許多其他的振動則會對財務造成重大或危險的影響。這裡有一些例子:當球棒擊中棒球的時候,球棒可能會振動到足以刺痛打擊者的手,或者球棒甚至會斷裂。當風吹過輸電線時,電線可能劇烈地振動(電機工程術語稱之為「飛奔」(gallop)),以致於被扯斷,因而造成社區的電力供應中斷。當飛機在飛行的時候,空氣經過機翼所產生的亂流會使機翼振動,最終導致金屬疲勞,甚至引起故障。當一列火車行經曲線軌道的時候,由於輪子被強迫改到新方向(我們可以聽到振動聲),它的輪子會產生水平振動(以機械工程術語來說是「來回擺盪」(hunt))。

當地震發生在城市附近,建築物會振動得如此劇烈,導致建築物裂開。當箭從弓上射出的時候,箭尾端的羽毛會自然地繞著弓杖曲折通過,不會撞上,這是因為箭的振動行為所導致。當硬幣跌進金屬製收集盤的時候,硬幣會振動而發出我們熟悉的聲響,使得我們能根據聲音判斷硬幣的面額是多少。當牛仔競技會上的牛仔騎著公牛的時候,牛仔會隨著公牛跳躍和旋轉的動作猛烈地振動(至少牛仔是如此希望的)。

關於振動的研究和控制同時是物理學和工程學的兩個主要目標。本章會討論稱為簡諧運動的一種振動基本類型。

請注意。這個題材對於多數學生來說相當有挑戰性。其一理由是有一大堆定義與符號需要整理,但主要原因是我們需要連結物體的振盪運動(有些是我們可以看見或體驗到的)與振盪運動的公式與圖表。連結實際可見的運動與公式和圖表的抽象意義需要下很多功夫。

簡諧運動

在圖 15-1 中,一質點以 x 軸的原點為中點,左右等位移來回振盪。振盪頻率 f 為每秒完成完整振盪(循環)的次數,其單位為 hertz(簡寫為 Hz),

$$1 \text{ 赫茲 } = 1 \text{ Hz} = \text{ 每秒振盪一次 } = 1 \text{ s}^{-1} \tag{15-1}$$

週期 T,是完成一次完整振盪所需的時間。亦即,

$$T = \frac{1}{f} \tag{15-2}$$

任何以等時間間隔重複進行的運動稱為週期運動或諧和運動。此處我們只對以某種特殊形式重複的運動有興趣,此運動稱為**簡單諧和運動** (SHM)。像這樣的運動是一時間的正弦曲線函數。換句話說,它可以被寫成時間的正弦或是餘弦。這裡我們任意選用餘弦函數,並把圖 15-1 中的質點位移(或位置)寫成

$$x(t) = x_m \cos(\omega t + \phi) \quad (\text{位移}) \tag{15-3}$$

其中 x_m,ω 以及 ϕ 為我們得要定義的常數。

圖 15-1 一質點沿著 x 軸在兩端點 x_m 與$-x_m$ 之間重複地左右振盪。

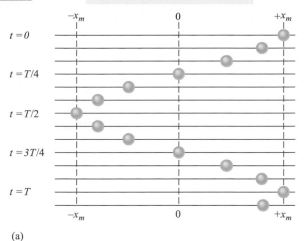

(a)

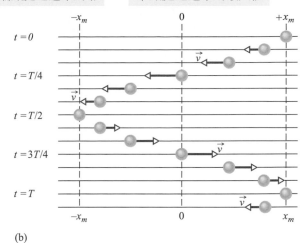

(b)

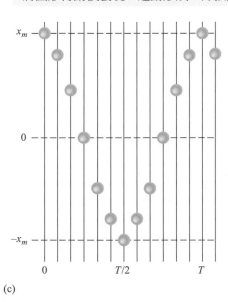

(c)

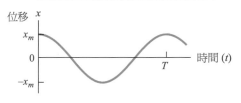

(d)

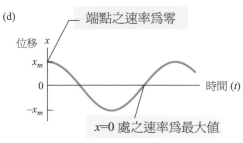

(e)

圖 15-2 (a)一系列的停格圖(相等的時間間隔)顯示出一個質點其位置在 x 軸原點附近的來回振盪,範圍介於$+x_m$ 與$-x_m$ 之間。(b)向量箭頭指示出質點的速度。當質點在原點時,其速度最大,而在$\pm x_m$ 處時,則為零。如果質點在$+x_m$ 處時的時間定為零,則質點在 $t = T$ 時又回到$+x_m$ 處,此處為 T 運動的週期。此一運動不斷重複。(c)將圖旋轉可以看出運動構成一個時間的餘弦函數,如圖(d)所示。(e)速度(斜率)改變。

停格圖。讓我們取一些運動的停格圖,並順著頁面往下一張接著一張排列(圖 15-2a)。第一張是 $t = 0$ 時質點在 x 軸上最右邊的位置,我們把其座標標爲 x_m(此標記代表最大值),它也是 15-3 式中餘弦函數前面的符號。在下一張停格圖中,質點位於 x_m 稍微左邊的地方。它繼續沿著負 x 軸的方向前進,直到它抵達-x_m 座標軸上的最左邊。然後順著頁面向下看到更多停格圖,發現質點會移回 x_m 方向,其後它就在 x_m 與-x_m 之間重複振盪。在 15-3 式中,餘弦函數本身就是在 +1 與 –1 之間擺盪。x_m 的值即決定質點在其振盪運動中可移動多遠,稱爲振盪運動的**振幅**(如圖 15-3 的說明所示)。

圖 15-2b 表示在一系列的停格圖中質點速度與時間的關係。我們很快的將要探討速度,但現在先注意質點抵達端點的瞬間位置,以及當它通過中點時的速度是最大的(最大的速度向量)。

想像將圖 15-2a 反時針方向轉 90°,使得停格圖在時間軸上向右邊前進。設定質點位置爲 x_m 時,時間 $t = 0$。當質點要開始進行下個振盪時,其返回 x_m 的時間是 $t = T$(即爲振盪週期)。如果我們填滿期間的停格圖,然後畫一條曲線貫穿每個質點位置,我們可以得到如圖 15-2d 的餘弦曲線。而我們先前提過的速度就表示在圖 15-2e。整個我們在圖 15-2 所得到的就是一種將我們所能見到的(眞實之振盪運動)轉化成抽象的圖表。(在 *WileyPLUS* 中,這個轉化是個有旁白的動畫)。以方程式的抽象與簡潔來說,15-3 式就是一種以餘弦函數的方式來描述質點運動。

更多物理量。在圖 15-3 中的說明中還有定義一些物理量。餘弦函數的角度就是運動的相位。當運動隨著時間改變,餘弦函數的值也會隨著改變。常數 ϕ 稱爲**相位角**或是**相位常數**。在角度的表示方式下,因爲我們使用 15-3 式來描述運動,所以當我們要設定時間爲 0 時,就可不用去管質點在振盪運動中位於何處。在圖 15-2 中,我們在質點在位置 x_m 時設定 $t = 0$,在這樣的選擇下,若我們也設定 $\phi = 0$,15-3 式就可以運作良好。然而,若我們要在質點在某一其他位置時設定 $t = 0$,我們只需要一個不同的 ϕ 值。圖 15-4 表示了一些數值。例如,假設當我們在啓動時間 $t = 0$,質點位於其最左邊的位置。然後 15-3 式就可以以 $\phi = \pi$ rad 來描述運動。爲了驗證以上想法,我們將 $t = 0$ 和 $\phi = \pi$ rad 代入式 15-3。然後可以得到 $x = -x_m$。現在,讀者可以試著驗證圖 15-4 中的其他例子。

15-3 式中的物理量 ω 是**運動的角頻率**。爲了連結它與頻率 f 和週期 T,我們先注意質點的位置 $x(t)$ 必須(根據定義)在一個週期結束時回到其位置起始值。也就是說,若 $x(t)$ 是在某一選定時間 t 的位置,然後質點必須在時間 $t + T$ 回到相同位置。讓我們用 15-3 式來表示這種情況,但我們

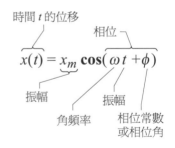

時間 t 的位移
相位
$$x(t) = x_m \cos(\omega t + \phi)$$
振幅 振幅
角頻率 相位常數
或相位角

圖 15-3 15-3 式中簡諧運動相關物理量之說明。

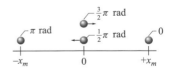

$\frac{3}{2}\pi$ rad
π rad $\frac{1}{2}\pi$ rad   0
$-x_m$ 0 $+x_m$

圖 15-4 當時間 $t = 0$ 時,質點在各位置的相對應的 ϕ 值。

在過程中也設定 $\phi = 0$。而回到相同位置的式子可寫成

$$x_m \cos \omega t = x_m \cos \omega(t + T) \tag{15-4}$$

當角度(相位)增加 2π 時,餘弦函數首次回到它原來的值,因此,15-4 式可寫成

$$\omega(t + T) = \omega t + 2\pi$$

$$\omega T = 2\pi$$

因此,由 15-2 式可得角頻率為

$$\omega = \frac{2\pi}{T} = 2\pi f \tag{15-5}$$

它的 SI 單位為弳度/秒。

　　到這裡我們已經知道了很多物理量,可以在實驗上改變這些物理量來看對質點 SHM 產生的效應。圖 15-5 是一些例子。圖 15-5a 表示振幅改變的效應。這兩條曲線有相同的週期。(看曲線峰頂如何排列?)以及它們皆是 $\phi = 0$。(看曲線的極大值發生在 $t = 0$?)在圖 15-5b 中,兩條曲線有相同的振幅 x_m,但其中一條的週期是另一條的兩倍(因此頻率是另一條的一半)。圖 15-5c 有可能比較難理解。這些曲線有相同的振幅和相同的週期,但因為有不同的 ϕ 值,所以有一條曲線相對另一條平移。看 $\phi = 0$ 的那條是否為一般的餘弦曲線?而負 ϕ 的那條則向右平移。那是具一般性的結論:負 ϕ 值會向右平移餘弦曲線,而正 ϕ 值會向左移餘弦曲線。(在繪圖程式上試試吧。)

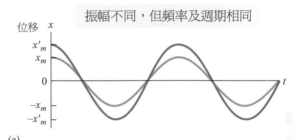

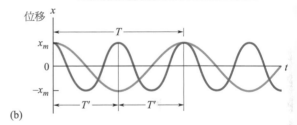

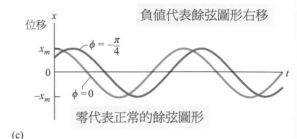

圖 15-5　在三種情形中,藍色曲線是由 15-3 式中 $\phi = 0$ 獲得。(a)紅色曲線與藍色曲線的差別只在於紅色曲線的振幅 x'_m 比較大。(紅色曲線的位移的上下極限值較大)。(b)紅色曲線與藍色曲線的差別只在於它的週期為 $T' = T/2$(紅色曲線在水平方向被壓縮)。(c)紅色曲線與藍色曲線的差別只在於 $\phi = -\pi/4$ 弳度而非零(負值的 ϕ 導致紅色曲線向右偏移)。

☑ **測試站** 1

一個以週期 T 作簡諧振盪的質點(類似圖 15-2 中所述)在時間 $t = 0$ 時位置是 $-x_m$。當(a) $t = 2.00T$,(b) $t = 3.50T$,(c) $t = 5.25T$,它是在 $-x_m$,在 $+x_m$,在 0,在 $-x_m$ 和 0 之間,或在 0 和 $+x_m$ 之間?

SHM 的速度

如圖 15-2*b*，我們簡短的討論了速度，發現當質點在端點(此速度瞬間是零)間移動以及穿過中點(此時速度最大)時，它的大小以及方向會改變。把 15-3 式的 $x(t)$ 對時間微分，我們可以得到作簡諧運動的質點之速度。亦即

$$v(t) = \frac{dx(t)}{dt} = \frac{d}{dt}\left[x_m \cos(\omega t + \phi)\right]$$

$$v(t) = -\omega x_m \sin(\omega t + \phi) \quad \text{(速度)} \tag{15-6}$$

因為正弦函數隨時間而變，其值在+1 與-1 之間，所以速度也隨時間而變。在正弦函數之前的物理量決定速度的變化程度，其實在 $+\omega x_m$ 和 $-\omega x_m$ 之間。ωx_m 是速度變化的**速度振幅** v_m。當質點向右移動穿過 $x = 0$ 時，它的速度為正號且其值為最大值。當質點向左移動穿過 $x = 0$ 時，它的速度為負號且其值為最大值。這個隨時間的改變(負的正弦函數)展示在圖 15-6b，其相位常數 $\phi = 0$，其符合圖 15-6a 中位移對時間的餘弦函數。回憶一下 $x(t)$ 的餘弦函數，不管質點在 $t = 0$ 時的位置。我們簡單的選擇個適當的 ϕ 值，以便 15-3 式在 $t = 0$ 時給我們正確的位置。該關於餘弦函數的決定會讓我們對於 15-6 式中的速度得到一個負的正弦函數，ϕ 值現在在 $t = 0$ 時也會給出一個正確的速度。

圖 15-6 (a)在作相位角 ϕ 為零的簡諧運動之質點的位移 $x(t)$。週期 T 表示一次完全的振盪。(b)點的速度 $v(t)$。(c)點的加速度 $a(t)$。

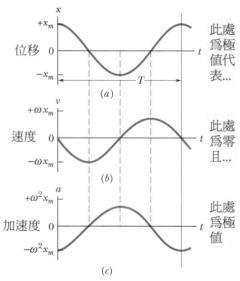

SHM 的加速度

讓我們更往前一步將 15-6 式的速度函數對時間微分，因此可以得到簡諧運動質點的加速度函數：

$$a(t) = \frac{dv(t)}{dt} = \frac{d}{dt}\left[-\omega x_m \sin(\omega t + \phi)\right]$$

$$a(t) = -\omega^2 x_m \cos(\omega t + \phi) \quad \text{(加速度)} \tag{15-7}$$

我們又回到了餘弦函數，但是多了個負號。我們現在知道該怎麼做。因為餘弦函數隨時間而變，所以加速度函數也在+1 和–1 之間隨時間而變。這加速度的大小變化量可以由**加速度振幅** a_m 來決定，它也是 $\omega^2 x_m$ 乘上餘弦函數的產物。

圖展示了在相位常數 $\phi = 0$ 下的 15-7 式，這結果也和圖 15-6a 和圖 15-6b 一致。請注意當質點在 $x = 0$ 時，餘弦函數為零，加速度的大小也會是零。而質點在端點時，餘弦函數有最大值，加速度大小也會是最大值。質點接近在端點處會變慢而停止以便其運動可以轉向。確實，在比較 15-3 式和 15-7 式後，我們可以發現一個絕妙的關係：

$$a(t) = -\omega^2 x(t) \tag{15-8}$$

這是 SHM 的特色：(1)質點加速度的方向總是在位移反向(因此會是負號)以及(2)這兩個物理量以一個常數(ω^2)互相關連著。如果你曾經在振盪情況中看到這種關係(也可以說像是電路中的電流，或是潮汐灣裡的潮起潮落)，你可以很快的說這個運動是 SHM，且可以很快的認出運動角速率 ω。簡而言之：

在 SHM 中，加速度 a 正比於位移 x 但方向相反，而此二數值由角頻率 ω 的平方連結起來。

測試站 2

下列質點加速度 a 與質點位置 x 之間的關係式，何者表示簡諧振盪？(a) $a = 3x^2$，(b) $a = 5x$，(c) $a = -4x$，(d) $a = -2/x$。對 SHM 來說，角頻率為何(假設單位為 rad/s)？

簡諧運動的力定律

現在我們在 15-8 式有了加速度與位移表示式，我們可以運用牛頓第二定律來描述 SHM 的力：

$$F = ma = m(-\omega^2 x) = -(m\omega^2)x \tag{15-9}$$

負號表示作用在質點的力方向和質點的位移方向是相向的。也就是說，在 SHM 中，力可以想像成是一種抵抗位移的恢復力，企圖讓質點恢復到 $x = 0$ 的中心點。當我們討論如圖 15-7 的彈簧－木塊系統時，可以回顧第八章中 15-9 式的一般式。在這裡我們寫出虎克定律

$$F = -kx \tag{15-10}$$

此作用在木塊上。比較 15-9 式和 15-10 式，我們可以連結彈簧係數 k(一種彈簧剛度的度量)和木塊質量，以及得到 SHM 的頻率：

$$k = m\omega^2 \tag{15-11}$$

15-10 式是另一種表示 SHM 特徵方程式的方法。

 簡諧運動是一質點在作用力正比於位移但方向相反的運動。

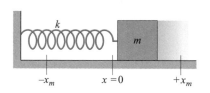

圖 15-7 一個線性簡諧振盪器。表面是無摩擦力的。正如圖 15-2 中的質點，木塊一旦被拉或推離位置 $x = 0$，然後放手之後便作簡諧運動。它的位移可由 15-3 式表示之。

圖 15-7 的木塊與彈簧系統構成一個線性**簡諧振盪器**(簡稱線性振盪器)，此處「線性」表示 F 是正比於 x 的一次方(而不是 x 的其他次方)。

　　如果你曾經看過一個振盪運動的作用力正比於位移但方向相反的情形，你可以很快的說出這個振盪運動是 SHM。也可以很快的認出相關的彈簧係數 k。若你知道振盪的質量，然後就藉著改寫 15-11 式決定出運動的角頻率：

$$\omega = \sqrt{\frac{k}{m}} \quad \text{(角頻率)} \tag{15-12}$$

(這通常比 k 值更重要。)而且可以藉著合寫 15-5 式和 15-12 式得到運動週期

$$T = 2\pi\sqrt{\frac{m}{k}} \quad \text{(週期)} \tag{15-13}$$

現在來解釋一下 15-12 式和 15-13 式的物理意義。你能夠了解一條較硬的彈簧(大 k 值)傾向產生較大的 ω(快速振盪)且較小的週期 T？你能夠了解一個較大質量 m 的傾向產生較小的 ω(慢速振盪)且較大的週期 T？

　　每一個振盪系統，跳水板或小提琴弦，都具有「彈性」的成分與「慣量」或質量的成分。在圖 15-7 中，這些成分都位在系統的個別部分中：彈性完全歸屬於彈簧，其中我們假設彈簧為無質量的，而慣量則完全歸屬於木塊，並且我們假設木塊是一個剛體。然而，在小提琴弦中，這兩個成分都在弦本身中。

 測試站 3

下列質點受力 F 與質點位置 x 之間的關係式，何者表示簡諧振盪
(a) $F = -5x$，(b) $F = -400x^2$，(c) $F = 10x$，(d) $F = 3x^2$？

範例 15.1　木塊-彈簧 SHM、振幅、加速度、相位

質量 m 為 680 g 的木塊，繫於彈性係數 k 為 65 N/m 的彈簧末端。把木塊從其平衡位置 $x = 0$ 處，在一無摩擦的表面上拉至距離 $x = 11$ m 處，然後在 $t = 0$ 時，將其從靜止狀態釋放。

(a) 振盪的角頻率，頻率與週期為何？

關鍵概念

木塊-彈簧系統形成一個線性簡諧振盪器，在此系統中，木塊會作 SHM。

計算　由 15-12 式可以求得角頻率為

$$\omega = \sqrt{\frac{k}{m}} = \sqrt{\frac{65\,\text{N/m}}{0.68\,\text{kg}}} = 9.78\,\text{rad/s}$$

$$\approx 9.8\,\text{rad/s} \qquad (答)$$

由 15-5 式，頻率為

$$f = \frac{\omega}{2\pi} = \frac{9.78\,\text{rad/s}}{2\pi\,\text{rad}} = 1.56\,\text{Hz} \approx 1.6\,\text{Hz} \qquad (答)$$

而由 15-2 式，週期為

$$T = \frac{1}{f} = \frac{1}{1.56\,\text{Hz}} = 0.64\,\text{s} = 640\,\text{ms} \qquad (答)$$

(b) 振盪的振幅為何？

關鍵概念

由於沒有摩擦，所以彈簧-木塊系統的力學能是守恆的。

推理　因為木塊是由距離平衡位置 11 cm 處由靜止釋放，此時動能為零，而彈性位能為最大值。因此，當它又回到距平衡位置 11 cm 處時，其動能為零，這意味著從該位置釋放的木塊，它的最大位移絕不會超過 11 cm。因此其最大位移是 11 cm：

$$x_m = 11\,\text{cm} \qquad (答)$$

(c) 振盪木塊之最大速率 v_m 為何？且發生在何處？

關鍵概念

我們可由 15-6 式知道，速率的最大值 v_m 為其速度振幅 ωx_m。

計算　因此可得

$$v_m = \omega x_m = (9.78\,\text{rad/s})(0.11\,\text{m})$$

$$= 1.1\,\text{m/s} \qquad (答)$$

當木塊衝過原點時，其速率最大；比較圖 15-4a 與 15-4b，你會發現當 $x = 0$ 時有最大速率。

(d) 木塊的最大加速度值 a_m 是多少？

關鍵概念

加速度 a_m 的最大值為 15-7 式中的加速度振幅 $\omega^2 x_m$。

計算　因此可以得到

$$a_m = \omega^2 x_m = (9.78\,\text{rad/s})^2(0.11\,\text{m})$$

$$= 11\,\text{m/s}^2 \qquad (答)$$

加速度最大值發生在當木塊處於運動路徑的末端時，在這個地方木塊已經慢到停止狀態，所以它的運動可以反轉。在這些端點，作用於木塊的力具有最大的值；比較圖 15-6a 與 15-6c，你會看到位移量和加速度在相同的時間有最大值，而速率為零。如同在圖 15-6b 所看到的。

(e) 運動的相位常數 ϕ 為何？

計算　由 15-3 式可知，木塊的位移是時間的函數。此外，我們知道在 $t = 0$，木塊的位移 $x = x_m$。如果把這些起始條件代入 15-3 式，並消掉 x_m，可得

$$1 = \cos\phi \qquad (15\text{-}14)$$

取反餘弦，可得

$$\phi = 0 \text{ rad} \qquad (答)$$

(任何 2π 強度的整數倍數之角度都可滿足 15-14 式的要求，在此我們取最小值)。

(f) 彈簧-木塊系統的位移函數 $x(t)$ 為何？

計算　函數 $x(t)$ 的形式如 15-3 式所示。將已知量代入該式可得

$$x(t) = x_m \cos(\omega t + \phi)$$

$$= (0.11\,\text{m})\cos[(9.8\,\text{rad/s})t + 0]$$

$$= 0.11\cos(9.8t) \qquad (答)$$

其中 x 與 t 的單位分別為公尺及秒。

範例 15.2 從位移與速度找出 SHM 的相位

在 $t = 0$，如圖 15-7 那樣作線性振盪的木塊之位移 $x(0)$ 為 -8.50 cm。（$x(0)$ 讀成「在時間為零的 x 值」。）速度 $v(0)$ 為 -0.920 m/s，而其加速度 $a(0)$ 為 $+47.0$ m/s²。

(a) 此系統的角頻率為何？

關鍵概念

由於木塊處於 SHM，利用 15-3 式，15-6 式與 15-7 式可以分別求出木塊的位移，速度及加速度，而這些數值都包含著 ω。

計算 將 $t = 0$ 代入其中每一個，藉此看看是否可以由它們求出 ω。首先我們得到

$$x(0) = x_m \cos\phi \qquad (15\text{-}15)$$

$$v(0) = -\omega x_m \sin\phi \qquad (15\text{-}16)$$

$$a(0) = -\omega^2 x_m \cos\phi \qquad (15\text{-}17)$$

在 15-15 式中，ω 並未出現。在 15-16 式以及 15-17 式中，等號左邊的值已知，但 x_m 和 ϕ 的值未知。所以我們可以將 15-17 式除以 15-15 式而同時消去 x_m 和 ϕ，進而解出 ω，如下：

$$\omega = \sqrt{-\frac{a(0)}{x(0)}} = \sqrt{-\frac{47.0\,\mathrm{m/s^2}}{-0.0850\,\mathrm{m}}}$$

$$= 23.5\,\mathrm{rad/s} \qquad (\text{答})$$

(b) 相位常數 ϕ 是多少？振幅 x_m 是多少？

計算 已知 ω，欲求 ϕ 和 x_m。如果將 15-16 式除以 15-15 式，我們會銷掉其中一個未知數並將另一個簡化為三角函數：

$$\frac{v(0)}{x(0)} = \frac{-\omega x_m \sin\phi}{x_m \cos\phi} = -\omega\tan\phi$$

解出 $\tan\phi$，可得

$$\tan\phi = -\frac{v(0)}{\omega x(0)} = -\frac{-0.920\,\mathrm{m/s}}{(23.5\,\mathrm{rad/s})(-0.0850\,\mathrm{m})}$$

$$= -0.461$$

此方程式有兩個解：

$$\phi = -25° \quad \text{與} \quad \phi = 180° + (-25°) = 155°$$

通常這裡的第一個解答會出現於計算器，但是不見得是實際可行的。選擇適當答案的方法，是把這兩個答案都拿來計算振幅 x_m 看看。由 15-15 式，若我們令 $\phi = -25°$，則

$$x_m = \frac{x(0)}{\cos\phi} = \frac{-0.0850\,\mathrm{m}}{\cos(-25°)} = -0.094\,\mathrm{m}$$

如果我們選取 $\phi = 155°$，我們將發現 $x_m = 0.094$ m。然而，SHM 的振幅必需為一個正值常數。因此正確的相位常數與振幅為

$$\phi = 155° \quad \text{與} \quad x_m = 0.094\,\mathrm{m} = 9.4\,\mathrm{cm} \qquad (\text{答})$$

PLUS Additional example, video, and practice available at *WileyPLUS*

15-2 簡諧運動的能量

學習目標

在閱讀完這個區塊的文字之後，讀者應該能夠...

15.19 對於彈簧與木塊的振盪運動，計算任何給定時間點的動能與彈性位能。

15.20 運用能量守恆來連結彈簧與木塊振盪運動中某一瞬間之總能與其他瞬間總能的關係。

15.21 畫出彈簧與木塊振盪運動之動能圖、位能圖、總能圖，並先以時間函數作圖，再以位置函數作圖。

15.22 在簧與木塊振盪運動中，當總能全為動能或是全為位能時，計算木塊之位置。

關鍵概念

● 作簡諧運動的質點在任何時間具有動能 $K = \frac{1}{2}mv^2$ 與位能 $U = \frac{1}{2}kx^2$。如果沒有摩擦力存在，即使 K 與 U 有變化，力學能 $E = K + U$ 仍是常數。

簡諧運動的能量

第 8 章告訴我們線性振盪器的能量往復轉換於動能與位能之間，而它們的總和——力學能 E——保持常數。像圖 15-7 那樣的線性振盪器之位能是完全由彈簧來決定。它的值來自於彈簧伸長或壓縮的情形——亦即 $x(t)$。我們可利用 8-11 式及 15-3 式求得

$$U(t) = \frac{1}{2}kx^2 = \frac{1}{2}kx_m^2 \cos^2(\omega t + \phi) \tag{15-18}$$

請注意：當一個函數寫成 $\cos^2 A$ (就像這裡的寫法)的形式時，它代表的意義是 $(\cos A)^2$，它與寫成 $\cos A^2$ 的函數是不同的，後者代表的意義是 $\cos(A^2)$。

圖 15-5 的系統的動能則完全由木塊來決定。它的值依賴木塊運動有多快來決定——亦即，$v(t)$。我們可利用 15-6 式求得

$$K(t) = \frac{1}{2}mv^2 = \frac{1}{2}m\omega^2 x_m^2 \sin^2(\omega t + \phi) \tag{15-19}$$

如果我們使用 15-12 式來將 ω^2 換成 k/m，我們可將 15-19 式寫為

$$K(t) = \frac{1}{2}mv^2 = \frac{1}{2}kx_m^2 \sin^2(\omega t + \phi) \tag{15-20}$$

由 15-18 式與 15-20 式可知力學能為

$$\begin{aligned}
E &= U + K \\
&= \frac{1}{2}kx_m^2 \cos^2(\omega t + \phi) + \frac{1}{2}kx_m^2 \sin^2(\omega t + \phi) \\
&= \frac{1}{2}kx_m^2 \left[\cos^2(\omega t + \phi) + \sin^2(\omega t + \phi) \right]
\end{aligned}$$

然而，對任意角 α 而言

$$\cos^2 \alpha + \sin^2 \alpha = 1$$

因此上式中括號內之量為 1，於是

$$E = U + K = \frac{1}{2}kx_m^2 \tag{15-21}$$

力學能的確為一常數，與時間無關。線性振盪器的位能與動能皆為時間 t 的函數，如圖 15-8a 中所示，而將位能和動能表達成位移 x 的函數則示於圖 15-8b 中。現在我們可以明白為什麼一個振盪系統中必須包含彈性成份與慣量成份了：前者用以儲存位能而後者用以儲存動能。

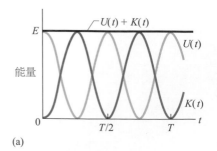

(a)

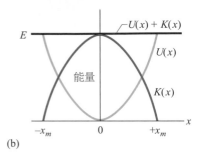

(b)

當時間改變時，能量在兩種形式間變化，但總和不變

當位置改變時，能量在兩種形式間變化，但總和不變

圖 15-8 (a)一個簡諧振盪器的位能 $U(t)$，動能 $K(t)$及力學能 E 的時間函數。注意所有的能量皆為正值，而且在一個週期內，動能與位能具有兩次的峰值。(b)振幅為 x_m 的簡諧運動，其位能 $U(x)$，動能 $K(x)$及力學能 E 皆為位移 x 的函數。當 $x = 0$ 時，能量全為動能，當 $x = \pm x_m$ 時，能量全為位能。

 測試站 4

在圖 15-7，當此木塊在 $x = +2.0$ cm 時，木塊有一動能 3 J，彈簧有彈性位能 2 J。(a) 當木塊在 $x = 0$ 時，動能為何？當木塊在(b) $x = -2.0$ cm 及(c) $x = -x_m$ 時，彈性位能為何？

範例 15.3 SHM 位能、動能、質塊阻尼器

很多高建築體配備了質塊阻尼器 (mass damper)，它是一種反搖晃裝置以避免建築體與風發生共振。有些反搖晃裝置也可能是一個在彈簧端點振盪的巨大塊體，並安裝在潤滑過的軌道上。若建築體搖晃，比如說：朝向東方，塊體也朝向東方但是會有相當的延遲使得它終於移動時，建築體那時正朝向西方移動。因此，振盪器的運動與建築體的運動不同步。

假設塊體具有質量 $m = 2.72 \times 10^5$ kg，且設計成以頻率 $f = 10.0$ Hz 及振幅 $x_m = 20.0$ cm 進行振盪。

(a) 請問彈簧-塊體系統的總力學能 E 為何？

關鍵概念

力學能 E（塊體動能 $K = \frac{1}{2}mv^2$ 與彈簧位能 $U = \frac{1}{2}kx^2$ 之和）在整個振盪運動中為定值。因此，可在運動中任一點計算 E。

計算 因為振盪振幅 x_m 已知，讓我們計算塊體位於 $x = x_m$ 時的 E，在這個位置上塊體速度 $v = 0$。然而，為了計算該點的 U，首先需要找出彈簧常數 k。

由 15-12 式($\omega = \sqrt{k/m}$)與 15-5 式($\omega = 2\pi f$)可得

$$k = m\omega^2 = m(2\pi f)^2$$
$$= (2.72 \times 10^5 \text{ kg})(2\pi)^2(10.0 \text{ Hz})^2$$
$$= 1.073 \times 10^9 \text{ N/m}$$

此時可算得 E 為

$$E = K + U = \frac{1}{2}mv^2 + \frac{1}{2}kx^2$$
$$= 0 + \frac{1}{2}(1.073 \times 10^9 \text{ N/m})(0.20\text{m})^2$$
$$= 2.147 \times 10^7 \text{ J} \approx 2.1 \times 10^7 \text{ J} \quad \text{(答)}$$

(b) 當塊體通過平衡點時，其速率為何？

計算 所求為 $x = 0$ 時的速率，該處位能為 $U = \frac{1}{2}kx^2 = 0$，而力學能全是動能。因此，可寫為

$$E = K + U = \frac{1}{2}mv^2 + \frac{1}{2}kx^2$$
$$2.147 \times 10^7 \text{ J} = \frac{1}{2}(2.72 \times 10^5 \text{ kg})v^2 + 0$$

或是 $v = 12.6$ m/s （答）

因為 E 全是動能，此值即為最大速率 v_m。

15-3 角簡諧振盪器

學習目標

在閱讀完這個區塊的文字之後,讀者應該能夠...

15.23 描述角簡諧振盪的運動。

15.24 在角簡諧振盪運動中,運用力矩τ與角位移θ之間的關係(從平衡狀態)。

15.25 在角簡諧振盪運動中,運用週期T(或頻率 f)、轉動慣量I與扭轉常數κ之間的關係。

15.26 在任一瞬間的角簡諧振盪運動中,運用角加速度α、角頻率ω與角位移θ之間的關係。

關鍵概念

● 扭擺是由一懸在一細線上的物體所組成。當線被扭轉後再釋放,物體會以角簡諧運動振盪,其週期為

$$T = 2\pi\sqrt{\frac{I}{\kappa}}$$

I 是物體沿著轉動軸之轉動慣量。κ 是線的扭轉常數。

角簡諧振盪器

圖 15-9 所示為一與角度有關之線性簡諧振盪器;其彈簧或彈性的成份存在於懸吊鋼索的扭轉,而不是彈簧的伸展或壓縮。此設計通常被稱為**扭擺**,其中「扭」就是指扭轉。

如果我們把圖 15-9 的圓盤從其靜止位置(參考線在 $\theta = 0$ 時)扭轉一角位移 θ,然後釋放它,它將會對該位置作**角簡諧運動**之振盪。將圓盤扭轉角度 θ,不管往那一個方向,都會產生恢復力矩

$$\tau = -\kappa\theta \tag{15-22}$$

此處 κ (希臘字母 kappa)為一常數,稱為**扭轉常數**,其與鋼索的長度,直徑及材料有關。

比較 15-22 式與 15-10 式,顯示出 15-22 式為虎克定律的角形式,而可把描述線性簡諧運動週期的 15-13 式轉換成描述角簡諧運動週期的方程式:將 15-13 式中的彈性係數 k 換成對應的 15-22 式中的 κ,而將 15-13 式中的質量 m 換成對應的振盪圓盤的轉動慣量 I。利用這些代換可得

$$T = 2\pi\sqrt{\frac{I}{\kappa}} \quad \text{(扭擺)} \tag{15-23}$$

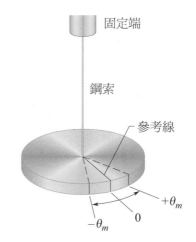

圖 15-9 一個角簡諧振盪器,或稱之為扭擺,是「線性簡諧振盪器」的「角度版」。圓盤在一水平面上振盪;其參考線以角振幅 θ_m 振盪。懸吊鋼索的扭力像彈簧一樣儲存了位能並提供了恢復力矩。

範例 15.4 角簡諧振盪器、轉動慣量、週期

如圖 15-10a 所示，一個質量 m 為 135 g，長度 L 為 12.4 cm 的細棒，以其中點懸吊於長索的末端。其角簡諧運動的週期 T_a 為 2.53 s。一個不規則形狀的物體，我們稱之為 X，隨後亦懸於同一長索末端，如圖 15-10b 所示，而其週期 T_b 經測定為 4.76 s。物體 X 對應於懸吊軸的轉動慣量為何？

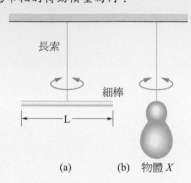

長索

細棒

L

(a)   (b) 物體 X

圖 15-10 兩扭擺：(a)長索及細棒；(b)長索及不規則物體。

關鍵概念

細棒和不規則物體 X 的轉動慣量均與用 15-23 式所求的週期有關。

計算 在表 10-2e 中，細桿相對於通過其中心點的垂直軸之轉動慣量為 $\frac{1}{12}mL^2$。因此對於圖 15-10a 的細棒，

$$I_a = \frac{1}{12}mL^2 = (\frac{1}{12})(0.135\,\text{kg})(0.124\,\text{m})^2$$
$$= 1.73 \times 10^{-4}\ \text{kg} \cdot \text{m}^2$$

現在讓我們寫下 15-23 式兩次，一次對細棒而另一次對物體 X：

$$T_a = 2\pi\sqrt{\frac{I_a}{\kappa}} \quad \text{且} \quad T_b = 2\pi\sqrt{\frac{I_b}{\kappa}}$$

常數 κ 為鋼索的性質之一，在兩圖是一樣的；只有週期與轉動慣量是不同的。

把上兩式平方，並以第二式除以第一式然後解出 I_b。可得

$$I_b = I_a \frac{T_b^2}{T_a^2} = (1.73 \times 10^{-4}\ \text{kg} \cdot \text{m}^2)\frac{(4.76s)^2}{(2.53s)^2}$$
$$= 6.12 \times 10^{-4}\ \text{kg} \cdot \text{m}^2 \qquad \text{(答)}$$

PLUS Additional example, video, and practice available at *WileyPLUS*

15-4 擺、圓周運動

學習目標

在閱讀完這個區塊的文字之後，讀者應該能夠…

15.27 描述單擺運動。

15.28 畫出擺垂的自由體圖，擺角與垂直線 θ 成角。

15.29 在小角度的單擺運動中，連結週期 T(或頻率 f)與擺長 L 之間的關係。

15.30 區分單擺與複擺。

15.31 在小角度的複擺運動中，連結週期 T(或頻率 f)與樞紐和質心之距離 h 之間的關係。

15.32 在角振盪系統中，不論從力矩 τ 和角位移 θ 的相關式，或角加速度 a 和角位移 θ 的相關式，均能得出角速率 ω。

15.33 區分擺的角速率 ω(用來表示轉圈的比率)與其 $d\theta/dt$(角度垂直變化的比率)。

15.34 在給定某一瞬間的角位置 θ 和變化率 $d\theta/dt$，得出相位常數 ϕ 以及振幅 θ_m。

15.35 描述自由落體加速度可以用單擺量測。

15.36 對於複擺，算出振盪中心的位置，以及指認出單擺而言其意義。

15.37 描述簡諧運動如何與均勻圓周運動有關。

關鍵概念

● 單擺是由一根質量可忽略的細桿和質點(擺垂)組成,細桿上方爲一樞紐,下方是質點。若細桿僅以小角度擺動,則它的運動接近是固定週期的簡諧運動

$$T = 2\pi\sqrt{\frac{I}{mgL}} \quad \text{(單擺)}$$

I是質點相對於樞紐的轉動慣量,L是細桿長度。

● 複擺的質量分布比較複雜。對於小角度的擺動,它的運動是固定週期的簡諧運動

$$T = 2\pi\sqrt{\frac{I}{mgh}} \quad \text{(複擺)}$$

I是擺相對於樞紐的轉動慣量,m是擺的的質量,h是樞紐點和擺之質量中心的距離。

● 簡諧運動爲等速率圓周運動在其所運動的圓之直徑上的投影。

擺

現在我們要討論一種簡諧運動,在此運動中,彈性作用是來自重力而不是扭轉的鋼索或壓縮與伸長的彈簧。

單擺

如果蘋果在長線上擺動,則它是否爲簡諧運動?如果是,則其週期 T 爲何?爲了解答這個問題,讓我們考慮一具**單擺**(simple pendulum),它包含一條長度、一端固定而另一端懸掛質量質點(稱爲擺錘)之無質量細線,如圖 15-11a 所示,而且該細線無法伸長。擺錘可自由在本頁平面來回擺動,亦即在經過鐘擺軸心點之垂直線左側和右側來回擺動。

恢復力矩。作用在擺錘上的力有來自繩子的 $\vec{T}$ 和重力 $\vec{F}_g$,如圖 15-11b 所示,繩子和垂直線夾 θ 角。我們把 $\vec{F}_g$ 分解成徑向分量 $F_g \cos\theta$ 及沿著路徑切線方向的分量 $F_g \sin\theta$。此一切線分量產生一以懸點爲支點的恢復力矩,因爲其作用總是和擺錘位移反方向,所以會把擺錘帶回其中心位置。此點稱作平衡點($\theta = 0$),因爲當擺不擺盪時會靜止在這裡。

由 10-41 式($\tau = r_\perp F$),我們可寫下恢復力矩爲

$$\tau = -L(F_g \sin\theta) \tag{15-24}$$

其中負號表示力矩的作用是減少 θ,而 L 是力分量 $F_g \sin\theta$ 對應於懸點的力臂。把 15-24 式代入 10-44 式($\tau = I\alpha$),並將 mg 代入爲 F_g 的大小,我們可得

$$-L(mg\sin\theta) = I\alpha \tag{15-25}$$

其中 I 爲擺對應於懸點的轉動慣量,而 α 爲其角加速度。

讓我們簡化 15-25 式,假設角度 θ 很小,則 $\sin\theta$ 的值將很接近 θ(以弧度計算)。(例如,當 $\theta = 5.00° = 0.0873$ rad 時,$\sin\theta = 0.0872$,彼此只相差 0.1%)。根據此近似,並重新整理,可得

$$\alpha = -\frac{mgL}{I}\theta \tag{15-26}$$

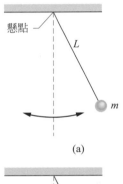

(a)

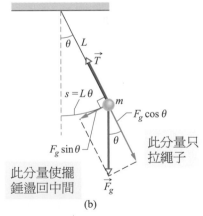

(b)

圖 15-11 (a)單擺。(b)作用在擺錘上的有重力 $\vec{F}_g$ 和來自繩子的張力 $\vec{T}$。重力的切線分量 $F_g \sin\theta$ 是使擺回到其中心點的回復力。

此式為 15-8 式(SHM 的特徵)的角型式。此式顯示出擺的角加速度 α 正比於角位移 θ 且反向。所以如圖 15-9a 所示：擺錘向右移動時，其向左的加速度會一直增加直到它停止移動而開始移向左邊。而當其在左邊時，其加速度的方向是朝右的，而傾向把它帶回右邊。因而會來回振盪地作 SHM。更正確地來說，單擺的振盪運動只在小角度時才近似是 SHM。我們可以把這小角度的限制用另一種方法來說：SHM 運動的**角振幅** θ_m(擺動的最大角度)必須很小。

角頻率 提供一個絕招。因為 15-26 式和 Eq. 15-8 式在 SHM 上有一樣的形式，所以我們馬上確認這個擺的角頻率是位移前面那些常數的平方根：

$$\omega = \sqrt{\frac{mgL}{I}}$$

在回家的作業中，也許你會發現振盪系統似乎不像擺的運動。然而，如果你可以把加速度(線性與非線性)和位移(線性與非線性)連結在一起，就會很快的認出角頻率是我們前面得到的結果。

週期 接下來，若我們將這個 ω 的表示式代入 15-5 ($\omega = 2\pi/T$)，就可以發現擺的週期為

$$T = 2\pi \sqrt{\frac{I}{mgL}} \tag{15-27}$$

單擺的所有質量都集中在距懸點半徑為的擺錘質量中。因此，我們可以用 10-33 式($I = mr^2$)寫出擺的轉動慣量 $I = mL^2$。並將此代入 15-27 式，並簡化可得

$$T = 2\pi \sqrt{\frac{L}{g}} \quad \text{(單擺，小角度)} \tag{15-28}$$

在本章的問題中，我們都假設是小角度擺盪。

複擺

一個真實的擺，通常稱之為**複擺**，的質量的分佈可以是非常的複雜。它是否也會出現 SHM？若是，則其週期為何？

圖 15-12 為一任意的複擺，其向旁邊位移一個角度 θ。重力 F_g 作用在距懸點 O 為 h 的質心 C 上。我們比較圖 15-12 及圖 15-12b，我們明白到任意的複擺和單擺間只有一個很重要的不同。對於複擺而言，其重力的回復分量 $F_g \sin \theta$ 對應於懸點的力矩長度為 h 而不是擺長 L。在其他方面，複擺的所有分析和在 15-27 式之前對單擺的分析完全相同。再一次地，(對小 θ_m 而言)我們會發現其運動近似於 SHM。

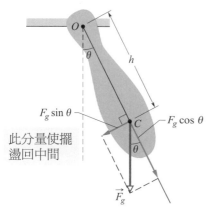

圖 15-12 複擺。恢復力矩為 $hF_g \sin \theta$。當 $\theta = 0$ 時，質心 C 在懸點 O 的正下方。

若我們將 15-27 式中的 h 用來替代 L，則我們可以得到複擺的週期

$$T = 2\pi\sqrt{\frac{I}{mgh}} \quad (\text{複擺，小角度}) \tag{15-29}$$

就像單擺一樣，I 是擺對應於 O 的轉動慣量。然而，現在 I 不再是簡單的 mL^2(而是和複擺的形狀有關)，但依舊和 m 成正比。

如果懸掛點位在複擺的質心，則複擺不會擺盪。正規的說，這相應於 15-29 式中的 $h = 0$。該方程式將得到 $T\to\infty$，這表示這樣的一個擺將永遠無法完成一次擺盪。

對應於給定懸點 O 且週期 T 的任意複擺，爲有相同的週期 T 且擺長 L_0 的單擺。我們可以用 15-28 式來得到 L_0。此一沿著複擺而距懸掛點 O 爲 L_0 的點稱爲給定懸點複擺的「擺盪中心」。

g 的測量

我們可以利用複擺來測量位於地球上某特定地區自由落體的加速度 g。(在地球物理的探勘中便進行了無數次這樣的測量)。

舉一個簡單的例子，令擺爲一長度 L 的均質棒，懸吊於其中的一個端點。對這樣的擺而言，15-29 式中的 h(懸點至質心的距離)爲 $\frac{1}{2}L$。表 10-2e 告訴我們此擺對穿過質心而垂直於棒之軸的轉動慣量爲 $\frac{1}{12}mL^2$。根據 10-36 式($I = I_{com} + Mh^2$)的平行軸定理，我們可得對於穿過懸點而垂直於棒之軸的轉動慣量爲

$$I = I_{com} + mh^2 = \frac{1}{12}mL^2 + m(\frac{1}{2})L^2 = \frac{1}{3}mL^2 \tag{15-30}$$

若令 15-29 式中的 $h = \frac{1}{2}L$ 且 $I = \frac{1}{3}mL^2$，解出 g，可得

$$g = \frac{8\pi^2 L}{3T^2} \tag{15-31}$$

因此，由測量 L 與週期 T，可求得擺所在之處的 g 值。(如果希望得到更精確的結果，便需要進行一些改良，例如讓擺在抽眞空的空間擺動)。

測試站 5

三個實體鐘擺，其質量分別是 m_0、$2m_0$ 與 $3m_0$，它們具有相同形狀與尺寸，並且懸吊在同一點。請根據各鐘擺的週期對質量進行排序，並且讓最大者排在第一位。

範例 15.5　複擺、週期與長度

圖 15-13a 中，一根米尺繞位於其一端的樞點擺盪，樞點離米尺質心之距離為 h。

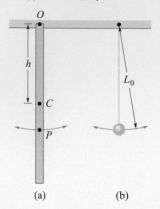

(a)　　　　　(b)

圖 15-13 (a)尺以其中的一個端點懸吊成一個複擺。(b) 一個長度為 L_0 的單擺其週期與前者相同。圖(a)中擺的 P 點即為擺盪中心。

(a) 其振盪週期為何？

關鍵概念

因為該尺的質量並非集中在相對於懸點的另一端（擺錘）上——所以它不是單擺，而是複擺。

計算　從 15-29 式可以得到複擺的週期，其中我們需要知道該尺相對於懸點的轉動慣量 I。我們視尺如一均勻桿，其長度為 L，質量為 m。然後 15-30 式告訴

我們 $I = \frac{1}{3}mL^2$，而在 15-29 式中的距離 h 為 $\frac{1}{2}L$。把這些量代入 15-29 式，可得

$$T = 2\pi\sqrt{\frac{I}{mgh}} = 2\pi\sqrt{\frac{\frac{1}{3}mL^2}{mg(\frac{1}{2}L)}} \tag{15-32}$$

$$= 2\pi\sqrt{\frac{2L}{3g}} \tag{15-33}$$

$$= 2\pi\sqrt{\frac{(2)(1.00\,\mathrm{m})}{(3)(9.8\,\mathrm{m/s^2})}} = 1.64\,\mathrm{s} \tag{答}$$

注意，該結果與擺的質量 m 無關。

(b) 懸吊點 O 及尺的擺盪中心之間距 L_0 為何？

計算　我們想要得到單擺的長度 L_0 (如圖 15-13b 所畫的)，而此單擺會與圖 15-13a 的複擺(尺)具有一樣的週期 。讓 15-28 式和 15-33 式相等，可得

$$T = 2\pi\sqrt{\frac{L_0}{g}} = 2\pi\sqrt{\frac{2L}{3g}} \tag{15-34}$$

由觀察可知：

$$L_0 = \frac{2}{3}L \tag{15-35}$$

$$= (\tfrac{2}{3})(100\,\mathrm{cm}) = 66.7\,\mathrm{cm} \tag{答}$$

在圖 15-13a 中，點 P 標示出距懸點 O 算起距離之處。因此，P 點是該尺的擺盪中心。對於不同的懸掛方式，點 P 也會隨之不同。

簡諧運動與等速圓周運動

1610 年，伽利略用他新做好的望遠鏡，發現了木星的四顆主要衛星。經過數星期的觀察，他發現每一個衛星似乎以木星環為中點，對木星做來回的運動，即今天所謂的簡諧運動。伽利略親手所作的觀察記錄至今依然可得。MIT 的 A.P. French 教授利用伽利略的數據算出了卡利斯托衛星相對於木星的位置(實際上是從地球觀察木星的卡利斯托衛星與木星的角位置)，然後發現這數據接近如圖 15-14 所示的曲線。此曲線與 15-3 式簡諧運動的位移很相似。由圖中可算出週期約為 16.8 日。但精確地來

看，它是什麼的週期？畢竟，衛星不可能像是木塊連在彈簧一端一樣來回振盪運動，所以為何 15-3 式和它會有關係呢？

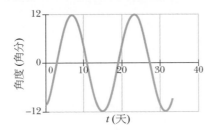

事實上，卡利斯托基本上是等速率繞木星作圓形軌道的運動。它真正的運動——並非簡諧運動——是等速率圓周運動。伽利略所看到的——或是你用一點耐心由雙筒望遠鏡所看到的——是此等速率圓周運動在運動平面上某一線上的投影。由伽利略所觀察的結果可以推論說，簡諧運動乃是等速率圓周運動從側面所看到的情形。正式地敘述如下：

 　　簡諧運動是等速率圓周運動在其運動圓圈的直徑上的投影。

圖 15-15a 提供了一個範例。圖中表示一參考質點 P' 正以(固定)角速率 ω_b 半徑為 x_m 之參考圓上作等速率圓周運動。圓的半徑 x_m 為質點位置向量的大小。在任一時刻 t，此質點的角位置為 $\omega t + \phi$，此處 ϕ 為 $t = 0$ 時的角位置。

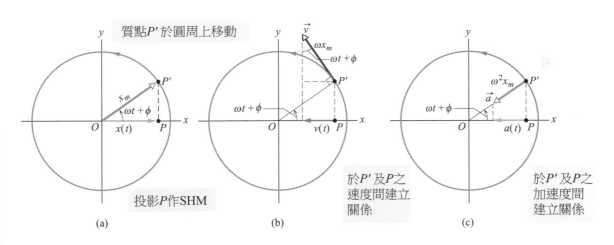

圖 15-15 (a)參考質點 P' 在半徑為 x_m 的參考圓上作等速率圓周運動。它在 x 軸的投影 P 則行簡諧運動。(b)參考質點的速度 $\vec{v}$ 的投影即為 SHM 的速度。(c)參考質點徑向加速度 $\vec{a}$ 的投影就是 SHM 的加速度。

圖 15-14 從地球觀察木星的卡利斯托衛星與木星的角位置。圓圈為伽利略在 1610 年所作的觀察結果。最近似曲線強烈顯示此為簡諧運動。以木星到地球的平均距離而言 10 分(角度 $1° = 60$ 分)的弧長相當於 2×10^6 km。

(改編自 A.P. French，

Newtonian Mechanics, W. W. Norton & Company, New York, 1971, p. 288.)

位置。質點 P' 在 x 軸的投影爲 P 點,我們將它當作第二個質點。由質點 P' 的位置向量在 x 軸的投影,可得出 P 的位置 $x(t)$。因此,我們發現

$$x(t) = x_m \cos(\omega t + \phi) \tag{15-36}$$

此與 15-3 式完全相同。我們的結論是正確的。如果參考質點 P' 作等速率圓周運動,其投影質點 P 將沿著圓的直徑作簡諧運動。

速度。圖 15-15b 顯示了參考質點的速度 $\vec{v}$。由 10-18 式($v = \omega r$),此速度向量的大小爲 ωx_m,而它在 x 軸上的投影爲

$$v(t) = -\omega x_m \sin(\omega t + \phi) \tag{15-37}$$

此正是 15-6 式。負號的出現是因爲在圖 15-15b 中,P 的速度分量是指向左方,也就是 x 的負方向。(負號和 15-36 式對時間微分是一致的)

加速度。圖 15-15c 顯示了參考質點的徑向加速度。由 10-23 式($a_r = \omega^2 r$),徑向加速度向量的大小爲 $\omega^2 x_m$,而它在 x 軸上的投影爲

$$a(t) = -\omega^2 x_m \cos(\omega t + \phi) \tag{15-38}$$

此正是 15-7 式。因此,無論從位移、速度或加速度來看,等速率圓周運動的投影確爲簡諧運動。

15-5 阻尼簡諧運動

學習目標

在閱讀完這個區塊的文字之後,讀者應該能夠...

15.38 描述阻尼簡諧運動,且畫出振盪器位置對時間圖。

15.39 計算任何特定時間之阻尼簡諧振盪器的位置。

15.40 計算任何特定時間之阻尼簡諧振盪器的振幅。

15.41 考慮彈簧係數、阻尼係數以及質量下,計算阻尼簡諧振盪之頻率。並且在阻尼係數很小時,算出角頻率近似值。

15.42 運用以時間爲函數的阻尼簡諧振盪總能公式(近似式)。

關鍵概念

● 在實際的振盪系統中,由於有外力,諸如拖曳力的作用,其力學能 E 在振盪的過程中會逐漸減少,削弱振盪並將力學能轉變爲熱能。此眞實振盪器以及它的運動稱爲有阻尼。

● 如果阻尼力爲 $F_d = -b\vec{v}$,此處 $\vec{v}$ 爲振盪器的速度,而 b 爲阻尼係數,則振盪器的位移爲

$$x(t) = x_m e^{-bt/2m} \cos(\omega' t + \phi)$$

● 此處阻尼振盪器的角頻率 ω' 爲

$$\omega' = \sqrt{\frac{k}{m} - \frac{b^2}{4m^2}}$$

● 如果阻尼係數很小($b \ll \sqrt{km}$),則 $\omega' \approx \omega$,此處 ω 爲沒有阻尼時的振盪角頻率。對很小的 b 值而言,振盪器的力學能 E 爲

$$E(t) \approx \frac{1}{2} k x_m^2 e^{-bt/m}$$

阻尼簡諧運動

　　一個擺幾乎很難在水中擺動，因為水會施一拖曳力於擺上使擺動很快的停止下來。若是在空氣中，則會較好些，但是擺動最後還是會停了下來，因為空氣也會產生一個拖曳力作用在擺上(以及摩擦力作用在懸點上)，而把擺運動的能量移轉掉。

　　當振盪器的運動為外力所減弱時，此振盪器及運動稱為**有阻尼**。一個阻尼振盪器的理想例子如圖 15-16 所示：一個質量為 m 的木塊在彈性係數為 k 的彈簧上垂直振盪。在木塊上繫著一個浸入液體中的板子 (兩者均假設無質量)。當此板上下運動時，液體便會施一個力作用在它上面，也因此作用在整個系統上。隨著時間的進行，木塊－彈簧系統的力學能減少，此能量便轉為液體與板子的熱能。

　　讓我們假設液體施一**阻尼力** $\vec{F}_d$，此一阻力與木塊及板子的速度 $\vec{v}$ 成正比(板子運動很慢時，此假設為真)。然後，對於圖 15-16 中力與速度沿 x 軸的分量，可得

$$F_d = -bv \tag{15-39}$$

其中，b 為**阻尼係數**，與板子及液體的性質有關，SI 制的單位為公斤/秒。負號表示 $\vec{F}_d$ 與運動方向相反。

　　阻尼振盪。彈簧作用在木塊上的力為 $F_s = -kx$。假設相較於 F_d 及 F_s，作用在木塊上的重力是可以忽略的。接著，我們可以寫下 x 軸方向分量的牛頓第二定律($F_{\text{net},x} = ma_x$)，如下

$$-bv - kx = ma \tag{15-40}$$

將 v 以 dx/dt，a 以 d^2x/dt^2 代入，整理後可得一微分方程式

$$m\frac{d^2x}{dt^2} + b\frac{dx}{dt} + kx = 0 \tag{15-41}$$

其解為

$$x(t) = x_m e^{-bt/2m} \cos(\omega't + \phi) \tag{15-42}$$

其中 x_m 為振幅，而 ω' 是阻尼振盪器的角頻率。角頻率可給出為

$$\omega' = \sqrt{\frac{k}{m} - \frac{b^2}{4m^2}} \tag{15-43}$$

如果 $b = 0$(沒有阻尼)，則 15-43 式變成 15-12 式($\omega = \sqrt{k/m}$)(即無阻尼振盪器的角頻率)，而 15-42 式變成 15-3 式(即無阻尼振盪器的位移)。如果阻尼係數很小，但不為零(所以 $b \ll \sqrt{km}$)，則 $\omega' \approx \omega$。

　　阻尼能量。我們可以視 15-42 式為一餘弦函數，其振幅($x_m e^{-bt/2m}$)隨時間緩慢地減少，如圖 15-17 所示。對一無阻尼振盪器而言，力學能為一常數，並如 15-21 式($E = \frac{1}{2}kx_m^2$)所表示。如果振盪器有阻尼，則力學能

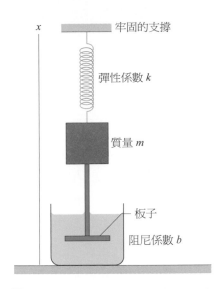

圖 15-16　理想的阻尼簡諧振盪器。當木塊沿著 x 軸運動時，浸於液體中的木板會對振盪的木塊施加阻尼力。

不為固定常數且會隨時間而減少。如果阻尼很小,我們可以將 15-21 式中的 x_m 換成 $x_m e^{-bt/2m}$ (即有阻尼振盪的振幅),而求出 $E(t)$ 如下。藉此,我們可以求出

$$E(t) \approx \frac{1}{2} k x_m^2 e^{-bt/m} \tag{15-44}$$

此式告訴我們力學能隨時間增加而呈指數性遞減。

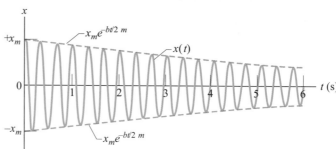

圖 15-17 圖 15-16 之阻尼振盪器的位移函數 $x(t)$。振幅為 $x_m e^{-bt/2m}$,隨時間呈指數性遞減。

測試站 6

這裡有三組彈性係數,阻尼係數,質量的數據,以描述阻尼振盪器,如圖 15-16。依力學能減到其起始值的四分之一所需時間,由大到小排列之。

第 1 組	$2k_0$	b_0	m_0
第 2 組	k_0	$6b_0$	$4m_0$
第 3 組	k_0	$3b_0$	m_0

範例 15.6　阻尼簡諧振盪器,衰減時間,能量

圖 15-16 中是阻尼振盪器,$m = 250$ g,$k = 85$ N/m,$b = 70$ g/s。

(a) 試問運動週期為何?

關鍵概念

因為 $b \ll \sqrt{km} = 4.6$ kg/s,因此週期近似於無阻尼振盪器的情形。

計算　由 15-13 式可得

$$T = 2\pi\sqrt{\frac{m}{k}} = 2\pi\sqrt{\frac{0.25\,\text{kg}}{85\,\text{N/m}}} = 0.34\text{s} \tag{答}$$

(b) 此阻尼振盪器的振幅減為其最初值的一半時,需時多久?

關鍵概念

於時間 t 的振幅顯示在 15-42 式,為 $x_m e^{-bt/2m}$。

計算　當 $t = 0$ 時振幅的值為 x_m。因此,我們必須求出滿足下列數學式的 t,

$$x_m e^{-bt/2m} = \frac{1}{2} x_m$$

消掉 x_m,再取自然對數,右邊為 $\ln\frac{1}{2}$ 且

$$\ln(e^{-bt/2m}) = -bt/2m$$

在左側。因此,

$$t = \frac{-2m\ln\frac{1}{2}}{b} = \frac{-(2)(0.25\,\text{kg})(\ln\frac{1}{2})}{0.070\,\text{kg/s}}$$

$$= 5.0\text{s} \tag{答}$$

因為 $T = 0.34$ s,所以這大約是 15 個振盪週期。

(c) 欲使力學能減為其最初值的一半時,需時多久?

關鍵概念

由 15-44 式可知,力學能在時間 t 時其值為 $\frac{1}{2} k x_m^2 e^{-bt/m}$。

計算　當 $t = 0$ 時的力學能之值為 $\frac{1}{2} k x_m^2$。因此,我們必須求出滿足下列數學式的 t,

$$\frac{1}{2} k x_m^2 e^{-bt/m} = \frac{1}{2}\left(\frac{1}{2} k x_m^2\right)$$

兩邊除以 $\frac{1}{2} k x_m^2$,並如前解 t,可得

$$t = \frac{-m\ln\frac{1}{2}}{b} = \frac{-(0.25\,\text{kg})(\ln\frac{1}{2})}{0.070\,\text{kg/s}} = 2.5\text{s} \tag{答}$$

這正是在(b)中所得時間的一半,約為 7.5 個振盪週期。參看圖 15-17。

15-6 強迫振盪與共振

學習目標

在閱讀完這個區塊的文字之後，讀者應該能夠...

15.43 區分自然角頻率ω與強迫角頻率ω_d。

15.44 對於受外力的振盪器，畫出振幅與自然角頻率與強迫角頻率比率ω_d/ω的圖，並指認出共振位置，與說明增加阻尼係數的效應。

15.45 對某一給定的自然頻率ω，了解造成共振的近似強迫角頻率ω_d。

關鍵概念

● 如果外驅動力以ω_d的角頻率作用在自然角頻率為ω之系統上時，此系統會以角頻率ω_d振盪。此系統的速度振幅v_m在下式的情況下具有最大值：

$$\omega_d = \omega$$

此一條件稱為共振。此系統的振幅x_m在同上的情況下(近似是)最大。

強迫振盪與共振

　　一個人在鞦韆上自由自在的擺盪而沒有人推他，此為自由振盪的例子。假若有一人以週期性地推著，此時便是強迫振盪。在此強迫振盪系統中有兩個角頻率要處理：(1)此系統的自然頻率 ω，此即如果它被推動之後便讓它自由地振盪的振盪角頻率，與(2)造成強迫振盪的外來驅動力的角頻率 ω_d。

　　如果圖 15-16 中的「剛體支撐物」結構以一可變的角頻率 ω_d 上下運動，則圖 15-17 即為一個理想的強迫簡諧振盪器。該強迫振盪器以驅動力的角頻率 ω_d 振盪，它的位移 $x(t)$ 可寫為

$$x(t) = x_m \cos(\omega_d t + \phi) \tag{15-45}$$

此處 x_m 為振盪的振幅。

　　位移振幅 x_m 有多大取決於 ω_d 與 ω 的一個複雜函數。振盪的速度振幅 v_m 則較容易描述：當下式關係成立時，為最大

$$\omega_d = \omega \quad \text{(共振)} \tag{15-46}$$

此一條件稱為**共振**。15-46 式也是振盪的位移振幅 x_m 為最大的近似條件。因此，若你以擺動的自然角頻率推它，則位移與速度振幅將會大大增加。此一事實，小孩子在經過幾次的嘗試之後，便能很快領悟。如果你以其他的角頻率推動，無論是較高或較低，位移與速度振幅都會降低。

　　圖 15-18 表示一個振盪器位移振幅隨著驅動力的角頻率 ω_d 的變化關係，此圖代表三個不同的阻尼係數 b 之值。注意這三個振幅都在 $\omega_d/\omega = 1$ 時接近最大值，亦即，當 15-46 式的共振條件被滿足時。圖 15-18 的曲線

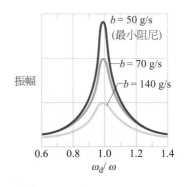

圖 15-18　強迫振盪器的位移振幅 x_m 隨驅動力之角頻率 ω_d 而變化的情形。這些曲線對應於三個阻尼係數 b。

圖 15-19 在 1985 年，墨西哥市內的中型高度大廈因市外遠處的地震而崩塌。更高及更矮的建築物卻保持轟立。(John T. Barr/Getty Images, Inc.)

表示出，阻尼愈小共振峰會越高且越窄。

例子。所有的力學結構都有一個或多個自然角頻率。若外來驅動力與結構體自然頻率中的一個相匹配，產生的振盪會破壞結構體。因此，舉例來說，飛機設計師必須確實避免當飛機以巡航速度飛行時，機翼的振動頻率與引擎的角頻率相匹配。機翼以引擎的特定速率劇烈拍動是很危險的。

1985 年 9 月在墨西哥西海岸發生芮氏 8.1 級大地震，而共振是建築物崩蹋的一個原因。從 400 公里遠所傳到墨西哥市的地震震波不應引起大範圍之破壞。然而墨西哥市大部分建造於古惠的湖床上，土壤因爲水分而較鬆軟。雖然在到達墨西哥市之前較堅硬的地層內地震波之振幅不大，但是此振幅在抵達墨西哥市鬆軟的土壤時卻迅速增大。地震波之加速度振幅大到 0.20 g，而角頻率(令人驚訝地)集中於 3 rad/s。不止地面強烈振盪，有許多中等高度的建築物其共振頻率大約爲 3 rad/s。所以大部分這些建築物在劇烈搖晃中倒蹋(圖 15-19)。然而，較矮的建築物(共振頻率較高)和較高的建築物(共振頻率較低)則安然無恙。

在 1989 年舊金山與奧克蘭地震中，類似的共振效應摧毀了部分的高速公路，高架橋的上層掉落到下層。這區的公路是蓋在一片鬆軟的泥層上。

重 點 回 顧

頻率 每一個振盪或週期運動都有一個頻率 f (每秒的振盪次數)。其 SI 單位爲赫茲(hertz)：

$$1 \text{ hertz} = 1 \text{ Hz} = 每秒振盪一次 = 1 \text{ s}^{-1} \quad (15\text{-}1)$$

週期 週期 T，完成一次完整的振盪(或**循環**)所需的時間。其與頻率的關係爲

$$T = \frac{1}{f} \quad (15\text{-}2)$$

簡諧運動 在簡諧運動(SHM)中，質點相對於其平衡位置的位移 $x(t)$ 可由以下方程式描述之

$$x(t) = x_m \cos(\omega t + \phi) \quad (位移) \quad (15\text{-}3)$$

其中 x_m 爲此位移的**振幅**，$(\omega t + \phi)$ 爲運動的**相位**，而 ϕ 爲**相位常數**。**角頻率** ω 與運動的週期與頻率的關係爲

$$\omega = \frac{2\pi}{T} = 2\pi f \quad (角頻率) \quad (15\text{-}5)$$

微分 15-3 式可得質點在 SHM 中的速度與加速度的時間函數關係式：

$$v = -\omega x_m \sin(\omega t + \phi) \quad (速度) \quad (15\text{-}6)$$

$$a = -\omega^2 x_m \cos(\omega t + \phi) \quad (加速度) \quad (15\text{-}7)$$

在 15-6 式中，正值的 ωx_m 是此運動的**速度振幅** v_m。在 15-7 式中，正值的 $\omega^2 x_m$ 是此運動的**加速度振幅** a_m。

線性振盪器 質量爲 m 的質點在虎克定律所描述的恢復力 $F = -kx$ 之作用下，會進行簡諧運動，其中

$$\omega = \sqrt{\frac{k}{m}} \quad (角頻率) \quad (15\text{-}12)$$

$$T = 2\pi \sqrt{\frac{m}{k}} \quad (週期) \quad (15\text{-}13)$$

這樣的系統稱爲**線性簡諧振盪器**。

能量 作簡諧運動的質點，在任何時刻，具有動能 $K = \frac{1}{2}mv^2$ 與位能 $U = \frac{1}{2}kx^2$。如果沒有摩擦力，力學

能 $E = K + U$ 保持常數，即使 K 與 U 有變化亦然。

擺 簡諧運動的例子是圖 15-9 的**扭擺**，圖 15-11 的**單擺**，與圖 15-12 的**複擺**。在小振幅的振盪下，它們的週期分別爲

$$T = 2\pi\sqrt{\frac{I}{\kappa}} \quad \text{(扭擺)} \tag{15-23}$$

$$T = 2\pi\sqrt{\frac{L}{g}} \quad \text{(單擺，小角度)} \tag{15-28}$$

$$T = 2\pi\sqrt{\frac{I}{mgh}} \quad \text{(複擺，小角度)} \tag{15-29}$$

簡諧運動與等速圓周運動 簡諧運動爲等速率圓周運動在其所運動的圓之直徑上的投影。圖 15-15 顯示圓運動的所有參數(位置，速度與加速度)投射至簡諧運動上的對應值。

阻尼簡諧運動 在實際的振盪系統中，由於有外力，諸如拖曳力的作用，其力學能 E 在振盪的過程中會逐漸減少，削弱振盪並將力學能轉變爲熱能。此眞實振盪器以及它的運動稱爲**有阻尼**。如果**阻尼力**爲 $\vec{F}_d = -b\vec{v}$，此處 $\vec{v}$ 爲振盪器的速度，而 b 爲**阻尼係數**，則振盪器的位移爲

$$x(t) = x_m e^{-bt/2m}\cos(\omega' t + \phi) \tag{15-42}$$

此處阻尼振盪器的角頻率 ω' 爲

$$\omega' = \sqrt{\frac{k}{m} - \frac{b^2}{4m^2}} \tag{15-43}$$

如果阻尼係數很小($b \ll \sqrt{km}$)，則 $\omega \approx \omega'$，此處 ω 爲沒有阻尼時的振盪角頻率。對很小的 b 值而言，振盪器的力學能 E 爲

$$E(t) \approx \frac{1}{2}kx_m^2 e^{-bt/m} \tag{15-44}$$

強迫振盪與共振 如果外驅動力以 ω_d 的角頻率作用在自然角頻率爲 ω 之系統上時，此系統會以角頻率 ω_d 振盪。此系統的速度振幅 v_m 在下式的情況下具有最大值：

$$\omega_d = \omega \tag{15-46}$$

此一條件稱爲**共振**。此系統的振幅 x_m 在同上的情況下(近似是)最大。

討論題

1 在圖 15-20 中，三個 10000 kg 採礦車以纜線使其靜置在礦坑鐵道上，纜線與傾斜角 $\theta = 30°$ 的鐵道平行。在兩個比較低礦車之間的連結處斷裂時的瞬間，纜線伸展了 15 cm，而且此後最低的礦車不再與其餘兩個礦車連接在一起。假設纜線遵守虎克定律，試求其餘兩個礦車所進行振盪的(a)頻率，(b)振幅。

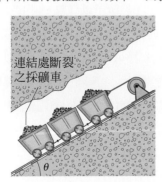

圖 15-20 習題 1

2 圖 15-21 顯示的是一個 20 g 木塊，在彈簧末端上以 SHM 振盪的圖形。平行軸的尺標可以用 $t_s = 40.0$ ms 予以設定。請問：(a)木塊的最大動能是多少？(b)木塊每秒抵達該最大值的次數是多少？(提示：在這裡要量測斜率可能不會非常精準。請自行想出另一種作法)。

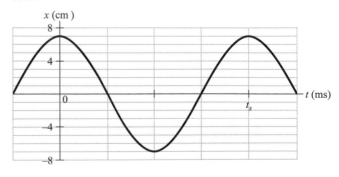

圖 15-21 習題 2 及 5

3 某一個彈性係數 19 N/m 的無質量彈簧垂直懸吊著。將一質量 0.20 kg 的物體繫於其末端，然後予以釋放。假設在物體釋放以前，彈簧處於其自然、未伸展狀態。試求：(a)物體將下降到其初始位置以下多遠的距離，及所產生 SHM 的(b)頻率，(c)振幅。

4 一個 50.0 g 石頭附著在垂直彈簧的底部，並且令其振動。如果石頭的最大速率是 15.0 cm/s 而且週期是 0.500 s，試求：(a)彈簧的彈性係數，(b)運動的振幅，(c)振盪週期。

5 圖 15-21 顯示的是一個木塊在彈簧的末端上(t_s = 40.0 ms)，以 SHM 振盪的位置 $x(t)$。請問在相對應的等速率圓週運動中，質點的：(a)速率，(b)徑向加速度量值是多少？

6 某一個簡諧振盪器是由緊密附著在彈簧上的木塊所組成，其中彈簧的 k = 200 N/m。木塊在無摩擦表面上滑動，其平衡位置是在 x = 0，振幅為 0.20 m。木塊的速度 v 相對於時間 t 的函數圖形顯示於圖 15-22 中。平行軸的尺標可以用 t_s = 0.20 s 予以設定。請問：(a) SHM 的週期，(b)木塊的質量，(c)在 t = 0 時木塊的位移，(d)在 t = 0.10 s 時木塊的加速度，及(e)其最大動能各是多少？

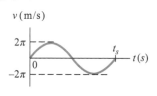

圖 15-22 習題 6

7 當一個重 20 N 的罐頭懸吊在垂直彈簧的底部，罐頭導致彈簧伸展 20 cm。(a)請問彈性係數是多少？(b)現在將彈簧水平放置在無摩擦桌面上。其一端維持固定，另一端附著在重 5.0 N 罐頭上。此時罐頭有移動(使彈簧拉緊)並且是從靜止釋放。試問所產生的振盪週期是多少？

8 某一個簡諧振盪器由一個附著在彈簧(k = 200 N/m)上的 0.80 kg 木塊所組成。木塊在水平無摩擦表面上滑行，平衡點為 x = 0，其總力學能是 4.0 J。(a)試問振盪的振幅是多少？(b)在 10 s 內木塊完成多少

次振盪？(c)木塊達到的最大動能是多少？(d)木塊在 x = 0.15 m 的速率為何？

9 某一個 4.00 kg 木塊懸吊在彈簧上，使彈簧由其未伸展的位置拉長了 16.0 cm。(a)請問彈性係數是多少？(b)將木塊移除，並且讓 0.500 kg 物體懸吊在相同彈簧上。如果那時彈簧處於伸展狀態，然後予以釋放，請問振盪的週期是多少？

10 一個 0.10 kg 木塊在無摩擦水平表面上，沿著直線來回振盪。其偏離原點的位移可以表示成

$$x = (10 \text{ cm}) \cos[(10 \text{ rad/s})t + \pi/2 \text{ rad}]$$

(a)請問其振盪頻率是多少？(b)木塊的最大速率是多少？(c)木塊的最大速率是發生在什麼 x 值？(d)木塊的最大加速度量值是多少？(e)木塊的最大加速度量值發生在什麼 x 值？(f)由彈簧施加於木塊的力量是多少的時候，會產生指定的振盪？

11 某一個 3.0 kg 質點處於一維簡諧運動，而且根據下列方程式進行運動

$$x = (5.0 \text{ m}) \cos[(\pi/3 \text{ rad/s})t - \pi/4 \text{ rad}]$$

其中 t 的單位是秒。(a)當質子的位能是其總能量的一半時，x 值為何？(b)質點從平衡位置移動到這個位置 x，需要花費多少時間？

12 某一個扭擺是由金屬圓盤所組成，圓盤上有金屬線穿過其中心，並且焊接在一起。金屬線被垂直裝置在夾鉗上並且予以拉緊。圖 15-23a 顯示了要讓圓盤繞著中心軸轉動所需要的力矩量值 τ (以此扭轉金屬線)，相對於轉動角度 θ 的關係圖形。垂直軸的尺標可以用 τ_s = 4.0 × 10^{-3} N·m 予以設定。將圓盤轉動到 θ = 0.200 rad，然後予以釋放。圖 15-23b 以角度位置 θ 相對於時間 t 的圖形，來顯示所產生的振盪運動。平行軸的尺標可以用 t_s = 0.40 s 予以設定。(a)請問圓盤相對於其中心的轉動慣量？(b)圓盤的最大角速率 $d\theta/dt$ 是多少？(注意：雖然(固定的)SHM 角頻率與(變動的)轉動圓盤角速率通常使用相同符號 ω，但是切勿將它們弄混淆。提示：扭擺的位能 U 等於 $\frac{1}{2}\kappa\theta^2$，類似於彈簧的 $U = \frac{1}{2}kx^2$)。

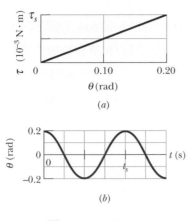

(a)

(b)

圖 15-23 習題 12

13 某一個阻尼簡諧振盪器是由木塊($m = 2.00$ kg)，彈簧($k = 10.0$ N/m)，和阻尼力($F = -bv$)所組成。振盪器起初是以振幅 25.0 cm 進行振盪；因為阻尼的緣故，在完成四次振盪的時候，振幅減少為初始值的四分之三。(a)試問 b 值為何？(b)在這四次振盪過程中，有多少能量「損失」了？

14 物體以 $x = (9.0$ m$) \cos[(3\pi$ rad/s$)t + \pi/3$ rad$]$作簡諧振盪。求 $t = 2.0$ s 時之(a)位移，(b)速度，(c)加速度，(d)運動的相位角？並求運動的(e)頻率與(f)週期？

15 圖 15-24 顯示了單擺的動能 K，相對於其與垂直線的角 θ 度的關係圖形。垂直軸的尺標可以用 $K_s = 10.0$ mJ 予以設定。單擺擺錘的質量是 0.200 kg。請問單擺的長度是多少？

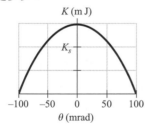

圖 15-24 習題 15

16 雖然加州以地震聞名，但是它有很大的區域星羅棋布著不穩定平衡的岩石，即使只是輕微的地震都能容易地使這些岩石翻覆。這些岩石已經這樣站立了數千年，這代表在那一段時期並沒有主要地震發生於那些區域。如果有地震讓這樣的岩石處於頻率 2.2 Hz 的正弦振盪(平行於地面)，振盪振幅 1.0 cm 將會使岩石翻覆。試問振盪的最大加速度量值是多少(以 g 表示)？

17 質量 95 kg、半徑 15 cm 的實心球體懸吊於垂直金屬線上。要將此球體轉動 0.70 rad 的角度，需要力矩 0.30 N・m，然後將它維持在該方位。當球體釋放以後，請問所產生的振盪週期為何？

18 某一個 4.00 kg 木塊懸吊在 $k = 500$ N/m 的彈簧上。將 50.0 g 子彈從正下方以速率 150 m/s 射入木塊，並且嵌入木塊中。(a)試求所產生簡諧運動的振幅。(b)子彈的原始動能有多少百分比轉移成簡諧振盪器的力學能？

19 試問長度 2.0 m 的單擺，(a)在室內，(b)在以 2.0 m/s^2 向上加速的的升降機內，及(c)處於自由掉落狀態時的頻率？

20 一個平坦的均勻圓盤具有質量 3.00 kg，半徑為 70.0 cm。經由將一條金屬線連結到圓盤中心點，使得圓盤被懸吊在水平面上。如果圓盤繞著金屬線轉動了 2.50 rad，則需要 0.0600 N・m 的力矩維持該方位。試計算：(a)圓盤繞著該金屬線的轉動慣量，(b)扭轉常數，(c)此扭擺在振盪狀態下的角頻率。

21 工程師手邊有外型奇特的 10 kg 物體，他想求出此物相對於通過其質心的某轉軸的轉動慣量。該物被一條沿著所要的轉軸方向拉伸的金屬線所支撐著。金屬線的扭轉常數是 $\kappa = 0.50$ N・m。如果此扭擺在 50 s 內振盪了 20 周，請問物體的轉動慣量是多少？

22 圖 15-25 顯示，如果將一個木塊懸吊在彈簧係數為 k 的彈簧末端，彈簧將會被拉伸 $h = 2.0$ cm。如果我們將木塊拉近一小段距離然後鬆開，它會以一定的頻率垂直振動。如果是一個簡單擺錘的話，擺錘須多長可得到相同的頻率？

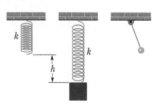

圖 15-25 習題 22

23 重 10.0 N 的木塊附著在一個垂直彈簧(k = 200.0 N/m)的末端,彈簧的另一端固定在天花板上。木塊進行著垂直振盪運動,當它通過彈簧未伸展的位置時,其動能是 2.00 J。(a)請問振盪的週期是多少?(b)試使用能量守恆原理,去求出在木塊移動的過程中,其位於彈簧的未伸展位置以上和以下的最大距離?(這兩個數值未必會一樣)。(c)振盪的振幅是多少?(d)在木塊振盪的過程中,其最大動能是多少?

24 當一個質量 m 的木塊附著在彈簧上的時候,彈簧的端點以週期 2.0 s 振盪。當木塊質量增加 2.0 kg 時,週期變成 3.0 s。試求 m。

25 如果位置方程式 $x(t)$ 具有形式 $x = x_m \cos(\omega t + \phi)$ 而且 a_s = 4.0 m/s^2,則在圖 15-26 中給定 $a(t)$ 的簡諧運動之相位常數爲何?

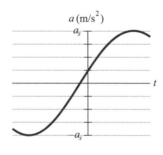

圖 15-26 習題 25

26 對於一單擺,試求角振幅 θ_m,使得對應之用於產生 SHM 的回復力矩偏離實際回復力矩 1.0%。(請參看在附錄 E 中的「三角展開」)。

27 一個木塊-彈簧系統的彈性係數爲 3.7 N/cm 而振幅爲 2.4 cm,求其力學能。

28 在某海港,潮汐導致海洋表面以簡諧運動形式上升和下降有距離 d (從最高水位到最低水位),而且其週期爲 12.5 h。請問海水從最高水位下降距離 0.750d,所花費的時間是多少?

29 一個簡單擺錘從左到右再擺回需時 3.2 s,則擺錘長度是多少?

30 圖 15-27 中的物理擺錘具有兩個可能的支點 A 和 B。點 A 具有固定位置,但 B 點沿擺的長度是可調的,如刻度尺所示。從 A 點懸掛時,擺錘的週期爲 T = 1.80 s。若將擺錘從 B 點懸掛,然後移動 B 點直到擺錘再次達到該週期。A 和 B 之間的距離 L 應是多少?

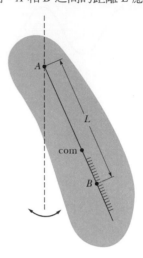

圖 15-27 習題 30

31 物理擺錘的振動中心具有以下有趣的特性:如果一個脈衝(假設爲水平且在振動平面內)作用在振動中心,則在支撐點不會感覺到振動。棒球運動員(以及許多其它運動項目的運動員)知道,除非球在這一點上被擊中(運動員將其稱爲「最佳擊球點」),否則由於撞擊而引起的振動會讓他們的手刺痛。爲了證明這一特性,將圖 15-13a 中的搖桿模擬爲一球棒,假設水平力 $\vec{F}$ (來自與球的撞擊)向右作用在擺動中心 P 處。假設打擊手握住球棒的支點 O 處。(a)O 點受到 $\vec{F}$ 後的加速度?(b)大約在球棒的質心處會因 $\vec{F}$ 產生多少角加速度?(c)以(b)中的所產生的角加速度,支點 O 會產生多少線性加速度?(d)考慮(a)和(c)中加速度的大小和方向,使自己確信 P 確實是「最佳打擊點」。

32 圖 15-28 中之複擺爲垂直懸掛之均勻實心圓盤,其半徑爲 R = 3.15 cm,懸掛點距圓心 d = 1.75 cm 處。將圓盤移動一小角度而後釋放。則所造成之簡諧運動週期爲何?

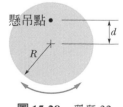

圖 15-28 習題 32

33 某一個木塊在彈簧的末端上進行 SHM 運動,其位置函數為 $x = x_m \cos(\omega t + \phi)$。如果 $\phi = \pi/5$ rad,請問當 $t = 0$ 的時候,位能是總力學能的多少百分率?

34 一個 55.0 g 木塊在彈簧的末端上,根據 $x = x_m \cos(\omega t + \phi)$ 進行 SHM 振盪,已知彈簧的 $k = 1500$ N/m。請問木塊從位置 $+0.800x_m$ 移動到:(a)位置 $+0.600x_m$;(b)位置 $-0.800x_m$,將花費多少時間?

35 一揚聲器之振膜以頻率 440 Hz 作簡諧運動,其最大振幅為 0.75 mm。試求(a)角頻率,(b)最大速率,(c)最大加速度之值。

36 圖 15-16 所示的阻尼振盪系統中,若 $m = 250$ g,$k = 85$ N/m 和 $b = 80$ g/s,則在 24 個週期結束後的振盪幅度和初始振盪幅度之比是多少?

37 一個簡諧振盪器由緊密附著在彈簧上的 0.50 kg 木塊所組成。木塊在無摩擦表面上沿著直線來回滑動,其平衡點在 $x = 0$。在 $t = 0$,木塊位於 $x = 0$,而且是往正方向運動。圖 15-29 顯示的是作用在木塊的淨力 $\vec{F}$ 量值對應於其位置的函數圖形。垂直軸的尺標可以用 $F_s = 75.0$ N 予以設定。試問運動的:(a)振幅,(b)週期是多少,(c)最大加速度的量值,(d)最大動能各是多少?

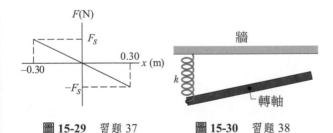

圖 15-29 習題 37　　**圖 15-30** 習題 38

38 在圖 15-30 的俯視圖中,一個質量 0.950 kg 的均勻長桿在水平面上,繞著通過其中心點的垂直軸自由轉動。彈性係數 $k = 1400$ N/m 的彈簧水平連結於固定的牆壁和長桿的一端之間。當長桿處於平衡狀態的時候,它會平行於壁面。試問當長桿稍微轉動並且予以釋放以後,所產生小幅振盪的週期為何?

39 在圖 15-31 中,一個實心圓柱體緊密附著在水平彈簧($k = 3.00$ N/m) 上,而且沿著水平表面進行無滑動滾動。如果系統是在彈簧伸展了 0.250 m 的時候從靜止釋放,請求出當圓柱體通過平衡位置的時候,圓柱體的(a)平移動能,(b)轉動動能。(c)試證明在這些條件下,圓柱體的質心所進行的是簡諧運動,其週期為

$$T = 2\pi \sqrt{\frac{3M}{2k}}$$

其中,M 是圓柱體的質量。(提示:求出總力學能的時間導數)。

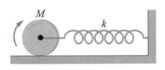

圖 15-31 習題 39

40 在常溫下,固體內原子的振動頻率是 10^{13} Hz 的數量級。請想像原子間以彈簧互相連結。假設在固體內只有單獨一顆銀原子以此頻率在振動,而且所有其餘原子都處於靜止狀態。請計算有效的彈性係數。一莫耳銀元素(6.02×10^{23} 個原子)的質量是 108 g。

41 一個(假設的)大彈弓被拉伸 2.30 m,以發射 170 g 彈丸,其速度足以脫離地球(11.2 km/s)。假設彈弓的皮帶遵守虎克定律。(a)如果所有的彈性位能都轉換為動能,那麼該裝置的彈簧常數是多少? (b)假設一個普通人可以施加 490 N 的力,則需多少人來拉伸彈弓?

42 一個長度 20 cm 且質量 5.0 g 的單擺,懸吊在以固定速率 70 m/s 繞著半徑 50 m 的圓形跑道行進的賽車內。如果單擺在徑向方向上,圍繞著其平衡位置並進行小振幅振盪,試問振盪頻率是多少?

43 一個質點以 $x = 0$ 為中心,進行頻率 0.25 Hz 的線性 SHM。已知在 $t = 0$,其位移是 $x = 0.37$ cm,而且其速度為零。請針對此運動,求:(a)週期,(b)角頻率,(c)振幅,(d)位移 $x(t)$,(e)速度 $v(t)$,(f)最大速率,(g)最大加速度的量值,(h)在 $t = 3.0$ s 時的位移,以及(i)在 $t = 3.0$ s 時的速率。

44 因為獵物，例如一隻蒼蠅，掙扎拍擊造成蜘蛛絲振盪，因此蜘蛛能夠察覺蜘蛛網何時捕到獵物。蜘蛛甚至能藉由振動頻率判斷蒼蠅的尺寸。假設蒼蠅如彈簧上的塊體，在捕獲自身之捕獲用絲上振動。請問質量 m 的蒼蠅與質量 2.5 m 蒼蠅之振動頻率比值為何？

45 在連接到彈簧常數為 200 N/m 的水平彈簧時，一個 2.0 kg 的木塊產生 SHM。木塊在水平無摩擦表面上滑動時的最大速度為 3.0 m/s。(a)木塊運動的振幅是多少，(b)最大加速度是多少，(c)最小加速度是多少？(d)木塊完成 7.0 個週期的運動需要多長時間？

46 一個重 20 N 的木塊在 $k = 100$ N/m 垂直彈簧的一端進行振盪；彈簧的另一端緊密附著在天花板上。在某特定瞬間，彈簧比其未伸展的長度（彈簧未加上任何物體的長度）延伸了 0.30 m，而且此時木塊的速度為零。(a)請問在此瞬間，作用在木塊上的淨力為何？所造成的簡諧運動，其(b)振幅，(c)週期各是多少？(d)在木塊振盪的過程中，其最大動能是多少？

47 圖 15-32 中，一個 2500 kg 的落錘從起重機的末端擺動。鋼纜擺動段的長度為 17 m。(a)假設系統可以被視為簡單的擺錘，求擺動的週期。(b)週期是否取決於球的質量？

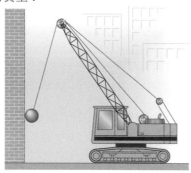

圖 15-32 習題 47

48 將一個 2.0 kg 的滑塊連接到彈簧常數 350 N/m 的彈簧末端，並藉由施力 $F = (15 \text{ N}) \sin(\omega_d t)$ 進行振盪，其中 $\omega_d = 35$ rad/s，阻尼常數為 $b = 15$ kg/s。在 $t = 0$ 時，滑塊處於靜止狀態，彈簧處於其靜止長度。(a)使用數值積分繪製滑塊在前 1.0 s 內的位移。在運動 1.0 s 時間結束時，估算其振幅、週期和角頻率。以(b) $\omega_d = \sqrt{k/m}$ 和(c) $\omega_d = 20$ rad/s 重新計算上述問題。

49 一個可讀 0 到 15.0 kg 之彈簧秤的長度是 12.0 cm。秤下繫了一個包裹被發現正以頻率 2.00 Hz 作垂直方向的振盪。(a)請問彈性係數是多少？(b)此包裹之重量為何？

50 一輛 1000 kg 重的汽車承載了 4 個 82 kg 的人，行經有如洗衣板的泥土路面，路面上的波褶相距 4.5 m。當此車以 16 km/h 之速率行駛時，此汽車跳動的振幅最大。今令車子停下來並讓四個人都下車，那麼懸吊系統上的車體會上升多高？

51 一個 2.00 kg 木塊懸吊在彈簧上。將 300 g 物體吊在木塊下方可以讓彈簧再伸長 2.00 cm。(a)請問彈性係數是多少？(b)如果將 300 g 物體移除並且將木塊設定成振盪狀態，請求出運動的週期。

52 某一個 $k = 8600$ N/m 的均勻彈簧被切成部分 1 和部分 2，它們的自然長度是 $L_1 = 7.0$ cm 和 $L_2 = 10$ cm。試問(a) k_1，(b) k_2 各是多少？將一個木塊如圖 15-7 所示附著在原始彈簧上，此時木塊以 200 Hz 進行振盪。請問將木塊附著在(c) 部分 1，(d) 部分 2 的時候，木塊的振盪頻率是多少？

53 1.2 kg 之木塊繫於 $k = 480$ N/m 之彈簧上，在無摩擦水平表面上滑行。令 s 為木塊相對於彈簧未伸展時的位移。在 $t = 0$，木塊以速率 5.2 m/s 通過 $x = 0$，其方向是 x 正向。求木塊所做運動的：(a)頻率，(b)振幅是多少？(c)請將 x 表示為時間的函數。

54 一個輪子可以繞著其固定軸自由轉動。將一條彈簧緊附在輪子的一根輻軸上，附著點與輪軸相距 r，如圖 15-33 所示。(a) 假設輪子是一個質量 m、半徑 R 的鐵箍，請問這個系統在進行小幅振盪的時候，其角頻率 ω 是多少(試以 m、R、r 和彈性係數 k 表之)？又如果(b) $r = R$，(c) $r = 0$，則 ω 是多少？

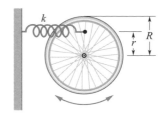

圖 15-33 習題 54

55 當 1.3 kg 木塊懸吊在一個垂直彈簧的末端時，彈簧伸展了 9.6 cm。(a)請計算彈性係數。然後將木塊往下拉動額外的位移 5.0 cm，隨後由靜止釋放。請求出所形成 SHM 的：(b)週期，(c)頻率，(d)振幅，和(e)最大速率。

56 一種用於幼兒娛樂的常見裝置是藉由彈力繩懸掛在門框的搖籃(圖 15-34)。假設將實際的裝置簡化為兩邊僅為一根繩索。當將小孩放在座位上時，隨著繩索的伸展，小孩和座位都下降 d_s 的距離(將其視為彈簧)。然後再將座椅拉下一段長度 d_m 後釋放，以使小孩像彈簧末端的木塊般垂直擺動。假設您是搖籃製造商的安全工程師。您不希望小孩的加速度超過 $0.20g$，以免傷到小孩子的脖子。如果 $d_m = 10$ cm，則 d_s 應為多少？

圖 15-34 習題 56

57 一個在無摩擦表面上滑動的木塊，附著在彈性係數 600 N/m 的水平彈簧上。木塊圍繞著其平衡位置進行週期 0.40 s、振幅 0.20 m 的 SHM。當木塊滑經過其平衡位置的時候，有一個 0.50 kg 的油灰團垂直掉落在木塊上。如果油灰團黏在木塊上，請求出：(a)運動的新週期，(b)運動的新振幅。

58 在機車的引擎中，圓柱形零件活塞在汽缸蓋(圓柱形腔室)中的 SHM 中以 180 rev/min 的角頻率振動。其行程(振幅的兩倍)為 0.76 m。則其最大速度是多少？

59 某一個均勻圓盤的半徑 R 是 12.6 cm，將它由其邊緣上一點懸吊而成一複擺。(a)請問週期是多少？(b)當轉軸點位於什麼徑向距離且 $r < R$ 的時候，將可以產生相同週期？

60 某音叉的一分支頂端進行著頻率為 1000 Hz、振幅 0.40 mm 的 SHM。對於此端點而言，試問：(a)最大加速度，(b)最大速度，(c)頂端位移 0.20 mm 時的加速度，及(d)頂端位移 0.20 mm 時的速度各是多少？

61 一個落地式大擺鐘具有鐘擺，此鐘擺由一個半徑 $r = 15.00$ cm、質量 1.000 kg 的黃銅薄圓盤所組成，圓盤連結到質量可忽略長而細的桿子。鐘擺繞著與桿子垂直的轉軸自由擺動，而且轉軸通過桿子上圓盤所在位置的另一端，如圖 15-35 所示。如果鐘擺想要在 $g = 9.800$ m/s^2 的地方，進行週期等於 2.000 s 的小幅振盪，試問桿子的長度必須是多少？請精確到十分之一公釐。

旋轉軸

L

r

圖 15-35 習題 61

CHAPTER 16

波(I)

16-1 橫波

學習目標

在閱讀完這個區塊的文字之後，讀者應該能夠...

16.01 了解三種波的主要類型。

16.02 區分橫波與縱波。

16.03 在給定的橫波位移方程式中，得出振幅y_m，角波數k，角頻率 ω，相位常數ϕ以及波行進方向。算出相位$kx \pm \omega t + \phi$以及任何給定時間與位置的位移。

16.04 在給定的橫波位移方程式中，算出兩位移之間的時間。

16.05 畫出橫波的位置圖形。在斜率最大、斜率爲零、繩元素(標爲一點)是正速度、負速度、零速度時，指認振幅y_m，波長λ。

16.06 畫出橫波之位移對時間關係圖，並得出振幅y_m與週期T。

16.07 描述會使橫波改變相位常數ϕ 的效應。

16.08 運用波速v、波行進位移以及行進所需時間之間的關係。

16.09 運用波速v、角頻率ω、角波數k、波長λ、週期T以及頻率 f 之間的關係。

16.10 描述一橫波的繩元素行經其位置的運動。並指出何時橫向速度爲零以及何時橫向速度最大。

16.11 當一橫波行某一繩元素位置時，計算繩元素的橫向速度$u(t)$。

16.12 當一橫波行某一繩元素位置時，計算繩元素的橫向加速度$a(t)$。

16.13 從給定的位移圖、橫向速度、橫向加速度，得出相位常數ϕ。

關鍵概念

● 機械波只存在於物質介質中，可用牛頓定律來解釋。橫向機械波，如拉緊的繩中的波，介質(細繩)中的質點其振動方向與波傳播方向垂直。若介質中的質點，其振動方向與波傳播的方向平行，則該種波稱爲縱波。

● 一個沿+x方向傳播的正弦波，其數學形式爲

$$y(x,t) = y_m \sin(kx - \omega t)$$

其中y_m爲振幅(最大位移的值)，k爲角波數，ω爲角頻率，$kx - \omega t$爲相位。波長λ及角波數k的關係爲

$$k = \frac{2\pi}{\lambda}$$

● 週期T及頻率 f 與ω之關係爲

$$\frac{\omega}{2\pi} = f = \frac{1}{T}$$

● 波速v (波沿著繩子的速度)和其他參數的關係爲

$$v = \frac{\omega}{k} = \frac{\lambda}{T} = \lambda f$$

● 一般函數表示法爲

$$y(x,t) = h(kx \pm \omega t)$$

可代表一行進波，波速如上式所述，其波形由h之數學形式決定。正號表示沿著 $-x$ 軸前進，負號表示沿著 $+x$ 軸前進。

物理學是什麼?

物理學主要的探討課題之一是波。想瞭解波在現代世界中是多麼重要，只需要想想音樂工業即可。從在校園中演奏的復古龐克樂團，到在網路上所播放最雄偉的協奏曲，每一段我們聽到的音樂都仰賴演奏者產

生音波,然後我們耳朵再檢測這些音波。在製造和檢測音波之間,波攜帶的資訊可能需要被傳輸(例如在網路上的現場演奏),或者予以錄音然後再重現(例如利用 CD、DVD 或現在全世界工程實驗室中正在開發的其他裝置)。控制音樂聲波的財政束縛越來越不成問題,發展新控制技術的工程師所獲得的報酬能令其致富。

這一章將把注意力集中在沿著緊繃的線行進的波,例如在吉他上。下一章則將重心集中在音波,例如彈奏吉他弦產生的音波。雖然如此,在我們要做所有這些事情以前,我們首先要做的工作是將日常生活所遇到無數的波,分類成幾個基本類型。

波的種類

波有三種主要的型式:

1. **機械波**

    由於經常碰到,因此這類波是我們最最熟悉的。常見的例子包括水波、聲波、地震波。所有這種波有兩個重要特徵:就是它們適用牛頓定律,而且必須有介質,如水、空氣、岩石才能存在。

2. **電磁波**

    這種波一般人較不熟悉,但我們經常使用到它。常見的例子包括可見及紫外光、無線電波、電視波、微波、x 射線及雷達波。這些波的存在不需要介質。例如,來自星星的光波通過真空的太空來到我們眼前。所有的電磁波在真空中的傳播速率都一樣,其值為 $c = 299\ 792\ 458$ m/s。

3. **物質波**

    雖然這些波在近代科技中很常用,但對我們而言它們也許很陌生。電子、質子、以及其它基本粒子,甚至是原子和分子,會如同波一般行進。因為我們通常認為它們是組成物質,因此稱之為物質波。

    我們在本章中所討論的大部分內容,可以應用到所有種類的波。然而,我們會引用機械波作為一個特定例子。

橫波與縱波

在所有機械波當中,也許拉緊繩子中所傳遞的波動算是最簡單的一種。如果我們在拉緊繩子的一端用手上下抖一下,如圖 16-1a 所示,就會有一股衝力沿繩而行,成為一個脈波。因為繩子是拉緊的,所以才會產生此脈波運動。當我們將繩的一端向上拉,它開始抗拒張力而將鄰近區段的繩子向上拉。當此鄰近區段向上移,它又將下一個區段向上移,以此類推。此時,我們又將繩端向下拉。所以,在每一段依序向上移時,它也開始被鄰近已向下移的區段往下拉。其淨結果是繩的變形(脈波,如圖 16-1a)以某速度 $\vec{v}$ 沿著繩子移動。

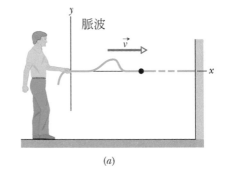

(a)

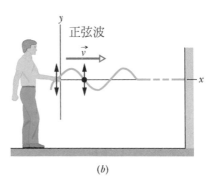

(b)

圖 16-1 (a)一脈波沿拉緊的繩子傳遞。典型的一個繩元素(標為一點)在脈波通過時,會上升一次,然後下降。元素的運動垂直於脈波的行進方向,所以脈波為橫向波。(b)一正弦波沿繩子傳遞。當波通過繩子,繩子的質點連續地上下運動。這亦為橫波。

如果我們以連續的簡諧運動上下移動你自己手，一個連續波會以速度 $\vec{v}$ 沿繩行進。因為我們的手運動是時間的正弦函數，此波在任何時刻均為一正弦波形，如圖 16-1b。亦即，此波具有正弦或餘弦曲線的形狀。

我們假定繩子是「理想的」，也就是說，繩子中沒有會使波動產生衰減現象的摩擦力。我們也假定繩子很長，不考慮可能的反射波問題。

要研究 16-1 所示波動，有一種方法是觀察**波形**(波的形狀)往右移動。或者當波通過時，觀察繩上質點的上下移動。我們可以發現繩上質點擺動方向是垂直於波的行進方向，如圖 16-1b 所示。此移動方式稱為**橫向**，而此波稱為**橫波**。

縱波。圖 16-2 所顯示的聲波，是在一個充滿空氣之長管子裡，利用振動的活塞所產生。如果我們瞬間拉動活塞，先向右再向左，我們可以造成一個沿管子行進的聲音脈波。活塞向右運動會使空氣粒子向右移動而改變其空氣壓力。增大的空氣壓力會使得空氣粒子沿著管子進一步往右方壓縮。當完成向右運動後，其粒子會向左移回。因此之故，先是最靠近活塞之處的空氣粒子然後是遠一些的粒子會向左移動。因此空氣運動及空氣壓力的改變會沿著管子向右行進形成脈波。

如果我們對活塞做簡諧運動，如圖 16-2 所示，則形成一個正弦波沿著管子行進。因為空氣粒子平行於波傳播的方向，此運動為**縱向**；此波稱為**縱波**。在此章中我們只討論橫波及繩波。在第 17 章中再討論縱波及聲波。

橫波及縱波皆稱為**行進波**，因為兩者均由一點行進至另一點，如圖 16-1 所示之從繩一端至另一端，以及如圖 16-2 所示之從管之一端至另一端。請注意波是在兩點間作運動而非物質(繩子或空氣)隨波移動。

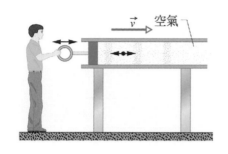

圖 16-2　由一個活塞來回運動，可以在充滿空氣的管子中產生聲波。因為管子中一小段空氣(以黑點表示)之振動方向與波傳播的方向平行，這種波即稱為縱波，該一小段空氣之振動是因附近空氣之壓縮或膨脹所致。

波長與頻率

為了完整描述一條繩上的波(和其粒子的行為)，我們需一函數來描述波形。這意味著我們需要下面形式的關係

$$y = h(x, t) \tag{16-1}$$

其中，y 是彈簧粒子的橫向位移並以一個時間 t 以及粒子沿著彈簧方向的位置 x 的函數 h 來表示。一般而言，如圖 16-1b 所示的正弦波可以將 h 函數以正弦函數或餘弦函數來代替；兩者都可以代表波的一般式。在此章，我們使用 sin 函數表示。

正弦函數　如圖 16-1b 所示的正弦波往正 x 軸方向移動。當波掃掠過其後的繩元素(也就是說，非常短的繩段)，這些元素會平行於 y 軸振盪。我們可將繩上位於 x 處之一小段在時刻 t 之橫向位移 y 寫成

$$y(x,t) = y_m \sin(kx - \omega t) \tag{16-2}$$

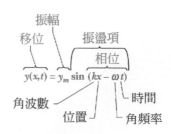

圖16-3 正弦波 16-2 式的各量值名稱。

觀察此系列快照中的這一點

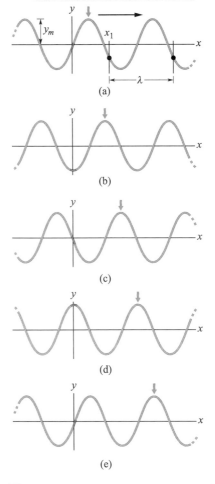

圖 16-4 對沿著 x 軸之正向行進的繩波進行的五次「快照」。其中 y_m 為振幅。λ 則為從任意位置 x_1 量起的典型波長。

因為此方程式是依位置 x 來寫，所以可用來求得所有繩上的每一小段隨時間函數位移的值。因此，它可以告訴我們任何時間的波形。

16-2 式中的各量值名稱皆如圖 16-3 所示，以後我們會加以定義。在討論它們以前，我們先檢視圖 16-4，此為五個正弦波在正 x 軸方向移動的「快照」。在波的高點之短箭頭標示出波的移動方向。在快照中短箭頭隨波向右移，但繩僅作平行 y 軸的運動。要了解這件事，讓我們跟著位在 $x = 0$ 被染成紅色的繩元素一起移動。在圖 16-4a 第一個快照中，它是在 $y = 0$ 位置。在下一個快照中，其達到最大向下位移，因為波的波谷(或最低點)通過。之後又回復至 $y = 0$。在第四個快照中，其達到最大向上位移，因為波的波峰(或最高點)通過。在第五個快照中又回復至 $y = 0$，形成一次完整的振動。

振幅和相位

圖 16-4 所示之波的**振幅** y_m 為波經過時，粒子偏離平衡點位置的最大位移(下標的 m 表最大值)。在圖 16-4a 中即使粒子向下移動，y_m 仍為正值，因振幅只代表大小。

波的**相位**為 16-2 式中正弦函數的引數 $kx - \omega t$。當波通過位於 x 點的粒子，相位會隨時間 t 做線性改變。這意謂著正弦值也會在 +1 和 −1 間振動。正弦值為 +1 表示波通過時粒子在波峰的位置，此時 x 處的振幅 y 為 y_m。當為 −1 時粒子在波谷的位置，同時 x 處的 y 是 $-y_m$。因此繩上粒子的擺動由正弦值和隨 t 改變的相位構成，而振幅由粒子位移最大值決定。

注意：在計算相位時，算正弦函數前的四捨五入可以大大簡化計算。

波長及角波數

波長 λ，即一個波重覆其波形的距離(平行於波行進方向)。圖 16-4a 所示者即為一典型波長，亦為 $t = 0$ 時波的快照。在該時刻，由 16-2 式我們知道此波形可以描述為

$$y(x,0) = y_m \sin kx \tag{16-3}$$

由此定義，我們知道在波長的兩端，位移 y 必然相等；即在 $x = x_1$ 與 $x = x_1 + \lambda$ 處，其 y 值必相等。由 16-3 式

$$\begin{aligned} y_m \sin kx_1 &= y_m \sin k(x_1 + \lambda) \\ &= y_m \sin(kx_1 + k\lambda) \end{aligned} \tag{16-4}$$

因正弦函數的週期為 2π，故由 16-4 式可知 $k\lambda = 2\pi$，即

$$k = \frac{2\pi}{\lambda} \quad \text{(角波數)} \tag{16-5}$$

我們稱 k 為**角波數**，在 SI 制單位中，其單位為弳度/公尺(rad/m)。(請注意，這裡的符號 k 不是先前章節所提的彈力常數。)

請注意在圖 16-4 中，每一快照皆向右移 $\frac{1}{4}\lambda$，因此第五個快照將向右移一個 λ。

週期、角頻率及頻率

圖 16-5 所示者為 16-2 式所描述之波在 $x = 0$ 處，其橫向位移隨時間變化的情形。如果我們定睛注視 $x = 0$ 處，我們會發現該處之繩段一直以 16-2 式所給的簡諧運動作上下振動，其數學式為：

$$y(0,t) = y_m \sin(-\omega t)$$
$$= -y_m \sin \omega t \quad (x = 0) \tag{16-6}$$

這裡我們利用了 $\sin(-\alpha) = -\sin \alpha$，其中 α 是任意角度。圖 16-5 所示是此式的圖形（位移對時間）；但沒有表示波形。(16-4 圖是表示波形，所以是實際圖。16-5 圖是關係圖，所以是抽象圖。）

我們定義所謂波的振盪**週期** T 是繩子上某一位置 x 之繩段作上下振動時，每重覆一次所間隔的時間，如圖 16-5 中所示。將此段時間之兩端值代入 16-6 式，可得

$$-y_m \sin \omega t_1 = -y_m \sin \omega(t_1 + T)$$
$$= -y_m \sin(\omega t_1 + \omega T) \tag{16-7}$$

故 $\omega T = 2\pi$，或

$$\omega = \frac{2\pi}{T} \quad \text{(角頻率)} \tag{16-8}$$

我們稱 ω 為此波的**角頻率**，在 SI 制中，其單位為弳度/秒(rad/s)。

讓我們回顧圖 16-4 的五張快照。每一個快照的時間間隔為 $\frac{1}{4}T$。因此在第五個快照，每一元素皆作完一整個振動。

波的**頻率**(符號為 f)為週期 T 之倒數，與角頻率的關係為

$$f = \frac{1}{T} = \frac{\omega}{2\pi} \quad \text{(頻率)} \tag{16-9}$$

可知頻率是當波通過繩上某一點時，該點每秒鐘之振動次數。在第 15 章中我們已經知道，頻率 f 之單位為赫茲或其倍數「千赫」。

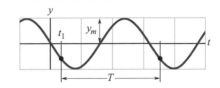

此為關係圖形，非快照

圖 16-5 在 $x = 0$ 處，繩波通過時，位移與時間的曲線圖。其中 y_m 為振幅。在時間 t_1 時，T 表示一個週期。

 測試站 1

圖示為三個波沿著繩子行進的瞬間照片。已知波的相位為：(a) $2x - 4t$，(b) $4x - 8t$，(c) $8x - 16t$。請問它們分別為圖中的那一個波？

相位常數

如果弦式行進波可以用 16-2 式的波函數加以描述，則在 $x = 0$ 附近的波看起來就像是圖 16-6a 在 $t = 0$ 時的樣子。請注意，在 $x = 0$ 的點上，位移是 $y = 0$ 而斜率則是最大的正值。我們可以將**相位常數** ϕ 插入到波函

相位常數 ϕ 的效果是使波位移

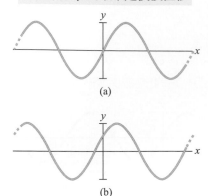

(a)

(b)

圖 16-6　位在 $t = 0$ 的弦式行進波，其相位常數 ϕ 分別是(a) 0；(b) $\pi/5$ rad。

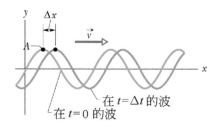

在 $t = \Delta t$ 的波
在 $t = 0$ 的波

圖 16-7　16-4 式所示之行進波在 $t = 0$ 及隨後的 $t = \Delta t$ 分別快照所得的圖形。當波以速度 $\vec{v}$ 向右移，在 Δt 時間中，整個曲線移動 Δx。點 A「搭著」波形前進，但繩子僅只是上下移動。

數裡，藉此將 16-2 式推廣為：

$$y = y_m \sin(kx - \omega t + \phi) \tag{16-10}$$

可以選取 ϕ 而使得當 $t = 0$ 且 $x = 0$ 時有不同的位移和斜率。例如選取 $\phi = +\pi/5$ 彊度可以讓 $t = 0$ 時的位移和斜率如圖 16-6b 所示。波的樣子仍是弦波，而且 y_m、k 和 ω 的值也都是相同的，但卻平移成圖 16-6a 的樣子(其中的 $\phi = 0$)。請注意：平移的方向。ϕ 的正值會讓曲線往負 x 軸的方向平移。負值會讓曲線往正 x 軸的方向平移。

行進波的速度

圖 16-7 所示者為 16-2 式所表示之波在一段小的時間間隔 Δt 前後分別所拍得的快照。波向 x 之正向移動(於圖 16-7 中向右)，整個波形在 Δt 時間內於該方向上移動 Δx。比值 $\Delta x/\Delta t$ (或其微分極限值 dx/dt)稱為**波速**。我們怎麼求出其值？

當圖 16-7 中的波移動時，此波形的每一點，例如，波的最大位移的 A 點，保持著位移 y (繩上的點沒有保持位移，但波形上的點則保持其位移)。如果 A 在移動時保持其位移，由 16-2 式之相位推知該位移量會是固定不變的，即

$$kx - \omega t = 常數 \tag{16-11}$$

請注意，雖然這個量是常數，但 x 和 t 是會改變的。事實上，當 t 增加，x 也必然隨之增加，以保持這個位移量為定值。因此，波形就向 x 增加的方向傳播。

欲求出波之傳播速率 v，可將 16-11 式微分，得

$$k\frac{dx}{dt} - \omega = 0$$

$$\frac{dx}{dt} = v = \frac{\omega}{k} \tag{16-12}$$

利用 16-5 式($k = 2\pi/\lambda$)及 16-8 式($\omega = 2\pi/T$)，我們可將波速寫成

$$v = \frac{\omega}{k} = \frac{\lambda}{T} = \lambda f \quad (波速) \tag{16-13}$$

$v = \lambda/T$ 此式告訴我們，一個波在振動一次的時間內，它剛好前進一個波長。

16-2 式所表示的，是一個向正 x 方向傳播的波。假如我們將式中 t 的換成$-t$，就變成一個向負方向傳播的波方程式。此時，波的相位變為

$$kx + \omega t = 常數 \tag{16-14}$$

欲使此相位保持定值，則 t 增加時，x 必須隨之減少(與 16-11 式互相比較)。因此，沿負 x 方向傳播之波為

$$y(x,t) = y_m \sin(kx + \omega t) \tag{16-15}$$

若讀者分析 16-15 式的波，如同我們對 16-2 式的波所做的一樣，讀者可以得到其波速為

$$\frac{dx}{dt} = -\frac{\omega}{k} \tag{16-16}$$

其中的負號(請與 16-12 式比較) 表示波確實是沿負 x 方向傳播；而且前面我們將 t 換成$-t$ 的構想也是可行的。

前面所說的都是正弦波。其他的波形可以用下式涵蓋之：

$$y(x,t) = h(kx \pm \omega t) \tag{16-17}$$

其中 h 代表任何函數 (當然包括正弦函數)。由前面之分析可以發現，在一波動函數中，若 x 與 t 構成了 $kx \pm \omega t$ 之形態，則必代表行進波。因此 16-17 式代表所有的行進波。例如，$y(x,t) = \sqrt{ax + bt}$ 就是一個行進波(雖然有點怪怪的)。但是 $y(x, t) = \sin(ax^2 - bt)$ 則不為一行進波。

測試站 2

此處有三個波動方程式：

(1) $y(x, t) = 2 \sin(4x - 2t)$、

(2) $y(x, t) = \sin(3x - 4t)$、

(3) $y(x, t) = 2 \sin(3x - 3t)$

試根據：(a)波速，(b)垂直於波行進方向的最大速率來進行排序，並將最大者排在第一位。

範例 16.1　計算橫波方程式中的物理量

一沿著 x 軸行進的橫波方程式為

$$y = y_m \sin(kx \pm \omega t + \phi) \tag{16-18}$$

圖 16-8a 為在時間 $t = 0$ 時，繩元素的位移 x 函數。圖 16-8b 為在位置 $x = 0$ 時，繩元素的時間 t 函數。試算出 16-18 式中各物理量，並得出正確的正負號。

關鍵概念

(1) 圖 16-8a 為實際運動(那些我們能夠看到的)的快照圖，我們可以看到運動沿著 x 軸前進。從中我們可以得到沿著該軸前進的波之波長 λ，然後可以算出 16-18 式中的角波數 k ($= 2\pi/\lambda$)。(2) 圖 16-8b 為一抽象圖，我們可以看到波隨著時間前進。從中我們可以得出 SHM 時繩元素與波的週期 T。從我們可以得出 16-18 式中的角頻率 ω ($= 2\pi/T$)。(3) 相位常數 ϕ 可由繩子在 $x = 0$ 和 $t = 0$ 時的位移設定。

振幅：不論從圖 16-8a 或是圖 16-8b，我們看到最大位移是 3.0 mm。因此波的振幅 $x_m = 3.0$ mm。

波長：在 16-8a 圖中，波長 λ 是圖形在 x 軸重複出現的距離。量 λ 最簡單的方法是，定出一波形通過點，再尋找下個同樣波形會通過的點，兩點間的距離即是。用目視的方式，我們可以粗略的用座標上的尺度量該兩點距離。此外，我們可以把紙張的邊緣放在圖上，標記那些交叉點，滑動紙張把左手邊的標記去對準原點，然後讀出右手邊標記的位置。不管哪個方法我們得到 $\lambda = 10$ mm。從 16-5 式，我們可以得到

$$k = \frac{2\pi}{\lambda} = \frac{2\pi}{0.010 \text{ m}} = 200\pi \text{ rad / m}$$

週期：週期 T 是繩元素的 SHM 開始重複的時間間隔。在圖 16-8b 中，T 是沿著 t 軸從一個點到具有相同斜率之下一個點的距離。目視或借助一張紙測量距離，我們發現 $T = 20$ ms。從 16-8 式，我們可以得到

$$\omega = \frac{2\pi}{T} = \frac{2\pi}{0.020\text{ s}} = 100\pi \text{ rad/s}$$

行進方向：爲了找行進方向，我們運用一點圖表推理。在圖 16-8a 裡 $t = 0$ 的快照中，注意若波向右前進，然後在這張快照之後，在 $x = 0$ 處波的深度增加了(在心裡想像曲線輕微的向右)。相反的，若波向左行進，然後在這張快照之後，在 $x = 0$ 處波的深度應該減少。現在讓我們檢查圖 16-8b。它告訴我們就在 $t = 0$ 之後，深度增加了。因此，波是向右行進，往正 x 方向，然後我們在 16-18 式中選擇負號。

相位常數：ϕ 的值可以藉由 $x = 0$ 和 $t = 0$ 來設定。從圖我們發現在該位置與時間時，$y = -2.0$ mm。取代這三個值以及 $y_m = 3.0$ mm 代入 16-18 式，可以得到

$$-2.0\text{ mm} = (3.0\text{ mm})\sin(0 + 0 + \phi)$$

$$\phi = \sin^{-1}(-\frac{2}{3}) = -0.73 \text{ rad}$$

請注意，這和我們在 16-8a 圖所看到的 xy 圖、負的相位常數相右平移正弦函數的情形一致。

方程式：現在我可以填入 16-18 式：

$$y = (3.0\text{ mm})\sin(200\pi x - 100\pi t - 0.73 \text{ rad}) \quad \text{(答)}$$

x 的單位是公尺，t 的單位是秒。

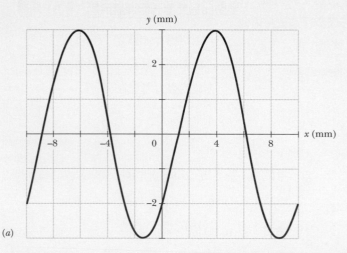

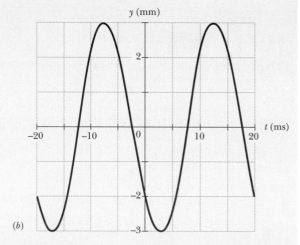

圖 **16-8** (a)在時間 $t = 0$ 時，位移 y 對沿著繩子位置 x 的快照。(b)繩元素在 $x = 0$ 處，位移 y 對時間 t 的快照。

PLUS Additional example,video,and practice available at *WileyPLUS*

範例 16.2 繩元素的橫向速度與加速度

設一繩中之行進波為

$$y(x,t) = (0.00327\text{ m})\sin(72.1x - 2.72t)$$

其中所有的數值均為 SI 制單位(72.1 rad/m 和 2.72 rad/s) 。

(a) 在 $x = 22.5$ cm 和時間 $t = 18.9$ s 時，繩元素的橫向速度 u 為何？(這個速度平行於 y 軸，也和繩元素的橫向振盪有關。別在它和 v 之間感到困擾，v 是波型沿著軸行進的速度常數)

關鍵概念

橫向速度 u 爲繩段的位移 y 的變化率。一般而言，此位移爲

$$y(x,t) = y_m \sin(kx - \omega t) \quad (16\text{-}19)$$

對於在某一位置 x 之繩段元素，求 y 之時變率時，對 16-19 式取 t 的導數，且令 x 保持定值。令一個 (以上的)變數爲定值而做的微分稱爲偏微分，以符號 $\partial/\partial x$ 取代 d/dx 表示之。

計算　因此我們得到

$$u = \frac{\partial y}{\partial t} = -\omega y_m \cos(kx - \omega t) \qquad (16\text{-}20)$$

然後將已知數值代入，但以 SI 制為單位，得

$$u = (-2.72)(0.00327)\cos\left[(72.1)(0.225) - (2.72)(18.9)\right]$$
$$= 0.00720\,\text{m/s} = 7.20\,\text{mm/s} \qquad \text{（答）}$$

可知在 $t = 18.9$ s 時，在 $x = 22.5$ cm 處之繩段在正 y 方向上以速率 7.20 mm/s 振動。(注意：在估算餘弦函數時，我們留下角度中的整數部分，能夠讓計算大大的減少。例如，將角度四捨五入成為整數，然後觀察一下你所得到的 u)

(b) 求在 $t = 18.9$ s，繩段之橫向加速度 a_y。

WILEY PLUS Additional example, video, and practice available at *WileyPLUS*

關鍵概念 —

繩段的橫向加速度 a_y 為其橫向速度的變化率。

計算　在 16-20 式中，再一次將 x 視為固定的，但是讓 t 可以變動，則

$$u = \frac{\partial u}{\partial t} = -\omega^2 y_m \sin(kx - \omega t) \qquad (16\text{-}21)$$

將已知數值代入，但以 SI 制為單位，得

$$a_y = -(2.72)^2(0.00327)\sin\left[(72.1)(0.225) - (2.72)(18.9)\right]$$
$$= -0.0142\,\text{m/s}^2 = -14.2\,\text{mm/s}^2 \qquad \text{（答）}$$

從 (a) 的計算中我們知道在 $t = 18.9$ s 時，繩子是在正 y 方向運動，以及因為其加速度和 u 是反向的，所以它逐漸變慢。

16-2　拉緊細繩上的波速

學習目標

在閱讀完這個區塊的文字之後，讀者應該能夠…
16.14 以繩子總質量與總長，計算均勻繩的線密度 μ。

16.15 運用波速 v、張力 τ、線密度 μ 之間的關係。

關鍵概念

● 緊繩上之波速由繩的性質而定，而非波的其他性質，如頻率或振幅。

● 設一繃緊細繩之線密度為 μ，張力為 τ，則波速為

$$v = \sqrt{\frac{\tau}{\mu}}$$

拉緊細繩上的波速

波速與波長和頻率有關，如 16-13 式所給的，但是波速是由介質的性質所決定。若一波動在水中、空氣中、鐵中或拉緊之繩等介質中行進時，必會造成介質中被波通過的粒子振動，而這需要質量(動能)及彈性(位能)。因此，質量與彈性決定了波能夠傳遞的多快。在這裡，我們用兩種方式來找出該相關性。

由因次分析推導

顧名思義,所謂因次分析就是仔細的檢視所有相關物理量的因次,然後將它們作出適當的組合。目前,我們要求速率 v,其因次為長度除時間,即 LT^{-1}。

質量部分,我們使用一個繩段元素之質量,其質量為繩質量 m 除以繩長 ℓ。此比值稱為繩的線密度。即 $\mu = m/l$,其因次為 ML^{-1}。

一條細繩若沒拉緊是無法傳遞繩波的,也就是說,繩子兩端需施力使其拉緊。這個張力 τ,便等於繩兩端施加的力大小。藉由張力在波通過時,繩上每一部分粒子皆拉緊在一起而產生移動。因此我們可將張力和繩子的伸展(彈性)聯想在一起。其張力和拉力的因次和力是一樣的,即 MLT^{-2} (根據 $F = ma$)。

現在我們需要將 μ (因次 ML^{-1})及 τ (因次 MLT^{-2})組合在一塊,來產生 v (因次 LT^{-1})。稍微嘗試一下各種不同組合方式即得:

$$v = C\sqrt{\frac{\tau}{\mu}} \tag{16-22}$$

其中,C 為一個無因次的常數。因次分析法最大的遺憾就是無法得出這個 C 值;下面我們利用另一個方法,讀者會看到 16-22 式是正確的,而且 $C = 1$。

由牛頓第二定律推導

先不談圖 16-1b 之正弦波,我們先談談圖 16-9 所示之左右對稱的脈波,並令脈波以速率 v 由左向右傳播。為了公式推導方便起見,我們選定一個參考座標系,在此座標系中,脈波為靜止;亦即,我們隨脈波行進,保持跟著觀察。如此一來,繩子看起來就好像由右向左以速率 v 移動的樣子,如圖 16-9 所示。

今考慮脈波中長度 Δl 之一小段繩段,其曲率半徑為 R,圓心角為 2θ。力 τ 之大小等於繩中之張力,且於繩之兩端以切線方向拉繩。此兩力之水平分量互相抵消,而垂直分量則相加成為徑向恢復力 F。其大小為

$$F = 2(\tau\sin\theta) \approx \tau(2\theta) = \tau\frac{\Delta l}{R}(\text{力}) \tag{16-23}$$

其中我們對於圖 16-9 中的小 θ 值,將 $\sin\theta$ 近似為 θ。從那張圖,我們也使用了 $2\theta = \Delta l/R$。該繩段的質量為

$$\Delta m = \mu\Delta l \quad (\text{質量}) \tag{16-24}$$

其中,μ 為繩子之線密度。

在圖 16-9 所示之那一瞬間,繩段 Δl 恰好在作圓周運動。因此它必有一向心加速度:

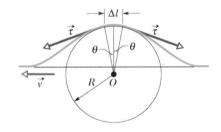

圖 16-9 一個左右對稱的脈波,由一隨脈波移動之參考座標系觀之,脈波不移動,而是細繩由右向左以波速 v 移動。我們應用牛頓第二定律算出在脈波頂端 Δl 長度線段的速度。

$$a = \frac{v^2}{R} \quad (\text{加速度}) \qquad\qquad (16\text{-}25)$$

將 16-23、16-24、及 16-25 式代入牛頓第二定律中。結合它們成如下的式子

力 ＝ 質量 × 加速度

給出　　$\dfrac{\tau \Delta l}{R} = (\mu \Delta l) \dfrac{v^2}{R}$

解出 v 即得

$$v = \sqrt{\frac{\tau}{\mu}} \quad (\text{速度}) \qquad\qquad (16\text{-}26)$$

此式恰與 16-22 式($C = 1$)一致。16-26 式為圖 16-9 所示之脈波在繩中之波速。

16-26 式告訴我們：

> 在一拉緊理想細繩中之波速，僅與繩本身之狀況有關，而與波之頻率無關。

波的頻率完全是由波動之產生者(如圖 16-1b 中的人)來決定。一旦頻率決定了，波長也就決定了(見 16-13 式)，即 $\lambda = v/f$。

測試站 3

藉由將繩之一端振動，我們沿特定細繩傳送　行進波。假如我們增加振動的振幅，則(a)波速及(b)波長增加、減少或不變？假如我們增加繩子的張力，則(c)波速及(d)波長增加、減少或不變？

16-3　波沿著細繩行進時的能量及功率

學習目標

在閱讀完這個區塊的文字之後，讀者應該能夠…
16.16 計算當能量在橫波中傳輸時之平均率。

關鍵概念

● 正弦波在拉緊繩中的平均功率，或能量傳輸平均率，為

$$P_{\text{avg}} = \frac{1}{2}\mu v \omega^2 y_m^2$$

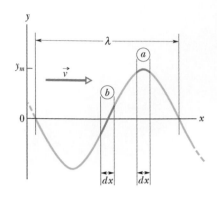

圖 16-10 在時間 $t = 0$ 的繩上行進波之快照。繩元素 a 為位移 $y = y_m$，繩元素 b 則位移 $y = 0$。各位置的繩元素之動能取決於元素的橫向速度。位能則取決於，繩的元素在波通過時的被拉長量。

波沿著細繩行進時的能量及功率

當我們於拉緊的繩子上產生一波時，我們提供了繩子的運動能量。當波遠離我們時，波傳送動能與彈性位能。茲分別說明如下：

動能

當波通過繩上質量為 dm 之繩段時，繩段作橫向的簡諧運動，此時波之動能係與橫向速度 $\vec{u}$ 有關。當繩段通過 $y = 0$ 之瞬間(圖 16-10 之元素 b)，其橫向速度及動能均達最大值。而當繩段在其最大位移 $y = y_m$ (如 a 繩段)時，其橫向速度及動能均為零。

彈性位能

若原來的細繩是一直線，則當一個正弦波在其中傳播時，繩上各處必出現程度各異的伸長。當一長度 dx 之繩段作橫向振動時，它的長度必隨著正弦波的波形作週期性的變化。彈性位能與此一長度之變化有關聯，就如同彈簧的情形一樣。

當繩段運動至 $y = y_m$ 之位置時，如圖 16-10 中所示的 a 小段，它的長度等於其原來正常的長度 dx，故貯存的彈性位能等於零。而當該繩段運動至 $y = 0$ 之位置時，其伸長量達到最大，其貯存的彈性位能為最大。

能量傳送

因此，振動中的繩上物質，在 $y = 0$ 時有最大動能和最大彈性位能。在圖 16-10 的快照中，繩波在最大位移時能量為零，而在零位移時有最大的能量。當波經過時，由張力所產生的力作功，進而將能量傳遞至沒有能量的地方。

如圖 16-1b，我們設定一拉緊繩上的波沿著水平 x 軸，以便適用 16-2 式。當我們擺動繩子的一端，以持續地提供能量保持繩子運動並拉緊，當繩段垂直於 x 軸振動時，具有動能和彈性位能。當波傳遞到原本靜止的部分時，能量亦傳遞到此部分。因此我們說能量是沿著繩傳遞。

能量傳輸率

質量 dm 之繩段其動能 dK 為

$$dK = \frac{1}{2}dm\, u^2 \tag{16-27}$$

其中，u 為繩段振動時之橫向速率。欲求 u，我們可將 16-2 式對時間微分，並令 x 為常數，可得

$$u = \frac{\partial y}{\partial t} = -\omega y_m \cos(kx - \omega t) \tag{16-28}$$

由於 $dm = \mu\, dx$，故 16-27 式可改寫得

$$dK = \frac{1}{2}(\mu\, dx)(-\omega y_m)^2 \cos^2(kx - \omega t) \tag{16-29}$$

此式除以 dt，即得繩段之動能變化率，也是波動傳播時所傳送的動能流率。16-29 式中會出現 dx/dt 這一項，即為波速 v，故

$$\frac{dK}{dt} = \frac{1}{2}\mu v\omega^2 y_m^2 \cos^2(kx - \omega t) \qquad (16\text{-}30)$$

因此動能傳送之平均速率為

$$\left(\frac{dK}{dt}\right)_{\text{avg}} = \frac{1}{2}\mu v\omega^2 y_m^2 \left[\cos^2(kx - \omega t)\right]_{\text{avg}}$$
$$= \frac{1}{4}\mu v\omega^2 y_m^2 \qquad (16\text{-}31)$$

在 16-31 式中，我們是在波長整數倍之範圍內所取的平均值，其中請注意 cos 函數之平方在整數倍的週期中，其平均值為 1/2。

波傳播時，也傳送了彈性位能，其平均速率由 16-31 式給出。這一結果我們在此不予以證明，但我們應該記得，一個振動系統(例如單擺或彈簧-質量系統)，其平均動能及平均位能確實是相等的。

綜合以上所述，一個波動傳播時，它所傳送之**平均功率**(包含動能及位能)為

$$P_{\text{avg}} = 2\left(\frac{dK}{dt}\right)_{\text{avg}} \qquad (16\text{-}32)$$

或，根據 16-31 式可得

$$P_{\text{avg}} = \frac{1}{2}\mu v\omega^2 y_m^2 \quad (平均功率) \qquad (16\text{-}33)$$

此式中，μ 及 v 係由繩子之質量及張力來決定。ω 及 y_m 則由產生波動之過程來決定。波動的平均功率與振幅平方以及角頻率平方成正比。

範例 16.3 橫波的平均功率

某一繩之線密度為 $\mu = 525$ g/m，其承受的張力為 $\tau = 45$ N。今有一個波動頻率為 $f = 120$ Hz，振幅為 $y_m = 8.5$ mm 在該繩中傳播。試求波動在繩中能量的平均傳輸率。

關鍵概念

平均能量傳送率即為 16-33 式所述的平均功率 P_{avg}。

計算 如果想要使用 16-33 式，首先要計算角頻率 ω 及波速 v。由 16-9 式，

$$\omega = 2\pi f = (2\pi)(120\,\text{Hz}) = 754\,\text{rad/s}$$

由 16-26 式我們得到

$$v = \sqrt{\frac{\tau}{\mu}} = \sqrt{\frac{45\,\text{N}}{0.525\,\text{kg/m}}} = 9.26\,\text{m/s}$$

因此 16-33 式產生

$$P_{\text{avg}} = \frac{1}{2}\mu v\omega^2 y_m^2$$
$$= (\tfrac{1}{2})(0.525\,\text{kg/m})(9.26\,\text{m/s})(754\,\text{rad/s})^2(0.0085\,\text{m})^2$$
$$\approx 100\,\text{W} \qquad\qquad (答)$$

16-4 波方程式

學習目標

在閱讀完這個區塊的文字之後，讀者應該能夠⋯

16.17 對於以位置x和時間t為函數用來描述繩元素位移的方程式，運用對x之二次微分與對t之二次微分之間的關係。

關鍵概念

● 描述所有形式的波行進之一般微分方程式為

$$\frac{\partial^2 y}{\partial x^2} = \frac{1}{v^2} \frac{\partial^2 y}{\partial t^2}$$

這裡不論在正x軸或負x軸，波沿著x軸行進，且平行於y軸震盪，波速均為v。

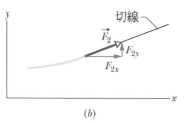

圖 16-11 (*a*)當正弦橫波在拉緊的細繩上傳播時，細繩的一個繩段。力 $\vec{F}_1$ 和力 $\vec{F}_2$ 分別作用在繩段的左端和右端，所產生的加速度 $\vec{a}$ 具有垂直分量 a_y。(*b*)作用在繩段右端的力量，其方向是在繩段右端點的切線方向上。

波方程式

當波通過拉緊細繩上任何繩段時，繩段的運動方向與波行進方向垂直(我們考慮的情況是橫波)。將牛頓第二定律應用於繩段的運動過程後，我們可以得到稱為波方程式(wave equation)的微分方程式，這個方程式支配著任何類型的波行進過程。

圖 16-11a 顯示沿著水平 x 軸被拉緊的細繩波快照圖形，其中顯示的是長度為 ℓ、質量為 dm 的繩段，細繩的線性密度是 μ。我們假設波振幅很小，以致於當波通過的時候，繩段相對於 x 軸只稍微偏斜。作用在繩段右端點的力 $\vec{F}_2$，其量值等於細繩中的張力 τ，其方向稍微往上。作用在繩段左端點的力量 $\vec{F}_1$，其量值也等於細繩中的張力 τ，但是方向稍微往下。因為繩段有些許彎曲，所以這兩個力量並不是單純的在相對方向互相抵消。相反地，他們結合產生一個淨力，使得細繩單元具有向上加速度 a_y。對 y 分量而言，牛頓第二定律($F_{\text{net},y} = ma_y$)告訴我們，

$$F_{2y} - F_{1y} = dm\, a_y \tag{16-34}$$

讓我們分別來分析這個方程式，首先是質量 dm，而後是加速度分量 a_y，然後是個別力分量 F_{2y} 和 F_{1y}，最後是 16-34 式左邊的淨力。

質量。繩段的質量 dm 可以利用細繩的線密度 μ，和繩段的長度 ℓ 加以表示為 $dm = \mu \ell$。因為繩段只是稍微偏斜，所以 $\ell \approx dx$ (圖 16-11a)，而且我們可以得到下列近似式

$$dm = \mu\, dx \tag{16-35}$$

加速度。在 16-34 式中的加速度 a_y 是位移 y 對時間的第二階導數：

$$a_y = \frac{d^2 y}{dt^2} \tag{16-36}$$

力。圖 16-11b 顯示 $\vec{F}_2$ 會在繩段的右端點與該細繩相切。因此我們可以使該力的分量，與在右端點上的細繩斜率 S_2 產生關連，

$$\frac{F_{2y}}{F_{2x}} = S_2 \tag{16-37}$$

我們也可以利用下列數學式，使力的分量與力的量值 $F_2 (= \tau)$ 產生關連，

$$F_2 = \sqrt{F_{2x}^2 + F_{2y}^2}$$

$$\tau = \sqrt{F_{2x}^2 + F_{2y}^2} \tag{16-38}$$

然而因為我們已經假設繩段只有稍微偏斜，所以 $F_{2y} \ll F_{2x}$，因此我們可以將 16-38 式重新整理成

$$\tau = F_{2x} \tag{16-39}$$

將上式代入 16-37 式，然後求解 F_{2y}，結果得到

$$F_{2y} = \tau S_2 \tag{16-40}$$

在繩段的左端點進行類似的分析，其結果為

$$F_{1y} = \tau S_1 \tag{16-41}$$

淨力。我們現在可以將 16-35 式，16-36 式，16-40 式，和 16-41 式代入 16-34 式，其結果為

$$\tau S_2 - \tau S_1 = (\mu \, dx)\frac{d^2 y}{dt^2}$$

$$\frac{S_2 - S_1}{dx} = \frac{\mu}{\tau}\frac{d^2 y}{dt^2} \tag{16-42}$$

因為繩段很短，所以斜率 S_2 和 S_1 只相差一個微分量 dS，其中 S 是在繩段上任意點的斜率：

$$S = \frac{dy}{dx} \tag{16-43}$$

首先我們將 16-42 式中的 $S_2 - S_1$ 代換成 dS，然後使用 16-43 式將 S 代換成 dy/dx，我們得到

$$\frac{dS}{dx} = \frac{\mu}{\tau}\frac{d^2 y}{dt^2}$$

$$\frac{d(dy/dx)}{dx} = \frac{\mu}{\tau}\frac{d^2 y}{dt^2}$$

$$\frac{\partial^2 y}{\partial x^2} = \frac{\mu}{\tau}\frac{\partial^2 y}{\partial t^2} \tag{16-44}$$

在最後一個步驟中，因為在左側我們只相對於 x 進行微分，在右側我們只對 t 進行微分，所以我們將標示符號改成偏微分的形式。最後，利用

16-26 式 $v = \sqrt{\tau/\mu}$ 進行替換，我們得到

$$\frac{\partial^2 y}{\partial x^2} = \frac{1}{v^2}\frac{\partial^2 y}{\partial t^2} \quad \text{(波方程式)} \tag{16-45}$$

這個一般微分方程式支配著所有類型的波的行進。

16-5 波的干涉

學習目標

在閱讀完這個區塊的文字之後，讀者應該能夠...

16.18 運用疊加原理來證明重疊的波經代數相加會形成一個合成(淨)波。

16.19 對於兩個具有相同振幅、波長且一起行進的橫波，找出其合成波的位移方程式，並以個別振幅和相位差爲參數計算出合成波的振幅。

16.20 描述兩橫波(具有相同振幅與波長)的相位差如何造成完全建設性干涉、完全破壞性干涉、中間情形的干涉。

16.21 以兩個干涉波(以波長作爲表示式)的相位差，快速決定出兩波的干涉型態。

關鍵概念

● 當兩個或多個波同時在一介質中通過時，介質中任何質點的位移，爲各波所造成的位移的總和。

● 當兩個正弦波在同一繩上傳播時，依疊加原理，必互相加強或抵銷，稱爲**干涉**。若兩波之振幅 y_m、頻率、及傳播方向均相同，但差一相位常數 ϕ，則其合成波爲

$$y'(x,t) = \left[2y_m \cos\frac{1}{2}\phi \right] \sin(kx - \omega t + \frac{1}{2}\phi)$$

若 $\phi = 0$，即兩波同相，則兩波爲完全建設性干涉；若 $\phi = \pi$ rad，即兩波反相，則兩波爲完全破壞性干涉。

波的疊加原理

常常會有兩個或多個波動同時通過同一個區域。例如，在音樂會當中，各種樂器的聲音會同時傳到我們的耳膜。在收音機或電視機的天線裡面，電子也會接收到四面八方的電台或電視台發射來的一大堆電波，而產生擾動。湖中或港中的水也會同時受到許多來往的船隻的翻攪。

今假設同時有兩個波動在一條拉緊的繩中傳播。兩者所產生繩子的位移分別爲 $y_1(x, t)$ 及 $y_2(x, t)$。當兩波動相遇時，繩子的總位移爲

$$y'(x,t) = y_1(x,t) + y_2(x,t) \tag{16-46}$$

沿著繩子，兩個脈波之位移的代數和，意謂著：

重疊的波經代數相加會形成一個**合成波**。

這是**疊加原理**的又一應用，它說明了當數個效應同時發生時，其總效應爲各別效應的總和。(我們應該感謝這只需要簡單的加總。若兩效應在某種程度上會互相放大，這種非線性世界將會很難掌握和理解。)

圖 16-12 顯示在一條拉緊的細繩中，同時有兩個脈波沿著相反方向傳播的一系列快照。當兩脈波重疊時，合成脈波為兩波之和。而且：

重疊的波無論如何都不會改變彼此的行進方式。

波的干涉

假設在一拉緊的細繩上，我們送入兩個波，其波長、振幅、及傳播方向均相同。兩波會以疊加原理合成。此時細繩將出現怎麼樣的振動？

關鍵在於兩波同相或同步的程度；換言之，一個波距另一個波移動了多少。如果兩者完全同相(因此一波之波峰及波谷完全對齊另一波的波峰及波谷)，則合成後之位移必為各波的兩倍。如果兩者完全反相(一波之波峰完全對齊另一波之波谷)，則兩波各處會互相抵消，繩子保持直線。我們稱此種加強或抵消的現象為**干涉**，而稱波彼此干涉(這些說法只適用於波的位移，波的行進不會受到影響)。

令沿著拉緊繩子上行進之一波為

$$y_1(x,t) = y_m \sin(kx - \omega t) \tag{16-47}$$

而另一波(從第一個波作位移)為

$$y_2(x,t) = y_m \sin(kx - \omega t + \phi) \tag{16-48}$$

在同一拉緊之細繩中傳播。此二波具有相同的角頻率 ω (及頻率 f)，相同的角波數 k (及波長 λ)，以及相同的振幅 y_m。兩者均以相同的速率 v (見 16-26 式)沿正 x 方向傳播。它們只相差一個常數角度 ϕ，稱為相位常數。這些波稱為有 ϕ 相位差或相位位移。

由疊加原理(16-46 式)，合成波為

$$\begin{aligned} y'(x,t) &= y_1(x,t) + y_2(x,t) \\ &= y_m \sin(kx - \omega t) + y_m \sin(kx - \omega t + \phi) \end{aligned} \tag{16-49}$$

查閱附錄 E 可知，角度為 α 及 β 之兩正弦之和為

$$\sin\alpha + \sin\beta = 2\sin\tfrac{1}{2}(\alpha+\beta)\cos\tfrac{1}{2}(\alpha-\beta) \tag{16-50}$$

應用到 16-49 式，得

$$y'(x,t) = \left[2y_m \cos\tfrac{1}{2}\phi\right]\sin(kx - \omega t + \tfrac{1}{2}\phi) \tag{16-51}$$

如圖 16-13 所示，此合成波也是正弦波，往 x 增加方向行進。它是我們在繩上所看見唯一的波(我們不會看見 16-47 式和 16-48 式的兩個干涉的波)：

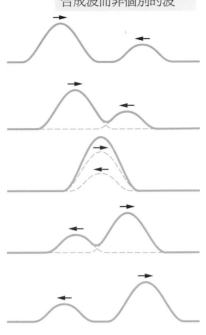

圖 16-12 兩個波動在同一條拉緊的細繩中沿反方向傳播。當兩者相遇時，適用疊加原理。

位移
$$y'(x,t) = \underbrace{[2y_m \cos\tfrac{1}{2}\phi]}_{\text{振幅大小}}\underbrace{\sin(kx - \omega t + \tfrac{1}{2}\phi)}_{\text{振盪項}}$$

圖 16-13 這是 16-51 式的合成波，是兩個弦式橫向波干涉的結果，而這個合成波本身也屬於弦波，公式內含振幅與振盪項。

若二個相同振幅和波長沿著拉緊的線,以相同方向行進的正弦波,它們會干涉形成一個合成的正弦波,並以相同方向行進。

此合成波在兩個方面會與原來的波有差異:(1)它的相位常數是 $\frac{1}{2}\phi$,及(2)振幅 y'_m 是等於 16-51 式中的中括號內的量值:

$$y'_m = |2y_m \cos\frac{1}{2}\phi| \quad \text{(振幅)} \tag{16-52}$$

若 $\phi = 0$ rad(或 0°),二個互相干涉的波是完全同相,然後 16-51 式可寫成

$$y'(x,t) = 2y_m \sin(kx - \omega t) \quad (\phi = 0) \tag{16-53}$$

這兩個波呈現在圖 16-14a。此合成波如圖 16-14d 所示。注意其合成波振幅是任意一個波振幅的二倍。這是此合成波所能擁有的最大振幅,因為 $\phi = 0$ 時,在 16-51 式及 16-52 式中的餘弦項有最大值 1。產生最大可能振幅的干涉被稱為完全建設性干涉。

若 $\phi = \pi$ rad(或 180°),兩干涉的波完全反相,如圖 16-14b 所示。則 $\cos\frac{1}{2}\phi$ 變成 $\cos \pi/2 = 0$,且合成波之振幅如 16-52 式所給出為零。對所有 x 和 t 而言,我們得到

$$y'(x,t) = 0 \quad (\phi = \pi \text{ rad}) \tag{16-54}$$

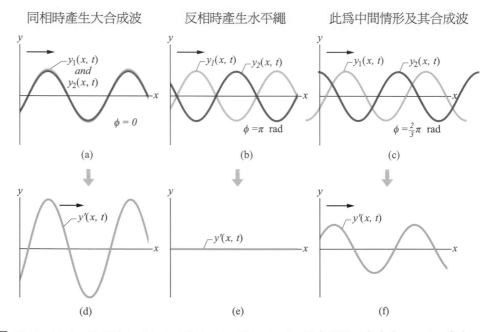

圖 16-14 沿正 x 軸傳遞的兩全等正弦波 $y_1(x, t)$ 和 $y_2(x, t)$。兩者干涉而產生波 $y'(x, t)$。產生的合成波就是實際在繩上所見之物。兩干涉波間的相差 ϕ 為:(a) 0 rad 或 0° (b) π rad 或 180° 和(c) $\frac{2}{3}\pi$ rad 或 120°。其對應的合成波如(d)(e)(f)而示。

其結果如圖 16-14e 所示。雖然我們傳送二個波，但是我們看見弦上沒有運動。這樣干涉的情形叫做完全破壞性干涉。

相位差 $\phi = 2\pi$ rad（或 360°）代表一波與另一波相差了一個波的大小。所以相位差可以用波長表示。例如，在圖 16-14b 中，我們可以說二波以 0.50 波長反相。所以，相位差可用波長或角度來描述。表 16-1 顯示了其它相位差及干涉所產生的例子。請注意，當干涉不是完全建設性或完全破壞性時，叫做中間干涉。其振幅大小為 0 至 $2y_m$ 之間。例如，在表 16-1 中，若干涉波具有相位差 120°（$\phi = \frac{2}{3}\pi$ rad $= 0.33$ 波長），則合成波振幅為 y_m，與干涉波相同(參見圖 16-14c 及 f)。

若二個相同波長的波相位差為零或為波長的任意整數倍，則為同相。因此以波長表示的相位差，其整數部分可以丟掉。例如，0.40 波長(中間情形的干涉，接近完全破壞性干涉)的相位差相當於 2.40 波長的相位差，因此可將其中較簡單的數字拿來計算。因此，只要藉著關注小數位數且和 0、0.5、1.0 波長作比較，你可以很快地的就說出兩波的干涉型態。

表 16-1　相位差和產生的干涉類型 [a]

相位差			合成波的振幅	干涉類型
角度	強度	波長		
0	0	0	$2y_m$	完全建設性
120	$2\pi/3$	0.33	y_m	中間
180	π	0.50	0	完全破壞性
240	$4\pi/3$	0.67	y_m	中間
360	2π	1.00	$2y_m$	完全建設性
865	15.1	2.40	$0.60y_m$	中間

[a] 在此只考慮兩波之間的相位差而已，其餘因素(振幅 y_m 和移動方向)皆同。

測試站 4

此處有兩個相同波形之間的四個可能相位差：0.20、0.45、0.60、以及 0.80，單位是波長。請根據合成波的振幅，對合成波進行排序，並將最大者排在第一位。

範例 16.4　兩個波的互相干涉，相同的方向，相同的振幅

兩個相同之正弦波在一拉緊之細繩中同方向傳播時，互相干涉。兩波的振幅 y_m 均為 9.8 mm，相位差 ϕ 為 100°。

(a) 試問兩波干涉後，合成波的振幅 y'_m 為何？這屬於何種干涉類型？

關鍵概念

它們是在繩上沿相同方向傳播而且一樣的正弦波，所以它們的干涉會產生一個正弦行進波。

計算　因為它們是相同的，所以具有一樣的振幅。因此，由 16-52 式，可得合成波之振幅 y'_m 為

$$y'_m = |\,2y_m \cos\frac{1}{2}\phi\,| = |\,(2)(9.8\,\text{mm})\cos(100°/2)\,|$$
$$= 13\,\text{mm} \tag{答}$$

我們可以從兩個方面分辨出這種干涉是中間型的：相位差在 0° 和 180° 之間，以及振幅是在 0 及 $2y_m$ (=19.6 mm)之間。

(b) 造成合成波振幅為 **4.9 mm** 之相位差(強度及波長)為何？

計算 現在已知 y'_m，而要求 ϕ。從 16-52 式，

$$y'_m = |2y_m \cos\frac{1}{2}\phi|$$

或

$$49\,\text{mm} = (2)(9.8\,\text{mm})\cos\frac{1}{2}\phi$$

故可得(請將計算機設定角度選擇為 rad)

$$\phi = 2\cos^{-1}\frac{49\,\text{mm}}{(2)(9.8\,\text{mm})}$$

$$= \pm 2.636\,\text{rad} \approx \pm 2.6\,\text{rad} \qquad (答)$$

因為令第一個波領先或落後第二個波 2.6 rad 可得相同結果，故有兩個答案。其相位差以波長表示為

$$\frac{\phi}{2\pi\,\text{rad/波長}} = \frac{\pm 2.636\,\text{rad}}{2\pi\,\text{rad/波長}} = \pm 0.42\,\text{波長} \qquad (答)$$

WILEY PLUS Additional example, video, and practice available at *WileyPLUS*

16-6 相位

學習目標

在閱讀完這個區塊的文字之後，讀者應該能夠...

16.22 用簡圖來解釋如何用相位向量來表示當波行經某繩元素位置時該繩元素的振盪。

16.23 畫出兩個在繩上的重疊波之相位向量圖，並在圖上指出他們的振幅與相位差。

16.24 藉著使用相位向量，找出兩個在繩子一起行進的橫波之合成波，並計算其振幅、相位、寫出其位移方程式，然後在相位向量圖展示三個相位向量的振幅，以及領先、延遲或相關相位。

關鍵概念

● 一個波 $y(x, t)$ 可以用一相位向量來表示。此為一個向量，其大小等於波的振幅 y_m，並以等於波的角頻率 ω 之角速率繞原點旋轉。此旋轉相位向量在垂直軸上的投影即波的位移 y。

相位

　　如同前面小節討論過的，兩個波的加成嚴格地限制是振幅相等的。若我們遇到是這樣的波，該運算技巧簡單且很夠用，但是我們需要更一般性的技巧來運用在任何波上，不論它們是否是振幅一樣。有個好方法就是運用相位向量來表示振幅。雖然這方法一開始似乎有點奇怪，它基本上是一個圖示的技巧，它用第三章的向量加法來取代複雜的三角加法。

　　相位。是一種繞著尾端旋轉的向量，其尾端被定在座標系統的原點。該向量大小等於其代表波的振幅 y_m。其旋轉角速率等於波的角速率 ω。例如，某一正弦波為

$$y_1(x,t) = y_{m1} \sin(kx - \omega t) \qquad\qquad (16\text{-}55)$$

由圖 16-15a 至 d 之相位向量來表示。其相位向量的量值就是波的振幅 y_{m1}。當相位以角速率 ω 對原點轉動時，其在垂直軸上的投影 y_1 是呈正弦變化。從最大值 y_{m1}，經過零值，到最小值$-y_{m1}$，再回到 y_{m1}。此變化符合當波通過時，沿著繩上任一點位移 y_1 的正弦變化。(在 *WileyPLUS* 中，這會呈現成一個有旁白的動畫)

當二個波沿著同一條繩以相同方向行進，我們可在相位向量圖中表示它們及其合成波。圖 16-15e 的相位向量表示了 16-55 式中的波，以及第二個波，其形式為：

$$y_2(x,t) = y_{m2} \sin(kx - \omega t + \phi) \qquad\qquad (16\text{-}56)$$

第二個波相對第一個波的相位移為相位常數 ϕ。因為兩個相位向量都以相同角速率 ω 在旋轉，所以它們之間的角度永遠都是 ϕ。如果 ϕ 是正值，則在旋轉的過程中，第二個波的相位向量落後第一個波的相位向量，如同圖 16-15e 所示。如果 ϕ 是負值，則第二個波的相位向量領前第一個波的相位向量。

因為波 y_1 和 y_2 有相同的角波數 k 及角頻率 ω，由 16-51 式及 16-52 式我們可得

$$y'(x,t) = y'_m \sin(kx - \omega t + \beta) \qquad\qquad (16\text{-}57)$$

其中 y'_m 是合成波的振幅且 β 是相位常數。要找出 y'_m 和 β 的值，我們可以利用波的疊加原理，如我們對 16-51 式的運算。利用相位向量圖來做，我們在轉動過程中將二個相位向量相加，如圖 16-15f 中將相位向量 y_{m2} 移到相位向量 y_{m1} 箭頭部分。其向量和的大小等於 16-57 式中的振幅 y'_m。合成向量與 y_1 的相位向量夾角等於 16-57 式的相位常數 β。

注意與 16-5 節的方法對照：

使用相位向量，即使波的振幅不同也可以結合。

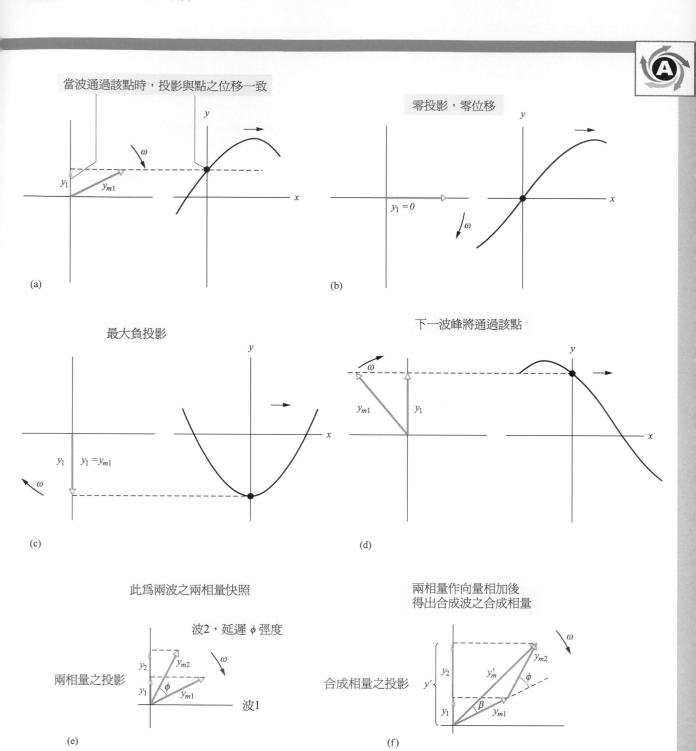

圖 16-15 (a)-(d)大小為 y_{m1}，繞原點旋轉的一相位向量，表示一正弦波。此相位向量在垂直軸上的投影 y_1 表示在波通過的一點之位移。(e)表示第二個波的第二個相位向量，大小 y_{m2}，並以和第一個波夾 ϕ 的定角旋轉，具有相位常數 ϕ。(f)此二波的合成以兩相位向量的向量總和 y'_m 表示。

範例 16.5　兩個波的互相干涉，相同的方向，相位向量，任意大小的振幅

二個波 $y_1(x, t)$ 和 $y_2(x, t)$ 沿著繩以相同行進方向及波長移動。其振幅各為 $y_{m1} = 4.0$ mm 和 $y_{m2} = 3.0$ mm，且它們相位常數分別保持 0 和 $\pi/3$ rad。則合成波的振幅 y'_m 和相位常數 β 為何？試以 16-57 式的形式寫出合成波。

關鍵概念

(1) 這兩個波有許多特性相同：因為它們沿相同的繩行進，故 16-26 式告訴我們，在設定了繩子的張力和線密度之後，它們一定有相同波速 v。然後，因它們有相同波長 λ，必然便有相同角波數 k $(= 2\pi/\lambda)$。此外，由於具有相同角波數 k 和速率 v，必然也具有相同角頻率 ω $(= kv)$。

(2) 這兩個波(稱之為波 1 及波 2)可以用繞著原點以相同角頻率 ω 轉動的相位向量來表示。因為波 2 的相位超過波 1 有 $\pi/3$，所以相位向量 2 必定在其順時針轉動方向落後相位向量 1 有 $\pi/3$，如圖 16-16a 所示。波 1 及波 2 干涉合成的波可用相位向量 1 及 2 的向量和來表示。

將相量作向量相加

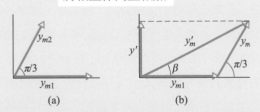

圖 16-16　(a) y_{m1} 和 y_{m2} 的相位向量大小及相位差 $\pi/3$。(b)這些相位向量的向量相加，在任何轉動時所得到的合成波的振幅大小。

計算　為了簡化向量相加，我們於相量 1 的方向沿著水平軸之瞬間繪出相量 1 及 2，如圖 16-15a。接著在正 $\pi/3$ rad 再畫下延遲的相位向量 2。在圖 16-15b 裡，我們把相位向量 2 平移至相位向量 1 頭部的地方。這樣便可以由相位向量 1 的末端到相位向量 2 的頭部畫出其合成波的相位向量。相位常數 β 為它與相位向量 1 的夾角。

想要計算出 y'_m 與 β，我們可以在計算器上將相位向量 1 與 2 以向量的形式加在一起。在這裡我們應該將分量加起來(它們稱作水平與垂直分量，因為符號 x 和 y 已經在表示波的符號中使用了。)對水平分量而言可得

$$y'_{mh} = y_{m1} \cos 0 + y_{m2} \cos \pi/3$$
$$= 4.0\,\text{mm} + (3.0\,\text{mm}) \cos \pi/3 = 5.50\,\text{mm}$$

其垂直分量為

$$y'_{mv} = y_{m1} \sin 0 + y_{m2} \sin \pi/3$$
$$= 0 + (3.0\,\text{mm}) \sin \pi/3 = 2.60\,\text{mm}$$

因此合成波的振幅為

$$y'_m = \sqrt{(5.50\,\text{mm})^2 + (2.60\,\text{mm})^2}$$
$$= 6.1\,\text{mm} \tag{答}$$

而且相位常數為

$$\beta = \tan^{-1} \frac{2.60\,\text{mm}}{5.50\,\text{mm}} = 0.44\,\text{rad} \tag{答}$$

從圖 16-16b，相位常數 β 為正值(相對於相量 1)。因此，合成波落後波 1 之相位常數 $\beta = +0.44$ rad。從 16-57 式，合成波可寫成

$$y'(x, t) = (6.1\,\text{mm}) \sin(kx - \omega t + 0.44\,\text{rad}) \tag{答}$$

16-7 駐波與共振

學習目標

在閱讀完這個區塊的文字之後，讀者應該能夠...

16.25 對於兩相向而行的重疊波(相同振幅與波長)，畫出合成波的快照圖，並指出波結與波腹。

16.26 對於兩相向而行的重疊波(相同振幅與波長)，找出合成波的位移方程式，並以個別波之振幅來計算合成波之振幅。

16.27 在某一繩元素位於駐波波腹時，描述其SHM。

16.28 對於一位於駐波波腹的繩元素，以時間為函數寫下其位移、橫向速度、橫向加速度的方程式。

16.29 區分繩波在邊界時的硬反射(hard reflection)與軟反射(soft reflection)。

16.30 描述一細繩在兩支撐點間拉緊時的共振，並畫出前幾個駐波的波型，指出波節與波腹。

16.31 考慮細繩長度，決定在張力作用下細繩前幾個諧波的波長。

16.32 對於任何給定的簡諧運動，運用頻率、波速與繩長之間的關係。

關鍵概念

● 設兩正弦波具有相同的頻率及振幅，但沿相反方向傳播，則兩波相互干涉，而產生駐波。對於固定端之繩，駐波為

$$y'(x,t) = [2y_m \sin kx]\cos \omega t$$

駐波的特徵是具有固定的**波節**(位移為零)及**波腹**(位移為最大)。

● 繩中之駐波可由行進波及其反射波合成產生。若反射端為固定，則必為一波節。此一邊界條件即限

制了繩產生駐波的頻率。任何一個可能的頻率為共任頻率，所產生之駐波圖案稱為振動模式。一繃緊且長度為L的細繩，其兩端為固定，則共振頻率為

$$f = \frac{v}{\lambda} = n\frac{v}{2L} \qquad \text{其中} \ n = 1,2,3,\cdots$$

$n = 1$之振動模式稱為基本波或第一諧波，$n = 2$者稱為第二諧波等等，依此類推。

駐波

在 16-5 節中，我們已經討論過，波長相同、振幅相同，方向相同的兩個正弦波，在一拉緊之細繩中傳播時的干涉現象。那麼，如果兩個波方向相反時，又如何？我們同樣可利用疊加原理來處理這個問題。

圖 16-17 為利用圖形法來作兩波的疊加。圖 16-17a 與圖 16-17b 分別為一向左及向右傳播的波。而圖 16-17c 則為利用圖形法所得之合成波形。合成波中最顯眼的特徵，就是有許多**波節**，繩子在這些位置恒保持不變。在圖 16-17c 中，我們可以看到四個黑點，就是節點的位置。兩相鄰波節的中間，合成波的振幅最大，稱為**波腹**。由於波節與波腹的位置均固定不動，圖 16-17c 之波形，整個看起來也就固定不動，這種波稱為**駐波**：最大及最小值的位置不變。

若振幅及波長相同的兩正弦波，在拉緊的繩上以反方向行進，則其彼此的干涉會產生駐波。

當波通過彼此時，有些點恆靜止，有些點則動得最激烈
(a)
(b)
(c)
x
t = 0
t = 1/4 T
t = 1/2
t = 3/4 T
t = T

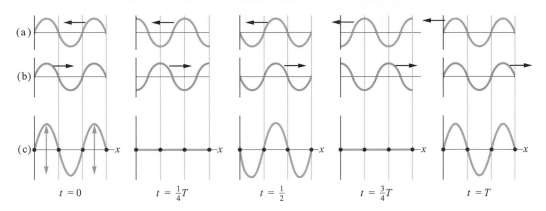

圖 16-17 (a)對向左行進之脈波的五張快照，(c)下方則顯示各自快照時間 t(T 為振盪週期)。(b)在相同時間對與(a)全等之脈波的快照，但向右行進。(c)在同一繩上的兩波疊加後的對應快照。在 $t = 0$，1/2T，T，因為二個行進波的波峰對上波峰，波谷對上波谷，而產生完全建設性干涉。在 $t = \frac{1}{4}T$ 與 $\frac{3}{4}T$，出現了完全破壞性干涉，因為這時波峰與波谷完全的對齊在一起。某些點(波節，以黑點標示)永不振動；某些點(波腹)則振動最厲害。

下面是駐波的數學分析。設原來兩個波為

$$y_1(x,t) = y_m \sin(kx - \omega t) \quad (16\text{-}58)$$

$$y_2(x,t) = y_m \sin(kx + \omega t) \quad (16\text{-}59)$$

由疊加原理得合成波為

$$y'(x,t) = y_1(x,t) + y_2(x,t) = y_m \sin(kx - \omega t) + y_m \sin(kx + \omega t)。$$

利用 16-50 式之三角關係式可得圖 16-18，以及

$$y'(x,t) = [2y_m \sin kx]\cos \omega t \quad (16\text{-}60)$$

位移
y'(x,t) = [2 ym sin kx]cos ω t
大小給出
位置 x 的振幅
振盪項

圖 16-18 16-60 式的合成波，為兩個具相同波長和振幅但行進方向相反的干涉波所造成的駐波。

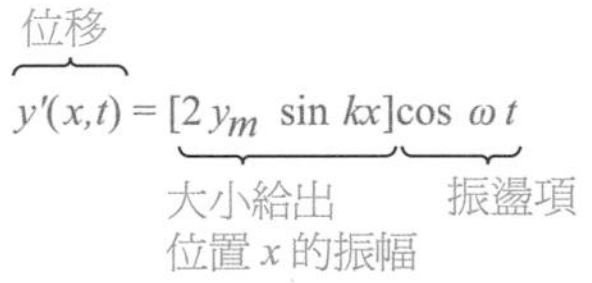

注意此式不為行進波，因為它不合 16-17 式之模式。16-60 式描述的是一個駐波。

16-60 式中，中括弧內的 $2y_m \sin kx$ 表示為在位置 x 處之繩段振動的振幅。因振幅必須為一正數，因此正式地說，振幅應該是 $2y_m \sin kx$ 的絕對值。

在一正弦行進波中，繩上各點之振幅都是相同的。但在駐波中則不然。在駐波中，振幅隨著位置而變。如 16-60 式所述的駐波，$\sin kx = 0$ 的 kx 給出零振幅。其值為

$$kx = n\pi \text{，} n = 0,1,2,.... \quad (16\text{-}61)$$

因 $k = 2\pi/\lambda$，故得

$$x = n\frac{\lambda}{2} \text{，} n = 0,1,2,\ldots \text{(波節)} \quad (16\text{-}62)$$

為式 16-60 之駐波的零振幅——波節——位置。同時，我們也得知，相鄰兩波節之間隔為 $\lambda/2$，即半波長。

16-60 式之駐波振幅其最大值為 $2y_m$，發生於使 $|\sin kx| = 1$ 時之 kx。其值為

$$kx = \frac{1}{2}\pi, \frac{3}{2}\pi, \frac{5}{2}\pi, \ldots = \left(n + \frac{1}{2}\right)\pi \quad \text{當} n = 0, 1, 2, \ldots. \quad (16\text{-}63)$$

利用 $k = 2\pi/\lambda$ 之關係代入 16-63 式可得

$$x = \left(n + \frac{1}{2}\right)\frac{\lambda}{2} \quad \text{當} n = 0, 1, 2, \ldots \text{(波腹)} \quad (16\text{-}64)$$

為式 16-60 之駐波的最大振幅——波腹——位置。可知波腹的位置恰在相鄰兩波節之間的中央；相鄰兩波腹之間隔為半波長。

邊界之反射

在拉緊繩上要產生駐波的話，可以讓行進波在繩子另一端反射，而使其反射回來通過自己。此時入射波與反射波可分別用 16-58 式及 16-59 式表示，而兩者即可合成為駐波。

在圖 16-19 中，我們利用一簡單的脈波來說明行進波是如何反射的。在圖 16-19a 中，繩之左端固定。當脈波到達該端時，對支撐點(牆壁)施一向上之力。由牛頓第三定律，壁會施一大小相等方向相反之力於繩。此一反作用力即產生一個波形與原來相反的脈波，沿原路回去，就成了反射波。由於繩在左端之固定點完全不動，該處自然成為波節。我們也可以說，因入射波與反射波波形顛倒，故在此繩之左端互相抵銷。

在圖 16-19b 中，繩左端並未釘死，而是可自由的上下滑動(我們可以在繩端附一小金屬圓環，將圓環套在牆上的一個無摩擦的金屬桿上即可)。當入射波抵達時，金屬環於桿上向上升高。於是產生一脈波，沿原路回去，而形成反射波。但此一反射波之波形並不顛倒。由於此時之入射波與反射波互相加強，於是繩端必為波腹，其最大位移為入射波振幅的兩倍。

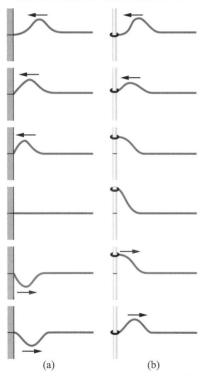

脈波從繩端點反射的兩種方式

(a)　　　(b)

圖 16-19 (a)由右端入射之脈波在左邊之固定壁反射。注意反射時，波形顛倒。(b)此時繩子左端繫於一環，且環能在桿上無摩擦地上下滑動。此情形下，脈波反射時不會反轉。

✓ 測試站 5

兩個相同振幅及波長的波，以三種不同情況干涉產生下列方程式的合成波：

(1) $y'(x, t) = 4 \sin(5x - 4t)$，(2) $y'(x, t) = 4 \sin(5x) \cos(4t)$

(3) $y'(x, t) = 4 \sin(5x + 4t)$

在那一種情況下，這兩個波的行進方向為

(a)朝正 x 方向，(b)朝負 x 方向，(c)朝相反的方向？

駐波與共振

考慮一繩,如吉他弦,於固定兩端間被拉緊。假設我們沿繩送入某一頻率的連續正弦波,比如波朝右行進。此波在右端反射並產生向左的反射波。向左方前進的波然後與正向右行進的波重疊在一起。向右的波及向左的波便互相干涉。簡言之,我們很快就有了許多疊加的波,它們互相干涉。

在某頻率下,此干涉會產生一駐波型式(或**振動模式**),如圖16-20所示。我們稱此駐波發生於**共振**,而繩處於**共振頻率**。如果繩不是在一個共振頻率下振動,並不會產生駐波。整條弦的振動即無規則可循。

令一繩或弦在間距 L 之兩固定端間被拉緊。利用某些方法使弦在共振頻率振動,因而在弦上建立駐波。因為弦的兩端都是固定的,因此兩端都是波節。合乎此一要求最簡單的駐波如圖16-21a所示。唯一的波腹在弦的正中央。注意到,波長的一半等於長度 L,其為弦長。其中 λ 為在此弦上建立的波長。這情況告訴我們,若向左及向右的行進波干涉而建立起此模式,則其波長必為 2L。

第二種駐波顯示於圖16-21b中。此圖案有三個波節及兩個波腹,稱為二環圖形。弦長 L 與波長 λ 之關係為。λ = L。再其次可能出現的圖案如圖16-21c所示;它有四個波節及三個波腹,且 $\lambda = \frac{2}{3}L$。依此類推,我們可以畫出更複雜的圖案來。只要每次增加一個波節及一個波腹即可,亦即,在固定的 L 距離中多塞進一個 λ/2。

綜上所述,λ 與 L 的關係式可歸納為

$$\lambda = \frac{2L}{n} \ , \quad n = 1, 2, 3, \ldots \tag{16-65}$$

相對於這些波長的共振頻率,由16-13式,為

$$f = \frac{v}{\lambda} = n\frac{v}{2L} \ , \quad n = 1, 2, 3, \ldots \tag{16-66}$$

其中,v 為繩上之波的行進速率。

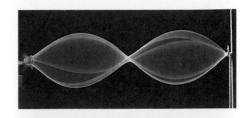
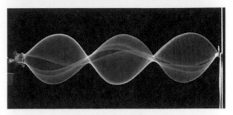
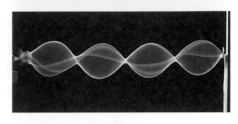

圖 16-20 圖中的頻閃觀測照片 (Stroboscopic photographs)顯示了,由位於左端的振盪器在弦上所產生的(有瑕疵)駐波型式。這些駐波型式都發生在特定的振盪頻率。

(Richard Megna/Fundamental Photographs)

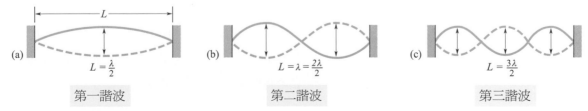

(a) 第一諧波 $L = \frac{\lambda}{2}$

(b) 第二諧波 $L = \lambda = \frac{2\lambda}{2}$

(c) 第三諧波 $L = \frac{3\lambda}{2}$

圖 16-21 兩端夾定且拉緊之弦振動而產生駐波圖案。(a)最簡單的圖案,稱為基本波,或第一諧波;圖案看起來(實線和虛線一起看)好像一個迴圈。(b)下一個最簡單的圖案(第二諧波),有兩個迴圈。(c)再下一個的圖案(第三諧波),有三個迴圈。

測試站 6

在下列一連串的共振頻率中，漏了一個頻率(低於 400 Hz)：150，225，300，375 Hz。(a)漏掉頻率為何？(b)第七個諧波的頻率為何？

16-66 式告訴我們，所有的共振頻率都是最低共振頻率 $f = v/2L$ (即 $n = 1$)之整數倍。以最低頻率振動之振動模式稱為基本模式，或稱第一諧波；$n = 2$ 之駐波稱為第二諧波；$n = 3$ 者稱為第三諧波等等，依此類推。這些模式的頻率常常被寫成 f_1、f_2、f_3 等等。所有這些諧波的集合，稱為**諧波系列**；而 n 則稱為**諧波數**。

對於一根給定張力的弦，每個共振頻率都會對應的特定盪模式。因此，如果共振頻率處於人耳朵可以聽見的範圍，且我們可聽到弦的狀態。共振亦發生於二維(如同圖 16-22 中定音鼓表面)與三維(例如風吹引致高層建築物擺動與旋轉)情況下。

圖 16-22 定音鼓皮許多可能的駐波模型其中之一，藉由在鼓皮灑上黑色粉末而使之可見。當鼓皮藉著一振動器(位於圖左上方)而以單一頻率振盪時，粉末便集中在節點，在此二維例子中，節點呈圓形及直線分佈(而不是點)。(感謝 Thomas D.Rossing, Norlhern Illinois University 提供此照片)

範例 16.6 橫波的共振，駐波，諧波

圖 16-23 顯示一根弦的共振樣式，此弦質量 $m = 2.500$ g，長度 $L = 0.800$ m 而且承受張力 $\tau = 325.0$ N。試問產生駐波樣式的橫波波長 λ 為何，與諧波數 n 為何？該橫波頻率與移動中的弦元素其振盪頻率 f 為何？振盪在座標 $x = 0.180$ m 處的元素，其橫向速度 u_m 最大值為何？橫向速度最大值位在元素振盪過程中的哪一點？

圖 16-23 有張力之弦之共振振動

關鍵概念

(1)能產生駐波樣式之橫波，其波長必須滿足這樣的條件，那就是使弦長 L 等於半波長的整數倍。(2) 這些波的頻率與弦元素的振盪頻率可以由式 16-66 ($f = nv/2L$)求出。(3) 弦的元素的位移是一個以位置 x 與時間 t 為變數的函數，其形式可以由 16-60 式提供：

$$y'(x,t) = [2y_m \sin kx]\cos \omega t \qquad (16\text{-}67)$$

波長與諧波數 在圖 16-23 中，實線代表振盪之有效快照(或定格畫面)，它顯示出一根長 $L = 0.800$ m 的弦含有兩個全波。因此可得

$$2\lambda = L$$
$$\lambda = \frac{L}{2} \qquad (16\text{-}68)$$
$$= \frac{0.800\,\text{m}}{2} = 0.400\,\text{m} \qquad \text{(答)}$$

藉由計算圖 16-23 內環的數量，觀察得諧波數為

$$n = 4 \tag{答}$$

比較式 16-68 與 16-65 ($\lambda = 2L/n$) 可得到相同結論。因此，該弦正以第四諧波進行振動。

頻率 若能先找出波的速率，則由式 16-13 ($v = \lambda f$) 可解得橫波頻率 f。此速率可由 16-26 式求出，不過此時須以 m/L 取代未知的線密度 μ。藉此可以得到

$$v = \sqrt{\frac{\tau}{\mu}} = \sqrt{\frac{\tau}{m/L}} = \sqrt{\frac{\tau L}{m}}$$
$$= \sqrt{\frac{(325\,\text{N})(0.800\,\text{m})}{2.50 \times 10^{-3}\,\text{kg}}} = 322.49\,\text{m/s}$$

重新整理 16-13 式後，可以改寫為

$$f = \frac{v}{\lambda} = \frac{322.49\,\text{m/s}}{0.400\,\text{m}}$$
$$= 806.2\,\text{Hz} \approx 806\,\text{Hz} \tag{答}$$

請注意，代入式 16-66 也可得相同答案

$$f = n\frac{v}{2L} = 4\frac{322.49\,\text{m/s}}{2(0.800\,\text{m})}$$
$$= 806\,\text{Hz} \tag{答}$$

現在請注意這個 806 Hz 不僅僅是製造出第四個諧波之波的頻率，同時它也被說成將會是第四諧波，正如這段話，「這個振盪之弦的第四諧波是 806 Hz。」它也是當圖中弦元素於簡諧運動下垂直地振盪時的頻率，一如一個物塊於一條垂直的弦會於簡諧運動下振盪。最後，它也是弦元素往復的振動空氣時你所聽到的聲音的頻率。

橫向速度 由式 16-67，給定座落在 x 座標上的弦元素 y' 位移為時間 t 之函數。其中數項 $\cos \omega t$ 具有時間相依性，故能提供駐波之「運動」訊息。$2y_m \sin kx$ 項則設定了運動範圍，亦即振幅。最大振幅發生於波腹，該處 $\sin kx$ 為 +1 或 −1，因而最大振幅為 $2y_m$。從圖 16-23 可觀察到 $2y_m = 4.00$ mm，這告訴我們 $y_m = 2.00$ mm。

本題所求的是橫向速度，即平行於 y 軸之弦元素的速度。為了求出此速度，我們對 16-67 式取時間導數：

$$u(x,t) = \frac{\partial y'}{\partial t} = \frac{\partial}{\partial t}\left[(2y_m \sin kx)\cos \omega t\right]$$
$$= [-2y_m \omega \sin kx]\sin \omega t \tag{16-69}$$

此處 $\sin \omega t$ 項提供了隨著時間變化的訊息，而 $-2y_m \omega \sin kx$ 則提供變化的極限。我們所要的是該極限的絕對值：

$$u_m = |-2y_m \omega \sin kx|$$

為了計算 $x = 0.180$ m 處的元素的上述數值，我們首先要注意 $y_m = 2.00$ mm、$k = 2\pi/\lambda = 2\pi/(0.400$ m$)$ 及 $\omega = 2\pi f = 2\pi(806.2$ Hz$)$。於是，$x = 0.180$ m 處的元素的最大速率為

$$u_m = \left| -2(2.00\times 10^{-3}\,\text{m})(2\pi)(806.2\,\text{Hz}) \right.$$
$$\left. \times \sin\left(\frac{2\pi}{0.400\,\text{m}}(0.180\,\text{m})\right) \right|$$
$$= 6.26\,\text{m/s} \tag{答}$$

為了求出弦的元素在什麼時候會具有此一最大速率，則可以研究 16-69 式。然而，稍稍思考一下則可節省許多工作量。因為元素正呈現簡諧運動，必須在其最上方與最下方短暫停止。當元素迅速通過振盪中點，則具有最大速率，如同塊體彈簧振盪系統中的塊體行為。

重點回顧

橫波與縱波 機械波只存在於物質介質中,可用牛頓定律來解釋。**橫向**機械波,如拉緊的繩中的波,介質(細繩)中的質點其振動方向與波傳播方向垂直。若介質中的質點,其振動方向與波傳播的方向平行,則該種波稱為**縱波**。

正弦波 一個沿+x 方向傳播的正弦波,其數學形式為

$$y(x,t) = y_m \sin(kx - \omega t) \tag{16-2}$$

其中 y_m 為**振幅**,k 為**角波數**,ω 為**角頻率**,$kx - \omega t$ 為**相位**。**波長** λ 及角波數(每米中之波數)k 的關係為

$$k = \frac{2\pi}{\lambda} \tag{16-5}$$

週期 T 及**頻率** f 與 ω 之關係為

$$\frac{\omega}{2\pi} = f = \frac{1}{T} \tag{16-9}$$

波速 v 為

$$v = \frac{\omega}{k} = \frac{\lambda}{T} = \lambda f \tag{16-13}$$

行進波的方程式 一般函數表示法為

$$y(x,t) = h(kx \pm \omega t) \tag{16-17}$$

可代表一**行進波**,波速如 16-13 式所述,其波形由 h 之數學形式決定。式中之正(或負)號指出波係沿-x (或+x)方向傳播。

繃緊細繩中之波速 緊繩上之波速由繩的性質而定。設一繃緊細繩之線密度為 μ,張力為 τ,則波速為

$$v = \sqrt{\frac{\tau}{\mu}} \quad (\text{速度}) \tag{16-26}$$

功率 **平均功率**,或在拉緊的繩中由正弦波傳送能量的速率為

$$P_{\text{avg}} = \frac{1}{2}\mu v \omega^2 y_m^2 \quad (\text{平均功率}) \tag{16-33}$$

波的疊加 當兩個或多個波同時在一介質中通過時,介質中任何質點的位移,為各波所造成的位移的總和。

波的干涉 當兩個波在同一繩上傳播時,依疊加原理,必互相加強或抵銷,稱為**干涉**。若兩波之振幅 y_m、頻率、及傳播方向均相同,但差一**相位常數** ϕ,則其合成波為

$$y'(x,t) = \left[2y_m \cos\frac{1}{2}\phi\right]\sin(kx - \omega t + \frac{1}{2}\phi) \tag{16-51}$$

若 $\phi = 0$,即兩波同相,則兩波為完全建設性干涉;若 $\phi = \pi$ rad,即兩波反相,則兩波為完全破壞性干涉。

相位向量(相量) 一個波 $y(x, t)$ 可以用一**相位向量**來表示。此為一個向量,其大小等於波的振幅 y_m,並以等於波的角頻率 ω 之角速率繞原點旋轉。此旋轉相位向量在垂直軸上的投影即波的位移 y。

駐波 設兩正弦波具有相同的頻率及振幅,但沿相反方向傳播,則兩波相互干涉,而產生**駐波**。對於固定端之繩,駐波為

$$y'(x,t) = [2y_m \sin kx]\cos \omega t \tag{16-60}$$

駐波的特徵是具有固定的**波節**(位移為零)及**波腹**(位移為最大)。

共振 繩中之駐波可由行進波及其反射波合成產生。若反射端為固定,則必為一波節;若為可自由移動,則為一波腹。此一邊界條件即限制了繩產生駐波的頻率。亦即,不是任何頻率均可在繩上產生駐波,而必須在特定的**共振頻率**之下,才有可能產生。所產生之駐波圖案稱為**振動模式**。一繃緊的細繩若其兩端為固定,則共振頻率為

$$f = \frac{v}{\lambda} = n\frac{v}{2L} \quad n = 1,2,3,.... \tag{16-66}$$

$n = 1$ 之振動模式稱為基本波或第一諧波,$n = 2$ 者稱為第二諧波等等,依此類推。

討論題

1 兩個波，

$y_1 = (2.50 \text{ mm}) \sin[(25.1 \text{ rad/m})x - (440 \text{ rad/s})t]$

$y_2 = (1.50 \text{ mm}) \sin[(25.1 \text{ rad/m})x + (440 \text{ rad/s})t]$

沿著繃緊的繩子行進。(a)對於 $x = 0$，$\lambda/8$，$\lambda/4$，$3\lambda/8$，和 $\lambda/2$，請畫出合成波的時間 t 函數圖，其中 λ 是波長。這個圖形的顯示範圍應該從 $t = 0$ 到比一週期稍微長一點的時間點。(b)合成波是駐波和行進波的疊加結果。請問行進波的移動方向爲何？(c)我們應該如何改變原來的波，使得用來疊加出合成波的駐波和行進波具有和以前一樣的振幅，但是行進波的移動方向與原來相反。接下來請使用我們的圖形，去找出振盪振幅發生(d)最大值和(e)最小值的位置。(f)最大值的振幅與原來兩個波的振幅有何關係？(g)最小值的振幅與原來兩個波的振幅有何關係？

2 身體防護層。當一個像子彈或炸彈碎片這樣的高速投射物，撞擊到現代身體防護層時，防護層的紡織物會快速地將投射物的能量散布在一片大面積上，藉此使得投射物停止因而無法穿透保護層。這種散佈過程是藉著從撞擊點徑向移動的縱向脈波和橫向脈波來達成，在這個過程中，投射物會在撞擊點向紡織物推入一個圓錐形凹痕。縱向脈波會以速率 v_ℓ 趕在撞擊點凹下之前，沿著紡織物的纖維迅速移動，導致纖維變薄和拉長，與此同時將有物質徑向往內流入凹下處。一條像這樣的徑向纖維顯示於圖 16-24a 中。投射物的部分能量會分配到這個移動模式，並且使纖維拉長。橫向脈波會以比較慢的速率 v_t 移動，它是由紡織物向下凹所引起。當投射物增加凹痕深度的時候，凹痕半徑將增加，並且導致纖維中的物質以和投射物相同的方向移動(垂直於縱向脈波的行進方向)。投射物的其餘能量會分配到這種移動模式。所有這些能量最終並不會使纖維產生永久性形變，所以結果會變成熱能。

　　圖 16-24b 是一個質量 10.2 g 子彈的速率 v 相對於時間 t 的圖形，這顆子彈是從點 38 左輪手槍，直接往身體防護層射出的。垂直軸和水平軸的尺標可以分別用 $v_s = 300$ m/s 及 $t_s = 40.0$ μs 予以設定。令 $v_l =$ 2000 m/s，並且假設圓椎形凹痕的半角 θ 是 60°。請問在撞擊過程結束的時候，(a)變薄區域以及(b)凹痕的半徑是多少(假設穿著防護層的人靜止不動)？

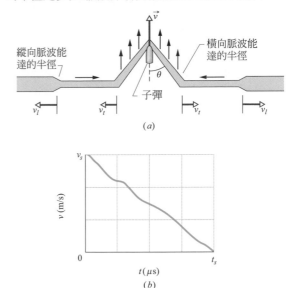

圖 16-24 習題 2

3 在一個關於駐波的實驗中，長 90 cm 的繩子附著在音叉的分叉上，此音叉是以電子式驅動，其振盪方向垂直於繩子的長度，其頻率爲 60 Hz。已知繩子的質量是 0.044 kg。如果要讓振盪成四個環，請問繩子所受的張力(另一端綁在重物上)必須是多少？

4 圖 16-25 顯示的是 $x = 0$ 處之繩上一點其橫向加速度 a_y 對時間之圖形，該點有形式爲 $y(x,t) = y_m \sin(kx - \omega t + \phi)$ 之波通過。垂直軸的尺標可以用 $a_s = 400$ m/s² 予以設定。請問 ϕ 爲何？(請注意：計算機無法永遠保證提供正確的反三角函數，所以請藉由將此數值和一個假定的 ω，代入 $y(x, t)$，然後畫出這個函數，以便檢驗自己的答案)。

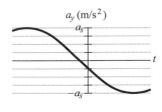

圖 16-25 習題 4

5 在一細長的繩中有一橫波，其方程式爲 $y = 5.0 \sin(0.040\pi x + 8.00\pi t)$，其中 x 及 y 之單位爲 cm，t 之單位爲 s。試求：(a)振幅；(b)波長；(c)頻率；(d)波速；

(e)波傳播方向；(f)繩上一點之最大橫向速率。(g)試求在 $x = 3.5$ cm，$t = 0.40$ s 時之橫向位移。

6 某一個張力為 τ_i 的繩子在頻率為 f_3 的第三諧波下進行振盪，而且在繩子上的波具有波長 λ_3。如果將繩子張力增加到 $\tau_f = 6.00\tau_i$，而且讓繩子再度振盪於第三諧波，請問此時(a)振盪頻率為何？以 f_3 表示之，以及(b)波長為何？以 λ_3 表示之。

7 某一個正弦橫波在水平長繩的一端，由一根棒子上下移動而產生，棒子的上下移動距離是 1.00 cm。棒子的移動持續進行，而且每秒規律地重複 120 次。繩子的線性密度是 120 g/m，而且保持在 90.0 N 的張力下。試求(a)橫向速率 u 的最大值和(b)張力 τ 的橫向分量最大值。

(c)請證明上述所計算的兩個最大值發生在波的相同相位。請問在這些相位值，繩子的橫向移位 y 是多少？(d)沿著繩子的最大能量傳輸率是多少？(e)當最大傳輸率發生的時候，橫向移位 y 為何？(f)沿著繩子的最小能量傳輸率是多少？(g)當最小傳輸率發生的時候，橫向移位是多少？

8 某一個角頻率 1500 rad/s 且振幅 3.50 mm 的正弦波，沿著線密度 2.00 g/m 且張力為 1200 N 的繩子傳送。(a)請問此波在繩上傳輸能量的平均傳輸率為何？(b)如果同一時間有一個完全相同的波，沿著相鄰且完全相同的繩子行進，請問此兩個波各自傳送到兩條繩子的能量總平均傳輸率為何？如果情況變成是這兩個波是沿著同一條繩且同時傳送，請問當它們的相位差是：(c) 0，(d) 0.4π rad，(e) π rad，其能量總平均傳輸率為何？

9 請利用下列以一般函數 $h(x, t)$ 所表示的波方程式，去求出波的速率：

$$y(x, t) = (4.00 \text{ mm}) \, h[(20 \text{ m}^{-1})x + (25 \text{ s}^{-1})t]$$

10 某一個沿著繩子行進的橫波方程式是

$$y = (2.0 \text{ mm}) \sin[(20 \text{ m}^{-1})x - (600 \text{ s}^{-1})t]$$

求波的(a)振幅，(b)頻率，(c)速度(包括正負號)，及(d)波長。(e)請求出在繩子上的一個粒子的最大橫向速率。

11 某一個在 x 軸正方向上行進的正弦橫波具有振幅 2.0 cm，波長 10 cm，以及頻率 400 Hz。若波方程式之形式為 $y(x,t) = y_m \sin(kx \pm \omega t)$，試求：(a) y_m，(b) k，(c) ω，(d)在 ω 前的正確正負符號。試問(e)在繩上一點的最大橫向速率，及(f)波速各是多少？

12 如果 $y(x, t) = (5.0 \text{ mm}) \sin(kx + (600 \text{ rad/s})t + \phi)$ 描述了沿著一條繩子行進的波，試問繩子上任何給定的點，在位移 $y = +3.0$ mm 和位移 $y = -3.0$ mm 之間移動，所花費的時間是多少？

13 使用於棒球和高爾夫球內部的那種橡皮圈，在一個很大的橡皮圈伸長範圍內，都會遵守虎克定律。有一段這種物質，其未伸展長度是 ℓ，質量為 m。當對其施加力 F 的時候，橡皮圈另外又伸長了 $\Delta\ell$ 長度。(a)請問在這條已經繃緊的橡皮圈上，其橫波速率是多少(以 m，$\Delta\ell$，彈性常數 k 表示之)？(b)使用(a)小題的答案去證明，如果 $\Delta\ell \ll \ell$，則橫向脈波行經這段橡皮圈長度所需要的時間，與 $1/\sqrt{\Delta\ell}$ 成正比，而且如果 $\Delta\ell \gg \ell$，則所需時間是固定的。

14 某一個 600 Hz 音叉的振盪，在兩端被夾住的繩子中建立起駐波。繩子的波速是 400 m/s。駐波具有四個環，而且振幅是 2.0 mm。(a)試問繩子的長度是多少？(b)請寫出繩子的移位方程式，並且表示成位置和時間的函數。

15 當某特定小提琴以某特定風格在演奏的時候，琴弦的最低共振頻率是音樂會 A 調音(440 Hz)。請問琴弦的(a)第二諧波和(b)第三諧波的頻率為何？

16 弦之線密度為 2.0×10^{-4} kg/m。於一條弦上的橫向波可以由下述方程式來描寫

$$y = (0.021 \text{ m}) \sin[(2.0 \text{ m}^{-1})x + (40 \text{ s}^{-1})t]。$$

試求：(a)波速；(b)弦中之張力。

17 可使波於其上行進之一繩長度 3.40 m，質量 260 g。張力為 36.0 N。振幅為 7.70 mm 之波欲傳遞 105 W 之平均功率時，其頻率應為多少？

18 下列兩個波要沿著相同繩子行進：

$$y_1(x, t) = (3.30 \text{ mm}) \sin(2\pi x - 400\pi t)$$

$$y_2(x, t) = (4.80 \text{ mm}) \sin(2\pi x - 400\pi t + 0.60\pi \text{ rad})$$

請問合成波的(a)振幅和(b)相位角(相對於波 1)為何？(c)如果有振幅為 5.00 mm 的第三個波要沿著繩子，往與前兩個波相同的方向行進，為了要使新合成波的振幅達到最大，請問第三個波的相位角應該是多少？

19 一個脈波的波形可以表示成函數 $h(x - 5.0t)$，對 $t = 0$ 時的波形顯示在圖 16-26。垂直軸的尺標可以用 $h_s = 2$ 予以設定。此處 x 的單位是公分，t 的單位是秒。試問脈波行進的(a)速率和(b)方向為何？(c)畫出 $t = 2$ s 時，$h(x - 5t)$ 對 x 的函數圖形。(d)畫出 $x = 10$ cm 的時候，$h(x - 5t)$ 對 t 的函數圖形。

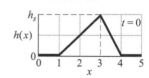

圖 16-26 習題 19

20 長 85.0 cm 之細繩質量為 2.00 g，張力為 12.0 N。(a)繩中之波速為何？(b)繩最低之共振頻率為何？

21 考慮兩相向傳遞形成的駐波(振幅 5.00 mm 和頻率 120 Hz)，環由長度 2.25 m，質量 125 g 且張力為 40 N 的細繩組成。能量以何速度從(a)單邊，(b)雙邊進入環；(c)細繩在振盪過程中產生的最大動能是多少？

22 某一個角頻率 440 rad/s 的行進正弦波，在時間 $t = 0$ 的時候，沿著繩子的位置 $x = 0$ m 處，其移位是 $y = +4.5$ mm，橫向速度是 $u = -0.75$ m/s。如果該波的一般形式是 $y(x,t) = y_m \sin(kx - \omega t + \phi)$，請問相位常數 ϕ 是多少？

23 兩個具有相同波長的正弦波沿著緊繃的繩子在相同方向上行進。對波 1 而言，$y_m = 3.0$ mm 而且 $\phi = 0$；對波 2 而言，$y_m = 5.0$ mm 而且 $\phi = 70°$。請問合成波的(a)振幅和(b)相位常數是多少？

24 由下列兩個方程式所描述的行進中的橫波所產生的駐波

$$y_1 = 0.050 \cos(\pi x - 4\pi t)$$

$$y_2 = 0.050 \cos(\pi x + 4\pi t)$$

其中 x，y_1 與 y_2 的單位是公尺且 t 的單位是秒。(a)請問對應到波節位置的最小正 x 值是多少？從 $t = 0$ 開始，在 $x = 0$ 的粒子具有零速度的(b)第一次，(c)第二次，和(d)第三次時間值各是多少？

25 一吉他之尼龍弦，線密度為 7.20 g/m，張力為 250 N。兩端支架的距離為 $D = 90.0$ cm。振動時所形成的駐波圖案如圖 16-27 所示。試求產生此一駐波之行進波之(a)波速，(b)波長，(c)頻率。

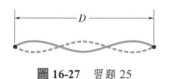

圖 16-27 習題 25

26 處於繃緊狀態的某特定繩子，其諧波頻率有一個是 325Hz。更高的下一諧波頻率是 390 Hz。試問在諧波頻率 520 Hz 之後，下一個更高的諧波頻率為何？

27 一繩長度 3.00 m，質量 60.0 g，張力為 400 N，試求繩中橫波之波速。

28 兩個具有相同波長和振幅的正弦波以 8.0 cm/s 之波速在一繩上反方向傳播。設繩子連續兩次回到沒有位移的位置，時間相隔 0.25 s，試求兩波之波長。

29 某一個波具有速率 240 m/s，以及波長 3.2 m。試問波的(a)頻率和(b)週期是多少？

30 三個具有相同頻率的正弦波在 x 軸的正方向上沿著繩子行進。它們的振幅分別是 y_1，$y_1/2$，和 $y_1/3$，它們的相位常數分別是 0，$\pi/2$，π。請問合成波的(a)振幅和(b)相位常數是多少？(c)請畫出所產生繩波在 $t = 0$ 時的波形，並且討論隨著 t 增加，此繩波的行為。

31 某一個沿著繩子行進的橫波方程式是

$$y = 0.15 \sin(0.79x - 13t)$$

其中，x 與 y 的單位是公尺且 t 的單位是秒。(a)試問在 $x = 2.3$ m 而且 $t = 0.16$ s 的移位 y 是多少？為了在繩上形成駐波，我們將第二個波加到第一個波之上。若第二波的波方程式形式為

$y(x,t) = y_m \sin(kx \pm \omega t)$，試求第二波的：

(b) y_m，(c) k，(d) ω，(e)在 ω 前的正確正負符號。

(f)合成駐波在 $x = 2.3$ m，$t = 0.16$ s 的移位是多少？

32 圖 16-28 顯示的是彈簧上位於 $x = 0$ 的一點,在某一個波通過該點的過程中,其位移 y 對時間 t 的圖形。y 軸的尺標可以用 $y_s = 6.0$ mm 予以設定。波已知是 $y(x,t) = y_m \sin(kx - \omega t + \phi)$。請問 ϕ 為何?(請注意:計算機無法永遠保證提供正確的反三角函數,所以請藉由將此數值和一個假定的 ω,代入 $y(x, t)$,然後畫出這個函數,以便檢驗自己的答案)。

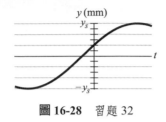

圖 16-28 習題 32

33 兩個波被描述成

$$y_1 = 0.30 \sin[\pi(5x - 200t)]$$

$$y_2 = 0.30 \sin[\pi(5x - 200t) + \pi/3]$$

其中 y_1, y_2 與 x 的單位是公尺且 t 的單位是秒。當這兩個波組合起來的時候,將產生一個行進波。試問該行進波的(a)振幅,(b)波速,和(c)波長是多少?

34 某一個訊號產生器在非常長的繩子的一個端點上產生如下所描述的波

$$y = (6.0 \text{cm}) \cos \frac{\pi}{2} \left[(2.00 \text{m}^{-1})x + (10.0 \text{s}^{-1})t \right]$$

且有一個訊號產生器產生了下列形式的波

$$y = (6.0 \text{cm}) \cos \frac{\pi}{2} \left[(2.00 \text{m}^{-1})x - (10.0 \text{s}^{-1})t \right]$$

請計算每一個波的(a)頻率,(b)波長,以及(c)波速。對於 $x \geq 0$ 而言,請問在諸波節中,具有(d)最小 x 值,(e)次小 x 值,及(f)第三小 x 值的波節位置為何?對於 $x \geq 0$ 而言,請問在諸波腹中,具有(g)最小 x 值,(h)次小 x 值,及(i)第三小 x 值的波腹位置為何?

35 一張力 400 N 的繩兩端固定,有一個第二諧波的駐波。繩子之位移為

$$y = (0.10 \text{ m})(\sin \pi x/2) \sin 14\pi t,$$

其中在繩子的一端 $x = 0$,x 的單位是公尺,而 t 的單位是秒。試求:(a)繩長,(b)波速,(c)繩的質量,(d)若駐波為第三駐波,則振動週期為何?

36 請問:(a)能夠沿鐵絲傳遞的最快橫波為何?為了安全理由,鐵絲最大拉應力限制為 7.00×10^8 N/m^2。其中鐵密度為 7800 kg/m^3。(b)解答是否與鐵絲的直徑有關?

37 設一繩中之行進波為

$$y(x, t) = 15.0 \sin(\pi x/8 - 4\pi t)$$

其中 x 與 y 的單位是公分且 t 的單位是秒。(a)請問當 $t = 0.250$ s 的時候,在 $x = 6.00$ cm 的繩子上一點,其橫向速率是多少?(b)對繩上的任何點而言,最大橫向速率是多少?(c)當 $t = 0.250$ s 的時候,在 $x = 6.00$ cm 的繩子上一點,其橫向加速度的量值是多少?(d)對於繩子上的任何點而言,最大橫向加速度的量值是多少?

38 一個正在 x 軸負方向上行進的正弦橫波具有振幅 1.00 cm,頻率 550 Hz,以及速率 330 m/s。若波方程式之形式為 $y(x,t) = y_m \sin(kx \pm \omega t)$,試求:(a) y_m,(b) ω,(c) k,(d)在 ω 前的正確正負符號。

39 兩個具有相同頻率和振幅的 120 Hz 正弦波,沿著處於繃緊狀態的繩子,在 x 軸正方向上傳遞。兩個波可以同相傳遞,或者在具有相位差的情形下傳遞。圖 16-29 顯示的是合成波振幅 y' 相對於移位距離(一個波與另一個波之間的偏離的距離)的關係圖。垂直軸的尺標可以用 $y'_s = 6.0$ mm 予以設定。若兩波之波方程式形式為 $y(x,t) = y_m \sin(kx \pm \omega t)$,試求:(a) y_m,(b) k,(c) ω,(d) 在 ω 前的正確正負符號。

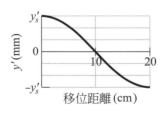

圖 16-29 習題 39

40 振幅爲 A 的連續波入射到邊界上。較小振幅 B 的連續反射經由入射波傳播回去,產生圖 16-30 中的干涉圖。駐波比定義爲

$$\text{SWR} = \frac{A+B}{A-B}$$

反射係數 R 是反射波功率和入射波功率之比,因此與 $(B/A)^2$ 成正比。(a)全反射和(b)無反射的 SWR 是多少?(c)若 SWR = 1.50,R 以百分比表示爲多少?

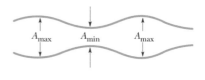

圖 16-30　習題 40

41 設一繩中之行進波爲

$$y = 2.0\sin\left[2\pi\left(\frac{t}{0.40} + \frac{x}{80}\right)\right]$$

其中 x 與 y 的單位是公分且 t 的單位是秒。(a)當 $t = 0$,請畫出在 $0 \le x \le 160$ cm 範圍內,y 相對於 x 的函數關係。(b)針對 $t = 0.05$ s 與 $t = 0.10$ s 重作(a)。利用自己的答案,求出波行進的(c)速率和(d)方向。

42 振幅 y_m、波長 λ 的正弦橫波在緊繃的繩子上行進。(a)試求出粒子最大速率(一個在繩子中的單一粒子,其相對於波的行進方向呈橫向的移動速率)相對於波速的比值。(b)這個比值與繩子所製成的物質有關嗎?

43 電磁波(包含可見光、無線電波和 X 射線)在真空中的速率是 3.0×10^8 m/s。(a)可見光波的波長範圍從紫光的大約 400 nm,到紅光的大約 700 nm。請問這些波的頻率範圍爲何?(b)短波無線電波(例如 FM 無線電波和 VHF 電視電波)的頻率範圍是從 1.5 MHz 到 300 MHz。試問對應的波長範圍爲何?(c) X 射線波長範圍從大約 5.0 nm 到大約 1.0×10^{-2} nm。那麼 X 射線的頻率範圍爲何?

44 於一條弦上的橫向波的方程式是

$$y = (2.0 \text{ mm}) = \sin[(20 \text{ m}^{-1})x - (400 \text{ s}^{-1})t]$$

張力爲 20 N。(a)試問:波速爲何?(b)此弦之線密度爲何(以 g/m 爲單位)?

45 波長 20 cm 的某特定正弦橫波在 x 軸正方向上移動。在 $x = 0$ 處,粒子的橫向速度表示成時間函數的圖形顯示於圖 16-31 中,垂直軸的尺標可以用 $u_s = 5.0$ cm/s 予以設定。請問 (a)波速,(b)振幅,和 (c)頻率是多少?(d)請畫出在 $t = 2.0$ s 的時候,介於 $x = 0$ 和 $x = 20$ cm 之間的波形。

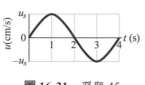

圖 16-31　習題 45

46 有四個波要沿著相同繩子往相同方向傳送:

$$y_1(x, t) = (5.00 \text{ mm}) \sin(2\pi x - 300\pi t)$$

$$y_2(x, t) = (5.00 \text{ mm}) \sin(2\pi x - 300\pi t + 0.60\pi)$$

$$y_3(x, t) = (5.00 \text{ mm}) \sin(2\pi x - 300\pi t + \pi)$$

$$y_4(x, t) = (5.00 \text{ mm}) \sin(2\pi x - 300\pi t + 1.60\pi)$$

請問合成波的振幅爲何?

47 弦 A 被拉緊固定於相距 L 之兩點。弦 B 與弦 A 之線密度及張力均相同,被固定於相距 $4L$ 之兩點。考慮弦 B 的前 8 個諧波。那一個諧波之頻率與弦 A 之(a)第一諧波,(b)第二諧波,(c)第三諧波相同?

48 完全相同的兩個波在拉緊之細繩中以同方向傳播,已知合成波之振幅爲各波振幅的 1.25 倍;兩波之相位差爲何?表示答案時,以(a)度,(b)強度,(c)波長。

49 兩個除了相位以外完全相同的正弦波,沿著一條繩子在相同方向上行進,產生了合成波形 $y'(x, t) = (3.0 \text{ mm}) \sin(20x - 4.0t + 0.820 \text{ rad})$,其中 x 的單位是公尺,t 的單位是秒。試問(a)兩個波的波長 λ;(b)它們之間的相位差;及(c)它們的振幅 y_m 是多少?

50 某一個正弦橫波正在沿著 x 軸往負方向行進。圖 16-32 示爲在時間 $t = 0$,位移表示成位置的函數曲線圖形;其中 y 軸的尺標可以用 $y_s = 2.0$ cm。已知繩子張力是 4.0 N,而且其線密度是 20 g/m。

試求波的(a)振幅，(b)波長，(c)波速，(d)週期。(e)請求出在繩子上的一個粒子的最大橫向速率。若波方程式之形式爲 $y(x,t) = y_m \sin(kx \pm \omega t + \phi)$，試求：(f) k，(g) ω，(h) ϕ，(i)在 ω 前的正確正負符號。

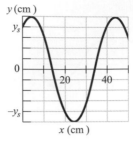 

圖 16-32 習題 50 　　 **圖 16-33** 習題 55

51 當繩子處於張力 τ_1，頻率爲 f_1 的波能量傳輸率是 P_1。(a)如果張力增加爲 $\tau_2 = 4\tau_1$，及(b)如果情況變成頻率減少爲 $f_2 = f_1/2$，請問新能量傳輸率 P_2 是多少？試以 P_1 表示之。

52 (a)在一條細繩上有一個以 y 軸正方向行進的正弦橫波，請寫出用來描述它的方程式。已知正弦波的角波數是 60 cm^{-1}，週期是 0.20 s，而且振幅爲 3.0 mm。在這個過程中，請將橫向運動方向選擇爲 z 方向。(b)試問在繩上一點的最大橫向速率是多少？

53 某一個 1.50 m 金屬線具有質量 8.70 g，而且所受張力是 120 N。金屬線的兩端使金屬線保持在緊繃狀態，然後將金屬線設定成振盪狀態。(a)請問在金屬線上的波速是多少？能在繩子上產生(b)一環駐波和(c)二環駐波的繩波波長是多少？求下列波的頻率：(d)產生一環駐波；(e)二環駐波。

54 一正弦波以波速 40 cm/s 沿一繩傳播。已知繩上 $x = 10 \text{ cm}$ 處之位移可用方程式 $y = (6.0 \text{ cm}) \sin[2.0 - (4.0 \text{ s}^{-1})t]$ 表示。若繩之線密度爲 4.0 g/cm。試求此波之：(a)頻率；(b)波長。若波方程式之形式爲 $y(x,t) = y_m \sin(kx \pm \omega t)$，試求：(c) y_m，(d) k，(e) ω，(f) 在 ω 前的正確正負符號。(g) 繩子的張力是多少？

55 在圖 16-33 中，在重力可忽略的地方，圍繞中心點旋轉的細繩繞成環形。半徑爲 4.00 cm，線段的切線速度爲 5.00 cm/s。細繩被撥彈。橫波以何速度沿細繩運動？(提示：以有限小的線段利用牛頓第二運動定律求解)

56 在一次示範中，某一個 1.2 kg 水平繩索的兩端被固定著($x = 0$ 和 $x = 2.0 \text{ m}$)，並且設定成在基本模式上下振盪，其頻率爲 5.0 Hz。在 $t = 0$ 的時候，位於 $x = 1.0 \text{ m}$ 處的一點具有零移位，而且朝正 y 軸方向往上移動，其橫向速度是 5.0 m/s。試問(a)該點的振幅，及(b)繩索的張力是多少？(c)請寫出基本模式的駐波方程式。

57 一正弦波在繩中行進。某特定點從最大位移處移到零點之處所需的時間是 0.213 秒。試求：(a)週期，(b)頻率。(c)波長爲 0.950 m 時的波速？

58 圖 16-34 顯示了當波通過繩子上在 $x = 0$ 的點時，其橫向速度 u 相對於時間 t 的曲線圖。圖中垂直軸的尺標可以用 $u_s = 2.0 \text{ m/s}$ 予以設定。波的形式是 $y(x,t) = y_m \sin(kx - \omega t + \phi)$。請問 ϕ 爲何？(請注意：計算機無法永遠保證提供正確的反三角函數，所以請藉由將此數值和一個假定的 ω，代入 $y(x, t)$，然後畫出這個函數，以便檢驗自己的答案。)

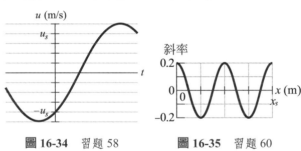

圖 16-34 習題 58 　　 **圖 16-35** 習題 60

59 函數 $y(x, t) = (15.0 \text{ cm}) \cos(\pi x - 15\pi t)$ 描述了在緊繃繩子上的某一個波，其中 x 的單位是公尺，t 的單位是秒。當繩子上某一點具有位移 $y = +8.00 \text{ cm}$ 的瞬間，請問該點此時的橫向速率爲何？

60 某一個正弦波沿著處於緊繃狀態的繩子行進。圖 16-35 提供了在時間 $t = 0$，沿著繩子的斜率數據曲線圖。x 軸的尺標可以用 $x_s = 0.60 \text{ m}$ 予以設定。請問波的振幅爲何？

61 某一個 120 cm 長的弦在兩個固定支架之間形成緊繃狀態。如果要在其上建立駐波，請問在繩上行進波的(a)最長，(b)第二長，以及(c)第三長波長是多少？(d)試畫出那些駐波。

CHAPTER 17

波(II)

17-1 聲速

學習目標

在閱讀完這個區塊的文字之後,讀者應該能夠...

17.01 區分縱波與橫波。

17.02 解釋波前與射線。

17.03 應用介質中聲速、材料體積模數與材料密度間的關係。

17.04 運用聲速、聲波行進距離以及所需時間的關係。

關鍵概念

● 聲波是縱向機械波,可以在固體、液體及氣體中傳播。若一介質之體積模數為B,密度為ρ,則聲波在該介質中之聲速 v 為

$$v = \sqrt{\frac{B}{\rho}} \quad (\text{聲速})$$

在20℃的空氣中,聲速為343 m/s。

物理學是什麼?

音波物理學在許多領域的研究期刊中,是無數研究的基礎。這裡只舉一些例子。一些生理學者很關心話語能力是如何產生的,話語能力受損要如何才能改正,聽話能力喪失如何才能改善,與甚至打鼾如何產生等問題。有些音響工程師會關心改善大教堂和音樂廳的音響效果,在高速公路和道路建築附近減低噪音,以及利用揚聲器系統重現音樂等問題。有些航空工程師關心的是由超音速飛機產生的震波,以及在機場附近社區中所引起的飛機噪音等問題。有些醫學研究人員關心的是心臟和肺部產生的雜音,如何轉換成信號反應出病人體內的醫學問題。有些古生物學者則關心如何從恐龍化石透露恐龍的發聲現象。有些軍事工程師關心的是如何藉著狙擊手開火的聲音,讓士兵找出狙擊手的位置,以及在比較溫馨的一面,有些生物學家則關心貓如何咕嚕咕嚕叫的問題。

為了開始我們關於聲音物理學的討論,我們首先必須回答下列問題「聲波是什麼?」

聲波

在第 16 章中,我們可以知道機械波存在於物體中的介質裡。有二種類型的機械波:橫波是振動方向與波傳播方向垂直;縱波是振動方向與波傳播方向平行。

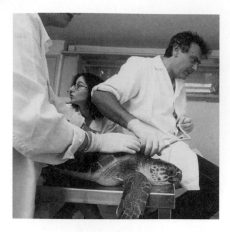

圖 17-1 一隻海龜正被用超音波(頻率高於人的聽覺範圍)檢查；海龜內部的圖像會被產生在一具螢幕上。(Mauro Fermariello/SPL/Science Source)

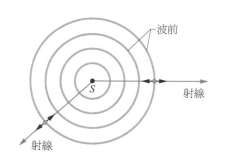

圖 17-2 一聲波由一點聲源 S 在三維介質中行進。波前是以 S 為球心的球面；射線是以 S 為起點放射開來。短且雙頭的箭號指出物體介質振動與射線方向平行。

大致上，**聲波**可如同任一縱波般定義。利用震波，地質探勘小組可以探測地殼中之石油。船隻利用聲波測距裝備(聲納)探測水下的障礙物。潛水艇可以利用別艘潛艇所發出的聲波(螺旋槳或引擎)以及艇上所丟出的廢棄物，來作為跟蹤的線索；另外聲波也可用來探測人體或動物的軟組織。圖 17-1 告訴我們我們聲波是如何被用來窺探動物及人體的軟組織。在這章中，我們將專注於探討可以在空氣中傳播而且能被人們聽見的聲波。

圖 17-2 所示為我們將要討論的幾個觀念。點 S 代表的是一個極小聲源，稱為點聲波，它會向各個方向發射聲波。波前和射線所代表的是傳播方向及聲波的散播。**波前**是由聲波導致空氣振動具有相同大小的值所形成的面，這些面對於二維空間中點聲源而言，所描繪出來的是完整的或部分的圓形。**射線**是代表波前的傳播方向而且垂直波前的直線。圖 17-2 中置於射線上的短雙箭頭，表示空氣的縱向振動平行於射線。

在圖 17-2 中，點聲源附近的波前是球殼狀而且是在三維空間中以擴散方式傳播，因此稱為球面波。隨著波前向外傳播，其半徑變得更大且曲率愈小。所以在距離點波源很遠之處，我們可以將波前近似地視為平面，即稱此波為平面波。

聲速

任何機械波的波速，不論是橫波或是縱波，均由介質的慣性(用以貯存動能)以及彈性(用以貯存位能) 來決定。16-26 式所表示拉緊細繩中之波速可歸納為：

$$v = \sqrt{\frac{\tau}{\mu}} = \sqrt{\frac{彈性}{慣性}} \tag{17-1}$$

其中，(對橫波而言) τ 為繩之張力，μ 為繩之線密度。若此時之介質為空氣，則 17-1 式中代表慣性的線密度 μ 可替換為空氣的體積密度 ρ。然而代表彈性的，應該用什麼代換呢？

在拉緊的細繩中，位能是當波動通過繩子時，由繩之各部分作週期性之伸張所產生的。而當聲波通過空氣時，位能則是由空氣之各部分作週期性的壓縮及膨脹所產生的。在物理裡面，用來表示介質在壓力(單位面積所受的力)變化之下，其體積如何隨之變化的一個物理量，稱為**體積模數**(bulk modulus) B，其定義(由 12-25 式)為

$$B = -\frac{\Delta p}{\Delta V / V} \quad (體積模數的定義) \tag{17-2}$$

其中，$\Delta V / V$ 為在壓力變化 Δp 下，體積之變化比。在 14-1 節我們已提過，在 SI 單位制中，壓力的單位為 N/m²，或者 Pa(帕)。由 17-2 式可知，B 的單位也是 Pa。注意，Δp 與 ΔV 之符號恆相反。由於增加壓力(Δp 為正)

必造成流體體積之減少,此時 ΔV 為負。因此 17-2 式中之負號使得 B 恒為一正值。現在在 17-1 式中,以 B 換 τ,ρ 換 μ,則得

$$v = \sqrt{\frac{B}{\rho}} \quad \text{(聲速)} \tag{17-3}$$

這是在體積模數為 B、密度為 ρ 的介質內聲音的速度。表 17-1 列舉在各種不同介質內聲音的速度。

　　水的密度約為空氣密度的 1000 倍。假若只考慮此一因素,由 17-3 式告訴我們水中的聲速必遠小於空氣中之聲速。然而,由表 17-1 中我們看到情況完全相反。因此(根據 17-3 式)我們推論,水的體積模數 B 必比空氣大 1000 倍以上。確實是如此。水比空氣不易壓縮;由 17-2 式之定義可以看出,不易壓縮的流體必具有較大的體積模數。

17-3 式之推導

　　現在讓我們由牛頓定律來推導 17-3 式。設在一充滿空氣的長管中,有一疏密脈波(由空氣之疏密變化所形成)由右向左以速率 v 傳播,如圖 16-2 所示。如果我們跟著該脈波一起移動,則在觀察者的參考座標系統中,脈波看起來是靜止的。圖 17-3a 所示者為由此參考座標系所看到的情形:脈波(壓縮區)看似靜止,而空氣則看似以速率 v 由左向右運動。

　　設空氣原來的壓力為 $p + \Delta p$,壓縮區內之壓力為 $p + \Delta p$,其中 Δp 可為正(壓縮區),亦可為負(膨脹區)。今考慮一小段空氣,其截面積為 A,厚度為 Δx,以速率 v 向脈波運動。當此一小段空氣進入脈波時,其前面遭遇較大的壓力,因此速率變慢為 $v + \Delta v$,其中 Δv 為負。當該一小段空氣的後面亦進入脈波中時,整段之速度全部都變慢,前後共需時

$$\Delta t = \frac{\Delta x}{v} \tag{17-4}$$

　　對此段空氣應用牛頓第二定律。在此 Δt 時間中,作用於該小段空氣後面的力為 pA(向右),而作用於其前面之力為 $(p + \Delta p)A$ 向左(圖 17-3b)。因此,在 Δt 時間內,作用於該一小段空氣之合力為

$$\begin{aligned} F &= pA - (p + \Delta p)A \\ &= -\Delta p A \quad \text{(合力)} \end{aligned} \tag{17-5}$$

其中之負號表示此合力之方向(見圖 17-3b)為向左。該一小段空氣之體積為 $A\Delta x$,故由 17-4 式知其質量為

$$\Delta m = \rho \Delta V = \rho A \Delta x = \rho A v \Delta t \quad \text{(質量)} \tag{17-6}$$

最後,我們又知道在 Δt 區間其平均加速度為

$$a = \frac{\Delta v}{\Delta t} \quad \text{(加速度)} \tag{17-7}$$

表 17-1　聲速 [a]

介質	速率(m/s)
氣體	
空氣(0℃)	331
空氣(20℃)	343
氦	965
氫	1284
液體	
水(0℃)	1402
水(20℃)	1482
海水 [b]	1522
固體	
鋁	6420
鋼	5941
花崗石	6000

[a] 如無特別註明,即為 0℃ 及 1 atm。

[b] 在 20℃ 及 3.5% 之鹽度。

圖 **17-3** 壓縮波在充滿空氣的長管中，從右傳至左。此圖所選用的參考座標系使得脈波看起來是靜止的，而空氣由左向右運動。(a)長 Δx 之一小段空氣以速率 v 向壓縮區移動。(b)該小段空氣之前面進入壓縮區。圖中顯示出其前後兩面所受之空氣壓力。

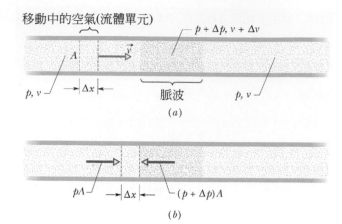

故由牛頓第二定律$(F = ma)$，並將 17-5 至 17-7 式代入之，得

$$-\Delta p A = (\rho A v \Delta t)\frac{\Delta v}{\Delta t} \tag{17-8}$$

可寫成

$$\rho v^2 = -\frac{\Delta p}{\Delta v / v} \tag{17-9}$$

當我們所考慮的那小段空氣在脈波之外時，其體積為 $V (= A v \Delta t)$；而當它進入脈波時，被壓縮了 $\Delta V (= A \Delta v \Delta t)$。因此，

$$\frac{\Delta V}{V} = \frac{A \Delta v \Delta t}{A v \Delta t} = \frac{\Delta v}{v} \tag{17-10}$$

將 17-10 式和 17-2 式代入 17-9 式，得

$$\rho v^2 = -\frac{\Delta p}{\Delta v / v} = -\frac{\Delta p}{\Delta V / V} = B \tag{17-11}$$

解出 v 即得 17-3 式所述之速率。此一速率為圖 17-3 中空氣向右運動的速率，也是脈波向左運動的速率。

17-2　行進之聲波

學習目標

在閱讀完這個區塊的文字之後，讀者應該能夠...

17.05 對於任何特定時間與位置，當聲波行進穿過一小段空氣時，計算其位移$s(x, t)$。

17.06 對某聲波位移方程式$s(x, t)$，計算兩位移之間的時間。

17.07 應用波速v、角頻率ω、角波數k、波長λ、週期T與頻率f之間的關係。

17.08 畫出一小段空氣之位置函數的位移$s(x)$圖，並指出其振幅s_m與波長λ。

17.05 對於任何特定時間與位置，當聲波行進穿過一小段空氣時，計算其壓力改變量Δp(大氣壓力的變化)。

17.10 畫出一小段空氣之位置函數的壓力變化$\Delta p(x)$圖，並指出其振幅Δp_m 與波長λ。

17.11 運用壓力變化振幅Δp_m 與位移振幅s_m之間的關係。

17.12 依據聲波位置s對時間的圖，決定出振幅Δs_m 與週期T。

17.13 依據聲波壓力變化Δp對時間的圖，決定出振幅Δp_m 與週期T。

關鍵概念

● 聲波傳播時，介質中之質點的縱向位移s為

$$s = s_m \cos(kx - \omega t),$$

其中，s_m為位移振幅(最大位移)，$k = 2\pi/\lambda$，$\omega = 2\pi f$；λ 及 f 分別代表聲波的波長及頻率。

● 聲波也會使介質從平衡的壓力產生壓力變化Δp

$$\Delta p = \Delta p_m \sin(kx - \omega t),$$

其中壓力振幅為

$$\Delta p_m = (v\rho\omega)s_m$$

行進之聲波

現在讓我們詳細的討論一下，當正弦聲波在空氣中傳播時，空氣之位移以及壓力之變化情形。圖 17-4a 顯示一聲波在甚長的充滿空氣之管中向右傳播。從第 16 章，我們知道用活塞規律移動可形成一個波(如圖 16-2 所示)。活塞向右移動會使空氣粒子向鄰近運動而壓縮空氣。同樣地，活塞向左移動會使空氣粒子往回運動而使壓力變小。這左－右來回運動及管中壓力的變化會如同聲波般沿著管子前進。

考慮管內位置之處有一厚度 Δx 的一小段空氣。當聲波通過此處時，這一小片空氣即在其平衡位置左右作簡諧運動，如圖 17-4b 所示。這種現象與繩波之情況頗為類似，除了聲波為縱波(空氣振動方向與波傳播方向平行)，而繩波為橫波(繩子質點之振動方向與波傳播方向垂直)以外。因為繩子振動方向平行於 y 軸，我們以 $y(x, t)$表示位移。同樣地，因為空氣振動方向平行 x 軸，以 $x(x, t)$表示位移，然而，為了避免符號混亂，我們用 $s(x, t)$取代。

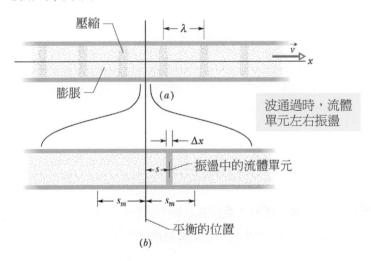

圖17-4　(a)一聲波在充滿空氣之長管中以速率 v 傳播，該波是由空氣之週期性的膨脹及壓縮形態所構成。圖示聲波為某一任意瞬間的情形。(b)管中一小段空氣之放大圖。當波通過時，此一小段空氣(厚度 Δx)在其平衡位置左右作簡諧運動之振動。在(b)之所示瞬間中，該小段空氣恰好移動到其平衡位置右邊距離 s 處。而其最大位移(在平衡點之左邊或右邊)則為 s_m。

位移。由於空氣係作簡諧運動，故其位移 $s(x, t)$可用一正弦(或餘弦)函數來表示。在本章中，我們用餘弦函數表示：

$$s(x,t) = s_m \cos(kx - \omega t) \tag{17-12}$$

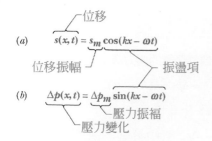

(a) $s(x,t) = s_m \cos(kx - \omega t)$

位移
位移振幅
振盪項

(b) $\Delta p(x,t) = \Delta p_m \sin(kx - \omega t)$

壓力振幅
壓力變化

圖 17-5 包含振幅項和振盪項的行進聲波：(a)位移函數；(b)壓力變化函數。

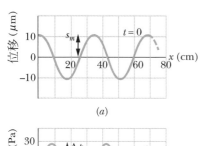

(a)

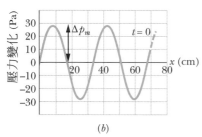

(b)

圖 17-6 (a)在 $t = 0$ 時，位移函數(17-12 式)的圖形。(b)相似的壓力變化函數(17-13 式)圖形。這兩個圖形都取自 1000 Hz 的聲波，而且此聲波的壓力振幅位於人耳所能忍受的上限。

圖 17-5a 標示出此式子的不同部分。其中 s_m 稱為**位移振幅**——亦即，空氣分子在其平衡位置之兩側之最大位移(見圖 17-4b)。聲波(縱波)的角波數 k、角頻率 ω、頻率 f、波長 λ、波速 v、週期 T 等之定義及相互關係，均如橫波之情形；除了 λ 這個距離(仍沿著行進方向)指的是空氣因波被壓縮或膨脹的形態重複一次之距離(見圖 17-4a)。且必須假設 s_m 遠小於 λ。

壓力。當波傳播時，圖 17-4a 中之任一位置 x 處之空氣壓力必隨之呈正弦變化；後面我們將證明。此一壓力的變化可以下式表示之：

$$\Delta p(x,t) = \Delta p_m \sin(kx - \omega t) \tag{17-13}$$

圖 17-5b 標示出此式子的不同部分。17-13 式中，Δp 若為負，表示膨脹；若為正，則表示壓縮。這裡 Δp_m 稱為**壓力振幅**，乃波引起的壓力的最大增加或減少量。通常 Δp_m 比管中沒有波時的 p 小很多。下面我們也會證明，壓力振幅 Δp_m 與最大位移振幅(17-12 式中之 s_m)間之關係為

$$\Delta p_m = (v\rho\omega)s_m \tag{17-14}$$

圖 17-6 所示為 17-12 式及 17-13 式在 $t = 0$ 時之圖形；隨著時間進行，這兩個波會沿著水平軸向右移動。注意到，兩個波形相位相差 $\pi/2$ rad (或 90°)。亦即，位移最大時，壓力變化 Δp 為零。在實驗上，通常測量壓力變化比測量位移要容易得多。

測試站 1

當圖 17-4b 中振盪的空氣分子向右移動通過零位移的那一點，請問一小片正處於平衡狀態的空氣的壓力會開始增加，還是會開始下降？

17-13 式與 17-14 式之推導

圖 17-4b 所示者為一小片空氣，其面積為 A，厚度為 Δx，振盪時，其中心點由平衡點移動一距離 s。由 17-2 式，我們可將該小片空氣之壓力變化寫成

$$\Delta p = -B\frac{\Delta V}{V} \tag{17-15}$$

其中，V 為該小片空氣之體積，即

$$V = A\Delta x \tag{17-16}$$

而 17-15 式中的 ΔV 是當該小片空氣由其平衡點偏離時之體積變化量。之所以會有此變化量是因為該小片空氣左右兩面的位移不盡相同，而有 Δs 之差別。因此體積變化量可寫成

$$\Delta V = A\Delta s \tag{17-17}$$

將 17-16 及 17-17 兩式代入 17-15 式中，並取其微分極限值，即得

$$\Delta p = -B\frac{\Delta s}{\Delta x} = -B\frac{\partial s}{\partial x} \qquad (17\text{-}18)$$

其中，符號 ∂ 表示 17-18 式中之微分爲偏微分，即當 t 固定時，s 隨 x 之變化情形。由 17-12 式，視 t 爲一常數，可得

$$\frac{\partial s}{\partial x} = \frac{\partial}{\partial x}\left[s_m\cos(kx-\omega t)\right] = -ks_m\sin(kx-\omega t)$$

此式代入 17-18 式中，可得

$$\Delta p = Bks_m\sin(kx-\omega t)$$

這告訴我們壓力是以一種時間正弦的函數形式在變化且變化的幅度等於正弦函數前方的項。令 $\Delta p_m = Bks_m$，即可得到 17-13 式。

利用 17-3 式，我們可寫出

$$\Delta p_m = (Bk)s_m = (v^2\rho k)s_m$$

再利用 $v = \omega/k$ (16-12 式)之關係消去 k，即得 17-14 式。

範例 17.1　壓力振幅，位移振幅

人的耳朵所能忍受的最大壓力變化為 $\Delta p_m = 28$ Pa (相較於約 10^5 Pa 的正常空氣壓力顯得非常的小)。設空氣密度為 $\rho = 1.21$ kg/m^3，聲音頻率為 1000 Hz，聲速為 343 m/s，試求此一聲音最大位移振幅 s_m？

關鍵概念

根據 17-14 式，聲波的位移振幅 s_m 與其壓力振幅 Δp_m 有關。

計算　解出方程式中的 s_m 得到

$$s_m = \frac{\Delta p_m}{v\rho\omega} = \frac{\Delta p_m}{v\rho(2\pi f)}$$

帶入已知的資料然後我們有

$$s_m = \frac{28\,\text{Pa}}{(343\,\text{m/s})(1.21\,\text{kg/m}^3)(2\pi)(1000\,\text{Hz})}$$

$$= 1.1\times10^{-5}\,\text{m} = 11\,\mu\text{m} \qquad (答)$$

大約只有本頁紙張厚度的七分之一而已。明顯地，即使是人耳能忍受的最大聲音，其在空氣中的位移振幅也非常的小。一時間曝露於如此的巨大聲音產生暫時的聽力損失，可能的原因是供應內耳的血量降低了。持續的曝露於巨大聲音會造成永久的聽力損失。

在頻率 1000 Hz 之下，人耳可聽到的最微弱的壓力振幅爲 2.8×10^{-5} Pa。利用上述之公式，可得 $s_m = 1.1\times10^{-11}$ m 或 11 pm，約爲一般原子半徑的十分之一。可見人的耳朵靈敏度之高！

17-3 干涉

學習目標

在閱讀完這個區塊的文字之後，讀者應該能夠...

17.14 若兩相同波長的波一開始為同相，但走不同路徑抵達同一點，藉由運用路徑差 ΔL 與波長 λ 之間的關係計算位於該點的相位差 ϕ。

17.15 對於兩個具有相同振幅、波長與行進方向的波之間相位差，決定出兩波的干涉型態(完全破壞性干涉、完全建設性干涉、不確定型干涉)。

17.16 在弧度、角度與波長數之間轉換相位差。

關鍵概念

● 相同波長的兩個聲波通過一點時，所產生的干涉現象與兩波在該點處之相位差 ϕ 有關。若兩波發出時為同相且行進方向幾乎相同，則相位差 ϕ 為

$$\phi = \frac{\Delta L}{\lambda} 2\pi$$

其中，ΔL 稱為路程差。

● 兩波產生完全建設性干涉之條件是當 ϕ 為 2π 的整數倍

$$\phi = m(2\pi), \quad 其中 m = 0,1,2,...,$$

或是當 ΔL 和波長 λ 的關係式為

$$\frac{\Delta L}{\lambda} = 0,1,2,....$$

● 若 ϕ 是 π 的奇數倍時，則將產生完全破壞性干涉

$$\phi = (2m+1)\pi, \quad 其中 m = 0,1,2,...,$$

$$\frac{\Delta L}{\lambda} = 0.5,1.5,2.5,....$$

干涉

如同橫波，聲波一樣會發生干涉。事實上，我們可以像 16-5 節討論橫波那樣來討論干涉的方程式。假設有兩個波，它們有相同振幅和波長，並沿著正 x 軸方向前進，但相位差為 ϕ。我們可以用 16-47 式和 16-48 式的形式來表示上述的波，但是為了和 17-12 式一致，我們使用餘弦函數來取代正弦函數：

$$s_1(x,t) = s_m \cos(kx - \omega t)$$

和

$$s_2(x,t) s_m \cos(kx - \omega t + \phi)$$

這些波重疊且干涉。從 16-51 式，可以把合成波寫成

$$s' = \left[2s_m \cos\frac{1}{2}\phi \right] \cos\left(kx - \omega t + \frac{1}{2}\phi \right)$$

如同我們對橫波的了解，這合成波自己是個行進波。它的振幅大小是

$$s'_m = \left| 2s_m \cos\frac{1}{2}\phi \right| \tag{17-19}$$

和合成波一樣，ϕ 值決定了個別波受到哪種類型的干涉。

有種可以控制 ϕ 的方法是就是沿著不同長度的路徑送出波。圖 17-7a 顯示出我們如何設置這種情形：兩個點波源 S_1 和 S_2，其發出的聲波為同相，波長均為 λ。即波源本身便是同相的，當波離開波源，它們的位移便總是相同的。我們所感興趣的是通過圖 17-7a 中 P 點的波。假設兩波源至 P 點的距離遠大於兩波源之間的距離，這樣便可假設對 P 點而言，兩波的傳播幾乎是同一方向。

若波沿相同路徑抵達 P 點，則它們會是同相的。在橫波中，這意味著它們會有完全建設性干涉。然而，在圖 17-7a 所示，波由 S_2 經由路徑 L_2 大於由 S_1 經由路徑 L_1 到達 P 點的距離。表示波不會同相。換句話說，在 P 點的相差 ϕ 與**路程差** $\Delta L = |L_2 - L_1|$ 有關。

相位差 ϕ 與路程差 ΔL 之關係，可回顧 16-1 節，即一個波長相當於 2π rad 之相位差。因此，可寫出比例：

$$\frac{\phi}{2\pi} = \frac{\Delta L}{\lambda} \tag{17-20}$$

即

$$\phi = \frac{\Delta L}{\lambda} 2\pi \tag{17-21}$$

當相位差 ϕ 等於零及 2π，或 2π 的整數倍時，就是完全的建設性干涉。即

$$\phi = m(2\pi), \quad m = 0, 1, 2, \cdots \quad (完全建設性干涉) \tag{17-22}$$

由 17-21 式可知

$$\frac{\Delta L}{\lambda} = 0, 1, 2, \ldots \quad (完全建設性干涉) \tag{17-23}$$

例如，若圖 17-7a 中的路程差 $\Delta L = |L_2 - L_1|$ 為 2λ 時，$\Delta L / \lambda = 2$，波在 P 點便會有完全建設性干涉(如圖 17-7b)。干涉為完全建設性是因為，由 S_2 來的波相對於由 S_1 來的波有相位移 2λ，使這兩個波在 P 點完全同相。

如果 ϕ 是 π 的奇數倍時，則將產生完全破壞性干涉，

$$\phi = (2m+1)\pi, \quad m = 0, 1, 2, \cdots \quad (完全破壞性干涉) \tag{17-24}$$

由 17-21 式可知，這發生於 $\Delta L / \lambda$ 為

$$\frac{\Delta L}{\lambda} = 0.5, 1.5, 2.5, \ldots \quad (完全破壞性干涉) \tag{17-25}$$

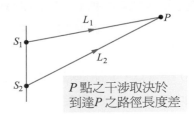

P 點之干涉取決於到達 P 之路徑長度差

(a)

若差值等於比如 2λ，則波抵達時完全同相。圖示為橫波的情形。

(b)

若差值等於比如 2.5λ，則波抵達時完全同相。圖示為橫波的情形。

(c)

圖 17-7 (a)兩個點波源 S_1 及 S_2 發出同相之聲波，其波前形狀均為球面。射線指出此兩波均通過 P 點。這兩個波(以橫向波來代表)抵達 P 時，(b)完全同相，(c)完全反相。

例如,當圖 17-7a 中的路程差 $\Delta L = |L_2 - L_1|$ 為 2.5λ 時,$\Delta L/\lambda = 2.5$,且波於 P 點發生完全破壞性干涉(圖 17-7c)。波在 P 點便為完全破壞性干涉,這是因為由 S_2 來的波相對於 S_1 的相位移為 2.5λ,使得兩個波在 P 點完全反相。當然,兩波也會產生中間干涉,比如說當 $\Delta L/\lambda = 1.2$ 時。而這就較接近完全建設性干涉($\Delta L/\lambda = 1.0$),較不接近完全破壞性干涉($\Delta L/\lambda = 1.5$)。

範例 **17.2** 在大圓周上的干涉點

如圖 17-8a 所示,點波源 S_1 及 S_2 相距 $D = 1.5\lambda$,發出波長均為 λ 之同相聲波。

(a) 如圖 **17-8b** 所示,P_1 點在距離 D 的垂直平分線上,與波源之距離大於 D,則由 S_1 及 S_2 所發出的波到達 P_1 點時,路程差為何?(也就是說,從波源 S_1 至點 P_1 的距離與波源 S_2 至點 P_1 的距離兩者相差多少?)在 P_1 點產生何種干涉?

推理 因為兩個波到達 P_1 點時所行經之路程相等,故其路程差 ΔL 為

$$\Delta L = 0 \qquad \text{(答)}$$

從 17-23 式,可知在 P_1 點有完全建設性干涉因為它們從波源出發時為同相且到達 P_1 時同相。

(b) 在圖 **17-8c** 中之 P_2 點,兩波之路程差及干涉情況又如何?

推理 波從 S_1 多走了距離 D (= 1.5λ)而到達 P_2。因此,路徑長度差為

$$\Delta L = 1.5\lambda \qquad \text{(答)}$$

由 17-25 式,我們可以看到在 P_2 點此二波完全反相而有完全破壞性干涉。

(c) 圖 **17-8d** 所示為以波源 S_1 和 S_2 的中點為圓心,以遠大於 D 的長度為半徑的圓。試問在此圓上有幾點 (N)為完全建設性干涉?(也就是說,波抵達時有多少點是同相的?)

推理 想像一下我們由 a 點沿圓順時針移到 d 點。當我們移到 d 點時,路程差增加了,且干涉的型式也改變了。由(a),我們知道 a 點的路程差為 $\Delta L = 0\lambda$。由(b),我們知道 d 點的路程差 $\Delta L = 1.5\lambda$。因此,圓上的 a 與 d 之間必然有一個 $\Delta L = \lambda$ 的點,如圖 17-8e 所示。由 17-23 式,完全建設性干涉便產生於該點。此外,由 a 點到 d 點的路徑間再沒有其它點是完全建設性干涉,因為 a 點的 0 和 d 點的 1.5 之間,除了 1 便沒有其它整數。

我們現在可使用對稱性來找出其他完全建設性干涉和完全破壞係干涉的點(圖 17-8f)。cd 線的對稱性給出了點 b,其 $\Delta L = 0\lambda$。此外,還有更多點位於 $\Delta L = \lambda$ 的地方。總共(圖 17-8g)我們有

$$N = 6 \qquad \text{(答)}$$

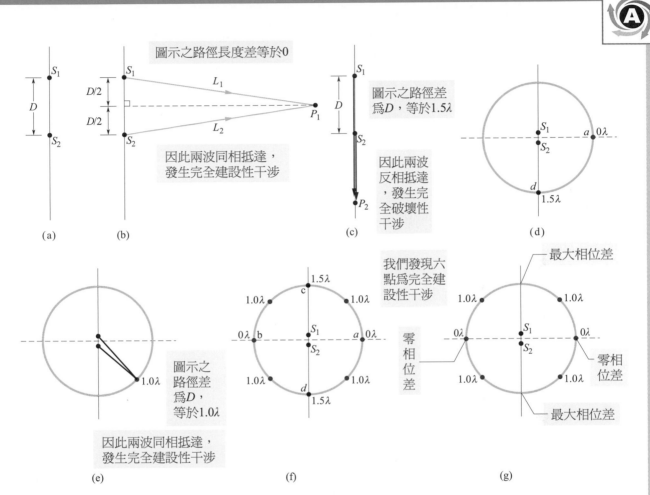

圖 17-8 (a)兩點波源 S_1 和 S_2，相距 D，發射同相的球面聲波。(b)到 P_1 點的行進距離皆相同。(c)P_2 點是位於 S_1 和 S_2 的連線。(d)我們沿著一個大圓移動。(e)另一個完全建設性干涉的點。(f)使用對稱性找出另一個點。(g)六個完全建設性干涉的點。

17-4 聲音強度及音量水平

學習目標

在閱讀完這個區塊的文字之後，讀者應該能夠...

17.17 用功率P與面積A的比率來計算某表面的聲音強度I。

17.18 應用聲波強度I與位移振幅s_m之間的關係。

17.19 了解聲音的等向點波源。

17.20 對等向點波源，應用發射功率P_s、到偵測器距離r、以及該偵測器測到的聲音強度I之間的關係。

17.21 運用音量水平β、聲音強度I以及標準參考強度I_0之間的關係。

17.22 估算對數函數(log)以及反對數函數($\log^{-1}$)。

17.23 連結音量水平改變量與聲音強度改變量。

關鍵概念

● 在於一表面的聲波強度 I 為通過單位面積之平均功率，其表面為能量穿過的表面。其公式為

$$I = \frac{P}{A}$$

其中 P 為聲波的能量傳遞速率(功率)。A是攔截聲音的表面區域。強度 I 與聲波的位移振幅 s_m 的關係為

$$I = \frac{1}{2}\rho v \omega^2 s_m^2$$

● 距離發射功率 P_s 的點聲源 r 處，發射方向為所有方向均等(等向的)，其強度為

$$I = \frac{P_s}{4\pi r^2}$$

● 音量水平 β 以分貝(dB)表示時，其定義為

$$\beta = (10\text{dB})\log\frac{I}{I_0}$$

其中I_0 ($= 10^{-12}$ W/m^2)為對所有強度的參考聲音強度。聲音強度每增加為原強度的10倍，音量水平則增加10 dB。

聲音強度及音量水平

假如你曾試過在附近有人大聲演奏音樂下睡覺，那就會充分意識到，聲音除了有頻率、波長、波速以外，還有別的特性。就是**強度**。聲波的強度I為通過單位面積之聲波所傳遞的平均功率。我們可寫成：

$$I = \frac{P}{A} \tag{17-26}$$

其中，P是聲波功率，A是聲波所圍的表面積。其強度 I 與聲波的位移振幅 s_m 之關係式為：

$$I = \frac{1}{2}\rho v \omega^2 s_m^2 \tag{17-27}$$

強度可以在偵測器上量到。音量就是一種我們可以感受到的感覺。這兩個不一樣，因為感覺和聽覺機制對於不同頻率的敏感度有關。

強度與距離的關係

　　與一眞實聲波源的距離所造成強度的影響經常是複雜的：有些波源(如麥克風)可使聲音具有特定方向，而環境會產生回音(聲波的反射)使之形成疊加。然而在某些情況下，我們可忽略其反射的現象——即假設所有方向的波都有相同大小。圖 17-9 所示為這樣一個點波源在某時刻發散的波前。

　　當聲波由此波源擴散，我們假設它們的力學能守恒。如圖 17-9 所示，我們可想像以波源為中心，半徑為 r 的球面。所有擴散開的能量皆通過此球表面。所以，通過此表面的功率等於由波源擴散的功率(即，波源的功率 P_s)。由 17-26 式，強度 I 可寫成：

$$I = \frac{P_S}{4\pi r^2} \tag{17-28}$$

其中，$4\pi r^2$ 是球表面積。17-28 式告訴我們均勻點波源強度隨著 r 的平方增加而減少。

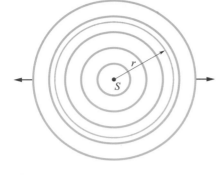

圖 17-9　一個點波源 S 對各方向而言是發散均勻的聲波。此波通過以 S 為中心，r 為半徑的想像球面。

 測試站 2

如圖所示 3 個小弧面 1，2，3 是位於兩個想像球面的表面上；其球面以均勻點波源 S 為中心。通過這三個弧面的功率大小相同。根據：(a)聲波強度，(b)面積大小，將這些弧面由大到小排列之。

分貝標示法

　　人耳可聽到之聲音其位移振幅的範圍，是從能忍受之最大聲的約 10^{-5} m，至能產生聽覺之極小聲的 10^{-11} m；橫跨 10^6 的比例範圍。由 17-27 式可知聲音的強度與其振幅的平方成正比，故人的聽覺系統所能聽到的兩個極限的強度比達到 10^{12}。這是一個相當不可思議的廣大範圍。

　　我們可以用對數來處理這麼大的數值範圍。考慮底下關係式

$$y = \log x$$

其中，x 及 y 為變數。此方程式有一性質，即若將 x 乘以 10，則 y 只增加 1：要了解這件事，我們寫

$$y' = \log(10x) = \log 10 + \log x = 1 + y$$

同理，若將 x 乘以 10^{12}，y 只增加 12。

　　因此，我們通常不談強度 I，而用**音量水平** β 來表示，其定義為

$$\beta = (10\,\text{dB})\log \frac{I}{I_0} \tag{17-29}$$

聲音可以造成飲水杯的杯壁出現振盪現象。如果該聲音產生一個振盪的駐波，且如果聲音強度足夠大時，玻璃杯會粉碎。

(Ben Rose)

表 17-2

聲音的音量水平(dB)

可聞下限	0
樹葉悉嗦聲	10
一般講話	60
搖滾樂團	110
容忍上限	120
噴射機引擎	130

其中 dB 是**分貝**的簡寫,亦即音量水平 β 的單位,為紀念電話發明人貝爾 (Alexander Graham Bell, 1847-1922)而訂定。在 17-29 式中,I_0 為一標準參考強度(= 10^{-12} W/m²),其值接近於人耳可聞的下限。若 $I = I_0$,由 17-29 式可得 $\beta = 10 \log 1 = 0$,所以標準參考強度對應 0 dB。若聲音強度之大小以 10 倍數增加,則 β 每次增加 10 dB。因此,$\beta = 40$ 相應於一個 10^4 倍於標準參考強度的強度。表 17-2 中所列者為一些聲音的音量水平。

公式 17-27 之推導

在圖 17-4a 中,考慮一小片空氣,其面積為 A,厚度為 dx,質量為 dm,當 17-12 式所示之聲波通過它時,作來回之振動。其動能 dK 為

$$dK = \frac{1}{2} dm \, v_s^2 \tag{17-30}$$

其中 v_s 不是波速,而是該小片空氣來回振動之速率,由 17-12 式可知

$$v_s = \frac{\partial s}{\partial t} = -\omega s_m \sin(kx - \omega t)$$

利用此式及 $dm = \rho A \, dx$,則 17-30 式可寫成

$$dK = \frac{1}{2}(\rho A \, dx)(-\omega s_m)^2 \sin^2(kx - \omega t) \tag{17-31}$$

將 17-31 式除以 dt,則得波的動能流動率。由第 16 章談到橫波時,我們已經知道 dx/dt,等於波速 v,故

$$\frac{dK}{dt} = \frac{1}{2} \rho A v \omega^2 s_m^2 \sin^2(kx - \omega t) \tag{17-32}$$

因此動能傳送之平均速率(流動率)為

$$\begin{aligned} \left(\frac{dK}{dt}\right)_{\text{avg}} &= \frac{1}{2} \rho A v \omega^2 s_m^2 \left[\sin^2(kx - \omega t) \right]_{\text{avg}} \\ &= \frac{1}{4} \rho A v \omega^2 s_m^2 \end{aligned} \tag{17-33}$$

其中,我們使用了一個常見的事實,那就是正弦(或餘弦)函數之平方在一完整週期中之平均值為 1/2。

我們假定波所攜帶的位能其平均流動率亦為此一結果。因此,波的強度 I,亦即,波所攜帶之兩種能量通過單位面積之流動率為

$$I = \frac{2(dK/dt)_{\text{avg}}}{A} = \frac{1}{2} \rho v \omega^2 s_m^2$$

此即證明了 17-27 式。

範例 17.3　強度隨距離改變，圓柱形聲波

一電氣火花沿著長 $L = 10$ m 的直線跳動，並發出一連串的聲音(此火花叫做線聲源)。發聲的功率為 $P_s = 1.6 \times 10^4$ W。

(a) 當聲波傳至和火花相距 $r = 12$ m 時，其強度 I 為何？

關鍵概念

(1) 畫一個半徑 $r = 12$ m，長 $L = 10$ m 的假想性圓柱(兩端開放)，並且以此火花為中心；如圖 17-10 所示。則在圓柱表面處，波的強度等於 P/A，其中 P 為聲波能量通過圓柱表面的時變率(即功率)，而 A 為表面積。**(2)** 假設能量守恆原理適用於聲波。這意味著聲波能量通過圓柱表面的時間比率一定等於聲源放出的能量功率 P_s。

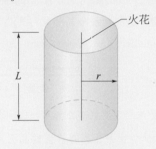

圖 17-10　一火花沿著直線長 L 發出波。此波通過半徑 r，長 L，以火花為中心的假想圓柱面。

計算　將這些關鍵概念結合起來，並且注意到圓柱體表面積是 $A = 2\pi r L$，然後可以得到：

$$I = \frac{P}{A} = \frac{P_s}{2\pi r L} \tag{17-34}$$

這告訴我們線聲源所發出的聲波強度隨著距離 r 減少(不是如點聲源以距離 r 平方減少)。代入題目所給之數值，可得

$$I = \frac{1.6 \times 10^4\,\text{W}}{2\pi (12\,\text{m})(10\,\text{m})}$$
$$= 21.2\,\text{W/m}^2 \approx 21\,\text{W/m}^2 \tag{答}$$

(b) 一個面積 $A_d = 2.0$ cm^2 的聲波偵測器，瞄準該火花且在距離火花 $r = 12$ m 處，問其截取的聲功率 P_d 為何？

計算　我們知道聲波的強度在偵測器處為其能量轉移率 P_d 與偵測器面積 A_d 的比值：

$$I = \frac{P_d}{A_d} \tag{17-35}$$

我們可以想像偵測器是位於(a)部分的圓柱表面。則偵測器處的聲音強度便是圓柱表面的強度 I ($= 21.2$ W/m^2)。解 17-35 式求 P_d 可得

$$P_d = (21.2\,\text{W/m}^2)(2.0 \times 10^{-4}\,\text{m}^2)$$
$$= 4.2\,\text{mW} \tag{答}$$

範例 17.4　分貝，音量水平，強度改變

有許多經驗豐富的搖滾樂手經年累月因為處於高音量水平，使得他們遭受嚴重的聽覺障礙。最近許多搖滾樂手開始戴上特製的耳塞(圖 17-11)，以便在表演過程保護自己的耳朵。如果耳塞可以降低聲波的音量水平 20 dB，則最後的音波強度 I_f，相對於其初始強度 I_i 的比值是多少？

關鍵概念

對於最後的音波與初始音波兩者而言，聲音位準 β 與強度的關係，可以利用 17-29 式聲音位準的定義予以確定。

計算　對於最後的音波，我們可以推論得到

$$\beta_f = (10\,\text{dB}) \log \frac{I_f}{I_0}$$

而對初始音波而言，我們可以推論得到

$$\beta_i = (10\,\text{dB}) \log \frac{I_i}{I_0}$$

兩者的聲音位準差值是

$$\beta_f - \beta_i = (10\,\text{dB}) \left(\log \frac{I_f}{I_0} - \log \frac{I_i}{I_0} \right) \tag{17-36}$$

使用下列等式

$$\log \frac{a}{b} - \log \frac{c}{d} = \log \frac{ad}{bc}$$

我們可將 17-36 式寫成

$$\beta_f - \beta_i = (10\text{dB})\log\frac{I_f}{I_i} \qquad (17\text{-}37)$$

重新排列，並且代入指定的聲音位準減少比例 $\beta_f - \beta_i$ = –20 dB，我們得到

$$\log\frac{I_f}{I_i} = \frac{\beta_f - \beta_i}{10\,\text{dB}} = \frac{-20\,\text{dB}}{10\,\text{dB}} = -2.0$$

然後我們對這個方程式的最左側和最右側同時取反對數。(雖然反對數 $10^{-2.0}$ 可以在腦海中計算出來，但是讀者可以使用計算機做這件事，其過程是鍵入 10^-2.0，或者是使用 10^x 鍵)。我們發現

$$\frac{I_f}{I_i} = \log^{-1}(-2.0) = 0.010 \qquad \text{(答)}$$

因此耳塞將聲波強度降低為初始強度的 0.010(兩個數量級)。

圖 17-11 「金屬製品」樂團的鼓手 Lars Ulrich 是 HEAR(Hearing Education and Awareness for Rockers)組織的擁護者，該組織警告高音量可對聽覺造成之損害。(Tim Mosenfelder/Getty Images, Inc.)

PLUS Additional example, video, and practice available at *WileyPLUS*

17-5 樂音的來源

學習目標

在閱讀完這個區塊的文字之後，讀者應該能夠...

17.24 藉著使用細繩駐波的圖形，對單邊開口或雙邊開口的管子，畫出前幾階聲音諧波的駐波圖。

17.25 對聲音的駐波，連結波節間距與波長之關係。

17.26 認出哪種管子有偶次諧波。

17.27 對於任何諧波以及單邊開口或雙邊開口的管子，應用管子長度L、聲速v、波長λ、諧波頻率f以及諧波數n之間的關係。

關鍵概念

● 若導入管中的聲波長適當，可以在管中建立聲波的駐波形態(也就是說，共振是可以被設定的)

● 如果管子兩端均為開放，則共振頻率為

$$f = \frac{v}{\lambda} = \frac{nv}{2L}, \qquad n = 1, 2, 3, \ldots,$$

其中v為聲波在管內空氣中之速率。

● 若管子一端封閉一端開放，則共振頻率為

$$f = \frac{v}{\lambda} = \frac{nv}{4L}, \qquad n = 1, 3, 5, \ldots.$$

樂音的來源

　　樂音的來源有：弦的振動(吉他、鋼琴、小提琴)、膜的振動(定音鼓、小鼓)、空氣柱(長笛、雙簧管、管風琴、圖 17-12 之迪吉里杜管)、木片或鋼片的振動(馬林巴木琴、木琴)、及許多其他物體的振動。除了振動體以外，大部分的樂器都有其他的構造。

　　在第 16 章中，我們已經知道，拉緊且兩端固定的弦，可以產生駐波。這是由波在弦的兩端反射時，與原來的波所合成的。如果波長與弦長互相能適當的配合，則沿相反方向行進的兩個行進波即可重疊而成駐波，此時之頻率稱為弦的共振頻率。這種配合下波所需要的波長，即對應弦的共振頻率。形成駐波的主要目的，就是弦可以作持續的大振幅振動，不斷的推動其周圍的空氣，而產生聲波；所產生聲波的頻率就是弦振動的頻率。這個產生聲波的過程，就是演奏者(如吉他手)演奏時所必需的。

　　聲波。同樣的，我們也可以在管樂器中產生駐波。當聲波在管子裡傳播時，會在兩端產生反射。(管子一端如果是開放的，也可以產生反射，但不若封閉端的反射那麼完全)。如果聲波的波長與管子的長度適當的配合，則反方向行進的各波可互相重疊，而形成駐波。此一適當的波長所對應的頻率，稱為管子的共振頻率。管子裡產生駐波最大的用意是使管子裡的空氣能持續的作大振幅的振動，而在管子的開放端發出聲波，其頻率與管子裡振動的頻率相同。此一發聲過程是管樂演奏者(如管風琴師)演奏時所必需的。

　　管子裡產生的駐波在其他許多方面，與弦上的駐波頗為相像：管子的封閉端相當於弦的固定端，都是波節所在的地方；管子的開放端相當於弦的自由端，如圖 16-19b，都是波腹所在的地方。(實際上，管子開放端所產生的波腹位置應該在稍微偏外一點，不過我們不深究這件事)。

　　兩端開口。圖 17-13a 所示為一支兩端均開放管子中，所產生之最簡單的駐波圖案。如上面之說明，各開放端均為波腹。而在管子的中點處有一波節。要畫出縱波的駐波不太容易，在圖 17-13b 中，我們將它畫成橫波的模樣來考慮，但記住，它代表的仍然是一個縱波。

圖 17-12 樂器 digeridoo(意為「管子」)內的空氣柱會在樂器被吹奏時振盪。(Alamy Images)

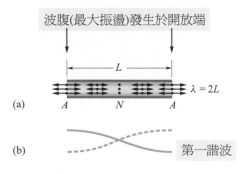

波腹(最大振盪)發生於開放端

$\lambda = 2L$

(a)

(b) 第一諧波

圖 17-13 (a)兩端開放的管子中聲波所產生的最簡單的駐波圖案，其兩端為波腹(A)，中央為波節(N)。雙向箭頭表示的縱向位移被放大顯示。(b)對應之繩(橫)波駐波圖案。

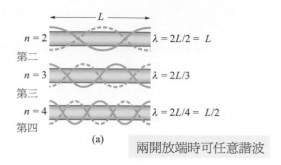

圖 17-14 (a)用橫波的形式來代表管子中之駐波圖案。管之兩端為開放,任何諧波均可存在。(b)只有一端開放,只有奇次諧波才能存在。

兩開放端時可任意諧波

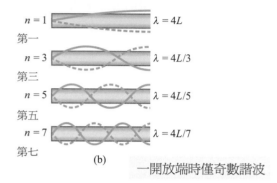

一開放端時僅奇數諧波

圖 17-13a 所示的駐波圖案稱爲基本波或第一諧波。欲產生此一駐波,長 L 之管中聲波之波長須滿足 $L = \lambda/2$,亦即 $\lambda = 2L$。而圖 17-14a 中所示者爲在兩端開放之管子中所產生的其他多種駐波圖案,以橫波的形態來表示。第二諧波的波長須爲 $\lambda = L$;而第三諧波的波長爲 $\lambda = 2L/3$,依此類推。

推廣而言,一支兩端爲開放之管子中所產生之共振頻率,其對應的波長爲

$$\lambda = \frac{2L}{n}, \, n = 1,2,3,\ldots, \tag{17-38}$$

其中,n 稱爲諧波數。令 v 爲聲音的速率,則可以將兩端開放的管子的共振頻率寫成

$$f = \frac{v}{\lambda} = \frac{nv}{2L}, \, n = 1,2,3,\ldots \quad (兩端開放之管) \tag{17-39}$$

單端開口。圖 17-14b 爲用橫波之表示法所繪出的在管子的駐波圖案,管子僅一端爲開放。與前述相同,在開放端爲駐波波腹,而在封閉端爲駐波之波節。最簡單的圖案是當聲波波長合於 $L = \lambda/4$ 之條件,即 $\lambda = 4L$。其次之最簡單駐波圖案需要波長滿足 $L = 3\lambda/4$,即 $\lambda = 4L/3$,依此類推。

更普遍地,長度爲 L 且只有一端開放的管子,其共振頻率所對應的波長爲

$$\lambda = \frac{4L}{n}, \quad 其中 \, n = 1,3,5, \ldots \tag{17-40}$$

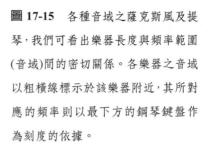

圖 17-15　各種音域之薩克斯風及提琴，我們可看出樂器長度與頻率範圍(音域)間的密切關係。各樂器之音域以粗橫線標示於該樂器附近，其所對應的頻率則以最下方的鋼琴鍵盤作為刻度的依據。

其中諧波數 n 須為奇數。共振頻率則為

$$f = \frac{v}{\lambda} = \frac{nv}{4L}, \; n = 1,3,5,\ldots \quad \text{(僅一端開放之管)} \tag{17-41}$$

注意，在僅一端開放的管子中，只有奇次諧波存在。此如說，2 次諧波($n = 2$)就無法在此管子中產生。同時請注意，對於這類的管子，一段話中的形容詞如「第三諧波」，指的是諧波數 n(而不是，比如說，「第三個可能的諧波」)。最後請注意對於 17-38 式與 17-39 式兩端開放的情況含有諧波數 2 以及任何整數 n，但是對於 17-40 式與 17-41 式一端開放的情況，則含有諧波數 4 以及奇數值的 n。

　　長度。一個樂器長度可以反應出它演奏時的頻率範圍(音域)；如同 16-66 式的弦裝置以及 17-39 式和 17-41 式中空氣柱與裝置所提到的，短一點的樂器其音域就高一點。圖 17-15 顯示薩克斯風族及提琴族的大小樂器，以及它們的音域與鋼琴鍵盤的對照。注意，各樂器之音域均有重疊部分。

　　合成波。在產生樂音的振動系統中，無論是提琴的弦，或是風琴管中的空氣，通常除了產生基本波以外，還同時有一個或多個高次諧波會伴隨而生。因此，你聽到的是合在一起——即疊加後的合成波。不同的樂器其諧波的成份各不相同，因此在奏出同一個音時，聽起來都不一樣。例如，中間 C 的第四諧音可能在某一樂器相當大聲，卻在另一樂器相當小聲或甚至不見。於是，因為不同樂器產生不同的合成波，即使演奏同一音符時，你也會聽到的不一樣。圖 17-16 顯示出兩種不同的樂器奏出同一個音(同樣的基本波)時，它們的波形都不相同。若你只聽到基本波，那這音樂就一點也不美妙了。

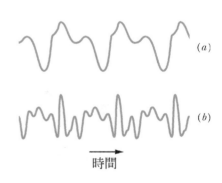

(a)

(b)

時間

圖 17-16　由(a)長笛(b)雙簧管奏出相同的音之波形，具有相同的第一諧頻。

 測試站 3

兩端為開放的管 A，長度 L，和管 B，長度 $2L$。試問管 B 的那一諧波頻率和管 A 的基本波相同？

範例 **17.5**　不同長度管子之間的共振

　　管子 A 為兩端開管且長度為 $L_A = 0.343$ m。我們想要將它放在其他三個管子附近，這三個管子已設定了駐波，以便這個聲音可以在管 A 裡面設定駐波。其他三個管子皆為單端開口，長度分別為 $L_B = 0.500L_A$，$L_C = 0.250L_A$，$L_D = 2.00L_A$。對於這三管的每一管，它們之中哪些諧波會引起管 A 之中的諧波？

關鍵概念

(1) 只有在諧波頻率相合時，一管的聲音才能設定另一管的駐波。**(2)** 17-39 式提供了兩端開口管子(對稱管)的諧波頻率 $f = nv/2L$，當時 $n = 1, 2, 3, \ldots$，即對於任何正整數。**(3)** 17-41 式提供了單端開口管子(反對稱管)的諧波頻率 $f = nv/4L$，當時 $n = 1, 3, 5, \ldots$，即對於任何正奇數。

管 A：首先讓我們用 17-39 式來算對稱管 A(兩端開口)的共振頻率：

$$f_A = \frac{n_A v}{2L_A} = \frac{n_A(343 \text{ m/s})}{2(0.343 \text{ m})}$$
$$= n_A(500\text{Hz}) = n_A(0.50 \text{ kHz}), \quad 其中 n_A = 1,2,3,\ldots.$$

第六諧波頻率呈現在圖 17-17 的最上方圖表。

管 B：其次讓我們用 17-41 式來算對稱管 B(單端開口)的共振頻率，注意諧波數只能用奇數：

$$f_B = \frac{n_B v}{4L_B} = \frac{n_B v}{4(0.500L_A)} = \frac{n_B(343 \text{ m/s})}{2(0.343 \text{ m})}$$
$$= n_B(500 \text{ Hz}) = n_B(0.500 \text{ kHz}), \quad 其中 n_B = 1,3,5,\ldots.$$

比較這兩個結果，我們發現可以從 n_B 的每個選擇中找到一個相合的：

$$f_A = f_B \quad 其中 n_A = n_B \quad 且 n_B = 1,3,5,\ldots. \qquad (答)$$

　　例如，如圖 17-17 所示，若我們在管 B 中設定第五諧波，且將此管接近管 A，第五諧波將會在管 A 中被設定。然而，B 中沒有諧波可以設定 A 的偶數諧波。

管 C：讓我們繼續用 17-41 式來討論管 C(單端開口)

$$f_C = \frac{n_C v}{4L_C} = \frac{n_C v}{4(0.250L_A)} = \frac{n_C(343 \text{ m/s})}{0.343 \text{ m}}$$
$$= n_C(1000\text{Hz}) = n_C(1.00\text{kHz}), \quad 其中 n_C = 1,3,5,\ldots.$$

從這裡我們看到 C 可以激發一些 A 的諧波，但只有 n_A 是奇數的兩倍的那些：

$$f_A = f_C \quad 其中 n_A = 2n_C, \quad 且 n_C = 1,3,5,\ldots. \qquad (答)$$

管 D：最後，我們用同樣的流程檢驗 D：

$$f_D = \frac{n_D v}{4L_D} = \frac{n_D v}{4(2L_A)} = \frac{n_D(343 \text{ m/s})}{8(0.343 \text{ m/s})}$$
$$= n_D(125\text{Hz}) = n_D(0.125\text{kHz}), \quad 其中 n_D = 1,3,5,\ldots.$$

如圖 17-17，這些頻率沒有一個和 A 的諧波頻率相合。(你是否能在 $n_D = 4n_A$ 時找到一個相合的結果？但，這是不可能的，因為如 n_D 的需求，$4n_A$ 無法產生一個奇數。)因此，D 無法在 A 中設定駐波。

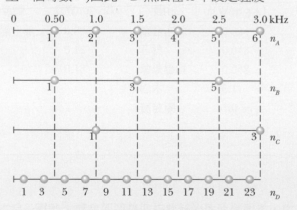

圖 17-17　四個管的諧波頻率。

17-6 拍音

學習目標

在閱讀完這個區塊的文字之後，讀者應該能夠…

17.28 解釋拍音如何產生的。

17.29 對兩個具有相同振幅以及角頻率些微不同的聲波，考慮它們的位移方程式以找出合成波的位移方程式，並指出隨時間變化的振幅。

17.30 運用拍音頻率和兩振幅相同但頻率有些為差異的聲波頻率(或角頻率)之間的關係。

關鍵概念

● 拍音是在兩個頻率相差很小的波 f_1 及 f_2 同時出現，所出現的新頻率。其拍音頻率為

$$f_{\text{beat}} = f_1 - f_2$$

拍音

如果在相隔幾分鐘裡面，我們分別聽到兩個聲音，其頻率分別為 552 Hz 及 564 Hz，一般人聽不出兩個音有什麼不同，因為它們的頻率太過接近了。但是，當兩個音同時進到我們耳中時，你卻會聽到一個頻率 558 Hz 的音，即原來兩個音頻率的平均值。同時你會感覺到，這個音的強度有明顯的起伏變化：一陣強一陣弱的脈動，有如打**拍子**一樣的規則，其頻率為 12 Hz，剛好是原來兩個音頻率的差。圖 17-18 顯示此一稱為拍音的現象。

令由兩個具有相同振幅 s_m 的聲波所引起的位移對時間變化關係為

$$s_1 = s_m \cos \omega_1 t \quad 及 \quad s_2 = s_m \cos \omega_2 t \tag{17-42}$$

其中，$\omega_1 > \omega_2$。以疊加原理來看，共振位移就是個別位移之和：

$$s = s_1 + s_2 = s_m(\cos \omega_1 t + \cos \omega_2 t)$$

利用三角恒等式(見附錄 E)

$$\cos \alpha + \cos \beta = 2\cos\left[\frac{1}{2}(\alpha - \beta)\right]\cos\left[\frac{1}{2}(\alpha + \beta)\right]$$

我們可將合成波之位移變化寫成

$$s = 2s_m \cos\left[\frac{1}{2}(\omega_1 - \omega_2)t\right]\cos\left[\frac{1}{2}(\omega_1 + \omega_2)t\right] \tag{17-43}$$

若我們令

$$\omega' = \frac{1}{2}(\omega_1 - \omega_2) \quad 及 \quad \omega = \frac{1}{2}(\omega_1 + \omega_2) \tag{17-44}$$

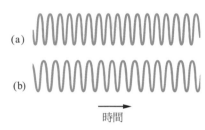

(a)

(b)

時間

(c)

圖 17-18 (a,b)兩個聲波個別偵測時的壓力變化 Δp。兩波之頻率非常接近。(c)兩波同時出現並經合成後，其合成波的壓力變化。

則 17-43 式可化為

$$s(t) = [2s_m \cos \omega' t] \cos \omega t \qquad (17\text{-}45)$$

我們假設原來兩聲波的角頻率 ω_1 及 ω_2 幾乎相等,則在 17-44 式中, $\omega \gg \omega'$。因此,我們可將 17-45 式視為一角頻率 ω 之餘弦函數,其振幅(不為定值,而是隨頻率 ω' 而變)為中括弧中的量。

當 17-45 式中的 $\cos \omega' t$ 等於+1 或–1 時,振幅達最大值。在餘弦函數一週期中,共出現兩次這些值。因 $\cos \omega' t$ 的角頻率為 ω',故拍音之角頻率 ω_{beat} 必為 $\omega_{\text{beat}} = 2\omega'$。經由 17-44 式,可得

$$\omega_{\text{beat}} = 2\omega' = (2)(\tfrac{1}{2})(\omega_1 - \omega_2) = \omega_1 - \omega_2$$

因 $\omega = 2\pi f$,故得拍音之頻率為

$$f_{\text{beat}} = f_1 - f_2 \quad (拍音頻率) \qquad (17\text{-}46)$$

音樂家常利用拍音現象來作調音的工作。如果一樂器的聲音與一標準頻率(如雙簧管的第一個 A 音,頻率 440 Hz)同時奏出,互相對照,則將樂器調整到沒有拍音出現,即可確定該樂器已經調到標準頻率了。在音樂之都維也納,只要撥一特定的電話號碼,就可以聽到標準 A 音(440 Hz)的聲音,供該市內眾多專業及業餘音樂家調音之用。

範例 17.6 拍音頻率與企鵝的呼朋引伴

在惡劣的南極天氣中,國王企鵝為了保暖通常會數千隻緊靠在一起,那麼當國王企鵝覓食回來的時候,如何在幾千隻企鵝中找到配偶?因為即使對企鵝而言,所有企鵝看起來也都很像,所以這並不是靠目視辨別。

答案為企鵝靠的是發聲的方式。大部分鳥類只使用它們兩側聲音器官的其中之一側來發出聲音,鳥類的聲音器官稱為鳴管(syrinx)。然而國王企鵝卻同時使用兩側發出聲音。每一側在鳥的喉嚨和嘴巴內都會建立聲音駐波,非常像兩端都是開放端的管子。假設 A 側產生的第一諧波頻率是 $f_{A1} = 432\,\text{Hz}$,B 側產生的第一諧波頻率是 $f_{B1} = 371\,\text{Hz}$。試問在兩個第一諧波頻率之間和兩個第二諧波頻率之間的拍頻率是多少?

關鍵概念

如同 17-46 式($f_{\text{beat}} = f_1 - f_2$)告訴我們的,在兩個頻率之間的拍頻率是它們的差值。

計算 對兩個第一諧波頻率 f_{A1} 和 f_{B1} 而言,拍頻率是

$$f_{\text{beat,1}} = f_{A1} - f_{B1} = 432\,\text{Hz} - 371\,\text{Hz}$$
$$= 61\,\text{Hz} \qquad (答)$$

因為在企鵝內的駐波可以等效地視為是位於兩端都是開口端的管子內,所以其共振頻率如 17-39 式($f = nv/2L$)所示,其中 L 是等效管子的長度。因此第一諧振頻率是 $f_1 = v/2L$,而且第二諧振頻率是 $f_2 = 2v/2L$。比較這兩個頻率之後我們發覺,廣而言之,

$$f_2 = 2f_1$$

對企鵝而言，A 側的第二諧振頻率是 $f_{A2} = 2f_{A1}$，B 側的第二諧振頻率是 $f_{B2} = 2f_{B1}$。利用 17-46 式，並且使用 f_{A2} 和 f_{B2}，我們求出對應的拍頻率是

$$f_{\text{beat},2} = f_{A2} - f_{B2} = 2f_{A1} - 2f_{B1}$$
$$= 2(432\,\text{Hz}) - 2(371\,\text{Hz})$$
$$= 122\,\text{Hz} \qquad \text{(答)}$$

實驗顯示企鵝可以感受到這樣大的拍頻率(人類無法聽到高於 12 Hz 的拍頻)。因此企鵝的叫聲富有不同的諧波和不同的拍頻率，這可以讓企鵝在幾千隻緊緊依偎在一起的同類中，辨識出特定同伴的聲音。

WILEY PLUS Additional example, video, and practice available at *WileyPLUS*

17-7 都卜勒效應

學習目標

在閱讀完這個區塊的文字之後，讀者應該能夠...

17.31 了解都卜勒效應是當聲源和偵測者之間有相對運動時，偵測到的頻率和聲源發射的頻率會有落差。

17.32 了解在計算都卜勒效應時，所用到的速度是相對於介質（可能是空氣或水）的。也可能是介質在移動。

17.33 對於(a)聲源靠近或遠離靜止偵測者，(b) 偵測者聲源靠近或遠離靜止聲源，(c)偵測者和聲源同時靠近或遠離的移動時，計算聲音頻率位移。

17.34 了解對於聲源或偵測者之間的相對運動來說，移動互相靠近時頻率就會提高，遠離就會降低。

關鍵概念

● 都卜勒效應是當聲源或聽者相對於介質(例如空氣)運動時，聽者所察覺的頻率改變。若聲源頻率為 f，聽者聽到的頻率為 f'，則

$$f' = f\,\frac{v \pm v_D}{v \pm v_S} \qquad \text{(都卜勒效應通式)}$$

其中 v_D 為聽者相對於介質的速率；v_S 為聲源的速率；v 為介質中的聲速。

● 若聲源與聽者互相靠近，f' 傾向越來越大。若兩者互相遠離，f' 傾向越來越小。

都卜勒效應

一輛警車停在公路旁，鳴著頻率 1000 Hz 的警報器。如果我們也是停在公路旁，我們聽到的是相同的頻率。但是如果我們與警車之間有相對運動，不論我們是接近它或遠離它，你所聽到的頻率就不同了。例如，如果我們以 120 km/h (約 75 mi/h)駛近警車，我們會聽到比較高的頻率 (1096 Hz，比原音高 96 Hz)。如果我們是以同樣的速率駛離警車，我們所聽到的是一個較低的頻率(904 Hz，比原音低 96 Hz)。

這些因運動所引起的頻率改變，稱為**都卜勒效應**。此一效應是 1842 年由奧地利物理學家都卜勒(Johann Christian Doppler, 1803-1853)所提出。而在 1845 年，荷蘭的巴拜斯(Buys Ballot)用火車頭拖一節平台車，上面請幾個喇叭手吹奏喇叭作實驗，證實了都卜勒的理論。

都卜勒效應不僅適用於聲波，還適用於電磁波，包括微波、通訊電波，及可見光。然而此處，我們僅限定聲波，且以傳遞該聲波的整體空氣作為參考座標系。這代表我們是相對整體空氣來測量聲波波源 S 及其聽者 D 之速率。(除非另有指示，否則整體空氣相對地面為靜止，所以速率可相對於地面作測量)。而且，S 或 D 相對於空氣之速率均小於聲速。

一般式。假設聽者和聲源其中一個在運動中，或是兩者同時在運動，發射頻率 f 和接收頻率 f' 的關係式表示如下：

$$f' = f \frac{v \pm v_D}{v \pm v_S} \quad \text{(都卜勒效應通式)} \tag{17-47}$$

其中，v 為空氣中的聲速，v_D 為聽者的速度，v_S 為聲源的速度。17-47 式中的正負號如何決定，要根據的規則是：

當聽者或聲源靠近對方時，它的速度正負號應會讓頻率向上升高。當聽者或聲源遠離對方時，它的速度正負號應會讓頻率向下降低。

簡單的說：「靠近就會提高，遠離就會降低」。

底下是幾個例子。聽者靠近聲源，17-47 式中分子等於 $v + v_D$，因此頻率提高。若遠離，分子為 $v - v_D$，頻率降低。若聽者靜止，$v_D = 0$。相同地，聲源若靠近聽者，17-47 式中分母取負號，等於 $v - v_S$，因此頻率提高。若遠離，分母取正號，等於 $v + v_S$，頻率降低。若聲源靜止，$v_S = 0$。

現在我們要推導以下兩種特殊情況的都卜勒效應，然後再推導一般情況下的方程式 17-47。

1.　當聽者相對於空氣在移動，而且聲源相對於空氣呈靜止狀態時，聽者的移動改變了聽者截聽波波前的頻率，因此也改變了聲音被聽(偵測)到的頻率。

2.　當聲源相對於空氣在移動，而且聽者相對於空氣呈靜止狀態時，聲源的移動改變了聲波波長，因此也改變了聲波被聽到的頻率(請讀者回憶一下，頻率與波長是相關的)。

聽者運動，聲源靜止

如圖 17-19 所示，聽者 D (以耳朵表示)以速率 v_D 向著靜止的聲源 S 運動；該聲源發出球面波，波長為 λ，頻率為 f，以波速 v 向外傳播。圖中，各波前(以圓圈表示)之間隔均為一波長。聽者 D 所聽到的頻率等於他每秒鐘能截收到的波前數目(或波長數目)。若 D 為靜止，則它每秒鐘可截收到 f 個波前；若 D 向波源方向而行，則截收率必然增加；亦即，他所聽到的頻率 f' 必高於 f。

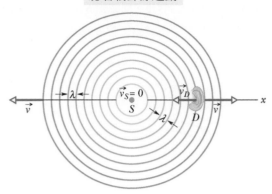

頻率升高：
聽者朝聲源運動

圖 **17-19** 一靜止之聲源 S 發出球面波，各相距一個波長，以聲速 v 向外傳播。聽者 D (以耳朵表示)以速度 $\vec{v}_D$ 向聲源運動。由於此一運動，聽者感受到較高的頻率。

首先，我們暫且假設 D 為靜止，如圖 17-20 所示。在時間 t 中，波前向右前進一距離 vt。在距離 vt 當中之波長數目等於在 t 時間內，D 所截收到的波長數目，即 vt/λ。是故，D 每秒鐘所截收到的波長數目即為 D 所聽到的頻率：

$$f = \frac{vt/\lambda}{t} = \frac{v}{\lambda} \tag{17-48}$$

此一結果說明當 D 為靜止時，沒有都卜勒現象出現——D 所聽到的頻率等於 S 所發出的頻率。

其次，我們假設 D 逆波運動，如圖 17-21 示。在時間 t 內，波前向右前進一距離 vt，但此時 D 向左移動一距離 $v_D t$。因此，在時間 t 內，波前相對於 D 之移動距離為 $vt + v_D t$。而在此段相對距離 $vt + v_D t$ 當中之波長數目，即為 D 在 t 時間內所截收到的波長數目，即 $(vt + v_D t)/\lambda$。在此情況下，D 每秒鐘所截收到的波長數目，即為 D 所聽到的頻率 f'：

$$f' = \frac{(vt + v_D t)/\lambda}{t} = \frac{v + v_D}{\lambda} \tag{17-49}$$

由 17-48 式，$\lambda = v/f$。故 17-49 式變為

$$f' = \frac{v + v_D}{v/f} = f\frac{v + v_D}{v} \tag{17-50}$$

注意 17-50 式中，除非 $v_D = 0$，否則 $f' > f$。

同理，若 D 離聲源而去，我們也可求出 D 所聽到的頻率。此時波前在時間 t 內相對於 D 移動了 $vt - v_D t$ 的距離，即

$$f' = f\frac{v - v_D}{v} \tag{17-51}$$

此式告訴我們，除非 $v_D = 0$，否則 $f' < f$。我們可將 17-50 式及 17-51 式合併為

$$f' = f\frac{v \pm v_D}{v} \quad \text{(聽者運動，聲源靜止)} \tag{17-52}$$

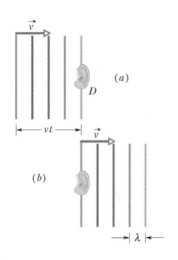

圖 **17-20** 在圖 17-19 中所示之波前(視為平面波)(a)到達；(b)通過一靜止的聽者 D；在 t 時間內，向右前進了 vt 距離。

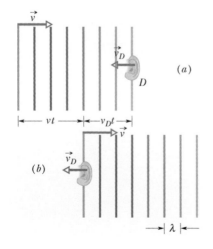

圖 **17-21** 波前：(a)到達；(b)通過一逆波運動的聽者 D。在時間 t 內，波向右移動一距離 vt，而聽者向左移動一距離 $v_D t$。

聲源移動，聽者靜止

假設聽者 D 對空氣而言為靜止，而聲源 S 以速率 v_S 向 D 移動，如圖 17-22 所示。S 之運動改變了它所發出之聲波的波長。因而改變了 D 所聽到的頻率。

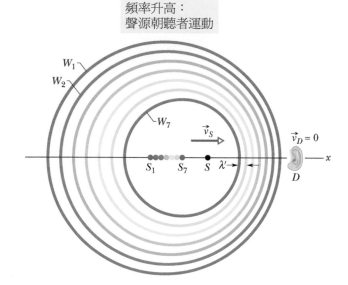

頻率升高：
聲源朝聽者運動

圖 **17-22** 聽者 D 為靜止，聲源 S 以速率 v_S 靠近他。波前 W_1 是聲源在 S_1 時所發出的，而 W_7 則是 S_7 所發出的。圖中所顯示的瞬間，波源位置在 S。此時聽者會聽到較高的頻率，因為波源本身在運動，追趕它所發出的波前，因此在其運動方向上之波長 λ' 變短了。

設 $T(=1/f)$ 為連續發出兩個波前 W_1 及 W_2 之時間間隔。在 T 時間內，波前 W_1 移動一距離 vT，同時波源移動 $v_S T$。在時間 T 的末了，波前 W_2 被發出。因此，在 S 運動之方向上，W_1 與 W_2 之距離(即波長 λ)為 $vT - v_S T$。故 D 所聽到的頻率 f' 應為

$$f' = \frac{v}{\lambda'} = \frac{v}{vT - v_S T} = \frac{v}{v/f - v_S/f}$$
$$= f\frac{v}{v - v_S} \tag{17-53}$$

注意，除非 $v_S = 0$，否則 f' 必大於 f。

在與 S 運動方向的反方向上，波長 λ' 還是等於兩個連續波之間的距離差，但是那個距離現在是 $vT + v_S T$。故 D 所聽到的頻率 f' 應為

$$f' = f\frac{v}{v + v_S} \tag{17-54}$$

此式告訴我們，除非 $v_S = 0$，否則 f' 必小於 f。

我們可將 17-53 式及 17-54 式合併為

$$f' = f\frac{v}{v \pm v_S} \quad \text{(聲源運動，聽者靜止)} \tag{17-55}$$

都卜勒效應通式

我們將 17-55 式的 f'(聲源的頻率)以 17-52 式的 f(與聽者有關的頻率)代之。這個簡單的代換讓我們得到都卜勒效應通式 17-47 式。

然而在通式中，並非聽者和聲源皆在運動。以下我們討論兩種情況，當聽者運動，聲源靜止時，將 $v_S = 0$ 代入 17-47 式得 17-52 式。當聲源運動，聽者靜止時，將 $v_D = 0$ 代入 17-47 式得 17-55 式。因此我們只要記 17-47 式就行了。

測試站 4

如圖所示為聲源及觀察者在穩定的空氣中移動的六種情況。在各種情況下，觀察者所得的頻率是大於或小於發出時頻率，或我們無法明確辨別？

	聲源	聽者		聲源	聽者
(a)	—→	•0 速率	(d)	←—	←—
(b)	←—	•0 速率	(e)	—→	←—
(c)	—→		(f)	—→	←—

範例 17.7　蝙蝠運用回聲的都卜勒偏移

蝙蝠藉由發出超音波，與察覺反射的超音波來搜尋並找出獵物，其中超音波是一種高於人類可聽見頻率之聲波。假定蝙蝠以速度 $\vec{v}_b = (9.00\,\text{m/s})\hat{i}$ 飛行尾隨速度 $\vec{v}_m = (8.00\,\text{m/s})\hat{i}$ 的飛蛾時，發出頻率 $f_{be} = 82.52$ kHz 超音波。試問飛蛾所察覺的頻率 f_{md} 為何？從飛蛾所折返回聲中，蝙蝠所察覺的頻率 f_{bd} 為何？

關鍵概念

蝙蝠與飛蛾的相對運動，偏移了頻率。因為兩者沿單一軸移動，所以利用都卜勒效應 17-47 式可以求出偏移頻率。相互接近的運動傾向於使頻率增加，而相互遠離的運動傾向於使頻率下降。

飛蛾偵測之頻率　都卜勒方程式為

$$f' = f\frac{v \pm v_D}{v \pm v_S} \qquad (17\text{-}56)$$

此處，所要求的被偵測頻率 f' 即為蛾所察覺的頻率 f_{md}。上式右側中，發射頻率 f 為蝙蝠發射的頻率 $f_{be} = 82.52$ kHz、音速為 $v = 343$ m/s、偵測者速度 v_D 為飛蛾的速度 $v_m = 8.00$ m/s、而聲源速度 v_S 為蝙蝠的速率 $v_b = 9.00$ m/s。

然而，關於正負號的選擇可能很困難。請試著從相互接近與相互遠離的角度思考。我們遂可得到 17-56 式分子項中飛蛾(偵測者)的速度。飛蛾遠離蝙蝠運動，趨向於降低偵測到的頻率。因為飛蛾的速率

位於分子項，所以選擇負號以符合此趨勢(分子項變得較小)。這些推理的步驟如表 17-3 所示。

在 17-56 式的分母中，出現的是蝙蝠的速率。蝙蝠往飛蛾移動，這會趨向增加被偵測到頻率。因為此速率出現在分母中，因此我們選擇使用負號來符合此增加的趨勢(分母變得比較小了)。

透過上面的代入向與判斷，可得

$$f_{md} = f_{be}\frac{v - v_m}{v - v_b}$$

$$= (82.52\,\text{kHz})\frac{343\,\text{m/s} - 8.00\,\text{m/s}}{343\,\text{m/s} - 9.00\,\text{m/s}}$$

$$= 82.767\,\text{kHz} \approx 82.8\,\text{kHz} \qquad (答)$$

蝙蝠偵測到之回聲　返回到蝙蝠的回聲中，飛蛾的作用像聲源，其頻率為適才計算所得頻率 f_{md}。所以此時飛蛾為聲源(相互遠離的運動)而蝙蝠為偵測者(相互靠近的運動)。推論的步驟顯示於表 17-3。為了求出蝙蝠偵測到的頻率 f_{bd}，必須改寫 17-56 式為

$$f_{bd} = f_{md}\frac{v + v_b}{v + v_m}$$

$$= (82.767\,\text{kHz})\frac{343\,\text{m/s} + 9.00\,\text{m/s}}{343\,\text{m/s} + 8.00\,\text{m/s}}$$

$$= 83\,\text{kHz} \approx 83\,\text{kHz} \qquad (答)$$

某些飛蛾藉由超音波聲響來「干擾」蝙蝠的偵測系統，以使逃離蝙蝠的獵捕。

表 17-3

蝙蝠射向蛾的聲波		反射回蝙蝠的聲波	
偵測者	聲源	偵測者	聲源
蛾	蝙蝠	蝙蝠	蛾
速率 $v_D = v_m$	速率 $v_S = v_b$	速率 $v_D = v_b$	速率 $v_S = v_m$
遠離	接近	接近	遠離
頻率減少	頻率增加	頻率增加	頻率減少
分子	分母	分子	分母
減號	減號	加號	加號

17-8 超音速：震波

學習目標

在閱讀完這個區塊的文字之後，讀者應該能夠...

17.35 對以音速或超過音速行進的聲波，畫出波前圖。

17.36 計算超音速聲波的馬赫數。

17.37 對於超音速的聲波，運用馬赫圓錐、音速以及聲源速度之間的關係。

關鍵概念

● 若聲源對介質的速率大於介質中的聲速，則所有都卜勒公式均不適用。此時，有震波產生。所有波前將群集而成馬赫圓錐，其半角 θ 可由下式求出：

$$\sin\theta = \frac{v}{v_S} \quad \text{(馬赫圓錐角)}$$

超音速：震波

如果一個聲源以聲速向靜止的聽者移動——即 $v_S = v$——則由 17-47 式和 17-55 式我們發現 f' 變爲無限大。也就是說，這是聲源移動的速率恰好跟上它所發出的球面波所產生的結果(請看圖 17-23a)。接下來的問題是：當 $v_s > v$ 時，會出現什麼現象？當聲源以超音速運動時，17-47 式和 17-55 式即失效。圖 17-23b 所示者爲聲源在各不同位置時，所發出的球面波的波前。圖中，各波前的半徑爲 vt，其中 t 爲由波前發生起算之時間。請注意，我們看到所有的波前群在二維空間形成一個 V 字形的包跡。在三維空間看來則是一個圓錐，稱爲馬赫圓錐(Mach cone)。由於所有波前群集在一起，當圓錐面通過空氣中任何點時，空氣壓力都產生了劇烈的變化，因此在圓錐的表面產生了震波(shock wave)。由圖 17-23b 我們可以看出圓錐的半角 θ，稱爲馬赫圓錐角(Mach cone angle)，爲

$$\sin\theta = \frac{vt}{v_S t} = \frac{v}{v_S} \quad \text{(馬赫圓錐角)} \tag{17-57}$$

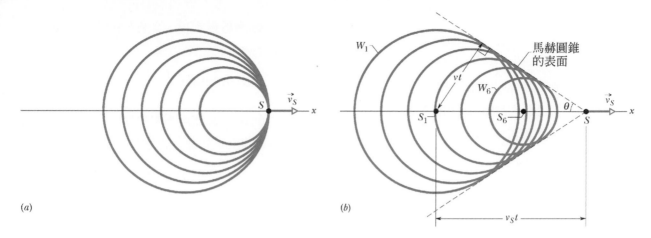

(a)　　　　　　　　　　　　　(b)

圖 17-23　(a)一聲源 S 的速率 v_S 非常接近聲速，因此聲源趕上它所發出的波前。(b)一聲源 S 之運動速率 v_S 比聲速還快，因此趕在它發出的波前之前。當聲源在位置 S_1 時，所發出的波前為 W_1；而在位置 S_6 時，產生 W_6。所有的球面波均以速率 v 擴大，而群集成一圓錐面，稱為馬赫圓錐，而產生震波。圓錐面之半角為 θ，且與各波前相切。

v_S/v 稱為馬赫數(Mach number)。當我們聽到某飛機以 2.3 馬赫飛行時，就是飛機的速率是空氣中音速的 2.3 倍。如圖 17-24 所示，由超音速飛機或子彈所產生的震波會造成一聲巨響，叫做音爆。此時空氣壓力先突然增加，接著突然降低到低於正常值，再回升。步槍發射子彈會產生音爆。牛鞭快速揮動時，鞭子最尾端速度超過音速會有小音爆——即鞭子發出的爆裂聲。

圖 17-24　海軍 FA 18 噴射機機翼所產生的震波。之所以看得見震波，是因為其中的空氣壓力劇降造成空氣中的水分子凝結，而形成霧。
(U.S.Navy photo by Ensign John Gay)

◀重 點 回 顧

聲波　聲波是縱向機械波，可以在固體、液體及氣體中傳播。若一介質之**體積模數**為 B，密度為 ρ，則聲波在該介質中之聲速為

$$v = \sqrt{\frac{B}{\rho}} \quad \text{(聲速)} \tag{17-3}$$

在 20 °C 的空氣中，聲速為 343 m/s

聲波傳播時，介質中之質點的縱向位移 s 為

$$s = s_m \cos(kx - \omega t) \tag{17-12}$$

其中，s_m 為**位移振幅**(最大位移)，$k = 2\pi/\lambda$，$\omega = 2\pi f$；λ 及 f 分別代表聲波的波長及頻率。聲波也會使介質從平衡的壓力產生壓力變化 Δp

$$\Delta p = \Delta p_m \sin(kx - \omega t) \tag{17-13}$$

其中**壓力振幅**爲

$$\Delta p_m = (v\rho\omega)s_m \qquad (17\text{-}14)$$

干涉 相同波長的兩個聲波通過一點時，所產生的干涉現象係由兩波在該點處之相位差 ϕ 決定。若兩波發出時爲同相，則相位差 ϕ 爲

$$\phi = \frac{\Delta L}{\lambda}2\pi \qquad (17\text{-}21)$$

其中，ΔL 稱爲**路程差**(兩波到達交會點其路程之差值)。兩波產生完全建設性干涉之條件是爲 ϕ 爲 2π 的整數倍。

$$\phi = m(2\pi), \quad m = 0,1,2,\cdots \qquad (17\text{-}22)$$

ΔL 和波長 λ 的關係式爲

$$\frac{\Delta L}{\lambda} = 0,1,2,\ldots \qquad (17\text{-}23)$$

若 ϕ 是 π 的奇數倍時，則將產生完全破壞性干涉，

$$\phi = (2m+1)\pi, \quad m = 0,1,2,\cdots \qquad (17\text{-}24)$$

ΔL 和波長 λ 的關係式爲

$$\frac{\Delta L}{\lambda} = 0.5,1.5,2.5,\ldots \qquad (17\text{-}25)$$

聲音強度 一聲波的強度 I 爲通過單位面積之平均功率，其公式爲

$$I = \frac{P}{A} \qquad (17\text{-}26)$$

其中 P 爲聲波的能量傳遞速率(功率)，A 是聲波所圍的表面積。強度 I 與聲波的位移振幅 s_m 的關係爲

$$I = \frac{1}{2}\rho v\omega^2 s_m^2 \qquad (17\text{-}27)$$

距離發射功率 P_S 的點聲源 r 處，其強度爲

$$I = \frac{P_s}{4\pi r^2} \qquad (17\text{-}28)$$

以分貝表示音量水平 音量水平 β 以分貝(dB)表示時，其定義爲

$$\beta = (10\text{dB})\log\frac{I}{I_0} \qquad (17\text{-}29)$$

其中 I_0 ($= 10^{-12}$ W/m^2)爲參考的聲音強度。聲音強度每增加爲原強度的 10 倍，音量水平則增加 10 dB。

管中之駐波形態 在管中可以建立聲波的駐波形態。如果管子兩端均爲開放，則共振頻率爲

$$f = \frac{v}{\lambda} = \frac{nv}{2L}, n = 1,2,3,\ldots \qquad (17\text{-}39)$$

其中 v 爲聲波在空氣中之速率。若管子一端封閉一端開放，則共振頻率爲

$$f = \frac{v}{\lambda} = \frac{nv}{4L}, n = 1,3,5,\ldots \qquad (17\text{-}41)$$

拍音 拍音是在兩個頻率相差很小的波 f_1 及 f_2 同時出現，所出現的新頻率。其拍音頻率爲

$$f_{\text{beat}} = f_1 - f_2 \qquad (17\text{-}46)$$

都卜勒效應 都卜勒效應是當聲源或聽者相對於介質運動時，聽者所察覺的頻率改變。若聲源頻率爲 f，聽者聽到的頻率爲 f'，則

$$f' = f\frac{v \pm v_D}{v \pm v_S} \quad (\text{都卜勒效應通式}) \qquad (17\text{-}47)$$

其中 v_D 爲聽者相對於介質的速率；v_S 爲聲源的速率；v 爲介質中的聲速。若聲源與聽者互相靠近，則選用分子中的正號及分母中的負號；若兩者互相遠離，則選用另一個符號。

震波 若聲源對介質的速率大於介質中的聲速，則所有都卜勒公式均不適用。此時，有震波產生。所有波前將群集而成馬赫圓錐，其半角 θ 可由下式求出：

$$\sin\theta = \frac{v}{v_S} \quad (\text{馬赫圓錐角}) \qquad (17\text{-}57)$$

討論題

1 一隻蝙蝠在洞穴中四處飛，靠著發出超音波的尖聲來導航。假設蝙蝠的聲波頻率為 36000 Hz。在正對平坦壁面的快速猛撲時，蝙蝠的速率為空氣中聲速的 0.020 倍。蝙蝠聽到的從壁面反射之頻率為何？

2 抹香鯨（圖 17-25a）會經由產生一系列的喀擦聲發出聲音。實際上，鯨魚利用其頭部前面附近，只產生單獨一個聲音，然後藉此開啟一系列的聲響。然後該聲音的一部分會從頭部進入水中，變成一系列喀擦聲的第一個聲響。其餘的聲音將經由鯨腦囊（油脂體）回頭行進，再由前額囊（一個空氣層）反射，然後往前行進通過鯨腦囊。當它抵達位於頭部前面的末端囊（另一個空氣層）時，部分聲音將脫逃進入水中，形成第二個喀擦聲，其餘聲音會經由鯨腦囊往回傳遞（並且最後形成稍後的喀嚓聲）。

圖 17-25b 顯示了一系列喀嚓聲的條狀表記錄數據。圖中顯示了 1.0 ms 的一單位時間間隔。假設在鯨腦囊中的音速是 1372 m/s，試求鯨腦囊的長度。利用這樣的計算，海洋科學家從鯨魚的一系列喀嚓聲估計其長度。

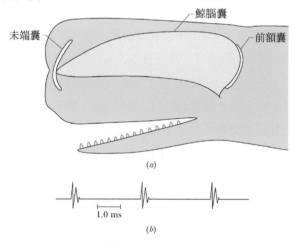

圖 17-25 習題 2

3 兩個完全相同的音叉可以在 440 Hz 的頻率下進行振盪。有一個人位於兩個音叉之間的直線上某位置。如果(a)她站著不動而且兩個音叉在相同方向上，以 3.00 m/s 沿著直線移動，以及(b)兩個音叉固定不動，聆聽者沿著直線以 3.00 m/s 移動，請計算由這個人所量測到的拍音頻率。

4 在圖 17-26 中，聲波 A 和 B 兩個的波長都是 λ，起初是同相位並且都往右行進，圖中以兩條射線來指示這種情形。聲波 A 經過四個表面予以反射，但是最後的行進方向與原來相同。請問如果要在經過四次反射之後，讓 A 和 B 恰好反相，那麼 L 的最小值必須是波長 λ 的多少倍？

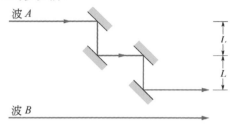

圖 17-26 習題 4

5 沿著某些罕見的沙漠沙丘發生的沙崩，可以產生 10 km 以外都能聽見的巨響。巨響很明顯地是由滑動沙層的週期性振盪所造成，其中沙層的滑動將造成沙層厚度變大或縮減。如果發出的頻率是 90 Hz，請問(a)厚度振盪的週期和(b)聲音的波長為何？

6 兩端均為開放之風琴管 A，其基本波頻率為 425 Hz。風琴管 B 僅一端開放，其第三諧波的頻率與風琴管 A 第二諧波的頻率恰好相同。試求：(a)管 A 的長度；(b)管 B 的長度。

7 圖 17-27 顯示了兩個點音源 S_1 和 S_2。兩個音源發射出波長 0.60 m 的同相位聲波；兩個音源之間的分隔距離是 D = 3.80 m。如果我們沿著一個大圓形移動聲音偵測器，而且此大圓形的圓心是兩個音源之間的中點，請問抵達偵測器的兩個波(a)恰好同相和(b)恰好反相的位置共有幾個？

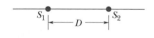

圖 17-27 習題 7 及 34

8 在圖 17-28 中，聲波的點波源 S 位於反射牆 AB 附近。一聲波檢測器 D 直接攔截從 S 傳播的聲射線 R_1。同時也攔截從牆反射的聲射線 R_2，入射角 θ_i 等於反射角 θ_r。假設牆的聲音反射引起相位偏移為 0.500λ。若距離 $d_1 = 2.50$ m，$d_2 = 20.0$ m，$d_3 = 12.5$ m，那麼 R_1 和 R_2 在 D 處同相的(a)最低頻率和(b)第二低頻率分別是多少？

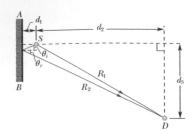

圖 17-28 習題 8

9 管 A 僅有一端開口；管 B 長四倍且有兩端開口。在管 B 最低的十個諧波數目 n_B 中，管 B 的諧波頻率與管 A 的諧波頻率其中之一相符者，其(a)最小、(b)次小、以及(c)第三小的數值為何？

10 兩聲音之音量水平相差 5.00 dB。則較強的音與較弱的音之強度比為何？

11 假設一個 100 Hz 的號角是等向點音源，在距離 10 km 處已經幾乎聽不見。試問在什麼距離下，聽者會開始感到痛苦？

12 某一個連續的正弦縱波沿著非常長、盤繞成圈的彈簧傳遞，而且縱波是從一個附著在其上的振盪源發出。聲波在 x 軸負方向上行進；音源頻率是 25 Hz；在任何瞬間，彈簧上相繼的最大擴張點之間的距離是 24 cm；彈簧粒子的最大縱向位移是 0.30 cm；而且在 $x = 0$ 的粒子於時間 $t = 0$ 時具有零位移。如果將波寫成 $s(x,t) = s_m \cos(kx \pm \omega t)$ 的形式，請問：(a) s_m、(b) k、(c) ω、(d)波速，(e) ω 前面的正確符號為何？

13 在某一點，兩波產生之壓力變化為 $\Delta p_1 = \Delta p_m \sin \omega t$ 及 $\Delta p_2 = \Delta p_m \sin(\omega t - \phi)$。如果 ϕ 是：(a) 0、(b) $\pi/2$、(c) $\pi/3$、(d) $\pi/4$，請問在這一點上的比值 $\Delta p_r / \Delta p_m$ 是多少？其中 Δp_r 是合成波的壓力振幅。

14 超聲波是由頻率大於人類可以聽見的範圍的聲波所組成。而且超聲波可以用於量測人體內血液的流速；其作法是比較送入體內的超聲波頻率，和由血液反射回到人體表面的超聲波頻率。當血液產生脈動，此偵測到的頻率將跟著改變。

假設一個病人手臂的超聲波影像顯示了一個與超聲波行進直線成 $\theta = 20°$ 角度的動脈(圖 17-29)。另外也假設由動脈內血液所反射的超聲波頻率，與原始的超聲波頻率 5.000 000 MHz 相比，其增加值最大可達 5495 Hz。(a)請問在圖 17-29 中，血液的流動方向是往左或往右？(b)在人類手臂上的音速是 1540 m/s。請問血液的最大速率是多少？(提示：血液流速沿著超聲波行進方向的分量，會引起都卜勒效應)。(c)如果角度 θ 變大，則反射頻率將變大或變小？

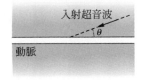

圖 17-29 習題 14

15 四個聲波要以相同方向傳遞經過相同空氣管：

$$s_1(x, t) = (9.00 \text{ nm}) \cos(2\pi x - 700\pi t)$$

$$s_2(x, t) = (9.00 \text{ nm}) \cos(2\pi x - 700\pi t + 0.7\pi)$$

$$s_3(x, t) = (9.00 \text{ nm}) \cos(2\pi x - 700\pi t + \pi)$$

$$s_4(x, t) = (9.00 \text{ nm}) \cos(2\pi x - 700\pi t + 1.7\pi)$$

請問合成波的振幅為何？(提示：使用相量圖(phasor diagram)簡化問題。)

16 某一個在 x 軸上處於靜止狀態的點音源，發出頻率 686 Hz、速率 343 m/s 的正弦聲波。聲波由音源沿著徑向往外行進，導致分子沿著徑向往內和往外振盪。讓我們將波前定義為連接具有最大徑向往外位移的空氣分子的一條線。在任何指定的瞬間，波前都是以音源為中心的同心圓。(a)沿著 x 軸，請問相鄰波前的間隔距離是多少？接下來，音源沿著 x 軸以速率 110 m/s 行進。沿著 x 軸上，試問(b)在音源之前和(c)在音源之後的波前間隔距離是多少？

17 無線電波的波源 S 和檢測器 D 在水平地面上相距 d(圖 17-30)。波長為 λ 的無線電波沿著直線路徑或通過從大氣中的特定層反射(反彈)而到達 D。當特定層的高度為 H 時，到達 D 的兩個波正好同相。如果特定層逐漸升高，則兩個波之間的相位差將逐漸偏移，直到當特定層處於高度 $H + h$ 時，它們將完全異相。請用 d、h 和 H 表示 λ。

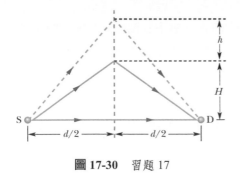

圖 17-30 習題 17

18 某一輛警車正在追逐高速行駛的保時捷 911。假設保時捷的最大速率是 80.0 m/s，而且警車的最大速率是 54.0 m/s。如果警車警報器的的頻率是 440 Hz，則在兩輛車都達到它們最大速率的瞬間，保時捷駕駛員所聽到的警報器頻率是多少？取空氣聲速為 340 m/s。

19 長 0.60 m 管子的一端密閉，其內裝有未知氣體。管子的第三低諧波頻率是 750 Hz。(a)試問在未知氣體內的音速是多少？(b)當這個管子內裝了此未知氣體的時候，管子的基頻是多少？

20 一人在有軌電車上以 440 Hz 的頻率吹小號。電車以 20.0 m/s 的速度向牆壁移動。試求(a)牆上的聲音頻率(b)反射回小號的聲音頻率。

21 在圖 17-31 中，點音源 S 發射出波長 0.850 m 的聲波。聲音射線 1 直接延伸到偵測器 D，音源和偵測器之間的距離是 $L = 10.0$ m。聲音射線 2 在一個平坦表面產生聲音反射(或者稱之為「反彈」)，然後到達 D。反射發生在 SD 線段的垂直等分線上，發生反射的位置與線段相距 d。假設反射使聲波移相 0.500λ。試問要讓直接聲波和反射聲波到達 D 的時候，(a)恰好反相，(b)恰好同相的最小 d (除了零以外)值是多少？

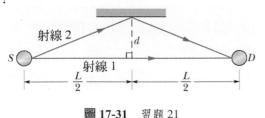

圖 17-31 習題 21

22 某一個發出音頻 1000 Hz 的氣笛以速率 10 m/s，離開我們往懸崖壁面移動。假設空氣中的音速是 330 m/s。(a)請問直接由氣笛向我們傳來的聲波，其頻率

是多少？(b)我們所聽到由懸崖反射回來的音頻是多少？(c)兩個聲音之間的拍音頻率是多少？我們可以感知到它嗎(小於 20 Hz)？

23 一根 15.0 cm 的小提琴弦兩端固定，以 $n = 1$ (第一諧波)共振。已知弦上之波速為 330 m/s，空氣中的聲速為 348 m/s。試求所發出之聲波的：(a)頻率，(b)波長。

24 一頻率不詳的音叉與一頻率 384Hz 的標準音叉同時敲響時，產生每秒 2.00 個拍音。又滴一小滴蠟於第一個音叉上時，發現拍音頻率減少。試求該音叉的頻率。

25 一聲源的功率為 3.00 μW。若可視為點聲源，(a)試求在 2.50 m 外的強度。(b)試以 dB 表示該點之音量水平。

26 在圖 17-32 中，聲波 A 和 B 兩個的波長都是 λ。A 起初是同相位並且都往右行進，圖中以兩條射線來指示這種情形。聲波 A 經過四個表面予以反射，但是最後的行進方向與原來相同。經過兩個表面反射之後，聲波 B 最後也以原來的方向行進。令圖中的距離 L 表示成 λ 的 q 倍：$L = q\lambda$。請問如果要在反射之後讓 A 和 B 恰好彼此反相，那麼 q 的(a)第三小值和(b)第四小值是多少？

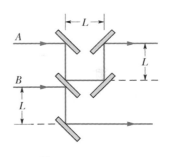

圖 17-32 習題 26

27 直線 AB 連接兩個相距 5.00 m 的點音源，這兩個音源會發射出具有相同振幅的 300 Hz 聲波，而且兩個聲波恰好反相。(a)請問在 AB 的中點，和在 AB 直線上，干涉波會導致產生最大振盪點之間的最小距離是多少？(b)第二個和(c)第三個最短距離是多少？

28 我們可藉著計算看見閃光和稍後聽見雷聲之間的秒數，估計我們和雷擊間的距離。我們應該以什麼整數去除秒數，才能得到以公里為單位的距離值？

29 在 1996 年 7 月 10 日，一個花崗石塊從 Yosemite 河谷的岩壁剝落，而且當它從岩壁滑落下來的時候，被投擲成投射物運動。石塊與地面的撞擊所產生的地震波，觸發了 200 km 以外的地震儀。稍候的量測結果指出，石塊的質量介於 7.3×10^7 kg 和 1.7×10^8 kg 之間，而且其著陸點位於投擲點以下的垂直距離 500 m，水平距離是 30 m。投擲角度未知。(a)請估計石塊在著陸瞬間的動能。

考慮兩種從撞擊點散播出來的地震波類型，一個是在地下以不斷擴大的半球形行進的半球形體波(body wave)，一個是沿著地表以不斷擴大的垂直淺圓柱形行進的圓柱形表面波(surface wave)(圖 17-33)。假設撞擊過程持續了 0.50 s，垂直圓柱的深度 d 是 5.0 m，而且每一種類型的地震波，具有石塊在撞擊前瞬間能量的 20%。我們忽略地震波在行進過程所遭受的任何力學能損失，請求出當它們抵達 200 km 以外地震儀的時候，(b)體波和(c)表面波的強度。(d)根據這些結果，請問哪一類型的地震波比較容易被遠方的地震儀偵測到？

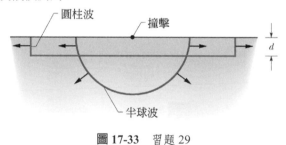

圖 17-33 習題 29

30 我們現在正站在與一個等向音源相距 D 的位置。我們往音源走 50.0 m，發覺聲音強度已經變成兩倍。請計算距離 D。

31 一個正弦聲波以 343 m/s 的速率在正方向上通過空氣。在一個瞬間，空氣分子 A 位於其在軸的負方向上的最大位移，與此同時，空氣分子 B 位於其平衡位置。已知這兩個分子之間的間隔距離是 15.0 cm，而且介於 A 和 B 之間的分子具有在軸的負方向上的中間值位移。(a)試問聲波的頻率是多少？

在一相似配置方式中，對於不同的正弦聲波，在一個瞬間，空氣分子 C 位於其在正方向上的最大位移，與此同時，分子 D 位於負方向上的最大位移。兩個分子之間的間隔距離還是 15.0 cm，而且介於 C 和 D 之間的分子都具有中間值位移。(b)請問此聲波的頻率為何？

32 兩個聲波的振幅都是 12 nm，波長為 35 cm，沿著一條長管在相同方向行進，兩者的相位差是 $\pi/3$ rad。請問由它們的干涉所產生淨聲波的(a)振幅和(b)波長為何？如果情況變成是兩個聲波以相反方向行經長管，試問淨聲波的(c)振幅和(d)波長為何？

33 *Kundt* 方法可測量聲音速度。在圖 17-34 中，桿 R 被夾緊在其中心。一圓盤 D 的末端伸入玻璃管，管內遍布軟木屑。一活塞 P 設置在管的另一端，管中填充氣體。桿以頻率 f 縱向振盪使其在產生聲波。調節活塞位置，直到在管內部產生駐波模式。建立駐波後，氣體分子的運動就會使軟木屑在位移節點處堆積成脊狀樣態。如果 $f = 4.46 \times 10^3$ Hz，脊之間的距離為 9.20 cm，則氣體中的聲速是多少？

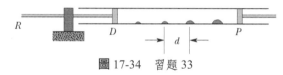

圖 17-34 習題 33

34 在圖 17-27 中，S_1 和 S_2 是兩個等向點音源。它們發出波長 0.50 m 的同相位聲波；兩個音源的分隔距離是 $D = 1.60$ m。如果我們沿著一個大圓形移動聲音偵測器，而且此大圓形的圓心是兩個音源之間的中點，請問抵達偵測器的兩個波：(a)恰好同相和(b)恰好反相的位置共有幾個？

35 在陸地以下 10 km 內地殼的平均密度是 2.7 g/cm^3。在該深度的縱向地震波速率是 5.4 km/s，這是經由計算它們從遠處的地震到達的時間而求出。請使用這項資訊，去求出該深度的地殼體積模數。為了方便比較之用，鋼的體積模數大約是 16×10^{10} Pa。

36 圖 17-35 顯示了兩個點音源 S_1 和 S_2，它們發射出來的聲波波長是 $\lambda = 2.50$ m。發射出來的聲波是等向和同相的，而且兩個音源之間的間隔距離是 $d = 14.0$ m。在 x 軸上的任何一點 P，來自 S_1 的波和來自 S_2 的波產生干涉。當 P 在非常遠的位置上($x \approx \infty$)的時

候,請問(a)由 S_1 和 S_2 傳達到波之間的相位差,以及(b)它們產生的干涉類型為何?現在將點 P 沿著 x 軸往 S_1 移動。(c)試問兩個波之間的相位差增加或減少?當距離 x 為多少的時候,兩個波的相位差是:(d) 0.50λ,(e) 1.00λ,(f) 1.50λ?

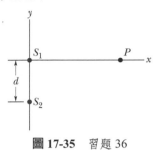

圖 17-35 習題 36

37 一點波源等向發出聲波之功率為 28.0 W。距其 250 m 處有一麥克風,其接收聲波之截面積為 0.600 cm^2。試求:(a)在麥克風處之聲音強度;(b)麥克風所截獲之功率。

38 (a)一小提琴弦長 22.0 cm,質量 915 mg,基本波頻率為 1060 Hz,試求弦上之波速。(b)弦的張力為何?在基本波的情況下,(c)弦上的波長為何?(d)弦所發出之聲波的波長為何?

39 一個子彈以速率 685 m/s 射出。試求由震波圓錐與子彈運動直線所形成的角度。

40 在與一個等向點音源相距 10 m 處的聲音強度是 0.0080 W/m^2。(a)請問音源的功率是多少?(b)與音源相距 5.0 m 處的聲音強度是多少?(c)與音源相距 10 m 處的聲音水平是多少?

41 圖 17-36 顯示了其內充滿空氣的聲學干涉儀,我們用來示範說明聲音的干涉。音源 S 是振動板;D 是聲音偵測器,例如耳朵或麥克風。路徑 SBD 可以改變長度,但是路徑 SAD 則是固定的。在 D 處,沿著路徑 SBD 而來的聲波與沿著路徑 SAD 而來的聲波發生干涉。在一次示範過程中,當可移動臂位於某位置的時候,在 D 處的聲波強度具有 100 單位的最小值,當該臂移動了 1.65 cm 的時候,在 D 處的聲波強度增加到 900 單位的最大值。請求出(a)由音源所發出的聲波頻率和(b) SAD 波在 D 處的振幅相對於 SBD 波在 D 處振幅的比值。(c)在想到這兩個波是由相同音源所發

出以後,請問為什麼會發生這些波具有不同振幅的情形?

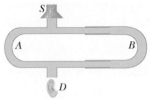

圖 17-36 習題 41

42 一個聲波從點音源發出,在所有方向上均勻地往外行進。(a)請證明下列有關傳播媒介的移位 s 的數學式,在與音源相距任何距離 r 時都是正確的:

$$s = \frac{b}{r}\sin k(r - vt)$$

其中,b 是常數。考慮速率、傳播方向、週期性和波的強度。(b)請問常數 b 的因次為何?

43 靜止的聽眾(相對於空氣和地面)聽到以 15 m/s 的速度向東移動的信號源發出頻率為 f_1 的信號。如果聽眾以 25 m/s 的速度向西移動靠近信號源,他會聽到與 f_1 相差 37 Hz 的頻率 f_2。請問信號源的頻率是多少?(空氣中的音速為 340 m/s)

44 一個小號喇叭演奏者位於移動中的鐵路平板車上,另一位喇叭演奏者站在鐵道旁邊,前者正在向後者移動兩個人吹奏的音調都是 440 Hz。在兩個演奏者之間的觀察者聽到的音波具有拍音頻率 4.0 beats/s。試問平板車的速率是多少?

45 某一個偵測器起初以固定速度,往靜止的音源直接移動,然後(通過音源以後)筆直離開它。音源射出的頻率是 f。在逼近的過程中,偵測到的頻率是 f'_{app},而且在遠離的過程中,偵測到的頻率是 f'_{rec}。如果這些頻率的關係為 $(f'_{app} - f'_{rec})/f = 0.500$,請問偵測器速率相對於音速的比值 v_D/v 為何?

46 在特定金屬中的音速是 v_m。該金屬製成的長管具有長度 L,其一端受到重擊。在另一端聆聽的人聽到兩個聲音,一個是沿著金屬管壁行進的聲波所發生,另一個是經由管內空氣行進的聲波所發出。(a)如果 v 是空氣中的音速,請問在聆聽者耳朵中,兩個聲波抵達的時間間隔 Δt 是多少?(b)如果 $\Delta t = 1.00$ s 而且金屬是鋼,則長度 L 是多少?

47 具有兩個開口端的管,其諧波頻率中有一個是 325 Hz。下一個比較高的諧波頻率是 390 Hz。(a)請問在諧波頻率 585 Hz 之後的下一個比較高的諧波頻率為何?(b)此下一個比較高的諧波頻率的編號為何?只有一個開口端的管 B,其諧波頻率中有一個是 1080 Hz。下一個比較高的諧波頻率是 1320 Hz。(c)請問在諧波頻率 840 Hz 之後的下一個比較高的諧波頻率為何?(d)此下一個比較高的諧波頻率的編號為何?

48 一聲源 A 及一反射面 B 正對彼此相向移動。相對於空氣,聲源 A 之速率為 26.4 m/s,反射面 B 之速率為 78.9 m/s,而聲速為 329 m/s。聲源發出之波具有頻率 1400 Hz(在聲源座標中所測得)。試求:(a)到達反射平面的頻率;(b)到達反射平面之波長。對聲源而言的(c)反射波的頻率;(d)反射波的波長。

49 當一垂直的井其水位最低時,最小共振頻率為 14.0 Hz。井中充滿空氣的部分其作用有如一端封閉(底端)的管子。設井中之空氣密度為 1.10 kg/m^3,體積模數為 1.33×10^5 Pa。試求井深。

50 假設一個球形揚聲器以 10 W 向室內等向發出聲波,此室內具有能完全吸收聲波的牆壁、地板和天花板(一個無回音房間)。(a)試問距離音源中心 $d = 3.0$ m 處的聲音強度是多少?(b)在 $d = 4.0$ m 處的聲波強度,相對於 $d = 3.0$ m 處的強度的比值是多少?

51 某一個音源在偵測器 A 和 B 之間,沿著 x 軸移動。在 A 所偵測到的聲波波長是在 B 所偵測到波長的 0.500 倍。請問音源速率相對於音速的比值 v_s/v 是多少?

52 對於兩個聲音位準相差 37 dB 的聲波而言,請求出其(a)強度,(b)壓力振幅,和(c)粒子位移振幅的比值(比較大相對於比較小)?

53 (a)如果兩個聲波,一個在空氣中,一個在(淡)水中,兩者具有相同的強度和角頻率,試問在水中的波的壓力振幅,與在空氣中的波的壓力振幅的比值為何?假設水和空氣都處於 20℃。(見表 14-1)。(b)如果情況變成是壓力振幅相等,則兩個波的強度比值是多少?

54 某特定揚聲器系統等向發射出頻率 2000 Hz 的聲波,在距離 6.10 m 處所產生的聲音強度是 0.960 mW/m^2。假設沒有任何反射發生。(a)試問在 30.0 m 處的強度為何?在 6.10 m 處,聲波的(b)位移振幅和(c)壓力振幅是多少?

55 一聲頻防盜器所發出的聲波頻率為 33.0 kHz。一小偷侵入房內後,以 1.20 m/s 的速率背向防盜器移動,試求防盜器接收到由小偷身上反射之波與原來的波重疊所產生的拍音頻率。

56 一飛機以聲速的 1.35 倍飛行。地面上某人在飛機由其正上方飛過後 40.0 s 聽到音爆聲。試求飛機的高度。設空氣中的聲速為 330 m/s。

57 一行進中的聲波其壓力變化的方程式為

$$\Delta p = (1.10 \text{ Pa}) \sin \pi [(0.900 \text{ m}^{-1}) x - (400 \text{ s}^{-1})t]$$

求:(a)壓力振幅;(b)頻率;(c)波長;(d)波速。

58 若 32.0 g 氧氣佔有的體積是 22.4 L 而且在氧氣中的音速是 327 m/s,請問氧氣的容積彈性係數為何?

59 圖 17-37 顯示一儀器中包含波發送器和接收器。藉由分析從目標反射回來的波,可測量直接朝向儀器移動的目標物(理想化為平板)速度 u。如果發射頻率為 18.0 kHz,檢測到的頻率(返回波)為 22.2 kHz,則 u 是多少?

圖 17-37 習題 59

60 一石頭由井口落下。2.60 秒後聽到石之落水聲。試求井深。

61 頻率 1200 Hz 的空襲警報器與某民防官員均靜止於地面。當時有速率 12 m/s 的風在吹。若:(a)風由警報器吹向官員;(b)風由官員吹向警報器,試求該官員所聽到的頻率。

CHAPTER 18

溫度、熱與熱力學第一定律

18-1 溫度

學習目標

在閱讀完這個區塊的文字之後，讀者應該能夠...

18.01 了解凱氏溫度的最低溫為0 (絕對零度)。

18.02 解釋熱力學第零定律。

18.03 解釋三相點溫度的情況。

18.04 解釋用定容氣體溫度計量測溫度的情況。

18.05 對定容氣體溫度計，在三相點某一狀態下的壓力和溫度中，連結氣體壓力與溫度之間關係。

關鍵概念

● 溫度是 SI 制中的一個基本量，和我們冷熱的感覺有關。可用溫度計來量測，溫度計的操作是利用物質的可量測性質，如長度或壓力；當溫度升高或降低時，物質此一性質會隨著作規則變化。

● 當一溫度計與一物體互相接觸時，會達到熱平衡。溫度計上的讀數即被定為該物體的溫度。根據熱力學第零定律，此一過程提供了一個前後一致的、有用的溫度量測方法。熱力學第零定律：若兩物體A、B分別與第三物體C(溫度計)達到熱平衡，則A與B也互相達到熱平衡。

● 在SI單位制中，溫度係以凱氏溫標來量測。欲訂定此溫標，首先定出水的三相點溫度為273.16 K。其他的溫度則用定容氣體溫度計定出，此溫度計是利用定容氣體的壓力正比於溫度製作的。運用氣體溫度計所量到的溫度T：

$$T = (273.16\text{K})\left(\lim_{\text{gas}\to 0} \frac{p}{p_3} \right)$$

其中，T以凱氏溫標表示，p_3及p分別代表氣體在273.16 K時及待測溫度之氣體壓力。

物理學是什麼？

物理學和工程學的一個主要知識領域是**熱力學**(thermodynamics)，它致力於系統熱能(通常稱為內能)的研究和應用。溫度是熱力學的一個中心觀念，我們會在下一節開始探究它。從孩童時期開始，我們就已經發展關於熱能和溫度的有效知識。舉例來說，我們知道要小心熱的食物和熱火爐，並且將易腐爛的食物儲存在涼爽或寒冷的空間內。我們也知道該如何控制家和汽車裡的溫度，和該如何保護自己以免得到風寒和中暑。

熱力學如何出現在日常工程學和科學內的例子不勝枚舉。汽車工程師會關心加熱汽車引擎的問題，例如在全美改裝車競賽協會的比賽期間那樣。食物工程師會關心如何正確加熱食物的問題，例如將披薩以微波爐加熱，也會關心如何正確冷卻食物的問題，例如電視晚餐(TV dinners)

很快地在處理工廠予以冷凍。地質學者會關心聖嬰現象和氣候暖化中熱能的移動,其中氣候暖化與北極圈和南極圈冰原範圍有相關性。農業工程師關心的是天氣條件,這將影響一個國家農業是否繁榮或消失。醫學工程師則關心在良性病毒感染和癌腫瘤成長之間,病人溫度的差異。

關於熱力學的討論,我們首先將說明溫度概念,以及如何測量它。

溫度

溫度是 SI 單位制裡,七個基礎標準中的一個。物理學家用凱氏溫標來量測溫度,單位為 K (Kelvins)。在自然界中,我們發現,物體的溫度可以無限制的升高,但不可能無限制的降低;此一低溫的底限就定為凱氏溫標的**絕對零度**。室溫約為凱氏 290 度,一般寫成 290 K。圖 18-1 所示為目前所能測到的廣大溫度範圍。

當我們的宇宙在 137 億年前誕生時,當時的溫度大約是 10^{39} K。之後,當宇宙膨脹時就冷卻下來,到目前溫度僅為 3 K。我們在地球上因靠近一個恆星所以會稍微暖和一點。沒有太陽的話,我們的溫度也是 3 K (應該說,我們根本不可能存在)。

熱力學第零定律

許多物體的性質會在我們改變其溫度時跟著變化,也許是藉著將它們由冷卻箱移到烤爐裡。例如:當溫度升高時,液體體積會增加,金屬桿會稍微變長,電阻線的電阻會增加,容器裡氣體的壓力也會增加。我們可以將上述任一種現象作為量測的基礎,幫助我們確立溫度的觀念。

圖 18-2 所示者,即為一量測溫度的儀器。假如身邊有材料的話,任何一個工程師都可以利用上述的任一種性質,自行設計組合一個這種儀器。儀器上並裝有數位顯示板,而有下列性質:當儀器用本生燈加熱時,數字增大;當儀器放在冷卻箱裡面時,數字減小。該儀器的讀數尚未經過校準,故沒有真正的物理意義。這種裝置稱為測溫器;由於未經校準,還不能稱為溫度計。

如圖 18-3a 所示,將測溫器(稱為 T)與物體 A 緊密的接觸。整個系統放在厚壁絕熱箱裡面。我們會看到測溫器顯示的數字不斷的變動,最後會停在一個固定的數字上(比如說,137.04),不再改變。事實上,我們假定物體 T 和物體 A 的每一個可量測性質是穩定而不會改變的。此時,我們稱物體 T(即測溫器)及物體 A 互相為熱平衡。而且,即使物體 T 的讀數尚未經過校準,我們仍斷定物體 T 及物體 A 必然處於相同的(未知)溫度下。

現在將物體 T 與物體 B 緊密接觸,並共置於絕熱箱中,如圖 18-3b 所示,假設兩物體(B 及 T)達熱平衡時,測溫器的讀數一樣,此時物體 T 及 B 必然是在相同的(仍然未知)的溫度下。最後,如圖 18-3c 所示,將物

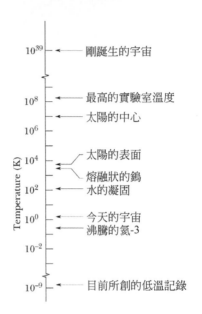

圖 18-1 凱氏溫標上的一些溫度。注意溫度 $T = 0$ 相當於 $10^{-\infty}$,因此在此對數刻度的圖上無法畫出來。

圖 18-2 測溫器示意圖。將此儀器加熱時,數字增大;而將它冷卻時,數字變小。其中之感熱元件可以有許多種選擇,可能是一個可隨溫度改變的線圈電阻值。

體 *A* 與物體 *B* 緊密接觸(圖 18-3c)，那麼兩者是否互相爲熱平衡？根據實驗，我們發現答案是肯定的。

由圖 18-3 所示的實驗結果，可歸納出**熱力學第零定律**：

　　若物體 *A* 及 *B* 分別與第三物體 *T* 達到熱平衡，則 *A* 及 *B* 亦必相互達到熱平衡。

這個第零定律也可以用比較非正式的語言敘述如下：「任何物體都有一個性質，叫做**溫度**。當兩個物體達到熱平衡時，我們說它們的溫度相等。反之亦然。」現在我們可以將測溫器(物體 *T*)變成溫度計了，只要我們賦予它的讀數有物理意義即可。根據其物理意義，我們可以做校準的工作。

我們常常在實驗室裡利用第零定律。如果我們想知道兩支燒杯裡的液體是否有相同的溫度，我們可以用溫度計來量。我們不必將兩個液體緊密接觸來觀察它們是否熱平衡。

第零定律的觀念在 1930 年代才完全清楚，比熱力學的第一定律及第二定律晚了很多。由於第一、第二定律的編號早已確立，而第零定律的溫度觀念事實上比其他兩個定律更爲基本，應該給它更前面一點的編號——就是第零號。

量測溫度

讓我們首先討論，如何用凱氏溫標來定義溫度，以及如何來量測溫度。亦即，我們如何校準一個測溫器，使它變成有用的溫度計。

水的三相點

要建立一個溫標，首先須選定一個可靠的熱力學的現象，然後在此現象中一個標準定點，任意賦予一個凱氏溫度。例如，我們也許可以選定水的冰點或沸點(但由於許多技術上的原因，我們沒有這樣作)。目前，我們所選定的是**水的三相點**。

液態的水、固態的冰、以及氣態的蒸氣只有在特定的壓力，溫度，及熱平衡的情況下，三者共存。圖 18-4 所示者爲一三相點的容器，在實驗室中可以找到水的三相點。經國際上的同意，水的三相點被賦予 273.16 K 的溫度值，作爲校準溫度計的一個標準定點溫度。即

$$T_3 = 273.16 \text{ K} \quad \text{(三相點溫度)} \tag{18-1}$$

其中，右下角的 3 代表三相點的意思。這個協議也用來建立凱氏溫標的大小，即絕對零度到水的三相點間溫度差異的 1/273.16 爲一個刻度。

注意，寫凱氏溫度時，不要加個小圈圈來代表「度」。例如，我們必須寫 300 K，不是 300°K！也不要唸成「300 度 K」。SI 單位制中的數

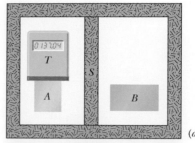

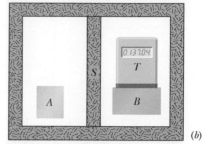

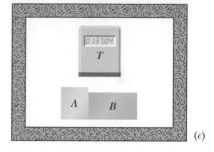

圖 18-3　(a)物體 *T*(測溫器)與物體 *A* 處於熱平衡狀態(物體 *S* 爲絕熱材料)。(b)物體 *T* 與物體 *B* 處於熱平衡狀態，測溫器的讀數與(a)圖中相同。(c)若(a)及(b)成立，則熱力學第零定律說，物體 *A* 與物體 *B* 必爲熱平衡。

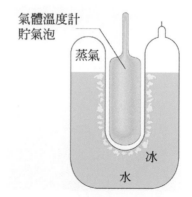

圖 18-4　一三相點容器，在其中固態的冰，液態的水，以及氣態的水蒸氣可以在熱平衡之下共存。國際公認的三相點溫度爲 273.16 K。一個定容氣體溫度計的貯氣泡塞入容器的凹槽中。

量級字首，可以使用，例如 0.0035 K 可寫成 3.5 mK。溫度及溫度差的單位沒有區別，例如，我們可以說：「硫的沸點是 717.8 K」，及「水的溫度上升 8.5 K」。

定容氣體溫度計

我們選用容積一定的氣體所產生的壓力，作為標準溫度計之依據；其他的溫度計再與它相對照來校準。圖 18-5 所示為一**定容氣體溫度計**。它有一貯氣泡以一細管與一水銀壓力計相連。將水銀槽 R 上下移動，使左臂之水銀面與刻度 0 一致，表示貯氣泡中的容積為一定值(氣體體積的改變將影響溫度量測)。

圖 18-5 的貯氣泡接觸之待測溫度定義為

$$T = Cp \text{，} \tag{18-2}$$

其中，p 為氣體所施的壓力，C 為一個常數。從 14-10 式，壓力 p 可由下式求出。

$$p = p_0 - \rho gh \tag{18-3}$$

在這裡 p_0 是大氣壓力，ρ 為壓力計中水銀的密度，而 h 為細管兩邊水銀面之高度差*(於 18-3 式所用的是負號，因為壓力 p 是量自壓力為 p_0 之處以上的高度)。

若將氣體溫度計之貯氣泡浸於三相點的容器中，如圖 18-4 所示，則

$$T_3 = Cp_3 \tag{18-4}$$

其中，p_3 為三相點存在時之壓力。由 18-2 式及 18-4 式消去 C，得

$$T = T_3 \left(\frac{p}{p_3} \right) = (273.16\,\text{K}) \left(\frac{p}{p_3} \right) \quad \text{(暫定公式)} \tag{18-5}$$

此溫度計尚有一問題。因為我們發現，當我們在量某一溫度時(例如水的沸點)，溫度計使用不同的氣體或使用氣體的多寡，都會得出略為不同的結果。不過，我們若將貯氣泡中的氣體越減越少，則會發現，所得的結果會趨近於一個確定的值，且與所使用之氣體種類無關。如圖 18-6 所示的三種氣體的情形。

因此我們終於可以寫出氣體溫度計量測溫度時所用的公式。

$$T = (273.16\ \text{K}) \left(\lim_{\text{gas} \to 0} \frac{p}{p_3} \right) \tag{18-6}$$

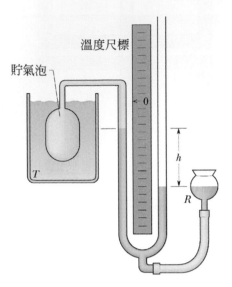

圖 18-5 定容氣體溫度計，它的貯氣泡浸於溫度 T 待測的盛物槽中。

溫度尺標
貯氣泡
T
h
R
0

---

* 壓力單位會使用 14-1 節所介紹的。壓力的 SI 單位為每平方公尺牛頓，稱為帕斯卡(Pa)。Pa 與其他常見壓力單位之關係為
$$1\ \text{atm} = 1.01 \times 10^5\ \text{Pa} = 760\ \text{torr} = 14.7\ \text{lb/in.}^2$$

這個式子告訴我們用氣體溫度計量測溫度的所有程序。首先你在貯氣泡裡充滿任意質量的任何氣體(例如氮氣)，然後測出 p_3(用三相點量測器)及待測溫度下氣體的壓力 p(保持氣體體積相同)。並得出比值 p/p_3。接著，將貯氣泡中的氣體稍微減少一點，利用同一方法求出新的 p/p_3 值。依此類推，貯氣泡中的氣體依次遞減，你可以得到一系列的 p/p_3 值。利用外插法即可得出當貯氣泡中幾乎沒有氣體時的值。將此由外插法所得到的結果代入 18-6 式中，即可得出待測物體的溫度。用此一方法所得的溫度，稱為**理想氣體溫度**。

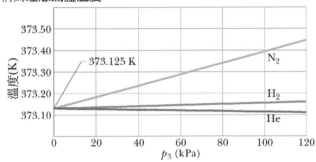

圖 18-6 由定容氣體溫度計所測之溫度，而溫度計之貯氣泡浸於沸水中。為了使用式 18-5 來計算溫度，壓力 p_3 測於水的三相點。溫度計的儲氣泡使用三種不同氣體時，不同壓力下通常給出不同結果，但當氣體量降低時(降低 p_3)，三條曲線均收斂於 373.125 K。

18-2 攝氏及華氏溫標

學習目標

在閱讀完這個區塊的文字之後，讀者應該能夠...

18.06 在攝氏、華氏、凱氏(線性)溫標，兩兩之間作溫度轉換。

18.07 了解對攝氏與凱氏溫標來說，溫度一度的變化是一樣的。

關鍵概念

● 攝氏溫標的定義為：

$$T_C = (T - 273.15)^\circ$$

其中 T 為凱氏溫標值。且華氏溫標：

$$T_F = \frac{9}{5}T_C + 32^\circ$$

攝氏及華氏溫標

前面所說的凱氏溫標適合基礎科學使用。但世界上許多國家則採用攝氏溫標(以前稱為百度溫標)作為生活用或商用的溫標。攝氏溫標以度測量，且一度與凱氏溫標的大小是一樣的。然而，攝氏溫標的零點移至比絕對零度更方便的值。設 T_C 為攝氏溫度，T 為凱氏溫度，則

$$T_C = (T - 273.15)^\circ \tag{18-7}$$

與凱氏溫標不同的是，在寫出攝氏溫標時，通常加個小圈圈來代表「度」。因此，我們寫攝氏溫標時記為 20.00℃，而凱溫標記為 293.15 K。

表 18-1 攝氏、華氏之對照表

溫度	°C	°F
水的沸點[a]	100	212
正常體溫	37.0	98.6
室內適溫	20	68
水的冰點[a]	0	32
華氏 0 度	≈ −18	0
兩溫標相同時	−40	−40

[a] 嚴格而言，水的沸點在攝氏溫標為 99.975°C，冰點為 0.00°C。因此，在這兩點間略小於 100°C。

華氏溫標(主要通行於美國)則採用較細刻度，其零點也和攝氏溫標不同。你只要仔細看看攝氏、華氏兩用溫度計的刻度，就馬上知道兩者的差異。攝氏溫標與華氏溫標之關係為：

$$T_F = \frac{9}{5}T_C + 32° \tag{18-8}$$

T_F 為華氏溫度。要計算此兩種溫標之間的轉換很容易：記住幾個重要的對應點(例如水的冰點及沸點，見表 18-1)。圖 18-7 為凱氏、攝氏及華氏溫標之比較。

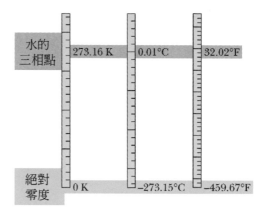

圖 18-7 凱氏、攝氏、及華氏溫標之比較。

我們以字母 C 及 F 區分這兩種溫標的測量及刻度。因此，

$$0°C = 32°F$$

意即攝氏零度與華氏 32 度為相同的溫度。而

$$5 C° = 9 F°$$

則表示 5 個攝氏刻度的溫差(注意度的符號在字母後面)等於 9 個華氏刻度的溫差。

測試站 1

如圖所示為三種溫標在水的沸點及冰點的溫度值。
(a)依其一度的大小，由大到小排列之。(b)將下列溫度由高到低排列：50°X，50°W，50°Y。

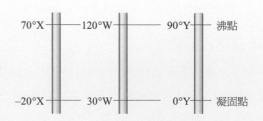

範例 18.1 兩個溫標間的轉換

假如你偶然看到一篇舊科學報導，其描述一種 Z 溫標，而且水的沸點為 65.0°Z，冰點為–14°Z。則 T = –98.0°Z 之溫度對應的華氏溫度為何？假設 Z 溫標是線性，即 Z 的一度在 Z 溫標的任何位置都一樣大。

關鍵概念

兩個線性溫標之間的換算因子，可以經由使用兩個已知(基準)溫度而計算出來，例如水的沸點和凝固點。在一個溫標上的已知溫度間的度數是等效於另一溫標上這兩已知溫度間的度數。

計算 我們的求解起始點是，把給定的溫度 T 與 Z 溫標的兩已知溫度其中之一連繫起來。既然與沸點 (65.0°Z)相比起來，T=–98°Z 較接近凝固點–14.0°Z，所以我們便採用該點。接著要注意，我們要的 T 是在該點之下的–14.0°Z–(–98°Z) = 84.0Z°(圖 18-8)(此差值讀作 84.0 Z 度)。

接著建立起 Z 溫標與華氏溫度間的換算因子，以便換算此差值。為此我們利用 Z 溫標的兩已知溫度，及其在華氏溫標所對應的溫度值。在 Z 溫標中，沸點與凝固點間的溫差為 65.0°Z –(–14.0°Z) = 79.0 Z°。而在華氏溫標裡，則為 212°F – 32.0°F = 180 F°。因此，79.0 Z°的溫度差便等於 180 F°(圖 18-8)，我們可用此比值(180 F°)/(79.0 Z°)來作為換算因子。

現在，既然 T 是在冰點下 84.0 Z°。此溫差轉換成華氏溫標為

$$(84.0Z°)\frac{180F°}{79Z°}=191F°$$

因為在華氏溫標裡冰點為

$$T=32.0°F-191F°=-159°F \qquad (答)$$

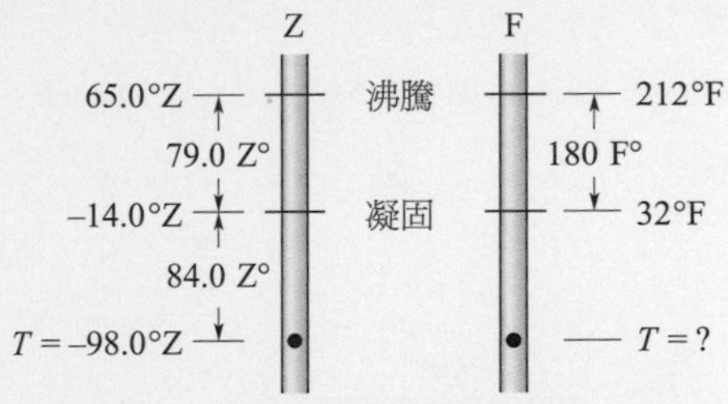

圖 18-8 未知溫標與華氏溫標之比較

18-3 熱膨脹

學習目標

在閱讀完這個區塊的文字之後，讀者應該能夠...

18.08 對於一維的熱膨脹，運用溫度改變量ΔT、長度改變量ΔL、初始長度L以及線膨脹係數α之間的關係。

18.09 對二維熱膨脹，使用一維熱膨脹來得出面積改變量。

18.10 對於三維熱膨脹，運用溫度改變量ΔT、體積改變量ΔV、初始體積V以及線膨脹係數α之間的關係。

關鍵概念

● 所有物體均會因溫度改變而改變其大小。對於一溫度改變量ΔT，任何線維度L的改變量ΔL為

$$\Delta L = L\alpha\Delta T$$

其中α稱為線膨脹係數。

● 固體或液體體積V之變化量ΔV為

$$\Delta V = V\beta\Delta T$$

其中$\beta = 3\alpha$為物質的體積膨脹係數。

圖 18-9 當協和式超音速客機飛得比音速快時，空氣摩擦所生之熱膨脹會使機體長度增加 12.5 cm。(機鼻溫度升至約 128℃，機尾約 90℃，機艙窗戶摸起來則明顯變暖。)

(Hugh Thomas/BWP Media/Getty Images, Inc.)

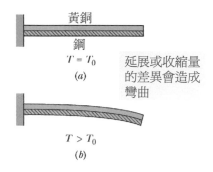

圖 18-10 (a)雙金屬片是由一片黃銅及一片鋼在溫度 T_0 焊接而成。(b)若溫度高於參考溫度 T_0，則如圖中所示變曲。若低於 T_0，則向另一邊彎曲。許多恆溫器都利用這個原理來操作，溫度升或降時，它就會自動彎曲，進而切斷或接上加熱器的電源。

熱膨脹

當果醬罐的金屬蓋子太緊打不開的時候，你可以用熱水沖一下，就很容易打開。當熱水之能量傳至金屬蓋和玻璃罐的原子時，兩者會膨脹。(當能量增加，原子彼此間可以比平常離得更遠些，對抗結合每個固體的，像彈簧似的原子間的力)。然而，金屬間原子離得比玻璃遠，所以金屬蓋會膨脹的比玻璃罐多，便可以鬆開了。

像這類隨著溫度增加所產生的**物質熱膨脹**(thermal expansion)，在許多常見的場合必須預料到。例如當一座橋樑會受到很大的季節性溫度變化的時候，橋的各區段之間必須以膨脹狹縫(expansion slot)予以隔開，使得橋樑的每個區段在熱天可以有膨脹空間，才不會讓橋樑起皺褶。當牙醫在補牙洞的時候，填充物質必須與周圍的牙齒具有相同的熱膨脹性質；否則，先吃冷的冰淇淋然後又喝熱咖啡將是非常痛苦的事情。在建造協和式飛機(圖 18-9)的時候，飛機的設計必須容許在超音速飛行過程，由經過的空氣引起摩擦熱所因而造成的機身熱膨脹。

某些材料的熱膨脹特性可以被放在一起運用。我們還可利用雙金屬條(如圖 18-10 所示)中兩種不同金屬膨脹的差異，來製造溫度計及恆溫器。而一般大家所熟悉的玻璃管內裝液體的溫度計，也是利用液體的熱膨脹大於玻璃的原理所製成。

線膨脹

當一長度 L 的金屬桿溫度升高 ΔT 時，其長度必增加

$$\Delta L = L\alpha\Delta T \tag{18-9}$$

當中 α 為一常數，稱為**線膨脹係數**。α 的單位為「每度」或「每 K」，且其值與桿的質料有關。雖然 α 稍微會隨溫度改變，但在實用上，若溫度變化範圍不大，可視為一個常數。表 18-2 為一些線膨脹係數。注意單位 C° 可替換為單位 K。

表 18-2　若干線膨脹係數 [a]

物質	$\alpha(10^{-6}/C°)$	物質	$\alpha(10^{-6}/C°)$
冰(0℃)	51	鋼	11
鉛	29	玻璃(普通)	9
鋁	23	耐火玻璃(Pyrex 牌)	3.2
黃銅	19	鑽石	1.2
純銅	17	不變形合金(Invar)[b]	0.7
混凝土	12	石英	0.5

[a] 除了冰，均為室溫下之值。
[b] 設計具有低膨脹係數。英文 Invar 為 Invariable 之縮寫。

　　固體的熱膨脹很像照片的放大(推廣至三維來想像)。圖 18-11b 所示者為一鋼尺當溫度升高而膨脹時,相對於膨脹前(圖 18-11a)之情形。此時鋼尺的所有線量,包括它的長、寬、厚、對角線、刻在尺上的圓直徑,以及所挖圓孔的直徑,都可以用 18-9 式來計算。挖洞時所挖出來的小圓片如果與鋼尺加熱到同一溫度,則將它套回洞裡時,照樣密合。

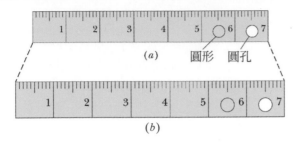

圖 18-11 同一鋼尺在兩不同溫度之情形。當它膨脹時,尺上的刻度、數字、尺的厚度、圓形的直徑、及圓孔直徑等,都以同一比例增大(為求清楚起見,膨脹比例被誇大)。

體膨脹

　　前面提過的固體,當溫度升高時,其所有方向的線量都以同比例膨脹,故其體積也必變大。而在液體裡面,只有體積膨脹才具有實際意義。若一固體或液體的體積為 V,則當體度升高 ΔT 時,其體積的增量為

$$\Delta V = V \beta \Delta T \tag{18-10}$$

其中 β 稱為固體或液體的**體膨脹係數**。與線膨脹係數 α 之間的關係為

$$\beta = 3\alpha \tag{18-11}$$

　　最常見的液體,即水,與其他的液體大不相同。在大約 4℃ 以上,水隨著溫度的升高而膨脹,就像大多數的液體一樣。但在 0 至 4℃ 之間,水卻因溫度的上升而收縮。因此,在 4℃ 左右,水的密度達到一最大值。在其他溫度,水的密度都沒有到達此一最大值。

　　正是由於水有這一特性,所以湖水結冰時,是由上往下,而不是由下往上。當湖面的水由(比如說) 10℃ 往下降時,其密度必較湖底的水為大,因而往下沈。但當氣溫降到 4℃ 以下時,湖面的水反而變輕,於是留在湖面上一直到結冰。因此湖面凍結時其下的水仍然是流動的。假如湖水從湖底開始結冰,則來年夏天到來時,湖底的冰將無法完全融化,因為上面的水的隔熱效果。如此惡性循環下去,不出幾年,地球上溫帶以北所有的水都全部凍結起來,所有的水中生物將全部滅絕。

測試站 2

如圖所示為四個矩形金屬片,邊長 L、$2L$ 或 $3L$。它們均以相同材料製成,且增加了相同溫度。根據它們的:(a)垂直高度,(b)面積所增加的量,由大到小排列之。

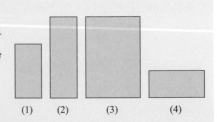

範例 18.2 體積的熱膨脹

在拉斯維加斯的一個大熱天，一油罐車滿載 37000 L 的柴油。運往猶他州的派森，抵達時的溫度比在拉斯維加斯時低 23.0 K。試問，此時卸下全部的柴油其體積是幾公升？設柴油的體膨脹係數為 9.50×10^{-4}/C°，油罐車油槽之線膨脹係數為 11×10^{-6}/C°。

關鍵概念

柴油的體積直接與溫度有關。因此，由 18-10 式 ($\Delta V = V\beta\Delta T$)可知，既然溫度降低了，油的體積必然也減少了。

計算 我們發現

$$\Delta V = (37\,000\,\text{L})(9.50\times10^{-4}\,/\,\text{C}°)(-23.0\,\text{K}) = -808\,\text{L}$$

故所卸的柴油體積為

$$V_{\text{del}} = V + \Delta V = 37\,000\,\text{L} - 808\,\text{L}$$
$$= 36\,190\,\text{L} \qquad\qquad\text{(答)}$$

注意油罐車油槽的熱膨脹與本題無關。問題是：因冷縮而「不見」的柴油該由誰負責？

WILEY PLUS Additional example, video, and practice available at *WileyPLUS*

18-4 溫度與熱

學習目標

在閱讀完這個區塊的文字之後，讀者應該能夠...

18.11 了解熱量和物體內微觀分子的隨機運動有關。

18.12 了解熱 Q 是因物體和環境有溫差時的一種傳遞能量(不管是物體吸收或放出的能量)。

18.13 在各種量測單位中轉換能量單位。

18.14 轉換力學能與熱能、力學能與電能。

18.15 對於物質的溫度改變量 ΔT，連結這物理量與熱傳遞 Q 和物質熱容量 C。

18.16 對於物質的溫度改變量 ΔT，連結這物理量與熱傳遞 Q 和物質比熱 c 與質量 m。

18.17 了解物質的三相。

18.18 對於物質的相變，連結熱傳遞 Q、相變熱 L 以及質量 m 的相轉換。

18.19 了解若一熱傳遞 Q 讓一物質跨過相變溫度時，這傳遞的計算步驟為(a)達到相變溫度的溫度改變，(b)相變，然後(c)讓物質離開相變狀態的溫度改變。

關鍵概念

● 熱 Q 是當系統與環境有溫度差時，相互傳遞的一種能量。所用的單位有焦耳(J)、卡(cal)、仟卡(Cal 或 kcal)、及英制熱單位(Btu)，其相互之換算關係為

$$1\,\text{cal} = 3.968\times10^{-3}\,\text{Btu} = 4.1868\,\text{J}$$

● 若熱 Q 被質量 m 的物體吸收，因而產生之溫度差為 $T_f - T_i$，則

$$Q = C(T_f - T_i)$$

其中 C 稱為物體的熱容量。若物體質量為 m，則

$$Q = cm(T_f - T_i)$$

c 為此物體材料的比熱。

● 材料的莫耳比熱，為每莫耳或每 6.02×10^{23} 個基本單位物質的熱容量。

● 加熱於物質時，有時會改變其物理狀態——例如由固態變成液態，或由液態變成固態。特定物質要改變相態(但不改變溫度)時，每單位質量所需的能量為該物質之相變熱 L。因此，

$$Q = Lm$$

● 物質由液態變成氣態(或凝結氣態成液態)時，每單位質量所需之能量稱為蒸發熱 L_V。

● 物質由固態變成液態(或凝結液態成固態)時，每單位質量所需之能量稱為熔解熱 L_F。

溫度與熱

當我們把一罐可樂從冰箱裡面拿出來放在餐桌上時，它的溫度會上升——起初上升得比較快，後來變慢——直到可樂溫度等於室內溫度(兩者達熱平衡)。同理，一杯熱咖啡擺在桌上時，它的溫度也會下降，慢慢的接近室溫。

以較廣義的熱力學語言來說，我們把可樂或咖啡稱為系統，溫度為 T_S，而將周圍有關的東西稱為環境，溫度為 T_E。我們由觀察得知，若 T_S 不等於 T_E，則 T_S 會逐漸改變，而趨近於 T_E (T_E 也許也會有點改變)，直到兩者溫度相同而達到熱平衡。

這種溫度的改變是由於系統與環境之間，一種能量形式的移動，稱為內能或熱能。所以內能，就是物體內部的原子、分子、或其他微觀的物體作散亂不規則之運動時，其動能與位能的總和。移動的內能稱為**熱**，符號 Q。當能量由環境傳至系統之熱能時，熱為正(我們稱系統吸收了熱)。當能量由系統之熱能傳至環境時，熱為負(我們稱系統放熱或損失熱)。

圖 18-12 即顯示了這種能量轉移。在圖 18-12a 中，$T_S > T_E$，內能由系統移向環境，此時 Q 為負值。在圖 18-12b 中，$T_S = T_E$，沒有內能的移動，Q 為零；無吸熱或放熱。而在圖 18-12c 中，$T_S < T_E$，內能由環境移向系統，故 Q 為正值。

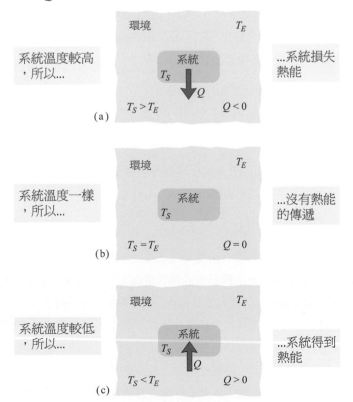

圖 18-12 (a)若系統的溫度較環境為高，則熱將由系統流向周遭的環境，最後達到熱平衡狀態，如(b)。(c)系統的溫度較環境為低，則系統會吸收熱，直到達到熱平衡。

綜上所述，我們得到熱的定義：

 熱是當系統與環境溫度不同時所移動的能量。

說法。 除了熱以外，系統與環境之間的能量移動還可藉著**功** W 來達成；當一個力作用於系統而使系統產生位移時，就有了功。注意熱和功不是系統本身固有的性質，這一點與系統的溫度、壓力、體積等性積不同。唯有在談到能量移動(由系統移出或由外界移入)時，也就是系統的內能有增減的時候，熱及功才有意義。同理，「一個 600 元的轉移」會有意義的時候，是在於錢進出戶頭時的轉移，而不是戶頭中的東西，因為戶頭裡有錢，但沒有轉移這個東西。

單位。 在科學家真正瞭解熱為移動的能量以前，熱是根據使水溫升高的能力作測量。因此熱的單位**卡路里**(calorie，符號 cal)曾被定義為將 1 g 純水溫度由 14.5 ℃ 升高至 15.5 ℃ 時所需的熱量。在英制單位裡面，熱的單位曾經是**英制熱單位**(符號 Btu)；1 Btu 是將 1 lb 的純水溫度由 63 ℉ 升高至 64 ℉ 時所需的熱量。

1948 年時，科學界已經瞭解到，熱與功一樣，都是能量的移動，因此熱的 SI 單位應該和能量的單位一樣——用**焦耳**(joule，符號 J)。而原來熱量的單位(cal)，則直接定為 4.1868 J (精確值)，而不再以水的加熱作為參考(在營養學裡面的卡路里，其實是「Calorie(cal)」，實際上是 1000 cal)。上述各種熱的單位，其換算公式如下：

$$1 \text{cal} = 3.968 \times 10^{-3} \text{Btu} = 4.1868 \text{J} \tag{18-12}$$

固體與液體的吸熱

熱容量

一物體的溫度變化 ΔT 係與促成此一溫度變化的熱 Q 成正比，其比例常數 C 稱為該物體的**熱容量**(heat capacity)，故

$$Q = C\Delta T = C(T_f - T_i) \tag{18-13}$$

其中 T_i 及 T_f 分別代表物體的初溫度及末溫度。熱容量 C 的單位為每度的能量或每 K 的能量。一大理石板的熱容量為 179 cal/C°，也可寫成 179 cal/K，或 749 J/K。

熱容量這個詞極容易產生誤導，因為「容量」兩個字會使人聯想到一個水桶的容量。這種聯想是要不得的！我們不可以將物體想成可以把熱「容」在裡邊；也不可將熱「容量」想成物體吸熱的一個容量限制。事實上，只要溫度變化夠大，熱的移動是沒有限制的。當然物體可能會融化甚至於蒸發，但對熱的移動均不會有任何限制。

比熱

　　相同材質(比如大理石)之兩物體之熱容量正比於各自之質量。因此，我們可以定出一個與物體質量無關而僅與構成該物體之材料有關的物理量，稱為比熱 c。所謂比熱(specific heat)，就是單位質量的熱容量，則 18-13 式變為

$$Q = cm\Delta T = cm(T_f - T_i) \qquad (18\text{-}14)$$

由實際的量測，我們發現某一塊大理石板的熱容量為 179 cal/C°(或 749 J/K)，然大理石本身(不限制是那一塊大理石)的比熱是 0.21 cal/g · C°(或 880 J/kg · K)。

　　利用當初訂定 cal 或 Btu 的方法，我們可以測出純水的比熱為

$$c = 1\text{cal/g} \cdot \text{C}° = 1\text{Btu/lb} \cdot \text{F}° = 4186.8\text{J/kg} \cdot \text{K} \qquad (18\text{-}15)$$

表 18-3 所列者為若干物質在室溫之下的比熱。注意水的比熱特別顯眼，比其他物質高出許多。物質的比熱係隨著溫度而變，但若溫度在室溫附近，表 18-3 中所列之數據仍可使用。

莫耳比熱

　　在許多場合裡面，想要表示任何一個物質的量有多少，最方便的單位是莫耳(mole，符號 mol)，其中

$$一莫耳 = 6.02 \times 10^{23} \text{ 個基本單位}$$

於任何物質。故 1 莫耳的鋁有 6.02×10^{23} 個原子(原子為基本單位)；而 1 莫耳的氧化鋁也有 6.02×10^{23} 個分子(此時分子為基本單位)。

　　當物質的量用莫耳表示時，比熱當然也要改用莫耳來表示，稱為**莫耳比熱**(molar specific heat)。表 18-3 中列出若干元素固體在室溫下的莫耳比熱。

重點提醒

　　要瞭解一個物質的比熱，不僅要先知道該物質吸熱的多寡，而且還要把其他的情況說清楚。對於固體及液體來講，我們通常假定熱移轉時，樣本所受的壓力(通常為大氣壓力)為一定。另外，我們也可以假設在熱轉移時，讓樣本的體積保持一定。在此情況之下，我們就必須外加一個極大的壓力，以防止樣本的熱膨脹才行。對固體及液體而言，這種實驗不太容易，但我們可用理論加以推算；結果訝異地發現，固體及液體的定壓比熱及定容比熱相差不到幾個百分點。但是，在氣體的情況就不一樣了，其定壓比熱與定容比熱差異非常大。

相變熱

　　當固體或液體吸熱時，溫度不一定會升高。取而代之的是它可能會改變相，或改變狀態。物質可以存在於三種常見狀態中。固態，分子被

測試站 3

某特定量的熱 Q 可將一克 A 加熱 3C°，而將一克 B 加熱 4C°。那一種物質有較大比熱呢？

表 18-3　室溫之下若干物質的比熱

物質	比熱		莫爾比熱
	cal/g·K	J/kg·K	J/mol·K
元素固體			
鉛	0.0305	128	26.5
鎢	0.0321	134	24.8
銀	0.0564	236	25.5
銅	0.0923	386	24.5
鋁	0.215	900	24.4
其他固體			
黃銅	0.092	380	
花崗石	0.19	790	
玻璃	0.20	840	
冰(−10℃)	0.530	2220	
液體			
水銀	0.033	140	
酒精	0.58	2430	
海水	0.93	3900	
水	1.00	4187	

彼此的吸引力牢牢固定在剛體結構中。液態時,分子有較多能量且較能移動。它們也許會暫時聚在一起,但不具備剛體結構且可以在容器內流動。氣體或氣態,分子有更多能量也更自由。它們可以充滿整個容器中。

熔解。熔解固體表示將它由固態改變成液態。我們必須讓固體分子自剛體結構中釋放出來,因此,過程中須要能量。將冰熔成水是常見的例子。反之,要將液體「凍」成固體,須要將能量自液體中移走,分子才能固定在剛體結構中。

蒸發。蒸發液體則意味著將它轉變成蒸氣或氣體。如同融化,因為分子必須從它們的群體中釋放,所以此過程須要能量。將液態水煮沸成水蒸氣(個別水分子組成之氣體)是常見的例子。反之,將氣體「凝結」成液體,則須要將能量自氣體移走,這樣分子才會從互相飛離回到群聚在一起的狀態。

當一樣本產生相變時,單位質量所吸收或放出的熱,稱為**相變熱**(neat of tansformation) L。是故,質量為 m 的樣本完全相變時,總相變熱必為

$$Q = Lm \tag{18-16}$$

當相變是指由液相變為氣相時(樣本吸收熱),或由氣相變為液相時(樣本放出熱),此相變熱稱為**蒸發熱** L_V (heat of vaporization)。水在正常沸點(或凝點)時

$$L_V = 539 \text{ cal/g} = 40.7 \text{ kJ/mol} = 2256 \text{ kJ/kg} \tag{18-17}$$

若相變是指由固相變為液相時(樣本吸收熱),或由液相變為固相時(樣本放出熱),此相變熱稱為**熔解熱** L_F (heat of fusion)。水在正常的冰點(或熔點)時

$$L_F = 79.5 \text{ cal/g} = 6.01 \text{ kJ/mol} = 333 \text{ kJ/kg} \tag{18-18}$$

表 18-4 所列者為若干物質的相變熱。

表 18-4　若干相變熱

物質	熔解		蒸發	
	熔點 (K)	溶解熱 L_f (kJ/kg)	沸點 (K)	蒸發熱 L_V (kJ/kg)
氫	14.0	58.0	20.3	455
氧	54.8	13.9	90.2	213
水銀	234	11.4	630	296
水	273	333	373	2256
鉛	601	23.2	2017	858
銀	1235	105	2323	2336
銅	1356	207	2868	4730

範例 18.3 水中的熱金屬塊，趨於平衡

質量 $m_c = 75$ g 的小銅塊在實驗室中被加熱至 $T = 312°C$。然後丟入盛有質量 $m_w = 220$ g 之水的燒杯中。已知燒杯的有效熱容量為 $C_b = 45$ cal/K，燒杯與水的初溫度為 $T_i = 12°C$，試求銅塊、燒杯、及水的末溫度 T_f。

關鍵概念

(1) 因系統為孤立，所以系統總能量不會改變，因此只有內部的能量轉移發生而已。**(2)** 因為這些轉移不涉及相變，所以能量轉移只用來改變溫度而已。

計算 為了把溫度的改變與此能量轉移連繫起來，我們可用 18-13 式及 18-14 式寫

$$水：Q_w = c_w m_w (T_f - T_i) \qquad (18\text{-}19)$$

$$杯：Q_b = c_b (T_f - T_i) \qquad (18\text{-}20)$$

$$銅：Q_c = c_c m_c (T_f - T) \qquad (18\text{-}21)$$

因為系統總能量不會改變，所以這三個能量轉移的和為零：

$$Q_w + Q_b + Q_c = 0 \qquad (18\text{-}22)$$

將 18-19 式至 18-21 式代入 18-22 式得到

$$c_w m_w (T_f - T_i) + c_b (T_f - T_i) + c_c m_c (T_f - T) = 0 \qquad (18\text{-}23)$$

18-23 式中包含的溫度都是溫度差。由於溫度差在攝氏溫標及凱氏溫標中是一樣的，在本式中可使用任一種溫標。故可由 18-23 式中解出 T_f：

$$T_f = \frac{c_c m_c T + c_b T_i + c_w m_w T_i}{c_w m_w + c_b + c_c m_c}$$

其分子部分以攝氏溫度表示為：

$$(0.0923\,\text{cal/ g·K})(75\,\text{g})(312°C) + (45\,\text{cal/ K})(12°C) + (1.00\,\text{cal/ g·K})(220\,\text{g})(12°C) = 5339.8\,\text{cal}$$

分母部分為

$$(1.00\,\text{cal/ g·K})(220\,\text{g}) + 45\,\text{cal/ K} + (0.0923\,\text{cal/ g·K})(75\,\text{g}) = 271.9\,\text{cal/ C°}$$

然後得到，

$$T_f = \frac{5339.8\,\text{cal}}{271.9\,\text{cal/ C°}} = 19.6°C \approx 20°C \qquad (答)$$

據此，我們可算出：

$$Q_w \approx 1670\,\text{cal} \quad Q_b \approx 342\,\text{cal} \quad Q_c \approx -2020\,\text{cal}$$

除了四捨五入誤差外，這三個熱傳遞量的代數和應為零，如能量守恆的要求(18-22)。

範例 18.4 加熱改變溫度與狀態

(a) 欲將 $m = 720$ g 的冰塊由$-10°C$化為 $15°C$ 的水，需熱多少？

關鍵概念

此加熱過程可以分解成三個步驟：(1) 冰不可能在低於熔點的溫度下融化，所以一開始，所有傳遞給冰塊的熱能都只用來增加冰塊的溫度，直到到達 0 ℃。(2) 在冰完全熔解前，溫度不可能上升，所以，所有傳遞給冰塊的熱能現在只用來使冰變成液態水，直到所有的冰都融化了為止。(3) 傳遞給水的熱能現在只用來增加水的溫度。

加熱冰塊 將溫度由初始值 $T_i = -10°C$ 增加到末值 $T_f = 0°C$(使冰塊在此時能開始融化)所須的熱 Q_1，可由 18-14 式($Q = cm\Delta T$)得到。由表 18-3 查出冰的比熱 c_{ice}，得到

$$Q_1 = c_{ice} m (T_f - T_i)$$
$$= (2220\,\text{J/kg · K})(0.720\,\text{kg})[0°C - (-10°C)]$$
$$= 15\,984\,\text{J} \approx 15.98\,\text{kJ}$$

使冰融化 將冰全部熔解所須的熱 Q_2，可由 18-16 式($Q = Lm$)得到。其中 L 是熔解熱 L_F，其值可由 18-18 式及表 18-4 得知。我們發現

$$Q_2 = L_F \, m = (333 \text{ kJ/kg})(0.720 \text{ kg}) \approx 239.8 \text{ kJ}$$

使液態水升溫 將水溫由起始值 $T_i = 0°C$ 增加到末值 $T_f = 15°C$ 所須的熱 Q_3，可由 18-14 式(配合用液態水的比熱 c_{liq})得到：

$$Q_3 = c_{liq} m (T_f - T_i)$$
$$= (4186.8 \text{ J/kg} \cdot \text{K})(0.720 \text{ kg})(15°C - 0°C)$$
$$= 45 \, 217 \text{ J} \approx 45.22 \text{ kJ}$$

總和 所須的總熱能 Q_{tot} 為三個步驟的結果相加：

$$Q_{tot} = Q_1 + Q_2 + Q_3$$
$$= 15.98 \text{ kJ} + 239.8 \text{ kJ} + 45.22 \text{ kJ}$$
$$\approx 300 \text{ kJ} \qquad \qquad (\text{答})$$

請注意，和提升溫度來比，大部分的能量是用來讓冰塊融化。

(b) 假如我們僅提供 210 kJ 的熱，則冰塊最後變成什麼樣子？

關鍵概念

由第一步，我們知道要將冰的溫度升高到熔點，需要 15.98 kJ。剩餘的熱 Q_{rem} 為 210 kJ – 15.98 kJ，或約 194 kJ。由步驟 2 我們可以看出，這個熱的數值不足以將冰塊完全融解。因為冰的融解並不完全，所以我們必會得到冰與水的混合物，而此混合物的溫度必定是融點，0°C。

計算 由 18-16 式和 L_F，我們可以求出熱能 Q_{rem} 所融解的冰質量 m：

$$m = \frac{Q_{rem}}{L_F} = \frac{194 \text{kJ}}{333 \text{kJ} / \text{kg}} = 0.583 \text{kg} \approx 580 \text{g}$$

因此，末融化的冰質量為 720 g – 580 g，或記為 140 g，我們得到

$$580 \text{ g 水 及 } 140 \text{ g 冰，於 } 0°C \qquad (\text{答})$$

18-5 熱力學第一定律

學習目標

在閱讀完這個區塊的文字之後，讀者應該能夠...

18.20 若密閉氣體膨脹或壓縮，藉由氣體壓力對體積所圍面積的積分計算氣體所作的功。

18.21 指出氣體膨脹或壓縮所作之正負號。

18.22 對某一壓力與體積之 p-V 圖，指出起始點(初始狀態)和最終點(最終狀態)以及使用圖形積分計算功。

18.23 壓力對體積之 p-V 圖上，了解作功的正負號與右進或左進過程有關。

18.24 運用熱力學第一定律連結氣體內能改變 ΔE_{int}、進出氣體的熱 Q，以及氣體所作的功或作用於氣體的功 W。

18.25 指認進出氣體的熱 Q 之正負號。

18.26 了解若熱傳進氣體則內能 ΔE_{int} 傾向增加，若氣體對環境作功則內能傾向減少。

18.27 了解在絕熱過程的氣體不會有熱傳進環境中。

18.28 了解在定容過程中，氣體不會作功。

18.29 了解在氣體的一個循環中，內能 ΔE_{int} 不會有淨變化。

18.30 了解在氣體的自由膨脹中，熱的傳遞 Q、作功 W、內能改變 ΔE_{int} 均為零。

關鍵概念

● 一系統可藉由作功與環境交換能量。當一系統在膨脹或收縮的過程當中。體積由 V_i 變爲 V_f 時，系統所作的功爲

$$W = \int dW = \int_{V_i}^{V_f} p \, dV$$

因爲壓力 p 隨著體積而變，所以此積分不可免。

● 當系統與其周圍環境進行功及熱的交換過程時，其能量守恒原理可用熱力學第一定律來表示，表達的方式可爲

$$\Delta E_{\text{int}} = E_{\text{int},f} - E_{\text{int},i} = Q - W \text{ (第一定律)}$$

或　$dE_{\text{int}} = dQ - dW$ （第一定律）

其中，E_{int} 代表系統的內能，僅與系統的狀態(溫度、壓力、體積)有關。Q 爲系統與環境間的熱轉換；若系統獲得熱，則 Q 爲正，反之爲負。W 爲系統所作的功；若系統對抗環境所施的力而作功，則 W 爲正，反之爲負。

● Q 及 W 與路徑有關；而 ΔE_{int} 則否。

● 熱力學第一定律可應用於下列四個特例：

絕熱過程：$Q = 0$, $\Delta E_{\text{int}} = -W$
等容過程：$W = 0$, $\Delta E_{\text{int}} = Q$
循環過程：$\Delta E_{\text{int}} = 0$, $\quad Q = W$
自由膨脹過程：$Q = W = \Delta E_{\text{int}} = 0$

細說熱與功

　　本節將詳細說明系統與環境之間如何作熱與功的交換。我們的系統是裝於氣缸中的氣體，氣缸上有一個可動的活塞，如圖 18-13 所示。缸中氣體的壓力用活塞上所加的鉛粒來平衡。氣缸壁都是由絕熱的材料作成，故無熱可進出。只有氣缸底部與一熱庫接觸，其溫度 T 可由一控制鈕控制。

　　假設最初系統的壓力爲 p_i，體積爲 V_i，溫度爲 T_i；這三者合稱爲系統的初狀態 i。現在你想要把系統變化爲末狀態 f，也就是說，氣體的壓力、體積、溫度分別變成 p_f、V_f、T_f。像這樣將系統由初狀態變爲末狀態的過程，稱爲熱力過程。在熱力過程中，熱可由熱庫進入系統，也可能由系統進入熱庫；同時，系統也可以使負重的活塞上升或下降而作功。若氣體將活塞上推，則所作的功爲正；若氣體使活塞下降，則所作的功爲負。我們假設所有的變化都進行得很慢，使得系統時時保持在熱力學平衡狀態。(每部分總是在熱平衡的情況下)

　　假如你現在將圖 18-13 中的鉛粒由活塞上拿掉一點點，那麼氣體必有一個向上的力 $\vec{F}$ 將活塞向上推動一微量的位移 $d\vec{s}$。因爲位移很小，我們可以假定在位移時，$\vec{F}$ 保持一定。若氣體的壓力爲 p，活塞的面積爲 A，則 $\vec{F}$ 的大小爲 pA。故知氣體所作微量的功 dW 爲

$$dW = \vec{F} \cdot d\vec{s} = (pA)(ds) = p(A\,ds)$$
$$= p\,dV \tag{18-24}$$

其中 dV 爲活塞移動時氣體所增微量體積。若繼續不斷的拿掉活塞上的鉛粒，使氣體體積由 V_i 變化至 V_f，則氣體所作功必爲

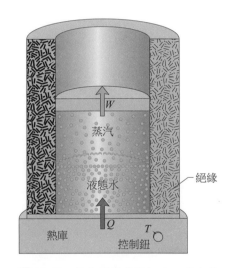

圖 18-13 具有活塞的氣缸中，盛有氣體。調整熱庫的溫度 T，可以加熱於氣體，也可將熱從氣體抽出。拉高或降低活塞，便可以對氣體作功。

$$W = \int dW = \int_{V_i}^{V_f} p \, dV \tag{18-25}$$

在體積變化的期間，壓力與溫度也會隨著改變。欲求得 18-25 式之積分值，我們必須先知道氣體由狀態 i 變化至狀態 f 時，壓力 p 與體積變化之實際關係。

一條路徑。事實上，氣體由狀態 i 變化至狀態 f 的過程有很多種。圖 18-14a 所示者為其中的一種；這種圖是氣體壓力對體積的圖形，稱為 $p\text{-}V$ 圖。在圖 18-14a 中的曲線指出，當體積增加時，壓力減少。18-25 式中的積分(亦即氣體所作的功 W)即等於 i 與 f 兩點間，曲線下方陰影部分的面積。由於氣體將活塞上推，體積增加，故所作的功為正。

另一路徑。圖 18-14b 為系統由狀態 i 至狀態 f 的另一種過程。由兩部分構成──首先是由狀態 i 到狀態 a，然後由 a 狀態到狀態 f。

步驟 ia 的這一段過程中，氣體壓力保持不變，亦即，活塞上的鉛粒(圖 18-13)不予以增減。你只要將熱庫的溫度慢慢調升，讓氣體溫度慢慢上升至 T_a，同時體積由 V_i 增加到 V_f 就完成了。(增加溫度會增加氣體對活塞的力，使其向上)。在此段過程當中，氣體因膨脹而作了功，同時有熱由熱庫進入系統中(由於你將熱庫溫度逐漸調升的關係)。因為此一熱量係由熱庫進入系統中，故取正號。

而圖 18-14b 中的 af 過程是在等容情況下進行的，也就是說，你必須將活塞卡死不動。然後以控制鈕降低溫度，使壓力由 p_a 降到 p_f。這段過程中，熱由系統流失到熱庫中。

綜上所述，整段過程 iaf 中，氣體僅在 ia 過程作正功 W，以曲線下方陰影部分的面積來表示。而在 ia 及 af 兩過程中，均有熱的移動；傳送的淨能為 Q。

反向步驟。圖 18-14c 所示者為前述的兩段過程，但先後次序顛倒。此時，系統所作的功以及熱進出系統的淨值，均較圖 18-14b 為小。圖 18-14d 顯示出，你可以自行設計熱力過程，使系統所作的功變得很小(如路徑 $icdf$)；也可以使它變得很大(如路徑 $ighf$)。

總之：一系統由某一初狀態變化至某一末狀態時，其間之變化過程可以有無限多種。一般而言，不同的過程就會有不同的功 W 及熱 Q。我們稱熱與功為與路徑有關的物理量。

負功。圖 18-14e 所示，為當外力壓縮系統使其體積減少時，系統所作的負功。其絕對值仍等於曲線下方的面積。但因為氣體被壓縮，所以所作的功為負值。

循環。圖 18-14f 所示者為一熱力循環；也就是說，系統由某一初狀態 i 變化至狀態 f，然後再回復到原來的狀態 i 的全部過程。系統在一個循環裡面所作的功，等於系統膨脹時所作的正功，與壓縮時所作的負功

的代數和。在圖 18-14f 中，功恰好是正的，因為膨脹曲線(i 到 f)下的面
積大於壓縮曲線(f 到 i)下的面積。

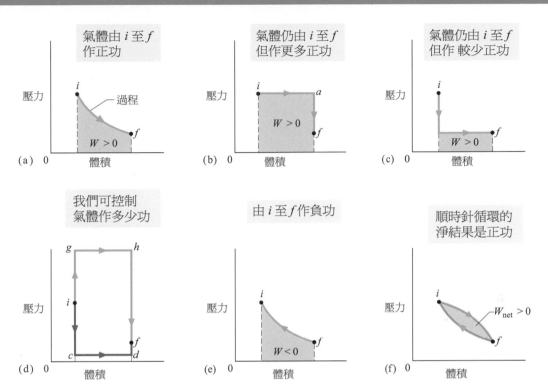

圖 18-14　(a)一系統由初狀態 i 至末狀態 f 之間的熱力過程，標有 W 的面積為系統在此一過程中所
作的功。因為該過程在圖上系由左向右，故所作的功為正。(b) W 仍為正，但現在更大。(c) W 仍為
正，但現在較小。(d) 系統所作的功可以很小(路徑 $icdf$)，也可以很大(路徑 $ighf$)。(e) 若系統的體
積因外力而減小。系統所作的功 W 現在為負。(f) 若系統的變化過程為一封閉的循環，則所作的功
為兩曲線下方面積的差，也就是等於循環線內部的面積。

 測試站 4

如此處 p-V 圖所示為六個氣體可遵循的曲線路徑(由垂直路徑
連接)。若氣體所作的淨功要為最大正值，其中那兩個路徑須
為封閉循環的一部分？

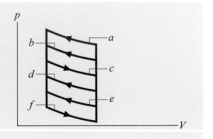

熱力學第一定律

在上一節中，你已經知道，當一系統由初狀態變化至末狀態時，功 W 及熱 Q 均與中間之變化過程有關。而由實驗，我們發現一件令人驚奇的結果。亦即，$Q-W$ 這個量在任何過程都相同。它僅與初、末兩狀態有關，而與兩狀態之間的變化過程無關！其他所有 Q 及 W 的組合，如單獨 Q、單獨 W、$Q+W$、$Q-2W$ 等等，均與路徑有關，唯獨 $Q-W$ 與路徑無關。

$Q-W$ 這個量必定與系統的某一本質之變化有關。我們稱之為內能 E_{int}；我們可以寫成

$$\Delta E_{int} = E_{int,f} - E_{int,i} = Q - W \quad \text{(第一定律)} \tag{18-26}$$

18-26 式就是熱力學第一定律。若一熱力學系統的狀態僅有微量的改變，則第一定律可寫成[*]

$$dE_{int} = dQ - dW \quad \text{(第一定律)} \tag{18-27}$$

系統的內能 E_{int}，在藉著以熱 Q 的形式輸入能量時，系統內能就會增加；在藉著系統對外作功 W 使系統能量減少時，系統內能就會減少。

在第 8 章中我們曾討論過，在獨立系統(無任何能量進出的系統)中的能量守恆原理。而熱力學第一定律則將能量守恆原理推廣至非獨立系統。能量以功 W 或熱 Q 的形式進出該系統。在敘述熱力學第一定律時，我們假設系統整體的動能及位能均無改變，即 $\Delta K = \Delta U = 0$。

規則。在本章以前，功一詞及符號 W 恆指作用於一系統的功。但從 18-24 式開始，一直到下面幾章有關熱力學的部分，我們所說的功則是指系統所作的功，如圖 18-13 的氣體。

作用於一系統的功與系統所作的功恆差一個負號。因此，若 18-26 式中的功以作用於系統的功 W_{on} 寫出，可得 $\Delta E_{int} = Q + W_{on}$。這告訴我們以下：若熱被一系統所吸收，或有正功作用於該系統，則系統的內能必定增加。相反的，若系統放出熱，或有負功作用於系統，則系統的內能必定減少。

---

[*] 此處的 dQ 及 dW 跟 dE_{in} 不同，並不是真正的微分量；僅取決於系統狀態之函數 $Q(p, V)$ 及 $W(p,V)$ 並不存在。dQ 及 dW 稱為非全微分(inexact differential)，且通常以 đQ 及 đW 表示。本書中，我們能簡單將其視為無窮小的能量傳遞。

測試站 5

如此處 p-V 圖所示的氣體由狀態 i 到狀態 f 的四個途徑。根據四個途徑的：(a) ΔE_{int} 的改變量，(b)氣體所做的功 W，(c)傳遞熱能的值 Q，由大到小排列之。

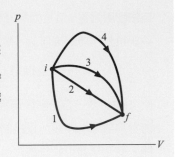

熱力學第一定律的一些特例

在這裡四個熱力過程摘要如表 18-5。

1. **絕熱過程**。在一絕熱過程中，系統與環境之間完全隔絕，熱無法在其間進出。在第一定律(18-26 式)中，令 $Q = 0$，可得

$$\Delta E_{int} = -W \quad \text{(絕熱過程)} \tag{18-28}$$

此式告訴我們，若系統作功(亦即，若 W 為正)，系統內能必減少作功量。反之，若作功於該系統(W 為負)，則其內能增加。

　　圖 18-15 所示為一理想化的絕熱過程。由於絕熱的關係，熱不能進出系統。因此系統與環境之間唯一的互動關係就是作功。如果我們逐次拿掉活塞上的鉛粒，氣體必定膨脹而對外作功(W 為正)，其結果是氣體的內能減少。若加鉛粒於活塞上，壓縮氣體，則系統所作的功為負，氣體的內能增加。

2. **定容過程**。如果一系統(如氣體)的體積保持一定，那麼系統所作的功即等於零。在第一定律(18-26 式)中，令 $W = 0$，即得

$$\Delta E_{int} = Q \quad \text{(定容過程)} \tag{18-29}$$

因此，若系統吸熱(亦即，若 Q 為正)，則系統的內能增加。相反的，若系統放出熱(Q 為負)，則內能必定減少。

3. **循環過程**。若一系統在一連串的變化中，歷經了熱與功的進出，但最後回復到它最初的狀態，此一過程稱為循環過程。此時，系統的所有性質(包括內能)都回復到最初的數值。在第一定律(18-26 式)中，將 $\Delta E_{int} = 0$ 代入。即得

$$Q = W \quad \text{(循環過程)} \tag{18-30}$$

因此，在循環過程中，所作的淨功必等於熱量的轉移，而系統所貯存的內能則保持不變。循環過程在 p-V 圖上是一個封閉的迴路，如圖 18-14f 所示。我們將在第 20 章中詳細討論它。

表 18-5
熱力學第一定律的四個特例

定律：$\Delta E_{int} = Q - W$ (18-26 式)		
過程	限制	結果
絕熱	$Q = 0$	$\Delta E_{int} = -W$
定容	$W = 0$	$\Delta E_{int} = Q$
循環	$\Delta E_{int} = 0$	$Q = W$
自由膨脹	$Q = W = 0$	$\Delta E_{int} = 0$

緩慢移掉鉛粒可使膨脹時無熱能傳遞

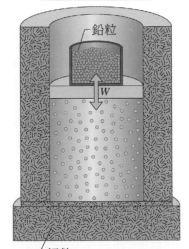

圖 18-15 將活塞上的鉛粒逐漸拿掉時，可使氣體作絕熱膨脹。加鉛粒則使氣體絕熱壓縮。

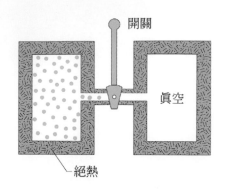

圖 18-16 自由膨脹過程的最初狀態。將開關打開以後，氣體將充滿於兩容器中，到達平衡的末狀態。

4. **自由膨脹過程**。這是絕熱過程，過程當中系統與環境間無熱之傳遞，系統也無作功或被作功。故 $Q = W = 0$，第一定律變成

$$\Delta E_{int} = 0 \quad (自由膨脹) \tag{18-31}$$

圖 18-16 示一自由膨脹過程如何進行。最初，氣體充滿於絕熱容器的左半部，由開關加以控制，容器的右半部原為真空。今將開關打開，使左半部中的氣體自由的進入右半部容器中，最後到達平衡。由於整個容器是絕熱的，故沒有熱的進出。又由於氣體係衝入真空中，沒有任何的壓力阻止它，因此它膨脹時也不作功。

自由膨脹過程與前面所述幾個過程有一最大的不同，就是我們無法使過程進行的慢一點，並且控制它。結果在變化過程當中，氣體並不是在熱平衡狀態下，且其壓力在各處並不相同。所以，雖然我們可以在 p-V 圖上畫出其初狀態及末狀態，卻不能畫出膨脹本身的過程。

 測試站 6

如左圖之 p-V 圖所示的一個完整循環，問：(a) 氣體的 ΔE_{int}，(b)以熱 Q 形式傳送的淨能量為正值、負值或零？

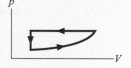

範例 18.5 熱力學第一定律：功，熱，內能的變化

如圖 18-17 所示，質量 1.00 kg 的液態水在標準大氣壓力之下沸騰(100℃)，變為 100℃的蒸氣。(標準大氣壓力 $=1.01 \times 10^5$ Pa)。原液態水的體積為 1.00×10^{-3} m³，全部變為蒸氣後的體積為 1.671 m³。

(a) 在此過程中，系統所作的功為何？

關鍵概念

(1)系統所作的必定是正功，因為其體積增加了。(2) 我們可將壓力對體積作積分(18-25 式)來計算所作的功 W。

計算 因為壓力是固定在 1.01×10^5 Pa，所以我們可將 p 提出於積分符號外。因此，

$$W = \int_{v_i}^{v_f} p\, dV = p\int_{v_i}^{v_f} dV = p(v_f - v_i)$$
$$= (1.01\times10^5 \text{ Pa})(1.671\text{m}^3 - 1.00\times10^{-3}\text{ m}^3)$$
$$= 1.69\times10^5 \text{ J} = 169\text{kJ}$$

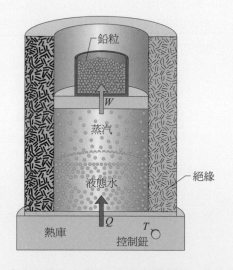

圖 18-17 水在定壓之下沸騰。熱由熱庫供給，直到水完全變成蒸氣為止。膨脹的氣體將負重活塞上推而作功。

(b) 在整個過程當中，進入系統的熱有多少？

關鍵概念

因為熱只引起了相變，而沒有改變溫度，所以可全由 18-16 式($Q = Lm$)求得。

計算 因為是由液體改變成氣體，故 L 為氣化熱 L_V，其值可由 18-17 式及表 18-4 得知。我們發現

$$Q = L_V m = (2256 \, \text{kJ/kg})(1.00 \, \text{kg})$$
$$= 2256 \, \text{kJ} \approx 2260 \, \text{kJ} \qquad \text{(答)}$$

(c) 在此過程中，系統內能的變化為何？

關鍵概念

根據熱力學第一定律(18-26 式)，系統內能的變化與熱(在此為傳遞入系統的能量)及功(在此為傳遞出系統的能量)有關。

計算 我們可將第一定律寫成

$$\Delta E_{\text{int}} = Q - W = 2256 \, \text{kJ} - 169 \, \text{kJ}$$
$$\approx 2090 \, \text{kJ} = 2.09 \, \text{MJ} \qquad \text{(答)}$$

此結果變為正值，表示系統的內能增加。此內能是用來克服水在液態時分子間的強大吸引力，使它們散開成為蒸氣。我們可以看到，當水沸騰時，只有約 7.5% (= 169 kJ/2260 kJ)是作為系統膨脹時抗拒大氣壓力所需的功。其他的熱是用來增加系統的內能。

18-6 熱的傳遞方式

學習目標

在閱讀完這個區塊的文字之後，讀者應該能夠...

18.31 對於透過平板的熱傳導，運用能量傳導率 P_{cond}、平板面積 A、熱傳導率 k、厚度 L 以及溫差 ΔT(兩邊之間)之間的關係。

18.32 對於達到溫度不再改變的穩態之複合版(兩到多層)，了解各層的能量傳導率 P_{cond} 必須相等(根據能量守恆)。

18.33 對於透過平板的熱傳導，運用熱阻 R、厚度 L 以及熱傳導率 k 之間的關係。

18.34 了解熱能量可以藉著對流傳送，其間在較冷的流體(氣體或液體)裡，較熱的流體傾向上升。

18.35 在物體的熱輻射發射，運用能量傳遞速率 P_{rad}、物體表面積 A、放射率 ε 以及表面溫度 T(凱氏溫度)之間的關係。

18.36 在物體的熱輻射吸收，運用能量傳遞速率 P_{abs}、物體表面積 A、放射率 ε 以及表面溫度 T(凱氏溫度)之間的關係。

18.37 計算一物體對環境放出輻射或自環境吸收輻射的淨能量傳遞率 P_{net}。

關鍵概念

● 經由平板傳導之能量使得板的一端維持在較高的溫度 T_H 而另一端維持在較低的溫度 T_C 的傳導率 P_{cond} 等於

$$P_{\text{cond}} = \frac{Q}{t} = kA \frac{T_H - T_C}{L}$$

在這裡板每一端的面積等於 A，板的長度(兩端相距的長度)等於 L，且 k 等於材料的熱傳導率。

● 當溫差藉由流體運動引起能量傳遞時，便有對流生成。

● 輻射是靠釋放電磁能量來傳遞能量。一物體靠熱輻射來釋放能量的速率 P_{rad} 為

$$P_{\text{rad}} = \sigma \varepsilon A T^4$$

σ (= 5.6704 × 10^{-8} W/m^2·K^4)即史蒂芬-波茲曼常數，ε 則為物體表面的放射率，A 為表面積，T 為表面溫度(以凱氏溫標表示)。物體靠熱輻射由環境吸收能量的速率 P_{abs}，在環境為定溫 T_{env}(以凱氏溫標表示)時為

$$P_{\text{abs}} = \sigma \varepsilon A T_{\text{env}}^4$$

我們假設熱能為穩定傳遞

$T_H > T_C$

圖 18-18 熱的傳導。熱由溫度較高的熱庫 T_H 向溫度較低的熱庫 T_C 傳遞，兩者之間的導熱板厚度為 L，導熱係數為 k。

熱的傳遞方式

我們已經談過系統與環境之間有熱的傳遞，但沒有提過熱如何傳遞。事實上，熱的傳遞方式有三，即：傳導、對流及輻射。接下來我們依次來討論這些機制。

傳導

將撥火棒(通常是鐵製品)一端放在火裡面，不久它的把手會變熱。這時我們說能量係由火藉著**傳導**沿著棒身傳遞到把手了。也就是說，撥火棒放在火裡面的那端的原子或電子由於周遭環境的高溫，振動的振幅因而加大。接著，經由原子與原子間的相互碰撞，這加大的振幅會沿著棒子傳遞，一個原子接一個原子的傳染開來。最後傳到把手的部分，你的手就感覺到了。

如圖 18-18 所示，一導熱板面積為 A，厚度為 L；其兩面分別維持在不同的溫度 T_H 及 T_C (設 $T_H > T_C$)。設在 t 時間中，由導熱板較熱的一面有熱量 Q 向較冷的一面傳遞。由實驗得知，熱的**傳導率** P_{cond}(單位時間傳遞的熱量)為

$$P_{\text{cond}} = \frac{Q}{t} = kA\frac{T_H - T_C}{L} \tag{18-32}$$

其中常數 k 稱為導熱係數，係與板的質料有關的一個物理量。k 值大表示導熱性佳；反之，則不佳。表 18-6 中，列出了一些常見金屬、氣體及建材的導熱係數。

表 18-6　一些物質的熱導係數

金屬	k(W/m · k)	氣體	k(W/m · k)	建材	k(W/m · k)
不鏽鋼	14	乾燥空氣	0.026	聚合泡沫	0.024
鉛	35	氦	0.15	石棉	0.043
鐵	67	氫	0.18	玻璃纖維	0.048
黃銅	109			松木	0.11
鋁	235			窗玻璃	1.0
銅	401				
銀	428				

熱傳導之熱阻(R 值)

如果你對將你的房子隔熱，或在郊遊時保持飲料的冰涼有興趣，你就得考慮到導熱性差的物質用處。因此，在實用工程上，熱阻 R 這個觀念就應運而生了。一塊厚度 L 的隔熱板，其熱阻(或 R 值)定義為

$$R = \frac{L}{k} \tag{18-33}$$

一個板子的材料導熱係數越低，則其 R 值越高，具有高 R 值的物品是熱的**不良導體**，也因此是個良好的**隔熱板**。

特別注意，R 值只管板的厚度，不管板的材料。R 值所用的單位(絕少被提到，至少在美國是)爲 $ft^2 \cdot F° \cdot h/Btu$。(現在你知道爲何這單位不被提及了)。

多層板的熱傳導

圖 18-19 所示爲雙層的平板，由兩片具有不同厚度 L_1、L_2 及不同導熱係數 k_1、k_2 的平板組成。雙層板左右兩面的溫度分別保持在 T_H 及 T_C。兩面的面積均爲 A。現在我們要導出在穩態過程中，雙層板的熱傳導率。所謂穩態，就是在任何時刻，板子裡面各點的溫度，以及熱傳導率，均不隨時間改變。

在穩態之下，雙層板中各點的熱傳導率必相同。這相當於這麼說，在一段時間內傳過一物質之能量，必等於同一段時間內傳過另一物質之能量。否則，雙層板中的溫度即不可能保持穩定。令兩不同質料平板界面之溫度爲 T_X，則利用 18-32 式可得

$$P_{cond} = \frac{k_2 A(T_H - T_X)}{L_2} = \frac{k_1 A(T_X - T_C)}{L_1} \tag{18-34}$$

由 18-34 式解出 T_X 得：

$$T_X = \frac{k_1 L_2 T_C + k_2 L_1 T_H}{k_1 L_2 + k_2 L_1} \tag{18-35}$$

將此 T_X 代回 18-34 式，得

$$P_{cond} = \frac{A(T_H - T_C)}{L_1/k_1 + L_2/k_2} \tag{18-36}$$

我們可將 18-36 式推廣至多 n 層板的情況，即

$$P_{cond} = \frac{A(T_H - T_C)}{\sum(L/k)} \tag{18-37}$$

式中，分母表示各層平板 L/k 值的總和。

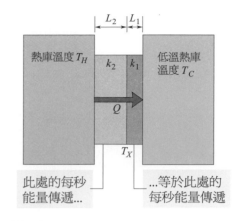

圖 18-19 透過兩層不同材料不同厚度的平板的熱傳導。兩板界面穩態時的溫度爲 T_X。

 測試站 7

這張圖展示了一個由四種材料組成的複合板之表面與介面的溫度，通過這個板的熱流是穩定的。依其熱效率由大到小排列之。

25°C　15°C　10°C　−5.0°C　−10°C
a　b　c　d

對流

當你仔細觀察燭焰上方時，你會看到熱能以對流的方式向上傳遞。當一流體(空氣或水)與一高溫物體接觸時，就會產生**對流**的現象。高溫物體附近的流體受熱膨脹，因而密度減小。因爲膨脹之流體現在比周遭較冷流體爲輕，於是受到浮力而向上升。而其他較冷的流體則下沈來塡補

上升流體原來的位置,並被加熱,就這樣建立了一個對流循環。

　　許多自然現象都與對流有關。大氣的對流決定了全球的氣候形態以及每天的天氣變化。滑翔翼及鳥類飛行時,利用地面上來的「熱流」來遨翔。海洋中的對流氣象更可攜帶巨大的能量,創造無限的生機。還有,太陽中心進行核反應所產生的巨大熱能,也必須靠對流現象傳送到它的表面。

輻射

　　物體和環境間傳遞熱的第三個方法是靠電磁波(可見光是電磁波的一種)。以這種方式進行的熱傳遞通常稱為**熱輻射**,用以區別電磁訊號(如電視播送)及核子輻射(由原子核釋放的能量及粒子)。「輻射」一般即意味著釋放。當你站在大太陽底下時,會因吸收來自太陽的熱輻射而變熱。靠輻射傳遞的熱是不須要介質的。輻射可在真空中,比如從太陽傳至你。

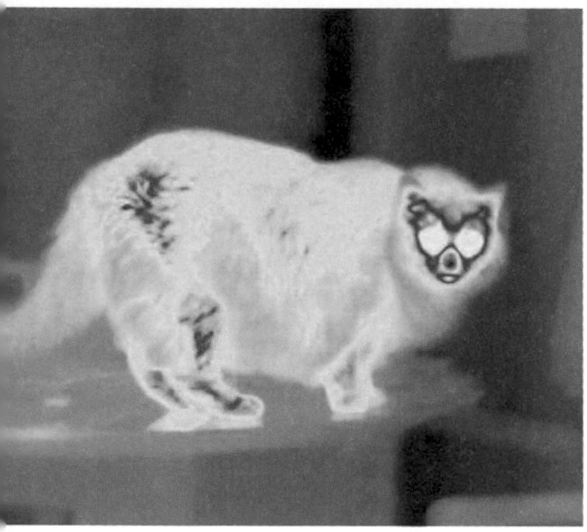

　　一個物體由熱輻射釋放能量的速率 P_{rad} (即輻射物的功率 P_{rad})與其表面積 A 及凱氏溫度 T 有關

$$P_{rad} = \sigma \varepsilon A T^4 \tag{18-38}$$

其中 $\sigma = 5.6704 \times 10^{-8}$ W/m^2·K^4 稱為史蒂芬-波茲曼常數,由史蒂芬(1879年由實驗得出 18-38 式)和波茲曼(由理論推導出本式)二人的名字組成。ε 的符號表示物體表面的放射率,其值在 0 到 1 之間,和表面的組成成份有關。最大放射率 1.0 的表面稱為黑體輻射物,但這種表面只在理論上存在。再次注意 18-38 式中的溫度必須是凱氏溫度,才符合在絕對零度的時候沒有輻射。同時注意任何物體的溫度只要高於 0 K——包括人體——就會釋放熱輻射。見圖 18-20)。

　　物體靠熱輻射由環境吸收能量的速率 P_{abs},在此環境為定溫 T_{env} 時(以 K 表示) 為

$$P_{abs} = \sigma \varepsilon A T_{env}^4 \tag{18-39}$$

18-39 式中的輻射率 ε 和 18-38 式中是相同的。理想的黑體輻射體,$\varepsilon = 1$,會吸收所有它接收到的輻射能量(而不會利用反射或散射將部分能量輻射回環境)。

　　因為物體由環境吸收能量時,也會同時輻射能量到環境,因此,物體由於熱輻射引起的淨能量交換率 P_{net} 為

$$P_{net} = P_{abs} - P_{rad} = \sigma \varepsilon A (T_{env}^4 - T^4) \tag{18-40}$$

若物體藉著輻射吸收能量,則 P_{net} 為正;反之,P_{net} 為負。

　　許多死響尾蛇攻擊伸向牠的手的案例,也都牽涉到熱輻射。在響尾蛇(圖 18-21)的每個眼睛和鼻孔之間的凹處都可以當作熱輻射的感應器。

圖 18-20 偽色熱像儀顯示出貓的能量輻射速率。速率被對應為色彩編碼,其中白色及紅色表示最高的輻射速率。貓鼻則是冷的。(Edward Kinsman/Science Source)

圖 18-21 響尾蛇的臉部具有輻射偵測功能,可使其即使在完全黑暗中也能攻擊其他動物。(David A. Northcott/Corbis Images)

譬如說當老鼠向響尾蛇的頭部移動的時候，來自老鼠的熱輻射將觸發這些感應器，導致蛇以毒牙攻擊老鼠的反射動作，並且注射其毒液。伸向蛇的手也會發出熱輻射，即使蛇已經死亡一段時間，因為蛇的神經系統仍然在運作，所以熱輻射仍然會引起蛇的反射動作。就像一位蛇類專家所提的建議，如果必須移動剛被殺不久的響尾蛇，請使用長棍棒而不是用自己的手。

範例 18.6　夾層壁的熱傳導

圖 18-22 示一牆的截面，由厚度 L_a 之白松木及厚度 L_d 之磚牆($L_d = 2.0L_a$)內夾兩層材料不明的隔熱板；兩層隔熱板的厚度及導熱係數均相同。已知白松木的導熱係數為 k_a，磚牆為 $k_d (= 5.0k_a)$。牆面的面積 A 未知。在穩態之下已知的界面溫度為 $T_1 = 25℃$，$T_2 = 20℃$，$T_5 = -10℃$。試求界面溫度 T_4？

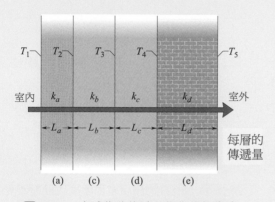

圖 18-22　穿透牆壁的穩定狀態的熱傳導。

關鍵概念

(1)如 18-32 式所述，溫度 T_4 有助於決定能量透過磚牆的傳導率 P_d。然而，我們缺乏足夠的資料來解出 18-32 式中的 T_4。**(2)**因為熱傳導已達穩定，所以穿透過磚牆的熱傳導率 P_d 必定等於穿透過松木板的熱傳導率 P_a。藉此可以進行求解。

計算　由 18-32 式和圖 18-22，可得下列數學式

$$P_a = k_a A \frac{T_1 - T_2}{L_a} \quad 及 \quad P_d = k_d A \frac{T_4 - T_5}{L_d}$$

令 $P_a = P_d$，解出 T_4 得

$$T_4 = \frac{k_a L_d}{k_d L_a}(T_1 - T_2) + T_5$$

將 $L_d = 2.0L_a$，$k_d = 5.0k_a$，以及已知各溫度代入，得

$$T_4 = \frac{k_a(2.0L_a)}{(5.0k_a)L_a}(25℃ - 20℃) + (-10℃)$$
$$= -8.0℃ \tag{答}$$

範例 18.7　臭菘(skunk cabbage)的熱輻射可以融化周圍的雪

不像其他多數的植物，臭菘可以藉著改變產生能量的速率來調節其內部的溫度(定在 $T = 22℃$)。若它被雪覆蓋著，它會增加熱的生成以便用熱輻射來溶解雪，並使植物重見天日。讓我們將臭菘模擬成高 $h = 5.0$ cm 和半徑 $R = 1.5$ cm 的圓柱，並假設它的周圍是 $T_{env} = -3.0℃$ 的雪牆(如圖 18-23)。若放射率 ε 是 0.80，在植物曲面和雪之間因熱輻射造成的淨能量轉換率為多少？

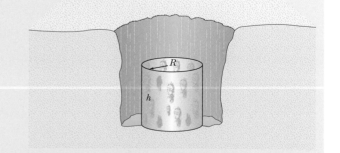

圖 18-23　臭菘溶解雪讓自己免於覆蓋的模擬圖。

關鍵概念

(1)在穩態的時候，表面的面積 A、放射率 ε、溫度 T，可由 18-38($P_{rad} = \sigma\varepsilon AT^4$)式得到經由熱輻射失去能量的速率。(2)同時，它在溫 T_{env} 時，也可由 18-39($P_{abs} = \sigma\varepsilon AT^4_{env}$)式得到經由熱輻射從環境得到能量的速率。

計算 為了得到能量交換的淨速率，我們把 18-39 式減去 18-38 式而得到

$$P_{net} = P_{abs} - P_{rad}$$
$$= \sigma\varepsilon A(T^4_{env} - T^4) \tag{18-41}$$

接下來要利用到圓柱的曲面積 $A = h(2\pi R)$，以及凱氏溫度 $T_{env} = 273K - 3K = 270K$ 和 $T = 273K + 22K = 295$ K。再來置換 18-41 式中的 A，然後把已知的值轉成 SI 單位(這裡並未表示出來)，可以得到

$$P_{net} = (5.67\times10^{-8})(0.80)(0.050)(2\pi)(0.015)(270^4 - 295^4)$$
$$= -0.48W. \tag{答}$$

因此，植物經由熱輻射的淨損失能量為 0.48 W。這能量產生速率與峰鳥飛行所耗的能量差不多。

WILEY PLUS Additional example, video, and practice available at *WileyPLUS*

重 點 回 顧

溫度；溫度計 溫度是 SI 制中的一個基本量，和我們冷熱的感覺有關。可用溫度計來量測，溫度計之操作係利用物質的可量測性質，如長度或壓力；當溫度升高或降低時，物質此一性質必隨著作規則變化。

熱力學第零定律 當一溫度計與一物體互相接觸時，會達到熱平衡。溫度計上的讀數即被定為該物體的溫度。根據熱力學第零定律，此一過程提供了一個前後一貫的、有用的溫度量測方法。**熱力學第零定律**說：若兩物體 A、B 分別與第三物體 C(溫度計)達到熱平衡，則 A 與 B 亦互相達到熱平衡。

凱氏溫標 在 SI 單位制中，溫度係以**凱氏**溫標來量測。欲訂定此溫標，首先定出水的三相點溫度為 273.16 K。其他的溫度則用定容氣體溫度計定出，此溫度計是利用定容氣體的壓力正比於溫度製作的。由於不同的氣體在極低的密度下，均得到相同的結果，故氣體溫度計所量的溫度為

$$T = (273.16K)\left(\lim_{gas\to0}\frac{p}{p_3}\right) \tag{18-6}$$

其中，T 為所測得溫度，以凱氏溫標表示，p_3 及 p 分別代表氣體在 273.16 K 時及待測溫度之氣體壓力。

攝氏及華氏溫標 攝氏溫標的定義為：

$$T_C = (T - 273.15)° \tag{18-7}$$

其中 T 為凱氏溫標值。且華氏溫標：

$$T_F = \frac{9}{5}T_C + 32° \tag{18-8}$$

熱膨脹 所有物體均會因溫度改變而改變其大小。對於一溫度改變 ΔT，任何線量 L 之改變量 ΔL 為

$$\Delta L = L\alpha\Delta T \tag{18-9}$$

其中 α 稱為**線膨脹係數**。固體或液體體積 V 之變化量 ΔV 為

$$\Delta V = V\beta\Delta T \tag{18-10}$$

其中 $\beta = 3\alpha$ 稱為**體積膨脹係數**。

熱 熱量 Q 是當系統與環境有溫度差時，相互傳遞的一種能量。所用的單位有**焦耳**(J)、**卡**(cal)、**仟卡**(Cal 或 kcal)、及**英制熱單位**(Btu)，其相互之換算關係為

$$1cal = 3.968\times10^{-3} Btu = 4.1868J \tag{18-12}$$

熱容量及比熱 若熱量 Q 加於質量 m 的物體，因而產生之溫度差為 $T_f - T_i$，則

$$Q = C(T_f - T_i) \tag{18-13}$$

其中 C 稱為物體的**熱容量**。若物體質量為 m，則

$$Q = cm(T_f - T_i) \qquad (18\text{-}14)$$

c 為此物體材料的**比熱**。材料的**莫耳比熱**，為每莫耳或每 6.02×10^{23} 個基本單位的物質的熱容量。

相變熱　物質會以三種常見的狀態存在：固體、液體與氣體。加熱於物質時，有時會改變其物理狀態——例如由固態變成液態，或由液態變成固態。特定物質要改變相態(但不改變溫度)時，每單位質量所需的能量為該物質之**相變熱** L。因此，

$$Q = Lm \qquad (18\text{-}16)$$

物質由液態變成氣態(或相反)時，每單位質量所需之能量稱為**蒸發熱** L_V。而物質由固態變成液態(或相反)時之相變熱，稱為**熔解熱** L_F。

體積改變時的功　一系統可藉由作功與環境交換能量。當一系統在膨脹或收縮的過程當中，體積由 V_i 變為 V_f 時，系統所作的功為

$$W = \int dW = \int_{v_i}^{v_f} p\, dV \qquad (18\text{-}25)$$

因為壓力 p 隨著體積而變，所以此積分不可免。

熱力學第一定律　當系統與其周圍環境進行功及熱的互通的過程時，其能量守恒原理可用熱力學第一定律來表達；表達的方式可為

$$\Delta E_{\text{int}} = E_{\text{int},f} - E_{\text{int},i} = Q - W \quad (\text{第一定律}) \quad (18\text{-}26)$$

$$dE_{\text{int}} = dQ - dW \quad (\text{第一定律}) \qquad (18\text{-}27)$$

其中，E_{int} 代表系統的內能，僅與系統的狀態(溫度、壓力、體積)有關。Q 為系統與環境間的熱轉換；若系統獲得熱，則 Q 為正，反之為負。W 為系統所作的功；若系統對抗環境所施的力而作功，則 W 為正，反之為負。Q 及 W 與路徑有關；而 ΔE_{int} 則否。

第一定律的應用　熱力學第一定律可應用於下列四個特例：

絕熱過程：$Q = 0$，$\Delta E_{\text{int}} = -W$
等容過程：$W = 0$，$\Delta E_{\text{int}} = Q$
循環過程：$\Delta E_{\text{int}} = 0$，$Q = W$
自由膨脹過程：$Q = W = \Delta E_{\text{int}} = 0$

傳導、對流、及輻射　經由平板傳導之能量使得板的一端維持在較高的溫度 T_H 而另一端維持在較低的溫度 T_C 的傳導率 P_{cond} 等於

$$P_{\text{cond}} = \frac{Q}{t} = kA\frac{T_H - T_C}{L} \qquad (18\text{-}32)$$

在這裡板每一端的面積等於 A，板的長度(兩端相距的長度)等於 L，且 k 等於材料的熱傳導率。

當溫差藉由流體運動引起熱的傳遞時，便有對流生成。

輻射是靠釋放電磁能量來傳遞熱。一物體靠熱輻射來釋放能量的速率 P_{rad} 為

$$P_{\text{rad}} = \sigma \varepsilon A T^4 \qquad (18\text{-}38)$$

$\sigma \,(= 5.6704 \times 10^{-8} \text{ W/m}^2 \cdot \text{K}^4)$ 即史蒂芬-波茲曼常數，ε 則為物體表面的放射率，A 為表面積，T 為表面溫度(以凱氏溫標表示)。物體靠熱輻射由環境吸收能量的速率 P_{abs}，在環境為定溫 T_{env} (以凱氏溫標表示)時為

$$P_{\text{abs}} = \sigma \varepsilon A T_{\text{env}}^4 \qquad (18\text{-}39)$$

討論題

1　圖18-24顯示長度為 $L = L_1 + L_2$ 由兩種材料組成的複合桿。其中一材料長度為 L_1，線膨脹係數為 α_1。另一材料長度 L_2，線膨脹係數 α_2。(a)複合桿的線膨脹係數 α 是多少？對一特定複合材料桿，L 為 52.4 cm，材料 1 為鋼，材料 2 為黃銅。如果 $\alpha = 1.3 \times 10^{-5}/C°$，那麼(b)$L_1$ 和(c)L_2 的長度分別是多少？

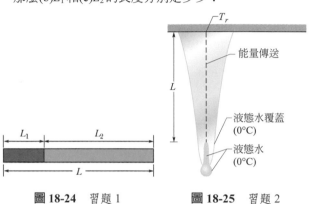

圖 18-24　習題 1　　　圖 18-25　習題 2

2　冰柱。液態水覆蓋於活動的(成長中的)冰柱，並沿著中心軸(圖 18-25)擴展成短而細長的管狀物。因為水-冰界面必須是 0°C 溫度，所以管狀物內的水是無法經由冰柱側面或下方尖端損失能量，原因是這兩方向沒有溫度改變。僅能上傳能量到冰柱頂部(經由距離 L)而損耗能量，其中頂部溫度 T_r 可能低於 0°C 而凍結。假設 $L = 0.12$ m 而且 $T_r = -5°C$。並假設中心管與上方傳導路徑皆具有截面積 A。則：(a)朝上傳導的能量與(b)中心管頂部由液體轉換為冰之質量為何，並以 A 表示之？(c)管狀物頂部因為水的凍結，其朝下的移動率為何？冰之熱傳導率為 0.400 W/m·K，而液態水密度為 1000 kg/m³。

3　某一個初始壓力和體積是 10 Pa 和 1.0 m³ 的氣體樣品，膨脹成體積 2.0 m³。在膨脹過程中，壓力和體積之間的關係可以用方程式 $p = aV^2$ 加以表示，其中 $a = 10$ N/m⁸。試求在膨脹過程由氣體所做的功。

4　一根銅棒、鋁棒和黃銅棒都具有長度 6.00 m 和直徑 1.00 cm，將鋁棒以端點對端點的方式放置在另外兩個棒子的中間。銅棒的自由端維持在水的沸點，黃銅棒的自由端則維持在水的凝固點。請問：(a)銅–鋁接合處和(b)鋁–黃銅接合處的穩態溫度是多少？

5　某一個氣體樣品藉著三個不同路徑(過程)從初始狀態 a 過渡到最終狀態 b，如圖 18-26 的 p-V 曲線圖所示，其中 $V_b = 5.00\, V_i$。在過程 1 中，傳遞到氣體的熱能是 $10\, p_i V_i$。如果以 $p_i V_i$ 表示之，請問：(a)在過程 2 中，傳遞到氣體的熱能，以及(b)在過程 3 中，氣體所經歷的內能變化各是多少？

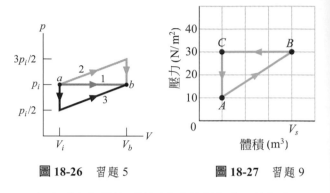

圖 18-26　習題 5　　　圖 18-27　習題 9

6　在冷巧克力從管子擠壓出來的過程中，施加在巧克力的功是由要強迫巧克力通過管子的撞錘所提供。被擠壓的巧克力，其每單位質量的功等於 p/ρ，其中 p 是被施加的壓力和巧克力露出管子處的壓力兩者之間的差值，而且 ρ 是巧克力的密度。這個功就能融化巧克力中的可可油脂，因此並不需要增加巧克力的溫度。這些油脂的融化熱是 150 kJ/kg。假設所有的功都耗用在融解且這些油脂佔了巧克力質量的 30%。如果 $p = 5.5$ MPa 且 $\rho = 1200$ kg/m³，請問在擠壓的過程中有多少比率的油脂被融化？

7　一球體半徑 0.400 m，溫度 27.0°C，輻射係數 0.850，被置於 77.0°C 的環境中。問此球的：(a)熱輻射率，及(b)熱輻射吸收率為若干？(c)此球的熱量交換率為多少？

8　一鋁板中有圓孔，在 0.000°C 時之直徑為 2.152 cm。若溫度上升至 100.0°C，試求圓孔的直徑。

9　密閉箱中的氣體經歷一個循環如圖 18-27 所示的 p-V 圖。平行軸的尺標可以用 $V_s = 8.0$ m³ 予以設定。試求在整個過程當中，加入系統的熱有多少？

10　設某氣體在水的沸點之溫度為 373.15 K。則此氣體在此溫度下之壓力，與在水的三相點之壓力的比的極限值為何？(設氣體體積在兩溫度下均保持定值。)

11 乙醇的沸點為 78.0°C，凝固點為–114°C，蒸發熱為 879 kJ/kg，熔解熱為 109 kJ/kg 及比熱為 2.43 kJ/kg·K。若 0.650 kg 的乙醇從氣態 78.0°C 到固態–114°C，共損失多少能量？

12 圖 18-28 顯示了某一個氣體的封閉循環過程。沿著路徑 ca 的內能改變量–160 J。沿著路徑 ab，傳遞到氣體的熱能是 200 J，沿著路徑 bc，傳遞到氣體的熱能是 40 J。請問沿著(a)路徑 abc 和(b)路徑 ab，氣體做了多少功？

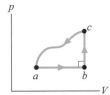

圖 18-28 習題 12

13 在北極圈的冰山對運輸而言會出現風險，它導致在冰山出現的季節裡，運輸路程的長度增加大約 30%。嘗試摧毀冰山的方法包括埋入炸藥、丟炸彈、魚雷攻擊、砲擊、猛撞和塗上黑油灰等等。假設我們嘗試要利用在冰山中放入熱源，藉此直接融化冰山。假設冰山的 10%具有質量 200 000 公噸，請問要融化 10%的冰山需要多少熱能？(使用 1 公噸=1000 kg。)

14 流熱量計(flow calorimeter)是一種用於測量液體比熱的儀器。當液體以已知速率通過熱量計時，能量以已知速率的熱量加到流體中。測量流體的流入點和流出點之間的溫度差可計算出液體的比熱。假設密度為 0.85 g/cm³ 的液體以 8.0 cm³/s 的速度流經熱量計。藉由電熱線圈以 250 W 的速率加入能量時，在穩態條件下，流入點和流出點之間會形成 15 C° 的溫差。請問液體的比熱是多少？

15 因為火爐故障了，您決定藉由在搖晃熱水瓶來煮沸一杯茶水。假設您使用 19 °C 的自來水，每次搖晃時水落下 32 cm，每分鐘搖晃 27 次。忽略熱水瓶的熱能損失，請問您必須搖動熱水瓶多久時間(以分鐘為單位)可使水達到 100 °C？

16 某一個溫度 25.0°C 鋼棒的兩端都被拴鎖住，然後予以冷卻。請問在什麼溫度下它將破裂？使用表 12-1。

17 某一個氣體樣品從 $V_1 = 1.0 \ m^3$ 且 $p_1 = 40$ Pa 膨脹成 $V_2 = 4.0 \ m^3$ 且 $p_2 = 10$ Pa，其變化過程是沿著圖 18-29 的 p-V 曲線圖的路徑 B。然後它沿著路徑 A 或路徑 C 壓縮回到 V_1。請計算沿著(a)路徑 BA 和(b)路徑 BC 的完整循環中，由氣體所做的淨功是多少？

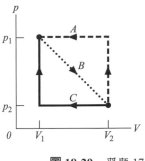

圖 18-29 習題 17

18 四個 100 W 的白熾燈泡照亮了房間。(100 W 的功率是燈泡將電能轉化為熱能和可見光能量的速率) 假設將 73% 的能量轉化為熱能，那麼 6.9 小時內房間將接收多少熱量？

19 矩形板的面積 A 為 ab = 1.4 m²。其線膨脹係數為 $\alpha = 32 \times 10^{-6}/°C$。在溫度升高 $\Delta T = 89$ °C 之後，a 邊將變長 Δa，b 邊將變長 Δb (圖 18-30)。忽略微量的 $(\Delta a \Delta b)/ab$，求 ΔA。

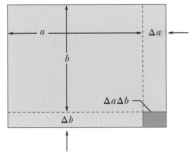

圖 18-30 習題 19

20 一輛重 1700 kg 的別克車以 83 km/h 的速度行駛中剎車，以均一且無打滑的方式減速行駛了 93 m 後停止。請問機械能在剎車系統中以何平均速率轉換為熱能？

21 若以某 X 溫標表示時，水的沸點為–53.5° X，冰點為–170° X。那麼 312K 相當於 X 溫標多少度？(水的沸點約 373K。)

22 討論對一系統作功 250 J，而從系統釋放出 70.0 cal 的熱。根據熱力學第一定律，找出下列的值(包括代數符號)：(a) W，(b) Q，(c) ΔE_{int}。

23 欲將 205 g 的銀(溫度 15.0°C)熔解，至少需熱多少 J？

24 一鉛球在 60.00°C 時體積為 36.00 cm³，試求其在 20.00°C 時之體積。

25 質量 150 g 的銅碗內盛 240 g 的水，溫度均為 20.0°C。今將質量 300 g 的熱銅塊放入水中，結果不但使水沸騰，還有 6.00 g 被轉換為蒸汽。設整個系統最後都變成 100°C。忽略不計與環境之間的能量交換。(a)轉移給水的熱量有多少(以卡表示)？(b)轉移給銅碗的熱量又是多少？(c)熱銅塊最初的溫度若干？

26 在一絕熱容器中，112 g 的冰(在熔點溫度)與多少克的水蒸氣(100°C)混合，可以產生 40°C 的水？

27 某一個 0.300 kg 樣品放置在冷卻儀器中，此儀器可以將能量用熱能的形式以固定速率 2.81 W 抽取出來。圖 18-31 提供我們樣品溫度 T 相對於時間 t 的曲線圖。其中溫度軸尺標可以用 T_s

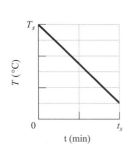

圖 18-31 習題 27

= 30°C予以設定，時間尺標可以用 t_s = 20 min 予以設定。請問樣品的比熱是多少？

28 在地球形成以後不久，熱能以放射性元素蛻變的方式，將內部平均溫度從 300 K 提升到 3000 K，直到今天仍然維持這個數值。假設平均體積膨脹係數是 3.0×10^{-5} K^{-1}，請問自從地球形成以來，地球的半徑已經增加多少？

29 某一個玻璃窗片恰好是 20 cm × 30 cm，溫度為 10°C。假設此玻璃可以自由膨脹，請問當它的溫度變成 40°C 的時候，其面積增加多少？

30 質量為 6.00 kg 的物體掉落 50.0 m 的高度，並藉由機械連動裝置旋轉槳葉，攪動 0.600 kg 的水。假設初始重力位能已完全轉換為水的熱能，水的溫度最初

為 15.0 °C。請問水溫上升多少？

31 一個充滿活力的運動員每天可消耗 4000 Cal 的能量。如果他要以穩定的速度消耗掉該能量，那麼與 100 W 的燈泡相比，能量消耗的比率是多少？(100 W 的功率是燈泡將電能轉化為熱量和可見光能量的速率。)

32 圖 18-32 中的 p-V 圖顯示了可以從狀態 a 到狀態 b 取得氣體樣本的兩個途徑，其中 V_b = $3.0V_1$。路徑 1 須將 $5.0p_1V_1$ 的熱量傳給氣體。路徑 2 須將 $5.5p_1V_1$ 的熱能傳給氣體。請問 p_2/p_1 的比率是多少？

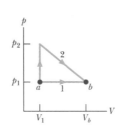

圖 18-32 習題 32

33 (a)請利用下列所提供的數據，計算體熱經由滑雪者衣服，以穩態過程所進行的傳導率：身體表面積是 1.8 m²，衣服厚度是 1.0 cm；皮膚表面溫度是 33°C，而且衣服的外表面處於 1.0°C；衣服的熱傳導率是 0.040 W/m·K。(b)如果滑雪者摔倒之後，衣服泡到熱傳導率為 0.60 W/m·K 的水，試問傳導率會乘以多少倍？

34 圖 18-33a 顯示了內含氣體的圓柱，並且用可移動的活塞加以密封。圓柱保持淹沒在冰-水混和物中。活塞很快地從位置 1 往下推到位置 2，然後維持在位置 2，直到氣體溫度再度處於冰–水混和物的溫度；然後緩慢地讓它回升到位置 1。圖 18-33b 是這個過程的 p-V 曲線圖。如果在這個循環過程有 100 g 的冰被融化，試問對氣體做的功有多少？

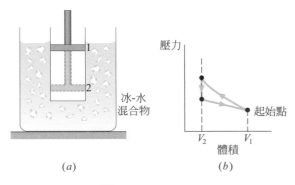

圖 18-33 習題 34

35　圖 18-34 顯示了某一個氣體的封閉循環過程。從 c 到 b，有 40 J 的熱能從氣體移出。從 b 到 a，有 130 J 的熱能從氣體移出，而且氣體所做功的量值是 80 J。

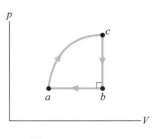

圖 18-34　習題 35

從 a 到 c，有 400 J 的熱能傳遞到氣體中。試問從 a 到 c，氣體所做的功是多少？(提示：讀者需要提供給定數據的正號或負號。)

36　某一個 0.700 kg 冰立方體的溫度下降到–150°C。然後能量漸漸地以熱能的形式傳遞到立方體上，除此之外，它會與環境處於絕熱狀態。已知總熱傳遞是 0.6993 MJ。假設表 18-3 所提供的數值，對於從–150°C到 0°C的溫度範圍是正確的。請問水的最終溫度是多少？

37　在北美地區，經由地面向外傳導能量的平均速率是 54.0 mW/m²，而且接近地面岩石的平均熱傳導率是 2.50 W/m·K。假設表面溫度是 10.0°C，請求出深度 35.0 km 處的溫度(接近地殼底部)。忽略出現放射性元素時，所產生的熱能。

38　Pyrex 圓盤的溫度從 10.0°C 變化成 60.0°C。其初始半徑是 8.00 cm；其初始厚度是 0.500 cm。假設這些數據都是精確值。試問圓盤的體積變化量是多少？(見表 18-2)。

39　一個 2.50 kg 鋁塊加熱到 92.0°C，然後掉到質量 8.00 kg、溫度 5.00°C 的水中。假設鋁塊-水系統是絕熱的，試問系統的平衡溫度是多少？

40　邊長為 6.0×10^{-6} m，發射率 0.75 且溫度–100 °C 的立方體漂浮在–150 °C 的環境中。求立方體的淨熱輻射傳輸速率是多少？

41　當外面溫度低於–70°C 的時候，新成員才可以加入位於 Amundsen–Scott 南極站的半秘密「300 F」俱樂部。在這樣的一天，新成員首先會在熱蒸汽浴中取暖，然後只穿鞋子跑到外面(這當然非常危險，但是針對多天酷寒的恆常危險性而言，這個儀式事實上是一種抗議)。

假設在步出蒸汽浴的時候，新手的皮膚溫度是 102°F，而且蒸汽浴室的牆壁、天花板和地板的溫度是 30°C。請估計新成員的表面面積，並且令皮膚放射率是 0.80。(a)請問經由與房間的熱輻射，新成員損失能量的淨速率是多少？其次，假設當在戶外的時候，新成員的一半表面積會與溫度為–25°C 的天空交換熱輻射，其餘一半表面積會與溫度為–80°C 的雪和地面交換熱輻射。試問新成員與(b)天空和(c)雪與地面，經由熱輻射交換所損失能量的淨速率大約是多少？

42　某一個矩形玻璃板起初的尺寸是 0.200 m × 0.300 m。玻璃線性膨脹係數 9.00×10^{-6}/K。如果溫度增加了 20.0 K，請問玻璃板的面積改變量是多少？

43　考慮一氣壓計中的液體，其體積膨脹係數為 6.6×10^{-4}/C°。如果溫度變化 12 C°且壓力保持恆定，求液體高度的相對變化。忽略玻璃管的膨脹。

44　假設我們利用一個半徑 0.020 m、放射率 0.80 和表面溫度 500 K 的熱球體，截收到 5.0×10^{-3} 的能量輻射。試問在 2.0 min 內我們可以截收到多少能量？

45　由鋁、鎳鐵合金和鋼製成的等長筆直桿子都處於 20.0°C，它們形成等邊三角形，而且在每一個頂點都裝設了樞軸栓。請問在什麼溫度下，鎳鐵合金桿子的相對角會是 59.95°？有關可能需要的三角公式，請參看附錄 E，有關所需要的數據，則查閱表 18-2。

46　試問當鋁立方體從 10.0°C 加熱到 60.0°C，邊長為 5.00 cm 的鋁立方體體積會增加多少？

47　藉著將一個冰塊與另一個冰塊相互摩擦，是有可能把冰融化的。試問要將 1.00 g 的冰融化，所需要做的功是多少？請以焦耳為單位表示之。

48　一黃銅擺錘設計來讓時鐘在 23 °C 下可保持準確的時間。假設它是一個簡單的擺錘，由質量可忽略的黃銅桿和在其一端的擺錘組成，另一端為支點擺動。如果時鐘在 0.0 °C 下運作，(a)時鐘會運作得太快還是太慢，(b)每小時的誤差是多少秒？

49 一個質量 0.0550 kg、比熱 0.837 kJ/kg·K 的溫度計產生讀值 15.0°C。然後將它完全淹沒在 0.300 kg 的水中,而且它會變成與水具有相同最終溫度。如果此時溫度計的讀值是 44.4°C,請問在插入溫度計以前,水的溫度是多少?

50 某一個運動員需要減重並且決定以舉重的方式達成目標。(a)假設 1.00 lb 的脂肪相當於 3500 Cal 的熱量,請問要讓身體燃燒 1.00 lb 的脂肪,運動員需要將 80.0 kg 重物舉起 1.00 m 的距離多少次?(b)如果重物每 2.00 s 舉起一次,請問這項任務需要花費多久的時間?

51 在一系列實驗中,物塊 B 與物塊 A 一同放在絕熱容器內,而且物塊 A 具有與物塊 B 相同的質量。在每一次實驗中,物塊 B 起初都處於某特定溫度

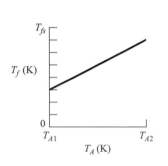

圖 18-35 習題 51

T_B,但是物塊 A 的溫度 T_A 會隨著實驗而不同。令 T_f 代表在任何實驗中,當兩個物塊抵達熱平衡時的最終溫度。圖 18-35 提供我們在 T_A 的可能數值範圍內,溫度 T_f 相對於初始溫度 T_A 的曲線圖,T_A 的變化範圍是從 $T_{A1} = 0$ K 到 $T_{A2} = 500$ K。垂直軸的尺標可以用 $T_{fs} = 400$ K 予以設定。試求:(a)溫度 T_B,(b)兩個物塊比熱的比值 c_B/c_A。

52 在某特定太陽屋中,來自太陽的能量儲存在其內裝水的桶子中。在一個長達五天陰天的冬季天氣中,要將室內溫度維持在 22.0°C,需要能量 1.00×10^6 kcal。假設桶子中的水溫是 50.0°C,而且水的密度是 1.00×10^3 kg/m³,試問所需要水的體積是多少?

53 一池塘表面結了一層冰,且已達穩定狀態。已知冰上的氣溫爲 –5.0°C,池底溫度爲 4°C。冰面到池底之深度爲 0.80 m,試求冰層的厚度。(冰及水的導熱係數分別爲 0.40 及 0.12 cal/m·°C·s。)

54 圖 18-36 顯示了由三層物質所製成的牆壁的橫截面。各物質層的厚度是 L_1,$L_2 = 0.700L_1$,$L_3 = 0.350 L_1$。其熱傳導率分別是 k_1,$k_2 = 0.900 k_1$,$k_3 = 0.800 k_1$。牆壁的左側和右側溫度分別是 $T_H = 25.0$°C 及 $T_C = –10.0$°C。而且熱傳導已經達到穩態。(a)請問在第 2 層兩端(在該層的左側和右側之間)的溫度差 ΔT_2 爲何?如果情況變成是 k_2 等於 1.1 k_1,(b)則經由牆壁的能量傳導率將大於、小於或等於先前的傳導率?以及(c) ΔT_2 會是多少?

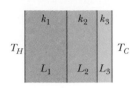

圖 18-36 習題 54

55 圖 18-37 爲四層橫截面的牆。它們各層的導熱係數分別是 $k_1 = 0.060$ W/m·K,$k_3 = 0.040$ w/m·K,$k_4 = 0.12$ W/m·K,但 k_2 未知。各層的厚度爲 $L_1 = 1.5$ cm,$L_3 = 2.8$ cm,$L_4 = 3.5$ cm,但 L_2 未知。已知的溫度是 $T_1 = 30$°C,$T_{12} = 25$°C,$T_4 = –22$°C。若能量傳遞是穩態。試求 T_{34} 的出界面溫度?

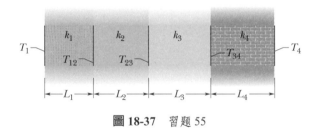

圖 18-37 習題 55

56 一圓柱形銅棒長 0.65 m,截面積 4.8 cm²,表面完全絕熱。設其兩端的溫度差保持在 100°C(一端浸於冰、水混合物,另一端浸於沸水中)。試求(a)銅棒中之熱傳導率?(b)每秒鐘有幾克的冰熔解?

57 302 g 的水溫度原爲冰點,若抽出 40.2 kJ 的熱,則還未結冰的水有多少?

58 望遠鏡中的派熱克斯(Pyrex)玻璃反射鏡的直徑爲 170 in。望遠鏡所在位置的溫度範圍爲 –16°C到 32°C。假設玻璃可以自由放大縮小,請問反射鏡直徑的最大變化是多少?

59 (a)一窗玻璃厚度 4.0 mm，外部溫度為–20°F，內部溫度為+72°F，試求透過玻璃每平方米之熱散失率？(b)若此窗之外再加裝防暴風雪的外窗。設加裝之窗玻璃與原窗之玻璃完全一樣，且兩者相隔 8.5 cm。試求此情況下之熱散失率(設僅考慮熱的傳導)。

60 某物質每莫耳的質量為 50 g/mol。已知當 400 J 的熱加於 30.0 g 的此物質時，其溫度由 25.0℃ 升高至 45.0℃。試求(a)該物質的比熱。(b) 該物質的莫耳比熱。(c)氣體含有多少莫耳的分子？

CHAPTER 19

氣體動力論

19-1 亞佛加厥數

學習目標

在閱讀完這個區塊的文字之後，讀者應該能夠...

19.01 了解亞佛加厥數 N_A。

19.02 運用莫耳數 n、分子數 N 與亞佛加厥數 N_A 之間的關係。

19.03 運用樣品的質量 m、分子莫耳質量 M、莫耳數 n 以及亞佛加厥數 N_A 之間的關係。

關鍵概念

● 氣體動力論是討論氣體的巨觀性質(如壓力、溫度)與氣體分子的微觀性質(如速率、動能)之間的關係。

● 1莫耳的物質含有 N_A (亞佛加厥數)個基本單位(通常是原子或分子)；N_A 由實驗得知

$$N_A = 6.02 \times 10^{23}\,\text{mol}^{-1}\ (\text{亞佛加厥數})$$

任何物質的莫耳質量 M 為該物質1莫耳的質量。

● 莫耳質量與該物質單一原子質量m的關係為

$$M = mN_A$$

● 樣品質量M_{sam}，有 N 個分子，則莫耳數 n 與莫耳質量 M 以及亞佛加厥數 N_A 的關係為：

$$n = \frac{N}{N_A} = \frac{M_{sam}}{M} = \frac{M_{sam}}{mN_A}$$

物理學是什麼？

　　熱力學的一個主要課題是氣體物理學。氣體是由原子組成(它們不是獨自存在，就是由同類原子結合成分子)，氣體會充滿容器的體積，並且施加壓力在容器壁上。我們通常能對這樣的容器指定其溫度。這三種與氣體有關的變數——體積、壓力和溫度——都是原子運動的結果。體積是原子必須散佈在整個容器內的自由度的結果，壓力是原子與容器壁碰撞的結果，而溫度則與原子的動能有關。本章的討論重點是**氣體動力論**，這種理論可以讓原子運動與氣體體積、壓力和溫度產生關聯。

　　氣體動力論的應用不勝枚舉。汽車工程師會關心汽車引擎中汽化燃料(一種氣體)的燃燒。食物工程師關心的是在麵包烘焙時，能導致麵包隆起的發酵氣體的產生率。飲料工程師關心在啤酒玻璃瓶中，氣體如何能產生酒沫，或者可能關心氣體如何將香檳酒瓶的軟木塞射出。醫學工程師和生理學者可能關心，在水肺駕駛員要上岸的過程中，為了除去血流中的氮氣，應該如何計算駕駛員必須暫時停留的時間(以免發生減壓病)。環境科學家則關心熱海洋和大氣之間熱能交換，如何影響天氣條件。

我們在探討氣體動力論時的第一步是有關測量出現在樣品中氣體的數量，這個過程中我們將使用到亞佛加厥(Avogadro)常數。

亞佛加厥數

當我們傾向於用分子來思考這些問題時，我們必須以莫耳來量度氣體樣本的大小。用莫耳來量度氣體的量最大的好處是我們可以比較兩種氣體的分子數是否相同。莫耳是 SI 制七個基本單位中的一個，其定義為：

 一莫耳等於 12 公克之碳 12 的原子個數。

現在的問題是：「1 莫耳究竟是代表幾個原子或分子？」這個答案由實驗決定，我們在第 18 章中已經知道是

$$N_A = 6.02 \times 10^{23} \, \text{mol}^{-1} \quad \text{(亞佛加厥數)} \tag{19-1}$$

這裡 mol^{-1} 表示莫耳的倒數或「每莫耳」，mol 是 mole 的縮寫。這個數目稱為**亞佛加厥數**(Avagadro's Number)，是為了紀念意大利科學家亞佛加厥(Amedeo Avogadro,1776-1786)而命名，他首先發現，在相同的溫度及壓力下，相同個數的原子或分子佔據相同的體積。

任何物質樣本所含的莫耳數 n 等於樣品中的原子數目 N 和 1 mole 原子數目 N_A 的比值。

$$n = \frac{N}{N_A} \tag{19-2}$$

(請注意：上述方程式中的三個符號容易使人混淆，所以在你弄混「N」之前，請先認清它們的含義)。樣本中所含的莫耳數 n 也可利用樣本的質量 M_{sam} 與莫耳質量 M(1 mol 的質量)，或分子質量 m(一個分子的質量)來得出：

$$n = \frac{M_{sam}}{M} = \frac{M_{sam}}{mN_A} \tag{19-3}$$

在 19-3 式中，我們使用了此一事實：1 莫耳質量 M 是一個分子的質量 m 和 1 莫耳分子數 N_A 的乘積。

$$M = mN_A \tag{19-4}$$

19-2　理想氣體

學習目標

在閱讀完這個區塊的文字之後，讀者應該能夠…

19.04 了解理想氣體為何被稱為理想。

19.05 運用兩種形式任一的理想氣體定律，其一為莫耳數n的關係式，另一是分子數N的關係式。

19.06 連結理想氣體常數 R 與波茲曼常數 k。

19.07 了解理想氣體定律中的溫度要以凱氏溫標為準。

19.08 畫出固定溫度之下的膨脹與收縮 p-V 圖。

19.09 了解等溫。

19.10 計算一氣體在等溫時，膨脹或收縮所做的功，包含正負號。

19.11 了解在等溫過程中，內能變化ΔE為零，而熱能Q等於作功W。

19.12 在p-V圖上，畫出固定體積過程，並指出圖上面積為作功的大小。

19.13 在 p-V 圖上，畫出固定壓力過程，並決定圖上面積為過程所作的功。

關鍵概念

● 理想氣體就是其壓力p、體積V、及溫度T合於下述關係式者：

$$pV = nRT \quad \text{(理想氣體定律)}$$

其中，n為氣體的莫耳數，R為常數($8.31\text{J/mol}\cdot\text{K}$)，稱為氣體常數。

● 理想氣體定律也可寫為：

$$pV = NkT$$

其中，波茲曼常數k為：

$$k = \frac{R}{N_A} = 1.38\times10^{-23}\,\text{J/K}$$

● 理想氣體在等溫過程中，其體積由V_i膨脹至V_f 時，所作的功為：

$$W = nRT\ln\frac{V_f}{V_i} \quad \text{(理想氣體，等溫過程)}$$

理想氣體

　　本章的主要目的，是要將氣體的各項巨觀性質——如壓力或溫度——以其組成之分子行為來表示。然而，馬上有一個問題：哪種氣體？是氫？是氧？甲烷？或是六氟化鈾？這些氣體都不相同。但實驗告訴我們，將 1 mol 的不同樣本氣體裝在體積相同的容器中，並保持在相同溫度時，所測得的壓力幾乎相同，密度越低差異便越小。由精密的實驗得知，若氣體的密度小到某一程度，所有的氣體都適用下面的關係式：

$$pV = nRT \quad \text{(理想氣體定律)} \tag{19-5}$$

其中，p 為氣體的絕對(而非量測)壓力，n 為氣體的莫耳數，且 T 以凱氏溫標為單位的溫度。R 為**氣體常數**，任何氣體之對應值均同——即為：

$$R = 8.31\text{J/ mol}\cdot\text{K} \tag{19-6}$$

19-5 式稱為**理想氣體定律**。只要氣體密度夠低，此定律可適用於任何單一氣體，或混合氣體(在混合氣體中，n 代表混合氣體的總莫耳數)。

我們可將 19-5 式寫成另一種型式,其利用下面定義的**波茲曼常數** k:

$$k = \frac{R}{N_A} = \frac{8.31\,\text{J/ mol}\cdot\text{K}}{6.02\times10^{23}\,\text{mol}^{-1}} = 1.38\times10^{-23}\,\text{J/ K} \qquad 19\text{-}7)$$

這使我們也可寫成 $R = kN_A$。因此,再加上 19-2 式($n = N/N_A$),便可得到

$$nR = Nk \qquad (19\text{-}8)$$

代入 19-5 式可得到理想氣體定律的第二種表示法:

$$pV = NkT \quad (理想氣體定律) \qquad (19\text{-}9)$$

(請注意:小心兩種理想氣體方程式表示法的不同——19-5 式為莫耳數 n,19-9 式為分子數 N)。

有人會問:「什麼是理想氣體?又是怎麼個理想法?」答案在於氣體定律(19-5 及 19-9 式)支配理想氣體巨觀性質的簡單方式。用該定律——如你將看到——我們能簡單導出理想氣體的許多性質。固然,自然界中沒有真正的理想氣體;但在非常低的密度下——即分子間的距離夠遠而無交互作用時,所有的氣體都會趨近於理想狀態。因此,理想氣體的觀念可幫助我們瞭解真實氣體的極限行為。

圖 19-1 是一個有戲劇效果的理想氣體例子。一個體積為 18 m^3 的不鏽鋼桶子,透過一端的閥裝滿溫度為 110℃ 的蒸汽。蒸汽停止供應且閥門關上後,蒸汽就被存在桶內(圖 19-1a)。然後用消防水帶把水灑在桶外使桶子快速降溫。在一分鐘之內,超堅固的桶子就會被壓扁(圖 19-1b),就好像由 B 級科幻電影中跑出一隻巨大怪物橫衝直撞地踩過它一樣。

事實上,桶子是被大氣給壓垮的。當桶子被水降溫後,裡面的蒸汽也降溫且多數蒸汽會凝結,這表示氣體分子數 N 和桶內溫度 T 兩者都減少。因此,19-9 式的右邊減少,且因為體積為常數,所以左邊的壓力 p 也下降。氣體的壓力大大下降以至於大氣壓力可以壓垮桶子的鋼壁。圖 19-1 是示範表演的,但是這種狀況常在工業意外中發生(可以在網路上找到圖片或影片)。

Courtesy www.doctorslime.com

Courtesy www.doctorslime.com

圖 19-1 (a)一大型鋼桶,(b)在其內部蒸汽降溫並凝結之後,被大氣壓力壓垮。

定溫下理想氣體所作的功

假設在如第 18 章之活塞-氣缸中,裝入理想氣體。又假設允許氣體可從初體積 V_i 膨脹至末體積 V_f,且保持氣體溫度 T 為定值。固定溫度下之此過程便稱為**等溫膨脹**(其相反過程便是**等溫壓縮**)。

在 p-V 圖上,一條等溫線就是連接具有相同溫度之點的曲線。因此,圖形就是溫度 T 保持定值之氣體其壓力對體積圖。對於 n 莫耳理想氣體,其為下述方程式所對應之圖形:

$$p = nRT\frac{1}{V} = 常數\frac{1}{V} \qquad (19\text{-}10)$$

圖 19-2 所示為三條對應不同(固定)溫度 T 的等溫線(注意,等溫線之 T 值是向右上方增加的)。疊在中間等溫線上的是,某氣體在定溫 310 K 下由狀態 i 作等溫膨脹到狀態 f 的路徑。

計算等溫膨脹過程中,理想氣體所作的功時,我們由 18-25 式開始:

$$W = \int_{v_i}^{v_f} p\, dV \tag{19-11}$$

這是任何氣體在體積有任何變化時,所作之功的表示式。因為我們現在處理的是理想氣體,所以可用 19-5 式($pV = nRT$)來代 p,得

$$W = \int_{v_i}^{v_f} \frac{nRT}{V} dV \tag{19-12}$$

而因為我們考慮的是等溫膨脹,T 為定值,所以可以提到積分符號前,得

$$W = nRT \int_{v_i}^{v_f} \frac{dV}{V} = nRT \left[\ln V \right]_{v_i}^{v_f} \tag{19-13}$$

計算方括弧之極限,並使用關係式 $\ln a - \ln b = \ln(a/b)$,可得

$$W = nRT \ln \frac{V_f}{V_i} \quad \text{(理想氣體,等溫過程)} \tag{19-14}$$

回顧 ln 代表自然對數,其以 e 為底。

若氣體膨脹,則 V_f 大於 V_i,所以 V_f/V_i 之比值大於 1。大於 1 取自然對數必為正,所以理想氣體在等溫膨脹過程中所作的功 W 為正,如我們所預期。若氣體壓縮,則 V_f 小於 V_i,所以 V_f/V_i 之比值小於 1。19-14 式的方程式中對數值便為負,功 W 遂為負,也如我們所預期。

定容及定壓下所作的功

19-14 式中並沒有指出理想氣體在每個熱力過程中所作的功 W。反之,它只指出了當溫度為定值時所作的功。若溫度改變,則 19-12 式中的 T 就不能如 19-13 式般提到積分符號前,也就不會得到 19-14 式。

然而,我們可以回到 19-11 式中,找出理想氣體(或任何其它氣體)在另二種過程中所作的功-定容及定壓過程。若氣體的體積固定,那麼由 19-11 式可得

$$W = 0 \quad \text{(定容過程)} \tag{19-15}$$

而若壓力 p 固定,體積變化,則 19-11 式變成

$$W = p(V_f - V_i) = p\Delta V \quad \text{(定壓過程)} \tag{19-16}$$

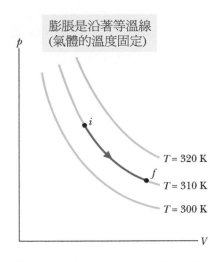

膨脹是沿著等溫線
(氣體的溫度固定)

$T = 320$ K
$T = 310$ K
$T = 300$ K

圖 19-2 p-V 圖的三條等溫線。沿著中間的等溫線,顯示了氣體由初狀態 i 作等溫膨脹到末狀態 f 的路徑。由 f 沿等溫線到 i 的路徑則表示了相反過程——即等溫壓縮。

 測試站 1

某理想氣體的初始壓力為 3 個壓力單位,初體積為 4 個體積單位。附表提供 5 個過程中,氣體的最後壓力及體積(相同單位)。那些過程的開始及結束均在同一個等溫線上呢?

	a	b	c	d	e
p	12	6	5	4	1
V	1	2	7	3	12

範例 19.1 理想氣體與溫度，體積和壓力的變化

某氣缸中盛有 12 L 的氧氣，其溫度為 20 ℃，壓力為 15 atm。令其溫度升高至 35 ℃，但體積減小至 8.5 L。試求氣體的壓力變成多少？設為理想氣體。

關鍵概念

因為氣體是理想的，我們可以使用理想氣體公式將它的參數關聯起來，不論是於初始狀態 i 或是於終了狀態 f。

計算 可從 19-5 式可以得到

$$p_i V_i = nRT_i \text{ 及 } p_f V_f = nRT_f$$

將第二式除以第一式，並求解 p_f，可得

$$p_f = \frac{p_i T_f V_i}{T_i V_f} \tag{19-17}$$

注意，若我們在這裡將初始和最後的體積單位由公升轉換成立方公尺，則其乘法換算因子在 19-17 式中會互相抵銷掉。而若將壓力單位由 atm 轉換成 Pa 也是一樣的。然而，要將所給的溫度換成凱氏溫標，須要額外增加一個量，這是無法抵消而必須包括進去的。因此我們必須寫成

$$T_i = (273 + 20) \text{ K} = 293 \text{ K}$$
$$T_f = (273 + 35) \text{ K} = 308 \text{ K}。$$

將已知數據代入 19-17 式中，得

$$p_f = \frac{(15\,\text{atm})(308\,\text{K})(12\,\text{L})}{(293\,\text{K})(8.5\,\text{L})} = 22\,\text{atm} \tag{答}$$

範例 19.2 理想氣體作功

在定溫度 $T = 310$ K 之下，1 mol 的氧氣(視為理想氣體)體積由 $V_i = 12$ L 膨脹至 $V_f = 19$ L。試求氣體膨脹所作的功。

關鍵概念

通常求取氣體所作的功，會使用 19-11 式，將氣體壓力相對於氣體體積進行積分。然而，因為這裡是理想氣體而且是等溫膨脹，所以該積分會導出 19-14 式。

計算 因此可寫出

$$
\begin{aligned}
W &= nRT \ln \frac{V_f}{V_i} \\
&= (1\,\text{mol})(8.31\,\text{J/mol·K})(310\,\text{K}) \ln \frac{19\,\text{L}}{12\,\text{L}} \\
&= 1180\,\text{J} \tag{答}
\end{aligned}
$$

此膨脹如圖 19-3 中的圖所示。氣體在膨脹時所作的功，即曲線 if 下陰影的面積。

你可以證明，若此膨脹是可逆的，且氣體經由等溫壓縮從 19 L 等溫回到 12 L，則氣體之作功為 -1180 J。因此，外力必須對氣體作 1180 J 的功才能壓縮它。

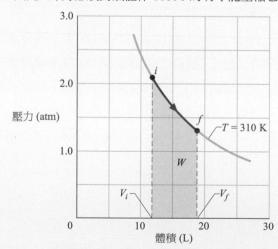

圖 19-3 陰影部分為定溫度 $T = 310$ K，1 mol 氧氣之氣體由 V_i 膨脹至 V_f 所作的功。

19-3 壓力、溫度及均方根速率

學習目標

在閱讀完這個區塊的文字之後，讀者應該能夠…

19.14 了解氣體容器內壁的壓力是來自氣體分子碰撞氣壁所致。

19.15 連結容器壁壓力與氣體分子動量和碰撞氣壁之時間間隔。

19.16 對理想氣體分子，連結均方根速率v_{rms}與平均速率v_{avg}。

19.17 連結理想氣體壓力與分子rms速率v_{rms}。

19.18 對於理想氣體，運用氣體溫度T、rms速率v_{rms}以及分子莫耳質量M之間的關係。

關鍵概念

● n 莫耳的理想氣體產生的壓力可用其分子的速率來表示：

$$p = \frac{nMv_{rms}^2}{3V}$$

其中，$v_{rms} = \sqrt{(v^2)_{avg}}$ 為氣體分子的均方根速率，M為莫耳質量，V為體積。

● rms速率可以以溫度表示為

$$v_{rms} = \sqrt{\frac{3RT}{M}}$$

壓力、溫度及均方根速率

第一個氣體動力論的問題來了。如圖 19-4 所示，體積 V 之正立方形容器中，盛有 n 莫耳的理想氣體。容器之各面器壁保持定溫 T。那麼，氣體施於器壁的壓力 p 與分子的速率究竟有什麼關係？

在此立方形容器中，每一個氣體分子均以不同的速率往各方向任意運動；分子與分子會互撞，也會與器壁相撞。現在(暫時)忽略分子的互撞，僅考慮與器壁的彈性碰撞。

圖 19-4 所示為容器中的某一個典型分子，質量為 m，速度為 $\vec{v}$，正要撞上右邊的器壁(以陰影標示)。因為我們假定分子與器壁之碰撞為完全彈性，那麼分子與陰影器壁碰撞時，其速度僅有 x 分量改變(被反向)。意即，分子的動量也僅有 x 分量改變，其改變量為

$$\Delta p_x = (-mv_x) - (mv_x) = -2mv_x$$

故在碰撞時，分子傳給器壁的動量 Δp_x 為$+2mv_x$。(本書中，動量及壓力的符號都是 p，請特別注意此處的 p 是表示動量，而且是一個向量)。

圖 19-4 中的分子與陰影器壁會反覆碰撞。碰撞間隔時間 Δt 等於分子以速率 v_x 行進至對面器壁再回來(距離 $2L$)，這樣來回一趟所需的時間。因此，Δt 等於 $2L/v_x$。(注意，此結果對於若分子來回一趟途中與其他面之器壁有碰撞發生的情形，仍成立；因為那些器壁均平行於 x 方向，不會改變 v_x)。因此，單一個分子傳給陰影器壁動量之平均速率為

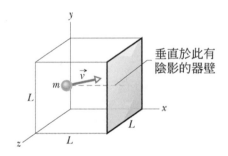

圖 19-4 邊長 L 之正立方形容器中，盛有 n 莫耳的理想氣體。有一質量 m 速度 $\vec{v}$ 的分子正要與一面器壁相撞，器壁面積為 L^2。法線如圖中所示。

$$\frac{\Delta p_x}{\Delta t} = \frac{2mv_x}{2L/v_x} = \frac{mv_x^2}{L}$$

由牛頓第二定律($\vec{F} = d\vec{p}/dt$)，施於器壁的力等於傳給器壁之動量時率。求總力時，我們必須將所有與陰影器壁碰撞的分子算在內；而且不要忘了，各分子的速率都不相同。今將所求得的總力 F_x 大小除以器壁面積($= L^2$)，即得施於器壁上的壓力 p(此處及至本討論末，p 均表示壓力)。因此，使用 $\Delta p_x/\Delta t$ 之表示式，我們能將壓力寫為：

$$
\begin{aligned}
p = \frac{F_x}{L^2} &= \frac{mv_{x1}^2/L + mv_{x2}^2/L + \cdots + mv_{xN}^2/L}{L^2} \\
&= \left(\frac{m}{L^3}\right)(v_{x1}^2 + v_{x2}^2 + \cdots + v_{xN}^2)
\end{aligned}
\tag{19-18}
$$

其中 N 為容器中氣體的分子總數。

因 $N = nN_A$，故 19-18 式中第二個括弧內一共有 nN_A 項。我們可用 $nN_A(v_x^2)_{\text{avg}}$ 替換此量，其中 $(v_x^2)_{\text{avg}}$ 為所有分子速率的 x 分量之平方平均值。則 19-18 式變為

$$p = \frac{nmN_A}{L^3}(v_x^2)_{\text{avg}}$$

然而，mN_A 為氣體的莫耳質量 M(即 1 莫耳氣體的質量)。此外，L^3 為容器體積，所以

$$p = \frac{nM(v_x^2)_{\text{avg}}}{L} \tag{19-19}$$

對任何一個分子而言，$v^2 = v_x^2 + v_y^2 + v_z^2$。由於容器中氣體分子的數目非常龐大，且每一個分子運動方向都是任意的，因此每一速度分量平方的平均值都是相等的；故 $(v_x^2)_{\text{avg}} = \frac{1}{3}(v^2)_{\text{avg}}$。因此，19-19 式變成

$$p = \frac{nM(v^2)_{\text{avg}}}{3V} \tag{19-20}$$

$(v^2)_{\text{avg}}$ 的平方根是一種平均速率，稱為分子的均方根速率，其符號為 v_{rms}。這個名稱取得很恰當：先將每一速率平方，再求這些平方速率的平均值，最後求該平均值之平方根。由 $\sqrt{(v^2)_{\text{avg}}} = v_{\text{rms}}$，19-20 式可寫成

$$p = \frac{nMv_{\text{rms}}^2}{3V} \tag{19-21}$$

它告訴我們氣體壓力(巨觀物理量)與分子速率(微觀物理量)之關係。

我們可以利用 19-21 式來反求 v_{rms}。將 19-21 式與理想氣體定律($pV = nRT$)合併，可得

$$v_{\text{rms}} = \sqrt{\frac{3RT}{M}} \tag{19-22}$$

表 19-1 所列者為若干由 19-22 式所計算出來的均方根速率。令人驚奇的是，這些速率都相當大。在室溫下(300 K)，氫分子的均方根速率竟高達 1920 m/s，或 4300 mi/h——比高速子彈還快！在太陽表面上，溫度為 2×10^6 K，氫分子的均方根速率為在室溫下之 82 倍；不過不是這樣，因為在這麼高的速率之下，氫分子互撞的結果必定兩敗俱傷。也要切記，均方根速率只是一種平均值；有些分子的速率會大於它，但有些分子的速率會小於它。

氣體中的聲速與該氣體分子的均方根速率有密切的關係。在聲波中，靠分子間的碰撞，而將波的擾動從一分子傳至一分子。因此聲波不可能快於氣體分子的「平均」速率。事實上，聲波的速率一定稍小於此一「平均」分子速率，因為並非所有的分子運動都與波同向。例如，在室溫之下，氫氣與氮氣之均方根速率分別為 1920 m/s 及 517 m/s。而在這溫度下，這兩種氣體的聲速分別為 1350 m/s 及 350 m/s。

常有一個問題：既然空氣分子跑得這麼快，為什麼有人打開香水在室內走動時，得花一分鐘左右才能聞到香味？答案是，這就如我們將在 19-5 節所討論的，雖然分子跑得很快，但它離開瓶子卻很慢，因為它與別的分子不斷碰撞而無法直接穿過房間到你的位置。

表 19-1
分子在室溫($T = 300$K)^a 之速率

氣體	莫爾質量 (10^{-3}kg/mol)	v_{rms} (m/s)
氫(H_2)	2.02	1920
氦(He)	4.0	1370
水蒸氣 (H_2O)	18.0	645
氮(N_2)	28.0	517
氧(O_2)	32.0	483
二氧化碳 (CO_2)	44.0	412
二氧化硫 (SO_2)	64.1	342

^{a} 為方便起見，室溫常設成 300K(約 27°C 或 81°F)，即使其實是頗溫暖的房間。

範例 19.3 平均值與均方根值

已知五個數目：5，11，32，67，89。

(a) 試求其平均值 n_{avg}。

計算 可以由下列式子求解

$$n_{avg} = \frac{5+11+32+67+89}{5} = 40.8 \qquad \text{(答)}$$

(b) 試求其均方根值 n_{rms}。

計算 可以由下列式子求解

$$n_{rms} = \sqrt{\frac{5^2+11^2+32^2+67^2+89^2}{5}}$$
$$= 52.1 \qquad \text{(答)}$$

均方根值比平均值大，因為在求均方根值時，大數目的平方所占的比重較大。

WILEY PLUS Additional example, video, and practice available at *WileyPLUS*

19-4 移動動能

學習目標

在閱讀完這個區塊的文字之後，讀者應該能夠...

19.19 對理想氣體，連結分子平均動能與其rms速率。
19.20 運用平均動能與氣體溫度之間的關係。

19.21 了解氣體溫度是一種量測氣體分子平均動能的有效方法。

關鍵概念

● 理想氣體分子平均移動動能為

$$K_{avg} = \frac{1}{2}mv_{rms}^2$$

● 平均移動動能與氣體溫度的關係為

$$K_{avg} = \frac{3}{2}kT$$

移動動能

　　再回顧一下圖 19-4 中的單一分子，但假設它會與別的分子碰撞而改變它的速度。該分子在任何時刻其移動動能為 $\frac{1}{2}mv^2$。而在我們觀察的一段時間內的移動動能的平均值為

$$K_{avg} = (\frac{1}{2}mv^2)_{avg} = \frac{1}{2}m(v^2)_{avg} = \frac{1}{2}mv_{rms}^2 \qquad (19\text{-}23)$$

其中，我們假設一個分子在某一段時間中之速率平均值等於在任何時刻所有分子的平均速率(若氣體總能量不變，且觀察的時間夠長，則上述假設可以成立)。將 19-22 式中的 v_{rms} 代入，得

$$K_{avg} = (\frac{1}{2}m)\frac{3RT}{M}$$

但，莫耳質量除以分子質量所得的 M/m 即為亞佛加厥數。因此，

$$K_{avg} = \frac{3RT}{2N_A}$$

從 19-7 式($k = R/N_A$)，可改寫成

$$K_{avg} = \frac{3}{2}kT \qquad (19\text{-}24)$$

　　這個方程式告訴我們一件新事實：

在某一溫度 T 下，所有理想氣體分子——不論其質量為何——均具有相同的平均移動動能，即 $\frac{3}{2}kT$。當我們量測氣體的溫度時，其實是在量測其所有分子的平均移動動能。

✓ **測試站 2**

某混合氣體由種類 1，2，3 的分子組成，分子質量 $m_1 > m_2 > m_3$。試依(a)平均動能及(b)均方根速率由大到小排列此三種氣體。

19-5 平均自由路徑

學習目標

在閱讀完這個區塊的文字之後，讀者應該能夠…

19.22 了解何謂平均自由路徑。

19.23 運用平均自由路徑、分子直徑與單位體積分子數之間的關係。

關鍵概念

● 氣體分子的平均自由路徑 λ 為碰撞之間的平均路徑長：

$$\lambda = \frac{1}{\sqrt{2}\pi d^2 \, N/V}$$

其中 N/V 為單位體積之分子數，d 為分子直徑。

平均自由路徑

我們繼續討論理想氣體中的分子運動。圖 19-5 所示者為一典型分子在氣體中前進的情形，一路與其他分子不斷彈性碰撞而急遽改變速率及方向。在兩次碰撞之間，該分子作等速直線運動。圖中所示之其他空氣分子看似靜止，但事實上每個分子都(當然地)不斷運動。

欲描述此一隨機運動最恰當的一個量，是分子的**平均自由路徑**(mean free path) λ。顧名思義，λ 為一個分子在各次碰撞之間所行各段距離的平均值。我們預期 λ 應該與氣體每單位體積的分子數 N/V(或分子密度)成反比。N/V 越大，碰撞機會越多，平均自由路徑越小。我們也預期 λ 應該與分子的大小(比如直徑 d)成反比(如果每個分子都如我們假設般為真正的點，彼此根本不會有相撞的機會，平均自由路徑將變成無限大)。因此，分子越大，平均自由路徑越小。我們甚至可預期 λ 應該與分子直徑的平方成反比，因為分子的截面積——而非直徑——決定了有效撞擊面積。

實際上，平均自由路徑的表示式為：

$$\lambda = \frac{1}{\sqrt{2}\pi d^2 \, N/V} \quad \text{(平均自由路徑)} \tag{19-25}$$

欲證明式 19-25，我們先注意一個單一分子並假設(如圖 19-5)其以等速率 v 行進，而所有其他分子為靜止。稍後我們會放寬此假設。

我們進一步假設，每一分子都是直徑為 d 之球體。當兩個分子互相靠近至球心相距 d 以內時，碰撞就發生了，如圖 19-6a 所示。另一更方便觀察此情形的方式為，考慮該單一分子為半徑 d，而所有其他分子為點，如圖 19-6b 所示。這不改變我們的碰撞條件。

當該單一分子以曲折的路徑在氣體中前進時，在連續兩次碰撞間會掃出一個截面積為 πd^2 的圓柱形。假如我們觀察它一段時間 Δt，那麼它的運動距離為 $v\Delta t$，其中 v 為假設速率。因此，若將 Δt 內掃出的所有一段一段的短圓柱形排好，我們形成一個組合圓柱(圖 19-7)，其長度為 $v\Delta t$，體積為 $(\pi d^2)(v\Delta t)$。在這一段 Δt 中所發生的碰撞次數等於該圓柱形中點狀分子的數目。

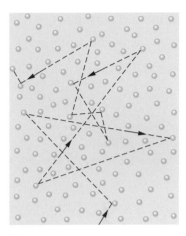

圖 19-5 一分子在通過氣體時，與氣體分子一路碰撞。雖然從圖看起來，氣體分子都是靜止的，其實每個分子都在不停運動。

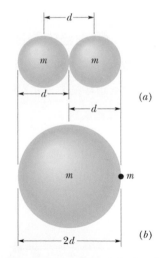

圖 19-6 (a)當兩分子之球心相距 d 時，(d 為分子直徑)，即產生碰撞。(b)我們可以將(a)中的碰撞想像成半徑 d 的運動分子與其他點狀的分子之碰撞。結果是一樣的。

因單位體積的分子數為 N/V，故圓柱內的分子數為 N/V 乘圓柱體積，或 $(N/V)(\pi d^2 v\Delta t)$。這也是 Δt 時間內的碰撞次數。平均自由路徑即為分子運動路徑總長度(即圓柱之長度)除以這個碰撞次數。

$$\lambda = \frac{路徑總長度\Delta t}{碰撞次數\Delta t} \approx \frac{v\Delta t}{\pi d^2 v\Delta t N / V}$$

$$= \frac{1}{\pi d^2 N / V} \qquad (19\text{-}26)$$

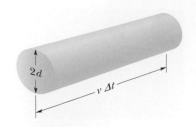

圖 19-7 在 Δt 時間中，運動分子掃出一個圓柱形，其長度為 $v\Delta t$，半徑為 d。

此式僅為近似，因為其基於先前假設除了一個運動分子以外，其餘分子均為靜止。事實上，其他所有的分子都在運動；若把這一事實考慮在內，我們會得到 19-25 式。注意到，它與近似的 19-26 式只差一個 $1/\sqrt{2}$。

式 19-26 的近似式包含兩個相銷的符號 v。在分子內的 v 為 v_{avg}，這是分子相對於容器的平均速率。分母內的 v 為 v_{rel}，這是單一分子相對於正在移動的其他分子的平均速率。決定碰撞次數的是後一種平均速度。考慮到分子的實際速度分佈的詳細計算可得 $v_{rel} = \sqrt{2}v_{avg}$，遂得因子 $\sqrt{2}$。

 測試站 3

一莫耳的氣體 A，分子直徑 $2d_0$，且平均分子速率為 v_0，被置於某容器內。一莫耳的氣體 B，分子直徑 d_0 且平均分子速率為 $2v_0$(B 分子較小但較快)，被置於相同的另一容器內。問那一種氣體在其容器內有較大的平均碰撞率？

在海平面附近，空氣分子的平均自由路徑約為 $0.1\ \mu m$。在海拔 100 km 的地方，空氣密度降至使得平均自由路徑增加至 16 cm。而在 300 km 的高度，平均自由路徑約為 20 km。想要在實驗室中模擬上層大氣的狀況以便瞭解其物理及化學現象時，科學家們都面臨一個問題，就是沒有夠大的容器可用來裝模擬上層大氣條件的氣體樣本(二氯二氟代甲烷、二氧化碳、及臭氧)。

範例 19.4 平均自由路徑，平均速度，碰撞頻率

(a) 試問，在室溫 $T = 300$ K 及 $p = 1.0$ atm 壓力下，氧分子的平均自由路徑 λ 為何？假設分子直徑為 $d = 290$ pm，且為理想氣體。

關鍵概念

每一個氧分子因與其它氧原子碰撞，而在其他運動分子間曲折行進。因此，可以由 19-25 式求平均自由路徑。

計算 我們須先知道每單位體積中的分子數 N/V。因為已經假設這是理想氣體，所以可由理想氣體定律 19-9 式($pV = NkT$)寫出 $N/V = p/kT$。然後將它代入 19-25 式，結果得到

$$\lambda = \frac{1}{\sqrt{2}\pi d^2 N/V} = \frac{kT}{\sqrt{2}\pi d^2 p}$$

$$= \frac{(1.38\times10^{-23}\ \text{J/K})(300\text{K})}{\sqrt{2}\pi(2.9\times10^{-10}\ \text{m})^2(1.01\times10^5\ \text{Pa})}$$

$$= 1.1\times10^{-7}\ \text{m} \qquad (答)$$

此值大約等於 380 個分子直徑。

(b) 假設氧分子的平均速率為 **450 m/s**。試求氧分子連續兩次碰撞間的平均時間 t。碰撞的時率頻率為何？亦即其碰撞頻率 f 為何？

關鍵概念

(1)在兩次碰撞之間，分子以速率 v 所走的平均距離為平均自由路徑 λ。(2)平均碰撞率或碰撞頻率是碰撞間隔時間 t 的倒數。

計算 由第一個關鍵概念可知,兩次碰撞之間的平均時間為

$$t = \frac{距離}{速率} = \frac{\lambda}{v} = \frac{1.1 \times 10^{-7}\,\mathrm{m}}{450\,\mathrm{m/s}}$$
$$= 2.44 \times 10^{-10}\,\mathrm{s} \approx 0.24\,\mathrm{ns} \qquad (答)$$

這告訴我們,平均而言,任何給定之一氧分子的平均碰撞時間小於 1 奈秒。

由第二個關鍵概念可以知道,碰撞頻率為

$$f = \frac{1}{t} = \frac{1}{2.44 \times 10^{-10}\,\mathrm{s}} = 4.1 \times 10^9\,\mathrm{s}^{-1} \qquad (答)$$

這告訴我們,平均而言,任何給定之氧分子每秒作 40 億次的碰撞。

WILEY PLUS Additional example, video, and practice available at *WileyPLUS*

19-6 分子速率之分佈

學習目標

在閱讀完這個區塊的文字之後,讀者應該能夠...

19.24 解釋馬克士威速率分佈定律如何使用在某速率範圍內分子速率的比率。

19.25 畫出馬克士威速率分佈,表示機率分布與速率關係,並指出平均速率 v_{avg}、最可能速率 v_P 與 rms 速率 v_{rms} 之位置。

19.26 解釋馬克士威速率分佈如何使用在找出平均速率、最可能速率與 rms 速率。

19.27 對於某一溫度 T 與莫耳質量 M,計算平均速率 v_{avg}、最可能速率 v_P 與 rms 速率 v_{rms}。

關鍵概念

● 馬克士威速率分佈 $P(v)$ 為一函數,而 $P(v)dv$ 為速率落於 v 處之 dv 區間內的分子數量比例:

$$P(v) = 4\pi \left(\frac{M}{2\pi RT}\right)^{3/2} v^2 e^{-Mv^2/2RT}$$

● 三種氣體分子速率分布的度量為:

$$v_{avg} = \sqrt{\frac{8RT}{\pi M}} \quad (平均速率)$$

$$v_P = \sqrt{\frac{2RT}{M}} \quad (最可能速率)$$

$$v_{rms} = \sqrt{\frac{3RT}{M}} \quad (\text{rms 速率})$$

分子速率之分佈

均方根速率 v_{rms} 提供某溫度下氣體分子速率的一般概念。我們常常想知道更多。例如,速率大於均方根值的分子佔多少比例?或者,大於兩倍均方根值的分子又佔多少比例?要回答這樣的問題,我們必須知道在氣體中,分子的可能速率如何分佈。圖 19-8a 所示者為室溫($T = 300$ K)之下氧分子之速率分佈;圖 19-8b 則為與 $T = 80$ K 時之比較圖。

在 1852 年,蘇格蘭物理學家馬克士威首先求出氣體分子的速率分佈。他所得的結果稱為**馬克士威速率分佈定律**,如下:

$$P(v) = 4\pi \left(\frac{M}{2\pi RT} \right)^{3/2} v^2 e^{-Mv^2/2RT} \tag{19-27}$$

其中 M 為氣體莫耳質量，R 為氣體常數，T 為氣體溫度，v 為分子速率。圖 19-8a 及 b 兩圖就是根據這個方程式畫出。在 19-27 式及圖 19-8 中的 $P(v)$ 為**機率分佈函數**：對於任意速率 v，乘積 $P(v)dv$(無因次量)為以速率 v 為中心的間隔 dv 內，速率落於此間隔的分子比例。

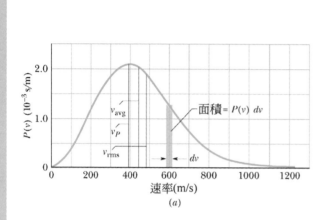

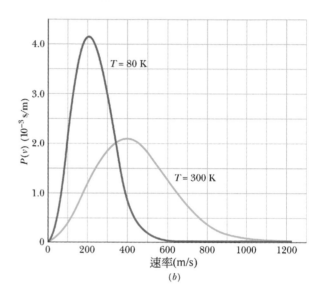

圖 19-8 (a)在 $T = 300$ K 時氧分子的馬克士威速率分佈圖。圖上標示有三個特殊的速率。(b) 300 K 及 80 K 之分佈圖。注意在低溫之下，分子運動速率較慢。這些曲線都是表示分佈的機率，故曲線下方的面積為 1。

如圖 19-8a 所示，此比例等於一個高為 $P(v)$、寬為 dv 之長條的面積。分佈曲線下方的總面積即等於速率在 0 及無限大之間的分子所佔的比例。所有分子都落於此比例，所以這個總面積值等於 1；亦即：

$$\int_0^\infty P(v)\,dv = 1 \tag{19-28}$$

比如速率落於 v_1 到 v_2 間的分子比例為：

$$\text{frac} = \int_{v_1}^{v_2} P(v)\,dv \tag{19-29}$$

平均速率，均方根速率，最可能速率

原則上，求氣體分子的**平均速率** v_{avg} 可依下列方法：首先將分佈中每個 v 值乘上權值；即對於速率落於以 v 為中心的微分間隔 dv 內之分子乘上比例 $P(v)dv$。然後加總這些 $vP(v)dv$。結果為 v_{avg}。實際上，這些步驟即計算下式：

$$v_{\text{avg}} = \int_0^\infty v \, P(v) \, dv \qquad\qquad (19\text{-}30)$$

將 19-27 式的 $P(v)$ 代入,及用由附錄 E 積分表中的一般積分式 20,可得

$$v_{\text{avg}} = \sqrt{\frac{8RT}{\pi M}} \quad (\text{平均速率}) \qquad\qquad (19\text{-}31)$$

同樣地,也可得速率平方 $(v^2)_{\text{avg}}$ 的平均值

$$(v^2)_{\text{avg}} = \int_0^\infty v^2 \, P(v) \, dv \qquad\qquad (19\text{-}32)$$

將 19-27 式的 $P(v)$ 代入,及用由附錄 E 積分表中的一般積分式 16,可得

$$(v^2)_{\text{avg}} = \frac{3RT}{M} \qquad\qquad (19\text{-}33)$$

$(v^2)_{\text{avg}}$ 的平方根稱為均方根速率 v_{rms}。因此,

$$v_{\text{rms}} = \sqrt{\frac{3RT}{M}} \quad (\text{均方根速率}) \qquad\qquad (19\text{-}34)$$

同於 19-22 式。

最可能速率 v_P 是 $P(v)$ 最大值時之速率(見圖 19-8a)。欲求 v_P,令 $dP/dv = 0$(圖 19-8a 之曲線最大值所在的斜率為零),再求解 v。如此一來,我們得到:

$$v_P = \sqrt{\frac{2RT}{M}} \quad (\text{最可能速率}) \qquad\qquad (19\text{-}35)$$

比起其他速率,分子最可能具有速率 v_P,但有些分子卻有 v_P 好幾倍的速率。這些分子在分佈曲線右邊的(高速)尾部,如圖 19-8a。這樣高速分子使得落雨、日照都變得可能(不然我們無以存在):

雨水

在夏日的池塘裡,水分子的速率分佈與圖 19-8a 非常相像。絕大多數的水分子並沒有足夠的動能可以從水面逃離。但是少數的極快速分子(速率落於分佈曲線右邊遠處的尾端部份)可以辦到。就是這些分子蒸發,而產生雲及降雨的可能性。

當這些速率很快的分子離開水面時,會帶走一些能量,但是周圍環境立即以熱加以補充。其他的快速分子(生成於特別合適的碰撞中)很快便取代之前蒸發離開的分子的位置,從而維持之前的速率分佈。

陽光

將 19-27 式的分佈函數對照為太陽核心中的質子。太陽的能量是來自於兩質子結合所引發的核融合過程。但質子間因同性電互相排斥,而具有平均速率的質子其動能不足以克服該斥力,從而夠近來結合。但分佈曲線尾部那些具有高速質子辦得到,而太陽也因此發光。

範例 19.5　氣體的速率分布

室溫(300 K)的氧氣，速率在 599 至 601 m/s 間之分子比例為何？氧的莫耳質量 M 為 0.0320 kg/mol。

關鍵概念

1. 分子的速率是分佈在一極寬的範圍內，如 19-27 式的 $P(v)$ 分佈。

2. 速率在微分間隔 dv 內的分子比例為 $P(v)dv$。

3. 對於較大的間隔內，可對該間隔作 $P(v)$ 的積分來求出比例。

4. 然而，與中心速率 $v = 600$ m/s 相比，間隔 $\Delta v = 2$ m/s 是很小的。

計算　因為 Δv 很小，因此可以迴避積分運算，而將此比例近似地寫成：

$$比值 = P(v)\Delta v = 4\pi \left(\frac{M}{2\pi RT}\right)^{3/2} v^2 e^{-Mv^2/2RT} \Delta v$$

函數 $P(v)$ 如圖 19-8a 所繪。曲線與水平軸間的總面積表示分子總比例(等於 1)。金色細條的面積代表所求比例。求比值時，可寫成如下各項逐步求出：

$$比值 = (4\pi)(A)(v^2)(e^B)(\Delta v) \tag{19-36}$$

其中

$$A = \left(\frac{M}{2\pi RT}\right)^{3/2} = \left(\frac{0.0320\,\text{kg/mol}}{(2\pi)(8.31\,\text{J/mol·K})(300\,\text{K})}\right)^{3/2}$$
$$= 2.92 \times 10^{-9}\,\text{s}^3/\text{m}^3$$

$$B = -\frac{Mv^2}{2RT} = -\frac{(0.0320\,\text{kg/mol})(600\,\text{m/s})^2}{(2)(8.31\,\text{J/mol·K})(300\,\text{K})}$$
$$= -2.31$$

將 A 及 B 代入 19-36 式中得

$$比值 = (4\pi)(A)(v^2)(e^B)(\Delta v)$$
$$= (4\pi)\left(2.92 \times 10^{-9}\,\text{s}^3/\text{m}^3\right)(600\,\text{m/s})^2(e^{-2.31})(2\,\text{m/s})$$
$$= 2.62 \times 10^{-3}$$
$$= 0.262\% \tag{答}$$

WILEY PLUS Additional example,video,and practice available at *WileyPLUS*

範例 19.6　平均速率，均方根速率，最可能速率

氧的莫耳質量 M 為 0.0320 kg/mol。

(a) 氧分子在 T=300 K 時的平均速率 v_{avg} 為何？

關鍵概念

欲求平均速率，我們必須將各速率乘以 19-27 式的分佈函式 $P(v)$ 作權重，然後將所得結果對可能速率範圍(0 到∞)作積分。

計算　結果成為 19-31 式，由這個數學式可以得到

$$v_{avg} = \sqrt{\frac{8RT}{\pi M}}$$
$$= \sqrt{\frac{8(8.31\,\text{J/mol·K})(300\,\text{K})}{\pi(0.0320\,\text{kg/mol})}}$$
$$= 445\,\text{m/s} \tag{答}$$

結果如圖 19-8a 所繪。

(b) 試求在 300 K 時的均方根速率 v_{rms}。

關鍵概念

欲求均方根速率，我們先求出 $(v^2)_{avg}$，方法是對 v^2 以 19-27 式的分佈函數 $P(v)$ 作加權，然後將所得結果在可能的速率範圍內進行積分。接著再取所得結果的平方根。

計算　結果成為 19-34 式，由這個數學式可以得到

$$v_{rms} = \sqrt{\frac{3RT}{M}}$$
$$= \sqrt{\frac{3(8.31\,\text{J/mol·K})(300\,\text{K})}{0.0320\,\text{kg/mol}}}$$
$$= 483\,\text{m/s} \tag{答}$$

結果如圖 19-8a，是大於 v_{avg}，是因為當我們積分 v^2 時，較大速度值的影響比起積分 v 時會更大。

(c) 300 K 時的最可能速率 v_P 為何？

關鍵概念

速率 v_P 會對應爲分佈函式 $P(v)$ 的最大值，此速率可經由令導數 $dP/dv = 0$，並解出 v 而得。

計算 結果成爲 19-35 式，由這個數學式可以得到

$$v_P = \sqrt{\frac{2RT}{M}}$$

$$= \sqrt{\frac{2(8.31\,\text{J/mol}\cdot\text{K})(300\,\text{K})}{0.0320\,\text{kg/mol}}}$$

$$= 395\,\text{m/s} \qquad\qquad (答)$$

結果如圖 19-8a 所繪。

WILEY PLUS Additional example, video, and practice available at *WileyPLUS*

19-7 理想氣體的莫耳比熱

學習目標

在閱讀完這個區塊的文字之後，讀者應該能夠...

19.28 了解單原子理想氣體的內能是各原子平移動能之和。

19.29 運用單原子理想氣體內能 E_{int}、莫耳數 n 以及氣體溫度 T 之間的關係。

19.30 區分單原子、雙原子以及多原子理想氣體。

19.31 對於單原子、雙原子以及多原子理想氣體，估計定容或定壓過程的莫耳比熱。

19.32 藉由將 R 加入定容莫耳比熱 C_V，來計算定壓的莫耳比熱 C_P，並解釋爲何 C_P 比較大（物理上）。

19.33 了解在定容過程中，傳進理想氣體的熱會全部轉爲內能（隨機平移運動），但在定壓過程中，能量

會轉成作功使氣體體積膨脹。

19.34 了解對於任何過程，理想氣體的溫度改變和內能改變是一樣的，而最容易計算的方式是假設定容過程。

19.35 對於理想氣體，運用熱 Q、莫耳數 n 以及溫度變化 ΔT 之間的關係，並用上合適的莫耳比熱。

19.36 在 p-V 圖上的兩絕熱過程之間，畫出定容過程和定壓過程，並指出圖上面積所代表的作功。

19.37 對於定壓過程，計算理想氣體所作之功。

19.38 了解對於定容過程來說，作功爲零。

關鍵概念

● 氣體的定容莫耳比熱 C_V 定義爲

$$C_V = \frac{Q}{n\Delta T} = \frac{\Delta E_{\text{int}}}{n\Delta T}$$

其中 Q 爲進出 n 莫耳氣體的熱，ΔT 爲所產生的溫度變化量，ΔE_{int} 爲氣體內能的總變化量。

● 對理想的單原子氣體而言

$$C_V = \frac{3}{2}R = 12.5\ \text{J/mol}\cdot\text{K}$$

● 氣體的定壓莫耳比熱 C_p 定義爲

$$C_P = \frac{Q}{n\Delta T}$$

其中 Q，n 及 ΔT 的定義同上。C_p 也可由下式給出：

$$C_P = C_V + R$$

● 對 n 莫耳的理想氣體而言，

$$E_{\text{int}} = nC_V T \quad （任何理想氣體）$$

● n 莫耳理想氣體，無論經歷什麼過程而有溫度變化 ΔT，則其內能的變化量均爲

$$\Delta E_{\text{int}} = nC_V\Delta T \quad （理想氣體，任何過程）$$

理想氣體的莫耳比熱

本節中,我們想要從分子觀點導出理想氣體之內能公式。換言之,欲求一個能量表示式,其對應氣體原子或分子的隨機運動。我們會再用此表示試導出理想氣體的莫耳比熱。

內能 E_{int}

首先我們假設理想氣體為**單原子氣體**(其為獨立原子而非分子),如氦,氖,或氬等。再假設理想氣體之內能 E_{int} 僅為其原子的移動動能總和(在量子力學中,個別的原子並沒有轉動動能。)

由 19-24 式知,一個單獨原子其平均移動動能僅取決於氣體溫度,為 $K_{avg} = \frac{3}{2}kT$。若氣體樣本有 n 莫耳,則含有 nN_A 個原子。於是,氣體樣本的內能 E_{int} 為

$$E_{int} = (nN_A)K_{avg} = (nN_A)(\frac{3}{2}kT) \tag{19-37}$$

從 19-7 式($k = R/N_A$),可改寫成

$$E_{int} = \frac{3}{2}nRT \quad \text{(單原子理想氣體)} \tag{19-38}$$

理想氣體的內能 E_{int} 僅為氣體溫度之函數;其不取決於其他變數。

利用 19-38 式,我們現在可導出理想氣體的莫耳比熱。實際上,我們會導出兩種表示式。一者是當氣體吸放熱時,其體積保持一定。一者是當氣體吸放熱時,其壓力保持一定。這兩種比熱的符號分別為 C_V 及 C_p (習慣上,大寫 C 可用於比熱及熱容量這兩種情形,但 C_V 及 C_p 表示比熱,而非熱容量)。

固定體積的莫耳比熱

圖 19-9a 所示為 n 莫耳的理想氣體盛於體積固定在 V 的氣缸中;氣體之壓力為 p,溫度為 T。氣體的初狀態 i 標示在圖 19-9b 之 p-V 圖上。現在你逐漸調高熱庫的溫度,藉以添加氣體一小量的熱 Q。氣體溫度微量上升至 $T + \Delta T$,壓力亦微增至 $p + \Delta p$;此時氣體即達到末狀態 f。在此實驗中,我們發現熱 Q 與溫度變化 ΔT 的關係如下:

$$Q = nC_V\Delta T \quad \text{(定容下)} \tag{19-39}$$

其中,C_V 為一常數,稱**定容莫耳比熱**。再將此式之 Q 代進熱力學第一定律 18-26 式($\Delta E_{int} = Q - W$),得

$$\Delta E_{int} = nC_V\Delta T - W \tag{19-40}$$

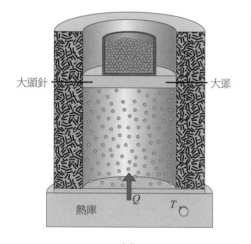

大頭針　　　　　　　　大踵

Q　　T

熱庫

(a)

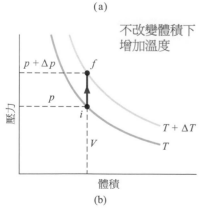

不改變體積下
增加溫度

$p + \Delta p$　　f

p

i

壓力

V

$T + \Delta T$

T

體積

(b)

圖 19-9 (a)在定容情況下,理想氣體溫度由 T 升至 $T + \Delta T$。熱進入氣體中,但不作功。(b)在 p-V 圖上所繪出的此一過程。

因氣體體積保持一定,氣體無法膨脹,遂不能作任何功。因此,$W = 0$,而式 19-40 給出:

$$C_V = \frac{\Delta E_{int}}{n\Delta T} \tag{19-41}$$

由 19-38 式知,內能變化值必爲

$$\Delta E_{int} = \frac{3}{2}nR\Delta T \tag{19-42}$$

將結果代入 19-41 式得

$$C_V = \frac{3}{2}R = 12.5\,\text{J/ mol·K} \quad \text{(單原子氣體)} \tag{19-43}$$

由表 19-2 中可以看出,氣體動力論(理想氣體下)的預測非常符合眞實單原子氣體的實驗結果(我們有作假設的例子)。對於雙原子(分子具有兩個原子)及多原子氣體(分子具有超過兩個的原子)的 C_V 而言,(理論值及)實驗值比單原子氣體大得多,原因我們將在 19-8 節中討論。這裡我們做一個初步的假設,雙原子和多原子氣體的 C_V 值會大於單原子氣體是因爲有更複雜的分子轉動,因此就會有轉動動能。於是,當 Q 傳遞到一雙原子或多原子氣體時,只有部分的能量會用在平移動能來增加溫度。(到此爲止,我們忽略能量被用在分子振動上。)

我們現在可將對於任何理想氣體的內能式 19-38 推廣,方法是以 C_V 代換 $\frac{3}{2}R$;可得

$$E_{int} = nC_V T \quad \text{(任何理想氣體)} \tag{19-44}$$

此式不僅適用於理想單原子氣體,也可用於雙原子及多原子的理想氣體,只要使用正確的 C_V 值就可以了。正如同 19-38 式告訴我們的,我們看到氣體的內能與溫度有關,而與壓力或密度無關。

當一個被密封住的定容氣體經歷了溫度變化 ΔT,那麼不論從 19-41 式或 19-44 式,所得的內能變化量等於

$$\Delta E_{int} = nC_V \Delta T \quad \text{(理想氣體,任何過程)} \tag{19-45}$$

這個方程式告訴我們:

定容理想氣體的內能 E_{int} 變化量只和氣體溫度的變化有關;與使溫度改變的過程無關。

例如,考慮圖 19-10 之 p-V 圖上,兩條等溫線之間的三條不同路徑。路徑 1 爲定容過程。路徑 2 爲定壓過程(我們在下個小節會討論)。路徑 3 之過程爲系統與環境間無熱的交換(19-9 節討論)。雖然在此三種過程中,

表 19-2
固定體積的莫耳比熱

分子	例子	C_V (J/mol·K)
單原子	理想值	$\frac{3}{2}R = 12.5$
	實際值 He	12.5
	Ar	12.6
雙原子	理想值	$\frac{5}{2}R = 20.8$
	實際值 N_2	20.7
	O_2	20.8
多原子	理想值	$3R = 24.9$
	實際值 NH_4	29.0
	CO_2	29.7

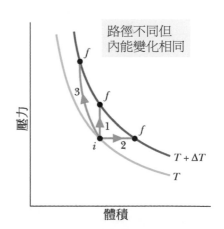

圖 19-10 三條路徑代表三種不同的過程,各將一理想氣體由初狀態 i (溫度爲 T)變化至一末狀態 f (溫度爲 $T+\Delta T$)。氣體內能的變化量 ΔE_{int} 在此三個過程中都是相同的,事實上,不論任何過程,只要使氣體產生相同的溫度變化,具其內能的變化量都會相同。

熱量 Q 及功 W 均各不相同，如 p_f 及 V_f 也不同，但三個過程的內能變化量 ΔE_{int} 相等，且均由式 19-45 給出，因為三者均有相同的溫度變化 ΔT。所以，無論是從那個路徑由 T 到 $T + \Delta T$，我們永遠可以利用路徑 1 及 19-45 式來簡單計算 ΔE_{int}。

定壓莫耳比熱

現在我們假設如前將氣體微量升溫 ΔT，但所需的能量(熱 Q)是在定壓下加入氣體。此實驗如圖 19-11a；而過程的 p-V 圖如圖 19-11b。在此實驗中，我們發現熱 Q 與溫度變化 ΔT 的關係如下：

$$Q = nC_p\Delta T \quad \text{(定壓)} \tag{19-46}$$

其中，C_p 為一常數，稱**定壓莫耳比熱**。此 C_p 大於定容莫耳比熱 C_V，因為在定壓過程中，加給氣體的能量不但要用來提高溫度，而且還要用來讓氣體作功──亦即，抬動圖 19-11a 之活塞。

欲建立 C_p 與 C_V 之關係，我們從熱力學第一定律(公式 18-26)開始：

$$\Delta E_{\text{int}} = Q - W \tag{19-47}$$

接著置換公式 19-47 中的每一項。對於 ΔE_{int}，我們由公式 19-45 來代。對於 Q，我們由公式 19-46 來代。欲置換 W，先注意到因為壓力固定，公式 19-16 給出 $W = p\Delta V$。然後注意到，使用理想氣體方程式($pV = nRT$)，可寫出：

$$W = p\Delta V = nR\Delta T \tag{19-48}$$

將上述各量一一代入 19-47 式中，再以 $n\Delta T$ 除之，得

$$C_V = C_P - R$$

然後

$$C_P = C_V + R \tag{19-49}$$

此一由氣體動力論的預測，與實驗所得的數據非常的吻合；不僅是單原子氣體，任何氣體只要其密度夠小，可視為理想氣體，上式便可使用。

圖 19-12 的左側顯示的是正在進行定容過程($Q = \frac{3}{2}nR\Delta T$)或定壓過程($Q = \frac{5}{2}nR\Delta T$)的單原子氣體的 Q 相對值。請注意在定壓過程中，其 Q 值高了 W，這是在膨脹過程中氣體作的功。另外也請注意，對於定容過程而言，以 Q 的形式加入的能量會全部轉換成內能的改變量 ΔE_{int}；對於定壓過程而言，以 Q 的形式加入的能量會同時轉換成 ΔE_{int} 與功 W。

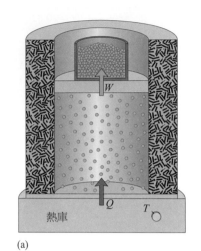

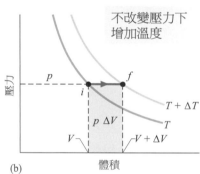

圖 19-11 (a)在定壓過程中，理想氣體的溫度由 T 升高至 $T + \Delta T$ 此時，熱由熱庫進入氣體中，氣體也因抬起活塞而作功。(b)在 p-V 圖上所繪出的此一過程。氣體所作的功 $p\Delta V$ 為連接 i 及 f 兩點之直線下方的面積。

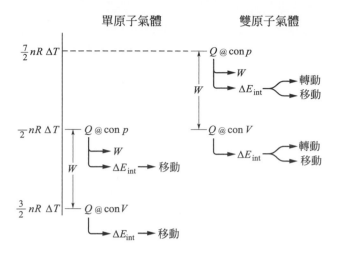

圖 19-12　正在進行等體積過程(標示為「con V」)和等壓力過程(標示為「con p」)的單原子氣體(左側)與雙原子氣體的相對 Q 值。轉換成功 W 與內能(ΔE_int)的能量並未標記於圖中。

測試站 4

如圖所示為一氣體在 p-V 圖上的 5 個路徑。試依此氣體內能變化的大小，由大到小排列這些路徑。

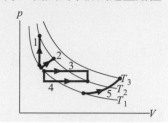

範例 19.7　單原子氣體，熱，內能，與功

在水面下某深度有一 5.00 mol 的氦氣泡。設水溫及氣泡的溫度均上升 $\Delta T = 20.0\ C°$，但壓力保持一定。因此氣泡產生膨脹。氦為單原子理想氣體。

(a) 在此溫度增加及體積膨脹之過程中，進入氦氣泡之熱有多少？

關鍵概念

利用氣體的莫耳比熱，可建立起熱 Q 和溫度變化 ΔT 間的關係。

計算　因為在添加能量的過程中，壓力 p 為定值，所以我們可以利用定壓莫耳比熱 C_p 及 19-46 式，

$$Q = nC_p\Delta T \qquad (19\text{-}50)$$

來求 Q。求 C_p 時，我們使用 19-49 式，可知對單原子氣體而言，$C_p = C_V + R$。然後由式 19-43，我們知道對於任何單原子氣體(如這裡的氦)，$C_V = \frac{3}{2}R$。因此，由 19-50 式可知

$$Q = n(C_V + R)\Delta T = n(\tfrac{3}{2}R + R)\Delta T = n(\tfrac{5}{2}R)\Delta T$$
$$= (5.00\,\text{mol})(2.5)(8.31\text{J/ mol}\cdot\text{K})(20.0\text{C}°)$$
$$= 2077.5\text{J} \approx 2080\text{J} \qquad (答)$$

(b) 當溫度增加時，氦氣之內能變化量 ΔE_{int} 為何？

關鍵概念

因為氣泡膨脹了，所以這個過程並非定容過程。然而，氦依然被局限在氣泡中。因此，這個過程的 ΔE_{int} 會與具有相同溫度變化的定容過程相同。

計算　現在我們可輕易地用 19-45 式來計算定容過程的內能變化量 ΔE_{int}：

$$\Delta E_{int} = nC_V\Delta T = n(\tfrac{3}{2}R)\Delta T$$
$$= (5.00\,\text{mol})(1.5)(8.31\text{J/ mol}\cdot\text{K})(20.0\text{C}°)$$
$$= 1246.5\text{J} \approx 1250\text{J} \qquad (答)$$

(c) 當溫度增加時，氦氣膨脹對抗周遭水壓所作的功 W 為何？

關鍵概念

任何氣體膨脹時，其對抗環境壓力所作的功都可由 19-11 式求出，這個數學式告訴我們只要積分 $p\,dV$ 即可。當壓力固定(此處便是如此)時，我們可以將該積分式簡化成 $W = p\,\Delta V$。若氣體是理想的(此處便是如此)，由理想氣體定律(19-5 式)可得 $p\,\Delta V = nR\,\Delta T$。

計算 結果得到

$$W = nR\Delta T$$
$$= (5.00\,\text{mol})(8.31\text{J/mol}\cdot\text{K})(20.0\text{C}°)$$
$$= 831\text{J}$$ (答)

另一計算方法 因為我們恰巧知道 Q 和 ΔE_{int}，所以也可以用另一個方法求解：我們可由熱力學第一定律來解釋能量變化，寫為

$$W = Q - \Delta E_{int} = 2077.5\text{J} - 1246.5\text{J}$$
$$= 831\text{J}$$ (答)

各能量傳遞 讓我們來追蹤能量的傳遞。在加給氦氣的熱 Q 的 2077.5 J 中，有 831 J 的能量是膨脹時用來對外作的功 W，而有 1246.5 J 變成內能 E_{int}(對單原子氣體而言，完全都是原子在進行平移運動時的動能)。這幾個結果都可以在圖 19-12 的左側看到。

19-8 自由度及莫耳比熱

學習目標

在閱讀完這個區塊的文字之後，讀者應該能夠…

19.39 了解自由度與氣體能儲存能量(平移、轉動、振動)的向度有關。

19.40 了解每莫耳½ kT 的能量和每個自由度有關。

19.41 了解單原子氣體的內能僅有平移運動造成。

19.42 了解雙原子氣體在低溫時的能量僅來自於平移運動，在高溫時則還有分子轉動，在更高溫時其能量還包含分子振動。

19.43 在定容過程與定壓過程下，計算理想氣體的單原子與雙原子莫耳比熱。

關鍵概念

● 求 C_V 時，我們使用能量均分定理，其說明每一分子的每一自由度(即每一可儲存能量的獨立向度)具有對應的(平均)每分子½ kT 能量(= ½ RT 每莫耳)。

● 若 f 為自由度數目，則 $E_{int} = (f/2)nRT$，以及

$$C_V = \left(\frac{f}{2}\right)R = 4.16f \;\; \text{J/mol}\cdot\text{K}$$

● 對單原子氣體而言，$f = 3$(三個移動自由度)；對於雙原子氣體而言，$f = 5$(三個移動自由度及兩個轉動自由度)。

自由度及莫耳比熱

如表 19-2 所示，定容莫耳比熱 $C_V = \frac{3}{2}R$ 的預測非常吻合單原子氣體的實驗數據，但不符合雙原子或多原子氣體的實驗結果。這使我們想到，可能在雙原子或多原子氣體分子中所具有的內能應該不只移動動能這一項。

圖 19-13 所示者為氣體動力論所用的三種分子模型：單原子的氦，雙原子的氧，以及多原子的甲烷。由這些模型，我們可以假設，所有三種分子均能有平移運動(比如左右及上下)，還有轉動(如陀螺般繞軸自轉)。此外，我們會假設雙原子及多原子的分子可具有振動，亦即原子間相向或反向彼此忽近忽遠地振動，有如各處彈簧兩端。

為計算氣體中能量的不同儲存方式，馬克士威引進了**能量均分定理**：

> 每種分子具有一特定的自由度 f，等於分子儲存能量之方法的數目。每一自由度均有——平均而言——對應的每分子的儲能 $\frac{1}{2}kT$（或 $\frac{1}{2}RT$ 每莫耳）。

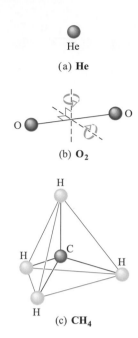

圖 19-13 在氣體動力論中所使用的分子模型：(a)氦，典型的單原子分子；(b)氧，曲型的雙原子分子；(c)甲烷，典型的多原子分子。球體代表原子，而球體間的線代表鍵結。氧分子的兩個旋轉軸如圖所示。

將此理論應用到如圖 19-13 中的平移及轉動運動。(我們在後面會討論到振盪運動)。對平移運動而言，假想氣體上有一 xyz 座標系。一般而言，分子便會有這三個軸的速度分量。因此，任何種類的氣體分子便有了三個平移的自由度(三種移動方法)，且平均而言，對應具有每分子 $3(\frac{1}{2}kT)$ 之能量。

對於轉動，想像 xyz 座標軸的原點放在各分子的中心，如圖 19-13。氣體中，各分子應可沿三軸任一以一角速度分量轉動，所以氣體應有 3 個旋轉自由度，且平均而言，每個分子額外的能量為 $3(\frac{1}{2}kT)$。然而，根據實驗，只有在多原子時這才成立。根據量子理論(處理可允許的運動及分子原子之能量)，一個單原子氣體之分子不轉動，所以沒有轉動能量(單原子不能如陀螺般轉動)。雙原子分子的陀螺般轉動僅可發生於繞原子連線之垂線軸(如圖 19-13b 所示)而進行，而不繞連線本身轉動。因此，雙原子分子只能有 2 個旋轉自由度，以及每分子 $2(\frac{1}{2}kT)$ 的轉動動能。。

為延伸莫耳比熱(19-7 節的 C_p 及 C_V)的分析至理想雙原子及多原子氣體，我們必須重新仔細檢視分析的推導過程。首先，19-38 式($E_{int} = \frac{3}{2}nRT$)必須換成 $E_{int} = (f/2)nRT$，而 f 為自由度的數目(見表 19-3)。由此可得

$$C_V = \left(\frac{f}{2}\right)R = 4.16f \text{ J/ mol} \cdot \text{K} \tag{19-51}$$

結果(必須)符合式 19-43 的單原子氣體($f=3$)。由表 19-2 中可看出，此預測也符合雙原子氣體($f=5$)的實驗數據；但對於多原子($f=6$，相當於 CH_4 的分子)，預測低於實驗數據。

表 19-3　各種分子的自由度

分子	例子	自由度			預測的莫耳比熱	
		移動	轉動	總共(f)	C_V(19-51 式)	$C_p = C_V + R$
單原子	He	3	0	3	$\frac{3}{2}R$	$\frac{5}{2}R$
雙原子	O_2	3	2	5	$\frac{5}{2}R$	$\frac{7}{2}R$
多原子	CH_4	3	3	6	$3R$	$4R$

範例 19.8　雙原子，熱，溫度，內能

傳遞 1000 J 的熱能 Q 到雙原子氣體，使其在定壓下進行膨脹。氣體分子各自環繞一個內部的軸旋轉但是沒有振盪。試問 1000 J 的能量有多少轉換為氣體內能的增加量？在這些能量中有多少轉換為 ΔK_{tran}（分子平移運動動能）與 ΔK_{rot}（分子旋轉運動動能）？

關鍵概念

1. 等壓下以熱能形式傳遞給氣體的能量 Q，與所得的溫度增量 ΔT 之關係爲式 19-46（$Q = nC_p \Delta T$）。

2. 因爲此氣體爲雙原子，其分子有旋轉但不振動，由圖 19-12 與表 19-3 可知，其莫耳比熱爲 $C_p = \frac{7}{2}R$。

3. 內能增量 ΔE_{int} 與會導致相同的 ΔT 的定容過程的內能增量相同。因此，從式 19-45，$\Delta E_{int} = nC_V \Delta T$。由圖 19-12 與表 19-3，可看出 $C_V = \frac{5}{2}R$。

4. 對於相同的 n 與 ΔT，因爲需要額外的能量用於旋轉，所以雙原子氣體的 ΔE_{int} 比單原子氣體大。

E_{int} 的增加　首先取得以熱能形式傳遞所造成的溫度變化 ΔT。由式 19-46，以 $\frac{7}{2}R$ 取代 C_p，可得到

$$\Delta T = \frac{Q}{\frac{7}{2}nR} \qquad (19\text{-}52)$$

其次，由式 19-45 求出 ΔE_{int}，其中必須代入定容過程的莫耳比熱 $C_V (= \frac{5}{2}R)$，並使用相同的 ΔT。因爲處理的是雙原子氣體，所以讓我們稱此變化爲 $\Delta E_{int,dia}$。19-45 式告訴我們

$$\Delta E_{int,dia} = nC_V \Delta T = n\frac{5}{2}R\left(\frac{Q}{\frac{7}{2}nR}\right) = \frac{5}{7}Q$$

$$= 0.71428Q = 714.3\,\text{J} \qquad (\text{答})$$

以文字說明，那就是傳遞給氣體的能量約 71% 變爲內能。其餘的能量則變爲當氣體將它的容器往外推時以增加氣體體積所需要作的功。

K 的增加　如果要使單原子氣體的溫度(相同的 n 值)，且增加式 19-52 所指定的量，則由於未涉及旋轉運動，所以內能將改變一個較小的值，稱之爲 $\Delta E_{int,mon}$。爲了計算此一較小值，這裡仍使用式 19-45，不過此時則是代入單原子氣體值 C_V——即 $C_V = \frac{3}{2}R$。所以，

$$\Delta E_{int,mon} = n\frac{3}{2}R\Delta T$$

利用代入式 19-52 的 ΔT，可導得

$$\Delta E_{int,mon} = n\frac{3}{2}R\left(\frac{Q}{n\frac{7}{2}R}\right) = \frac{3}{7}Q$$

$$= 0.42857Q = 428.6\,\text{J}$$

對於單原子氣體，所有這些能量將轉換爲原子平移運動的動能。此處重點爲，對於具有相同 n 與 ΔT 的雙原子氣體，相同能量會轉換爲分子平移運動動能。$\Delta E_{int,dia}$ 的剩下部分(亦即，所增加的 285.7 J)則轉換爲分子旋轉運動。因此，對於雙原子氣體，

$$\Delta K_{trans} = 428.6\,\text{J} \quad \text{而} \quad \Delta K_{rot} = 285.7\,\text{J} \qquad (\text{答})$$

關於量子論

將雙原子或多原子分子氣體中，原子的振動考慮進來的話，便可令氣體動力論和實驗結果更吻合。例如，圖 19-13b 中，氧分子的兩個原子靠著有如彈簧的鍵結，可以彼此來回振動。然而，實驗結果顯示，這種振動只在氣體到達某個高溫時才產生，即只有當氣體分子具有足夠大的能量時，此運動才會被啓動。轉動運動也是這樣啓動的，但其溫度較低。

圖 19-14 可幫助看出轉動及振動運動的這種「啓動」。此處繪出雙原子氣體(H_2)的 C_V/R 值對溫度的函數關係圖,其中溫度尺標爲取過對數,以涵蓋數個數量級。在約 80 K 以下時,我們發現 $C_V/R = 1.5$。此結果暗示,比熱中只包含了氫原子的三個移動自由度。

當溫度增加,C_V/R 值逐漸增加到 2.5,這暗示有額外的兩個自由度加入了。量子論顯示了這兩個自由度與氫分子的轉動有關,而且此運動須要某個最小能量值才能啓動。在很低溫時(低於 80 K),分子沒有足夠的能量去轉動。當溫度由 80 K 開始增加,最初只有一些分子,而後有越來越多的分子獲得足夠的能量去轉動,然後 C_V/R 增加,直到全部都轉動而 $C_V/R = 2.5$。

同樣的,量子論也顯示了分子的振動運動須要某個(較高的)最小能量值才能啓動。如圖 19-14 所示,此最小值要直到分子達到 1000 K 的溫度才會遇到。當溫度增加到超過 1000 K,有越來越多分子具有足夠能量進行振動,C_V/R 也增加了,直到所有分子都在振動,此時 $C_V/R = 3.5$。(圖 19-14 中的曲線停頓在 3200 K,因爲在此溫度下,氫分子的原子振動的太厲害,使得其鍵結被打斷,分子便分離成兩個獨立原子了)。

雙原子和多原子分子的旋轉及振動運動啓動是由於這些運動的能量被量子化,即被限制爲某些值。每種運動都有一個最低的允許值。除非周圍分子的熱擾動提供最低能量,否則分子無法旋轉或振動。

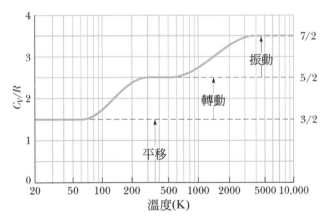

圖 19-14 氫氣(雙原子)的 C_V/R 值對溫度的函數關係圖。由於轉動及振動的能量爲量子化能量(必須當能量達到某一程度才會開始),因此,在低溫時,只有平移動能存在。當溫度升高時,由分子間相互碰撞,先引發轉動。而在更高的溫度時,才能引發振動。

19-9　理想氣體之絕熱膨脹

學習目標

在閱讀完這個區塊的文字之後,讀者應該能夠...

19.44 在 p-V 圖上畫出絕熱膨脹(或收縮),並指出與環境沒有熱交換 Q。

19.45 了解在絕熱膨脹過程中,氣體對環境作功會減少內能,在絕熱壓縮過程中,環境對氣體作功會增加內能。

19.46 在絕熱膨脹或收縮過程中,連結初始壓力與體積和最終壓力與體積的關係。

19.47 在絕熱膨脹或收縮過程中,連結初始溫度與體積和最終溫度與體積的關係。

19.48 藉著壓力對體積作積分來計算絕熱過程中所作的功。

19.49 了解一氣體在真空中自由膨脹是絕熱的,因此根據熱力學第一定律,氣體的內能與溫度不會改變。

關鍵概念

● 當理想氣體經歷緩慢的絕熱體積變化(變化時 $Q = 0$)，

$$pV^\gamma = \text{a constant (絕熱過程)}$$

其中，$\gamma (= C_p/C_V)$，為氣體的莫耳比熱的比值。
● 在自由膨脹中，$pV = $ 定值。

理想氣體之絕熱膨脹

在 17-2 節中我們知道，當聲波在空氣或其他氣體中傳播時，氣體中是進行一系列的壓縮與膨脹；在傳播媒介中的這些變化發生得如此迅速，以致於能量沒有時間以熱形式從媒介的一部份傳至另一部份。如 18-5 節所見，$Q = 0$ 之過程為絕熱過程。要確保 $Q = 0$ 的方法為，讓過程發生得很快(如聲波中)，或在一絕熱良好的環境中(以任意速率)進行。

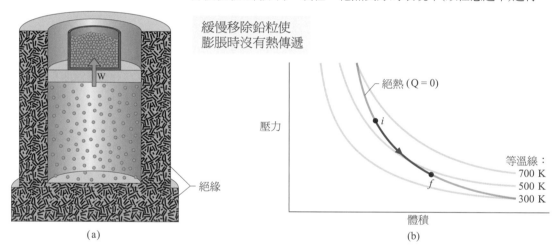

緩慢移除鉛粒使
膨脹時沒有熱傳遞

(a)　　　　　　　　(b)

圖 19-15 (a)除去活塞上的重量可使理想氣體的體積增加。這是一個絕熱過程 $(Q = 0)$。(b)在 p-V 圖上所示的過程，注意，由 i 到 f 是沿著一條絕熱線的過程。

圖 19-15a 所示為一絕熱的氣缸，內盛理想氣體，且靜置於絕緣台上。現拿掉活塞上的重量，氣體就會絕熱膨脹。當氣體體積增加時，其壓力及溫度都會減低。下面我們將證明，在絕熱過程中，氣體壓力與體積的關係為

$$pV^\gamma = \text{常數} \quad \text{(絕熱過程)} \tag{19-53}$$

其中，$\gamma = C_p/C_V$，為氣體的莫耳比熱的比值。在 p-V 圖上，如圖 19-15b，沿著絕熱線的過程具有方程式 $p = (\text{常數})/V^\gamma$。因氣體由初狀態 i 變化至末狀態 f，則由 19-53 式可重寫為

$$p_i V_i^\gamma = p_f V_f^\gamma \quad \text{(絕熱過程)} \tag{19-54}$$

如果想要使用 T 與 V 寫出絕熱過程的方程式,則可以利用理想氣體方程式($pV = nRT$)來消去 19-53 式中的 p,結果得到

$$\left(\frac{nRT}{V}\right)V^\gamma = 常數$$

因 n 及 R 都是定值,故上式亦可變成

$$TV^{\gamma-1} = 常數 \quad (絕熱過程) \tag{19-55}$$

此式中之「定值」不同於 19-53 式中的「定值」。因氣體由初狀態 i 變化至末狀態 f,則由 19-55 式可重寫為

$$T_i V_i^{\gamma-1} = T_f V_f^{\gamma-1} \quad (絕熱過程) \tag{19-56}$$

瞭解絕熱過程後我們能瞭解,為什麼冷香檳瓶的軟木塞或冷蘇打罐的拉環被突然打開時,會在容器開口形成薄霧。在未打開的碳酸飲料上方,有著二氧化碳及水蒸氣。因為該氣體壓力遠大於大氣壓力,所以在飲料一打開,氣體便膨脹釋入大氣中。因此,氣體體積增加了,這也表示它對大氣作了功。因為這膨脹太快了,它不但絕熱,且唯一用來作功的能量只有氣體的內能。因為內能減少了,氣體的溫度也降低,所以能繼續維持氣太的水分子也會減少,這使得許多水分子凝結成了霧氣的小水滴。

19-53 式之證明

假設你將圖 19-15a 中所示之活塞上方的鉛粒拿掉一些,使理想氣體將活塞上推而使剩下鉛粒上升,而增加微量的體積 dV。因為體積的增加量很微小,我們可以假定在此過程中,氣體施於活塞的壓力 p 為一定值。在此假設之下,氣體膨脹時所作的功 dW 為 pdV。由 18-27 式,熱力學第一定律可寫成

$$dE_{int} = Q - p\, dV \tag{19-57}$$

因氣體為熱絕緣(逐膨脹為絕熱過程),我們用 0 代 Q。然後,使用公式 19-45 來用 nC_V 代換 dE_{int}。代換後,再作整理,可得:

$$n\, dT = -\left(\frac{p}{C_V}\right)dV \tag{19-58}$$

今由理想氣體定律($pV = nRT$),可知

$$pdV + Vdp = nRdT \tag{19-59}$$

將 R 換成其等式 $C_p - C_V$(公式 19-59),可得:

$$ndT = \frac{pdV + Vdp}{C_p - C_V} \tag{19-60}$$

今 19-58 式及 19-60 式相等,並整理之,得

$$\frac{dp}{p} + \left(\frac{C_p}{C_V}\right)\frac{dV}{V} = 0$$

將莫耳比熱的比值換成 γ 再作積分(參閱附錄 E 之積分式 5)可得:

$$\ln p + \gamma \ln V = \text{常數}$$

將左邊寫成 $\ln pV^\gamma$ 然後對兩邊取反對數可得

$$pV^\gamma = \text{常數} \tag{19-61}$$

自由膨脹

在 18-5 節中曾提過,氣體的自由膨脹是一個氣體不作任何功且內能也沒有任何變化的絕熱過程。因此,自由膨脹不同於由 19-53 式到 19-61 式所描述的、有作功且內能有變化的絕熱過程。那些方程式是不能應用到自由膨脹的,即使這樣的膨脹是絕熱的。

也記得在自由膨脹中,氣體只有初始及最後狀態是平衡的;因此在 p-V 圖上我們所能畫的也只有這些點,而非膨脹本身。此外,因為 $\Delta E_{\text{int}} = 0$,初狀態和末狀態的溫度必然相同。所以 p-V 圖上的初始和最後的點必然在相同的等溫線上,而我們可得到和 19-56 式不同的式子:

$$T_i = T_f \quad \text{(自由膨脹)} \tag{19-62}$$

若接著假設氣體是理想的(所以 $pV = nRT$),因溫度不變,pV 值也就不變。因此,不同於公式 19-53,自由膨脹有下面的關係存在

$$p_i V_i = p_f V_f \quad \text{(自由膨脹)} \tag{19-63}$$

範例 19.9 氣體在絕熱膨脹過程中所作的功

某一雙原子氣體起初在壓力 $p_i = 2.00 \times 10^5$ Pa 時體積為 $V_i = 4.00 \times 10^{-6}$ m^3。若它的體積絕熱膨脹到 $V_f = 8.00 \times 10^{-6}$ m^3,它所做的功以及內能變化 ΔE_{int} 為多少?整個過程分子有轉動但無振動。

關鍵概念

(1) 在絕熱膨脹中,氣體與其環境沒有熱交換,作功的能量來自內能。**(2)** 根據 19-54 式($p_i V^\gamma_i = p_f V^\gamma_f$),最終壓力與體積和初始壓力與體積有關。**(3)** 在任何過程中氣體所做的功可以藉由壓力對體積的積分求得(功是來自於氣體將容器壁外推)。

計算 我們想藉由以下的積分式來計算功,

$$W = \int_{V_i}^{V_f} p \, dV \tag{19-64}$$

但我們首先需要壓力與體積的關係式(以便可以作壓力對體積作積分)。因此,我們以未定符號(去掉下標 f)重寫 19-54 式為

$$p = \frac{1}{V^\gamma} p_i V_i^\gamma = V^{-\gamma} p_i V_i^\gamma \tag{19-65}$$

一開始的值為某一常數,但是壓力 p 為體積變數 V 的函數。將這個關係代進 19-64 式並作積分,可以得到

$$W = \int_{V_i}^{V_f} p \, dV = \int_{V_i}^{V_f} V^{-\gamma} p_i V_i^{\gamma} dV$$

$$= p_i V_i^{\gamma} \int_{V_i}^{V_f} V^{-\gamma} dV = \frac{1}{-\gamma+1} p_i V_i^{\gamma} \left[V^{-\gamma+1} \right]_{V_i}^{V_f} \quad (19\text{-}66)$$

$$= \frac{1}{-\gamma+1} p_i V_i^{\gamma} \left[V_f^{-\gamma+1} - V_i^{-\gamma+1} \right]$$

在我們代入數據之前，必須決定雙原子氣體莫耳比熱的比值 γ (不考慮振動)。從表 19-3 可以得到

$$\gamma = \frac{C_p}{C_V} = \frac{\frac{7}{2}R}{\frac{5}{2}R} = 1.4 \quad (19\text{-}67)$$

現在可以如下寫出氣體所做的功(體積單位爲立方公尺、壓力單位爲帕斯卡)：

$$W = \frac{1}{-1.4+1} \left(2.00\times10^5\right) \left(4.00\times10^{-6}\right)^{1.4}$$

$$\times \left[\left(8.00\times10^{-6}\right)^{-1.4+1} - \left(4.00\times10^{-6}\right)^{-1.4+1} \right]$$

$$= 0.48\text{J} \quad \text{(答)}$$

熱力學第一定律(18-26 式)說 $\Delta E_{\text{int}} = Q - W$。因爲在絕熱過程 $Q = 0$，所以

$$\Delta E_{\text{int}} = -0.48\text{J} \quad \text{(答)}$$

在內能減少的情況下，氣體溫度必須因爲體積膨脹也下降。

範例 **19.10** 絕熱膨脹，自由膨脹

剛開始時，1 莫耳的氧(假設是理想氣體)的溫度是 310 K，體積是 12 L。我們將讓它膨脹至 19 L。

(a) 如果氣體絕熱膨脹，請問最後的溫度會是多少？氧(O_2)爲雙原子且此處只有轉動而沒有振動。

關鍵概念

1. 當氣體對抗環境壓力而膨脹時，它必須作功。

2. 當過程爲絕熱時（沒有以熱形式轉移的能量），用來作功的能量只能由氣體內能提供。

3. 因爲內能減少，所以溫度 T 也必須降低。

計算 由 19-56 式可知初末的溫度與體積的關係爲

$$T_i V_i^{\gamma-1} = T_f V_f^{\gamma-1} \quad (19\text{-}68)$$

因爲分子爲雙原子，具有轉動但不振動，由表 19-3 可知其莫耳比熱。因此，

$$\gamma = \frac{C_p}{C_V} = \frac{\frac{7}{2}R}{\frac{5}{2}R} = 1.40$$

由 19-68 式解 T_f 並代入已知數值，可得

$$T_f = \frac{T_i V_i^{\gamma-1}}{V_f^{\gamma-1}} = \frac{(310\text{K})(12\text{L})^{1.40-1}}{(19\text{L})^{1.40-1}}$$

$$= (310\text{K})(\tfrac{12}{19})^{0.40} = 258\text{K} \quad \text{(答)}$$

(b) 若氣體改爲自由膨脹到新的體積(從初始壓力 2.0 Pa)，則其末溫及末壓爲何？

關鍵概念

在自由膨脹時溫度不會改變，因爲分子的動能並沒有絲毫的改變。

計算 因此，溫度爲

$$T_f = T_i = 310 \text{ K} \quad \text{(答)}$$

由 19-63 式，可得其新壓力

$$p_f = p_i \frac{V_i}{V_f} = (2.0\text{Pa})\frac{12\text{L}}{19\text{L}} = 1.3\text{Pa} \quad \text{(答)}$$

解題策略　四種氣體過程的圖形整理

　　本章討論了理想氣體可能經歷的四種特殊過程。圖 19-16 顯示出個別(單原子理想氣體)的例子，表 19-4 也給出相關的特性，包含兩個過程名稱(等壓 isobaric 及等容 isochoric)是我們沒有使用但可能在其他課程中看到。

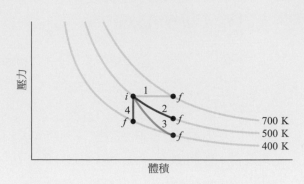

圖 19-16　表 19-4 所列之四種特殊過程的 p-V 圖。

 測試站 5

將圖 19-16 中的路徑 1、2、3，依傳遞給氣體的熱的多寡，由多到少排列之。

表 19-4
四個特殊的熱力過程

圖 19-16 之路徑	等於定值的量	過程名稱	若干特殊結果 ($\Delta E_{int} = Q - W$ 及 $\Delta E_{int} = nC_V \Delta T$，任何過程均適用)
1	p	定壓	$Q = nC_p \Delta T$; $W = p\Delta V$
2	T	等溫	$Q = W = nRT\ln(V_f / V_i)$; $\Delta E_{int} = 0$
3	pV^γ, $TV^{\gamma-1}$	絕熱	$Q = 0$; $W = -\Delta E_{int}$
4	V	定容	$Q = \Delta E_{int} = nC_V \Delta T$; $W = 0$

WILEY PLUS Additional example, video, and practice available at *WileyPLUS*

重 點 回 顧

氣體動力論　氣體動力論是討論氣體的巨觀性質(如壓力、溫度)與氣體分子的微觀性質(如速率、動能)之間的關係。

亞佛加厥數　1 莫耳的物質含有 N_A(亞佛加厥數)個基本單位(通常是原子或分子)；N_A 由實驗得知

$$N_A = 6.02 \times 10^{23} \, \text{mol}^{-1} \quad (亞佛加厥數) \quad (19\text{-}1)$$

任何物質的莫耳質量 M 為該物質 1 莫耳的質量。它與該物質單一原子質量 m 的關係為

$$M = mN_A \quad (19\text{-}4)$$

樣品質量 M_{sam}，有 N 個分子，則莫耳數 n 為：

$$n = \frac{N}{N_A} = \frac{M_{sam}}{M} = \frac{M_{sam}}{mN_A} \quad (19\text{-}2，19\text{-}3)$$

理想氣體　理想氣體就是其壓力 p、體積 V、及溫度 T 合於下述關係式者：

$$pV = nRT \quad (理想氣體定律) \quad (19\text{-}5)$$

其中，n 為氣體的莫耳數，R 為常數(8.31J/mol·K)，稱為**氣體常數**。理想氣體定律也可寫為：

$$pV = NkT \quad (19\text{-}9)$$

其中，**波茲曼常數** k 為：

$$k = \frac{R}{N_A} = 1.38 \times 10^{-23} \, \text{J/K} \quad (19\text{-}7)$$

等溫下體積變化之作功　理想氣體在**等溫**過程中，其體積由 V_i 膨脹至 V_f 時，所作的功為：

$$W = nRT\ln\frac{V_f}{V_i}(理想氣體，等溫過程) \quad (19\text{-}14)$$

壓力、溫度及均方根速率 n 莫耳的理想氣體產生的壓力可用其分子的速率來表示：

$$p = \frac{nMv_{\text{rms}}^2}{3V} \qquad (19\text{-}21)$$

其中，$v_{\text{rms}} = \sqrt{(v^2)_{\text{avg}}}$ 為氣體分子的**均方根速率**。由 19-5 式可得

$$v_{\text{rms}} = \sqrt{\frac{3RT}{M}} \qquad (19\text{-}22)$$

溫度和動能 理想氣體中，每一個分子的平均平移動能 K_{avg} 為

$$K_{\text{avg}} = \frac{3}{2}kT \qquad (19\text{-}24)$$

平均自由路徑 氣體分子的平均自由路徑 λ 為連續碰撞之間的平均路徑長：

$$\lambda = \frac{1}{\sqrt{2}\pi d^2 \, N/V} \qquad (19\text{-}25)$$

其中 N/V 為單位體積之分子數，d 為分子直徑。

馬克士威速率分佈 馬克士威速率分佈 $P(v)$ 為一函數，而 $P(v)dv$ 為速率落於 v 處之 dv 區間內的分子數量比例：

$$P(v) = 4\pi \left(\frac{M}{2\pi RT}\right)^{3/2} v^2 e^{-Mv^2/2RT} \qquad (19\text{-}27)$$

三個具有代表性的氣體分子速率為：

$$v_{avg} = \sqrt{\frac{8RT}{\pi M}} \quad \text{(平均速率)} \qquad (19\text{-}31)$$

$$v_P = \sqrt{\frac{2RT}{M}} \quad \text{(最可能速率)} \qquad (19\text{-}35)$$

以及均方根速率(見 19-22 式)。

莫耳比熱 氣體的定容莫耳比熱 C_V 定義為

$$C_V = \frac{Q}{n\Delta T} = \frac{\Delta E_{\text{int}}}{n\Delta T} \qquad (19\text{-}39，19\text{-}41)$$

其中 Q 為進出 n 莫耳氣體的熱，ΔT 為所產生的溫度變化量，ΔE_{int} 為氣體內能的總變化量。對理想的單原子氣體而言

$$C_V = \frac{3}{2}R = 12.5\,\text{J/mol}\cdot\text{K} \qquad (19\text{-}43)$$

氣體的定壓莫耳比熱 C_p 定義為

$$\text{C}_p = \frac{Q}{n\Delta T} \qquad (19\text{-}46)$$

其中 Q，n 及 ΔT 的定義同上。C_p 也可由下式給出：

$$C_p = C_V + R \qquad (19\text{-}49)$$

對 n 莫耳的理想氣體而言，

$$E_{\text{int}} = n\text{C}_V T \quad \text{(任何理想氣體)} \qquad (19\text{-}44)$$

若盛於容器之 n 莫耳理想氣體，無論經歷什麼過程而有溫度變化 ΔT，則其內能的變化量均為

$$\Delta E_{\text{int}} = n\text{C}_V\Delta T \text{(理想氣體，任何過程)} \qquad (19\text{-}45)$$

自由度及 C_V 能量均分定理說明每一分子的自由度具有每分子 $\frac{1}{2}kT$ 之能量(若一莫耳則為 $\frac{1}{2}RT$)。若 f 為自由度數目，則 $E_{\text{int}} = (f/2)nRT$，以及

$$C_V = \left(\frac{f}{2}\right)R = 4.16f\,\text{J/mol}\cdot\text{K} \qquad (19.51)$$

對單原子氣體而言，$f = 3$ (三個移動自由度)；對於雙原子氣體而言，$f = 5$ (三個移動自由度及兩個轉動自由度)。

絕熱過程 當理想氣體經歷絕熱體積變化(變化時 $Q = 0$)時，

$$pV^\gamma = 常數 \quad \text{(絕熱過程)} \qquad (19\text{-}53)$$

其中，$\gamma \, (= Cp/CV)$，為氣體的莫耳比熱的比值。然而，在自由膨脹中，$pV =$ 定值。

討論題

1 一端開放，長度為 $L = 25.0$ m 的管子，內含一大氣壓的空氣。將其垂直推入淡水湖，直到水在管道中上升到一半為止(圖 19-17)。請問管子下端的深度 h 是多少？假設各處溫度相同，且沒有變化。

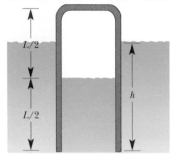

圖 19-17　習題 1

2 在理想氣體的絕熱過程中，證明(a)容積彈性模數

$$B = -V\frac{dp}{dV} = \gamma p$$

其中 $\gamma = C_p/C_V$ (參見式 17-2)。(b)接著證明氣體中的聲速為

$$v_s = \sqrt{\frac{\gamma p}{\rho}} = \sqrt{\frac{\gamma RT}{M}}$$

其中 ρ 是密度，T 是溫度，M 是莫耳質量。(參見式 17-3)

3 設 21.0 g 的氧(O_2)在一定之大氣壓力下加熱，溫度由 25.0°C 升高至 125°C。(a)有幾莫耳的氧？(分子質量請參見表 19-1)。(b)加熱時有多少的能量被轉移到氧？(分子只會轉動不會振動)。(c)試求變成氧氣內能的熱為所加之熱的百分之多少？

4 某一個氣體可以沿著 p-V 圖上的路徑 1 或路徑 2，從初始狀態 i 膨脹成最終狀態 f。路徑 1 由三個階段組成：一個等溫膨脹(功的量值是 40 J)過程，一個絕熱膨脹(功的量值是 15 J)過程，以及另一個等溫膨脹(功的量值是 30 J)過程。路徑 2 由兩個階段組成：一個在定容下的壓力下降過程，及一個在定壓下的體積膨脹過程。試問氣體沿著路徑 2 的內能變化量為何？

5 在特定溫度 T 下，不同氣體中的聲速取決於氣體的莫耳質量。證明

$$\frac{v_1}{v_2} = \sqrt{\frac{M_2}{M_1}}$$

其中 v_1 是莫耳質量為 M_1 的氣體中的聲速，v_2 是莫耳質量為 M_2 的氣體中的聲速。(提示：請參閱習題 2)

6 在某一種工業製程中，一種 25.0 mol 單原子理想氣體的體積，以均勻速率在 2.00 h 內從 0.616 m³ 降成 0.308 m³，與此同時，其溫度以均勻速率從 27.0°C 增加為 450°C。在整個過程中，氣體都是經過熱力平衡狀態。試問：(a)對氣體做的累積功(cumulative work)，(b)由氣體以熱能形式吸收的累積能量(cumulative energy)，以及(c)這個過程的莫耳比熱各是多少？(提示：計算功的積分時，我們可以使用：

$$\int \frac{a+bx}{A+Bx}dx = \frac{bx}{B} + \frac{aB-bA}{B^2} = \ln(A+Bx)$$

即不定積分)。假設將這個過程以會達到相同最終狀態的兩階段過程取代。在階段 1 中，使氣體體積在固定溫度下減少，而且在階段 2 中，使溫度在固定體積下增加。對於這個過程，請問(d)對氣體做的累積功，(e)由氣體以熱能形式吸收的累積能量，以及(f)這個過程的莫耳比熱，各是多少？

7 某一個容器含有三種不會彼此反應的氣體混合物：具有 $C_{V1} = 12.0$ J/mol·K 的 2.40 mol 氣體 1，具有 $C_{V2} = 12.8$ J/mol·K 的 1.50 mol 氣體 2，以及具有 $C_{V3} = 20.0$ J/mol·K 的 7.00 mol 氣體 3。試問混合物的 C_V 為何？

8 某一個理想氣體的體積在絕熱情況下，從 200 L 減少為 74.3 L。初始壓力和溫度分別為 1.00 atm 和 356 K。最終壓力是 4.00 atm。(a)試問，此氣體為單原子、雙原子、或多原子？(b)最終溫度為何？(c)氣體含有多少莫耳的分子？

9 對於溫度接近 0°C 的空氣，每升高 1 C°，聲速會增加多少？(提示：請參閱習題 2)

10 3.00 mol 理想氣體起初位於狀態 1，其壓力是 $p_1 = 20.0$ atm 而且體積是 $V_1 = 1500$ cm³。首先讓它變成狀態 2，此時壓力是 $p_2 = 1.50p_1$，體積為 $V_2 = 2.00V_1$。然後讓它變成狀態 3，其壓力是 $p_3 = 2.00p_1$ 而且體積是 $V_3 = 0.500V_1$。請問在(a)狀態 1 和(b)狀態 2 中，氣體溫度為何？(c)從狀態 1 到狀態 3 的內能變化量是多少？

11 (a)一理想氣體之初壓力 p_0，經自由膨脹後，體積變爲原來的 3.00 倍。試求該氣體的末壓力比 p_0 之比值。(b)接著，將氣體緩慢的絕熱壓縮，使其回復至原來的體積。壓縮後之壓力爲 $(3.00)^{1/3}p_0$。試問，此氣體爲單原子、雙原子、或多原子氣體？(c)氣體在末狀態時，分子之平均動能是最初狀態時的幾倍？

12 某一個單原子理想氣體起初具有溫度 330 K，壓力 6.00 atm。它從體積 500 cm³ 膨脹成體積 1500 cm³。如果膨脹過程是等溫的，試問：(a)最終壓力和(b)由氣體所做的功是多少？如果情況變成是此膨脹過程爲絕熱，試問：(c)最終壓力和(d)由氣體所做的功是多少？

13 在固定壓力的條件下，某一個 2.00 mol 理想單原子氣體的溫度提升了 23.0 K。試問：(a)由氣體做的功 W，(b)以熱能形式傳導的能量 Q，(c)氣體的內能變化量 ΔE_{int}，以及(d)每一個原子的平均動能改變量 ΔK 各是多少？

14 273 K 和 1.0 atm 的氧(O_2)氣體受侷限在邊長 10 cm 的立方體容器內。試計算 $\Delta U_g / K_{avg}$，其中 ΔU_g 是氧分子位移下降爲容器高度的重力位能變化量，且 K_{avg} 是分子的平均平移動能。

15 (a)請問在溫度 20°C 和壓力 1.0 atm ($= 1.01 \times 10^5$ Pa) 的空氣中，每立方公尺的分子數爲何？(b) 1.0 m³ 的這種空氣有多少質量？假設 75%的分子是氮(N_2)，而且 25%是氧(O_2)。

16 在溫度爲 50.0 K 的星際氣體雲中，壓力是 1.00 $\times 10^{-8}$ Pa。假設在這種雲中，氣體分子的直徑爲 20.0 nm，試問它們的平均自由路徑爲何？

17 (a)在標準條件下——即 1.00 atm ($= 1.01 \times 10^5$ Pa) 和 273 K，1.00 mol 理想氣體的體積爲何？(b)試證明在標準條件下每立方公分的分子數[即洛希米特數 (Loschmidt number)]是 2.69×10^9。

18 我們知道在絕熱過程中，$pV^n =$ 定值。試求恰 3.0 莫耳的雙原子理想氣體在絕熱過程中會經過 $p = 1.0$ atm、$T = 300$ K 之狀態下，該「定值」之大小。假設雙原子氣體其分子轉動不振動。

19 以 19.0 J 的熱加於某理想氣體時，其體積由 50.0 cm³ 膨脹至 100 cm³，但壓力保持 1.00 atm 不變。(a)試求其內能的改變量。設該氣體有 2.00×10^{-3} mol，試求：(b) C_p 及(c) C_V。

20 在壓力固定爲 250 Pa 的壓縮過程中，理想氣體的體積從 0.80 m³ 減少爲 0.20 m³。已知初始溫度是 360 K，氣體以熱能的形式損失了 210 J 的能量。試問：(a)氣體的內能改變量以及(b)氣體的最終溫度是多少？

21 在什麼溫度下的氦氣原子，具有與 20.0°C 氫氣分子相同的 rms 速率？(莫耳質量請查閱表 19-1)。

22 在摩托車引擎中，當活塞汽缸頂部中的燃料燃燒時，迫使活塞向上推向曲軸。隨著活塞下降，氣體燃燒產生的混合物在絕熱狀態下膨脹。假設引擎燃燒後的表壓爲 15 atm，初始體積爲 50 cm³，氣缸底部混合物體積爲 250 cm³，且引擎剛好以 4000 rpm 的轉速運轉時，求出該膨脹所產生的平均功率，以(a)瓦特(b)馬力表示。假設氣體爲雙原子氣體，並且膨脹所需時間是整個循環時間的一半。

23 某一個鋼槽內含 300 g 氨氣(NH_3)，其狀態爲壓力 1.35×10^6 Pa 而且溫度是 77°C。(a)請問鋼槽的體積是多少公升？(b)經過一段時間，其溫度變成 22°C，壓力變成 8.7×10^5 Pa。試問有多少克的氣體從槽中逸出？

24 金的莫耳質量爲 197 g/mol。(a)質量 0.045 g 的純金樣本中有多少莫耳的金？(b)求該金塊中的原子數。

25 試求在溫度 200 K，壓力 80.0 Pa 之下，3.50 cm³ 的理想氣體所含的(a)莫耳數；(b)分子數。

26 3.3 莫耳理想單原子氣體在 273 K 時之內能爲何？

27 某理想氣體進行了等溫壓縮過程，它從初始體積 4.00 m³ 變化成最後體積 3.00 m³。氣體有 3.50 mol，其溫度是 10.0°C。(a)試問氣體所做的功有多少？(b)在氣體和環境之間，有多少能量以熱能的形式進行傳遞？

28 一個理想氣體具有初始溫度 T_1 和初始體積 2.0 m³，將它絕熱膨脹成體積 4.0 m³，然後等溫膨脹成體積 10 m³，然後絕熱壓縮回到 T_1。試問最終體積是多少？

29 某雙原子理想氣體具有 4.50 mol，在氣體壓力不變的情形下，將其溫度增加了 40.0C°。氣體中的分子能轉動但不能振動。(a)試問在此過程中，有多少能量以熱能形式傳遞到氣體？(b)試求氣體內能的變化。(c)試求氣體所作的功。(d)氣體轉動動能增加量為何？

30 在 40 m 深的湖底(溫度 4.0℃)有一 15 cm³ 的氣泡。氣泡自然浮至湖面(溫度 20℃)。設氣泡的溫度等於周圍之水溫。試求其冒出水面時之體積。

31 試計算氦氣原子在 500.0 K 時之均方根速率。氦的莫耳質量，請參閱附錄 F。

32 在 0.000 ℃ 和 1.00 atm 壓力下的空氣密度為 1.29 × 10⁻³ g/cm³，在該溫度下，聲速為 331 m/s。計算空氣的莫耳比熱之比值 γ。(提示：請參閱習題 2)

33 兩容器處於相同溫度。第一個容器中的氣體壓力為 p_1，氣體分子質量為 m_1，均方根速度為 v_{rms1}。第二個氣體壓力為 $2p_1$，氣體分子質量為 m_2，平均速度 $v_{avg2} = 2v_{rms1}$。求出分子質量的比值 m_1/m_2。

34 在某一個 1.00 mol 氧氣，由體積 22.4 L、溫度 0℃ 和壓力 1.00 atm，變成體積 16.8 L 的等溫壓縮過程中，請計算由外部動力所做的功。

35 3.7 莫耳的氧氣(O₂)由 0℃ 以定壓過程加熱，若體積加倍，試求所加之熱(分子只會轉動不會振動)。

36 一理想氣體在溫度 10.0℃，壓力 120 kPa 之下，體積為 3.50 m³。(a)試問該氣體有多少莫耳？(b)若壓力增至 270 kPa，溫度升至 30.0℃，試求其體積。假設無漏氣。

37 某一個理想氣體分成三個步驟通過一個完整的循環過程：所做功等於 125 J 的絕熱膨脹，在 325 K 的等溫收縮，以及在固定體積下增加壓力。(a)請畫出這三個步驟的 p-V 曲線圖。(b)在步驟 3 有多少能量以熱能的形式進行傳遞？以及(c)此能量是傳進或傳出該氣體？

38 假設 1.80 mol 的理想氣體經由溫度為 50.0℃ 的等溫壓縮過程，從體積 3.00 m³ 壓縮成體積 2.00 m³。(a)試問在這個過程中，有多少能量以熱能的形式進行傳導？以及(b)這些熱能是由氣體中傳導出來，或者是傳導進入氣體？

39 我們要將 $C_V = 6.00$ cal/mol・K 而且數量 3.00 mol 的氣體，提高溫度 50.0 K。如果整個過程是在固定體積下進行，請問：(a)以熱能形式傳遞的能量 Q，(b)由氣體所做的功 W，(c)氣體內能改變量 ΔE_{int}，以及(d)總平移動能改變量 ΔK，各是多少？如果整個過程是在固定壓力下進行，試問：(e) Q，(f) W，(g) ΔE_{int}，和(h) ΔK，各為何？如果整個過程是絕熱的，請問(i) Q，(j) W，(k) ΔE_{int}，和(l) ΔK，各為何？

40 某一個理想氣體經歷絕熱壓縮過程，從 $p = 1.0$ atm，$V = 1.0 \times 10^6$ L，$T = 0.0℃$，到 $p = 1.0 \times 10^5$ atm，$V = 1.0 \times 10^3$ L。(a)試問，此氣體為單原子、雙原子、或多原子？(b)最終溫度為何？(c)氣體含有多少莫耳的分子？在壓縮(d)以前和(e)以後，每莫耳分子的總平移動能是多少？(f)在壓縮以前和壓縮以後，均方根速率的平方的比值是多少？

41 一氧氣在 50.0℃ 及 1.01×10⁵ Pa 壓力下，體積為 700 cm³。體積膨脹至 900 cm³ 時，壓力變為 1.06×10⁵ Pa。求(a)該氧氣之莫耳數；(b)氧氣之末溫度。

42 兩容器溫度相同。第一個容器中盛有壓力 p_1 之氣體，其分子質量為 m_1， 均方根速率為 v_{rms1}。第二個容器中之壓力為 $2.0p_1$，分子質量為 m_2，平均速率為 $v_{avg2} = 3.0v_{rms1}$。試求質量比 m_1/m_2。

43 熱氣球的氣囊和籃子的總重量是 2.45 kN，而且氣囊的容納量(體積)是 2.18×10^3 m³。當它完全膨脹的時候，其密閉空氣的溫度應該是多少，才會讓氣球具有上升力(lifting capacity) 2.67 kN (應付氣球重量之餘)？假設溫度 20.0℃，周圍空氣每單位體積的重量是 11.9 N/m³，而且分子質量是 0.028 kg/mole，壓力為 1.0 atm。

44 某氣體在溫度 310 K 及壓力 0.90 atm 之狀況下所具有的體積爲 2.4 L。設將其絕熱壓縮至 0.76 L。求：(a)末壓力，(b)末溫度。假設爲理想氣體且 $\gamma = 1.4$。

45 圖 19-18 顯示了某特定氣體粒子的假想性速率分佈：$P(v) = Cv^2$ 於 $0 < v \leq v_0$ 與 $P(v) = 0$ 於 $v > v_0$。試求：(a)以 v_0 表示 C 的數學式；(b)粒子的平均速率；以及(c)它們的 rms 速率。

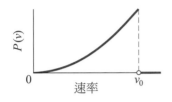

圖 19-18 習題 45

46 錶壓爲 103.0 kPa，體積爲 0.200 m^3 之空氣先等溫膨脹至壓力 101.3 kPa，然後等壓冷卻至回復其初體積。試計算該空氣所作的功(錶壓是實測壓力減去大氣壓力)。

47 試求氬氣原子在 450 K 時之均方根速率。氬氣的莫耳質量，請參閱附錄 F。

48 某一個理想氣體由 1.50 mol 雙原子分子所組成，此分子會轉動但不會振動。分子直徑是 250 pm。氣體在固定壓力 1.50×10^5 Pa 下進行膨脹，整個過程有能量 200 J 以熱的形式被傳遞。試問分子的平均自由路徑改變了多少？

49 碘的莫耳質量爲 127 g/mol。將頻率爲 1000 Hz 的聲音導入 400 K 的碘氣管中時，會在內部產生一個聲音駐波，其結點相隔 9.57 cm。請問氣體的 γ 是多少？(提示：請參閱習題 2)

50 某一個理想氣體起初溫度是 300 K，在固定壓力 25 N/m^2 下從體積 3.0 m^3 壓縮成體積 1.8 m^3。在此過程中，氣體以熱能的形式損失了 75 J 的能量。試問：(a)氣體的內能改變量以及(b)氣體的最終溫度是多少？

51 一束 H_2 分子射向牆壁，角度爲與牆壁法線夾 55°。每一分子的速率爲 3.5 km/s，質量爲 3.3×10^{-24} g。分子束的射牆面積爲 2.0 cm^2，且每秒有 10^{23} 個分子。分子束施於牆壁的壓力爲何？

52 在 310 K 到 330 K 的溫度範圍內，某特定非理想氣體的壓力 p 與體積 V 和溫度 T 的關係爲

$$p = (24.9 \text{J} / \text{K}) \frac{T}{V} - (0.00662 \text{J} / \text{K}^2) \frac{T^2}{V}$$

如果在壓力保持固定的情形下，溫度會從 315 K 升高到 320 K，請問由氣體所做的功是多少？

53 某一個 2.00 mol 理想單原子氣體的溫度，在絕熱過程提升了 15.0 K。試問：(a)由氣體做的功 W，(b)以熱能形式傳導的能量 Q，(c)氣體的內能變化量 ΔE_{int}，以及(d)每一個原子的平均動能改變量 ΔK 各是多少？

54 圖 19-19 顯示了一個由五個路徑所組成的循環：AB 是在 300 K 下進行的等溫過程，BC 是功 = 5.0 J 的絕熱過程，CD 是 5 atm 的定壓過程，DE 是等溫過程，而且 EA 是內能變化量爲 8.0 J 的絕熱過程。試問氣體沿著路徑 CD 的內能變化量爲何？

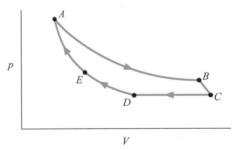

圖 19-19 習題 54

55 已知容器中氣體的莫耳比熱 C_V 爲定值 5.0R，氣體溫度 T，計算該氣體中的聲速與分子的均方根速度之比。(提示：請參閱習題 2)

56 試問溫度 400 K 與壓力 2.00 atm 之(理想)氧氣(O_2)中，分子(直徑 290 pm)的碰撞頻率爲何？

57 某一個理想氣體的樣品從初始壓力和體積(分別爲 32 atm 和 1.0 L)，膨脹成最終體積 4.0 L。初始溫度是 300 K。如果氣體是單原子分子，而且膨脹過程是等溫的，試問：(a)最終壓力 p_f，(b)最終溫度 T_f，和(c)由氣體所做的功 W 是多少？如果氣體是單原子分子，而且膨脹過程是絕熱的，請問：(d) p_f，(e) T_f，和(f) W 是多少？如果氣體是雙原子分子，而且膨脹過程是絕熱的，則：(g) p_f，(h) T_f，和(i) W 是多少？

58 頻率為何時，某空氣中的聲波的波長會等於 0.00°C 及 2.0 atm 下的氧分子平均自由路徑？分子直徑是 3.0×10^{-8} cm。

59 試求一個氮分子在 1300 K 時所具有的平均移動動能。

60 在地表上方 2500 km 處，大氣的密度相當於每 cm³ 有 2.0 個分子。(a)設分子直徑為 2.0×10^{-8} cm。19-25 式預測之平均自由路徑為若干？(b)解釋預測結果有無意義。

CHAPTER 20

熵與熱力學第二定律

20-1 熵

學習目標

在閱讀完這個區塊的文字之後，讀者應該能夠...

20.01 了解熱力學第二定律：在封閉系統內，不可逆過程中系統的熵會增加，而在可逆過程中，熵則是維持常數：熵絕不會減少。

20.02 了解熵是一種狀態函數(對於系統特定狀態，其值和系統如何達到該狀態無關)。

20.03 藉著溫度(凱氏溫度)對過程中傳遞之熱量 Q 的積分來計算熵的改變量。

20.04 對固定溫度的相變過程，運用熵改變量 ΔS、熱傳遞總量 Q 以及溫度 T(凱氏溫度)之間的關係。

20.05 對於相對於溫度 T 的微小溫度改變量 ΔT 而言，運用熵改變量 ΔS、熱傳遞總量 Q 以及平均溫度 T_{avg}(凱氏溫度)之間的關係。

20.06 對理想氣體，運用熵改變量 ΔS、初始與最終體積和壓力之間的關係。

20.07 了解若一過程為不可逆，熵改變量的積分必須以可逆過程來進行，但在可逆過程的初始與最終狀態要視為不可逆過程。

20.08 對於伸長的橡皮，連結彈力與隨著伸長量變化的熵變化。

關鍵概念

● 不可逆過程即一個無法靠著環境的微小變化就能反向的過程。不可逆過程遵守的方向由發生此過程之系統其熵變化 ΔS 決定。熵 S 是系統的狀態特性(或狀態函數)；意即它只與系統的狀態有關，而 與系統如何達到此狀態無關。熵的假設為(部分)：如果一不可逆過程發生在封閉系統內，此系統的熵恒為增加。

● 系統由初狀態 i 到末狀態 f 的不可逆過程之熵變化 ΔS 會等於任何系統在這兩個狀態間的可逆過程之熵變化 ΔS。我們可由下式計算後者(不是前者)

$$\Delta S = S_f - S_i = \int_i^f \frac{dQ}{T}$$

其中 Q 為此過程中轉移進出系統的能量，T 是系統的凱氏溫度。

● 對於可逆等溫過程，熵變化的式子可化簡為

$$\Delta S = S_f - S_i = \frac{Q}{T}$$

● 當系統的溫度變化 ΔT 相對於過程前後的溫度(凱氏)很小時，熵變化可近似成

$$\Delta S = S_f - S_i \approx \frac{Q}{T_{avg}}$$

其中 T_{avg} 為系統在此過程的平均溫度。

● 如果理想氣體在可逆過程中，是從初始狀態的溫度 T_i 和體積 V_i，改變為最後狀態的溫度 T_f 及體積 V_f，則氣體的熵的變化量 ΔS 為：

$$\Delta S = S_f - S_i = nR \ln \frac{V_f}{V_i} + nC_V \ln \frac{T_f}{T_i}$$

● 此定律為熵的假設之引伸，其內容為：如果封閉系統內發生某一過程，系統的熵在不可逆過程時增加，則在可逆過程時保持定值。熵絕不會減少。用方程式可表示為

$$\Delta S \geq 0$$

物理學是什麼?

時間具有方向,就是讓我們變老的方向。我們已經習慣單一方向的過程——這種過程只能以特定順序(正確方向)發生,而無法以相反方向發生(錯誤方向)。蛋掉落在地板,比薩被烘焙,汽車撞上街燈柱,大波浪侵蝕沙灘——這些單向過程都是**不可逆**的(irreversible),意思是說它們不能夠只經由對它們的環境做一些小改變,就能倒轉其發生的過程。

物理學的一個目標是去瞭解時間為什麼有方向性,以及單向過程為什麼是不可逆的。雖然這種物理學看起來似乎與日常生活實際議題不相干,事實上它卻構成每一部引擎最重要的部分,例如汽車引擎,因為就是它決定一部引擎能運轉得多好。

想瞭解單向過程為什麼不能倒轉,其關鍵部分將牽涉到稱為熵(entropy)的物理量。

不可逆過程及熵

不可逆過程的單向特性相當普遍,因此我們都視為理所當然。如果假設這些過程自發式地(靠它們自己)以另類的方向發生,我們必會感到驚愕而難以置信。但沒有任何一種「方向相反」的事件會違反能量守恆定律。

舉例來說,如果我們想用手裏住一杯熱咖啡,我們將會驚訝地發現,竟然自己的手變得更冷,而杯子變得更溫暖。很明顯地,能量轉移的方向並非如此,但是密閉系統的總能量(手+咖啡杯)會與過程正確的總能量相同。另一個例子是,如果我們將氦氣灌進氣球內,稍後發現氦氣分子聚集成氣球原來的形狀而感到驚訝。很明顯地那是分子擴散的錯誤方向,但是密閉系統(分子+空間)的總能量仍將與正確方向運作時相同。

因此,封閉系統內能量的改變並沒有建立起不可逆過程的方向。此方向其實是建立在我們將於本章中討論的另一個性質——系統熵的變化 ΔS。一系統熵的變化會在下一節裡加以定義,但這裡我們可以先說說它的主要特性,通常稱為熵的假設:

如果不可逆過程發生在封閉系統內,則此系統的熵 S 永遠會增加,絕不會減少。

熵和能量不同的地方在於它不遵從守恆定律。封閉系統的能量是守恆的,永遠保持定值。而對不可逆過程而言,封閉系統的熵永遠在增加。由於這種特性,熵的變化有時被稱為「時間之箭」。例如,由玉米核變成爆米花的過程可聯想成和時間的向前行以及熵的增加有關。若要使此過程隨時間倒轉(就像錄影帶的倒帶),則相當於使爆米花回復成玉米一樣。因為逆向的過程會造成熵的減少,所以不可能會發生。

有兩個等效方法可以用來定義系統熵的變化：(1)以該系統的溫度及系統以熱的形式得到或失去的能量。(2)計算組成系統的原子或分子所有可能的排列方法。我們會在這一節使用第一個方法，而在第 20-4 節使用第二個方法。

熵的變化

回想一下我們在第 18-5 及 19-19 節裡提過的一個過程，我們要由此來定義熵的變化：理想氣體的自由膨脹。圖 20-1a 所示為處在初平衡狀態 i 的氣體，被關閉的閥限制在左邊的絕熱容器內。若我們打開閥，氣體便會快速擴散而充滿整個容器，最後達到末平衡狀態 f，如圖 20-1b 所示。這是一個不可逆過程；所有的氣體分子是絕不會自己完全回到左半邊的容器內的。

圖 20-2 為此過程的 p-V 圖，顯示了此氣體在初狀態 i 及末狀態 f 的壓力和體積。壓力和體積是屬於狀態特性，只和氣體狀態有關，而和如何達到此狀態無關。其它的狀態特性是溫度及能量。現在我們假設氣體還有另一個狀態特性——熵。而且，我們還定義系統在由初狀態 i 到末狀態 f 的這個過程中，**熵的變化** $S_f - S_i$ 為

$$\Delta S = S_f - S_i = \int_i^f \frac{dQ}{T} \quad \text{(熵的變化量定義)} \qquad (20\text{-}1)$$

其中 Q 是此過程中由以熱形式進出系統的能量，T 是系統的凱氏溫度。因此，熵變化不但和以熱形式傳遞的能量有關，而且和此傳遞發生的溫度也有關。因為 T 恆為正值，所以 ΔS 的符號會和 Q 相同。從 20-1 式中可看出，熵和熵變化的單位在 SI 制中為 J/K。

然而，要將 20-1 式用到圖 20-1 的自由膨脹的話，還有一個問題。當氣體快速擴散到整個容器時，其壓力、溫度及體積的變動是不可預測的。也就是說，在從初平衡狀態 i 變化到末平衡狀態 f 的中間時期，它們並沒有明確的暫時的平衡點。因此我們無法在圖 20-2 的 p-V 圖上，描繪出自由膨脹的壓力對體積之路徑，而最重要的是，我們找不到 Q 和 T 之間的關係式來做 20-1 式中的積分。

然而，如果熵真的是狀態特性的話，在狀態 i 和 f 間的熵的變化量必定只和這些狀態有關，而和系統如何從一個狀態跑到另一個狀態一點關係也沒有。因此，假設我們以連接狀態 i 和 f 的可逆過程，取代在圖 20-1 的不可逆之自由膨脹。在可逆過程中，我們便可在 p-V 圖上畫出壓力對體積的路徑了，也可以找到能在 20-1 式中使用的 Q 及 T 的關係式，以求得熵變化了。

在 19-19 節中我們提到，理想氣體的溫度在自由膨脹時並沒改變：$T_i = T_f = T$。因此，圖 20-2 中的點 i 和 f 必在同一條等溫線上。那麼，最

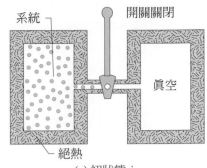

(a) 初狀態 i

不可逆過程

開關開啟

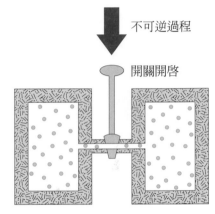

(b) 末狀態 f

圖 20-1 理想氣體的自由膨脹。(a)氣體由一關閉的開關限制在左邊的絕熱容器內。(b)當閥打開，氣體擴散到充滿整個容器。此過程是不可逆的；也就是說，它不會以相反方向發生——氣體不會自動地聚集回到左邊的容器裡。

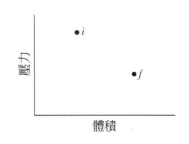

圖 20-2 圖 20-1 中自由膨脹的初狀態 i 及末狀態 f 的 p-V 圖。氣體的中間狀態為非平衡狀態，因此無法顯示。

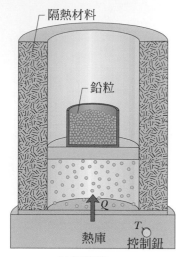

隔熱材料

鉛粒

Q

熱庫　控制鈕

T

(a) 初狀態 i

可逆過程

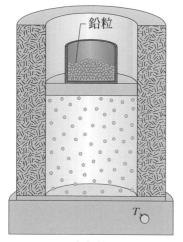

鉛粒

T

(b) 末狀態 f

圖 20-3 一理想氣體的等溫膨脹，以可逆方式進行。氣體有和圖 20-1 及圖 20-2 相同的初狀態 i 和末狀態 f。

壓力

等溫

i

f

T

體積

圖 20-4 在圖 20-3 中可逆等溫膨脹的 p-V 圖。上面顯示了成為平衡的中間狀態。

方便的替代過程，就是沿著這條等溫線，由狀態 i 到狀態 f 所作的可逆等溫膨脹了。此外，因為在整個可逆等溫膨脹中，T 為定值，20-1 式的積分便可以大大地化簡了。

圖 20-3 顯示了如何產生這樣一個可逆的等溫膨脹。我們將氣體限制在一個隔熱的氣缸內，此氣缸置於保持在溫度 T 的熱庫上。一開始我們在活塞上放置足夠的鉛粒，以使氣體的體積和壓力達到圖 20-1a 中初狀態 i 的值。接著，我們慢慢地移走鉛粒(一個接一個)，直到氣體的體積和壓力達到圖 20-1b 中末狀態 f 的值。氣體的溫度不變，因為整個過程中它都和熱庫保持接觸。

物理上而言，圖 20-3 中的可逆等溫膨脹，和圖 20-1 中的不可逆自由膨脹是完全不同的。然而，這兩個過程具有相同的初狀態及末狀態，因此必然有相同的熵變化。因為我們是慢慢地移走鉛粒的，所以氣體的中間狀態都是平衡的，如此一來我們便可以畫出它們的 p-V 圖了(圖 20-4)。

要把 20-1 式用到等溫膨脹時，我們可將定溫 T 移到積分式外，得

$$\Delta S = S_f - S_i = \frac{1}{T}\int_i^f dQ$$

因為 $\int dQ = Q$，其中 Q 是此過程中以熱形式傳遞的總能量，所以

$$\Delta S = S_f - S_i = \frac{Q}{T} \quad \text{(熵的變化，等溫過程)} \tag{20-2}$$

為了讓在圖 20-3 裡的等溫膨脹過程中，氣體溫度 T 保持為常數，必須有 Q 值的熱能由熱庫轉移給氣體。因此，Q 為正值且氣體的熵在等溫過程及圖 20-1 的自由膨脹時均增加了。

總結來說：

⭐ 要求封閉系統內發生的不可逆過程之熵變化，可用任何具有相同的初狀態及末狀態的可逆過程來取代它。再用 20-1 式計算此可逆過程的熵變化。

當系統的溫度變化 ΔT 相對於過程前後的溫度(凱氏)很小時，熵變化可近似成

$$\Delta S = S_f - S_i \approx \frac{Q}{T_{\text{avg}}} \tag{20-3}$$

其中 T_{avg} 為過程中該系統的平均溫度(K)。

 測試站 1

用火爐加熱水。水溫由：(a)20 ℃ 升到 30 ℃，(b)30 ℃ 升到 35 ℃，(c)80 ℃ 升到 85 ℃。依其熵變化，由大到小排列之。

熵是一個狀態函數

我們已經假設熵是系統的一個狀態特性，如同壓力、能量和溫度一樣，與系統如何達到該狀態無關。熵確為狀態函數(通常我們稱它為狀態特性)這件事，只能經由實驗來推斷。然而，我們可以利用一個特殊且重要的例子：通過可逆過程的理想氣體，證明它是一個狀態函數。

要令過程可逆，必須以一連串的小步驟來進行，每個步驟完成後，氣體必須處在平衡狀態。在每個小步驟裡，轉移進出氣體的熱能為 dQ，氣體作功為 dW，而內能的變化為 dE_{int}。這些均由熱力學第一定律的微分式(18-27 式)連接起來：

$$dE_{int} = dQ - dW$$

因為步驟是可逆的，且氣體處於平衡狀態下，我們可以用 18-24 式以 pdV 取代 dW，用 19-45 式以 $nC_V dT$ 取代 dE_{int}。解出 dQ 便可得

$$dQ = pdV + nC_V dT$$

由理想氣體定律，我們將此式的 p 以 nRT/V 代入。將結果所得的式子每一項除以 T，便可得

$$\frac{dQ}{T} = nR\frac{dV}{V} + nC_V\frac{dT}{T}$$

現在，將上式的每一項取任意的初狀態 i 及末狀態 f 作積分得

$$\int_i^f \frac{dQ}{T} = \int_i^f nR\frac{dV}{V} + \int_i^f nC_V\frac{dT}{T}$$

左式的量即 20-1 式中定義的熵變化 $\Delta S(= S_f - S_i)$。將之代入並積分右式得

$$\Delta S = S_f - S_i = nR\ln\frac{V_f}{V_i} + nC_V\ln\frac{T_f}{T_i} \tag{20-4}$$

注意，當我們積分時，並沒有指定一特定的可逆過程。所以，此積分對任何可讓氣體由狀態 i 到達狀態 f 的可逆過程必然都適用。因此，理想氣體在初末狀態間的熵變化 ΔS，僅取決於初狀態的特性(V_i 及 T_i)及末狀態的特性(V_f 及 T_f)；ΔS 和氣體如何在這兩個狀態間變化無關。

測試站 2

一理想氣體在初狀態 i 時溫度為 T_1，如此處的 p-V 圖所示。此氣體在末狀態 a 及 b 時有較高的溫度 T_2，可沿如圖示的路徑到達。則沿其路徑到達狀態 a 的熵變化會大於，小於，或等於沿路徑到達狀態 b 的熵變化？

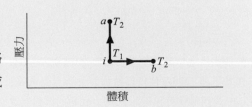

範例 20.1 兩個銅塊達到熱平衡時熵的變化

圖 20-5a 所示為兩個質量 $m = 1.5$ kg 的相同銅塊：銅塊 L 的溫度為 $T_{iL} = 60°C$，而銅塊 R 的溫度為 $T_{iR} = 20°C$。銅塊位於絕熱箱內，並由一絕熱板隔離。當我們抽掉絕熱板，銅塊最後達到的平衡溫度 $T_f = 40°C$（圖 20-5b）。在此不可逆過程中，雙銅塊系統的淨熵變化為何？銅的比熱為 386 J/kg・K。

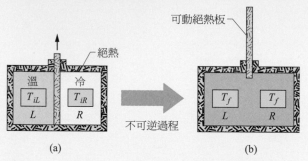

(a)   (b)

圖 20-5 (a)初狀態中，兩銅塊 L 及 R，除了溫度外完全相同，放在隔熱箱內，並由一絕熱板隔開。(b)當絕熱板移走，銅塊互相交換熱能並達到具有相同溫度 T_f 的末狀態。

關鍵概念

如果想要計算熵變化，則我們必須找到一個可逆過程，這個可逆過程必須能讓此系統由圖 20-5a 的初狀態到達圖 20-5b 的末狀態。我們可用 20-1 式來計算此可逆過程的淨熵變化 ΔS_{rev}，而不可逆過程的熵變化就等於 ΔS_{rev}。

計算 在這樣一個可逆過程中，我們需要一個溫度能夠緩慢變化的熱庫(例如，使用調整控制鈕)。而後令銅塊經歷下面兩個步驟，如圖 20-6 所示：

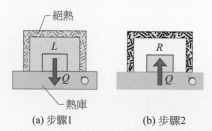

(a) 步驟1   (b) 步驟2

圖20-6 如果我們使用可調整溫度的熱庫(a)由銅塊 L 以可逆的方式抽出熱，(b)將熱以可逆的方式加到銅塊 R，則圖 20-5 中的銅塊便可以經由可逆方式由初狀態到達末狀態。

步驟1 令熱庫溫度為 60°C，將銅塊 L 置於熱庫上(既然熱庫和銅塊溫度相同，它們便已經處於熱平衡狀態下了)。接著慢慢調低熱庫和銅塊的溫度到 40°C。在此過程中，銅塊溫度每變化 dT，便有 dQ 的熱由銅塊轉移到熱庫。由 18-14 式，我們可將此轉移的能量寫成 $dQ = mc\ dT$，其中 c 為銅的比熱。根據 20-1 式，銅塊 L 在由初溫度 T_{iL} (= 60°C = 333 K)到末溫度 T_f (= 40°C = 313 K)的整個溫度變化期間之熵變化 ΔS_L 為

$$\Delta S_L = \int_i^f \frac{dQ}{T} = \int_{T_{iL}}^{T_f} \frac{mcdT}{T} = mc\int_{T_{iL}}^{T_f} \frac{dT}{T}$$
$$= mc\ln\frac{T_f}{T_{iL}}$$

代入所給數據得

$$\Delta S_L = (1.5\,\text{kg})(386\,\text{J/ kg·K})\ln\frac{313\text{K}}{333\text{K}}$$
$$= -35.86\,\text{J/ K}$$

步驟2 現在令熱庫溫度為 20°C，將銅塊 R 置於熱庫上。接著，慢慢增加熱庫和銅塊的溫度到 40°C。和求 ΔS_L 時相同，銅塊 R 在此過程中的熵變化 ΔS_R 可寫成

$$\Delta S_R = (1.5\,\text{kg})(386\,\text{J/ kg·K})\ln\frac{313\text{K}}{293\text{K}}$$
$$= +38.23\,\text{J/ K}$$

此系統在歷經這兩個可逆過程的步驟後的淨熵變化 ΔS_{rev} 便為

$$\Delta S_{rev} = \Delta S_L + \Delta S_R$$
$$= -35.86\,\text{J/ K} + 38.23\,\text{J/ K} = 2.4\,\text{J/ K}$$

因此，此系統在真正的不可逆過程中的淨熵變化 ΔS_{irrev} 為

$$\Delta S_{irrev} = \Delta S_{rev} = 2.4\,\text{J/ K} \tag{答}$$

結果為正值，和熵的假設相符合。

範例 20.2　氣體自由膨脹時熵的變化

一莫耳的氮氣被關在圖 20-1a 中容器的左半邊。將開關打開，則氣體的體積便會倍增。在此不可逆的過程中熵的變化為何？將此氣體視作理想氣體。

關鍵概念

(1)我們可經由計算有著相同體積變化之可逆過程的熵變化，來決定此不可逆過程的熵變化量。(2)此氣體的溫度在自由膨脹時不會改變。因此，我們所選的可逆過程應是等溫膨脹——即圖 **20-3** 及 **20-4** 裡所示的。

計算　由表 19-4 可知，當氣體在溫度 T 時由初體積 V_i 等溫膨脹到末體積 V_f，其所添加的熱能 Q 為

$$Q = nRT \ln \frac{V_f}{V_i}$$

其中 n 是氣體的莫耳數。從 20-2 式這個可逆過程於溫度保持不變之下熵的變化是

$$\Delta S_{\text{rev}} = \frac{Q}{T} = \frac{nRT \ln(V_f/V_i)}{T} = nR \ln \frac{V_f}{V_i}$$

將 $n = 1.00$ mol 及 $V_f/V_i = 2$ 代入，得

$$\Delta S_{\text{rev}} = nR \ln \frac{V_f}{V_i} = (1.00\,\text{mol})(8.31\,\text{J/mol}\cdot\text{K})(\ln 2)$$
$$= +5.76\,\text{J/K}$$

因此，自由膨脹(及其它連接圖 20-2 裡的初狀態及末狀態的所有過程)的熵變化為

$$\Delta S_{\text{irrev}} = \Delta S_{\text{rev}} = +5.76\,\text{J/K} \tag{答}$$

因為 ΔS 正值，所以熵增加了，和熵的假設相符合。

PLUS Additional example, video, and practice available at *WileyPLUS*

熱力學第二定律

這裡有個困惑。若我們用圖 20-3 裡 a 到 b 的方式來進行此可逆過程，氣體(即我們的系統)的熵變化為正值。然而，因為過程可逆，我們可以令它由 b 行進到 a，只要慢慢地把鉛粒放回活塞上，直到氣體回到最初的體積。為了維持固定溫度，我們需要將能量以熱的型式移去，但這表示 Q 會是負的，因此熵的變化量也會是負的。這樣熵變化量的減少不是會違反熵的假設：「熵總是會增加」嗎？不會的，因為這個假設只成立於封閉系統中的不可逆過程。此處的過程非不可逆而且系統也不是封閉的(因為能量會以熱的型式進出熱庫)。

然而，如果我們把熱庫算進來，連同氣體組成一個系統，那麼我們就有了一個封閉系統。讓我們檢查一下這個放大的系統：氣體+熱庫，在由圖 20-3b 進行到圖 20-3a 的過程中的熵的變化。在這個可逆過程裡，能量以熱的形式由氣體傳給了熱庫——即從這個大系統的一部分移到了另一部分。令 $|Q|$ 表示此熱能的絕對值(或大小)。由 20-2 式，我們便可以個別計算氣體(損失 $|Q|$)和熱庫(獲得 $|Q|$)的熵變化。我們得到

$$\Delta S_{\text{gas}} = -\frac{|Q|}{T}$$

$$\Delta S_{\text{res}} = +\frac{|Q|}{T}$$

封閉系統的熵變化即這兩個量的和：0。

由這個結果，我們便可修改熵的假設，使之包含可逆及不可逆過程：

> 如果封閉系統內發生某一過程，系統的熵在不可逆過程時增加，則在可逆過程時保持定值。熵絕不會減少。

雖然在封閉系統內的某個部分，熵也許會減少，但在系統的另一個部分，永遠會增加相同或更多的熵，因此整個系統的熵絕不會減少。這個事實即**熱力學第二定律**的形式之一，可以寫成

$$\Delta S \geq 0 \quad \text{(熱力學第二定律)} \tag{20-5}$$

其中大於的符號是用在不可逆過程，等於的符號是用在可逆過程。20-5式只適用於封閉系統。

在真實世界裡，就某種程度而言，幾乎所有的過程都是不可逆的，這是因為有摩擦力，亂流，及其它因子存在的緣故。所以，真實的封閉系統的熵，在經過真實的過程後恆為增加，能讓系統的熵保持定值的過程只是理想而已。

熵所引起的作用力

為了理解為何橡膠能抵抗拉伸作用，讓我們先寫下熱力學第一定律

$$dE = dQ - dW$$

其中 dx 是雙手拉伸橡皮筋時，橡皮筋所進行的微小長度增量。橡皮筋的作用力方向朝內，具有大小 F，而且在長度增加 dx 的過程中，作功 $dW = -F dx$。從 20-2 式（$\Delta S = Q/T$）可知，在定溫下的 Q 與 S 的小變化量之關係為 $dS = dQ/T$ 或 $dQ = T\, dS$。因此，此時可改寫第一定律為

$$dE = T\, dS + F\, dx \tag{20-6}$$

可良好近似值為，如果橡皮筋總拉伸量並不多，則橡膠內能變量 dE 為 0。將式 20-6 中的 dE 以 0 取代，可以導得橡皮筋作用力的表示式：

$$F = -T\frac{dS}{dx} \tag{20-7}$$

上式顯示 F 與橡皮筋的熵變化與橡皮筋長度微小變化 dx 的比率 dS/dx 呈比例。因此，拉伸橡皮筋時，雙手可感覺熵的影響。

為了理解作用力與熵的相互關係，這裡考慮一個橡膠材料的簡化模型。橡膠包含交叉相連，類似三維鋸齒形（圖 20-7）的聚合物鏈（交叉相連之長分子）。當橡皮筋處於靜止長度，聚合物盤繞如義大利麵。因為分子巨大而紊亂，其靜置狀態具有高的熵值。在拉伸橡皮筋時，則會解開許

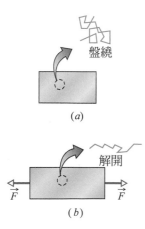

圖 20-7 (a)未受拉伸與(b)受拉伸的橡皮筋之一段，及於其內部(a)盤繞與(b)解開的聚合物。

多聚合物，並沿拉伸方向排列聚合物。由於該排列減少紊亂狀態，受拉伸的橡皮筋的熵因而較少。亦即，由於熵隨拉伸減少，式 20-7 中變量 dS/dx 為負值。所以，橡皮筋作用在雙手的作用力，乃是聚合物有回到較前紊亂狀態與較高熵值的傾向所致。

20-2　真實世界的熵：熱機

學習目標

在閱讀完這個區塊的文字之後，讀者應該能夠…

20.09 了解熱機是一種以熱能型式從環境吸取能量的裝置，且能有效做功。了解理想熱機的所有流程均為可逆過程，且在傳遞過程無能量損失。

20.10 為卡諾機循環畫出 p-V 圖，並指認出循環方向、涉及之過程的特質、每一過程所做的功(包含正負號)、每一循環之淨功、以及每一過程的熱傳遞(包含正負號)。

20.11 在溫度－熵圖上畫出卡諾循環，指出熱傳遞。

20.12 得出一卡諾循環之淨熵變化。

20.13 以熱傳遞和熱庫溫度來計算卡諾熱機效率 ε_C。

20.14 了解並沒有一種完美的機器可以將能量以熱的型式從高溫熱庫完全轉成機器所做的功。

20.15 對史德齡機畫出 p-V 圖。並指認出循環方向、涉及之過程的特質、每一過程所做的功(包含正負號)、每一循環之淨功、以及每一過程的熱傳遞。

關鍵概念

● 一部熱機是某種循環運作，由高溫熱庫抽取的熱 $|Q_H|$，作某個功 $|W|$。熱機的效率 ε 定義為

$$\varepsilon = \frac{獲得的能量}{支出的能量} = \frac{|W|}{|Q_H|}$$

● 在理想熱機中，所有的過程都是可逆的，沒有任何能量因摩擦力或擾動等因素而損耗掉。

● 卡諾熱機為如圖20-9的一理想熱機。它的效率為

$$\varepsilon_C = 1 - \frac{|Q_L|}{|Q_H|} = 1 - \frac{T_L}{T_H}$$

其中，T_H 及 T_L 分別為高溫及低溫熱庫的溫度。真實熱機的效率恒低於卡諾熱機。不是卡諾熱機的理想熱機其效率也低於該值。

● 完美熱機是一部假想的熱機，能把由高溫熱庫抽取的熱完全轉換為功。完美熱機違反了熱力學第二定律，此定律可重述如下：沒有任何一系列的過程，它的唯一結果是由熱庫吸收熱能量並完全轉換為功。

真實世界的熵：熱機

一部**熱引擎**，或簡單的說，一部**熱機**，是一種會從它的環境以熱的形式抽取能量並作功的裝置。每部熱機最主要的部分是工作物質。以蒸氣式熱機而言，其工作物質為水，以蒸氣及液體的形式同時存在。而對汽車引擎而言，其工作物質則為汽油-空氣的混合物。若熱機是在一連串持續重覆的過程中作功，則此工作物質必然是在一個循環中操作；意即，工作物質必須通過一封閉系列的熱力學過程，稱之為「行程」(strokes)，一再地重覆回到此循環的每一個狀態。現在讓我們來看看，熱力學定律可以告訴我們有關於熱機操作的事。

卡諾熱機

我們已知可藉由分析遵循 $pV = nRT$ 此一簡單定律的理想氣體，而對真實氣體有更多的了解。雖然理想氣體並不存在，但當真實氣體的密度夠低時，其行為會接近於理想氣體。基於相同的理由，我們也選擇藉由分析一**理想熱機**的行為來研究真實熱機。

在理想熱機中，所有的過程都是可逆的，沒有任何能量因摩擦力或擾動等因素而損耗掉。

我們將把焦點集中在稱之為**卡諾熱機**的一個特殊理想熱機身上，此熱機的概念是在 1824 年由法國科學家及工程師卡諾(N. L. Sadi Carnot)首度提出。此理想的熱機是以熱的形式能量作功，且是最好的設計(理論上)。令人驚訝的是，卡諾在熱力學第一定律及熵的概念尚未被發現前，就已經能分析此熱機的行為了。

圖 20-8 為一卡諾熱機的運作之示意圖。在每次循環期間，工作物質會由保持在定溫 T_H 的熱庫中吸取 $|Q_H|$ 的熱能，並釋放 $|Q_L|$ 的熱能到第二個保持在較低定溫 T_L 的熱庫裡。

圖 20-9 為卡諾循環的 p-V 圖——此循環是藉由工作物質在進行。依箭頭所示，循環是順時針方向的。假設工作物質為一氣體，被限制在一個具有很重且可移動的活塞筒狀物容器裡。此筒狀物被置於如圖 20-6 裡的其中一個熱庫上，或是放置在一絕熱板上。圖 20-9a 顯示出，若我們將圓筒與一溫度為 T_H 的高溫熱庫接觸，則當氣體體積由 V_a 等溫膨脹到 V_b 時，會有 $|Q_H|$ 的熱由此熱庫轉移到工作物質裡。同理，把工作物質與一溫度為 T_L 的低溫熱庫接觸，則當氣體體積由 V_c 等溫壓縮到 V_d 時，會有 $|Q_L|$ 的熱由工作物質轉移到低溫熱庫裡(如圖 20-9b)。

圖 20-8 熱機的要素。中間迴路上的兩個黑色箭頭代表運作在循環中的工作物質，有如 p-V 圖上的。溫度 T_H 的高溫熱庫中有 $|Q_H|$ 的熱傳遞給工作物質。工作物質則把 $|Q_L|$ 的熱傳遞給溫度 T_L 的低溫熱庫。熱機(事實上是工作物質)對環境中的某物作功 W。

卡諾熱機之概圖

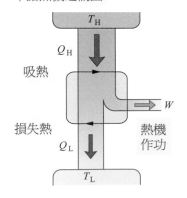

卡諾熱機的運行步驟

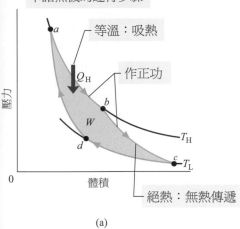

等溫：吸熱

作正功

Q_H

T_H

W

壓力

體積

絕熱：無熱傳遞

(a)

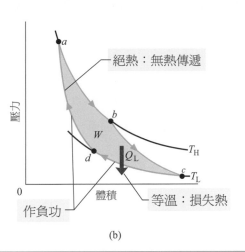

絕熱：無熱傳遞

作負功

W

Q_L

T_H

T_L

壓力

體積

等溫：損失熱

(b)

圖 20-9　圖 20-8 中，卡諾熱機工作物質循環的 p-V 圖。包含兩個等溫過程(ab 及 cd)及兩個絕熱過程(bc 及 da)。而被循環包圍的陰影面積等於卡諾熱機每循環所作的功 W。

　　在圖 20-8 的熱機中，我們假設熱在工作物質的進出，只發生在圖 20-9 的等溫過程 ab 及 cd。因此，在該圖裡連接溫度 T_H 及 T_L 之兩等溫線的過程 bc 及 da 必定是(可逆的)絕熱過程；意謂，在此過程裡並無能量以熱的形式轉移。為了確認此點，在 bc 及 da 的過程期間，圓筒在工作物質體積改變時是放置在一絕熱板上的。

　　在圖 20-9a 的連續過程 ab 及 bc 期間，工作物質膨脹了，因此將重活塞升起而作了正功。此功即為圖 20-9a 裡 abc 曲線底下的面積。而在接續過程 cd 及 da 期間(圖 20-9b)，工作物質被壓縮，意謂著它對環境作了負功，或者可以說，它的環境讓載重的活塞下降而對它作了功。此功為 cda 曲線以下的面積。在圖 20-8 及 20-9 裡，每一循環的淨功為 W，是上述兩區域的差值，也是一個等於圖 20-9 裡由循環 abcda 包圍的面積之正值。此功 W 是施於某一外部物體，例如將一重物舉起。

　　20-1 式($\Delta S = \int dQ / T$)告訴我們，任何熱能的傳遞必定包含了熵的變化。為了說明卡諾熱機的熵變化，我們可畫出如圖 20-10 的卡諾循環之溫度-熵(T-S)圖。標 a、b、c 及 d 之點與圖 20-9 的 p-V 圖裡的點是相對應的。圖 20-10 的兩垂直線則對應循環的兩等溫過程。過程 ab 是循環中的等溫膨脹。當工作物質在定溫 T_H 下膨脹時(可逆地)吸收熱能$|Q_\text{H}|$，其熵增加了。同樣的，在等溫壓縮 cd 的期間，工作物質在定溫 T_L 下(可逆地)損失了熱能$|Q_\text{L}|$，且其熵減少了。

　　圖 20-10 的兩垂直線則對應卡諾循環的兩絕熱過程。因為在此二過程中，並無能量以熱的形式傳遞，所以工作物質的熵不變。

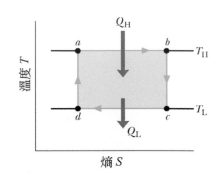

Q_H

Q_L

T_H

T_L

溫度 T

熵 S

圖 20-10　為圖 20-9 的卡諾熱機之溫度-熵圖。過程 ab 及 cd 的溫度保持固定。而在 bc 及 da 過程熵保持固定。

功

為了計算卡諾熱機在一個循環期間所做的淨功，我們要將 18-26 式的熱力學第一定律($\Delta E_{int} = Q - W$)應用到工作物質上。此物質必須一次又一次的回到循環中的任一狀態。因此，若令 X 表示工作物質的任何狀態特性，如壓力，溫度，體積，內能，或者是熵，則對每一次循環而言必可得到 $\Delta X = 0$ 的結果。也因此可知，當工作物質做了一個完整的循環後其 $\Delta E_{int} = 0$。回憶一下 18-26 式裡的 Q 為每循環的淨熱傳遞值，而 W 為淨功，所以卡諾循環的熱力學第一定律可寫成

$$W = |Q_H| - |Q_L| \tag{20-8}$$

熵變化

在卡諾熱機中，有兩個(就只有兩個)可逆的熱能量傳遞，也因此工作物質的熵有兩次改變——有一次在溫度 T_H，另一次在溫度 T_L。每循環的淨熵變化值變為

$$\Delta S = \Delta S_H + \Delta S_L = \frac{|Q_H|}{T_H} - \frac{|Q_L|}{T_L} \tag{20-9}$$

其中 ΔS_H 為正值，因為能量 $|Q_H|$ 是以熱的形式加入工作物質(熵增加)，而 ΔS_L 為負值，因為能量 $|Q_L|$ 是以熱的形式由工作物質內抽離(熵減少)。因為熵是狀態函數，所以在一個循環後必然可得到 $\Delta S = 0$。將 $\Delta S = 0$ 代入 20-9 式需要

$$\frac{|Q_H|}{T_H} = \frac{|Q_L|}{T_L} \tag{20-10}$$

注意，因為 $T_H > T_L$，所以必定使得 $|Q_H| > |Q_L|$；亦即從高溫熱庫中抽出的熱能量多於移入低溫熱庫的熱能量。

我們現在將要推導卡諾熱機的效率。

卡諾熱機的效率

任何熱機的目的都在於儘可能地把抽出的能量 Q_H 轉換成為功。我們可藉由**熱效率** ε 測它在此方面的達成率，其定義為每個循環熱機所做的功(獲得的能量)除以每個循環它所吸收的熱能(支出的能量)：

$$\varepsilon = \frac{獲得的能量}{支出的能量} = \frac{|W|}{|Q_H|} \quad (效率，任何熱機) \tag{20-11}$$

對卡諾熱機而言，我們可將 20-8 式中的 W 代入 20-11 式寫成

$$\varepsilon = \frac{|Q_H| - |Q_L|}{Q_H} = 1 - \frac{|Q_L|}{Q_H} \tag{20-12}$$

對於卡諾熱機，利用 20-10 式可將之寫成

$$\varepsilon_C = 1 - \frac{T_L}{T_H} \quad (\text{效率，卡諾熱機}) \tag{20-13}$$

其中溫度 T_L 及 T_H 為凱氏溫標。因為 $T_L < T_H$，所以卡諾熱機的熱效率必定小於 1——也就是說小於 100%。這在圖 20-8 裡可以看出，圖中顯示從高溫熱庫中所獲得的能量，只有部分轉換成了功，而其餘的則進入了低溫熱庫。在第 20-3 節裡我們將證明沒有任何真實熱機的熱效率可以大於 20-13 式所計算出的值。

　　發明家一直試著去降低在每次循環所遺失的能量$|Q_L|$，以改善熱機的效率。他們的夢想是製造出完美熱機，如圖 20-11 所示的，其中$|Q_L|$降到了零，而$|Q_H|$完全轉換成了功。例如，郵輪的完美熱機要能由水中抽取熱，並用它來驅動推進器，而不需要燃料。汽車有這樣一個熱機便可由週遭的空氣裡抽取熱能來驅動車子，而一樣不需要燃料。可惜，這樣的完美熱機只不過是個夢想：由 20-13 式便可看出，只有在 $T_L = 0$ 或 $T_H \rightarrow \infty$時，才能達到 100%的熱機效率(即 $\varepsilon = 1$)，但這條件是不可能達到的。取而代之的，經驗提供了下列的熱力學第二定律的另一種敘述方式，此替代方式可以簡短地說成，完美熱機是不存在的：

　　沒有任何一系列的過程，其唯一結果是由熱庫吸收熱能量並完全轉換為功。

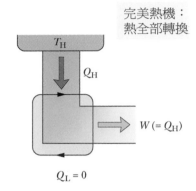

圖 20-11　完美熱機的要點——以 100% 的效率，將來自高溫熱庫的熱 Q_H 直接轉換為功 W。

圖 20-12　圖示為美國維吉尼亞州夏洛特市近郊的 North Anna 核電廠，其產生電能的速率為 900 MW。同時間，電廠依設計會以 2100 MW 之速率，將能量排入鄰近河流。此電廠及其他所有類似電廠比其所產生的可用形式能量，還浪費更多能量。這些電廠就是圖 20-8 的理想引擎的真實實例。

　　總結來說：由 20-13 式所得的熱效率只能用在卡諾熱機上。真實熱機的效率較低，構成其熱機循環的過程並非是可逆的。如果你的汽車用的是卡諾熱機，它會有約 55%的效率(公式 20-13)；而其真正的效率則大概為 25%。核能發電廠(圖 20-12)整個來說就是一個熱機。它由反應爐中將能量以熱的形式抽出，藉由渦輪作功，並將熱能量散到附近的河川裡。如果此發電廠是像卡諾熱機般運作，它的效率便約為 40%，而它的真實

效率則約爲 30%。不管是設計成任何形式的熱機,都不可能有辦法打破 20-13 式所給的熱效率的上限值。

史德齡熱機

20-13 式並不適用於所有的理想熱機,而是只適用於可以用圖 20-9 來表示的熱機——也就是卡諾熱機。例如,圖 20-13 爲理想的**史德齡熱機**的運作循環。與圖 20-9 的卡諾熱機比較,兩者皆在溫度 T_H 及 T_L 有等溫的熱傳遞。然而,史德齡熱機的這兩個等溫循環是由定容過程所連接,而非如同卡諾熱機般由絕熱過程所連接。爲了使氣體溫度在定容下以可逆的方式從增加到(圖 20-13 裡的 da 過程),需要一個溫度可在這些極限間平緩變化的熱庫,來把熱能由熱庫轉移到工作物質中。一樣,在 bc 過程中需要一個相反的轉移。因此,在史德齡熱機的全部四個循環過程裡便都有可逆的熱傳遞(及相對應的熵變化)發生,而並非如同卡諾熱機般只有兩個。因此,導出 20-13 式的方法並不能應用在理想的史德齡熱機身上。更重要的是,當在兩相同的溫度間操作時,理想的史德齡熱機之熱效率是低於理想的卡諾熱機的。眞實的史德齡熱機的效率則又更低了。

史德齡熱機是在 1816 年由史德齡所提出。這熱機長久以來被人所忽略,而現在已經被發展應用到汽車及太空梭上了。能輸出 5000 hp (3.7 MW) 的史德齡熱機已經被製造出來了。因爲史德齡熱機比較安靜,所以有一些軍事潛水艇使用了它們。

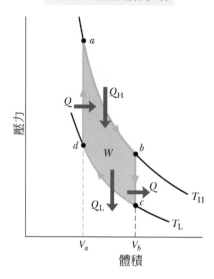

史德齡熱機之運作步驟

圖 20-13 理想史德齡熱機的工作物質之 p-V 圖,爲了方便起見,假定其爲一理想氣體。

 測試站 3

三個卡諾熱機,操作在溫度爲:(a) 400 K 及 500 K,(b) 600 K 及 800 K,(c) 400 K 及 600 K 的熱庫間。依其熱效率由大到小排列之。

範例 20.3 卡諾熱機,效率,功率,熵的變化

想像一卡諾熱機在介於 $T_H = 850$ K 及 $T_L = 300$ K 的溫度下操作。此熱機每循環花費 0.25 秒,並產生 1200 J 的功。

(a) 此熱機的效率爲何?

關鍵概念

卡諾熱機的熱效率 ε,只與其連接的兩熱庫之溫度(單位是 K)的比值 T_L/T_H 有關。

計算 因此,由 20-13 式可得

$$\varepsilon = 1 - \frac{T_L}{T_H} = 1 - \frac{300\,\text{K}}{850\,\text{K}} = 0.647 \approx 65\% \qquad (答)$$

(b) 此熱機的平均功率爲何?

關鍵概念

熱機的平均功率 P,即其每循環所做的功 W 與每循環所花費的時間 t 的比值。

計算 對於這部卡諾熱機，可得

$$P = \frac{W}{t} = \frac{1200\,\text{J}}{0.25\,\text{s}} = 4800\,\text{W} = 4.8\,\text{kW} \qquad (答)$$

(c) 在每循環中，多少熱能 $|Q_H|$ 由高溫熱庫中抽出？

關鍵概念

熱效率 ε 即為每循環所作的功 W，與每循環由高溫熱庫中所抽出的能量 $|Q_H|$ 之比值 $(\varepsilon = W/|Q_H|)$。

計算 因此我們得到

$$|Q_H| = \frac{W}{\varepsilon} = \frac{1200\,\text{J}}{0.647} = 1855\,\text{J} \qquad (答)$$

(d) 在每循環中，有多少熱能 $|Q_L|$ 被移到低溫熱庫？

關鍵概念

對卡諾熱機而言，如 20-8 式所示，每個循環所作的功 W 就等於以熱能型式所傳遞的能量的差值：$|Q_H| - |Q_L|$，如公式 20-8。

計算 因此可得

$$|Q_L| = |Q_H| - W$$
$$= 1855\,\text{J} - 1200\,\text{J} = 655\,\text{J} \qquad (答)$$

(e) 當工作物質與高溫熱庫做能量轉移時，其熵變化為何？與低溫熱庫時進行能量傳輸，熵變化又為何？

在定溫 T 時，熱能 Q 傳遞期間的熵變化 ΔS 可由 20-2 式 $(\Delta S = Q/T)$ 得到。

計算 因此，對於來自溫度 T_H 的高溫熱庫的正的熱傳遞 Q_H，其工作物質的熵變化為

$$\Delta S_H = \frac{Q_H}{T_H} = \frac{1855\,\text{J}}{850\,\text{K}} = +2.18\,\text{J/K} \qquad (答)$$

同理，對於自溫度 T_L 的低溫熱庫的負的熱傳遞 Q_L，我們可得

$$\Delta S_L = \frac{Q_L}{T_L} = \frac{-655\,\text{J}}{300\,\text{K}} = -2.18\,\text{J/K} \qquad (答)$$

注意，工作物質的淨熵變化在一個循環裡是為零，如同我們在推導 20-10 式時所討論的結果一樣。

PLUS Additional example, video, and practice available at *WileyPLUS*

範例 20.4　效率不可能的熱機

某發明家宣稱他建造了一部熱機，此熱機在水的沸點與冰點間運作時，熱效率為 75%。這可能嗎？

關鍵概念

真實熱機的效率必然低於運轉於相同兩個溫度下之卡諾熱機的效率。

計算 由 20-13 式可知，在水的沸點與冰點間運作的卡諾熱機之效率為

$$\varepsilon = 1 - \frac{T_L}{T_H} = 1 - \frac{(0 + 273)\,\text{K}}{(100 + 273)\,\text{K}} = 0.268 \approx 27\%$$

對於所給定的溫度，真實熱機(具有不可逆過程及消耗性能量轉移)的效率必定小於在兩相同溫度間運轉的卡諾熱機之效率。因此，不可能產生 75% 之熱效率。

PLUS Additional example, video, and practice available at *WileyPLUS*

20-3 真實世界的熵：冷機

學習目標

在閱讀完這個區塊的文字之後，讀者應該能夠...

20.16 了解冷機是一種做功將能量從低溫熱庫傳到高溫熱庫的裝置。了解理想冷機可以可逆過程工作且無能量浪費。

20.17 對卡諾冷機畫 p-V 圖，並指認出循環方向、涉及之過程的特質、每一過程所做的功(包含正負號)、每一循環之淨功、以及每一過程的熱傳遞(包含正負號)。

20.18 運用效能係數、熱庫間之熱交換以及各熱庫溫度之間的關係。

20.19 了解沒有一種冷機可以將所有自低溫熱庫抽取的能量傳遞到高溫熱庫。

20.20 了解理想冷機的效率會比理想卡諾冷機低。

關鍵概念

● 一個冷機是能夠循環運作，對其作功W，就可將熱$|Q_L|$ 由低溫熱庫中抽出。冷機的效能係數K定義為

$$K = \frac{所要需求}{付出代價} = \frac{|Q_L|}{|W|}$$

● 卡諾冷機是卡諾熱機的反向操作。其效能係數為

$$K_C = \frac{|Q_L|}{|Q_H| - |Q_L|} = \frac{T_L}{T_H - T_L}$$

● 完美冷機是一假想冷機，能將由低溫熱庫抽取的熱，完全轉移釋放到高溫熱庫中，而不須要作功。

● 完美冷機違反了熱力學第二定律，此定律可重述如下：沒有任何一系列的過程，可以將熱由一指定溫度的熱庫，轉移到另一較高溫度的熱庫，而不須要作功。

冷機概圖

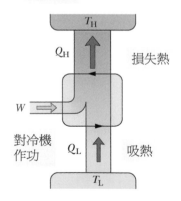

圖 20-14 卡諾冷機的組成。中間迴路上的兩個黑色箭頭代表運作在循環中的工作物質，有如 p-V 圖上的。Q_L 是從低溫熱庫轉移到工作物質的熱。Q_H 是由工作物質轉移到高溫熱庫的熱。W 是環境對冷機(工作物質)所作的功。

真實世界的熵：冷機

冷機是當它持續重複一組熱力學過程時，會把熱能由低溫熱庫傳遞到高溫熱庫的一種裝置。例如在家用冰箱中，藉由電動壓縮機的作功，將熱能由食物儲藏區(低溫熱庫)轉移到室外(高溫熱庫)。

冷氣機和暖氣機本質上來說就是冷機。冷氣機的低溫熱庫是要冷卻的房間，而高溫熱庫則為較高溫的室外。相反地，暖氣機是可以加熱房間的空氣調節機，因此房間是高溫熱庫，熱由較高溫的室外轉移到其中。

讓我們考慮一**理想冷機**：

在理想冷機裡，所有過程均可逆，且沒有能量因摩擦或擾動而損失。

圖 20-14 所示即一理想冷機的基本組成。它是以圖 20-8 的卡諾熱機之逆向在操作。換句話說，所有能量的傳遞—不管是熱或功，都與卡諾熱機的相反。我們稱這樣理想的冷機為**卡諾冷機**。

冷機的設計者是希望在作最少功(我們所支付的)的情況下，盡可能由低溫熱庫抽取大量的熱$|Q_L|$(我們所想要的)。則冷機的效率之量測便為

$$K = \frac{\text{所要需求}}{\text{付出代價}} = \frac{|Q_\text{L}|}{|W|} \quad \text{(任何冷機的效能係數)} \qquad (20\text{-}14)$$

其中，K 稱為效能係數。如果是理想冷機，由熱力學第一定律給出$|W| = |Q_\text{H}| - |Q_\text{L}|$，其中$|Q_\text{H}|$是轉移到高溫熱庫的熱的大小。則 20-14 式變為

$$K = \frac{|Q_\text{L}|}{|Q_\text{H}| - |Q_\text{L}|} \qquad (20\text{-}15)$$

因為卡諾冷機是卡諾熱機的反向操作，我們可以結合 20-10 及 20-15 式，經由代數運算可得

$$K_C = \frac{T_\text{L}}{T_\text{H} - T_\text{L}} \quad \text{(卡諾冷機的效能係數)} \qquad (20\text{-}16)$$

　　典型的室內冷氣機的 $K \approx 2.5$。而家用冰箱的 $K \approx 5$。事與願違，在兩熱庫的溫度越接近時，值才會越高。這是為什麼熱泵在溫帶氣候會比在更冷的氣候具有更好效率的原因。

　　若能有一部不必外加功的冷機是多好的一件事——即不必插電就能工作的冷機。圖 20-15 所示為另一個「發明家的夢想」，一部完美冷機，將熱 Q 由低溫熱庫移到高溫熱庫而不須要作功。因為此裝置是循環運作的，所以在一個完整的循環中，工作物質的熵不會增加。然而，熱庫的熵是會變的：低溫熱庫的熵變化為$-|Q|/T_\text{L}$，而高溫熱庫則為$+|Q|/T_\text{H}$。因此，整個系統的總熵變化為

$$\Delta S = -\frac{|Q|}{T_\text{L}} + \frac{|Q|}{T_\text{H}}$$

因為 $T_\text{H} > T_\text{L}$，此式右邊為負。而封閉系統冷機+熱庫在每個循環的總熵變化也為負。這種熵的減少違反熱力學第二定律(20-5 式)，因此完美冷機並不存在(如果你想讓你的冰箱運轉，就得插電)。

　　這裡為熱力學第二定律的另一種描述：

> 沒有任何一系列的過程，可以將熱由一指定溫度的熱庫，轉移到另一較高溫度的熱庫，而不須要作功。

簡言之，**完美冷機並不存在**。

真實熱機的效率

　　令 ε_C 為一卡諾熱機在介於兩個指定溫度間操作時的熱效率。在本節，我們將證明沒有任何在這樣溫度下運作的真實熱機之熱效率可大於 ε_C。若有，則該熱機將違反熱力學第二定律。

　　我們先假設有一發明家宣稱在她的修車廠中，已建造出一熱效率 ε_X 大於 ε_C 的熱機：

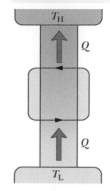

完美冷機：
從冷庫至熱庫之全部熱傳遞並不需要功

圖 20-15 完美冷機的組成——將熱由低溫熱庫移到高溫熱庫而不需要作功。

測試站 4

你希望增加一部理想冷機的效能係數。你可以藉由(a)讓冷凍室在高一點的溫度下運作，(b)讓它在低一點的溫度下運作，(c)將裝置移到較溫暖的房間，(d)將它移到較冷的房間來完成。這四個方案的溫度變化都一樣。將其結果的效能係數變化由大到小列出。

$$\varepsilon_X > \varepsilon_C \quad (宣稱而已) \tag{20-17}$$

讓我們將此熱機 X 和一部卡諾冷機連結在一起，如圖 20-16a 所示。我們把卡諾冷機的行程調整成它每循環一次所須的功，恰等於熱機 X 所提供的。因此，對圖 20-16a 的組合裝置——即我們的系統而言，沒有其它的(外部)功作用其上或者由它所提供。

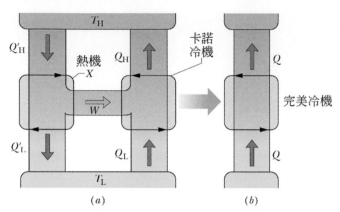

圖 20-16 (a)由熱機 X 驅動的卡諾冷機。(b)若真如所宣稱的，熱機 X 的效率大於卡諾熱機，則如圖(a)所示的組合便等於這裡所說的完美冷機了。這違反了熱力學第二定律，因此我們結論是 X 熱機不可能有比卡諾熱機大的熱效率。

若 20-17 式成立，則由熱效率的定義(20-11 式)可得

$$\frac{|W|}{|Q'_H|} > \frac{|W|}{|Q_H|}$$

其中有撇號的表示熱機 X，不等式右邊則是當卡諾冷機像熱機一樣操作時的熱效率。此不等式的要求為

$$|Q_H| > |Q'_H| \tag{20-18}$$

因為熱機 X 所作的功就等於卡諾冷機所作的功，由熱力學第一定律(20-8式)便可得

$$|Q_H| - |Q_L| = |Q'_H| - |Q'_L|$$

可寫成

$$|Q_H| - |Q'_H| = |Q_L| - |Q'_L| = Q \tag{20-19}$$

由 20-18 式可知，20-19 式裡的 Q 值必定為正。

　　將 20-19 式和圖 20-16 比較可知，熱機 X 和卡諾冷機聯合工作的淨效應是把熱能 Q 由低溫熱庫轉移到高溫熱庫而不必作功。因此，此組合便像圖 20-15 所示的完美冷機一樣的運作，而這是違反熱力學第二定律。

　　我們的假設中必定出了一個或多個錯誤，且可能只有 20-17 式是錯誤的。我們的結論是，沒有任何一部真實熱機，當它與卡諾熱機在相同的溫度間操作之時，其熱效率會大於卡諾熱機。最多是它可以和卡諾熱機有相同的熱效率。而此時該熱機 X 便是一部卡諾熱機。

20-4　熵的統計觀點

學習目標

在閱讀完這個區塊的文字之後，讀者應該能夠...

20.21 解釋何謂系統分子組態。

20.22 計算組態的多重數。

20.23 了解所有微觀態有相等的機率，但微觀態數目較多的組態會比其他組態有更高的機率。

20.24 應用波茲曼熵方程式來計算與多重數有關的熵。

關鍵概念

● 系統的熵可由其分子的可能分佈情形來定義。對於相同的分子，分子的每個可能分佈情形稱爲系統的微觀態。所有相等的微觀態集合成系統的組態。在一個組態內的微觀態數目爲此組態的多重數 W。

● 在一個有 N 個分子分佈於盒子兩半邊的系統，其多重數爲

$$W = \frac{N!}{n_1! n_2!}$$

其中 n_1 爲在盒子一半邊的分子數，n_2 爲另一半邊的分子數。統計力學的基本假設爲所有的微觀態都有

相同的機會。因此有大的多重數之組態會最常發生。當 N 很大時(如 $N = 10^{22}$ 個分子或更多)，分子幾乎總是處在 $n_1 = n_2$ 的組態。

● 系統組態的多重數 W 和系統在此組態下的熵 S，由波茲曼的熵方程式關聯在一起：

$$S = k \ln W$$

其中，$k = 1.38 \times 10^{-23}$ J/K，即波茲曼常數。

● 當 N 很大時(通常的例子)，我們可用史德齡近似來求 $\ln N!$ ：

$$\ln N! \approx N(\ln N) - N$$

熵的統計觀點

第 19 章裡面，我們看到氣體的巨觀性質可以用它們的微觀，或分子的行爲來解釋。這種解釋便是**統計力學**的一部分。這裡我們將注意力集中在單一問題上：在一隔離容器(盒子)的兩個半邊間氣體分子之分佈。這個問題是簡單易解的，而且允許我們用統計力學來計算理想氣體在自由膨脹時的熵變化。你將會看到使用統計力學與我們使用熱力學所計算出之熵的變化是相同的。

圖 20-17 所示爲一個包含六個相同(即不可區分)的氣體分子的盒子。在任何時刻，一個指定的分子不是在盒子的左半邊就是在右半邊。因爲盒子的這兩個半邊體積相同，所以分子在左半邊的可能性或機率，等於右半邊的。

表 20-1 裡列出了這六個分子的七種可能的組態，每個組態都以一個羅馬數字標示。例如，在組態 I 裡，所有的六個分子都在盒子的左半邊($n_1 = 6$)，而右半邊一個也沒有($n_2 = 0$)。我們可以看出，一般而言，一指定的組態可以由一些不同排列的方式來達成。我們稱這些不同的分子排列方式爲微觀態。現在我們來看看如何計算一指定組態所對應的微觀態。

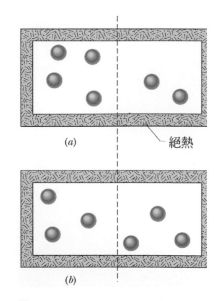

圖 20-17　含六個分子在內的隔熱盒。每個分子在左半邊盒子的機率等於右半邊。(a) 的排列相當於表 20-1 的組態 III，而 (b) 則相當於組態 IV。

表 20-1　盒內的六個分子

組態		多重數 W	W 的計算	熵 10^{-23}J/K
標號	n_1　n_2	（微觀態數目）	（20-20 式）	（20-21 式）
I	6　0	1	$6!/(6!0!)=1$	0
II	5　1	6	$6!/(5!1!)=6$	2.47
III	4　2	15	$6!/(4!2!)=15$	3.74
IV	3　3	20	$6!/(3!3!)=20$	4.13
V	2　4	15	$6!/(2!4!)=15$	3.74
VI	1　5	6	$6!/(1!5!)=6$	2.47
VII	0　6	1	$6!/(0!6!)=1$	0
	總微觀態數目 $= 64$			

假設我們有 N 個分子，其中 n_1 個分子分佈於箱子的一邊，而箱子的另一邊則有 n_2 個分子(故 $n_1 + n_2 = N$)。想像我們可以用人工方式一次一個的分配分子所在。若 $N = 6$，我們可以以六個獨立的方式來選擇第一個分子，也就是說，我們可以選擇六個分子的其中一個。第二個分子的選擇方式則有五個，即在剩餘的五個分子裡任選其一。我們可以選擇這六個分子的方式總數便是將這些獨立的方式相乘，或者說是等於 $6×5×4×3×2×1 = 720$。可將此乘積簡寫成數學式 $6! = 720$，其中 $6! = 720$ 為「6 的階乘」。你的計算機也許可以用來計算階乘。在稍後的使用中，你將需要知道 $0! = 1$ (用你的計算機確認一下)。

但因為分子是不可區分的，所以這 720 種排列方式也不是完全不同的。例如，當 $n_1 = 4$ 及 $n_2 = 2$ 時(如表 20-1 中的組態 III)，你要用什麼順序將四個分子放入盒子的某一邊其實並沒有關係，因為當你放好後，你是沒有辦法辨出當初放入的順序的。你排列這四個分子的順序共有 $4! = 24$ 種方法。同理，你將兩個分子放入盒子的另一邊的順序共有 $2! = 2$ 個方法。要知道導致組態 III 分佈$(4, 2)$的不同的排列方式的總數，我們必須將 720 除以 24 及 2。我們稱最後得到的數值為組態的多重數 W，此即一個組態所對應的微觀態數目。因此，對組態 III 而言

$$W_{\text{III}} = \frac{6!}{4!2!} = \frac{720}{24×2} = 15$$

故由表 20-1 可知，對應於組態 III 的獨立微觀態共有 15 個。注意，此表同時告訴我們，這六個分子的七種組態總共有 64 種微觀態。

若將六個分子延伸至 N 個分子，則可得到一般式

$$W = \frac{N!}{n_1!n_2!} \quad \text{（組態的多重數）} \tag{20-20}$$

你可以驗證表 20-1 裡所有組態的多重數。

統計力學的基本假設為：

所有微觀態都具有相同的機率。

換句話說，如果我們對圖 20-17 的盒子裡，以隨機方式碰撞的六個分子拍下大量照片，然後計算每個微觀態發生的次數，我們會發現所有 64 個微觀態以相同的次數發生。因此，系統在 64 個微觀態的每一個所花的時間，平均上是相同的。

微觀態有相同的機率，但不同的組態有不同數目的微觀態，所以組態的機率並不相同。在表 20-1 的組態 IV 有 20 個微觀態，是最有可能出現的一個組態，其機率為 20/64 = 0.313。這表示系統有 31.3%的時間是處於組態 IV。而組態 I 和 VII 中，所有分子都位於盒子的半邊，其機率是最小的，只有 1/64 = 0.016 或 1.6%的機率。出現機率最大的組態為分子均分於盒子的兩邊時，這並不令人意外，因為此即我們所預期的熱平衡狀態。令人意外的是，還是有可能——雖然機率很小——發現所有六個分子均集中在盒子的某半邊，而盒子的另一邊是空的。

對於極大數目的 N 而言，微觀態的數目也很巨大，但幾乎所有的微觀態都屬於把分子平均分配到盒子兩邊的組態，如圖 20-18 所示。即使測量到的氣體溫度及壓力都保持定值，但氣體其實是不斷地翻騰使得它的分子以等機率「拜訪」所有可能的微觀態。然而，由於在圖 20-18 中，位於中間組態尖峰之外的微觀態太少了，我們便可假設氣體分子總是平均地分配在盒子兩邊。而且，如同我們所見，這也是有最大熵值的組態。

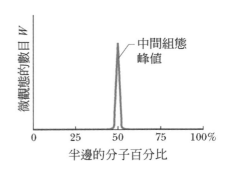

圖 20-18 在盒內有龐大數目的分子時，對所需的微觀態數目與分子集中在盒子左半邊的百分比作圖。幾乎所有的微觀態都相當於分子平均的分配在盒子的兩邊，這些微觀態形成了在圖上的中間組態峰值。在 $N \approx 10^{22}$ 時，此中間組態尖峰將會比圖中所繪還要狹窄的多(其實窄到無法繪出)。

範例 20.5 微觀態與多重數

假設在圖 20-17 中，有 100 個不可區分的分子在盒子裡。則當 $n_1 = 50$ 及 $n_2 = 50$ 時的組態有多少個微觀態？而當 $n_1 = 100$ 及 $n_2 = 0$ 時的組態又有多少個？以此二組態的相對機率來解釋此結果。

關鍵概念

不可區分的分子在一密閉盒內的組態之多重數 W，為該組態的獨立微觀態的數目，即如 20-20 式所得的結果。

計算 因此，對於 (n_1, n_2) 為(50, 50)的組態而言，

$$W = \frac{N!}{n_1!n_2!} = \frac{100!}{50!50!}$$

$$= \frac{9.33 \times 10^{157}}{(3.04 \times 10^{64})(3.04 \times 10^{64})}$$

$$= 1.01 \times 10^{29} \qquad (\text{答})$$

同理，對組態(100, 0)而言，

$$W = \frac{N!}{n_1!n_2!} = \frac{100!}{100!0!} = \frac{1}{0!} = \frac{1}{1} = 1 \qquad (\text{答})$$

意義 因此，一個 50-50 的分佈比一個 100-0 的分佈大了約 1×10^{29} 的數量級。如果你能每 10^{-9} 秒計算一個 50-50 分佈所對應的微觀態數目，它會花掉你大約 3×10^{12} 年，這比宇宙年齡長了約 200 倍！即使 100 個分子仍算是很小的一個數目。想像一下將這些機率計算用到一莫耳分子上，即大約 $N = 10^{24}$，那將會是多大的一個數目。因此，你永不須擔心會突然發現，所有的空氣分子都擠到你房間的一個角落裡去了。所以，因為熵的物理性讓你可以呼吸輕鬆些。

機率和熵

在 1877 年，奧地利物理學家波茲曼(波茲曼常數 k 的那個波茲曼) 首度導出一氣體組態的熵 S 和該組態的多重數 W 的關係。該關係式為

$$S = k \ln W \quad \text{(波茲曼熵方程式)} \tag{20-21}$$

這個著名的公式被刻在波茲曼的墓碑上。

S 與 W 間會有對數關係是很自然的。兩系統的總熵值即它們個別熵值的和。而兩獨立系統出現的機率則是它們個別機率的乘積。因為 $\ln ab = \ln a + \ln b$，看來用對數來連接這些量是個合理的方式。

表 20-1 列出了圖 20-17 中六分子系統組態的熵值，是以 20-21 式計算的。有最大多重數的組態 IV 也有最大熵值。

當你用 20-20 式計算 W 時，若你想用你的計算機來求大於幾百的數目階乘，它也許會出現「OVER-FLOW」的訊號。取而代之的是，你可以使用 $\ln N!$ 的**史德齡近似值**：

$$\ln N! \approx N(\ln N) - N \quad \text{(史德齡近似值)} \tag{20-22}$$

Stirling 是一個英國數學家，而不是發明知名引擎的 Robert Stirling。

> ☑ **測試站 5**
>
> 一個盒子內含有一莫耳的氣體。考慮下述兩個組態：(a) 每半邊的盒子內各有半數分子，(b) 每三分之一的盒子內各有 1/3 的分子。哪一個組態有較多的微觀態？

範例 **20.6** 使用微觀態計算自由膨脹之熵的變化

在範例 20.01 中，當 n 莫耳的理想氣體在自由膨脹中使體積倍增，由初狀態 i 到末狀態 f，熵增加了 $S_f - S_i = nR \ln 2$。試由統計力學推導此結果。

關鍵概念

氣體分子的任一指定組態之熵 S，與該組態之微觀態的多重數間，均可用 20-21 式($S = k \ln W$)將它們聯繫起來。

計算 我們有興趣的兩個組態是：末組態 f (分子佔滿它們在圖 20-1b 裡的整個容器體積)與初始組態 i(分子佔據了容器的左半邊)。因為分子是在一封閉容器內，所以我們可以使用 20-20 式來計算其微觀態的多重數 W。此處我們有 n 莫耳的氣體，其中有 N 個分子。一開始分子全在容器的左半邊，其組態(n_1, n_2)為$(N, 0)$。由 20-20 式，其多重數為

$$W_i = \frac{N!}{N! 0!} = 1$$

最後，分子擴散到整個體積，其組態(n_1, n_2)為$(N/2, N/2)$。由 20-20 式，其多重數為

$$W_f = \frac{N!}{(N/2)!(N/2)!}$$

由 20-21 式，初末熵值分別為

$$S_i = k \ln W_i = k \ln 1 = 0$$

以及

$$S_f = k \ln W_f = k \ln(N!) - 2k \ln[(N/2)!] \tag{20-23}$$

在寫下 20-23 式時，我們使用了下列關係式

$$\ln \frac{a}{b^2} = \ln a - 2 \ln b$$

現在，將 20-22 式應用到 20-23 式上，我們發現

$$\begin{aligned}
S_f &= k \ln(N!) - 2k \ln[(N/2)!] \\
&= k[N(\ln N) - N] - 2k[(N/2)\ln(N/2) - (N/2)] \\
&= k[N(\ln N) - N - N \ln(N/2) + N] \\
&= k[N(\ln N) - N(\ln N - \ln 2)] = Nk \ln 2 \tag{20-24}
\end{aligned}$$

由 19-8 式可知，我們可以將 Nk 代以 nR，其中 R 為氣體常數。則 20-24 式變為

$$S_f = nR \ln 2$$

初狀態與末狀態的熵變化便為

$$S_f - S_i = nR \ln 2 - 0$$
$$= nR \ln 2 \qquad \text{(答)}$$

此即我們要證明的。在範例 20.1 裡我們是用熱力學的方法，即由找出一等效的可逆過程，以溫度及熱傳遞計算該過程的熵變化，來找出自由膨脹的熵增加值。在本例題中，我們是用統計力學的方法來計算相同的熵增加值，用的是系統由分子組成的這一事實。簡言之，這兩種相當不同的方法產生了相同的答案。

WILEY PLUS Additional example,video,and practice available at *WileyPLUS*

重 點 回 顧

單向過程 **不可逆過程**即一個無法靠著環境的微小變化就能反向的過程。不可逆過程遵守的方向由發生此過程之系統其熵變化 ΔS 決定。熵 S 是系統的狀態特性(或狀態函數)；意即它只與系統的狀態有關，而與系統如何達到此狀態無關。熵的假設為(部分)：如果一不可逆過程發生在封閉系統內，此系統的熵恆為增加。

計算熵的變化 令系統由初狀態 i 到末狀態 f 的不可逆過程之**熵變化** ΔS 就等於任何令系統在這兩個狀態間的可逆過程之熵變化 ΔS。我們可由下式計算後者(不是前者)

$$\Delta S = S_f - S_i = \int_i^f \frac{dQ}{T} \qquad (20\text{-}1)$$

其中 Q 為此過程中轉移進出系統的能量，T 是系統的凱氏溫度。

對於可逆等溫過程，20-1 式變為

$$\Delta S = S_f - S_i = \frac{Q}{T} \qquad (20\text{-}2)$$

當系統的溫度變化 ΔT 相對於過程前後的溫度(凱氏)很小時，熵變化可近似成

$$\Delta S = S_f - S_i \approx \frac{Q}{T_{\text{avg}}} \qquad (20\text{-}3)$$

其中 T_{avg} 為系統在此過程的平均溫度。

如果理想氣體在可逆過程中，是從初始狀態的溫度 T_i 和體積 V_i，改變為最後狀態的溫度 T_f 及體積 V_f，

則氣體的熵的變化量 ΔS 為：

$$\Delta S = S_f - S_i = nR \ln \frac{V_f}{V_i} + nC_V \ln \frac{T_f}{T_i} \qquad (20\text{-}4)$$

熱力學第二定律 此定律為熵的假設之引伸，其內容為：如果封閉系統內發生某一過程，系統的熵在不可逆過程時增加，則在可逆過程時保持定值。熵絕不會減少。方程式為

$$\Delta S \geq 0 \qquad (20\text{-}5)$$

熱機 一部**熱機**是某種循環運作，由高溫熱庫抽取的熱 $|Q_H|$，作某個功 $|W|$。熱機的效率 ε 定義為

$$\varepsilon = \frac{\text{獲得的能量}}{\text{支出的能量}} = \frac{|W|}{|Q_H|} \qquad (20\text{-}11)$$

在**理想熱機**中，所有的過程都是可逆的，沒有任何能量因摩擦力或擾動等因素而損耗掉。**卡諾熱機**為如圖 20-9 的一理想熱機。它的效率為

$$\varepsilon_C = 1 - \frac{|Q_L|}{Q_H} = 1 - \frac{T_L}{T_H} \qquad (20\text{-}12, 20\text{-}13)$$

其中，T_H 及 T_L 分別為高溫及低溫熱庫的溫度。真實熱機的效率恆低於 20-13 式所提出的數字。不是卡諾熱機的理想熱機，其效率也低於該值。

完美熱機是一部假想的熱機，能把由高溫熱庫抽取的熱完全轉換為功。完美熱機違反了熱力學第二定律，此定律可重述如下：沒有任何一系列的過程，其唯一結果是由熱庫吸收熱能並完全轉換為功。

冷機 一個冷機是能夠循環運作，對其作功 W，就可將熱$|Q_L|$由低溫熱庫中抽出。冷機的效能係數 K 定義爲

$$K = \frac{\text{所要需求}}{\text{付出代價}} = \frac{|Q_L|}{|W|} \qquad (20\text{-}14)$$

卡諾冷機是卡諾熱機的反向操作。對於卡諾冷機，20-14 式變爲

$$K_C = \frac{|Q_L|}{|Q_H| - |Q_L|} = \frac{T_L}{T_H - T_L} \qquad (20\text{-}15,\ 20\text{-}16)$$

完美冷機是一假想冷機，能將由低溫熱庫抽取的熱，完全轉移釋放到高溫熱庫中，而不須要作功。完美冷機違反了熱力學第二定律，此定律可重述如下：沒有任何一系列的過程，可以將熱由一指定溫度的熱庫，轉移到另一較高溫度的熱庫，而不須要作功。

由統計觀點看熵 系統的熵可由其分子的可能分佈情形來定義。對於相同的分子，分子的每個可能分佈情形稱爲系統的**微觀態**。所有相等的微觀態集合成系統的**組態**。在一個組態內的微觀態數目爲此組態的**多重數** W。

在一個有 N 個分子分佈於盒子兩邊的系統，其多重數爲

$$W = \frac{N!}{n_1! n_2!} \qquad (20\text{-}20)$$

其中 n_1 爲在盒子一半的分子數，n_2 爲另一半的分子數。**統計力學**的基本假設爲所有的微觀態都有相同的機會。因此有大的多重數之組態會最常發生。

系統組態的多重數 W 和系統在此組態下的熵 S，由波茲曼的熵方程式關聯在一起：

$$S = k \ln W \qquad (20\text{-}21)$$

其中，$k = 1.38 \times 10^{-23}$ J/K，即波茲曼常數。

討論題

1 圖 20-19 的 T-S 關係圖上顯示卡諾循環，其比例爲 $S_s = 0.60$ J/K。求一個完整循環的(a)淨傳熱和(b)系統的淨功。

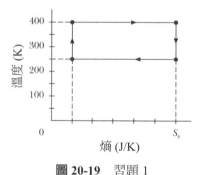

圖 20-19 習題 1

2 (a)某一個卡諾熱機操作於 320 K 高溫熱庫和 260 K 低溫熱庫之間。如果熱機每個循環會以熱能的形式，從高溫熱庫吸收 500 J，請問這個熱機每個循環可以送出多少功？(b)如果熱機在兩個相同熱庫之間反向操作，使得其功能類似冷機，則爲了在每個循環以熱能形式，從低溫熱庫移出 1000 J，試問每個循環所必須供應的功有多少？

3 一卡諾熱機在溫度 $T_1 = 450$ K 及 $T_2 = 140$ K 間工作，並驅動一卡諾冷機，使其在溫度 $T_3 = 325$ K 和 $T_4 = 225$ K 之間工作，如圖 20-20 所示。比值 Q_3 / Q_1 爲何？

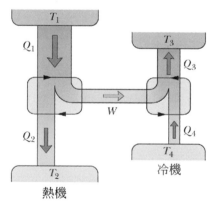

圖 20-20 習題 3

4 找出可逆理想熱機的效率和藉由使熱機逆運轉而獲得的可逆冷機的效能係數之間的關係。

5 某一根黃銅棒的一端與溫度 130°C 的定溫熱庫接觸在一起，另一端與溫度 24.0°C 的定溫熱庫接觸在一起。(a)當有 5030 J 的能量經由黃銅棒，從一個熱庫傳遞到另一熱庫的時候，請計算棒子-熱庫系統的熵值總變化量。(b)請問黃銅棒的熵值有改變嗎？

6 一莫耳的單原子理想氣體經歷一可逆循環過程，如圖 20-21 所示。體積 $V_c = 8.00V_b$。過程 bc 為絕熱膨脹，且 $p_b = 10.0$ atm，$V_b = 1.40 \times 10^{-3}$ m^3。試求一完整循環中：(a)加於氣體的熱，(b)離開氣體的熱，(c)氣體所作的功，(d)效率。

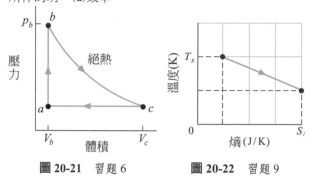

圖 20-21 習題 6　　**圖 20-22** 習題 9

7 包含三個粒子的系統 A 和包含五個粒子的系統 B，放置在像圖 20-17 那樣的絕熱箱中。試問：(a)系統 A 和(b)系統 B 的最小多重性 W 是多少？(c)系統 A 和(d)系統 B 的最大多重性 W 是多少？(e) A 和(f) B 的最大熵值是多少？

8 2.00 mol 起初處於 300 K 的雙原子氣體進行著下列循環：(1)在固定體積下加熱到 800 K，(2)然後等溫膨脹到其初始壓力，(3)接著在固定壓力下壓縮回到其初始狀態。假設此氣體分子既不轉動也不振動，試求 (a)以熱能形式傳遞到氣體的淨能量，(b)由氣體所做的淨功，以及(c)此循環的效率。

9 3.0 莫耳的理想單原子氣體經歷一可逆過程的變化，如圖 20-22 所示。垂直軸的尺標可以用 $T_s = 600.0$ K 予以設定，水平軸的尺標可以用 $S_s = 20.0$ J/K 予以設定。(a)試求氣體吸收的熱。(b)試求氣體內能的變化。(c)試求氣體所作的功。

10 一卡諾熱機的功率為 500 W。它在 100℃ 和 60.0℃ 的儲熱器之間運轉。計算(a)熱量輸入率和(b)廢熱輸出率。

11 一熱泵用於對建築物加熱，外部溫度低於內部溫度。該泵的效能係數為 3.8，熱泵每小時將 6.60 MJ 的熱量傳送給建築物。如果熱泵是反向運轉的卡諾熱機，則必須以何速率運轉？

12 (a) 22.0 g 的冰塊完全融化在一桶溫度恰在冰點之上的水中。其熵變化若干？(b) 7.50 g 的水，在一溫度略高於沸點的金屬板上完全蒸發，其熵變化若干？

13 一個氣體樣本進行著可逆等溫膨脹過程。圖 20-23 提供了氣體熵值變化量 ΔS 相對於氣體最終體積 V_f 的曲線圖。垂直軸的尺標可以用 $\Delta S_s = 80$ J/K 予以設定。試問此氣體包含多少莫耳的分子？

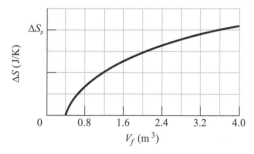

圖 20-23 習題 13

14 某理想氣體在 77.0℃ 之下，體積由 1.30 L 等溫 (可逆)膨脹至 3.40 L。設該氣體的熵變化量為 16.0 J/K。試問，該氣體有多少莫耳？

15 某石化燃料電廠為了產生 750 MW 的可利用功率，必須每小時消耗 380 公噸的煤，請計算電廠的效率是多少。煤的燃燒熱(由燃燒而產生的熱量)是 28 MJ/kg。

16 將某一個 577 g 物塊與熱庫相接觸。物塊起初的溫度低於熱庫溫度。假設其後從熱庫到物塊、以熱能形式進行的能量傳導是可逆的。圖 20-24 提供了直到達成熱平衡為止的物塊熵值變化量 ΔS 的曲線圖。水平軸的尺標可以用 $T_a = 280$ K，$T_b = 380$ K 予以設定。試問物塊的比熱為何？

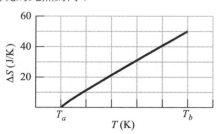

圖 20-24 習題 16

17 某一個理想冷機為了由冷藏室以熱能形式移出能量 560 J，必須做功 150 J。(a)試問冷機的效能係數是多少？(b)每個循環排入廚房的熱能是多少？

18 某一個其高溫熱庫處於400 K的卡諾熱機的效率是30.0%。試問其低溫熱庫的溫度應該改變多少，才能讓其效率增加到40.0%？

19 (a)對於經歷圖 20-25 所示循環的 3.0 mol 單原子理想氣體而言(其中 $V_1 = 4.00V_0$)，請問當氣體沿著路徑 abc，從狀態 a 變化成狀態 c 下的 W/p_0V_0 是多少？當氣體(b)從 b 變成 c；及(c)經歷一個完整循環，試問 $\Delta E_{int}/p_0V_0$ 爲何？當氣體(d)從 b 變成 c；及(e)經歷一個完整循環，試問 ΔS 爲何？

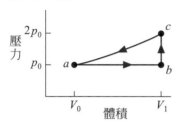

圖 20-25 習題 19

20 假設有 260 J 從 400 K 的定溫熱庫傳導到溫度爲 (a) 100 K，(b) 200 K，(c) 300 K，(d) 360 K 的熱庫。請問在每一種情形下，熱庫的熵值淨變化量 ΔS_{net} 爲何？(e)如果兩個熱庫的溫度差減少，則 ΔS_{net} 增加、減少或維持不變？

21 1.00 mol 單原子理想氣體的溫度可逆地由 300 K 增加到 400 K，整個過程的體積保持固定。試問氣體的熵值變化量是多少？

22 請重做習題 21，但是現在讓壓力保持固定。

23 一位發明家已經建造出一部熱機 X，並且宣稱此熱機的效率 ε_X，大於操作於兩個相同溫度之間的理想熱機的效率 ε。假設我們將熱機 X 耦合到理想冷機(圖 20-26a)，並且調整熱機 X 的循環，使得它在每一個循環所提供的功，等於理想冷機每個循環所需要的功。將這個組合視爲單一裝置，並且證明如果發明家的宣稱是眞實的(如果 $\varepsilon_X > \varepsilon$)，則組合裝置的功能就像一個完美冷機(圖 20-36b)，可以在不需要由外界輸入功的情形下，將能量以熱能的形式從低溫熱庫傳遞到高溫熱庫。

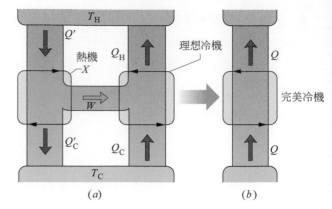

圖 20-26 習題 23

24 當某一個氮氣(N_2)樣品在固定體積下增加其溫度，其分子速率分佈增加了。換言之，分子速率的機率分佈函數 $P(v)$ 較集中到比較高的速度值範圍，如圖 19-8b 所示。有一種描述 $P(v)$ 的散佈方式爲，量測最可能速率 v_P 和 rms 速率 v_{rms} 之間的差值 Δv。當 $P(v)$ 散佈到比較高的速率，其 Δv 將增加。假設氣體是理想的，而且 N_2 分子會轉動但是不會振動。當氣體莫耳數是 1.5 mol，初始溫度爲 250 K，而且最後溫度是 500 K 的時候，請問：(a)初始差值 Δv_i，(b)最後差值 Δv_f，和(c)氣體的熵值變化量 ΔS 是多少？

25 某一個 3.20 mol 單原子理想氣體在進行可逆熱力學過程中，其溫度在固定體積下由 380 K 增加到 425 K，試問其熵值變化量爲何？

26 某卡諾熱機之效率爲 22.0%。溫差爲 65.0℃ 之兩熱庫之間工作。試求：在(a)較低溫度，(b)較高溫度的熱庫之溫度各若干？

27 某一個絕熱的保溫瓶內含 70.0℃、130 g 的水。我們將 12.0 g、0℃ 的冰立方體放入瓶中，形成冰+原來的水的系統。(a)試問此系統的平衡溫度爲何？原來爲冰立方體的水(b)在它融化的過程，以及(c)在它加溫到平衡溫度的過程中，其熵值變化量爲何？(d)在原來的水冷卻到平衡溫度的過程中，其熵值變化量爲何？(e)在冰+原來的水系統抵達平衡溫度的過程中，其熵值淨變化量爲何？

28 一卡諾熱機在 225℃ 及 115℃ 之間循環操作。已知每循環由高溫熱庫吸取 6.30×10^4 J 的熱。(a)此熱機的效率爲何？(b)熱機運轉時，每循環可作功若干？

29 某理想氣體在 82.6℃ 之下,作等溫(可逆)膨脹。設氣體的熵增加量為 46.0 J/K,試求所吸收的熱有多少?

30 圖 20-27 規定了某條橡皮筋的作用力大小 F,相對於拉伸距離 x 的關係,其中以 F_s = 1.50 N 設定 F 軸的尺度,以 x_s = 3.50 cm 設定 x 軸的尺度。已知溫度為 2.00℃。當橡皮筋受了 x = 1.70 cm 拉伸量時,橡皮筋再受到微小拉伸增加量所導致的熵變化率為何?

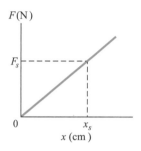

圖 20-27 習題 30

31 假設 0.550 mol 理想氣體以下列四種過程,等溫而且可逆地進行膨脹。請問在每種情形下,氣體的熵值變化量為何?

情形	(a)	(b)	(c)	(d)
溫度(K)	250	350	400	450
初體積(cm^3)	0.200	0.200	0.300	0.300
末體積(cm^3)	0.800	0.800	1.20	1.20

32 有四個粒子位於圖 20-17 的絕熱盒中。請問此四粒子系統的(a)最小多重性(multiplicity);(b)最大多重性;(c)最小熵值;和(d)最大熵值各是多少?

33 某 3.4 mol 雙原子理想氣體在進行三階段循環:(1)固定體積下,氣體溫度從 200 K 增加到 500 K;(2)然後氣體等溫膨脹到其原始壓力;(3)然後氣體在固定壓力下,收縮回到其原始體積。在整個過程中,氣體分子能轉動但是不能振動。請問循環的效率是多少?

34 一個 4.00 mol 理想氣體可逆地進行三階段循環過程:(1)讓氣體絕熱膨脹成初始體積的 2.00 倍,(2)定容過程,(3)等溫壓縮回到氣體的初始狀態。我們不知道氣體分子是單原子或雙原子;如果它是雙原子,我們也不知道此分子是否能轉動或振動。試問在(a)

整個循環,(b)過程 1,(c)過程 3,和(d)過程 2 中,氣體的熵值變化量是多少?

35 假設 2.00 mol 雙原子氣體可逆地繞著圖 20-28 的 T-S 曲線圖中的循環,變化其狀態;其中 S_1 = 6.00 J/K;S_2 = 8.00 J/K。其分子不會轉動或振動。試問在(a)路徑 1→2,(b)路徑 2→3,和(c)整個循環中,以熱能形式傳遞的能量 Q 有多少?(d)在等溫過程中,功 W 是多少?在狀態 1 中,體積 V_1 是 0.200 m^3。試問在(e)狀態 2 和(f)狀態 3 中的體積是多少?

對於(g)路徑 1→2,(h)路徑 2→3,(i)整個循環而言,改變量 ΔE_{int} 為何?(提示:(h)小題可用第 19-7 節的一行或兩行計算加以處理,或者使用第 19-9 節的一頁計算加以處理)。(j)絕熱過程的功 W 為何?

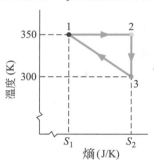

圖 20-28 習題 35

36 一個 45.0 g、30.0℃ 的鎢塊和一個 25.0 g、−120℃ 的銀塊一起放置在絕熱容器內。(關於比熱,請參看表 18-3)。(a)請問其平衡溫度為何?在達到平衡以後,(b)鎢塊,(c)銀塊,和(d)鎢-銀系統的熵值變化量為何?

37 某一個能夠液化氦氣的儀器放置在溫度維持於 300 K 的室內。如果在儀器內的氦氣溫度是 4.0 K,請問其最小比值 Q_{to}/Q_{from} 為何,其中 Q_{to} 是以熱能形式排放到室內的能量,而 Q_{from} 是以熱能形式從氦氣移出的能量?

38 假設 1.0 mol 單原子理想氣體起初是處於 10 L 和 300 K 的狀態中,在定容下將它加熱到 600 K,接著讓它等溫膨脹到其初始壓力,最後在定壓下壓縮成它的原始體積、壓力和溫度。在整個循環中,請問:(a)以熱能形式進入系統(氣體)的淨能量,(b)由氣體所做的淨功各是多少?(c)循環的效率是多少?

39 某一個圓柱形銅棒的長度是 1.50 m，半徑是 2.00 cm，爲了避免經由曲線表面發生熱能損失，所以加以絕熱。將銅棒的一端連結在溫度 300°C 的熱庫；另一端連結在溫度 30.0°C 的熱庫。請問銅棒-熱庫系統的熵值增加率爲何？

40 一卡諾熱機之低溫熱庫爲 17°C，效率爲 45%。欲使效率提高爲 50%，試問，高溫熱庫的溫度必須提高多少？

41 某卡諾熱機的功率爲 400 W，在 100°C 及 60.0°C 之兩熱庫之間工作。試求：(a)熱之輸入率，(b)熱的排放率。

42 某可逆的卡諾冷氣機將熱由 70°F 的室內排放到 90°F 的室外。試問，驅動冷氣機每焦耳的電能可由室內轉移多少焦耳的熱至室外？

43 某一個卡諾冷機在每一個循環中，能夠以熱能形式抽取出 35.0 kJ 的能量，其操作時的效能係數是 4.60。請問：(a)在每一個循環中以熱能形式傳遞到室內的能量，及(b)每一個循環所做的功是多少？

44 一箱子內含 N 個氣體分子。考慮下述兩個組態：在組態 A 中，箱子的兩個半邊各擁有相同數量的分子，在組態 B 中，箱子的左半邊具有 60.0% 的分子，右半邊具有 40.0% 分子。在 N = 50 的情形下，請問：(a)組態 A 的多重性 W_A，(b)組態 B 的多重性 W_B，和(c)系統處於組態 B 的時間相對於系統處於組態 A 的時間的比值 $f_{B/A}$，各是多少？當 N = 100，試問：(d) W_A，(e) W_B，(f) $f_{B/A}$ 爲何？當 N = 200，試問：(g) W_A，(h) W_B，(i) $f_{B/A}$ 爲何？(j)隨著 N 增加，f 將增加、減少或維持不變？

45 在一眞實的冰箱中，低溫線圈的溫度爲 –13°C，冷凝器中的壓縮氣體溫度爲 26°C。請問效能係數的理論值是多少？

46 假設接近地球極地地區，有一個很深的豎井鑽入地殼中，其中豎井的地表面溫度是 –40°C，到達某深度時的溫度是 800°C。(a)試問對於操作於這兩個溫度的熱機而言，其理論上的效率極限是多少？(b)如果所有以熱能形式釋放到低溫熱庫的能量，全部用於融化初始溫度 –40°C 的冰，請問 100 MW 發電廠(將它視爲熱機) 產生 0°C 液態水的速率是多少？冰的比熱是 2220 J/kg·K；水的融化熱是 333 kJ/kg (請注意在這種情形下，熱機可以只操作在 0°C 和 800°C 之間。在 –40°C 排放出來的能量不能將任何物體的溫度加熱到高於 –40°C)。

47 某一個 600 g、80.0°C 銅塊放置在其內已經裝有 70.0 g、10.0°C 水的絕熱容器內。(關於比熱，請參看表 18-3)。(a)試問銅-水系統的平衡溫度是多少？在抵達平衡溫度的過程中，(b)銅，(c)水，和(d)銅-水系統的熵值變化量爲何？

48 某一個 0.600 kg 水的樣品起初是溫度爲 –20°C 的冰。試問如果其溫度增加到 40°C，則樣品的熵值變化量是多少？

49 爲了製造冰塊，一部將卡諾熱機反向操作的冷機，在每一次循環於 –15°C 的溫度下，吸取了 36 kJ 的熱能，其效能係數是 5.7。室溫爲 30.3°C。試問(a)每一次循環，以熱能形式排放到室內的能量，以及(b)每一次循環，要讓冷機運轉所需要的功是多少？

50 4.00 莫耳的理想氣體在溫度 T = 320 K 下，體積由 V_1 等溫(可逆)膨脹至 $V_2 = 2.00V_1$。(a)試求氣體所作的功。(b)試求其熵變化量。(c)若爲絕熱膨脹(可逆)，試求熵變化量。

附 錄 A
國際單位系統(SI)*

表 1　SI 基本單位

物理量	名稱	符號	定義
長度	公尺	m	「…光在眞空中，於一秒的 1/299,792,458 內所行進的路徑長度。」(1983)
質量	公斤	kg	「…該公斤原型(某一鉑-銥圓柱體)就是質量單位。」(1889)
時間	秒	s	「…Cs^{133} 原子基態之兩個超精細能階間的躍遷所生輻射其 9,192,631,770 個週期所對應的時間。」(1967)
電流	安培	A	「…若兩無限長之長直平行導體的截面積可忽略且在眞空中相距爲 1 m，則使這兩導體間產生每公尺 2×10^{-7} 牛頓之力的一固定電流。」(1946)
熱力學溫度	克耳文	K	「…水三相點熱力學溫度的 1/273.16。」(1967)
物質量	莫耳	mol	「…一系統內含之基本實體數量等於 0.012kg 的 C^{12} 所包含之原子數量時，此系統所具有之物質總量。」(1971)
發光強度	新燭光	cd	「…意指沿著已知的方向發出 540×10^{12} 赫茲的單色輻射，而且沿著該方向的輻射強度是每球面度 1/683 瓦的光源在該方向的發光強度。」(1979)

* 採自國際標準局特別出版品330(1972年版)之「The International System of Units (SI)」。

　上述定義皆由國際度量衡會議在表中所標日期開始採行。在本書中，我們並未採用燭光。

表 2　一些 SI 導出單位

物理量	單位名稱	符號	
面積	平方公尺	m²	
體積	立方公尺	m³	
頻率	赫茲	Hz	s⁻¹
質量密度(密度)	每立方公尺-仟克	kg/m³	
速率，速度	每秒-公尺	m/s	
角速度	每秒-弳	rad/s	
加速度	每平方秒-公尺	m/s²	
角加速度	每平方秒-弳	rad/s²	
力	牛頓	N	kg·m/s²
壓力	帕斯卡	Pa	N/m²
功，能量，熱量	焦耳	J	N·m
功率	瓦特	W	J/s
電荷量	庫侖	C	A·s
電位差，電動勢	伏特	V	W/A
電場強度	每公尺-伏特(或每庫侖-牛頓)	V/m	N/C
電阻	歐姆	Ω	V/A
電容	法拉	F	A·s/V
磁通量	韋伯	Wb	V·s
電感	亨利	H	V·s/A
磁通量密度	特斯拉	T	Wb/m²
磁場強度	每公尺-安培	A/m	
熵	每克耳文-焦耳	J/K	
比熱	每仟克·克耳文度-焦耳	J/(kg·K)	
熱導率	每公尺·克耳文度-瓦特	W/(m·K)	
輻射強度	每球面度-瓦特	W/sr	

表 3　SI 補充單位

物理量	單位名稱	符號
平面角	弳度	rad
立體角	球面度	sr

附錄 B

一些物理基本常數*

常數	符號	計算值	最佳數值(1998) 數值 [a]	最佳數值(1998) 不確定性 [b]
真空中的光速	c	3.00×10^8 m/s	2.997 924 58	精確
基本電荷	e	1.60×10^{-19} C	1.602 176 487	0.025
重力常數	G	6.67×10^{-11} m³/s²·kg	6.674 28	100
理想氣體常數	R	8.31 J/mol·K	8.314 472	1.7
亞佛加厥常數	N_A	6.02×10^{23} mol⁻¹	6.022 141 79	0.050
波茲曼常數	k	1.38×10^{-23} J/K	1.380 650 4	1.7
史特凡-波茲曼常數	σ	5.67×10^{-8} W/m²·K⁴	5.670 400	7.0
理想氣體在 STP[d]的莫耳體積	V_m	2.27×10^{-2} m³/mol	2.271 098 1	1.7
介電系數	ϵ_0	8.85×10^{-12} F/m	8.854 187 817 62	精確
磁導率常數	μ_0	1.26×10^{-6} H/m	1.256 637 061 43	精確
浦朗克常數	h	6.63×10^{-34} J·s	6.626 068 96	0.050
電子質量[c]	m_e	9.11×10^{-31} kg	9.109 382 15	0.050
		5.49×10^{-4} u	5.485 799 094 3	4.2×10^{-4}
質子質量[c]	m_p	1.67×10^{-27} kg	1.672 621 637	0.050
		1.0073 u	1.007 276 466 77	1.0×10^{-4}
質子質量與電子質量比	m_p / m_e	1840	1836.152 672 47	4.3×10^{-4}
電子荷質比	e/m_e	1.76×10^{11} C/kg	1.758 820 150	0.025
中子質量[c]	m_n	1.68×10^{-27} kg	1.674 927 211	0.050
		1.0087 u	1.008 664 915 97	4.3×10^{-4}
氫原子質量[c]	m_{1_H}	1.0078 u	1.007 825 031 6	0.0005
氘原子質量[c]	m_{2_H}	2.0136 u	2.013 553 212 724	3.9×10^{-5}
氦原子質量[c]	$m_{4_{He}}$	4.0026 u	4.002 603 2	0.067
μ 介子質量	m_μ	1.88×10^{-28} kg	1.883 531 30	0.056
電子磁矩	μ_e	9.28×10^{-24} J/T	9.284 763 77	0.025
質子磁矩	μ_p	1.41×10^{-26} J/T	1.410 606 662	0.026
波耳磁元	μ_B	9.27×10^{-24} J/T	9.274 009 15	0.025
原子核磁元	μ_N	5.05×10^{-27} J/T	5.050 783 24	0.025
波耳半徑	a	5.29×10^{-11} m	5.291 772 085 9	6.8×10^{-4}
雷德堡常數	R	1.10×10^7 m⁻¹	1.097 373 156 852 7	6.6×10^{-6}
電子康卜吞波長	λ_C	2.43×10^{-12} m	2.426 310 217 5	0.0014

[a] 本欄所示之值與計算值具有相同的單位及 10 的冪次。

[b] 每百萬分之幾(ppm)。

[c] 以統一的原子質量單位來表示質量，1 u = 1.660 538 782 × 10^{-27} kg。

[d] STP 意指標準溫度與壓力：0 °C 及 1.0 atm (0.1 MPa)。

* 本表數值選自 1998 CODATA 建議值(www.physics.nist.gov)。

附錄 C
一些天文數據

從地球至下列各處之距離

至月球*	3.82×10^8 m	至我們的銀河系中心	2.2×10^{20} m
至太陽	1.50×10^{11} m	至仙女座銀河系	2.1×10^{22} m
至最近的恆星(半人馬座比鄰星)	4.04×10^{16} m	至可見的宇宙邊際	$\sim 10^{26}$ m

* 平均距離

太陽、地球、及月球

性質	單位	太陽	地球	月球
質量	kg	1.99×10^{30}	5.98×10^{24}	7.36×10^{22}
平均半徑	m	6.96×10^8	6.37×10^6	1.74×10^6
平均密度	kg/m³	1410	5520	3340
表面自由落體加速度	m/s²	274	9.81	1.67
脫離速度	km/s	618	11.2	2.38
自轉週期[a]	—	37 天 (在兩極處)[b] 26 天 (在赤道處)[b]	23 小時 56 分	27.3 天
輻射功率[c]	W	3.90×10^{26}		

[a] 相對於遠距離恆星而測得。

[b] 太陽為由氣體所組成的球體，其無法如剛體一樣轉動。

[c] 假設太陽輻射垂直入射，則在地球大氣外層所接收到的太陽能率恰為 1340W/m²。

九大行星的一些特性

	水星	金星	地球	火星	木星	土星	天王星	海王星	冥王星[d]
距太陽之平均距離，10^6 km	57.9	108	150	228	778	1430	2870	4500	5900
公轉週期，年	0.241	0.615	1.00	1.88	11.9	29.5	84.0	165	248
自轉週期[a]，天	58.7	−243[b]	0.997	1.03	0.409	0.426	−0.451[b]	0.658	6.39
軌道速率，km/s	47.9	35.0	29.8	24.1	13.1	9.64	6.81	5.43	4.74
相對於公轉軌道之軸傾角	<28°	≈3°	23.4°	25.0°	3.08°	26.7°	97.9°	29.6°	57.5°
相對於地球軌道之公轉軌道傾角	7.00°	3.39°		1.85°	1.30°	2.49°	0.77°	1.77°	17.2°
軌道的離心率	0.206	0.0068	0.0167	0.0934	0.0485	0.0556	0.0472	0.0086	0.250
赤道直徑，km	4880	12 100	12 800	6790	143 000	120 000	51 800	49 500	2300
質量(地球=1)	0.0558	0.815	1.000	0.107	318	95.1	14.5	17.2	0.002
密度(水=1)	5.60	5.20	5.52	3.95	1.31	0.704	1.21	1.67	2.03
表面 g 值[c]，m/s²	3.78	8.60	9.78	3.72	22.9	9.05	7.77	11.0	0.5
脫離速度[c]，km/s	4.3	10.3	11.2	5.0	59.5	35.6	21.2	23.6	1.3
已知衛星	0	0	1	2	67+環	62+環	27+環	13+環	4

[a] 相對於遠距離恆星而測得。

[b] 金星與天王星的自轉方向與其公轉軌道運動方向相反。

[c] 在行星赤道處所測得的重力加速度。

[d] 冥王星現在歸類為矮行星。

附 錄 D

轉換因子

從下列各表可直接讀出換算因子。例如，1 度＝2.778×10^{-3} 轉，所以，$1.67° = 16.7 \times 2.778 \times 10^{-3}$ 轉。SI 單位是充分被利用的。部份摘錄自 G. Shortley 及 D. Williams, *Elements of Physics*, 1971, Prentice-Hall, Englewood Cliffs, NJ。

平面角

	°	′	″	弳	轉
1 度 = 1		60	3600	1.745×10^{-2}	2.778×10^{-3}
1 分 = 1.667×10^{-2}		1	60	2.909×10^{-4}	4.630×10^{-5}
1 秒 = 2.778×10^{-4}		1.667×10^{-2}	1	4.848×10^{-6}	7.716×10^{-7}
1 弳 = 57.30		3438	2.063×10^{5}	1	0.1592
1 轉 = 360		2.16×10^{4}	1.296×10^{6}	6.283	1

立體角

1 球 ＝ 4π 球面度 ＝ 12.57 球面度

長度

	公分(cm)	公尺(m)	公里(km)	吋(in)	呎(ft)	哩(mi)
1 公分 = 1		10^{-2}	10^{-5}	0.3937	3.281×10^{-2}	6.214×10^{-6}
1 公尺 = 100		1	10^{-3}	39.37	3.281	6.214×10^{-4}
1 公里 = 10^{5}		1000	1	3.937×10^{4}	3.281	0.6214
1 吋 = 2.540		2.540×10^{-2}	2.540×10^{-5}	1	8.333×10^{-2}	1.578×10^{-5}
1 呎 = 30.48		0.3048	3.048×10^{-4}	12	1	1.894×10^{-4}
1 哩 = 1.609×10^{5}		1609	1.609	6.336×10^{4}	5280	1

1 埃 = 10^{-10} m 　　　　 1 費米 = 10^{-15} m 　　　 1 噚 = 6 ft 　　　　　 1 竿 = 16.5 ft

1 浬 = 1852 m 　　　　 1 光年 = 9.461×10^{12} km 　 1 波耳半徑 = 5.292×10^{-11} m 　 1 密爾 = 10^{-3} in

　　 = 1.151 mi = 6076 ft 　 1 秒差距 = 3.084×10^{13} km 　 1 碼 = 3ft 　　　　　 1 nm = 10^{-9} m

面積

	平方公尺(m^2)	平方公分(cm^2)	平方呎(ft^2)	平方吋(in^2)
1 平方公尺 = 1	10^{4}	10.76	1550
1 平方公分 = 10^{-4}	1	1.076×10^{-3}	0.1550
1 平方呎 = 9.290×10^{-2}	929.0	1	144
1 平方吋 = 6.452×10^{-4}	6.452	6.944×10^{-3}	1

1 平方哩 = 2.788×10^{7} 平方呎 = 640 畝 　　　　 1 畝 = 43560 平方呎

1 邦(barn) = 10^{-28} 平方公尺 　　　　　　　　　 1 公頃 = 10^{4} m^2 = 2.471 畝

面積

	立方公尺(m³)	立方公分(cm³)	升(L)	立方呎(ft³)	立方吋(in³)
1 立方公尺 = 1	10^6	1000	35.31	6.102×10^4
1 立方公分 = 10^{-6}	1	1.000×10^{-3}	3.531×10^{-5}	6.102×10^{-2}
1 升 = 1.000×10^{-3}	1000	1	3.531×10^{-2}	61.02
1 立方呎 = 2.832×10^{-2}	2.832×10^4	28.32	1	1728
1 立方吋 = 1.639×10^{-5}	16.39	1.639×10^{-2}	5.787×10^{-4}	1

1 加侖(美) = 4 夸脫(美) = 8 品脫(美) = 128 啢(美) = 231 立方吋

1 加侖(英) = 277.4 立方吋 = 1.201 加侖(美)

質量

有淡藍底的量不是質量單位，但時常被用作質量單位。比如，當我們寫 1 kg " = " 2.205 lb 時，即意指在 g 具有標準值 9.80665m/s^2 之處，1 kg 之**質量**會重 2.205 磅。

	克 (g)	公斤 (kg)	斯勒 (slug)	原子質量 單位(u)	盎斯 (oz)	磅 (lb)	噸 (ton)
1 克 = 1	0.001	6.852×10^{-5}	6.022×10^{23}	3.527×10^{-2}	0.205×10^{-3}	1.102×10^{-6}
1 公斤 = 1000	1	6.852×10^{-2}	6.022×10^{26}	35.27	2.205	1.102×10^{-3}
1 斯勒 = 1.459×10^4	14.59	1	8.786×10^{27}	514.8	32.17	1.609×10^{-2}
1 原子 質量 = 1.661×10^{-24} 單位	1.661×10^{-27}	1.138×10^{-28}	1	5.857×10^{-26}	3.662×10^{-27}	1.830×10^{-30}
1 盎斯 = 28.35	2.835×10^{-2}	1.943×10^{-3}	1.718×10^{25}	1	6.250×10^{-2}	3.125×10^{-5}
1 磅 = 453.6	0.4536	3.108×10^{-2}	2.732×10^{26}	16	1	0.0005
1 噸 = 9.072×10^5	907.2	62.16	5.463×10^{29}	3.2×10^4	2000	1

1 公噸 = 1000 公斤

密度

有淡藍底的量乃為重量密度，其與質量密度的因次不同。參閱質量表的註釋。

	斯勒/呎³	公斤/公尺³	克/公分³	磅/呎³	磅/吋³
1 斯勒/呎³ = 1	515.4	0.5154	32.17	1.862×10^{-2}
1 公斤/公尺³ = 1.940×10^{-3}	1	0.001	6.243×10^{-2}	3.613×10^{-5}
1 克/公分³ = 1.940	1000	1	62.43	3.613×10^{-2}
1 磅/呎³ = 3.108×10^{-2}	16.02	16.02×10^{-2}	1	5.787×10^{-4}
1 磅/吋³ = 53.71	2.768×10^4	27.68	1728	1

時間

	年	天	小時	分	秒
1 年 = 1	365.25	8.766×10^3	5.259×10^5	3.156×10^7
1 天 = 2.738×10^{-3}	1	24	1440	8.640×10^4
1 小時 = 1.141×10^{-4}	4.167×10^{-2}	1	60	3600
1 分 = 1.901×10^{-6}	6.944×10^{-4}	1.667×10^{-2}	1	60
1 秒 = 3.169×10^{-8}	1.157×10^{-5}	2.778×10^{-4}	1.667×10^{-2}	1

速率

	呎/秒	公里/小時	公尺/秒	哩/小時	公分/秒
1 呎/秒 = 1	1.097	0.3048	0.6818	30.48
1 公里/小時 = 0.9113	1	0.2778	0.6214	27.78
1 公尺/秒 = 3.281	3.6	1	2.237	100
1 哩/小時 = 1.467	1.609	0.4470	1	44.70
1 公分/秒 = 3.281×10^{-2}	3.6×10^{-2}	0.01	2.237×10^{-2}	1

1 節(knot) = 1 浬/小時 = 1.688 呎/秒

1 哩/分 = 88.00 呎/秒 = 60.00 哩/小時

力

有淡藍底部份內的力單位目前較少使用。必須明瞭：1 克力(= 1 gf)乃指質量 1 克的物體在 g 為標準值(=9.80665 m/s^2) 區域中所受到的重力。

	達因	牛頓	磅	磅達	克力	公斤力
1 達因 = 1	10^{-5}	2.248×10^{-6}	7.233×10^{-5}	1.020×10^{-3}	1.020×10^{-6}
1 牛頓 = 10^5	1	0.2248	7.233	102.0	0.1020
1 磅 = 4.448×10^5	4.448	1	32.17	453.6	0.4536
1 磅達 = 1.383×10^4	0.1383	3.108×10^{-2}	1	14.10	1.410×10^2
1 克力 = 980.7	9.807×10^{-3}	2.205×10^{-3}	7.093×10^{-2}	1	0.001
1 公斤力 = 9.807×10^5	9.807	2.205	70.93	1000	1

1 噸 = 2000 磅

壓力

	大氣壓(atm)	達因/公分^2	吋水柱	公分水銀柱	帕斯卡(Pa)	磅/吋^2	磅/呎^2
1 大氣壓 = 1	1.013×10^6	406.8	76	1.013×10^5	14.70	2116
1 達因/公分^2 = 9.869×10^{-7}	1	4.015×10^{-4}	7.501×10^{-5}	0.1	1.405×10^{-5}	2.089×10^{-3}
1 吋水柱^a (在 4°C) = 2.458×10^{-3}	2491	1	0.1868	249.1	3.613×10^{-2}	5.202
1 公分汞柱^a (在 0°C) = 1.316×10^{-2}	1.333×10^4	5.353	1	1333	0.1934	27.85
1 帕斯卡(帕) = 9.869×10^{-6}	10	4.015×10^{-3}	7.501×10^{-4}	1	1.450×10^{-4}	2.089×10^{-2}
1 磅/吋^2 = 6.805×10^{-2}	6.895×10^4	27.68	5.171	6.895×10^3	1	144
1 磅/呎^2 = 4.725×10^{-4}	478.8	0.1922	3.591×10^{-2}	47.88	6.944×10^{-3}	1

^{a}　此處的重力加速度乃為標準值 9.80665 公尺/秒^2。

1 巴 = 10^6 達因/公分^2 = 0.1 MPa

1 毫巴 = 10^3 達因/公分^2 = 10^2 Pa

1 托(Torr) = 1 毫米汞柱

能量、功、熱

有 淡藍底 部份內的量並非能量單位，但為方便起見而囊括。它們係導自於相對論之質能等價公式 $E = mc^2$，並代表當一公斤或一原子質量單位(u)完全轉換成能量(底部兩欄)或完全轉換成某一能量單位之質量(最右側兩欄)時所釋出的能量。

	Btu	耳格	呎磅	hp·h	焦耳	卡	kW·h	eV	MeV	公斤	u
1 英熱單位	= 1	1.055×10^{10}	777.9	3.929×10^{-4}	1055	252.0	2.930×10^{-4}	6.585×10^{21}	6.585×10^{15}	1.174×10^{-14}	7.070×10^{12}
1 耳格	$= 9.481 \times 10^{-11}$	1	7.376×10^{-8}	3.725×10^{-14}	10^{-7}	2.389×10^{-8}	2.778×10^{-14}	6.242×10^{11}	6.242×10^{5}	1.113×10^{-24}	670.2
1 呎磅	$= 1.285 \times 10^{-3}$	1.356×10^{7}	1	5.051×10^{-7}	1.356	0.3238	3.766×10^{-7}	8.464×10^{18}	8.464×10^{12}	1.509×10^{-17}	9.037×10^{9}
1 馬力小時	= 2545	2.685×10^{13}	1.980×10^{6}	1	2.685×10^{6}	6.413×10^{5}	0.7457	1.676×10^{25}	1.676×10^{19}	2.988×10^{-11}	1.799×10^{16}
1 焦耳	$= 9.481 \times 10^{-4}$	10^{7}	0.7376	3.725×10^{-7}	1	0.2389	2.778×10^{-7}	6.242×10^{18}	6.242×10^{12}	1.113×10^{-17}	6.702×10^{9}
1 卡	$= 3.968 \times 10^{-3}$	4.1868×10^{7}	3.088	1.560×10^{-6}	4.1868	1	1.163×10^{-6}	2.613×10^{19}	2.613×10^{13}	4.660×10^{-17}	2.806×10^{10}
1 仟瓦小時	= 3413	3.600×10^{13}	2.655×10^{6}	1.341	3.600×10^{6}	8.600×10^{5}	1	2.247×10^{25}	2.247×10^{19}	4.007×10^{-11}	2.413×10^{16}
1 eV	$= 1.519 \times 10^{-22}$	1.602×10^{-12}	1.182×10^{-19}	5.967×10^{-26}	1.602×10^{-19}	3.827×10^{-20}	4.450×10^{-26}	1	10^{-6}	1.783×10^{-36}	1.074×10^{-9}
1 MeV	$= 1.519 \times 10^{-16}$	1.602×10^{-6}	1.182×10^{-13}	5.967×10^{-20}	1.602×10^{-13}	3.827×10^{-14}	4.450×10^{-20}	10^{-6}	1	1.783×10^{-30}	1.074×10^{-3}
1 公斤	$= 8.521 \times 10^{13}$	8.987×10^{23}	6.629×10^{16}	3.348×10^{10}	8.987×10^{16}	2.146×10^{16}	2.497×10^{10}	5.610×10^{35}	5.610×10^{29}	1	6.022×10^{26}
1 u	$= 1.415 \times 10^{-13}$	1.492×10^{-3}	1.101×10^{-10}	5.559×10^{-17}	1.492×10^{-10}	3.564×10^{-11}	4.146×10^{-17}	9.320×10^{8}	932.0	1.661×10^{-27}	1

功率

	英制單位/小時	呎磅/秒	馬力	卡/秒	仟瓦	瓦特
1 英制熱單位/小時 = 1		0.2161	3.929×10^{-4}	6.998×10^{-2}	2.930×10^{-4}	0.2930
1 呎磅/秒 = 4.628		1	1.818×10^{-3}	0.3239	1.356×10^{-3}	1.356
1 馬力 = 2545		550	1	178.1	0.7457	745.7
1 卡/秒 = 14.29		3.088	5.615×10^{-3}	1	4.186×10^{-3}	4.186
1 仟瓦 = 3413		737.6	1.341	238.9	1	1000
1 瓦特 = 3.413		0.7376	1.341×10^{-3}	0.2389	0.001	1

磁場

	高斯	特斯拉	毫高斯
1 高斯 = 1		10^{-4}	1000
1 特斯拉 = 10^{4}		1	10^{7}
1 毫高斯 = 0.001		10^{-7}	1

1 特斯拉 = 1 韋伯/公尺^2

磁通量

	馬克斯威	韋伯
1 馬克斯威 = 1		10^{-8}
1 韋伯 = 10^{8}		1

附 錄 E

實用數學公式

幾何

半徑 r 的圓：圓周$=2\pi r$；面積$=\pi r^2$

半徑 r 的圓球：面積$=4\pi r^2$；體積$=\frac{4}{3}\pi r^3$

半徑 r 及高度 h 的正圓柱體：

$$面積=2\pi r^2 + 2\pi rh \text{；體積}=\pi r^2 h$$

底為 a 及高為 h 的三角形：面積$=\frac{1}{2}ah$

一元二次方程式

若 $ax^2 + bx + c = 0$，則 $x = \dfrac{-b \pm \sqrt{b^2 - 4ac}}{2a}$

角度為 θ 的三角函數

$$\sin\theta = \frac{y}{r} \quad \cos\theta = \frac{x}{r}$$

$$\tan\theta = \frac{y}{x} \quad \cot\theta = \frac{x}{y}$$

$$\sec\theta = \frac{r}{x} \quad \csc\theta = \frac{r}{y}$$

畢氏定理

在右圖之三角形中，
$$a^2 + b^2 = c^2$$

三角形

角度為 A、B、C，對邊為 a、b、c

$$A + B + C = 180° \text{，} \frac{\sin A}{a} = \frac{\sin B}{b} = \frac{\sin C}{c}$$

$$c^2 = a^2 + b^2 - 2ab\cos C \text{，外角 } D = A + C$$

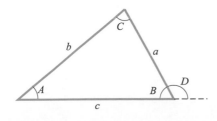

數學記號與符號

$=$	等於
$\approx$	約等於
$\sim$	具有數量級
$\neq$	不等於
$\equiv$	恆等於，定義為
$>$	大於($\gg$ 遠大於)
$<$	小於($\ll$ 遠小於)
$\geq$	大於或等於(不小於)
$\leq$	小於或等於(不大於)
$\pm$	正或負
$\propto$	正比於
Σ	總和
x_{avg}	x 之平均值

三角恆等式

$$\sin(90° - \theta) = \cos\theta$$
$$\cos(90° - \theta) = \sin\theta$$
$$\sin\theta / \cos\theta = \tan\theta$$
$$\sin^2\theta + \cos^2\theta = 1$$
$$\sec^2\theta - \tan^2\theta = 1$$
$$\csc^2\theta - \cot^2\theta = 1$$
$$\sin 2\theta = 2\sin\theta\cos\theta$$
$$\cos 2\theta = \cos^2\theta - \sin^2\theta = 2\cos^2\theta - 1 = 1 - 2\sin^2\theta$$
$$\sin(\alpha \pm \beta) = \sin\alpha\cos\beta \pm \cos\alpha\sin\beta$$
$$\cos(\alpha \pm \beta) = \cos\alpha\cos\beta \mp \sin\alpha\sin\beta$$
$$\tan(\alpha \pm \beta) = \frac{\tan\alpha \pm \tan\beta}{1 \mp \tan\alpha\tan\beta}$$
$$\sin\alpha \pm \sin\beta = 2\sin\tfrac{1}{2}(\alpha \pm \beta)\cos\tfrac{1}{2}(\alpha \mp \beta)$$
$$\cos\alpha + \cos\beta = 2\cos\tfrac{1}{2}(\alpha + \beta)\cos\tfrac{1}{2}(\alpha - \beta)$$
$$\cos\alpha - \cos\beta = -2\sin\tfrac{1}{2}(\alpha + \beta)\sin\tfrac{1}{2}(\alpha - \beta)$$

二項式定理

$$(1 + x)^n = 1 + \frac{nx}{1!} + \frac{n(n-1)x^2}{2!} + \cdots \quad (x^2 < 1)$$

指數展開

$$e^x = 1 + x + \frac{x^2}{2!} + \frac{x^3}{3!} + \cdots$$

對數展開

$$\ln(1+x) = x - \tfrac{1}{2}x^2 + \tfrac{1}{3}x^3 - \cdots \quad (|x| < 1)$$

三角函數展開(θ 為弳度)

$$\sin\theta = \theta - \frac{\theta^3}{3!} + \frac{\theta^5}{5!} - \cdots$$

$$\cos\theta = 1 - \frac{\theta^2}{2!} + \frac{\theta^4}{4!} - \cdots$$

$$\tan\theta = \theta + \frac{\theta^3}{3} + \frac{2\theta^5}{15} + \cdots$$

Cramer 定則

二個具未知數 x 和 y 的聯立方程式，

$$a_1 x + b_1 y = c_1 \quad 和 \quad a_2 x + b_2 y = c_2$$

其解為

$$x = \frac{\begin{vmatrix} c_1 & b_1 \\ c_2 & b_2 \end{vmatrix}}{\begin{vmatrix} a_1 & b_1 \\ a_2 & b_2 \end{vmatrix}} = \frac{c_1 b_2 - c_2 b_1}{a_1 b_2 - a_2 b_1}$$

且

$$y = \frac{\begin{vmatrix} a_1 & c_1 \\ a_2 & c_2 \end{vmatrix}}{\begin{vmatrix} a_1 & b_1 \\ a_2 & b_2 \end{vmatrix}} = \frac{a_1 c_2 - a_2 c_1}{a_1 b_2 - a_2 b_1}$$

向量的乘積

令 $\hat{i}$、$\hat{j}$、$\hat{k}$ 分別為沿 x、y、z 方向的單位向量，則：

$$\hat{i} \cdot \hat{i} = \hat{j} \cdot \hat{j} = \hat{k} \cdot \hat{k} = 1$$
$$\hat{i} \cdot \hat{j} = \hat{j} \cdot \hat{k} = \hat{k} \cdot \hat{i} = 0$$
$$\hat{i} \times \hat{i} = \hat{j} \times \hat{j} = \hat{k} \times \hat{k} = 0$$
$$\hat{i} \times \hat{j} = \hat{k}$$
$$\hat{j} \times \hat{k} = \hat{i}$$
$$\hat{k} \times \hat{i} = \hat{j}$$

任何沿 x、y、z 軸之分量為 a_x、a_y、a_z 的向量 $\vec{a}$ 可被寫成：

$$\vec{a} = a_x \hat{i} + a_y \hat{j} + a_z \hat{k}$$

令向量 $\vec{a}$、$\vec{b}$、$\vec{c}$ 的大小分別為 a、b、c。則：

$$\vec{a} \times (\vec{b} + \vec{c}) = (\vec{a} \times \vec{b}) + (\vec{a} \times \vec{c})$$

$$(s\vec{a}) \times \vec{b} = \vec{a} \times (s\vec{b}) = s(\vec{a} \times \vec{b}) \quad (s = \ 純量)$$

令 $\vec{a}$ 與 $\vec{b}$ 之間的較小夾角為 θ，則：

$$\vec{a} \cdot \vec{b} = \vec{b} \cdot \vec{a} = a_x b_x + a_y b_y + a_z b_z = ab\cos\theta$$

$$\vec{a} \times \vec{b} = -\vec{b} \times \vec{a} = \begin{vmatrix} \hat{i} & \hat{j} & \hat{k} \\ a_x & a_y & a_z \\ b_x & b_y & b_z \end{vmatrix}$$

$$= \hat{i}\begin{vmatrix} a_y & a_z \\ b_y & b_z \end{vmatrix} - \hat{j}\begin{vmatrix} a_x & a_z \\ b_x & b_z \end{vmatrix} + \hat{k}\begin{vmatrix} a_x & a_y \\ b_x & b_y \end{vmatrix}$$

$$= (a_y b_z - b_y a_z)\hat{i} + (a_z b_x - b_z a_x)\hat{j} + (a_x b_y - b_x a_y)\hat{k}$$

$$|\vec{a} \times \vec{b}| = ab\sin\theta$$

$$\vec{a} \cdot (\vec{b} \times \vec{c}) = \vec{b} \cdot (\vec{c} \times \vec{a}) = \vec{c} \cdot (\vec{a} \times \vec{b})$$

$$\vec{a} \cdot (\vec{b} \times \vec{c}) = (\vec{a} \cdot \vec{c})\vec{b} - (\vec{a} \cdot \vec{b})\vec{c}$$

導數與積分

在下列各式中，字母 u 與 v 代表 x 的任意兩個函數，而 a 與 m 則皆爲常數。每一不定積分皆應加上一任意積分常數。

The Handbook of Chemistry and Physics (CRC 出版)有更詳盡的列表。

1. $\dfrac{dx}{dx} = 1$

2. $\dfrac{d}{dx}(au) = a\dfrac{du}{dx}$

3. $\dfrac{d}{dx}(u+v) = \dfrac{du}{dx} + \dfrac{dv}{dx}$

4. $\dfrac{d}{dx}x^m = mx^{m-1}$

5. $\dfrac{d}{dx}\ln x = \dfrac{1}{x}$

6. $\dfrac{d}{dx}(uv) = u\dfrac{dv}{dx} + v\dfrac{du}{dx}$

7. $\dfrac{d}{dx}e^x = e^x$

8. $\dfrac{d}{dx}\sin x = \cos x$

9. $\dfrac{d}{dx}\cos x = -\sin x$

10. $\dfrac{d}{dx}\tan x = \sec^2 x$

11. $\dfrac{d}{dx}\cot x = -\csc^2 x$

12. $\dfrac{d}{dx}\sec x = \tan x \sec x$

13. $\dfrac{d}{dx}\csc x = -\cot x \csc x$

14. $\dfrac{d}{dx}e^u = e^u\dfrac{du}{dx}$

15. $\dfrac{d}{dx}\sin u = \cos u\dfrac{du}{dx}$

16. $\dfrac{d}{dx}\cos u = -\sin u\dfrac{du}{dx}$

1. $\int dx = x$

2. $\int au\,dx = a\int u\,dx$

3. $\int (u+v)\,dx = \int u\,dx + \int v\,dx$

4. $\int x^m\,dx = \dfrac{x^{m+1}}{m+1},\ (m\neq -1)$

5. $\int \dfrac{dx}{x} = \ln|x|$

6. $\int u\dfrac{dv}{dx}\,dx = uv - \int v\dfrac{du}{dx}\,dx$

7. $\int e^x\,dx = e^x$

8. $\int \sin x\,dx = -\cos x$

9. $\int \cos x\,dx = \sin x$

10. $\int \tan x\,dx = \ln|\sec x|$

11. $\int \sin^2 x\,dx = \dfrac{1}{2}x - \dfrac{1}{4}\sin 2x$

12. $\int e^{-ax}\,dx = -\dfrac{1}{a}e^{-ax}$

13. $\int xe^{-ax}\,dx = -\dfrac{1}{a^2}(ax+1)e^{-ax}$

14. $\int x^2 e^{-ax}\,dx = -\dfrac{1}{a^3}(a^2x^2+2ax+2)e^{-ax}$

15. $\int_0^\infty x^n e^{-ax}\,dx = \dfrac{n!}{a^{n+1}}$

16. $\int_0^\infty x^{2n} e^{-ax^2}\,dx = \dfrac{1\cdot 3\cdot 5\cdots(2n-1)}{2^{n+1}a^n}\sqrt{\dfrac{\pi}{a}}$

17. $\int \dfrac{dx}{\sqrt{x^2+a^2}} = \ln(x+\sqrt{x^2+a^2})$

18. $\int \dfrac{x\,dx}{(x^2+a^2)^{3/2}} = -\dfrac{1}{(x^2+a^2)^{1/2}}$

19. $\int \dfrac{dx}{(x^2+a^2)^{3/2}} = \dfrac{x}{a^2(x^2+a^2)^{1/2}}$

20. $\int_0^\infty x^{2n+1} e^{-ax^2}\,dx = \dfrac{n!}{2a^{n+1}}\ (a>0)$

21. $\int \dfrac{x\,dx}{x+d} = x - d\ln(x+d)$

附錄 F

元素性質

除非有另外指定，所有的物理性質均為在 1 atm 下的量測結果。

元素	符號	原子序 Z	莫耳質量 g/mol	密度 g / cm³ (20 °C)	熔點 °C	沸點 °C	比熱 J/(g·°C)(25 °C)
錒	Ac	89	(227)	10.06	1323	(3473)	0.092
鋁	Al	13	26.9815	2.699	660	2450	0.900
鋂	Am	95	(243)	13.67	1541	—	—
銻	Sb	51	121.75	6.691	630.5	1380	0.205
氬	Ar	18	39.948	1.6626×10^{-3}	−189.4	−185.8	0.523
砷	As	33	74.9216	5.78	817(28atm)	613	0.331
砈	At	85	(210)	—	(302)	—	—
鋇	Ba	56	137.34	3.594	729	1640	0.205
鉳	Bk	97	(247)	14.79	—	—	—
鈹	Be	4	9.0122	1.848	1287	2770	1.83
鉍	Bi	83	208.980	9.747	271.37	1560	0.122
鈻	Bh	107	262.12	—	—	—	—
硼	B	5	10.811	2.34	2030	—	1.11
溴	Br	35	79.909	3.12(液體)	−7.2	58	0.293
鎘	Cd	48	112.40	8.65	321.03	765	0.226
鈣	Ca	20	40.08	1.55	838	1440	0.624
鉲	Cf	98	(251)	—	—	—	—
碳	C	6	12.01115	2.26	3727	4830	0.691
鈰	Ce	58	140.12	6.768	804	3470	0.188
銫	Cs	55	132.905	1.873	28.40	690	0.243
氯	Cl	17	35.453	3.214×10^{-3}(0 °C)	−101	−34.7	0.486
鉻	Cr	24	51.996	7.19	1857	2665	0.448
鈷	Co	27	58.9332	8.85	1495	2900	0.423
鎶	Cp	112	(285)	—	—	—	—
銅	Cu	29	63.54	8.96	1083.40	2595	0.385
鋦	Cm	96	(247)	13.3	—	—	—
鐽	Ds	110	271	—	—	—	—
𨧀	Db	105	262.114	—	—	—	—
鏑	Dy	66	162.50	8.55	1409	2330	0.172
鑀	Es	99	(254)	—	—	—	—
鉺	Er	68	167.26	9.15	1522	2630	0.167
銪	Eu	63	151.96	5.243	817	1490	0.163
鐨	Fm	100	(237)	—	—	—	—

元素	符號	原子序 Z	莫耳質量 g/mol	密度 g / cm³ (20°C)	熔點 °C	沸點 °C	比熱 J/(g·°C)(25°C)
鈇*	Fl	114	(289)	—	—	—	—
氟	F	9	18.9984	1.696×10^{-3}(0C°)	−219.6	−188.2	0.753
鍅	Fr	87	(223)	—	(27)	—	—
釓	Gd	64	157.25	7.90	1312	2730	0.234
鎵	Ga	31	69.72	5.907	29.75	2237	0.377
鍺	Ge	32	72.59	5.323	937.25	2830	0.322
金	Au	79	196.967	19.32	1064.43	2970	0.131
鉿	Hf	72	178.49	13.31	2227	5400	0.144
鏍	Hs	108	(265)	—	—	—	—
氦	He	2	4.0026	0.1664×10^{-3}	−269.7	−268.9	5.23
鈥	Ho	67	164.930	8.79	1470	2330	0.165
氫	H	1	1.00797	0.08375×10^{-3}	−259.19	−252.7	14.4
銦	In	49	114.82	7.31	156.634	2000	0.233
碘	I	53	126.9044	4.93	113.7	183	0.218
銥	Ir	77	192.2	22.5	2447	5300	0.130
鐵	Fe	26	55.847	7.874	1536.5	3000	0.447
氪	Kr	36	83.80	3.488×10^{-3}	−157.37	−152	0.247
鑭	La	57	138.91	6.189	920	3470	0.195
鐒	Lr	103	(257)	—	—	—	—
鉛	Pb	82	207.19	11.35	327.45	1725	0.129
鋰	Li	3	6.939	0.534	180.55	1300	3.58
鉝*	Lv	116	(293)	—	—	—	—
鎦	Lu	71	174.97	9.849	1663	1930	0.155
鎂	Mg	12	24.312	1.738	650	1107	1.03
錳	Mn	25	54.9380	7.44	1244	2150	0.481
䥑	Mt	109	(266)	—	—	—	—
鍆	Md	101	(256)	—	—	—	−138
汞	Hg	80	200.59	13.55	−38.87	357	0.251
鉬	Mo	42	95.94	10.22	2617	5560	0.188
釹	Nd	60	144.24	7.007	1016	3180	0.03
氖	Ne	10	20.183	0.8387×10^{-3}	−248.597	−246.0	1.26
錼	Np	93	(237)	20.25	637	—	1.444
鎳	Ni	28	58.71	8.902	1453	2730	0.264
鈮	Nb	41	92.906	8.57	2468	4927	0.03
氮	N	7	14.0067	1.1649×10^{-3}	−210	−195.8	1.03
鍩	No	102	(255)	—	—	—	—
鋨	Os	76	190.2	22.59	3027	5500	0.130

元素	符號	原子序 Z	莫耳質量 g/mol	密度 g/cm³ (20°C)	熔點 °C	沸點 °C	比熱 J/(g·°C)(25°C)
氧	O	8	15.9994	1.3318×10⁻³	−248.80	183.0	0.913
鈀	Pd	46	106.4	12.02	1552	3980	0.243
磷	P	15	30.9738	1.83	44.25	280	0.741
鉑	Pt	78	195.09	21.45	1769	4530	0.134
鈽	Pu	94	(244)	19.8	640	3235	0.130
釙	Po	84	(210)	9.32	254	—	—
鉀	K	19	39.102	0.862	63.20	760	0.758
鐠	Pr	59	140.907	6.773	931	3020	0.197
鉕	Pm	61	(145)	7.22	(1027)	—	—
鏷	Pa	91	(231)	15.37(估計值)	(1230)	—	—
鐳	Ra	88	(226)	5.0	700	—	—
氡	Rn	86	(222)	9.96×10⁻³(0°C)	(−71)	−61.8	0.092
錸	Re	75	186.2	21.02	3180	5900	0.134
銠	Rh	45	102.905	12.41	1963	4500	0.243
錀	Rg	111	(280)	—	—	—	—
銣	Rb	37	85.47	1.532	39.49	688	0.364
釕	Ru	44	101.107	12.37	2250	4900	0.239
鑪	Rf	104	261.11	—	—	—	—
釤	Sm	62	150.35	7.52	1072	1630	0.197
鈧	Sc	21	44.956	2.99	1539	2730	0.569
𨭎	Sg	106	263.118	—	—	—	—
硒	Se	34	78.96	4.79	221	685	0.318
矽	Si	14	28.086	2.33	1412	2680	0.712
銀	Ag	47	107.870	10.49	960.8	2210	0.234
鈉	Na	11	22.9898	0.9712	97.85	892	1.23
鍶	Sr	38	87.62	2.54	768	1380	0.737
硫	S	16	32.064	2.07	119.0	444.6	0.707
鉭	Ta	73	180.948	16.6	3014	5425	0.138
鎝	Tc	43	(99)	11.46	2200	—	0.209
碲	Te	52	127.60	6.24	449.5	990	0.201
鋱	Tb	65	158.924	8.229	1357	2530	0.180
鉈	Tl	81	204.37	11.85	304	1457	0.130
釷	Th	90	(232)	11.72	1755	3850	0.117
銩	Tm	69	168.934	9.32	1545	1720	0.159
錫	Sn	50	118.69	7.2984	231.868	2270	0.226
鈦	Ti	22	47.90	4.54	1670	3260	0.523
鎢	W	74	183.85	19.3	3380	5930	0.134

元素	符號	原子序 Z	莫耳質量 g/mol	密度 g/cm^3 (20°C)	熔點 °C	沸點 °C	比熱 $J/(g \cdot °C)$ (25°C)
未命名	Uut	113	(284)	—	—	—	—
未命名	Uup	115	(288)	—	—	—	—
未命名	Uus	117	—	—	—	—	—
未命名	Uuo	118	(294)	—	—	—	—
鈾	U	92	(238)	18.95	1132	3818	0.117
釩	V	23	50.942	6.11	1902	3400	0.490
氙	Xe	54	131.30	5.495×10^{-3}	−111.79	−108	0.159
鐿	Yb	70	173.04	6.965	824	1530	0.155
釔	Y	39	88.905	4.469	1526	3030	0.297
鋅	Zn	30	65.37	7.133	419.58	906	0.389
鋯	Zr	40	91.22	6.506	1852	3580	0.276

- 莫耳質量欄內的括號數值為該放射性元素其最長生命期之同位素質量數。

- 括號中的熔點與沸點為不確定的。

- 有關氣體的數據僅適用於其正常的分子狀態，如：H_2、He、O_2、Ne 等。這些氣體的比熱為定壓下的數值。

- **出處**：摘自 J. Emsley, *The Elements*, 3rd ed, 1998, Clarendon Press, Oxford。

  亦可參見 www.webelements.com 可查知最新數值及元素。

* 元素 114(鈇，Fl)和 116(鉝，Lv)的名稱及符號已經被提出，但尚未正式發表。

附錄 G

元素週期表

		金屬
		類金屬
		非金屬

	鹼金屬																	鈍氧
	IA												IIIA	IVA	VA	VIA	VIIA	0
1	1 H	IIA			過渡金屬													2 He
2	3 Li	4 Be											5 B	6 C	7 N	8 O	9 F	10 Ne
3	11 Na	12 Mg	IIIB	IVB	VB	VIB	VIIB	VIIIB			IB	IIB	13 Al	14 Si	15 P	16 S	17 Cl	18 Ar
4	19 K	20 Ca	21 Sc	22 Ti	23 V	24 Cr	25 Mn	26 Fe	27 Co	28 Ni	29 Cu	30 Zn	31 Ga	32 Ge	33 As	34 Se	35 Br	36 Kr
5	37 Rb	38 Sr	39 Y	40 Zr	41 Nb	42 Mo	43 Tc	44 Ru	45 Rh	46 Pd	47 Ag	48 Cd	49 In	50 Sn	51 Sb	52 Te	53 I	54 Xe
6	55 Cs	56 Ba	57-71 *	72 Hf	73 Ta	74 W	75 Re	76 Os	77 Ir	78 Pt	79 Au	80 Hg	81 Tl	82 Pb	83 Bi	84 Po	85 At	86 Rn
7	87 Fr	88 Ra	89-103 †	104 Rf	105 Db	106 Sg	107 Bh	108 Hs	109 Mt	110 Ds	111 Rg	112 Cn	113	114 Fl	115	116 Lv	117	118

水平週期

內過渡金屬

鑭系 *	57 La	58 Ce	59 Pr	60 Nd	61 Pm	62 Sm	63 Eu	64 Gd	65 Tb	66 Dy	67 Ho	68 Er	69 Tm	70 Yb	71 Lu
錒系 †	89 Ac	90 Th	91 Pa	92 U	93 Np	94 Pu	95 Am	96 Cm	97 Bk	98 Cf	99 Es	100 Fm	101 Md	102 No	103 Lr

- 元素 113 至 118 的發現已公開，請參見 www.webelements.com 中的最新資訊及最新元素。元素 114 以及 116 已經被提出，但尚未正式發表。

測試站與奇數討論題

CP 為測試站的答案，P 為討論題的(奇數題)答案

Chapter 1

P **1.** $\approx 2 \times 10^{36}$ **3.** (a) yes; (b) 8.6 universe seconds **5.** 1.97×10^{27} atoms **7.** 494 km **9.** 1.69×10^3 **11.** (a) 7.0×10^2 acre-feet; (b) 8.6×10^8 kg **13.** (a) 2.5 cups, 2 teaspoons; (b) 0.5 quart; (c) 3 teaspoons; (d) 1 teaspoon **15.** (a) 3.0×10^{-26} kg; (b) 9.3×10^{33} molecules **17.** (a) 0.900, 7.50×10^{-2}, 1.56×10^{-3}, 8.32×10^{-6}; (b) 1.00, 8.33×10^{-2}, 1.74×10^{-3}, 9.24×10^{-6}; (c) 12.0, 1.00, 2.08×10^{-2}, 1.11×10^{-4}; (d) 576, 48, 1.00, 5.32×10^{-3}; (e) 1.08×10^5, 9.02×10^3, 188, 1.00; (f) 4.32 m^3 **19.** 11.0 km **21.** 8.32 **23.** (a) 289 s; (b) 82.5 s; (c) 156 s; (d) −192 s **25.** 7.25 m^3 **27.** (a) 30.8 gallons; (b) 36.9 gallons **29.** (a) 2 nebuchadnezzars, 1 balthazar, 1 magnum; (b) 0.61 standard bottle; (c) 0.43 L **31.** 178 mg/min

Chapter 2

CP **1.** b and c **2.** (check the derivative dx/dt) (a) 1 and 4; (b) 2 and 3 **3.** (a) plus; (b) minus; (c) minus; (d) plus **4.** 1 and 4 ($a = d^2x/dt^2$ must be constant) **5.** (a) plus (upward displacement on y axis); (b) minus (downward displacement on y axis); (c) $a = -g = -9.8 \text{ m/s}^2$

P **1.** (a) 280 m/s; (b) no **3.** (a) 0.28 m/s^2; (b) 0.28 m/s^2 **5.** (a) 1.83 s; (b) 6.09 cm; (c) −5.48 cm/s^2; (d) right; (e) left; (f) 3.16 s **7.** (a) 30 m; (b) 4.0 m/s; (c) −4.0 m/s^2; (d) 7.0 m/s; (e) 0 **9.** (a) 34 s; (b) 528 m **11.** 35.8 m **13.** (a) 1.23 cm; (b) 4 times; (c) 9 times; (d) 16 times; (e) 25 times **15.** 10.1 m **17.** (a) 59.2 m; (b) 14.6 m/s **19.** (a) 14.3; (b) 21.9 s **21.** 150 m **23.** −8.5 m/s^2 **25.** (a) 4.63 m/s^2; (b) 13.9 m/s **27.** (a) 22g; (b) 350 m **29.** (a) 2.0 m/s^2; (b) 12 m/s; (c) 64 m **31.** (a) 3.1 m/s; (b) 1.52 s **35.** (a) 20 m; (b) 59 m **37.** (a) 3.3; (b)(3.4 m)/v_s **39.** 54.8 km/h **41.** +101 m/s **43.** (a) 3.50 s; (b) 1.45 s **45.** (a) 80 m/s; (b) 110 m/s; (c) 20 m/s^2 **47.** 29 min **49.** 26.4 m/s **51.** yes, 0, 22 m/s **53.** 392 ms **55.** 113 m **57.** 4.53 ms **59.** (a) 3.48 m/s^2; (b) 40.1 m; (c) 12.0 s **61.** 42 m **63.** 2.50 m/s^2 **65.** 3.79 m/s

Chapter 3

CP **1.** (a) 7 m ($\vec{a}$ and $\vec{b}$ are in same direction); (b) 1 m ($\vec{a}$ and $\vec{b}$ are in opposite directions) **2.** c, d, f (components must be head to tail; $\vec{a}$ must extend from tail of one component to head of the other) **3.** (a) +, +; (b) +, −; (c) +, + (draw vector from tail of $\vec{d}_1$ to head of $\vec{d}_2$) **4.** (a) 90°; (b) 0° (vectors are parallel—same direction); (c) 180° (vectors are antiparallel—opposite directions) **5.** (a) 0° or 180°; (b) 90°

P **1.** (a) 0; (b) 0; (c) −1; (d) west; (e) up; (f) west **3.** (a) $(-33\hat{i} - 26\hat{j} + 35\hat{k})$ m; (b) 42 m **5.** (a) 41; (b) 58 **7.** 0 **9.** (a) 140°; (b) 90.0°; (c) 104° **11.** 18.6 **13.** (a) 108 km; (b) 56.3° north of due west **15.** (a) 438 m; (b) 39.9° north of due east; (c) 515 m; (d) the distance **17.** (a) 22.2 m; (b) −16.5 m **19.** (a) +x direction; (b) +y direction; (c) 0; (d) 0; (e) +z direction; (f) −z direction; (g) d_1d_2; (h) d_1d_2; (i) $d_1d_2/5$; (j) +z direction **21.** (a) 51°; (b) 3.6 m; (c) −7.2 m; (d) −3.6 m; (e) 7.2 m **23.** (a) 3.55; (b) $2.98\hat{i} + 1.29\hat{j} - 1.08\hat{k}$; (c) 44.0° **25.** (a) $(15.6 \text{ m})\hat{i} + (9.00 \text{ m})\hat{j}$; (b) $(14.4 \text{ m})\hat{i} + (0.929 \text{ m})\hat{j}$ **27.** (a) $(18.3 \text{ m})\hat{i} + (17.7 \text{ m})\hat{j}$; (b) 25.4 m; (c) 44.1° **29.** (a) 10.2; (b) $A = 0.5|\vec{a} \times \vec{b}|$ **31.** (a) −4.24 m; (b) −4.24 m; (c) 4.00 m; (d) 0; (e) 4.00 m; (f) 6.93 m; (g) 3.76 m; (h) 2.69 m; (i) 4.68 m; (j) 35.6° north of due east; (k) 4.68 m; (l) 35.6° south

of due west **33.** (a) 5.82 m; (b) 44.8° north of due east; (c) 10.7 m; (d) 22.5° north of due west **35.** (a) −y; (b) +y; (c) 0; (d) 0; (e) −z; (f) +z; (g) ab; (h) ab; (i) ab/d; (j) −z **37.** (a) 0; (b) −64; (c) −36 **39.** 4.5 **41.** (a) $9.0\hat{k}$; (b) 38; (c) 63; (d) 7.6 **43.** (a) 5.65 km; (b) 21.7° south of due west

Chapter 4

CP **1.** (draw $\vec{v}$ tangent to path, tail on path) (a) first; (b) third **2.** (take second derivative with respect to time) (1) and (3) a_x and a_y are both constant and thus $\vec{a}$ is constant; (2) and (4) a_y is constant but a_x is not, thus $\vec{a}$ is not **3.** yes **4.** (a) v_x constant; (b) v_y initially positive, decreases to zero, and then becomes progressively more negative; (c) $a_x = 0$ throughout; (d) $a_y = -g$ throughout **5.** (a) $-(4 \text{ m/s})\hat{i}$; (b) $-(8 \text{ m/s}^2)\hat{j}$

P **1.** (a) 78 m, west of center; (b) 78 m, west of center **3.** (a) A: 10.1 km, 0.556 km; B: 12.1 km, 1.51 km; C: 14.3 km, 2.68 km; D: 16.4 km, 3.99 km; E: 18.5 km, 5.53 km; (b) the rocks form a curtain that curves upward and away from you **5.** (a) 8.2 m/s; (b) 19° west of due north; (c) 38 s **7.** (a) 303 m/s; (b) 62 s; (c) increase **9.** (a) 1.2×10^2 m; (b) 31.0 m **11.** (a) 9.60 cm; (b) 2.10 m **13.** (a) 17 m/s; (b) 36 rev/min; (c) 1.7 s **15.** longer by about 1 cm **17.** (a) 13 m/s; (b) 34°; (c) above; (d) 15 m/s; (e) 43°; (f) below **19.** (a) 7.3 km; (b) 33.6 km/h **21.** (a) 96.2 m; (b) 4.31 m; (c) 76.9 m; (d) 31.5 m **23.** (a) $(-3.38 \text{ m/s})\hat{j}$; (b) $(20.8 \text{ m})\hat{i} - (14.1 \text{ m})\hat{j}$ **25.** (a) 10 m/s; (b) 19.6 m/s; (c) 40 m; (d) 40 m **27.** 1.44 **29.** (a) 24.7 m/s; (b) 66.7° **31.** 27 ft/s **33.** (a) 3.27 m; (b) 1.84 m; (c) 9.8 m/s^2; (d) 9.8 m/s^2 **35.** (a) 18 m/s; (b) 21 m/s **37.** (a) 5.89°; (b) 84.1° **39.** (a) $(4.50\hat{i} + 5.64\hat{j})$ m/s; (b) $(21.2\hat{i} + 13.3\hat{j})$ m **41.** (a) 2.06×10^3 m; (b) west **43.** (a) 2.50 ns; (b) 2.09 mm; (c) 8.00×10^6 m/s; (d) 1.68×10^6 m/s **45.** 45.0 s **47.** (a) $(10\hat{i} + 10\hat{j})$ m/s; (b) 8.0 m/s^2; (c) 2.7 s; (d) 2.2 s **49.** (a) 8.5×10^{-12} m; (b) decrease **51.** (a) −19°; (b) 63 min; (c) 67 min; (d) 67 min; (e) 0°; (f) 60 min **53.** (a) 56 m; (b) 3.8 s **55.** (a) 18.1 m; (b) 13.4 s **57.** (a) 5.27 m; (b) 41.3 m/s **59.** (a) 38 ft/s; (b) 32 ft/s; (c) 9.3 ft **61.** (a) 1.60×10^9 m; (b) 1.16 h **63.** (a) 1.04×10^7 m/s; (b) 1.09×10^{-7} s **65.** $(-1.67 \text{ m/s}^2)\hat{i} + (3.08 \text{ m/s}^2)\hat{j}$ **67.** $(-3.77 \text{ m/s})\hat{i} + (-2.51 \text{ m/s})\hat{j}$

Chapter 5

CP **1.** c, d, and e ($\vec{F}_1$ and $\vec{F}_2$ must be head to tail, $\vec{F}_{net}$ must be from tail of one of them to head of the other) **2.** (a) and (b) 2 N, leftward (acceleration is zero in each situation) **3.** (a) equal; (b) greater (acceleration is upward, thus net force on body must be upward) **4.** (a) equal; (b) greater; (c) less **5.** (a) increase; (b) yes; (c) same; (d) yes

P **1.** 42 kg **3.** 2.16×10^5 N **5.** $(-3.5 \text{ N})\hat{i} + (7.8 \text{ N})\hat{j}$ **7.** 1.9 **9.** (a) 4.73 m/s^2; (b) 16.7 N **11.** 3.2 kg **13.** (a) 1.7 N; (b) 3.3 N **15.** (b) 2.0 m/s^2; (c) 20 N; (d) 22 N **17.** (a) 735 m/s^2; (b) 66.3 kN **19.** (a) 0.616; (b) 0.785 **21.** 416 N **23.** (a) 10.2 m/s^2; (b) 1.02g; (c) 3.57×10^7 N; (d) 6.25 y **25.** (a) 8.3×10^2 N; (b) 3.1×10^2 N; (c) 0; (d) 85 kg **27.** (a) 1.2 m/s^2; (b) 12 m/s^2 **29.** (a) 455 N; (b) 420 N **31.** (a) $(1.1\hat{i} - 2.1\hat{j})$ m/s^2; (b) 2.4 m/s^2; (c) −61° **33.** 2.1 N **35.** (a) $(-37.2 \text{ N})\hat{i} - (52.6 \text{ N})\hat{j}$; (b) 64.4 N; (c) −125° **37.** 6.06 m/s **39.** (a) 0; (b) $(2.0 \text{ m/s}^2)\hat{j}$; (c) $(1.5 \text{ m/s}^2)\hat{i}$ **41.** (a) 53 N; (b) 84 N; (c) 54 N; (d) 152 N **43.** (a) 16 m/s^2; (b) 3.8 m/s^2 **45.** 24 m/s^2

47. (a) rope breaks; (b) 3.8 m/s² **49.** (a) 2.00 m/s²; (b) 30.0 N **51.** 22.3 N **53.** (a) 2.2×10^5 N; (b) 5.0×10^4 N **55.** (a) 4.9×10^5 N; (b) 1.5×10^6 N **57.** (a) 1.1×10^{-15} N; (b) 8.9×10^{-30} N **59.** 6.35×10^2 N **61.** (a) 13 597 kg; (b) 4917 L; (c) 6172 kg; (d) 20 075 L; (e) 45%

Chapter 6

CP **1.** (a) zero (because there is no attempt at sliding); (b) 5 N; (c) no; (d) yes; (e) 8 N **2.** ($\vec{a}$ is directed toward center of circular path) (a) $\vec{a}$ downward, $\vec{F}_N$ upward; (b) $\vec{a}$ and $\vec{F}_N$ upward; (c) same; (d) greater at lowest point

P **1.** (a) 14.6 N; (b) 20.6 N; (c) 37.8 N **3.** (a) 55 N; (b) 5.0 m/s² **5.** (a) 2.55×10^3 N; (b) yes **7.** (a) $v_0^2/(4g \sin \theta)$; (b) no **9.** (b) 55°; (c) increase; (d) 61° **11.** (a) 3.3 m/s²; (b) down the plane; (c) 2.4 m; (d) at rest **13.** (a) 88 N; (b) 80 N; (c) 4.8×10^2 N **15.** (a) 0; (b) 2.17 m/s² **17.** 9.0° **19.** (a) 0.59 N; (b) 1.9 s **21.** (b) 3.0×10^2 N; (c) 0.60 **23.** (a) 7.36 s; (b) 7.33 s **25.** (a) $\mu_k mgl/(\sin \theta - \mu_k \cos \theta)$; (b) $\theta_0 = \tan^{-1} \mu_s$ **27.** (a) 12 N; (b) 10 N; (c) 26 N; (d) 28 N; (e) 32 N; (f) 28 N; (g) d; (h) f; (i) a, c, d **29.** 1.38% **31.** (a) 0.13 m/s²; (b) 0.25 m/s²; (c) 0.039; (d) 0.027 **33.** 0.13 **35.** (a) $v_{max} = [Rg(\tan \theta + \mu_s)/(1 - \mu_s \tan \theta)]^{0.5}$; (c) 149 km/h; (d) 76.2 km/h **37.** 113 m/s **39.** 12 N **41.** 0.63 **43.** 12 N **45.** 159 km/h **47.** (a) 110 N; (b) 274 N; (c) 95.3 N; (d) 219 N; (e) 55.0 N; (f) 179 N; (g) at rest; (h) slides; (i) at rest **49.** (a) 1.3×10^2 N; (b) no; (c) 90 N; (d) 100 N; (e) 37 N **51.** 2.21 m/s **53.** 55 km/h **55.** 6.9×10^2 N **57.** (a) $(-2.7 \text{ m/s}^2)\hat{\text{i}}$; (b) $(-2.0 \text{ m/s}^2)\hat{\text{i}}$ **59.** $g(\sin \theta - 2^{0.5}\mu_k \cos \theta)$ **61.** (a) 8.7 N; (b) 1.5 m/s² **63.** (a) 30 cm/s; (b) 180 cm/s²; (c) inward; (d) 3.6×10^{-3} N; (e) inward; (f) 0.37 **65.** (a) 0.0338 N; (b) 9.77 N

Chapter 7

CP **1.** (a) decrease; (b) same; (c) negative, zero **2.** (a) positive; (b) negative; (c) zero **3.** zero

P **1.** (a) 147 N; (b) 7.00 cm; (c) 10.3 J; (d) −10.3 J **3.** (a) 3.6 W; (b) 0; (c) −3.6 W **5.** (a) 2.45 J; (b) 1.43 m/s **7.** (a) 1.1 J; (b) 2.6 J **9.** (a) 508 N; (b) 0; (c) −8.69 J; (d) 0; (e) 8.69 J; (f) F varies during displacement **11.** 4.2×10^5 W **13.** 1.63 kJ **15.** 8.40 J **17.** (a) 1.0×10^7 m/s; (b) 7.9×10^{-14} J **19.** (a) 7.0×10^4 ft.lb; (b) 0.26 hp **21.** 50 J **23.** −88.0 J **25.** 2.7 kJ **27.** 5.41 m/s **29.** 17 J **31.** 6.76 J **33.** 7.07 m/s **35.** (a) 13 J; (b) 13 J **37.** 207 kW **39.** (a) 2.6×10^2 J; (b) 2.6×10^2 J **41.** (a) 4 J; (b) 4.2 J **43.** (a) -2.88×10^{-2} J; (b) -8.65×10^{-2} J **45.** 2.67 N/m **47.** (a) $c = 5.6$ m; (b) $c < 5.6$ m; (c) $c > 5.6$ m **49.** (a) 3.33 N; (b) −2.33 N; (c) 9.33 N **51.** (a) 1.27 kJ; (b) 0; (c) 0; (d) 1.27 kJ **53.** 2.3×10^{-2} J **55.** (a) 77.1°; (b) 103°

Chapter 8

CP **1.** no (consider round trip on the small loop) **2.** 3, 1, 2 (see Eq. 8-6) **3.** (a) all tie; (b) all tie **4.** (a) CD, AB, BC (0) (check slope magnitudes); (b) positive direction of x **5.** all tie

P **1.** (a) 4.0 J; (b) 27 J **3.** 5.5×10^6 J **5.** (a) 42.2 J; (b) 7.50 m/s; (c) conservative **7.** (a) 24 J; (b) 0; (c) 45 J; (d) 0; (e) b and d **9.** 30 cm **11.** (a) 3.92×10^3 J; (b) 200 J **13.** (a) 4.4×10^5 J; (b) 15 kW; (c) 29 kW **15.** (a) 1.9 m/s; (b) 2.5 m/s; (c) 28° **17.** 9.41 J **19.** (a) 58 kJ; (b) 9.0×10^2 N **21.** (a) 4.93 J; (b) 3.29 J; (c) 0.477 m **23.** (a) $v_0 = (2gL)^{0.5}$; (b) $5mg$; (c) $-mgL$; (d) $-2mgL$ **25.** (a) 5.24 m/s; (b) 1.98 m/s **27.** (a) 0.22 J; (b) 0.16 J; (c) 0.27 J; (d) 55 mJ; (e) 0.11 J; (f) all the same **29.** (a) 7.88 J; (b) −7.88 J; (c) 7.88 J; (d) all increase **31.** (a) 1.0×10^2 J; (b) 1.0×10^2 J; (c) 57 cm **33.** (a) 41.3 m/s; (b) 59.4 m/s; (c) −35.6 m **35.** (a) 11 m/s; (b) 5.6 m/s **37.** (a) 0.2 to 0.3 MJ; (b) same amount **39.** (a) −7.4 kJ; (b) 62 kN **41.** 3.1×10^{11} W **43.** (a) $U(x) = -Gm_1m_2/x$; (b) $Gm_1m_2d/x_1(x_1 + d)$ **45.** because your force on the cabbage (as you lower it) does work **47.** (a) 2.84 J; (b) −2.84 J; (c) 2.84 J; (d) 2.84 J; (e) −2.84 J; (f) 0.386 m **49.** (a) 5.9 kJ; (b) 5.9 kJ **51.** 13 kW **53.** (a) turning point on left, none on right, molecule breaks apart; (b) turning points on both left and right, molecule does not break apart; (c) -1.1×10^{-19} J; (d) 2.1×10^{-19} J; (e) $\approx 1 \times 10^{-9}$ N on each, directed toward the other; (f) $r < 0.2$ nm; (g) $r > 0.2$ nm; (h) $r = 0.2$ nm **55.** −8.0 J **57.** (a) 3.67 m; (b) 2.17 m; (c) 45.7 m; (d) 2.56 m/s **59.** (a) 541 J; (b) 169 J; (c) 9.19 m **61.** (a) 2.7×10^9 J; (b) 2.7×10^9 W; (c) \$2.4 \times 10^8$ **63.** 68% **65.** 7.1 kJ **67.** 7.13 kJ **69.** 907 m **71.** 20 W **73.** (a) 1.18×10^3 N/m; (b) 94.1 J; (c) 94.1 J; (d) 80.0 cm **75.** 12.0 **77.** (a) −0.77 J; (b) 0.74 J; (c) 7.1 m/s **79.** (a) 1.3×10^2 J; (b) 1.3×10^2 J; (c) 8.6 m/s **81.** 6.23 m/s

Chapter 9

CP **1.** (a) origin; (b) fourth quadrant; (c) on y axis below origin; (d) origin; (e) third quadrant; (f) origin **2.** (a) − (c) at the center of mass, still at the origin (their forces are internal to the system and cannot move the center of mass) **3.** (Consider slopes and Eq. 9-23.) (a) 1, 3, and then 2 and 4 tie (zero force); (b) 3 **4.** (a) unchanged; (b) unchanged (see Eq. 9-32); (c) decrease (Eq. 9-35) **5.** (a) zero; (b) positive (initial p_y down y; final p_y up y); (c) positive direction of y **6.** (No net external force; $\vec{P}$ conserved.) (a) 0; (b) no; (c) $-x$ **7.** (a) 10 kg·m/s; (b) 14 kg·m/s; (c) 6 kg·m/s **8.** (a) 4 kg·m/s; (b) 8 kg·m/s; (c) 3 J **9.** (a) 2 kg·m/s (conserve momentum along x); (b) 3 kg·m/s (conserve momentum along y)

P **1.** (a) 0.889 m/s; (b) less; (c) less; (d) greater **3.** +5.1 m/s **5.** 1.33 m/s **7.** (a) 41.0°; (b) 4.75 m/s; (c) no **9.** 2.2 kg **11.** 8.0 N **13.** (a) −0.25 m; (b) 0 **15.** (a) −0.50 m; (b) −1.8 cm; (c) 0.50 m **17.** (a) 4.6×10^3 km; (b) 73% **19.** (a) 25 mm; (b) 26 mm; (c) down; (d) 1.6×10^{-2} m/s² **21.** (a) 1.85 m; (b) 0.463 m **23.** (a) 30 J; (b) 60 J **25.** 36.5 km/s **27.** (a) 1.0 kg·m/s; (b) 2.5×10^2 J; (c) 10 N; (d) 1.7 kN; (e) answer for (c) includes time between pellet collisions **29.** 76 m **31.** (a) $(-0.450\hat{\text{i}} - 0.450\hat{\text{j}} - 1.08\hat{\text{k}})$ kg·m/s; (b) $(-0.450\hat{\text{i}} - 0.450\hat{\text{j}} - 1.08\hat{\text{k}})$ N.s; (c) $(0.450\hat{\text{i}} + 0.450\hat{\text{j}} + 1.08\hat{\text{k}})$ N.s **33.** 0.83 m/s **35.** (a) $(-4.0 \times 10^4$ kg·m/s); (b) due west; (c) 0 **37.** (a) 1.92 m/s; (b) 0.640 m **39.** (a) 6.9 m/s; (b) 30°; (c) 6.9 m/s; (d) −30°; (e) 2.0 m/s; (f) −180° **41.** (a) 3.7 m/s; (b) 1.3 N.s; (c) 1.8×10^2 N **43.** (a) 0; (b) 0.75 m **45.** 2.2×10^{-3} **47.** 1.7 m/s **49.** 3.0 m **51.** 5.0 kg **53.** (a) down; (b) 0.50 m/s; (c) 0 **55.** (a) 7290 m/s; (b) 8200 m/s; (c) 1.271×10^{10} J; (d) 1.275×10^{10} J **57.** $mv^2/8$ **59.** 21 cm **61.** (a) 5.0×10^4 N; (b) 17 kg/s

Chapter 10

CP **1.** b and c **2.** (a) and (d) ($\alpha = d^2\theta/dt^2$ must be a constant) **3.** (a) yes; (b) no; (c) yes; (d) yes **4.** all tie **5.** 1, 2, 4, 3 (see Eq. 10-36) **6.** (see Eq. 10-40) 1 and 3 tie, 4, then 2 and 5 tie (zero) **7.** (a) downward in the figure ($\tau_{net} = 0$); (b) less (consider moment arms)

P **1.** (a) 1.7 rad/s²; (b) 0.80 rad/s² **3.** (a) 5.1 h; (b) 8.1 h **5.** (a) 0.32 rad/s; (b) 1.0×10^2 km/h **7.** (a) 4.81×10^5 N; (b) 1.12×10^4 N·m; (c) 1.25×10^6 J **9.** (a) 9.7 rad/s²; (b) counterclockwise **11.** (a) 2.66 N·m; (b) 7.23 N; (c) 18.9 N·m; (d) 19.2 N **13.** 2.6 J **15.** (a) 10 J; (b) 0.27 m **17.** (a) 31.4 rad/s²; (b) 0.754 m/s²; (c) 56.1 N; (d) 55.1 N **19.** (a) 3.1×10^2 m/s; (b) 3.4×10^2 m/s **21.** (a) 7.0 kg·m²; (b) 7.2 m/s; (c) 71° **23.** (a) 27.0 rad/s; (b) 13.5 s **25.** (a) 2.1×10^2 rad; (b) 22 s **27.** 51 N·m **29.** (a) 3.0 rev/s²; (b) 3.3 s; (c) 3.3 s; (d) 17 rev **31.** (a) 0.030 kg·m²; (b) 3.7 mJ **33.** (a) $1.2t^5 - 1.7t^3 + 3.0$; (b) $0.20t^6 - 0.42t^4 + 3.0t + 7.0$ **35.** 1.82×10^{-5} kg·m² **37.** (a) 4.0 rad/s²; (b) 10 rad/s; (c) 20 rad/s; (d) 1.5×10^2 rad **39.** 25 N **41.** (a) 1.57 m/s²; (b) 4.55 N; (c) 4.94 N **43.** 1.7×10^2 N·m **45.** (a) 0.269 kg·m²; (b) 1.29×10^{-2} N·m **47.** (a) 1.5×10^2 cm/s; (b) 15 rad/s; (c) 15 rad/s; (d) 75 cm/s; (e) 3.0 rad/s **49.** (a) −60.8 kJ; (b) 6.40 kW **51.** (a) 2.3 rad/s²; (b) 0.55 J **53.** 0.540 N **55.** 5.25 rad/s **57.** (a) −2.00 rad/s²; (b) 400 rad; (c) 63.7 rev **59.** 9.1 rad/s²

Chapter 11

CP **1.** (a) same; (b) less　**2.** less (consider the transfer of energy from rotational kinetic energy to gravitational potential energy)
3. (draw the vectors, use right-hand rule) (a) $\pm z$; (b) $+y$; (c) $-x$
4. (see Eq. 11-21) (a) 1 and 3 tie; then 2 and 4 tie, then 5 (zero); (b) 2 and 3　**5.** (see Eqs. 11-23 and 11-16) (a) 3, 1; then 2 and 4 tie (zero); (b) 3　**6.** (a) all tie (same τ, same t, thus same ΔL); (b) sphere, disk, hoop (reverse order of I)　**7.** (a) decreases; (b) same ($\tau_{net} = 0$, so L is conserved); (c) increases
P **1.** (a) 39.2 J; (b) 58.8 J　**3.** (a) 0.89 s; (b) 9.4 J; (c) 1.4 m/s; (d) 0.12 J; (e) 4.4×10^2 rad/s; (f) 9.2 J　**5.** (a) 0; (b) -71.3 kg $\cdot$ m²/s; (c) -24.7 N $\cdot$ m; (d) -24.7 N $\cdot$ m　**7.** (a) $(-4.7 \times 10^2$ kg $\cdot$ m²/s)$\hat{k}$; (b) ($+56$ N $\cdot$ m)$\hat{k}$; (c) ($+56$ kg $\cdot$ m²/s²)$\hat{k}$　**9.** (a) $(-1.0$ N); (b) 0.40 kg $\cdot$ m²
11. (a) 42 rad/s; (b) 4.0 m　**13.** (a) 17 kg $\cdot$ m²/s; (b) $+z$ direction　**15.** -0.874 J　**17.** (a) $(12$ N $\cdot$ m)$\hat{j}$ + $(16$ N $\cdot$ m)$\hat{k}$; (b) $(-29$ N $\cdot$ m)$\hat{i}$　**19.** 5.9 m　**21.** 1.6×10^{-3} kg $\cdot$ m²　**23.** 2.7 rad/s
25. (a) 300 rev/min; (b) 0.667　**27.** (a) 14 J; (b) 3.9 m/s; (c) 21 J; (d) 3.1 m/s　**29.** (a) 0; (b) $(-13t\hat{k})$ N $\cdot$ m; (c) $(-3.3t^{-0.5}\hat{k})$ N $\cdot$ m; (d) $(13t^{-3}\hat{k})$ N $\cdot$ m　**31.** (a) 8.0 kg $\cdot$ m²/s; (b) $+z$ direction; (c) 2.0 N $\cdot$ m; (d) $+z$ direction　**33.** (a) $(-1.5$ kg $\cdot$ m²/s)$\hat{j}$; (b) $(8.0$ N $\cdot$ m)$\hat{i}$ + $(8.0$ N $\cdot$ m)$\hat{k}$　**35.** (a) $(6.0$ N $\cdot$ m)$\hat{i}$ − $(3.0$ N $\cdot$ m)$\hat{j}$ − $(6.0$ N $\cdot$ m)$\hat{k}$; (b) $(6.0$ N $\cdot$ m)$\hat{i}$ − $(27$ N $\cdot$ m)$\hat{j}$ − $(18$ N $\cdot$ m)$\hat{k}$; (c) $(12$ N $\cdot$ m)$\hat{i}$ − $(30$ N $\cdot$ m)$\hat{j}$ − $(24$ N $\cdot$ m)$\hat{k}$; (d) $(-40$ N $\cdot$ m)$\hat{i}$　**37.** (a) $(44$ N $\cdot$ m)$\hat{k}$; (b) $80°$
39. (a) 5.7 rad/s; (b) no, because energy transferred to internal energy of cockroach　**41.** (a) 28 rad/s; (b) 0.92　**43.** (a) 6.0 rev/s; (b) 4.0; (c) forces on the bricks from the man transferred energy from the man's internal energy to kinetic energy　**45.** 3.3×10^2 rev
47. (a) 1.47 N $\cdot$ m; (b) 8.56 rad; (c) -12.6 J; (d) 8.39 W　**49.** (a) 48 kg $\cdot$ m²/s; (b) 3.0 kg $\cdot$ m²/s　**51.** (a) $mR^2/2$; (b) a solid circular cylinder　**53.** (a) 0; (b) 0; (c) $-75t^3\hat{k}$ kg $\cdot$ m²/s; (d) $-(2.3 \times 10^2)t^2\hat{k}$ N $\cdot$ m; (e) $75t^3\hat{k}$ kg $\cdot$ m²/s; (f) $(2.3 \times 10^2)t^2\hat{k}$ N $\cdot$ m　**55.** 0.42　**57.** (a) 9.8×10^{-3} kg $\cdot$ m²; (b) 2.4×10^{-3} kg $\cdot$ m²/s; (c) 8.3×10^{-3} kg $\cdot$ m²/s　**59.** 1.2

Chapter 12

CP **1.** c, e, f　**2.** (a) no; (b) at site of $\vec{F}_1$, perpendicular to plane of figure; (c) 45 N　**3.** d
P **1.** (a) 39 N; (b) 22 N; (c) 50 N; (d) $26°$　**3.** (a) 2.1×10^2 N; (b) 9.5×10^2 N; (c) $77°$　**5.** (a) 358 N; (b) 179 N; (c) 103 N　**7.** (a) 1.39 kN; (b) 667 N; (c) 0.480　**9.** (a) 0.643 m; (b) 357 N; (c) 294 N　**11.** (a) $(-75$ N)$\hat{i}$ + $(1.3 \times 10^2$ N)$\hat{j}$; (b) $(75$ N)$\hat{i}$ + $(1.3 \times 10^2$ N)$\hat{j}$　**13.** 7.04 N　**15.** (a) 8.0 N; (b) 30 N; (c) 1.7 m　**17.** (a) 1.4×10^9 N; (b) 81　**19.** (a) 13 N; (b) 7.2 N　**21.** (a) 637 N; (b) 382 N; (c) right; (d) 255 N; (e) up　**23.** (a) 95 N; (b) 54 N　**25.** (a) 8.1×10^6 N/m²; (b) 1.4×10^{-5} m　**27.** 1.57 m　**29.** 0.25　**31.** 629 N　**33.** (a) 46.6°; (b) 74.2 kg; (c) 14.8 kg　**35.** (a) 12.1 kN; (b) 10.5 kN; (c) 10.7 kN　**37.** (a) 70.5°; (b) 300 N　**39.** 11.0 kN　**41.** (a) $(-897\hat{i} + 265\hat{j})$ N; (b) $(897\hat{i} + 265\hat{j})$ N; (c) $(897\hat{i} + 931\hat{j})$ N; (d) $(-897\hat{i} - 265\hat{j})$ N　**43.** (a) BC, CD, DA; (b) 535 N; (c) 757 N　**45.** (a) 1.38 kN; (b) 180 N　**47.** (a) $1.16\hat{j}$ kN; (b) $1.74\hat{j}$ kN　**49.** (a) 270 N; (b) 72 N; (c) $19°$　**51.** 2.4×10^9 N/m²　**55.** 76.0 mJ　**57.** (a) 350 N; (b) 0.50; (c) 247 N　**59.** $(-1.5 \times 10^2$ N)$\hat{i}$ + $(2.6 \times 10^2$ N)$\hat{j}$

Chapter 13

CP **1.** all tie　**2.** (a) 1, tie of 2 and 4, then 3; (b) line d
3. (a) increase; (b) negative　**4.** (a) 2; (b) 1　**5.** (a) path 1 (decreased E (more negative) gives decreased a); (b) less (decreased a gives decreased T)
P **1.** (a) -1.37×10^{10} J; (b) -1.37×10^{10} J;(c) falling　**3.** 33 m　**5.** (a) 7.73 km/s; (b) 90.3 min　**7.** $-4.28d$　**9.** 6.8×10^6 m　**11.** (a) 5.2 y; (b) 6.7×10^{-5}　**13.** (a) 1.0 kg; (b) 3.0 kg　**15.** (a) 0.42 pJ; (b) -0.42 pJ　**17.** (a) 6.71×10^3 km; (b) 8.94×10^{-3}　**19.** $-2.66 \times$

10^{-12} J　**21.** 1.22×10^{-8} N　**23.** $(5.90 \times 10^{-15}$ N)$\hat{i}$ + $(5.90 \times 10^{-15}$ N) $\hat{j}$　**25.** (a) 2.3 kg; (b) 1.0 kg　**27.** (a) 4.78×10^3 km; (b) lifting
29. (a) $R/4$; (b) $2R$　**31.** (a) 1.13; (b) 1.50; (c) 0　**33.** 2.5×10^{25} kg　**35.** (a) 5.86×10^{-8} N; (b) 60.6°　**37.** 1.6×10^{-9} N　**39.** (a) 1.0×10^9 J; (b) 44 N　**41.** (a) 4.5×10^5 J; (b) 3.5×10^2　**43.** (a) 3.8 m/s²; (b) 2.1 m/s²　**45.** 1.2 s　**47.** (a) $(3.02 \times 10^{43}$ kg $\cdot$ m²/s)/M_h; (b) decrease; (c) 7.59 m/s²; (d) 4.36×10^{-15} m/s²; (e) no　**49.** (a) $0.732R$; (b) $0.333R$　**51.** (a) -3.3×10^{-8} J; (b) 1.7×10^{-8} J　**53.** 6.9×10^6 m
55. (a) 1.2×10^5 m/s; (b) 2.6×10^7 m/s　**57.** 1.4×10^4 m/s　**59.** (a) 2.1 km/s; (b) 2.1×10^5 m; (c) 1.5 km/s　**61.** (a) 0; (b) 1.8×10^{32} J; (c) 1.8×10^{32} J; (d) 0.99 km/s　**63.** (a) -1.3×10^{-4} J; (b) less; (c) positive; (d) negative　**65.** (a) $GMmx(x^2 + R^2)^{-3/2}$; (b) $[2GM(R^{-1} - (R^2 + x^2)^{-1/2})]^{1/2}$

Chapter 14

CP **1.** all tie　**2.** (a) all tie (the gravitational force on the penguin is the same); (b) $0.95\rho_0, \rho_0, 1.1\rho_0$　**3.** 13 cm³/s, outward
4. (a) all tie; (b) 1, then 2 and 3 tie, 4 (wider means slower); (c) 4, 3, 2, 1 (wider and lower mean more pressure)
P **1.** 15 torr　**3.** 732.23 torr　**5.** (a) 1.84×10^{-2} m³; (b) 1.42 kN　**7.** (a) 3.9 m/s; (b) 2.1×10^5 Pa　**9.** 5.2 m　**11.** (a) 2.21 kg; (b) 2.42 kg　**13.** (a) 1.7 kg; (b) 1.5×10^3 kg/m³　**15.** 5.83 kg　**17.** 45.3 cm³　**19.** 0.057　**21.** 1.66×10^4 Pa　**23.** 2.0×10^4 N　**25.** 4.41 cm, down　**27.** (b) 14 kN　**29.** 1.7×10^5 Pa　**31.** 2.4 MPa　**33.** (a) 56 L/min; (b) 0.69　**35.** 59 kPa　**37.** 10 m/s　**39.** (a) 2.5 m/s; (b) 3.1 $\times 10^5$ Pa　**41.** 2.8×10^5 J　**43.** 0.136 m³　**45.** 2.8　**47.** (a) 44.7 kN; (b) 0.415 m³　**49.** 1.2 cm　**51.** -4.90 J　**53.** (a) 0.25 m²; (b) 7.5 m³/s　**55.** (a) 28 cm; (b) 20 cm; (c) 15 cm　**57.** (a) 6.0×10^2 kg/m³; (b) 6.67×10^2 kg/m³　**59.** 3.17×10^5 N　**61.** (a) 1.9×10^{-3} m³/s; (b) 0.90 m

Chapter 15

CP **1.** (sketch x versus t) (a) $-x_m$; (b) $+x_m$; (c) 0　**2.** c (a must have the form of Eq. 15-8)　**3.** a (F must have the form of Eq. 15-10)
4. (a) 5 J; (b) 2 J; (c) 5 J　**5.** all tie (in Eq. 15-29, m is included in I)
6. 1, 2, 3 (the ratio m/b matters; k does not)
P **1.** (a) 1.1 Hz; (b) 5.0 cm　**3.** (a) 0.21 m; (b) 1.6 Hz; (c) 0.10 m
5. (a) 11 m/s; (b) 1.7×10^3 m/s²　**7.** (a) 1.0×10^2 N/m; (b) 0.45 s
9. (a) 245 N/m; (b) 0.284 s　**11.** (a) 3.5 m; (b) 0.75 s　**13.** (a) 0.102 kg/s; (b) 0.137 J　**15.** 1.53 m　**17.** 8.9 s　**19.** (a) 0.35 Hz; (b) 0.39 Hz; (c) 0 (no oscillation)　**21.** 0.079 kg $\cdot$ m²　**23.** (a) 0.45 s; (b) 0.10 m above and 0.20 m below; (c) 0.15 m; (d) 2.3 J　**25.** $+1.82$ rad (or -4.46 rad)　**27.** 0.11 J　**29.** 2.54 m　**31.** (a) F/m; (b) $2F/mL$; (c) 0　**33.** 65.5%　**35.** (a) 2.8×10^3 rad/s; (b) 2.1 m/s; (c) 5.7 km/s²　**37.** (a) 0.30 m; (b) 0.28 s; (c) 1.5×10^2 m/s²; (d) 11 J
39. (a) 62.5 mJ; (b) 31.3 mJ　**41.** (a) 4.03×10^6 N; (b) 1.89×10^4
43. (a) 4.0 s; (b) $\pi/2$ rad/s; (c) 0.37 cm; (d) $(0.37$ cm) $\cos(\pi t/2)$; (e) $(-0.58$ cm/s) $\sin(\pi t/2)$; (f) 0.58 cm/s; (g) 0.91 cm/s²; (h) 0; (i) 0.58 cm/s　**45.** (a) 0.30 m; (b) 30 m/s²; (c) 0; (d) 4.4 s
47. (a) 8.3 s; (b) no　**49.** (a) 1.23 kN/m; (b) 76.0 N　**51.** (a) 147 N/m; (b) 0.733 s　**53.** (a) 3.2 Hz; (b) 0.26 m; (c) $x = (0.26$ m) $\cos(20t - \pi/2)$, with t in seconds　**55.** (a) 1.3×10^2 N/m; (b) 0.62 s; (c) 1.6 Hz; (d) 5.0 cm; (e) 0.51 m/s　**57.** (a) 0.44 s; (b) 0.18 m
59. (a) 0.873 s; (b) 6.3 cm　**61.** 831.5 mm

Chapter 16

CP **1.** a, 2; b, 3; c, 1 (compare with the phase in Eq. 16-2, then see Eq. 16-5)　**2.** (a) 2, 3, 1 (see Eq. 16-12); (b) 3, then 1 and 2 tie (find amplitude of dy/dt)　**3.** (a) same (independent of f); (b) decrease ($\lambda = v/f$); (c) increase; (d) increase　**4.** 0.20 and 0.80 tie, then 0.60, 0.45　**5.** (a) 1; (b) 3; (c) 2　**6.** (a) 75 Hz; (b) 525 Hz
P **1.** (b) $+x$; (c) interchange their amplitudes; (d) $x = \lambda/4 = 6.26$ cm; (e) $x = 0$ and $x = \lambda/2 = 12.5$ cm; (f) amplitude (4.00 mm) is sum

of amplitudes of original waves; (g) amplitude (1.00 mm) is difference of amplitudes of original waves   **3.** 36 N   **5.** (a) 5.0 cm; (b) 50 cm; (c) 4.0 Hz; (d) 2.0×10^2 cm/s; (e) $-x$ direction; (f) 1.3×10^2 cm/s; (g) -4.4 cm   **7.** (a) 3.77 m/s; (b) 12.3 N; (c) 0; (d) 46.4 W; (e) 0; (f) 0; (g) ± 0.50 cm   **9.** 1.3 m/s   **11.** (a) 2.0 cm; (b) 0.63 cm^{-1}; (c) 2.5×10^3 s^{-1}; (d) minus; (e) 50 m/s; (f) 40 m/s   **13.** (a) $[k \, \Delta\ell \, (\ell + \Delta\ell)/m]^{0.5}$ **15.** (a) 880 Hz; (b) 1320 Hz   **17.** 233 Hz   **19.** (a) 5.0 cm/s; (b) $+x$ **21.** (a) 10.6 W; (b) 21.2 W; (c) 8.83×10^{-2} J   **23.** (a) 6.7 mm; (b) 45°   **25.** (a) 186 m/s; (b) 60.0 cm; (c) 311 Hz   **27.** 141 m/s   **29.** (a) 75 Hz; (b) 13 ms   **31.** (a) -3.9 cm; (b) 0.15 m; (c) 0.79 m^{-1}; d) 13 s^{-1}; (e) plus; (f) -0.14 m   **33.** (a) 0.52 m; (b) 40 m/s; (c) 0.40 m   **35.** (a) 4.0 m; (b) 28 m/s; (c) 2.0 kg; (d) 0.095 s   **37.** 1.33 m/s; (b) 1.88 m/s; (c) 16.7 m/s^2; (d) 23.7 m/s^2 **39.** (a) 3.0 mm; (b) 31 m^{-1}; (c) 7.5×10^2 s^{-1}; (d) minus   **41.** (c) 2.0 m/s; (d) $-x$ **43.** (a) 4.3×10^{14} Hz to 7.5×10^{14} Hz; (b) 1.0 m to 2.0×10^2 m; (c) 6.0×10^{16} Hz to 3.0×10^{19} Hz   **45.** (a) 5.0 cm/s; (b) 3.2 cm; (c) 0.25 Hz   **47.** (a) 4; (b) 8; (c) none   **49.** (a) 0.31 m; (b) 1.64 rad; (c) 2.2 mm   **51.** (a) $2P_1$; (b) $P_1/4$ **53.** (a) 144 m/s; (b) 3.00 m; (c) 1.50 m; (d) 48.0 Hz; (e) 96.0 Hz   **55.** 5.0 cm/s   **57.** (a) 0.852 s; (b) 1.17 Hz; (c) 1.12 m/s   **59.** 5.98 m/s   **61.** (a) 240 cm; (b) 120 cm; (c) 80 cm

Chapter 17

CP   **1.** beginning to decrease (example: mentally move the curves of Fig. 17-6 rightward past the point at $x = 42$ cm)   **2.** (a) 1 and 2 tie, then 3 (see Eq. 17-28); (b) 3, then 1 and 2 tie (see Eq. 17-26)   **3.** second (see Eqs.17-39 and 17-41)   **4.** a, greater; b, less; c, can't tell; d, can't tell; e, greater; f, less

P   **1.** 37 kHz   **3.** (a) 7.70 Hz; (b) 7.70 Hz   **5.** (a) 11 ms; (b) 3.8 m   **7.** (a) 26; (b) 24   **9.** (a) 2; (b) 6; (c) 10   **11.** 1 cm   **13.** (a) 2.00; (b) 1.41; (c) 1.73; (d) 1.85   **15.** 0   **17.** $2[d^2 + 4(H + h)^2]^{0.5} - 2[d^2 + 4H^2]^{0.5}$ **19.** (a) 3.6×10^2 m/s; (b) 150 Hz   **21.** (a) 2.10 m; (b) 1.47 m   **23.** (a) 1.10 kHz; (b) 0.312 m   **25.** (a) 38.2 nW/m^2; (b) 45.8 dB   **27.** (a) 0; (b) 0.572 m; (c) 1.14 m   **29.** (a) 3.9×10^2 to 9.2×10^2 GJ; (b) 0.63 to 1.5 W/m^2; (c) 25 to 58 kW/m^2; (d) surface wave   **31.** (a) 572 Hz; (b) 1.14 kHz   **33.** 821 m/s   **35.** 7.9×10^{10} Pa   **37.** (a) 3.56×10^{-5} W/m^2; (b) 2.14 nW   **39.** 30°   **41.** (a) 5.2 kHz; (b) 2   **43.** 4.8×10^2 Hz   **45.** 0.250   **47.** (a) 650 Hz; (b) 10; (c) 1.08 kHz; (d) 9   **49.** 6.21 m   **51.** 0.33   **53.** (a) 59.7; (b) 2.81×10^{-4} **55.** 231 Hz   **57.** (a) 1.10 Pa; (b) 200 Hz; (c) 2.22 m; (d) 444 m/s   **59.** 35.8 m/s   **61.** (a) 1.2 kHz; (b) 1.2 kHz

Chapter 18

CP   **1.** (a) all tie; (b) 50°X, 50°Y, 50°W   **2.** (a) 2 and 3 tie, then 1, then 4; (b) 3, 2, then 1 and 4 tie (from Eqs. 18-9 and 18-10, assume that change in area is proportional to initial area)   **3.** A (see Eq. 18-14)   **4.** c and e (maximize area enclosed by a clockwise cycle)   **5.** (a) all tie (ΔE_{int} depends on i and f, not on path); (b) 4, 3, 2, 1 (compare areas under curves); (c) 4, 3, 2, 1 (see Eq. 18-26)   **6.** (a) zero (closed cycle); (b) negative (W_{net} is negative; see Eq. 18-26)   **7.** b and d tie, then a, c (P_{cond} identical; see Eq. 18-32)

P   **1.** (a) $(\alpha_1 L_1 + \alpha_2 L_2)/L$; (b) 39.3 cm; (c) 13.1 cm   **3.** 23 J   **5.** (a) $11p_1V_1$; (b) $6\, p_1V_1$ **7.** (a) 786 W; (b) 1.46 kW; (c) 670 W   **9.** -60 J   **11.** 945 kJ   **13.** 6.7×10^{12} J   **15.** 4.0×10^3 min   **17.** (a) -45 J; (b) $+45$ J   **19.** 8.0×10^{-3} m^2 **21.** -125°X   **23.** 67.3 kJ   **25.** (a) 22.4 kcal; (b) 11.1kcal; (c) 950°C   **27.** 4.5×10^2 J/kg.K   **29.** 0.32 cm^2 **31.** 1.9   **33.** (a) 2.3×10^2 J/s; (b) 15   **35.** 3.1×10^2 J   **37.** 766°C   **39.** 10.5°C   **41.** (a) 90 W; (b) 2.3×10^2 W; (c) 3.3×10^2 W   **43.** 7.9×10^{-3} **45.** 66°C   **47.** 333 J   **49.** 45.5°C   **51.** (a) 2.5×10^2 K; (b) 1.5   **53.** 0.65 m   **55.** -16°C   **57.** 181 g   **59.** (a) 1.3×10^4 W/m^2; (b) 16 W/m^2

Chapter 19

CP   **1.** all but c **2.** (a) all tie; (b) 3, 2, 1   **3.** gas A **4.** 5 (greatest change in T), then tie of 1, 2, 3, and 4   **5.** 1, 2, 3 ($Q_3 = 0$, Q_2 goes into work W_2, but Q_1 goes into greater work W_1 and increases gas temperature)

P   **1.** 22.8 m   **3.** (a) 0.656 mol; (b) 1.91 kJ; (c) 0.714   **7.** 17.2 J/mol · K   **9.** 0.61 m/s   **11.** (a) 0.33; (b) polyatomic (ideal); (c) 1.44   **13.** (a) $+382$ J; (b) $+956$ J; (c) $+573$ J; (d) $+4.76 \times 10^{-22}$ J   **15.** (a) 2.5×10^{25} molecules/m^3; (b) 1.2 kg   **17.** (a) 22.4 L   **19.** (a) 14.0 J; (b) 31.3 J/mol · K; (c) 23.0 J/mol.K   **21.** 307°C   **23.** (a) 38 L; (b) 71 g   **25.** (a) 1.68×10^{-7} mol; (b) 1.01×10^{17} molecules   **27.** (a) -2.37 kJ; (b) 2.37 kJ   **29.** (a) 5.24 kJ; (b) 3.74 kJ; (c) 1.50 kJ; (d) 1.50 kJ   **31.** 1.77 km/s   **33.** 4.71   **35.** 29.4 kJ   **37.** (b) 125 J; (c) to   **39.** (a) 900 cal; (b) 0; (c) 900 cal; (d) 450 cal; (e) 1200 cal; (f) 300 cal; (g) 900 cal; (h) 450 cal; (i) 0; (j) -900 cal; (k) 900 cal; (l) 450 cal   **41.** (a) 0.0263 mol; (b) 436 K   **43.** 349 K   **45.** (a) $3/v_0^3$; (b) $0.750v_0$; (c) $0.775v_0$ **47.** 530 m/s   **49.** 1.40   **51.** 6.6 kPa   **53.** (a) -374 J; (b) 0; (c) $+374$ J; (d) $+3.11 \times 10^{-22}$ J   **55.** 0.63   **57.** (a) 8.0 atm; (b) 300 K; (c) 4.4 kJ; (d) 3.2 atm; (e) 120 K; (f) 2.9 kJ; (g) 4.6 atm; (h) 170 K; (i) 3.4 kJ   **59.** 2.69×10^{-20} J

Chapter 20

CP   **1.** a, b, c   **2.** smaller (Q is smaller)   **3.** c, b, a   **4.** a, d, c, b   **5.** b

P   **1.** (a) 75 J; (b) 75 J   **3.** 2.24   **5.** (a) 4.45 J/K; (b) no   **7.** (a) 1; (b) 1; (c) 3; (d) 10; (e) 1.5×10^{-23} J/K; (f) 3.2×10^{-23} J/K   **9.** (a) 6.8 kJ; (b) -7.5 kJ; (c) 14 kJ   **11.** 382 W   **13.** 4.4 mol   **15.** 25%   **17.** (a) 3.73; (b) 710 J   **19.** (a) 3.00; (b) 6.00; (c) 0; (d) 25.9 J/K; (e) 0   **21.** $+3.59$ J/K   **25.** 4.46 J/K   **27.** (a) 57.4°C; (b) 14.6 J/K; (c) 9.56 J/K; (d) -20.4 J/K; (e) 3.75 J/K   **29.** 16.4 kJ   **31.** (a) 6.34 J/K; (b) 6.34 J/K; (c) 6.34 J/K; (d) 6.34 J/K   **33.** 13.1%   **35.** (a) 700 J; (b) 0; (c) 50 J; (d) 700 J; (e) 0.226 m^3; (f) 0.284 m^3; (g) 0; (h) -1.25 kJ; (i) 0; (j) 1.25 kJ   **37.** 75   **39.** 0.141 J/K.s   **41.** (a) 3.73 kJ/s; (b) 3.33 kJ/s   **43.** (a) 42.6 kJ; (b) 7.61 kJ   **45.** 6.7   **47.** (a) 40.9°C; (b) -27.1 J/K; (c) 30.3 J/K; (d) 3.18 J/K   **49.** (a) 42 kJ; (b) 6.3 kJ

歡迎加入 全華會員

● 會員獨享

會員享購書折扣、紅利積點、生日禮金、不定期優惠活動…等。

● 如何加入會員

掃 QRcode 或填妥讀者回函卡直接傳真 (02) 2262-0900 或寄回，將由專人協助登入會員資料，待收到 E-MAIL 通知後即可成為會員。

如何購買 全華書籍

1. 網路購書

全華網路書店「http://www.opentech.com.tw」，加入會員購書更便利，並享有紅利積點回饋等各式優惠。

2. 實體門市

歡迎至全華門市（新北市土城區忠義路 21 號）或各大書局選購。

3. 來電訂購

(1) 訂購專線：(02) 2262-5666 轉 321-324
(2) 傳真專線：(02) 6637-3696
(3) 郵局劃撥（帳號：0100836-1 戶名：全華圖書股份有限公司）

※ 購書未滿 990 元者，酌收運費 80 元。

OpenTech.com.tw 全華網路書店

全華網路書店 www.opentech.com.tw
E-mail: service@chwa.com.tw

※ 本會員制如有變更則以最新修訂制度為準，造成不便請見諒。

讀者回函卡

掃 QRcode 線上填寫 ▶▶▶

（請由此線剪下）

2020.09 修訂

姓名： 生日：西元 ___ 年 ___ 月 ___ 日 性別：□男 □女

電話：（ ） 手機：

e-mail：（必填）

註：數字零，請用 ⊘ 表示，數字 1 與英文 L 請另註明並書寫端正，謝謝。

通訊處：□□□□□

學歷：□高中·職 □專科 □大學 □碩士 □博士

職業：□工程師 □教師 □學生 □軍·公 □其他

學校/公司： 科系/部門：

· 需求書類：

□ A. 電子 □ B. 電機 □ C. 資訊 □ D. 機械 □ E. 汽車 □ F. 工管 □ G. 土木 □ H. 化工 □ I. 設計

□ J. 商管 □ K. 日文 □ L. 美容 □ M. 休閒 □ N. 餐飲 □ O. 其他

· 本次購買圖書為： 書號：

· 您對本書的評價：

封面設計：□非常滿意 □滿意 □尚可 □需改善，請說明

內容表達：□非常滿意 □滿意 □尚可 □需改善，請說明

版面編排：□非常滿意 □滿意 □尚可 □需改善，請說明

印刷品質：□非常滿意 □滿意 □尚可 □需改善，請說明

書籍定價：□非常滿意 □滿意 □尚可 □需改善，請說明

整體評價：請說明

· 您在何處購買本書？

□書局 □網路書店 □書展 □團購 □其他

· 您購買本書的原因？（可複選）

□個人需要 □公司採購 □親友推薦 □老師指定用書 □其他

· 您希望全華以何種方式提供出版訊息及特惠活動？

□電子報 □DM □廣告 (媒體名稱)

· 您是否上過全華網路書店？ (www.opentech.com.tw)

□是 □否 您的建議

· 您希望全華出版哪方面書籍？

· 您希望全華加強哪些服務？

感謝您提供寶貴意見，全華將秉持服務的熱忱，出版更多好書，以饗讀者。

填寫日期： ／ ／

親愛的讀者：

感謝您對全華圖書的支持與愛護，雖然我們很慎重的處理每一本書，但恐仍有疏漏之處，若您發現本書有任何錯誤，請填寫於勘誤表內寄回，我們將於再版時修正，您的批評與指教是我們進步的原動力，謝謝！

全華圖書 敬上

勘 誤 表

書 號		書 名	作 者
頁 數	行 數	錯誤或不當之詞句	建議修改之詞句

我有話要說： (其它之批評與建議，如封面、編排、內容、印刷品質等⋯⋯)